Handbuch der Seifenfabrikation

Von

Dr. Walther Schrauth

a. o. Professor an der Universität Berlin

Sechste, verbesserte Auflage

Mit 183 Abbildungen

Springer-Verlag Berlin Heidelberg GmbH 1927

ISBN 978-3-662-35437-7 ISBN 978-3-662-36265-5 (eBook)
DOI 10.1007/978-3-662-36265-5

Ursprünglich erschienen bei Julius Springer in Berlin 1927
Softcover reprint of the hardcover 6th edition 1927

Vorwort zur sechsten Auflage.

Für die sechste Auflage des vorliegenden Handbuches sind im wesentlichen wieder dieselben Grundsätze maßgebend gewesen, die auch schon die Herausgabe der Vorausgabe bestimmend beeinflußt haben. Vor allem sind wieder alle Neuerungen berücksichtigt worden, die die Seifenindustrie in chemischer und apparativer Richtung seitdem erfahren hat. Neu in das Buch aufgenommen worden sind einige Kapitel, die die Ersatzstoffe für höhere Fettsäuren und Seifen, die großindustrielle Herstellung der Seifenpulver, die Fabrikation fester Kaliseifen und die Herstellung der sog. Seifenflocken betreffen. Die Darstellung des Fetthärtungsprozesses entspricht dem augenblicklichen Stande der Technik, und besonders berücksichtigt sind auch die namentlich in letzter Zeit stärker beachteten Seifen mit Lösungsmittelzusatz.

Die kolloidchemischen Grundlagen des Seifenbildungsprozesses und die Theorie der Seifenlösungen sind insoweit behandelt, als es für das Verständnis der dem Praktiker unterlaufenden technischen Vorgänge erforderlich ist. Der Quellennachweis ist aber so weitgehend ausgebaut worden, daß sich auch der Spezialist an Hand desselben eingehend über alle Einzelfragen unterrichten kann.

Die Fabrikationsvorschriften sind für sämtliche Produkte einheitlich für jeweils 1000 kg Fertigfabrikat gegeben, da sich kleinere oder größere Ansätze hieraus leicht errechnen lassen.

Bei der Behandlung der für Seifen und Waschmittel in Betracht kommenden Untersuchungsmethoden konnten bereits die von der Analysen-Kommission der Wissenschaftlichen Zentralstelle für Öl- und Fettforschung (Wizöff) unlängst bekanntgegebenen Methoden in dankenswerter Weise Berücksichtigung finden. Eine analoge Behandlung auch der für die Analyse des Glyzerins und die Untersuchung der Fette und fetten Öle kürzlich veröffentlichten Vorschläge war jedoch aus buchtechnischen Gründen noch nicht möglich.

Ergänzt und stark erweitert worden ist ferner die Zusammenstellung der einschlägigen deutschen Reichspatente einerseits durch Aufnahme auch von in verwandten Patentklassen veröffentlichten Erfindungen, die die Herstellung und Verwendung von Waschmitteln betreffen, andererseits infolge der zwischenzeitlich erfolgten Veröffentlichung zahlreicher Kriegspatente.

Wenn ein großer Teil der in dieser Zusammenstellung enthaltenen Verfahren bleibenden Wert auch nicht besitzt, so dürfte doch das Studium gerade der vorliegenden Patentliteratur geeignet sein, die technische Entwicklung der Seifenindustrie und die Problemstellung zu verfolgen, die oftmals Jahrzehnte hindurch immer wieder zur Bearbeitung herausgefordert hat.

Schließlich ist es mir eine angenehme Pflicht, den Herren Dr. Richard Hueter (Roßlau) und Dr. Otto Schenck (Dessau), sowie allen, die mich auch diesmal wieder bei Herausgabe des Buches unterstützt haben, für ihre eifrige Mitarbeit zu danken. Der Erstgenannte hat durch tätige Mitarbeit und manchen wertvollen Rat zu dem guten Gelingen des Ganzen beigetragen, der zweite hat namentlich wieder, wie bei der Vorauflage, die Korrekturbogen gelesen und die Register hergestellt. Dank gebührt des weiteren auch dem Verlage für die ausgezeichnete Sorgfalt, die er auch im vorliegenden Falle für die Ausstattung des Werkes aufgewandt hat.

Berlin, im Oktober 1926.

Dr. Schrauth.

Inhaltsübersicht.

Berichtigung.

Seite 10, Zeile 7: lies Paraffin statt Parraffin.
Seite 91, Abs. 4, Zeile 4: lies Fettansatzes statt Fettansates.
Seite 111, Anm.: lies 26 statt 25.
Seite 225, Abs. 3, Zeile 3: lies Unterschied statt Untscheried.
Seite 372, Abs. 4, Zeile 9: lies 423 703 statt 362 591.

I. Geschichte der Seifenfabrikation.

Forscht man nach dem Ursprung der Seifenfabrikation, so findet man, daß bei den Schriftstellern, die vor unserer Zeitrechnung gelebt haben, nirgend eines Reinigungsmittels gedacht ist, das unserer Seife entspräche. Man findet zwar häufig die Angabe, daß schon den Autoren des alten Testaments die Seife bekannt gewesen sei; es ist dies jedoch ein Irrtum, der durch die Luthersche Übersetzung hervorgerufen ist. Die Worte, welche Luther mit „Seife" übersetzt, bedeuten lediglich mineralisches oder vegetabilisches Laugensalz.

Zu Homers Zeit scheint die Reinigung der Wäsche nur dadurch bewirkt zu sein, daß sie im Wasser ohne irgendwelchen Zusatz gerieben oder gestampft wurde. Wenigstens beschäftigt Homer die Nausikaa und ihre Begleiterinnen in dieser Weise, als sie von Odysseus überrascht werden.

Später dienten vielfach sowohl Pflanzen mit seifenartigen Säften wie auch Holzasche und natürliche Soda zum Waschen, auch wußte schon Paulus von Ägina (1. Jahrhundert n. Chr.), daß das Laugensalz durch Kalk verstärkt werden kann; das gewöhnlichste Waschmittel aber war im Altertum der gefaulte Urin, der auf Grund seines Gehaltes an Ammoniumkarbonat schwach alkalische Eigenschaften besitzt. In Rom standen deshalb die Fullonen, denen das Geschäft des Waschens oblag, eigentlich in recht schlechtem Geruch und waren mit ihren Werkstätten in entlegene Straßen oder vor die Stadt verwiesen; sie hatten aber das Recht, an den Straßenecken große Gefäße aufzustellen, in denen sie die Beiträge der Vorübergehenden einsammelten[1]).

Der älteste Schriftsteller, welcher die Seife erwähnt, ist Plinius[2]). Er erzählt im 18. Buch seiner Historia naturalis, wo er von Haarfärbemitteln spricht, daß die Seife von den Galliern zum Rotfärben der Haare erfunden sei, daß sie aus Holzasche und Ziegentalg hergestellt werde, und zwar in zweierlei Art, fest und flüssig; sie sei bei den Germanen in beiderlei Gestalt gebräuchlich und würde mehr von den Männern als den Frauen angewandt. Die Seife scheint also damals als eine Art Färbepomade benutzt zu sein; ob sie auch zu andern Zwecken gedient hat, geht aus den Angaben des Plinius nicht hervor.

---

[1]) Vgl. F. M. Feldhaus: Über Sapo, Lauge und Seife unserer Altvorderen. Chem.-Ztg. 1908, **32**, S. 837.

[2]) Plinius der Ältere; er fand seinen Tod beim Ausbruch des Vesuvs, 79 n. Chr.

Aus der angezogenen Stelle schließt man aber gewöhnlich, daß die Gallier oder auch die Gallier und Germanen die Erfinder der Seife gewesen sind. Ed. Moride[1]) bestreitet die Richtigkeit dieses Schlusses. Er meint, Plinius habe sagen wollen, daß nur die Verwendung der Seife als Haarfärbemittel eine Erfindung der Gallier sei, und glaubt, daß die Phönizier, dieses hoch entwickelte Industrievolk des Altertums, die eigentlichen Erfinder der Seife gewesen wären, die ihre Kunst nach Gallien mitgebracht hätten, als sie sich 600 Jahre v. Chr. an den Mündungen der Rhone niederließen[2]).

Die ersten Seifen dürfen wir uns jedenfalls nicht als Kunstprodukte nach Art der heutigen vorstellen. Anfänglich hat man wahrscheinlich nur Öl und Asche gemischt und solche Mischungen als Salben bei Hautausschlägen und ähnlichen Leiden verwandt. Durch Zufall wird man später gefunden haben, daß man eine viel kräftiger wirkende Salbe erhielt, wenn man die Asche zuvor mit Wasser und gebranntem Kalk und hierauf erst mit Fett oder Öl vermischte. Allmählich wird man dann wohl zu Produkten gekommen sein, wie sie ähnlich heute noch in Algier verwendet werden und über die Léon Droux[3]) in folgender Weise berichtet: „Im Innern von Algier bringen die sehr industriellen Kabylen auf die Märkte eine Masse, die zwei ganz verschiedenen Zwecken dient, als Heilmittel und zum häuslichen Gebrauch. Es ist dies eine schwach gelblich gefärbte, etwas transparente Seife von gallertartiger Konsistenz, die fast auf kaltem Wege hergestellt wird und nur einen geringen Wassergehalt besitzt. Sie wird aus Olivenöl und Lauge bereitet, die man erhält, indem man Wasser durch ein Gemenge von Holzasche und gebranntem Kalk hindurchgehen läßt. Die Araber benutzen die so gewonnene Seife vielfach als Salbe gegen Hautaffektionen, sowie für häuslichen Gebrauch und zum Waschen der Wolle, welche sie zu Geweben verarbeiten."

Als Reinigungsmittel wird die Seife zuerst von den Schriftstellern des 2. Jahrhunderts n. Chr. erwähnt. Der berühmte Arzt Galenus gedenkt ihrer in seiner Schrift „de simplicibus medicaminibus" sowohl als Mittel zur Reinigung wie als Medikament; er hebt zugleich hervor, die deutsche Seife sei die beste und nach ihr die gallische.

Über die allmähliche Weiterentwicklung der Seifenindustrie ist nur wenig bekannt. Marseille soll schon im 9. Jahrhundert einen bedeutenden Handel mit Seife gehabt haben. Im 15. Jahrhundert war Venedig der Hauptplatz für diesen Artikel, mußte aber seine Stellung im 17. Jahrhundert an Savona, Genua und Marseille abtreten. Auch in England scheint zu Anfang des gleichen Jahrhunderts die Seifenfabrikation schon bedeutend gewesen zu sein. Jedenfalls wurde schon 1622 einer englischen Seifensiederkompagnie das Monopol zur Bereitung von Seifen erteilt; sie zahlte jährlich für 3000 Tons Seife 20 000 £ Steuer. Infolge dieses Patentes kam es jedoch zu Streitigkeiten, da sich ein großer Teil der vorhandenen 20 Seifensieder der Gesellschaft nicht angeschlossen

[1]) Les corps gras industr. **12**, S. 261.
[2]) Vgl. Marazza: Industria Saponiera, Mailand 1907, S. 158.
[3]) Lespro duits chimiques. Paris 1878, S. 186.

hatte und ihre Rechte nicht anerkennen wollte. Es wurde deshalb auf Befehl des Königs verordnet, daß keine Seife verkauft werden dürfte, die nicht durch die Gesellschaft geprüft wäre. Im Jahre 1633 wurden 16 Seifensieder wegen Nichtachtung dieses Verbots und des Patents vor die Sternkammer geladen. Die Angeklagten wurden zu Geldstrafen von 500 bis 1500 £ verurteilt und sollten außerdem so lange im Gefängnis bleiben, als es Sr. Majestät gefallen würde. Dieser Beschluß wurde ausgeführt, und zwei der Bestraften starben im Gefängnis, während die anderen 40 Wochen darin blieben. Im Anschluß hieran erfolgten einige Verordnungen, die den Patentträgern das alleinige Recht zur Fabrikation von Seife gewährleisteten und die Preise für letztere festsetzten. Als sich die Patentträger 1635 erboten, für die Tonne Seife noch 2 £ Steuer mehr zu bezahlen, wurden ihre Rechte sogar erweitert und wieder einige Seifensieder, welche dem zuwiderhandelten, eingekerkert. 1637 wurden endlich den Patentträgern das Patent für 40 000 £ und die Fabrikgebäude für 3000 £ abgekauft, die vorhandenen Materialien mußten die Londoner Seifensieder mit 20 000 £ bezahlen, wofür sie dann aber das Recht erhielten, ihr Gewerbe wieder fortzusetzen.

In Frankreich blühte im 17. Jahrhundert ebenfalls das Monopolunwesen. 1666 wandte sich Pierre Rigat, ein Lyoner Kaufmann, an den König und machte sich anheischig, Seife zu fabrizieren, ohne irgend Materialien dafür aus dem Auslande zu beziehen, und zwar in so großer Menge, daß sie für ganz Frankreich ausreiche. Louis XIV. nahm seinen Vorschlag an und gab ihm ein Privileg auf 20 Jahre, daß er allein Fabriken für weiße, marmorierte und alle sonstigen Sorten Seife und an allen Orten des Landes, welche ihm paßten, errichten durfte. Nur die damals vorhandenen sechs oder sieben Fabriken sollten bestehen bleiben, sofern ihre Siedekessel nicht vermehrt und ihre Fabrikate zu einem festgesetzten Preise an Rigat geliefert würden, der sie dann mitverkaufen sollte. Das Patent brachte jedoch zu viel Unzuträglichkeiten mit sich und wurde bereits 1669 wieder aufgehoben.

Vielfache Klagen über Verfälschungen der Seife veranlaßten die französische Regierung dann aber im Jahre 1688, bestimmte Vorschriften für die Seifenfabrikation zu erlassen. Man verordnete, daß die Seifenfabrikanten, welche Sorten Seife sie auch fabrizierten, in jedem Jahre während der Monate Juni, Juli und August die Fabrikation einzustellen hätten, daß die neuen Öle nicht vor dem 1. Mai eines jeden Jahres für die Seifenfabrikation verwandt werden sollten, und daß endlich außer Barilla, Soda, Asche und Olivenöl keine andern Fette und sonstigen Materialien verarbeitet werden dürften. Infolge vielfacher Klagen und Reklamationen wurden aber diese Verordnungen 1754 zum Teil wieder aufgehoben und schließlich räumte die Revolution 1789 gänzlich mit ihnen auf.

Über die deutsche Seifenfabrikation in den früheren Jahrhunderten ist wenig bekannt. Sie war Kleingewerbe und wurde in ihrer Entwicklung durch die allgemein gebräuchliche Seifenerzeugung im Haushalt wesentlich behindert. Bedeutung hat sie erst erlangt, als sich nach

Einführung der künstlichen Soda und der tropischen Pflanzenfette, sowie durch die Erkenntnis des chemischen Charakters der Fettkörper Entwicklungsmöglichkeiten ergaben, die auch heute noch keineswegs erschöpft sind.

Im allgemeinen pflegt man den Zeitpunkt der Untersuchungen Chevreuls über die Fette[1]), die das Wesen des Verseifungsprozesses klarlegten, als den Beginn für die moderne Periode der Seifenindustrie zu bezeichnen. Die bedeutende Ausdehnung, zu welcher sie heute in allen Kulturländern gelangt ist, ist in erster Linie jedoch der sogenannten Leblancsoda zu verdanken, deren industrielle Verwendung zeitlich etwa mit den Untersuchungen Chevreuls zusammenfällt.

Die französische Akademie der Wissenschaften hatte nämlich 1775 für die Lösung der Frage, welches die beste Methode der Umwandlung des Kochsalzes in Soda sei, einen Preis von 2400 Livres ausgeschrieben. Angeregt durch diese Preisfrage hatte sich neben anderen auch Nicolas Leblanc mit dem gegebenen Problem beschäftigt und war 1787 auf den richtigen Weg gekommen. Im Jahre 1790 assoziierte er sich mit dem Herzog von Orleans, Henri Shée, dem Schatzmeister des Herzogs, und Dizé, Assistenten der Chemie am Collège de France, zur Ausbeutung seines Verfahrens. Bei St. Denis wurde eine Fabrik errichtet, die aber schon nach kurzer Zeit zugleich mit den Gütern des Herzog mit Beschlag belegt wurde. Leblanc hatte zwar am 25. September 1791 ein Patent auf sein Verfahren genommen, aber auf den Aufruf des Wohlfahrtsausschusses hin, demzufolge jedes Geheimnis zum Besten des Vaterlandes geopfert werden sollte, die Veröffentlichung seines Verfahrens gestattet, das nunmehr von jedermann frei benutzt werden konnte. Leblanc war ruiniert; im Kampfe mit dem Elend, ermüdet durch lange und vergebliche Versuche, Recht zu erhalten, abgewiesen und nicht imstande, von seiner Familie die Not fern zu halten, fiel er in Schwermut und tötete sich selbst (1806).

Mit Leblancs Tode ging indessen sein Verfahren nicht verloren. Schon in seinem Todesjahre entstand eine Sodafabrik von Payen in Paris, eine andere von Carny in Dieuze, und in demselben Jahre wurden von der Spiegelmanufaktur zu St. Gobain schon mit Leblancsoda hergestellte Spiegel ausgestellt.

In England, das später Jahrzehnte hindurch mit seiner Soda den Weltmarkt beherrschen sollte, scheint das Leblanc-Verfahren zuerst 1814, allerdings nur in kleinem Maßstabe, in Anwendung gekommen zu sein. 1818 führte es Tennant in Glasgow ein, und zu Ende des genannten Jahres verkaufte man dort bereits die Tonne Kristallsoda zu 42 £. In jenem Jahre wurden 100 Tonnen, im Jahre 1829 1400 Tonnen und im Jahre 1876 14 000 Tonnen Soda hergestellt. In größerem Maßstabe wurde das Verfahren aber erst mit dem Jahre 1824 ausgeführt, als die Aufhebung der über Gebühr hohen Salzsteuer (bis 30 £ pro Tonne) eine Rentabilität erwarten ließ, und auch dann noch hatte

---

[1]) Chevreul: Recherches chimiques sur les corps gras d'origine animal. Paris 1823.

James Muspratt, der sich um die Einführung des Produktes besonders verdient gemacht hat, große Schwierigkeiten zu überwinden, da die Seifensieder die neue Soda nicht kaufen wollten, weil sie so verschieden von der ihnen geläufigen natürlichen Soda, nämlich so sehr viel reiner und stärker war. Muspratt mußte, wie A. W. Hofmann[1]) berichtet, anfangs ganze Tonnen an die Seifensieder in Lancashire verschenken, ehe es ihm gelang, Verständnis für die außerordentlichen Vorteile der Anwendung dieses reineren Präparates zu erwecken. Von da an sehen wir aber die Seifenfabrikation in stetem Wettlaufe mit der künstlichen Sodabereitung mehr und mehr an Umfang zunehmen. Jede Verbesserung in der Sodafabrikation zog als eine unmittelbare Folge die der Seifensiederei nach sich, wie denn auch die gesteigerte Seifenproduktion nicht ohne entsprechende Rückwirkung auf die Entwicklung des Sodapreises bleiben konnte. Es ist eine bemerkenswerte statistische Notiz, daß in Liverpool allein zu Anfang dieses Jahrhunderts mehr Seife jährlich exportiert wurde, als vor Einführung des Leblanc-Verfahrens in sämtlichen Häfen Großbritanniens zusammengenommen. Als erster Großabnehmer der künstlichen Soda, die bekanntlich heute für eine große Anzahl chemischer Prozesse als Hauptrohmaterial benötigt wird, bildet also die Seifenfabrikation eines der wichtigsten Glieder in der Entwicklungsgeschichte der chemischen Gesamtindustrie.

Die Einführung der tropischen Pflanzenfette und speziell der Import des Kokosöles und Palmkernöles, deren Verwendung die Herstellung neuer, bisher unbekannter Seifenarten (Leimseifen) ermöglichte, bedeutet alsdann einen weiteren Fortschritt in der Geschichte der Seifenfabrikation. Das erste Kokosöl ist in den dreißiger Jahren des vorigen Jahrhunderts nach Deutschland gekommen und zuerst von Douglas in Hamburg zur Herstellung von Seifen verwandt worden. Er fertigte daraus auf kaltem Wege mit Natronlauge, die er aus englischer Kristallsoda herstellte und auf 36° B. eindampfte, die Kokosnußöl-Sodaseife als medizinisches Präparat. Bereits im Jahre 1839 hat dann aber Chr. Reul[2]) in der Fabrik von J. Zeh in Hamburg das Kokosöl zu geschliffenen Kernseifen mitverarbeitet, ohne jedoch, wie er sagt, den späteren Nutzen dieses Öles geahnt zu haben. Die Fabrikation von Leimseifen selbst ist durch den Engländer Henry Kendall nach Deutschland gekommen, welcher im Jahre 1842 in Gemeinschaft mit Carl Naumann in Offenbach eine Fabrik zur Ausbeutung seines neuen Verfahrens gründete. Durch Kendall ist auch die von C. Watt herrührende Methode der Palmölbleiche mit Kaliumbichromat und Schwefelsäure zuerst den deutschen Seifensiedern bekannt geworden. Die Naumannsche Fabrik ist die älteste deutsche Fabrik, die aus gebleichtem Palmöl Kernseifen angefertigt hat.

Die erste abgesetzte Kernseife auf Leimniederschlag ist mit Hilfe des Kokosöles von J. B. Grodhaus in Darmstadt hergestellt, einem tüchtigen und erfahrenen Seifensieder, bekannt durch die Herausgabe

---

[1]) Amtl. Ber. der Londoner Industrieausst. v. 1852. Berlin 1853, S. 518.
[2]) Seifenfabrikant, 1881, **1**, S. 109.

eines Werkes: „Vorteilhafte Betreibung der Seifensiederei und Lichterfabrikation“ (Darmstadt 1841). Es gelang ihm 1843, aus weißem Talg und Kokosöl eine vorzügliche Seife zu erzielen, welche er unter dem Namen „glattweiße Kernseife“ in den Handel brachte.

Den neuen Seifen Eingang zu verschaffen war allerdings nicht leicht; man hatte viel mit den Vorurteilen der Seifensieder und des Publikums zu kämpfen. So erzählt Jean Naumann[1]), der sich in den ersten Jahren nach Errichtung der väterlichen Firma Carl Naumann in Offenbach persönlich um Einführung der neuen Produkte bemüht hat, wie häufig er von den Kaufleuten abgewiesen und wie unfreundlich er von den Seifensiedern aufgenommen sei. Man hielt die Palmölkernseifen nicht für gut, weil sie den üblen Geruch vermissen ließen, der den damaligen, oft aus rohen Fetten gesottenen Seifen anhaftete, und lehnte die angebotene „Fabrik- und Sodaseife“ ab.

Von größtem Einfluß auf die Entwicklung der deutschen Seifenfabrikation war dann weiter die Erfindung der sogenannten Halbkern- oder Eschweger Seife, über die ebenfalls Chr. Reul[2]) berichtet.

Den Anlaß zu dieser Erfindung gab die von Carl Naumann hergestellte, sogenannte Offenbacher Talgseife, die aus Talg, Palmöl und Kokosöl gesotten wurde, deren Nachahmung aber u. a. auch den Seifenfabrikanten Dircks & Thorey in Eschwege trotz vielfacher Bemühungen nicht gelingen wollte. Um die aus vielen mißlungenen Versuchen herrührenden Produkte aufzuarbeiten, versuchten sie u. a. auch durch den Zusatz von Kernseife eine verkaufsfähige Seife zu erhalten und gelangten so zu einem Erzeugnis, das im wesentlichen die Eigenschaften der heutigen Eschweger Seife aufwies. Die alsdann in analoger Weise hergestellten Halbkernseifen wurden zuerst 1846 in größerem Maßstabe in den Handel gebracht und erweckten bald das größte Interesse der Seifenfabrikanten. Als dann 1849 das bis dahin geheim gehaltene Verfahren durch einen Werkführer verraten wurde, fand es schnell auch in anderen Fabriken Eingang.

Von anderer Seite wird allerdings bezweifelt, daß die Eschweger Seife in Eschwege ihren Ursprung gehabt hat, da man schon früher an andern Orten, namentlich in Sachsen, ähnliche Seifen hergestellt habe. Nach Carl Hentschel[3]) ist der wirkliche Erfinder der Eschweger Seife sein Großvater Joh. Georg Greve, bekannt durch seine 1839 in Hamburg erschienene, für die damaligen Verhältnisse ganz vorzügliche „Anleitung zur Fabrikation der braunen, schwarzen und grünen Seife“. Von diesem erst soll dann der bei der Firma Dircks & Thorey beschäftigte Siedemeister Heinze die Fabrikation des von Greve als „gestippte Seife“ bezeichneten Produktes erlernt haben.

Hentschel schreibt: „Mein Großvater starb am 12. Juni 1844, und das Geschäft wurde von der Witwe und den Kindern fortgeführt. Der einzige Sohn, Bernhard Greve, war damals noch sehr jung und, wenn ich nicht irre, in jener Zeit zu seiner Ausbildung in Magdeburg

[1]) Die technische Entwicklung der Seifenindustrie in Offenbach am Main.
[2]) Seifenfabrikant, 1881, **1**, S. 109.
[3]) Seifenfabrikant, 1900, **20**, S. 1194.

oder Stettin. So mag es gekommen sein, daß die Firma Dircks & Thorey bzw. deren Siedemeister Heinze die Erfindung der Eschweger Seife unbestritten als ihr Werk hinstellen konnten. Es ist ja möglich, daß irgendwelche Änderung oder auch Verbesserung in der Herstellungsweise später in deren Fabrik zuerst angewandt wurde; die Priorität der Erfindung gebührt aber wie aus den Briefen[1]), deren Originale in meinem Besitz sind, hervorgeht, ohne Frage meinem Großvater Joh. Georg Greve."

Von Mitte des vorigen Jahrhunderts an hat dann die Seifenindustrie an Bedeutung und Umfang wesentlich gewonnen. Neue Fette und Öle (Sesam- und Erdnußöl, Baumwollsaatöl, gehärtete Fette u. a.) wurden eingeführt, die Mitverwendung von Harz ermöglichte eine nicht unbedeutende Verbilligung und Verbesserung der Kernseifen, für die minderwertigeren Rohprodukte (Abfallfette) lernte man Raffinationsverfahren kennen, Bleichverfahren für dunkle Seifen wurden ausgearbeitet, und speziell die beiden letzten Jahrzehnte brachten die Erkenntnis, daß auch auf dem Gebiet der Seifenfabrikation Technik und exakte wissenschaftliche Forschung Hand in Hand gehen müssen, wenn die weitere Fortentwicklung nicht zum Stillstand kommen soll.

Von größter Bedeutung für die Seifenfabrikation waren dann weiter die Fortschritte, die in bezug auf die Herstellung und Verbilligung der Hilfsrohstoffe gemacht wurden, insonderheit die Einführung der kaustischen Soda (Ätznatron), da sich nunmehr die Kaustizierung der Lauge im Einzelbetrieb erübrigte und die mühelose Herstellung hochgrädiger kaustischer Laugen von großer Reinheit ermöglicht wurde. Auch die Herstellung von Pottasche aus Chlorkalium und von Ätzkali auf elektrolytischem Wege ist im besonderen für die Schmierseifenfabrikation bedeutungsvoll gewesen.

Die Verseifung der Fettsäuren mit Alkalikarbonat, die sogenannte kohlensaure Verseifung bedeutet dann einen weiteren wichtigen Schritt in der Fortentwicklung der Seifenfabrikation. Schon in der ersten Hälfte der 80er Jahre des vorigen Jahrhunderts, als die Glyzerinpreise eine enorme Steigerung erfuhren, haben sich vielfach Fabriken damit befaßt, den Fetten das Glyzerin zu entziehen und die Fettsäuren an die Seifenfabriken abzugeben, und auch einzelne größere Seifenfabriken haben sich damals schon zur Aufnahme der Fettspaltung im Eigenbetriebe entschlossen. Seitdem nun die Industrie über eine ganze Anzahl außerordentlich wirtschaftlicher Verfahren verfügt, die eine leichte, nahezu quantitative Gewinnung des Glyzerins ermöglichen und eine den Bedürfnissen des einzelnen entsprechende Auswahl gestatten, hat die frühere Siedeweise mehr und mehr an Bedeutung verloren, obwohl man nicht vereinzelt behauptet, daß die „Fettsäureseifen" den aus Neutralfett hergestellten Produkten an Qualität nachstünden. Für den Verlauf des Krieges war die Verseifung von Neutralfetten mit Rücksicht auf den Wert des Glyzerins für Heereszwecke gesetzlich untersagt und lediglich die Verwendung von Fettsäuren gestattet.

---

[1]) Von Dircks & Thorey an J. G. Greve.

Es bleibt zu erhoffen, daß diese gesetzliche Maßnahme jene eben erwähnten Vorurteile auch nunmehr überwinden hilft.

Wesentliche Änderungen und Verbesserungen hat auch der maschinelle Teil der Seifenfabrikation speziell in den letzten Jahrzehnten des 19. Jahrhunderts erfahren. In erster Linie ist hier der Übergang zum Dampfbetrieb zu nennen, da das Sieden mit Dampf die Verwendung größerer Siedekessel und damit ein sichereres Arbeiten ermöglichte. Um die Ausbildung der zur Hausseifenfabrikation dienenden Maschinen und Geräte haben sich besonders deutsche Firmen verdient gemacht, vornehmlich die Maschinenfabriken Aug. Krull in Helmstedt, C. E. Rost & Co. in Dresden, Wilh. Rivoir in Offenbach, Joh. Hauff in Berlin-Lichtenberg und Louis Brocks in Leipzig-Lindenau. Das Krücken und Wehren der Seifen beim Sieden erfolgt heute durch vorzügliche Krück- und Wehrmaschinen, die sich immer mehr einführen und an Stelle der früheren mühsamen Handarbeit in Tätigkeit treten. Das Schneiden der Seifen, das in Deutschland noch vor einem halben Jahrhundert allgemein durch Drähte mit der Hand ausgeführt wurde, wird jetzt fast ausschließlich durch Schneidemaschinen bewirkt. Hervorragende Verbesserungen haben auch die Pressen erfahren. Dies ist nicht nur wertvoll für die Fabrikation der Feinseifen, da man auch bei der Herstellung von Hausseifen mehr und mehr Wert auf das Äußere legt und die gepreßte Form dem ungepreßten Stück vorzieht. Ein weiterer großer Fortschritt liegt auch in dem Ersatz der früher allgemein gebräuchlichen hölzernen Kühlkästen durch die zuerst von Aug. Krull hergestellten schmiedeeisernen Seifenformen, deren schnelle Kühlwirkung durch äußerlich aufgelegte Matratzen behindert wird.

Im Verlauf der letzten 25 Jahre hat sich dann weiter das Bestreben geltend gemacht, die Herstellung der Seifen dadurch abzukürzen, daß man die lange Abkühlung derselben in den Formen zu umgehen sucht. Bahnbrechend sind in dieser Hinsicht A. & E. des Cressonnières in Brüssel mit ihrer Broyeuse sécheuse continue gewesen, dem ersten Apparat, der die künstliche Kühlung von Seifen ermöglichte. Während man früher zur Herstellung von Feinseifen nur zuvor getrocknete Seife auf den Piliermaschinen verwenden konnte, gestattet der erwähnte Apparat, die flüssig-heiße Seifenmasse, wie sie aus dem Siedekessel kommt, zu verarbeiten, und ermöglicht, daß eine Seife, die heute im Kessel fertig gesotten wurde, schon morgen parfümiert und gefärbt in den Handel gebracht werden kann. Davon ausgehend hat sich die Anwendung der künstlichen Kühlung auch in der Hausseifenfabrikation allmählich eingeführt, indem man die flüssige Seifenmasse in Riegeln oder Platten unter dem Einfluß von Kühlwasser erstarren läßt. Um die Konstruktion und den Bau dieser Kühlmaschinen besonders verdient gemacht haben sich Schnetzer in Aussig, Aug. Klumpp in Lippstadt, Heinr. Schrauth jr. in Frankfurt a. M., August Jacobi in Darmstadt und andere.

Seit den 1850er Jahren ist auch wiederholt versucht worden, Seife in geschlossenen Kesseln unter Druck herzustellen. So hat sich Arthur Dunn in England ein Verfahren patentieren lassen, den Verseifungsprozeß durch Anwendung von Druck bei einer Temperatur von 150 bis 160° C zu beschleunigen. Diese beschleunigende Wirkung des erhöhten Druckes bzw. der höheren Temperatur scheint im Prinzip jedoch schon Chevreul bekannt gewesen zu sein, denn in einem englischen, Chevreul und Gay-Lussac am 9. Mai 1825 erteilten Patent, die Zerlegung der Fette zur Gewinnung von Kerzenmaterial betreffend, heißt es schon: „Wir verseifen die zur Beleuchtung oder die zur Verwendung als Seife bestimmten Fettkörper sowohl bei gewöhnlicher, als auch bei höherer Temperatur, mit der Spannung mehrerer Atmosphären"[1]). Später schlug dann Mouveau in ähnlicher Weise vor[2]), die Seifenbereitung in einem geschlossenen, mit Sicherheitsrohr usw. versehenen Kessel vorzunehmen. Der Kessel hatte einen Rührapparat und war mit einem Mantel umgeben, in den man Heizdampf oder Kühlwasser leiten konnte. Das Einbringen von Fett und Lauge geschah vor dem Beginn des Siedens durch ein Mannloch, das danach geschlossen wurde; nach Beginn des Siedens noch erforderliche Zusätze von Fett und Lauge wurden durch eine Pumpe in den Kessel getrieben. Das Ablassen der Unterlauge und der fertigen Seife erfolgte durch ein unten am Kessel ausgehendes Rohr, das mit einem Hahn versehen war. — Alle derartigen Verfahren sind jedoch im Laufe der Zeit immer wieder aufgegeben, weil die Vorteile, die durch die bei höherem Druck erzielbare, größere Reaktionsgeschwindigkeit erreicht werden, unbedeutend sind gegenüber den Nachteilen, welche die begrenzten Größenverhältnisse der relativ kostspieligen Autoklaven bedingen. Außerdem läßt die direkte Verseifung der Fettsäuren mit Alkalikarbonat, die auch unter gewöhnlichen Verhältnissen momentan verläuft, das Verfahren völlig entbehrlich erscheinen, wenigstens soweit Fettsäuren in Frage kommen, die nach ihrer Neutralisation direkt ein handelsfähiges Fabrikat ergeben. Bei der Verarbeitung von Abfallfettsäuren dagegen, die bei der üblichen Verseifungsmethode ihrer Herkunft entsprechend ein nach Geruch und Farbe qualitativ nur geringwertiges Produkt ergeben können (abfallende Trane, Heringsöl, Fettsäuren aus Klärschlamm u. dgl.), scheint die Behandlung mit überschüssigem Alkali unter Druck und bei hoher Temperatur (Varrentrappsche Reaktion) eine nutzbringende Verwendung finden zu können, indem einerseits durch den hierbei stattfindenden Abbau der ungesättigten Fettsäuren zu gesättigten, andererseits durch den während dieser Reaktion entwickelten Wasserstoff eine Desodorierung und Bleichung der entstehenden Seifen bedingt wird[3]). Aber auch bei Abwesenheit überschüssigen Alkalis bewirkt die Anwendung von hoher Temperatur und Druck eine Qualitätsverbesserung der aus stark ungesättigten Fetten hergestellten Seifen, da eine günstige Beeinflussung des Geruches

---

[1]) Brevet d'invention **41,** S. 396, Ref. i. Ztschr. d. Dtsch. Öl- und Fettind. 1925, **45,** S. 576.

[2]) Wagner: Jahresber. f. 1855, S. 80.

[3]) Vgl. Schrauth: Die Bedeutung der Varrentrappschen Reaktion für die Fett- und Seifenindustrie. Seifenfabrikant, 1915, **35,** 877.

bspw. bei dem sogenannten Persapolverfahren[1]) dadurch erzielt wird, daß wasserhaltige, flüssige Seifen bei 200° im Autoklaven mit strömendem Dampf behandelt werden. Auch die Verseifung von Wachsen und insonderheit des Wollfettes läßt sich in befriedigender Weise lediglich im Autoklaven durchführen, und zwar ist die Verseifung unter Druck hier bisher die einzige Methode, welche eine Verwendung dieser Produkte auch für die Herstellung von Seifen ermöglicht[2]).

Von neueren, in letzter Zeit bekannt gewordenen Verfahren sind sodann noch zu erwähnen, die Verseifung von Fetten, Wachsen u. dgl. in höher siedenden Alkoholen und die so ermöglichte Herstellung von Präparaten, die infolge ihres besonderen Lösungsvermögens ein großes Anwendungsgebiet in der Textilindustrie finden dürften[3]) und nicht zuletzt die Herstellung synthetischer Fettsäuren durch Oxydation von Kohlenwasserstoffen (Braunkohlenteeröle, Parraffin)[4]). Allerdings konnten sich diese letztgenannten, nach Aussehen und Wirkung durchaus brauchbaren Erzeugnisse als ernsthafte Konkurrenten den eigentlichen Fettsäuren gegenüber noch nicht behaupten, und auch die Frage, ob sie späterhin einmal eine wichtige und bedeutungsvolle Rolle zu spielen berufen sein werden, dürfte in erster Linie von den zukünftigen Marktverhältnissen abhängen sowie von der weiteren Vervollkommnung und Ausgestaltung der in Frage kommenden technischen Darstellungsverfahren.

Die Lage der deutschen Seifenindustrie ist nach Aufhebung des für die Kriegsjahre begründeten Zwangssyndikates und nach Verschwinden der durch den Krieg veranlaßten Gesetze und Notverordnungen[5]) nicht mehr so beengt wie in den Kriegs- und ersten Nachkriegsjahren. Die damals erhofften Auswirkungen der gesetzlich erzwungenen Beschränkungen auf die weitere Entwicklung der Industrie sind nach Wiedereinführung der freien Wirtschaft größtenteils jedoch ausgeblieben, wenn auch die Bedeutung rationeller Arbeitsmethoden, die Notwendigkeit einer chemischen Betriebskontrolle und der Wert einer sachgemäßen, streng wissenschaftlichen Bearbeitung aller neu auftretenden technischen Probleme mehr und mehr erkannt ist. Speziell die Bestrebungen, allgemein gültige, einheitliche Analysenmethoden zu schaffen, werden weitgehend auch von seiten der rein praktisch orientierten Interessenten unterstützt und größere Unternehmungen lassen in sachgemäß geleiteten Laboratorien in streng wissenschaftlicher Weise jene Fragen bearbeiten, die an jeden herantreten, der sehenden Auges die fortlaufende Entwicklung der Industrie verfolgt. Auch die moderne Forschung ist mit allen neuzeitlichen Mitteln am Werke, um die teilweise noch recht mangel-

---

[1]) Stiepel: D.R.P. 305 702.

[2]) Vgl. Schrauth: Die zweckmäßige Verwertung des Rohwollfettes in der Seifenindustrie. Seifensiederzeitung 1916, **43**, S. 437.

[3]) Siehe S. 28 und 139.

[4]) Siehe S. 149ff.

[5]) Vgl. hierzu: Luhn: Die jüngste Entwicklung der deutschen Seifenindustrie. Barmen: Walter Odendahl 1922.

haften Kenntnisse auf den einschlägigen Gebieten zu erweitern und zu vertiefen, und alle Zweige der Chemie und ihrer Grenzwissenschaften sind mit ihren charakteristischen Untersuchungsmethoden am Ausbau dieser Arbeiten beteiligt. Sieht man jedoch von den katastrophalen Auswirkungen der nunmehr überwundenen Inflationsperiode und von der augenblicklichen Geldknappheit und Kreditnot ab, die infolge der Markstabilisierung, des Versailler Friedens und der zur Zeit herrschenden Steuerpolitik in Erscheinung getreten sind, und die der gesamten deutschen Wirtschaft das heutige Gepräge geben, so bietet die Seifenindustrie im großen und ganzen dennoch wieder das gleiche Bild wie vor dem Kriege; Mangel an jeder wirksamen Konvention, uneingeschränkter Konkurrenzkampf, wildes Unterbieten der Preise stellen sich der Gesundung hindernd in den Weg. An Stelle weniger Normalqualitäten werden wieder wie früher zahlreiche durch Qualität und Aufmachung differenzierte Handelsmarken auf den Markt gebracht, obwohl die Aufnahmefähigkeit des inneren Marktes gegenüber den letzten Vorkriegsjahren wesentlich gesunken ist, und obwohl die Absatzmöglichkeiten im Auslande ebenfalls gelitten haben. Dabei sind infolge eines ungesunden Expansionsdranges und durch die Umstellungen der ehedem mit der Herstellung von Kriegsmaterial beschäftigten Industriezweige die Produktionsmöglichkeiten vergrößert.

Eine Gesundung scheint deshalb nur durch einen Zusammenschluß der gesamten Seifenindustrie möglich dergestalt, daß unter Aufgabe aller Sonderinteressen Normen für die in Betracht kommenden Fabrikate geschaffen werden, die Qualität und Preise regulierend zu einer Spezialisierung und damit auch zu einer Verbilligung der Produktion zu führen hätten.

II. Die Rohstoffe für die Seifenfabrikation.

Die gewöhnlichen Seifen des Handels sind die mehr oder weniger reinen Natron- oder Kalisalze der höheren Fettsäuren. Sie werden in der Regel hergestellt entweder durch Verseifung der Fette oder fetten Öle, mit Ätzalkalien in mehr oder weniger konzentrierter, wässeriger Lösung (Laugen) oder durch Neutralisation der Fettsäuren mit Ätzalkalien oder Alkalikarbonaten — Soda oder Pottasche — die ebenfalls zuvor im Wasser gelöst werden. Auch die Alkalisalze der Harzsäuren werden auf Grund ihrer Ähnlichkeit mit den fettsauren Salzen als „Seifen" bezeichnet und finden im Gemisch mit letzteren vielfache Anwendung.

Die Rohstoffe für die Seifenfabrikation bestehen demnach in Fetten, fetten Ölen, Fettsäuren und Harz einerseits, andererseits in Alkalien. Dazu kommen noch als Hilfsrohstoffe Wasser, Kalk (Kaustizierung der Laugen im Eigenbetrieb, Krebitzverfahren), Kochsalz (Aussalzen der Kernseifen, Härten und Füllen der Leimseifen) und verschiedene Füll- und Beschwerungsmittel.

Alle diese Materialien sollen in den folgenden Abschnitten eingehend besprochen werden, und zwar sollen nicht nur ihre Eigenschaften, soweit sie für den Seifensieder von Interesse sind, sondern auch die Art und Weise ihrer Gewinnung sowie die Methoden zu ihrer Untersuchung Erörterung finden.

Die Fette.

Die Natur der Fette.

Um den chemischen Prozeß verstehen zu können, welcher bei der Verseifung der Fette vor sich geht, müssen wir zunächst die Natur der Fette, ihre physikalischen und chemischen Eigenschaften, näher betrachten.

Unter der Bezeichnung „Fette" versteht man gewisse dem Tier- und Pflanzenreich entstammende Produkte, denen folgende Eigenschaften gemeinsam sind: sie fühlen sich schmierig an, bilden erwärmt oder schon bei gewöhnlicher Temperatur ölartige Flüssigkeiten; sie machen auf Papier einen durchsichtigen Fleck, der auch bei längerem Liegen oder Erhitzen nicht verschwindet; sie sind leichter als Wasser und darin vollkommen unlöslich, dagegen löslich in Äther, Schwefelkohlenstoff und anderen organischen Lösungsmitteln; sie sind nicht flüchtig, fangen bei 300—320° C an zu sieden, erleiden aber dabei Zersetzungen; sie brennen für sich nur schwierig, am Docht aber mit leuchtender Flamme.

Die Fette werden ihrer Konsistenz nach unterschieden als feste oder Talgarten, halbfeste oder Butter- und Schmalzarten und flüssige oder Öle und Trane. Unter letzteren versteht man verschiedene von Seetieren herstammende flüssige Fette. — Die festen Fette sind sehr leicht schmelzbar und werden schon unter 100° C flüssig, d. h. ebenfalls zu Ölen, während die Öle bei niederen Temperaturen in feste Fette übergehen. Die Öle erscheinen bei gewöhnlicher Temperatur nicht dünnflüssig wie Wasser, sondern sind durch eine gewisse Dickflüssigkeit ausgezeichnet, eine Eigenschaft, die besonders bei Verwendung der Öle als Schmiermittel in Betracht kommt. Das dickflüssigste von allen bis jetzt bekannten Ölen ist das Rizinusöl.

Die flüssigen Fette dehnen sich bei der Erwärmung stärker aus, als dies sonst bei Flüssigkeiten der Fall ist. Nach Preißer beträgt die Ausdehnung auf 1000 Raumteile für 1° C: bei Olivenöl 0,83, Rüböl 0,89, Tran 1,0 Raumteil. Es vermehren sich daher 1000 l Olivenöl, die im Winter bei 0° gemessen sind, im Sommer bei 20° C auf 1016,6, Rüböl, in gleicher Weise gemessen, auf 1017,8, Tran auf 1020 l.

Werden Öle mit Wasser, dem durch Auflösen von Eiweiß oder Gummi eine schleimige Beschaffenheit, eine größere Dichtigkeit erteilt ist, geschüttelt, so bleiben sie in Gestalt mikroskopisch kleiner Tröpfchen suspendiert. Die Flüssigkeit erhält ein milchartiges Ansehen, sie bildet eine Emulsion.

In dem Zustande, wie die Fette gewöhnlich vorkommen, sind sie verschiedenartig gefärbt, die festen meist weiß oder gelblich, die Öle gelb oder gelbgrün, die Trane oft rot oder rotbraun. Sie besitzen Geruch und Geschmack, durch welche sie sich unterscheiden; zu erwähnen ist beispielsweise der Talggeruch und der aromatische Geruch des Palmöls und Kokosöls gegenüber dem Geruch der Fischöle, der Geschmack der genießbaren Fette, wie Butter gegenüber dem widerlichen Geschmacke des Rapsöls usw.

An der Luft erleiden die meisten Fette allmählich eine Veränderung. Die flüssigen werden durch Oxydations- und Polymerisationsvorgänge dickflüssig und die sogenannten trocknenden Öle wie Leinöl, Hanföl, Holzöl u. a. trocknen, insonderheit wenn sie auf große Oberflächen dünn verteilt sind, zu harten durchsichtigen Schichten ein. Dieser Vorgang ist häufig noch von anderen eigentümlichen Zersetzungserscheinungen begleitet, die ihrerseits auch bei den festen Fetten für sich allein auftreten können. Die Fette werden ranzig, indem sie einen mehr oder weniger unangenehmen Geruch und Geschmack, eine dunklere Farbe und saure Reaktion annehmen.

Während die reinen, unveränderten Fette, mit Ausnahme des Rizinusöls, in kaltem Alkohol fast unlöslich sind, werden die ranzigen darin löslich; saure Reaktion bei Fetten rührt, wenn nicht von anhängenden fremden Stoffen, immer von einem Beginn des ranzigen Zustandes her. Im unveränderten reinen Zustande sind die Fette gänzlich neutral.

Chemische Konstitution der Fette. Ihrer elementaren Zusammensetzung nach bestehen die Fette aus Kohlenstoff, Wasserstoff und Sauerstoff zum Unterschied von den sogenannten mineralischen Fetten und Ölen, welche nur aus Kohlenstoff und Wasserstoff bestehen. Es enthält z. B. Hammeltalg etwa 78 Teile Kohlenstoff, 12,5 Teile Wasserstoff und 9,5 Teile Sauerstoff, Baumöl 77 Teile Kohlenstoff, 13 Teile Wasserstoff und 10 Teile Sauerstoff, Mohnöl 77 Teile Kohlenstoff, 11,5 Teile Wasserstoff und 11,5 Teile Sauerstoff, Leinöl 78 Teile Kohlenstoff, 11 Teile Wasserstoff und 11 Teile Sauerstoff. Der Elementarbestand der verschiedenen Fette ist also keineswegs gleich; ja es unterliegt kaum einem Zweifel, daß dasselbe Fett desselben Tieres nicht immer gleich zusammengesetzt ist. Dies erklärt sich aus der näheren Zusammensetzung der Fette. Die in der Natur vorkommenden Fette sind nicht einfache chemische Verbindungen, sondern Gemenge solcher.

Die Kenntnis von der Natur der Fette verdanken wir hauptsächlich den denkwürdigen Untersuchungen Chevreuls, welche um das Jahr 1810 angefangen, mit der Publikation des Werkes: „Recherches sur les corps gras d'origine animale", 1823 ihren Abschluß fanden. Manche Eigenschaften der Fette und Öle waren allerdings schon vor Chevreul bekannt. So wußte man bereits, daß sich unter den fetten Ölen trocknende und nichttrocknende finden, daß die Fette und Öle, mit Kalilauge gekocht, Seifen bilden und daß die weiche Seife der Pottasche durch Kochsalz in feste Seife verwandelt wird. Von dem hierbei vorgehenden chemischen Prozeß hatte man jedoch keine Vorstellung. Eine große Merkwürdigkeit sah man weiter darin, daß die Seifen in Wasser und Alkohol gelöst werden können, obgleich die Fette in diesen beiden Flüssigkeiten nicht löslich sind.

Ein wichtiger Schritt zur Erforschung der Fette wurde bereits durch Scheele im Jahre 1779 ausgeführt. Dieser entdeckte, daß bei der Bereitung des Bleipflasters neben dem Pflaster auch ein in Wasser löslicher, süß schmeckender Körper, das Glyzerin, entsteht, den er als „principium dulce oleorum", zu deutsch als Ölsüß bezeichnete.

Chevreul, der seine Untersuchungen lediglich mit einer Seife aus Schweineschmalz und Kalilauge ausführte, stellte fest, daß im Gegensatz zu der bestehenden Annahme der Sauerstoff der Luft bei der Verseifung nicht tätig ist; daß einmal verseiftes Fett durch wiederholtes Verbinden mit Kali nicht mehr verändert wird; daß die Fette gewöhnlich Gemische sind, die bei der Zersetzung durch Schwefelsäure ebenso wie bei der Zersetzung durch Alkalien Säuren bilden; daß das Gewicht der bei der Verseifung erhaltenen fetten Säuren und des Glyzerins $4^1/_2$ bis $5^1/_2$ vH. mehr beträgt, als das Gewicht des angewandten Fettes, und daß schließlich bei der Vereinigung der fetten Säuren mit Bleioxyd Wasser auftritt. Aus den letzten Beobachtungen zog er den Schluß, daß sowohl die fetten Säuren wie das Glyzerin Wasser chemisch gebunden enthalten, und verglich die Fette mit den gemischten Äthern (Estern), die ganz wie die Fette unter Aufnahme von Wasser in Salz und Alkohol zerlegt werden.

Die Arbeiten Chevreuls haben als Grundlage für alle weiteren Untersuchungen über das chemische Verhalten der Fette gedient. Seine Beobachtungen sind von den späteren Forschern im großen und ganzen bestätigt, im einzelnen berichtigt und vielfach erweitert worden. Nach ihm haben besonders Berthelot[1]) durch die Synthese der Fette aus den fetten Säuren und dem Glyzerin und Heintz durch wesentlich verbesserte Untersuchungsmethoden die Kenntnis von der Natur der Fette bedeutungsvoll erweitert.

Fast alle in der Natur vorkommenden Fette sind Glyzerinester (Glyzeride) der höheren Fettsäuren, d. h. Verbindungen, welche nach dem Vorgange der Salzbildung zwischen Base und Säure aus Glyzerin und Fettsäure entstanden sind. Das Glyzerin selbst ist ein dreiwertiger Alkohol der Formel $CH_2OH \cdot CHOH \cdot CH_2OH$, d. h. ein gesättigter Kohlenwasserstoff (Grenzkohlenwasserstoff) mit drei Kohlenstoffatomen ($CH_3 \cdot CH_2 \cdot CH_3 \cdot$ Propan), in dem je eins der an den drei Kohlenstoffatomen haftenden Wasserstoffatome durch die Hydroxylgruppe (OH) ersetzt ist. Diese Hydroxylgruppen können nun ganz oder teilweise durch Säurereste ersetzt werden, indem sie sich selbst mit dem sauren Wasserstoffatom der Säure zu Wasser (H_2O) vereinigen. Mit Essigsäure beispielsweise verläuft diese Reaktion derart, daß sich aus einem Molekül Glyzerin und drei Molekülen Essigsäure das Essigsäureglyzerid (Triazetin) bildet entsprechend der Gleichung:

$$\begin{array}{llcll}
CH_3COO\,H & HO\,CH_2 & & CH_3COO \cdot CH_2 & \\
 & \quad\;\; | & & \qquad\quad\;\; | & \\
CH_3COO\,H \;+ & HO\,CH & = & CH_3COO \cdot CH & +\; 3\,H_2O \\
 & \quad\;\; | & & \qquad\quad\;\; | & \\
CH_3COO\,H & HO\,CH_2 & & CH_3COO \cdot CH_2 & \\
\text{Essigsäure} & \text{Glyzerin} & & \text{Triazetin} & \text{Wasser.}
\end{array}$$

Treten nun an Stelle der in diesem Beispiel gewählten Essigsäure höhere Fettsäuren — Palmitinsäure, Stearinsäure, Ölsäure, Linolsäure u. a. — in Reaktion, so erhält man die den natürlichen Fetten entsprechenden Triglyzeride. Auch Mono- oder Diglyzeride lassen sich synthetisch herstellen, ob indessen derartige Produkte in den natürlichen Fetten enthalten sind, ist nicht mit Sicherheit bekannt, es besteht aber die Wahrscheinlichkeit, daß sie bei stufenweiser Verseifung in ranzig werdenden Fetten sowie beim Fettspaltungsprozeß entstehen können.

Bis gegen Ende des vorigen Jahrhunderts nahm man an, daß die natürlichen Fette ausschließlich aus einfachen Triglyzeriden — Tripalmitin, Tristearin, Triolein usw. — bzw. aus Gemischen derselben beständen. Die neuere Forschung hat indessen gezeigt, daß die Fette auch gemischte Ester enthalten, d. h. Verbindungen, in denen dasselbe Glyzerinmolekül mit zwei oder drei verschiedenartigen Fettsäuren verbunden ist.

Von den Fetten streng zu unterscheiden sind die Wachsarten, zu denen insonderheit auch das bei der Seifenfabrikation bisweilen verwandte Wollfett gehört. Die Wachse sind in der Hauptsache ebenfalls esterartige Verbindungen der Fettsäuren, an die Stelle des Glyzerins

[1]) Chimie org. fondée sur la synthèse Paris 1890, Vol. 2.

treten hier jedoch einwertige, in Wasser unlösliche, hochmolekulare, natürliche Alkohole, wie Cetylalkohol, $C_{16}H_{33}OH$, Myricylalkohol, $C_{30}H_{61}OH$, Cholesterin und Isocholesterin, $C_{27}H_{45}OH$ u. a. Aber auch durch Veresterung synthetischer, hochmolekularer sekundärer Alkohole (Pentatriakontanol u. a.) mit natürlichen Fettsäuren sind Wachsester der mannigfachsten Zusammensetzung erhalten worden[1]. In einigen Wachsarten, bspw. dem indischen Bienenwachs werden neben diesen Estern auch Kohlenwasserstoffe gefunden, die jedoch noch nicht nach jeder Richtung hin durchforscht sind. Überraschend reich an Kohlenwasserstoffen sind beispielsweise die Öle aus der Leber und den Eiern einiger Haifischarten, die nach Tsujimoto bis 85 vH. eines Squalen genannten ungesättigten Kohlenwasserstoffes enthalten[2] und die infolge ihres weiteren Gehaltes an ihrer Konstitution nach noch nicht völlig aufgeklärten Wachsalkoholen den Wachsarten selbst nahestehen.

Die Fettsäuren. Die in den natürlichen Fetten gebundenen Fettsäuren lassen sich nach ihrer Zusammensetzung in drei Gruppen einteilen, und zwar in Säuren

1. von der Zusammensetzung $C_nH_{2n}O_2$, die man als nichthydroxylierte, einbasische, gesättigte Säuren der Essigsäurereihe bezeichnet,
2. von der Zusammensetzung $C_nH_{2n-2}O_2$, $C_nH_{2n-4}O_2$, $C_nH_{2n-6}O_2$ und $C_nH_{2n-8}O_2$, die man als nichthydroxylierte, einbasische, ungesättigte Säuren der Ölsäure-, Linolsäure-, Linolensäure- und Clupanodonsäurereihe bezeichnet, und welche, den obigen Summenformeln entsprechend, ein, zwei, drei und vier doppelte Bindungen besitzen,
3. von der Zusammensetzung $C_nH_{2n-2}O_3$, die man als hydroxylierte, einbasische, ungesättigte Säuren der Rizinusölsäurereihe bezeichnet und welche außer einer Doppelbindung eine Hydroxylgruppe als Substituenten besitzen.

Aus der Essigsäurereihe kommen in den Fetten vor: Buttersäure ($C_4H_8O_2$), Capronsäure ($C_6H_{12}O_2$), Caprylsäure ($C_8H_{16}O_2$), Caprinsäure ($C_{10}H_{20}O_2$), Laurinsäure ($C_{12}H_{24}O_2$), Myristinsäure ($C_{14}H_{28}O_2$), Palmitinsäure ($C_{16}H_{32}O_2$), Stearinsäure ($C_{18}H_{36}O_2$), Arachinsäure ($C_{20}H_{40}O_2$), Behensäure ($C_{22}H_{44}O_2$), Cerotinsäure ($C_{26}H_{52}O_2$). Die zuerst genannten vier Säuren sind bei gewöhnlicher Temperatur flüssig, mit Ausnahme der Buttersäure ölartig, und hinterlassen auf Papier zum Teil verschwindende Fettflecke. Sie besitzen einen unangenehmen ranzigen oder schweißigen Geruch, lassen sich unzersetzt destillieren und gehen beim Kochen mit Wasser, obgleich ihr Siedepunkt höher als der des Wassers liegt, mit den Wasserdämpfen über, weshalb sie auch als flüchtige Säuren bezeichnet werden. Für die Technik sind sie nicht von Bedeutung, da sie in den Fetten nur in sehr geringen Mengen vorkommen. Die übrigen oben genannten Fettsäuren sind bei gewöhnlicher Temperatur fest, geruch- und geschmacklos, hinterlassen auf Papier nicht wieder verschwindende Fettflecke und sind nur im luft-

---

[1] Vgl. Ad. Grün, Ulbrich und Krezil: Beiträge zur Synthese der Wachse. Ztschr. f. angew. Chem. 1926, **39**, S. 421.

[2] Chem. Zentralbl. 1920, I, S. 862.

leeren Raume oder mit überhitztem Wasserdampf (abgesehen von der Laurinsäure, die noch mit gewöhnlichen Wasserdämpfen übergeht) unzersetzt flüchtig. In Wasser sind sie vollkommen unlöslich, löslich aber in siedendem Alkohol, aus dem sie sich beim Erkalten in Kristallen ausscheiden und leicht löslich auch in Äther. Ihre Lösungen röten Lackmus nur schwach. Beim Erhitzen entzünden sie sich und brennen mit leuchtender, rußender Flamme.

Die wichtigsten von diesen Fettsäuren sind die Laurinsäure, die Palmitinsäure und die Stearinsäure.

Die Laurinsäure ist fest, bildet aus Alkohol kristallisiert weiße, büschlig vereinigte, seidenglänzende Nadeln ohne Geruch und Geschmack. Ihr spezifisches Gewicht ist 0,883 bei 20° C, ihr Schmelzpunkt liegt bei 43,5—43,6° C. Große Mengen siedenden Wassers bringen noch merkliche Mengen der Säure in Lösung. Mit Wasserdämpfen ist sie noch zum größten Teil flüchtig und bildet in dieser Beziehung das Mittelglied zwischen den oben erwähnten flüchtigen und den nachstehend beschriebenen nichtflüchtigen Säuren. Von den Salzen der Laurinsäure sind die der Alkalimetalle amorph und leicht löslich in Wasser, die übrigen zum Teil kristallisierbar und schwer löslich oder unlöslich. Die Alkalisalze lassen sich erst durch große Mengen von Kochsalz aus ihren Lösungen aussalzen. Nach Stiepel[1]) wird das laurinsaure Natron erst in einer 17 proz. Kochsalzlösung unlöslich, während das stearinsaure Natron sich bereits aus einer 5 proz. Lösung ausscheidet.

Die Palmitinsäure besteht aus feinen, büschelförmig vereinigten Nadeln oder nach dem Schmelzen und Erstarren aus einer perlmutterglänzenden, schuppig kristallinischen Masse, ist geschmack- und geruchlos, schmilzt bei 62° C und hat bei dieser Temperatur im flüssigen Zustande das spezifische Gewicht 0,8527. Sie ist bei etwa 350° C zum großen Teile unzersetzt destillierbar, bei einem Druck von 100 mm siedet sie bei etwa 270°. In kaltem Alkohol ist die Palmitinsäure schwer löslich, indem 100 Teile absoluten Alkohols bei 19,5° nur 9,32 Teile der Säure auflösen. Von siedendem Alkohol wird sie jedoch leicht aufgenommen, so daß sie aus diesem Lösungsmittel gut umkristallisiert werden kann. Verdünnte Säuren sind ohne Einwirkung auf Palmitinsäure, in konzentrierter Schwefelsäure löst sie sich auf, wird aber beim Verdünnen unverändert ausgeschieden. Kochende konzentrierte Schwefelsäure greift sie langsam an. Die Salze der Palmitinsäure sind denen der Stearinsäure (s. unten) sehr ähnlich; nur sind sie um ein geringes leichter löslich.

Reine aus Alkohol kristallisierte Stearinsäure besteht aus weißen, glänzenden Blättern, welche bei 69,3° C zu einer vollkommen farblosen Flüssigkeit schmelzen und beim Abkühlen zu einer kristallinischen, durchscheinenden Masse erstarren. Beim Erhitzen auf 360° C beginnt sie unter teilweiser Zersetzung zu sieden. Unter vermindertem Drucke läßt sie sich unzersetzt destillieren, bei 100 mm siedet sie bei 291° C.

[1]) Seifenfabrikant, 1901, **21**, S. 933.

Auch bei der Destillation mit überhitztem Wasserdampf geht sie zum größten Teil unverändert über. Ihr spezifisches Gewicht ist bei 11° C gleich 1; bei höheren Temperaturen schwimmt sie aber auf dem Wasser, weil sie sich durch Wärme rascher ausdehnt als dieses. Das spezifische Gewicht der bei 69,2° C geschmolzenen Säure ist 0,8454. Die Stearinsäure ist geruch- und geschmacklos, fühlt sich fettig an und hinterläßt auf Papier einen Fettfleck. In Wasser ist sie unlöslich, leicht löslich in heißem Alkohol. In kaltem Alkohol ist sie noch schwerer löslich als die Palmitinsäure. 1 Teil Stearinsäure löst sich in 40 Teilen absoluten Alkohols, Äther löst sie leicht auf. Bei 23° C löst 1 Teil Benzol 0,22 Teile, Schwefelkohlenstoff 0,3 Teile Stearinsäure.

Die Salze der Stearinsäure und der anderen nicht flüchtigen Fettsäuren werden Seifen genannt. Die Alkalisalze werden durch Erhitzen von Stearinsäure mit den wässerigen Lösungen von kohlensaurem Kali oder Natron, oder durch die Neutralisation einer alkoholischen Stearinsäurelösung mit einer wässerigen Alkalikarbonatlösung und nachfolgendes Eindampfen erhalten. Die Alkalistearate sind in reinstem Zustande kristallisiert. Im Wasser zeigen sie ein auch für die Alkaliseifen anderer Fettsäuren charakteristisches Verhalten. Beim Kochen mit einer nicht zu großen Menge Wasser lösen sie sich klar auf, geben aber beim Erkalten eine trübe, gallertige Masse. Mit viel Wasser liefern sie keine klare Lösung, sondern eine trübe Flüssigkeit, welche beim Schütteln einen starken Schaum gibt, der ziemlich lange bestehen bleibt. Durch Kochsalz werden die Alkalistearate aus ihren Lösungen ausgeschieden, und zwar kann das Kaliumsalz durch wiederholtes Aussalzen mit Chlornatrium vollständig in das Natronsalz umgewandelt werden. Alkohol nimmt die stearinsauren Alkalien in der Wärme leicht auf; beim Erkalten konzentrierter Lösungen scheiden sich die Seifen aber auch hier meist in gallertartigem Zustande aus, um bei längerem Stehen in die kristallinische Form überzugehen. In Äther und Petroläther sind sie unlöslich.

Das stearinsaure Kalium ($C_{18}H_{35}O_2K$) bildet fettglänzende Nadeln, die sich in 6,6 Teilen kochenden Alkohols lösen. Versetzt man seine heiße wässerige Lösung mit viel Wasser, so fällt ein im Wasser unlösliches saures Stearat ($C_{18}H_{35}O_2K \cdot C_{18}H_{36}O_2$) in perlglänzenden Schuppen aus. Das stearinsaure Natron besteht aus glänzenden Blättern und ist dem Kalisalz sehr ähnlich. Das Kalzium-, Strontium- und Bariumstearat fallen als kristallinische Niederschläge aus, ebenso das Magnesiumsalz, das aus heißem Alkohol umkristallisiert werden kann. Die Salze der Schwermetalle sind meist amorph, so das Silber-, Kupfer- und Bleisalz. Letzeres ist bei 125° C ohne Zersetzung schmelzbar.

Chevreul erwähnt des weiteren unter den festen Säuren, welche bei der Verseifung der Fette erhalten werden, eine bei 60° C schmelzende, der er den Namen Margarinsäure gab. Heintz[1]) hat später gezeigt, daß die sogenannte Margarinsäure ein Gemisch von Stearinsäure und

[1]) Journ. f. prakt. Chem. 1902, **66**, S. 1.

Palmitinsäure ist und fand, daß etwa ein Gemisch von 10 vH. Stearinsäure und 90 vH. Palmitinsäure den Schmelzpunkt und die sonstigen Eigenschaften jener hypothetischen Säure zeigt.

Für die Fabrikation von Stearinkerzen ist das Verhalten der Stearin- und Palmitinsäure beim Zusammenschmelzen von großer Wichtigkeit. Gottlieb[1]) hatte beobachtet, daß der Schmelzpunkt der sogenannten Margarinsäure, die selbst bei 60° C schmelzen sollte, beim Vermischen mit etwas Stearinsäure unter 60° fiel. Heintz verfolgte dies eigentümliche Verhalten weiter und fand, daß sich Gemische von festen Fettsäuren wie gewisse Metallegierungen verhalten, indem sie einen niedrigeren Schmelzpunkt zeigen als die Einzelbestandteile selbst. Über das Verhalten der Gemische von Stearinsäure und Palmitinsäure hat er folgende Tabelle aufgestellt:

Schmelzpunkt	Zusammensetzung der Mischung Stearinsäure	 Palmitinsäure	Art zu erstarren
67,2°	90	10	Schuppig kristallinisch
65,3°	80	20	Feinnadlig kristallinisch
62,9°	70	30	„ „
60,1°	10	90	Schön großnadlig kristallinisch
57,5°	20	80	Sehr undeutlich nadlig
56,6°	50	50	Großblättrig kristallinisch
56,3°	40	60	„ „
55,6°	35	65	Unkristallinisch, völl. glänzend
55,2°	32,5	67,5	„ „ „
55,1°	30	70	„ „ glanzlos

Obgleich nun die Erniedrigung des Schmelzpunktes den Wert des Gemisches für die Fabrikation von Kerzen verringert, so sind doch die sonstigen Veränderungen, welche die fetten Säuren beim Zusammenschmelzen erfahren, von so großem Wert für ihre Benutzung, daß jener Nachteil kaum ins Gewicht fällt. Die reinen Säuren sind weich, locker und leicht zerreiblich, während die Gemische dichter und härter sind und so dem Drucke ausgesetzt werden können, welcher erforderlich ist, um die Ölsäure aus dem rohen Fettsäuregemisch abzupressen. Die reinen Säuren ziehen sich ferner beim Erstarren so zusammen, daß daraus gegossene Kerzen kein schönes Aussehen besitzen, während das Gemisch der Säuren wenig kristallinisch bis amorph ist, so daß sich aus der halberstarrten Masse dichte, nicht kristallinische Kerzen gießen lassen. Kerzen aus reinen Fettsäuren sind weich, zerreiblich, nicht durchscheinend und besitzen keinen Glanz; Kerzen aus einem Gemisch von fetten Säuren sind hart, glänzend und durchscheinend.

Aus der Ölsäurereihe kommen in den Fetten vor: Hypogaeasäure ($C_{16}H_{30}O_2$), die ihr isomere Physetölsäure ($C_{16}H_{30}O_2$), Ölsäure ($C_{18}H_{34}O_2$), die ihr isomere Rapinsäure ($C_{18}H_{34}O_2$), Eruka- oder Brassikasäure ($C_{22}H_{42}O_2$). Diese Säuren sind bei gewöhnlicher Temperatur teils fest, teils flüssig, sämtlich aber bei wenig erhöhter Temperatur

[1]) Ann. d. Chem. u. Pharm. 57, S. 33.

schmelzbar. In Alkohol sind sie viel leichter löslich als die Glieder der Essigsäurereihe mit gleicher Kohlenstoffzahl. Sie gehören zu den ungesättigten Säuren und sind daher wie alle ungesättigten Verbindungen durch eine Reihe charakteristischer Reaktionen ausgezeichnet, zu denen die gesättigten Fettsäuren nicht befähigt sind. Insonderheit besitzen sie die Fähigkeit, unter geeigneten Bedingungen Wasserstoff, Chlor, Brom und Jod, und zwar je zwei Atome aufzunehmen, wobei sie in die Säuren der Essigsäurereihe oder deren Substitutionsprodukte übergehen. Erhitzt man z. B. Ölsäure mit rauchender Jodwasserstoffsäure bei Gegenwart von rotem Phosphor auf 200—210° C, so geht sie in Stearinsäure über entsprechend der Gleichung:

$$\underset{\text{Ölsäure}}{C_{18}H_{34}O_2} + 2\,HJ = \underset{\text{Stearinsäure.}}{C_{18}H_{36}O_2} + J_2$$

Leichter und vollständiger gelingt diese Überführung noch, wenn man nach dem DRP. 141029 durch ein im Ölbade erwärmtes Gemisch aus reiner Ölsäure und feinem, durch Reduktion im Wasserstoffstrom erhaltenen Nickelpulver einen kräftigen Wasserstoffstrom hindurchleitet, ein Prozeß, der nach Übertragung auf die Neutralfette als „Fetthärtung" im Laufe der letzten beiden Jahrzehnte große technische Bedeutung erlangt hat.

Die wichtigste Säure aus dieser zweiten Ölsäurereihe ist die Ölsäure selbst, auch Oleïnsäure oder Elaïnsäure genannt. Sie ist in reinem Zustande bei gewöhnlicher Temperatur flüssig und erstarrt bei + 4° C zu einer harten kristallinischen Masse, die bei + 14° C wieder schmilzt. Das spezifische Gewicht ist 0,898 bei + 15° C. In ganz reinem Zustande ist sie ein farbloses, geschmack- und geruchloses Öl, welches Lackmuspapier nicht rötet; dagegen entfärbt die reine Ölsäure durch ein Tröpfchen Alkali gerötete Phenolphtaleïnlösung[1]). In Wasser ist die Ölsäure unlöslich, leicht löslich aber schon in kaltem Alkohol, selbst wenn er verdünnt ist. Durch größere Mengen Wasser wird sie indessen wieder aus der alkoholischen Lösung abgeschieden. Für sich allein ist die Ölsäure bei gewöhnlichem Druck nicht destillierbar; sie geht aber in einem überhitzten Dampfstrom bei 250° C unzersetzt über. Beim Stehen an der Luft verändert sie sich durch Aufnahme von Sauerstoff; sie wird dann gelb und übelriechend, nimmt einen kratzenden Geschmack an und rötet Lackmus. Beim Durchleiten von Luft wird Ölsäure, die auf 200° erhitzt ist, nach Benedikt und Ulzer[2]) zum größten Teil in Oxyölsäure übergeführt. Salpetersäure oxydiert Ölsäure lebhaft. Salpetrige Säure verwandelt sie in die isomere Elaïdinsäure. Diese ist kristallinisch, schmilzt bei 51 bis 52° C, ist löslich in Alkohol und Äther, unlöslich in Wasser, reagiert sauer und läßt sich unzersetzt destillieren. Auf eine Temperatur von 60° C gebracht, absorbiert sie Sauerstoff und erstarrt dann nicht wieder.

---

[1]) Benedikt-Ulzer: Analyse der Fette und Wachsarten, 4. Aufl., Berlin 1903, S. 23.

[2]) Benedikt und Ulzer: Ztschr. f. chem. Ind. 1887, Heft 9.

Oxydierte Ölsäure wird durch salpetrige Säure nicht in Elaïdinsäure verwandelt.

Durch Schmelzen mit Ätzkali zerfällt die Ölsäure unter Wasserstoffentwicklung in Palmitinsäure und Essigsäure gemäß der Gleichung:

$$\underset{\text{Ölsäure}}{C_{18}H_{34}O_2} + \underset{\text{Ätzkali}}{2\,KOH} = \underset{\text{Essigs. Kali}}{C_2H_3O_2K} + \underset{\text{Palmitins. Kali}}{C_{16}H_{31}O_2K} + \underset{\text{Wasserstoff.}}{H_2}$$

Diese Reaktion, die nach ihrem Entdecker meist als Varrentrappsche Reaktion bezeichnet wird[1]), ist bereits in den sechziger Jahren des vorigen Jahrhunderts zur Herstellung von Palmitinsäure vorübergehend technisch verwertet worden[2]).

Die Salze der Ölsäure verhalten sich in bezug auf ihre Löslichkeit in Wasser denen der festen Fettsäuren ähnlich, da nur die Alkalisalze löslich sind. Dagegen sind alle anderen Salze in Alkohol und einige auch in Äther löslich; zu den letzteren gehört das Bleisalz. Das Silbersalz der Ölsäure ist in Äther unlöslich. Die Alkalisalze scheiden sich aus ihren wässerigen Lösungen bei Zusatz von überschüssigem Alkali, Chlornatrium usw. aus. Alle Salze der Ölsäure sind weicher als die der festen Fettsäuren und meist unzersetzt schmelzbar.

Ölsaures Natron ($C_{18}H_{33}O_2Na$) kann aus absolutem Alkohol kristallisiert erhalten werden. Es löst sich in 10 Teilen Wasser von 12° C, in 20,6 Teilen Alkohol vom spezifischen Gewicht 0,821 bei 13° C und in 100 Teilen siedenden Äthers (Chevreul). Das Kalisalz bildet eine durchsichtige Gallerte, die in 4 Teilen kalten Wassers und auch in Alkohol und Äther weit leichter löslich ist als das Natronsalz. Das Bariumsalz ist ein in Wasser unlösliches Kristallpulver, welches bei 100° C zusammenbackt, ohne zu schmelzen. Von kochendem Alkohol wird es sehr schwer aufgenommen. Das ölsaure Blei stellt ein weißes, lockeres Pulver dar, das bei 80° C zu einer gelben Flüssigkeit schmilzt und nach dem Erkalten zu einer spröden Masse erstarrt. In Äther ist das Bleioleat klar löslich, dagegen nur wenig löslich in absolutem Alkohol.

Die Linolsäure ($C_{18}H_{32}O_2$), die Linolensäure ($C_{18}H_{30}O_2$) und die Isolinolensäure ($C_{18}H_{30}O_2$) bilden die flüssige Fettsäure des Leinöls, die von Hazura[3]) als ein Gemisch dieser drei oben genannten Säuren erkannt wurde. Man faßt diese Säuren unter dem Namen trocknende Säuren zusammen, da sie die Fähigkeit besitzen, an der Luft leicht Sauerstoff aufzunehmen und in feste, unlösliche Körper überzugehen.

Die Linolsäure ist ein schwach gelbliches, in der Kälte nicht erstarrendes, fast geruchloses Öl vom spezifischen Gewicht 0,9206 bei 14° C. Sie reagiert schwach sauer und ist leicht löslich in Alkohol und Äther. Mit salpetriger Säure gibt sie im Gegensatz zur eigentlichen Ölsäure kein festes Produkt, sondern wird nur rötlich und dickflüssig. An der Luft nimmt sie viel rascher Sauerstoff auf und geht, in dünnen Schichten der Luft ausgesetzt, zuerst in eine feste, harzähnliche Substanz, die Oxyoleïnsäure, und schließlich in einen neutralen, in Äther

1) Varrentrapp: Liebigs Annalen **35**, S. 196.
2) Vgl. Muspratt **3**, S. 491; **5**, S. 154.
3) Monatsh. f. Chemie 1888, **9**, S. 180.

unlöslichen Körper, das Linoxyn, über[1]). Bei der katalytischen Behandlung mit Wasserstoff wird die Linolsäure ebenso wie die Linolen- und Isolinolensäure in Stearinsäure verwandelt. Die Salze der Linolsäure kristallisieren nicht und sind in Alkohol und Äther löslich.

Die Linolensäure ist ein Öl von eigenartigem, fischöl- oder firnisähnlichem Geruch, während die Isolinolensäure bisher nicht isoliert wurde. Ihre Existenz ist jedoch durch die Untersuchung der aus der Linolensäure erhaltenen Oxydationsprodukte wahrscheinlich gemacht[2]).

Die Clupanodonsäure ($C_{18}H_{28}O_2$) endlich wurde von Tsujimoto[3]) aus dem Sardinentran als schwachgelbliche, fischartig riechende Flüssigkeit isoliert, die sich an der Luft unter Bildung eines trockenen Firnisses oxydiert und wahrscheinlich der Träger des spezifischen Trangeruches ist. Bei der katalytischen Reduktion geht sie ebenfalls in Stearinsäure über. Durch Alkalischmelze wird sie ebenso wie die vorbesprochenen Fettsäuren mit mehrfacher Doppelbildung zu einer niedriger molekularen Säure abgebaut, indem für jede Doppelbindung zwei Kohlenstoffatome in Form der Essigsäure zur Abspaltung kommen.

Als Vertreter der hydroxylierten einbasischen, ungesättigten Säuren der Rizinusölsäurereihe ist vor allem die Rizinusölsäure selbst, auch Rizinolsäure genannt, hervorzuheben. Diese ist bei 15° C ein dickes Öl von 0,940 spezifischem Gewicht; ihr Schmelzpunkt liegt nach Juillard[4]) bei 4—5° C. Sie ist nicht unzersetzt flüchtig und in Alkohol und Äther in jedem Verhältnis löslich.

Beim Destillieren unter 50 mm Druck siedet sie wenig über 250° und liefert eine ölige Säure $C_{18}H_{32}O_2$, die nach Zusammensetzung und Charakter der Linolsäure ähnlich ist. Die aus dem Rizinusöl dargestellte Säure ist nach Walden[5]) optisch aktiv, verliert aber diese Eigenschaft wider Erwarten bei der Hydrierung, die eine optisch inaktive, nicht racemische Monooxystearinsäure entstehen läßt[6]). Bei längerem Aufbewahren wird die Rizinusölsäure durch Polymerisation dick und zähflüssig, absorbiert jedoch keinen Sauerstoff. Durch salpetrige Säure wird sie in die stereoisomere Rizinelaïdinsäure vom Schmelzpunkt 52—53° C übergeführt. In der Alkalischmelze liefert sie Sebazinsäure und sekundären Oktylalkohol. Die bei der katalytischen Reduktion entstehende Oxystearinsäure geht bei der Destillation in eine feste Ölsäure, vermutlich die Isoölsäure ($C_{18}H_{34}O_2$) über. Bei der Einwirkung von konzentrierter Schwefelsäure auf Rizinolsäure entsteht, ähnlich wie bei Verwendung von Ölsäure (Oxystearinschwefelsäure), zunächst Dioxystearinschwefelsäure, daneben aber auch schwefelfreie Kondensations- und Polymerisationsprodukte.

Die Salze der Rizinusölsäure verhalten sich ähnlich wie die der Ölsäure, die meisten lassen sich kristallisiert erhalten. Die wässerige

---

[1]) Mulder: Jahresber. 1865, S. 324.
[2]) Hazura: Monatsh. f. Chemie 1888, **9**, S. 180.
[3]) Journ. Coll. of Eng., Tokyo 1906, **2**, S. 1; 1908, **4**, S. 177ff.
[4]) Juillard: Bull. Soc. chim. 1895, S. 240.
[5]) Ber. d. Deutsch. Chem. Ges. 1894, **27**, S. 3472.
[6]) Ztschr. f. angew. Chem. 1925, **38**, S. 811.

Lösung der Alkalisalze besitzt jedoch im Gegensatz zu den Lösungen der vorbesprochenen fettsauren Alkalien kein Schaumvermögen, das Bleisalz ist in Äther löslich und schmilzt bei 100°.

Die Fett- und Wachsalkohole. Wie bereits erwähnt, sind die Fettsäuren in den natürlichen Fetten esterartig mit einem dreiwertigen Alkohol, dem Glyzerin, verbunden, während in der Hauptsache die gleichen Fettsäuren in den Wachsen mit hochmolekularen einwertigen Alkoholen verestert sind, unter denen der Cetylalkohol, der Myricylalkohol und das Cholesterin bzw. Isocholesterin besonders hervorzuheben sind.

Das Glyzerin ($C_3H_5(OH)_3$) ist in reinem Zustand eine neutrale, farb- und geruchlose, süßschmeckende Flüssigkeit von sirupartiger Konsistenz. Bei starker Abkühlung erstarrt es in rhombischen Kristallen, die erst wieder bei 20° C schmelzen. Die Angaben über das spezifische Gewicht stimmen nicht genau untereinander überein, weil das Glyzerin auf Grund seiner hygroskopischen Eigenschaften nur schwer von den letzten Anteilen Wasser befreit werden kann. Es ist bei 15° C nach Chevreul 1,27, nach Pelouze 1,28, nach Mendelejeff 1,26385 bezogen auf Wasser von 0° oder 1,26468 bezogen auf Wasser von 15° C, nach Gerlach 1,2653 (Wasser von 15° C = 1), bei 17,5° C nach Strohmer 1,262. Glyzerin läßt sich in allen Verhältnissen mit Wasser mischen, dabei tritt Volumenverminderung und Temperaturerhöhung ein. Es ist ferner mischbar mit Alkohol, leicht löslich in ätherhaltigem Alkohol, sehr schwer aber in Äther allein. Mit Wasserdämpfen ist es leicht flüchtig, weshalb mehr als 70proz. Glyzerinlösungen durch Eindampfen ohne Verlust nicht konzentriert werden können. Reines Glyzerin siedet unter gewöhnlichem Druck unzersetzt[1]), bei Gegenwart von Verunreinigungen zerfällt es aber während der Destillation teilweise in Wasser und Akroleïn (C_3H_4O), dessen Dämpfe die Augen sehr angreifen und im Schlunde heftiges Kratzen verursachen. Im Vakuum ist das Glyzerin jedoch unzersetzt flüchtig. Für viele Salze besitzt es ein sehr bedeutendes Lösungsvermögen, auch in Wasser unlösliche Seifen vermag es in geringer Menge aufzunehmen. Mit Basen bildet es salzartige Verbindungen, die Glyzerate genannt werden, und unter denen die der Alkalien, alkalischen Erden und des Bleis besonders zu nennen sind. Mit Schwefelsäure entstehen Schwefelsäureester, die unbeständig und leicht zerfließlich, auch im Vakuum nicht destillierbar sind, mit Salpetersäure die Salpetersäureester oder Glyzerinnitrate, unter denen das Trinitrat oder Nitroglyzerin, eine ölige, blaßgelbe Flüssigkeit vom spez. Gew. 1,61 für die Darstellung von rauchlosem Schießpulver und Sprengstoffen (Dynamit) große technische Bedeutung besitzt. Der Phosphorsäureester, die Glyzerinphosphorsäure besitzt infolge ihrer Verwandtschaft zum Lezithin, dem Hauptbestandteil der Nervensubstanz, ein physiologisches Interesse.

Durch wasserentziehende Mittel wird das Glyzerin in Akroleïn übergeführt, Oxydationsmittel wirken stark zersetzend und in der Alkali-

---

[1]) Mendeljeff: Liebigs Annalen **114**, S. 167.

schmelze bilden sich Ameisensäure und Essigsäure unter gleichzeitiger Wasserstoffentwicklung.

Während des Krieges wurde Glyzerin (Protol) in großen Mengen auch durch Gärung nach einem von Connstein und Lüdecke ausgearbeiteten Verfahren[1]) hergestellt.

Der Cetylalkohol ($C_{16}H_{33}OH$), hauptsächlich im Walrat vorkommend, ist eine weiße kristallinische Masse, ohne Geschmack und Geruch, die bei 50° C schmilzt und bei 344° C siedet; er ist unlöslich in Wasser, löslich in Alkohol und sehr leicht löslich in Äther und Benzol. Durch Oxydation mit Kaliumbichromat und Schwefelsäure wird er in Palmitinsäure übergeführt. In der Alkalischmelze entsteht ebenfalls Palmitinsäure unter Wasserstoffentwicklung.

Der Myricylalkohol (Melissylalkohol, $C_{30}H_{61}OH$) findet sich in verschiedenen Wachsarten, vornehmlich im Bienenwachs. Er kristallisiert aus Äther in kleinen, seidenglänzenden Kristallen vom Schmelzpunkt 88°, bei der Destillation zersetzt er sich teilweise, in der Alkalischmelze gibt er Melissinsäure $C_{30}H_{60}O_2$.

Das Cholesterin ($C_{27}H_{45}OH$) kristallisiert aus Chloroform in wasserfreien Nadeln vom spezifischen Gewicht 1,067, welche bei 145 bis 146° C schmelzen. Aus wasserhaltigem Alkohol oder Äther scheidet es sich in Blättchen mit 1 Mol. Kristallwasser ab, welches schon beim Stehen über Schwefelsäure, rascher beim Trocknen gegen 100° C abgegeben wird. Das Cholesterin ist unlöslich in Wasser, sehr wenig löslich in kaltem, verdünnten Alkohol. Es löst sich in 9 Teilen kochenden Alkohols vom spezifischen Gewicht 0,84 und in 5,55 Teilen von 0,82 spezifischem Gewicht. Äther, Schwefelkohlenstoff, Chloroform und Petroleum nehmen es leicht auf. Seine Lösungen drehen die Polarisationsebene des Lichtes nach links. Das Molekularbrechungsvermögen beträgt 201. Bei vorsichtigem Erhitzen ist es unzersetzt flüchtig; doch destilliert man es besser unter vermindertem Druck. Seine chemische Zusammensetzung ist noch nicht mit Sicherheit festgestellt. In der Alkalischmelze entstehen keine Fettsäuren. Das ihm ähnliche Isocholesterin kristallisiert aus Äther in feinen Nadeln vom Schmelzpunkt 137—138° C. Im Gegensatz zum Cholesterin dreht es die Polarisationsebene nach rechts.

Das Cholesterin ist ebenso wie das Isocholesterin ein wesentlicher Bestandteil des Wollfettes. Da aber außerdem alle animalischen Öle und Fette geringe Mengen Cholesterin enthalten, so deutet seine Anwesenheit in reinem Öl oder Fett auf animalischen Ursprung hin. Für den Nachweis besonders charakteristisch ist die Liebermannsche Reaktion, nach der sich beim Einträufeln von konzentrierter Schwefelsäure in eine kalt gesättigte Lösung von Cholesterin in Essigsäureanhydrid eine rosenrote und dann dauernde Blaufärbung bildet.

Die natürlichen Glyzeride. Die natürlichen Fette sind zum größten Teil Gemische verschiedenartiger Triglyzeride, unter denen das Tristearin, das Tripalmitin und das Trioleïn die am häufigsten vorkom-

[1]) Ber. d. Dtsch. Chem. Ges. 1919, **52**, S. 1385.

menden und daher auch die wichtigsten sind. Daneben hat als Bestandteil des Kokosöles insonderheit das Trilaurin technische Bedeutung.

Die charakteristischen Eigenschaften der Glyzeride werden im allgemeinen durch den Charakter der an das Glyzerin gebundenen Fettsäuren bedingt. Die Schmelzpunkte liegen in der Regel aber niedriger als diejenigen der Stammsäuren, und zwar ist hier die zuerst von Heintz am Tristearin beobachtete Erscheinung des sogenannten doppelten Schmelzpunktes besonders auffallend.

Das Tristearin $[C_3H_5(C_{18}H_{35}O_2)_3]$, das gewöhnlich kurz nur als Stearin bezeichnet wird, bildet farblose, perlmutterglänzende Schuppen, die bei 71,6 ° C schmelzen und bei 70 ° C zu einer undeutlich kristallinischen Masse erstarren; erhitzt man das Stearin jedoch mindestens 4 ° über seinen Schmelzpunkt, so erstarrt es erst bei 52 ° C zu einer wachsähnlichen Masse und schmilzt dann bei 55 ° C. Erwärmt man dieses wieder einige Grade über seinen Schmelzpunkt, so nimmt es den ursprünglichen Schmelzpunkt von 71,6 C wieder an. Zur Erklärung dieser auch bei anderen Triglyzeriden beobachteten Schmelzpunktsanomalien nimmt man die Bildung isomerer Glyzeride an (Koordinationsisomerie)[1]), doch wird man bei gemischten (mehrsäurigen) Triglyzeriden in erster Linie als Ursache derselben auch eine Stellungsisomerie (Umesterung) betrachten dürfen. Das Stearin ist unlöslich in Wasser, wenig löslich in kaltem Alkohol und Äther, aber leicht löslich in warmem Äther und kochendem Alkohol. Benzin und Chloroform lösen es schon bei gewöhnlicher Temperatur. Bei der Destillation erleidet es Zersetzung.

Das Tripalmitin $[C_3H_5(C_{16}H_{31}O_2)_3]$, kurz Palmitin genannt, ist neben dem Stearin in den talgartigen und in vorwiegender Menge in den schmalzartigen Fetten enthalten. Da es sich indessen von dem Stearin nur schwierig trennen läßt, so ist es sehr schwer rein darzustellen. Das Tripalmitin besteht aus kleinen, perlmutterglänzenden Kristallen, die in kaltem Alkohol sehr schwer, in kochendem etwas leichter löslich sind und sich beim Erkalten in Flocken ausscheiden. In siedendem Äther und Benzin ist es in allen Verhältnissen löslich, in Chloroform löst es sich bereits bei gewöhnlicher Temperatur. Beim Erhitzen zeigt es ebenfalls die Erscheinung des doppelten Schmelzpunktes, indem es bei 50,5 ° C schmilzt, bei weiterem Erwärmen aber wieder erstarrt und erst bei 66,5 ° C neuerdings geschmolzen ist[2]).

Das Trilaurin $[C_3H_5 (C_{12}H_{23}O_2)_3]$ bildet weiße, stern- oder baumförmig gruppierte Nadeln, die bei 45—46 ° C schmelzen, erst bei 23 ° C wieder erstarren und sich nicht in Wasser, schwer in kaltem, besser in heißem Alkohol, leicht aber in Äther und anderen organischen Lösungsmitteln lösen. Durch Kalilauge ist es ziemlich leicht zu verseifen und bildet dann einen klaren Seifenleim. Im Vakuum ist es unzersetzt destillierbar. Bei 10 mm Druck liegt der Siedepunkt bei 260—275 ° C.

---

[1]) Vgl. A. Grün, Ztschr. d. Deutsch. Öl- u. Fettind. 1919. **39**, S. 225 u. 252.

[2]) Benedikt-Ulzer: Analyse der Fette und Wachsarten, 4. Aufl., Berlin 1903, S. 59.

Das Trioleïn [$C_3H_5(C_{18}H_{33}O_2)_3$], kurz als Oleïn bezeichnet, bildet den vorwiegenden Teil der nicht trocknenden Öle. Rein dargestellt bildet es ein farb- und geruchloses Öl, das bei —5° C in Kristallnadeln erstarrt. Es ist unlöslich in Wasser, schwer löslich in kaltem Alkohol, mit Äther aber in jedem Verhältnis mischbar. An der Luft dunkelt es nach, wird sauer und übelriechend (ranzig), indem die Ölsäure allmählich Zersetzung erleidet. Hierbei kommen nach den Untersuchungen von W. N. Stokoe[1]) aller Wahrscheinlichkeit nach sehr verschiedenartige und verwickelte Reaktionen in Betracht, die anscheinend ohne Mithilfe eines artfremden Sauerstoffüberträgers bei Gegenwart von Licht, Luft und Feuchtigkeit durch Autoxydation zu einem Zerfall der Ausgangsstoffe führen. Nach A. Tschirch[2]) entstehen so niedriger molekulare Fettsäuren, Aldehyde und Ketone, die einen charakteristischen Geruch besitzen, mit Wasserdampf flüchtig sind und die Säurezahl des Fettes erhöhen.

Wie sich die Ölsäure durch die Einwirkung von salpetriger Säure in Elaïdinsäure verwandelt, so geht auch das Oleïn unter denselben Verhältnissen in eine isomere feste Verbindung, das Elaïdin über. Letzteres besteht aus Kristallwarzen, die nach Meyer[3]) bei 32° C, nach Duffy[4]) bei 38° C schmelzen und sich in Alkohol fast gar nicht, in Äther leicht auflösen.

Zu erwähnen ist schließlich noch das Tririzinoleïn [$C_3H_5(C_{18}\text{-}H_{33}O_3)_3$], ein farbloses, neutrales, abführend wirkendes Öl, das optisch aktiv, mit Alkohol und Eisessig mischbar ist und leicht in die Ester anderer Alkohole überführt werden kann. Beim Aufbewahren erleidet es durch Polymerisation Veränderungen.

Neben diesen Glyzeriden, die stets das gleiche Fettsäureradikal enthalten, kommen jedoch auch gemischtsäurige Glyzeride vor, wie das Palmitodistearin, das Stearodipalmitin usw., die teilweise durch fraktionierte Kristallisation natürlicher Fette[5]), aber auch synthetisch durch Veresterung von Glyzerin mit diesen Fettsäuren in den mannigfachsten Formen[6]) gewonnen werden können[7]). Auch Triglyzeride mit drei verschiedenen Fettsäureradikalen sind aus natürlichen Fetten isoliert worden, wie z. B. das Oleopalmitobutyrin[8]) aus der Butter und das Myristopalmitooleïn[9]) aus dem Kakaofett.

---

[1]) J. Soc. Chem. Ind. 1921, **40** T., S. 75.

[2]) Schweizer. Apotheker-Ztg. 1924, **62**, Nr. 20 u. 21.

[3]) Liebigs Annalen **35**, S. 177.

[4]) Jahresber. 1852, S. 511.

[5]) Hansen: Arch. f. Hyg. 1902, **42**, S. 1.

[6]) Welche große Mannigfaltigkeit die Konstitution der in natürlichen Fetten vorkommenden Glyzeride aufweisen kann, zeigt das von A. Grün (Analyse d. Fette u. Wachse, Berlin 1925) entwickelte System der Glyzeride. Für die Kombination aus Stearin-, Palmitin- und Ölsäure lassen sich z. B. 36 verschiedene Triglyzeride voraussehen.

[7]) Gut: Ztschr. f. Biologie 1902, **44**, S. 78.

[8]) Blyth u. Robertson: Chem. Ztg. 1899, **23**, S. 129.

[9]) Klimont: Monatsh. f. Chemie 1902, **23**, S. 51. — Amberger und Bauch: Ztschr. f. Unters. d. Nahrungsm. 1924, **48**, S. 371.

Mit diesen Befunden ist die früher mitunter diskutierte Frage, ob notwendigerweise nur gleiche Fettsäuren in natürlichen Ölen und Fetten mit demselben Glyzerinmolekül zu einem Neutralfettmolekül vereinigt seien, verneinend beantwortet. Darüber hinaus wird neuerdings aber angenommen, daß die Fette, wie überhaupt Ester und Estergemische, in ihrem Verhalten wässerigen Salzlösungen gleichen, die auf Grund ihrer elektrolytischen Dissoziation zu Umsetzungen mannigfachster Art befähigt sind. Schon Emil Fischer hat in einer seiner letzten Arbeiten Austauschreaktionen innerhalb von Estergemischen, also Umesterungen, studiert und festgestellt, daß der Austausch von Säure und Alkoholrest hier in „ähnlicher Weise vollzogen werden könne wie bei den Salzen der Austausch der Ionen“[1]).

Bezüglich der Mengenverhältnisse, in welchen das Stearin, Palmitin und Oleïn in den Fetten vorkommen, ist zu bemerken, daß ein Fett um so fester ist, je mehr es von dem ersten enthält, und um so weicher, je mehr das letztere vorwaltet.

Die Aufspaltung und Verseifung der Fette.

Unter „Verseifung“ verstand man ursprünglich nur den chemischen Prozeß, welcher beim Kochen der Fette mit starken Basen vor sich geht, wobei sich Glyzerin und fettsaure Salze der Alkalien, Erdalkalien und gewisser Schwermetalle (Blei) bilden; im weiteren Sinne bezeichnet man aber — nicht ganz mit Recht — jede Reaktion, bei welcher die Fette auch ohne Mitwirkung von Basen in Glyzerin und Fettsäuren zerlegt werden, mit dem gleichen Namen. Im wissenschaftlichen Sprachgebrauch gilt als Verseifung jedoch lediglich der Prozeß, bei dem eine wirkliche Verseifung, d. h. die Salzbildung aus den Säuren stattfindet, während man die Aufspaltung der Fette, wie sie durch gespannten Wasserdampf, Mineralsäuren, aromatische Sulfosäuren und schließlich auch bei niedriger Temperatur durch lipolytische Fermente erfolgt, als Hydrolyse bezeichnet. In der Technik hat sich für Prozesse der zweiten Art auch der Begriff „Fettspaltung“ eingeführt.

Sämtliche Fettspaltungs- und Verseifungsmethoden verlaufen nach dem durch die folgende Gleichung ausgedrückten, einfachen Reaktionsschema:

$$\underset{\text{Neutralfett}}{C_3H_5\begin{cases}OOCR\\OOCR\\OOCR\end{cases}} + \underset{\text{Wasser}}{3\,H_2O} = \underset{\text{Glyzerin}}{C_3H_5\,(OH)_3} + \underset{\text{Fettsäure}}{3\,RCOOH}$$

so daß es sich bei diesen Verfahren also stets um den gleichen chemischen Vorgang, die Zerlegung eines Esters durch Wasseraufnahme in Alkohol und Säure, handelt. Bei der Verseifung durch eine zur Bindung der entstehenden Säuren hinreichende Menge von Basen (Kali, Natron, Kalk, Magnesia) entstehen an Stelle der freien Säuren deren

---

[1]) Ber. d. Deutsch. chem. Ges. 1920, **53**, S. 1636.

Salze, die man, wie schon mehrfach erwähnt, als Seifen bezeichnet. Der Prozeß verläuft dann in folgender Weise:

$$C_3H_5\left\langle\begin{matrix}OOCR\\OOCR\\OOCR\end{matrix}\right. + \underset{\text{Ätzkali}}{3\,KOH} = \underset{\text{Glyzerin}}{C_3H_5(OH)_3} + \underset{\text{Fetts. Kali}}{3\,RCOOK}$$

$$2\,C_3H_5\left\langle\begin{matrix}OOCR\\OOCR\\OOCR\end{matrix}\right. + \underset{\text{Ätzkalk}}{3\,Ca(OH)_2} = \underset{\text{Glyzerin}}{2\,C_3H_5(OH)_3} + \underset{\text{Fetts. Kalk}}{3(RCOO)_2Ca}$$

Bei Verwendung von Ätznatron zur Verseifung ergibt sich eine der ersten analoge, bei Verwendung von Magnesia eine der zweiten ähnliche Gleichung. Der Unterschied entsteht dadurch, daß Kalium und Natrium einwertige, Kalzium und Magnesium dagegen zweiwertige Metalle sind.

Im Laboratorium zerlegt man die Fette am zweckmäßigsten durch Verseifen mit alkoholischem Kali. Lewkowitsch[1]) gibt dafür folgende Vorschrift: „50 g Fett werden mit 40 ccm kaustischer Kalilösung von 1,4 spezifischem Gewicht und 40 ccm starkem Weingeist auf dem Wasserbade in einer Porzellanschale unter beständigem Rühren erhitzt, bis die Seife dick geworden ist. Sie wird alsdann in 1000 ccm Wasser aufgelöst und die Lösung über freiem Feuer gekocht, um den Alkohol zu verjagen. Dies geschieht am besten in der Weise, daß man das verdampfte Wasser von Zeit zu Zeit ersetzt. Die Seife wird hierauf durch Zusatz von verdünnter Schwefelsäure zersetzt, und die Lösung erhitzt, so daß die Fettsäuren sich als eine klare, ölige Masse auf der wässerigen Lösung absetzen. Letztere wird dann mit einem Heber abgezogen, und die Fettsäure mehrmals mit heißem Wasser gewaschen, bis die Schwefelsäure entfernt ist. Die warmen, flüssigen Fettsäuren werden durch ein trockenes Faltenfilter im Heißwassertrichter filtriert."

Auch im technischen Großbetrieb bietet die Verseifung im alkoholischen Lösungsmittel vielfache Vorteile, doch verwendet man zweckmäßigerweise alsdann höher molekulare, relativ hochsiedende und in Wasser unlösliche Alkohole, wie beispielsweise das durch Hydrierung des Phenols erhältliche Cyclohexanol und seine Homologen (Methylhexalin). Bei Gegenwart dieser weit über 100° siedenden Lösungsmittel ist der Verseifungsprozeß unter Bedingungen durchführbar, welche gewöhnlich nur eine schnelle Verseifung der Fette, hier aber auch eine vollständige Aufder spaltung mit den gewöhnlichen Mitteln nur schwer verseifbaren Wachse ermöglichen, wobei die erhaltenen Seifen, namentlich bei Verwendung schlecht riechender Fette und Trane, im Geruch weitgehend verbessert werden und durch die Anwesenheit der als Lösungsmittel verwandten Alkohole Eigenschaften erhalten, die sie vornehmlich für Textilzwecke als besonders geeignet erscheinen lassen[2]).

Mit kohlensauren Alkalien lassen sich die Neutralfette nur bei höherer Temperatur verseifen. Es erfolgt alsdann unter Entbindung von

---

[1]) Chemische Technologie und Analyse der Öle, Fette und Wachse. Braunschweig 1905, S. 64.

[2]) Siehe S. 139.

Kohlensäure eine Neutralisation der durch „Wasserverseifung“ primär entstehenden Fettsäuren. Diese Tatsache hat zuerst Tilghman[1]) technisch zu verwerten gesucht. Er vermischte das geschmolzene Fett mit der zur Verseifung notwendigen Menge einer Lösung von kohlensaurem Alkali und trieb die erhaltene Emulsion durch ein langes, gewundenes, schmiedeeisernes Rohr, das $^1/_2$ Zoll inneren und 1 Zoll äußeren Durchmesser hatte und in einer Feuerung lag. Je nach Beschaffenheit des Fettes wurde auf 260—330° erhitzt. Das Verfahren hat sich praktisch jedoch nicht bewährt.

Ammoniak, das sich sonst den Alkalien analog verhält, wirkt nicht wie diese auf Fette verseifend. Mischt man ein fettes Öl durch Schütteln mit einer wässerigen Ammoniaklösung, so entsteht eine Emulsion. Setzt man diese der Luft aus, so verflüchtigt sich das Ammoniak nach kurzer Zeit, und das Öl scheidet sich unverändert ab.

Beim Erhitzen von Neutralfetten mit Ammoniak unter Druck entsteht jedoch neben Fettsäureamiden auch Ammoniumseife, die mit Alkalisalzen zu Alkaliseifen umgesetzt werden kann.

Die Spaltung der natürlichen Glyzeride in Fettsäuren und Glyzerin besitzt für einen großen Teil der fettverarbeitenden Industrien, insonderheit für die Stearin- und Seifenindustrie, eine große, praktische Bedeutung. Für die erstere ist die Zerlegung des Fettmoleküls Selbstzweck, für die letztere stellt, soweit man von der Verseifung der Neutralfette absieht, die Fettsäure ein Halbfabrikat dar, dessen Neutralisation mit Alkali erst das Endprodukt ergibt. Die bei weitem wirtschaftlichere Methode der „Fettsäureverseifung“ hat dazu geführt, daß zum wenigsten alle größeren Betriebe heute über eine eigene Fettspaltungsanlage verfügen, so daß die Fettspaltung im eigenen Betriebe gewissermaßen als erste Phase der Seifenerzeugung gelten kann. Im folgenden sollen daher zunächst die technischen Verfahren der Fettspaltung, d. h. die Fettsäure- und Glyzeringewinnung, behandelt werden.

Die technischen Fettspaltungsverfahren. Der Fettindustrie stehen, wie bereits erwähnt, eine ganze Anzahl von Verfahren zur Verfügung, die eine Spaltung der Fette und eine wirtschaftliche Gewinnung des Glyzerins und der Fettsäuren in relativ reiner Form gewährleisten. Für die jeweilige Auswahl entscheidend ist vornehmlich die Art der vorzugsweise zu spaltenden Fette, da sich keins dieser Verfahren universell für die befriedigende Spaltung aller Fette eignen dürfte. Infolgedessen ist auch keins dieser Verfahren als absolut gut oder schlecht zu bezeichnen, da jedes im geeigneten Fall verwendbar ist.

Die heute meist verwandten Verfahren sind:

1. Die Fettspaltung im Autoklaven (Druckkessel) unter Zusatz eines fettspaltenden Oxydes,
2. Die Fettspaltung unter gewöhnlichem Druck mittels Mineralsäuren (Schwefelsäure),

---

[1]) Dingl. pol. J., 138. S. 123.

3. Die Fettspaltung unter gewöhnlichem Druck mit aromatischen Sulfofettsäuren (Twitchell-Reaktiv, Pfeilringspalter) oder auch hochmolekularen aliphatischen oder aromatischen Sulfosäuren (Kontaktspalter, Idrapidspalter),
4. Das fermentative oder enzymatische Fettspaltungsverfahren nach Connstein, Hoyer und Wartenberg,
5. Das Krebitzsche Kalkverseifungsverfahren, das an Stelle der Fettsäuren allerdings deren Kalkseifen ergibt, aber ebenfalls eine nahezu quantitative Abscheidung des Glyzerins ohne Verunreinigung gestattet.

Der von de Milly im Jahre 1851 eingeführte Autoklavenprozeß wird heute im allgemeinen unter Zusatz von 0,6 vH. Zinkoxyd, dem

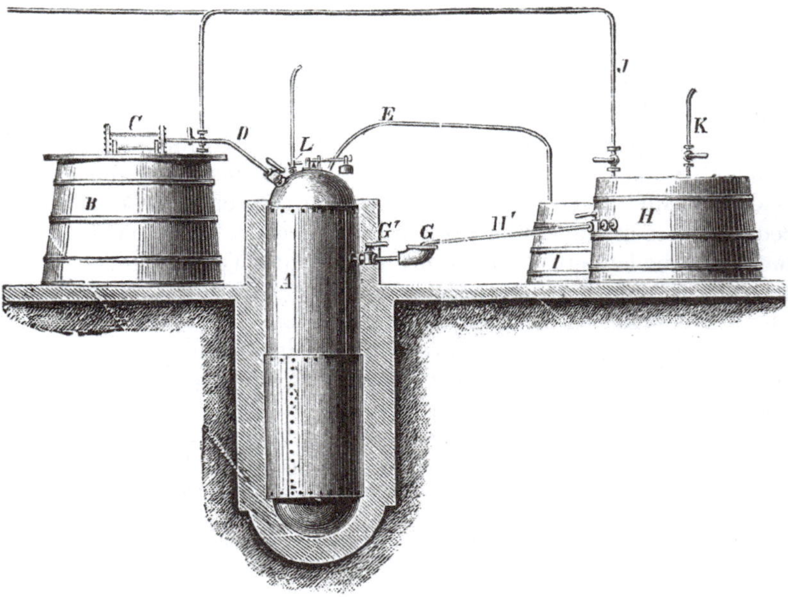

Abb. 1. Autoklav mit Zubehör für Fettspaltung.

0,3 vH. Zinkgrau (Zinkstaub) beigemischt ist, bei 6 Atm. in etwa 8 Stunden durchgeführt, und zwar in bezug auf die verwandte Apparatur im wesentlichen auch heute noch den Angaben de Millys entsprechend.

Abb. 1 zeigt den von ihm verwandten Autoklaven mit Zubehör. A ist ein geschlossenes zylindrisches Gefäß aus Kupfer mit einer Wandstärke von 18 mm, doppelt genietet und mit halbkugelförmigem Boden und Kopf versehen; es hat einen Durchmesser von 1,2 m und eine Höhe von 5 m, ist mit einem Sicherheitsventil S, einem Manometer und einem Mannloch versehen. Die Armaturen sind massiv und aus bester Hartbronze hergestellt. Durch das Rohr L steht der Apparat mit einem Dampfkessel in Verbindung, welcher Dampf von 6 Atmosphären Überdruck liefert.

Durch den Hahn L, von welchem ein Rohr bis auf den Boden des Autoklaven geht, tritt der Dampf in letzteren ein. Die Rohre D und E dienen zur Entleerung des Apparates nach beendeter Verseifung und gehen ebenfalls bis auf den Boden desselben[1]). Der Betrieb ist folgender: Das zu einer Beschickung erforderliche, gut vorgereinigte Fett (2500 kg) wird in dem hölzernen Bottich H mit Dampf geschmolzen und dann durch den Trichter G in den Apparat gebracht. Hierauf wird das Spaltmittel, 15 kg Zinkweiß und 7 kg Zinkgrau gleichmäßig mit Wasser oder Öl angerührt und dem auf etwa 50° erwärmten Autoklaveninhalt beigemischt. Schließlich werden noch 500 l Wasser nachgegeben. Nachdem der Apparat so beschickt ist, wird der Hahn am Trichter G geschlossen und der Dampfhahn L geöffnet. Der Dampf tritt am Boden ein, durchdringt die im Kessel befindliche Masse und arbeitet sie gut durcheinander. Der Druck im Autoklaven steigt bald auf 6 Atmosphären. Nach etwa 8 Stunden sperrt man den Dampf ab und überläßt den Apparat 2 Stunden der Ruhe, damit sich das glyzerinhaltige Wasser absetzen kann. Alsdann öffnet man den Hahn D — der Druck ist noch immer hinreichend stark, um die im Autoklaven befindliche Masse heraustreiben zu können —, so daß zunächst das unten befindliche Glyzerinwasser herausgepreßt wird und durch eine Filtriervorrichtung C in den Bottich B gelangt. Sobald das Glyzerin entfernt ist und die Fettmasse herauszutreten beginnt, schließt man den Hahn D, öffnet den Hahn E und läßt das Gemisch von Fettsäuren und Zinkseife in den Bottich I treten. Sobald sich alles in letzterem befindet, gibt man 30 kg Schwefelsäure von 66° Bé, die man zuvor auf 10 Bé verdünnt hat, unter Umrühren hinzu und läßt gleichzeitig Dampf einströmen. Hierbei soll die Temperatur jedoch nicht über 80—85° C steigen, da sonst die Farbe der Fettsäure leidet. Nach ungefähr 2 Stunden ist die Zersetzung der Zinkseife beendet. Man sperrt jetzt den Dampf ab, läßt die Fettsäure absitzen, um sie schließlich in einen Abziehbehälter abzulassen, wo sie vorteilhafterweise einer nochmaligen Waschung mit kochendem Wasser unterzogen wird.

Die so erhaltene Fettsäure enthält je nach Art des gespaltenen Fettes 86—95 vH. freie Fettsäure und ist auf Grund ihrer hellen Farbe insonderheit auch zur Seifenfabrikation vorzüglich verwendbar. Die technische Ausbeute an Glyzerin von 28° Bé beträgt, ebenfalls je nach Art des gespaltenen Fettes, 6,5—12 vH., und zwar 10—12 vH. bei Verwendung von Kottonöl, Olivenöl, Talg, Palmkernöl und Kokosöl, 7,5—9,5 vH. bei Verwendung von Knochenfett, Maisöl, Erdnußöl, Sesamöl, Palmöl und Leinöl und schließlich nur 6,5 vH. bei Verwendung von Tran und Rizinusöl, trotzdem auch hier eine theoretische Ausbeute von etwa 10 vH. erwartet werden sollte. Wahrscheinlich findet diese Tatsache ihre Erklärung in dem Umstand, daß die Tran- und Rizinusölfettsäuren auf Grund ihres Gehaltes an Oxyfettsäuren einen Teil des

[1]) Statt zweier Ablaßrohre verwendet man jetzt gewöhnlich nur ein Ablaßrohr. Dieses ist dann außerhalb des Autoklaven mit einem Dreiwegehahn versehen, und von diesem aus gehen die Verbindungen nach dem Glyzerinbottich und dem Fettsäurebottich.

Glyzerinwassers hartnäckig in Emulsion halten und nicht zum Absetzen gelangen lassen.

Als Vorteile einer Fettspaltung im Autoklaven ergeben sich vor allem, eine sorgfältige Arbeitsweise vorausgesetzt, die Sicherheit der Spaltung, die ein fast reines Rohglyzerin und hochprozentige Fettsäuren in guter Ausbeute gewährleistet und daneben die helle Farbe dieser Fettsäuren, die speziell für ihre Weiterverarbeitung auf Seifen von Bedeutung ist. Als Nachteil stehen dem jedoch die hohen Anschaffungskosten der Apparatur gegenüber, die bereits während der letzten Kriegsjahre mit M. 10000—20000 nicht zu niedrig bemessen wurden und heute wahrscheinlich noch höher sind.

Die Fettspaltung mit Mineralsäuren unter gewöhnlichem Druck, die sogenannte saure Verseifung, hat praktische Bedeutung heute nur noch für die Stearinindustrie. Aber auch hier kommt sie für sich allein lediglich bei stark fettsäurehaltigen, minderwertigen Fetten zur Anwendung, weil diese Spaltungsmethode stärkere Verluste an Glyzerin verursacht, das zudem auch qualitativ eine erhebliche Verschlechterung erfährt. In der Regel wird daher lediglich die durch Autoklavierung erhaltene 90—95 proz. Fettsäure einer Weiterspaltung durch konzentrierte Schwefelsäure unterworfen, um die in der Autoklavenfettsäure noch enthaltenen Neutralfettreste völlig zu zerlegen und so zu einer nahezu neutralfettfreien, gut kristallisierenden Fettsäure zu gelangen, die ihrer dunklen Färbung halber allerdings immer destilliert werden muß. Da indessen durch die chemische Einwirkung der Schwefelsäure auf die in dem Fettsäuregemisch enthaltene Ölsäure (Bildung von Isoölsäure und Stearolakton) die Ausbeute an festem Kerzenmaterial nicht unerheblich erhöht wird, so werden die Nachteile des Verfahrens durch dessen Vorteile weitgehend ausgeglichen.

Die hydrolytische Spaltung der Fette mit konzentrierter Schwefelsäure wird im wesentlichen durch die katalytische Wirkung der Wasserstoffionen dieser Säure bedingt. Daneben wird sie aber, und zwar besonders in bezug auf die für die Spaltung notwendige Zeitdauer außerordentlich durch den Umstand begünstigt, daß sich bei dieser Behandlung der Fette aus den darin enthaltenen ungesättigten Fettsäuren zunächst Sulfofettsäuren bilden, die ein großes Emulsionsvermögen und demzufolge die Fähigkeit besitzen, die Fette und zwar besonders auch die von der Schwefelsäure nicht angegriffenen Teile, in Wasser überaus fein zu verteilen. Dem weiteren Angriff der Schwefelsäure wird damit bei der nachfolgenden Verkochung mit Wasser eine große Oberfläche geboten, so daß die Hydrolyse selbst in relativ kurzer Zeit verlaufen kann.

Die praktische Ausführung dieses auch als Azidifikation bezeichneten Verfahrens geschieht am besten in der Weise, daß die bei 120° C vorgetrocknete, wasserfreie Fettmasse in den Azidifikator, einen mit Dampfmantel und Rührwerk versehenen zylindrischen Kessel, eingebracht und hier bei einer Temperatur von 110—120° C mit 4—6 vH. konzentrierter Schwefelsäure von 66° Bé rasch und innig durchmischt wird. Die Spaltung vollzieht sich in etwa 15—20 Minuten unter lebhafter Entwicklung von schwefliger Säure, die man durch einen auf dem Apparat befindlichen Schornstein ins Freie oder unter eine Feuerung entweichen läßt. Die Fettmasse färbt sich zunächst violett, wird dann aber immer dunkler und ist schließlich schwarz gefärbt. Nach Beendigung des Spaltungsprozesses wird sie in kochendes Wasser eingetragen, durch mehrstündiges Kochen von der anhaftenden Säure befreit und mehrmals noch mit heißem Wasser nachgewaschen. Das abgespaltene Glyzerin geht dann ebenfalls mit in die Waschwässer über. Die erhaltenen Fettsäuren werden zum Zweck einer weiteren Reinigung der Vakuumdestillation mit überhitztem Wasserdampf unterworfen.

Nach einer zweiten Methode, die meist nur bei der Verarbeitung minderwertiger, glyzerinarmer, zuvor nicht autoklavierter Fette in Anwendung kommt, wird das Fett in dem Azidifikator auf 70° C erwärmt und alsdann langsam mit 6—10 vH. konzentrierter Schwefelsäure vermischt, wobei man das Rühren durch überhitzten Dampf bewirkt. Von außen her wird die Temperatur allmählich auf 140—150° C gebracht und mehrere Stunden hindurch auf dieser Höhe erhalten. Alsdann wird die Fettmasse ebenfalls mit Wasser verkocht und in der oben geschilderten Weise weiter behandelt.

Die Fettspaltung unter gewöhnlichem Druck mit aromatischen Sulfofettsäuren, nach ihrem Erfinder Ernst Twitchell in Philadelphia meist als das Twitchellsche Spaltverfahren (DRP. 114491) bezeichnet, kann in gewisser Beziehung als eine glückliche Modifikation der Schwefelsäurespaltung angesehen werden. Während nämlich dort das fettspaltende Prinzip, die Sulfofettsäure, in dem zur Spaltung kommenden Fett durch Wechselwirkung mit der Schwefelsäure erst gebildet wird, verwendet Twitchell ein fertig vorgebildetes, für diesen Zweck besonders hergestelltes und von Spezialfirmen vertriebenes, beständiges „Reaktiv", die auch als Twitchell-Spalter bezeichnete Stearonaphthalinsulfosäure. Dieselbe wird dargestellt, indem man ein Gemisch von Naphthalin und technischer Ölsäure bei höherer Temperatur mit konzentrierter Schwefelsäure behandelt. Die überschüssige Schwefelsäure wird nach Beendigung der Reaktion mit Wasser ausgewaschen, wobei sich das Reaktionsprodukt als ein in der Kälte gelatinierendes Öl auf der Oberfläche der sauren Waschflüssigkeit abscheidet. Im Gegensatz zu den gewöhnlichen aus Ölsäure und Schwefelsäure allein erhältlichen Sulfosäuren ist die Stearonaphthalinsulfosäure bei der für die Spaltung notwendigen Temperatur von 100° beständig, des weiteren ist sie sowohl in Wasser, als in Fetten bzw. Fettsäuren leicht löslich und daher besonders geeignet, die gegenseitige Löslichkeit dieser beiden Stoffe ineinander in vollkommener Weise herbeizuführen.

Die Wirksamkeit dieses Reaktivs sowie der anderen, weiter unten zu besprechenden Fettspalter wurde bis vor kurzem fast ausnahmslos auf ihr Emulsionsvermögen zurückgeführt, da man glaubte, daß das mit Hilfe des Spaltmittels in feinste wässerige Emulsion übergeführte Fett dem hydrolysierenden Angriff der gleichzeitig anwesenden Schwefelsäure eine günstige und genügend große Oberfläche zu bieten vermöge.

Jedoch darf die Anschauung Hoyers[1]), daß reine, absolut von Schwefelsäure befreite Stearonaphthalinsulfosäure lediglich als Emulgierungsmittel wirke, und daß eine Fettspaltung erst durch Hinzutritt der als eigentliches Spaltmittel reagierenden Schwefelsäure zustande käme, als widerlegt gelten, nachdem der Nachweis gelang, daß die dem Twitchell-Reaktiv in jeder Beziehung analog wirkenden, kristallisierten Hydroanthrazensulfosäuren (Octohydroanthrazensulfosäure) auch bei völliger Abwesenheit von Schwefelsäure eine rapide Fettspaltung vermitteln und Zusatz von Schwefelsäure in diesem Falle nur von leicht beschleunigendem Einfluß ist[2]). Für die Wirksamkeit einer Sulfosäure als Fettspalter scheint daher neben ihrem Ionisationsgrad und ihrer Kochbeständigkeit in erster Linie auch das schon von Twitchell beobachtete Lösungsvermögen für Fette selbst maßgebend zu sein[3]), das sämtlichen bekannten Spaltmitteln, auch den mehr oder weniger weit hydrierten Anthrazensulfosäuren, eigentümlich ist und das die Herstellung der denkbar günstigsten Reaktionsverhältnisse ermöglicht.

Die praktische Ausführung des Twitchellschen Verfahrens zerfällt in zwei Teile: eine Vorreinigung, welche zur Verhinderung einer Dunkelfärbung des Spaltproduktes die möglichst vollkommene Entfernung aller Schleim- und Eiweißstoffe aus dem zur Verarbeitung kommenden Fett bezweckt, und den eigentlichen Spaltungsprozeß.

Für die Vorreinigung bringt man das Fett in einen mit Blei ausgekleideten Behälter aus Holz oder Eisen, der mit Rührgebläse und Dampfschlange versehen ist, und unterwirft es hier einer Waschung mit Schwefelsäure von 60° Bé (etwa 77 vH. H_2SO_4), nachdem es vorher mit direktem Dampf auf eine durch seinen Charakter bestimmte Temperatur erhitzt ist. Die Menge der anzuwendenden Säure und die Dauer der Waschung sind ebenfalls von der Art des Spaltgutes abhängig und aus der folgenden Tabelle ersichtlich.

Vorreinigung der Fette zur Twitchellspaltung.

	Temperatur des Fettes bei Beginn der Waschung ° Cels.	Zusatz von Schwefelsäure vH.	Dauer der Waschung Stunde	Bé-Grade des abgesetzten Säurewassers
Leinöl	20	$2^1/_2$	1	15
Kottonöl	50	2	1	20
Palmkern- und Kokosöl . . .	50	$1^1/_2$	1	15
Talg	55	$1^1/_4$	1	10
Abfallfett	50	$1^1/_4$	1	10
Sesamöl	30	$1^1/_2$	1	15
Erdnußöl	30	$1^1/_2$	1	15

Nach der Waschung wird das abgesetzte Säurewasser abgelassen, das ebenfalls je nach Art des zu spaltenden Fettes 10—20° Bé haben soll (s. Tabelle), während man das nunmehr zur Spaltung geeignete

[1]) Ztschr. d. Dtsch. Öl- u. Fettind., 1921, **41**, S. 113.
[2]) Schrauth: Ztschr. d. Dtsch. Öl- u. Fettind., 1924, **44**, S. 312.
[3]) Journ. americ. chem. Soc., 1899, **28**, S. 22 u. 196; 1900, **29**, S. 560—71.

Fett in den Spaltbottich einbringt, d. h. in einen Behälter aus Holz, am besten aus Pitch-pine, dessen Stäbe durch Nut und Feder fest verbunden sind und der durch einen gut schließenden Deckel verschlossen werden kann. Der Bottich ist außerdem mit einer offenen Dampfschlange aus Messing oder Kupfer und einem Ablaßhahn für die erhaltenen Spaltungsprodukte (Glyzerin und Fettsäure) ausgestattet. Der Deckel enthält die für die Zuleitung von Fett, Wasser, Reaktiv und Chemikalien notwendigen Öffnungen.

In dem Spaltbottich wird das Fett nun zunächst mit 20—25 vH. Kondenswasser und 0,1 vH. Schwefelsäure vermischt und durch direkten Dampf zu lebhaftem Sieden gebracht. Alsdann fügt man das zuvor in der drei- bis vierfachen Menge Kondenswasser aufgelöste Reaktiv hinzu, und zwar bei sehr reinen Fetten $^1/_3$—$^1/_2$ vH., bei weniger reinen 1 vH. und bei ganz unreinen bis zu 3 vH. der Fettmasse, und läßt das Ganze 12—24 Stunden ununterbrochen in leichtem Sieden. Sobald das Fett 85—90 vH. freie Fettsäure aufweist, wird der Dampf abgestellt und während des Absitzens ein schwacher Dampfstrahl über die Oberfläche des Fettes geleitet, um den Luftzutritt und damit ein Nachdunkeln der Fettsäure zu verhindern. Das Glyzerinwasser, das nicht über 5° Bé stark sein, also ungefähr 12—15 vH. Glyzerin enthalten soll, wird in den dafür bestimmten Behälter abgelassen und die zurückbleibende Fettmasse einer zweiten Kochung unterworfen. Zu diesem Zwecke werden nochmals, noch immer unter Luftabschluß, 10—15 vH. Kondenswasser hinzugegeben und das Ganze 10—14 Stunden kräftig durchgesotten. Der Fettsäuregehalt soll alsdann etwa 95 vH. betragen. Zur Neutralisation der noch vorhandenen freien Schwefelsäure fügt man zu dem Ganzen alsdann etwa 0,05 vH. Bariumkarbonat, das mit etwas Wasser angeschlämmt ist, läßt nochmals kurze Zeit durchkochen und prüft mit Methylorange auf völlige Neutralität. Das aus dieser zweiten Kochung erhaltene schwache Glyzerinwasser II dient alsdann für eine folgende Spaltung als Wasseransatz. Die praktischen Glyzerinausbeuten stimmen im wesentlichen mit denen des Autoklavenprozesses überein. Insonderheit werden auch hier bei Verwendung von Tran und Rizinusöl die theoretisch möglichen Ausbeuten bei weitem nicht erreicht.

Als Vorteile des Twitchellverfahrens sind bei guter Betriebssicherheit vor allem die geringen Anschaffungskosten der notwendigen Apparatur, die Verwendung lediglich von niedrig gespanntem Dampf, sowie die relativ geringen Spaltungskosten zu erwähnen, denen als besondere Nachteile aber die leicht eintretende Dunkelfärbung der erhaltenen Fettsäuren, die lange Spaltungsdauer (einschließlich der Vorreinigung etwa 48 Stunden) und die Notwendigkeit einer nächtlichen Beaufsichtigung zum wenigsten des Dampfkessels gegenüberstehen.

Nach Ablauf des DRP. 114491 Twitchells, das die Spaltung von Fetten und Ölen durch fettaromatische Sulfosäuren schützte, sind fettspaltende Reaktive der gleichen oder auch ähnlicher Art von verschiedenster Seite auf den Markt gebracht worden. Unter diesen ist besonders zu erwähnen der Pfeilring-Fettspalter (Vereinigte Chemische Werke Charlottenburg), der Kontaktspalter (Sudfeldt & Co., Melle) sowie der Idrapidspalter (J. D. Riedel A.-G. Berlin-Britz). Der erstere ist im wesentlichen mit dem alten Twitchellreaktiv identisch, nur wird an Stelle des dort verwandten Oleïns gehärtete Rizinusölfettsäure bei Anwesenheit von Naphthalin der Sulfurierung unterworfen. Der Kontaktspalter wird durch Sulfurierung gewisser Erdöldestillate erhalten und besteht vornehmlich aus den durch einen besonderen Reinigungsprozeß von den unsulfurierten Kohlenwasserstoffen abgetrennten Sulfosäuren, während dem Idrapidspalter eine auf synthetischem Wege erhaltene, höher molekulare, aromatische oder hydroaromatische Sulfosäure mit außerordentlichem Spaltvermögen zugrunde liegt. Alle diese Fettspalter besitzen der vorliegenden Literatur[1]) zufolge dem alten Twitchellreaktiv gegenüber wesentliche Vorzüge, indem einerseits die mit ihnen gewonnenen Fettsäuren eine hellere Färbung aufweisen, andererseits die Spaltungsdauer eine nicht unerhebliche Abkürzung erfahren soll.

Das fermentative oder enzymatische Fettspaltungsverfahren wurde der Technik durch Connstein, Hoyer und Wartenberg[2]) zugeführt und zur technischen Vollkommenheit ausgebildet. Bei ihren ausführlichen Arbeiten gingen diese drei Autoren von der bekannten Beobachtung aus, daß beim Zusammenreiben ölhaltiger Pflanzensamen mit Wasser durch Fermentwirkung eine hydrolytische Spaltung des Fettmoleküls in Glyzerin und freie Fettsäure erfolgt. Bei der Nachprüfung dieser Angaben speziell am Rizinussamen konnten sie aber feststellen, daß in diesem Fall zur Auslösung der enzymatischen Fettspaltung eine gewisse Säurekonzentration erforderlich ist, die entweder vom Samen selbst im Verlauf einiger Tage erzeugt wird oder von vornherein künstlich herbeigeführt werden kann, und daß sich schließlich die Säure auch durch andere Aktivatoren, beispielsweise Mangansulfat ersetzen läßt. Das fettspaltende Enzym selbst, die Lipase, ist im Protoplasma des Samens enthalten, in Wasser unlöslich, aber bei gleichzeitiger Anwesenheit eines fetten Öles nicht wasserempfindlich und läßt sich daher in Form einer haltbaren Emulsion technisch darstellen. Die gebrauchsfertige Fermentemulsion oder kurz das Ferment besteht aus etwa 38 vH. Rizinusölsäure, 4 vH. Eiweißkörpern und 58 vH. Wasser. Seine Anwendung an Stelle des geschälten Rizinussamens, der ohne weiteres auch selbst zur Spaltung benutzt werden kann, ergibt besondere technische Vorteile, insonderheit eine nicht unbedeutende Verminderung der nach der Spaltung entstehenden sogenannten Mittelschicht.

Die praktische Ausführung der Fermentspaltung, die den Vereinigten Chemischen Werken in Charlottenburg durch DRP. 145 413 und 188 429 geschützt ist, zerfällt in drei Teile: den eigentlichen Spaltungsprozeß, die Trennung der erhaltenen Spaltprodukte und die Aufarbeitung der sogenannten Mittelschicht, die sich nach der Trennung in Form einer Emulsion zwischen Fettsäure und Glyzerinwasser be-

---

[1]) Seifensiederzeitung 1913, **40**, Nr. 21 u. 44; 1914, **41**, Nr. 12. Seifenfabrikant 1914, **34**, S. 437 u. a. Ztschr. d. Dtsch. Öl- u. Fettind. 1925, **45**, S. 149 u. 345.

[2]) Ber. d. Deutsch. Chem. Ges. 1902, **35**, S. 3988; 1904, **37**, S. 1441. Ergebn. d. Physiol. 1904, **3**, I. 194. — Ztschr. f. physiol. Chem. 1907, **50**, S. 414.

findet. Als Spaltgefäß dient am besten ein eiserner, nach unten konisch zugespitzter Kessel, der mit Blei ausgekleidet und mit einer geschlossenen, verbleiten Heizschlange, sowie einer offenen Bleischlange für die Zuführung von Preßluft oder direktem Dampf versehen ist. Mehrere Hähne aus säurefestem Metall oder Steingut gestatten auch die seitliche Entnahme der einzelnen Flüssigkeitsschichten.

In diesem Spaltkessel wird das zu spaltende Fett mit 30—40 vH. Wasser (auf die Fettmenge berechnet) vereinigt und alsdann auf eine Temperatur gebracht, welche bei Ölen und leicht schmelzenden Fetten am besten gegen 23°, bei konsistenten Fetten oder Fettgemischen zweckmäßig 1—2° über dem jeweiligen Erstarrungspunkt liegt. Eine höhere Ansatztemperatur als 42° darf jedoch nicht in Anwendung kommen, da das Ferment sonst bei der während der Spaltung auftretenden Temperatursteigerung, die in der Regel 2—3° ausmacht, seine spaltende Eigenschaft verliert. Nachdem die Gesamtmasse durch Einblasen von Luft möglichst innig durchmischt ist, trägt man in die entstandene Emulsion den in wenig heißem Wasser gelösten Aktivator, in der Regel Mangansulfat, in einer Menge von 0,2 vH. des Fettansatzes und das Ferment ein. Die Fermentmenge ist je nach der Art des zur Spaltung kommenden Fettes verschieden und beträgt für Leinöl 4—5 vH., Kottonöl 6—7 vH., Palmkern- und Kokosöl etwa 8 vH. und schließlich für talgreiche Fettmischungen 8—10 vH. des Fettansatzes. Nunmehr wird das Ganze nochmals 15—20 Minuten lang mit Luft innig durchmischt und dann sich selbst überlassen. Durch ein kurzes zeitweiliges Einblasen von Luft ist lediglich der Emulsionszustand während der selbsttätig verlaufenden Spaltung aufrecht zu erhalten. Der Spaltungsgrad beträgt gewöhnlich nach 24 Stunden 80 vH., nach 48 Stunden 85—91 vH. freie Fettsäure.

Zur Trennung des fertig gespaltenen Ansatzes wird das Ganze alsdann mit indirektem Dampf auf etwa 80° C erwärmt und mit 0,2—03 vH. Schwefelsäure von 66° Bé, die zuvor mit der halben Gewichtsmenge Wasser verdünnt ist, verrührt. Hierdurch wird eine fast vollkommene Trennung der Emulsion ermöglicht, die, nunmehr der Ruhe überlassen, drei verschiedene Schichten bildet, indem sich oben die völlig klare, wasserfreie Fettsäure, unten das gebildete Glyzerinwasser abscheidet und zwischen beiden die bereits erwähnte, emulsionsartige Mittelschicht bestehen bleibt. Schon nach 2—3 Stunden läßt sich die Hauptmenge des Glyzerinwassers abziehen, nach etwa 12 Stunden beträgt die Mittelschicht bei einem ungefähren Fettsäuregehalt von 33 vH. nur noch etwa 2—3 vH. vom Fettansatz. Nunmehr werden Fettsäure und Glyzerinwasser durch die geeigneten Hähne möglichst quantitativ abgezogen, während man die Mittelschicht zuletzt durch den unteren Entleerungshahn in ein kleineres Gefäß ablaufen läßt. Hier scheiden sich in der Regel noch weitere Mengen Glyzerinwasser ab, nach deren Abtrennung man schließlich die Gesamtmasse mit etwa dem gleichen Volumen heißen Wassers durchwäscht, nach dessen Entfernung man die verbleibende, durch Eiweißteile verunreinigte Wasser-Fettemulsion direkt auf Seife verarbeitet.

Die Kosten des Verfahrens werden im wesentlichen durch die Kosten des Fermentes bedingt, dessen Preisstellung vom Preise des Rizinussamens abhängig ist.

Als Vorteil des Verfahrens ergibt sich die Tatsache, daß die erhaltenen Fettsäuren infolge der für den Spaltungsprozeß notwendigen, niedrigen Temperatur von besonders heller Farbe sind, und daß die Apparatur selbst aus dem gleichen Grunde einer nur geringen Abnutzung unterliegt. Daneben ist dann weiter der geringe Dampfverbrauch hervorzuheben, den das Verfahren benötigt. Als Nachteil ist demgegenüber, vom Kostenpunkt abgesehen, lediglich die gesonderte Verarbeitung der entstehenden Mittelschicht zu nennen, und daneben vielleicht die Tatsache, daß in das entstehende Glyzerinwasser Eiweißstoffe übergehen, die nicht immer leicht zu entfernen sind. Für höher schmelzende Fette wie Talg und Palmöl ist das Verfahren an sich weniger geeignet, da beide bei der für die Fermentwirkung günstigsten Temperatur eine genügende Emulsionierung nicht gestatten; für alle übrigen Fette darf es aber durchaus empfohlen werden. Weitere Einzelheiten des Verfahrens sind aus den nachstehenden Hilfstabellen ersichtlich.

Hilfstabellen für die fermentative Fettspaltung.

I. Spaltungsansätze einiger Fett- und Ölsorten.

Fettart	Notwendige Menge von			Ansatz-Temperatur ° Cels.[3]	Erreichte Spalthöhe vH.
	vH. Ferment[1]	vH. Mangansulfat	vH. Wasser[2]		
Leinöl	5	0,2	25—30	22—23	90
Rüböl	7	0,2	25—30	22—23	88
Bohnenöl	6—7	0,2	25—30	22—23	88
Sesamöl	7	0,2	25—30	22—23	88
Kottonöl	8	0,2	25—30	25—28	85—90
Rizinusöl	10	0,2	25—30	28—29	86—88
Erdnußöl	8	0,2	25—30	26—27	90—92
Kokosöl	9	0,2	25—30	30 *)	88
Kernöl	8—9	0,2	25—30	30 *)	85—88
Talg	10	0,2	25—30	42	85
Talg 3/4 und Kokosöl 1/4	10	0,2	25—30	40	85—88
Palmöl	9	0,2	25—30	33—34	90
Tran	8	0,2	25—30	26—27	82—85
Olivenöl	7	0,2	25—30	22—23	90
Sulfuröl	8	0,2	25—30	25—28	85—86

*) Im Sommer etwas weniger.

[1]) Will man in möglichst kurzer Zeit hohe Spaltgrade erreichen, so verwendet man bis zu 2 vH. mehr Ferment.

[2]) Besitzt das Spaltgemisch eine zu hohe Temperatur, so erhöht man den Wassergehalt bis zu 35 vH. und eventuell sogar auf 40 vH., erhält aber dann dünnere Glyzerinwässer und arbeitet dadurch unrationeller.

[3]) Der Fettansatz wird zunächst um etwa 10° höher erwärmt als vorgeschrieben, da bei dem Zusatz des für die Spaltung notwendigen Wassers eine Abkühlung um etwa 10° eintritt.

II. Tabelle des Glyzeringehaltes fermentativer Glyzerinwässer bei 15°.

(Zur Trennung ist 0,3 vH. Schwefelsäure zu verwenden.)

Spez. Gewicht	Glyzerin vH.	Spez. Gewicht	Glyzerin vH.	Spez. Gewicht	Glyzerin vH.
1,014	1	1,039	11	1,066	21
1,017	2	1,042	12	1,068	22
1,019	3	1,044	13	1,071	23
1,022	4	1,047	14	1,074	24
1,024	5	1,049	15	1,077	25
1,027	6	1,052	16	1,079	26
1,029	7	1,055	17	1,082	27
1,032	8	1,058	18	1,085	28
1,034	9	1,060	19	1,088	29
1,037	10	1,063	20	1,090	30

Das nach seinem Erfinder P. Krebitz in München meist als Krebitz-Verfahren bezeichnete Kalkverseifungsverfahren (DRP. 155108) greift seinem Wesen nach auf die ältesten Methoden der Fettverseifung mit gelöschtem Kalk zurück, indem man zunächst eine Kalkseife herstellt. Hierdurch wird das in den Fetten enthaltene Glyzerin in verhältnismäßig reiner Form frei. Die vom Glyzerin befreite Kalkseife wird sodann weiter mit Soda zu einer wasserlöslichen Natronseife unter gleichzeitiger Bildung von Kalziumkarbonat umgesetzt. Das Verfahren ist heute auch in bezug auf seine mechanische Durchführung technisch so weit durchgebildet, daß es von der Seifenindustrie gern bevorzugt wird, namentlich, da die durch die Umsetzung der Kalkseife mit Soda gewonnenen Kernseifen in besonders heller Farbe ausfallen. Durch Umsetzung der Kalkseife mit Mineralsäuren kann man selbstverständlich auch freie Fettsäuren erhalten. Wenn dies Verfahren der Fettspaltung in Glyzerin und Fettsäuren, im ganzen betrachtet, sicher auch nicht billig erscheint, sind andererseits doch die Vorteile, die sich aus seiner Anwendung beispielsweise bei der Verarbeitung von Tran auf geruchlose Tranfettsäuren ergeben, in Anbetracht der nahezu quantitativen Glyzerinausbeute sowie des hohen Spaltungsgrades der Fettsäuren selbst keineswegs zu unterschätzen.

Das Krebitzsche Verseifungsverfahren beruht auf der Tatsache, daß sich mit Alkalien oder Erdalkalien emulgierte Fette in der Ruhe leicht verseifen. Zu seiner Durchführung wird das zur Verseifung kommende Fett in einen eisernen, gut isolierten, nicht über 90 cm hohen, flachen Behälter von doppeltem Fassungsvermögen eingebracht, aufgeschmolzen und sodann mit der für die Verseifung benötigten Menge Kalkmilch versetzt, die ihrerseits aus einem Teil gebranntem Kalk und 3—3$^1/_2$ Teilen Kondenswasser angemacht wird. Bei Berechnung des Kalkes soll ein Überschuß von etwa 4 vH. der theoretisch notwendigen Menge Berücksichtigung finden. Nunmehr wird das Ganze mittels direkten Dampfes auf 98—100° erwärmt, innig durchmischt, alsdann gut zugedeckt und, nach außen hin durch Säcke und Matratzen isoliert, 8—10 Stunden der Ruhe überlassen. Die Reaktion setzt je nach Art des Fettansatzes innerhalb der ersten $^1/_2$—2 Stunden ein und ist nach Verlauf der oben genannten Zeit beendet. Die Temperatur des Ansatzes steigt vielfach durch Selbsterhitzung um 2—3° C. Die entstandene, fast trockene, poröse Kalkseife, die das während der Verseifung frei gewordene Glyzerin mechanisch aufgesaugt enthält, wird nunmehr ausgebracht und in einer Spezialmühle zu einer grießförmigen Masse vermahlen. Diese gelangt mit Hilfe eines Becherwerkes in den Entglyzerinierungsturm, einen dünnwandigen, eisernen Zylinder, in dem die Glyzeringewinnung nach dem Prinzip der systematischen Auslaugung automatisch vor sich geht. In der Regel werden 95 vH. der theoretischen Glyzerinausbeute gewonnen; die ersten Glyzerinwässer haben in ihrer Gesamtheit meist 10—12 vH. (4° Bé), bei Verwendung von Kokos- und Palmkernöl 15—18 vH. (5—6° Bé) Glyzeringehalt und werden entsprechend aufgearbeitet, während die späteren, schwächeren Waschwässer am besten zum Auswaschen weiterer Fabrikationschargen verwendet werden. Die vom Glyzerin befreite Kalkseife wird durch ein am Boden des Turmes befindliches Mannloch direkt oder mit Hilfe eines Becherwerkes und einer Transportschnecke in einen Seifenkessel gebracht, in dem ihre Umsetzung mit Soda zu Natronseife stattfindet. Wie oben angedeutet, kann die Kalkseife aber auch in einem besonderen Behälter durch Behandlung mit der berechneten Menge Mineralsäure in freie Fettsäure übergeführt werden.

Für die Umsetzung in Natronseife verwendet man am besten eine salzhaltige Sodalösung, welche 18—20 vH. mehr als die theoretisch notwendige Sodamenge in der doppelten Menge Wasser und 5 vH. des Fettansatzes an Gewerbesalz enthält. Nachdem diese Lösung in dem Seifenkessel, dessen Fassungsraum etwa das Dreifache des Fettansatzes betragen soll, zum Kochen gebracht ist, wird die glyzerinfreie Kalkseife über einen Streutrichter langsam eingestreut. Während die Masse weiter siedet, geht die Umsetzung ohne jede stürmische Reaktion meist in 2—3 Stunden zu Ende. Sobald Kalkseifenteilchen in der kochenden Masse nicht mehr sichtbar sind, wird die Natronseife völlig ausgesalzen und alsdann einer etwa zwölfstündigen Ruhe überlassen. Die Unterlauge von 19—20° Bé und der Kalziumkarbonatschlamm haben sich alsdann abgesetzt und werden beide in besondere Behälter abgelassen oder ausgepumpt. Der Kalkschlamm wird mit heißem Wasser übersprengt und gegebenenfalls unter Zusatz von etwas Ätzlauge soweit verdünnt, daß sich die in ihm noch befindliche Natronseife zu einem dünnen, nicht zu zähen Seifenschleim auflösen kann. Alsdann wird der Kalk mit Hilfe einer Spezialfilterpresse (A. L. G. Dehne in Halle a. S.) abfiltriert und mit heißem Wasser oder besser mit einer dünnen Leimseifenlösung[1]) ausgelaugt. Er hinterbleibt alsdann in Form trockner Kuchen, welche höchstens noch 1 vH. Seife enthalten sollen und unter Umständen wieder gebrannt und neu verwendet werden können. Die salzhaltige Unterlauge wird nach dem Absetzen des Kalkes entweder mit Harz, Oleïn und dergleichen ausgestochen, oder nach dem Eindampfen auf 24° Bé wieder zum Auflösen der für den nächsten Sud notwendigen Sodamenge verwendet.

[1]) D. R. P. 355492.

Der im Kessel verbliebene Kern wird, unter Zusatz von etwas Ätzlauge, in der üblichen Weise verschliffen und fertig gemacht.

Die Kosten der Kalkspaltung betrugen vor dem Kriege nach Krebitz für 100 kg Fett ausschließlich Amortisation und Verzinsung der Anlage 1,15—1,20 M., einschließlich dieser beiden Posten rund 1,50 M., einen Betrieb normaler Größe vorausgesetzt.

Die Umsetzung der Kalkseife mit Kaliumkarbonat zu Schmierseife bietet Schwierigkeiten. Es ist dies in gewissem Sinne ein Nachteil des Verfahrens, der aber weitgehend dadurch aufgewogen wird, daß die nach dem Krebitzverfahren hergestellten Natronseifen, wie schon erwähnt, von außerordentlich schöner Farbe sind und sich demnach insonderheit auch zur Herstellung von Feinseifen eignen, und daß weiter das fast quantitativ gewonnene Glyzerinwasser nach dem Eindampfen ohne besondere Reinigung ein gutes Rohglyzerin ergibt. Die Beseitigung des abfallenden Kalziumkarbonats in Form der festgepreßten Kuchen ist heute aber kaum besonders lästig.

Die technischen Fettspaltungsverfahren führen nach den obigen Ausführungen also entweder zu Glyzerin und Fettsäuren, oder ebenso wie die direkte Verseifung zu Glyzerin und Seifen. Im folgenden sollen nun zunächst diese beiden letztgenannten Produkte einer weiteren Besprechung unterzogen werden.

Verarbeitung und Analyse des Glyzerins. Die bei den vorbesprochenen Fettspaltungsverfahren gewonnenen, meist 4—6° Bé starken Glyzerinwässer sind je nach Art der angewandten Methode und der Natur des Fettansatzes entsprechend mehr oder weniger milchig getrübt. In der Regel enthalten sie alle noch im Fett vorhanden gewesenen Eiweißstoffe, fein verteilte Fettsäuren bzw. deren Kalksalze (Krebitzverfahren) und die während und unmittelbar nach der Spaltung angewandten Chemikalien. Durch mehrstündige Ruhe der Glyzerinwässer kann bereits der größte Teil der emulgierten Fettsäuren zum Absitzen gebracht und entfernt werden. Ist Schwefelsäure vorhanden, so wird das Glyzerinwasser alsdann durch Kalkwasser oder Kalkmilch in der Siedehitze neutralisiert, bis es Lackmuspapier nicht mehr rötet. Hierbei scheiden sich gleichzeitig mit dem größten Teile des gebildeten Kalziumsulfats auch die Eiweißstoffe und die letzten Reste der Fettsäuren in Form ihrer Kalksalze als Schaum auf der Oberfläche ab, der mit durchlöcherten Schöpfern entfernt werden kann. Das Kochen wird fortgesetzt, bis das Wasser vollständig geklärt ist. Alsdann werden die Kalksalze abfiltriert, das schwach alkalische Glyzerinwasser durch Zusatz von wenig Schwefelsäure unter Zuhilfenahme von Phenolphtaleïn als Indikator neutralisiert, mit 1—2 vH. Knochenkohle oder Zyanschwarz nochmals erwärmt und schließlich durch eine Filterpresse gedrückt. Das nunmehr klare Filtrat wird alsdann am besten in geeigneten Vakuumeindampfapparaten auf 28° Bé (1,240) konzentriert, ohne daß bei der Verdampfung des Wassers unter 100° im Vakuum Glyzerinverluste in Erscheinung treten. Das Eindampfen in offenen Pfannen mit indirektem Dampf empfiehlt sich nur bis zu einem gewissen Grade, da das Glyzerin mit den Wasserdämpfen flüchtig ist, sobald eine Konzentration von 15° Bé erreicht ist.

Durch die vorgeschriebene Konzentration erhält man ein mit Gips gesättigtes Rohglyzerin; um denselben ganz zu vermeiden, behandelt man am besten schon das mit Kalkmilch versetzte, klar filtrierte Glyzerinwasser nacheinander mit Barythydrat und mit Oxalsäure. Das alsdann fitrierte Glyzerinwasser ergibt nunmehr nach seiner Konzentration ein Rohglyzerin mit nur 0,2—0,5 vH. Aschengehalt. Waren sehr unreine Fette verarbeitet, so empfiehlt sich außerdem noch eine Behandlung mit schwefelsaurer Tonerde zur Entfernung speziell auch der organischen Verunreinigungen (Eiweißstoffe u. dgl.).

Je nach der Verseifungsart unterscheidet man im Handel drei Arten von Rohglyzerin.

1. Das Saponifikatglyzerin, das bei der Fettspaltung im Autoklaven oder nach dem Twitchellschen und fermentativen Verfahren gewonnen wird. Es ist hellgelb bis dunkelgelb gefärbt, besitzt einen rein süßen Geschmack, nicht mehr als 0,5 vH. Asche und höchstens 1 vH. nichtflüchtige organische Substanz. Das spezifische Gewicht beträgt 1,240 oder 28° Bé, der Glyzeringehalt demnach etwa 90 vH. Der Siedepunkt liegt konstant bei 138°.

2. Das Destillationsglyzerin, das bei der „sauren Verseifung“ gewonnen wird und meist dunkel gefärbt und schwer entfärbbar ist. Der Geschmack ist scharf adstringierend, der Aschegehalt beträgt vielfach 3,5 vH., der Glyzeringehalt 80—85 vH. Das spezifische Gewicht ist ebenfalls 1,240, der Siedepunkt liegt jedoch selten über 128°.

3. Das Laugenglyzerin, das nach besonderen Verfahren aus den Seifenunterlaugen gewonnen wird, meist stark verunreinigt und daher weniger wertvoll ist als die besprochenen Arten. Im Gegensatz zu diesen ist sein Verwendungsgebiet in rohem Zustand eng begrenzt, in der Regel kann es nur nach vorheriger Destillation Verwertung finden.

Die Weiterverarbeitung und Veredelung des Rohglyzerins kann in zweierlei Weise geschehen, entweder durch eine Raffination mittels entfärbender Substanzen oder durch Destillation, die unter gewöhnlichem Druck oder besser im Vakuum durchgeführt wird. Durch das Raffinationsverfahren lassen sich im allgemeinen nur die Saponifikatglyzerine aufbessern. Zu diesem Zwecke behandelt man dieselben mit fein gemahlener, möglichst eisenfreier Blutkohle und filtriert. Den günstigsten Effekt erzielt man jedoch, wenn man das etwa 80° heiße Glyzerin nach dem Gegenstromprinzip besonders konstruierte Kolonnenapparate durchfließen läßt, die mit Filtern aus Knochenkohle versehen sind. Die Knochenkohle besitzt ein großes Absorptionsvermögen für färbende und riechende Substanzen, so daß man auf diese Weise ein völlig farbloses und fast geruchfreies Glyzerin erzeugen kann. Ein Nachteil des Verfahrens besteht allerdings in der lästigen Aufarbeitung der verbrauchten Kohlefilter. Infolgedessen wird das Glyzerin vielfach auch in einem mit Rührwerk versehenen Gefäß bei 100° mit Entfärbungspulvern behandelt, die besonders wirksam sind, wenn sie vor ihrer Anwendung mit Salzsäure extrahiert, gut ausgewaschen und getrocknet wurden. Im Handel unterscheidet man je nach dem Aussehen Ia, IIa und IIIa-Raffinate, die ersteren sind gewöhnlich völlig wasserhell, die letzteren gelblich bis tiefgelb gefärbt.

Die vollkommenste Reinigung des Rohglyzerins geschieht durch die Destillation mit überhitztem Wasserdampf unter gewöhnlichem Druck oder besser im Vakuum. Die Anwendung des letzteren bietet besondere Vorteile, weil die Destillation bei niederer Temperatur vorgenommen werden kann und infolgedessen eine stärkere Zersetzung des Glyzerins vermieden wird. Daneben können die Destillate selbst in höherer Konzentration, vielfach sogar ganz wasserfrei und in erheblich kürzerer Zeit gewonnen werden als bei der Destillation unter gewöhnlichem Druck. Die Apparatur ist dem Spezialzweck entsprechend besonders ausgebildet.

Während die raffinierten Saponifikatglyzerine sowohl für technische und kosmetische, als auch für Genußzwecke eine vielfache Verwendung finden, und zwar insonderheit in der Textil-, Tinten-, Papier- und Farbenindustrie, Walzenmassen- und Hektographenfabrikation, Lederindustrie, Wein- und Likörfabrikation, werden die Destillate fast ausschließlich zur Herstellung von Sprengstoffen, insonderheit Dynamit benutzt. Das sogenannte Dynamitglyzerin ist in der Regel einmal destilliertes Glyzerin vom spezifischen Gewicht nicht unter 1,262 bei 15,5° C, von neutraler Reaktion und mit nur unbedeutendem Aschengehalt. Die Farbe darf gelblich sein.

Das chemisch reine Glyzerin wird in den meisten Fällen durch doppelte Destillation gewonnen und vielfach auch einer abermaligen Behandlung mit Tierkohle unterworfen. Es ist farb- und geruchlos, besitzt rein süßen Geschmack und ist fast völlig frei von Verunreinigungen. Der durch das deutsche Arzneibuch beanspruchte Reinheitsgrad stellt die höchst erreichbare Reinheitsgrenze dar.

Aus der nachfolgenden Tabelle ist das spezifische Gewicht des reinen Handelsglyzerins, bei verschiedenem Wassergehalt, auch bezogen auf Bé-Grade zu ersehen.

Wasser vH.	Spez. Gewicht	Grad Bé	Wasser vH.	Spez. Gewicht	Grad Bé
0,0	1,2640	31,2	11,0	1,2350	28,6
0,5	1,2625	31,0	11,5	1,2335	28,4
1,0	1,2612	30,9	12,0	1,2322	28,3
1,5	1,2600	30,8	12,5	1,2307	28,2
2,0	1,2585	30,7	13,0	1,2295	28,0
2,5	1,2575	30,6	13,5	1,2280	27,8
3,0	1,2560	30,4	14,0	1,2270	27,7
3,5	1,2545	30,3	14,5	1,2255	27,6
4,0	1,2532	30,2	15,0	1,2242	27,4
4,5	1,2520	30,1	15,5	1,2230	27,3
5,0	1,2505	30,0	16,0	1,2217	27,2
5,5	1,2490	29,9	16,5	1,2202	27,0
6,0	1,2480	29,8	17,0	1,2190	26,9
6,5	1,2465	29,7	17,5	1,2177	26,8
7,0	1,2455	29,6	18,0	1,2165	26,7
7,5	1,2440	29,5	18,5	1,2150	26,5
8,0	1,2427	29,3	19,0	1,2137	26,4
8,5	1,2412	29,2	19,5	1,2125	26,3
9,0	1,2400	29,0	20,0	1,2112	26,2
9,5	1,2390	28,9	20,5	1,2100	26,0
10,0	1,2375	28,8	21,0	1,2085	25,9
10,5	1,2362	28,7			

Für die Untersuchung des Glyzerins bzw. glyzerinhaltiger Flüssigkeiten ist es von Bedeutung, daß alle organischen Verunreinigungen des Rohglyzerins, soweit sie sich aus der Gewinnungsweise selbst ergeben, durch Bleiazetat gefällt werden. Hierdurch ist die Möglichkeit geboten, allein aus der Menge des Niederschlags mit Bleiazetat einen Anhalt für die Herkunft des zur Untersuchung stehenden Produktes zu gewinnen. Die Untersuchung selbst geschieht entweder nach dem Azetinverfahren oder nach dem Bichromatverfahren. Von beiden wird das letztgenannte bevorzugt, besonders da auch die deutsche Glyzerinfabrikanten-Konvention ihren Verkaufsanalysen die nach dem Bichromatverfahren erhaltenen Zahlen zugrunde legt.

Im folgenden ist die von Steinfels[1]) angegebene, besonders zweckmäßige Ausführungsform beschrieben. 10 g Seifenunterlauge oder etwa 2 g Rohglyzerin werden in einem 200-ccm-Meßkolben alkalisch gemacht, etwas verdünnt und etwa 10 Minuten unter mehrfachem Umschwenken der Einwirkung von frisch bereitetem Silberkarbonat überlassen. Das Silberkarbonat wird aus 140 ccm 0,5 proz. Silbersulfatlösung durch Zusatz von 4,9 ccm normaler Sodalösung dargestellt und durch mehrfaches Dekantieren und Spülen mit destilliertem Wasser gereinigt. Sodann wird mit überschüssiger Bleiglätte 1 Stunde gekochte 10 proz. Bleiazetatlösung (gewöhnlich etwa 5 ccm) hinzugefügt, bis gerade kein Niederschlag mehr auftritt. Bei Rohglyzerinen mit geringem Chlorgehalt genügt $^1/_5$ der Silberkarbonatmenge und 0,5 ccm Bleiazetatlösung. Nachdem die Mischung bis zur Marke des Meßkolbens mit destilliertem Wasser aufgefüllt ist und der Niederschlag nach gutem Durchschütteln sich wieder abgesetzt hat, wird ein Teil der überstehenden Flüssigkeit durch ein lufttrockenes Filter in einen trockenen Kolben filtriert. Vom Filtrat, das mit Bleiazetat keine Fällung mehr geben darf, werden 20 ccm in einen 250 ccm fassenden, reinen Erlenmeyerkolben abpipettiert, mit einigen Tropfen Schwefelsäure ($D_{15} = 1{,}175$, nach Kellner soll die hier und weiter unten verwendete Schwefelsäure 31,1 proz., $D_{15} = 1{,}1230$ sein[2])) zur Fällung des Bleiüberschusses und mit genau 25 ccm Hehnerscher Lösung versetzt. Die Hehnersche Lösung wird aus 74,564 g reinstem Kaliumbichromat und 150 ccm konzentrierter Schwefelsäure durch Auffüllen mit destilliertem Wasser auf genau 1 l bereitet. Endlich spült man die Wandungen des Erlenmeyerkolbens mit 50 ccm Schwefelsäure obiger Konzentration nach, stülpt ein umgekehrtes Bechergläschen auf den Kolben und erwärmt 2 Stunden im siedenden Wasserbade. Die abgekühlte Flüssigkeit wird auf $^1/_2$ l mit Wasser aufgefüllt und gut durchgeschüttelt. Zur Messung des nicht zur Oxydation verbrauchten Bichromats läßt man 50 ccm der im Meßkolben befindlichen Flüssigkeit zu 2 g festem Jodkalium und 25 ccm 20 proz. Salzsäure fließen, verdünnt mit Wasser auf etwa $^1/_2$ l und titriert das Jod mit $^1/_{10}$ normaler Thiosulfatlösung unter Verwendung löslicher Stärke zurück. Es entspricht hierbei 1 ccm $^1/_{10}$ normaler Thiosulfatlösung 0,00065757 g Glyzerin.

[1]) Seifenfabrikant 1905, **25**, S. 1265; 1910, **30**, S. 509.
[2]) Ztschr. d. Dtsch. Öl- u. Fettind. 1922, **42**, S. 345; 1924, **44**, S. 13.

Die Bichromatmethode ist jedoch nicht anwendbar, wenn die Untersuchungsobjekte etwa Zucker, ätherische Öle, bzw. sonstige oxydierbare, durch Bleiazetat nicht fällbare Stoffe beigemengt enthalten. In solchen Fällen sind genau gewogene Mengen der Wässer im Vakuum einzudampfen und die Konzentrate nach dem Azetinverfahren zu untersuchen. Dasselbe wird unter Zugrundelegung der Vereinbarungen des Verbandes der Seifenfabrikanten Deutschlands[1]) in der folgenden Weise ausgeführt:

Von den fraglichen Glyzerinflüssigkeiten wägt man im Wägegläschen 15 g genau ab, säuert sie ganz schwach mit Essigsäure an, erwärmt etwas und filtriert durch ein angenäßtes Filter in einen einschließlich Hals etwa 30 cm hohen Rundkolben, dessen Bauch etwa 150 ccm Wasser faßt und dessen Hals etwa 20 cm lang ist und etwa 3,5 cm lichte Weite zeigt. Das Filter wird mit etwas warmem, destillierten Wasser nachgewaschen und die nun vielleicht 30—40 g betragende Flüssigkeit unter Vakuum eingedampft, indem man besagten Rundkolben einfach schräg im kochenden Wasserbade befestigt und an eine Luftpumpe anschließt. Durch Drehen des Kolbens verjagt man nach und nach auch das in den oberen Teilen desselben anfangs kondensierte Wasser und hat nach kurzer Zeit ein Konzentrat, das man im selben Kolben direkt der Azetylierung unterwerfen kann. Dies geschieht nach dem Einwiegen von mindestens 10 g Essigsäureanhydrid und 3,5—4 g geschmolzenem und gepulvertem Natriumazetat. Die Öffnung und der oberste Teil des Kolbenhalses werden nun innen sehr gut trocken gewischt und mittels eines gut schließenden Gummistopfens luftdicht an einen Rückflußkühler angeschlossen, nachdem man vorher direkt über dem Gummistopfen eine dicke Manschette von Fließpapier angebracht hat. Diese hat den Zweck, das an den äußeren Teilen des Kühlers aus der Feuchtigkeit der Zimmerluft gebildete Kondenswasser aufzufangen und so den heißen Kolben vor dem Zerspringen zu schützen. Ist der Rückflußkühler an die Wasserleitung angeschlossen, so erhitzt man den auf einem Drahtnetz mit Asbesteinlage stehenden Azetylierungskolben mit dem Bunsenbrenner. Anfangs schwenkt man den Kolben öfter, bis vollkommene Lösung und gleichmäßiges Sieden seines Inhaltes eingetreten ist, und erhitzt so stark, daß die Destillate bis zur Öffnung des Rückflußkühlers gelangen. Hierdurch werden die beim Einfüllen der zu untersuchenden Glyzerinflüssigkeit etwa an die innere Halswandung des Kolbens gespritzten Teilchen in den Kolbenbauch hinuntergewaschen. Dann dreht man die Gasflamme so weit herunter, daß der Kolbeninhalt nur ganz schwach siedet. Man schützt die kleingeschraubte Flamme vor Luftzug und läßt, vom Beginn des Siedens an gerechnet, eine Stunde lang kochen. Alsdann läßt man den Kolben genügend abkühlen, füllt durch den Rückflußkühler hindurch 50 ccm destilliertes Wasser ein, schwenkt um und erwärmt unter dem Rückflußkühler den Kolben nochmals mit der Gasflamme (aber nicht bis zum Kochen) so lange, bis sich die schwerlöslichen, öligen Tropfen des jetzt vorhandenen Triazetins vollkommen gelöst haben, zieht den Kolben

[1]) Vgl. Einheitsmethoden zur Untersuchung von Fetten, Ölen, Seifen und Glyzerinen. Herausg. v. Verb. d. Seifenfabrik. Deutschl. Berlin 1910.

vom Rückflußkühler ab, kühlt ihn in Wasser bis auf lauwarm herunter und filtriert den Inhalt durch ein vorher angenäßtes Papierfilter in eine tiefe Porzellanschale von etwa 23—24 cm Durchmesser. Das Filter wird natürlich sehr gut nachgewaschen und das ganze Filtrat nach Zusatz von Phenolphtaleïn mit einer möglichst karbonatfreien, etwa 2—3 proz. Natronlauge genau neutralisiert, und zwar in der Weise, daß eine auch nach einer Viertelstunde noch stehen bleibende minimale Rosafärbung sichtbar bleibt. Hierauf fügt man genau 25 ccm einer etwa 20 proz. möglichst karbonatfreien Natronlauge hinzu und setzt die Schale auf einen großen Brenner, um sie etwa eine halbe Stunde lang bis zum schwachen Kochen zu erhitzen, bzw. das Triazetin zu verseifen. Alsdann wird der Schaleninhalt kochend heiß mit genau gemessenen Mengen Normalsalzsäure angesäuert und nach dem Erkalten der Flüssigkeit mit Normallauge zurücktitriert.

Neben dem Reinglyzeringehalt ist insonderheit für den Rohglyzerinhandel ferner von Bedeutung:

1. Die Bestimmung des spezifischen Gewichtes, das am besten mit der Mohr-Westphahlschen Wage bei 15° ermittelt wird.

2. Die Bestimmung des Aschengehaltes. Man erwärmt 3—4 g Rohglyzerin im Platin- oder Porzellantiegel auf einer Asbestplatte vorsichtig, bis das Wasser und schließlich auch das Glyzerin verdampft ist. Hierauf wird stärker erhitzt und schließlich geglüht. Die meist aus Kalk-, Eisen-, Zink- und Magnesiaverbindungen bestehende Asche wird nach Verbrennung der ausgeschiedenen Kohle in der üblichen Weise zur Wägung gebracht.

Von einer gewissen Bedeutung ist auch die Bestimmung des Destillationseffektes und der Rückstandsbildung, doch ergeben die älteren, für diesen Zweck vorgeschlagenen Methoden durchweg unsichere Resultate. Die Mängel dieser älteren Vorschläge scheinen jedoch durch eine im Militärversuchsamt (jetzt Chemisch-technische Reichsanstalt) ausgearbeitete Arbeitsweise behoben zu sein, welche sich der nachstehend abgebildeten Apparatur bedient, und die nach den bisherigen Erfahrungen gute Resultate ergibt (Abb. 2)[1]).

Eine etwa 20 g Reinglyzerin enthaltende Substanzmenge wird in den Claisenkolben eingewogen und unter Vakuum (20—40 mm Hg Säule) und allmählichem Anwärmen des Luftbades auf 150—170° entwässert. Das Wasserbad mit der Glyzerinvorlage wird dabei auf 50—60° gehalten und hieraus gleichzeitig der Kugelkühler gespeist. In knapp 1 Stunde ist die Hauptmenge des Wassers übergetrieben (erkennbar an der Trockenheit der an den Glaswänden sitzenden Salzausscheidungen); dann wird das Glyzerin mit überhitztem Wasserdampf (bis 280°) übergetrieben und das Luftbad auf 250° erhitzt. Sobald sich am seitlichen Ansatz des Claisenkolbens schwach gelbliche Zersetzungsprodukte bilden (normal nach 1 Stunde), ist alles Glyzerin in die Vorlage destilliert. Reste, die im Kugelkühler sitzen, werden durch Kondenswasser herabgespült, wozu man noch 5 Minuten lang Dampf durchleitet und in den Kugelkühler kaltes Wasser eingibt. Zur Konzentrierung des Glyzerinwassers wird die Wasserdampfdestillation abgebrochen, das

[1]) Ztschr. d. Dtsch. Öl- u. Fettind., 1920, **40**, S. 373.

Wasserbad der Vorlage zum Sieden gebracht, siedendes Wasser durch den Kugelkühler geleitet und das im Vakuum abgetriebene Wasser in den folgenden Vorlagen aufgefangen. Nach einer Trockenzeit von etwa 10—20 Minuten kann die Glyzerinausbeute in der ersten, eventuell auch in der zweiten Vorlage (falls nämlich das Kondensat süß schmeckt)

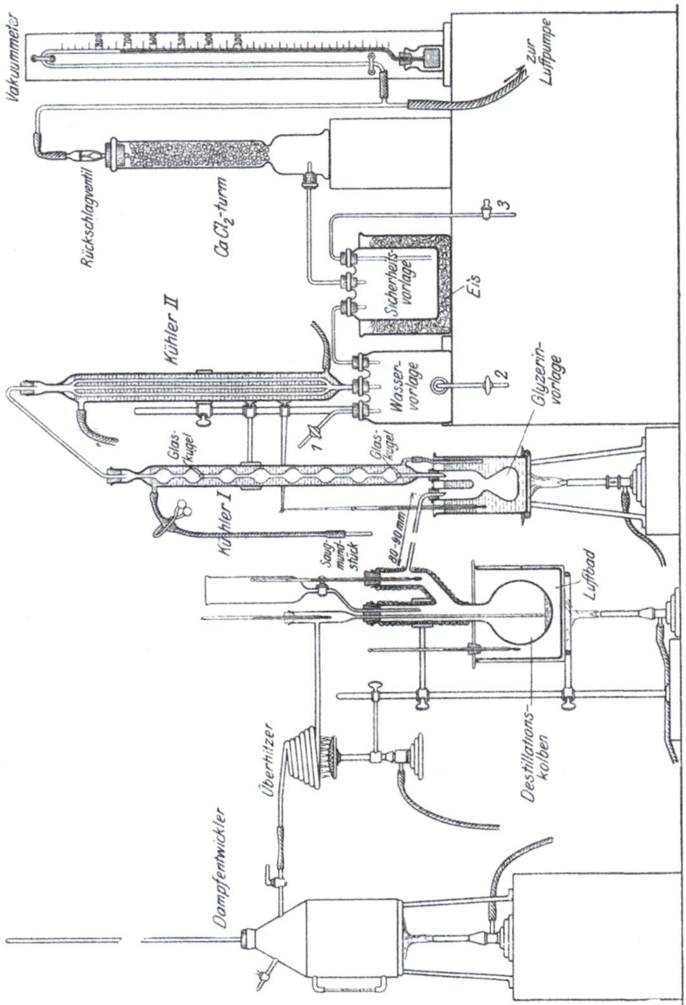

Abb. 2. Apparat zur Bestimmung des Destillationseffektes und der Rückstandsbildung von Glyzerinen.

durch Wägung und Dichtebestimmung oder nach der Bichromatmethode festgestellt und der Destillationsrückstand gewogen werden.

Auf diesem Wege ist man also in der Lage, festzustellen, nicht nur wieviel Glyzerin, Wasser, Asche und organische Verunreinigungen die Ware enthält, sondern auch wie sie sich im Destillationsgange verhält, und wieviel Destillationsrückstand sie mindestens ergibt.

Chemisch reines Glyzerin soll völlig geruchlos sein und darf auf Zusatz von Ammoniak, Ammoniumoxalat sowie Silbernitrat in salpetersaurer Lösung keine Trübung geben. Bei Zusatz von Silbernitrat allein darf eine Verfärbung nicht auftreten.

Die Seifen. Die gewöhnlichen Seifen des Handels sind im wesentlichen Gemenge von Kali- oder Natronsalzen der höheren Fettsäuren, in der Regel der Stearin-, Palmitin- und Ölsäure, und falls Kokosöl oder Palmkernöl mitverwandt wurde, auch der Laurin- und Myristinsäure. In wasserfreiem Zustande sind die Seifen außerordentlich hygroskopisch, und zwar die Kaliseifen, welche aus der Luft 30 vH. (stearinsaures Kalium) bis 162 vH. (ölsaures Kalium) Wasser aufnehmen können, in weit höherem Maße als die Natronseifen, deren Aufnahmefähigkeit mit 12 vH. (ölsaures Natrium) erschöpft ist[1]).

Im Wasser selbst sind die Seifen löslich, und zwar beobachtet man bei dem Lösungsvorgang zunächst ein Gallertigwerden der Seife und eine Verteilung der gebildeten Gallerte unter Schlierenbildung. Bei den Seifen der ungesättigten, flüssigen Fettsäuren erfolgt alsdann schon bei Zimmertemperatur vollständige Lösung, während sich die Seifen der gesättigten, festen Fettsäuren nur in der Siedehitze klar lösen, da sich bei tieferen Temperaturen eine durch „Hydrolyse“ gebildete, in kaltem Wasser unlösliche, saure Seife abscheidet. Im allgemeinen sind die Kaliseifen leichter löslich als die Natronseifen.

Weiter lösen sich die Seifen in Alkohol, und zwar die Kaliseifen und die Seifen der ungesättigten Fettsäuren auch hier in höherem Maße als die Natronseifen und die Seifen der gesättigten Fettsäuren. Nach Untersuchungen von J. Freundlich[2]) sind unter den Kaliseifen der technisch verwandten Fette in Alkohol am leichtesten löslich die Seifen aus Rizinusöl, Sesamöl, Kokosöl, Kottonstearin, Speiseleinöl und Mohnöl, es folgen sodann die Seifen aus Schweineschmalz, Butter, Palmöl, Rüböl und Sonnenblumenöl, welche nur $^1/_4$ der Löslichkeit der ersten Gruppe aufweisen. Weit schlechter löslich sind sodann die Seifen aus Rindertalg, Erdnußöl und Hammeltalg mit nur $^1/_{16}$ Löslichkeit der ersten Gruppe und am schlechtesten die Seifen aus Mimusops-Djavefett und Stearin mit $^1/_{32}$ Löslichkeit der ersten Gruppe.

In den übrigen organischen Solventien ist, soweit diese wasserfrei sind, die Löslichkeit neutraler Alkaliseifen eine nur geringe, sie wächst aber recht erheblich bei gleichzeitiger Anwesenheit geringer Wassermengen. Saure Seifen aber, die beispielsweise durch Zusatz von Fettsäure aus neutralen Seifen erhalten werden können, sind in Äther oder Kohlenwasserstoffen (Benzin) erheblich leichter löslich als die letzteren. Nach Beobachtungen von R. Gartenmeister[3]) löst sich z. B. eine aus 2 Mol. Ölsäure und 1 Mol. Alkali hergestellte saure Seife mit 12 vH. Wassergehalt leicht und klar in Benzin.

In wässeriger Lösung unterliegen die Seifen, wie oben erwähnt, der „Hydrolyse“, einem chemischen Vorgang, der durch die Anwesenheit

[1]) C. Stiepel: Chemische Technologie der Fette, Öle, Wachse usw. Leipzig 1911, S. 100. — [2]) Chemische Revue 1908, **15**, S. 133.

[3]) DRP. 92 017 s. Fischers Jahresber. 1897, **43**, S. 1083.

des Wassers selbst bedingt wird. Unter Aufnahme der Elemente desselben tritt nämlich eine Spaltung der Seife ein in freies Alkali und freie Fettsäure, welch letztere sich sodann mit einem zweiten Molekül noch unzersetzter Seife zu einem sauren Salz vereinigt. Diese Reaktion, die in gleicher Weise für die Alkalisalze aller schwachen Säuren zutrifft, und im vorliegenden Falle zuerst von Chevreul[1]) zu Anfang des neunzehnten Jahrhunderts beobachtet ist, verläuft demnach nach den Gleichungen:

$$NaR + H_2O = NaOH + HR$$
$$NaR + HR = NaR . HR,$$

in denen R das Fettsäureradikal bedeutet.

Die überaus exakten Beobachtungen Chevreuls haben dann später in den eingehenden Untersuchungen von Krafft und Stern[2]) weitgehende Betätigung gefunden, und gleichzeitig damit konnten die Annahmen anderer Autoren, welche sich für die Bildung basischer Seifen ausgesprochen hatten (A. Fricke[3]), Rotondi[4]) u. a.), endgültig widerlegt werden. Zu ihren Versuchen verwendeten die Verfasser das Natriumpalmitat, das sie mit der 200-, 300-, 400—900fachen Menge reinen Wassers aufkochten. Unter starkem Schäumen erhielten sie jeweils anscheinend durch äußerst feine Tröpfchen geschmolzener Fettsäure milchig getrübte Lösungen, die beim Erkalten einen perlmutterglänzenden, feinkristallinischen Niederschlag ausschieden. Die Analyse dieser Niederschläge ergab nach dem Trocknen im Vakuumexsikkator die folgenden tabellarisch zusammengestellten Werte:

1 Teil Natriumpalmitat (Natriumgehalt 8,27 vH.)	Natriumgehalt des beim Erkalten ausgeschiedenen Salzes
Aufgekocht mit 200 Teilen Wasser	7,01 vH.
„ „ 300 „ „	6,84 vH.
„ „ 400 „ „	6,60 vH.
„ „ 450 „ „	6,32 vH.
„ „ 500 „ „	6,04 vH.
„ „ 900 „ „	4,20 vH.

Bei Verwendung von 900 Teilen Lösungswasser besitzt also das ausgeschiedene Salz die Zusammensetzung des Natriumbipalmitates, für welches theoretisch ein Natriumgehalt von 4,31 vH. zu erwarten wäre. Ob es sich entsprechend der Annahme der älteren Autoren in den sauren Seifen jedoch um wirklich einheitliche, rein chemische Verbindungen handelt, wie etwa bei den zahlreichen sauren Salzen anorganischer Säuren, erscheint als nicht einwandfrei sichergestellt, vielmehr wird neuerdings den sauren Seifen der Charakter eines kolloiden Komplexes, also einer Adsorptionsverbindung von freier Fettsäure und Neutralseife zugesprochen, deren quantitative Zusammensetzung durch

[1]) Chevreul: Recherches chimiques sur les corps gras d'origine animal. Paris 1823.

[2]) Ber. d. Deutsch. Chem. Ges. 1894, **27**, S. 1747.

[3]) Dingl. pol. J. **209**, S. 46, Wagners Jahresber. 1873, **19**, S. 452.

[4]) Atti della R. acad. de science di Torino 1883, **19**, S. 146, ferner Seifenfabrikant 1896, **16**, S. 284.

Konzentrations- und Temperaturunterschiede der Mutterlauge weitgehend beeinflußt wird[1]).

Im übrigen ergeben sich für die Höhe des Hydrolysengrades wässeriger Seifenlösungen auf Grund neuerer physikalisch-chemischer Untersuchungen[2]) geringere Werte als man früher angenommen hat[3]). Sowohl elektrometrische Messungen als auch die Bestimmung der Reaktionsgeschwindigkeit von durch OH-Ionen katalytisch beeinflußten Reaktionen ergeben eindeutige und übereinstimmende Zahlen für die Konzentration des bei der Hydrolyse auftretenden OH-Ions bei verschiedenen Seifen und unter verschiedenen äußeren Bedingungen. Erst in etwa 300—3000 l Wasser ist die einem Grammolekül hydrolytisch gespaltener Seife entsprechende OH-Ionenmenge vorhanden, und zwar ist in Übereinstimmung mit früheren Vermutungen bei den Salzen der höher molekularen Fettsäuren die Hydrolyse eine stärkere als bei den niedriger molekularen.

Die Hydrolyse wässeriger Seifenlösungen kann nun durch den Zusatz gewisser Reagenzien, d. h. durch Änderung des Lösungsmittels vermindert oder aufgehoben werden. Dem Massenwirkungsgesetz entsprechend tritt solche Hydrolysenhemmung vor allem durch den Zusatz freien Alkalis ein, eine Tatsache, die beim Sieden der Seife praktische Anwendung findet. In gleicher Weise wirkt der Zusatz von Alkohol, und zwar ist für eine praktisch vollständige Aufhebung der Hydrolyse ein Alkohol- (Äthylalkohol-) Gehalt von 40 vH. erforderlich. Bei der Verwendung von Amylalkohol genügt für den gleichen Effekt sogar schon ein solcher von 15 vH.[4]).

Mit wachsendem Alkoholgehalt, d. h. mit der Verminderung der Hydrolyse Hand in Hand geht die Verminderung der Schaumfähigkeit einer Seifenlösung, denn nach den Untersuchungen Stiepels[5]) beruht das Schäumen einer Seifenlösung auf dem Vorhandensein wassergelöster Seife neben ungelösten, in Suspensionsform vorhandenen Partikeln, die aus Fettsäure oder der oben besprochenen sauren Seife bestehen. Seifen, die in wässeriger Lösung nicht oder mit den gegebenen Mitteln nicht nachweisbar hydrolysiert werden, wie die Alkalisalze der Capron-, Capryl- und Nonylsäure[6]) oder die Rizinusölseifen[7]) schäumen auch so gut wie gar nicht. Durch den Zusatz freier Fettsäure, d. h. also durch Erzeugung einer sauren Seife neben der neutralen erhält man jedoch aus diesen Seifen Lösungen von starker Schaumfähigkeit. Wie man sieht, ist also die Anwesenheit freien (hydrolysierten) Alkalis neben dieser sauren Seife für die Schaumkraft einer Seifenlösung keineswegs Bedingung, sie wird nur da notwendig, wo durch Fortnahme dieses Alkalis, der Natur

---

1) Werner Leeten: Ztschr. d. Dtsch. Öl- u. Fettind., 1923, **43,** S. 50, 65, 81.

2) Mc. Bain, Laing u. Titley: Journ. Chem. Soc. **115,** S. 1279—1300.

3) Vgl. z. B. Stiepel: Seifenfabrikant, 1901, **21,** S. 1186.

4) Kanitz: Ber. d. Deutsch. Chem., Ges. 1903, **36,** S. 403.

5) Stiepel: Seifenfabrikant 1901 **21,** Nr. 47—50. Seifensiederzeitung 1908, **35,** S. 331.

6) Reichenbach: Die desinfizierenden Bestandteile der Seifen. Ztschr. f. Hyg. u. Infektionskrankh. 1908, **59,** S. 296.

7) Stiepel: Seifensiederzeitung 1908, **35,** S. 396.

der verwandten Fettsäuren entsprechend, die teilweise Zurückdrängung der Hydrolyse aufgehoben würde, so daß sich die Seife bis zur vollständigen Unlöslichkeit spalten müßte.

Die physikalische Erscheinung des Schäumens selbst findet ihre Erklärung in der Tatsache, daß die wässerige Seifenlösung, welche also neben wirklich gelöster Seife ungelöste Teilchen in äußerst feiner Verteilung enthält, sehr dehnbare Membranen zu bilden vermag, welche durch Umhüllung von Luft die viskosen Wände der Schaumzellen erzeugen.

Wird den Seifenlösungen durch Abdampfen Wasser entzogen, so werden sie mit steigender Konzentration dickflüssiger, zuletzt zäh und fadenziehend. Erkalten die Lösungen in dickflüssigem Zustande, so gestehen sie je nach Umständen zu einer Gallerte oder zu einer vollkommen festen, aber nicht kristallinischen Masse. Die Gallerte enthält ebenso wie die zu einer festen, harten Masse erstarrte Seifenlösung reichlich Wasser, das teilweise auch bei 100° C zurückgehalten wird.

Diese Gelatinierungsfähigkeit ist ganz allgemein ein Charakteristikum für kolloide Lösungen, und auch die Theorie der Schaumbildung nach Stiepel setzt das Vorhandensein einer äußerst feinen, im übrigen in Wasser nicht gelösten Suspension voraus, welche ebenfalls ein Kennzeichen für kolloide Systeme darstellt. Weiterhin zeigen konzentrierte Seifenlösungen reinem Wasser gegenüber keine Siedepunkterhöhung, und im Ultramikroskop erscheinen sie als Suspensionen submikroskopischer und mikroskopischer Teilchen, deren Dispersionszustand von der Konzentration, Temperatur und Reaktion der Lösung abhängig ist. Im elektrischen Felde sind die Seifenteilchen negativ geladen. Andererseits weisen Seifenlösungen aber auch Eigenschaften auf, die nicht durch Annahme eines rein kolloidalen Lösungszustandes erklärt werden können. So beobachtet man bei der Dialyse alkalischer Seifenlösungen anfänglich ein teilweises Hindurchgehen von Seife durch die Membran, während bekanntlich reine Kolloide nicht durch Membranen diffundieren. Erst nachdem die Lösung infolge der gleichzeitig stattfindenden Hydrolyse und infolge des schnellen Durchganges des abgespaltenen Elektrolyten neutral geworden ist, verlangsamt sich die Dialyse merklich und kommt ganz zum Stillstand, wenn die Seifenlösung durch fortschreitende Alkalientziehung in eine mehr oder weniger grobe Suspension von saurer Seife übergegangen ist.

Auch die Hydrolyse der Seifen weist darauf hin, daß zum mindesten vorübergehend oder zu einem geringen Teile Seifenmoleküle als solche in normaler „kristalloider" Lösung zugegen sind. Der Lösungszustand wässeriger Seifenlösungen ist also kein einheitlicher. Er ist zudem, wie zahlreiche Arbeiten von Mc. Bain[1]) und dessen Mitarbeitern bewiesen haben, weitgehend verschieden je nach der Art der Seife bzw. der zu ihrer Darstellung benutzten Fette, sowie abhängig von äußeren Umständen, insbesondere von Temperatur und Konzentration. Stark ver-

[1]) Vgl. den zusammenfassenden Bericht von Mc. Bain: Seifensiederzeitung, 1919, **46**, S. 137, 181; ferner Referat von Pick: Seifenfabrikant, 1915, **35**, S. 255, 279, 301, 323; ferner F. Auerbach: Ztschr. d. Dtsch. Öl- u. Fettind., 1921, **41**, S. 165; ferner Zsigmondy und Thiessen: Ebendort, 1924, **44**, S. 297, 315, 326, 337, 349, 363.

dünnte Seifenlösungen enthalten einen erheblichen Teil der gelösten Seife in nicht kolloidaler Form. Die so gelöste Seife zeigt daher die Erscheinungen eines gelösten Elektrolyten, diffundiert also durch Membranen, bildet normale Ionen usw. Eine Lösung einer sehr verdünnten, aus niedriger molekularen Fettsäuren hergestellten Seife, wie etwa die von Mc. Bain und von R. Bowden untersuchte 0,05 normale Kaliumlaureatlösung, enthält überhaupt keine kolloiden Teilchen mehr und verhält sich bei der Ultrafiltration sowie dem galvanischen Strom gegenüber ganz wie die Lösung eines kristalloiden organischen Elektrolyten[1]). Auch in konzentrierten Lösungen ist die Seife teilweise elektrolytisch dissoziiert, jedoch tritt als Anion nicht wie bei sehr stark verdünnten Lösungen das einfache Fettsäureion auf, sondern ein durch Zusammentritt von Fettsäureion, Neutralseife und Wassermolekülen gebildeter kolloidaler Komplex, die „Ionmizelle", während als Kation das normale Ion des Alkalimetalles in der Lösung vorhanden ist. In stärker konzentrierten Lösungen ist aber auch die nicht dissoziierte Seife als kolloidgelöstes Suspensoid vorhanden, und bei Seifen, die vorwiegend aus Alkalisalzen höher molekularer Fettsäuren bestehen, ist die Neigung zur Bildung kolloider Komplexe sogar so groß, daß auch in verdünnten Lösungen der überwiegende Anteil in kolloider Form vorhanden ist.

Selbstverständlich ist aber, im besonderen bei technischen, also aus Fettsäuregemischen hergestellten Seifen auch die Reaktion der Lösung nicht ohne Einfluß auf deren Verhalten, da der Kolloidcharakter mit zunehmender Azidität ausgeprägter wird. Es läßt sich infolgedessen auch voraussehen, daß die kolloiden Eigenschaften in einer von vornherein sauren Seife ganz besonders in Erscheinung treten werden, und es werden daher, soweit die Schaumfähigkeit und Waschwirkung der Seifen von deren Kolloidnatur abhängig sind, in geeigneter Weise angesäuerte Seifen in dieser Beziehung die besten Ergebnisse erwarten lassen.

Von den vorbesprochenen Eigenschaften ist naturgemäß die Gelatinierungsfähigkeit der Seifenlösungen auch für den technischen Prozeß der Seifenbereitung von großer praktischer Bedeutung. Im allgemeinen gelatinieren die Seifenlösungen stearinreicher Fette leichter als die aus flüssigen Ölen. Die Technik arbeitet jedoch niemals mit reinen Seifenlösungen, da der durch Verseifung der Fette oder Fettsäuren entstehende Seifenleim stets auch Elektrolyte enthält, die entweder als Verunreinigung der zur Verseifung dienenden Alkalien in die Reaktionsmasse gelangen oder dieser auch absichtlich zugefügt werden. Die Elektrolyte wirken nun ganz allgemein auf Seifenlösungen derart ein, daß sie von einer Grenzkonzentration ab eine schichtenweise Trennung des Seifenkörpers von dem Lösungsmittel bewirken, ein Vorgang, der als Aussalzung bezeichnet wird und derart zustande kommt, daß sich auf der je nach ihrer chemischen Zusammensetzung als „Unterlauge" oder „Leimniederschlag" bezeichneten wässerigen Salzlösung die durch die Salzwirkung abgeschiedene, im technischen Sprachgebrauch „Kern" genannte Seifenmasse absetzt. Vor dieser eigentlichen Koagulation findet jedoch schon eine Beeinflussung der Mikrostruktur der kolloiden

[1]) Mc. Bain und Bowden: Journ. Chem. Soc., 1923, **123**, S. 2417.

Seifenteilchen statt, indem zunächst bei geringerem, für die Aussalzung selbst noch ungenügendem Elektrolytzusatz die Viskosität der Lösung und damit auch die Erstarrungstemperatur des Seifenleimes eine nicht unwesentliche Änderung erfährt. Schon relativ dünnflüssige, verdünnte Seifenlösungen können daher durch entsprechenden Elektrolytzusatz eine leimige Beschaffenheit annehmen, und eine etwa 10 proz., in der Wärme dünnflüssige Talgseifenlösung beispielsweise kann durch den Zusatz von 1 vH. Kochsalz die Viskosität eines streng flüssigen Leimes erhalten, während erst bei einem Gehalt von 6—7 vH. Kochsalz die Aussalzung der Seife selbst eintritt. Beide Phasen folgen jedoch nicht unmittelbar aufeinander, indem die Viskosität des zunächst erhaltenen Leimes bei weiterem Elektrolytzusatz wieder abnimmt, ehe dann plötzlich die Aussalzung selbst auftritt, eine Erscheinung, die bekanntlich beim Sieden der Seife von technischer Bedeutung ist. Außerdem erfahren aber Seifenleime und insonderheit die der niederen Fettsäuren des Palmkern- und Kokosöles schon bei geringem Salzzusatz zugleich mit der Erhöhung der Viskosität auch eine Erniedrigung ihrer Gelatinierungstemperatur derart, daß der Leim zu einer festen Seife bereits bei Temperaturen erstarrt, bei denen er ohne Salzzusatz noch flüssig bleiben würde. Diese Wirkung, die, wie schon kurz erwähnt, vornehmlich wohl durch die stattfindende Beeinflussung der Seifenteilchengröße und die dadurch gegebene Möglichkeit einer Strukturbildung veranlaßt wird, ist in solchen Fällen von Bedeutung, wo der Reinseifengehalt der Lösung so niedrig gehalten werden soll, daß ein Erstarren des Leimes auch bei gewöhnlicher Temperatur nicht mehr zu erwarten, ein verkaufsfähiges Produkt ohne Salzzusatz also nicht mehr zu erzielen ist (Herstellung hochgefüllter Leimseifen mit geringem Fettsäuregehalt).

Während also, wie aus dem Obigen hervorgeht, bei der Gelatinierung die räumliche Homogenität der Seifenlösung noch gewahrt bleibt, findet bei der Aussalzung des Seifenkernes eine Störung dieses homogenen Zustandes statt, indem bei einer gewissen „Grenzkonzentration der Seifenlöslichkeit“[1]) die vollständige Ausscheidung der Seife aus ihrer Lösung stattfindet. Diese Grenzkonzentration oder abkürzend auch „Grenzlauge“ genannt, ist abhängig von der Natur der Seife selbst, d. h. also wieder von dem Charakter der in der Seife gebundenen Fettsäuren, und zwar nimmt die Elektrolytempfindlichkeit ab, einerseits mit abnehmendem Molekulargewicht der Fettsäure innerhalb der homologen Reihe und andererseits mit Zunahme des ungesättigten Charakters bei gleicher Kohlenstoffzahl.

Die Feststellung der bei den einzelnen Seifenlösungen auftretenden Unterschiede ihrer Grenzlaugenwerte hat dazu geführt, die natürlichen Fette und Öle dem Verhalten ihrer Seifen bei der Aussalzung entsprechend in zwei fundamental verschiedene Gruppen, die Kernfette und die Leimfette, einzuteilen, und zwar bezeichnet Stiepel[2]) als Kernfette diejenigen Fettstoffe, deren Seifen einen leicht aussalzbaren Seifenleim bilden, der sich also schon bei geringem Elektrolytzusatz

---

[1]) Vgl. Merklen: Die Kernseifen. Halle 1907, S. 54.

[2]) Stiepel: Seifenfabrikant 1901, **21**, S. 986.

in Kern und Unterlauge scheidet. Im Gegensatz dazu benötigen die Leimfette relativ hohe Salzkonzentrationen, um die mehr oder weniger vollständige Abtrennung des Kernes herbeizuführen, sind also zu der Bildung besonders widerstandsfähiger Seifenleime befähigt. Zur Gruppe der Kernfette gehören alle talgartigen Fette, Olivenöl, Kottonöl, Leinöl usw., zur Gruppe der Leimfette vornehmlich das Palmkern- und Kokosöl.

Bei der Aussalzung von Seifen aus gemischten Fettansätzen, die gleichzeitig aus Kern- und Leimfetten bestehen, würde nunmehr eine fraktionierte Aussalzung denkbar sein, derart, daß ausschließlich die Seifen der Kernfette den ausgesalzenen Kern bilden, während die Seifen der Leimfette im Leimniederschlag verbleiben würden. Aus den bisher vorliegenden Untersuchungen ergibt sich jedoch, daß sich die im Seifenleim vorhandene gemischte Seife bei der Aussalzung wie eine einheitliche verhält, deren Eigenschaften durch das jeweilige Verhältnis ihrer Komponenten bestimmt werden. Eine allgemeingültige Theorie des Aussalzungsvorganges, die auch diese Tatsache erklärt, ist allerdings noch nicht gefunden worden. Es wird jedoch als sicher angenommen, daß neben einer Zurückdrängung der Löslichkeit durch Zusatz gleichnamiger Ionen (Überschreitung des Löslichkeitsproduktes) hier auch Koagulationsvorgänge innerhalb des kolloidgelösten Seifenanteils eine wesentliche Rolle spielen[1]).

Zu den Leimfetten zu zählen sind schließlich auch solche Fette bzw. Fettsäuren, die in ihrer Kohlenstoffkette eine Substitution von Wasserstoff durch Halogen, Hydroxyl- und Sulfogruppen erfahren haben[2]). Insonderheit die Seifen des Rizinusöles, der oxydierten (geblasenen) und sulfurierten Öle und Fettsäuren (Türkischrotöl) vermögen durch ihre Anwesenheit in Seifengemischen deren Stabilität gegen Salzwirkung ganz bedeutend, und zwar derart zu erhöhen, daß solche Seifengemische, selbst wenn sie zum überwiegenden Teil aus Kernfetten gesotten sind, den Charakter einer Leimseife annehmen[3]).

Die Konzentration der Grenzlaugen ist jedoch nicht nur von der Art der auszusalzenden Seife selbst, sondern auch von dem Charakter des zur Anwendung kommenden Elektrolyten abhängig.

Die folgende, nach Versuchen von Leimdörfer[4]) zusammengestellte Tabelle zeigt die Grenzlaugenkonzentration einiger Seifen bei Anwendung verschiedener Elektrolyte.

Elektrolyt	Kokosölseife vH.	Palmkernölseife vH.	Talgseife vH.
NaOH	19,1	14,2	5,1
KOH	26,7	19,8	7,2
NaCl	24,0	20,1	5,4
KCl	—	25,6	13,6
Na_2SO_4	—	—	18,0

[1]) Ztschr. d. Dtsch. Öl- u. Fettind., 1924, **44**, S. 350.

[2]) Vgl. Leimdörfer: DRP. 250164. Schrauth: Patentanm. Sch. 41950. Kl. 23 i. Seifensiederzeitung 1914, **41**, S. 991.

[3]) Vgl. Leimdörfer: Seifensiederzeitung 1919, **46**, S. 273ff.

[4]) Seifensiederzeitung 1910, **37**, S. 1205.

Im allgemeinen ist also das Aussalzungsvermögen der Kalisalze (auch gegenüber Kaliseifen) geringer als das der Natronsalze, und bei gleichem Kation im wesentlichen abhängig von der Natur des jeweiligen Anions.

Das Kation des Elektrolyten spielt jedoch dann eine bedeutendere Rolle, wenn dasselbe mit dem Kation der Seife nicht identisch ist. Insonderheit treten bei dem Zusatz von Natronsalzen zu den Lösungen von Kaliseifen und umgekehrt bei dem Zusatz von Kalisalzen zu den Lösungen von Natronseifen Umsetzungen ein, die besonders in früheren Zeiten von technischer Bedeutung waren, als man das Fett mit Kalilauge (Aschenlauge) verseifte und durch nachfolgenden Kochsalzzusatz den Austausch der Basen bewirkte. Dieser Austausch der Basen ist jedoch kein vollständiger, eine so hergestellte Seife ist stets kalihaltig und infolgedessen etwas weicher und löslicher als eine aus reiner Natronlauge gesottene Seife.

Über die Vorgänge, welche bei der Überführung weicher Kaliseifen in harte Natronseifen durch Kochsalzlösung stattfinden, sind schon früher von A. C. Oudemans jr.[1]) Versuche angestellt. Er war zu dem Resultat gekommen, daß auch bei wiederholter Aussalzung nur ungefähr die Hälfte des Kalis durch Natron ersetzt wird. Später haben Wright und Thompson[2]) nochmals den Gegenstand eingehend untersucht, ebenfalls mit dem Ergebnis, daß die wechselseitige Umsetzung zwischen Natriumsalzen und fettsaurem Kali und umgekehrt zwischen Kalisalzen und fettsaurem Natron nur eine teilweise ist, indem sich die Fettsäure ziemlich gleichmäßig zwischen beide Alkalien verteilt.

Die genannten Autoren verfuhren zunächst so, daß sie die für die Untersuchung verwandte Fettsäure, zugleich mit der zur Neutralisation erforderlichen Kali- und Natronmenge behandelten, also in der Weise, daß auf 1 Äqu. Säure 2 Äqu. Alkali kamen. Ferner wurde eine abgewogene Menge Fettsäure in die erforderliche Menge der gemischten Laugen gegeben, im Wasserbade erhitzt und nach dem Schmelzen der Fettsäuren tüchtig geschüttelt. Von den durch Stehenlassen geklärten Flüssigkeiten wurde alsdann ein Teil zur Analyse entnommen. Dabei ergaben sich für die verschiedenen zur Untersuchung verwandten Fettsäuren folgende Resultate:

Angewandte Fettsäuren	Prozente der in Natronseife übergeführten Fettsäuren	Prozente der in Kaliseife übergeführten Fettsäuren
Stearinsäure	51,2	48,8
Ölsäure	50,8	49,2
Rohe Stearin- und Ölsäure (Talg)	51,5	48,5
Rohe Stearin-, Palmitin- und Ölsäure (Palmöl und Talg)	48,2	51,8
Rohe Laurinsäure (Kokosnußöl)	49,7	50,3

Es folgt hieraus, daß sich bei der Behandlung einer Kaliseife mit der äquivalenten Menge Natron fast ebensoviel Natronseife bilden wird, wie bei der Behandlung einer Natronseife mit Kali, und daß etwa die Hälfte der angewandten Alkalien unverändert vorhanden bleiben

[1]) Journ. f. prakt. Chem. **106,** S. 51. Wagners Jahresber. 1869, **15,** S. 311.
[2]) Seifenfabrikant 1886, **6,** S. 140.

wird. Direkte Versuche ergaben dann weiter, daß bei der Behandlung von Kaliseifen mit der äquivalenten Menge Natriumhydrat 48,8 vH. der ersteren in Natronseife und von Natronseife mit der äquivalenten Menge Kaliumhydrat 46,0 vH. der ersteren in Kaliseife umgewandelt wurden.

Während also bei der Behandlung einer Seife mit einem anderen freien Alkali eine Teilung der Basen in die Fettsäuren etwa im Verhältnis von 1 : 1 eintritt, ist dies Verhältnis ein anderes, wenn man ein Alkalikarbonat auf die fettsaure Verbindung eines anderen Alkalis einwirken läßt. Wie aus der folgenden Tabelle zu ersehen ist, verläuft die Umsetzung hier immer zugunsten der Bildung von Kaliseife und es wird daher verständlich, daß der Zusatz von Pottaschelösung zu Natronseifen diese letzteren durch Bildung von weicher Kaliseife geschmeidiger werden läßt.

Angewandte Fettsäuren		Natronseife mit K_2CO_3 behandelt. Prozente der vorhandenen Gesamt-Fettsäuren: äquivalent dem zugefügten		Kaliseife mit Na_2CO_3 behandelt. Prozente der vorhandenen Gesamt-Fettsäuren: äquivalent dem zugefügten	
		K_2CO_3	Na_2CO_3	K_2CO_3	Na_2CO_3
Stearin- und Ölsäure	1	10,1	8,0	—	—
	2	45,7	34,4	—	—
	3	100,0	97,95	100,0	4,3
	4	104,2	99,0	1000,0	15,0
Stearin-, Palmitin- und Ölsäure (Palmöl und Talg)	1	57,2	52,1	—	—
	2	108,0	90,8	177,0	9,5
Rohe Laurinsäure (Kokosnußöl) . .	1	52,8	46,4	—	—
	2	114,8	87,9	197,0	6,2
Rohe Rizinolsäure (Rizinusöl) . . .	1	50,0	48,4	—	—
	2	100,0	93,8	205,0	8,2

Während demnach beim Vorhandensein von Fettsäure und Kohlensäure einerseits und Kali und Natron andererseits die Reaktion derart verläuft, daß sich vorwiegend Kaliseife (und Natriumkarbonat) bildet, ist das Verhältnis bei Anwendung der Alkalichloride an Stelle der Karbonate genau das Umgekehrte.

Bei den diesbezüglichen Versuchen wurde eine bekannte Menge Fettsäure in zwei Hälften geteilt und die eine mit Kalilauge, die andere mit Natronlauge neutralisiert. Beide Seifen wurden dann gemischt und in heißem Wasser (150 Mol. auf 1 Mol. des Seifengemenges) gelöst. Die Lösung wurde hierauf bei 100 ° C mit einem Gemisch äquivalenter Mengen Kalium- und Natriumchlorid (20 Mol. des Gemisches) behandelt, das in Pulverform unter Umschütteln in die Seifenlösung eingetragen wurde. Dabei ergaben sich folgende Resultate:

Angewandte Fettsäuren	Prozente Fettsäuren enthalten als Kaliseife	Prozente Fettsäuren enthalten als Natronseife	Molekülverhältnis der Natronseife zur Kaliseife
Reine Ölsäure	38,0	62,0	1,63 : 1
Rohe Rizinusölsäure	17,8	82,2	4,6 : 1
Stearin-, Öl- und Harzsäure . .	17,2	82,8	4,8 : 1
Rohe Laurinsäure	15,1	85,9	5,7 : 1

Es wurden ferner Versuche angestellt über a) die Mengen Kaliseifen, die aus einer Lösung M Mol. Wasser durch N Mol. Natriumchlorid auf 1 Mol. Kaliseife und b) die Mengen Natronseife, die aus einer Lösung in M Mol. Wasser durch N Mol. Kaliumchlorid auf 1 Mol. Natronseife ausgesalzen werden. Die Resultate der Versuche zeigt die folgende Zusammenstellung:

Fettsäuren	M	N	a) Kaliseife mit NaCl ausgesalzen		b) Natronseife mit KCl ausgesalzen	
			Prozente der abgeschiedenen Fettsäuren als			
			Kaliseife	Natronseife	Kaliseife	Natronseife
Stearin- und Ölsäure	100	5	10,5	89,5	79,1	20,9
	200	20	5,1	94,9	82,1	17,9
Stearin-, Palmitin- und Ölsäure (Palmöl und Talg)	200	20	3,8	96,2	95,8	4,2
Rohe Laurinsäure	200	20	5,4	94,6	74,8	25,2

Durch Änderung der Konzentrationsverhältnisse erhält man natürlich Änderungen des Resultats, das im wesentlichen von der Massenwirkung und der relativen Löslichkeit der einzelnen Komponenten abhängig ist.

In der Technik arbeitet man nun stets mit Unterlaugen, welche mehr als einen Elektrolyten gelöst enthalten. Auch hier wieder wird die Wirkungsweise des Elektrolytgemisches bestimmt durch die Eigenschaften seiner Komponenten im Verhältnis ihrer absoluten Mengen, d. h. Elektrolytgemische verhalten sich wie ein einheitlicher Elektrolyt, dessen Eigenschaften aus dem obwaltenden Mengenverhältnis der Einzelkomponenten und ihrer Wirkungsstärke zu berechnen ist. Ein Gemisch aus beispielsweise 40 Teilen NaOH und 58,5 Teilen NaCl besitzt, wenn 1,15 Teile NaCl die gleiche Wirkung wie 1 Teil NaOH auslösen, eine Wirkungsstärke von

$$\frac{40}{98,5} + \frac{58,5 \cdot 1,15}{98,5} = 1,09,$$

verglichen mit der Wirkungsstärke reiner Natronlauge gleich 1, eine Zahl, die man nach dem Vorschlag von Ubbelohde und Richert auch als „reduzierte Konzentration“ bezeichnet.

Die Wirksamkeit der Elektrolytlösungen wird jedoch nicht nur durch den eigenen chemischen Charakter, sondern in besonderem Maße auch durch die während der Aussalzung obwaltende Temperatur bestimmt. Bei höherer Temperatur sind in der Regel auch höhere Elektrolytkonzentrationen notwendig, da die Löslichkeit der Seifen in Salzlösungen mit zunehmender Temperatur ebenfalls wächst. Demzufolge tritt bei der Abkühlung elektrolythaltiger Seifenlösungen, die in der Siedehitze ihre homogene Beschaffenheit noch nicht verloren haben, Aussalzung des Seifenkernes ein, und zwar bei derjenigen Temperatur, bei der die Elektrolytlösung eben den Charakter der Grenzlauge besitzt.

Ein großer Teil der technisch hergestellten Kernseifen wird jedoch nicht auf Unterlauge, d. h. durch völlige Aussalzung der Seifenmasse gewonnen, sondern auf Grund ihres angenehmeren Charakters und ihrer größeren Reinheit wegen als „abgesetzte" oder „geschliffene" Kernseife „auf Leimniederschlag" hergestellt, d. h. auf einer gegenüber der Grenzlauge verdünnteren Elektrolytlösung, die neben den Salzen auch Seife gelöst enthält und daher eine leimig-viskose Beschaffenheit und ein spezifisches Gewicht besitzt, das ein Absetzen dieses „Leimniederschlages" am Kesselboden veranlaßt. Die abgesetzten Kernseifen erhält man auf direktem Wege durch nur teilweise Aussalzung (Absalzung) des Kernes mit einer zur völligen Aussalzung unzureichenden Elektrolytmenge, die geschliffenen Kernseifen auf indirektem Wege durch teilweise Wiederauflösung des zunächst vollständig ausgesalzenen Kernes in einer Salzlösung, deren Konzentration die Grenzlaugenkonzentration noch nicht erreicht (Ausschleifung). Es bleibt jedoch zu beachten, daß sich der bei dieser Arbeitsweise eintretende Gleichgewichtszustand nur bei der Arbeitstemperatur selbst unverändert erhält, indem bei etwa eintretender Abkühlung des Leimniederschlages aus diesem weiterhin Seifenmasse als Kern zur Abscheidung gelangt. Bei entsprechender Elektrolytkonzentration wird jedoch die vollständige Trennung des Leimniederschlages in klare Unterlauge und Kern durch die Gelatinierung der gelösten Seife erschwert, so daß also bei der Abkühlung des Leimniederschlages eine Schichtenbildung derart eintreten kann, daß auf eine obere Kernseifenschicht seifenärmere Schichten und schließlich eine klare Unterlauge folgt, die Merklen als „Ausschleifungsendlauge" bezeichnet.

Es ist nun selbstverständlich, daß man den Elektrolytzusatz auch so bemessen kann, daß bei Siedetemperatur eine sichtbare Störung der Homogenität überhaupt nicht erfolgt, und daß die Trennung des Seifenleimes in Kern und Leimniederschlag erst bei einer Temperatur einsetzt, die ein reguläres Absetzen des Kerns infolge bereits eingetretener Gelatinierung des Leimniederschlages nicht mehr gestattet. Die bei der Abkühlung des Seifenleimes erfolgende Trennung in Kern und Leimniederschlag bleibt lokal begrenzt, die beiden Phasen verlaufen neben- und ineinander, und es entsteht die in der Praxis als „Marmor" benannte Erscheinung, indem sich in dem als „Fluß" bezeichneten Leimniederschlag die weißen Adern des „Kernes" abheben. Dies Verfahren, das zur Herstellung der sogenannten „Halbkern- oder Eschweger Seifen" geführt hat, ist natürlich in seinen Bedingungen eng begrenzt, da die gegebenen Temperaturverhältnisse eine Veränderung des Wasser- und Elektrolytgehalts in weiteren Grenzen nicht gestatten[1]).

Es ist aber weiter zu erwarten, daß die hier beschriebenen Erscheinungen mit Änderung des Lösungsmittels ebenfalls eine Änderung erfahren müssen, indem die maßgebenden quantitativen Verhältnisse eine

[1]) In diesem Zusammenhang sei darauf hingewiesen, daß auch das sogenannte „Nässen" oder „Schwitzen" der Seifen auf Homogenitätsstörungen beruht, die durch die in dem Seifenkörper vorhandenen Elektrolyte bedingt werden. Der sogenannte „Beschlag" der Seifen entsteht alsdann durch Verdunstung der ausgeschwitzten Salzlösung unter Hinterlassung des in Lösung gewesenen Salzrückstandes.

gewisse Verschiebung erfahren. Dies tritt besonders in Erscheinung, wenn die Elektrolytlösungen, wie das beispielsweise bei der Verseifung von Neutralfetten meist der Fall ist, einen mehr oder weniger hohen Glyzeringehalt aufweisen, durch den die Löslichkeit der Seife erhöht, d. h. ihre Elektrolytempfindlichkeit geringer wird. Die von Praktikern vielfach betonten Qualitätsunterschiede zwischen den Seifen aus Neutralfetten und denen aus Fettsäuren finden also in dieser Tatsache eine gewisse Erklärung.

Wie schon oben erwähnt, stellen die in der beschriebenen Weise erzeugten Kernseifen jedoch niemals reine Seifenlösungen dar, sondern enthalten stets auch einen gewissen Elektrolytgehalt, dessen Konzentration nach Merklen von der Natur der Seife selbst, der Art des Lösungsmittels, der Natur und Konzentration der gelösten Elektrolyte und schließlich von der angewandten Temperatur abhängig ist. Auch der Wassergehalt des Seifenkernes zeigt eine ähnliche Abhängigkeit von den genannten Faktoren, im allgemeinen kann es jedoch als feststehend gelten, daß ein Seifenkern um so weniger Wasser (Elektrolytlösung) aufnimmt, je salzreicher die Unterlauge ist und je höher die Temperatur liegt, bei der die Aussalzung geschieht. Wird eine Seife nacheinander mit verschiedenen Elektrolytlösungen behandelt, so ist für den Charakter des schließlich erhaltenen Kernes naturgemäß die Zusammensetzung derjenigen Unterlauge (Leimniederschlag) maßgebend, mit der er sich zuletzt im Gleichgewicht befunden hat.

Die hier geschilderten Betrachtungen lassen nunmehr eine strenge Klassifizierung der verschiedenen, technisch erzeugten Seifen zu, die für den Handelsverkehr nicht ohne Bedeutung ist. Man unterscheidet hiernach im besonderen Leimseifen und Kernseifen und bezeichnet als Leimseifen allgemein diejenigen Erzeugnisse, die durch Erstarrung (Gelatinierung) flüssiger Seifenleime entstehen, ohne daß bei dem Erstarrungsprozeß eine Störung in der Homogenität der räumlichen Verteilung in Erscheinung tritt. Die Leimseifen enthalten demzufolge alle während des Siedeprozesses angewandten Materialien einschließlich aller in Fettansatz und Siedelaugen vorhanden gewesenen Verunreinigungen und einschließlich des im Neutralfett gebunden gewesenen Glyzerins. Zu den Leimseifen gehören speziell die sogenannten kaltgerührten Feinseifen, die Transparentseifen und vornehmlich auch die Eschweger Seifen, die allerdings, wie oben erwähnt, bereits zu der zweiten Gruppe, den Kernseifen, überleiten. Als Kernseifen bezeichnet man diejenigen Erzeugnisse, die durch Koagulation eines Seifenleimes unter Aufhebung des homogenen Lösungszustandes erhalten werden. Ihre Zusammensetzung und äußeren Eigenschaften sind im allgemeinen außer von der Art des Fettansatzes von den während der Koagulation obwaltenden äußeren Bedingungen abhängig.

Nach einem Beschluß des Verbandes der Seifenfabrikanten Deutschlands gelten im praktischen Gebrauch als reine Kernseifen alle aus festen und flüssigen Fetten oder Fettsäuren, auch unter Zusatz von Harz, durch Siedeprozesse hergestellten, aus ihren Lösungen durch Salze oder Salzlösungen (auf Unterlauge oder Leimniederschlag) abgeschiedenen, technisch reinen Seifen mit einem Mindestgehalt von 60 vH. Fettsäurehydraten einschließlich Harzsäure.

Die reinigende Wirkung der Seifen. Es ist natürlich, daß eine große Anzahl der Theorien, die man über die reinigende Wirkung der Seife aufgestellt hat, in dem oben besprochenen Vorgang der Hydrolyse ihre Basis findet, besonders auffallend ist es aber, daß gerade die unwahrscheinlichste von allen, eine zuerst von Berzelius[1]) ausgesprochene und später von Kolbe[2]) übernommene Annahme mit seltener Zähigkeit auch in den neueren Lehrbüchern der organischen Chemie eine stete Auferstehung feiert. Ihr zufolge wirkt nämlich das durch die Hydrolyse eben frei gewordene Alkali auf die fettigen Bestandteile des Schmutzes verseifend ein, während der Seifenschaum durch Umhüllen desselben zu seiner Entfernung nur beiträgt. Der Vorteil gegenüber der Verwendung freier Alkalien, welche ein billigeres Waschmittel darstellen würden, liegt angeblich darin, daß bei der Anwendung von Seife das freie Alkali stets nur in geringer Konzentration, die sich von selbst regelt, in dem Wasser zugegen ist, wodurch eine größere Schonung des Waschgutes und der Epidermis erzielt wird.

Diese Theorie wird den gegebenen Tatsachen jedoch in keiner Weise gerecht, denn es ist wenig logisch, daß das im Entstehungszustande befindliche Alkali, an Menge gering, den vorhandenen fettartigen Substanzen gegenüber die verlangte große Verbindungsfähigkeit besitzen soll, weil das Alkali an und für sich leichter mit der Fettsäure, bzw. dem sauren Salz reagieren würde, von dem es abgespalten wurde, als mit Glyzeriden, für deren Verseifung eine beträchtlich höhere Energiemenge erforderlich sein würde. Da nun die Verdünnung der Seifenlösung zudem so bedeutend ist, daß die erstgenannte Reaktion nicht nur nicht eintreten kann, die Lösung vielmehr einer möglichst weitgehenden Hydrolyse entgegenstrebt, so ist eine chemische Einwirkung des Alkalis während des Waschprozesses vollkommen unwahrscheinlich. Auch der Umstand, daß Mineralöle durch Seifenlösungen ebenso leicht entfernt werden können wie Fettstoffe, entzieht der Theorie jeglichen Boden, da ein durch Alkali bedingter Verseifungsprozeß in diesem Falle nicht stattfinden kann, und ebenso vernichtend wirkt die im Anschluß an die obige Theorie kaum erklärliche Tatsache, daß reine Ätzalkalien für den Waschprozeß wenig geeignet sind.

Nach einer von Krafft[3]) aufgestellten Theorie beruht die Seifenwirkung darauf, „daß Säure und Alkali nebeneinander vorhanden und gleichzeitig verfügbar sind; dies äußert sich teils in der bekannten emulgierenden Fähigkeit, teils durch eine rein chemische, namentlich auflösende Wirkung der genannten Agenzien". Diese

---

[1]) Berzelius: Lehrbuch der Chemie 1828, 2. Aufl. **3,** S. 438.

[2]) Kolbe: Organische Chemie 1880, 2. Aufl., **1,** S. 817.

[3]) Vortrag, gehalten in der medizinisch-naturwissenschaftlichen Gesellschaft in Heidelberg, zitiert von Stiepel in seinem Sammelreferat über Seifenwirkung. Seifenfabrikant 1901, **21,** S. 1136.

Theorie wird den bekannten Tatsachen gerecht, daß eine schon im kalten Wasser gut wirksame Seife leicht löslich und in der Lösung möglichst weitgehend hydrolysiert sein muß, während solche Seifen, die erst beim Erwärmen in Lösung gehen, weil die bei der Hydrolyse gebildeten sauren Salze in kaltem Wasser unlöslich sind (Palmitate, Stearate), trotz der stattfindenden Alkaliabgabe an das Waschwasser in der Kälte eine nur ungenügende Waschwirkung besitzen.

Auch andere Autoren (Donnan[1]), Quincke[2]) u. a.) heben in ihren Untersuchungen über die Waschwirkung das Emulsionsvermögen der Seifenlösungen besonders hervor, indem sie vornehmlich auf die Bedeutung der Oberflächenspannung hinweisen. Ein größeres Lösungsvermögen für Fette (Triglyzeride) besitzen aber die Seifenlösungen nach Versuchen von R. Hirsch[3]) nicht, da man in 10 ccm einer 5 proz. Seifenlösung noch nicht $^1/_{100}$ ccm Kokosöl aufzulösen vermag. Trotzdem läßt sich 1 ccm auf den Handflächen verriebenes Kokosöl leicht durch die angeführte Menge Seifenlösung entfernen. Daß diese emulgierende Wirkung wirklich durch die Seifenlösung und nicht etwa durch das bei der Hydrolyse abgespaltene Alkali bewirkt wird, konnte dann Hillyer[4]) durch die Tatsache beweisen, daß weder neutrales, von freier Fettsäure befreites Kottonöl (Salatöl) noch Petroleum durch n/10 Natronlauge emulgiert werden kann. Leicht gelingt die Emulsion jedoch durch n/10 ölsaures Natron.

Im Sinne der Emulsionstheorie wirkt die Seife also nach Art eines Schmiermittels, indem sie die Adhäsion zwischen dem Reinigungsobjekt und den darauf haftenden Verunreinigungen vermindert und durch Emulsion eine Entfernung der Schmutzteilchen bewirkt. Den fettsauren Salzen ist also die Eigenschaft der fettsauren Glyzeride erhalten geblieben, sich auf anderen Körpern kapillar auszubreiten, sie zu benetzen und fremde Substanzen, die auf ihnen haften, ohne mechanische Kraft oder chemische Einwirkung lediglich bei der Berührung mit dem verunreinigten Körper zu verdrängen, indem die Adhäsion, welche die vorhandene Verunreinigung mit dem Reinigungsmittel verbindet, größer ist als diejenige, welche bis dahin zwischen dem Reinigungsobjekte und der Verunreinigung bestanden hat und größer als die Kohäsion der Seifenlösung selbst. Auf Grund der großen Wasserlöslichkeit und der dadurch erreichbaren, außerordentlich feinen Verteilung der für die Reinigung verwandten Seife können diese Eigenschaften natürlich in vollkommenster Weise zur Wirkung und Ausnutzung gebracht werden, so daß die genannten Erscheinungen auch noch bei starker Verdünnung deutlich zutage treten[5]).

Die Emulsionstheorie läßt also für die Erklärung des Waschprozesses die Hydrolyse der Seife, welche für die Annahme einer chemischen Wirkung maßgebend ist, als durchaus entbehrlich erscheinen. Den-

---

[1]) Ztschr. f. physiol. Chem. 1899, **31**, S. 42.
[2]) Wiedemanns Annalen 1894, **53**, S. 593.
[3]) Chem. Ind. 1898, **21**, S. 509ff.
[4]) Journ. Americ. chem. soc. 1903, **25**, S. 511—532.
[5]) Vgl. Künkler, A.: Seifensiederzeitung 1903, **30**, S. 681, 704; Hillyer, l. c.

noch aber dürfte dieser chemische Vorgang für die Waschkraft der Seife nicht ohne jede Bedeutung sein. Künkler[1]) konnte nämlich zeigen, daß eine Seife, welche z. B. 70 vH. und mehr Mineralöl enthält und in wässeriger Lösung nicht schäumt, nicht nur die Seife als solche ersetzt, sondern auch da noch reinigt, wo Seife überhaupt versagt. Das Öl löst den Schmutz augenblicklich vollkommen ab, emulgiert denselben und auf Zufügen derjenigen Mengen Wasser, welche die Emulsion der Seife hervorrufen, wird Öl und Schmutz von dem zu reinigenden Gegenstande abgespült. Das bei der Seifenhydrolyse entstehende saure, fettsaure Salz könnte also dementsprechend als in der Seifenlösung schwer lösliche, äußerst fein verteilte, fettartige Substanz selbst reinigende Kraft besitzen, während die wässerige Seifenlösung lediglich die aus der Fettsubstanz und den Schmutzstoffen gebildete Emulsion von dem Reinigungsobjekte entfernt.

Außerordentlich interessante experimentelle Untersuchungen, die aus diesem Zusammenhang in hohem Maße zur Erklärung des Waschprozesses beitragen, hat W. Spring[2]) veröffentlicht. Aus den Versuchen, die der Verfasser zunächst mit reinem, völlig fettfreiem Kohlenstoff (Kienruß) anstellte, und die er später auf Eisenoxyd, Tonerde, Kieselsäure, Töpferton und Zellulose ausdehnte, geht hervor, daß alle diese Stoffe befähigt sind, mit in Wasser gelöster Seife Adsorptionsverbindungen zu bilden, die der Einwirkung des Wassers widerstehen und die beständiger sind als die Verbindungen, welche zwischen dem Reinigungsprodukt und den genannten Stoffen bestehen können. Kohlenstoff bildet beispielsweise sowohl mit Zellstoffen, wie Filtrierpapier, als auch mit in Wasser gelöster Seife Adsorptionsverbindungen, doch zeigte es sich, daß die Kohlenstoff-Seife-Verbindung größere Adhäsion besitzt als die Verbindung aus Kohlenstoff und Zellulose, indem die letztere durch eine Seifenlösung zerstört wird. Während Filtrierpapier, das Kohle adsorbiert enthält, durch reines Wasser nicht von dieser befreit werden kann, laufen Suspensionen von Ruß in Seifenwasser durch ein Filter glatt hindurch, ohne Kohlenstoffteilchen auf demselben zurückzulassen.

Die Zusammensetzung dieser Adsorptionsverbindungen richtet sich jeweils nach der elektrischen Polarität der von der Seife zu adsorbierenden Stoffe. Der positiv elektrische Kohlenstoff verbindet sich mit der negativ elektrischen, hydrolytisch gebildeten, sauren Seife, das Eisenoxyd und die Tonerde, die bei der Kataphorese sowohl zur Anode wir zur Kathode wandern, deren elektrischer Charakter also weniger scharf betont ist, agglutinieren sich mit einer alkalisch reagierenden Seife und ebenso sind die Adsorptionsverbindungen, welche die Kieselsäure und die Zellulose mit der Seife bilden, alkalireicher als die für die Herstellung der Seifenlösung ursprünglich verwandte Seife. Die Bildung dieser alkalischen Adsorptionsverbindungen ist nach Gold-

[1]) Seifensiederzeitung 1904, **31**, S. 150.
[2]) Ztschr. für Chem. u. Ind. d. Kolloide 1909, **4**, S. 161; 1910, **6**, S. 11, 109, 164.

schmidt[1]) jedoch am besten so zu erklären, „daß die zwischen dem Versuchsobjekt und der sauren oder neutralen Seife gebildete Adsorptionsverbindung ihrerseits aus der Lösung hydrolytisch abgespaltenes Alkali adsorbiert".

Das Ergebnis seiner Untersuchungen faßt Spring in den Satz zusammen, „daß die Waschwirkung der Seifenlösungen die Bildung einer Adsorptionsverbindung mit dem wegzuwaschenden Stoffe zur Ursache hat, einer Verbindung, die jenes Adhäsionsvermögen weitgehend verloren hat, welches ihre Komponenten vor ihrer Vereinigung besaßen".

Bei der Fülle des von so vielen Seiten beigebrachten, exakten Versuchsmaterials ist es natürlich schwer zu entscheiden, welche der aufgestellten Theorien nunmehr die einzig richtige ist. Bei genauer Würdigung aller Erscheinungen will es aber fast scheinen, als ob der Waschprozeß als solcher überhaupt kein einheitlicher, streng geregelter Vorgang ist, und daß die Bedeutung der Seife für diesen Prozeß gerade in der Fähigkeit begründet liegt, ihre Wirkungsweise auf Grund der Heterogenität ihrer in der wässerigen Lösung vorhandenen Bestandteile den verschiedensten Verhältnissen anzupassen.

Die Desinfektionskraft der Seifen. Über den Desinfektionswert der Seifen gehen die Ansichten früherer Autoren weit auseinander. Daß die Seife Desinfektionskraft besitzen kann, steht jedoch heute außer allem Zweifel, und die neuere Forschung hat nunmehr auch die Bedingungen festgelegt, die für das Vorhandensein und die Größe dieser Wirkung maßgebend sind.

Die Desinfektionskraft der Seife als solcher wurde zuerst von Robert Koch[2]) festgestellt, der bei seinen Untersuchungen fand, daß gewöhnliche Schmierseife imstande ist, in einer Verdünnung von 1 : 5000 eine Behinderung und bei 1 : 1000 eine vollständige Aufhebung der Entwicklung von Milzbrandsporen zu bewirken. Im Jahre 1890 untersuchte sodann Behring[3]) etwa 40 verschiedene Seifensorten mit dem Ergebnis, daß eine „feste Waschseife" bei einer Verdünnung von 1 : 70 in Bouillon Milzbrandbazillen innerhalb zweier Stunden abzutöten vermag. 1894 konnte M. Jolles[4]) die Desinfektionskraft der Seife ebenfalls bestätigen. Bei seinen Versuchen töteten 3 proz. Lösungen von fünf verschiedenen Seifen, deren Fettsäure-, Alkali- und freier Alkaligehalt bestimmt war, Cholerakeime in 10 Minuten ab, mit zunehmender Konzentration und Temperatur nahm auch die Desinfektionskraft zu. Auch bei seinen späteren Untersuchungen[5]), für die er Typhus- und Kolibazillen als Testobjekte benutzte, kam er ebenfalls zu dem Ergebnis, daß den Seifenlösungen an und für sich eine bedeutende Desinfek-

---

[1]) Ubbelohde und Goldschmidt: Handbuch der Chemie und Technologie der Öle und Fette **3**, S. 446.

[2]) Mitt. a. d. Kaiserl. Gesundheitsamt 1881, **1**, S. 271.

[3]) Ztschr f. Hyg. u. Infektionskrankh. 1890, **9**, S. 414.

[4]) Ztschr. f. Hyg. u. Infektionskrankh. 1893, **15**, S. 460.

[5]) Ebenda 1898, **19**, S. 130.

tionskraft innewohnt, und daß die Seife infolgedessen für die Desinfektion von schmutziger und infektiös verunreinigter Wäsche das geeignetste und natürlichste Reinigungsmittel sei.

Auch A. Serafini[1]) spricht den gewöhnlichen Waschseifen, und zwar den reinen fettsauren Salzen als solchen, eine ziemlich bedeutende Desinfektionskraft zu und betont, daß alle Zusätze, welche den Gehalt der Handelsseifen an solchen Salzen herabsetzen, auch die Desinfektionswirkung abschwächen. Andererseits kam aber Konradi[2]) bei seinen mit Milzbrandsporen angestellten Untersuchungen über die bakterizide Wirkung der Seifen zu dem Ergebnis, daß der Seifensubstanz selbst keine nennenswerte desinfizierende Wirkung zukommt, daß dieselbe vielmehr, wenn überhaupt vorhanden, gerade durch gewisse Zusätze, vor allem durch geruchsbildende Stoffe (Terpineol, Vanillin, Cumarin, Heliotropin u. a.) bedingt werde. Seine Resultate wurden bei einer Nachprüfung von anderer Seite mehrfach bestätigt gefunden, im allgemeinen neigten spätere Autoren aber wieder der Ansicht zu, daß den Seifen eine antiseptische Wirkung zukomme. So berichtet 1905 A. Rodet[3]) über die Desinfektionskraft einer reinen, von überschüssigem Alkali freien Natronseife (Marseiller Seife), deren Wirksamkeit er an Staphylokokken und Typhusbazillen prüfte. In beiden Fällen konnte er zweifellos eine antiseptische Wirkung feststellen, indem die Seife einem Nährboden zugesetzt, auch schon in schwachen Konzentrationen das Wachstum der Bakterien behinderte, ohne dasselbe allerdings selbst in sehr viel höheren Dosen ganz zu unterdrücken. Durch reine Seifenlösungen wurden aber beide Bakterienarten abgetötet und zwar bei einem Gehalt von 1 vH. Seife die empfindlicheren Elemente des Staphylokokkus in einigen Stunden, die Typhusbakterien schon in wenigen Minuten. Mit wachsender Konzentration und steigender Temperatur machte sich, den Beobachtungen früherer Autoren entsprechend, auch eine schnellere und energischere Wirkung bemerkbar.

Endlich betonte dann im Jahre 1908 C. Rasp[4]) auf Grund eigener Experimentalstudien ganz besonders die schwankende Desinfektionswirkung der käuflichen Schmierseifen und hob hervor, daß weder die chemische Analyse hinsichtlich des Alkaligehaltes noch die chemisch-physikalische Untersuchung (Leitfähigkeit), noch die Feststellung der Fettsäuren durch die Hüblsche Jodzahl diese Schwankungen voll erklären könnten. Auf Grund der bei Temperaturerhöhung eintretenden Steigerung der Wirksamkeit glaubte er jedoch schon auf die Bedeutung der Dissoziation hinweisen zu dürfen, seine Arbeit schloß er mit den Worten: „Einen weiteren Beitrag zur Theorie der Seifenwirkung dürften wohl Versuche mit Seifen bringen, welche mit chemisch reinen Substanzen angefertigt werden.“

---

[1]) Arch. f. Hyg. 1898, **33**, S. 369.
[2]) Arch. f. Hyg. 1902. **44**, S. 101. — Zentralbl. f. Bakt. 1904, **36**, S. 151.
[3]) Rev. d'hyg. 1905, S. 301.
[4]) Ztschr. f. Hyg. u. Infektionskrankh. 1908, **58**, S. 45.

Bald danach erschien dann eine Arbeit von Reichenbach[1]), in der dieser Gedanke bereits zur Tat wurde und deren umfangreiches experimentelles Material nunmehr eine Klärung der vorliegenden Frage in fast vollem Umfange zuläßt. Reichenbach verwandte für seine Untersuchungen unter beinahe vollständiger Vernachlässigung aller Handelspräparate die chemisch reinen Alkalisalze all der Säuren, die für gewöhnlich im Seifenkörper angetroffen werden und konnte auf diese Weise feststellen, daß die Kalisalze der gesättigten Fettsäuren ganz allgemein eine recht beträchtliche Desinfektionskraft besitzen, während die Salze der ungesättigten Fettsäuren an und für sich bei der Desinfektionswirkung der Seifen kaum in Betracht kommen können. Eine besonders bemerkenswerte Desinfektionskraft besitzt vor allen anderen Salzen das palmitinsaure Kalium. Eine n/40-Lösung (0,72 vH.) vermochte Bact. coli in weniger als 5 Minuten abzutöten, eine Wirkung, die mit einer wässerigen 1 proz. Karbolsäurelösung noch nicht in 20 Minuten erreicht wird. Im Gegensatz hierzu zeigen n/10-Lösungen von oleïnsaurem Kalium überhaupt keine nennenswerte Wirkung und n/2,5-Lösungen führen erst bei einstündiger Wirkung eine teilweise Abtötung der Testbakterien herbei.

Schon aus diesen Versuchen dürfte sich ein großer Teil der in der Literatur vorhandenen Widersprüche erklären, denn es geht aus ihnen mit großer Wahrscheinlichkeit hervor, daß eine Seife um so höhere Desinfektionskraft besitzt, je stärker sie in wässeriger Lösung hydrolysiert wird. Diese Theorie gewinnt jedoch an Bedeutung dadurch, daß sie durch eine ganze Reihe weiterer Beobachtungen gestützt werden konnte. Reichenbach fand nämlich des weiteren, daß die Desinfektionswirkung der fettsauren Alkalien analog der hydrolytischen Spaltung mit verringertem Molekulargewicht der Fettsäuren abnimmt. Aus der Reihe heraus fällt lediglich das Stearat, das trotz seines größeren Molekulargewichts eine etwas schwächere Desinfektionskraft, gleichzeitig aber auch eine etwas geringere Hydrolyse zeigt als das Palmitat. Ferner konnte entsprechend den aus dem obigen Satze herzuleitenden Schlüssen u. a. gezeigt werden, daß die Desinfektionskraft einer Seifenlösung bei zunehmender Verdünnung in geringerem Maße abnimmt, als der Verdünnung eigentlich entspricht. Da nämlich mit steigender Verdünnung die Hydrolyse einer Seifenlösung zunimmt, und zwar derart, daß die absolute Menge der hydrolysierten Bestandteile allerdings vermindert wird, der prozentuale Anteil des zersetzten Salzes aber stetig wächst, so muß ein Teil der Verdünnungswirkung durch die relative Zunahme der Spaltprodukte aufgehoben werden.

Trotzdem nun die obige Erklärung den bisher besprochenen, experimentell gefundenen Daten in vollkommenster Weise Rechnung trägt, muß man aber bei näherer Überlegung doch zu dem Ergebnis kommen, daß die mehr oder weniger hydrolytisch gespaltenen fettsauren Salze allein nicht für die Desinfektionskraft der handelsüblichen Seifen maßgebend sein können. Schon die Resultate Robert Kochs, der doch

[1]) Ztschr. f. Hyg. u. Infektionskrankh. 1908, **59**, S. 296.

auf Grund seiner Untersuchungen gerade den aus Tranen und pflanzlichen Ölen, d. h. also aus hauptsächlich ungesättigten Fetten hergestellten Schmierseifen eine große Desinfektionskraft zusprach, lassen es vermuten, daß bei diesem Desinfektionsprozeß noch andere Umstände mitwirken müssen, die es möglich machen, daß auch den aus ungesättigten Fettsäuren hergestellten Seifen bisweilen eine größere Wirkung zukommen kann.

Es ist nun natürlich, hier zunächst an den „überschüssigen" Alkaligehalt der Seifen zu denken, insonderheit da es naheliegt, in Übereinstimmung mit den Ansichten früherer Autoren (Behring u. a.) auch das aus den Seifen hydrolytisch abgespaltene Alkali als den in erster Linie für die Desinfektionskraft maßgebenden Faktor anzusprechen. In der Tat erhielt auch Reichenbach durch die Kombination einer kaum desinfizierenden Kaliumoleatlösung mit einer ebenfalls nur schwach wirksamen Kaliumhydratlösung stark desinfizierende Flüssigkeiten, und zwar wurde das Maximum des Desinfektionswertes erreicht bei einer Mischung von $^1/_6$ Oleat (n/50) mit $^5/_6$ Kalilauge (n/50). Entgegen der obigen Annahme würde es aber, wie er selbst zeigen konnte und wie auch vor ihm schon andere Autoren ausgesprochen haben[1]), durchaus falsch sein, die Wirkung der Seife als eine reine Alkaliwirkung aufzufassen, indem Seifenlösungen in den meisten Fällen eine stärkere Wirkung besitzen, als sie günstigsten Falles vom Alkali allein ausgeübt werden könnte. Die Bedeutung des überschüssigen Kalis dürfte also weniger in seiner eigenen Desinfektionskraft als in einer Steigerung der Desinfektionswirkung der fettsauren Salze begründet sein, und so faßt Reichenbach das Ergebnis seiner Untersuchungen dahin zusammen, daß „Alkali und fettsaure Salze bei gemeinsamer Einwirkung eine gegenseitige Erhöhung ihrer Desinfektionskraft bewirken, und zwar eine stärkere Erhöhung als sie durch dieselben Mengen in einer gleich starken Lösung desselben Mittels hervorgebracht worden wäre."

Die Frage, wie diese Erhöhung selbst zustande kommt, ist hierbei offen gelassen, ihre Deutung dürfte aber bei Berücksichtigung des Desinfektionsvorganges selbst nicht allzuschwer möglich sein.

Für die Wirksamkeit eines Desinfektionsmittels ist nämlich eine gewisse Fettlöslichkeit (Lipoidlöslichkeit) desselben Bedingung, und zwar derart, daß es auf Grund seiner Lösungsaffinitäten aus einer wässerigen Lösung möglichst leicht an das lipoide Mittel (die Bakterienzelle) abgegeben wird. Es wird daher erklärlich, daß einerseits das bei der Hydrolyse der gesättigten fettsauren Salze neben dem Alkali entstehende, in erheblichem Maße lipoidlösliche saure Salz, das im wässerigen Medium relativ schwer löslich ist, leicht an die Bakterienzelle herantreten kann, und daß andererseits auch die im Wasser leicht löslichen Neutralsalze der ungesättigten Fettsäuren eine Wirksamkeit entfalten werden, wenn sie, durch Elektrolyte aus ihren wässerigen Lösungen ausgesalzen, nunmehr eine für Lipoide erhöhte Lösungsaffinität erhalten. Die Desinfektionskraft wässeriger Seifenlösungen ist also,

---

[1]) Siehe z. B. Serafini: a. a. O.

nochmals kurz zusammengefaßt, abhängig von dem jeweils obwaltenden Verhältnis zwischen den Alkalisalzen der gesättigten und ungesättigten Fettsäuren und von der Reinheit der Seife selbst, indem die Wirkung der gesättigten Seifen parallel läuft der relativen Menge hydrolysierter Fettsäure bzw. sauren Salzes, die Wirkung der ungesättigten im wesentlichen nur bedingt wird durch das Aussalzvermögen gleichzeitig vorhandener Elektrolyte. Das in Seifenlösungen vorhandene, gebundene oder überschüssige Alkali ist im übrigen, von seiner eigenen, nicht gerade großen Desinfektionskraft abgesehen, noch insofern von Bedeutung, als einerseits durch die Art desselben Unterschiede in der Lipoidlöslichkeit der sauren Salze der gesättigten Säuren, andererseits durch seine Art und Menge Änderungen der physikalischen Eigenschaften der Seifenlösung selbst (Zurückdrängung der Hydrolyse, Beeinflussung der Mikrostruktur der kolloiden Seifenteilchen) veranlaßt werden. Ähnlich wie Alkalien können schließlich aber auch Elektrolyte anderer Art wirken, und es erhellt damit, daß die Desinfektionskraft der Seifen ein Faktor ist, der auch von der Technik vollbeherrscht allen jeweils in Betracht kommenden Anforderungen anzupassen ist.

Vorkommen, Gewinnung und Reinigung der Fette und fetten Öle.

Vorkommen und Gewinnung. Sowohl im Tierreich wie im Pflanzenreich sind die Fette außerordentlich verbreitet. Im Tierorganismus finden sie sich in allen Organen, an einzelnen Stellen in größerer Menge angehäuft, und, mit Ausnahme des normalen Harns, in allen tierischen Flüssigkeiten. Das Fett zeigt sich im Tierreich gewöhnlich in eigenen Zellen eingeschlossen, in größerer Menge vorzugsweise im Bindegewebe, im Netz der Bauchhöhle, in der Umgebung der Nieren, im Knochen- und Nervenmark, in der Leber und endlich in reichlicher Menge in der Milch. Bei den Pflanzen treten die Fette teils zerstreut durch die ganze Pflanze auf, teils in gewissen Organen angehäuft, so namentlich in den Samenlappen und den Samen überhaupt. Von den Samen führen besonders die stärkelosen bedeutende Mengen Fett, weniger die stärkehaltigen. Im allgemeinen bilden die pflanzlichen Ausgangsstoffe ein bedeutend wichtigeres und quantitativ größeres Material für die Fett- und Ölgewinnung als die tierischen Rohfette, und zwar sind es vornehmlich die Tropen, die die meisten und fettreichsten Ölfrüchte liefern (Palmenkerne, Kokoskerne, Baumwollsaat, Rizinussamen usw.), während im gemäßigten Klima Ölsaaten schwerer gedeihen und quantitativ hinter dem in den Tropen erzielbaren Ergebnis zurückbleiben.

Die Gewinnung des Fettes aus fetthaltigen tierischen Substanzen geschieht entweder durch Ausschmelzen oder durch Extraktion des zuvor mechanisch in geeigneten Waschtrommeln vorgereinigten Rohmaterials (Rohkern, Rohausschnitt, Nierenfett, Eingeweidefett). Zu diesem Zweck wird dasselbe in besonderen Maschinen zerkleinert und entweder über freiem Feuer, im Wasserbade, durch indirekten Dampf oder heiße Luft (Trockenschmelze) oder mittels direkten Dampfes auf Wasser, gegebenenfalls unter Zusatz von Säuren oder Ätzalkalien (Naßschmelze) zum Ausschmelzen gebracht. Die bei der Trockenschmelze erhaltenen, noch außerordentlich fettreichen Rückstände werden alsdann einer Pressung und unter Umständen auch einer Benzinextraktion unterworfen, ehe sie als Viehfutter oder Stickstoffdünger verwertet werden. Aus Knochen wird das darin enthaltene Fett entweder als „Naturknochenfett" ebenfalls durch Ausschmelzen mittels direkten Dampfes oder als „Extraktionsknochenfett" durch Extraktion mit Benzin u. dgl. gewonnen. In ähnlicher Weise geschieht auch heute die Gewinnung der Fischfette, Leberöle und Trane; die nach der Extraktion der zunächst zerkleinerten und getrocknten Fische hinterbleibenden Fischmehle besitzen einen hohen Nährwert und werden neuerdings auch auf menschliche Nahrungsmittel verarbeitet.

Neben den hier erwähnten Rohstoffen werden jedoch noch eine Reihe weiterer Fettstoffe tierischen Herkommens gewonnen, unter denen die Kadaverfette wohl die wichtigsten sind. Auch sie werden der Hauptsache nach durch Ausschmelzen und Extraktion erhalten.

Die Gewinnung der vegetabilen Fette und Öle geschieht auf Grund ihres häufigeren Vorkommens in weit größerem Maßstabe, als die der animalischen Fette; als Ausgangsmaterial dienen fast alle ölhaltigen Samen sowie das Fruchtfleisch der Oliven und der Palmfrüchte. Wie bei der Verarbeitung der tierischen Rohfette geht auch hier der eigentlichen Fettgewinnung eine Reinigung und Zerkleinerung des Rohproduktes voraus, die durch maschinelle Siebung bzw. Enthülsung oder Schälung geschieht. Die ölhaltigen Samen sind nämlich von einer festen, lederartigen Hülle umgeben, die gegen den Zutritt der Luft einen dichten Verschluß bildet und so die Haltbarkeit und Transportfähigkeit der Samen bedingt, aber auch dem Ausfließen des Öls einen festen Widerstand entgegensetzt. Um Öl aus den Samen zu gewinnen, muß deshalb notwendigerweise eine Zerreißung der Samenhülle vorangehen. Aber auch in dem inneren Teile ist das Öl nicht frei, sondern in Zellen eingeschlossen, und aus diesem Grunde ist eine weitere, möglichst vollständige Zerreibung und Zerkleinerung der Ölsamen Vorbedingung für eine gute Ausbeute. Während der nun folgenden Mahlung der Ölsamen fließt das Öl zum Teil, aber nur in beschränktem Maße, freiwillig ab. Zu einer vollständigen Abscheidung ist es notwendig, das Samenmehl unter der Presse einem starken Druck auszusetzen. Um das Öl dünnflüssiger zu machen, es also leichter zum Ausfließen zu bringen, pflegt man das Samenmehl entsprechend zu erwärmen. Diese Erwärmung hat allerdings den Nachteil, daß Farb- und Bitterstoffe, die in dem heißen Öle leichter löslich sind als in dem kalten, die Farbe und den Wohlgeschmack beeinträchtigen. Das Öl ist um so dunkler und um so schmeckender, je wärmer die Samen gepreßt werden, weshalb man bei der Herstellung von Speiseölen die Samen nur gelinde oder gar nicht erwärmt. Das kalt geschlagene Öl führt gewöhnlich den Namen „Jungfernöl" und ist in der Regel weniger stearinhaltig als das warm geschlagene.

Magere Ölsamen, wie Bucheckern, Hanf u. a., werden meist nur einmal gepreßt; fette Samen dagegen, wie Raps, Lein u. a., bedürfen einer zweimaligen Pressung. Die zu festen Massen zusammengedrückten Rückstände der ersten Pressung werden zu diesem Zwecke wieder zerkleinert, erwärmt und nochmals gepreßt. Man nennt die erste Pressung den Vorschlag, die zweite den Nachschlag.

Bei dem Preßverfahren verbleiben jedoch in der Regel 5—10 vH. Öl in den Preßrückständen (Ölkuchen). Es lag daher nahe, auch die vegetabilen Fette und Öle ebenso wie die animalischen auf dem Extraktionswege zu gewinnen. Die Ölausbeute stellt sich hierbei etwa 4—7 vH. höher als bei dem Preßverfahren, das Öl selbst enthält jedoch größere Mengen Harz und Schleimsubstanzen, ist also geringwertiger als das Preßöl. In der Regel werden daher nur die Preßrückstände, falls sie nicht unverändert als Futtermittel verwertet werden, dem Extraktionsverfahren unterworfen.

Als Extraktionsmittel werden im Großbetrieb fast ausschließlich Schwefelkohlenstoff und Benzin, seltener auch Azeton, Benzol und Chloroform verwandt. Daneben haben sich im Laufe der letzten Jahre aber auch die nicht brennbaren Lösungsmittel Tetrachlorkohlenstoff und vornehmlich das Trichloräthylen, kurz „Tri“ genannt, gut eingeführt. Namentlich das letztere besitzt, von seiner Nichtentflammbarkeit abgesehen, den anderen Lösungsmitteln gegenüber wesentliche Vorteile, indem seine Lösungsfähigkeit fast ausschließlich auf fettartige Substanzen beschränkt ist, andere Bestandteile des Extraktionsgutes also nur wenig angegriffen werden.

Die Gewinnung der Öle aus den zerkleinerten Samen oder Ölkuchen mit Hilfe der erwähnten Lösungsmittel ist bei Verwendung der entsprechenden Spezialapparaturen im allgemeinen eine einfache. Die Hauptschwierigkeit bildet die vollständige Entfernung des Lösungsmittels sowohl aus den entfetteten Rückständen wie aus dem gewonnenen Öle, und zwar ist diese wesentlich durch die Art und Weise bedingt, wie das Extraktionsgut zerkleinert und geschichtet wird. Als Auflockerungsmaterialien, die ein leichtes Durchdringen der Masse mit dem Lösungsmittel gewährleisten sollen, werden dem Extraktionsgut daher vielfach Wollstaub, Filzabfälle, Torf u. dgl. beigemischt. Nach vollendeter Extraktion wird das Abdestillieren des Lösungsmittels in einem besonderen Destilliergefäß vorgenommen und zwar zunächst durch indirekten, später zur Entfernung der letzten Reste des Lösungsmittels durch direkten Dampf. Bei zweckentsprechender Apparatur und Arbeitsweise kommen die hierbei auftretenden Verluste als unwesentlich kaum in Betracht.

Die Verarbeitung von Ölfrüchten (Oliven und Palmfrüchte), die im Gegensatz zu den Pflanzensamen infolge ihres leichten Verderbens weitere Transporte nicht ertragen, geschieht meist am Orte ihrer Erzeugung. Dabei sind die Gewinnungsmethoden vielfach noch recht primitiver Art, da beispielsweise die Palmölgewinnung noch ganz in den Händen der eingeborenen Neger liegt.

Reinigung der Fette und Öle. Die Fette und Öle, auf welche Weise sie auch gewonnen werden, sind niemals vollständig rein, sondern enthalten stets mehr oder weniger fremdartige, aus dem verarbeiteten Rohmaterial stammende Substanzen, die teils mechanisch beigemengt, teils in gelöster Form darin enthalten sind. Auch das etwaige Vorhandensein freier Fettsäuren ist für manche Zwecke hinderlich, und schließlich bedürfen auch Farbe und Geruch vielfach einer Verbesserung. Die bei der Reinigung der Fette und Öle angewandten Methoden kann man daher nach Hefter[1]) in die folgenden, hier in Betracht kommenden Hauptgruppen einteilen:

1. Methoden zur Entfernung mechanischer Verunreinigungen.
2. Methoden zur Entfernung von gelösten Eiweißstoffen, Harzen und Pflanzenschleim.
3. Maßnahmen zur Entfernung freier Fettsäure — Neutralisationsmethoden.
4. Bleichmethoden.
5. Methoden zur Entfernung von Riechstoffen — Desodorisationsmethoden.

Die Entfernung der mechanischen Verunreinigungen wie Blut- und Fleischreste bei animalischen, Samenteilchen, Pflanzenfasern, Staub, Wasser u. dgl. bei vegetabilen Fetten und Ölen, geschieht entweder durch längeres Stehenlassen in leicht erwärmten Klärgefäßen (Selbstklärung) oder durch Filtration mit Filterpressen unter Druck, indem man als Filtermaterial gleichzeitig wasserentziehende und entfärbend wirkende Substanzen wie Fullererde, Kieselgur, Blut- und Knochenkohle, Aluminiumsilikate u. dgl. in Anwendung bringt. Im Gegensatz zu diesen mechanischen Methoden erfordert die Entfernung der in Fetten und Ölen häufig gelösten Eiweißstoffe, Harze, Schleimsubstanzen u. dgl. die Anwendung chemischer Reinigungsverfahren, nachdem man heute von der Methode der Eiweißkoagulation in der Hitze absieht. Für die Raffinierung verwendet man entweder konzentrierte Schwefelsäure (Säureraffination) oder Ätzalkalien (Laugenraffination).

Die Schwefelsäure besitzt bekanntlich die Eigenschaft, die meisten organischen Stoffe, mit denen sie zusammengebracht wird, durch Wasserentziehung zu verkohlen. In gleicher Weise werden daher auch die in den Ölen enthaltenen Fremdkörper zerstört. Die Öle widerstehen freilich auch nicht der energischen Einwirkung konzentrierter Säuren; wendet man aber nur wenig Schwefelsäure an, so wirkt die Säure vorzugsweise auf die fremden, beigemengten Stoffe. Die Menge der erforderlichen Schwefelsäure ist je nach der Beschaffenheit des Öles verschieden; sie beträgt zwischen 1 und 1,5 vH., wenn man das Öl bei gewöhnlicher Temperatur behandelt. Erwärmt man das Öl durch Wasserdampf auf 50—60 ° C, so wird meist noch weniger als 1 vH. Säure erforderlich sein. Zu kalt darf man allerdings das Öl nicht halten, da es sonst zu dickflüssig ist und das Absetzen der verkohlten Stoffe zu sehr erschwert wird.

[1]) Hefter: Technologie der Fette und Öle **1**, 1906, S. 59.

Der Zusatz der Schwefelsäure erfolgt in dünnem Strahle und unter fortgesetztem Rühren. Das Öl nimmt dabei eine dunkelgraue Farbe an. Das Rühren muß so lange fortgesetzt werden, bis auf einen Porzellanteller gebrachte Tropfen des Öles zeigen, daß die verkohlten Stoffe sich zu größeren schwarzen Flocken vereinigt haben und das Öl gelb und klar erscheint, was gewöhnlich nach $^3/_4$—1 Stunde der Fall ist.

Sobald sich die ausgeschiedenen, verkohlten Stoffe zu Flocken vereinigt haben, bleibt das Öl 6—12 Stunden ruhig stehen, damit sich jene absetzen können. Nach dieser Zeit zapft oder schöpft man das Öl von dem Bodensatz, welcher ziemlich fest am Boden liegt, ab und mischt ihm dann $^1/_4$—$^1/_3$ seines Volumens heißen oder doch warmen Wassers hinzu, auf 100 l des Öles also 25—33 l Wasser. Man rührt hierauf eine Viertelstunde anhaltend, aber sehr mäßig um, damit nicht viel Schaum gebildet und das Öl nicht zu sehr zerteilt wird, und läßt dann das Gemisch so lange ruhig stehen, bis sich das Öl von dem Wasser geschieden hat.

Ist diese Scheidung erfolgt, so trennt man das Wasser durch einen dicht über dem Boden angebrachten Hahn ab und wiederholt das Zumischen von warmem Wasser noch ein- oder zweimal, bis eine völlige Entfernung der Schwefelsäure erreicht ist. Ein Zusatz von Kalk ist dabei nicht notwendig; im Gegenteil wird bei Anwendung von gebranntem Kalk leicht etwas Öl verseift, und bei Benutzung von Kreide ist der Schaum, welcher sich infolge der entwickelten Kohlensäure bildet, unangenehm. Dem letzten Waschwasser kann aber eine kleine Menge Soda zugegeben werden.

Sobald nach dem letzten Auswaschen die Trennung von dem Wasser wieder möglichst vollständig erfolgt ist, kann zur Klärung des Öles geschritten werden, die, falls man von einer Selbstklärung absehen will, am schnellsten durch den Zusatz von etwas Kochsalz, Aluminiumsulfat oder Alaun erreicht wird.

In der Regel werden bei der Säureraffination drei Schichten erhalten, eine obere Schicht des raffinierten Öles, eine mittlere Schicht des Raffinationssatzes (Sauertrieb) und die untere saure Schicht. Der Sauertrieb bildet eine zähflüssige, dickliche Masse, die die verkohlten Organsubstanzen neben fettartigen Verbindungen enthält und mancherlei technische Verwendung findet.

Allgemeiner als die Säureraffination wird die Laugenraffination angewendet, durch welche gleichzeitig die Entfernung etwa in dem Öl vorhandener, freier Fettsäuren erreicht wird. Man verfährt in der Regel so, daß man das zu reinigende Öl leicht erwärmt und mit einigen Prozenten Kali- oder Natronlauge verrührt, deren Stärke den Umständen entsprechend verschieden sein kann. Der sich bildende flockige Niederschlag (Raffinationssatz), der aus Seife, Neutralfett und den gleichzeitig ausgefällten Verunreinigungen des Öles besteht, wird zum Absitzen gebracht und findet entweder als solcher (soapstock) in der Seifenindustrie Verwendung oder wird nach dem Behandeln mit Mineralsäuren in Form einer 40—70 proz. Fettsäure als Abfallfett in den Handel gebracht.

Bei dieser Laugenraffination tritt jedoch häufig der Übelstand in Erscheinung, daß sich der gebildete Seifenleim nur schwer und außerordentlich langsam von dem gereinigten Öl absetzt. Um eine schnelle Trennung zu erreichen, ist daher vielfach die Zuhilfenahme einer geeigneten Zentrifuge empfehlenswert. An Stelle der Ätzalkalien hat man namentlich in früheren Jahren auch Alkalikarbonate, Ammoniak, Erdalkalien, Natriumaluminat u. dgl. für die Raffination bzw. Neutralisation der freien Fettsäuren verwandt, alle diese Reagenzien haben sich aber den ersteren gegenüber nicht gehalten.

Eine Neutralisation der Fette und Öle läßt sich weiter auch durch die Behandlung mit Alkohol erreichen, in welchem die freien Fettsäuren löslich, die Fette selbst aber unlöslich sind. Das Verfahren hat sich aber noch nicht allgemein eingeführt.

Die Bleichmethoden, welche bei der Verarbeitung der Fette und Öle in Anwendung kommen, sind außerordentlich zahlreich, und es gibt wohl kein Bleichmittel in der chemischen Industrie, das nicht auch auf diesen Spezialzweig angewandt worden ist. Dies erklärt sich auf Grund der Tatsache, daß einmal die Ursache der Färbung bei den einzelnen Produkten eine durchaus verschiedene sein kann und dieser jeweiligen Ursache entsprechend auch eine andere Behandlungsweise erforderlich ist, und daß zweitens auch heute noch die Industrie über ein in jeder Beziehung befriedigendes Bleichverfahren nicht verfügt.

Im allgemeinen kann man die heute üblichen Bleichmittel einteilen in drei Gruppen, und zwar solche, welche

1. den Farbstoff durch Komplementärwirkung überdecken,
2. den Farbstoff absorbieren,
3. den Farbstoff durch chemischen Eingriff zerstören.

Im letztgenannten Falle kann die Zerstörung durch Verkohlung, Oxydations- oder Reduktionsmittel erfolgen.

Die Überdeckung der Farbstoffe durch Komplementärfarben ist naturgemäß nur in geringem Maße anwendbar und kann Erfolge auch nur dort erwarten lassen, wo kleine Veränderungen in der Nuance des Fettes erwünscht erscheinen. Im Gegensatz hierzu wird die Absorptionsbleiche jedoch in größerem Umfange angewandt, und zwar bedient man sich auch hier der schon oben erwähnten feinverteilten, porösen Materialien — Fullererde, Walkerde, Knochenkohle, Entfärbungspulver aus der Blutlaugensalzfabrikation, Hydrosilikate u. dgl. —, welche viele Farbstoffe auf ihrer Oberfläche lebhafter verdichten als die Fette selbst. In der Regel wird der erreichbare Effekt schon erzielt, wenn man das zu bleichende Fett bei erhöhter Temperatur mit 5—10 vH. der Bleicherde verrührt und alsdann filtriert oder in einfacherer Weise die Fette durch ein Filter schickt, das die genannten Entfärbungspulver als Filtermaterial enthält. Es bleibt jedoch zu beachten, daß bei diesen Verfahren etwa 40 vH. der Bleicherde an Fett in der Filtermasse zurückgehalten werden, die nur auf dem Extraktionswege wiederzugewinnen sind, und daß weiter die Bleichpulver selbst schnell an Wirksamkeit verlieren. Es ist deshalb auch von besonderer

Wichtigkeit, daß stets nur eben gerade so viel Bleicherde zur Verwendung gelangt, als zur Erzielung einer optimalen Bleichwirkung ausreicht. Ebenso ist natürlich die Qualität des Bleichpulvers von Bedeutung. Die deutschen natürlichen Aluminiumhydrosilikate, welche unter den Bezeichnungen Frankonit, Silitonit, Tonsil usw. im Handel erhältlich sind, sollen den ursprünglichen englischen und amerikanischen Produkten wie Fullererde, Floridaerde, Wilkenit usw., an Wirksamkeit überlegen sein[1]). Neuerdings wird außerdem eine künstlich hergestellte kolloide Kieselsäure, „Silica Gel", zur Adsorptionsbleiche empfohlen und anscheinend auch im Auslande, besonders in Amerika, in größtem Maßstabe verwendet[2]).

Die chemischen Bleichverfahren sind, soweit sie durch Verkohlung der Farbstoffe wirken, mit der oben besprochenen Säureraffination identisch. Aber auch bei der Laugenraffination findet eine Bleichwirkung statt, indem der ausgeschiedene Raffinationssatz die in dem Öle vorhandenen Farbstoffe mit zu Boden schlägt. Für die Oxydationsbleiche kommen alsdann weiter in Betracht Luft, Sauerstoff, Ozon, Superoxyde, Kaliumpermanganat, chromsaure Salze, Chlor, Hypochlorite, Chlorate usw., für die Reduktionsbleiche vornehmlich schweflige und hydroschweflige Säure bzw. ihre Salze und Derivate (Blankit und Dekrolin).

Die älteste Form der Oxydationsbleiche ist die sogenannte Naturbleiche, die durch die gemeinsame Einwirkung von Luft, Licht und Wasser eine Aufhellung dünn geschichteter Fettstoffe bedingt, indem als wirkende Agenzien wahrscheinlich Ozon und Wasserstoffsuperoxyd entstehen. Die Methode findet heute jedoch lediglich noch bei der Verarbeitung des Bienenwachses Verwendung, während man für die Bleichung der Fette und Öle in der Regel die Anwendung chemischer Bleichmittel vorzieht. Nur bei der Palmölbleiche macht man auch von der Wirkung des Luftsauerstoffes direkten Gebrauch, indem man in das warme Öl längere Zeit einen starken Luftstrom einbläst[3]).

Die Wirkung des Wasserstoffsuperoxydes und seiner Salze (Bariumsuperoxyd), deren Anwendung sich namentlich für die Bleichung des Sulfurolivenöles empfiehlt, beruht ebenfalls auf der Wirksamkeit des aus diesen Verbindungen leicht abspaltbaren Sauerstoffes. Das Wasserstoffsuperoxyd kommt in wässeriger Lösung mit der Bezeichnung „10 Vol." oder auch „10fach" in den Handel, d. h. die wässerige Lösung entwickelt das zehnfache Volumen Sauerstoff, was dem Gewicht nach etwa 3 vH. Wasserstoffsuperoxyd entspricht. Während des Bleichprozesses muß das Reagens mit dem Öle innig vermischt werden, und da der Endeffekt erst im Laufe mehrerer Tage erreicht wird, ist eine Trennung der beiden Komponenten durch häufiges Durchkrücken zu verhindern. Die Wirksamkeit des Bleichmittels ist jedoch in hohem Maße von der Natur des zu bleichenden Fettes abhängig, und besonders Leinöl, das durch die Schwefelsäurebleiche sehr schön entfärbt wird,

[1]) Steinau: Chem.-Ztg. 1921, **45**, S. 559.
[2]) Vgl. Ztschr. f. angew. Chem., 1924, **36**, S. 209—10.
[3]) s. S. 108.

wird in seiner Farbe durch Wasserstoffsuperoxyd kaum beeinflußt, es sei denn, daß man an Stelle des oben genannten stark verdünnten Präparates das 30 oder sogar 60%ige Wasserstoffsuperoxyd verwendet[1]). Neben den genannten Superoxyden sind aber auch andere Verbindungen mit aktivem Sauerstoff (Natriumperborat und -persulfat) und insonderheit auch die organischen Superoxyde, wie beispielsweise das Luzidol (Superoxyd der Benzoesäure) verwendbar, mit denen in Spezialfällen vielfach sehr gute Bleicheffekte erreicht werden.

Die am häufigsten angewandten und für die Technik wichtigsten oxydativen Bleichmittel sind jedoch der Chlorkalk, das Kaliumpermanganat und das Kaliumbichromat.

Um mit Chlorkalk zu bleichen, übergießt man ihn mit ungefähr dem zehnfachen Gewicht Wasser, läßt das Gemisch einige Zeit stehen, wobei man bisweilen umrührt, und läßt dann den Bodensatz absetzen. Von der darüber stehenden Flüssigkeit gibt man zu dem zu bleichenden Öle, das man zuvor mit etwas Schwefelsäure oder Salzsäure versetzt hat, und rührt anhaltend um. Nachdem das Öl genügend gebleicht erscheint, wird es mit heißem Wasser ausgewaschen und hierauf durch Filtrieren geklärt. Da indessen das während des Bleichprozesses entwickelte Chlor die Fette und Öle unter Umständen selbst angreift, ist bei Anwendung des Verfahrens eine gewisse Vorsicht geboten.

Übermangansaures Kali mit Schwefelsäure wurde früher vornehmlich zum Bleichen von Palmöl verwandt. Man gab unter beständigem Rühren zu dem geschmolzenen Öl eine stark mit Schwefelsäure angesäuerte Lösung des Salzes und setzte das Rühren eine halbe bis eine ganze Stunde fort. Hierauf überließ man das Öl bis zum anderen Tage der Ruhe. Auf der bräunlichen, mangansulfathaltigen Flüssigkeit lagerte alsdann das gebleichte Öl; erstere wurde entfernt, letzteres wiederholt mit heißem Wasser gewaschen und dann zum Absetzen der Ruhe überlassen. — Statt des übermangansauren Kalis wurde häufig auch Braunstein (Mangandioxyd) verwendet. Man versetzte das erwärmte Öl mit verdünnter Schwefelsäure und gab fein gepulverten Braunstein in kleinen Mengen unter beständigem Rühren so lange hinzu, bis die anfänglich schwarze Masse hell geworden war. Nachdem dies erreicht war, verfuhr man wie oben angegeben.

Das übermangansaure Kali ist als Bleichmittel für Fette jetzt aber wohl allgemein durch das Kaliumbichromat verdrängt worden. Diese Bleiche verdanken wir einem Engländer, Watt, der sein Verfahren 1836 im Londoner Journal veröffentlicht hat. Während Watt jedoch zum Ansäuern Schwefelsäure benutzte, nimmt man statt derselben jetzt gewöhnlich Salzsäure, so daß als bleichendes Agens nicht wie bei Verwendung von Schwefelsäure Sauerstoff, sondern vornehmlich Chlor in Erscheinung tritt. Die Ausführung ist eine ähnliche wie bei der Bleiche mit übermangansaurem Kali und Schwefelsäure, indem man in das flüssige Fett oder Öl die verdünnte Salzsäure einträgt und das Ganze hierauf unter Erwärmung mit 1—2 vH. Kaliumbichromat zu einer mög-

---

[1]) D.R.P. 391553.

lichst vollkommenen Emulsion verrührt. Die Reaktionsgleichungen, nach denen das den Bleicheffekt bedingende Prinzip (Sauerstoff oder Chlor) entwickelt wird, sind die folgenden:

Chlorkalk:

$$Ca\left\langle\begin{matrix}Cl\\OCl\end{matrix}\right. + H_2SO_4 = CaSO_4 + H_2O + 2\,Cl$$

$$Ca\left\langle\begin{matrix}Cl\\OCl\end{matrix}\right. + 2\,HCl = CaCl_2 + H_2O + 2\,Cl,$$

Kaliumpermanganat:

$$2\,KMnO_4 + 3\,H_2SO_4 = K_2SO_4 + 2\,MnSO_4 + 3\,H_2O + 5\,O$$

$$KMnO_4 + 8\,HCl = KCl + MnCl_2 + 4\,H_2O + 5\,Cl.$$

Kaliumbichromat:

$$K_2Cr_2O_7 + 4\,H_2SO_4 = K_2SO_4 + Cr_2(SO_4)_3 + 4\,H_2O + 3\,O$$

$$K_2Cr_2O_7 + 14\,HCl = 2\,KCl + 2\,CrCl_3 + 7\,H_2O + 6\,Cl.$$

Auch die Verwendung von Kaliumchlorat in salzsaurer Lösung verläuft in ähnlicher Weise nach der Gleichung:

$$KClO_3 + 6\,HCl = KCl + 3\,H_2O + 6\,Cl.$$

Bei all diesen Bleichverfahren ist jedoch zu beachten, daß sich die für ihre wirksame Durchführung notwendigen Emulsionen nach Beendigung des jeweiligen Prozesses oft nur schwer wieder trennen lassen, und zwar besonders dann, wenn das Fett selbst durch Aufnahme von Sauerstoff oder Chlor chemisch verändert wurde. Die dann entstandenen Chlor-, Oxy- oder Chloroxyfette besitzen nämlich ein besonders ausgeprägtes Emulsionsvermögen, so daß eine endgültige Trennung alsdann lediglich durch einen mehr oder weniger großen Kochsalzzusatz erreicht werden kann.

Für die Reduktionsbleiche mit schwefliger bzw. hydroschwefliger Säure bedient man sich am zweckmäßigsten des sauren schwefligsauren Natrons (Natriumbisulfit) bzw. des wasserfreien hydroschwefligsauren Natrons (Blankit) oder sonstiger hydrosulfithaltiger Bleichlaugen. Die Bleichung mit schwefliger Säure erfolgt am besten in schwach saurer, die mit Hydrosulfiten in alkalischer Lösung. Auf 10 kg Öl werden in der Regel 1—1$^1/_2$ kg Natriumbisulfit oder 0,3—0,5 kg Hydrosulfit benötigt. Bei dieser Arbeitsweise bleibt jedoch zu beachten, daß die auf dem Reduktionswege gebleichten Fette leicht wieder nachdunkeln, weshalb es sich vielfach empfiehlt, die Reduktionsbleiche erst im Anschluß an eine vorausgehende Oxydationsbleiche vorzunehmen.

Die hier beschriebenen Bleichmethoden veranlassen, soweit sie auf einer Zerstörung der Farbstoffe durch chemischen Eingriff beruhen, in der Regel auch eine Geruchsverbesserung der behandelten Öle, weil die genannten Mittel gleichzeitig auch auf die dem Öl beigemischten Riechstoffe einwirken. Die vornehmlich angewandte Arbeitsweise, welche unter Umständen selbst bei Fischölen und Tranen eine weitgehende Desodorisierung herbeiführt, ist jedoch eine physikalische, indem man die Riechstoffe mit Wasserdampf, Luft und indifferenten Gasen, wie Stickstoff oder Kohlensäure, aus dem heißen Fett oder Öl, gegebenenfalls auch im Vakuum zu vertreiben sucht. Die speziellen Arbeitsbedingungen müssen sich dabei den jeweils gegebenen Objekten anpassen und sind durch Variation der genannten Faktoren zu ermitteln. Auch die Hydrierung der Fette (Fetthärtung) führt in vielen Fällen, und zwar stets dann, wenn der Geruchsbildner ungesättigten Charakter besitzt, zu völlig geruchlosen Produkten. Trane werden beispielsweise bei der katalytischen Behandlung mit Wasserstoff in talgartige Fette verwandelt, deren Eigengeruch an das Ausgangsmaterial nicht mehr erinnert.

Vielfach läßt sich allerdings eine Desodorisierung der Fettstoffe, und zwar namentlich der sogenannten Abfallfette (Gerberei- und Lederfette, Abwässer- und Fäkalfette, abfallende Trane u. dgl.) in der geschilderten Weise nicht erreichen, so daß dann die Vakuumdestillation der durch vorherige Spaltung erhaltenen Fettsäuren mit überhitztem Wasserdampf das einzige Mittel ist, um ein einigermaßen befriedigendes Ergebnis zu erzielen. Eine der Destillation vorausgehende Behandlung der glyzerinfreien Fettsäuren entweder mit 6—10 vH. konzentrierter Schwefelsäure bei etwa 100—120° oder mit schmelzenden Ätzalkalien führt in der Regel aber selbst bei ganz minderwertigen Fetten zu in jeder Beziehung ausgezeichneten Destillaten.

Die Untersuchung der Fette und fetten Öle.

Bei der Untersuchung von Fetten und fetten Ölen kann es sich um die Lösung sehr verschiedener Aufgaben handeln. Es kann die chemische Konstitution eines Fettes oder Öles, seine Identität, sein Gehalt an festen und flüssigen Glyzeriden, an Glyzerin und freien Fettsäuren, eine absichtliche oder unabsichtliche Verunreinigung mit anderen Fetten oder Ölen oder auch mit fremdartigen Beimengungen festzustellen sein. Die chemische Konstitution eines Fettes zu bestimmen, ist Sache der Wissenschaft und soll uns hier nicht beschäftigen; die anderen Untersuchungen sind aber häufig auch in der Seifenindustrie erforderlich, so daß es geboten erscheint, auf die verschiedenen, dabei in Anwendung kommenden Prüfungsmethoden näher einzugehen Man kann sie in drei Klassen einteilen; in organoleptische, in physikalische und in chemische.

Die organoleptischen Mittel, d. h. Geruch, Geschmack und Farbe, sind beim Handel mit Ölen die am meisten angewandten Kriterien der Güte. Sie setzen selbstverständlich eine große Übung voraus, sind aber keineswegs zuverlässig, da sie sich nicht nur mit dem Alter, sondern auch mit der Abstammung ändern. So hat z. B. Leinöl aus russischer Saat einen anderen Geschmack als solches aus indischer Saat. — Den Geruch eines Öles pflegt man durch Verreiben in der inneren Handfläche zu prüfen; auch hat man vorgeschlagen, einige Tropfen des zu untersuchenden Öles in einer kleinen Porzellanschale vorsichtig zu erwärmen und zur Vergleichung dieselbe Operation gleichzeitig mit einem anderen Öle derselben Art vorzunehmen.

Von wirklichem Wert für die Untersuchung der Fette sind jedoch nur die physikalischen und chemischen Methoden.

Handelt es sich um die Untersuchung einer größeren Partie eines Fettes oder Öles, so kommt es in erster Linie darauf an, eine richtige Durchschnittsprobe zu erhalten, und daher ist die Art der Probenahme von Wichtigkeit. Bei Ölen ist sie verhältnismäßig leicht ausführbar. Für den Fall, daß sich Stearin ausgeschieden hat, muß man durch Umrühren u. dgl. eine möglichst gleichmäßige Verteilung des ausgeschiedenen Fettes herbeiführen. Bei den festen Fetten ist es schwieriger, eine richtige Durchschnittsprobe zu ziehen. Nach Lewkowitsch[1]) ist hierfür die folgende Methode in den Seehäfen und Fabriken üblich: Mit Hilfe eines Probestechers werden mehrere Fettzylinder von mindestens 20 cm Länge und 2,5 cm Dicke jedem Fasse entnommen und diese Proben in dem Nettogewichte der Fässer entsprechenden Mengen gemischt. Die so erhaltene Masse wird alsdann auf dem Wasserbade in einer Schale bei einer 60° C nicht übersteigenden Temperatur erwärmt. Sobald das Fett geschmolzen ist, wird die Schale vom Wasserbade abgenommen und die Masse tüchtig durchgerührt, damit Wasser und Verunreinigung sich nicht am Boden des Gefäßes absetzen können.

Die Untersuchung der Fette beginnt mit der Bestimmung des Wassers und derjenigen fremden Substanzen, die ihnen von der Darstellung her anhaften oder absichtlich oder unabsichtlich zugesetzt und leicht zu entfernen sind, d. h. also mit der Herstellung reiner, von diesen leicht entfernbaren Stoffen befreiter Fettsubstanz. Zu beachten ist, daß dann noch eine Anzahl fettähnlicher Substanzen, wie Harz, Paraffin, Mineralöle, Teer- und Harzöle, mit dem Fett innig vermischt, erst bei der späteren Untersuchung aufgefunden und ihrer Menge nach bestimmt werden können.

Um den Wassergehalt zu bestimmen, werden 1—2 g des Fettes in ein mit einem hineingestellten Glasstab gewogenes kleines Becherglas oder in eine Glasschale gebracht und unter öfterem Umrühren bei 95—100° bis zur Gewichtskonstanz getrocknet.

Zuweilen werden feste Fette, namentlich Talg, in betrügerischer Absicht mit kaustischem Kali oder Kaliseife versetzt, indem sie dadurch die Fähigkeit erhalten, größere Quantitäten Wasser aufzunehmen. In diesem Falle läßt sich das Fett durch Trocknen bei 100° C nicht wasserfrei erhalten; man bestimmt dann am besten den Gehalt an Fett, Verunreinigungen und Pottasche und findet den Wassergehalt aus der Differenz.

Zur Bestimmung der festen fremden Substanzen, wie Hautfragmente, Pflanzenteile, Schmutz usw. (Trübstoffe), werden 10—20 g Fett in Petroleumäther gelöst und sodann durch ein trocknes, tariertes Filter gegossen, welches mit demselben Lösungsmittel so lange nachgewaschen

[1]) Chem. Technologie **1**, S. 160.

wird, bis ein Tropfen des Filtrats, auf Papier verdunstet, keinen Fettfleck hinterläßt. Hierauf trocknet man bei 100° C und wägt. Die Gewichtszunahme des Filters gibt den im Fett enthaltenen Schmutz.

Bleibt nach der Lösung des Fettes ein reichlicher organischer Rückstand, so wird er durch Befeuchten mit Jodlösung geprüft. Tritt Blaufärbung ein, so sind stärkehaltige Substanzen vorhanden, deren Gegenwart sich auch bei der mikroskopischen Untersuchung des Fettes verrät.

Infolge unvollkommener Reinigung nach der Raffination können die Fette Schwefelsäure, kohlensaure Alkalien, Alaun u. dgl. enthalten und demnach ist bei Untersuchung eines Fettes oder Öles auch auf etwaige Beimengungen dieser Art zu prüfen. Die Schwefelsäure findet man nach tüchtigem Schütteln mit destilliertem Wasser, durch Fällung der wässerigen Flüssigkeit mit Chlorbarium. Ein weißer Niederschlag zeigt die Gegenwart von Schwefelsäure an. Einen Gehalt an kohlensaurem Alkali ermittelt man durch Schütteln des Öles mit Wasser und Prüfung des letzteren auf alkalische Reaktion mit Lackmuspapier. Alaun läßt sich durch Schütteln mit Wasser, dem etwas Salpetersäure beigemischt ist, Eindampfen der wässerigen Lösung und Versetzen mit Ammoniak nachweisen. Bei Gegenwart von Alaun entsteht ein weißer Niederschlag.

Sind in einem Fett größere Mengen fremder Substanzen enthalten, so wird auch eine direkte Bestimmung des Fettgehaltes vorgenommen, indem man die klar filtrierte Petrolätherlösung in einem gewogenen Gefäße abdunstet und den Rückstand trocknet und wägt. Diese Bestimmung läßt sich bei Gegenwart schleimiger oder stärkemehlhaltiger Substanzen bequemer und genauer durchführen, wenn man etwa 5 g des Fettes mit der 4—6fachen Menge reinen, feingemahlenen Gipses mischt, bei 100° C trocknet und sodann im Extraktionsapparat extrahiert. Sehr bewährt hat sich zur Fettbestimmung der Extraktionsapparat von Soxhlet, von dem Abb. 3 eine leichter herzustellende Modifikation zeigt.

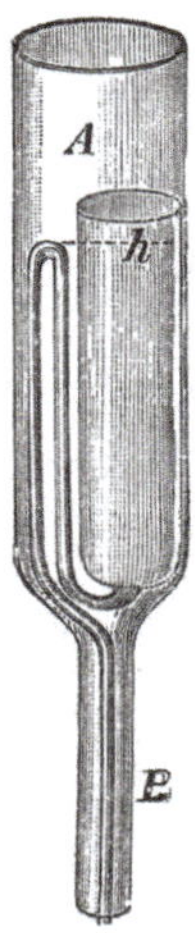

Abb. 3. Extraktionsapparat nach Soxhlet.

Die zu extrahierende Substanz kommt in eine Hülse aus Filtrierpapier. Damit die Heberöffnung am Boden durch die Hülse nicht verschlossen werde, kann man sie auf einen ringförmig gebogenen Blechstreifen stellen. Die Hülse soll nicht ganz angefüllt werden; um zu verhüten, daß kleine Teilchen der Substanz weggeschwemmt werden, legt man noch etwas Watte auf. Das Rohr *B* wird mittels eines Korkes in ein Kölbchen von etwa 100 ccm Inhalt eingesetzt, welches man vorher mit 50 ccm des Extraktionsmittels (Chloroform, Äther, Petroläther) beschickt hat, dann bringt man in den Extraktionszylinder so viel von derselben Flüssigkeit, bis sie durch den Heber abfließt, verbindet *A* mit einem Rückflußkühler und erwärmt das Kölbchen auf dem Wasserbade. Die Dämpfe der im Kölbchen befindlichen Flüssigkeit gelangen durch *B* nach *A* und auch zum Teil noch in den

Kühler, wo sie kondensiert werden. Die Flüssigkeit sammelt sich in A an, durchdringt die Substanz und erreicht endlich den Stand h, worauf sie abgehebert und A völlig entleert wird, ein Vorgang, der sich je nach der Stärke des Erwärmens etwa 20—30 mal wiederholt. Filter, auf welchen sich zu extrahierende Niederschläge befinden, werden einfach zusammengebogen und in den Apparat gebracht.

In den meisten Fällen genügt jedoch ein Trocknen und Filtrieren der Fettsubstanz, deren weitere Untersuchung den wichtigsten Teil der Analyse bildet.

Physikalische Methoden. Von physikalischen Eigenschaften hat man die Viskosität, das spezifische Gewicht, den Schmelz- und Erstarrungspunkt, den Brechungsindex und die Refraktometerzahl zu verwerten gesucht.

Es wurde bereits erwähnt, daß die Öle bei gewöhnlicher Temperatur durch eine gewisse Dickflüssigkeit (Viskosität) ausgezeichnet sind. Als Maß dieser Dickflüssigkeit kann die Zeit dienen, welche gleiche Mengen Öl bedürfen, um aus einer Öffnung von bekannter Weite bei gleicher Temperatur auszufließen.

Wichtiger für die Ölprüfung ist indessen die Bestimmung des spezifischen Gewichts. Für den Handel mit Ölen hat man daher besondere Aräometer, sogenannte Ölwagen oder Oleometer konstruiert, unter denen neben dem Pyknometer und der Mohr-Westphalschen Wage die gebräuchlichsten auch heute noch das Lefèbresche Oleometer, die Fischersche Ölwage und das Brixsche Aräometer sind. Das Oleometer von Lefèbre hat eine Skala, auf welcher die spezifischen Gewichte der verschiedenen, im Handel vorkommenden Öle angegeben sind. Da es aber nicht gut ausführbar ist, vier Ziffern nebeneinander auf die Skala zu bringen, so werden die erste und die letzte fortgelassen, und nur die beiden mittleren beibehalten, was auch weiter keinen Nachteil hat, seitdem man sich im Handel darüber verständigte. So muß z. B. vor den Ziffern 1—40 eine 9 angenommen werden, um das spezifische Gewicht eines Öles auszudrücken. Das Rüböl also, das die Zahl 15 aufweist, besitzt das spezifische Gewicht 0,915. Um das Ablesen zu erleichtern, werden die Öle gleichzeitig durch eine Farbe bezeichnet, welche derjenigen möglichst gleichkommt, die jede Sorte bei der Behandlung mit konzentrierter Schwefelsäure annimmt. Diese Farben lassen beim Eintauchen die Stelle, bis zu welcher das Instrument in das Öl eindringt, deutlicher hervortreten, so daß man nicht nötig hat, dasselbe herauszunehmen, um das spezifische Gewicht des Öles abzulesen. Die Graduierung ist für 15° gültig; da das spezifische Gewicht der fetten Öle mit der Temperatur sehr stark schwankt, und zwar stärker als bei anderen Flüssigkeiten, so müssen besondere Vergleichsproben bei derselben Temperatur vorgenommen werden. Stellt man die Proben mit dem Oleometer bei einer anderen Temperatur an als bei 15° C, so beträgt der Unterschied im spezifischen Gewicht 0,001 mehr oder weniger für jede 1,5° unter oder über dieser Normaltemperatur.

Obgleich die Ölwagen bei der Prüfung der Öle auf ihre Reinheit häufig ganz gute Dienste leisten können, so darf man doch nicht glauben, daß man sich mit unbedingter Sicherheit auf ihre Angaben verlassen kann. Die Unterschiede in den spezifischen Gewichten der Öle sind sehr gering, und genaue Versuche haben erwiesen, daß die Schwankungen des spezifischen Gewichts einer und derselben Ölgattung je nach Alter, Bereitungsart usw. oft ebenso groß sind, wie die Unterschiede zwischen einem Öle und einem anderen, das als Verfälschungsmittel dient; dazu kommt noch, daß es ziemlich schwierig ist, mit dickflüssigen Substanzen genaue aräometrische Messungen vorzunehmen. Bestimmungen des spezifischen Gewichts sind deshalb nur als ein auf einzelne Fälle beschränktes und durchschnittlich nicht zuverlässiges Mittel zur Erkennung der fetten Öle anzusehen. Als ein brauchbares Unterscheidungsmerkmal kann indessen das spezifische Gewicht dienen, wenn es sich darum handelt, festzustellen, ob zwei Öle identisch oder verschieden sind.

Die Ölwagen geben jedoch nicht immer das spezifische Gewicht direkt an, viele besitzen auch eine besondere Teilung nach Graden. Die folgende, von Benedikt[1]) zusammengestellte Tabelle ermöglicht jedoch ohne weiteres die Umrechnung der bei den einzelnen Instrumenten abgelesenen Grade n in das spezifische Gewicht s.

Aräometer von	Temperatur	Flüssigkeit schwerer als Wasser	Flüssigkeit leichter als Wasser
Balling	17,5° C	$s = \frac{200}{200 - n}$	$s = \frac{200}{200 + n}$
Baumé[2])	12,5° C	$s = \frac{144}{144 - n}$	$s = \frac{144}{144 + n}$
Baumé	15° C	$s = \frac{144,3}{144,3 - n}$	$s = \frac{144,3}{144,3 + n}$
Baumé	17,5° C	$s = \frac{146,78}{146,78 - n}$	$s = \frac{146,78}{146,78 + n}$
Beck	12,5° C	$s = \frac{170}{170 - n}$	$s = \frac{170}{170 + n}$
Brix.	{12,5° R 15,625° C	$s = \frac{400}{400 - n}$	$s = \frac{400}{400 + n}$
Cartier	12,5° C		$s = \frac{136,8}{136,8 + n}$
Fischer	{12,5° R 15,625° C	$s = \frac{400}{400 - n}$	$s = \frac{400}{400 + n}$
Gay-Lussac . . .	4° C	$s = \frac{100}{n}$	$s = \frac{100}{n}$
E. G. Greiner. . .	{12,5° R 15,625° C	$s = \frac{400}{400 - n}$	$s = \frac{400}{400 + n}$
Stoppani.	{12,5° R 15,625° C	$s = \frac{166}{166 - n}$	$s = \frac{166}{166 + n}$

[1]) Benedikt-Ulzer: Analyse der Fette und Wachsarten, 4. Aufl., Berlin 1903, S. 111.

[2]) Man achte darauf, welche Normaltemperatur auf dem Aräometer angegeben ist, und wähle danach eine der drei gegebenen Formeln aus.

Zur Bestimmung des Schmelzpunktes sind verschiedene Methoden in Vorschlag gebracht worden; die wichtigsten sind folgende:

1. Man saugt das geschmolzene Fett in ein einseitig zugeschmolzenes Kapillarröhrchen auf, das man an einem Thermometer mit langgezogenem Quecksilbergefäß befestigt, so daß sich die Substanz in gleicher Höhe mit dem letzteren befindet. Nach völligem Erstarren des Fettes bringt man alsdann das Thermometer in ein etwa 3 cm im Durchmesser weites Reagenzglas, in welchem sich die zur Erwärmung bestimmte Flüssigkeit (konzentrierte Schwefelsäure oder Glyzerin) befindet. Man erwärmt langsam und beobachtet als Schmelzpunkt diejenige Temperatur, bei welcher das Fett völlig klar und durchsichtig wird.

2. Man überzieht die Kugel eines Thermometers mit einer etwa 3 mm starken Schicht des zu untersuchenden Fettes, taucht das Thermometer in Wasser und beobachtet bei langsamer Erwärmung die Temperatur, bei welcher das Fett sich ablöst. Bei beiden Methoden muß man die Röhrchen bzw. das Thermometer mit dem wieder erstarrten Fett erst ein oder, bei ganz weichen Fetten, zwei Tage lang beiseite legen, bevor sie zum Versuche benutzt werden, da die Fette, namentlich die weichen, nach dem Schmelzen nur sehr langsam wieder ihre natürliche Festigkeit annehmen.

Bei der erstgenannten Methode wird also ein gewisser Grad der Durchsichtigkeit, bei der anderen eine gewisse Beweglichkeit der Fettteilchen als Schmelzpunkt angesehen. Da beide Methoden indessen gleiche Resultate nicht ergeben und insonderheit die zweite eine gewisse Willkür in der Versuchsanordnung nicht ausschließt, hat man nach einer zwischen den bayerischen Vertretern der angewandten Chemie getroffenen Vereinbarung die erstgenannte Methode als maßgebend angesehen.

Der Schmelzpunkt der aus den Fetten oder Ölen abgeschiedenen Fettsäuren wird in gleicher Weise ermittelt. Da seine Bestimmung zuverlässiger ist als die Schmelzpunktsbestimmung der Neutralfette, ist es empfehlenswert, bei Untersuchung von Fetten den Schmelzpunkt der abgeschiedenen Fettsäuren als maßgeblich zu betrachten.

Die Unregelmäßigkeiten, die man bei der Schmelzpunktsbestimmung der Fette beobachtet, sowie die Tatsache, daß die mit Fett beschickten Kapillaren erst nach verhältnismäßig langer Zeit für die Bestimmung benutzt werden dürfen, haben dazu geführt, zur Vergleichung und Wertbestimmung der Fette an Stelle des Schmelzpunktes den Erstarrungspunkt zu benutzen. Diese Bestimmung bietet keine Schwierigkeiten, da beim Erstarren der geschmolzenen Fette die sogenannte „Schmelzwärme“ frei wird, und die Temperatur daher während des Erstarrens eine Zeitlang konstant bleibt, unter Umständen sogar plötzlich um einige Zehntelgrade ansteigt. Bei einigen Fetten ist das Maximum, auf welches die Temperatur steigt, konstant, sie ist also als Erstarrungspunkt zu betrachten; andere Fette zeigen aber diese Konstanz nicht und es ist daher nicht möglich, einen Erstarrungspunkt genau zu ermitteln. Wie erwähnt, ist es deshalb, ebenso wie bei der Schmelzpunktsbestimmung, vorzuziehen, zur Beurteilung eines Fettes den Erstarrungspunkt der daraus abgeschiedenen Fettsäuren zu bestimmen. Zu diesem Zwecke verseift man zunächst 150 g der zu untersuchenden Probe mit 120 ccm einer kaustischen Kalilauge vom spezifischen Gewicht 1,4 und 120 ccm Alkohol. Die entstandene dicke Seife wird alsdann in 1000 ccm Wasser gelöst, der Alkohol durch Kochen verjagt und die Seifenlösung schließlich mit verdünnter Schwefelsäure von 18° Bé zerlegt. Die abgeschiedenen Fettsäuren werden vom Säurewasser getrennt, mehrfach mit reinem Wasser gewaschen und schließlich durch ein trockenes Faltenfilter im Heißwassertrichter filtriert. Die Fettsäuren werden unter einem Exsikkator dem Erstarren überlassen und über Nacht aufbewahrt. Am folgenden Tage wird die Fettsubstanz in einem Luftbade oder über freier Flamme vorsichtig geschmolzen und soviel davon in ein 15 cm langes und 3,5 cm weites Reagenzglas gegossen, als notwendig ist, um das Rohr mehr als zur Hälfte zu füllen. Das Reagenzglas wird in dem Halse einer 10 cm weiten und 13 cm hohen Flasche mittels eines Korkes befestigt und ein genaues, in $^1/_{10}$-Grade eingeteiltes Thermometer so in die Fettsäuren eingesenkt, daß die Thermometerkugel sich in der Mitte der Fettmasse befindet. Man läßt dann langsam erkalten; sobald man am Boden des Reagenzglases einige Kristalle beobachtet, wird die Masse mit dem Thermometer umgerührt, ohne daß hierbei die Gefäßwände berührt werden, damit sich alle erstarrten Partikelchen, sowie sie entstehen, in der Masse gut verteilen. Die Fettsäuren werden dann durch ihre ganze Masse hindurch trübe. Jetzt wird die Temperatur genau beobachtet. Zweckmäßig ist es, die gefundenen Werte innerhalb gewisser Zeiträume aufzuschreiben. Erst wird die Temperatur fallen, dann steigt sie plötzlich einige Zehntelgrade, erreicht ein Maximum und bleibt dabei kurze Zeit stehen, worauf sie wieder fällt. Das erreichte Maximum ist der „Titer“ oder Erstarrungspunkt.

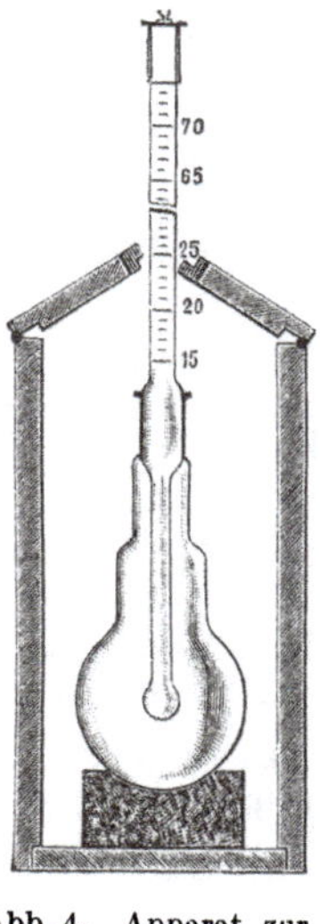

Abb. 4. Apparat zur zolltechnischen Titerbestimmung nach Finkener.

Zur zolltechnischen Titerbestimmung wird in der Regel allerdings in etwas anderer Weise gearbeitet, indem man den von Finkener[1]) empfohlenen in Abb. 4 abgebildeten Apparat benutzt. Er besteht aus einem mit Klappendeckel versehenen, viereckigen Kasten aus Buchenholz von 70 cm lichter Weite, 144 cm lichter Höhe und 9 mm Wandstärke und enthält einen Glaskolben, dessen Kugel einen Durchmesser von 49—51 mm besitzt, und ein in den Hals des Kolbens eingeschliffenes Thermometer. In der Mitte des Kastenbodens ist ein 22 mm hoher Kork befestigt, in dessen kleine Vertiefung der Kolben zu stehen kommt. Wenn das eingeschliffene Thermometer in den Kolbenhals eingesetzt

[1]) Mitt. a. d. kgl. techn. Versuchsanst. 1890, S. 153.

ist, fällt der Mittelpunkt seiner Kugel mit demjenigen des Kolbens zusammen. In dem Schliff des Thermometers ist parallel zur Achse eine Rinne angebracht, so daß die Luft in dem Kolben immer unter dem Druck der Atmosphäre steht. Der Hals des Kolbens ist unten etwas erweitert (25 mm weit), damit die Kugel des Kolbens beim Erkalten des Fettes sicher gefüllt bleibt, wenn man das flüssige Fett bis zur Marke am Halse eingefüllt hat. Die Thermometerkugel hat 9 mm Durchmesser, der dünnere Teil des Thermometers 5 mm und der Schliff 12 mm. Die Teilung des Thermometers geht bis 75° C und läßt $^1/_5$ Grade ablesen. Die Thermometerröhre hat ein etwas größeres Reservoir, so daß das Thermometer bis 120° C erhitzt werden kann, ohne zu platzen. Die Bestimmung des Erstarrungspunktes selbst geschieht in folgender Weise: Eine Durchschnittsprobe des Fettes wird mit alkoholischer Kalilauge verseift. Die alsdann abgeschiedenen, gewaschenen und getrockneten Fettsäuren werden auf dem Wasserbade zum Schmelzen gebracht und hierauf in das Kölbchen bis zur Marke eingefüllt. Das Kölbchen wird sofort in den Kasten gestellt, der Deckel zugeklappt und so eine rasche Abkühlung verhindert. Nachdem das Thermometer auf ungefähr 50° C gefallen ist, beginnt man die Temperatur in Zeiträumen von zwei zu zwei Minuten abzulesen und aufzuschreiben. Nach einiger Zeit fängt das Thermometer an, langsamer zu fallen, bleibt einige Minuten stehen, steigt wieder, um dann schließlich wieder zu fallen. Der neu erreichte, höchste Stand gibt den Erstarrungspunkt an. Nach erfolgter Bestimmung wird der Kolben in warmes Wasser gestellt, das geschmolzene Fett ausgegossen und das erkaltete Kölbchen mit Äther gereinigt.

Zur Bestimmung des Brechungsindex und der Refraktometerzahl wird in der Regel der von C. Zeiß empfohlene Apparat wegen seiner einfachen Handhabung und größeren Genauigkeit bevorzugt. Für den Gebrauch desselben ist die jedem Instrument beigegebene Gebrauchsanweisung maßgebend. Als Vergleichstemperatur wird bei Ölen zweckmäßig 25°, bei festen Fetten eine über dem Schmelzpunkt liegende Temperatur, etwa 40° gewählt. Die Methode dient insonderheit zur Voruntersuchung, weil sie die schnelle Feststellung ermöglicht, ob ein verfälschtes oder unverfälschtes Fett vorliegt.

Chemische Methoden. Die chemischen Methoden, welche zur Untersuchung der Fette Anwendung finden, bestehen in der Ermittlung gewisser Zahlenwerte, die von der Beschaffenheit der einzelnen Fettsäuren eines Fettes oder Öles abhängig sind und die man ihrem Charakter entsprechend in zwei Klassen, die Konstanten und die Variablen, einteilen kann. Die Konstanten sind diejenigen Zahlen, welche für die Natur eines Fettes charakteristisch sind und daher eine leichte Identifizierung desselben zulassen. Die Variablen dagegen sind solche Zahlenwerte, die durch die Reinigungsart des Rohproduktes, Alter, Ranzidität usw. bedingt werden und daher die Möglichkeit bieten, die Qualität des vorliegenden Fettes zu beurteilen. Zu den Konstanten gehören 1. die Verseifungszahl, welche die Anzahl von Milligrammen Kalihydrat angibt, welche für die Verseifung eines Grammes Fett oder Öl erforderlich sind, 2. die Jodzahl, welche die von einem Fette absorbierte Jodmenge in Prozenten des angewandten Fettes angibt, 3. die Bestimmung der flüchtigen Fettsäuren, d. h. die Reichert-Meißlsche Zahl, welche die Anzahl Kubikzentimeter von $^1/_{10}$-Normal-Kalilauge angibt, die zur Neutralisation desjenigen Anteils der löslichen flüchtigen Fettsäuren notwendig sind, der aus 5 g eines Fettes oder Öles mittels des Reichertschen Destillationsverfahrens erhalten wird und 4. die Hehnerzahl, welche die Prozente der aus einem Fett oder Öl erhältlichen Menge von unlöslichen Fettsäuren und Unverseifbarem angibt. Zu den Variablen der Fette und Öle gehören 1. die Säurezahl, d. h. die Bestimmung der in einem Fett vorhandenen freien Fettsäuren, 2. die Ätherzahl oder Esterzahl, welche die Anzahl von Milligrammen Kalihydrat angibt, welche zur Verseifung der neutralen Ester in 1 g des Fettes nötig sind, 3. damit zusammenhängend der Glyzeringehalt und 4. die in einem Fett vorhandenen unverseifbaren Bestandteile. Die Bestimmung der Azetylzahl schließlich ermöglicht die Feststellung eines etwaigen Gehaltes an Oxyfettsäuren oder Fettalkoholen. Die sonst noch zur Unterscheidung der Fette in Anwendung gebrachten chemischen Reaktionen beziehen sich mehr auf unwesentliche Bestandteile, welche die Fette bei ihrer Darstellung aus dem Pflanzen- oder Tierkörper aufgenommen haben und zurückhalten.

Die Bestimmung der Verseifungszahl wird in folgender Weise ausgeführt: 2,5—4 g des reinen, klar filtrierten Fettes werden genau abgewogen und mit Hilfe eines Wägegläschens in einen Kolben von 150—200 ccm Inhalt gebracht. Alsdann fügt man aus einer Bürette 50 ccm einer alkoholischen, etwa $^1/_2$-Normal-Kalilauge hinzu, deren Titer bei jedesmaligem Gebrauch neu zu bestimmen ist.

Die Lauge wird hergestellt, indem man 28,05 g Ätzkali in 96 proz. Alkohol löst und die gesättigte, kalte Lösung durch Zusatz von Alkohol auf 1 l bringt. Der Kolben wird alsdann mit einem langen Kühlrohr oder einem Rückflußkühler versehen und auf dem Wasserbade, welches nahe bei der Siedetemperatur zu erhalten ist, eine halbe Stunde lang unter häufigem Umschwenken erwärmt, so daß der Alkohol schwach siedet. Die klare, völlig homogene Seifenlösung wird alsdann mit Phenolphtaleïn versetzt und der Überschuß an Kali mit $^1/_2$-Normal-Salzsäure zurücktitriert, wobei das Ende der Reaktion durch die rein gelbe Farbe der Flüssigkeit angezeigt wird. Durch Subtraktion der für die Rücktitration verbrauchten Kubikzentimeter Salzsäure von der angewandten Menge Kalihydrat erhält man die zur Verseifung des Fettes erforderlich gewesene Menge des letzteren. Durch Division dieser Zahl durch die Anzahl der eingewogenen Milligramme Fett wird die Verseifungszahl erhalten.

Die von Hübl[1]) empfohlene „Jodadditionsmethode", die Bestimmung der Jodzahl, beruht auf der Tatsache, daß sich die ungesättigten Fettsäuren sowohl in freiem Zustande, als auch in Form ihrer Glyzeride mit Halogenen vereinigen, und zwar nimmt die Ölsäure und ihre Homologen, sowie die Rizinusölsäure 2 Atome, die Leinölsäure 4 Atome, die Linolensäure 6 Atome Chlor, Brom oder Jod pro Molekül auf.

[1]) Dingl. pol. J. **253**, S. 281.

Von den genannten Halogenen wäre die Verwendung von Jod für den diesbezüglichen Zweck aus zahlreichen Gründen unbedingt bequemer und passender als jene von Brom oder Chlor; Versuche zeigten jedoch bald, daß Jod bei gewöhnlicher Temperatur nur sehr träge auf Fette einwirkt, bei hoher Temperatur aber in seinen Wirkungen höchst ungleichmäßig ist und daß eine glatte Reaktion in oben angedeutetem Sinne unter diesen Umständen nicht herbeigeführt werden kann. Eine in jeder Beziehung zufriedenstellende Wirkung zeigt aber eine alkoholische Jodlösung bei Gegenwart von Quecksilberchlorid. Dieses Gemisch reagiert schon bei gewöhnlicher Temperatur auf die ungesättigten Fettsäuren unter Bildung von Chlor-Jodadditionsprodukten und läßt gleichzeitig anwesende gesättigte Säuren vollständig unverändert. Das Gemisch wirkt in gleicher Weise auf die freien Fettsäuren wie auf die Glyzeride, ein Umstand, welcher im Verein mit der leichten maßanalytischen Jodbestimmung diese Untersuchungsmethode zu einer äußerst einfachen gestaltet. Man hat daher zur Bestimmung der Jodmenge, welche ein Fett zu addieren vermag, eine abgewogene Probe mit einer gemessenen überschüssigen Menge einer alkoholischen Jodquecksilberchloridlösung von bekanntem Gehalte zu behandeln, nach Ablauf der Reaktion mit Wasser zu verdünnen und unter Zusatz von Jodkalium das im Überschuß vorhandene Jod maßanalytisch zu bestimmen. Es ist vom praktischen Standpunkt ganz gleich, ob nur Jod, oder ob Jod und Chlor und in welchem Verhältnis beide in die Verbindung eingetreten sind, da bei der maßanalytischen Bestimmung unter obigen Umständen beide Elemente gleichwertig sind. Versuche haben ergeben, daß, um die Wirkung des gesamten Jods auszunutzen, auf je 2 Atome desselben mindestens 1 Mol. Quecksilberchlorid nötig ist. Da die meisten Fette in Alkohol schwer löslich sind, so gibt man, um die Reaktion zu erleichtern, zweckmäßig einen Zusatz von Chloroform, welcher sich gegen die Jodlösung vollkommen indifferent verhält.

Die alkoholische Jodquecksilberchloridlösung besitzt allerdings die unangenehme Eigenschaft einer sehr geringen Beständigkeit. Offenbar wirkt das Jod unter den obwaltenden Bedingungen auf den Alkohol ein. Infolge dieses Umstandes ist es nötig, mit jeder Versuchsreihe auch eine Titerstellung zu verbinden.

Zur Durchführung der Bestimmung sind erforderlich: Eine Jod-Quecksilberchloridlösung, eine Natriumthiosulfatlösung, Chloroform, eine 10proz. Jodkaliumlösung und Stärkelösung. Zur Herstellung der Jod-Quecksilberchloridlösung werden einerseits 25 g Jod in 500 ccm, andererseits 30 g Quecksilberchlorid in der gleichen Menge 95 proz. fuselfreien Alkohols gelöst, letztere Lösung, wenn nötig, filtriert und sodann beide Flüssigkeiten vereinigt. Wegen der anfangs stattfindenden raschen Änderung des Titers kann die Flüssigkeit erst nach 6—12stündigem Stehen in Gebrauch genommen werden. Diese Lösung soll in der Folge der Einfachheit wegen als Jodlösung bezeichnet werden. — Für die Natriumthiosulfatlösung verwendet man zweckmäßig eine Lösung von etwa 25 g des Salzes in 1 l Wasser. Der Titer wird mit reinem sublimierten Jod bestimmt. Die Lösung ist als haltbar anzusehen, sobald es nicht auf äußerst genaue Bestimmungen ankommt, was hier durchaus nicht der Fall ist. — Das Chloroform muß vor seiner Verwendung auf Reinheit geprüft werden, wozu man etwa 10 ccm desselben mit 10 ccm der Jodlösung versetzt und nach 2 bis 3 Stunden sowohl die Jodmengen in dieser Flüssigkeit als auch in 10 ccm der Vorratslösung maßanalytisch bestimmt. Erhält man in beiden Fällen vollkommen übereinstimmende Zahlen, so ist das Chloroform brauchbar. — Die Jodkaliumlösung ist, wie erwähnt, eine wässerige Lösung im Verhältnis 1 : 10. — Die Stärkelösung ist ein frischer 1 proz. Kleister.

Das Abwägen des Fettes geschieht am besten in einem kleineren, leichten Glase. Man entleert das Fett, wenn nötig, nach dem Schmelzen in eine 200 ccm fassende, mit Glasstopfen versehene Flasche und wägt das Gläschen samt dem noch anhaftenden Fett zurück. Die Größe der Probe richtet sich nach der voraussichtlichen Jodabsorption. Man wählt von trocknenden Ölen 0,15—0,18 g, von nicht trocknenden 0,3—0,4 g, von festen Fetten 0,8—1 g. Das Fett wird sodann in etwa 15 ccm Chloroform gelöst, worauf man 30 ccm Jodlösung zufließen läßt. Sollte die Flüssigkeit nach dem Umschwenken nicht vollkommen klar sein, so wird noch etwas Chloroform zugesetzt. Tritt binnen kurzer Zeit eine fast vollkommene Entfärbung der Flüssigkeit ein, so wäre dies ein Zeichen, daß eine genügende Menge Jod nicht vorhanden ist. Man hat in diesem Falle mittels einer Pipette nochmals 5—10 ccm Jodlösung zufließen zu lassen. Die Jodmenge muß so groß sein, daß die Flüssigkeit noch nach $1^1/_2$—2 Stunden stark braun gefärbt erscheint. Nach der angegebenen Zeit ist die Reaktion beendet, und es wird nun die Menge des noch freien Jods bestimmt. Man versetzt daher das Reaktionsprodukt mit 15 ccm Jodkaliumlösung, schwenkt um und verdünnt mit etwa 100 ccm Wasser. Ein Teil des nicht absorbierten Jods ist in der wässerigen Flüssigkeit, ein anderer im Chloroform enthalten. Man läßt jetzt aus einer in 0,1 ccm geteilten Bürette unter oftmaligem Umschwenken so lange die oben erwähnte Natriumthiosulfatlösung zufließen, bis die wässerige Flüssigkeit sowie die Chloroformschicht nur mehr schwach gefärbt erscheinen. Nun wird etwas Stärkekleister zugesetzt und vorsichtig zu Ende titriert. Unmittelbar vor oder nach der Operation werden 10 oder 20 ccm der Jodlösung unter Zusatz von Jodkalium und Stärkekleister titriert. Die Unterschiede dieser beiden Bestimmungen geben bei Berücksichtigung des Titers der Thiosulfatlösung die vom Fett gebundene Jodmenge. Die Zahlen sind ganz konstant, wenn die Jodlösung in genügendem Überschusse vorhanden war, der in der Regel 10 vH., und nur bei trocknenden Ölen 30 vH. der absorbierten Jodmengen betragen soll. Das Resultat ist unabhängig von der Konzentration und einem Überschusse an Quecksilberchlorid, nur muß auf 2 Atome Jod mindestens 1 Molekül Quecksilberchlorid vorhanden sein. Nach Hübl ist es gleichgültig, ob die Titrierung nach 2- oder 48stündigem Stehen vorgenommen wird; doch soll man der Sicherheit halber bei trocknenden Ölen die Titration erst nach etwa 18 Stunden vornehmen, um genaue Resultate zu erhalten.

Um die oben genannte Jodlösung haltbarer zu gestalten, versetzt Waller[1]) dieselbe mit konzentrierter Salzsäure. Hierdurch wird Wasser gebunden und damit in der Hüblschen Lösung neben der Hauptreaktion verlaufende Nebenreaktionen, insonderheit die Bildung von unterjodiger Säure vermieden. Die Wallersche Jodlösung besteht ebenfalls aus 5 g Jod und 30 g Quecksilberchlorid, die in je 500 ccm 95 proz. Alkohol gelöst, klar filtriert und nach ihrer Vereinigung mit 50 ccm konzentrierter Salzsäure vom spezifischen Gewicht 1,19 versetzt werden. Die Verwendungsweise ist die gleiche wie die der Hüblschen Originallösung.

Eine weitgehende Verkürzung der Versuchsdauer läßt sich aber weiter durch die Modifikation von Wijs[2]) erreichen, der an Stelle der oben genannten Jodlösungen eine $^1/_5$ normale Jodmonochloridlösung in Eisessig verwendet.

7,8 g Jodtrichlorid und 8,5 g Jod werden in warmem Eisessig aufgelöst und die vereinigten Lösungen mit Eisessig auf 1 l aufgefüllt. Zum Lösen der zu untersuchenden Fette dient Tetrachlorkohlenstoff, der vor dem Versuch mit Kaliumbichromat und konzentrierter Schwefelsäure auf etwa vorhandene oxydierbare Verbindungen geprüft werden muß. Bei der im übrigen dem Hüblschen Verfahren gleichen Versuchsdurchführung genügt für Fette, deren Jodzahl unter 100 liegt, $^1/_2$ Stunde, bei den übrigen 1—2 Stunden zur Beendigung der Reaktion.

Ebenfalls in verhältnismäßig kurzer Zeit läßt sich die Jodzahl mit Hilfe der von J. Hanuš[3]) angegebenen Methode bestimmen, bei welcher als Reaktionslösung eine in gut verstöpselten Flaschen haltbare Lösung von 10 g Jodmonobromid in 500 ccm Eisessig dient, und die neuerdings in zahlreichen Laboratorien die Wijssche Methode als Standardmethode verdrängt hat. Man löst von Ölen mit einer größeren Jodzahl als 120 0,1—0,15 g, von festen Fetten 0,6—0,7 g, von Ölen mit einer kleineren Jodzahl als 120 etwa 0,2 g in 10 ccm Chloroform oder Eisessig auf und läßt 25 ccm Jodmonobromidlösung unter wiederholtem Umschwenken 15 Minuten lang einwirken. Für Öle mit größerer Jodzahl als 120 wird eine längere Einwirkungsdauer (bis zu 1 Stunde) empfohlen[4]). Nach Zusatz von 15 ccm Jodkaliumlösung (1 : 9) und 50 ccm Wasser wird alsdann unter stetem Umschwenken mit $^1/_{10}$ n Thiosulfatlösung bis zur Gelbfärbung und nach Zugabe von etwa 1 ccm Stärkelösung bis zum Verschwinden der Blaufärbung titriert. Der Überschuß an Reaktionslösung soll etwa 60—70 vH. der zugesetzten Jodmonobromidlösung betragen. In einer blinden Probe wird unter gleichen Bedingungen der Titer der Hanuš-Lösung festgestellt. Obwohl sich der Titer bei Verwendung reinsten Eisessigs wenig ändert, empfiehlt sich öftere Nachprüfung, besonders an warmen Tagen.

---

[1]) Chem.-Ztg. 1895. **19**, S. 1786 und 1831.

[2]) Ber. d. Deutsch. Chem. Ges. 1898. **31**, S. 750. Ztschr. f. analyt. Chem. 1898, S. 277.

[3]) Ztschr. f. Unters. d. Nahrungsm. 1901, **4**, S. 913.

[4]) Vgl. Holde: Chem. Umschau 1922, **24**, S. 243.

Die Berechnung der Jodzahlanalysen erfolgt gleichmäßig bei allen genannten Methoden nach der Formel

$$\text{J.—Z.} = \frac{(b-c) \cdot 0{,}01269 \cdot f \cdot 100}{a},$$

wobei a die Einwage, b die der Reaktionslösungsmenge entsprechende Menge Thiosulfatlösung (blinde Probe), c die beim Zurücktitrieren verbrauchte Menge Thiosulfatlösung und endlich f ein eventueller Faktor der Thiosulfatlösung bedeutet.

Zur Bestimmung der Reichert-Meißlschen Zahl verseift man genau 5 g Fett in einem Kölbchen von etwa 300 ccm Inhalt mit 2 ccm starker Natronlauge unter gleichzeitiger Zugabe von 20 g Glyzerin. Man läßt alsdann auf etwa 80—90° abkühlen und gibt 90 g Wasser der gleichen Temperatur hinzu. Die entstehende klare Seifenlösung wird mit 50 ccm verdünnter Schwefelsäure versetzt, und das Kölbchen alsdann durch ein schwanenhalsförmig gebogenes Glasrohr von etwa 20 cm Höhe und 6 mm lichter Weite verschlossen, das an beiden Enden stark abgeschrägt und mit einem Kühler verbunden ist. Es werden nun innerhalb einer guten halben Stunde genau 110 ccm abdestilliert und davon abpipettierte 100 ccm mit $^1/_{10}$-Normal-Kalilauge und Phenolphtaleïn als Indikalor titriert. Die gefundene Anzahl Kubikzentimeter wird mit 1,1 multipliziert. Die so erhaltene Zahl ist die Reichert-Meißlsche Zahl.

Zur Bestimmung der Hehnerzahl werden etwa 3—4 g des filtrierten Fettes in eine Porzellanschale von 13 cm Durchmesser eingewogen und nach Zugabe von 50 ccm starken Alkohols und 1—2 g festen Kalihydrates auf dem Wasserbade erhitzt, bis klare Lösung und völlige Verseifung eingetreten ist. Die Lösung wird alsdann eingedampft, der Rückstand in 100—150 ccm Wasser gelöst und mit verdünnter Schwefelsäure bis zur deutlich sauren Reaktion angesäuert. Die in der Wärme klar abgeschiedenen Fettsäuren werden alsdann auf ein bei 100° getrocknetes und genau gewogenes Filter gebracht und dort mit siedendem Wasser ausgewaschen. Alsdann bringt man das Filter samt Inhalt in das auch vorher zum Abwiegen des trockenen Filters benutzte Becherglas und trocknet etwa 2 Stunden bei 100° bis zur Gewichtskonstanz. Die so erhaltene, in Prozenten des angewandten Fettes ausgedrückte Menge unlöslicher Fettsäuren ist die Hehnerzahl.

Zur analytischen Kennzeichnung reiner Fette wird die Hehnerzahl zur Zeit allerdings nur noch selten herangezogen, da hierfür andere Konstanten, insbesondere die Jodzahl, die Verseifungszahl u. a., geeigneter sind. Die Hehnerzahl beträgt nämlich bei fast sämtlichen, nicht allzu unreinen Fetten aus Glyzeriden lediglich höher molekularer Fettsäuren ziemlich konstant 92—95 und sinkt nur bei Leimfetten und besonders bei der Butter und beim Delphintran in charakteristischer Weise unter diese Werte. Zur Bestimmung des Verarbeitungswertes insbesondere von Abfallfetten dient daher an ihrer Stelle vielfach die Bestimmung des Gesamtfettsäuregehaltes nach Goldschmidt[1]), die sich

[1]) Seifenfabrikant 1918, **38**, S. 473; 1920, **40**, S. 406.

zudem leicht im Anschluß an die Bestimmung des Unverseifbaren ausführen läßt (s. S. 92). Die bei dieser Bestimmung anfallende, durch Ausschütteln mit Petroläther vom Unverseifbaren befreite Seifenlösung wird mit verdünnter Salzsäure angesäuert, bis sie gegen Methylorange stark sauer reagiert, und wiederholt mit etwa je 100 ccm Äther behandelt. Die vereinigten Ätherextrakte werden alsdann mit Wasser bzw. bei Anwesenheit wasserlöslicher Fettsäuren mit 10 proz. Kochsalzlösung neutral gewaschen, mit Natriumsulfat getrocknet, von diesem unter Nachwaschen mit getrocknetem Äther durch Filtration getrennt und schließlich in einem tarierten Kolben nach Abdestillieren des Äthers und Trocknen im Wärmeschrank bei 110° zur Wägung gebracht. Sind flüchtige Fettsäuren zugegen, so muß bei etwa 50—65°, bei Anwesenheit von stark ungesättigten Fettsäuren im Kohlensäurestrom, bis zur Gewichtskonstanz getrocknet werden. In beiden Fällen ist besonders geeignet die Vakuumtrockenvorrichtung von Gerber[1]), die sich auch in der Seifenanalyse, für Feuchtigkeitsbestimmungen usw., gut bewährt hat[2]).

Aber auch diese Methode ist für die analytische Bewertung solcher Fette unter Umständen ungeeignet, welche lediglich zur Verarbeitung auf Kernseifen bestimmt sind. Enthalten nämlich solche Fette größere Mengen oxydierter Fettsäuren, so gehen diese infolge der erheblichen Löslichkeit ihrer Alkalisalze in Salzwasser bei der Aussalzung größtenteils verloren[3]). Fette mit einem größeren Gehalt an „Oxysäuren" sind deshalb auch, wenigstens soweit es sich um die Herstellung von Kernseifen handelt, geringer zu bewerten als frische Fette, ganz abgesehen von dem Minderwert, der sich aus der schlechteren Farbe und dem unbefriedigenden Geruche der aus solchen Ausgangsmaterialien hergestellten Fertigprodukte ergibt.

Die analytische Trennung dieser „Oxysäuren" von nicht oxydierten Fettsäuren ist nun in sehr einfacher Weise dadurch möglich, daß die ersteren in Petroläther unlöslich sind. Man verfährt nach Stiepel[4]) in der Weise, daß man auch hier die Bestimmung des Unverseifbaren mit der Bestimmung der Oxysäuren verbindet. Enthält das Rohfett erhebliche Mengen von Asche oder Feuchtigkeit, so wird dasselbe zwecks Zersetzung etwa vorhandener Seife zunächst mehrfach mit verdünnter Salzsäure behandelt, danach in Äther aufgenommen und der Ätherextrakt nach dem Waschen mit Wasser über Natriumsulfat getrocknet. Durch Eindampfen der vom Trockenmittel durch Filtration (Nachspülen mit trockenem Äther) getrennten Fettlösung wird alsdann zunächst der Gehalt des Rohfettes an wirklichem Gesamtfett festgestellt.

Nunmehr werden 3—4 g des so erhaltenen „Ätherlöslichen" mit 50 ccm alkoholischer $^1/_2$-Normal-Kalilauge durch etwa $^1/_2$stündiges Kochen auf dem Wasserbade verseift und nach Verdünnen mit 50 ccm Wasser

[1]) Seifenfabrikant, 1918, **38,** S. 474.
[2]) Holde: Kohlenwasserstofföle und Fette, 6. Aufl. S. 542.
[3]) Niegemann: Seifensiederzeitung, 1917, **44,** S. 591 u. 613; Stiepel, Ebenda, 1917, **44,** S. 616; Fahrion: Ebenda, 1917, **44,** S. 667.
[4]) Ztschr. d. Dtsch. Öl- u. Fettind., 1921, **41,** S. 700.

mit leicht siedendem Petroläther dreimal ausgeschüttelt. Die vereinigten Extrakte werden durch Ausschütteln mit 50 proz. Alkohol von kleinen Mengen gelöster Seife befreit und können alsdann, wie weiter unten beschrieben, zur Ermittelung des Unverseifbaren dienen, während die Waschwässer mit der extrahierten Seifenlösung wieder vereinigt werden. Diese wird alsdann mit Salzsäure zersetzt und in noch warmem Zustand mit 50 ccm ebenfalls vorgewärmtem Petroläther (Kp. 30 bis 50°) ausgeschüttelt, der in dünnem Strahl unter gutem Umschwenken hinzugegeben wird. Hierbei scheiden sich die Oxysäuren in braunen Flocken aus, die sich bald an der Gefäßwand absetzen oder zu Klumpen zusammenballen. Das klare Sauerwasser wird abgezogen und filtriert, Filter und Gefäß werden sorgfältig mit Petroläther nachgewaschen, und die Oxysäuren mit warmem Alkohol oder, falls sie nicht völlig löslich sind, mit einem Gemisch von Chloroform und Alkohol (1 : 1) herausgelöst. Nach Abtreiben des Lösungsmittels wird der bei 80—100° getrocknete Rückstand gewogen. Bei erheblichem Gehalt des untersuchten Fettes an Oxysäuren ist die Operation nach Verseifung des jeweiligen Rückstandes mit diesem nochmals zu wiederholen.

Durch Eindampfen des Petrolätherauszuges im tarierten Kolben werden sodann die normalen Fettsäuren gewonnen und bestimmt (Bestimmung des seifensiederisch verwertbaren Fettsäuregehaltes).

Während der Zeit der Zwangsbewirtschaftung der Fette und Öle war die Methode Stiepel offiziell für die Bewertung der Rohfette vorgeschrieben. Sie gelangte wegen der damaligen Knappheit an niedrig siedendem Petroläther zumeist in einer von Goldschmidt und Weiß[1]) angegebenen modifizierten Form zur Anwendung, indem nämlich durch Ausschüttelung mit Äther zunächst die Gesamtfettsäuren bestimmt wurden. Aus diesen ließen sich alsdann die normalen Fettsäuren mit Petroläther herausholen, während die oxydierten Fettsäuren mit Alkohol aufgenommen und bestimmt wurden. Diese Methode war während des Bestehens des Zwangssyndikates der Seifenindustrie auch für die seifensiederische Bewertung von Harz maßgebend, da auch die Oxyharzsäuren nicht aussalzbare Alkaliseifen bilden und daher die gleichen Verluste bei der Aussalzung verursachen wie die oxydierten Fettsäuren.

Von den Variablen der Fette und Öle ist die Säurezahl, d. h. die Bestimmung der freien Fettsäuren am wichtigsten. Zu diesem Zwecke werden 5 g Fett in 20 ccm säurefreiem Äther gelöst und mit 10 ccm Alkohol und etwas Phenolphthaleïnlösung versetzt. Alsdann läßt man, je nach dem Säuregehalt, $^1/_{10}$- oder $^1/_1$-Normallauge bis zur Rotfärbung hinzufließen. Die wässerige Kalilauge hat vor der alkoholischen den Vorzug der Beständigkeit des Titers, welcher sich bei der alkoholischen Lösung fortwährend ändert und daher bei Beginn jeder Versuchsreihe neu gestellt werden muß; andererseits scheidet sich das Fett aus seiner alkoholischen Lösung bei Zusatz wässeriger Lauge leicht aus und muß dann durch Erwärmen auf dem Wasserbade wieder in Lösung gebracht

[1]) Seifenfabrikant, 1917, **37**, S. 579.

werden. War die Lösung alkoholisch-ätherisch, so bilden sich zwei Schichten, und die Reaktion muß unter kräftigem Schütteln nach jedem neuen Zusatz von Lauge zu Ende geführt werden.

Die Menge Kalihydrat in Zehntelprozenten oder die Anzahl Milligramm Kalihydrat, welche erforderlich sind, um die in 1 g Fett enthaltenen freien Fettsäuren zu neutralisieren, bezeichnet man als Säurezahl. Sie bildet also ein Maß für den Gehalt des Fettes an freien Fettsäuren.

Wenn ein Fett oder Öl ausschließlich aus neutralen Glyzeriden besteht, so ist die Säurezahl selbstverständlich gleich Null. In diesem Falle zeigt die Verseifungszahl die Menge Kalihydrat an, welche erforderlich ist, die neutralen Ester zu verseifen, oder, mit anderen Worten, die Menge Kalihydrat, welche notwendig ist, um die gebundenen Fettsäuren zu neutralisieren. Wenn die Fette oder Öle freie Fettsäuren enthalten, also eine wirkliche Säurezahl besitzen, dann stellt ihre Verseifungszahl die Summe der Mengen Kalihydrat dar, die notwendig sind, um sowohl die freien Fettsäuren wie auch die an Glyzerin gebundenen zu neutralisieren. Die Differenz dieser beiden Mengen Kalihydrat wird als Ätherzahl oder Esterzahl bezeichnet. Man versteht also darunter die Anzahl Milligramm Kalihydrat, die zur Verseifung der neutralen Ester in 1 g Fett oder Öl erforderlich sind.

Im Gegensatz hierzu erlaubt die Säurezahl eines Fettes Rückschlüsse auf den Gehalt desselben an durch Karbonat verseifbarer freier Fettsäure. Ihre Feststellung ist wichtig, um bei der sogenannten Karbonatverseifung den durch Karbonat verseifbaren Anteil des Fettansates zu bestimmen, während die Esterzahl, wie gesagt, ein Maß für die Menge des im Fett enthaltenen Neutralfettes und damit auch für den bei der Verseifung erforderlichen Gehalt der Lauge an Ätzalkalien ist. Es ist jedoch nicht ganz einwandfrei, beispielsweise bei einer Fettsäure mit der Verseifungszahl 195, der Säurezahl 155 und demzufolge einer Esterzahl 40, ohne weiteres den Gehalt an Neutralfett durch die Proportion

$$195 : 100 = 40 : x; \quad x = 20{,}05 \text{ vH.}$$

zu errechnen, da das Äquivalentgewicht des Neutralfettes infolge seines Gehaltes an Glyzerin etwas größer ist, als das der freien Fettsäuren. Tatsächlich wird jedoch bei Betriebsanalysen das mit 100 multiplizierte Verhältnis Esterzahl zu Verseifungszahl in der Regel als Gehalt an Neutralfett bezeichnet, während das Verhältnis Säurezahl zu Verseifungszahl, in Prozenten ausgedrückt, den Gehalt an freier Fettsäure angibt.

Die Feststellung des Gehaltes an freien Fettsäuren spielt nun eine wichtige Rolle bei der analytischen Überwachung von Fettspaltungsreaktionen, da das mehr oder weniger schnelle Ansteigen der Säurezahl ein genaues Bild der Reaktionsgeschwindigkeit ergibt. Zur Feststellung des „Spaltungsgrades" ist es jedoch nicht nötig, Säurezahl und Verseifungszahl in zwei getrennten Analysen zunächst zahlenmäßig festzustellen. Man verfährt vielmehr zweckmäßig folgendermaßen[1]):

[1]) Davidsohn: Öl- u. Fettztg., Berlin, 1914, S. 325; ferner Seifenindustrie-Kalender, 1924, S. 156.

2 g des Spaltungsproduktes werden in 20 ccm absolutem Alkohol gelöst und mit alkoholischer $^1/_2$-Normal-Kalilauge bei Gegenwart von Phenolphthaleïn auf Rot titriert. Man läßt nun so viel Kalilauge hinzufließen, daß die Gesamtmenge 25 ccm beträgt, und verseift $^1/_2$ Stunde lang durch Kochen auf dem Wasserbade am Rückflußkühler. Danach wird der Laugenüberschuß mit $^1/_2$-Normal-Salzsäure zurücktitriert. Würden beispielsweise 14,1 ccm $^1/_2$-Normal-Kalilauge zum Neutralisieren verbraucht und zur völligen Verseifung 25 ccm $^1/_2$-Normal-Kalilauge abzüglich der zur Rücktitration benötigten beispielsweise 8,7 ccm $^1/_2$-Normal-Salzsäure, also 16,3 ccm, so beträgt der Spaltungsgrad nach Gleichung

$$16{,}3 : 100 = 14{,}9 : x$$

91,6 vH. freie Fettsäure, vorausgestzt natürlich, daß keine fremden unverseifbaren Bestandteile zugegen sind, die besonders bestimmt und berücksichtigt werden müssen. Gegebenenfalls ist auch ein etwaiger Faktor der alkoholischen Kalilauge in Rechnung zu stellen.

Auch die Bestimmung der in einem Fett enthaltenen Glyzerinmenge erfolgt jetzt gewöhnlich rechnerisch aus der Verseifungszahl bzw. Ätherzahl. Bei Verseifung eines Neutralfettes sind drei Moleküle Kalihydrat einem Molekül Glyzerin äquivalent. Es entsprechen also 168 g Kalihydrat 92 g Glyzerin oder 1 g Kalihydrat 0,5476 g Glyzerin. Man hat somit die Ätherzahl d, also die Differenz zwischen Verseifungszahl und Säurezahl zu bestimmen, aus der sich dann der Glyzeringehalt als $0{,}5476 \times d$ ergibt.

Eine sonstige, sehr gebräuchliche Methode, die jedoch auf Grund der Flüchtigkeit des Glyzerins bei 100° nur eine ungefähre Ermittlung des Glyzeringehaltes zuläßt, besteht darin, daß man das Fett mit alkoholischer Kali- oder Natronlauge verseift, den Alkohol durch Eindampfen verjagt, die Seife in Wasser löst, verdünnte Schwefelsäure zusetzt und gelinde kocht, bis sich die Fettsäuren vollständig geklärt haben. Dann läßt man erkalten, filtriert die glyzerinhaltige Flüssigkeit von den erstarrten Fettsäuren ab, kocht die Fettsäuren noch einmal mit Wasser auf, läßt wieder erstarren und vereinigt die filtrierten Waschwässer mit dem ersten Filtrat. Dieses wird dann mit kohlensaurem Natron genau neutralisiert und im Wasserbade zur Trockne verdampft. Den aus schwefelsaurem Natron und Glyzerin bestehenden Rückstand behandelt man mit Alkohol, welcher das schwefelsaure Natron ungelöst läßt. Die filtrierte alkoholische Lösung wird verdunstet, der Rückstand nochmals mit Alkohol behandelt und die abermals filtrierte Lösung in einem Platinschälchen auf dem Wasserbade eingedampft.

Im übrigen sei auf die vorbesprochenen Methoden verwiesen, welche für die Bestimmung des Glyzeringehaltes in Glyzerinwässern maßgebend sind und nach geeigneter Abtrennung der durch Verseifung abgespaltenen Fettsäuren auch für den hier vorliegenden Zweck als brauchbar erscheinen müssen.

Zum Verschneiden der fetten Öle dienen häufig neben billigeren fetten Ölen auch Harz- und Mineralöle. Der sicherste Weg, diese unverseifbaren Bestandteile in fetten Ölen nachzuweisen, beruht auf dem Prinzip der Ausschüttelung der Seifenlösung des zu untersuchenden Fettes mit Petroläther. Dieser löst, ohne die Seifen selbst aufzunehmen, das Unverseifbare auf, das nunmehr durch Abdunsten des Petroläthers isoliert und zur Wägung gebracht werden kann. Demzufolge verfährt man folgendermaßen: 10 g Fett werden in einem 300 ccm fassenden Kolben mit 50 ccm einer 10 proz. alkoholischen Ätzkalilösung 30 Minuten auf dem Wasserbade gekocht. Die noch warme Masse verdünnt man alsdann mit 50 ccm Wasser, läßt erkalten und vereinigt sie sodann in einem Schütteltrichter mit 100 ccm nicht über 65° C siedenden Petroläthers. Nach noch zweimaligem Ausschütteln mit je 50 ccm Petroläther werden die drei Petrolätherauszüge vereinigt, ihrerseits nochmals zur Entfernung etwa gelöster Seifen- und Alkalireste mit 50 proz. Alkohol ausgeschüttelt und schließlich in einen trockenen und gewogenen Erlenmeyerkolben gebracht. Nach dem Abdampfen des Petroläthers auf dem Wasserbade und dem Trocknen des Rückstandes bis zur Gewichtskonstanz erhält man die unverseifbaren Bestandteile der zu untersuchenden Fettprobe.

Untersucht man käufliche Öle in der beschriebenen Weise, so erhält man in der Regel 0,5—3 vH. unverseifbaren Rückstand, auch wenn kein Grund vorliegt, eine Verfälschung zu vermuten; man wird deshalb nur, wenn man mehr als 5 vH. Unverseifbares findet, einen absichtlichen Zusatz von Mineralöl annehmen können.

Ob der Rückstand aus Harzöl oder Mineralöl besteht, läßt sich einerseits durch eine Reihe von Löslichkeitsversuchen, andererseits auf polarimetrischem Wege ermitteln. Harzöle drehen die Ebene des polarisierten Lichtstrahles 30—40° nach rechts, während Mineralöle in der Regel optisch inaktiv sind. Der Nachweis von Harz — Kolophonium — erfolgt quantitativ nach der Methode von Twitchell, auf die noch später eingehend zurückzukommen ist. Im übrigen sei aber auch hier wieder ausdrücklich auf die vom Verband der Seifenfabrikanten Deutschlands veröffentlichten Einheitsmethoden zur Untersuchung von Fetten, Ölen, Seifen und Glyzerinen verwiesen, die nicht nur eine genauere Beschreibung der auch hier behandelten Methoden ,sondern auch weitere für die Untersuchung von Fetten und Ölen wichtige Angaben enthalten und die in einer von der wissenschaftlichen Zentralstelle für Öl- und Fettforschung revidierten Form demnächst neu herausgegeben werden dürften.

Die in der Seifenfabrikation angewandten Fette, fetten Öle, Fettsäuren und Harze.

Nachdem in den vorhergehenden Abschnitten die allgemeinen physikalischen und chemischen Eigenschaften der Fette und fetten Öle eingehend erörtert und die wichtigsten Methoden zu ihrer Prüfung angegeben sind, sollen nunmehr diejenigen von ihnen eine besondere Besprechung erfahren, welche in der Seifenfabrikation eine allgemeine Anwendung finden.

Man unterscheidet die Fette gewöhnlich nach ihrer Abstammung als tierische und pflanzliche Fette und Öle und teilt speziell die letzteren in drei Untergruppen, die trocknenden, halbtrocknenden und nichttrocknenden Öle.

Tierische Fette und Öle.

Von Fetten und Ölen tierischen Ursprungs finden in der Seifenfabrikation Verwendung: der Talg, das Schweinefett, das Pferdefett, das Knochenfett, der sogenannte Waltalg oder Fischtalg und der Tran.

Talg. Mit dem Namen „Talg" bezeichnet man die Fettmassen, welche sich bei den Wiederkäuern, namentlich den gemästeten, in reichlicher Menge in der Bauchhöhle, im Netz, in der Umgebung der Nieren usw. finden. Man unterscheidet im Handel Rindertalg von Stieren, Ochsen, Kühen und Kälbern und Hammel- oder Schöpsentalg von Hammeln, Schafen und Ziegen.

Der in den Schlachthäusern gewonnene, rohe Talg ist zumeist noch im Zellgewebe eingeschlossen und durch Haut- und Blutteile in größerer oder geringerer Menge verunreinigt. Man sortiert ihn daher zunächst in den Rohkern, d. h. die größeren, zusammenhängenden Fettmassen und den Rohausschnitt, d. h. die stark mit Blut und Hautteilen durchsetzten Abfälle, das Beinfett usw. Wird der Rohtalg einige Tage aufbewahrt, so gehen besonders die Blut- und Fleischteile leicht in stinkende Fäulnis über.

Um das Fett von den häutigen Teilen zu scheiden, wird vielfach auch der Rohtalg direkt zunächst mechanisch zerkleinert und dann ausgeschmolzen. Letzteres hat den Zweck, die Zellen zu zerstören, die Fettkügelchen zu schmelzen und so zu einer Masse zu vereinigen. Die hierbei üblichen Verfahren der Naß- und Trockenschmelze sind bereits oben kurz besprochen.

Bei der Margarinefabrikation findet gewöhnlich jedoch zunächst die oben erwähnte Sortierung des Rohtalges in Rohkern und Rohausschnitt statt. Wird der von anhängenden Fleisch- und Hautteilen sorgfältig befreite Rohkern allein bei niederer Temperatur (60—65° C) mit Dampf ausgeschmolzen, so entsteht das „Premier jus", das nach dem Kristallisieren bei 35° C ausgepreßt als festen Rückstand den Prima-Preßtalg ergibt, welcher meist der Kerzenfabrikation zugeführt wird; das abgepreßte Fett ist das Prima-Margarin oder Oleomargarin der Kunstbutterfabrikation. Der Rohausschnitt gibt für sich ausgeschmolzen den „Secunda Premier jus", der, wie Kerntalg behandelt, Sekunda-Preßtalg und Sekunda-Margarin liefert. Preßt man den Talg bei niedriger Temperatur ab, so erhält man das bei gewöhnlicher Temperatur flüssige Talgöl.

Wie schon oben erwähnt, wird die Naßschmelze vielfach unter Zusatz von Säuren oder Alkalien durchgeführt, wodurch eine wenigstens teilweise Bindung oder Zerstörung der in den Rohfetten vorhandenen Riechstoffe bedingt wird. In den meisten Fällen ist aber die saure Schmelze der alkalischen vorzuziehen, und zwar arbeitet man gewöhnlich in offenen, hölzernen Bottichen, die mit Blei ausgeschlagen sind, in denen man auf eine Mischung aus 100 kg Rohtalg, 20 kg Wasser und

1 kg Schwefelsäure von 66° Bé etwa 2 Stunden lang Dampf von 1—2 Atmosphären Überdruck einströmen läßt.

Eine andere, ebenfalls zweckmäßige Methode der sauren Naßschmelze besteht darin, daß man den Rohtalg mit einer Schwefelsäure von 4—5° Bé übergießt und dann mit Brettern oder Steinen so beschwert, daß die Schwefelsäure stets über dem Talge steht. Man läßt so 4—5 Tage stehen und zieht die Säure alsdann durch ein am Boden des Bottichs befindliches Spundloch ab. Nunmehr erst wird der Talg mit direktem Dampf geschmolzen. Da die das Fett einschließenden Zellen durch die Säurebehandlung zum Teil zerstört sind, ist die Ausschmelzung in kurzer Zeit beendigt. Die zurückbleibenden Grieben werden, da sie noch Talg enthalten, nochmals angesäuert und ausgeschmolzen.

Von der Inlandserzeugung abgesehen, kommen als Hauptproduktionsländer des Talges Australien, Südamerika und die Vereinigten Staaten von Nordamerika in Betracht. Die inländischen Rindertalge sind frisch geschmolzen weiß, neutral und frei von unangenehmem Geruch, die importierten Produkte, sofern sie ungebleicht sind, meist hellgelb bis stark gefärbt und je nach der bei ihrer Zubereitung aufgewandten Sorgfalt mehr oder weniger stark riechend. Die geringeren Sorten der australischen und La Plata-Talge sind gewöhnlich außerdem stark sauer, ein Fettsäuregehalt von 25 vH. und darüber gehört nicht zu den Seltenheiten.

Hammeltalg ist gelblich weiß, härter als Rindertalg, zeigt aber einen spezifisch unangenehmen Geruch und wird schneller ranzig als Rindertalg, weshalb er für die Herstellung von Feinseifen weniger brauchbar ist. Beide Talgarten bestehen vornehmlich aus den einfachen oder gemischten Glyzeriden der Palmitinsäure, Stearinsäure und Ölsäure und weisen in der Regel 45—50 vH. feste Fettsäuren und 55—60 vH. Ölsäure auf. Die Härte des Fettes auch von derselben Tiergattung ist jedoch nicht immer gleich, es hängt dies von der Rasse, dem Alter und besonders von der Nahrung des Tieres ab. Am härtesten ist das Fett von Tieren, welche mit gewachsenem, trockenem Futter genährt werden, am wenigsten fest bei der Fütterung mit Branntweinschlempe. Auch die Fette von verschiedenen Körperteilen eines Tieres besitzen keine völlig übereinstimmende Zusammensetzung. Nach Untersuchungen, welche Leopold Mayer mit dem Fett von verschiedenen Körperteilen eines dreijährigen ungarischen Ochsen anstellte, ergaben sich in dieser Beziehung sogar weitgehende Unterschiede, wie aus der folgenden Tabelle zu ersehen ist.

Bezeichnung des Talgs	Glyzerin Proz.	Fettsäuren Proz.	1 g Fett benötigt mg KOH	1 g Fettsäuren benötigt mg KOH	Schmelzpunkt des Fettes nach Pohl. °C	Erstarr.-Punkt des Fettes nach Pohl. °C	Schmelzpunkt der Fettsäuren nach Pohl. °C	Erstarr.-Punkt der Fettsäuren nach Dalican. °C	Stearin von 54,8° C Schmelzpunkt. Proz.	Ölsäure von 5,4° C Erstarr.-Punkt. Proz.
Eingeweidefett	8,6	95,7	196,2	201,6	50,0	35,0	47,5	44,6	51,7	48,3
Lungenfett . .	8,6	95,4	196,4	204,1	49,3	38,0	47,3	44,4	51,1	48,9
Netzfett . . .	8,7	95,8	193,9	203,0	49,6	34,5	47,1	43,8	49,0	51,0
Herzfett . . .	8,8	96,0	196,2	200,3	49,5	36,0	46,4	43,4	47,5	52,5
Stichfett. . .	8,8	95,9	196,8	203,6	47,1	31,0	43,9	40,4	38,2	61,8
Taschenfett .	9,0	95,4	198,3	199,6	42,5	35,0	41,1	38,6	33,4	66,6

Die Fettproben von einem zweiten Ochsen unbekannter Abstammung und Alters ergaben folgende Schmelzpunkte der Fettsäuren: Eingeweidefett 51° C, Netzfett 50° C, Stichfett 47,5° C, Lungenfett 50,5° C, Herzfett 49° C, Taschenfett 43° C.

Die Verseifungszahlen der verschiedenen Talgsorten zeigen keinen großen Unterschied, was sich leicht daraus erklärt, daß Ölsäure und Stearinsäure fast die gleichen Mengen Alkali binden. Sie werden allgemein mit 193,2—198 angegeben. Die Jodzahl wurde beim Rindertalg zu 38,3—45,2, beim Hammeltalg zu 35,2—46,2 ermittelt, die Hehnerzahl beträgt 95,5—95,6 vH. Der Erstarrungspunkt des Rindertalges liegt bei 35—27°, der des Hammeltalges bei 36—32° C, das spezifische Gewicht beträgt bei 15° C 0,937—0,953 (Hammeltalg).

Die Beurteilung des Talges im Handel erfolgt, abgesehen von der Farbe, meist jedoch nach dem sogenannten Talgtiter, d. h. nach dem Erstarrungspunkt seiner Fettsäuren. Derselbe soll beim Rind zwischen 43,5 und 45°, beim Hammel zwischen 45 und 46° C liegen.

Vor Einführung der tropischen Pflanzenfette war der Talg das wichtigste Rohmaterial der deutschen Seifenfabrikation, und auch heute noch werden insonderheit die geringeren Qualitäten mit tieferem Titer, die für die Stearinfabrikation weniger geeignet sind, in größten Mengen verarbeitet. Die besseren Qualitäten dienen, sofern es sich um Rindertalg handelt, zur Herstellung pilierter Feinseifen, im übrigen finden sie aber auch Verwendung zur Fabrikation von Kernseifen, Eschweger Seifen und von Naturkornseife.

Talg verseift sich nur mit schwachen Laugen, die im Höchstfalle 8—10° Bé haben. Mit diesen bildet er leicht eine milchige Emulsion, die beim Sieden in einen zähen, dicken und durchscheinenden Seifenleim übergeht. Das Fertigsieden geschieht dann in der Regel mit stärkeren Laugen von 12—15° Bé, die allmählich zuzugeben sind, da die Verseifung sonst trotz des vorhandenen Alkaliüberschusses unvollständig verlaufen kann. Ebenso wie zu konzentrierte Laugen sind auch salzhaltige Laugen zu vermeiden, da die Talgseife leicht ausgesalzen wird, und es somit unmöglich wäre, eine vollständige Verleimung und Verseifung des Fettes herbeizuführen.

Die Natronseife ist in der Regel grauweiß, sehr hart und spröde, trüb und undurchsichtig, wenn sie auf Unterlauge gesotten, schmutzigweiß bis cremegelb, sehr fest, geschmeidig und von feiner, kompakter Struktur, wenn sie auf Leimniederschlag hergestellt wird. Auf Leimniederschlag beträgt die Ausbeute 158—160 vH., was einem Fettsäuregehalt von 59—59,5 und einem Reinseifengehalt von 63,5—64 vH. entspricht (Merklen). In Wasser ist die Natronseife wenig löslich (sparsam im Verbrauch) und schwach schäumend, der entstandene Schaum ist aber feinblasig und beständig. Wie erwähnt, ist die Talgseife leicht aussalzbar, die Grenzlauge ist bei Siedetemperatur eine Ätznatronlösung von 7° Bé oder eine Kochsalzlösung von 5° Bé. Die Aussalzung selbst geschieht in feinen, mürben Körnern, die schnell hart und spröde werden. Durch den Zusatz von Harz, pflanzlichen Ölen, Kernöl, Oleïn u. dgl. beim Siedeprozeß oder durch geeignete Ansäuerung des fertigen

Kerns, beispielsweise mit Rizinusölsäure[1]), kann die Schaumkraft und Waschfähigkeit der Talgseifen aber bedeutend erhöht werden. Auch der teilweise Ersatz der Natronlauge durch Kalilauge führt zu geschmeidigeren Produkten höherer Waschkraft (altdeutsche Kernseife). Die Kaliseife selbst wird in reiner Form kaum hergestellt, man verwendet Talg jedoch in geringem Prozentsatze zur Bildung des Korns bei der Herstellung der sogenannten Naturkorn-Schmierseifen, oder in Mischung mit Kottonöl zur Fabrikation von prima weißen Terpentin-Salmiakschmierseifen.

Schweinefett. Beim gemästeten Schwein findet sich unter der Haut eine dicke Fettablagerung, der Speck; außerdem sind Fettablagerungen in der Bauchhöhle, im Netz, an den Nieren usw. vorhanden. Während der Speck im frischen oder geräucherten Zustande fast ausschließlich als Nahrungsmittel dient, findet das letztgenannte Fett vielfach auch zu anderen Zwecken Verwendung und bildet in ausgeschmolzenem Zustande als Schmalz einen nicht unwichtigen Handelsartikel. Es dient zur Darstellung von Salben, Pomaden und Feinseifen, zum Einschmieren von Lederwerk u. dgl.; in Amerika ist es auch Material für die Stearinfabrikation.

Das Schweinefett ist von salbenartiger Konsistenz und besitzt eine feinkörnige Struktur. Es ist rein weiß (Speisefette) bis grau oder gelb gefärbt (Seifenfette). Die für Speisezwecke nicht verwandten, geringwertigen Qualitäten sind meist ranzig und enthalten bis zu 25 und 30 vH. freie Fettsäuren. Das Schmalz besteht neben gesättigten Glyzeriden im wesentlichen aus Palmitodioleïn und Oleopalmitostearin[2]); das Fett von den verschiedenen Körperteilen ist jedoch verschieden hart. Am härtesten ist das Liesenfett, das etwa 62 vH. Ölsäure und 38 vH. Stearin- und Palmitinsäure an Glyzerin gebunden enthält, dann folgt das Rückenfett, während das Bauchfett das weichste ist. Das geschmolzene Schweinefett erstarrt sehr langsam und gewinnt erst nach längerer Zeit seine natürliche Festigkeit wieder. Der Erstarrungspunkt liegt bei 27,1—29,9° C. Die Verseifungszahl wurde zu 195,2—196,6, die Jodzahl zu 53—76,9 ermittelt. Die Hehnerzahl beträgt 93—95 vH., der Erstarrungspunkt der Fettsäuren (Titer) liegt bei 41—42° C, das spezifische Gewicht beträgt bei 15° C 0,934—0,938.

Aus dem Schmalz wird in ähnlicher Weise wie aus dem Talg ein Öl abgeschieden, das unter dem Namen Lardoil (Schmalzöl) von Amerika aus in großen Massen der Qualität entsprechend für Speise- oder Industriezwecke in den Handel gebracht wird. Die Stadt Cincinnati ist der Mittelpunkt einer ausgedehnten Schweinezucht, welche zu einer fabrikmäßigen Abschlachtung und Verarbeitung der Schweine geführt hat. Mehr als 30 Fabriken beschäftigen sich damit, die festen Teile des Schweinefettes von den flüssigen abzuscheiden. Das feste

---

[1]) Seifensiederzeitung, 1914, **41,** S. 991. — Steffan: Über Schaumzahlen, Seifensiederzeitung, 1915, **42,** S. 24. — Kind und Zschacke, Das Schäumen der Seife, Ztschr. d. Dtsch. Öl- u. Fettind. 1923, **43,** S. 520.

[2]) Amberger u. Wiesehahn: Ztschr. f. Unters. d. Nahrungsm. 1923, **46,** S. 276.

Fett wird als Solarstearin (gepreßtes Schmalz) den Stearinfabriken zugeführt.

Das Schmalz verhält sich Laugen gegenüber ähnlich wie Talg, je frischer und neutraler das Fett ist, um so schwerer verseift es sich und um so schwächer müssen die ersten Laugen sein, deren Konzentration 8—10° Bé nicht übersteigen soll. Die Verseifung des alsdann beim Sieden entstehenden, dickflüssigen Seifenleimes wird ähnlich wie beim Talg mit stärkeren Laugen von 12—15° Bé zu Ende geführt.

Die Natronseife ist in der Regel schön weiß, fest und homogen. Auf Unterlauge gesotten sehr hart, trübe und undurchsichtig, auf Leimniederschlag geschmeidig, aber doch fest, halb durchscheinend und von feiner kompakter Struktur. Sie enthält alsdann 60—65,5 vH. Fettsäure, bzw. 65 vH. Reinseifengehalt (Merklen). Die Ausbeute beträgt dementsprechend 158—160 vH. In Wasser ist die Schmalzseife gut löslich und gibt einen reichlichen, gut beständigen Schaum. In Salzlösung bzw. in Alkalien ist sie wenig löslich. Die Grenzlauge ist bei Siedetemperatur eine Kochsalzlösung von 6° Bé oder eine Natronlauge von 8° Bé. Salzhaltige Laugen sind daher während des Siedeprozesses zu vermeiden.

Das Schmalz wird, soweit die besseren technischen Qualitäten in Frage kommen, fast ausschließlich für die Herstellung pilierter Feinseifen verwandt, und lediglich die gefärbten und stark ranzigen Qualitäten werden, meist mit Pflanzenfetten gemischt, auch zur Fabrikation von indirekt hergestellten Eschweger Seifen usw. herangezogen. Dabei ist es von Bedeutung, daß das Schmalz den spröden, trockenen Charakter der Palmkern- und Kokosölseifen in vorzüglicher Weise mildert, indem es in Gemeinschaft mit den genannten Fetten sehr schöne, feste Seifen von weißer Farbe ergibt, die nicht bröckeln und gut schäumen. Auch bei der Herstellung kalt gerührter Kokosseifen kann es bis zur Hälfte des Ansatzes genommen werden und besitzt dann ebenfalls eine verbessernde Wirkung.

In der Schmierseifenfabrikation wird das Schmalz seltener benutzt, es kann jedoch bei der Herstellung von Naturkornseifen, weißen Terpentin-Salmiakseifen usw. mit herangezogen werden, wenn es zur Verfügung steht.

Pferdefett. Das Pferd ist im allgemeinen arm an Fett. Bei gut genährten Tieren findet sich jedoch am Halse, am sogenannten Kamm, eine ziemlich starke Fettablagerung, das sogenannte Kammfett, das durch Ausschmelzen gewonnen wird. Es ist gelb von Farbe und von butterartiger Konsistenz. Da eine Verarbeitung indessen wenig sorgfältig geschieht, ist es wesentlich unreiner als Talg und dementsprechend meist einer ziemlich raschen Zersetzung unterworfen. Das im Handel vorkommende Kammfett zeigt einen sehr verschiedenen Schmelzpunkt. In der Regel enthält es etwa 75 vH. feste Glyzeride und 25 vH. Oleïn. Das in der Seifenindustrie verarbeitete Pferdefett stammt wohl ausschließlich aus Abdeckereien. Es ist dann ein mehr oder weniger dunkel gefärbtes Produkt von schmalzartiger Konsistenz und meist üblem Geruch. Gewöhnlich ist es dann mit den in Abdeckereien weiter anfallenden Fetten wie Schweinefett, Knochenfett usw. gemischt. Durch Behandlung mit starker Lauge läßt es sich bleichen und gibt dann ein sehr gutes Material auch für weiße Seifen, während der dunkle Satz für dunkle Seifen Verwendung finden kann. Zur Verseifung werden mittelstarke Laugen (10—12° Bé) verwandt, da sich das Pferdefett seines meist hohen Gehaltes an freien Fettsäuren halber leicht verleimt. Auch die vollständige Verseifung geht damit leicht und rasch vonstatten. Die Verwendung dieser Fette zu Hausseifen ist so ziemlich dieselbe wie die des Schweinefettes, bei billigen Kernölpreisen sind sie ein recht brauchbares Material für harte Seifen. Erwähnenswert ist noch der eigentümlich süßliche Geruch des Pferdefettes, der besonders bei der Verarbeitung hervortritt. Da reine Kernölseifen indessen einen strengen Geruch haben, so ist es für diese ein sehr geeigneter Zusatz, um diesen Geruch abzuschwächen. In den kälteren Jahreszeiten bildet das Kammfett auch einen teilweisen Ersatz für Talg bei der Herstellung von Naturkornseifen. Die Kaliseife ist aber weniger kompakt und weicher als die des Talges. Das spezifische Gewicht des Pferdefettes ist bei 15° C 0,916—0,922. Die Verseifungszahl ist 195—197, die Jodzahl 71—86. Der Erstarrungspunkt der Fettsäuren liegt bei 37,3—37,7°, der Schmelzpunkt bei 42—44° C. Die Hehnerzahl beträgt 96—97,8 vH.

Knochenfett. Die Knochen aller Tiere enthalten Fett, das als Nebenprodukt bei der Fabrikation von Beinschwarz, Leim und Gelatine abfällt. Im allgemeinen stimmt es in bezug auf seine Zusammensetzung mit dem vorherrschenden Fette überein, nur ist es reicher an Ölsäureglyzerid, daher weicher und leichter schmelzbar. Man kann das Fett zum größten Teil gewinnen, indem man die Knochen mechanisch zerkleinert und mit Dampf unter gewöhnlichem Druck oder im Autoklaven auskocht. Das Fett kommt an die Oberfläche, von wo es abgeschöpft und durch ein Sieb gegeben wird, welches die festen Teile zurückhält. Durch nochmaliges Umschmelzen auf Wasser kann es dann weiter gereinigt werden. Im Gegensatz zu dem so hergestellten „Naturknochenfett“ wird das sogenannte „Benzinknochenfett“ durch Extraktion mit Benzin oder anderen flüchtigen Lösungsmitteln erhalten. Dabei ist die Ausbeute eine größere als beim Dämpfen; nur hat das extrahierte Fett einen stark anhaftenden, unangenehmen Geruch, mehr oder weniger dunkle Farbe und einen hohen Gehalt an freien Fettsäuren. Auch enthält es häufig fettsauren Kalk, der gleichzeitig einen größeren Wassergehalt ermöglicht. Man reinigt es, indem man auf Salzwasser umschmilzt und längere Zeit Dampf einströmen läßt.

Im Gegensatz dazu ist das durch Auskochen frischer Knochen gewonnene Fett von weißer bis gelblicher Farbe, schwachem Geruch und Geschmack und von weicher Konsistenz, gut gereinigt wird es schwer ranzig.

Die im Handel vorkommenden Knochenfette zeigen sehr verschiedenen Schmelzpunkt (20—28° C). Die Verseifungszahl beträgt 190,9 bis 195, die Jodzahl 48—55,8. Der Erstarrungspunkt der Fettsäuren wurde bei 38—44° ermittelt, das spezifische Gewicht beträgt 0,914—0,916.

Bei der Untersuchung von Knochenfett hat man außerdem sein Augenmerk hauptsächlich auf den Schmutz- und Wassergehalt zu richten.

Das gewöhnliche Knochenfett des Handels läßt sich schwer, oft gar nicht bleichen. Die häufig dafür empfohlene Bleiche mit Kaliumbichromat und Schwefelsäure oder Salzsäure führt in den seltensten Fällen zum Ziel. Je höher der Prozentgehalt an freien Fettsäuren ist, um so größer werden die Schwierigkeiten, die sich dem Bleichen entgegenstellen. Nach Lewkowitsch[1]) lassen sich Produkte, die mehr als 50 vH. freie Fettsäuren enthalten, nicht mehr, Extraktionsfett überhaupt nicht mit Erfolg bleichen; selbst wenn eine Bleichmethode zu einem anscheinend guten Ergebnis geführt hat, so treten in der Regel sowohl die dunkle Farbe wie der unangenehme Geruch bald nach dem Bleichen wieder auf.

Da die Knochenfette des Handels viel freie Fettsäuren enthalten, so verbinden sie sich leicht mit stärkeren Laugen, die einen großen Gehalt an kohlensauren Alkalien haben. Im übrigen aber ist die Beschaffenheit dieser Fette eine außerordentlich verschiedene. Es kommen Knochenfette vor, die in Farbe und Konsistenz fast geringerem Talg gleichen und daher ein sehr gutes Material für die Seifenfabrikation abgeben, während andere schlecht destilliertem Oleïn ähnlich sind und allein versotten keine zusammenhängenden Kernflocken zu bilden vermögen. Selbst bei besseren Knochenfetten zeigt sich die Unterlauge meist mehr oder weniger trübe und bildet auch bei hohem Kochsalzgehalt beim Erkalten eine leimige Haut infolge der in den Fetten enthaltenen Unreinigkeiten.

Enthält ein Knochenfett beträchtliche Mengen Kalksalze, so wird empfohlen, es zuvor mit verdünnter Schwefelsäure zu behandeln. Nach Wolff[2]) ist es allerdings zweckmäßiger, den Kalk mit Salzsäure zu entfernen, indem man das Fett nach Zugabe von 25 vH. Wasser und 7—10 vH. Salzsäure (36 proz.) eine halbe Stunde lang durchkocht. Nach Zusatz von 0,5 vH. Aluminiumsulfat und nochmaligem einstündigen Kochen setzt sich dann die Waschsäure leicht und glatt von der klaren Ölschicht ab.

Die Ausbeute, welche Knochenfette geben, ist, abgesehen von den durch Schmutz und Wassergehalt bedingten Schwankungen, eine sehr verschiedene, ein gutes, festes Knochenfett läßt aber eine Ausbeute von 150—155 vH. erwarten. Die Kernseife ist ziemlich fest und speckig, doch nicht so weiß wie Kernseife aus Talg.

Infolge der geschilderten Eigenschaften findet das Knochenfett für sich allein bei der Seifenfabrikation wenig oder gar keine Verwendung, wohl aber dient es in Gemeinschaft mit anderen Fetten vielfach zur Herstellung von Kern- und Eschweger Seifen. Sehr bedeutend ist sein Verbrauch zu Harzkernseifen, während es zu glattweißen Kernseifen weniger geeignet ist, da auch das beste Knochenfett, wie schon gesagt, nicht die reinweiße Seife gibt, welche gerade hier sehr erwünscht

[1]) Lewkowitsch: Chem. Technologie und Analyse der Öle, Fette und Wachse. **2**, S. 389.

[2]) Ztschr. d. Dtsch. Öl- u. Fettind. 1921, **41**, S. 227.

ist. Auch zu Schmierseifen ist das Knochenfett mit verwendbar, und zwar können die helleren Qualitäten zu gekörnten Seifen besonders dann eine gute Verwendung finden, wenn das Aussehen und die Farbe der Seife wie bei Textilseifen erst in zweiter Linie steht. Im Sommer können auch geringe Prozentsätze Knochenfett als Zusatz zu gewöhnlichen glatten Leinölschmierseifen mit verwendet werden.

Tran. Ebenso ausschließlich wie von den Wiederkäuern der Talg und den Dickhäutern das Schmalz, wird von Seesäugetieren und Fischen der Tran geliefert. Die verschiedenen Transorten stimmen darin überein, daß sie bei gewöhnlicher Temperatur flüssig und von eigentümlich unangenehmem Geruch und Geschmack sind. Eine genaue Unterscheidung der verschiedenen Transorten ist teilweise unmöglich, da ihre Individualitäten nicht sehr ausgeprägt sind. Den übrigen Fetten und Ölen gegenüber zeigen sie jedoch eine wesentlich andere chemische Zusammensetzung, indem sie nicht wie diese vornehmlich aus Palmitin-, Stearin- und Ölsäure bestehen, sondern stark ungesättigte Glyzeride enthalten, die sich durch die im allgemeinen hohe Jodzahl der Trane verraten. Von stärker ungesättigten pflanzlichen Ölen unterscheiden sie sich dabei durch ein geringeres Trocknungsvermögen, obwohl die Anwesenheit trocknender Öle (Linolsäure, Linolensäure usw.) in Tranen festgestellt ist. Daneben ist in größeren Mengen aber auch eine vierfach ungesättigte Fettsäure, die Clupanodonsäure, in den Tranen aufgefunden worden (bis zu 14 vH. beim Japantran), auf welche man zum Teil wenigstens den charakteristischen Geruch derselben zurückführt. Wie weit derselbe im übrigen auch durch stickstoffhaltige Stoffe, die Phonizine, oder durch Zersetzungsprodukte der ungesättigten Glyzeride selbst bedingt wird, soll hier nicht näher untersucht werden. In mehreren von Seesäugetieren abstammenden Tranen sind auch Verbindungen enthalten, die keine Glyzeride, sondern Ester der höheren Fettalkohole, also Wachse sind. — Tran ist etwas in kaltem, mehr in heißem Alkohol und ziemlich leicht in Äther löslich. Die meisten Trane werden durch gasförmiges Chlor geschwärzt, während ein anderes weniger bedeutsames Tieröl, das sogenannte Klauenöl, durch Chlor gebleicht wird.

Die Trane unterscheidet man nach ihrer Abstammung als Trane von Seesäugetieren und Trane von Fischen; erstere unterscheidet man wieder als Robbentrane und Waltrane, letztere als Lebertrane und Fisch- oder Abfalltrane.

Die Seesäugetiere, die in ihren einzelnen Familien den Übergang von der Form der Vierfüßler zu der Form der Fische darstellen, sind ihres Fettes halber seit fast drei Jahrhunderten der Gegenstand einer so eifrig betriebenen Jagd, daß ihre Zahl sich bereits sehr gemindert hat und schließlich ihr gänzlicher Untergang droht. Sie umfassen die Ordnung der Pinnipeden oder Flossenfüßler und der Cetaceen oder Waltiere; erstere sind im Wasser lebende, behaarte Säugetiere mit fünfzehigen Flossenfüßen, von denen die hinteren nach rückwärts stehen, mit vollständigem Zahngebiß und ohne Schwanzflosse, letztere ebenfalls wasserbewohnende Säugetiere mit spindelförmigem, unbehaartem Leib, flossenähnlichen Vorderfüßen und horizontaler Schwanzflosse, ohne hintere Extremitäten. Die Pinnipeden zerfallen in die Phociden (Robben) und die Tricheciden (Walrosse), die Cetaceen in die Sirenen, Baläniden (Bartenwale), Physeteriden (Potfische), Hyperdontiden, Monotontiden und Delphiniden. Alle diese Tiere haben zwischen den äußeren Hautdecken und dem eigentlichen Muskelfleische eine mehr oder weniger dicke Schicht von Speck.

Der meiste Tran wird von Robben, Walrossen, Pot- und Walfischen gewonnen.

Die Robben und Walrosse werden mit Keulen erschlagen; von den gutartigen Gattungen, wie dem See-Elephanten (Cystophora proboscidea Nilss.) hat man schon 1200 Stück in einer Woche, ja 400 Stück in einer halben Stunde getötet; ein Stück gibt 14—15 Ztr. Tran. Ein Walroß (Trichecus rosmarus L.) gibt bei 5,5—6,5 m Länge und 3—4 m Umfang 15—30 Ztr.

Die Pot- und Walfische werden bekanntlich von eigens ausgerüsteten Schiffen, den Walfischfängern, in den Polarmeeren gejagt. Der Walfischfang ist bald nach Erfindung des Kompasses bei den Basken um das Jahr 1372 aufgekommen; diesen folgten die Reeder von Bordeaux 1450, dann die Engländer 1598 von Hull aus und zuletzt die Holländer 1611 von Amsterdam. Diese letzteren hatten eine geraume Zeit den Handel mit Tran fast allein in Händen; sie erbeuteten in den 46 Jahren von 1822—1867 auf 5886 Schiffen 39907 Wale im Werte von 100 Millionen Talern; heute sind sie von den Engländern und mehr noch von den Amerikanern überflügelt, welche fast den gesamten Handel an sich gerissen haben.

Potfische werden in der Regel 18—22 m, Walfische 25—30 m lang bei einem Gewicht von 2500 Ztr. und einer Speckmasse, die im Mittel zwischen 200 und 300, oft bis 400 Ztr. Tran liefert.

Der Tran wird durch Ausschmelzen des Specks meist auf bestimmten Stationen, die in der Nähe der Fangorte liegen, von den Walfischfängern selbst gewonnen; teilweise wird jedoch auch der Speck zerschnitten und in Fässern verpackt mit in die Heimat genommen. Auf der Fahrt geht die Masse in faulige Gärung über, wodurch zwar das Ausfließen des Trans wesentlich erleichtert, aber auch ein äußerst widriger Geruch entwickelt wird. Der faule Speck wird dann am Verarbeitungsort auf Siebböden geworfen, in denen ein Teil des Tranes von selbst ausfließt. Die häutigen Rückstände werden ausgekocht, indem man ganz ähnlich wie beim Ausschmelzen des Talges verfährt. Die von den Membranen befreite flüssige Fettmasse läßt man alsdann durch Absetzen klären, zapft den klaren Teil ab und erhitzt diesen in großen, kupfernen Pfannen bis etwas über 100° C, wobei sich noch einzelne Unreinigkeiten abscheiden und ein Teil der durch die Fäulnis erzeugten flüchtigen Bestandteile entfernt wird. Schließlich wird der Tran aus dem Kessel in große Behälter gegossen, durch längere Ruhe nochmals geklärt und in den Handel gebracht. Der Bodensatz in den Klärgefäßen heißt Trutt; er wird gewöhnlich, bevor er in den Handel kommt, nochmals einer Reinigung unterworfen. Je nach Farbe unterscheidet man die verschiedenen Handelsqualitäten des Waltrans mit den Nummern 0—4, wobei Nr. 0 die hellste Marke ist.

Werden die Trane unter 0° abgekühlt, so scheidet sich ein festes Fett ab. Dieses bildet abgepreßt den sogenannten Waltalg oder Fischtalg.

Eine Klasse für sich bilden neben den bisher erwähnten Transorten die eigentlichen Fischtrane. Man unterscheidet hier Heringstran, Sprottentran, Sardinentran, Sardellentran, Menhadentran und schließlich die Lebertrane vom Dorsch und Kabeljau. Zur Gewinnung des letzteren ließ man früher die Lebern faulen und preßte sie dann aus; der Rückstand wurde ausgekocht und lieferte eine geringere Transorte. Heute werden die Lebern meist mit Wasserdampf behandelt, wodurch man schönere und hellere Trane erhält, die einen nur schwachen Geruch und Geschmack nach Fischen und sehr schwach saure Reaktion besitzen, während die nach älterer Methode bereiteten Trane meist ziemlich stark sauer reagieren.

Die sogenannten Fisch- und Abfalltrane werden durch Auskochen von zerkleinerten Fischen und Fischabfällen mit Wasser gewonnen. Der Tran, welcher sich dabei ausscheidet, wird abgeschöpft und zur Klärung in große Bottiche gebracht.

Was die Zusammensetzung der Fischtrane anbetrifft, so wird für die Fettsäure des Heringstranes von Grimme[1]) ein Gehalt von 20 vH. gesättigten Fettsäuren, 20 vH. Ölsäure, 33 vH. Linolsäure, 17 vH. Linolensäure und 9 vH. Clupanodonsäure angegeben.

Im Kopf mehrerer Cetaceen, namentlich des Potfisches (Physeter macrocephalus), befindet sich zwischen dem Schädel und der ihn bedeckenden, mehrere Zoll starken Specklage eine Höhlung, die durch eine wagerechte Zwischenwand in zwei Kammern geteilt ist. Diese Kammern, ferner eine vom Kopf bis zum Schwanz verlaufende Röhre und zahlreiche im Körper zerstreute Säckchen enthalten eine eigentümliche, von dem Tran der Specklage wesentlich verschiedene Flüssigkeit, die während des Erkaltens auf gewöhnliche Temperatur eine Menge kleiner Kristallblättchen absetzt. Dies ist der vornehmlich aus dem Palmitinsäurecetylester bestehende Walrat (Sperma ceti), der von dem flüssigen Teile, dem Walratöl, durch Filtrieren, Abpressen und schließliches Auskochen mit etwas Kali- oder Natronlauge getrennt und gereinigt werden kann. — Der Walrat dient namentlich in England zur Darstellung von Luxuskerzen, während das Walratöl ein ausgezeichnetes Schmiermaterial bildet. Zur Seifenfabrikation sind beide ohne weiteres nicht geeignet.

Verfälschungen, die sich meist schwer oder gar nicht nachweisen lassen, kommen bei Tranen hauptsächlich in der Weise vor, daß bessere Transorten mit geringeren versetzt sind. Auch die Unterscheidung der einzelnen Trane voneinander macht im allgemeinen noch große Schwierigkeiten. Die spezifischen Gewichte sind nicht sehr verschieden, sie liegen bei 15° C zwischen 0,915 und 0,930. Der Erstarrungspunkt der abgeschiedenen Fettsäuren wurde zu 18,4—24,3° bei Leberölen und zu 15,5—15,9° beim Robbentran ermittelt. Beim Walöl liegt er zwischen

[1]) Chem. Umschau 1921, **28.** S. 17. Chem. Zentralbl., 1921, **2,** S. 706.

22,9° und 23,9°. Die Verseifungszahl beträgt in der Regel 171—196, die Jodzahl 167 bei Leberölen, 127—141 beim Robbentran und 121,3 bis 127,7 beim Walöl. Alles in allem bieten diese Konstanten jedoch nicht die zur Unterscheidung der Trane genügenden Anhaltspunkte.

Eine Beimischung von fremden Fetten zu Tran soll man erkennen können, wenn man 1 Teil Tran mit 2 Teilen konzentrierter Schwefelsäure in einem hohen Glase gut durcheinander mischt; es soll nur dann eine klare Mischung geben, wenn dem Tran fremde Fette nicht beigemischt sind[1]). — Harzöle lassen sich auch im Tran nach der früher angegebenen Methode zur Bestimmung in Fetten leicht nachweisen.

Während die besseren Lebertrane in der Medizin Verwendung finden, dienen die geringeren Lebertrane, die Abfalltrane, die Robben- und Waltrane vorwiegend industriellen Zwecken. Früher war Tran in Norddeutschland das Hauptmaterial für die Schmierseifenfabrikation. Da man jedoch fast überall möglichst helle und nicht stark riechende Schmierseifen verlangt, wird in den deutschen Seifensiedereien Tran in unveränderter Form kaum noch verarbeitet. Die meisten Trane verseifen sich leicht mit Laugen von 10—12° Bé und geben gute Ausbeuten; doch ist letztere nicht bei allen Tranen gleich. Die größte Ausbeute gibt der Südseetran, ein Waltran (hauptsächlich von Balaena australis), der jedoch im Winter fest wird, so daß er sich wie fast alle Trane nur im Sommer gut zu Schmierseifen verarbeiten läßt. Der dünnflüssige Archangeltran, ein Robbentran, eignet sich jedoch auch zu Winterseifen.

Das abgepreßte Walfett oder der Fischtalg zeigt sich von außerordentlich verschiedener Beschaffenheit. Es kommen Fette vor von ziemlich heller Farbe, nicht unangenehmem Geruch und talgartiger Konsistenz, während andere ganz dunkel gefärbt und schmierig sind und den reinen Trangeruch besitzen. Früher kam auch Transatz in großen Posten in den Handel und wurde massenhaft zu Schmierseife verarbeitet; heute ist er, wenigstens für die deutschen Seifensieder, unverwendbar. Zuweilen macht man im Handel einen Unterschied zwischen Walfett und Fischtalg, indem man mit ersterem Namen die geringeren, mit letzterem die besseren Sorten bezeichnet.

Das Walfett läßt sich zu Kern- und Leimseifen verwenden. Es verseift sich leicht mit 12grädiger Lauge. Wird der klare, schaumfreie Leim mit stärkerer Lauge weiter behandelt, so zeigt die erhaltene Seife eine gute Festigkeit; die Farbe ist graustichig. Gutes Walfett gibt eine Ausbeute an Kernseife bis zu 130 vH.; es kommen aber auch viele Fette vor, die infolge ihres Schmutz- und Wassergehaltes eine weit geringere Ausbeute liefern. Auch der beste Fischtalg, dem kein unangenehmer Geruch anhaftet, zeigt beim Sieden Trangeruch, der auch noch an der fertigen Seife zu bemerken ist. Am geeignetsten ist daher das Fett für solche Seifen, bei deren Herstellung Harz mitversotten wird.

Wie schon oben erwähnt, läßt sich aber eine Desodorisierung der Trane je nach deren Qualität in mehr oder weniger vollkommener Weise

[1]) Ztschr. f. analyt. Chem. **2**, S. 444.

erreichen, wenn man die Riechstoffe im Vakuum, gegebenenfalls unter gleichzeitiger Anwendung einer Adsorptionsreinigung bei höherer Temperatur mit überhitztem Wasserdampf oder anderen indifferenten Gasen abtreibt. Derart gereinigte Trane sind namentlich in den letzten Jahren vor Kriegsausbruch unter den verschiedensten Bezeichnungen — Neutraline, Butterfett usw. — im Handel gewesen und haben sich auch bei der Seifenfabrikation in jeder Weise bewährt. — Auch eine Desodorisierung der Tranfettsäuren läßt sich in verschiedenster Weise erreichen, und zwar werden die nachfolgend beschriebenen Verfahren sowohl für sich als auch kombiniert in verschiedenartigsten Modifikationen angewandt. E. Böhm[1]) beispielsweise erhitzt die zunächst bei 150° im offenen Gefäß getrocknete Tranfettsäure im Vakuumkocher 2—3 Stunden auf 350—400° und destilliert alsdann die so gereinigte Fettsäure. Nach G. Sandberg[2]) werden die durch Spaltung der Trane erhaltenen Fettsäuren mit konzentrierter Schwefelsäure (1,84 spezifisches Gewicht) bei 25—40° C behandelt, mit siedendem Wasser gewaschen und destilliert. Bei diesem Verfahren, das auch unter den Bedingungen der gewöhnlichen Azidifikation bei Anwendung von etwa 10 vH. Schwefelsäure ein gutes Ergebnis liefert, werden die ungesättigten Fettsäuren teilweise in gesättigtere Oxyfettsäuren übergeführt, während die etwaigen Geruchstoffe aus stickstoffhaltigen Substanzen in eine wasserlösliche Form (Sulfate) gebracht und während des Auswaschens entfernt werden. Besondere Effekte sollen nach Hofmann[3]) mit diesem Verfahren erzielt werden, wenn gleichzeitig mit den Tranfettsäuren auch eine geringe Menge Harz der Sulfurierung unterworfen wird. Eine weitere sehr wirksame Desodorisierung läßt sich nach Schrauth[4]) dadurch erreichen, daß man die Tranfettsäure einer Alkalischmelze unterwirft und das so erhaltene Produkt entweder direkt auf Seife oder nach dem Ansäuern mit Mineralsäuren durch Destillation auf freie Fettsäuren verarbeitet. Die Desodorisierung erfolgt hier nach dem Prinzip der sogenannten Varrentrappschen Reaktion, indem die stark riechenden ungesättigten Fettsäuren unter Abspaltung von Essigsäure bei gleichzeitiger Wasserstoffentwicklung in gesättigte Fettsäuren mit geringerer Kohlenstoffanzahl übergeführt werden, die nunmehr, ihrer chemischen Zusammensetzung entsprechend, den vollen Charakter einer Leimfettsäure zeigen. Eine in neuerer Zeit besonders wichtig gewordene Trandesodorisierungsmethode beruht des weiteren auf einer Absättigung der den Geruch bedingenden, hoch ungesättigten Fettsäuren durch Polymerisation. Diese vollzieht sich recht glatt bei höheren, über 200° liegenden Temperaturen ohne weiteres Zutun oder auch schon bei niederer Temperatur unter dem Einfluß von Licht, besonders der elektrischen Glimmentladung[5]). Durch diese Polymerisationsreaktion wird

---

[1]) DRP. 230 123. Seifensiederzeitung, 1911, **38**, S. 118.
[2]) DRP. 162 638.
[3]) DRP. 281 375.
[4]) Seifenfabrikant, 1915, **35**, S. 877.
[5]) „Voltolisierung", s. Ztschr. d. Dtsch. Öl- u. Fettind., 1921, **41**, S. 792; desgl. Ztschr. f. angew. Chem. 1922, **35**, S. 505.

die Jodzahl erniedrigt, die Viskosität steigt erheblich und der Trangeruch verschwindet. Allerdings scheint unter Umständen bei längerem Lagern der aus polymerisierten Fetten hergestellten Seifen Depolymerisation auftreten zu können, wodurch die Seife wiederum Trangeruch annimmt[1]). Die Fähigkeit, sich zu weniger stark ungesättigten Produkten zu polymerisieren, ist auch nach Verarbeitung der Trane zu Seifen noch vorhanden, so daß wahrscheinlich auch dem sogenannten „Persapol"-Verfahren[2]) analoge Reaktionen, vielleicht in Kombination mit anderen Vorgängen, zugrunde liegen. Jedenfalls ist auf Grund des deutschen Patentes 421 463 (De.No.Fa., Christiania) anzunehmen, daß die hohe Temperatur auch auf die stark ungesättigten fettsauren Salze polymerisierend einwirkt. Während nämlich Trane nur weiche und nicht genügend haltbare Natronseifen ergeben, erhält man befriedigende und sogar mahlfähige, geruchfreie Fertigprodukte mit stark erniedrigter Jodzahl, wenn man durch Abdestillieren stark konzentrierte Seifenlösungen erhöhtem Druck und einer Temperatur von 200—230° aussetzt. Der gleiche Reaktionsmechanismus dürfte auch bei allen übrigen Verfahren bestehen, welche auf der Anwendung hoher Temperaturen und Drucke beruhen, wie beispielsweise bei dem Verfahren des DRP. 287 660, das für den beobachteten Desodorisierungseffekt den Prozeß der Hydratation als maßgebend ansieht.

Eine vollkommene Desodorisierung der Trane bzw. der Tranfettsäuren findet endlich durch die katalytische Reduktion mit Wasserstoff (Hydrogenisation) statt, und es ist damit bewiesen, daß der typische Trangeruch in der Tat durch den ungesättigten Charakter seiner Bestandteile bedingt wird. Für diesen Prozeß sind jedoch im Gegensatz zu den vorbesprochenen Verfahren nur die guten, sorgfältig vorgereinigten Qualitäten brauchbar, welche durch die Wasserstoffanlagerung in talgartige Fette und Fettsäuren übergehen, deren Eigenschaften und Verhalten bei der Seifenfabrikation später noch ausführlich besprochen werden sollen.

Pflanzliche Fette.

Aus der Reihe der dem Pflanzenreich entstammenden Fette und fetten Öle findet eine große Anzahl zur Darstellung von Seifen Verwendung. Von festen Pflanzenfetten sind es besonders das Palmöl, das Kokosöl und das Palmkernöl. Sehr geeignet für die Seifenfabrikation sind auch noch verschiedene andere feste Pflanzenfette der Tropen, wie Sheabutter, Illipebutter, Kakaobutter, Dikafett, Muskatnußbutter u. a., die aber ihres hohen Preises wegen bisher wenig oder gar keine Anwendung gefunden haben und deshalb nur kurz Erwähnung finden sollen. Von flüssigen Pflanzenölen finden vornehmlich Verwendung als trocknende Öle das Leinöl, Hanföl und Mohnöl, als halbtrocknende oder schwachtrocknende das Baumwollsaatöl (Kottonöl), Sesamöl, Maisöl, Leindotteröl, Sojabohnenöl und

[1]) Goldschmidt und Weiß: Ztschr. d. Dtsch. Öl- u. Fettind., 1921, **41**, S. 19.
[2]) DRP. 305702.

Rüböl und schließlich als nichttrocknende das Oliven- und Olivenkernöl, Erdnußöl (Arachisöl) und Rizinusöl.

Palmöl. Das Palmöl wird aus dem Fruchtfleisch verschiedener Palmenarten, hauptsächlich der Ölpalme (Elaeis guineensis *L.*), durch Auspressen und Auskochen gewonnen. Die hauptsächlichsten Erzeugnisorte sind das westliche Afrika (Guinea) südlich von Sinoe in der Republik Liberia bis Cameroon in der Bai von Benin und Südamerika. Die Früchte sind dunkel orangegelb, beinahe braun, von der Größe eines Taubeneies und bilden traubenförmige Fruchtstände, welche 1000—2000 Einzelfrüchte enthalten. Die von einem öligen, faserigen Fleische umgebene, dreiklappige Nuß enthält einen Stein, und dieser umschließt einen Kern, welcher seinerseits das sogenannte Palmkernöl liefert.

Infolge der überaus rohen Weise, in der das Palmöl von den Eingeborenen gewonnen wird, gehen ungeheure Mengen verloren. Man läßt die Palmfrüchte liegen, bis sie beinahe in Fäulnis übergehen, schält die Kerne durch Stampfen und Kneten heraus und behandelt das zurückbleibende Fruchtfleisch mit heißem Wasser, wobei sich das Öl oben absetzt. Auch primitive Pressen sind teilweise im Gebrauch, und neuerdings fehlt es nicht an Bemühungen, die rein manuelle Arbeit durch Handmaschinen zu ersetzen.

Das Palmöl hat orangegelbe bis rotbraune Farbe, butter- bis talgartige Konsistenz und in frischem Zustande einen veilchenartigen, nicht unangenehmen Geruch. Der Schmelzpunkt des frischen Palmöls liegt bei ungefähr 27° C, der jedoch mit zunehmendem Alter und Zunahme der Ranzidität bis zu 42,5° steigen kann. Der Schmelzpunkt der aus Palmöl abgeschiedenen Fettsäuren schwankt zwischen 47 und 50° C, ihr Erstarrungspunkt zwischen 35,9 und 45,5° C. Die Verseifungszahl des Palmöls beträgt 196—202. Die Jodzahl nach Hübl 51,5.

Das Palmöl besteht im wesentlichen aus Palmitin und Oleïn. Sehr charakteristisch für dieses Fett ist jedoch der große Gehalt an freien Fettsäuren, welcher schon in frischem Palmöl 12 vH. beträgt, in ganz altem auf 100 vH. steigen kann und der anscheinend durch ein in den Palmfrüchten vorhandenes, spaltend wirkendes Ferment bedingt wird. Das Glyzerin scheidet sich dabei zum größten Teile als solches aus und kann durch Ausziehen mit Wasser gewonnen werden.

Der gelbrote Farbstoff des Palmöls wird durch die Verseifung mit Alkalien nicht zerstört, so daß die aus rohem Palmöl gesottene Seife eine gelbe Farbe zeigt. Bei Anwendung der sauren Verseifung und Destillation wird er aber vernichtet. Auch an der Luft und am Licht bleicht das Palmöl langsam, die schnellste Zerstörung des Farbstoffes findet aber in der Wärme und durch Oxydationsmittel statt. Das Bleichen des Palmöls kann daher auf sehr verschiedene Weise bewirkt werden; doch sind es hauptsächlich drei Wege, die zur Erreichung dieses Zweckes eingeschlagen werden: Die Erhitzung auf 220—240°, die Behandlung mit einem äußerst fein verteilten Luftstrom bei 100—150° und schließlich die chemische Bleichung mit Kaliumbichromat und Schwefelsäure oder Salzsäure.

Die Überhitzung, d. h. das rasche Erhitzen auf hohe Temperatur, ist das einfachste Mittel, den Farbstoff zu zerstören. Das, wenn nötig, zuvor geläuterte Öl wird in einem eisernen Kessel schnell auf eine Temperatur von 200° C und dann vorsichtig weiter auf 215—220°, gegebenenfalls bis auf 240° C gebracht. Diese Temperatur wird sodann eine Stunde lang ohne Umrühren aufrecht erhalten. Nach einer halben Stunde zeigt das Palmöl schon eine zitronengelbe Farbe und ist ganz klar. Nach einer bis anderthalb Stunden ist in der Regel die gelbe Farbe gänzlich verschwunden, das Palmöl erscheint schmutziggrau; gibt man einige Tropfen auf einen Teller, so bemerkt man, daß feine Kohlenteilchen darin schwimmen. Jetzt wird das Feuer abgestellt und das Palmöl ruhig im Kessel belassen.

War das Öl vor dem Erhitzen geläutert, so zeigt es sich nach dem Erkalten weißlich mit einem Stich ins Braune; war es zuvor nicht geläutert, so erscheint es schmutziggrau, von vielen darin fein zerteilten Kohlenteilchen durchsetzt, deren Entfernung jedoch unnötig ist, wenn das Öl zu Seifen verarbeitet wird, die ausgesalzen werden. Das Bleichverfahren beruht darauf, daß der Farbstoff des Palmöls durch die Hitze zerstört wird, hat jedoch den Übelstand, daß die Kesselböden sehr leiden. Der Gewichtsverlust beträgt, wenn sorgfältig gearbeitet wird, bei gutem, reinem Palmöl 1—1$^1/_2$ vH.

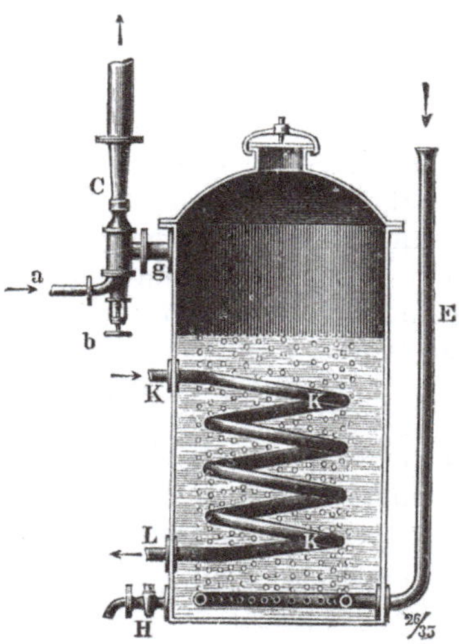

Abb. 5. Palmölbleichapparat.

Zur Luftbleichung des Palmöls bedient man sich vorteilhafterweise des Körtingschen Dampfstrahl-Luftsaugeapparates (Palmölbleichapparat), welcher durch die Abb. 5 dargestellt ist. C ist der Luftsaugeapparat, bei a erfolgt der Dampfeintritt, b ist eine Spindel zum Regulieren des Dampfes, g der Absaugestutzen, K eine Dampfheizschlange, H der Ablaßhahn für das Öl und E das Luftzuführungsrohr. Um mit dem Apparat zu arbeiten, wird zunächst der Ölinhalt des Kessels mittels der Dampfheizschlange auf etwa 100° C erwärmt, dann wird der Luftsauger in Betrieb gesetzt, welcher oberhalb des Öles eine dem Ölbestande entsprechende Luftleere erzeugt und die durch das Luftrohr eintretende Luft, sowie die aus dem Öle sich bildenden Dämpfe unter dieser Luftleere absaugt. Die durch das Luftrohr eingeführte atmosphärische Luft tritt aus einer großen Anzahl kleiner Löcher nahe dem Boden des Kessels aus und mischt sich mit dem Öl aufs innigste, während sie nach oben steigt. Auf diese Weise kann man in etwa 2 Stunden 1000—1200 kg. Palmöl sehr schön hell bleichen. Ob die Bleiche beendet ist, erkennt man an Proben, welche man durch den

Hahn H entnimmt und auf einer Porzellanschale erkalten läßt. Der Bleicherfolg bei diesem Verfahren ist, sofern das Öl durch den Sauerstoff der Luft allein bleichbar ist, ein vorzüglicher. Durchaus notwendig ist dabei aber, daß das zur Verarbeitung kommende Öl schmutz- und wasserfrei ist. Es ist daher nötig, das Rohöl tags zuvor zu schmelzen und über Nacht absetzen zu lassen. Der Betrieb der Anlage ist ein außerordentlich einfacher und ein gegenüber den bisherigen Verfahren angenehmer, da die Öldämpfe durch den Luftsauger sofort abgeführt werden.

Die chemische Bleiche wird mit oxydierenden Substanzen am besten mit Kaliumbichromat und Salzsäure in der folgenden Weise ausgeführt: Das Palmöl wird zunächst geläutert, indem man es auf Wasser schmilzt. Nach dem Absetzen der Unreinigkeiten schöpft man das klare Öl vorsichtig ab und läßt es auf 50° C erkalten. Bei tüchtigem, anhaltendem Durchkrücken gibt man alsdann auf 1000 kg Öl 50 kg Salzsäure und 12 kg Kaliumbichromat hinzu, das man zuvor in 24 kg kochendem Wasser gelöst hat. Nachdem das Öl 10—15 Minuten durchgearbeitet ist, zeigt es eine dunkle, schmutziggraue Farbe. Bisweilen gibt man jetzt noch einige Kilo Schwefelsäure hinzu und setzt das Krücken fort, bis das Öl ganz klar geworden und einen bläulichen Schein zeigt. Alsdann gießt man 60—80 kg heißes Wasser darüber, deckt zu und läßt gut absetzen. In vielen Fällen kommt man jedoch schon mit wesentlich geringeren Mengen des Bleichmittels aus. Vorteilhafterweise bringt man daher zunächst in 1000 kg geschmolzenes Palmöl nur 5 kg chromsaures Kali und gibt dann unter starkem Rühren 10 kg Salzsäure und schließlich $^1/_2$ kg Schwefelsäure hinzu. Nach halbstündigem Durchkrücken wird eine Probe gezogen. Zeigt sich das Öl noch gelb, so wird chromsaures Kali, Salzsäure und Schwefelsäure weiter nachgegeben und damit fortgefahren, bis der erwünschte Erfolg erreicht ist. Alsdann wird das Öl längere Zeit mit Wasser gekocht, um alle Bestandteile des Bleichmittels zu beseitigen und schließlich nach längerem Stehen das klare, obenauf schwimmende Fett abgehoben.

Das durch chromsaures Kali gebleichte Palmöl hat nicht selten einen Stich ins Grüne, weil es etwas Chromoxyd enthält. Dies kann ihm durch längeres Kochen mit verdünnter Salzsäure entzogen und so ein tadellos weißes Produkt hergestellt werden. Nach dem Kochen mit der Salzsäure muß das Öl jedoch noch einmal auf reinem Wasser umgeschmolzen werden.

Die Bleiche mit chromsaurem Kali ist die teuerste von den drei Bleichmethoden, dafür aber auch die sicherste. Trotzdem wird häufig geklagt, daß bei ihrer Anwendung das Öl nicht hell genug wird. Es ist dies aber meist nicht Schuld des Verfahrens, sondern hat gewöhnlich seinen Grund darin, daß das Öl in zu heißem Zustande der Bleiche unterworfen wurde. Bei der chemischen Bleiche geht jedoch der angenehme, veilchenartige Geruch des Palmöls fast ganz verloren.

Das Palmöl ist in sehr verschiedener Qualität im Handel. Das am meisten geschätzte ist das Lagosöl. Es zeigt eine tieforange, aber klare Farbe, ist ziemlich rein und hinterläßt wenig Satz und Unreinigkeiten. Ein weiterer Vorzug dieses Öles liegt darin, daß es weniger ranzig ist und sich besser als die anderen Qualitäten bleichen läßt. Mit Hitze oder mit Luft und Licht gebleicht zeigt es eine besonders helle Farbe, mit Kaliumbichromat behandelt erfordert es bei gleichem Effekt eine nur geringe Menge des Bleichmittels.

Dem Lagosöl ziemlich nahekommend und oft von diesem kaum zu unterscheiden ist das Old Calabaröl. Es bleicht sich ebenfalls gut, besitzt aber in der Regel einen mehr oder weniger großen Gehalt an Wasser und Schmutz. Unreiner und sehr ungleichmäßig in ihrem Verhalten beim Bleichen sind jedoch die Kongoöle. Diese werden daher meist nur zu dunkleren Kernseifen und Harzkernseifen verwandt, bei denen es weniger auf die helle Farbe, als auf einen angenehmen Geruch ankommt. In der Regel sind sie rotbraun gefärbt und hochgradig ranzig.

Von so verschiedener Beschaffenheit auch das rohe Palmöl den Seifenfabriken zugeführt wird, in einem Punkte stimmen alle Sorten überein: sie geben sämtlich eine feste und angenehm riechende Seife, deren milder, veilchenartiger Geruch auch in Verbindung mit anderen Ölen und Fetten, ja sogar bei Gegenwart von Harz ziemlich wahrnehmbar bleibt.

Das Palmöl ist roh und gebleicht sehr leicht verseifbar. Es gibt schon mit schwacher Lauge von 8° Bé einen dicken, zähen Seifenleim. In der Regel wird es mit einer Lauge von 12—15° Bé verseift und gibt damit, richtig ausgesalzen, einen ziemlich schaumfreien, flotten Kern, der, wenn der Leim vollständig klar und gut abgerichtet war, bereits ganz gesättigt ist.

Die Natronseife des ungebleichten Öles ist mehr oder weniger orange gefärbt, die des gebleichten Öles creme- oder hellgelb. Sie ist fest und auf Unterlauge gesotten hart und spröde. Auf Leimniederschlag ist sie homogen und von feiner, kompakter Struktur. In Wasser ist sie wenig löslich, gibt aber einen feinen, beständigen Schaum. Bei Siedetemperatur ist die Grenzlauge gleich einer 7,5° Bé starken Ätznatronlauge und einer 5° Bé starken Kochsalzlösung. Die Ausbeute beträgt auf Leimniederschlag 160 vH., auf Unterlauge 155 vH., im ersten Fall enthält die Seife also 60—60,5 vH. Fettsäuren entsprechend 65 vH. Reinseife, im zweiten Fall 60,5—61 vH. Fettsäure entsprechend 65—66 vH. Reinseife.

Unvermischt wird das Palmöl in der Regel nur zur Herstellung bestimmter Textilseifen verwendet. Zur Herstellung von Feinseifen, glattweißen Kernseifen, Eschweger Seifen usw. wird es gewöhnlich gemeinsam mit talgartigen Fetten und pflanzlichen Leimfetten versotten. Auch bei der Fabrikation gelb oder rötlich gefärbter Harzseifen wird es mitverwandt, da es diesen eine größere Festigkeit verleiht, während seine eigene Seife durch den Harzgehalt ein besseres Schaumvermögen erhält.

Zur Fabrikation glatter Schmierseifen läßt sich das Palmöl natürlicherweise nicht verwenden, da seine Kaliseife halbfest und durchscheinend kristallinisch ist. Zur Herstellung von Naturkornseifen oder Silberseifen kann es aber mit herangezogen werden und dient insonderheit bei ersteren in ungebleichtem Zustande als färbender Zusatz zur Erzielung einer feurigeren Grundfarbe. Seine Hauptverwendung liegt aber auch hier auf dem Gebiete der Textilseifen, für deren Verwendung Konsistenz und Aussehen weniger von Bedeutung sind.

Kokosöl. Das Kokosöl ist das aus dem zuerst milchigen, später mandelkernartigen Inhalt der Kokosnüsse durch Auskochen oder Auspressen gewonnene Fett. Die Kokosnüsse sind die Früchte der Kokospalme (Cocos nucifera), die fast in allen Tropenländern vorkommt. Diese Palme wird bis 30 m hoch und blüht fast das ganze Jahr, so daß zu allen Jahreszeiten Blüten, unreife und reife Früchte rund herum unter der Krone hängen. Von der Blütezeit bis zum Abfallen der Frucht vergeht ein Jahr. Die Kokospalme trägt vom achten bis zum hundertsten Jahre Früchte, am reichlichsten zwischen dem zwanzigsten und dreißigsten, und zwar jährlich 200—300 Stück. Diese Früchte, Steinfrüchte, sind fast so groß wie ein Menschenkopf, eiförmig, etwas dreikantig, glatt, rötlich, grünlich oder bleigrau; unter dem dicken, schwammigen, faserigen Gewebe liegt die Steinschale, welche am Grunde drei Vertiefungen hat und schwärzlich-braun, rauh, holzig und steinhart ist. In ihr befindet sich vor der Reife der Kokosnuß eine wasserhelle, süßliche Flüssigkeit, die sogenannte Kokosmilch; bei der Reife verschwindet diese jedoch allmählich, indem sie einen weichen, eßbaren Kern bildet, der später sehr hart, fast hornartig wird. Diese Samenkerne, Koprah genannt, sind länglich rund, haben einen Durchmesser von 10—12 cm und enthalten getrocknet 60—70 vH. Fett.

Um das Öl zu gewinnen, wird der Samenkern aus der Schale herausgenommen, einige Zeit in Wasser gekocht, dann zerkleinert und gepreßt. Die durch Pressen erhaltene, milchige Masse wird in großen Kesseln erwärmt und das obenauf schwimmende Fett abgeschöpft. Die besten Einrichtungen zur Darstellung des Kokosöls befinden sich auf Ceylon und auf Malabar (Cochin). Dort ist die Hauptkultur der Kokospalme, und von dort kommt das meiste Öl nach Europa. Seit einigen Jahrzehnten wird die Koprah auch nach Europa gebracht und durch Auspressen oder Extraktion auf Öl verarbeitet. Man unterscheidet dabei die einzelnen Handelsqualitäten der Koprah als „sundried“ (an der Sonne getrocknet) und „kilndried“ (auf der Darre getrocknet).

Das Kokosöl hat frisch eine schöne weiße Farbe, einen milden Geschmack und einen eigentümlichen, nicht unangenehmen Geruch; es wird aber leicht ranzig und nimmt dann einen weniger angenehmen, stechenden Geruch und kratzenden Geschmack an. Der hierbei obwaltende Vorgang ist im Gegensatz zu dem Entstehen der vorbesprochenen „Ölsäureranzigkeit“[1]) aber auf die Einwirkung gewisser Mikroorganismen (Penicillium- und Aspergillusarten) zurückzuführen, die aus den zunächst hydrolytisch gespaltenen Fetten unter Assimilierung der Stickstoffsubstanzen Ketone (Methylamylketon, Methylheptylketon, Methylnonylketon und Methylundezylketon) entstehen

[1]) S. S. 25.

lassen (Parfümranzigkeit)[1]. Der Schmelzpunkt ganz frischen Kokosöles soll bei 20° C liegen; das gewöhnliche Ceylon- und Cochinöl des Handels zeigt jedoch einen Schmelzpunkt von ungefähr 24° C. Das spezifische Gewicht des Öles beträgt bei 40° C 0,9115, die Verseifungszahl ist 246—260, die Jodzahl 8—9,5. Der Erstarrungspunkt der Fettsäuren liegt bei 22,5—25,2° C.

Das Kokosöl besteht überwiegend aus Glyzeriden der gesättigten Fettsäuren, und zwar flüchtiger wie nicht flüchtiger Säuren. Nach Bömer und Baumann[2]) sind die niedriger molekularen Fettsäuren als Caprylolauromyristin, ferner als Myristodilaurin und in geringeren Mengen als Laurodimyristin vorhanden, während die höher molekularen Fettsäuren zum Teil ebenfalls in Form gemischter Glyzeride in dem Öl enthalten sind, von denen das Palmitodimyristin und das Stearodipalmitin isoliert werden konnten. Außerdem enthält das Kokosöl Glyzeride der Kaprylsäure und in geringerer Menge auch der Ölsäure, während Kapron- und Kaprinsäure wenigstens im Kochinkokosfett in nachweisbaren Mengen nicht vorhanden zu sein scheinen.

Wie aus den zuvor gemachten Angaben hervorgeht, besitzt das Öl unter allen bis jetzt untersuchten Fetten die höchste Verseifungszahl, ein Umstand, durch welchen es von allen anderen Fetten, mit Ausnahme des ihm diesbezüglich nahestehenden Palmkernöls, leicht unterschieden werden kann. Der Grund hierfür ist in seinem Gehalt an den genannten niederen Fettsäureglyzeriden zu suchen.

Aus gleichem Grunde zeigt das Kokosöl auch bei der Verseifung ein von den meisten übrigen Fetten abweichendes Verhalten: es verseift sich sehr leicht und sehr schnell selbst in der Kälte und mit konzentrierten Laugen von 30—36° Bé. (Verseifung auf kaltem Wege.) Die Natronseife ist weiß oder schmutziggrau, undurchsichtig, sehr hart und von eigentümlich scharfem Geruch. Die durch Aussalzen gewonnenen Kernseifen sind spröde und haben einen sehr geringen Wassergehalt. Auf Leimniederschlag bilden sie in der Hitze einen dicken, undurchsichtigen Kern, der bereits bei etwa 70° erstarrt. Derselbe enthält 59,5 vH. Fettsäuren, entsprechend 65,75 vH. Reinseife (Merklen). Die Grenzlaugenkonzentration liegt bei Siedetemperatur für Natronlauge oberhalb 23° Bé, für Kochsalzlösung oberhalb 19° Bé. Die mit diesen Lösungen erhaltenen Unterlaugen sind jedoch immer noch seifenhaltig, so daß es in der Praxis beinahe unmöglich ist, eine quantitative Aussalzung der Kokosseife herbeizuführen. Die „kaltgerührten" Seifen haben die Eigenschaft, eine große Menge Wasser oder Salzlauge aufzunehmen, ohne an Festigkeit und Aussehen zu verlieren (hochgefüllte Seifen). Sie sind ferner leicht löslich in Wasser und schäumen dabei stark; doch ist der Schaum bei weitem nicht so beständig wie der von Talgseifen. Seifen aus reinem Kokosöl haben ferner, auch wenn kein Überschuß an Alkali vorhanden ist, die unangenehme Eigenschaft, daß sie bei empfindlicher

[1]) Fierz-David: Die Ranzigkeit der Fette. Ztschr. f. angew. Chem. 1925, **38**, S. 6.

[2]) Ztschr. d. Dtsch. Öl- u. Fettind., 1921, **41**, S. 294; ferner Ztschr. f. Unters. d. Nahrungsm., 1920, **40**, S. 97—151.

Haut brennen und Röte erzeugen, auch neigen sie leichter zum Ranzigwerden und werden dann übelriechend und unansehnlich.

Im Handel unterscheidet man je nach dem Ort und der Art der Herstellung hauptsächlich drei Sorten Kokosöl: Cochinöl, Ceylonöl und gewöhnliches Koprahöl. Von diesen ist das Cochinöl das beste und reinste in der Farbe. Zum Verseifen auf kaltem Wege ist es am geeignetsten, sofern es nicht zu alt ist. Bei altem Öl, welches schon einen ziemlichen Grad von Ranzidität hat, tritt beim Zusammenrühren mit starker Lauge ein zu schnelles Dickwerden der Masse und Körnerbildung in der fertigen Seife ein. Das Ceylonöl ist gewöhnlich ziemlich ranzig, auch haben seine Seifen den Fehler, daß sie nicht rein weiß, sondern leicht grau gefärbt sind. Das Koprahöl ist jedoch meist weniger ranzig und deshalb auf kaltem Wege gut verseifbar; es liefert aber ebenfalls nicht rein weiße Seifen und ist deshalb ohne weiteres nicht zur Fabrikation von Feinseifen geeignet. Der eben erwähnte Übelstand läßt sich aber durch folgende Läuterung beseitigen: 750 kg Koprahöl werden mit 15 kg Sodalauge von 6° Bé und 10 kg Wasser eine halbe Stunde gekocht und fleißig abgeschäumt. Hierauf setzt man 1,5 kg Salz hinzu, schäumt von neuem ab und läßt eine weitere halbe Stunde kochen. Alsdann wird das Öl, gegebenenfalls nach nochmaliger Wiederholung des Prozesses, über Nacht stehen gelassen und ist dann in der Regel verwendungsfähig.

Von der Herstellung kalt gerührter Feinseifen abgesehen, für die man ein rein weißes, möglichst neutrales Öl mit höchstens 2—3 vH. freien Fettsäuren benötigt, verwendet man das Kokosöl für die Fabrikation glattweißer Kernseifen auf Leimniederschlag, ferner für die Herstellung von Eschweger Seifen und von Leimseifen. Bei der Herstellung von Kernseifen auf Unterlauge sieht man meist jedoch von seiner Mitverwendung ab, da es auf Grund seiner schweren Aussalzbarkeit auch bei Anwendung hoher Salzkonzentrationen stets eine unbefriedigende Ausbeute gibt. In der Regel wird es zu glattweißen Kernseifen gemeinsam mit flüssigen pflanzlichen Ölen versotten, da es hier bei entsprechenden Ansatzverhältnissen eine mehr oder weniger weitgehende Füllung des Fertigfabrikates gestattet; bei der Fabrikation von Eschweger Seife bildet es meist die Hälfte des Ansatzes, während die zweite Hälfte aus pflanzlichen Ölen, talgartigen Fetten oder gebleichtem Palmöl besteht. In der Schmierseifenfabrikation wird Kokosöl nicht verwendet.

Da das Kokosöl in immer steigendem Maße auch von der Speisefettindustrie verarbeitet wird, ist seine Beschaffung für die Zwecke der Seifenindustrie immer schwieriger geworden. Diese ist deshalb heute auch zu einem großen Teil auf die Raffinationsrückstände angewiesen, welche entweder in Form von Natronseifen oder als Fettsäuren und „abfallendes Kokosöl“ bei der Kunstbutterfabrikation als Nebenprodukte auftreten. Sie verhalten sich bei der Verseifung ungefähr wie das Koprahöl, sind meist aber stark gefärbt und sollten in der Regel nur nach Analyse und mit garantiertem Gehalt an verseifbarer Fettsäure gekauft werden.

Palmkernöl. Das Palmkernöl, gewöhnlich kurz als Kernöl bezeichnet, wird, wie schon erwähnt, meist nicht in den Produktionsländern, sondern erst in Europa in der vorbeschriebenen Weise teils durch Auspressen, teils durch Extraktion mit Benzin oder anderen Lösungsmitteln gewonnen.

Der Ölgehalt der Palmfruchtkerne ist sehr verschieden. Meist schwankt er zwischen 45 und 50 vH.; doch sollen auch Kerne vorkommen, die 60 vH. und darüber enthalten.

Das Palmkernöl ist bei gewöhnlicher Temperatur fest, weiß bis leicht hellgelb gefärbt und besitzt einen angenehmen Nußgeschmack und aromatischen Geruch. Es besteht ebenso wie das Kokosöl hauptsächlich aus den Glyzeriden der Laurinsäure, enthält daneben in geringerer Menge die Glyzeride der Myristin-, Stearin-, Palmitin- und Ölsäure und schließlich ganz geringe Mengen von Trikaprin, Trikaprylin und Trikaproin.

Palmkernöl schmilzt bei 25—26° C, bei altem, ranzigen Öl[1]) liegt der Schmelzpunkt meist jedoch etwas höher. Die Verseifungszahl beträgt 242—250, ist also relativ hoch. Die Jodzahl wurde zu 13,0—14,0 ermittelt, der Erstarrungspunkt der Fettsäuren liegt bei 20,5—25,5° C.

Das Palmkernöl verhält sich bei der Verseifung ähnlich dem Kokosöl, was unzweifelhaft seinen Grund in dem hohen Gehalt an Laurinsäure hat, der beide Fette charakterisiert; doch ist das Verhalten beider nicht vollkommen gleich, da das Palmkernöl meist einen höheren Gehalt an freien Fettsäuren besitzt (5—15 vH.). Es verlangt ebenfalls starke, ätzende Laugen und verseift sich am leichtesten mit einer Anfangslauge von 26—30° Bé. Auch in ihrem Verhalten zu Salz sind sich die Seifen aus Palmkern- und Kokosöl nur ähnlich, nicht gleich, indem die Seifen aus Palmkernöl nicht ganz so schwer aussalzbar sind, wie die Seifen aus Kokosöl. Während ferner bei letzterem eine Vermehrung bis 1200 vH. Ausbeute durch Salzwasser möglich ist, ohne daß die Festigkeit der Seife leidet, läßt sich die Ausbeute bei den Palmkernölseifen in der gleichen Weise auf höchstens 600—700 vH. steigern.

Die Natronseife ist sehr fest und scharf riechend. Auf Unterlauge gesotten ist sie weißlich und sehr hart, auf Leimniederschlag nach dem Erstarren bei 65—70° cremegelb und undurchsichtig. Ihr Fettsäuregehalt beträgt dann 59,5—60 vH., entsprechend 66 vH. Reinseife, so daß sich die Ausbeute also auf etwa 160 vH. errechnet. Wie die Kokosseife ist sie in Wasser leicht löslich und gibt einen reichlichen, beständigen Schaum. Die Grenzlauge ist bei Siedetemperatur gleich einer Natronlauge von 19° Bé oder einer Kochsalzlösung von 16,5° Bé (Bontoux). Die Kaliseife ist gelb gefärbt, undurchsichtig und halbfest. Palmkernöl dient im allgemeinen zur Herstellung von Riegelseifen, indem man es zu $^1/_3$—$^1/_2$ des Ansatzes mit pflanzlichen Ölen gemischt verwendet. Auch zur Herstellung von Eschweger Seifen wird es gemeinsam mit pflanzlichen Ölen und schmalzartigen Fetten verarbeitet und kann, wie schon erwähnt, schließlich auch für die Fabrikation hochgefüllter,

---

[1]) Vgl. S. 111.

gegebenenfalls kaltgerührter Leimseifen benutzt werden. In der Schmierseifenfabrikation läßt es sich ohne weitere Zusätze nicht verwenden, gibt aber im Gemisch mit flüssigen Ölen (Maisöl, Kottonöl usw.) außerordentlich schöne Silberseifen. Die Raffinationsrückstände der Kunstbutterfabrikation, die ebenfalls große Mengen von Palmkernöl aufnimmt, sind im großen und ganzen den analogen Kokosölrückständen ähnlich und verhalten sich ungefähr ebenso wie das rohe Palmkernöl selbst. Sie enthalten jedoch meist die gesamten Farbstoffe des Rohöles gelöst, sind also ohne weiteres für weiße Seifen nicht verwendbar. Auch sind die Seifen in der Regel weniger fest und lassen sich demzufolge auch weniger hoch füllen als die Seifen aus Palmkernöl selbst, anscheinend weil diese Rückstände bei ihrer Herstellung eine Anreicherung an Oleïn erfahren.

Sheabutter. Die Sheabutter, auch Karitébutter genannt, wird aus dem Samen einer Bassiaart in Indien und an der Westküste Afrikas gewonnen. Es gibt mehrere Spezies der Gattung Bassia, welche Fett liefern, und angeblich sind die Galam-, Mawah-, Choorie- und Phalawarabutter, das Illipe-, Djave- und Noungonöl sämtlich Bassiafette[1]). Die Frucht, von der die Sheabutter stammt, hat die Größe eines Taubeneies. Unter einer dünnen Schale findet sich ein Fleisch von ausgezeichnetem Geschmack, das wieder einen Kern bedeckt, aus dem die Butter gewonnen wird.

Dieselbe besitzt bei gewöhnlicher Temperatur Butterkonsistenz, ist grauweiß oder grünlichweiß, von einer zähen, klebrigen Beschaffenheit, und zeigt einen eigentümlichen, aromatischen Geruch. Sie hält sich sehr lange, ohne ranzig zu werden, und wird deshalb von den Eingeborenen als Speisefett sehr geschätzt.

Die Sheabutter enthält 35 vH. Stearin und gegen 60 vH. Oleïn, daneben meist größere Mengen unverseifbarer Bestandteile, deren Betrag zwischen 3,5 und 8 vH. liegt. Das spezifische Gewicht beträgt 0,9175 bei 15° C, der Erstarrungspunkt der Fettsäuren liegt bei 52° C.

Für sich allein versotten, verbindet sich die Sheabutter am besten mit einer 10—12grädigen Lauge und gibt damit, wenn leicht abgerichtet, einen ziemlich klaren Leim. Der Verband ist aber nur ein sehr loser, weil schon eine verhältnismäßig geringe Mehrzugabe von Lauge genügt, um ihn sofort auseinander zu reißen. Die Grenzlauge ist bei Siedetemperatur gleich einer Natronlauge von 6° Bé und einer Kochsalzlösung von 4,5° Bé. Die Seife selbst ist sehr hart, wenig wasserlöslich und schlecht schäumend. Auch wird sie leicht ranzig und mißfarbig. Die Ausbeute beträgt nur 136 vH. Am besten versiedet man die Sheabutter zusammen mit Palmkernöl, Kokosöl, flüssigen Pflanzenölen und Harz, wobei man sie bis zu einem Drittel des gesamten Fettansatzes verwenden kann.

Illipebutter. Die Illipebutter, auch Mawahbutter genannt, ist das Fett aus den Samen von Bassia longifolia, einer Sapotacee, welche vornehmlich in Indien und auf den Malayischen Inseln gedeiht. Der

[1]) Wiesner: Die Rohstoffe des Pflanzenreiches, Leipzig 1873, S. 211.

Samen enthält 50—55 vH. Fett. Die Illipebutter des Handels ist meist jedoch nicht rein, sondern mit den Fetten anderer Bassiaarten, insonderheit der sogenannten Mowrahbutter vermischt. Die Illipebutter ist gelb, geschmolzen gelb bis orange und wird an der Luft leicht gebleicht. Sie hat einen bitteren, aromatischen Geschmack und einen charakteristischen Geruch, der an Kakaobohnen erinnert.

In der Regel enthält sie 20—30 vH. freie Fettsäuren. Die Verseifung der Illipebutter geschieht am besten mit schwachen Laugen von 10—12° Bé. Die Natronseife ist fest und besitzt angenehmen Geruch und gelbe Farbe. Die Grenzlauge ist eine Natronlauge von 7° Bé und eine Kochsalzlösung von 5° Bé.

Kakaobutter. Die Kakaobutter wird durch warmes Auspressen der Kakaobohnen aus den Früchten des Kakaobaumes (Theobroma Cacao *L.*) in den Schokoladenfabriken als Nebenprodukt gewonnen. Der Fettgehalt der Bohnen beträgt 35—50 vH. Die Kakaobutter ist in frischem und reinem Zustande gelblich, wird aber mit zunehmendem Alter fast weiß. Sie riecht wie geröstete Kakaobohne und hält sich, sorgfältig aufbewahrt, ohne ranzig zu werden. Ihr Schmelzpunkt liegt nur wenig unter Körpertemperatur, weshalb sie vielfach zu kosmetischen Präparaten und auch in der Pharmazie Verwendung findet. Das spezifische Gewicht des frischen Fettes ist bei 15° C 0,950—0,960, das des alten 0,947—0,950. Die Verseifungszahl beträgt 192—200, die Jodzahl 34—37. Der Erstarrungspunkt der abgeschiedenen Fettsäuren liegt bei 42—49° C.

Die Güte der Kakaobutter ergibt sich zum Teil aus Geschmack, Geruch und Konsistenz. Infolge ihres hohen Preises wird sie häufig mit Palmkern- und Kokosstearin, sowie mit Dikafett und Rindertalg verfälscht[1]).

Die Verseifung geschieht ebenfalls mit schwachen Laugen von 10—12° Bé, die Natronseife ist fest, gelblich gefärbt und besitzt einen angenehm aromatischen Geruch.

Dikafett. Das Dikafett wird aus den Mandeln von Mangifera gabonensis, eines an der afrikanischen Westküste heimischen Baumes, gewonnen. Es ist frisch rein weiß, von mildem, kakaoähnlichem Geruch und Geschmack, wird aber nach längerem Liegen gelb und ranzig. Wie das Palmkern- und Kokosöl enthält es die Glyzeride der Laurin- und Myristinsäure und wahrscheinlich auch der Ölsäure und ist sehr leicht verseifbar. Die Verseifungszahl beträgt 244,5, die Jodzahl 30,9—31,3. Die Seifen sind in bezug auf ihre Eigenschaften mit den Seifen des Palmkern- und Kokosöls vergleichbar.

Muskatnußbutter. Die Muskatnußbutter, auch Muskatnußöl genannt, wird in Ostindien aus Muskatnüssen, den Samenkernen von Myristicon officinalis gewonnen, welche 38—40 vH. Fett enthalten. Sie hat Talgkonsistenz, ist von weißlicher Farbe und besitzt Geruch und Geschmack der Nüsse. Die Verseifungszahl beträgt 172,2—178,6, die

[1]) Betr. Zusammensetzung s. Amberger u. Bauch: Ztschr. f. Unters. d. Nahrungsm. 1924, 48, S. 371.

Jodzahl 40,1—52,0. Die Muskatnußbutter enthält 44—45 vH. Trimyristin und daneben interessanterweise 4—10 vH. eines unverseifbaren ätherischen Öles, der Rest besteht aus flüssigem Neutralfett und freien Fettsäuren. Die Verseifung der Muskatnußbutter geht leicht vonstatten, die Natronseife ist gelb gefärbt, besitzt den Geruch des Ausgangsstoffes und erinnert im übrigen ebenfalls an den Charakter einer Palmkern- oder Kokosölseife.

Weiterhin sind als feste Pflanzenfette zu erwähnen der Pineytalg, der chinesische Talg, das Lorbeerfett u. a., welche aber ebenso wie die vier letztbesprochenen Fette für die Seifenindustrie so gut wie keine Bedeutung besitzen.

Pflanzliche Öle.

Leinöl. Das Leinöl wird aus dem Samen von Linum usitatissimum *L.*, dem Lein oder Flachs, gewonnen. Der Flachs wird in Nordeuropa vorwiegend als Gespinstpflanze gebaut; Rußland, Argentinien, Indien und die Vereinigten Staaten von Nordamerika kultivieren dieses Gewächs jedoch hauptsächlich seiner ölreichen Samen wegen. Die käuflichen Leinsamen unterscheidet man je nach ihrem Verwendungszweck als Leinsaat, wenn sie als Saatgut für den Flachsbau bestimmt sind, und als Schlagsaat, wenn sie ausschließlich der Ölgewinnung dienen sollen. Vorwiegend erscheinen im Handel als Schlagsaat unausgereifte Leinsamen, die man gewissermaßen als Nebenprodukt der Flachsgewinnung erhält. Die Flachspflanzen liefern nämlich nur dann eine brauchbare Faser, wenn ihre Einerntung vor der Samenreife erfolgte. Die sich hierbei ergebenden Samen sind daher nur zur Ölgewinnung, nicht aber mehr für die Aussaat tauglich. Für technische Zwecke kommt im allgemeinen lediglich die Schlagsaat in Betracht, da frische Leinsaat nur in jenen Gegenden auf Öl verarbeitet wird, wo Leinöl auch als Speiseöl Verwendung findet.

Im Handel kennt man zwei Arten russischer Saat, die je nach ihrem Ursprung Baltische und Asowsche oder „Schwarze Meer"-Saat genannt werden. Die daraus gewonnenen Öle werden entsprechend als baltisches oder südrussisches Leinöl bezeichnet. Das aus indischer Saat (Bombaysaat) gepreßte Öl wird als indisches gehandelt, das aus argentinischer oder „La Platasaat" gepreßte entsprechend als argentinisches oder La Plataöl.

Die Leinsamen enthalten je nach Herkunft 32—42 vH. Öl, die gewöhnliche Schlagsaat des Handels jedoch durchschnittlich nur etwa 30 vH. Kalt gepreßtes Leinöl ist fast farblos; warm gepreßtes ist von goldgelber Farbe, die aber bei längerem Lagern ins Braune übergeht. Das Öl aus frischem Samen ist schleimig, unklar und trübe; gewöhnlich wird daher zum Ölschlagen 2—6 Monate alter Samen genommen. Das Leinöl besitzt einen eigentümlichen Geruch und wird an der Luft unter Sauerstoffaufnahme bald ranzig und dickflüssig; in dünner Schicht trocknet es zu einem neutralen, in Äther unlöslichen Körper, dem Linoxyn aus. Es hat ein spezifisches Gewicht von 0,9315—0,9345 bei 15° C und wird erst weit unter 0° fest (nach Saussure bei —27,5° C). Der Erstarrungspunkt der aus dem Leinöl abgeschiedenen Fettsäuren liegt bei 19,4—20,6°, die Verseifungszahl ist 192—195, die Jodzahl 171—201. Das Leinöl enthält nur etwa 10 vH. an Glyzeriden fester Fettsäuren, (Palmitin- und Myristinsäure,) während der etwa 90 vH. betragende flüssige Anteil vornehmlich aus den Glyzeriden der Linolsäure, Linolensäure und Isolinolensäure besteht[1]).

Die Hauptverwendung findet das Leinöl infolge seiner leichten Oxydierbarkeit als sogenanntes trocknendes Öl in der Firnisfabrikation. Ferner kommt es für die Herstellung von Farben, Lacken und Linoleum, und in geringen Mengen auch als Speiseöl in Betracht. In der Seifenindustrie wird es speziell für die Erzeugung transparenter Schmierseifen verwendet, die besonders dann eine schöne, goldgelbe Farbe besitzen, wenn das Leinöl zuvor durch Verrühren mit einem kleinen Quantum starker Kalilauge raffiniert (gebleicht) und auf diese Weise von seinem Gehalt an Farb- und Schleimstoffen befreit wird.

Leinöl verseift sich leicht mit schwachen Laugen von 12—15° Bé, und zwar verarbeitet man möglichst kaustische Laugen, da das Öl im allgemeinen einen nur geringen Säuregehalt besitzt. Wenn die Verleimung erreicht ist, können für die Beendigung des Prozesses stärkere Laugen bis zu 25° Bé Verwendung finden.

Die Natronseife ist gelb oder gelbbraun, relativ weich und in Wasser leicht löslich und stark schäumend. Die Grenzlauge ist in der Siedehitze eine Ätznatronlauge von 9° Bé oder eine Kochsalzlösung von 6° Bé. Auf Leimniederschlag gesotten enthält sie 59—59,5 vH. Fettsäuren oder 64 vH. Reinseife, was einer Ausbeute von 160 vH. entspricht (Merklen). Zur Fabrikation von Riegelseifen, Eschweger Seifen usw. ist das Leinöl jedoch nicht verwendbar, da diese Seifen, von ihrer weichen Beschaffenheit ganz abgesehen, anscheinend auf Grund oxydativer Vorgänge beim Lagern einen unangenehmen Geruch annehmen und dunkle Flecken bekommen. Auch bei der Mitverwendung von Leinöl in nur geringer Menge des Fettansatzes (bis zu 20 vH.) leidet in der Regel die Festigkeit der Seife, die im Laufe der Zeit ebenfalls fleckig und ranzig wird[2]).

Die Kaliseife, der Typus der eigentlichen Schmierseifen, ist eine transparente, salbenartige Masse von feuriger, braungelber bis grüngelber Farbe und charakteristischem Geruch. Ihre Konsistenz ist, unabhängig von der Außentemperatur, eine ziemlich gleichmäßige, im Sommer wird sie nicht besonders weich, im Winter „erfriert" sie nicht. In Wasser ist sie, wie die Natronseife, leicht löslich und stark schaumbildend. Durch Salzlösungen (Pottasche oder Kaliumchlorid), die sie in großen Mengen aufzunehmen vermag, kann sie weitgehend verlängert werden, außerdem verwendet man zur Füllung aber auch fast regelmäßig Kartoffelmehl oder Pflanzenschleim. Reines, gebleichtes Leinöl ergibt bei Verwendung reiner Kalilauge eine Ausbeute von 235—240 vH. Vielfach wird im Sommer aber ein gewisser Teil der Kalilauge durch Natronlauge ersetzt, um eine größere Festigkeit der Lauge zu erreichen (Härten der Schmier-

[1]) Vgl. Eibner u. Schmidinger: Chem. Umschau 1923, **30**, S. 293.
[2]) Vgl. Seifenfabrikant, 1904, **24**, S. 779.

seife); hierdurch geht jedoch die Transparenz der Kaliseife entsprechend zurück, sie wird trübe und schließlich undurchsichtig. Auch die Ausbeute wird nicht unwesentlich geringer, da die Natronseife im homogenen Leimseifenzustand nur 190 vH. Ausbeute ergibt, ein Umstand, der nicht immer die genügende Beachtung findet.

Hanföl. Das Hanföl wird aus dem Hanf, dem Samen von Cannabis sativa *L.*, geschlagen. Die Pflanze ist diözisch, so daß also nur die weibliche Pflanze Samen trägt. Mit dem Hanf verhält es sich ähnlich wie mit dem Flachs, auch er wird vorwiegend als Gespinstpflanze gebaut und muß vor der vollständigen Samenreife geerntet werden, wenn die Faser technisch befriedigen soll. Zur Ölgewinnung dient deshalb auch hier hauptsächlich der nicht vollkommen ausgereifte Samen, während vollständig reifer Samen meist nur als Saatgut verwandt wird. Hanf wird fast in der ganzen gemäßigten Zone gebaut, der Samen enthält 30—36 vH. Öl.

Das Hanföl besitzt einen ziemlich starken Geruch und mild faden Geschmack; frisch ist es hellgrün oder grünlichgelb, wird aber mit der Zeit braungelb. Sein spezifisches Gewicht ist 0,925—0,928 bei 15° C, bei —15° C wird es dick und bei —27° C fest. Der Erstarrungspunkt der abgeschiedenen Fettsäuren liegt nach Lewkowitsch bei 15,6 bis 16,6°, die Verseifungszahl des Öles ist 190—191,1, die Jodzahl nach Hübl 148—157,5. Das Hanföl gehört zu den stark trocknenden Ölen. Es enthält neben wenig Stearin und Palmitin hauptsächlich das Glyzerid der Leinölsäure neben den Glyzeriden der Öl-, Linolen- und Isolinolensäure und verseift sich leicht mit schwachen Laugen. Die Natronseife ist weich und grüngelb, die Kaliseife eine leuchtend grüne, transparente Salbenmasse. Besonders in früheren Jahren wurde das Hanföl vielfach zur Schmierseifenfabrikation, namentlich zu Winterseifen verwendet, welche Frost aushalten sollten. Die heutigen grünen Schmierseifen des Handels werden meist jedoch aus anderen Ölen hergestellt und mit Indigkarmin künstlich gefärbt.

Mohnöl. Das aus den Samen des Mohns (Papaver somniferum) geschlagene Mohnöl besitzt einen schwachen Geruch und milden Geschmack, es ist beinahe farblos oder auch lichtgelb und klar; das Nachschlagöl ist dunkler. Das Mohnöl hat ein spezifisches Gewicht von 0,9255—0,9268 bei 15° C und wird bei —18° C fest. Der Erstarrungspunkt der ausgeschiedenen Fettsäuren liegt bei 15,4—16,2° C. Die Verseifungszahl ist 189,0—196,8, die Jodzahl 132,6—136,0.

Das Mohnöl dient bei uns hauptsächlich als Speiseöl; jedoch wird es auch seiner stark trocknenden Eigenschaften wegen in der Ölmalerei benutzt. Für die Herstellung von Seifen wird es wegen seines hohen Preises weniger herangezogen, und nur die dicken Satzöle finden unter Umständen bei der Fabrikation von Schmierseifen Verwendung, die den Leinölschmierseifen ähnlich ausfallen.

Sonnenblumenöl. Die Sonnenblume (Helianthus annuus *L.*), deren ursprüngliche Heimat Mexiko ist, wird im südlichen Rußland, Ungarn, Indien und China, seit Kriegsausbruch auch in Deutschland als Nutzpflanze gebaut. Die ungarische Saat enthält 36—45 vH. Öl, von denen 28—30 vH. gewonnen werden. Das Sonnenblumenöl ist klar, hellgelb und besitzt, wenn kalt geschlagen, einen angenehmen Geruch und milden Geschmack. Es hat ein spezifisches Gewicht von 0,924—0,926 und erstarrt bei —16° C. Der Erstarrungspunkt der ausgeschiedenen Fettsäuren liegt bei 17° C. Die Verseifungszahl ist 193—194, die Jodzahl 122,5—133,3. Das Trocknungsvermögen ist geringer als bei den anderen vorbesprochenen Ölen.

Das kalt gepreßte Öl wird heute zum größten Teile als Speiseöl, das heiß gepreßte bei der Firnisfabrikation und namentlich in der Seifensiederei verwendet. Die Natronseife ist blaßgelb, fest und homogen, in Wasser leicht löslich und stark schäumend, doch ist die Härte der Seife nicht befriedigend. Infolgedessen läßt sich das Sonnenblumenöl nur im Gemisch mit festen, talgartigen Fetten für die Herstellung von Riegelseifen verwenden, deren Geschmeidigkeit es wesentlich erhöht. Die Grenzlauge der Seife ist bei Siedetemperatur eine Natronlauge von 7° Bé und eine Kochsalzlösung von 5° Bé.

Die Kaliseife ist auf Grund des hohen Linolsäuregehaltes, den das Sonnenblumenöl aufweist, der Leinölschmierseife ähnlich, sie ist wie diese letztere gelb bis gelbbraun gefärbt und besitzt Glanz und transparentes Aussehen. Temperatureinflüssen gegenüber ist sie ziemlich widerstandsfähig. Die Ausbeute beträgt 235—238 vH., doch bleibt zu beachten, daß sich das Sonnenblumenöl nur schwer verseift, und daß daher für die Herstellung der Natronseife sowohl wie die der Kaliseife zunächst sehr schwache Laugen in Anwendung kommen müssen.

Baumwollsaatöl. Das Baumwollsaatöl, auch Kottonöl genannt, wird aus dem Samen des Baumwollstrauches (Gossypium) gewonnen, der in den heißeren Zonen, und zwar am besten in der Nähe des Meeres auf feuchtem, den Seewinden zugänglichen Boden gedeiht. Man kann ungefähr annehmen, daß sein Anbau auf der südlichen Halbkugel bis zum dreißigsten Grade südlicher, auf der nördlichen Halbkugel bis zum vierzigsten, in einigen Gegenden bis zum fünfundvierzigsten Grade nördlicher Breite reicht und mit Erfolg bis zu Höhen von 1550 m über dem Meeresspiegel empor ausgeführt werden kann.

Die Samenkörner sind kleine, mehr oder weniger elliptische Körner von ungefähr 8 mm Länge, welche, in reifem Zustande braun gefärbt, mit einer großen Menge meist weißer Haare (Baumwolle) bedeckt sind und je nach ihrem Herkommen 18—24 vH. Öl enthalten.

Die Gewinnung des Öles geschieht vornehmlich in Amerika, wo die Saat gewöhnlich in geschältem Zustand gepreßt wird, und in Deutschland, England und Frankreich, wo man die importierte ägyptische, indische und levantinische Saat meist ungeschält der Pressung unterwirft. 1000 kg Saat geben, je nach Beschaffenheit, 150—200 kg Öl.

Das rohe Baumwollsaatöl ist je nach Alter und Herkunft der Saat rötlich bis schwarz gefärbt. In der Regel wird es mit Ätzalkalien raffiniert (gebleicht), wobei die färbenden Substanzen zugleich mit der durch die Neutralisation des Öles gebildeten Seife zu Boden gehen. Das so raffinierte Öl ist neutral und von hellgelber Farbe. Der Raffinationsrückstand wird unter dem Namen „soapstock“ gehandelt und entweder zur Seifenfabrikation direkt verwendet oder nach Behandlung mit Mineralsäuren der Destillation unterworfen. Die Destillate sind ohne weiteres zur Seifenfabrikation (Alabasterseife) geeignet, können aber auch auf Oleïn und Kottonstearin verarbeitet werden. Viefach wird das Rohöl auch mit Oxydationsmitteln gebleicht. Das so gebleichte Öl zeigt jedoch meist eine leichte Fluoreszenz.

Das rohe Baumwollsaatöl ist dickflüssig und hat ein spezifisches Gewicht von 0,922—0,930 bei 15° C. Das raffinierte Öl hat eine strohgelbe Farbe und bei 15° C ein spezifisches Gewicht von 0,923—0,928. Während das rohe Öl im Geschmack und Geruch dem Leinöl ähnlich ist, hat das raffinierte Öl einen rein nußartigen Geschmack. Das Baumwollsaatöl besteht hauptsächlich aus Oleïn (45—50 vH.), dem Glyzerid der Linolsäure (25—30 vH.) und enthält außerdem 20—25 vH. an Glyzeriden fester Fettsäuren. Die Menge der im Kottonöl stets vorhandenen unverseifbaren Bestandteile beträgt nach Allen und Thomson 1,64 vH.

Die Verseifungszahl des Baumwollsaatöls ist 191—196,5, die Jodzahl 100,9—116,9. Die abgeschiedenen Fettsäuren erstarren bei 35,6 bis 37,6° C.

Das rohe Baumwollsaatöl dient in Amerika zu Schmierzwecken, als Ersatz für Leinöl bei der Firnisfabrikation und zur Seifenfabrikation; das raffinierte Öl wird ebenfalls zur Herstellung von Seifen, als Speiseöl, aber auch zur Verfälschung anderer Öle verwandt. Es sollen Olivenöle vorkommen, die zur Hälfte aus Baumwollsaatöl bestehen.

Das rohe und ebenso das mit Oxydationsmitteln gebleichte Öl ist weit leichter verseifbar als das alkalisch raffinierte, da es freie Fettsäuren enthält, während letzteres infolge der Laugenbehandlung neutral ist. Das raffinierte Öl verseift sich allein mit stärkeren Laugen nur sehr schwer, dagegen leicht in Gemeinschaft mit leicht verseifbaren Fetten wie Palmkernöl, Kokosöl usw. Allein kann man es nur allmählich mit schwachen Laugen zur vollständigen Verseifung bringen; eine auf diese Weise erhaltene Seife läßt sich aber nur schwer aussalzen und gibt selbst bei großem Salzzusatz das überschüssige Wasser nicht vollständig ab.

Die nach dem Austrocknen gelbe Seife ist daher in frischem Zustand relativ weich und stellt keine wirkliche Kernseife dar. Aus alkalisch raffinierten Ölen hergestellt bleicht sie bei Licht- und Luftzutritt nach, während die Seifen aus oxydativ gebleichten Ölen allmählich einen unangenehmen Geruch annehmen und bei gleichzeitigem Nachdunkeln fleckig werden.

Die Natronseife ist in Wasser schwer löslich und schlecht schäumend. Die Grenzlauge ist in der Siedehitze eine Natronlauge von 8° Bé und eine Kochsalzlösung von 5,5° Bé. Auf Leimniederschlag gesotten enthält sie 59—59,5 vH. Fettsäure, d. h. 64 vH. Reinseife, was einer Ausbeute von 160 vH. entspricht (Merklen).

Zu harten Seifen findet das Kottonöl insbesondere in Verbindung mit Palmkern- und Kokosöl Verwendung, da es die Seifen aus letzteren zart und geschmeidig macht. Eine Zeitlang war es auch für glattweiße Kernseifen außerordentlich beliebt, aber die oben erwähnten Übelstände sind einer Allgemeinanwendung hier sehr hinderlich. Außerdem findet das Baumwollsaatöl noch bei der Herstellung glattgelber und Eschweger Seife Verwendung. In Frankreich und Italien wird es in Gemeinschaft mit Erdnußöl sogar in bedeutender Menge zu Marseiller Seifen verarbeitet, doch nicht zum Vorteil des Produktes.

Die Kaliseife ist eine trübe, undurchsichtige Schmierseife von hellgelber Farbe, die in der Wärme gut beständig ist (Sommerseife), in der Kälte aber im Gegensatz zur Leinölseife gefriert. In der Schmierseifenfabrikation verwendet man daher das Kottonöl im Sommer bei der Herstellung transparenter Leinölseifen, die durch diesen Zusatz auch ohne Natronlauge an Festigkeit gewinnen, ferner für undurchsichtige, glattgelbe oder glattweiße Schmierseifen, Silberseifen, Salmiakschmierseifen u. dgl.

Auch zu Naturkornseife findet das Baumwollsaatöl Verwendung; doch ist hierbei große Vorsicht erforderlich, da das Korn leicht auswächst. Vor allem ist jeder Natronzusatz zu vermeiden, wenn man den Charakter als Schmierseife nicht gefährden will.

Die Eigenschaft des Baumwollsaatöls, einige Grade über 0° Palmitin auszuscheiden, hat man in Amerika benutzt, um ein an Palmitin armes Öl zu gewinnen. Das abgeschiedene, schmalzartige Fett kommt unter der Bezeichnung „Cottonstearin“ oder „vegetabilisches Stearin“ in den Handel.

Aber auch dies zeigt bei der Verseifung die unangenehmen Eigenschaften des Baumwollsaatöles, da daraus hergestellte weiße Seifen beim Lagern gelbe Flecken bekommen und einen unangenehmen Geruch annehmen.

Sesamöl. Die Sesamsaat des Handels besteht aus den Samen zweier Bignoniaceen, Sesamum indicum *L.* und Sesamum orientale *L.*, als deren Heimat das südliche und östliche Asien gilt. Gegenwärtig wird die Pflanze, und zwar in beiden Formen, wegen des hohen Ölgehalts der Samen (42—48 vH.) in den meisten tropischen und wärmeren Ländern gebaut, so in Indien, Kleinasien, Griechenland, Ägypten, Algier, Zanzibar, Natal, in den französischen Kolonien an der Westküste Afrikas, Brasilien, Westindien und in neuester Zeit stark in den Südstaaten Nordamerikas. Die Billigkeit des Rohmaterials und der Reichtum der Samen an gutem Öl sind die Ursache, daß der Sesam heute zu den wichtigsten Rohstoffen der Ölgewinnung zählt und namentlich in Frankreich und England, in neuerer Zeit aber auch in Deutschland und Österreich zur Ölpressung verwendet wird.

Die Sesamsaat wird meist dreimal gepreßt; die beiden ersten Pressungen erfolgen kalt, die dritte warm. Die kalt gepreßten Öle dienen als Speiseöle, die warm gepreßten hauptsächlich zur Seifenfabrikation. Der Geschmack der Speiseöle ist milde, doch nicht so angenehm wie der des Olivenöls.

Das Sesamöl besitzt eine schöne hellgelbe Farbe und besteht hauptsächlich aus Oleïn (60 vH.), neben dem es die Glyzeride der Linolsäure (25 vH.), der Stearin- und Palmitinsäure (12—15 vH.) enthält. Die Verseifungszahl des Öles ist 188—192, die Jodzahl 106—114,5. Der Erstarrungspunkt der abgeschiedenen Fettsäuren liegt bei 22,9—23,8°.

Das Sesamöl gibt mit Zucker und Salzsäure eine karmoisinrote Farbe, die es ermöglicht, dasselbe im Gemisch mit anderen Ölen sicher zu entdecken. Diese Probe, welche man gewöhnlich als die Baudouinsche Farbenreaktion bezeichnet, wird nach Villavecchia und Fabris[1]) in folgender Weise ausgeführt: Man löst 0,1 g Rohrzucker in 10 ccm Salzsäure vom spezifischen Gewicht 1,19, setzt 20 ccm des zu untersuchenden Öles zu, schüttelt kurze Zeit und läßt die Probe stehen. In Gegenwart selbst der geringsten Menge Sesamöl ist die abgeschiedene wässerige Lösung karmoisinrot gefärbt. Intensivere Färbungen erhält man, wenn statt des Zuckers eine alkoholische Lösung von Furfurol als Reagens benutzt wird. In dieser Form ist die Probe für die amtliche Unterscheidung von Butter und Margarine, der auf Grund behördlicher Vorschriften mindestens 10 vH. Sesamöl zugesetzt werden müssen, gesetzlich vorgeschrieben. Zur Prüfung des Fettes werden 5 ccm in dem gleichen Volumen Petroläther gelöst und mit 0,1 ccm einer 1 proz. Lösung von Furfurol in Alkohol und 5 ccm Salzsäure vom spezifischen Gewicht 1,19 eine halbe Minute lang kräftig geschüttelt. Ein Gehalt von 0,5 vH. Sesamöl bewirkt noch eine schwache Rosafärbung der sich absetzenden unteren Flüssigkeit. Fette mit 1 oder mehr Prozent Sesamöl ergeben kräftige karmoisinrote Färbung; bei Abwesenheit von Sesamöl färbt sich die Säureschicht höchstens hellgelb bis braungelb.

Die besten Sorten Sesamöl dienen vielfach zum Verschneiden von Olivenöl, während es selbst häufig mit Erdnußöl verfälscht wird. Zur Seifenfabrikation finden nur die Nachschlagöle oder die aus schlechtem Samen gepreßten oder aus den Preßkuchen mit Schwefelkohlenstoff extrahierten Öle (Sesamsulfuröl) Verwendung. Zu Riegelseifen kann man nur die dicken, fast weißen, viel Stearin oder Palmitin enthaltenden Satzöle verwenden, welche sich beim Lagern des Öls absetzen. Die flüssigen Öle können aber als Zusatzöle zu Palmkernöl, Kokosöl, Talg und Palmöl bis zu 30 vH. genommen werden und ergeben dann ebenfalls gute Seifen, welche fest vom Schnitt sind.

Infolge seines Säuregehaltes läßt sich das technische Sesamöl mit schwachen Laugen (12—15° Bé) leicht verseifen. Die Natronseife ist rötlichweiß bis braungelb, fest und homogen. In Wasser ist sie relativ leicht löslich und von gutem Schaumvermögen. Die Grenzlauge ist bei Siedetemperatur eine Natronlauge von 8° Bé und eine Kochsalzlösung von 5,5° Bé. Auf Leimniederschlag gesotten enthält sie 58 vH. Fettsäure oder 62,5 vH. Reinseife, entsprechend einer Ausbeute von 164 vH. (Merklen). Die so gewonnene Seife ist jedoch weich und feucht und setzt unter Umständen sogar Lauge ab. In Mischung mit talgartigen Fetten macht das Sesamöl daher die Seife weicher und geschmeidiger, färbt sie aber gleichzeitig rötlich.

Die Kaliseife ist eine glänzende, transparente Schmierseife von hellbrauner Farbe. Temperatureinflüssen gegenüber ist sie ziemlich wider-

---

[1]) Ztschr. f. angew. Chem. 1892, **5**, S. 509.

standsfähig. Trotzdem wird das Sesamöl nur selten zur Schmierseifenfabrikation verwandt, da die technischen Qualitäten desselben infolge der Vervollkommnung, welche die Raffinationsverfahren in den letzten Jahrzehnten erfahren haben, nur noch in geringen Mengen angeboten werden.

Maisöl. Der Mais, der Samen der Maispflanze (Zea Mays *L.*), enthält 6—9 vH. Öl und ist somit die ölreichste Getreideart. Das meiste Öl ist in den Keimen enthalten, welche man bei der Stärke-, Glukose- und Alkoholgewinnung aus Mais als Nebenprodukt erhält. Sie enthalten in trockenem Zustande etwa 50 vH. Öl, das durch Pressung gewonnen wird. Die Hauptproduktionsländer sind Amerika und Argentinien.

Das Maisöl ist ziemlich dickflüssig, von hellgelber bis goldgelber Farbe und angenehmem Geruch und Geschmack. Es hat ein spezifisches Gewicht von 0,9215—0,9255 bei 15° C und erstarrt bei —10° bis —15° C zu einer ziemlich festen, weißen Masse. Die Verseifungszahl des Öles ist 189,7—191,9, die Jodzahl 111,2—112,6, der Erstarrungspunkt der Fettsäuren liegt bei 14—16° C. Das Öl zeigt keine Sauerstoffaufnahme und enthält 1,35—1,55 vH. Unverseifbares.

Die verseifbaren Bestandteile bestehen vornehmlich aus Oleïn und Linoleïn neben 5—8 vH. an Glyzeriden fester Fettsäuren.

Maisöl verseift sich mit schwachen Laugen ziemlich leicht. Die Grenzlauge ist in der Siedehitze eine Natronlauge von 7° Bé und eine Kochsalzlösung von 5° Bé. Die Natronseife ist hellgelb, fest, aber relativ weich, in Wasser schwer löslich und schlecht schäumend. Ohne den Zusatz talgartiger Fette oder fester Pflanzenfette ist das Maisöl daher nicht zur Fabrikation harter Seifen verwendbar. Mit den genannten Fetten vermischt ergibt es aber schöne, hellgelbe Seifen von homogener, geschmeidiger Beschaffenheit und guter Konsistenz.

Die Kaliseife ist eine feurig-durchsichtige Schmierseife von gelber oder rötlicher Farbe, die gegen Temperatureinflüsse wenig empfindlich ist. Das Maisöl bildet daher bei der Schmierseifenfabrikation einen vorzüglichen Ersatz für das Leinöl. Die Ausbeute beträgt 238—240 vH.

Leindotteröl. Das Leindotteröl, auch Dotteröl genannt, wird aus dem Leindotter, dem Samen von Camelina sativa *L.* (Myagrum sativum Crz.), einer Kruzifere, geschlagen. Der Samen ist klein, länglich, von gelber Farbe und enthält 32—35 vH. Öl. Das Leindotteröl ist goldgelb, schwach trocknend und von schwachem, aber eigentümlichem Geruch und Geschmack; es hat ein spezifisches Gewicht von 0,9252 bis 0,9260 bei 15° C und wird bei —18° C fest. Die Verseifungszahl des Öles ist 188, die Jodzahl 135,3—142,4. Der Erstarrungspunkt der bei gewöhnlicher Temperatur flüssigen Fettsäuren liegt bei 13—14°. Das Leindotteröl wird in verhältnismäßig geringer Menge produziert und hat daher keine große Bedeutung. In der Seifenfabrikation findet es lediglich mit Leinöl vermischt zur Herstellung von Schmierseifen Verwendung. Da diese auch bei größter Kälte nicht erfrieren, nimmt man das Öl im Winter gern zu Naturkornseifen. Im Sommer sind dagegen die Faßseifen aus Leindotteröl nicht zu halten, sie schmelzen schon unter 20° C und haben einen unangenehmen Geruch.

Sojabohnenöl. Das Sojabohnenöl wird aus dem Samen einer Leguminose, der Soja hispida Silb. und Zuc. gewonnen, die vornehmlich in China und Japan in großem Maßstabe für Nahrungszwecke angebaut wird. Die Mandschurei produziert allein jährlich bis zu $1^1/_2$ Millionen Tonnen Sojabohnen.

Die Bohne selbst enthält 17—22 vH. Öl, das durch Pressung und Extraktion teils am Produktionsort, teils auch in Europa erst (England) gewonnen wird, und dessen chemische Zusammensetzung neuerdings von Bangham und Jamilson[1]) ermittelt wurde. Nach diesen Autoren enthält das Sojaöl 2,3 vH. Glyzeride der Linolsäure, 51,5 vH. Glyzeride der Linolensäure, 33,4 vH. der Ölsäure, 6,8 vH. der Palmitinsäure, 4,4 vH. der Stearinsäure, 0,7 vH. der Arachinsäure und 0,1 vH. der Lignozerinsäure neben 0,6 vH. Unverseifbarem (Sojasterol). Das spezifische Gewicht des Öles beträgt bei 15° C 0,924—0,927, die Verseifungszahl ist 190,6—192,9, die Jodzahl 122,2—124,0. Der Erstarrungspunkt der Fettsäuren liegt bei 24,1—25,0°.

Das Sojabohnenöl, das, gelblichweiß gefärbt, angenehmen Geruch und Geschmack besitzt, eignet sich in hervorragender Weise zur Seifenfabrikation und gleicht in seinem Verhalten teils dem Maisöl, teils dem Kottonöl. Die Verseifung läßt sich mit schwachen Laugen von 10 bis 12 Bé erreichen, muß aber sorgfältig durchgeführt werden, damit die fertige Seife infolge unvollkommener Verseifung nicht fleckig oder ranzig wird.

Die Natronseife ist goldgelb, fest, aber relativ weich, in Wasser wenig löslich und schlecht schäumend. Die Grenzlauge ist in der Siedehitze eine Natronlauge von 8,5° Bé und eine Kochsalzlösung von 6° Bé. Für sich allein ist das Sojabohnenöl nicht auf Kernseifen zu verarbeiten, doch kann es zu 20—30 vH. mit talgartigen Fetten oder Palmkern- und Kokosöl versotten das Erdnuß- oder Kottonöl voll ersetzen.

Die Kaliseife ist feurig-durchsichtig, dunkelgoldgelb und Temperatureinflüssen gegenüber genügend beständig. Das Sojaöl läßt sich daher zur Schmierseifenfabrikation in der gleichen Weise verwenden wie das vorbesprochene Mais- und Kottonöl. Im Sommer versiedet man es am besten mit Leinöl gemischt zu 50—60 vH. des Fettansatzes, während man im Winter nicht über 30 vH. herausgehen soll. Für die Herstellung von Silberseifen ist es aber nicht in demselben Maße geeignet als Kottonöl, da es weniger feste Fettsäuren enthält, als dieses, und daher einen höheren Natrongehalt erfordert. Auch die Farbe läßt, wenn das Öl vor der Verseifung nicht wiederholt gebleicht wurde, zu wünschen übrig, da sie stets einen leicht gelbgrünen Stich besitzt und nicht genügend reinweiß erscheint.

Rüböl. Mit dem Namen Rüböl bezeichnet man die Öle der verschiedenen Brassicaarten und unterscheidet je nach der verarbeiteten Saat das Kohlsaatöl, Rübsenöl und Rapsöl. Die Eigenschaften dieser Öle stimmen in allen Hauptpunkten überein. Das spezifische Gewicht schwankt zwischen 0,914 und 0,917 bei 15° C. Der Erstarrungspunkt

[1]) Chem. Umschau, 1923, **30**, S. 110.

liegt zwischen —2° und —10° C. Die ausgeschiedenen Fettsäuren erstarren bei ungefähr 12° C. Die Verseifungszahl ist 167,7—176,5, die Jodzahl 94,1—104,8. Die Rüböle bestehen hauptsächlich aus den Glyzeriden der Ölsäure, Erukasäure, Linol- und Linolensäure und enthalten etwa 1 vH. unverseifbare Substanz. Nach früheren Autoren soll im Rüböl außerdem eine sonst nicht beobachtete, ungesättigte Fettsäure, die Rapinsäure[1]), vorkommen. Dieselbe ist jedoch nach neueren Untersuchungen mit der Ölsäure identisch[2]). In geringen Mengen kommen auch Glyzeride gesättigter Fettsäuren, der Palmitin-, Stearin-, Behen-, Lignozerin- und Arachinsäure vor, doch ist der hohe, etwa 65 vH. betragende Gehalt an Glyzeriden der Erukasäure die Ursache des sehr niedrigen Verseifungswertes. Die Farbe der Rüböle ist hell bis dunkel braungelb, das Produkt des Vorschlags immer etwas heller als das des Nachschlags. Frisch sind die Rüböle fast geruchlos; das abgelagerte Öl zeigt aber einen eigentümlichen Geruch. Der Geschmack ist kratzend, von flüchtigen Beimengungen herrührend, die besonders in den Ölen des Nachschlags vorhanden zu sein scheinen.

Vor Einführung der Erdöldestillate war das Rüböl in Deutschland das hauptsächlichste Beleuchtungsmaterial; heute dient es vornehmlich als Schmieröl. In der Seifenfabrikation findet es nur selten Anwendung; zuweilen werden aber die dicken Satzöle auf geringwertige, schwarze Schmierseife verarbeitet. Das Rüböl verseift sich auch mit schwachen Laugen schwer, und die daraus hergestellten Schmierseifen sind gegen Temperaturschwankungen sehr empfindlich. Mit Natronlauge gibt das Rüböl eine schlechte, krümelige Seife, die in Wasser nur schwer löslich und Salzlösungen gegenüber sehr empfindlich ist, da die Grenzlauge durch eine Natronlauge von nur 5,5° Bé oder eine Kochsalzlösung von nur 3,5° Bé dargestellt wird.

Olivenöl. Das Olivenöl ist unter allen Ölen das am längsten bekannte. Die Kultur des Ölbaumes (Olea europaea sativa *L.*) ist seit Jahrtausenden bekannt und wird vornehmlich in den Mittelmeerländern, in Spanien, Portugal, Südfrankreich, Italien, Istrien, Dalmatien, Griechenland, an der marokkanischen Küste, ferner in der Krim und in Palästina betrieben. Seit einigen Jahrhunderten findet man Ölbaumpflanzungen auch in Amerika, besonders in Peru und Mexiko, wo stattliche Olivenhaine selbst im sterilen Boden der Küstengegenden anzutreffen sind.

Die völlig reife Olive hat eine dunkelviolette bis schwarze Farbe. Um den ölreichen Kern lagert ein im Reifestadium schlaffes Fruchtfleisch, dessen Parenchymzellen mit einer wässerigen Flüssigkeit gefüllt sind, in der Fetttröpfchen und feine, oft massenweise verbundene, überaus kleine Körnchen suspendiert sind. Das Fruchtfleisch wird von einer Fruchthaut umschlossen, die aus derbwandigen, mit einer violetten Farbstofflösung erfüllten Zellen besteht. Der Ölgehalt der Oliven ist

---

[1]) Ber. d. Deutsch. Chem. Ges., 1887, **20**, S. 2385; ferner Monatsh. f. Chemie, 1896, **17**, S. 309.

[2]) Grabner: Monatsh. f. Chemie, 1922, **42**, S. 28.

sehr verschieden, er schwankt zwischen 20 und 60 vH. und ist abhängig von der Art, der Größe und der Reife der Früchte.

Je nach Art der Gewinnung unterscheidet man verschiedene Handelsqualitäten des Olivenöls, nämlich 1. das durch gelinde, kalte Pressung erhaltene feinste Speiseöl, das den Namen „Jungfernöl" führt, 2. das durch abermalige kalte Pressung der verbleibenden Kuchen erhaltene gewöhnliche Speiseöl, 3. das durch dritte Pressung der nunmehrigen Rückstände gewonnene Fabrikolivenöl (Brennöl), 4. das Nachmühlenöl, das aus den Rückständen eines nach kurzer Selbstgärung der Oliven gewonnenen Öles erhalten wird, 5. das Höllenöl oder Klärgrubenöl, das man aus den Waschwässern und Rückständen des Nachmühlenöles gewinnt und schließlich 6. das durch Extraktion der Preßkuchen mit Schwefelkohlenstoff erhaltene Sulfurolivenöl. Die letztgenannten vier Qualitäten werden ausschließlich zu technischen Zwecken, vornehmlich zur Seifenfabrikation, verwendet, da sie in der Regel einen mehr oder weniger großen Gehalt an freien Fettsäuren aufweisen und durch Oxydation (Bildung von Oxyfettsäuren und Laktonen) eine oft weitgehende Änderung ihrer Eigenschaften erfahren haben.

In den südlicheren Gegenden wird bei der Verarbeitung der Oliven auch der Kern mit zerkleinert und der ganze so erhaltene Brei der Pressung unterworfen; in den nördlicheren Ländern dagegen, wo der Ölbaum zwar noch gedeiht, aber nicht mehr auf einen regelmäßigen Ertrag zu rechnen ist, wird nur das zerquetschte Fruchtfleisch gepreßt, während die Kerne an Extraktionsfabriken geliefert werden. Das daraus gewonnene Öl kommt gewöhnlich unter dem Namen „Olivenkernöl" in den Handel. Es ist dunkelgrün und dickflüssig, enthält größere Mengen freier Fettsäure und setzt leicht und in erheblichem Maße festes Fett ab. Das durch Kaltpressen aus frischen Olivenkernen erhaltene Öl hat eine goldgelbe Farbe und enthält nur geringe Mengen freier Fettsäuren.

Das reine Olivenöl ist von hellgelber bis grünlichgelber Farbe und mildem, angenehmem Geschmack. Die kalt gepreßten Öle enthalten etwa 80 vH. Öl, das im wesentlichen Trioleïn ist, während die festen Anteile vornehmlich aus Palmitin und geringen Mengen Arachin bestehen. Das Unverseifbare im Olivenöl ist Phytosterin. Die heißgepreßten Öle sind reicher an Palmitin. Das spezifische Gewicht der kalt gepreßten Öle schwankt bei 15° C zwischen 0,915 und 0,918, während das spezifische Gewicht der heiß gepreßten Öle bis auf 0,925 steigt. Letztere setzen oft schon bei 10° C körnige Ausscheidungen ab und erstarren bei 0°, während ganz feine, kalt gepreßte Öle zuweilen erst bei 2° C anfangen sich zu trüben und bei —6° C das Palmitin ausscheiden. Die aus dem Olivenöl abgeschiedenen Säuren erstarren bei 16,9—26,4° C. Die Verseifungszahl des Olivenöles ist 185—196, die Jodzahl 77,3—94,7.

In der Regel dient das Fabrikolivenöl zur Herstellung weißer Olivenölseifen, das Nachmühlen- und Höllenöl für marmorierte Marseiller Seifen und das Sulfuröl zur Herstellung grüner Textilseifen. Ihrem verschiedenen chemischen Charakter entsprechend zeigen die genannten Öle aber bei und nach der Verseifung wesentliche Unterschiede in ihrem Verhalten. Während sich neutrales Olivenöl nur schwer verseift und einer schwachen, höchstens 10° Bé starken Lauge für die Einleitung der Verseifung benötigt, vollzieht sich die Verseifung der oben genannten technischen Öle ihrem jeweiligen Gehalt an freien Fettsäuren entsprechend mehr oder weniger leicht. Die Natronseifen sind fest, hart, in der Regel von angenehmem Geruch und je nach der Farbe des verseiften Öles weiß, cremefarbig, gelbgrün oder rein grün gefärbt. Die auf Leimniederschlag gesottenen Produkte erstarren in der Regel langsamer als die auf Unterlauge gesottenen, werden aber ebenfalls beim Lagern ziemlich hart. In Wasser sind sie leicht löslich und geben einen feinen, beständigen Schaum. Die aus Nachmühlensatzölen gesottenen Seifen zeigen, besonders wenn sie auf Leimniederschlag hergestellt sind, Marmorierung und enthalten infolge ihres hohen Gehaltes an oxyfettsauren Salzen gewöhnlich viel Wasser gebunden. Eine von Merklen aus einem Ölsatz mit 10 vH. Laktonen hergestellte Seife enthielt beispielsweise 50,5 vH. Fettsäuren, d. h. also nur 54 vH. Reinseife. Im Gegensatz hierzu besitzt aber die Seife aus dem Sulfuröl ebenso wie die Seife aus neutralem Öl einen relativ geringen Wassergehalt, da die in flüchtigen Lösungsmitteln praktisch unlöslichen Laktone im Sulfuröl nur in geringem Maße enthalten sind und die daraus hergestellten Seifen demzufolge auch nur ein geringes Bindungsvermögen für Wasser besitzen können. Nach Merklen enthält eine Seife aus Sulfuröl 60,9 vH. Fettsäuren, d. h. 65,5 vH. Reinseife, eine Angabe, die mit den praktischen Erfahrungen gut übereinstimmt, da man gewöhnlich mit 157—160 vH. Ausbeute rechnet. Die gleiche Ausbeute wird auch bei der Verwendung neutralen Olivenöls erreicht.

Die Grenzlauge der Olivenölseifen ist ebenfalls je nach der Qualität der Öle eine verschiedene. Für Seifen aus neutralem Öl wird sie bei Siedetemperatur durch eine Natronlauge von 7° Bé und eine Kochsalzlösung von 5,5° Bé dargestellt. Mit dem Gehalt des Öles an Oxyfettsäuren und Laktonen erfährt die Grenzlaugenkonzentration indessen eine entsprechende Änderung, da die Seifen der Oxyfettsäuren in Laugen und Salzlösungen leichter löslich sind als die unveränderten fettsauren Salze. Für die Seifen aus Nachmühlenöl ist die Grenzlauge daher bereits eine 8° Bé starke Natronlauge und eine 6° Bé starke Kochsalzlösung, für solche aus Nachmühlensatzölen oder Höllenöl eine Natronlauge von 9° Bé und eine Kochsalzlösung von über 6° Bé. Seifen aus Sulfurolivenöl endlich sind in der Siedehitze in einer Natronlauge von 11° Bé und einer Kochsalzlösung von ebenfalls 6° Bé unlöslich. Im großen und ganzen werden also die Olivenölseifen, unabhängig von der Art des Öles, durch die gleiche Kochsalzkonzentration leicht ausgesalzen, während die Aussalzung durch Ätznatron abhängig ist von der chemischen Zusammensetzung des Öles, und zwar derart, daß die stark oxydierten Öle eine höhere Konzentration der Lauge erfordern als die reinen und unveränderten Produkte.

Die Kaliseife des Olivenöls ist eine hellgelbe, je nach Art des Öles mehr oder weniger klare Schmierseife, die in Wasser leicht löslich ist und ein gutes Schaumvermögen besitzt. Olivenöl wird jedoch zur Schmierseifenfabrikation nur selten benutzt.

Erdnußöl. Das Erdnußöl wird aus den Samen der Erdnuß (Arachis hypogaea), einer Leguminose, gewonnen, welche außerordentlich verbreitet ist und besonders an der Westküste Afrikas und in Indien, außerdem aber auch im Innern Afrikas, in Ostafrika, auf Java und Sumatra, in Südamerika und den südlichen Teilen von Nordamerika, sowie in Südeuropa kultiviert wird. Je nach ihrem Ursprungsort stellen die Erdnüsse verschiedene Varietäten dar. Die afrikanischen, meist in der Schale importierten Nüsse geben bei zweimaliger Kaltpressung ein feines Speiseöl, während die indischen Nüsse entschält importiert werden und bei der Kaltpressung (Bombaynüsse) ebenfalls ein Speiseöl, bei der Heißpressung (Coromandelnüsse) ein besonders für die Seifenfabrikation verwandtes, technisches Öl ergeben. Der Ölgehalt der Nüsse schwankt je nach Herkunft zwischen 42 und 51 vH., wovon in der Regel der Preßart entsprechend 30—38 vH. gewonnen werden.

Das Erdnußöl ist etwas dünnflüssiger als Olivenöl und enthält vornehmlich die Glyzeride der Ölsäure, Linolsäure und Hypogaeasäure, daneben 5—10 vH. feste Glyzeride, die hauptsächlich aus Arachin und Lignozerin bestehen. Der Gehalt an Unverseifbarem beträgt 0,54 bis 0,94 vH. Das kalt gepreßte Öl hat ein spezifisches Gewicht von 0,916 bei 15° C; das spezifische Gewicht der warm gepreßten Öle ist höher und steigt bis 0,920. Das Erdnußöl gehört zu den nicht trocknenden Ölen, ist ziemlich haltbar und wird nicht leicht ranzig. In der Kälte gerinnt es, wie das Olivenöl, etwas über 0°, erstarrt bei —3 bis —4° C und wird erst bei —7° C ganz fest.

Die Verseifungszahl des Erdnußöles wurde zu 185,6—194,8 gefunden, die Jodzahl zu 92,4—100,8. Der Erstarrungspunkt der abgeschiedenen Fettsäuren liegt bei 28,1—29,2.

Das kalt gepreßte Erdnußöl ist farb- und geruchlos, während die technischen Öle mehr oder weniger gefärbt sind und einen unangenehmen Geruch besitzen. In der Regel sind sie auch stark sauer und enthalten häufig 20 vH. und mehr freie Fettsäure.

In der Seifenfabrikation findet das Erdnußöl Verwendung bei der Herstellung von Kernseifen, Eschweger Seifen und Schmierseifen. Zur Verseifung verwendet man Laugen von 15—18° Bé. Die Natronseife ist fest, auf Unterlauge gesotten grauweiß und ziemlich hart, auf Leimniederschlag weich und schmutziggelb bis hellbraun gefärbt. In Wasser ist sie schwer löslich und schlecht schäumend. Die Grenzlauge ist in der Siedehitze eine über 7,5° Bé starke Natronlauge und eine über 5,5° Bé starke Kochsalzlösung. Die auf Leimniederschlag erhaltene Seife enthält 59 vH. Fettsäuren, d. h. 63,5 vH. Reinseife, was einer Ausbeute von 162 vH. entspricht (Merklen).

Das Erdnußöl hat in mancher Beziehung Ähnlichkeit mit dem Baumwollsaatöl, ohne dessen Nachteile (Fleckigwerden der Seifen) zu besitzen. Zwei Teile Erdnußöl und drei Teile Palmkernöl geben mit Ätznatronlaugen beim direkten Sieden eine tadellose weiße Wachskernseife. Ebenso erhält man aus 70 vH. Palmkernöl und 30 vH. Erdnußöl mit Natronlauge sehr schöne, weißgrundige Eschweger Seifen. Dabei verfährt man am zweckmäßigsten in der Weise, daß man mit reiner Ätzlauge von etwa 24° Bé verseift und erst nachher zur Reduzierung der Kaustizität Soda- oder Salzlösung anwendet. Für marmorierte Kernseifen ist das Erdnußöl indessen nicht empfehlenswert, da es im Gegensatz zum Sesamöl einen weniger weißen Grund gibt, der allmählich sogar gelblich wird.

Eine vorteilhafte Verwendung findet das Erdnußöl aber bei der Herstellung kalt gerührter Seifen, vorausgesetzt allerdings, daß der Gehalt an freien Fettsäuren ein nur geringer ist. Eine Seife z. B. aus 70 kg Kokosöl, 30 kg Erdnußöl und 53 kg Ätznatronlauge von 36° Bé übertrifft im Aussehen eine Seife, zu welcher an Stelle von Erdnußöl Talg genommen wurde. Bei transparenten Glyzerinseifen ersetzt es aber den Talg nicht, der die Härte gerade dieser Seifen bedingt.

Die Kaliseife ist eine hellgelbe, undurchsichtige Schmierseife, die in der Wärme gut beständig ist, in der Kälte aber leicht erfriert. Das Erdnußöl eignet sich daher für die Herstellung von Naturkornseifen, Silberseifen und von Salmiakterpentinseifen und ist für diese Zwecke dem Baumwollsaatöl vorzuziehen, da es insonderheit auch besser als dieses die Mitverwendung von Soda verträgt. Bei der Fabrikation von Glyzerinschmierseife und glatter Ölseife lassen sich im Sommer bis zu 25 vH. des Ansatzes an Erdnußöl verwenden. Da das Erdnußöl in der Regel aber teurer als das Leinöl ist, wird man es nur ausnahmsweise für diesen Zweck benutzen. Die Verseifung erfolgt gleichzeitig mit dem übrigen Fettansatz in bekannter Weise auf 18—25grädiger Kalilauge.

Mandelöl. Das Mandelöl wird aus den Samen der bitteren und süßen Mandel (Prunus amygdalus) in Marokko, auf den Kanarischen Inseln, in Syrien, Persien und Südeuropa gewonnen. Die süßen Mandeln enthalten 45—55 vH., die bitteren 35—45 vH. Öl, das vornehmlich durch Kaltpressung gewonnen wird. Das Mandelöl des Handels ist in der Regel jedoch nicht einheitlich, sondern mit Pfirsichkern- und Aprikosenkernöl vermischt.

Das Mandelöl ist klar, dünnflüssig, schwach gelblich, fast geruchlos und von angenehmem, mildem Geschmack und gehört zu den nicht trocknenden Ölen. Es besteht vornehmlich aus den Glyzeriden der Ölsäure und Linolsäure, enthält von der letzteren jedoch nur etwa 6—10 vH. Das spezifische Gewicht des Mandelöles beträgt bei 15° C 0,915—0,920, es erstarrt bei —20° C und darunter, während das Pfirsichkernöl bei —18° C und das Aprikosenkernöl bei —14° C fest werden. Die Verseifungszahl des Mandelöles ist 189,5—191,7, die Jodzahl 93 bis 95,4, der Erstarrungspunkt der Fettsäuren liegt bei 9,5—11,8°.

Die feinsten Sorten Mandelöl finden in der Medizin, andere noch gut und rein schmeckende Öle zum Verschneiden von Speiseölen Verwendung. Die geringeren Sorten sind für technische Zwecke, namentlich für die Herstellung besserer Feinseifen begehrt. Das Mandelöl läßt sich auf kaltem Wege mit konzentrierten Laugen verseifen und bildet dann harte, homogene Natronseifen, die ein gutes Schaumvermögen besitzen und in ihrem Charakter an eine Olivenölseife erinnern.

Rizinusöl. Das Rizinusöl wird aus dem Samen der Rizinusstaude (Ricinus communis *L.*) gewonnen, einer Pflanze, die ursprünglich in Ostindien heimisch ist, jetzt aber auch in Algier, Ägypten, Griechenland,

Italien und Amerika kultiviert wird. Der entschälte Samen enthält bis zu 50 und 60 vH. Öl, das teils durch Pressung, teils durch Extraktion erhalten wird.

Im Handel kommen hauptsächlich drei Arten von Rizinussaat vor: amerikanische, indische (Bombay-Saat) und italienische. Diese Saaten zeigen sowohl in der Form, wie in der Farbe einige Abweichungen. Die indische Saat ist durchschnittlich die kleinste, auch in ihrer lichtbraun gesprenkelten Farbe die hellste. Sie gibt beim Pressen das wenigste Öl, da es nicht zu den Seltenheiten gehört, daß sie etwa 20 vH. taube Samen enthält.

Das Öl aus erster Pressung dient vornehmlich pharmazeutischen Zwecken, während die Öle zweiter und dritter Pressung ebenso wie das Extraktionsöl fast ausschließlich technische Verwendung finden.

Das Rizinusöl ist farblos oder schwach gelblichgrün, von anfangs mildem, hinterher etwas kratzendem Geschmack und sehr schwachem, aber nicht angenehmem Geruch. Es ist sehr zähflüssig und verdickt sich an der Luft weiter, ohne aber selbst in dünnen Schichten vollständig einzutrocknen. Seinen Hauptbestandteil bildet das Glyzerid der hydroxylierten Rizinusölsäure (80—82 vH.), außerdem enthält es kleine Mengen von Stearin und Dioxystearin. Das spezifische Gewicht des Rizinusöles schwankt zwischen 0,959 und 0,967 bei 15° C. In der Kälte unter 0° setzt das Öl ein weißes, stearinähnliches Fett ab und erstarrt zwischen —10 und —12° C zu einer gelblichen, durchscheinenden Masse.

Reines Rizinusöl ist im Gegensatz zu anderen fetten Ölen mit absolutem Alkohol und Eisessig in jedem Verhältnis mischbar. Es löst sich ferner bei 15° C in 2 Teilen 90 proz. und in 4 Teilen 84 proz. Alkohol; dagegen ist es fast unlöslich in Paraffinöl, Petroleum (Mineralölen) und Petroläther. Mit konzentrierter Schwefelsäure bildet es eine Sulfosäure (Türkischrotöl).

Die Verseifungszahl des Rizinusöles ist sehr niedrig, sie liegt zwischen 176,7 und 183,5. Die Jodzahl des Öles beträgt 81,4—90,6, die Azetylzahl 149,9—150,5. Der Erstarrungspunkt der Fettsäuren liegt bei 3° C.

Reines Rizinusöl hält sich lange Zeit, ohne ranzig zu werden, was nach Lewkowitsch darauf beruht, daß bei der Raffination des Öles mit heißem Wasser das etwa in das Öl gelangte Rizinusferment zerstört wird.

Bei der Verseifung verhält sich das Rizinusöl ähnlich dem Kokosöl. Es läßt sich selbst in der Kälte leicht durch Zusammenrühren mit starker Natronlauge verseifen. Die so erhaltene Seife ist weiß oder grünlichweiß, amorph und durchscheinend und besitzt eine ziemliche Härte. In Wasser ist sie leicht und klar löslich, ebenso selbst in konzentrierten Alkali- oder Salzlösungen. Die Aussalzung ist daher sehr schwierig und nur mit stark konzentrierten Laugen oder Kochsalzlösungen durchführbar. Die Seife scheidet sich alsdann plötzlich in derben Körnern aus, die schnell erstarren und große Mengen von Lauge festhalten. Die Ausbeute ist dementsprechend groß, Merklen erhielt beispielsweise auf einer Unterlauge von 27° Bé eine Seife mit 51,9 vH. Fettsäure (56,36 vH. Reinseife), was einer Ausbeute von 185 vH. entspricht.

Das Schaumvermögen der neutralen Rizinusseife ist ein schlechtes, wird aber weitgehend verbessert, wenn die Seife mit freier Rizinusölsäure leicht angesäuert wird. Auch das Schaumvermögen anderer Seifen, die vornehmlich aus talgartigen Fetten hergestellt sind, läßt sich durch die Hinzunahme von etwa 10 vH. Rizinusöl zum Fettansatz bzw. durch Ansäuern der Seife selbst mit freier Rizinusölsäure bedeutend erhöhen, wobei besonders zu beachten ist, daß diese sauren Seifen weder ranzig werden, noch sonst Eigenschaften besitzen, die ihrer Verwendung hinderlich wären. In der Regel genügt ein Zusatz von 2—3 vH. freier Säure, um neben anderen Vorteilen den in dieser Richtung günstigsten Effekt zu erzielen[1]).

Das Rizinusöl verleiht den damit hergestellten Seifen ein transparentes Aussehen und wird deshalb vielfach zur Fabrikation solcher kalt gerührten Feinseifen verwandt, welche als Ersatzprodukte für Glyzerinseifen dienen sollen. Bei der Herstellung von Kernseifen ist es jedoch nicht empfehlenswert, mehr als 10 vH. des Öles zum Fettansatz zu verwenden, da Seifen mit einem höheren Gehalt an Rizinusöl viel Wasser aufnehmen und dadurch an Härte verlieren. Beim Eintrocknen werden diese letzteren allerdings ebenfalls hart, beschlagen aber in der Regel infolge des hohen Salzgehaltes, den sie aufweisen.

Bei der Verseifung mit Kalilauge gibt das Rizinusöl eine klare, hellgelbe Schmierseife, die in Wasser bzw. Salzlösungen ebenfalls leicht löslich ist. Das Öl wird jedoch nur selten zur Schmierseifenfabrikation herangezogen, da es diese Seifen lang und konsistenzlos macht und eine Ausschleifung nicht verträgt.

Neben den bisher besprochenen, natürlich vorkommenden Fetten und Ölen werden der Seifenindustrie aber auch Rohstoffe zugeführt, welche entweder durch eine chemische Umwandlung dieser reinen Naturprodukte oder als Abfall- bzw. Nebenerzeugnisse anderer Industriezweige gewonnen werden. Unter den erstgenannten sind besonders die gehärteten Fette hervorzuheben, welche, von Spezialfabriken in großem Maßstabe hergestellt, für die Fabrikation von Seifen ohne weiteres geeignet sind, während sich die letztgenannten Produkte, die gewöhnlich kurz als Abfallfette bezeichnet werden, ohne eine tiefgehende, chemische Vorbehandlung für die Herstellung von Seifen nur ausnahmsweise verwenden lassen. Die hierbei angewandten Reinigungsverfahren sind der Seifenindustrie selbst allerdings nur zu einem kleinen Teil geläufig, da sie gewöhnlich besonders ausgebildete Spezialapparaturen erfordern, die mit der Erzeugung von Seife an sich wenig zu tun haben. Gerade auf diesem Gebiete ist aber eine große Anzahl reizvoller Probleme geboten, deren intensive Bearbeitung infolge der heute bestehenden Wirtschaftslage nicht dringend genug empfohlen werden kann. Will die Seifenindustrie den veränderten Verhältnissen Rechnung tragen, so wird sie sich, losgelöst von aller Empirie, diese neuen Verfahren sogar schon bald zu eigen machen müssen, da die wieder anzustrebende Konkurrenzfähigkeit auf dem Weltmarkte zunächst nur dann zu er-

---

[1]) Seifensiederzeitung, 1914, **41,** S. 991; 1915, **42,** S. 24.

reichen sein dürfte, wenn abseits der allgemein betretenen Pfade Mittel und Wege gefunden werden, die im Ausland gering gewerteten Abfallstoffe in hochwertige und gesuchte Edelfabrikate überzuführen.

Gehärtete Fette.

Die Fetthärtung, d. h. die Überführung flüssiger Öle in feste, talgartige Fette, ist von großer technischer Bedeutung, weil die Natur im Gegensatz zu den letztgenannten fette Öle in mehr als genügender Menge produziert. Der Weg, der diese Umwandlung in wirtschaftlicher Weise ermöglicht, ist aber erst seit relativ kurzer Zeit mit Erfolg beschritten, obwohl die theoretische Erkenntnis dieser Umwandlungsmöglichkeit fast 100 Jahre alt ist. Denn während, wie schon eingangs betont ist, die festen Fette vornehmlich aus den Glyzeriden gesättigter Fettsäuren bestehen, deren Aufnahmefähigkeit für Wasserstoff ihre Grenze gefunden hat, bestehen die Öle vornehmlich aus den Glyzeriden ungesättigter Fettsäuren, die den gesättigten gegenüber einen Mindergehalt an Wasserstoff von 2, 4, 6 und 8 Atomen aufweisen.

Bei Gegenwart sogenannter Katalysatoren, d. h. solcher Substanzen, welche durch ihre Anwesenheit sonst nur träge und unvollkommen verlaufende Reaktionen beschleunigen oder überhaupt erst ermöglichen, nehmen indessen die ungesättigten Fettsäuren, bzw. Öle Wasserstoff auf, um in die entsprechenden gesättigten Verbindungen überzugehen. Aus Trioleïn vom Schmelzpunkt —6° und der Dichte 0,900 wird beispielsweise durch die Aufnahme von 6 Wasserstoffatomen Tristearin vom Schmelzpunkt 72° und der Dichte 1,010.

Als Katalysatoren (Wasserstoffüberträger) werden heute in erster Linie fein verteilte Metalle, vornehmlich Nickel, Kobalt und gewisse Edelmetalle verwandt, die auf Ton, Bimsstein, Kieselgur u. dgl. niedergeschlagen sind. Auch Metalloxyde wie Nickel-, Kobalt-, Eisen- Mangan- und Kupferoxyd oder Metallsalze sind einzeln oder im Gemisch untereinander erfolgreich zur Anwendung gekommen. Die Hydrogenisation (Wasserstoffaufnahme) selbst findet gewöhnlich in mit Dampf beheizten Autoklaven statt, in denen das zu härtende Öl mit 1—5 vH. des Katalysators innig vermischt und nunmehr durch intensive Rührung, Umpumpen u. dgl. mit dem zugeleiteten Wasserstoff in möglichst nahe Berührung gebracht wird. Das Verfahren selbst, das zuerst von W. Normann für die Herforder Maschinenfett- und Ölfabrik Leprince & Sieveke in Herford ausgearbeitet wurde, war durch das nunmehr abgelaufene DRP. 141 029 geschützt, neben dem jedoch eine große Anzahl weiterer Patente besteht, die Abänderungen dieses Ursprungsverfahrens, Apparatekonstruktionen, die Herstellung besonders wirksamer Katalysatoren u. dgl. zum Gegenstand haben[1]).

Als Rohmaterial für die Herstellung der gehärteten Fette dienen in erster Linie Fischöle und Trane, insonderheit die guten Qualitäten des Walfischtrans, die vor Ausbruch des Krieges hinreichend billig am

[1]) Vgl. hierzu J. Klimont: Die neueren synthetischen Verfahren der Fettindustrie. 2. Aufl. Leipzig 1922. W. Fahrion: Die Härtung der Fette. 2. Aufl. Braunschweig 1921, u. a.

Markte waren, daneben aber auch Leinöl, Rizinusöl, wie überhaupt alle fetten Öle, welche ihrer Preislage nach eine Hydrogenisation noch als wirtschaftlich erscheinen lassen. Entsprechend der Wasserstoffmenge, die man mit diesen Ölen in Reaktion bringt, entstehen fast geruchlose, schmalzartige bzw. mehr oder weniger talgartige Produkte von weißer Farbe, die sich durch ihre physikalischen und chemischen Eigenschaften wesentlich voneinander unterscheiden. Die Germaniawerke in Emmerich, welche nach dem ursprünglichen Verfahren von Normann arbeiten und schon vor Ausbruch des Krieges wöchentlich über 1000 t gehärtete Fette herstellten, brachten beispielsweise folgende Qualitäten in den Handel:

	Schmelzpunkt	Säurezahl	Jodzahl	Verseifungszahl	Erstarrungspunkt der Fettsäuren
Talgol } aus Waltran	25—37°	3,5—4,5	65—70	etwa 192	35—36°
Talgol extra } aus Waltran	42—45°	3,5—4,5	45—55	„ 192	etwa 43°
Candelite } aus Waltran	48—50°	3,5—4,5	15—20	„ 192	47,5—50°
Candelite extra } aus Waltran	50—52°	3,5—4,5	5—10	„ 192	etwa 50,5°
Coryphol aus Rizinusöl	80—81°	3,5	5—10	180—183	68°

Außerdem als Linolith und Linolith extra ein gehärtetes Leinöl von einem Schmelzpunkt nicht unter 45° bzw. 55°, als Durutol ein gehärtetes Kokosfett vom Schmelzpunkt 60° und als Krutolin einen gehärteten Waltran von schmalzartiger Konsistenz. Die Bremen-Besigheimer Ölfabriken brachten das Brebesol, die Schichtwerke in Aussig a. E. Talgit aus Tran und Linit aus Leinöl, die Hydrogenwerke, welche nach dem Erdmann-Bedford-Williams-Verfahren arbeiten, die entsprechenden Produkte als Tallogen und Linsogen. Eine Fetthärtung in kleinerem Maßstabe, deren Durchführung auch für kleinere Seifenfabriken erwünscht sein würde, ist leider der dazu benötigten, umfangreichen und kostspieligen Wasserstoffanlagen halber bisher nicht möglich gewesen. Durch die Erschließung neuer, bisher wenig oder gar nicht beachteter Wasserstoffquellen bleibt aber auch hier eine fortschrittliche Entwicklung zu erhoffen.

Es ist nun selbstverständlich, daß die chemische Zusammensetzung der gehärteten Fette derjenigen ihrer Ausgangsprodukte entspricht. In den aus Walfischtran hergestellten Erzeugnissen werden also beispielsweise neben den an sich schon darin enthaltenen gesättigten Glyzeriden (Palmitin) die Umwandlungsprodukte aller ungesättigten Glyzeride, insonderheit also der Ölsäure $C_{18}H_{34}O_2$, Gadoleïnsäure $C_{20}H_{38}O_2$, Erukasäure $C_{22}H_{44}O_2$, sowie von Säuren der Reihe $C_nH_{2n-8}O_2$ und $C_nH_{2n-10}O_2$ enthalten sein[1]), d. h. einerseits die Glyzeride hoch schmelzender gesättigter Fettsäuren — Stearinsäure $C_{18}H_{36}O_2$ vom Schmelzpunkt 69°, Arachinsäure $C_{20}H_{40}O_2$ vom Schmelzpunkt 77°, Behensäure $C_{22}H_{40}O_2$ vom Schmelzpunkt 83—84° —, andererseits aber infolge

[1]) Vgl. Benedikt-Ulzer, Analyse d. Fette u. Öle. Berlin 1908, S. 919.

einer unvollständigen Absättigung ihrer Doppelbildungen auch mehr oder weniger dünnflüssige Öle. Die gehärteten Fette sind demnach kompliziert zusammengesetzte Gemische gesättigter und ungesättigter Glyzeride, über deren chemische Konstitution noch wenig bekannt ist. Beispielsweise enthält das Talgol 56—61 vH., das Talgol extra etwa 50 vH. ungesättigte Fettsäuren, die teilweise aber auch aus der festen Isoölsäure bestehen.

Im allgemeinen können die gehärteten Fette bei der Fabrikation von Kernseifen, Eschweger Seifen und weißen Schmier- oder Silberseifen ohne weiteres an Stelle von Talg bzw. Schmalz (Krutolin) verwendet werden. Sie verseifen sich wie diese nur mit schwachen Laugen, die im Höchstfalle 8—10° Bé haben, emulgieren und verleimen sich mit diesen aber leicht. Die Natronseifen sind gewöhnlich grauweiß, sehr hart, spröde und undurchsichtig, wenn sie auf Unterlauge gesotten, weiß bis cremegelb, aber ebenfalls sehr hart und spröde, wenn sie auf Leimniederschlag hergestellt wurden. Die Ausbeute beträgt in der Regel 158 bis 160 vH. In Wasser sind die Natronseifen sehr schwer löslich, im allgemeinen sogar schwerer löslich als Talgseifen, und zwar in um so stärkerem Maße, je vollkommener die Hydrogenisation, d. h. je kleiner die Jodzahl der verseiften Fette ist. Das Schaumvermögen dieser Seifen ist daher ein geringes, kann aber durch zweckentsprechende Zusätze[1]) nicht unwesentlich gesteigert werden. Die Natronseifen sind weiter leicht aussalzbar, und zwar ist die für die Aussalzung notwendige Salzmenge wieder um so geringer, je vollständiger die verseiften Fette hydriert waren. Im allgemeinen verhalten sich die aus Waltran hergestellten Produkte mit einer Jodzahl zwischen 65 und 70 ebenso wie tierischer Talg, während Fette mit geringerer Jodzahl noch weniger Salz benötigen. Der Geruch der Seifen, welcher früher vielfach bemängelt wurde, ist als gut zu bezeichnen, da mit fortschreitender Entwicklung der Härtungsmethoden auch Mittel und Wege gefunden wurden, die früher während des Härtungsprozesses spurenweise auftretende Zersetzung zu vermeiden, auf welche im wesentlichen der anfangs beobachtete „muffige“ oder „eigenartig brenzliche“ Geruch der gehärteten Fette zurückzuführen war. In der Praxis wird der Talg bei der Fabrikation von Seifen bisher aber nur in seltenen Fällen quantitativ durch gehärtete Fette ersetzt, die man im allgemeinen nur bis zu 40 vH. des Fettansatzes verwendet.

Die heutigen Verhältnisse werden aber auch hier eine Korrektur der bisherigen Fabrikationsrezepte erfordern, insonderheit da an sich kein Grund für die Annahme besteht, daß die Herstellung von Seifen lediglich aus gehärteten Fetten unmöglich sei.

Auch Kaliseifen allein aus gehärteten Fetten herzustellen ist durchaus denkbar, zumal der Geruchsträger des Trans, die Clupanodonsäure, bei der Behandlung mit Wasserstoff anscheinend zuerst angegriffen und in eine geruchlose Fettsäure übergeführt wird. Je weiter sich die behandelten Öle mit fortschreitender Hydrogenisation dem Talg-

---

[1]) S. S. 97 und 132.

charakter nähern, um so weniger werden sie allerdings als solche für die Schmierseifenfabrikation geeignet; Produkte vom Talgolcharakter können aber noch immer an Stelle von Talg, beispielsweise in Verbindung mit Kottonöl, für Spezialseifen verwendet werden.

Abfallfette.

Die bei der Wiedergewinnung bzw. Aufarbeitung industrieller Abfälle und Rückstände gewonnenen Abfallfette unterscheidet man nach ihrem Herkommen als Kadaverfette, Leimfett, Gerberfett, Lederextraktionsfett, Abwässerfett, Walkfett und Wollfett (Wollwachs). Ihnen schließen sich die naturellen Ölrückstände der Speiseölfabriken, der sogenannte Soapstock, sowie die aus ihnen abgeschiedenen Fettsäuren an.

Unter den genannten Produkten für die Seifenfabrikation am wertvollsten sind vornehmlich die Kadaver- und die Leimfette, da sie fast vollkommen frei von unverseifbaren Bestandteilen eine außergewöhnliche Vorreinigung kaum benötigen. Die Kadaverfette werden bei der Vernichtung und Verarbeitung von Tierkadavern und Schlachthausabfällen auf Futtermehl oder Düngemittel als Nebenprodukt erhalten. Zu diesem Zweck werden die Kadaver in geschlossenen Druckgefäßen mit gespanntem Dampf gekocht. Die entstandene Leimbrühe und das Fett werden abgezogen und das letztere durch Umschmelzen und Waschen gereinigt. Die Ausbeute beträgt in der Regel 11 vH.

Die Leimfette oder besser Leimsiedereifette bilden ein Nebenprodukt bei der Verarbeitung von Leimleder, d. h. von ungegerbten Hautabfällen, die entweder in grünem, nicht gekalktem Zustand oder nach einer längeren Behandlung mit Kalk auf Leim verkocht werden. Im erstgenannten Fall wird das auf der heißen Leimbrühe schwimmende Fett durch Abschöpfen als sogenanntes „Abschöpffett“ gewonnen, im zweiten Fall hinterbleibt nach Entfernung der Leimbrühe ein Rückstand, in dem auch das Fett zum größten Teil als Kalkseife enthalten ist. Durch Verkochen mit etwa 10 proz. Schwefelsäure, Zentrifugieren der aufgeschlossenen Masse und gegebenenfalls durch Extraktion der verbleibenden Rückstände erhält man schließlich das aus einer Mischung von Neutralfett und Fettsäuren bestehende „Aufschließfett“.

Das Aussehen und die Eigenschaften der Kadaverfette sind naturgemäß durch die Art der verarbeiteten Kadaver bedingt, in der Regel sind sie schmalz- oder talgartig, weiß bis hellbraun gefärbt und ergeben, gegebenenfalls nach vorheriger Bleichung, feste geschmeidige Natronseifen. Dagegen sind die Leimsiedereifette in bezug auf ihre Farbe und physikalischen wie chemischen Eigenschaften am ehesten dem Knochenfett vergleichbar und finden vornehmlich für die Herstellung von Textilseifen Verwendung.

Die übrigen, oben genannten Abfallfette stellen in der Regel salbenartige oder dickflüssig-ölige Produkte dar, die durch einen mehr oder weniger unangenehmen Geruch, dunkelbraune bis tiefschwarze Farbe, stets wechselnde Zusammensetzung und vor allem durch einen nicht unbeträchtlichen Gehalt an unverseifbaren Bestandteilen charakterisiert sind. Die Gerberfette, die aus gegerbtem Leder entweder durch

Abkratzen oder durch Einlegen des Leders in heißes Wasser gewonnen werden, können bisweilen allerdings durch Umschmelzen auf Wasser noch gereinigt werden, im allgemeinen aber ist, wie schon oben erwähnt, die Anwendung der üblichen Reinigungsverfahren zwecklos, da auch die mehr oder weniger vorgereinigten Produkte infolge ihres meist hohen Gehaltes an Unverseifbarem zur Herstellung von Seifen ohne weiteres nicht geeignet sind.

Auch die Lederfette, die durch Extraktion von gegerbten Lederabfällen der Gerbereien und Schuhfabriken, Wollabfällen der Tuchfabriken u. dgl. gewonnen werden, enthalten meist 20—30 vH. Kohlenwasserstoffe, da zum Einfetten von Leder und Wolle neben tierischen und pflanzlichen Fetten und Ölen auch Mineralöle zur Verwendung kommen. Das gleiche gilt für die Abwässerfette, die aus Kanal- oder Klärbeckenschlamm, Fäkalien usw. erhalten werden, indem bei der Extraktion des Klärschlammes zugleich mit den fettartigen Bestandteilen auch die unverseifbaren Öle isoliert werden, die in Form von Schmierölen usw. in die Kanalisation gelangen. Die im Handel bisweilen als „Yorkshire grease" bezeichneten Walkfette endlich, die man aus den seifenhaltigen Waschwässern der Spinnereien und Tuchfabriken durch Schwefelsäure zur Abscheidung bringt, enthalten ebenfalls neben den so gewonnenen Fettsäuren all die Mineralöle, die als Spicköl, Wollöl u. dgl. zum Einfetten der Wolle gedient haben.

Eine zweckentsprechende Reinigung all dieser Produkte wird nun am ehesten durch eine Destillation der Fettsäuren erzielt, nachdem man zuvor die beigemischten Mineralöle durch Destillation[1]) oder Extraktion von den entsprechenden Natron- oder Kaliseifen abgetrennt hat. Zu diesem Zweck verfährt man am besten wie folgt:

Das in Betracht kommende Abfallfett wird in einem Siedekessel oder besser in einem Autoklaven zu einer möglichst trockenen Kalk- oder Natronseife verseift. Je mehr die hierfür nötige Temperatur gesteigert wird, um so sicherer ist das Ergebnis der gegebenenfalls nachfolgenden Extraktion, da — ein gewisser Alkaliüberschuß vorausgesetzt — die Alkali- und Erdalkalisalze ungesättigter Fettsäuren in der Alkalischmelze bei etwa 240° in die Alkali- bzw. Erdalkalisalze gesättigter Fettsäuren übergehen, die im Gegensatz zu den erstgenannten in organischen Lösungsmitteln nicht löslich sind. Nach etwa 6stündiger Erhitzung wird die erhaltene Seife in flache Behälter abgelassen, nach dem Erkalten zerkleinert und in der üblichen Weise mit einem geeigneten Lösungsmittel extrahiert. Die hinterbleibenden, von Mineralölen nunmehr befreiten Seifen werden durch Salz- oder Schwefelsäure zersetzt und die abgeschiedenen Fettsäuren nunmehr im Vakuum einer Destillation mit überhitztem Wasserdampf unterworfen.

Die hierfür üblichen Destillationsapparate sind nach Form und Fassungsraum mancherlei Variationen unterworfen. Sie werden entweder aus Kupfer oder, weniger vorteilhaft, aus Gußeisen für eine Füllung bis zu 5000 kg hergestellt und besitzen kugelige, zylindrische oder

[1]) Vgl. DRP. 293 167.

ellipsoidische Form. Die bei 120° vorgetrockneten Fettsäuren werden in der Regel durch Vakuum eingesogen oder mittels Montejus eingefüllt. Im Innern der Destillationsblase befinden sich zwecks Zuführung des Dampfes zwei in Brausen auslaufende Rohre, die mit der Dampfleitung verbunden sind und vor Eintritt in den Kessel einen Überhitzer passieren. Der Kessel selbst trägt Helm und Rüsselrohr, das mit einem Kühler verbunden ist. In diesem kondensiert sich das Destillat, das alsdann durch Fettabscheider vom Wasser getrennt und in Sammelbehältern aufgefangen wird.

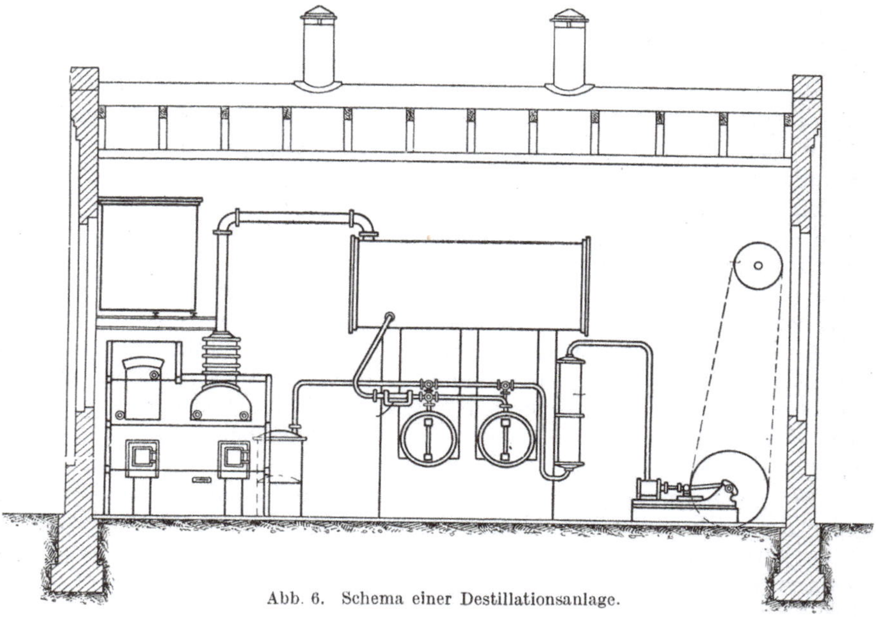

Abb. 6. Schema einer Destillationsanlage.

Die Destillation wird in großen Apparaten gewöhnlich intermittierend betrieben, während kleinere Apparate meist kontinuierlich verwendet werden. Die Nachfüllung der Fettsäuren erfolgt hier durch Ansaugen während der Destillation, und zwar in dem Maße, wie diese selbst fortschreitet. Sie beginnt in der Regel bei 260°. Nach einem kurzen Vorlauf sind die bis 280° übergehenden Produkte völlig farblos, darüber hinaus destillieren in der Regel aber nur gelblich bis hellbraun gefärbte Produkte. Nach Beendigung der Destillation hinterbleibt in der Blase ein teeriger Rückstand, Goudron oder Stearinpech genannt, der unter besonderer Vorsicht abgezogen wird und bei entsprechender Konsistenz mancherlei technische Verwendung, beispielsweise als Isolierungsmasse, findet.

Wie schon oben erwähnt, ist es jedoch auch möglich, die durch Verseifung der genannten Abfallfette erhaltene Seifenmasse selbst in der beschriebenen Weise einer Vakuumdestillation zu unterwerfen. Die beigemischten Mineralöle gehen alsdann im Wasserdampfstrom über, während die Seifen, frei von unverseifbaren Bestandteilen als geschmolzener Rückstand hinterbleiben. Nach Zersetzung desselben mit Mineralsäure werden die abgeschiedenen Fettsäuren alsdann erneut dem Destillationsverfahren unterworfen.

Die auf diese Weise aus den obengenannten Abfallfetten erhaltenen Fettsäuren sind ohne weiteres zur Seifenfabrikation verwendbar. Wie das Oleïn verseifen sie sich leicht auf 25—50grädiger Lauge und geben in der Regel schöne, feste Kernseifen von silberglänzendem Aussehen und durchaus einwandfreiem Geruch.

Im Gegensatz zu den bisher besprochenen Fetten und Fettprodukten unterscheidet sich das aus der rohen Schafwolle gewonnene Wollfett durch seine chemische Zusammensetzung aber wesentlich von den gewöhnlichen Fettstoffen, da die in ihm enthaltenen Fettsäuren nicht an das dreiwertige Glyzerin, sondern an Cholesterin, Isocholesterin und einwertige hochmolekulare Alkohole gebunden sind, die sich in bezug auf ihre Eigenschaften, und zwar insonderheit in bezug auf ihre Löslichkeitsverhältnisse sehr wesentlich vom Glyzerin unterscheiden. Das Wollfett ist demnach auch nicht mehr den eigentlichen Fetten zuzuzählen, besitzt vielmehr ausgesprochenen Wachscharakter und wird demzufolge häufig auch als Wollwachs bezeichnet. Da jedoch die Entfettung der Wolle in der Regel nicht durch Extraktion, sondern durch Waschung mit besonders hergestellten Textilseifen geschieht, so enthält das aus den Seifenwässern durch Mineralsäuren abgeschiedene Rohwollfett auch die diesen Seifen entsprechenden, meist ungesättigten Fettsäuren, noch unzersetzte Seifen, Schmutz- und Farbstoffe und vor allem auch einen nicht unbedeutenden, vielfach 40—50 vH. betragenden Wassergehalt.

Eine Verseifung des Wollfettes ist unter den üblichen Verhältnissen jedoch nur insoweit möglich, als ihm freie Fettsäuren beigemischt sind, da sich die wachsartigen Fettsäureester im Gegensatz zu den Fettsäureglyzeriden nur bei Temperaturen über 100° und unter erhöhtem Druck voll verseifen lassen. Bei einer Verseifung im offenen Siedekessel bleibt also das eigentliche Wollfett unverändert und verteilt sich in der durch Neutralisation der vorhandenen Fettsäuren gebildeten Seife. Auf Grund dieser Beständigkeit äußeren Einflüssen gegenüber findet das nach besonderem Verfahren gereinigte, von den Seifenfettsäuren des Waschwassers getrennte Wollfett bekanntlich auch als Lanolin zum Überfetten von Feinseifen vielfache Verwendung.

Eine Verwertung des Rohwollfettes für die Seifenfabrikation selbst wird sich nach dem obigen also nur ermöglichen lassen, wenn nach völliger Verseifung der wachsartigen Bestandteile im Autoklaven oder bei Gegenwart hochsiedender Lösungsmittel[1]) die unverseifbaren Alkohole von den frei gewordenen Fettsäuren nach einer der vorbesprochenen Methoden getrennt und diese letzteren durch Destillation gereinigt werden[2]). Die Extraktion der Natron- oder Kalkseifen geschieht am

[1]) S. S. 28.
[2]) DRP. 287 741.

zweckmäßigsten durch Azeton, während andere Lösungsmittel Schwierigkeiten bedingen, die sich nur durch völlige Entfernung der im Rohwollfett enthaltenen ungesättigten Fettsäuren vermeiden lassen. Die vorherige Hydrogenisierung des in geeigneter Weise vorgereinigten Wollfettes, bzw. die Alkalischmelze geben aber ohne weiteres die Möglichkeit zur Umwandlung dieser letzteren in gesättigte Fettsäuren, deren Natron- oder Kalkseifen, wie bereits erwähnt, auch in den üblichen Extraktionsmitteln völlig unlöslich sind[1]).

Neben den vorbesprochenen Produkten werden des weiteren häufig unter der Bezeichnung „Seifenfett", „Butterfett" u. dgl. Abfallfette angeboten, die als Ölrückstände der Speiseölfabrikation bzw. als Raffinationsrückstände der Kunstbutterfabrikation gewonnen werden. Der Hauptvertreter dieser Klasse ist der sogenannte „Soapstock", eine in erster Linie bei der Reinigung des Baumwollsaatöles erhaltene, meist dunkel gefärbte Fettmasse, die neben mehr oder weniger Neutralöl im wesentlichen die durch Neutralisation der im Rohöl enthaltenen Fettsäuren gebildete Natronseife und sämtliche Farbstoffe des Rohöles enthält. Der Gesamtfettsäuregehalt des Soapstock beträgt in der Regel 40—65 vH. teils an Alkali, teils an Glyzerin gebunden.

Die Verarbeitung des Soapstock, wie überhaupt aller ähnlichen Raffinationsrückstände geschieht in der Regel durch wiederholtes Aussalzen nach voraufgegangener völliger Verseifung mit Natronlauge und durch eine nachfolgende Behandlung mit oxydierend wirkenden Bleichmitteln. Hierdurch wird eine völlige Abtrennung der mechanischen Verunreinigungen und vielfach auch eine weitgehende Entfärbung bewirkt. Je nach Herkunft des Produktes läßt sich aber auch hier häufig eine Reinigung kaum anders bewirken, als durch Destillation der aus den vollverseiften Rückständen mit stärkeren Säuren in Freiheit gesetzten Fettsäuren (Soapstock europäischer Herkunft).

Die aus Soapstock hergestellten Seifen sind ziemlich weich und enthalten in der Regel 63—66 vH. Fettsäure. Ihre Verwertung geschieht am vorteilhaftesten in der Seifenpulverfabrikation, doch ist es selbstverständlich, daß vornehmlich die destillierten Fettsäuren das Kottonöl auch bei der Herstellung von Kernseifen usw. ersetzen können.

Für den Einkauf dieser und aller ähnlichen Abfallfette ist als Basis lediglich der Gehalt an „verseifbarem Gesamtfett" anzuerkennen, da der Begriff „Gesamtfett" auch die unverseifbaren, fettähnlichen Körper einbezieht, der Käufer aber nur auf Grund der verseifbaren Bestandteile ein Urteil über den Wert dieser Produkte erhalten kann. In oberflächlicher Weise läßt sich ein solches gewinnen, wenn man das Fett in einem Kölbchen mit graduiertem Halse durch Erwärmen mit verdünnter Schwefelsäure zersetzt, die abgeschiedene Fettsubstanz durch Auffüllen des Kölbchens mit Wasser in den Hals treibt, und dortselbst ihr Volumen zur Ablesung bringt. Auch für die wahre Farbe des Produktes bietet diese Methode einen Anhaltspunkt. Für die Bewertung dunkler Abfall-

[1]) Vgl. Schrauth: Die zweckmäßige Verwendung des Rohwollfettes in der Seifenindustrie. Seifensiederzeitung. 1916, **43**, S. 437.

fette ist außer dem Gehalt an verseifbarem Gesamtfett aber auch der Gehalt an oxydierten Fettsäuren von Wichtigkeit, da diese letzteren nicht nur von wesentlichem Einfluß auf Farbe und Qualität der Fertigprodukte sind, sondern infolge ihrer Nichtaussalzbarkeit auch bei der Herstellung von Kernseife verloren gehen, also geringere Ausbeuten verursachen.

Die oben erwähnten Ölrückstände kommen vielfach aber nicht nur in Form von Seifenpasten, sondern von vornherein als destillierte Fettsäuren in den Handel und werden häufig noch durch Pressen in Stearin und Oleïn geschieden. Bei geringem Gehalt an unverseifbaren Bestandteilen können auch diese Produkte selbstverständlicherweise in der Seifenfabrikation Verwendung finden. Ihre Verarbeitung geschieht in der nachbeschriebenen, für die Verseifung von Fettsäuren allgemein üblichen Weise.

Fettsäuren, Harze und Naphtensäuren.

Seitdem die Spaltung der Fette nach den vorbeschriebenen Methoden auch in der Seifenfabrikation Boden gewonnen hat, kommen neben den Fetten selbst in erheblichem Maße als Rohmaterial auch die Fettsäuren in Betracht, deren Verseifung sich nicht nur durch Ätzalkalien, sondern auch durch Alkalikarbonate ermöglichen läßt, so daß sich, von der vollständigeren Gewinnung des Glyzerins in einer an sich wertvolleren Form ganz abgesehen, auch hier wieder aus der Fettspaltung eine nicht unwesentliche Verbilligung des gesamten Fabrikationsprozesses ergibt.

In früheren Jahren wurde der Seifenindustrie allerdings allein das flüssige Oleïn der Stearinfabriken angeboten, ein Fettsäuregemisch, das im wesentlichen aus Ölsäure und wechselnden Mengen von darin gelöster fester Fettsäure (Stearin- und Palmitinsäure) besteht und das als Abfallprodukt bei der Herstellung des Stearins durch Preßarbeit gewonnen wird[1]).

Im Handel unterscheidet man gewöhnlich das dunklere „Saponifikat-Oleïn“ und das helle „Destillat-Oleïn“, je nachdem das Produkt durch Saponifikation, d. h. durch Verseifung der Fette im Autoklaven mit Kalk, Magnesia oder Zink oder durch Spaltung der Fette mit Schwefelsäure (Azidifikation) und nachfolgende Destillation gewonnen ist. Da aber heute in der Regel in den Stearinfabriken nach dem sogenannten gemischten Verfahren gearbeitet wird, das durch Einschaltung eines Säuerungsprozesses zwischen Autoklavenspaltung und Destillation Fettsäuren von einwandfreier Beschaffenheit in wirtschaftlicher Weise erzielen läßt, so sind die am häufigsten angebotenen Oleïne korrekterweise als „Destillat-Oleïne“ zu bezeichnen.

---

[1]) Der Name des Produktes ist ebenso wie die Bezeichnung „Stearin“ für die gleichzeitig gewonnenen festen Anteile vom wissenschaftlichen Standpunkt aus als unrichtig zu bezeichnen, da der Chemiker mit Oleïn den flüssigen, mit Stearin den festen Anteil der Neutralfette bezeichnen müßte, die hier in Frage stehenden Produkte Glyzerin aber nicht mehr enthalten.

Die Oleïne des Handels sind gelb bis dunkelbraun gefärbte, mehr oder weniger klare Flüssigkeiten, deren Erstarrungspunkt, Jod- und Säurezahl mit der jeweiligen Zusammensetzung wechselt. Außer Ölsäure enthalten sie Palmitin- und Stearinsäure, Isoölsäure und Laktone, bisweilen auch stärker ungesättigte Fettsäuren, wie Linolsäure u. a. Die Saponifikatoleïne enthalten außerdem in der Regel 3—11 vH. ungespaltenes Neutralfett, die Destillatoleïne häufig Kohlenwasserstoffe, die sich bei der Fettsäuredestillation durch Zersetzung bilden können, doch soll bei sachgemäß geleitetem Arbeitsgang der Gehalt an diesen 2—3 vH. nicht überschreiten. Die Jodzahl der Saponifikatoleïne liegt gewöhnlich zwischen 78 und 82, die der Destillatoleïne meist etwas höher, etwa bei 86, der Gehalt an freien Fettsäuren (Ölsäure) beträgt bei den ersteren 87—95 vH., bei den letzteren 93—98 vH.

Die Verseifungszahl liegt in der Regel zwischen 198 und 208, die Neutralisationszahl zwischen 170 und 190. Der Erstarrungspunkt der Oleïne wird zwischen 8 und 12° C gefunden, das spezifische Gewicht beträgt bei 15° C 0,897—0,902.

Die Verleimung des Oleïns geschieht am besten mit 24—25grädiger Ätzlauge oder besser, wie schon oben erwähnt, mit Natriumkarbonatlösungen von etwa 30° Bé bzw. Pottaschelösungen von 20—22° Bé.

Für die Herstellung von Natronseifen, die für gewöhnlich relativ weich ausfallen, ist ein möglichst hoher Gehalt an festen Fettsäuren vorteilhaft, weil sich damit die Mitverwendung fester Fette beim Fettansatz mehr oder weniger einschränken läßt. Für die Herstellung glatter Schmierseifen aber ist im Gegensatz hierzu ein möglichst tief schmelzendes Oleïn vorzuziehen, um den bekannten Kristallisationserscheinungen in der Seifenmasse vorzubeugen. In beiden Fällen ist jedoch die Alleinverwendung von Destillatoleïn wenig empfehlenswert, weil es eine schlechte Ausbeute ergibt, und weil die erhaltenen Seifen keinen Verband besitzen und eine Füllung kaum vertragen. Natronseifen aus Saponifikatoleïn dagegen sind fest, homogen und besitzen einen eigenartigen, nicht unangenehmen Geruch. Auf Unterlauge gesotten sind sie schmutziggelb, auf Leimniederschlag rötlichgelb bis braun gefärbt, geschmeidig und von gutem Schaum- und Waschvermögen. Die Grenzlauge ist bei Siedetemperatur eine Natronlauge von ungefähr 9° Bé und eine Kochsalzlösung von ungefähr 7° Bé, der Prozentgehalt an Fettsäure beträgt 60,5—60 vH., entsprechend 65—66 vH. Reinseife oder einer Ausbeute von 165 vH.

Die Kaliseife des Saponifikatoleïns ist eine braune, klar durchscheinende Schmierseife von guter Konsistenz und Temperatureinflüssen gegenüber von genügender Beständigkeit. Da sie ziemlich bedeutende Mengen von Neutralsalzen aufzunehmen vermag, läßt sich die Ausbeute vielfach bis auf 240 und 245 vH. steigern.

Vornehmlich wird das Oleïn aber für die Herstellung von Textilseifen verwandt, bei denen die äußeren Eigenschaften, vor allem die Konsistenz eine geringere Bedeutung besitzen, und in großen Mengen wird es daneben auch für die Fabrikation von Wasch- und Seifenpulvern benutzt. In Verbindung mit Talg, Knochenfett, gebleichtem Palmöl

u. dgl. dient es dann weiter zur Herstellung gewöhnlicher Kernseifen, deren Schaumvermögen und Waschkraft eine sehr befriedigende ist.

Neben dem Oleïn kommen heute aber auch eine große Anzahl anderer Fettsäuren vornehmlich unter der Bezeichnung „Talgfettsäure", „animalische Fettsäure", „festes weißes Oleïn" u. dgl. in den Handel, welche aus den vorbesprochenen Abfallfetten hergestellt sind und welche häufig einen mehr oder weniger hohen Gehalt an unverseifbaren Bestandteilen aufweisen. In all diesen Fällen sollte der Käufer eine Garantie für den Ursprung der Ware verlangen und beim Einkauf besonders, wie schon oben erwähnt, den Gehalt an „verseifbarem Gesamtfett" als Basis zugrunde legen.

Aber auch die nach den verschiedenen Spaltungsmethoden gewonnenen Fettsäuren werden heute direkt gehandelt. Die Möglichkeiten ihrer Verwendung ergeben sich aus der Verwendungsweise der Neutralfette, aus denen sie erhalten sind. Für ihre praktische Verarbeitung, wie überhaupt für die Verarbeitung von Fettsäuren aller Art, ist es jedoch von Bedeutung, daß die daraus hergestellten Seifen vielfach nachdunkeln, leicht fleckig werden und häufig überhaupt nicht rein weiß zu erhalten sind. Es beruht dies darauf, daß Fettsäuren infolge der vielfachen Berührung mit Eisen sowohl bei ihrer Herstellung wie insbesondere auch beim Lagern in eisernen Tanks, Fässern usw. nicht unbedeutende Eisenmengen in Lösung bringen, die zu den erwähnten Übelständen den Anlaß geben. Vor Verarbeitung solcher Fettsäuren ist daher eine sorgfältige Waschung mit verdünnter Salzsäure in der Wärme sehr empfehlenswert, da durch die so erfolgende Entfernung des Eisens einerseits eine wesentliche Aufhellung der Fettsäuren selbst bedingt, andererseits aber auch die Herstellung rein weißer Seifen unbedingt ermöglicht wird.

Die Verarbeitung der Fettsäuren. Die Verwendung der Fettsäuren zur Seifenfabrikation beruht auf einem relativ einfachen chemischen Prozeß, indem die Fettsäuren auf Grund ihres stärkeren Säurecharakters die Fähigkeit besitzen, aus den Alkalikarbonaten die Kohlensäure auszutreiben und sich selbst mit dem Alkali unter Austritt von Wasser zu fettsauren Alkalien zu vereinigen. Die Neutralisation der Fettsäuren verläuft also nach dem durch die folgende Gleichung ausgedrückten, einfachen Reaktionsschema:

$$\underset{\text{Fettsäure}}{2\,R.COOH} + \underset{\substack{\text{Natrium-}\\\text{karbonat}}}{Na_2CO_3} = \underset{\text{Seife}}{2\,R.COONa} + \underset{\text{Wasser}}{H_2O} + \underset{\text{Kohlensäure}}{CO_2}.$$

Die Verarbeitung der Fettsäuren auf diesem Wege, die sogenannte Karbonatverseifung, begegnete anfangs aber einem starken Vorurteil, da man zunächst nicht imstande war, die durch das Entweichen der Kohlensäure gegebenen, technischen Schwierigkeiten zu überwinden und außerdem die Ansicht vertrat, daß diese Arbeitsweise schlecht aussehende Ware liefere. Mit der Zeit ist dieses Vorurteil aber völlig geschwunden, zumal sich das Verfahren selbst ohne weiteres durchführen läßt, wenn man im Gegensatz zu der bei der Verseifung von Neutralfetten üblichen

Arbeitsweise die Fettsäure allmählich zur Lauge gibt. Die Ansätze zur Karbonatverseifung dürfen allerdings höchstens zwei Drittel so groß sein, als beim Sieden mit kaustischer Lauge, weil beim Entweichen der Kohlensäure ein nicht unbedeutender Steigeraum im Kessel vorhanden sein muß. Des weiteren ist zu beachten, daß die technischen Fettsäuren je nach dem Spaltungsgrad einen mehr oder weniger großen Prozentsatz an Neutralfett aufweisen, dessen Verseifung nach voraufgegangener Neutralisation der Fettsäuren selbst naturgemäß nur durch Ätzalkalien bewirkt werden kann.

Die Karbonatverseifung wird daher in der folgenden Weise ausgeführt. Die vorher genau berechnete Menge von kohlensauren Alkalien, ganz gleich, ob kalzinierte Soda oder Pottasche, wird in etwa der doppelten Menge Wasser aufgelöst und nach Zusatz von etwa 10—15 vH. Kochsalz im Siedekessel bis zum Kochen erhitzt. Hierauf läßt man die vorher flüssig gemachte Fettsäure zufließen, während man die Karbonatlösung in beständigem Sieden erhält. Die zufließende Fettsäure verbindet sich sofort mit dem Alkali, wobei Kohlensäure frei wird und unter starkem Schäumen und Steigen der Seifenmasse entweicht. Man hat daher den Fettsäurezufluß so zu regeln, daß ein Übersteigen der Seife nicht erfolgen kann, was vermieden wird, wenn die Fettsäure nur so stark zuläuft, daß sie sofort von der durchstoßenden Karbonatlösung in Seife übergeführt wird. In besonders kritischen Momenten stellt man den Fettsäurezufluß so lange ab, bis alle im Kessel befindlichen Teile verseift sind. Am leichtesten tritt ein Überschäumen ein, wenn der letzte Rest der Fettsäure zur Verseifung gelangt, so daß man also dann besonders auf ihren langsamen Zufluß zu achten hat. Des weiteren ist es zweckmäßig, sich bei der Karbonatverseifung einer Wehrmaschine zu bedienen, mit deren Hilfe man sich ungleich leichter vor dem Übersteigen der Seife schützen kann, als beim Gebrauch des Handspatels. Sobald die letzte Fettsäure Verseifung eingegangen ist, läßt das Steigen der Seife merklich nach, dessen ungeachtet ist es aber nötig, das Sieden noch längere Zeit fortzusetzen, damit der frei gewordenen Kohlensäure Gelegenheit zum völligen Entweichen gegeben wird. Die Seife wird währenddessen immer schwerer und fängt allmählich an zu fallen. Liegt sie endlich im Kessel, ohne sich wieder heben zu können, so ist anzunehmen, daß die Kohlensäureaustreibung beendet ist, und das weitere Sieden kann in der Weise fortgesetzt werden, daß man die für das noch vorhandene Neutralfett nötige Ätzlauge einbringt. Nach deren Zugabe tritt sofort wieder ein normales Sieden ein; die vorher schwerfällige und trübe Seife wird dunkel, leimig und schließlich leichtflüssig. Sie kann nun abgerichtet und wie eine aus Neutralfetten gesottene Seife regelrecht fertig gemacht, verschliffen, bzw. ausgesalzen werden. Die Laugenabrichtung ist immer etwas kräftig zu halten, weil alle Seifen aus Fettsäuren etwas nachgreifen, so daß sich ein anfänglicher Alkaliüberschuß nach einiger Zeit wieder verliert.

Für die Berechnung der für die Durchführung des Verfahrens erforderlichen Karbonatmengen ist es zu beachten, daß mit Ausnahme der Palmkern- und Kokosölfettsäuren, deren Neutralisationszahl bei etwa 250—265 liegt, 100 kg einer 100 proz. Fettsäure etwa 20 kg Ammoniaksoda benötigen, und daß sich diese Menge entsprechend dem analytisch zu ermittelnden Neutralfettgehalt für je 5 vH. Neutralfett um etwa 1 kg verringert. Die erforderliche Menge Ätzlauge ergibt sich dann ebenfalls ohne weiteres auf Grund der Analyse.

Für die Herstellung von Schmierseifen aus Fettsäuren ist die Anwendung der Karbonatverseifung im allgemeinen nicht empfehlenswert. Bei dieser Arbeitsweise würde sich nämlich eine Verteuerung des Prozesses herausstellen, da sich die elektrolytische Kalilauge billiger stellt als kalzinierte Pottasche.

Man verfährt deshalb beim Sieden von Schmierseifen aus Fettsäuren in der folgenden Weise:

Auf je 100 kg Fettsäure berechnet man 40 kg elektrolytische Ätzkalilauge von 50° Bé und, je nach der Jahreszeit, bei glatten Schmierseifen 5—6 kg, bei Naturkornseife 10—12 kg kalzinierte Pottasche. Die Ätzlauge wird mitsamt der darin gelösten Pottasche auf 28—30° Bé gestellt, wenn man mit direktem Dampf arbeitet, auf 26—27° Bé dagegen, wenn nur offene Feuerung vorhanden ist. Nachdem man die Lauge bis zum Sieden erhitzt hat, läßt man die Fettsäure zufließen, wobei zwar ebenfalls sofortige Verseifung, jedoch kein heftiges Steigen eintritt. Allmählich geht die anfangs stark übertriebene Seife Verband ein und liegt schließlich, wenn das Laugen- und Wasserverhältnis gut getroffen ist, als eine fertig abgerichtete und eingedampfte Seife im Kessel, die sich nachträglich wie eine Seife aus Neutralfetten schleifen oder füllen läßt.

Die Harze. Neben den vorbesprochenen Fetten und Fettsäuren kommen für die Seifenfabrikation auch die dem jungen Holze und der Rinde von Fichten und Tannen entfließenden, gewöhnlich als Fichtenharz bezeichneten Produkte in Betracht, die besonders in Frankreich und Amerika in großem Maßstabe gesammelt werden. Durch trockene Destillation der Rohharze wird das Terpentinöl von dem als klar schmelzender Rückstand verbleibenden Kolophonium abgetrennt, das nach einer Klärung und Filtration in der Kälte zu einer glasglänzenden, spröden und pulverisierbaren Masse von rötlichgelber bis dunkelbrauner Farbe erstarrt. Das spezifische Gewicht des Kolophoniums liegt bei 15° zwischen 1,045 und 1,085, der Schmelzpunkt je nach Herkunft und Qualität zwischen 70 und 100°, bisweilen aber auch erst bei 120—130°. Seinem chemischen Charakter nach besteht es, von etwa 5 vH. unverseifbaren Bestandteilen abgesehen, hauptsächlich aus freien Säuren (Abietinsäure und Pimarsäure), die in bezug auf ihre Konstitution jedoch mit den Fettsäuren nicht identisch sind, trotzdem sie wie diese in Wasser leicht lösliche Alkalisalze bilden, die sich wie echte Seifen verhalten. Die Säurezahl des Kolophoniums liegt in der Regel zwischen 140 und 180, die Verseifungszahl mit 145 bis 185 nur wenig darüber, doch sollte man aus Zweckmäßigkeitsgründen Harze mit einer Verseifungszahl unter 150 zur Seifenfabrikation nicht verwenden. In Wasser ist das Kolophonium unlöslich, leicht löslich dagegen in fast allen organischen Lösungsmitteln, vor allem in Alkohol, Äther, Petroläther, Terpentinöl und Essigsäureanhydrid. Durch Lagern gealtertes und dunkel gewordenes Kolophonium sowie Abfallqualitäten lösen sich zumeist jedoch nur teilweise in Petroläther, da die in derartigen Produkten enthaltenen oxydierten Harzsäuren in diesem Lösungsmittel unlöslich sind. Auf Grund dieser Tatsache ist auch eine analytische Trennung der normalen Harzsäuren von den oxydierten, für die Seifenindustrie wertlosen Harzen möglich, deren Natriumsalze nicht aussalzbar sind, und die daher, wie schon wiederholt erwähnt, bei der Kernseifendarstellung verloren gehen.

Am besten verseift sich das Kolophonium mit schwachen Laugen von 10—15° Bé, mit denen es beim Sieden leicht in Lösung geht. Die gebildeten Seifen sind weich und schmierig, stark schäumend und besitzen ein gutes Reinigungsvermögen. Durch Kochsalz werden sie in konzentrierter Lösung, aber auch dann nur unvollkommen, ausgesalzen. Auf Grund dieser Eigenschaften wird das Harz in der Seifenfabrikation lediglich als billiger Zusatzstoff bei der Herstellung von Fettseifen verwendet, deren Aussehen und Schaumvermögen eine Verbesserung erfahren sollen. Seine Mitverwendung ist durchaus statthaft und keineswegs als Füllung oder Fälschung anzusehen. Es findet daher vornehmlich bei der Herstellung von Hausseifen, und zwar insonderheit der sogenannten Oranienburger Kernseifen, Verwendung, während Zusätze zu glattweißer Kernseife seltener sind. Auch zum Aussieden (Ausstechen) des Leimniederschlages wird es viel benutzt, wobei gleichzeitig durch Verbleiben der Farbstoffe in der Unterlauge eine Reinigung des Produktes erzielt wird. Bei der Herstellung brauner Harzkernseifen beträgt seine Menge oft 50—60 vH. des Fettansatzes; gewöhnlich wird es hier mit minderwertigen Fetten gemischt verarbeitet, deren Geruch es durch seinen aromatischen Eigengeruch verdecken soll. Textilseifen werden im allgemeinen jedoch ohne Harzzusatz gesotten, da mit harzhaltigen Seifen gewaschene Rohtuche angeblich ungleichmäßig angefärbt werden.

Für die Verseifung selbst wird das Harz gewöhnlich in den gleichzeitig verwandten Fetten geschmolzen, es ist jedoch nicht immer nötig, dasselbe gemeinsam mit den Fettstoffen zu verleimen, da es auf Grund seines sauren Charakters auch während oder nach Beendigung des Durchsiedens in den Kessel gebracht werden kann. Bei gleichzeitiger Verwendung von Fettsäuren wird die Verseifung am besten durch Karbonat bewirkt.

Die Harze sind sowohl in dunklen als in hellen Qualitäten im Handel, und insonderheit die amerikanischen Harze werden nach ihrer Farbe, Verseifungszahl und Reinheitsgrad mit Buchstaben derart bezeichnet, daß die Anfangsbuchstaben des Alphabets die dunkelsten Sorten, die späteren Buchstaben die helleren Qualitäten bezeichnen. Die Marken W. W. G. (Window-Glass) und W. W. (Whater White) sind die hellsten, doch werden für die Seifenfabrikation meist nur die Marken G. und J. verwendet.

Unter dem Namen „Flüssiges Harz“, „Sulfatharz“, „Kiefernöl“ oder „Tallöl“ findet neuerdings weiter ein Produkt in der Seifenindustrie erhöhte Bedeutung, welches aus der bei der Holzzellstofffabrikation nach dem Sulfatverfahren anfallenden Schwarzlauge gewonnen wird. Die Zusammensetzung des Tallöles schwankt innerhalb verhältnismäßig weiter Grenzen. Nach Sandquist[1]) enthalten bessere Qualitäten etwa 8—14 vH. Unverseifbares, 30—50 vH. Harzsäuren und 40—60 vH. Fettsäuren. Das spezifische Gewicht liegt wenig unter 1. Die Säurezahl beträgt etwa 160—170. Die Fettsäuren sind ungesättigten Charakters und bestehen aus einem Gemisch von Ölsäuren mit stärker ungesättigten Säuren, wahrscheinlich Linol- und Linolensäure, die unter den zu dem Holzaufschluß erforderlichen Druck- und Temperaturverhältnissen großenteils polymerisiert sind[2]). In der Kälte kristallisiert ein Teil der Harzsäuren aus dem Tallöl aus. Dieselben sind besonders in Methylalkohol schwer löslich und können mit seiner Hilfe großenteils von den gleichzeitig vorhandenen Fettsäuren abgetrennt werden.

Die Verwendbarkeit des rohen Tallöles für die Zwecke der Seifenfabrikation wird im allgemeinen nicht sehr günstig beurteilt. Abgesehen von Spezialverwendungszwecken kann es jedoch zusatzweise im Fettansatz untergebracht werden. Störend wirkt allerdings der dem Rohprodukt anhaftende, speckartige Geruch, der sich auch durch Parfümieren der fertigen Seifen nicht völlig überdecken läßt. Bei der innerhalb recht weiter Grenzen schwankenden Zusammensetzung kann das Tallöl ferner stets nur auf Grund genauester Voruntersuchung Verwendung finden, denn je höher der Gehalt an Harzsäuren und besonders an Unverseifbarem ist, desto niedriger wird im allgemeinen die im Fettansatz unterzubringende Tallölmenge sein. Gute Qualität vorausgesetzt, können aber Ansätze auch mit erheblichem Tallölzusatz in jeder Beziehung voll befriedigende Seifen ergeben.

Nach Melamid[3]) wird durch Hydrierung des Tallöls ein den talgartigen Fettsäuren ähnliches Erzeugnis erhalten, das, für die Kernseifenherstellung besonders geeignet, auch geruchlich befriedigende Produkte ergeben soll.

Die Verwendung roher Tallöle für die Zwecke der Seifenindustrie scheint jedoch nur in den Hauptproduktionsländern, also in Skandinavien und Finnland, erheblicheren Umfang angenommen zu haben. In Deutschland werden die bei der Sulfatzelluloseherstellung anfallenden Öle in der Regel zunächst einem chemischen Veredlungsprozeß unterzogen, welcher eine weitgehende Zerstörung der Geruchsbildner, eine Beschränkung des Harzgehaltes sowie eine teilweise Abscheidung der unverseifbaren Verunreinigungen bewirkt. Die unter dem Namen Savonettöl, Norkifettsäure u. dgl. in den Handel gebrachten Erzeugnisse besitzen daher eine wesentlich größere Verwendungsfähigkeit und werden besonders häufig bei der Fabrikation von Schmierseifen in Mengen von etwa 30 vH. des Fettansatzes und darüber verarbeitet.

---

[1]) Svenska Ingeniörsvetenskapsakdemiens handlingar 1922, Nr. 10, deutsch auszugsweise mitgeteilt i. d. Ztschr. f. angew. Chem., 1922, **35**, S. 531.

[2]) Dittmer: Über das Tallöl, ein Abfallprodukt der Sulfatzellulosefabrikation. Ztschr. f. angew. Chem. 1926, **39**, S. 262.

[3]) DRP. 361 734.

Die Naphtensäuren. Die bei der Erdölraffination in Mengen bis zu 2 vH. abfallenden Naphtensäuren bieten ein für die Seifenfabrikation beachtenswertes Rohmaterial, das besonders in den Produktionsländern als Seifensurrogat viel benutzt, neuerdings aber auch in Deutschland in größeren Mengen angeboten wird.

Die ihrer chemischen Konstitution nach zyklischen Naphtensäuren werden in Form ihrer Alkalisalze bei der Raffination, insonderheit des kaukasischen Erdöls, mittels Ätzlauge als schmierige, unangenehm riechende Masse von brauner Farbe und weicher Konsistenz erhalten, die in Rußland als „Myloin", in Deutschland vielfach als „Mineralseife" bezeichnet wird. Ihre Zusammensetzung schwankt in weiten Grenzen, in der Regel enthält sie gegen 50 vH. Naphtensäuren neben 18—20 vH. Gesamtalkali und etwa 30 vH. Wasser. Durch Behandlung mit Mineralsäure und nachfolgende Destillation lassen sich die Naphtensäuren als ein hellfarbiges Produkt mit der ungefähren Säurezahl 255 gewinnen, dessen Allgemeinverwendung lediglich durch einen vielfach nicht unerheblichen Gehalt an unverseifbaren Stoffen und den schon oben erwähnten, unangenehm penetranten Geruch erschwert ist. Nach dem DRP. 179564 lassen sich die Geruchsbildner jedoch durch Oxydation, insonderheit mit Kaliumpermanganat, zerstören und ebenso findet auch in der Alkalischmelze, der man am besten sogleich das rohe Myloin unterwirft, ähnlich wie in den vorbesprochenen analogen Fällen eine Desodorisierung statt. Aber auch durch einfache fraktionierte Destillation im Vakuum lassen sich die Geruchsträger aus den Naphtensäuren entfernen. Nach Zernik[1]) enthalten nämlich die hierbei gewonnenen Vorläufe neben den niedrig siedenden sauren Bestandteilen restlos die stark riechenden Verunreinigungen, so daß nach Abtrennung dieser Vorläufe die höher siedenden Säuren als geruchsschwache, völlig verseifbare Öle gewonnen werden, während verfärbende Substanzen, Peche usw. als Destillationsrückstand in der Blase verbleiben.

Die durch Neutralisation der Naphtensäuren mit Natronlauge erhaltenen, in Wasser leicht löslichen und gut schäumenden, seifenähnlichen Produkte sind relativ weich und auch durch Härtung mittels Salz oder Lauge nicht in fester Form zu erhalten. Im Gegenteil verträgt der Seifenleim viel Salz, ohne daß eine eigentliche Aussalzung eintritt. Am besten werden die Naphtensäuren daher gemeinsam mit härteren Fetten, wie Talg, gehärteten Fetten, gegebenenfalls unter gleichzeitigem Zusatz von Palmkern- oder Kokosöl verseift. Auch ihre Verwendung als Oleïnersatz bei der Fabrikation von Seifenpulvern u. dgl. ist durchaus empfehlenswert.

Die Kaliseife der Naphtensäuren ist eine gelbbraun bis rotbraun gefärbte Schmierseife, die Transparenz, Glanz und in wässeriger Lösung eine gute Schaumfähigkeit besitzt. Temperaturschwankungen gegenüber ist sie genügend widerstandsfähig, so daß die Naphtensäuren, besonders nach erfolgter Desodorisierung, auch zur Schmierseifenfabrikation sowohl für sich allein, als mit anderen geeigneten Ölen vermischt, anstandslos verwendbar sind.

---

[1]) Ztschr. f. angew. Chem., 1922, **35**, S. 566.

Synthetische Fettsäuren und Seifen.

Man hat sich vielfach bemüht, neben den natürlichen tierischen oder pflanzlichen Fetten und Ölen auch die Erdöldestillate für die Herstellung von Seifen nutzbar zu machen. Die Oxydation der Petroleumkohlenwasserstoffe zu den ihnen entsprechenden Karbonsäuren ist theoretisch ohne weiteres denkbar und seit langem auch praktisch in kleinerem Maßstabe durchgeführt worden[1]).

Aber erst die in neuester Zeit gemachten Erfahrungen lassen es als wahrscheinlich erscheinen, daß das Problem, Kohlenwasserstoffe in Fettsäuren, bzw. Seifen zu überführen, auch in technisch wirtschaftlicher Weise wirklich durchführbar ist. Die diesbezüglichen Arbeiten greifen vornehmlich zurück auf die Versuche Eugen Schaals, der die Gewinnung von Fettsäuren aus Petroleumkohlenwasserstoffen erreichen wollte, indem er u. a. einen Luftstrom bei höherer Temperatur und in Gegenwart von Alkalien auf das Ausgangsprodukt einwirken ließ[2]). Das Verfahren wurde, obwohl es sich in der Praxis nicht bewährte, vielfach nachgeprüft und ist bis in die neueste Zeit hinein Gegenstand eifriger Diskussion geblieben.

Während der Kriegsjahre ist nun im Anschluß an diese alten Versuche von verschiedener Seite die Oxydation des Paraffins mit feuchter Luft oder reinem Sauerstoff gegebenenfalls unter Druck (Druckoxydierung) mit dem Ergebnis durchgeführt worden, daß bei Temperaturen zwischen 100 und 150° und in Gegenwart eines Katalysators (Sikkativs) technisch reine Karbonsäuren erhalten wurden[3]). Dieselben sind nahezu frei von allem Unverseifbaren und enthalten neben einigen, bisher noch nicht bekannten Säuren fast die gesamte Kette der gesättigten Fettsäuren. Der Prozeß soll bereits in Österreich in befriedigender Weise zur technischen Durchführung gelangen. Das Verfahren selbst, das durch eine Reihe von Patenten geschützt ist, beschränkt sich aber nicht auf die Anwendung des Paraffins, da auch andere Kohlenwasserstoffe, wie Spindelöle, Vaselinöle, Braunkohlenteerdestillate und auch Braunkohlenteer selbst dem analog durchgeführten Oxydationsprozeß zugänglich sein sollen. Die aus Paraffin erhältlichen Seifen sind jedoch wohl brauchbar, zumal da auch dem Paraffin selbst, wenn es in geeigneter Weise emulgiert wird, eine nicht unbedeutende Waschwirkung zukommt[4]).

Aber nicht nur in der vorerwähnten Art können Kohlenwasserstoffe ein Ausgangsmaterial für die Herstellung von Fettsäuren oder Seifen sein. Harries hat mit seinen Mitarbeitern Kötschau und Albrecht gezeigt, daß sich auch aus den vornehmlich ungesättigten Bestandteilen des Braunkohlenteers durch wiederholte Behandlung mit Ozon und nachfolgende Spaltung der so erhaltenen Ozonide Fettsäuren bzw. gut

---

[1]) S. z. B. Zelinski: Seifensiederzeitung 1903, **30**, S. 273, DRP. 151880.
[2]) DRP. 32 705.
[3]) Ztschr. f. angew. Chem. 1918, **31**, S. 69. Ber. d. Deutsch. Chem. Ges. 1920. **53**, S. 66. Chem. Zentralbl. 1920, **2**, S. 22.
[4]) DRP. 308 442.

schäumende Seifen erhalten lassen, die in ihren höher siedenden Bestandteilen aus Stearinsäure, Palmitinsäure und Myristinsäure bestehen[1]).

Auch die Behandlung mit schmelzenden Ätzalkalien führt, wie einerseits von Harries und seinen Mitarbeitern[2]) und andererseits gleichzeitig von Schrauth[3]) festgestellt wurde, zu den Alkalisalzen hochmolekularer Karbonsäuren, die nach entsprechender Aufarbeitung für die Herstellung von Seifen verwendet werden können. Franz Fischer hat dann mit seinen Mitarbeitern ähnliche Versuche in verschiedenartiger Richtung angestellt und hat einerseits ebenfalls aus dem salbenartigen Braunkohlen-Generatorteer durch Behandlung mit Ozon in Gegenwart von Soda fettsäureartige Produkte erhalten, andererseits ist es ihm gelungen, das Montanwachs durch eine Behandlung mit Sauerstoff oder Ozon in niedriger molekulare Fettsäuren aufzuspalten und so zu Produkten zu gelangen, die ebenfalls als Seifen technische Verwendung finden können[4]).

Schließlich sei auch auf die von Börnstein ausgearbeiteten Verfahren hingewiesen, die die Gewinnung höherer Fettsäuren aus Holzteer zum Gegenstand haben[5]). Die Ausbeute ist hier allerdings abhängig von der Herkunft und der Natur des Ausgangsmaterials, immerhin gelang es aber, aus oberschlesischem und polnischem Kiefernholzteer etwa 28 g Ölsäure und 48 g Palmitinsäure pro kg Rohteer zu gewinnen.

Auch in den letztverflossenen Jahren sind noch weitere Beiträge zur Frage der technischen Darstellung von Fettsäuren aus Kohlenwasserstoffen geliefert worden[6]), jedoch ist es zur Zeit kaum möglich, zu entscheiden, welchem der zahlreichen, zum Teil nur wenig voneinander abweichenden Verfahren endgültig der Vorzug zu geben ist, zumal da einzelne Angaben von anderer Seite nicht immer bestätigt werden konnten und bestritten wurden. Als ernsthafte Konkurrenten der natürlichen Fettstoffe kommen die synthetischen Fettsäuren heute jedenfalls noch nicht in Betracht, wiewohl, wie oben erwähnt, anscheinend mit Erfolg synthetische Fettsäuren in großem Maßstabe technisch dargestellt worden sind. Die vorliegenden Versuchsergebnisse enthalten aber interessante und wertvolle Hinweise, die für den weiteren Ausbau und die Vervollkommnung der Verfahren von grundlegender Bedeutung sein dürften und die ohne Zweifel auch einmal zu einer befriedigenden Lösung des Problems führen werden.

Ersatzstoffe für höhere Fettsäuren und Seifen.

Außer den eigentlichen Fettsäuren, also den von den höher molekularen aliphatischen Grenzkohlenwasserstoffen sich ableitenden Karbon-

---

[1]) Chem. Ztg. 1917, **41**, S. 117. Ber. d. Deutsch. chem. Ges. 1919, **52**, S. 65.

[2]) DRP. 314 745, 314 746, 314 747.

[3]) Patentanm. T. 21 055 IV/12 r.

[4]) Ges. Abh. z. Kenntnis der Kohle 1917, **2**, S. 160; 1919, **4**, S. 180. D.R.P. 346 362.

[5]) DRP. 314358, 315417.

[6]) Eine kritische Zusammenstellung der neueren Ergebnisse veröffentlichte A. Grün: Chem.-Ztg., 1923, **47**, S. 898ff. Über ältere Beobachtungen referierte F. Fischer: Ges. Abh. z. Kenntnis der Kohle, 1919, **4**, S. 26ff.

säuren, bilden, wie aus Vorstehendem hervorgeht, auch diesen Substanzen ähnlich zusammengesetzte, hochmolekulare organische Säuren, wie die Harzsäuren und Naphtensäuren seifenartige Alkalisalze. Diese Karbonsäuren sind, chemisch betrachtet, als Derivate der alizyklischen Reihe anzusehen, während Karbonsäuren der aromatischen Reihe auch bei höherem Molekulargewicht nicht als Seifenbildner gelten dürfen. Wird aber eine hochmolekulare aromatische Karbonsäure durch Wasserstoffanlagerung in eine Karbonsäure der alizyklischen Reihe überführt, so nimmt sie, wie beispielsweise die von Willstätter erhaltene und als Fettsäureersatz empfohlene Perhydrophenylnaphthylmethankarbonsäure[1]), seifenbildende Eigenschaften an.

Von ausgesprochen seifenähnlich sich verhaltenden, andersartig zusammengesetzten Verbindungen sind sodann die Saponine zu nennen, welche als wässeriges oder alkoholisches Extrakt aus bestimmten Pflanzenteilen, beispielsweise der Roßkastanie, den Blättern des Efeus, ferner der als Droge im Handel erhältlichen Seifenwurzel, zumeist jedoch aus der ebenfalls als Droge gehandelten Panamarinde (Cortex Quillajae) erhalten und zum Waschen alkaliempfindlicher Stoffe mitunter verwendet werden. Die Saponine gehören, chemisch betrachtet, zur Klasse der in der Natur recht verbreiteten Glukoside, reagieren schwach sauer, sind giftig und wirken sowohl frei, wie in Form ihrer weitgehend hydrolytisch gespaltenen Alkalisalze schmutzlösend.

Eine reinigende Wirkung wird ferner den Alkalisalzen von Eiweißabbauprodukten (Albumosen) zugesprochen[2]) die jedoch, ebenso wie das Eiweiß selbst (Kasein), vornehmlich bei der Fabrikation von Feinseifen ihrer alkalibindenden Wirkung halber Verwendung finden[3]).

Die meisten der in Vorschlag gebrachten Ersatzprodukte gehören jedoch zu der Gruppe der Sulfosäuren, welche beispielsweise durch die Behandlung von Kohlenwasserstoffen mit Schwefelsäure, in einzelnen Fällen aber auch wie die durch DRP. 313 840 als Reinigungsmittel in Vorschlag gebrachte Ligninsulfosäure als Abfallprodukt bei bestimmten technischen Arbeitsverfahren gewonnen werden. Die Fähigkeit, seifenähnliche Alkalisalze zu bilden, ist jedoch bei den auf einfachem Wege herstellbaren Substanzen nur schwach ausgeprägt und tritt deutlich zunächst nur bei den höher molekularen, rein aliphatischen Sulfosäuren in Erscheinung, die einen den normalen Fettsäuren durchaus gleichartigen Aufbau des organischen Atomkomplexes aufweisen und sich von diesen lediglich dadurch unterscheiden, daß sie anstatt der Karboxylgruppe die Sulfogruppe (SO_3H) enthalten. Von derartigen aliphatischen Sulfosäuren ist z. B. die Hexadekansulfosäure (Cetylsulfonsäure) näher studiert worden, die zuerst von Reychler[4]) dargestellt wurde und deren seifenähnliche bzw. seifenbildende Eigenschaften auf Grund eingehender

---

[1]) DRP. 325 714, 336 212; ferner Ber. d. Deutsch. Chem. Ges., 1921, **54**, S. 1420; Seifensiederzeitung, 1921, **48**, S. 380.

[2]) DRP. 311 542.

[3]) DRP. 112 456, 122 354, 134 933, 183 187.

[4]) Bull. Soc. Chem. Belgique **27**, S. 300; Chem. Zentralbl., 1914, I, S. 583.

kolloidchemischer und physikalisch-chemischer Untersuchungen von Mabel Harriet Norris[1]) bestätigt werden konnten. Eigentümlich für die Cetylsulfonsäure ist, daß sie im Gegensatz zu den Fettsäuren nicht nur als Alkalisalz, sondern auch als freie Säure leicht wasserlöslich ist und seifenartige Wirkungen auszulösen vermag, so daß sie beispielsweise in der Textil- und Lederindustrie auch überall da Verwendung finden könnte, wo Netzwirkungen im sauren Bade von Bedeutung sind.

Dagegen weisen aromatische Sulfosäuren vom Typus der in der Anilinfarbenfabrikation im größten Ausmaße als Zwischenprodukt gewonnenen Naphthalinsulfosäuren auch in Form ihrer Salze seifenartige Eigenschaften in der Regel nur in wesentlich geringerem Maße auf, da ihr Lösungszustand mehr dem der anorganischen Elektrolyte ähnelt. Aber auch diesen aromatischen Sulfosäuren bzw. ihren Salzen ist eine Eigenschaft eigentümlich, welche gewöhnlich nur bei den Alkalisalzen gewisser Fettsäuren und insbesondere der Harzsäuren beobachtet wird, und die anscheinend ebenfalls für den Waschprozeß von Bedeutung ist, nämlich die Fähigkeit, bestimmte in Wasser unlösliche Substanzen, wie Kohlenwasserstoffe, höhere Alkohole usw., in beschränktem Maße in klare, wässerige Lösung zu überführen. Auf Grund dieser von Neuberg als „Hydrotropie"[2]) bezeichneten Eigenschaft wurden auch die im übrigen nicht ausgeprägt seifenartigen Alkalisalze der α- und β-Naphthalinsulfosäure als reinigend wirkende Seifenstreckungsmittel unter Patentschutz gestellt[3]). In Verbindung mit Seifen wirken diese Produkte offenbar ähnlich wie die von alters her als Seifenzusatz empfohlenen Alkalisalze der Gallensäuren, für welche ebenfalls eine ausgesprochene hydrotropische Wirkung nachgewiesen wurde. Die sogenannten Gallseifen der Gegenwart enthalten jedoch, wie beiläufig erwähnt sein mag, in der Mehrzahl nicht mehr den bekannten Zusatz von Ochsengalle, sondern stellen in der Regel lediglich reine, neutrale Textilseifen dar.

Eine Reihe ebenfalls patentierter Verfahren schlägt sodann die Alkalisalze anderer aromatischer Sulfosäuren als Seifenersatz vor, wie beispielsweise die Salze der bei der Sulfurierung der Solventnaphtha[4]) oder des Benzylanilins[5]) entstehenden Produkte. Auch die Verwendung der unter der Bezeichnung Neradole als künstliche Gerbmittel empfohlenen Sulfosäuren für Reinigungszwecke wurde unter Patentschutz gestellt[6]). Ein wirklich seifenartiges Verhalten ist bei all diesen Produkten jedoch nicht zu beobachten, tritt aber in Erscheinung, wenn man aromatische Sulfosäuren durch höher molekulare Alkyle, beispielsweise den Isopropyl- oder Isobutylrest, die Benzylgruppe u. dgl. substituiert[7]). Aus der Reihe der hier in Frage kommenden Verbindungen haben sich daher vornehmlich die Isopropylnaphthalinsulfosäure bzw.

---

[1]) Journ. Chem. Soc., 1922, **121**, S. 2161; Chem. Zentralbl., 1923, I, S. 1622.

[2]) Biochem. Ztschr. 1916, **76**, S. 108.

[3]) DRP. 332 649. [4]) DRP. 312 087. [5]) DRP. 381 108.

[6]) DRP. 304 024. [7]) DRP. 336 558 u. a.

ihre Salze (Nekal) und die entsprechenden Butylverbindungen als Netz- und Emulgierungsmittel weitgehend eingeführt.

Besonders ausgesprochen sind dann weiter die emulgierenden und schaumbildenden Eigenschaften bei den hochmolekularen Sulfosäuren, welche für die Fettspaltung nach Twitchell als Reaktive zur Verwendung gelangen. Namentlich die aus Mineralölen erhältlichen Sulfosäuren zyklischer Kohlenwasserstoffe besitzen nach Petroff[1]) eine bedeutende Waschkraft und zwar ebenfalls sowohl in Form der freien Säuren wie als Alkalisalze. Ihrer allgemeineren Anwendung steht jedoch die zumeist recht dunkle Farbe, ferner ihr Gehalt an Verunreinigungen, Pechen u. dgl. im Wege.

Nicht unerwähnt bleiben dürfen dann endlich die Sulfosalze der partiell hydrierten Kohlenwasserstoffe, unter denen beispielsweise die Salze der Tetrahydronaphthalin-(Tetralin-) und Oktohydroanthrazensulfosäure den Sulfosalzen des Naphthalins gegenüber erhebliche Vorteile aufweisen[2]). Durch die teilweise Umwandlung der aromatischen Ringsysteme in alizyklische Atomkomplexe wird nämlich, wie schon aus dem obigen hervorgeht, einerseits die Löslichkeit der Sulfonate in Wasser gesteigert, andererseits werden die seifenähnlichen Eigenschaften erhöht, so daß auch diese Produkte (Majamin) als Streckungsmittel für Seifen und namentlich in Verbindung mit Lösungsmitteln als Netzmittel in der Textilindustrie vielfache Verwendung gefunden haben.

Die hier behandelten Eigenschaften sind aber nicht nur bei den höher molekularen Sulfosäuren und -salzen anzutreffen; sie treten in mehr oder weniger hohem Maße auch bei höher molekularen Phenolen in Erscheinung, wie sie beispielsweise aus dem sogenannten Steinkohlenurteer zu isolieren sind. Aber auch synthetische Produkte, wie beispielsweise das Cyclohexylphenol und seine Homologen, die alkylierten Naphthole u. dgl. sind, falls sie leicht zugänglich werden, für die genannten Zwecke wohl brauchbar.

Die in der Zeit der äußersten Fettnot während des Krieges im Handel vielfach angebotenen „fettfreien Waschmittel" waren im Gegensatz zu den oben genannten Produkten in der Mehrzahl jedoch lediglich aus Silikaten, Kaolin, Natriumsulfat, Kochsalz, Soda u. dgl. zusammengesetzte Präparate, deren äußerst bescheidener Wirkungsgrad allein auf ihrem Gehalt an Alkalikarbonat bzw. basisch reagierenden Hydraten und Karbonaten beruhte, und die nur äußerlich durch Form und Aufmachung eine gewisse Seifenähnlichkeit vortäuschten. Erwähnt sei jedoch wegen seiner Originalität ein Verfahren, das in gewissem Umfange auch praktische Verwendung über die Kriegszeit hinaus gefunden hat, und das auf der eiweißlösenden Wirkung tryptischer Fermente beruht[3]). Das unter der Bezeichnung „Burnus" im Handel befindliche Präparat enthält als wirksames Ferment das Pankreatin, doch beschränkt sich seine Verwendung lediglich auf eine Vorbehandlung der Wäsche vor der eigentlichen Bearbeitung mit Seife.

---

[1]) DRP. 264 785.
[2]) Seifensiederzeitung, 1923, **50**, S. 15.
[3]) DRP. 283 923.

Die Alkalien.

Mit dem Namen Alkalien bezeichnet man die Oxyde einer kleinen Gruppe von Metallen, welche sich dadurch auszeichnen, daß sie leichter sind als Wasser, sich an der Luft sehr leicht oxydieren und schon bei gewöhnlicher Temperatur das Wasser unter Entwicklung von Wasserstoff zersetzen. Die Oxyde dieser Metalle sind die stärksten Basen, welche man kennt; sie verbinden sich mit Wasser zu Hydraten, den sogenannten kaustischen Alkalien. Diese haben einen ätzenden, laugenartigen Geschmack, zerstören die Haut und alle organischen Gewebe und sind im Wasser leicht löslich. Ihre Lösungen färben gerötete Lackmustinktur blau und Curcumalösung braun; sie reagieren, wie man sagt, alkalisch. Aus der Luft ziehen sie Wasser und Kohlensäure an.

Von den Alkalihydraten finden zwei eine ausgedehnte technische Verwendung: das Kaliumhydrat (KOH) oder Ätzkali und das Natriumhydrat (NaOH) oder Ätznatron. Zu ihrer Darstellung dient in der Regel das betreffende kohlensaure Alkali, also das kohlensaure Kalium (K_2CO_3) oder Pottasche und das kohlensaure Natrium (Na_2CO_3) oder Soda. Das gewöhnliche Mittel zur Verwandlung der kohlensauren Alkalien in die Alkalihydrate ist der gelöschte Kalk, das Kalkhydrat (Kalziumoxydhydrat) $Ca(OH)_2$. Werden Lösungen von kohlensauren Alkalien mit Kalkhydrat zusammengebracht, so findet eine Umsetzung in der Weise statt, daß die Kohlensäure der Alkalien sich mit dem Kalziumoxyd zu kohlensaurem Kalk verbindet, der, in Wasser unlöslich, zu Boden fällt, während das Alkali mit dem Hydratwasser des Kalkes als Alkalihydrat gelöst bleibt, entsprechend den Gleichungen:

$$\underset{\text{Soda}}{Na_2CO_3} + \underset{\text{Kalkhydrat}}{Ca(OH)_2} = \underset{\text{kohlens. Kalk}}{CaCO_3} + \underset{\text{Ätznatron}}{2\,NaOH}$$

$$\underset{\text{Pottasche}}{K_2CO_3} + \underset{\text{Kalkhydrat}}{Ca(OH)_2} = \underset{\text{kohlens. Kalk}}{CaCO_3} + \underset{\text{Ätzkali}}{2\,KOH}$$

Neben den Ätzalkalien sind also auch die Alkalikarbonate, Soda und Pottasche, für die Seifenfabrikation von großer technischer Bedeutung. Ihre Herstellung sowie die Eigenschaften der wichtigsten Handelsqualitäten sollen daher zunächst im folgenden behandelt werden.

Die Soda.

Die Soda kommt in den Handel nach ihrer Abstammung 1. als natürliche Soda in sehr geringer Menge und 2. als künstliche Soda in größtem Umfange.

Natürliche Soda. Kohlensaures Natron findet sich in der Natur weit verbreitet als Bestandteil vieler Mineralien und aufgelöst in vielen natürlichen Wässern, so in den Natronseen von Ungarn, Ägypten, Zentralafrika, in den Steppen zwischen dem Schwarzen und Kaspischen Meere, in der großen nordamerikanischen Ebene zwischen den Alleghanis und Rocky Mountains, in Mexiko, Südamerika usw., ferner auch als Auswitterung an vielen Orten, namentlich in der Nähe solcher Natronseen.

In der Nachbarschaft von Solquellen, in Salzsteppen, vorzugsweise aber am Meeresstrande, wachsen des weiteren Pflanzen, welche organische Natronsalze (oxalsaures und weinsaures Natron) enthalten. Aus der Asche dieser Strandpflanzen wurde bis zu Ende des 18. Jahrhunderts der größte Teil der Handelssoda hergestellt, die in dieser Weise heute aber lediglich an den schottischen und irischen Küsten, am Mittelmeer in Sizilien und Sardinien, an der spanischen Küste, namentlich in der Provinz Valencia, in Marokko, auf Teneriffa, sowie in den Steppen von Südrußland und Armenien gewonnen wird.

Da die Pflanzensoda nur eine gesinterte, nicht durch Auslaugen gereinigte Pflanzenasche ist, so enthält sie naturgemäß auch die sämtlichen anorganischen Bestandteile der Pflanzen selbst. Bei Behandlung mit Wasser bleibt daher stets ein bedeutender Rückstand von Kalk, Aluminium-, Eisenoxyd u. dgl., während der in Wasser lösliche Teil neben kohlensaurem Natron (und kohlensaurem Kali) stets auch Alkalichloride und -sulfate enthält. Es ist daher verständlich, daß die natürliche Soda fast überall durch die künstliche verdrängt worden ist und fast nur noch in den Ländern Anwendung findet, in denen sie produziert wird.

Künstliche Soda. Bis zur französischen Revolution war die durch Veraschung von Holz gewonnene Pottasche ungleich wichtiger als die relativ schwer erhältliche Soda. Als aber mit der Entwicklung der Baumwollindustrie und vieler anderer Industriezweige die Nachfrage nach Alkalikarbonaten nicht mehr befriedigt werden konnte, war es natürlich, daß man sich bemühte, für die stetig im Preise steigende Pottasche einen Ersatz aus dem überall zugänglichen Kochsalz herzustellen. Einen bedeutenden Antrieb gab diesen Bestrebungen der schon erwähnte Preis von 2400 Livres, welchen die französische Akademie der Wissenschaften 1775 für die beste Methode zur Umwandlung des Kochsalzes in Soda ausgesetzt hatte.

Die ersten Bewerber um diesen Preis waren der Benediktinerpater Malherbe (1778), Guyton de Morveau und Carny (1782) und de la Métherie. Die von diesen empfohlenen Verfahren vermochten sich jedoch nicht lange zu halten, da das nach denselben dargestellte Produkt weder im Preise, noch in der Qualität mit der aus Spanien kommenden Pflanzensoda konkurrieren konnte. Erst Nicolas Leblanc hat das nach ihm benannte Verfahren der Sodagewinnung mit solcher Vollkommenheit hingestellt, daß es auch heute noch technische Bedeutung besitzt.

Das Leblanc-Verfahren besteht darin, daß man ein Gemenge von kalziniertem schwefelsauren Natron (Glaubersalz), kohlensaurem Kalk und Kohle erhitzt; es entsteht alsdann kohlensaures Natron unter gleichzeitiger Bildung von Schwefelkalzium und Kohlensäure.

Das schwefelsaure Natron (in der Sodaindustrie kurz als Sulfat bezeichnet) wird durch Behandlung von Kochsalz mit konzentrierter

Schwefelsäure bei hoher Temperatur gewonnen; es resultieren dann schwefelsaures Natron und Salzsäure, entsprechend der Gleichung:

$$\underset{\text{Kochsalz}}{2\,NaCl} + \underset{\text{Schwefelsäure}}{H_2SO_4} = \underset{\text{Salzsäure}}{2\,HCl} + \underset{\text{schwefels. Natron}}{Na_2SO_4}$$

Der kohlensaure Kalk wird sowohl als Kalkstein, wie als Kreide angewandt. Als Kohle dient meist Steinkohle, in manchen Gegenden auch Braunkohle, während Leblanc selbst Holzkohle empfohlen hatte. Seine Mischung bestand aus 100 Teilen kalziniertem Sulfat, 100 Teilen Kreide und 50 Teilen Holzkohle. Die Schmelzung der Sodamischung findet in Flammenöfen bzw. in drehbaren Zylinderöfen statt.

Die so erhaltene Rohsoda besteht im wesentlichen aus 36—40 vH. kohlensaurem Natron und etwa 30 vH. Schwefelkalzium, Ätzkalk, kohlensaurem Kalk und 1—3 vH. Ätznatron. Auch geringe Mengen von Chlornatrium, schwefelsaurem sowie kieselsaurem Natrium, ferner $^1/_2$—1 vH. Schwefelnatrium sind in der Schmelze enthalten. Infolgedessen wird sie in der Regel einem Auslaugeprozeß unterworfen, der zu einem Produkt von größerer Reinheit und Haltbarkeit führt.

Das Auslaugen der Rohsoda erfolgt systematisch in sogenannten Shanksschen Apparaten, um mit möglichst wenig Kosten eine konzentrierte Lösung zu erreichen. Die erhaltene Rohsodalauge wird alsdann durch Eindampfen konzentriert. Das sich dabei abscheidende Salz wird mit durchlöcherten Schaufeln herausgenommen und in einen Trichter geworfen, aus welchem die Mutterlauge in die Eindampfpfanne zurückläuft. Das verdampfte Lösungswasser wird durch Rohsodalauge ersetzt, bis die Mutterlauge das sich ausscheidende Salz zu sehr verunreinigt und alsdann für sich getrennt aufgearbeitet wird.

Nunmehr wird die gewonnene Soda in Flammenöfen kalziniert, wobei man je nach den Umständen ein Produkt mit einem Reinsodagehalt von 90—97 vH. erhält. Die so gewonnene Soda wird alsdann entweder gemahlen oder für manche Zwecke noch einmal raffiniert. Eine gute kalzinierte Soda (Sekunda-Soda), wie sie nach der Beschreibung erhalten wird, soll weiß, nicht gelb oder gar rötlich sein. Häufig ist die Farbe bläulich, was von mangansaurem Natron herrühren kann, welches sich schon in der Rohsoda bildet, neuerdings aber auch zuweilen absichtlich zugesetzt wird. Ist die Soda grau, so enthält sie in der Regel viel Ätznatron und Schwefelverbindungen.

Für manche Zwecke ist die gewöhnliche, kalzinierte Soda, wie gesagt, nicht rein genug. Das Ätznatron, sowie die in Wasser unlöslichen Beimengungen sind besonders da störend, wo die Soda, wie in der Glasfabrikation, ohne vorheriges Auflösen und Absetzen angewandt werden muß. Deshalb wird für die feinsten Glassorten und für einige andere Zwecke eine raffinierte Soda verlangt, die durch Wiederauflösen des oben besprochenen Produktes in Wasser, Klären der so erhaltenen wässerigen Lösung, Eindampfen und Kalzinieren gewonnen wird.

Der größte Teil der in den Handel gehenden Soda wird zuvor gemahlen, da sie in diesem Zustande einerseits ein viel besseres Aussehen hat und für die Konsumenten leichter zu behandeln ist, andererseits die

Kosten des Mahlens viel weniger betragen, als die Extrakosten der Verpackung bei ungemahlener Soda, welche etwa 50 vH. mehr Raum beansprucht.

Das Leblancverfahren ist in neuerer Zeit jedoch fast ganz durch den Ammoniaksodaprozeß verdrängt worden. Letzterer gründet sich darauf, daß beim Zusammenbringen einer konzentrierten Lösung von doppeltkohlensaurem Ammoniak mit einer gesättigten Kochsalzlösung doppeltkohlensaures Natron ausfällt, während Salmiak in Lösung bleibt, entsprechend der Gleichung:

NaCl	+	NH_4HCO_3	=	NH_4Cl	+	$NaHCO_3$
Kochsalz		doppeltkohlens. Ammoniak		Salmiak		doppeltkohlens. Natron

Das doppeltkohlensaure Natron gibt geglüht die Hälfte seiner Kohlensäure ab, die wieder nutzbar gemacht wird, während aus dem Salmiak durch Behandlung mit Kalk oder Magnesia das Ammoniak wieder gewonnen wird. Die ganze Reaktion ist so einfach und im Laboratorium so leicht zu bewerkstelligen, daß es nicht wundernimmt, wenn man schon frühzeitig die industrielle Verwertung derselben versucht hat. H. D. Dyar und J. Hemming waren die ersten, welche ein Patent in dieser Hinsicht nahmen. Das Verdienst, das Verfahren zur praktischen Ausführung gebracht zu haben, gebührt jedoch Th. Schloesing und E. Rolland, welche 1855 in Puteaux bei Paris eine Fabrik errichteten, die nach kurzem Bestehen aber wieder einging. Die weitere Entwicklung des Ammoniaksodaprozesses knüpft sich dann hauptsächlich an den Namen von Ernst Solvay in Couiller bei Charleroi (Belgien).

Solvays Verfahren besteht in folgendem: Eine gesättigte Kochsalzlösung wird zunächst mit Ammoniak und dann mit Kohlensäure gesättigt. Es bildet sich doppeltkohlensaures Ammoniak, welches sich mit dem Kochsalz in Ammoniumchlorid (Salmiak) und doppeltkohlensaures Natron umsetzt. Durch Erhitzen wird das letztere alsdann in einfachkohlensaures Natron und Kohlensäure zerlegt. Die hierbei erzeugte Kohlensäure wird von neuem zur Bildung von doppeltkohlensaurem Ammoniak verwandt, während man aus der zu Anfang des Prozesses gewonnenen Salmiaklösung durch Erhitzen mit Kalk das Ammoniak wieder gewinnt. Das Verfahren bildet somit einen fortwährenden Kreislauf, in welchen, von Verlusten abgesehen, nur Kochsalz und ein Teil der Kohlensäure eingeführt werden und bei dem nur der zur Regenerierung des Ammoniaks erforderliche Kalk, sowie das Chlor aus dem Kochsalz verloren gehen.

Das ganze Verfahren erfordert jedoch, obwohl es hier als relativ einfach erscheinen mag, sehr komplizierte Apparate, so daß die Anlagekosten einer Ammoniaksodafabrik sehr bedeutende sind.

Die nach dem beschriebenen Verfahren hergestellte Soda ist sehr rein; sie ist absolut frei von Ätznatron, Schwefelverbindungen, Eisen u. dgl. und enthält gewöhnlich 98—99 vH. Reinsoda.

Neben den vorbesprochenen Qualitäten ist des weiteren, wenn sie auch heute jede Bedeutung verloren hat, die Kryolithsoda zu erwähnen. Sie wird bei Verarbeitung des auf Grönland vorkommenden Kryoliths gewonnen, der im wesentlichen aus Fluornatrium und Fluoraluminium besteht. Die Verarbeitung dieses Minerals erfolgt in der Weise, daß man es, fein gepulvert, mit der anderthalbfachen Menge Kreide auf Rotglut erhitzt; dabei bilden sich unter Entwicklung von Kohlensäure Fluorkalzium und Natriumaluminat. Die geglühte Masse wird ausgelaugt; es bleibt Fluorkalzium zurück, während Natriumaluminat in Lösung geht, das durch Kohlensäure in Aluminiumoxyd und kohlensaures Natron verwandelt wird. Die von dem Oxyd abgetrennte Sodalösung wird durch Eindampfen konzentriert und zur Kristallisation gebracht, während die abgeschiedene Tonerde meist auf Alaun verarbeitet wird. Wie erwähnt, besitzt dieses Verfahren heute jedoch nur noch geringe technische Bedeutung.

Weit wichtiger scheint aber ein Herstellungsprozeß zu sein, der, erst jüngst ausgearbeitet, ebenfalls auf der Verwendung flußsaurer Salze beruht [1]). Als Ausgangsmaterial dient kohlensaurer Kalk, der mit Fluornatrium zu Fluorkalzium und kohlensaurem Natron (Soda) umgesetzt wird. Das gebildete Fluorkalzium wird alsdann mit Kochsalz und Siliciumfluorid behandelt und ergibt so Kalziumchlorid und Natriumsilicofluorid, das sich bei Rotglut in Natriumfluorid und Silicofluorid zerlegen läßt. Das erstere dient alsdann wieder von neuem zur Umsetzung des Kalziumkarbonats, während das letztere zur erneuten Bildung des Natriumsilicofluorids verwendet wird. Der Prozeß spielt sich also nach den folgenden Gleichungen ab:

$$CaCO_3 + 2\,NaF = CaF_2 + Na_2CO_3$$
$$CaF_2 + 2\,NaCl + SiF_4 = CaCl_2 + Na_2SiF_6$$
$$Na_2SiF_6 = 2\,NaF + SiF_4$$

und ergibt ebenfalls einen Kreislauf, in den, von mechanischen Verlusten abgesehen, nur Kalziumkarbonat und Kochsalz als Reaktionskomponenten fortlaufend einzuführen sind.

Schließlich soll nicht unerwähnt bleiben, daß Soda auch ähnlich wie Pottasche auf elektrolytischem Wege gewonnen wird.

Kristallisierte Soda. Trotz der großen Wassermenge, welche man in der kristallisierten Soda verfrachten muß (100 Teile Kristallsoda bestehen aus 37,08 Teilen kohlensaurem Natron und 62,92 Teilen Wasser), ist die Fabrikation derselben eine ganz bedeutende, und zwar nicht allein in den Sodafabriken selbst, sondern auch in einer ganzen Anzahl von Spezialfabriken, welche kalzinierte Soda ankaufen, um sie in Kristallsoda zu verwandeln. Daß dieses Produkt die erhöhten Fracht-, Fastage- und Fabrikationskosten zu tragen vermag, ist in seiner Reinheit begründet, da es insonderheit in der Wäscherei von größter Wichtigkeit ist, daß die angewandten Waschmittel absolut frei von Ätznatron und anderen, die Gewebe angreifenden Verbindungen sind. Die Kristallsoda läßt sich ferner viel leichter zerteilen und handhaben als das pulverförmige, beim Liegen an der Luft zusammenbackende „Sodasalz“; auch

[1]) Vgl. Meyerhofer, Patentanm. H. 94 376 IV/12. (13) vom 2. 8. 23.

löst sie sich leichter in Wasser als die kalzinierte Soda, die in den Waschbottichen vielfach in Form fester Klumpen ungelöst zurückbleibt.

Obwohl für die meisten Anwendungsarten eine schwach gelbliche, von organischen Substanzen herrührende Farbe der Kristallsoda nicht schaden würde, verlangt man doch im Handel eine möglichst farblose Ware, da nur diese den Konsumenten eine Garantie für das völlige Freisein von Eisen bietet. Man ist daher, trotz ungemein zahlreicher Bemühungen, nicht imstande, verkäufliche Kristallsoda direkt aus den Rohlaugen der Leblanc-Sodafabriken durch eine einzige Kristallisation zu erzeugen und fabriziert dieselbe so gut wie ausschließlich aus kalzinierter Soda, die man in der Wärme auflöst und in eisernen Gefäßen zur Kristallisation bringt.

Die Fabrikation geschieht am besten in der Weise, daß man in einem Siedekessel (Seifenkessel) unter Rühren eine bei 40° C gesättigte Sodalösung herstellt, die auch heiß eine Dichte von 36° Bé besitzt. In diesem Zustand überläßt man die Lösung der Nachtruhe, damit sich alle färbenden und unreinen Bestandteile zu Boden setzen. Am anderen Morgen wird die nunmehr wasserklare Lösung aus dem Kessel in die Kristallisiergefäße abgelassen, worin sie sich, je nach der Größe, in kürzerer oder längerer Zeit in Kristalle umbildet. Um das Abfüllen der Lösung zu erleichtern, ist es zweckmäßig, den Auflösekessel so hoch aufzustellen, daß sein Boden sich in gleicher Höhe mit dem oberen Rande der Kristallisiergefäße befindet. Man bringt dann 30—40 cm über dem Kesselboden einen Ablaßhahn an und hat es nun leicht, dem Kessel nur die klaren Lösungen zu entnehmen, die durch bewegliche Rohrleitungen nach allen Gefäßen verteilt werden können.

Die Kristallisiergefäße können von beliebiger Größe sein. Kleinere, bis zu 50 kg Inhalt, sind gewöhnlich verzinnt und lassen sich leicht entleeren, wenn man sie äußerlich mit heißem Wasser übergießt, wobei der Sodablock herausfällt. Die großen Gefäße bis zu 5000 kg Inhalt müssen in der Regel mit Meißel und Hammer entleert werden, ergeben aber immer ein reineres Produkt als die kleinen Gefäße. In der Regel haben diese großen Gefäße eine länglich-viereckige Form, sind mehr breit als hoch und besitzen einen von den beiden Kopfseiten nach der Mitte zu schräg verlaufenden Boden. An der tiefsten Stelle desselben befindet sich eine verschließbare Öffnung, durch welche die nach vollendeter Kristallisation verbleibende Mutterlauge entfernt wird. Zweckmäßigerweise werden die Innenwandungen der Kristallisiergefäße mit einer Wasserglaslösung und nachfolgend mit Kalkmilch überstrichen. Durch Umsetzung beider Lösungen bildet sich kieselsaurer Kalk, der das Ansetzen der Soda an die Gefäßwandung verhindert und somit ein leichtes Herausbringen der Kristallmasse ermöglicht.

Die Kristallisation erfordert, wie schon oben gesagt, je nach der Größe der Gefäße verschieden lange Zeit. Daneben ist aber auch die Lufttemperatur von großem Einfluß auf die Zeitdauer der Kristallbildung. In den heißen Sommermonaten geht sie nur unvollkommen vor sich, während im Winter, je nach der herrschenden Kälte, auch in Gefäßen bis zu 5000 kg Inhalt die Kristallisation in 10—14 Tagen vollendet ist. Durch künstliche Kühlung läßt sich aber in entsprechend konstruierten Apparaten auch im Sommer eine beschleunigte und quantitative Kristallbildung erwirken.

Die reine, 98—100 proz. Ammoniaksoda liefert in der Regel lose, leicht zerfallende und zerbröckelnde Kristalle. Es hat sich daher als nützlich erwiesen, beim Auflösen der Soda Glaubersalz in kleinen Mengen zuzusetzen, um die gewünschte Härte und feste Beschaffenheit der Kristalle zu erzielen. Es ist jedoch ratsam, diesen Zusatz auf das absolut notwendige Maß zu beschränken, da Glaubersalz auf metallisches Eisen lösend wirkt und auf diese Weise eine rotbraune Färbung der Kristallsoda veranlassen kann. Für die ersten Auflösungen genügen 2—3 vH. des Salzes, die man weiter auf 2—1 vH. reduziert, wenn die ersten Mutterlaugen wieder mit zur Verarbeitung gelangen, und auf die man schließlich ganz verzichtet, wenn die Menge der Mutterlaugen größer wird. Um die Auflösung von Eisen zu verhindern, hat sich bis zu gewissen Grenzen auch die gleichzeitige Anwendung von Chlorkalk bewährt, den man, in Wasser verrührt, in Quantitäten von 50—60 g auf je 100 kg der aufzulösenden Soda zusetzt; doch darf man auch mit diesem Vorbeugungsmittel nicht anhaltend arbeiten, da die Soda sonst leicht einen Chlorgeruch annimmt, der ebenfalls beanstandet wird.

Die ausgebrachten Kristalle werden, ehe sie versandfertig verpackt werden, in Zentrifugen getrocknet, und zwar eignen sich hierzu am besten die Untenentleerungs-Zentrifugen. Der Großbetrieb kann ohne diese Behandlungsweise nicht auskommen, während im Kleinbetriebe unter Umständen auch ein Abtrocknen an der Luft genügen kann.

Die Kristallisationsmutterlaugen enthalten immer noch kohlensaures Natron, und zwar um so mehr, je höher die Temperatur während des Kristallisierens gewesen ist, außerdem das gesamte Ätznatron und den größten Teil des Chlornatriums und Sulfates, das meist nur zu geringen Teilen mit der Soda auskristallisiert. Diese Mutterlaugen werden in Pfannen zur Breikonsistenz eingedampft und in Flammenöfen kalziniert; sie geben meist ein sehr weißes, aber geringhaltiges Sodasalz, welches als Mutterlaugensalz in den Handel geht.

In neuerer Zeit ist eine aus ganz kleinen Kristallen bestehende Soda, die sogenannte Feinsoda, sehr in Aufnahme gekommen. Sie hat vor der gewöhnlichen Kristallsoda in Stücken den Vorzug, daß sie sich bedeutend leichter löst und besser verpacken läßt. Sie wird nach B. Cordes[1]) in folgender Weise fabriziert: In einem Kessel mit Rührwerk wird hochprozentige Ammoniaksoda zu einer Lauge von 36° Bé aufgelöst und die über Nacht gut abgesetzte Lösung in kleinen Partien in den Kristallisierkessel abgelassen.

Die Kristallisierkessel sind weite, flache, mit Rührwerk und unten verschließbaren Öffnungen versehene Kessel. Ein Exhaustor vermittelt die rasche Abkühlung, das Rührwerk verhindert die Bildung von großen Kristallen. Ist sämtliche Lauge kristallisiert, so werden die Luken im Boden des Kessels geöffnet, die Kristalle durch das Rührwerk in ein

---

1) Seifenfabrikant, 1902, **22**, S. 865.

unterhalb befindliches Reservoir befördert und von da aus in Zentrifugen mit Untenentleerung zur Trocknung gebracht. Das Zentrifugieren dauert 5—10 Minuten, wonach die fertige Ware in Säcke versandfertig abgefüllt werden kann. Die unten abfließende Mutterlauge wird gesammelt und wieder in den Auflösekessel befördert, wo sie von neuem zur Verarbeitung kommt. Neben der hier besprochenen Einrichtung finden aber auch andere Apparaturen, wie beispielsweise sogenannte Kristallisierwiegen für den gleichen Prozeß Verwendung.

Wasserfreie Soda (Natriumkarbonat) ist ein weißes Pulver, das bei etwa 850° schmilzt. Die gewöhnliche Kristallsoda enthält 10 Mol. Kristallwasser und besteht aus wasserhellen, monoklinen Kristallen, welche bei 32° in ein Heptahydrat der Formel $Na_2CO_3 \cdot 7\,H_2O$ übergehen, das bei 35° unter Abgabe von weiteren 6 Mol. Wasser in ein Monohydrat verwandelt wird. Das letzte Mol. Wasser wird erst oberhalb 100° entbunden. Die wässerige Lösung der Soda reagiert stark alkalisch. 100 Teile Wasser lösen bei 20° 21,4 Teile, bei 104° 45,47 Teile. Aus der folgenden Tabelle ist das Volumgewicht von Natriumkarbonatlösungen verschiedenen Prozentgehaltes ersichtlich

vH. Na_2CO_3	Volumgewicht bei 15° C	° Bé	vH. Na_2CO_3	Volumgewicht bei 15° C	° Bé
0	1,000	0	11	1,117	15,2
1	1,011	1,6	12	1,128	16,4
2	1,021	3,0	13	1,140	17,7
3	1,031	4,4	14	1,151	18,9
4	1,042	5,8	15	1,162	20,1
5	1,052	7,1	16	1,173	21,3
6	1,063	8,5	17	1,185	22,5
7	1,074	9,9	18	1,197	23,7
8	1,984	11,2	19	1,208	24,8
9	1,095	12,6	20	1,220	26,0
10	1,106	13,9	21	1,232	27,2

Kaustische Soda (Ätznatron). Unter kaustischer Soda versteht man im Handel ein Produkt, welches ganz oder größtenteils aus Ätznatron besteht. Früher kam im Handel auch Natronlauge vor, welche in Ballons versandt wurde; aber aus leicht begreiflichen Gründen konnte sich dieser Artikel nie sehr ausbreiten, da die Verpackungskosten und die vermehrten Transportspesen schon in geringen Entfernungen den Preis der Ware stark erhöhen. Die Fabrikation der festen kaustischen Soda hat sich, obwohl ursprünglich von einem Deutschen, Weißenfeld, eingeführt (1844), ganz und gar in England entwickelt. Der eigentliche Beginn ihrer fabrikmäßigen Darstellung dürfte vom Jahre 1853 datieren, in welchem William Gossage ein Patent entnahm, welches, neben anderen Verbesserungen der Sodafabrikation, auch die Gewinnung von kaustischer Soda aus Sodarohlaugen durch Konzentration und ohne Anwendung von Kalk behandelt. Die erste kaustische Soda, welche in den Handel kam, war verschiedenartig gefärbt; erst 1860 gelang es Ralston, weiße kaustische Soda zu erzeugen, indem er das

Ätznatron auf eine Temperatur erhitzte, bei welcher sich unter Abscheidung von Eisenoxyd die Ätznatronschmelze klar absetzte.

Ein sehr wichtiger Schritt zur besseren Einführung der kaustischen Soda war des weiteren 1857 von Thompson ausgegangen, der die jetzt noch allgemein übliche Verpackung in Trommeln einführte. Vor ihm wurde die kaustische Soda auf eiserne Platten ausgegossen, nach dem Erstarren in Stücke zerschlagen und in Fässer verpackt, so daß sie infolge der langen Berührung mit der Luft stets Wasser und Kohlensäure anziehen konnte.

Zur Herstellung von kaustischer Soda behandelt man in der Regel die beim Auslaugen der Rohsoda gewonnene, gut geklärte Rohlauge mit Kalk, der von guter Beschaffenheit sein muß, da unreiner (toniger) Kalk schlecht klärende Laugen ergibt. Man verdünnt die Rohlauge zunächst mit Wasser oder Waschwässern vom Kalkschlamm früherer Operationen auf 11—13° Bé, da sich konzentriertere Lösungen nicht vollständig kaustisch machen lassen; vielfach geht man sogar bis 15° Bé, wobei freilich nur etwa 92 vH. der Soda in Ätznatron übergehen, aber später an Kohlen zum Eindampfen gespart wird. Man bringt die Lauge durch direkten Dampf zum Kochen und gibt unter fortwährendem Umrühren den Kalk hinzu, und zwar stets ungelöscht, um die während des Löschens entwickelte Wärme auszunützen. Ein geübter Arbeiter vermag schon an der Art des Kochens, der Farbe der Flüssigkeit und an anderen Anzeichen mit ziemlicher Sicherheit zu beurteilen, wann hinreichend Kalk zugesetzt und die Lauge vollständig kaustisch geworden ist; man prüft aber außerdem, indem man zu einer klar filtrierten Probe etwas Schwefelsäure oder Salzsäure zusetzt, wobei kein Aufbrausen erfolgen darf. Man kann nun entweder die ganze Charge in ein besonderes Klärgefäß ablassen oder läßt sie in der Operationspfanne selbst klären, wozu eine halbe Stunde etwa erforderlich ist. Die klare Lauge wird alsdann abgezogen und in die Klärgefäße gepumpt, wo sie vollständig absetzen muß. Gewöhnlich nimmt man in der Pfanne noch eine zweite Operation vor, ohne den Kalkschlamm zu entfernen, der alsdann erst, mit etwas reinem Wasser versetzt, zu einem dünnen Brei verrührt und auf besonders konstruierte Filter gebracht wird. Das Filtrat dient zum Verdünnen der Rohlauge; der zurückbleibende Kalkschlamm dagegen wird allgemein dazu verwandt, um bei einer frischen Sodamischung einen Teil des Kalksteins zu ersetzen, so daß das in ihm noch enthaltene Natron auf diese Weise zur Ausnutzung kommt.

Das Ätznatron ist, in angegebener Weise fertig gemacht, noch sehr verdünnt. Seine Konzentration ist eine sehr wichtige Aufgabe, bei der es darauf ankommt, mit möglichster Brennstoffersparnis zu arbeiten. Das Eindampfen erfolgt in gußeisernen oder schmiedeeisernen Pfannen oder besser im Vakuum unter Benutzung von Mehrkörperapparaten. Hier dampft man die Lauge so weit ein, daß sie 37—38° Bé und eine Temperatur von 138° C besitzt, wenn man eine 60 proz. Ware erzeugen will. Um ein 70 proz. Ätznatron zu erzielen, konzentriert man in der Regel sogleich auf 42—44° Bé. Man läßt alsdann absitzen, zieht die klare Lösung in Klärgefäße ab und bringt die zurückbleibenden Salze mit durchlöcherten Schaufeln auf Salzfilter, aus denen sie nach dem Abtropfen zu den Sodaöfen zurückkehren. Die klare Lauge kommt zum Fertigmachen in gußeiserne Kessel, die meist so groß sind, daß sie ungefähr 10 Tonnen fassen. Hier wird sie auf 143—160° C erhitzt, wobei sich auf der Oberfläche des Kesselinhalts ein Schaum bildet, welcher zuweilen rot, vielfach aber auch schwarz aussieht. Nach dessen Entfernung wird weiter erhitzt. Bei 160° C läßt man noch einmal klären, damit sich die letzten Salzreste abscheiden und eine reinere Lauge erzielt wird, und fährt alsdann erst mit dem Kochen fort. Hat die Flüssigkeit eine Temperatur von 180° C erreicht, so enthält sie schon 53 vH. Natriumoxyd (beinahe gleich 70 vH. Ätznatron) und erstarrt beim Erkalten vollständig. Sie erscheint jetzt dunkel, von sirupartiger Konsistenz und hat große Neigung zum Übersteigen. Bei 205° hört das Kochen fast ganz auf, es entweicht nur noch wenig Dampf, obwohl noch immer fast 20 vH. Wasser vorhanden sind. Bei 238° C enthält die Masse 70 vH. Natriumoxyd = $87^1/_2$ vH. Ätznatron.

In diesem Zustand zeigt der Inhalt des Kessels fast gar keine Bewegung mehr; nur am Rande bemerkt man ein leichtes Aufwallen. Die Oberfläche bedeckt sich mit einem glänzenden Schaum von Graphit, während am Rande eine rötliche Ausscheidung von Salzen auftritt. Man deckt nun gut zu und feuert so stark wie möglich, um nach Zusatz von Natronsalpeter oder bei gleichzeitigem Einblasen von Luft eine vollständige Oxydation des noch in der Masse befindlichen Schwefelnatriums, sowie der niederen Oxydationsstufen des Schwefels zu erreichen.

Ist diese beendigt, so variiert die Farbe der Masse je nach der Art der Arbeit von hellbraun bis tiefrot. Man läßt jetzt die Schmelze im Kessel selbst 8—12 Stunden unter ständigem Erhitzen nochmals klären, um das gut abgesetzte Produkt alsdann in eiserne Trommeln abzuschöpfen. Ist dabei die Flüssigkeit nicht vollkommen durchsichtig und farblos, so wird auch nachher das feste Ätznatron nicht fehlerfrei sein. Der im Kessel verbleibende Bodensatz, welcher ungefähr 9—11 vH. der Masse beträgt, wird gewöhnlich in eiserne Kästen gegossen, nach dem Erstarren zerbrochen und wieder aufgelöst. Die Lösung wird auf 28° Bé gebracht und nach völligem Absitzen wieder den Rohlaugen zugesetzt, die zur Kaustizierung bereitstehen. Der meist aus Eisenoxyd bestehende Rückstand wird verworfen.

Kurz zusammengefaßt verläuft also der gesamte Prozeß in der Weise, daß man die kaustizierte Lauge eindampft, durch wiederholtes Absetzenlassen die fremden Beimengungen nach Möglichkeit entfernt und das noch verbleibende Schwefelnatrium durch Oxydation beseitigt. Viel zweckmäßiger läßt sich das letztere aber auch schon aus den dünnen Rohlaugen durch ein geeignetes Metalloxyd, am besten Bleioxyd (Bleiglätte), entfernen.

Ein Teil des im Handel befindlichen Ätznatrons wird auch durch Elektrolyse des Natriumchlorids gewonnen, und zwar dient dazu in erster Linie das sogenannte Diaphragmaverfahren. Zu seiner Durchführung wird eine Natriumchloridlösung unter Anwendung einer porösen Zelle aus Ton, Zement oder Gips (Diaphragma) mit einer Kohle-, Platin- oder

Eisenoxydulanode und einer Eisenkathode elektrolysiert. An der Anode entwickelt sich Chlor, das auf Chlorkalk oder Natriumchlorat verarbeitet wird, an der Kathode bildet sich unter gleichzeitiger Abscheidung von Wasserstoff Natronlauge, die durch einen am Boden des Apparates befindlichen Hahn von Zeit zu Zeit abgelassen wird. Das Verfahren ist in mannigfachster Weise variierbar, so können beispielsweise an Stelle der Eisenkathoden Quecksilberkathoden in Anwendung kommen (Amalgamverfahren von Castner-Keller). An Stelle der Natronlauge tritt alsdann Natriumamalgam als Reaktionsprodukt auf, das außerhalb der Elektrolysierzelle durch Wasser in Natriumhydroxyd, Quecksilber und Wasserstoff zerlegt wird. Auch ohne Diaphragma läßt sich nach dem sogenannten Glockenverfahren eine zweckentsprechende Elektrolyse ermöglichen, diesbezüglich sei jedoch hier lediglich auf die Spezialliteratur verwiesen. Nicht unerwähnt mag aber hier bleiben, daß sich das Ätznatron auch durch Umsetzung von gelöschtem Kalk mit Natriumfluorid herstellen läßt. Das neben dem Ätznatron hierbei gebildete Kalziumfluorid wird alsdann mit Kochsalz und Siliziumfluorid in der gleichen Weise wieder zu Natriumfluorid regeneriert, die auch bei der Sodafabrikation für den gleichen Zweck in Anwendung kommen kann[1]).

Das Ätznatron ist eine weiße, kristallinische Masse vom spezifischen Gewicht 2,13, die bei Rotglut schmilzt und bei noch höherer Temperatur verdampft. Gegen 1500° zerfällt es in seine elementaren Bestandteile. An feuchter Luft zerfließt es leicht, in Wasser löst es sich unter Wärmeentwicklung zu Natronlauge hoher Konzentration (s. die folgende Tabelle), aus welcher Hydrate mit verschiedenem Wassergehalt isolierbar sind. Die Natronlauge selbst ist eine farblose, ätzend wirkende, stark alkalische Flüssigkeit, die mit Säuren Salzlösungen bildet.

Die Löslichkeit des Ätznatrons geht aus der folgenden Tabelle hervor.

Temperatur	g NaOH in 100 g Wasser gelöst	Temperatur	g NaOH in 100 g Wasser gelöst
0°	42	50°	145
10°	51,5	60°	174
20°	109	80°	313
30°	119	110°	365
40°	129		

Handelsübliche Bewertung von Ätznatron (kommerzielle Grädigkeit der Soda). Die Bewertung des Ätznatrons geschieht nach Handelsgraden, und zwar in Deutschland durch Berechnung des alkalimetrischen Titers als Natriumkarbonat, was zur Folge hat, daß die reinen Handelsqualitäten des Ätznatrons über 100°, gewöhnlich 125—129° haben. Die sogenannten Gay-Lussac-Grade beziehen sich auf das „wirkliche" oder „nutzbare Natron" (Natriumoxyd), so daß reines Natriumkarbonat hiernach 58,49°, reines Ätznatron 77,5° besitzt. Die in der Praxis gebräuchlichen englischen Grade, welche im Prinzip mit den eben defi-

[1]) S. S. 158.

nierten Gay-Lussac-Graden identisch sind, weichen trotzdem ein wenig von ihnen ab, weil man bei Einführung dieser Bezeichnungsweise der Berechnung irrtümlicherweise ein falsches Äquivalentgewicht für Natriumoxyd (32 statt 31) zugrunde legte. Die französischen Grade schließlich (Descroizilles-Grade) zeigen an, wie viele Gewichtsteile Schwefelsäure-Monohydrat durch 100 Gewichtsteile des betreffenden Alkalis neutralisiert werden. Da nun 40 Teilen Ätznatron 49 Teile Monohydrat entsprechen, so haben 100 Teile reines Ätznatron 122,5 Teile Schwefelsäure zu einer völligen Neutralisation notwendig, woraus sich für dasselbe 122,5 Descroizilles-Grade ergeben würden. Aus der folgenden Tabelle ist zu ersehen, in welcher Weise diese verschiedenen Handelsgrade einander entsprechen.

Gay-Lussac-Grade	Deutsche Grade	Englische Grade	Descroizilles-Grade	Gay-Lussac-Grade	Deutsche Grade	Englische Grade	Descroizilles-Grade
30	51,29	30,39	47,92	54	92,32	54,71	85,35
31	53,00	31,41	49,00	55	94,02	55,72	86,93
32	54,71	32,42	50,58	56	95,74	56,74	88,52
33	56,42	33,43	52,16	57	97,45	57,75	90,10
34	58,13	34,44	53,74	58	99,16	58,76	91,68
35	59,84	35,46	55,32	59	100,87	59,77	93,26
36	61,55	36,47	56,90	60	102,58	60,79	94,84
37	63,26	37,48	58,48	61	104,30	61,80	96,42
38	64,97	38,50	60,06	62	106,01	62,82	98,00
39	66,68	39,51	61,64	63	107,72	63,83	99,58
40	68,39	40,52	63,22	64	109,43	64,84	101,16
41	70,10	41,54	64,81	65	111,14	65,85	102,74
42	71,81	42,55	66,39	66	112,85	66,87	103,32
43	73,52	43,57	67,97	67	114,56	67,88	105,90
44	75,23	44,58	69,55	68	116,27	68,89	107,48
45	76,94	45,59	71,13	69	117,98	69,91	109,06
46	78,66	46,60	72,71	70	119,69	70,92	110,64
47	80,37	47,62	74,29	71	121,39	71,93	112,23
48	82,07	48,63	75,87	72	123,10	72,95	113,81
49	83,78	49,64	77,45	73	124,81	73,96	115,39
50	85,48	50,66	79,03	74	126,52	74,97	116,97
51	87,19	51,67	80,61	75	128,23	75,99	118,55
52	88,90	52,68	82,19	76	129,94	77,00	120,13
53	90,61	53,70	83,77	77	131,65	78,01	121,71

Die Pottasche.

Die Pottasche des Handels bildet ein Salzgemenge, dessen wesentlichster Bestandteil kohlensaures Kalium ist. Sie ist kalziniert eine harte, aber leichte, porös-körnige Masse vom spezifischen Gewicht 2,3, deren weiße Farbe infolge gewisser Verunreinigungen vielfach ins perlgraue, gelbliche oder bläuliche spielt. An der Luft zieht sie leicht Feuchtigkeit an und zerfließt zu einer farblosen Flüssigkeit, die stark alkalisch reagiert.

Technisch wird die Pottasche aus Holzasche, Schlempekohle, Wollschweiß und Abraumsalzen hergestellt.

Pottasche aus Holzasche. Während sich aus Strandpflanzen, wie oben ausgeführt, Natronsalze gewinnen lassen, enthalten die meisten übrigen Pflanzen in vorwiegender Menge organische Kaliumsalze und liefern deshalb bei ihrer Einäscherung rohe Pottasche. In der Regel wird die Pottasche allerdings nur aus dem Holz der Waldbäume hergestellt, und zwar vornehmlich in den weniger kultivierten und stark bewaldeten Gegenden Rußlands, sowie in Ungarn und in Kanada. Die so erhaltene Pottasche enthält 50—80 vH. Kaliumkarbonat, 5—20 vH. Kaliumsulfat und daneben kleine Mengen von Soda, Kaliumchlorid und andere Salze.

Die Gewinnung der Pottasche aus der Pflanzenasche ist sehr einfach und zerfällt in vier Operationen: 1. das Einäschern der Pflanzen, 2. die Auslaugung der Asche, 3. die Verdampfung der Lauge, und 4. die Kalzination der rohen Pottasche.

Bei der Verbrennung der Pflanzen erhält man um so mehr Asche, je langsamer dieselbe vor sich geht. Am zweckmäßigsten erfolgt sie daher in Gruben, welche gegen Wind geschützt sind, so daß ein lebhafter Luftzug vermieden wird.

Das Auslaugen der so erhaltenen Asche erfolgt in der Regel durch heißes Wasser systematisch in mehreren Äschern, die zu einem System verbunden sind. Die gewonnene Lauge ist durch organische Substanzen braun gefärbt, der Rückstand wird als Düngemittel verwertet. Die Lauge selbst wird alsdann in gußeisernen Kesseln zu einem braunen, harten Salzkuchen eingedampft, der noch ungefähr 6 vH. Wasser enthält und zwecks Entfernung dieses letzteren und insonderheit zwecks Zerstörung der organischen Beimengungen in Flammenöfen kalziniert wird. Das so erhaltene Produkt zeigt alsdann die oben angegebene, ungefähre Zusammensetzung. Die geschilderte Fabrikation ist jedoch, wie leicht ersichtlich, unökonomisch und spielt daher heute nur noch eine untergeordnete Rolle.

Pottasche aus Schlempekohle. Mit dem Aufschwung, den die Zuckerfabrikation aus Rüben genommen hat, ist ein Abfallprodukt derselben, die Schlempekohle, für die Pottaschefabrikation von Bedeutung geworden. Bekanntlich fällt bei der Zuckerfabrikation eine bedeutende Menge von Melasse ab, eine dicke Flüssigkeit von schmutzig-brauner Farbe und widrig-süßem und zugleich salzigem Geschmack, die 40—44° Bé zeigt. Sie enthält ungefähr 50 vH. Zucker, über 30 vH. organische Substanzen und Salze und hinterläßt beim Verglühen etwa 11 vH. Asche, welche ungefähr zur Hälfte aus Kaliumsalzen besteht. Der große Salzgehalt und der widerliche Geschmack machen die Rübenmelasse als Nahrungsmittel unverwertbar, weshalb man sie früher allgemein zur Darstellung von Spiritus benutzte. Dabei bleibt eine Lösung von Verbindungen der anorganischen Basen, die sogenannte Schlempe, zurück, die nun ihrerseits wieder entweder als Dünger oder nach ihrer Veraschung zu Schlempekohle zur Darstellung von Pottasche verwendet wird.

Die Zusammensetzung der Schlempekohle ist eine schwankende. In der Regel enthält sie 40—70 vH. kohlensaures Kalium neben Chlorkalium, Kaliumsulfat und insonderheit auch Natriumkarbonat, daneben aber auch unlösliche Substanzen, die vornehmlich aus Kohle, kohlensaurem und phosphorsaurem Kalk bestehen. Durch einen Reinigungsprozeß läßt sich aber daraus ein ziemlich reines Produkt gewinnen, das etwa 95 vH. Kaliumkarbonat enthält und lediglich durch etwa 3 vH. Natriumkarbonat, 1 vH. Kaliumchlorid und 1 vH. Kaliumsulfat verunreinigt ist. In den meisten Fällen wird die Raffination der Schlempekohle jedoch nicht so weit getrieben; die Haupthandelsqualitäten enthalten daher nur 80—85 vH. Kaliumkarbonat.

Pottasche aus Wollschweiß. Auch das Tierreich gibt eine Möglichkeit zur Pottaschegewinnung, da der aus der Schafwolle auswaschbare Wollschweiß etwa 20 vH. Kaliumsalze enthält, die für die Herstellung einer Rohpottasche verwendbar sind. Zu ihrer Herstellung werden die Wollwaschwässer zur Trockne verdampft, und der dabei erhaltene Rückstand in eisernen Retorten zum Glühen gebracht. Die dabei entwickelten Kohlenwasserstoffe sind für Beleuchtungszwecke brauchbar, nachdem ihnen das beigemischte Ammoniak in bekannter Weise entzogen ist. Der in der Retorte verbleibende Glührückstand enthält die alkalischen Salze, welche durch Auslaugen mit Wasser rein erhalten werden und aus etwa 75—80 vH. kohlensaurem Kalium, 5—6 vH. Chlorkalium, 3 vH. schwefelsaurem Kalium, etwa 5 vH. Natriumsulfat und einigen anderen unwesentlichen Beimengungen bestehen.

Pottasche aus Abraumsalzen. Während die bisher genannten Quellen nur eine beschränkte Gewinnung von Pottasche gestatten, hat die Fabrikation derselben aus mineralisch vorkommenden Kaliumsalzen, insonderheit aus den Staßfurter Abraumsalzen eine größere Bedeutung. Früher wurde vielfach das aus der Rohpottasche abgeschiedene Kaliumsulfat, versuchsweise auch Chlorkalium dem Leblanc-Sodaverfahren analog verarbeitet. Besser und wirtschaftlicher erhält man jedoch eine sehr reine 99—100 proz. Pottasche nach dem Engel-Prechtschen Magnesiaverfahren, demzufolge man Kaliumchlorid mit Magnesiumkarbonat und Kohlensäure behandelt, wobei das in Wasser unlösliche Magnesiumkaliumhydrokarbonat gebildet wird. Dieses Doppelsalz wird alsdann bei vermindertem Druck oberhalb 115° zersetzt. Als Endprodukte werden Kaliumkarbonat und unlösliches Magnesiumkarbonat erhalten, das für die erste Umsetzung wieder neu verwendet wird. Der gesamte Prozeß vollzieht sich demnach nach folgenden Gleichungen:

$$3\,MgCO_3 + 2\,KCl + CO_2 + H_2O = 2\,MgKH\,(CO_3)_2 + MgCl_2$$
$$2\,MgKH\,(CO_3)_2 = 2\,MgCO_3 + K_2CO_3 + CO_2 + H_2O.$$

Eine sehr gute, etwa 98 proz. Pottasche wird des weiteren durch Karbonisieren des elektrolytisch erzeugten Ätzkalis gewonnen. Dieselbe ist unter dem Namen „Elektronpottasche“ besonders auch in der Seifenindustrie weitverbreitet und ist die für die Herstellung von Naturkornseifen bevorzugte Handelsmarke.

Aus der nachfolgenden, von Lunge berechneten Tabelle ist der Prozentgehalt verschieden starker Pottaschelaugen bei 15° C zu ersehen.

Spez. Gewicht	° Baumé	vH. K_2CO_3	Spez. Gewicht	° Baumé	vH. K_2CO_3
1,007	1	0,7	1,231	27	23,5
1,022	3	2,3	1,252	29	25,5
1,037	5	4,0	1,274	31	27,5
1,052	7	5,7	1,297	33	29,6
1,067	9	7,3	1,320	35	31,6
1,083	11	9,0	1,345	37	33,8
1,100	13	10,7	1,370	39	35,9
1,116	15	12,4	1,397	41	38,2
1,134	17	14,2	1,424	43	40,5
1,152	19	16,0	1,453	45	42,8
1,172	21	18,0	1,483	47	45.2
1,190	23	19,7	1,514	49	47,7
1·210	25	21,6	1,546	51	50,1

Kaustische Pottasche (Ätzkali). Die Selbstherstellung von Ätzkalilaugen durch Kaustizieren von Pottaschelösungen hat sich in der Kaliseifenfabrikation länger erhalten als in der Natronseifenfabrikation. Der Grund hierfür lag in den Preisverhältnissen, indem der für das Ätzkali geforderte Handelspreis so hoch war, daß seine Verwendung nicht rentabel erscheinen konnte. Durch Elektrolyse des Chlorkaliums ist es heute jedoch möglich, eine 50grädige Ätzkalilauge herzustellen, deren Preis geringer ist als derjenige, der für die äquivalente Menge Pottasche zu erlegen ist. Infolgedessen hat die elektrolytische Ätzkalilauge, die besonders durch die chemische Fabrik Griesheim-Elektron, die chemische Fabrik Magdeburg-Buckau, sowie vom Verein für chemische und metallurgische Produktion in Aussig in den Handel gebracht wird, die selbsteingestellte Lauge aus der Schmierseifenfabrikation fast ganz verdrängt. Diese Ätzkalilauge von 50° Bé enthält in der Regel 48,4 vH. Kaliumhydrat, 1,4 vH. kohlensaures Kalium und Spuren von Chlorkalium und anderen Verunreinigungen. Sie wird gewöhnlich in eisernen Fässern von etwa 600 kg Inhalt zum Versand gebracht.

Die chemische Untersuchung der Alkalien.

Der Wert der Alkalikarbonate und Ätzalkalien ist abhängig von ihrem Gehalt an reiner wirksamer Substanz, deren Menge, wie erwähnt, in den verschiedenen Handelsqualitäten wechselt. Die anzuwendenden Untersuchungsmethoden sind demzufolge derart auszugestalten, daß sie die exakte Bestimmung des jeweiligen Hauptbestandteils einwandfrei ermöglichen. Insonderheit muß bei ihrer Ausführung auf etwa vorhandene Nebenbestandteile Rücksicht genommen werden, die den Gang der Analyse in unerwünschter Weise beeinflussen können und infolgedessen entfernt werden müssen, ehe man die eigentliche Hauptbestimmung ausführt.

Für die Wertbestimmung von kalzinierter oder kristallisierter Soda genügt in der Regel eine Bestimmung des kohlensauren Natrons auf alkalimetrischem Wege. Anders gestaltet sich aber die Sache bei der Analyse der kaustischen Soda. Hier will man vor allen Dingen wissen, wieviel Ätznatron neben etwaigem Natriumkarbonat vorhanden ist. Es ist daher notwendig, dieses Karbonat und gegebenenfalls auch Sulfate und Silikate durch eine 10 proz. Lösung von Bariumchlorid zu entfernen, ehe man das vorhandene Alkalihydroxyd in dem klaren Filtrat durch Titration ermittelt.

Auch bei der Pottasche gibt eine bloße alkalimetrische Bestimmung niemals ein richtiges Resultat, da das kohlensaure Natron, welches auch in der besten Pottasche niemals fehlt, ebenfalls als kohlensaures Kalium mitbestimmt würde. Der auf diese Weise entstehende Fehler fällt um so schwerer ins Gewicht, weil das kohlensaure Natron ein niedrigeres Äquivalentgewicht besitzt als das kohlensaure Kalium und infolgedessen eine größere Menge Säure zur Sättigung erfordert als das letztere. Zur Wertbestimmung der Pottasche ist daher in der Regel eine ausführliche Analyse erforderlich, während für die Wertbestimmung der Ätzkalilauge lediglich die für die Analyse der Ätznatronlauge notwendigen Maßnahmen berücksichtigt werden müssen.

In bezug auf die im allgemeinen als bekannt vorausgesetzten Untersuchungsmethoden selbst sei im übrigen hier wieder auf die vom Verband der Seifenfabrikanten Deutschlands herausgegebenen „Einheitsmethoden zur Untersuchung von Fetten, Ölen, Seifen und Glyzerinen“ verwiesen, die alle für die diesbezügliche Untersuchung notwendigen Angaben in knapper Form enthalten.

Die Hilfsrohstoffe der Seifenfabrikation.

Das Wasser.

Das reine Wasser (H_2O) ist geruch- und geschmacklos, in dünneren Schichten erscheint es ungefärbt, in dickeren Schichten hat es nach Bunsen eine blaue Farbe. Unter gewöhnlichen Umständen gefriert es bei 0° C; bei sehr ruhigem Stehen kann es aber auch bei —17° C noch flüssig sein, um jedoch bei der geringsten Bewegung unter gleichzeitiger Temperatursteigerung bis auf 0° C plötzlich zu erstarren. Eis kann nie über 0° C erwärmt werden, ohne zu schmelzen. Daher ist der Schmelzpunkt des Eises ein Fundamentalpunkt für die Thermometerskala.

Merkwürdigerweise hat das Wasser bei + 4° C seine größte Dichte. Diese Anomalie erklärt, warum das Eis einen größeren Raum einnimmt als Wasser und warum verschlossene, mit Wasser vollkommen gefüllte Gefäße springen, wenn die Temperatur bis zum Gefrierpunkt sinkt. Dementsprechend ist Eis auch leichter als Wasser, setzt man das spezifische Gewicht des Wassers = 1, so ist das des Eises = 0,94.

Bei 760 mm Barometerstand kann das Wasser nur unter 100° C tropfbar flüssig bleiben; wird es bis zu dieser Temperatur erhitzt, so siedet es und verwandelt sich in Wasserdampf. Man hat bekanntlich die Temperatur, bei welcher das Wasser unter dem angegebenen Drucke siedet, als zweiten Fundamentalpunkt der Thermometerskala angenommen. Bei einem geringeren Luftdrucke beginnt das Wasser bereits unter 100° C zu sieden, und zwar erniedrigt sich der Siedepunkt mit

Abnahme des Luftdruckes in einem bestimmten Verhältnisse. Auf dem Montblanc beispielsweise siedet das Wasser bei einem Luftdruck von 423,7 mm bereits bei 84,4° C.

Das in der Natur vorkommende Wasser ist niemals chemisch rein, sondern enthält teils in schwebendem, teils in gelöstem Zustand wechselnde Mengen derjenigen Stoffe, mit denen es in Berührung kam. Fluß- und Quellwasser enthält in 10 000 Teilen etwa 1—20 Teile feste Stoffe gelöst, welche zum großen Teil aus Kalk- und Magnesiasalzen bestehen. Ihr Prozentgehalt bestimmt die „Härte" des Wassers, und zwar entspricht 1 „deutscher Härtegrad" dem Gehalt eines Liters an 10 mg Kalziumoxyd, frei oder an Kohlensäure, Schwefelsäure oder dergleichen gebunden bzw. der äquivalenten Menge Magnesiumoxyd und seinen Salzen. Wasser, dessen Härte weniger als 10 deutsche Grade beträgt, ist als weich anzusprechen, während mittelhartes Wasser eine Härte von 10—20° aufweist. Übertrifft die Härte 20°, so ist das Wasser als hart zu bezeichnen. Hartes Wasser ist für die industrielle Verwendung zumeist wenig brauchbar und bereitet unter Umständen schon im alltäglichen Gebrauch Schwierigkeiten. Im Gegensatz zu weichem Wasser ist es beispielsweise nicht geeignet, Hülsenfrüchte weich zu kochen und Seifen klar aufzulösen. Beim Sieden harten Wassers schlagen sich kohlensaurer Kalk und — namentlich bei stattfindender Verdampfung — auch schwefelsaurer Kalk (Gips) nieder und erzeugen so in den Kochgefäßen und insonderheit an den Wänden der Dampfkessel eine erdige Inkrustation, den sogenannten Kesselstein. Letzterer kann durch seine Dicke die Wärmeleitung vom Feuer zum Wasser so erschweren, daß der dadurch verursachte Brennmaterialverlust bis zu 40 vH. beträgt und die metallenen Kesselwände, durch diese die Wärme schlecht leitenden Ansätze vom Wasser vollständig getrennt, sogar glühend werden können. Durch eine entsprechende chemische Vorbehandlung des Kesselspeisewassers läßt sich jedoch die Kesselsteinbildung fast vollständig vermeiden.

Um den Härtegrad eines Wassers zu erfahren, bedient man sich einer Seifenlösung von bestimmtem Gehalt, und zwar wird die Härte des Wassers durch die Menge Seifenlösung ermittelt, welche erforderlich ist, die im Wasser gelösten Salze der Erdalkalimetalle in unlösliche fettsaure Salze überzuführen.

Die hier übliche Clarksche Seifenlösung wird in der Regel durch Umsetzung von Bleiseife (Bleipflaster) mit Kaliumkarbonat hergestellt, doch sind wegen des hierbei notwendigen hohen Alkoholverbrauches zahlreiche Abänderungen der Herstellungsvorschrift in der Literatur beschrieben worden. Für Härtebestimmungen durch den nicht chemisch gebildeten Fachmann sind ferner unter Verwendung von Glyzerin, Propyl- oder Isopropylalkohol auch konzentriertere Seifenlösungen herstellbar, welche tropfenweise abgemessenen Wassermengen derart zugegeben werden, daß die Tropfenzahl bei Beachtung der übrigen Vorschriften direkt die Härtegrade des Wassers angibt[1]).

[1]) Einzelheiten siehe bei Krieger: Chem.-Ztg., 1921, **45**, S. 559; ferner Winkler: Beiträge zur Wasseranalyse, Zeitschr. f. angew. Chem., 1921, **34**, S. 143.

Für die Seifenfabrikation besitzt das Wasser selbstverständlich eine große Bedeutung, da man während des Verseifungsprozesses ausschließlich mit wässerigen Lösungen arbeitet. Die Zusammensetzung desselben ist jedoch ohne Einfluß auf die erzeugten Fabrikate, da die oben erwähnten Erdalkalien bei der Herstellung von Kernseifen als Karbonate in die Unterlauge gehen und bei der Herstellung von Leimseifen kaum störend in Erscheinung treten, obwohl sie in der Seifenmasse selbst als unlösliche Karbonate verteilt bleiben. Eine Vorreinigung des zum Sieden benutzten Wassers nach Art der für das Kesselspeisewasser angewendeten Verfahren erscheint daher unter gewöhnlichen Verhältnissen überflüssig, kann jedoch unter Umständen nützlich sein, wenn große Mengen von Eisen- und Mangansalzen die Farbe der erzeugten Seife ungünstig beeinflussen. Für Zwecke der Fettspalterei, vor allem nach dem Twitchell-Verfahren, empfiehlt sich jedoch die Verwendung kalkfreien Wassers, das im Betrieb als Kondenswasser in der Regel zur Verfügung steht.

Auch für die Verwendung der Seife zu Waschzwecken ist die Beschaffenheit des Wassers von größerer Bedeutung, da insonderheit die die Härte des Wassers bedingenden Kalksalze einen äquivalenten Teil der Seife in unlösliche Form überführen und somit seiner Bestimmung entziehen. Durch einen zweckentsprechenden Zusatz von Soda zum Waschwasser oder auch zur Seife selbst kann der genannte Übelstand aber auch hier vermieden werden. Auch ein etwaiger Salzgehalt des Waschwassers (Meerwasser) spielt naturgemäß eine große Rolle, wenn leicht aussalzbare Seifen zur Verwendung gelangen. Die sogenannten „Meerwasserseifen" müssen daher aus solchen Fetten oder Fettsäuren hergestellt werden, deren Seifen gegenüber Salzlösungen stabil sind, also vornehmlich Leimfettsäuren enthalten.

Der Kalk.

Der durch die Kalkbrennereien gelieferte gebrannte Kalk (CaO) ist das Oxyd des Metalles Kalzium. Weder das Metall, noch sein Oxyd besitzen ein natürliches Vorkommen; die Verbindungen dieses Metalles mit Säuren gehören jedoch zu den in größter Menge und in größter Verbreitung vorkommenden Stoffen. Im Mineralreiche findet sich der Kalk hauptsächlich an Kohlensäure und Schwefelsäure gebunden und in vielen Silikaten. Die Mineralien Kalkspat, Marmor, Kreide, Kalkstein, ferner der Kalksinter und die Tropfsteine sind im wesentlichen kohlensaurer Kalk; auch der Mergel und der Dolomit enthalten dieses Salz, und es gibt keine Ackerkrume, in welcher Kalk in dieser Form nicht vorhanden ist. Der Gips ist schwefelsaurer Kalk.

Das im Innern der Erde mit Kalksalzen zusammentreffende, kohlensäurehaltige Wasser nimmt kohlensauren und schwefelsauren Kalk auf und wird dadurch zu hartem Wasser. Aus dem Wasser gelangen Kalkverbindungen in die Pflanzen, aus diesen und dem Wasser in den tierischen Organismus. Die Asche der Pflanzen enthält kohlensauren, phosphorsauren und schwefelsauren Kalk; die Eierschalen, die Schalen der

Austern und Muscheln bestehen fast ganz aus Kalziumkarbonat, und auch die tierischen Knochen enthalten über die Hälfte ihres Gewichtes an phosphorsaurem und kohlensaurem Kalk.

Wird kohlensaurer Kalk ($CaCO_3$) auf 600—800° C erhitzt, so entweicht die Kohlensäure und Kalziumoxyd bleibt als eine poröse Masse zurück.

Im völlig reinen Zustande ist das Kalziumoxyd weiß; der gewöhnliche gebrannte Kalk aus Kalkstein hat meistens jedoch eine graugelbliche Farbe und enthält immer etwas Ton, Eisen- und Aluminiumoxyd. Kommt gebrannter Kalk mit Wasser in Berührung, so zieht sich dasselbe in die poröse Masse hinein, es erfolgt eine chemische Reaktion, und der Kalk zerfällt zu Kalkhydrat $Ca(OH)_2$, einer pulverförmigen Masse. Diese Umwandlung des Kalkes in das Hydrat wird als „Löschen des Kalkes" bezeichnet.

Kalk, der sich rasch und unter bedeutender Wärmeentwicklung und Volumvergrößerung löscht, indem er gleichzeitig zu einem zarten, feinen, unfühlbaren Pulver zerfällt, das mit Wasser wieder einen fetten, schlüpfrigen, sich zähe anfühlenden Brei liefert, heißt fetter Kalk, solcher, der umgekehrt ein rauhes, körniges Kalkmehl und einen sogenannten kurzen Brei ergibt, magerer Kalk. Letzterer ist infolge seines Gehaltes an Oxyden und Silikaten, die seinen Charakter bedingen, zur Laugenbereitung nicht empfehlenswert.

Zur Kaustizierung muß der Kalk, da er durch Aufnahme von Wasser und Kohlensäure an der Luft unwirksam wird, möglichst frisch verwandt werden. Will man ihn länger aufbewahren, so ist es am besten, ihn mit Wasser zu einem steifen Brei zu löschen und diesen in eine ausgemauerte Grube zu bringen, in der er sich monatelang hält, da nur die oberste Schicht Kohlensäure aus der Luft aufnimmt. Diese obere Schicht ist natürlich zu entfernen, wenn der Grube längere Zeit hindurch Kalk nicht entnommen war.

Die Wertbestimmung des Kalkes geschieht alkalimetrisch durch Titration mit Normalsäure. Nähere Angaben hierzu finden sich ebenfalls in den schon wiederholt zitierten „Einheitsmethoden".

Das Kochsalz.

Das Kochsalz oder Chlornatrium ($NaCl$) ist sowohl als solches als auch in Form seiner Umwandlungsprodukte für die gesamte Industrie von der größten Bedeutung. Es ist die Quelle für alle technisch wertvollen Natronsalze, ferner für Chlor, Salzsäure, Chlorkalk und alle sonstigen chlorhaltigen Erzeugnisse.

In der Natur kommt das Kochsalz in unermeßlicher Menge vor. Im Meerwasser ist es zu etwa 2,7 vH. vorhanden, als Steinsalz bildet es äußerst mächtige Lager, die sich beispielsweise in den preußischen Provinzen Brandenburg, Sachsen (Staßfurt und Schönebeck), Posen und Schleswig-Holstein, in Bayern (Berchtesgaden), Steiermark und Tirol (Hall, Hallein, Ischl), in Galizien (Wieliczka) und Siebenbürgen, Spanien (Katalonien) und Amerika befinden; am ärmsten an Steinsalz ist Rußland.

Die Methoden, welche zur Gewinnung des Kochsalzes angewandt werden, sind wegen der mannigfachen Verhältnisse seines Vorkommens sehr verschieden. Die Gewinnung von Salz aus Meerwasser wird besonders am Atlantischen, Mittelländischen und Adriatischen Meere bis zu 48° nördlicher Breite betrieben. Man gewinnt es durch freiwillige Verdunstung des Meerwassers in sogenannten Salzgärten, die aus einem System flacher Teiche bestehen, in welchen das Meerwasser zwecks Verdunstung der Luft und den Sonnenstrahlen ausgesetzt wird (Seesalz).

Das Steinsalz wird, wenn die Lager mächtig und rein genug sind, bergmännisch gewonnen. Ist das Salz durch eingesprengten Ton, Gips, Mergel u. dgl. verunreinigt, so werden in den Stöcken vielfach auch Höhlungen (Kammern) ausgearbeitet, die durch zugeleitetes Tagewasser gefüllt werden. Die so erhaltene Lösung des Salzes, die Sole, kommt alsdann in sogenannten Salinenbetrieben zum Versieden (Siedesalz).

Das technisch verwandte Kochsalz ist in der Regel ziemlich rein und enthält nur solche fremden Bestandteile, die in den meisten Fällen unschädlich sind. Es wird deshalb größtenteils ohne weitere Reinigung verbraucht.

Das reine Kochsalz ist farblos, durchsichtig und glasglänzend, schmeckt rein salzig und ist geruchlos. Es schmilzt in schwacher Rotglühhitze und verdampft bei noch höherer Temperatur. In Wasser ist es leicht löslich, doch wird diese Löslichkeit durch Veränderung der Lösungstemperatur wenig beeinflußt, indem 100 Teile Wasser bei 0° 35,6, bei 25° 36,1 und bei 110° C 39,1 Teile Kochsalz zur Lösung bringen. Aus Wasser kristallisiert das Kochsalz bei Temperaturen über 0° ohne Kristallwasser in Würfeln, deren Lamellen bei rascher Kristallisation eine geringe Menge der Mutterlauge einschließen, und die infolgedessen verknistern, wenn man sie bis auf 250° C erhitzt.

Die folgende Tabelle zeigt das spezifische Gewicht der Kochsalzlösungen von verschiedenem Gehalt:

Spez. Gewicht	Prozentgehalt	Spez. Gewicht	Prozentgehalt	Spez. Gewicht	Prozentgehalt
1,00725	1	1,07335	10	1,14315	19
1,01450	2	1,08097	11	1,15107	20
1,02174	3	1,08859	12	1,15931	21
1,02899	4	1,09622	13	1.16755	22
1,03624	5	1,10384	14	1,17580	23
1,04366	6	1,11146	15	1,18404	24
1,05108	7	1,11938	16	1,19228	25
1,05851	8	1,12730	17	1,20098	26
1,06593	9	1,13523	18	1,20433	26,395

In der Seifenfabrikation findet das Kochsalz Verwendung für das Aussalzen der Seife, d. h. für die Trennung derselben vom Glyzerin, überschüssigem Wasser und etwaigen Verunreinigungen, ferner zum Härten und Füllen von Leimseifen, sowie zur Läuterung und Vorreinigung der zu verarbeitenden Rohfette, und zwar wird es in denaturierter Form verarbeitet, da das für Speisezwecke bestimmte Salz einer

Steuerkontrolle unterliegt, das für Industriezwecke bestimmte Salz aber von Abgaben befreit ist. Die Denaturierung des Salzes richtet sich nach dem jeweiligen Verwendungszweck. Für den speziellen Gebrauch der Seifenfabriken wird als Denaturierungsmittel in der Regel Petroleum gewählt, daneben dürfte aber auch Soda und Seifenpulver in Betracht kommen.

Das Chlorkalium.

Das fast ausschließlich aus den Staßfurter Abraumsalzen hergestellte Chlorkalium findet in der Seifenindustrie zum Ausschleifen der Schmierseifen vielfache Verwendung. In bezug auf seine Eigenschaften zeigt es eine gewisse Ähnlichkeit mit dem Chlornatrium, von dem es aber auf Grund der verschiedenen Wasserlöslichkeit getrennt werden kann. Für seine Verwendung schädlich ist insonderheit ein größerer Gehalt an Magnesiumsalzen, die bei der Schmierseifenfabrikation als Karbonat oder Magnesiaseifen im Endprodukt verbleiben und dessen Wirkungswert herabsetzen. Eine analytische Kontrolle des jeweils verwendeten Salzes ist daher empfehlenswert.

Das Wasserglas.

Das Wasserglas besteht aus Silikaten des Natriums und Kaliums. Das Kalium-Wasserglas wird nur bei der Schmierseifenfabrikation verwendet. Das Natrium-Wasserglas hingegen in ausgedehntester Weise auch zum Füllen von Riegelseifen.

Das Wasserglas wird durch Verschmelzen von Kieselsäure mit Natriumsulfat oder Natriumkarbonat unter Kohlezusatz erhalten. Als Ausgangsmaterial dient Quarzsand oder Infusorienerde. Die Schmelzung geschieht in offenen Öfen, in Muffeln oder in Tiegeln.

Die Zusammensetzung des Wasserglases ist nicht einheitlich, weshalb die Handelssorten auch verschiedene Mengen von Kieselsäure enthalten. An sich ist es amorph und durchsichtig wie Glas, von muscheligem Bruch und in Wasser leicht löslich. Die Auflösung des festen Produktes erfolgt am besten in einer horizontal gelagerten, rotierenden Trommel, wie sie in Abb. 7 dargestellt ist und in welcher der Inhalt unter Dampfdruck erhitzt wird. Gewöhnlich stellt man die Lösung des Wasserglases in einer Stärke von 36—38° Bé oder von 38—40° Bé her. Die Lösungen sind jedoch fast immer trüb und müssen durch Absitzen oder Filtrieren gereinigt werden. Der Bequemlichkeit halber werden sie von den meisten Seifenfabriken fertig bezogen.

Die Lösungen des Wasserglases verhalten sich wie kolloidale Lösungen, sie werden durch Kochsalz amorph ausgesalzen und trocknen zu einer klebrigen Gallerte ein. Vor dem Vermischen mit Kern- oder Schmierseifen werden sie abgerichtet, d. h. alkalisch gemacht, da auf diese Weise eine leichtere Verteilung in der Seife erzielt wird. Gewöhnlich verwendet man auf 100 kg Wasserglaslösung von 38° Bé 5—7,5 kg Natronlauge der gleichen Stärke.

Talkum und andere Beschwerungsmittel.

Talkum ist ein wasserhaltiges Magnesiumsilikat, das in gemahlenem Zustande als Füllmittel für Seifen verwendet wird. Es wirkt jedoch

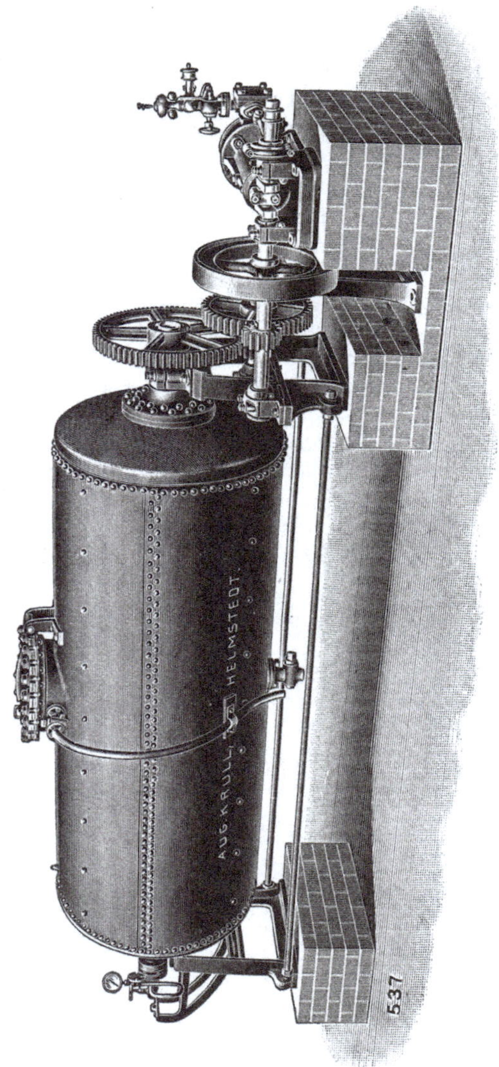

Abb. 7. Wasserglas-Auflöseapparat.

nur beschwerend, da es in Wasser nicht löslich ist und keinerlei Waschwirkung besitzt. Neben dem Talkum werden des weiteren auch Kieselgur, Kaolin, Schwerspat, Kreide usw. als Beschwerungsmittel benutzt, deren nähere Besprechung sich jedoch erübrigen dürfte, obwohl insonderheit das Kaolin während des Krieges als Streckungsmittel für Seifen (K.A. Seifen) eine ganz besondere Bedeutung gewonnen hatte. Ob diese Maßnahme als besonders glücklich zu bezeichnen war, soll hier ununtersucht bleiben. Es sei jedoch darauf hingewiesen, daß zum wenigsten ein sehr bedeutender Teil der während des Krieges hergestellten Seifenarten mit Kaolin eine äußerst feste Absorptionsverbindung zu bilden vermag, und daß diese Seifen infolgedessen durch die gleichzeitige Anwesenheit des Tones ihre eigentliche Wirkung auszuüben nicht mehr in der Lage waren. Trotzdem dürfte aber die Verwendung anorganischer Kolloide als Seifenstreckungsmittel nicht ganz ohne Bedeutung sein, da vornehmlich die Hydroxyde gewisser Erdalkalien und Erden ($Mg(OH)_2$, $Al(OH)_3$, $Zn(OH)_2$ u. a.) bei mäßigem Zusatz das Schaumvermögen der Seifen zu heben vermögen[1]). Diese beachtliche Tatsache tritt besonders dann in Erscheinung, wenn diese Hydroxyde im Seifenkörper erst gebildet werden und zwar der Art, daß das für die Ausfällung notwendige Alkali gleichzeitig durch eine seifenbildende Säure gebunden wird. Aber auch fertig vorgebildete, in Wasser unlösliche Salze wie beispielsweise kolloidale Erdalkalisilikate[2]) oder Silikofluoride[3]) können hier mit Erfolg verwendet werden.

---

[1]) Vgl. DRP. 228 139 und 307 581.
[2]) DRP. 318 625.
[3]) DRP. 256 886.

III. Die maschinellen Hilfsmittel der Seifenfabrikation.

Vorrichtungen zur Lagerung und Vorbehandlung der Rohstoffe.

Zur Lagerung der Öle und Fette dienen namentlich in kleineren und mittleren Betrieben häufig einfache Fässer. In größeren Betrieben werden jedoch besondere, meist aus Schmiedeeisen hergestellte Reservoire vorgesehen, welche mit Dampfschlangen zum Schmelzen des Fettes sowie mit einem Bodenventil zum Ablassen etwa abgesetzten Wassers und einem etwas höher angebrachten Ablaßhahn zum Entnehmen des Öles versehen sind. Die bei den Fabriken einlaufenden Fette werden in diese Reservoire meist in der Weise abgefüllt, daß die Ölbarrels in einen besonderen, zu ebener Erde versenkt angeordneten Behälter, wenn nötig unter Zuhilfenahme von Dampf oder vermittelst besonderer Dampfausblasevorrichtungen entleert und alsdann mit Hilfe einer Pumpe in den Lagerbehälter überführt werden. Abfüll- und Lagerraum werden dabei zweckmäßig, etwa vermittelst säurefester Fliesen, mit glatten, leicht zu reinigenden Fußböden versehen, die nach der Mitte in eine Rinne abfallen, welche aus leck gewordenen Fässern ausfließendes Öl sammelt und einer Senkgrube zuführt, so daß Ölverluste möglichst vermieden werden. Bei entsprechender Anordnung des Lagerbehälters kann das Öl aus demselben direkt in den Siedekessel abfließen. Im übrigen ist auch die Beförderung mit Pumpen, meist ventillosen Rotationspumpen, gebräuchlich. Die Abmessung der jeweilig benötigten Gebrauchsmenge kann durch einfache, den Flüssigkeitsstand anzeigende Schwimmer mit genügender Genauigkeit vollzogen werden. Für Fettsäuren, die sich unter dem Einfluß eiserner Behälter leicht dunkel färben, haben sich Aluminiumbehälter bewährt. Öllagerungsbehälter aus Beton, wie sie in südfranzösischen und italienischen Ölfabriken üblich sein sollen, sind nicht zu empfehlen, da freie Fettsäuren, welche ja in fast allen technischen Fetten vorhanden sind, auf Beton zersetzend einwirken und Kalkseifen bilden.

Aschenhaltige, gefärbte oder sonst verunreinigte Fette werden häufig vor ihrer Verarbeitung einer Vorbehandlung mit Schwefelsäure oder einer Bleichung unterzogen, ein Prozeß, für dessen Durchführung in der Regel mit Blei ausgekleidete Behälter, die je eine offene und geschlossene Dampfschlange enthalten, zur Verfügung stehen. Da gegenwärtig, insbesondere bei der Schmierseifenfabrikation, die direkte Verseifung von Neutralfett kaum noch üblich ist, verfügen größere Betriebe durchweg auch über Fettspaltungsanlagen.

Die Laugenbereitung erfolgt heute nur noch durch Auflösen von festem Ätznatron (kaustische Soda) in Wasser, sofern nicht von vornherein Laugen von 50° Bé in Kesselwagen bezogen werden. Ätzkali wird, wie bereits erwähnt, heute ausschließlich als 50 proz. Elektrolytlauge bezogen.

Für die Auflösung des Ätznatrons sind keine besonderen Einrichtungen erforderlich; doch ist das Herausschlagen der kaustischen Soda aus den zum Transport benutzten Trommeln eine sehr lästige Arbeit. Man findet daher jetzt größtenteils Vorrichtungen, welche gestatten, die noch in den Trommeln befindliche Soda aufzulösen, indem man die Sodatrommeln nach Entfernung der Stirnwände auf einen im Lösekessel befindlichen erhöhten Rost legt, Wasser darüber bringt und dieses anwärmt. Nach einigen Stunden hat sich das Ätznatron gelöst; die leere Hülse wird herausgenommen und die Ätznatronlösung in gewünschter Weise eingestellt.

Abb. 8. Vorrichtung zum Auflösen der Trommelsoda.

Eine zweckmäßige Vorrichtung zum Auflösen der Trommelsoda ist u. a. die in Abb. 8 abgebildete. Über der Mitte des Auflösekessels wird eine Eisenschiene in entsprechender Höhe eingemauert, auf welcher ein fahrbarer Flaschenzug befestigt ist. An dem unteren Ende des letzteren befindet sich ein starker Haken, der seinerseits wieder zwei Greifer trägt, die die Sodatrommel umspannen können. Durch zweckentsprechende Benutzung des Apparates ist es ohne weiteres möglich, die nach den obigen Angaben vorbereitete Trommel in den Auflösekessel zu bringen.

Die Auflösung erfolgt unter starker Wärmeentwicklung in relativ kurzer Zeit. Die entstehende, spezifisch schwere Lösung sinkt nach unten, so daß immer neue Mengen von Wasser mit dem Ätznatron in Berührung kommen. Durch wiederholtes Krücken ist dann schließlich für eine gleichmäßige Stärke der Lauge zu sorgen, die alsdann durch Pumpen in die Siedekessel oder die darüber befindlichen Laugenbehälter befördert wird.

Früher wurde die Lauge durch Selbstkaustizierung bereitet, wozu mehr Gerätschaften erforderlich waren. Beim Vorhandensein von

Dampf wurde die Umsetzung am besten in den Laugenreservoiren (Äschern) selbst bewirkt. Es waren dies große, meist rechteckige Gefäße aus Gußeisen oder etwa 4 mm starkem Schmiedeeisen von etwa 2—2,5 m Länge, 1,2—1,5 m Breite und etwa 1 m Höhe, in denen sich in etwa 10 cm Abstand vom Boden ein offenes Dampfrohr oder besser ein Dampfstrahl-Rührgebläse befand.

In den Äschern wurde die eingebrachte Soda heiß gelöst und alsdann durch Krücken bzw. mit Hilfe des Rührgebläses mit dem notwendigen Kalk in möglichst innige Berührung gebracht. Vorteilhafterweise wurde der letztere mit Hilfe eines eisernen, zylindrischen oder rechteckigen, siebartig mit Löchern versehenen Kastens in den Äscher eingehängt, so daß eine Verunreinigung der entstehenden Ätzlauge nach Möglichkeit vermieden wurde.

War kein Dampf zur Verfügung, so wurde die Einstellungslauge in einem besonderen Kessel zum Sieden erhitzt und dieselbe erst dann auf das im Äscher befindliche kohlensaure Natron gebracht. Nach vollständiger Lösung gab man den erforderlichen Kalk hinzu, durch dessen Löschung ein abermaliges Sieden veranlaßt wurde.

Die Siedekessel mit Zubehör.

Zum Sieden der Seifen bedient man sich tiefer Kessel, die meistens aus Schmiedeeisen hergestellt sind. Diese Siedekessel haben gewöhnlich eine etwas konische Form, können aber auch zylindrisch, halbzylindrisch oder rechteckig sein. Ihre Größe ist sehr verschieden, von 500—10 000 ja bis 20 000 kg und mehr Sudgröße. In der Regel richten sich Form und Größe nach dem persönlichen Geschmack und den lokalen Verhältnissen; doch sind größere Kessel, besonders solche von 5000 kg Sudgröße die gebräuchlicheren, und die halbzylindrische (Abb. 9) oder Kegelform (Abb. 10), bei welcher der obere Durchmesser ziemlich gleich der Höhe und der untere Durchmesser etwa gleich zwei Dritteilen des oberen ist, die gewöhnliche. Die Kessel haben einen eingesetzten, gewölbten Boden und werden meist so eingebaut, daß ihr oberer Teil 100—110 cm über der Sohle des Siederaumes hervorragt. Der über den Fußboden herausragende Teil, der sogenannte „Sturz“ wird in der Regel mit Holz oder Mauerwerk (Zement) umkleidet.

Das Sieden selbst geschieht entweder mit Dampf oder mit direktem Feuer.

Bei Verwendung von offenem Feuer pflegt man die Anordnung so zu treffen, daß man die Heizgase unter den Kesselboden treten läßt, von dort nach oben und rund um den Kessel herum leitet und schließlich zum Schornsteinzug hinausführt. Bei der hohen Temperatur der bei der Verbrennung der Kohle sich bildenden Heizgasse und der geringen Wärmekapazität der Seifenmasse ist es erklärlich, daß der Kesselboden, wenn man ihn, wie häufig geschieht, unmittelbar über der Rostfläche anbringt, durch die „Stichflamme“ ganz bedeutend angegriffen wird und ein Anbrennen der Seife nur bei vorsichtigster Behandlung des Feuers und fleißigem Durcharbeiten der Seife mit der Rührstange vermieden werden kann.

Durch rationelle Anordnung der Feuerungsanlage ist jedoch der schädliche Einfluß der Stichflamme zu beseitigen, wie aus den

Abb. 9. Halbzylindrischer Siedekessel.

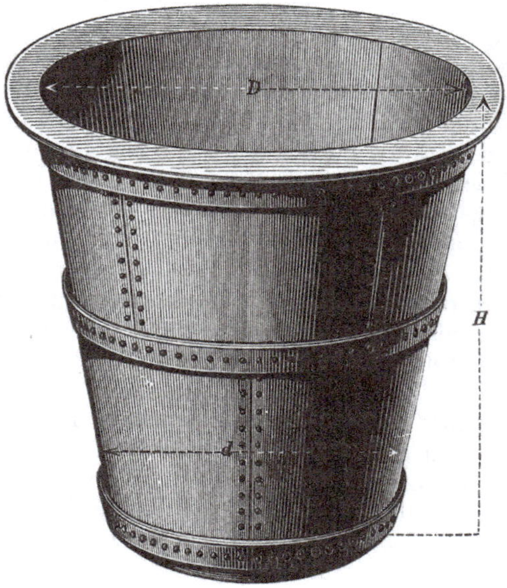

Abb. 10. Kegelförmiger Siedekessel.

Abb. 11—14 hervorgeht, die eine Kesseleinmauerungs- und Feuerungsanlage zeigen.

Das Charakteristische dieser Anlage ist die Anbringung eines schützenden Gewölbes zwischen dem Kesselboden und der Rostfläche,

Schnitt E—F.

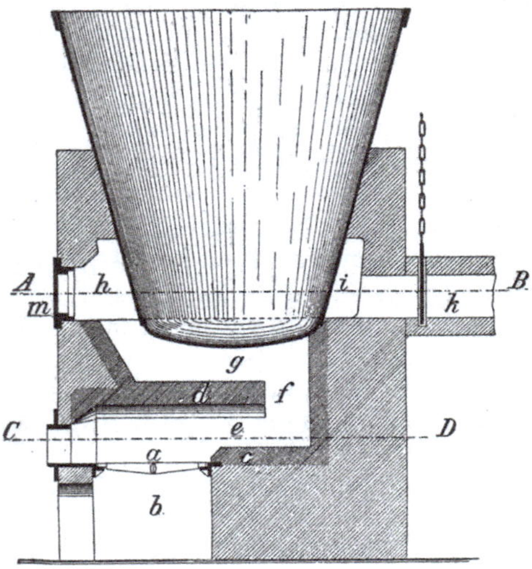

Abb. 11.

Schnitt G—H.

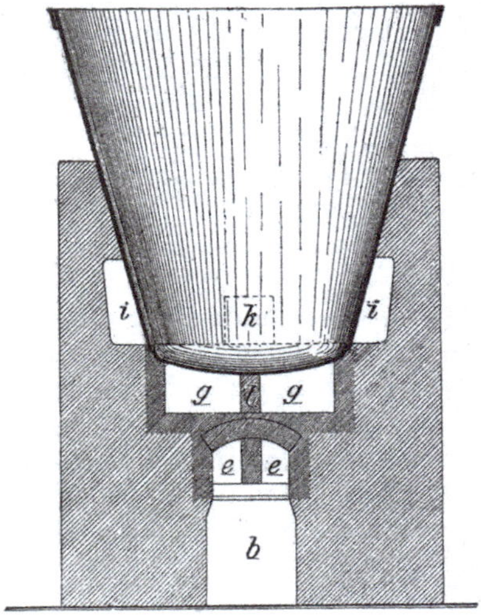

Abb. 12.

Grundriß A—B.

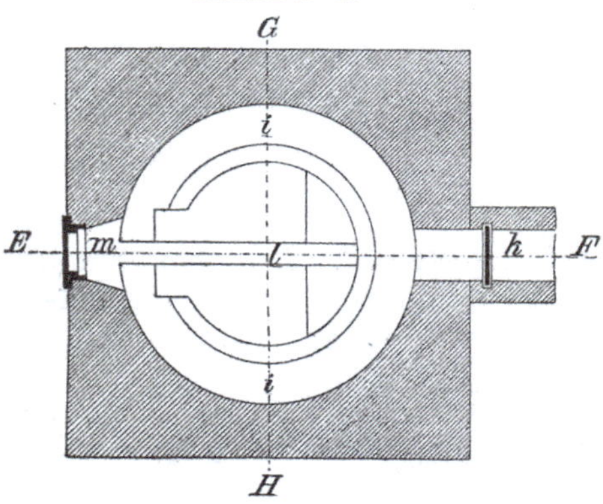

Abb. 13.

Grundriß C—D.

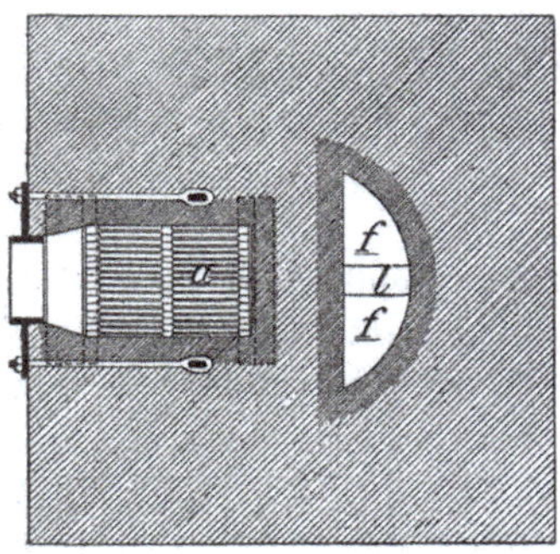

Abb. 14.

Abb. 11—14. Kesseleinmauerungs- und Feuerungsanlage.

so daß die Flamme, unter dem Gewölbe hinstreichend, ihre schärfste Hitze abgibt, ehe sie den Kesselboden trifft.

Die auf dem Roste a, unter dem sich der Aschenfall b befindet, entwickelten Heizgase treten über die Feuerbrücke c in den mit einem feuerfesten Gewölbe d überwölbten Kanal e, steigen am Ende desselben in dem Vertikalkanale f nach oben und gelangen jetzt erst durch den Zug g unter den Kesselboden; sie ziehen unter dem Kesselboden hin, treten durch den aufsteigenden Kanal h nach oben in den rings um den Kessel laufenden Seitenzug i und gehen bei k in den Schornsteinkanal. Die in den Zug eingesetzte Mauerwerkszunge l bewirkt eine gleichmäßige Verteilung der Heizgase. Zum Besteigen der Züge behufs ihrer Reinigung dient ein luftdicht geschlossenes und gut verstrichenes Mauerloch m.

Für die Dimensionierung der Kanäle ist zu bemerken, daß für je 100 kg Sudgröße des Kessels ungefähr $^1/_{10}$ qm Heizfläche und $^1/_{150}$ qm Rostfläche notwendig sind, so daß beispielsweise für einen Kessel von 6000 kg Sudgröße (entsprechend einem Rauminhalt von etwa 9000 kg) eine Totalheizfläche von 6 qm und eine Totalrostfläche von $^2/_5$ qm vorzusehen wäre. Der Querschnitt der Kanäle muß mindestens gleich einem Drittel der Totalrostfläche und auf alle Fälle so groß gewählt sein, daß sie leicht befahren werden können.

Für die Berechnung des Schornsteins kann man sich der Formel bedienen

$$Q = \frac{R}{\sqrt{H}},$$

in welcher Q in Quadratmetern den Querschnitt des Schornsteins oben an der Austrittsstelle, H in Metern die Schornsteinhöhe und R in Quadratmetern die Totalrostfläche bedeutet. Ist also beispielsweise H (die Schornsteinhöhe) zu 16 m angenommen, so ist der Schornsteinquerschnitt

$$Q = \frac{R}{\sqrt{16}} = \frac{R}{4},$$

also gleich dem vierten Teile der Totalrostfläche. Aus dem Schornsteinquerschnitt Q berechnet sich dann die lichte Weite in bekannter Weise: für runde Schornsteine ist der Durchmesser

$$D = 1{,}13\,\sqrt{Q}$$

und für viereckige Schornsteine die Seitenlänge des Vierecks

$$S = \sqrt{Q}$$

Der Verwendung offenen Feuers gegenüber gewährt das Sieden mit Dampf viele Annehmlichkeiten, die Kessel werden weniger angegriffen, der Verseifungsprozeß geht rasch und gleichmäßig vonstatten, und insonderheit die Farbe der erzielten Fabrikate ist eine durchaus befriedigende.

In der Regel arbeitet man zugleich mit direktem und indirektem Dampf, der vorteilhafterweise bis auf etwa 300° C überhitzt wird. Die Dampfspannung beträgt, an der Entnahmestelle gemessen, zumeist 3 bis 5 Atm. Abb. 15 zeigt eine solche Einrichtung. G ist der Kessel aus Schmiedeeisen, HHHH eine 5 cm starke als Isolierung dienende Holzbekleidung; A ist der Verschlußhahn des Hauptdampfrohres, B und C ebenfalls Verschlußhähne der jeweils mit der direkten und indirekten Schlange verbundenen Leitungen, D ein Sicherheitshahn, E der Kondenstopf für das in der Dampfschlange sich kondensierende Wasser, I der Laugenbehälter, F das Abzugsrohr für die Unterlauge, J schließlich ein Verschlußhahn, der das Zurücksteigen von Lauge oder Seife nach beendeter Operation in das Dampfrohr K verhindert.

Die lichte Weite der angewandten Rohre richtet sich nach der Größe des Kessels; gewöhnlich verwendet man Rohre von 4 cm lichter Weite und verlegt die Schlange für den direkten Dampf etwa 10 cm, die für den indirekten Dampf etwa 15 cm oberhalb des Kesselbodens. Die direkte Schlange wird vielfach als geschlossener Ring ausgeführt, dessen Durchmesser etwa zwei Drittel des Kesselbodendurchmessers beträgt, die indirekte Schlange dagegen meist als ein im Zickzack gebogenes Rohr, dessen Form der bei der Erwärmung auftretenden Ausdehnung Rechnung trägt.

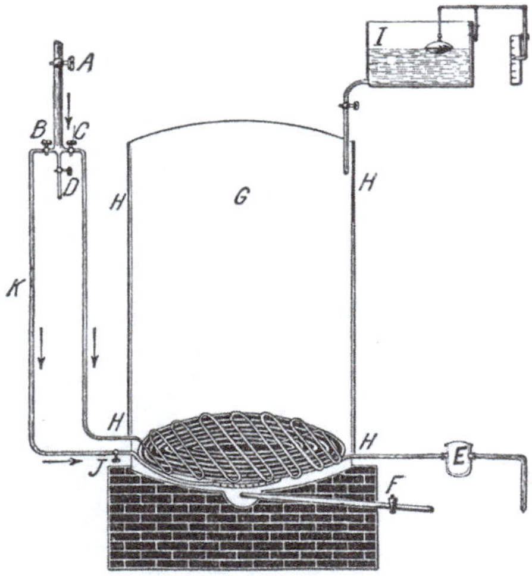

Abb. 15. Siedekessel mit Dampfbeheizung und Laugenbehälter.

Die direkte Dampfzuleitung mit dem Dampfverteilungsringe ist vielfach mit einer Holländer-Verschraubung an die Dampfzuleitung angeschlossen, damit man sie nach beendetem Sude aus dem Kessel herausnehmen kann.

Die Laugenbehälter werden zweckmäßig so aufgestellt, daß die Lauge durch eine mit einem Hahn versehene Rohrleitung direkt in den Kessel einlaufen kann. Vielfach werden auch Meßvorrichtungen an den Laugenbehältern angebracht, und zwar meist in Form eines auf der Lauge ruhenden Schwimmers, der mit einem Gegengewicht verbunden die Möglichkeit bietet, durch eine bequem sichtbare Skalenablesung an der Außenseite des Behälters die jeweilige Füllung desselben unter Kontrolle zu halten.

Abb. 16 zeigt einen modernen 35 000 l fassenden, rechteckigen Siedekessel, der auf dem Boden ruhend mit direkter und indirekter Dampfbeheizung ausgestattet ist. Die mittlere der drei auf der Abbildung sichtbaren Rohrzuführungen vermittelt die indirekte Beheizung, während die beiden äußeren direkte Dampfleitungen mit Dampfstrahlrührgebläse darstellen. Auch die im nachstehenden noch besprochene Syphoneinrichtung ist aus der Abbildung zu ersehen.

Die Durchmischung der während der Verseifung in Reaktion tretenden Stoffe und ebenso die Einverleibung von Zusätzen in die Seifenmasse (Riechstoffe, Füllmittel usw.) geschieht mit Hilfe besonderer Instrumente, die man als Krücken bezeichnet. In kleineren Fabriken geschieht das Krücken auch heute noch vielfach von Hand, meist indem man sich diese mühsame Arbeit dadurch erleichtert, daß man die Krücken an einem über eine Rolle laufenden Seile zur Aufhängung bringt.

Abb. 16. Rechteckiger Siedekessel mit direkter und indirekter Dampfzuführung, Dampfstrahlrührgebläse und Syphoneinrichtung.

Mittels einer losen Querschraube oder Gabelung ist in den Krückenstiel weiter eine Führungsstange eingeschaltet, mit deren Hilfe man die Krücke nach jeder Richtung dirigieren kann. Der Teller der Krücke hat etwa 60 cm Durchmesser und ist fest oder in Scharnieren beweglich. Ein oder zwei Arbeiter ziehen die Krücke mittels des Taues in die Höhe, während einer die Leitung der Krücke besorgt (s. Abb. 17).

Die Methode ist aber naturgemäß ziemlich umständlich, zeitraubend und beschwerlich, weshalb man Krückwerke oder Krückmaschinen konstruiert hat, die für Kraftbetrieb eingerichtet und sehr leistungsfähig sind.

Abb. 18 zeigt ein solches Krückwerk, das für den Gebrauch auf dem oberen Rande des Kessels befestigt wird. Die wesentlichen Teile desselben sind die folgenden: die beiden Böcke A tragen eine horizontale, durch eine Riemenscheibe angetriebene Welle, die in eine Kurbel K ausläuft und die an dieser befestigte Krückenstange C in schwingende Bewegung setzt. Die Krückenstange trägt an ihrem unteren Ende S einen Krückenteller T. Um das etwaige Aufschlagen

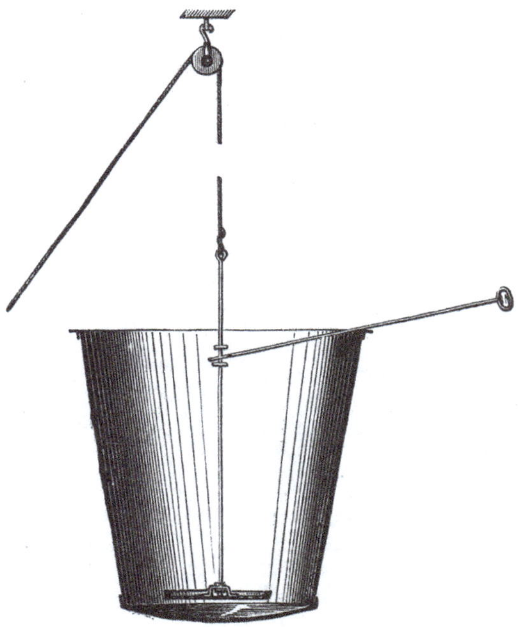

Abb. 17. Krückwerk für Handbetrieb.

dieses Tellers auf die Seifenoberfläche zu vermeiden, ist eine die Bewegung entsprechend verlangsamende Bremsvorrichtung D vorgesehen. Außerdem ist mit dem Apparat eine Wehrvorrichtung W verbunden, welche aus einer mit vier Wehrflügeln versehenen Welle besteht. Der Apparat macht etwa 35 Touren pro Minute und arbeitet sehr energisch, erfordert aber ziemlich viel Kraft. Er wird je nach der Tiefe des Kessels für 1600, 1500, 1200, 1000, 900, 800 und 600 mm Hub gebaut; die letzten beiden Größen werden für Handbetrieb hergestellt, während die mittleren sowohl für Hand- als auch für Kraftbetrieb geeignet sind. Ein Krückwerk ohne Wehrvorrichtung für Kettenantrieb, fertig auf den Siedekessel aufmontiert, ist in Abb. 19 dargestellt.

Besondere Beachtung verdient auch das durch Abb. 20 dargestellte, von Aug. Krull in Helmstedt konstruierte Krückwerk[1]). Dasselbe ist auf einem starken Gestellringe A montiert, dessen Durchmesser dem

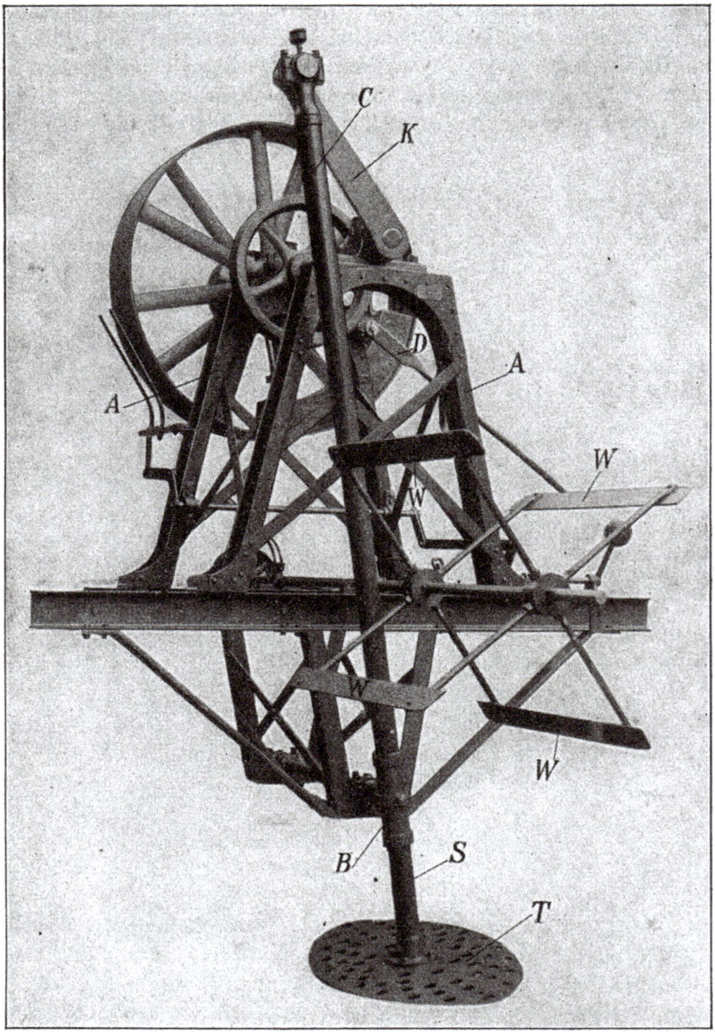

Abb. 18. Krückmaschine.

Durchmesser des betreffenden Siedekesselrandes entspricht und der auf diesem durch 3 Schrauben befestigt wird. In der wagerechten Mittelachse des Gestellringes ist eine Welle B gelagert, die ihre Bewegung

[1]) DRP. 161 682.

mittels des Rädergetriebes C und D durch die Riemenscheibe E erhält. Dieselbe ist weiter mit 4 Kurbeln a, b, c, d versehen, von denen je zwei um 180° gegeneinander versetzt sind. An den Kurbeln sind die Hohlstangen F befestigt, welche die Krückteller G tragen; diese letzteren sind in ihren Abmessungen und in ihrer Gestaltung der jeweiligen Form des Siedekessels angepaßt. Bei Drehung der Welle gleiten die Hohlstangen

Abb. 19. Siedekessel mit Krückwerk.

F auf den unten um ein Rundeisen H bei e schwingenden Führungsstangen i auf- und abwärts. Das Rundeisen H ist in der Mitte durch eine entsprechende Verstärkung I so ausgebildet, daß durch Einschrauben der beiden Enden f ein Kreuz von vier gleich langen Armen entsteht. Mittels dieses Kreuzes liegt die untere Partie des Krückwerkes auf dem Kesselboden derart auf, daß seitliche Verschiebungen unmöglich sind. In der Mitte des Gestellringes A ist ferner eine senkrechte Welle K gelagert, welche ihren Antrieb von der horizontalen Welle N aus durch die konischen Räder g erhält. Das untere, in der Verstärkung I nochmals gelagerte Ende der Welle K trägt einen dicht über dem

Kesselboden befindlichen Doppelrührarm L, welcher sich, durch Rotation der Welle in Bewegung gesetzt, über den Kesselboden bewegt und so eine innige Durchmischung der sich hier ansammelnden Massen bewirkt.

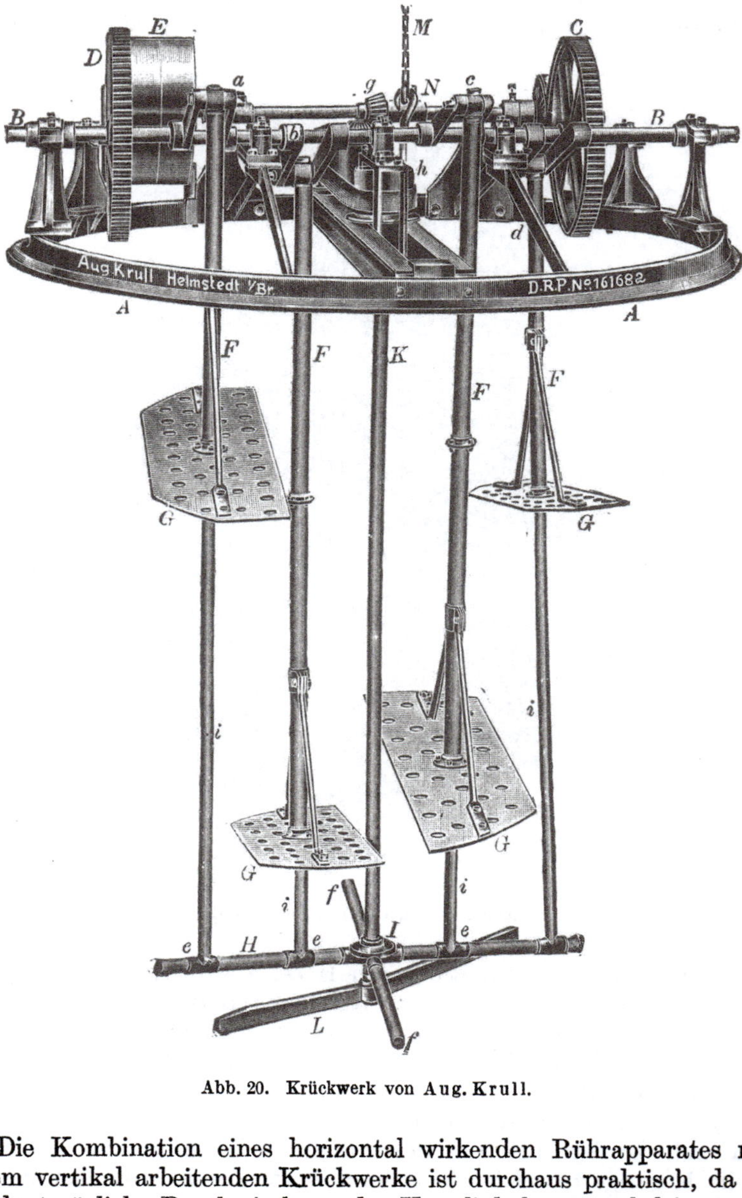

Abb. 20. Krückwerk von Aug. Krull.

Die Kombination eines horizontal wirkenden Rührapparates mit einem vertikal arbeitenden Krückwerke ist durchaus praktisch, da sie die bestmögliche Durchmischung des Kesselinhaltes gewährleistet. Je nach Wunsch läßt sich aber auch das Rührwerk oder Krückwerk allein in Tätigkeit setzen, so daß die Arbeitsweise dem Ermessen des einzelnen überlassen bleibt.

Im übrigen ist das Krückwerk so montiert, das es mittels einer oberhalb des Kessels befindlichen Aufzugvorrichtung an der Kette M bzw. dem Haken N leicht aus dem Kessel herausgehoben werden kann. Auf diese Weise ist es möglich, das gleiche Krückwerk für mehrere Siedekessel der gleichen Größe zu benutzen, wenn man durch eine entsprechend hergerichtete Laufkatze für die notwendige Transportmöglichkeit sorgt.

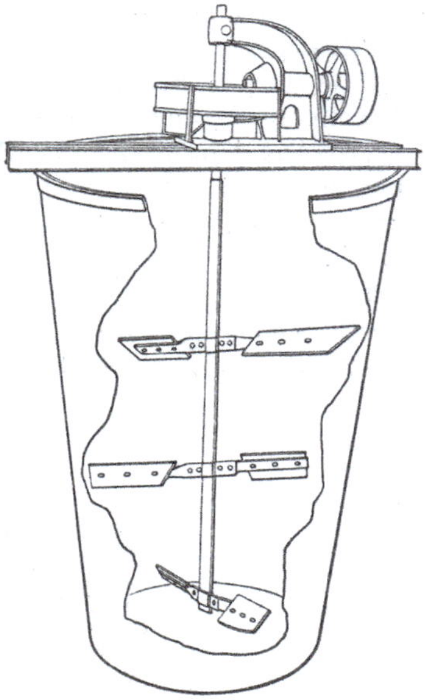
Abb. 21. Freihängendes Rührwerk mit Stahlkugellager.

Neben den vorbesprochenen Krückwerken sind vielfach auch Rührapparate im Gebrauch, die besonders dann in Anwendung kommen, wenn es sich um die Durchmischung von Substanzen handelt, die ein annähernd gleiches spezifisches Gewicht besitzen.

Von einfachen Flügelrührwerken, wie sie in Abb. 21 dargestellt sind, abgesehen, sind hier besonders solche Rührwerke hervorzuheben, bei denen sich innen konzentrisch laufende Flügel in gegenläufiger Bewegung zu entsprechend angeordneten äußeren Flügeln befinden (siehe Abb. 22).

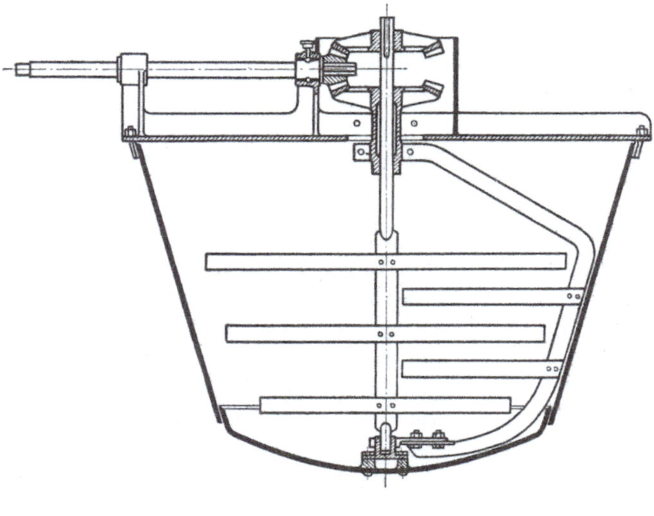
Abb. 22. Rührwerk mit gegenläufiger Bewegung der inneren und äußeren Flügel.

Der Antrieb dieser Apparate erfolgt entweder durch Riemen von der Transmission aus oder direkt durch einen mit dem Apparat selbst verbundenen Elektromotor.

Neben anderen Modellen ist sodann besonders für die Herstellung kalt gerührter Seifen das Schneckenrührwerk geeignet, dessen Konstruktion sich ohne weiteres aus der Abb. 23 ergibt.

Weitere sehr praktische Rührvorrichtungen, die ebenfalls vornehmlich zur Fabrikation von kaltgerührten Seifen dienen können, sind durch die Abb. 24 und 25 dargestellt.

Abb. 24 veranschaulicht ein auf Kraftbetrieb eingerichtetes, schnelllaufendes Säulenrührwerk für kaltgerührte Seifen. Dasselbe wird mit auswechselbaren Rührkeulen geliefert, so daß der Rührtopf bequem untergestellt und auch wieder fortgenommen werden kann.

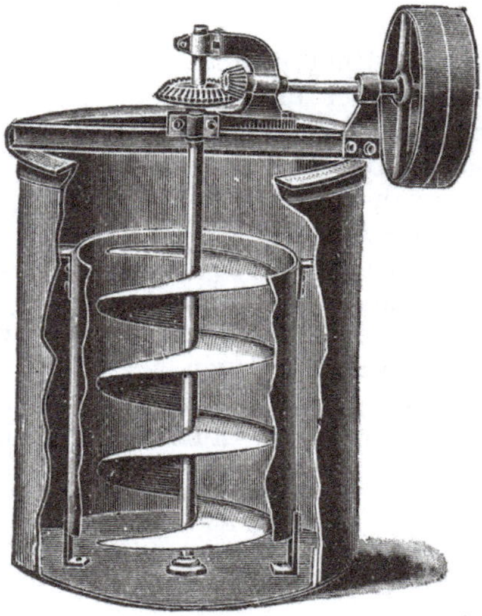

Abb. 23. Schneckenrührwerk.

Abb. 25 zeigt einen Kippkessel mit Rührwerk für Handbetrieb[1]).

Eine besonders intensive Rührwirkung läßt sich weiter mit Hilfe des sogenannten Taifunrührers (Abb. 26) erzielen, bei welchem zweckmäßig ausgebildete Wellenbrecher die durch rotierende Rührflügel erzeugte, zunächst also in horizontalen, konzentrischen Kreisen um die Rührachse verlaufende Bewegung der Flüssigkeit rechtwinklig ablenken, so daß nunmehr auch eine strudelartige, äußerst intensive Bewegung der Flüssigkeit in vertikaler Richtung stattfindet[2]). Das Taifun-Rührwerk bewältigt daher spielend die Durchmischung auch von Stoffen mit größeren Differenzen im spezifischen Gewicht, und nach Lederer[3])

---

[1]) Weitere, ähnlich konstruierte Apparate s. S. 502 ff.

[2]) Ztschr. f. angew. Chem., 1914, **27**, S. 318; Ztschr. d. Dtsch. Öl- u. Fettind., 1920, **40**, S. 81; 1921, **41**, S. 602.

[3]) Ztschr. f. angew. Chem., 1924, **37**, S. 637.

wird demzufolge beispielsweise der Verseifungsprozeß hierdurch zeitlich um etwa die Hälfte abgekürzt.

Schließlich sei dann der Vollständigkeit halber noch auf die Dampfstrahl-Rührgebläse der Gebr. Körting in Körtingsdorf bei Hannover

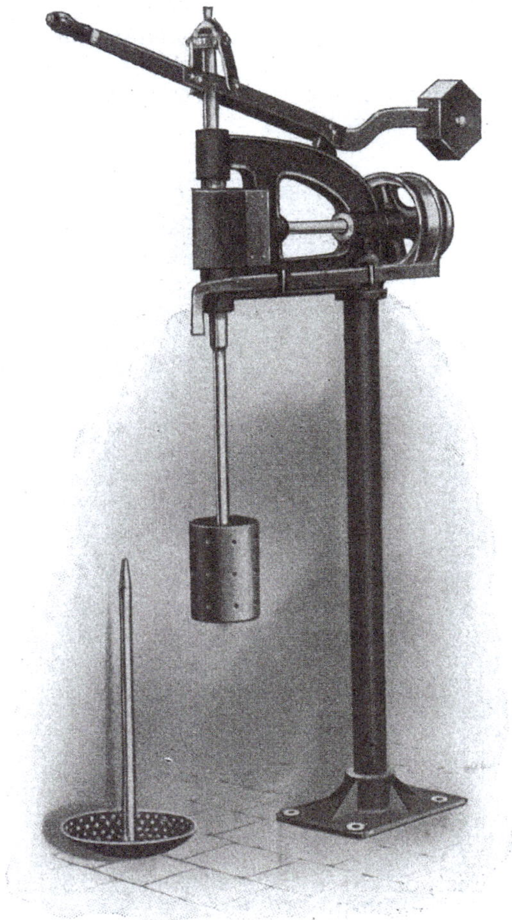

Abb. 24. Säulenrührwerk.

hingewiesen, bei denen mittels eines Dampfstrahles Luft angesaugt und in das zu bewegende Flüssigkeitsgemisch gedrückt wird. Wie aus Abb. 27 ersichtlich ist, tritt die durch das Rohr L angesaugte Luft gleichzeitig mit dem durch das Rohr D zuströmenden Dampf aus einem etwa 10 cm über dem Kesselboden befindlichen Verteilungsrohr aus, das mit einer großen Anzahl von etwa 4 mm weiten, schräg nach unten gerichteten Löchern versehen ist.

Der Apparat hat sich vor allem bei der Karbonatverseifung von Fettsäuren zum Austreiben der Kohlensäure bewährt, sowie bei allen Arbeiten, die durch den gleichzeitigen Dampfzutritt nicht nachteilig beeinflußt werden (Kaustizierung von Sodalaugen u. dgl.).

Um das Überfließen der im Kessel während des Verseifungsprozesses oft aufsteigenden Seifenmasse zu verhindern, verfährt man der Art, daß man entweder die steigende Seife mit breiten, kurzstieligen Holzschaufeln in die Höhe wirft, um sie zu verteilen und abzukühlen oder durch mechanische Wehrvorrichtungen, deren Konstruktion aus Abb. 18

Abb. 25. Kippkessel mit Rührwerk für Handbetrieb.

und 19 ersichtlich ist, dafür sorgt, daß die Oberfläche des Kesselinhalts in dauernder Bewegung bleibt.

Aus dem Siedekessel wird die fertige Seife ausgebracht, und zwar entweder durch Schöpfer, die aus Stahlblech möglichst nahtlos hergestellt sind oder in größeren Betrieben mit Hilfe von Kolben bzw. Rotationspumpen, von denen die ersteren meist für Handbetrieb eingerichtet sind und in den Kessel eingestellt werden, die letzteren außerhalb desselben ihren Antrieb durch Riemenscheiben erhalten.

Um eine selbsttätige Entleerung des Kessels zu bewirken, ist es empfehlenswert, denselben mit einer Syphoneinrichtung zu versehen, wie sie in Abb. 28 und 29 dargestellt ist. Der Syphonstutzen wird außen mit einem abwärts gebogenen Ablaufrohr verbunden, dessen

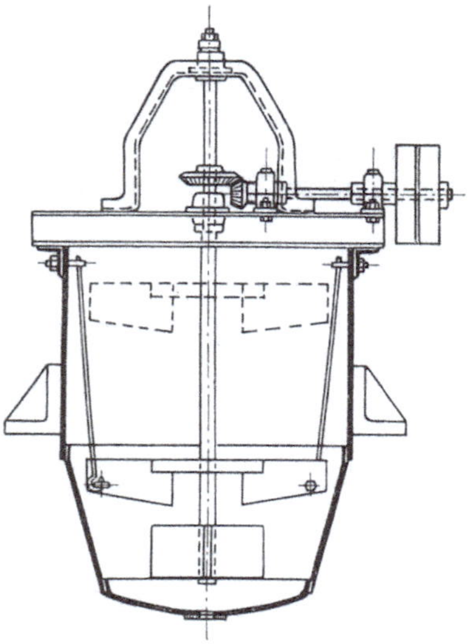

Abb. 26. Taifunrührwerk.

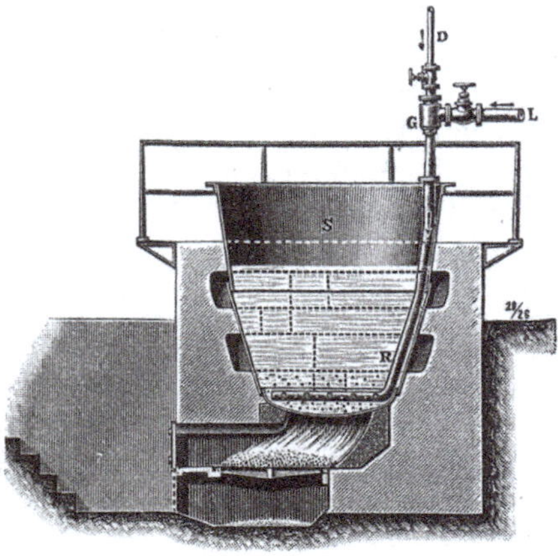

Abb. 27. Siedekessel mit Luftstrahlrührung.

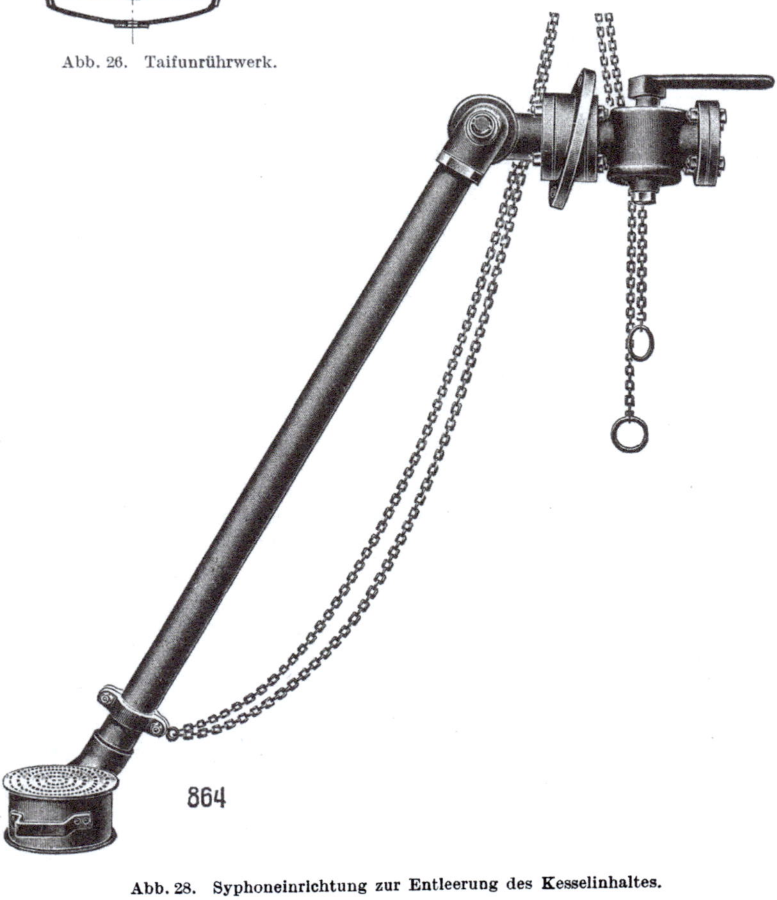

Abb. 28. Syphoneinrichtung zur Entleerung des Kesselinhaltes.

untere Öffnung wenigstens 50 cm unter dem tiefsten Punkt des Kesselbodens liegt, so daß die Einrichtung als Heber wirken kann. Die durch ihren eigenen Druck abfließende Seifenmasse läßt sich dann entweder in die in unmittelbarer Nähe aufgestellten Seifenformen oder Kühlmaschinen direkt abfüllen oder mittels einer an die genannte Vorrichtung angeschlossenen, als Druckpumpe wirkenden Rotations-

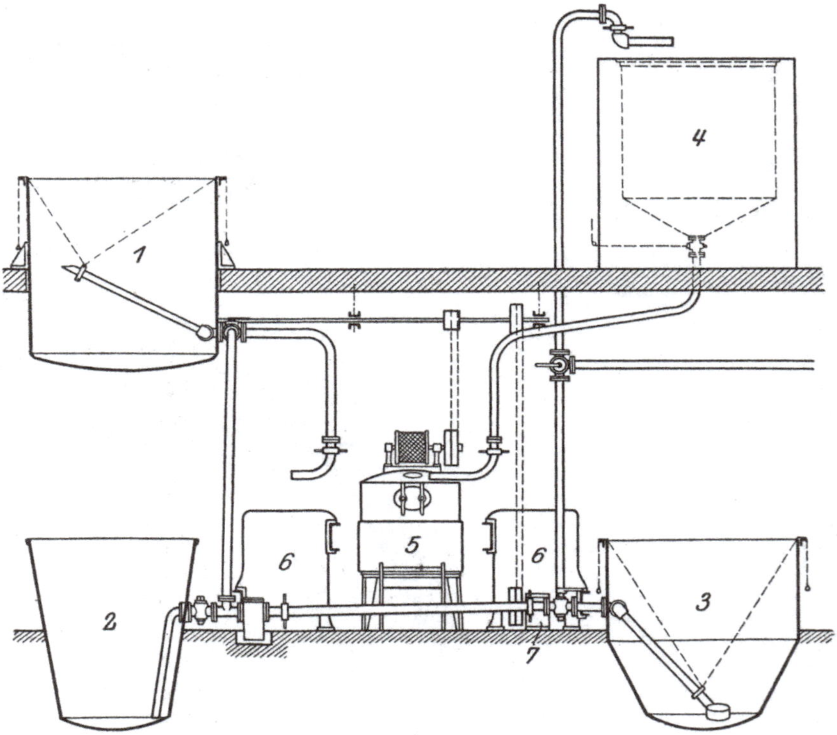

Abb. 29. Seifen-Siede-, -Pump- und Kühlanlage.
1, 2 u. 3 Siedekessel mit Syphoneinrichtung, 4 Seifenvorratsbehälter, 5 Druckkessel, 6 Seifenplattenkühlapparate, 7 Seifenpumpe.

pumpe weiterbefördern. Alle diese Einzelheiten sind aus dem vorstehenden Schema einer Seifen-Siede-, -Pump- und Kühlanlage (Abb. 29) leicht zu ersehen.

Pumpen zur Beförderung von flüssigen Seifen, Ölen und Fetten.

Insonderheit bei der Neueinrichtung einer Seifenfabrik ist es außerordentlich zu empfehlen, darauf zu achten, daß die Notwendigkeit eines Transportes von flüssigen Seifen, Ölen und Fetten auf ein möglichst geringes Maß eingeschränkt wird. Aber auch in wirklich gut durchdachten Fabrikbetrieben wird es sich nicht ganz vermeiden lassen, flüssige Seifen, Fette und Öle von einer Stelle zur anderen zu transportieren, weshalb es wichtig ist, die hier notwendigen Hand- oder Kraftbetriebspumpen des näheren kennen zu lernen.

Abb. 30 zeigt eine einfache, transportable Handbetriebspumpe, die in erster Linie zur Entfernung von Unterlauge nach dem Aussalzen der Kernseifen dienen soll. Abb. 31 zeigt die Innenkonstruktion einer doppelt wirkenden Hand-Flügelpumpe mit Kugelventilen, die in verschiedenen Größen, auch auf Traggestellen montiert, gebaut wird und in der Minute 25—250 l Wasser, Lauge, Öl, Schmierseife usw. fördert.

Abb. 32 und 33 stellen neuzeitlich gekapselte Pumpen dar. Die erstere ist

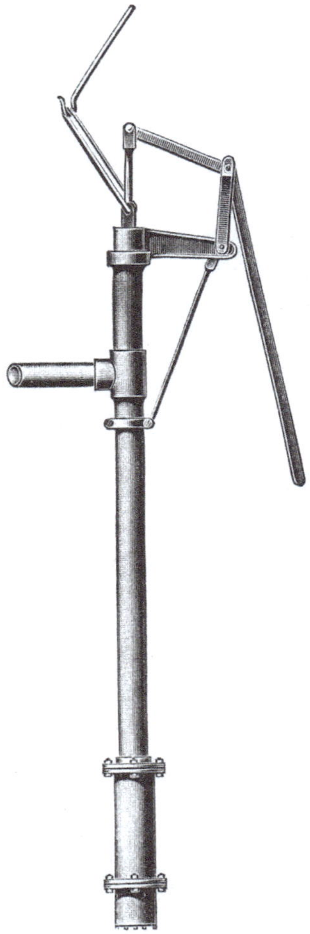

Abb. 30. Handpumpe zum Pumpen von Seifen und Unterlaugen.

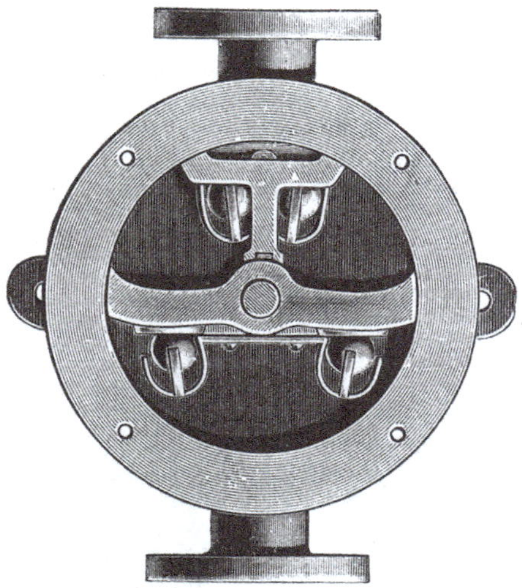

Abb. 31. Handflügelpumpe (geöffnet).

unmittelbar mit einem elektrischen Motor gekuppelt, während die zweite für Riemenbetrieb eingerichtet ist.

Die Auswahl des jeweils in Betracht kommenden Pumpensystems hängt vielfach von den gegebenen örtlichen Verhältnissen ab. Vor allem ist aber bei Aufstellung der Pumpen darauf zu achten, daß sie Zufluß erhalten und nicht etwa ansaugen müssen, da heiße Flüssigkeiten schwer angesaugt werden. Bevor man die Lieferung von Pumpen in Auftrag gibt, sollte man daher im eigenen Interesse immer zunächst einen geeigneten Fachmann zu Rate ziehen.

Abb. 32. Gekapselte Seifenpumpe mit elektrischem Motor direkt gekuppelt.

Abb. 34 stellt einen Montejus (Druckgefäß) dar, aus dem die zu fördernden Flüssigkeiten mittels Dampf- oder Luftdruck leicht und

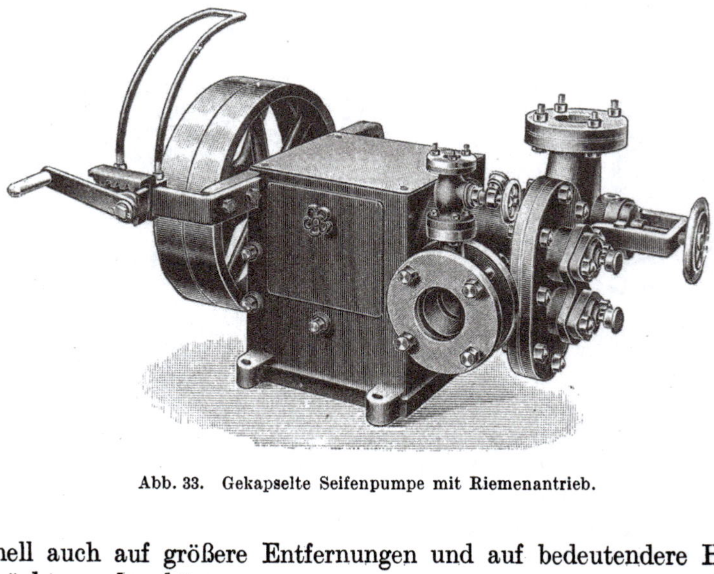

Abb. 33. Gekapselte Seifenpumpe mit Riemenantrieb.

schnell auch auf größere Entfernungen und auf bedeutendere Höhen gedrückt werden können.

Leitungen, die für die Förderung von leicht erstarrenden Seifen und Fetten bestimmt sind, werden zweckmäßig doppelwandig verlegt, d. h. mit einem Dampfmantel versehen, wie aus Abb. 35 ersichtlich ist. Man heizt dieselben mit Dampf von 1—2 Atm. und hat dann keinerlei Verstopfungen und Betriebsstörungen zu befürchten.

Abb. 34. Montejus.

Derartige doppelwandige Rohre werden hergestellt, indem man zwei Rohre ineinanderschiebt, um sie alsdann an den Enden an einen gemeinschaftlichen Flansch anzuschweißen. Zwischen den beiden Rohren verbleibt so ein kleiner Zwischenraum für den Dampfdurchgang übrig. Von Rohr zu Rohr wird nunmehr unterhalb der Flanschen je eine kleine Rohrverbindung angebracht, die die Weiterleitung des Dampfes übernimmt, und schließlich müssen bei längeren Leitungen auch noch Kondenswasserabscheider eingebaut werden.

Für Fettsäureleitungen wird das Innenrohr entweder aus Kupfer, Aluminium, Hartblei oder aus gut verbleitem Eisenrohr hergestellt.

In den letzten Jahren haben sich auch mit Dampf beheizte Hähne immer mehr und mehr eingeführt, die ebenfalls bei der Anlage doppelwandiger Leitungen mit Vorteil Verwendung finden.

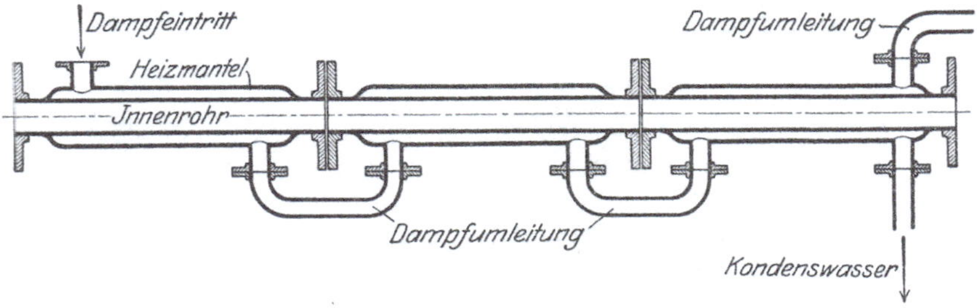

Abb. 35. Rohrleitung mit Dampfmantel zur Beförderung von leicht erstarrenden Flüssigkeiten. (Seifen, Fetten u. dergl.)

Behälter zur Aufnahme der fertigen Seife.

Die fertig gesottene Seife wird vom Siedekessel den Kühlvorrichtungen zugeleitet, in denen sie erstarrt. Da die Seife jedoch nicht immer restlos zum Kühlen abgelassen werden kann, werden häufig besondere Vorratsbehälter, zylindrische Kessel mit dampfbeheiztem Wasserbadmantel vorgesehen, in welche die Seife aus dem Siedekessel entleert werden kann. In der Regel besitzen diese Behälter ein am Boden befindliches Ablaßventil, das durch eine Rohrleitung mit der Kühlapparatur verbunden ist. Auch sind sie häufig mit einem Rührwerk ausgestattet, um ein Erstarren der Seife von der Oberfläche her zu vermeiden.

Abb. 36. Seifenform mit Mutterschraubenverschluß.

Die Seifenformen. Die Kühlkästen, in denen die harten Seifen zum Erstarren gebracht werden, die sogenannten Formen, müssen so eingerichtet sein, daß sie in einen dichten Verschluß für die warme, flüssige Seife bilden, aber auch gestatten, die erkaltete, feste Seife leicht herauszunehmen. Man verwendet daher meist Formen, die auseinandergenommen, d. h. in einen Boden und vier Seitenteile zerlegt werden können.

Als Material für diese Formen, die bis zu einer Größe von 5000 kg Inhalt hergestellt werden, wurde früher allgemein Holz verwendet; Wände und Boden bestanden aus starken, zusammengefügten Bohlen, die mit dünnem Eisenblech beschlagen waren und durch geeignete Verstrebungen den nötigen Halt erhielten. Durch Ausstopfen mit Werg und Verstreichen mit Ton u. dgl. wurde die erforderliche Dichtigkeit erzielt.

Heute werden diese Formen jedoch fast ausschließlich aus Schmiedeeisen gefertigt, und zwar noch immer in fast der gleichen, zweckmäßigen und praktischen Ausführung, wie sie im Jahre 1876 durch die Firma Aug. Krull in Helmstedt zuerst in Anwendung kam.

Abb. 37. Seifenform mit Matratzenumhüllung.

Abb. 36 gibt die Darstellung einer solchen eisernen Seifenform von etwa 4000 kg Inhalt, deren Hauptvorzug in der Beschaffenheit des durch Nut und Feder gebildeten Verschlusses liegt. Derselbe ist absolut dicht und bleibt auch auf die Dauer vollkommen intakt, so daß ein Lecken der Form unmöglich ist. Einen wichtigen Bestandteil dieser schmiedeisernen Seifenformen bildet weiter die Umhüllung derselben mit Matratzen, die mit Werg gefüllt sind; dieselben werden durch einfaches Aufhängen am oberen Formrande befestigt und können jederzeit ganz oder teilweise abgenommen werden. Sie haben den Zweck, die in der Form befindliche Seife beispielsweise zur Flußbildung einige Zeit warm zu halten. Abb. 37 zeigt eine Form mit dieser Umhüllung bekleidet.

Die Formen selbst werden zerlegt in einen Boden und vier Seitenwände. Gewöhnlich werden aber zu einer Form zwei Böden geliefert, damit die vier Wände für die Zusammenstellung einer neuen Form bereits benutzt werden können, wenn der in der ersten Form befindliche Seifenblock zwar schon erstarrt, aber noch nicht schnittreif ist. Wände und Böden werden aus bestem, etwa 4 mm starkem Eisenblech hergestellt und durch Flacheisen, Winkeleisen und T-Eisen entsprechend armiert, so daß eine Deformation der Form unmöglich ist.

Die Ränder und Kanten der Einzelteile sind in der für

Abb. 38. Schraubzwinge.

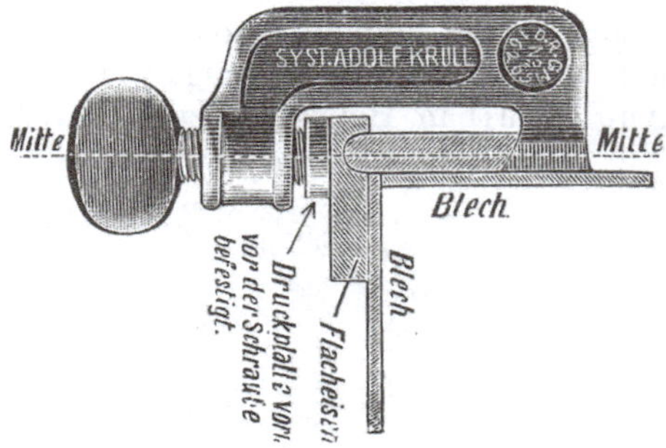

Abb. 39. Wirkungsweise des Schraubzwingenverschlusses.

den Nutenverschluß geeigneten Weise bearbeitet und genauest eingepaßt. Mehrere lange, oben über die Form hingehende Schraubbolzen halten die Wände in dem richtigen Abstande voneinander, so daß der in einer solchen Form gebildete Seifenblock genau eben und rechtwinklig ist. Die Verbindung der Wände untereinander und mit dem Boden geschieht durch Verschraubung und wurde ursprünglich durch kurze Mutterschrauben von etwa 70 mm Länge bewirkt, welche in einem Abstande von etwa 270 bis 300 mm voneinander angeordnet waren, wie auf Abb. 36 ersichtlich ist.

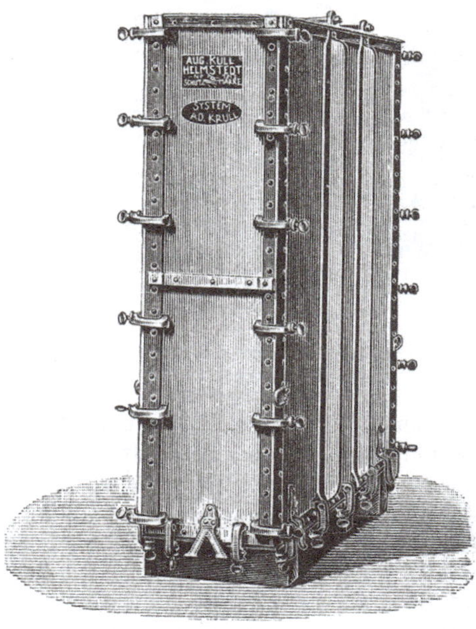

Abb. 40. Schmale Seifenform mit Schraubzwingenverschluß.

An Stelle dieser Mutterschrauben werden vielfach aber auch Schraubzwingen in Anwendung gebracht, die an jeder beliebigen Stelle sofort anzubringen sind. Abb. 38 zeigt eine solche, aus Stahl hergestellte Schraubzwinge, durch deren Einführung die eisernen Formen eine wesentliche Verbesserung erfahren haben. Aus Abb. 39 und 40 ist die Wirkungsweise derselben ersichtlich.

Die Formböden sind erhaben gearbeitet, und zwar derart, daß die ringsherum laufende Nute so tief liegt, daß der Seifenblock vom Boden glattweg abgeschoben werden kann. Der eigentliche eiserne Boden ist auf einem hölzernen Boden (etwa 25 mm dick) befestigt, der von hölzernen Schwellen getragen wird.

Die Formen können weiter mit einer Vorrichtung zum Ablassen der Unterlauge versehen werden, und zwar entweder unten an einer

Abb. 41. Formboden mit Laugenablaßvorrichtung.

Seitenwand oder am Boden (Abb. 41); die letztere Art der Ausführung ist die gebräuchlichere. Ferner kann am Boden eine einfache Vorrichtung angebracht werden, die dazu dient, beim Fällen des Seifenblockes

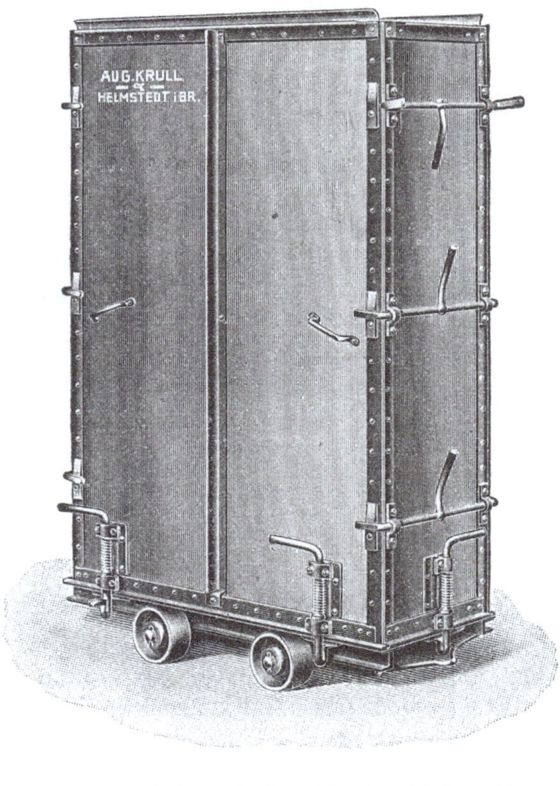

Abb. 42. Seifenform mit Momenthebelverschluß, geschlossen.

die Ausführung der senkrechten Schnitte zu erleichtern. Diese Vorrichtung besteht darin, daß einander gegenüber zwei kleine Stifte am Boden angebracht werden, die zum Einlegen der Schnüre für das Durchziehen von Schneidedrähten dienen.

Neben diesem Typ hat die Firma Aug. Krull jedoch ein Modell herausgebracht, das mit einem Hebelverschluß (Momentverschluß) ausgestattet ist, dessen Wirkungsweise aus den Abb. 42 und 43 ohne weiteres ersichtlich ist. Infolge ihrer einfachen Handhabung können diese Seifenformen durchaus empfohlen werden.

Die schmiedeeisernen Seifenformen werden in jeder gewünschten Größe und nach beliebigen Maßen hergestellt. Abb. 40 zeigt beispielsweise eine schmale Form, wie sie für Mottledseifen meist verwendet

Abb. 43. Seifenform mit Momenthebelverschluß, geöffnet.

wird. Die Formen können jedoch ebenso wie ihre Einzelteile auch mit Rollrädern, fahr- und lenkbar, geliefert werden; die hier am meisten gängigen Anordnungen sind durch Abb. 44 und 45 dargestellt.

Für viele Zwecke, beispielesweise für Oberschalseife, werden auch flache Seifenkasten verwendet, die aus einem Boden mit abnehmbarem Rahmen bestehen und zweckmäßig ebenfalls aus Schmiedeeisen hergestellt werden. Der Seitenrahmen ist in den Boden genau eingepaßt und kann, wie aus Abb. 46 ersichtlich ist, leicht aus diesem herausgehoben werden.

Die Standgefäße für Schmierseife. Als Standgefäße für Schmierseife dienten früher meist hölzerne Behälter, Palmölfässer u. dgl. Neuerdings hat man jedoch, soweit die Fertigfabrikate nicht sogleich in die Versandgefäße (Fässer, Kübel, Eimer) abgefüllt werden, für diesen Zweck eiserne Gefäße eingeführt, die den Vorteil der Raumersparnis

Abb. 44. Fahrbare Seifenform mit Schraubzwingenverschluß.

und der größeren Dauerhaftigkeit den hölzernen Behältern gegenüber bieten.

Abb. 45. Fahrbare Seifenform mit Schraubzwingenverschluß.

In einem Gefäß, das 1 m hoch, 1 m lang und 1 m breit ist, lassen sich 1000 kg Schmierseife unterbringen. Abb. 47 zeigt ein solches Standgefäß aus Schmiedeeisen. Das Gewicht desselben beträgt bei 5 mm Wandstärke und 6 mm Bodenstärke ungefähr 250—260 kg.

Bei der Herstellung solcher eisernen Behälter ist darauf zu achten, daß die Nieten innen glatt versenkt sind, damit sich die Lauge, welche der Schmierseife etwa noch zugegeben werden muß, nicht festsetzen

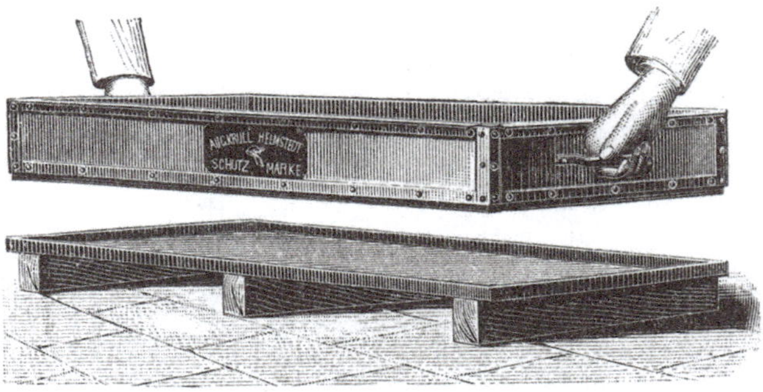

Abb. 46. Flacher Seifenformkasten.

kann. Die Größe dieser Behälter wird sich natürlich im allgemeinen nach dem vorhandenen Raum richten; doch ist eine Breite von über 120 cm nicht zu empfehlen, damit man, falls nur eine Seite zugängig ist, beim Krücken nicht behindert ist.

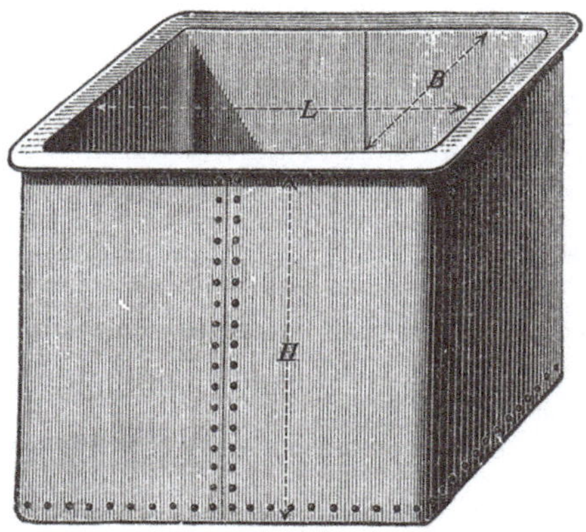

Abb. 47. Standgefäß für Schmierseife.

Vorrichtungen zum Schneiden von harten Seifen.

Das Schneiden der Seifen geschieht entweder von Hand oder mittels geeigneter Maschinen; in beiden Fällen verwendet man Stahldraht zähester Beschaffenheit (sogenannten Klaviersaitendraht). Das Handschneiden, früher allgemein üblich, ist heute nur noch selten in Anwendung, zumal es viel Geschicklichkeit erfordert und eine sehr umständliche und ziemlich beschwerliche Arbeit ist.

In richtiger Erkenntnis des großen Nutzens, den zweckentsprechend eingerichtete Schneidemaschinen mit sich bringen würden, hat man daher schon in den sechziger Jahren des vorigen Jahrhunderts angefangen, derartige Apparate zu bauen, die dann im Laufe der Zeit wesentlich verbessert wurden und heute allen berechtigten Ansprüchen Rechnung tragen.

Das Zerteilen (Fällen) des Seifenblockes (Formblockes). Um den auf dem Boden der Seifenform stehenden, erstarrten Seifenblock in die für die Schneidemaschinen passenden, sogenannten Fallstücke zu zerlegen, bedient man sich des nebenstehend abgebildeten Fällapparates (Abb. 48). Er besteht aus einem breiten, hölzernen Winkel a b, welcher die eigentliche Schneidevorrichtung trägt, nämlich eine in dem Gehäuse d gelagerte und mit einem Zahnkranze versehene Rolle c, auf die sich der Schneidedraht f aufwickelt, und die durch die Kurbel e angetrieben wird. Das eine Ende des Schneidedrahtes ist an der Rolle c befestigt, das andere ist zu einer Öse gedreht und kann beim Gebrauch an dem Stift g befestigt werden. Mit Hilfe der drei Schieber h wird der ganze Apparat an dem zu zerschneidenden Seifenblocke befestigt.

Die Handhabung dieses Fällapparates geschieht folgendermaßen: Nachdem an den vier Kanten des Seifenblockes die Stellen, wo die Schnitte geführt werden sollen, angezeichnet sind, wird der Apparat mittels der Schieber h am Seifenblock befestigt, der Schneidedraht um denselben herumgelegt und das freie, zu einer Öse gedrehte Ende über den Stift g gehakt. Indem man nun die Kurbel e dreht, wickelt sich der Draht f auf der Rolle c auf, wodurch sich die gebildete Schlinge verkleinert, bis schließlich der Schnitt ausgeführt ist.

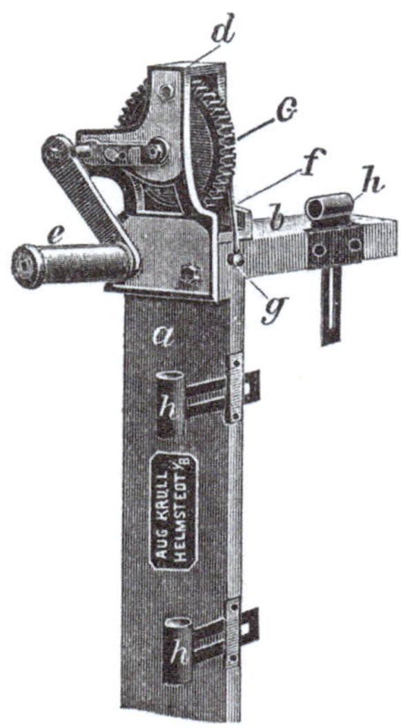

Abb. 48. Fällapparat.

Die Anwendungsweise ist aus Abb. 49 ersichtlich. Anordnung A zeigt die Ausführung von Horizontalschnitten in einer Höhe von wenigstens 200 mm über dem Formboden, Anordnung B die Ausführung des gleichen Schnittes unmittelbar über dem Formboden. (Bei dieser Anordnung wird, wie ersichtlich, der Apparat einfach umgekehrt, so daß sich die bei Schnitt A oben befindliche Kante jetzt unten befindet.) Anordnung C zeigt die Anwendung des Apparates für Vertikalschnitte. Hierbei wird der Block entweder mittels eines zugespitzten Eisens, einer sogenannten Harpune, unten durchstoßen und der Schneidedraht nachgezogen, oder der Draht wird an einen Bindfaden geknüpft, den man vor Füllung der Form in geeigneter Weise auf dem Formboden befestigt und mit dessen Hilfe der Schneidedraht unter dem Formblock hindurchgezogen wird.

Nach der Größe des Formblockes und nach den Maßen, die das einzelne Fällstück erhalten soll, richtet sich die Anzahl und die Art der durch den Formblock gelegten Schnitte. Hat man eine Schneidemaschine zur Verfügung, so sind selbstverständlich diejenigen Abmessungen maßgebend, die eine volle Ausnutzung der Maschine gewährleisten.

Im folgenden mögen nun zunächst einige Hilfsmaschinen Erwähnung finden, die dazu dienen, die Hantierung mit den Fällstücken, deren größere immerhin ein Gewicht von etwa 125—175 kg haben, zu erleichtern.

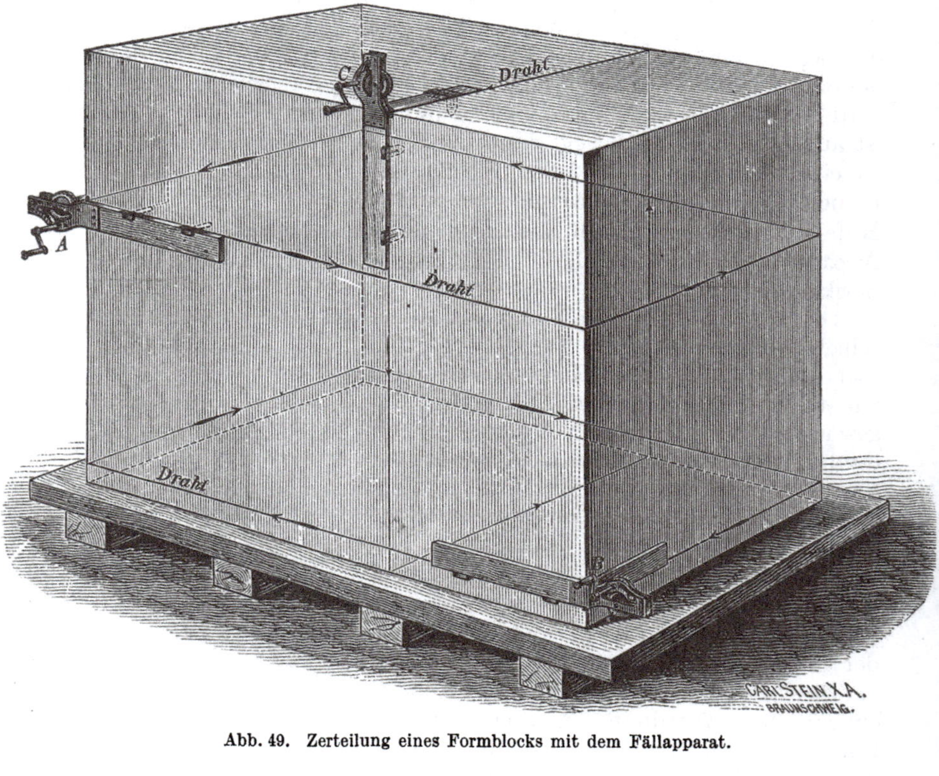

Abb. 49. Zerteilung eines Formblocks mit dem Fällapparat.

Um die schweren Seifenplatten, die sich durch Horizontalschnitt ergeben, in der Längsrichtung der Form zu verschieben und somit die Möglichkeit zu gewinnen, das Fällstück selbst von dieser Platte abzuschneiden, benutzt man den in Abb. 50 abgebildeten Plattenvorschiebeapparat, dessen Wirkungsweise aus Abb. 51 ersichtlich ist.

Der Apparat besteht aus zwei genügend kräftigen Holzplatten, die auf den nach innen gekehrten Flächen mit einigen spitzen Stiften versehen sind und die sich an die beiden Kopfseiten des Seifenblockes derart anlegen lassen, daß sich das eine Brett unterhalb der Schnittfläche der vorzuschiebenden Seifenplatte, das zweite oberhalb derselben, aber an der gegenüber liegenden Seite befindet. Mit dem vorderen Brett ist weiter ein Windeapparat verbunden, der im wesentlichen aus einer durch eine Handkurbel beweglichen Welle besteht, an deren Enden sich je eine Rolle befindet. Auf den Rollen ist je ein Zugseil befestigt, dessen Enden an dem hinteren Brette befestigt sind. Durch Drehen der Kurbel werden die Seile auf den Rollen aufgewickelt, so daß auf einfachste Weise das Fortbewegen der Seifenplatte ermöglicht wird.

Abb. 50. Plattenvorschiebeapparat.

Sobald die Seifenplatte genügend vorgeschoben ist, kann das Fällstück von Hand durch einen Vertikalschnitt abgetrennt werden. Um die hierbei auftretenden Schwierigkeiten zu beheben, bedient man sich

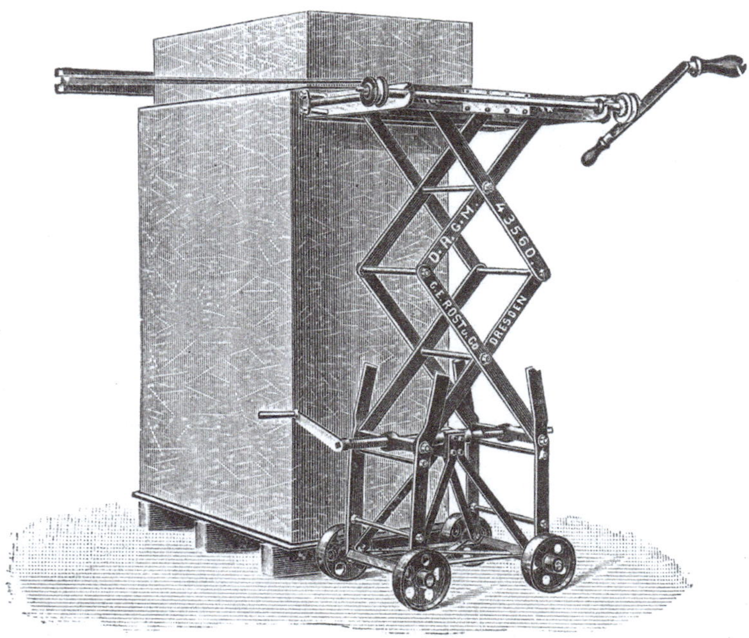

Abb. 51. Vorschieben einer Seifenplatte.

sogenannter Senk- und Transportbühnen, die das Herabnehmen der abgeschnittenen Fällstücke, sowie deren Transport zur Verwendungsstelle (Schneidemaschine) erleichtern sollen.

Die Wirkungsweise dieser Apparate ist aus den Abb. 51 und 52 ersichtlich.

Abb. 53 stellt sodann eine Senk- und Transportbühne dar, die ihrer Stabilität und Einfachheit halber besonders hervorgehoben werden soll.

Abb. 54 und 55 zeigen brauchbare Transportwagen für Seifenblöcke und Seifenriegel.

Abb. 52.
Senkbühne, beladen und gesenkt.

Abb. 53.
Senk- und Transportbühne.

Das Zerschneiden der Fällstücke in Riegel. Das Zerschneiden der Fällstücke in Tafeln und Riegel erfolgt durch sogenannte Riegelschneidemaschinen und wird bewirkt, indem das Fällstück durch einen Schneiderahmen hindurchgeschoben wird. Dieser mit den Schneidedrähten bespannte Rahmen ist der wesentlichste Teil der Schneidemaschinen, seine Konstruktion ist für die Brauchbarkeit von höchster Bedeutung. Insonderheit darf die freie Spannlänge der Drähte für gewöhnlich nicht mehr als 380—400 mm betragen, weil sonst die Anspannung zu groß wird und die Drähte bei festen, harten Seifen leicht reißen, bei weichen leicht laufen würden. Zweckmäßigerweise wird ferner die natürliche Elastizität der Schneidedrähte durch eine entsprechende Anordnung von Spiralfedern, mit denen sie in geeigneter Weise in Verbindung gebracht sind, gesteigert.

Man unterscheidet zwei Arten von Riegelschneidemaschinen, bei der einen ist der Schneiderahmen mit kreuzweise laufenden Drähten bespannt, bei der anderen sind die Drähte des Schneiderahmens nach ein und derselben Richtung laufend angeordnet.

Abb. 54.

Abb. 55.
Abb. 54 und 55. Transportwagen für Fällstücke.

Die Schneidemaschinen der ersten Gattung (Abb. 56) verarbeiten Fällstücke, die in der Höhe sowohl wie in der Breite nicht länger als etwa 380 mm sein dürfen, da die kreuzweise laufenden Schneidedrähte eine größere Spannung nicht zulassen.

Die ganz aus Stahl, Schmiedeeisen und (in dem Triebwerke) aus Gußeisen hergestellte Maschine besteht aus einem zur Aufnahme der Fällstücke bestimmten und auf vier Füßen montierten Tische M, der hinten den Vorschubmechanismus a, b, c, d, e und vorn den Schneiderahmen S trägt; dieser steht unten in einer Vertiefung und lehnt sich oben an zwei Stützen, die ihn mit zwei Schraubzwingen halten und ein Auswechseln ermöglichen. Die Drähte f sind in festen, unverrückbaren Abständen voneinander angebracht, so daß für jede besondere Riegelsorte ein anderer Rahmen nötig ist. Zu jedem Rahmen gehört ein vor der Druckplatte a befindlicher sogenannter Drückkopf b, ein starker Holzklotz, der kreuzweise mit Einschnitten versehen ist, die den Drähten

Abb. 56. Riegelschneidemaschine mit kreuzweise laufenden Drähten.

des Rahmens entsprechen. Er hat den Zweck, das Fällstück gänzlich durch die Schneidedrähte des Rahmens hindurchzuschieben. Die einzelnen Drückköpfe werden, wie die Rahmen, gegeneinander ausgewechselt. Nach dem Schnitte liegen die fertigen Riegel auf dem Vordertische g.

Zu der gleichen Gattung der Riegelschneidemaschinen gehört die durch Abb. 57 dargestellte Maschine. Auch diese schneidet Fällstücke einer zulässigen Größe bis 380 mm Höhe und 380 mm Breite bei beliebiger Länge in fertige Riegel. Sie ist, wie die vorige, ganz aus Stahl, Schmiedeeisen und Gußeisen hergestellt und gleicht derselben auch im äußeren Aufbau. Der zur Aufnahme der Fällstücke bestimmte, auf vier Füßen montierte Tisch A trägt hinten den Vorschubmechanismus a, b, c, d, e und vorn den Schneiderahmen B. Während aber die vorbesprochene Maschine mit einzelnen Schneiderahmen versehen ist, bei denen die Drähte in unverrückbaren Abständen voneinander angebracht

Abb. 57. Riegelschneidemaschine mit kreuzweise laufenden Drähten.

sind, hat diese nur einen Schneiderahmen, dessen sämtliche Drähte verschiebbar angeordnet sind, so daß sie auf jeden gewünschten Schnitt eingestellt werden können.

Das Umstellen des Rahmens von einer Riegelsorte auf die andere ist rasch und bequem zu bewerkstelligen. Zunächst wird der Rahmen aus der aufrechten Stellung (Abb. 57) in eine geneigte gebracht (Abb. 58), so daß auch dem unteren Teil desselben gut beizukommen ist. Es geschieht dies dadurch, daß die beiden Steckstifte h, durch welche der Rahmen B mit dem Maschinentische A verbunden ist, herausgezogen werden und der nunmehr von dem Tische losgelöste, in den beiden Zapfen k drehbar gelagerte Rahmen nach vorn übergekippt wird. Sodann werden die beim Schneiden straff angespannten Drähte derart entspannt, daß sie sämtlich schlaff und verschiebbar werden.

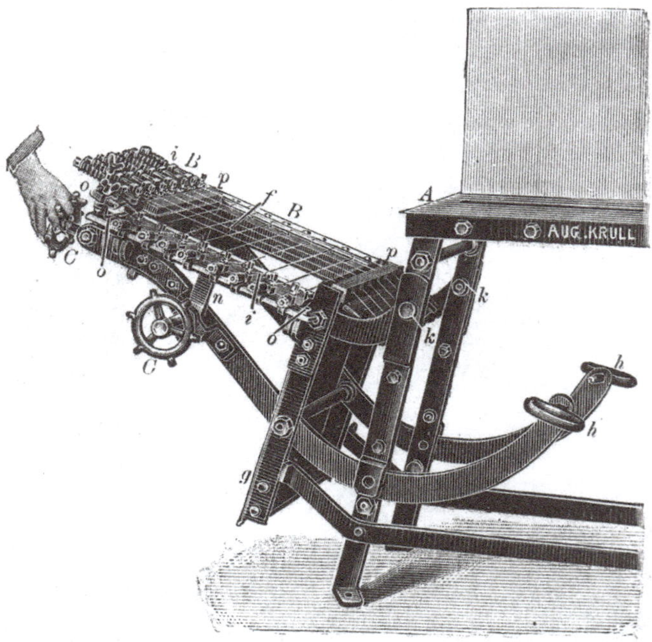

Abb. 58. Schneiderahmen, gekippt.

Es geschieht dies mit Hilfe einer besonderen Vorrichtung[1]) dadurch, daß die mittels zweier Zapfen in dem Gestell des Rahmens schwingbare Schiene o einen Winkel n trägt, auf welchen die ebenfalls am Rahmengestell gelagerte und mit dem Handrad C versehene Spannschraube r wirkt.

Durch Zurückdrehen der Spannschraube wird die Schiene o entlastet und nach innen gelegt, so daß sich ihr Abstand von der gegenüberliegenden Schiene verringert. Dadurch werden aber gleichzeitig die sämtlichen Drähte f, die an den von der Schiene o getragenen Kloben i befestigt sind, entspannt, so daß jetzt die Kloben i auf der Schiene

---

[1]) DRP. 89 245 u. 140 244.

o seitlich verschiebbar werden. Die vierkantigen, hölzernen Maßstäbe p, auf denen die Drahtabstände in verschiedener Weise durch Einschnitte markiert sind, werden nunmehr so gekantet, daß die Einschnitte des gewünschten Riegelschnittes obenauf liegen und die einzelnen Drähte nach Verschiebung der Kloben i in diese Einschnitte hineingelegt werden können. Alsdann wird die Spannschraube r mittels des Handrades C wieder festgeschraubt, wobei die Schiene o und zugleich die Drähte f einfach und rasch wieder angespannt werden. Man verstellt auf diese Weise erst die eine Reihe der Drähte und dann die andere.

Wenn die Drähte beider Reihen, der horizontalen wie der vertikalen, eingestellt sind, wird der Schneiderahmen B wieder hochgekippt und mittels der Steckstifte h mit dem Maschinengestell verbunden. Die Maschine ist alsdann wieder betriebsfertig. Die geschilderten Manipulationen bewerkstelligen sich bequem und rasch, so daß bei einiger Übung höchstens 2—3 Minuten für die Umstellung des Rahmens von einem Riegelschnitt auf den anderen erforderlich sind. Selbstverständlich ist es möglich, die Drähte je nach Erfordernis straffer oder weniger straff anzuspannen, und zwar kann diese Regulierung der Spannung während des Betriebes, also auch beim Schneiden selber, geschehen. Es leuchtet ein, daß dies von großer praktischer Bedeutung ist, da manche Seifensorten eine etwas straffere, andere eine etwas schwächere Spannung verlangen.

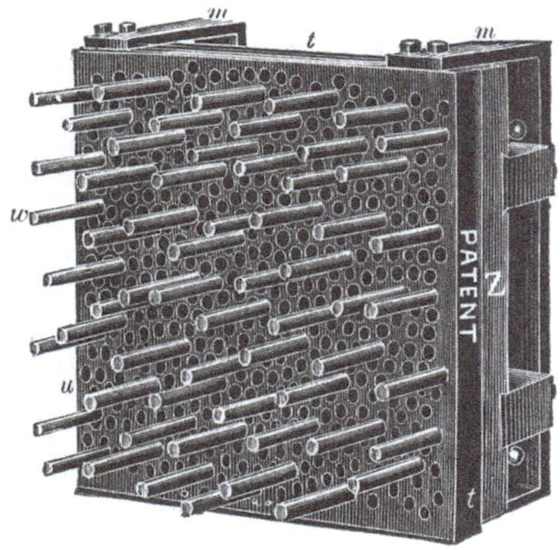

Abb. 59.
Universal-Drückkopf von Aug. Krull.

Auch bei diesen Riegelschneidemaschinen mit verstellbarem Universalrahmen ist jedoch für jede Riegelsorte ein besonderer Drückkopf nötig, da es bis heute nicht gelungen ist, auch einen für alle Zwecke geeigneten, verstellbaren Drückkopf herzustellen. Der von Krull konstruierte Universal-Drückkopf[1]) kann jedenfalls nicht als zweckdienlich empfohlen werden, wenn auch zugegeben werden soll, daß er für Einzelfälle, insonderheit bei der Verarbeitung sehr harter Seifen, wohl verwendbar ist. Seine Konstruktion ist im wesentlichen aus Abb. 59 ersichtlich.

Erwähnt sei schließlich, daß zu jeder Riegelschneidemaschine eine sogenannte „Garnitur Maßstäbe gehört", welche alle Schnitteinteilungen von 20—100 mm, von Millimeter zu Millimeter steigend, enthält. Diese Maßstäbe dienen, wie schon früher gesagt, zur Markierung des richtigen Abstandes der Drähte voneinander und sind für diesen Zweck mit Einschnitten versehen, in welche die Drähte hineingelegt werden; sie sind

[1]) DRP. 88 367.

vierkantig, aus Holz hergestellt und tragen auf jeder der vier Seiten eine andere Einteilung.

Abb. 60. Riegelschneidemaschine mit vertikal laufenden Drähten.

Die Schneidemaschinen mit kreuzweise laufenden Drähten, die also mit einem Schnitt sofort fertige Riegel liefern, haben den Nachteil, daß sie ziemlich viel Abschnitt (Abfall) an guter Seife ergeben. Im

Gegensatz hierzu zeigen die Riegelschneidemaschinen des zweiten Systems, bei welchen die Schneidedrähte in ein und derselben Richtung verlaufen, diesen Mangel nicht, da sie zunächst nur Platten schneiden und erst diese wieder in Riegel zerlegen. Die durch Abb. 60 dargestellte Riegelschneidemaschine schneidet Fällstücke einer zulässigen Größe von 400 mm Höhe, bei beliebiger Breite bis 1000 mm (meist Formenbreite) und beliebiger Länge (Riegellänge). Sie arbeitet nach beiden Seiten und hat auf jeder Seite einen mit vertikal laufenden Drähten bespannten, verstellbaren Universalrahmen mit Drahtspann-Vorrichtung. Die zur Aufnahme des Fällstückes dienende, auf vier starken Füßen montierte Tisch trägt in der Mitte den Vorschubmechanismus a, b, c, d, an welchem der Drückkopf angebracht ist. An der linken Seite des Tisches befindet sich der Universalrahmen A, an der rechten Seite der Universalrahmen B; h sind die Steckstifte, mit welchen die in den Zapfen k drehbaren Rahmen befestigt sind. Die Drähte f, an den Kloben i befindlich, sind auf der Schiene o verschiebbar; r sind die Spannschrauben, n die Winkelhebel und C die Handräder für die Drahtspann-Vorrichtung.

Das zu schneidende Fällstück wird auf die linke Seite D des Maschinentisches vor den Drückknopf E gelegt und mit dem Vorschubmechanismus durch den linksbefindlichen Rahmen A geschoben. Auf diese Weise wird das Fällstück zunächst in Platten zerlegt, welche nach dem Schnitte hochkant nebeneinander auf dem Vordertische g stehen. Von hier werden sie weggenommen und auf die nunmehr frei gewordene andere Seite F des Maschinentisches flach aufeinander vor den Drückkopf G, zu beiden Seiten des in der Mitte angebrachten Führungsbrettes, gelegt. In dieser Lage werden die Platten alsdann durch den rechts befindlichen Rahmen B geschoben, so daß sie nach dem Schnitte als Riegel auf dem Vordertische m liegen. Während dieses zweiten Schnittes ist die linke Seite D des Maschinentisches für die Aufnahme eines neuen Fällstückes wieder frei.

Abb. 61 zeigt, wie die beiden Rahmen zwecks Umstellens der Drähte in der bereits geschilderten Weise in die geneigte Lage gebracht sind.

Bei diesem Maschinentyp ist nun die Möglichkeit gegeben, auch den Drückkopf (E bzw. G) in einfacher Weise verstellbar zu gestalten. Er besteht aus einer Anzahl eiserner Platten y, die an dem Vorschubschlitten d aufgehängt und seitlich verschiebbar sind, so daß sie in beliebige Entfernung voneinander gebracht und nach den Schneidedrähten eingestellt werden können; durch je eine Schraube z werden die Platten an der betreffenden Stelle festgeklemmt.

Vielfach werden die vorbeschriebenen Maschinen, die gewöhnlich durch eine Handkurbel betätigt werden, auch mit Riemenantrieb ausgestattet, wie aus Abb. 62 ersichtlich ist.

Die Anordnung des Riemenantriebes (durch 2 Festscheiben und 1 Losscheibe) ist dann in der Regel so getroffen, daß die Maschine selbsttätig eine zweimalige Ausrückung behufs Stillstehens ausführt, das eine Mal nach ausgeführtem Schnitte, das andere Mal nach stattgehabtem Rücklauf, daß jedoch das Einrücken der Maschine zum

Abb. 61. Riegelschneidemaschine mit zwei Rahmen (heruntergekippt).

Abb. 62. Riegelschneidemaschine für Kraftbetrieb.

Arbeiten von Hand mit Hilfe eines Hebels geschehen muß. Als eine große Verbesserung des Bestehenden ist diese Einrichtung jedoch nicht anzusprechen, da das Schneiden selbst keinen großen Kraftaufwand erfordert, die zeitraubende und anstrengende Arbeit des Ein- und Ablegens der Seife aber nicht vermindert wird.

Die letztbeschriebenen Maschinen sind naturgemäß auch zum Zerschneiden der Riegel in Stücke sehr gut geeignet, sofern die Riegel quer durch die Drähte geschoben werden; in neuerer Zeit werden daher vielfach die mit den sogenannten „Seifenkühlmaschinen" hergestellten Platten und Riegel auf diese Weise zu Stücken verarbeitet.

Eine gewisse Unvollkommenheit, die den vorbespochenen Riegelschneidemaschinen anhaftet, besteht nun aber in dem Umstande, daß die durch den ersten Schnitt aus dem Fällstück gewonnenen Platten umgepackt werden müssen, um dann erst mittels des ergänzenden zweiten Schnittes weiter in Riegel zerlegt zu werden.

Diese Unvollkommenheit hat daher Veranlassung gegeben zur Konstruktion einer durch Abb. 63 dargestellten Schneidemaschine zur Herstellung von Riegeln ohne Umpacken. Dieselbe schneidet ebenfalls Fällstücke einer zulässigen Größe von 400 mm Höhe und beliebiger Breite bis 1000 mm (meist Formenbreite), die Riegellänge ist bei ihr jedoch auf ein Maximalmaß von 400 mm beschränkt.

Die Maschine besteht aus zwei auf starken Füßen montierten Schneidetischen A und B, welche in einer Ebene liegen und miteinander fest verbunden sind. Der Schneidetisch A, welcher zur Aufnahme des Fällstückes dient, trägt links den Vorschubmechanismus C mit dem verstellbaren Universal-Drückkopf D und rechts den verstellbaren Universalrahmen E; die Drähte i dieses Rahmens laufen horizontal. Der Schneidetisch B ist im rechten Winkel zum Schneidetische A angeordnet und trägt auf der einen Seite den Vorschubmechanismus G mit dem verstellbaren Universal-Drückkopf H und auf der anderen Seite den verstellbaren Universalrahmen K; die Drähte o dieses Rahmens laufen vertikal.

Das auf dem Schneidetisch A liegende Fällstück wird nun durch den Vorschubmechanismus C mittels des Drückkopfes D durch den Schneiderahmen E hindurchgeschoben und durch die Drähte i in Platten zerlegt, die sich, nach dem Schnitte aufeinanderliegend, auf dem Schneidetische B quer vor dem Drückkopf H befinden. In dieser Lage werden die Platten, ohne auch nur mit der Hand berührt zu werden, mittels des Vorschubmechanismus G durch den Schneiderahmen K hindurchgeschoben und auf diese Weise durch die Drähte o in Riegel zerlegt, welche nach dem Schnitte auf dem Vordertische F liegen.

Der ganze Vorgang dauert 2—3 Minuten und stellt an die Aufmerksamkeit und Geschicklichkeit der Arbeiter keinerlei Anforderung. Die Maschine ist daher außerordentlich leistungsfähig und wird von größeren und mittleren Betrieben viel gekauft.

Die vorstehend beschriebenen Grundtypen der Riegelschneidemaschinen unterliegen selbstverständlicherweise vielfachen Abänderungen besonders dann, wenn sie speziellen Verhältnissen anzupassen

Abb. 63. Schneidemaschine zur Herstellung von Riegeln ohne Umpacken.

sind. Bei der Verarbeitung von Oberschalseifen u. dgl., also da, wo es sich darum handelt, einzelne Platten oder niedrige Fällstücke vertikal zu zerteilen, werden beispielsweise Maschinen mit entsprechend niedrigen Rahmen verwendet, wie aus Abb. 64 ersichtlich ist. In der Regel sind diese Maschinen auch mit einer horizontalen Hobelvorrichtung E ausgestattet, die den Zweck hat, einerseits dem Fällstück beim Schneiden die notwendige Führung zu geben, andererseits den Abfall zu vermindern. Der Hobelapparat selbst besteht im wesentlichen aus vier, ein Rechteck bildenden Messern und ist so eingerichtet, daß die Messer mittels Schraubenspindel auf das genaueste nach der Fällstückgröße eingestellt werden können.

Auch die durch Abb. 65 dargestellte, für Kraftbetrieb (Riemenbetrieb) eingerichtete Seifenschneidemaschine verarbeitet Platten einer Maximalgröße von nur 100 mm Höhe bei 600 mm Breite und 400 mm Länge. Der mit vertikal laufenden Drähten bespannte Rahmen A ist zum Herausnehmen eingerichtet, die Drähte sind verstellbar. Die Seife wird auf den Tisch B vor den Vorschubkörper C gelegt und durch den mittels Kurbelwelle D in Bewegung gesetzten Hebel E vorangeschoben. Ihrer großen Leistungsfähigkeit wegen ist die Maschine namentlich größeren Fabriken zu empfehlen.

Schließlich möge noch eine, gleichfalls für größere Betriebe konstruierte Schneidemaschine Erwähnung finden, die durch Abb. 66 dargestellt ist. Diese vermag einen ganzen, auf dem Boden der Seifenform stehenden Formblock mit einem Schnitt in horizontale Platten zu zerlegen. Die Formblöcke sind in der Regel bei einem Gewicht von 500—600 kg 1000—1200 mm hoch, 320—360 mm breit und 1200 bis 1500 mm lang; die Maschine ist daher in Anbetracht dieser Größenverhältnisse so konstruiert, daß sie an den Formblock herangefahren werden kann, ohne daß dieser selbst bewegt wird. Sie besteht aus einem auf vier Rädern laufenden, starken, eisernen Gestelle A, an dem ein Führungsrahmen B mittels vier Klammern rasch und einfach derart befestigt werden kann, daß er den ganzen Formblock einschließt. Auf der gegenüberliegenden Seite ruht dieser Rahmen auf dem Fuße C, der als Stellschraube ausgebildet ist und, je nach der Höhe des Formbodens D, höher oder niedriger gestellt werden kann. Der Führungsrahmen selbst dient zur Aufnahme des eigentlichen Schneiderahmens E, der als Universalrahmen ausgebildet und mit horizontal laufenden Drähten i bespannt ist.

Dieser Schneiderahmen ist so eingerichtet, daß er auf dem Führungsrahmen B mit Hilfe der in entsprechender Weise angeordneten Ketten c über den ganzen Seifenblock vorangezogen werden kann. Die Ketten wickeln sich alsdann auf beiden Seiten gleichmäßig auf zwei Rollen e auf, die durch die Handkurbel d mittels Zahnradübersetzung in Bewegung gesetzt werden.

Während nun der Schneiderahmen auf diese Weise auf dem Führungsrahmen entlang läuft, durchschneiden die Drähte den Formblock und zerlegen ihn in Platten, deren Stärke den jeweiligen Zwischenräumen der Schneidedrähte entspricht. Nach vollzogenem Schnitte

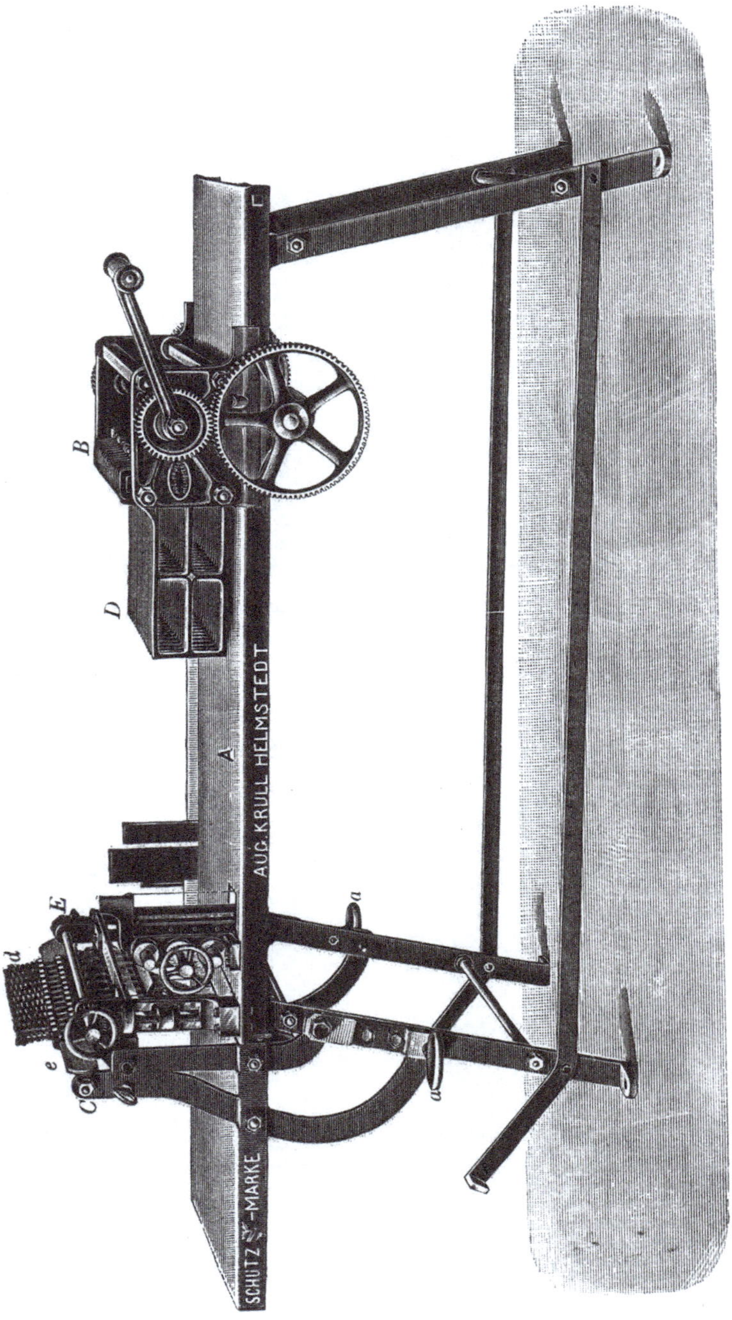

Abb. 64. Riegelschneidemaschine mit Hobelapparat für niedrige Fällstücke und Oberschalseifen.

Abb. 65. Riegelschneidemaschine für Kraftbetrieb.

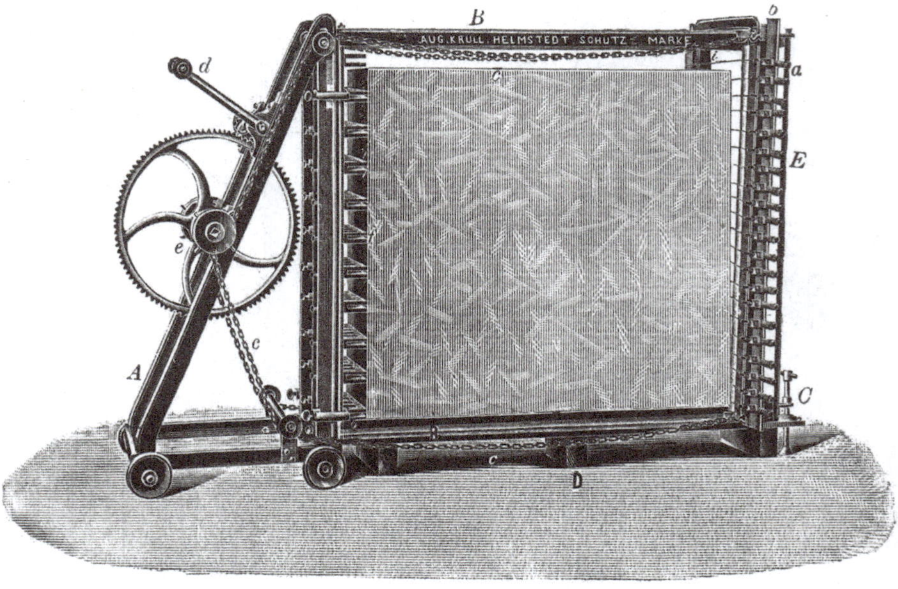

Abb. 66. Formblock-Schneidemaschine.

wird die Maschine in ihre drei Hauptbestandteile A, B und E zerlegt und auf diese Weise von dem Formblock wieder abgenommen.

In ähnlicher Weise arbeitet auch die in Abb. 67 dargestellte Blockschneidemaschine, die besonders da empfohlen werden kann, wo eine

Abb. 67. Blockschneidemaschine.

Seifenkühlmaschine nicht vorhanden ist, bzw. wo viel Eschweger- oder Mottled-Seifen hergestellt werden, für die sich Kühlmaschinen nur schlecht verwenden lassen. Sie wird in jeder gewünschten Größe ausgeführt und arbeitet in ähnlicher Weise wie die vorbeschriebene Formblockschneidemaschine; ihre Handhabung ist jedoch bequemer, da der zu bearbeitende Seifenblock in dieselbe hinein- und nach dem Schnitt wieder hinausgeschoben wird, so daß sich also eine jeweilige Zerlegung der für Kraftbetrieb eingerichteten Maschine in ihre Einzelteile erübrigt.

Für den Betrieb werden zunächst lediglich die verstellbaren Drähte des Schneiderahmens und ihnen entsprechend die in der Tür befindlichen Drückköpfe auf das gewünschte Maß eingestellt. Alsdann wird die Tür der Maschine geöffnet und der nach Fortnahme der Seiten- und Kopfteile der Formen auf dem fahrbaren Formboden befindliche Formblock in die Maschine hineingefahren. Die Tür wird geschlossen und

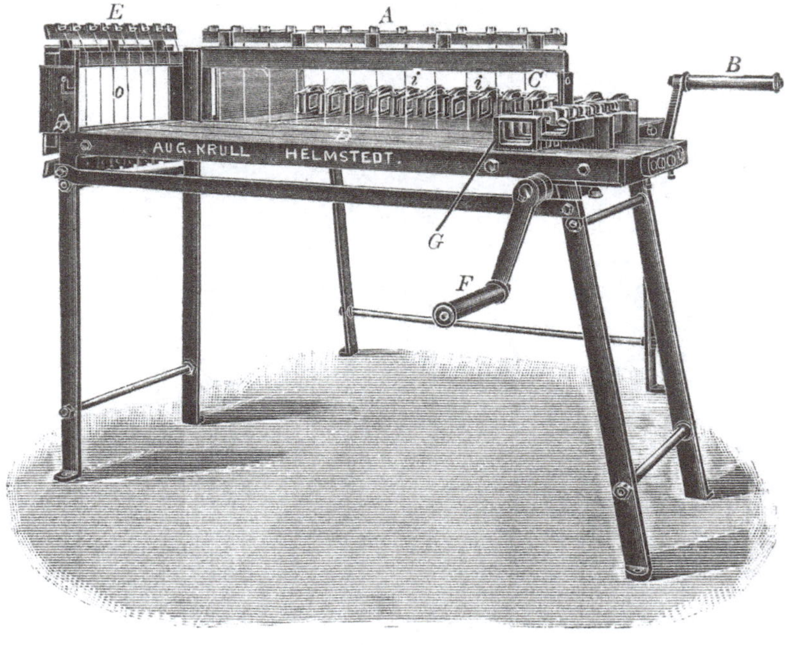

Abb. 68. Schneidemaschine zur Verarbeitung von Einzelplatten.

das Triebwerk in Gang gesetzt. Der Schnitt erfolgt durch Kraftübertragung auf die beiderseits gelagerten Spindeln, die den Vorschub des Schneiderahmens bewerkstelligen.

Ist der Block der ganzen Länge nach durchschnitten, so rückt die Maschine selbständig aus, so daß der in Platten zerlegte Seifenblock wieder hinausgefahren und in gewohnter Weise weiter in Riegel bzw. Stücke zerschnitten werden kann. Alsdann läßt man den Rahmen bis zum ursprünglichen Stande zurücklaufen, worauf der Apparat für die Zerlegung eines neuen Blockes betriebsfertig ist.

Als Ergänzung zu den beiden letztbesprochenen Maschinen muß selbstverständlich eine zweite Maschine zur Verfügung stehen, die die erhaltenen Platten in Riegel, gegebenenfalls auch sogleich in Stücke zerschneidet. Zu empfehlen ist für diesen Zweck insonderheit die durch Abb. 68 dargestellte Maschine, die in folgender Weise bedient wird.

Die Seifenplatten werden der Länge nach quer vor den ersten Rahmen A gelegt, der mit senkrechten Drähten i bespannt ist, und mittels des durch Kurbel B angetriebenen Vorschubmechanismus (mit Drückkopf C davor) durch die Drähte geschoben. Die Platten liegen nunmehr in Riegel zerschnitten auf dem Tische D, und zwar vor dem zweiten Rahmen E. Auch dieser ist mit senkrechten Drähten o bespannt, die die mittels des durch Kurbel F angetriebenen Vorschubes (mit Drückkopf G davor) durch den Rahmen E hindurchgeschobenen Riegel ihrerseits in fertige Stücke zerteilen. Diese letzteren laufen alsdann auf einen in der Verlängerung des Maschinentisches D befindlichen, in der Abbildung nicht angebrachten Tisch auf, von dem aus sie zur Weiterverarbeitung abgenommen werden.

Die Schnittgröße ist 1200—1500 mm Länge bei 320—360 mm Breite, der Plattengröße entsprechend, die Höhe meist 80—100 mm, selten mehr, da für gewöhnlich immer nur eine Platte zur Verarbeitung gelangt.

Das Zerschneiden der Riegel in Stücke. Um die Riegel in Stücke (Waschstücke) zu zerlegen, bedient man sich der Stückenschneidemaschinen, deren Schneiderahmen zum Untscheried von den Riegelschneidemaschinen nur vertikal gespannte Drähte haben, wie aus Abb. 69 ersichtlich ist.

Die Riegel werden in entsprechender Anzahl neben- und aufeinander quer auf den Maschinentisch a gegen die Rückwand b gelegt; die Breite des Tisches ist der Länge der Riegel angepaßt (für gewöhnlich 600 mm), während die Länge 800 mm und die Schnitthöhe 400 mm beträgt. Es kann also eine ziemlich große Anzahl von Riegeln auf einmal eingelegt und verarbeitet werden. Mittels des Vorschubmechanismus B werden die Riegel durch den Rahmen A, der die Drähte i trägt, hindurchgeschoben, so daß nach dem Schnitte die Riegel als fertige Stücke auf dem Vordertische g liegen.

Der Rahmen ist ein verstellbarer Universalrahmen mit Drahtspann-Vorrichtung; s sind die Kloben für die Drähte, d die Handräder und e die Winkelhebel; f sind die Stifte zum Befestigen des Rahmens, der in den Zapfen c drehbar gelagert ist. Auch der Drückkopf C ist beliebig verstellbar, o sind die einzelnen Druckplatten. Die Maschine kann mit Hilfe des Universalmaßstabes für jede beliebige Stückenlänge eingestellt werden. Die Rückwand b schließlich ist ebenfalls verschiebbar angeordnet, so daß auf diese Weise der Abschnitt vor dem Kopf der Riegel reguliert werden kann.

In Fabriken, die über die später behandelten Plattenkühlmaschinen verfügen, findet man vielfach auch Schneidemaschinen, die die erzeugten Platten zunächst in Riegel und diese dann sofort wieder in Stücke zerteilen und eventuell diese gleichzeitig auch mit Prägung (Stempel) versehen. Wie aus Abb. 70 ersichtlich ist, beruhen diese Maschinen auf demselben Prinzip, das auch für die Konstruktion der durch Abb. 63 dargestellten Maschine maßgebend war.

Der Tisch A dient zur Aufnahme der Seifenplatte, die gut an der Rückwand B anliegen muß. Die Breite und Länge des Tisches sind den

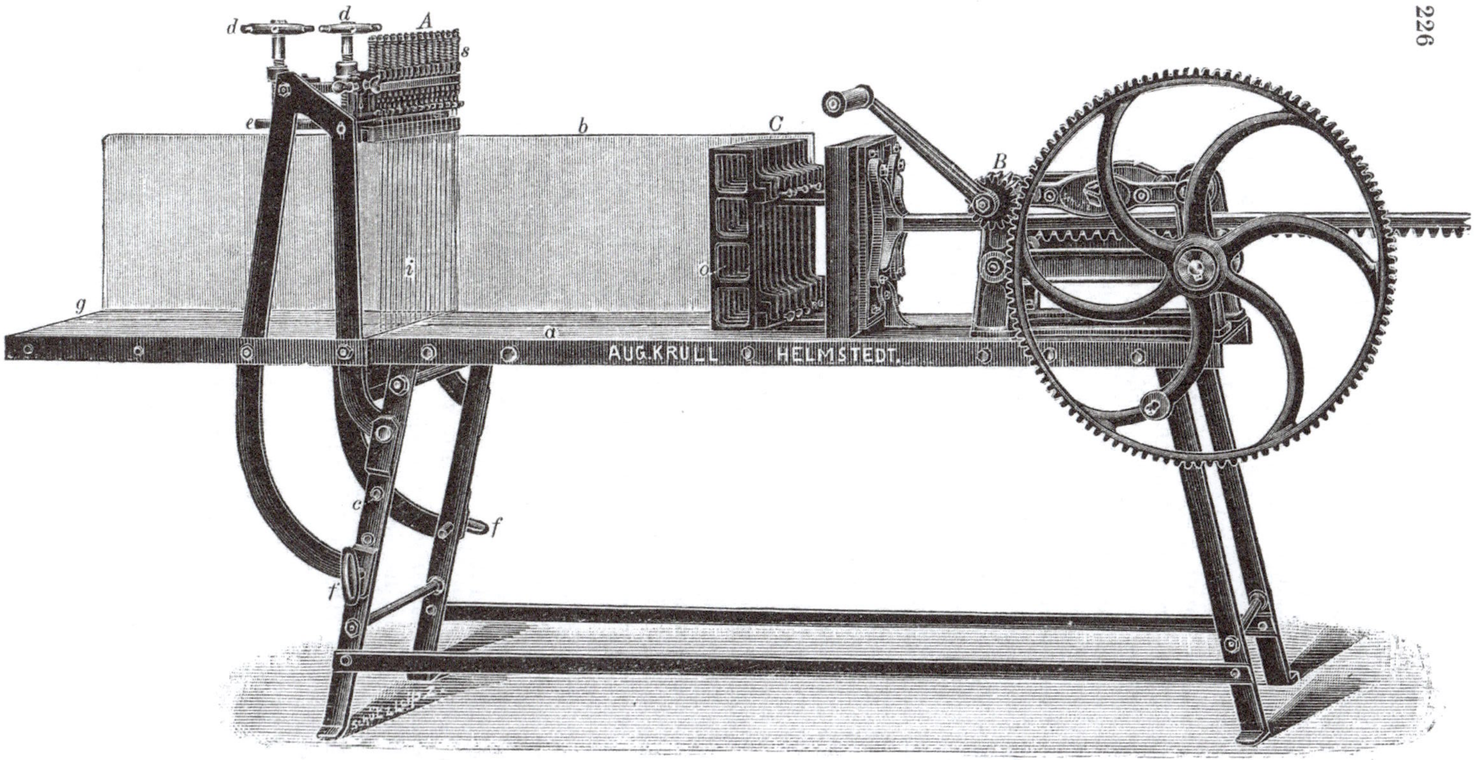

Abb. 69. Stückenschneidemaschine zur Verarbeitung von Riegeln.

Abb. 70. Stückenschneidemaschine zur Verarbeitung von Platten in Riegel und geprägte Stücke.

entsprechenden Plattendimensionen angepaßt. Der Vorschubschlitten C mit dem verstellbaren Drückkopfe D schiebt die Platten durch den Rahmen E hindurch. Auf diese Weise entstehen aus der breiten Platte Riegel, die nunmehr quer durch die senkrecht verlaufenden Drähte des Universalrahmens H und hierbei gleichzeitig unter der über der Seifenplatte angebrachten Prägewalze hindurchgeschoben werden. Nach dem

Abb. 71. Stückenschneidemaschine vor dem Schnitt.

Passieren liegt dann die zu fertigen Stücken aufgeteilte und einseitig geprägte Platte zur Abnahme bereit.

Beide Rahmen sowohl wie beide Drückköpfe können beliebig eingestellt werden.

Für mittlere bzw. kleinere Fabriken sind jedoch diese vornehmlich für eine Massenproduktion eingerichteten Maschinen weniger geeignet. Hier empfiehlt sich vielmehr eine Maschine, wie sie etwa in Abb. 71 und 72 dargestellt ist.

Sie besteht aus einem zur Aufnahme der Seifenriegel bestimmten und mit Rückwand f versehenen Tische a, welcher mit einer Anzahl Riegel, etwa 50 kg, der Länge nach vollgepackt wird. Vor dem Tische befindet sich ein eiserner Rahmen d, der durch ein Triebwerk mittels der Kurbel i in den Führungen n vertikal beweglich ist und einen horizontalen Schneidedraht o trägt. Unter diesem werden bei gehobener Stellung des Schneiderahmens d mit Hilfe der durch Kurbel h betätigten Druckplatte g die auf dem Tische a liegenden Riegel in gewünschter Länge vorgeschoben. Dann wird durch Kurbel i der Rahmen abwärts

Abb. 72. Kombinierte Riegel- und Stückenschneidemaschine.

bewegt und der Schneidedraht o auf diese Weise durch die Riegel gezogen, so daß die Köpfe derselben als Stücke abgeschnitten werden. Diese werden fortgenommen, der Rahmen wieder aufwärts bewegt und die Riegel um die entsprechende Länge vorgeschoben, worauf wiederum ein Schnitt erfolgt.

Um für die Stückenlänge eine durchaus sichere, aber auch absolut genaue und beliebig einstellbare Markierung zu haben, ist vor dem Rahmen das sogenannte Maßbrett b angebracht. Dieses ist eine ebene, mit einer Anzahl Zinken versehene eiserne Platte, die sich gleichzeitig mit dem Schneiderahmen durch die Mitnehmer p auf- und abwärts bewegt und den Seifenriegeln einen genauen Anschlag bietet, ohne jedoch die Abnahme der Stücke selbst vom Tische zu hindern, da sie nach dem Durchschneiden der Seifenriegel ebenfalls unter die Oberfläche des Vordertisches zurückgeht. Dieses Maßbrett ist außerdem durch die mittels des Kurbelrades c bewegte Spindel e horizontal verschiebbar, so daß seine Entfernung vom Schneiderahmen d, und damit die Stückenlänge, absolut genau eingestellt werden kann. Um das Hindurchtreten der Maßbrettzinken zu gestatten, ist der Vordertisch l der Maschine durchbrochen. Durch einen aus dem Trieb r, dem Zahnradsegment m und dem Hebelarme s, auf welchem das Gewicht k angebracht ist, bestehenden Hebel schließlich ist das Gewicht des Rahmens d und des Maßbrettes b so entlastet, daß die Handhabung der Handkurbel i nur geringe Kraft erfordert.

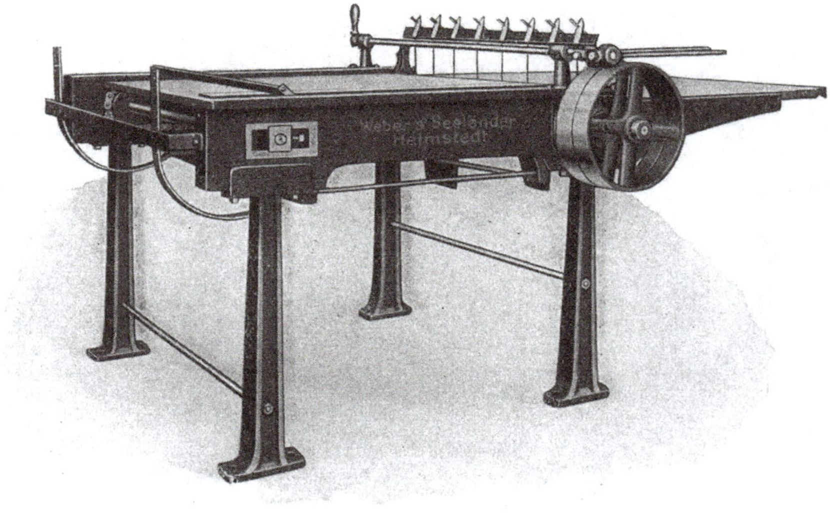

Abb. 73. Kontinuierlich arbeitende Stückenschneidemaschine für Kraftbetrieb.

Die Maschine ist sehr leistungsfähig, liefert vollkommen genaue Stücke und ist eingerichtet auf eine Schnittgröße von 270 mm Breite und 300 mm Höhe bei beliebiger Riegellänge.

Abb. 72 zeigt eine kombinierte Riegel- und Stückenschneidemaschine mit einer neuen Drahtspann-Vorrichtung (DRP. Aug. Krull, Helmstedt), welche sehr praktisch und namentlich für Fabriken kleineren Umfanges empfehlenswert ist. Die Arbeitsweise ist aus der Abbildung leicht zu ersehen.

Abb. 73 zeigt eine äußerst praktisch konstruierte, kontinuierlich arbeitende Stückenschneidemaschine. Dieselbe besitzt ebenfalls eine sehr bedeutende Leistungsfähigkeit und ist namentlich für größere Betriebe sehr empfehlenswert.

Von wesentlichem Vorteil ist es, daß diese Maschine ununterbrochen zu arbeiten vermag, während die bisher für Riemenbetrieb gebauten Schneidemaschinen nach jedesmaligem Schnitt wieder ausgerückt werden mußten. Die Bedienung ist die denkbar einfachste, da nach Inbetriebsetzung lediglich die Seifenriegel auf den Schneidetisch zu legen sind, und alles weitere dann von der Maschine selbst erledigt wird. Da der Schneidetisch Seitenwände nicht besitzt, kann das Auflegen der Riegel sowohl von der rechten wie von der linken Seite aus erfolgen.

Die Ausführung der Maschine ist sehr solide und zweckentsprechend kräftig. Die Tischplatte besteht aus gutem Kiefernholz und wird auf

Abb. 74. Kleine Stückenschneidemaschine für Fußbetrieb.

Wunsch auch mit Zinkblechbelag geliefert. Weiter ist ein verstellbarer Universalrahmen vorgesehen, so daß man jeden gewünschten Schnitt ausführen kann. Ist die Zahl der auszuführenden Schnittgrößen eine sehr begrenzte, so ist es jedoch vorteilhafter, für jeden Schnitt einen besonderen Einsetzrahmen zu beschaffen.

Die Maschine ist ferner mit je einer Fest- und Losscheibe, sowie einem Riemenausrücker versehen. Der Drückkopf wird von einer unterhalb des Schneidetisches arbeitenden Kette geführt.

Die Arbeitsweise der Maschine ist derart, daß der periodisch arbeitende Vorbringer nach Inbetriebsetzung auf dem Schneidetisch erscheint, die darauf gelegten Seifenriegel erfaßt und diese dann durch den Schneiderahmen drückt. Danach verschwindet der Vorbringer durch einen vor dem Schneiderahmen befindlichen Schlitz und gleitet unter der Tischplatte entlang, um alsdann am hinteren Ende des Tisches wieder zu erscheinen und die während dieser Zeit neu aufgelegten Seifenriegel in gleicher Weise vorzuschieben. Die geschnittenen Stücke gelangen auf einen vor dem Schneiderahmen befindlichen Aufnahmetisch, an dessen Stelle auch ein leicht abnehmbares Transbortband angeordnet werden kann.

Abb. 74 und 75 zeigen noch zwei kleinere Schneidemaschinen, von denen die erstere für Fußbetrieb, aber nach dem Prinzip der vorbesprochenen Maschinen konstruiert ist. Sie ist eingerichtet auf eine

Abb. 75. Kleine Stückenschneidemaschine für Handbetrieb.

Schnittgröße von 160 mm Breite und 105 mm Höhe bei beliebiger Riegellänge. Der Schneiderahmen b mit Schneidedraht i wird durch die Stange c nach unten gezogen und durch das an dem Ende des Hebels d befestigte Gewicht e nach dem Schnitte wieder nach oben gehoben; f ist das Trittbrett, g der Tisch zur Aufnahme der Riegel. Der Anschlag (Maßbrett) a kann mittels eines Spindelmechanismus durch das Handrad h in jede gewünschte Entfernung vom Schneidedrahte gebracht werden, verbleibt jedoch auch nach dem Schnitte auf seinem Platze.

Bei der durch Abb. 75 dargestellten Schneidemaschine ist im Gegensatz zu der vorigen der Schneidedraht i an dem Rahmen a vertikal befestigt. Sie ist daher nicht nur für die Herstellung von Gebrauchsstücken, sondern auch zum Schneiden von Tafeln aus Fällstücken bzw. von Riegeln aus Tafeln geeignet. Der Schnitt wird dadurch ausgeführt, daß der in den Führungen f genau geführte Rahmen in horizontaler Richtung über die Seife fortgezogen oder auch geschoben wird. Die Maschine ist für eine Schnittgröße von 270 mm Breite und 190 mm Höhe bei beliebiger Riegellänge eingerichtet.

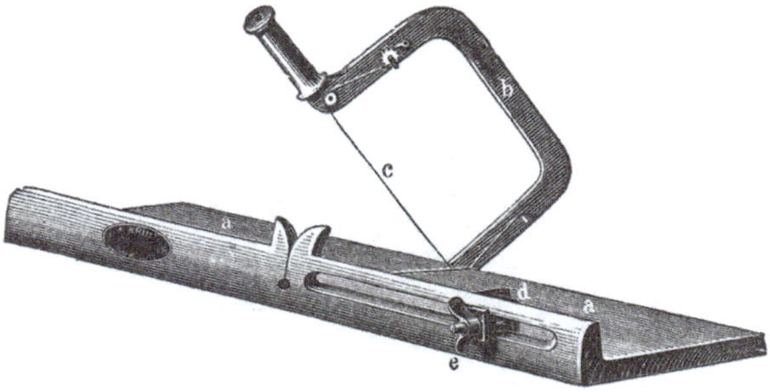

Abb. 76. Kleine Stückenschneidemaschine für den Handverkauf.

Schließlich möge der Vollständigkeit halber noch die nachfolgende, durch Abb. 76 dargestellte, kleine Maschine Erwähnung finden, die vielfach beim Handverkauf verwandt und gewöhnlich für eine Schnittgröße von 80 mm Breite und 60 mm Höhe (Riegellänge beliebig) angefertigt wird. Der aus Holz hergestellte Tisch a dient zur Aufnahme der Riegel, b ist der Schneiderahmen mit Schneidedraht c, d der in einem Schlitz geführte, beliebig einstellbare Anschlag, der durch die Schraube e befestigt wird.

Egalisier- und Hobelmaschinen.

Ungleiche oder zu starke Riegel werden vielfach mit Hilfe besonderer Hobelmaschinen egalisiert. Hierdurch wird gleichzeitig ein besseres

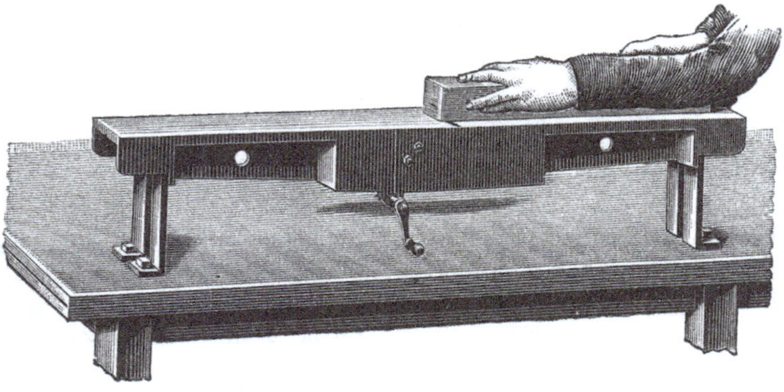
Abb. 77. Handhobel.

Aussehen erzielt, indem der „Fluß“ kräftiger hervortritt. Andererseits wird die Oberfläche der Riegel eine dichtere, so daß dieselben infolge einer verminderten Wasserverdunstung beim Lagern weniger an Gewicht verlieren als unbehandelte Riegel.

Abb. 78. Plattenhobelmaschine für Kraftbetrieb mit Einrichtung zum gleichzeitigen Teilen und Prägen der Seifenplatten.

Die einfachsten Apparate dieser Art sind die Horizontal- oder Handhobel, deren Konstruktion und Handhabung aus Abb. 77 ersichtlich ist. Sie bestehen im wesentlichen aus einem etwa 1 m langen und 150 mm breiten, festliegenden Hobel, dessen ebene Bahn nach oben gekehrt und dessen Messer der Stärke des abzuhobelnden Spanes entsprechend eingestellt wird. Es gehört jedoch eine gewisse Übung und Geschicklichkeit dazu, um mit diesen Apparaten eine genaue Hobelfläche zu erzielen. Auch ist es kaum möglich, jeweils genau gleich starke Riegel stets gleicher Dimensionen zu erhalten. Da diese Handhobel zudem wenig leistungsfähig sind, ist man zu der Verwendung von Hobelmaschinen übergegangen, die bei großer Leistungsfähigkeit für die Herstellung eines stets gleichmäßigen Fabrikates jedweder Riegeldimensionen Gewähr leisten.

Die Riegelhobelmaschinen sind im wesentlichen so eingerichtet, daß der ungehobelte Riegel durch vier Messer, welche ein Rechteck bilden, hindurchgeschoben und so auf allen vier Flächen zugleich gehobelt und rechtwinklig bearbeitet wird; die Messer selbst sind so angeordnet, daß sie durch einen Spindelmechanismus zu jedem beliebigen Rechteck, der in Betracht kommenden Riegelgröße entsprechend, formiert werden können.

Zeitweilig findet man diese Maschinen auch kombiniert mit einer Stückenschneidemaschine. Die Riegel werden hier nach dem Passieren der Hobelmesser durch einen mit verstellbaren Drähten versehenen Teilrahmen hindurchgeschoben und können dann sogleich als fertige Gebrauchsstücke von der Tischfläche abgenommen werden. Je nach Wunsch kann die Maschine aber auch durch Ausschaltung des Teilrahmens lediglich zum Hobeln, sowie bei Ausschaltung des Hobelmechanismus lediglich zum Zerschneiden der Riegel benutzt werden. Die größte zulässige Riegellänge beträgt 500 mm, die Riegelbreite 40—110 mm, die Riegelhöhe 20—110 mm. Die Länge der erzielbaren Teilstücke ist nach unten mit 50 mm begrenzt.

Um die Seifenstücke obenauf mit einem Stempel (Fabrikmarke, Firma, Bezeichnung der Seifensorte, Name des Kunden usw.) zu versehen, hat man die Maschine vielfach auch durch einen automatisch arbeitenden Prägeapparat vervollständigt, der die mühselige und ungenaue Stempelung von Hand entbehrlich macht.

Abb. 78 zeigt eine solche Maschine, die in einem Arbeitsgange fertig gehobelte, geschnittene und geprägte Stücke liefert. Das Prägen geschieht mittels einer Walze, auf der sich das Negativ der in die Seifenstücke einzupressenden Stempel befindet, so daß also die Schrift gewissermaßen auf die Seife abgewickelt wird.

Die Pressen.

Obwohl es bei der Herstellung von Feinseifen seit langem üblich ist, die Einzelstücke durch Pressung mit einer Prägung zu versehen, hat sich dieser Brauch in der Hausseifenindustrie erst in den letzten Jahrzehnten entwickelt, hauptsächlich aus dem Bestreben der Fabrikanten heraus, sich durch die besondere Aufmachung ihrer Erzeugnisse als Markenartikel einen festen Konsumentenkreis zu schaffen. Es werden daher heute Hausseifen sowohl in Riegeln als in Einzelstücken in gepreßter bzw. geprägter Form hergestellt. Die meisten Fabriken benutzen hierzu besondere Pressen, die man je nach ihrer Arbeitsweise als Schlagpressen, Spindelpressen und Kurbelpressen bezeichnet.

Mit den Schlagpressen wird auf die zu pressende Seife ein kurzer aber kräftiger Schlag ausgeführt, so daß sich dieselben dann empfehlen, wenn es sich darum handelt, Stücke von bereits fertiger Form lediglich mit einer oberflächlichen Prägung zu versehen. Spindel- und Kurbelpressen sind jedoch im Gegensatz hierzu dann am Platze, wenn durch einen allmählich wirkenden, starken Druck zugleich mit der Prägung auch eine Formveränderung bewirkt werden soll, und wenn insonderheit ausgetrocknete, harte Seifen mit feinen oder tiefen Gravierungen zu versehen sind.

Abb. 79. Exzenter-Schlagpresse.

Abb. 80. Fußtritt-Pendel-Schlagpresse.

Die Schlagpressen werden mit Hand-, Fuß- und Kraftantrieb gebaut.

Abb. 79 zeigt eine ExzenterSchlagpresse für Handbetrieb und Abb. 80 eine Fußtritt-Pendelschlagpresse. Besonders die letztgenannte ist außerordentlich leistungsfähig, da beide Hände des Pressers für das Einlegen und Fortnehmen der Preßstücke frei bleiben.

Die Bedienung arbeitet in sitzender Stellung und hat nur ein hängendes Pendel mit dem Fuß in Bewegung zu setzen, wodurch die Stücke ausgeprägt und selbsttätig aus dem Kasten herausgehoben werden.

Abb. 81 zeigt eine Pendelschlagpresse für Kraftbetrieb. Der Antrieb derselben erfolgt durch Friktion. Der Preßstempel wird durch einen ganz leichten Fußdruck auf einen Hebel in Tätigkeit gesetzt. Unfälle sind bei dieser, wie auch bei der vorbesprochenen Pendelpresse (Abb. 80) gänzlich ausgeschlossen, da die Hände der Arbeitenden während des Stempelniederganges die Sicherheitshebel bedienen müssen, weshalb von der Berufsgenossenschaft auf diese Preßvorrichtung besonders aufmerksam gemacht wird.

Die Spindelpressen sind sowohl für Hand- als auch für Kraftbetrieb geeignet. Abb. 82 stellt eine Handspindelpresse dar, während Abb. 83 eine für Kraftbetrieb eingerichtete Friktionsspindelpresse wiedergibt.

Abb. 81. Pendelschlagpresse für Kraftbetrieb.

Die erstgenannte ist mit automatischer Arretierung versehen, welche den Zweck hat, die Spindel in ihrer Höchststellung festzuhalten, damit sie nicht von selbst heruntergehen kann und hierdurch bedingte Fingerquetschungen u. dgl. vermieden werden. Soll die Spindel nach unten gedreht werden, so ist die Arretierung (Sicherung) vorher mit der Hand auszulösen.

Der Friktionsbetrieb bei der in Abb. 83 dargestellten Friktionsspindelpresse für Kraftbetrieb geschieht in folgender Weise:

Die Antriebswelle A trägt zwei Friktionsscheiben B, deren Innenkanten einige Millimeter weiter voneinander entfernt sind, als der Durchmesser des Schwungrades C beträgt. Durch Treten auf den

Fußhebel D wird vermittels eines Gestänges E die Antriebswelle A in ihrer Längsrichtung um so weit verschoben, daß die eine der rotierenden Friktionsscheiben B den mit Leder überzogenen Kranz des Schwungrades C berührt und durch die Reibung zwischen Scheibe und Schwungradkranz die Drehung des Schwungrades und damit das Heruntergehen der Spindel F und des Preßstempels G veranlaßt. Ist der Preßstempel in der tiefsten Lage angekommen, so wird durch eine geeignete, aus Anschlag und Spiralfeder bestehende Vorrichtung das Wiederhinauf-

Abb. 82. Handspindelpresse.

gehen desselben selbsttätig in gleicher Weise veranlaßt. Das Ausheben der Seifenstücke aus der Form geschieht durch Ausheberbolzen H, die sich gleichzeitig mit dem Stempel heben und senken.

Die Kurbelpressen sind nur für Kraftbetrieb eingerichtet. Bei der in Abb. 84 dargestellten Presse geschieht die Bewegung des Preßstempels A durch die Kurbel B, die durch Einrücken einer Kuppelung in einmalige Umdrehung versetzt wird, so daß also der Oberstempel, einmal abwärts und aufwärts bewegt, in der höchsten Stellung stehen bleibt. Das Einrücken der Kuppelung selbst erfolgt durch zwei in Schulterhöhe sitzende Handhebel D und E, so daß der Presser während der Stempelbewegung mit beiden Händen beschäftigt und dementsprechend gegen Verletzungen geschützt ist.

Zu den Kurbelpressen gehören auch die heute fast allgemein benutzten automatischen Pressen, bei denen sowohl die Einführung

Abb. 83. Friktionsspindelpresse für Kraftbetrieb.

der zu pressenden Stücke in die Stanze als auch die Entfernung der gepreßten Stücke aus der Stanze selbsttätig erfolgt, so daß die Gefahr einer Fingerverletzung für das Bedienungspersonal nicht besteht. Die auch als Preßautomaten oder Autopressen bezeichneten Maschinen arbeiten in folgender Weise:

Durch einen Vorschieber wird von den in einem schachtartigen Magazin übereinanderliegenden Seifenstücken jeweils das unterste herausgeschoben und über eine etwas abgeschrägte Fläche unter den Preßstempel gebracht. Gleichzeitig wird beispielsweise durch die in Abb. 85 abgebildete Vorrichtung (Abwerfer) das zuvor gepreßte Stück aus der Form gehoben, bei dem Vorrücken des nachfolgenden aus der Stanze herausgestoßen und über eine schiefe Ebene vollends nach unten auf ein Transportband gebracht. Die Auf- und Abbewegung des in

Abb. 84. Kurbelpresse.

Rundführungen laufenden Preßbalkens erfolgt durch zwei Exzenter, die auf der Hauptwelle befestigt sind. Die Apparate liefern bei Benutzung nur eines Formkastens 1800—2500 Stück pro Stunde und eignen sich infolge ihrer bequemen und sicheren Handhabung, sowie ihres geringen Kraftbedarfes halber für die Pressung von Haus- und Feinseifen in allen Riegel- oder Stückenformaten.

Für die gleichzeitige Prägung mehrerer Stücke sind diese Maschinen meist mit Einzelfederung für jeden Preßstempel versehen, so daß jeder

Oberstempel unabhängig von den anderen mehr oder weniger durchfedert, je nachdem das betreffende Seifenstück etwas größer oder kleiner als die anderen zugeschnitten sein sollte. Hierdurch wird ein sonst eintretendes, nicht genügendes Ausprägen sowie ein Haftenbleiben von Stücken am Oberstempel vermieden.

Feinseifenstücke mit besonders tiefer Gravierung oder von stark gewölbter Form, die unter Umständen außerordentlich fest an den Preßstempeln haften bleiben und das ordnungsgemäße Auswerfen aus der Stanze erschweren, werden in der Regel durch kleinere Preßeinsätze, die in den Unterstempel oder auch in den Oberstempel beweglich eingesetzt sind, von der großen Fläche der Preßstempel abgehoben und aus der Stanze herausbefördert. Durch diese Einrichtung ist es möglich,

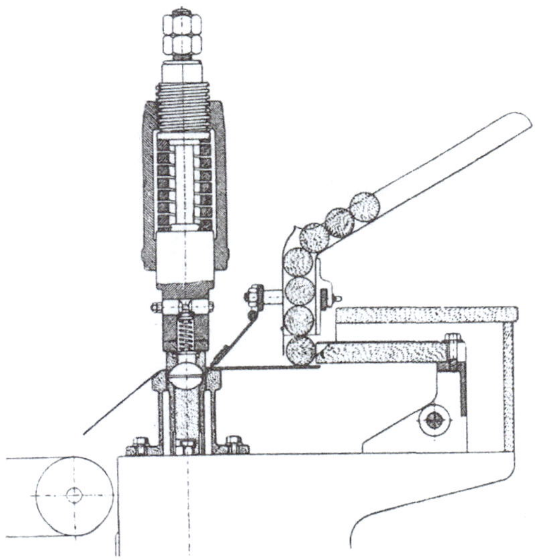

Abb. 85. Ausstoßvorrichtung der Autopresse.

auch schwierigere Prägungen, die sonst nur auf Hand- oder Fußpressen möglich sind, mit diesen mechanischen Pressen auszuführen.

Auch sonst können dieselben noch mit verschiedenen Hilfsmitteln, die den automatischen Betrieb und die Sauberkeit der Prägung erhöhen, ausgestattet werden. So ist es möglich, das Abstreifen des Grates bei sogenannten Muldenstücken durch die Maschine bewirken zu lassen und Muldenstücke so zu prägen, daß an der Oberfläche die Linien, die sonst die ursprüngliche Länge des ungepreßten Stückes markieren, nicht zu sehen sind.

Sowohl bei Transmissionsantrieb als auch bei elektrischem Einzelantrieb durch einen direkt gekuppelten Motor können diese Pressen mit allen Sicherheitsvorrichtungen ausgestattet werden, die Unfälle beim Übergange von dem zum Einstellen der Stanzen usw. nötigen Handantriebe zum mechanischen Arbeitsbetriebe wirksam verhindern. Gewöhnlich sind alle in Bewegung befindlichen Teile derartig geschützt, daß Verletzungen von Personen im ordnungsgemäßen Fabrikationsbetriebe unbedingt vermieden werden.

Vorstehende Abb. 85 veranschaulicht die Hauptteile einer automatischen Presse während des Abhebens eines geprägten Seifenstückes vom Unterstempel. Der Vorschieber hat ein neues Seifenstück aus dem Magazin entnommen und bewegt es nach der Stanze zu. Hierbei betätigt dieses einen Auswerferhebel, der um einen festen Drehpunkt schwingend, das gepreßte Stück vom Unterstempel abhebt, hochkippt und aus der Maschine auswirft. Da der Hebel vorn einen Gummieinsatz trägt und

Abb. 86. Automatische Presse mit 3 Stanzen.

eine abhebende Bewegung ausführt, werden die Stücke wie von der Hand ohne jede Beschädigung abgelöst.

Weiter ist der Unterstempel mit einem verschiebbaren Einsatz versehen, der beim Auswerfen hervortritt, um das Lösen des sonst keine Angriffsfläche bietenden Muldenstückes zu ermöglichen. Auch im Oberstempel ist ein entsprechender Einsatz angeordnet, der nach jeder Pressung durch eine Feder betätigt, aus der Preßfläche hervortritt und so ein Hängenbleiben der Seifenstücke am Oberstempel ausschließt. Wie erwähnt, ist in jedem Oberstempel, deren bis zu 3 nebeneinander im Pressenkopfstück angeordnet werden, eine besondere starke Feder gelagert, die den Preßdruck der betreffenden Stanze aufnimmt, so daß ein einwandfreies Ausprägen eines jeden Stückes auch bei nicht genau gleichem Gewicht derselben gewährleistet wird.

Die in Abb. 86 dargestellte Maschine zeigt eine Presse mit 3 nebeneinander angeordneten Stanzen und auf dem Transporttuch die gleichzeitig mit je einem Preßhube hergestellten Reihen von je 3 Stück

Abb. 87. Automatische Presse mit 2 Stanzen.

geprägter Seife. Beim Pressen von langen Seifenriegeln werden die 3 Oberstempelhalter durch eine gemeinsame Platte verbunden und an dieser der Oberstempel angebracht.

Die in der folgenden Abb. 87 hinter den Stanzen sichtbare Bürste dient zum Anfeuchten der zu pressenden Seifenstücke, wodurch bei manchen Seifensorten ein leichteres Ablösen der geprägten Stücke von der Stanze erreicht wird. Dieselben werden hierbei sowohl an der oberen als auch an der unteren Preßfläche mit einer

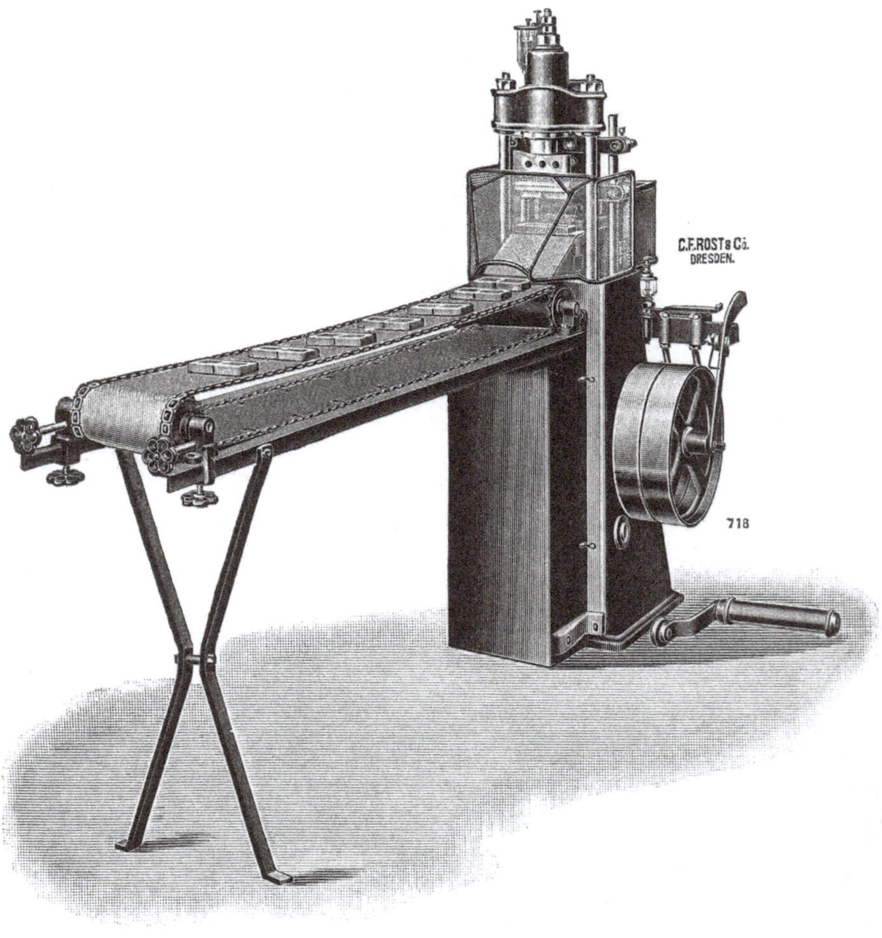

Abb. 88. Automatische Presse. Kleines Modell.

aus dem oben links sichtbaren Glasbehälter selbsttätig ausfließenden Flüssigkeit benetzt. Auch auf dieser für 2 einzelne Stanzen eingerichteten Presse können selbstverständlicherweise Riegel geprägt werden.

Für kleinere Betriebe eignet sich eine Autopresse kleineren Typs mit nur einer Stanze, wie sie etwa durch Abb. 88 dargestellt ist.

Die Transporttücher der Autopressen werden seit neuerer Zeit aus einem Spezial-Metallgewebe hergestellt, das ohne die sonst üblichen Führungsketten einwandfrei über die Antriebswalzen läuft. Sie sind gewöhnlich mit einem Drellgewebe belegt, wodurch die Haltbarkeit dieser Tuche wesentlich erhöht wird.

Abb. 89. Autopresse (Vorderansicht).

Abb. 89 und 90 stellen eine Autopresse nach System Hauff-Berlin dar. Dieselbe wird hauptsächlich zum Pressen von Hausseifen gebaut, und zwar in 2 Modellen. Das erstere dient zum Prägen von Einzel- sowie Doppelstücken bis zu 20 cm Länge (Leistung etwa 2400 Stück pro Stunde), das zweite zum Prägen von sämtlichen Seifenstücken und Riegeln bis zu 46 cm Länge, mit einer Leistung von etwa 2400 Riegel bzw. 4800 oder 7200 Stück in der Stunde.

Die Pressen sind mit einer Momentbremse versehen, welche wirklich als solche angesehen werden kann, da der Stillstand der Maschine durch einen einzigen Handgriff erwirkt wird. Hierdurch wird bei Fehlpressungen sowohl eine Beschädigung der Stanzen wie des eingeführten Seifenmaterials vollkommen verhindert.

Das Hauptaugenmerk ist aber bei der Konstruktion dieser Maschine auf die Hinausbeförderung des geprägten Seifenmaterials gerichtet. Die Hauffsche Autopresse wirft, bzw. schleudert nicht wie die vorbesprochenen das fertig gepreßte Stück aus der Stanze heraus, sondern läßt dasselbe, noch auf der Unterplatte ruhend, von dem folgenden,

Abb. 90. Autopresse (Rückansicht).

roh beschnittenen zunächst anheben, um es dann langsam auf die Gleitfläche zu bringen, von der es auf das Transportband rutscht. Diese besonders wichtige Vorrichtung bürgt für ein in jeder Weise einwandfreies Aussehen der fertigen Erzeugnisse.

Abb. 91 stellt einen Preßautomaten der Firma Weber & Seeländer dar. Diese vielfach verbesserte Maschine wird heute in einer Ausführung geliefert, die kaum noch weitere Verbesserungen möglich erscheinen läßt. Sie eignet sich zum Pressen von Haus- und Feinseifen jeder Art.

Bemerkt sei aber noch als für alle Typen dieser Autopressen geltend, daß es vorteilhaft ist, die Form wie auch die Prägung der Seifenstücke stets möglichst einfach zu wählen, da man so am sichersten alle in Betracht kommenden Schwierigkeiten vermeiden wird.

Abb. 91. Preßautomat.

Die Stanzen.

Die aus mehreren beweglichen Teilen bestehenden Stanzen oder Formen bilden den für die Formbildung und Prägung des Preßgutes wesentlichsten Bestandteil der Pressen. Man unterscheidet die in Abb. 92 dargestellten Muldenstanzen (Quetsch- oder Stiftformen), welche lediglich aus einem festen Unterteil und einem beweglichen Oberteil bestehen, von den sogenannten in Abb. 93 dargestellten Kastenstanzen, welche außer einem beweglichen Ober- und Unterteil feste Seitenwände besitzen. Das Unterteil ist in der Form selbst geführt und wird durch die bei Besprechung der Pressen erwähnten, stiftartigen „Ausheber" auf- und abwärts bewegt, während das Oberteil am Preßbalken befestigt und durch diesen betätigt wird.

Schließlich sind auch sogenannte Klappformen in Gebrauch, bei denen außer dem Ober- und Unterteil auch die Seitenwände von Hand oder automatisch beweglich sind (Scharnierformen). Wie aus Abb. 94

Abb. 92. Muldenstanze.

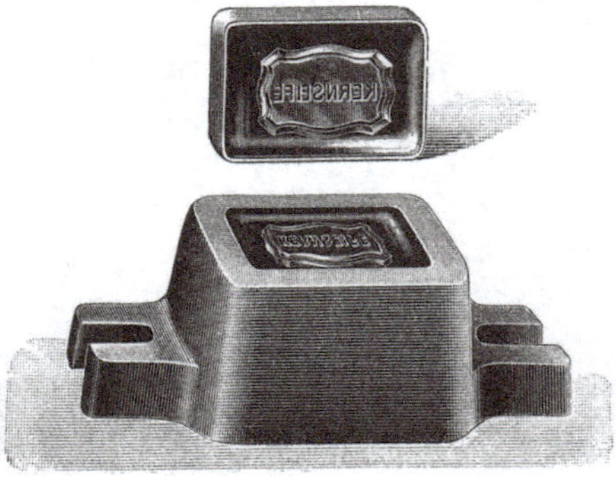

Abb. 93. Kastenstanze.

Abb. 94. Automatische, auf sechs Seiten prägende Klappform.

ersichtlich ist, läßt sich mit diesen Stanzen, die zum Pressen von Hausseifen vornehmlich auf Spindelpressen verwendet werden, eine Prägung auf allen sechs Seiten der Preßstücke erhalten.

Die mechanischen Seifenkühl- und Preßverfahren.

Es erübrigt noch, das im Laufe der letzten fünfzehn Jahre eingeführte Seifenkühl- und Preßverfahren zu erwähnen, bei dem die im Kessel fertiggestellte Seife nicht in Formen geschöpft und dort einem langsamen Erstarrungsprozeß überlassen, sondern direkt vom Kessel weg zu versandfähiger Ware verarbeitet wird.

Die Vorteile, die eine derartige Arbeitsweise bietet, sind offenbar ganz bedeutende, da vor allem die vielen, teuren Formen, der für deren

Bedienung nötige Zeit- und Arbeitsaufwand, sowie der für die Aufstellung der Formen notwendige Raum in Fortfall kommen. Ferner sind die Vorrichtungen und Maschinen zum Zerschneiden der Formblöcke entbehrlich und weiter entfallen die großen, nach Hunderten und oft nach Tausenden von Zentnern zählenden Lagerbestände und Vorräte an fertiger, aber noch nicht versandfähiger Seife nebst den dafür erforderlichen Lager- und Trockenräumen. Da zudem die gekühlte und gepreßte Seife nur noch wenig austrocknet, sind die Trockenverluste nur gering. Ganz besonders wichtig ist es aber, daß jeder Auftrag sofort erledigt werden kann, selbst wenn kein Kilogramm der betreffenden Sorte am Lager ist. Das Verfahren gewährt also nicht nur bedeutende Vorteile betreffs des nötigen Anlage- und Betriebskapitals, des Kapitalumsatzes, des Raum- und Zeitbedarfs, der nötigen Arbeitskräfte, Lagerbestände usw., sondern bietet auch die größte Sicherheit gegen Fabrikationsverluste.

Aber auch in bezug auf die Qualität der erzeugten Fabrikate bedingt das Seifenkühl- und Preßverfahren wesentliche Vorteile, da die Seifen bedeutend heller und fester ausfallen als bei dem üblichen Erstarrungsprozeß. Auch flüssige Öle, Harze u. dgl. können in größerer Menge als sonst üblich mitversotten werden, da die größere Dichte der namentlich unter Druck gekühlten Seifen eine an sich geringere Festigkeit nicht in Erscheinung treten läßt.

Das Verfahren wird in der Weise ausgeführt, daß man immer nur einen Teil der im Kessel fertiggestellten Seifenmasse, gegebenenfalls unter Druck, in besonderen, von Kühlwasser umflossenen und den Dimensionen der Fertigfabrikate entsprechenden Vorrichtungen abkühlt und somit von vornherein zu Platten oder Riegeln einer vorbestimmten Größe formt.

Die ersten, die die im Kessel fertiggesottene Seife durch künstliche Kühlung und Trocknung zu direkt versandfähiger Ware verarbeitet haben, waren A. & E. des Cressonières in Brüssel. Der von ihnen für die Herstellung pilierter Seifen angewandte, als „Broyeuse sécheuse continue“ bezeichnete Apparat arbeitete in der Weise, daß die heißflüssige Seife über eine vertikal übereinander stehende Reihe horizontal angeordneter Walzen verteilt und von diesen in Form erstarrter Streifen durch ein Messer abgenommen wurde. Diese Streifen fielen dann auf ein rotierendes Drahtgewebe und wurden in einem erwärmten Gehäuse mittels Luftzuges getrocknet.

Die Seife, welche als flüssige Masse in das eine Ende des Apparates eintrat, kann also auf der entgegengesetzten Seite in Form getrockneter, gleichmäßiger Bänder wieder heraus, so daß es tatsächlich möglich war, eine Fabrikationscharge, die heute gesotten wurde, schon morgen fein parfümiert und gefärbt dem Handel zu übergeben.

Ähnliche Ziele, und zwar besonders in bezug auf die Abkürzung des Fabrikationsverfahrens bei der Herstellung von Hausseifen, verfolgt nun das Seifenkühl- und Preßverfahren. Hierbei werden durch hohen hydraulischen Druck und plötzliche Abkühlung der oberen und unteren Druckfläche quadratische Seifenplatten hergestellt, die dann mit einer Schneidemaschine in Riegel und Stücke zerlegt werden können.

Die Klumppsche Kühlpresse[1]), die von der Firma Wegelin & Hübner, A.-G. in Halle a. d. Saale, gebaut wird, ist in Abb. 95 abgebildet und in Abb. 96 und 97 in Aufriß und Grundriß wiedergegeben. Die Anlage

Abb. 95. Hydraulische Seifenkühlpresse von Klumpp.

besteht aus einem als „Zubringer“ bezeichneten Reservoir L, das mit der im Kessel fertiggestellten Seife gefüllt wird, einer oder mehreren Pressen, einem hydraulischen Pumpwerke K und einer Schneide-

[1]) DRP. 126 609 und 126 610.

maschine. Das Reservoir ist ein doppelwandiger, viereckiger Behälter, der durch Dampf oder heißes Wasser beheizbar ist, so daß die eingefüllte Seife flüssig erhalten bleibt. Die Presse besteht aus vier kräf-

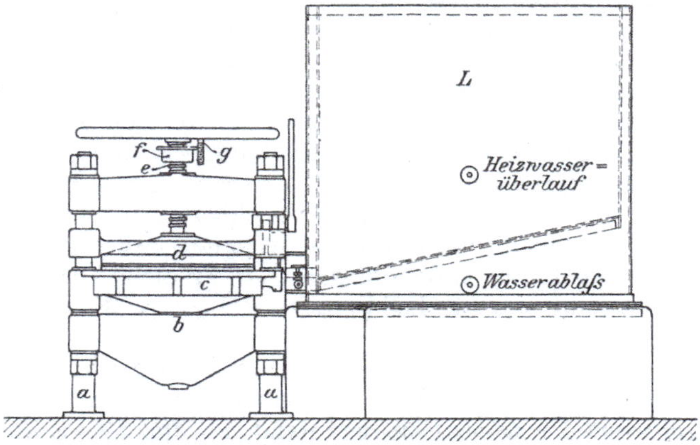

Abb. 96. Hydraulische Seifenkühlpresse von Klumpp (Aufriß).

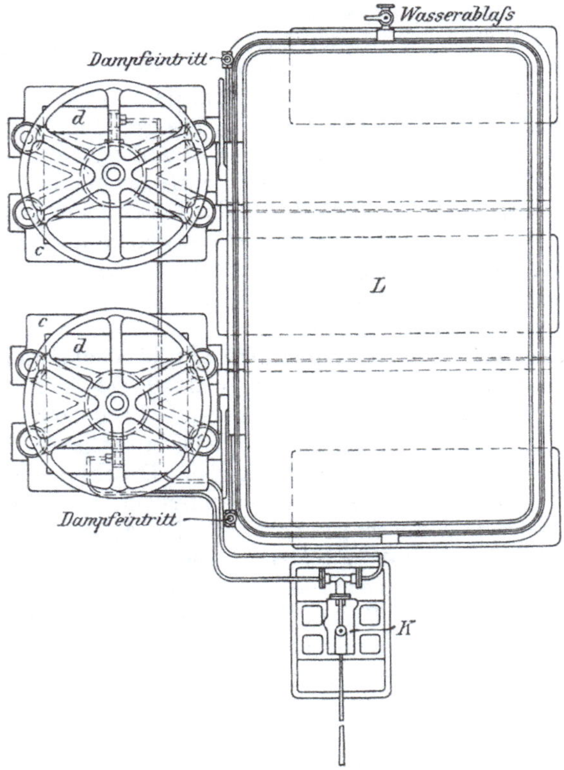

Abb. 97. Hydraulische Seifenkühlpresse von Klumpp (Grundriß).

tigen Säulen a, die oben und unten je eine starke, als hydraulischen Preßzylinder ausgebildete Traverse tragen. In diesem letzteren bewegt sich vertikal der Preßkolben, der als Kopf die in den vier Säulen a geführte Platte c trägt. Diese Platte c ist als ein flacher, oben offener Kasten ausgebildet, auf dessen Boden eine genau angepaßte, lose Platte h liegt, die die etwaigen Prägungen trägt und aus dem Kasten nach oben herausgestoßen werden kann. Der Kasten c, der für die Aufnahme der zur Verarbeitung kommenden, flüssigen Seife bestimmt ist, ist zwecks Aufnahme des Kühlwassers doppelwandig; darüber befindet sich eine starke, an der Spindel e befestigte, mit Hilfe des verstellbaren Anschlages f der Höhe nach einstellbare, horizontale Platte d, durch deren Einstellung die Stärke der erzielten Seifenplatte bedingt wird. Auch diese Platte d, die ebenfalls mit Prägungen versehen werden kann, ist hohl und für Kühlwasser zugänglich. Ihre Einstellung erfolgt nach der Skala g.

Die Arbeit mit der Presse geschieht nun in folgender Weise: Der Kasten c des Preßkolbens wird vom Reservoir aus durch Öffnen des Absperrschiebers bis nahezu an den Rand mit flüssiger Seife gefüllt. Alsdann wird von der Spindel aus die Oberplatte niedergelassen, bis der auf der Spindel sitzende, nach Wunsch eingestellte Anschlag f aufsetzt. Wird hierbei ein Widerstand bemerkt, so öffnet man abermals den Absperrschieber, um durch den Spindeldruck das Zuviel der im Preßkasten befindlichen Seifenmasse in das Reservoir zurückzudrücken. Mittels der hydraulischen Pumpe wird alsdann Druck, bis 250 Atm., auf den Preßkolben gebracht und gleichzeitig stark gekühlt. Nach einiger Zeit läßt man das Kühlwasser ablaufen, hebt durch Linksdrehen der Spindel die Oberplatte in die Höhe und treibt nun durch einige Pumpenstöße die auf dem Boden des Preßkastens liegende Metallplatte h mit der auf ihr befindlichen fertigen Seifenplatte aus dem Preßkasten heraus. Nach Abnahme der Seifenplatte wird das Pumpenventil geöffnet, worauf der Preßkolben von selbst zurückgeht und die Presse für eine neue Beschickung bereit ist.

Die Leistungsfähigkeit des Apparates wird bei zehnstündiger Arbeitszeit und einer Kühlwassertemperatur von 10—12° C zu etwa 750 kg pro Tag angegeben, ist also relativ gering. In neuerer Zeit hat die Klumppsche Presse jedoch dadurch eine wesentliche Verbesserung erfahren, daß an Stelle der hydraulischen Druckpresse eine Druckspindel und an Stelle der bisherigen einen Druckkammer deren mehrere verwendet werden[1]). In dieser Form ist der Apparat sehr leistungsfähig und überall mit gutem Nutzen anwendbar.

Das gleiche Prinzip, wenn auch in anderer Weise, verfolgt der Plattenkühlapparat von Franz Holoubek, Königl. Weinberge bei Prag. Die durch Abb. 98 dargestellte Maschine besteht aus einer Anzahl in einem horizontalen Gestell vereinigter, hölzerner Rahmen a und b von je 1 m Breite, 70 cm Höhe und 5 cm Stärke, von denen die eine Hälfte a offen und mit Blech ausgekleidet, zur Aufnahme der zu kühlen-

[1]) DRP. 211 624.

den Seife dient, während die andere Hälfte b auf den Flächen mit Zinkblech beschlagen und zur Aufnahme des Kühlwassers bestimmt ist. Die Anordnung der Rahmen ist derartig getroffen, daß jeweils ein Formrahmen zwischen zwei Kühlrahmen aufgestellt ist. Durch gemeinsame Zuleitungsrohre werden nun einerseits sämtliche Formrahmen mit Seife und andererseits sämtliche Kühlkammern mit Kühlwasser gefüllt. Der Kühl- und Erstarrungsprozeß beansprucht in diesem Apparat etwa eine Stunde, die einmalige Gesamtleistung beträgt 800 bis 1000 kg bei einem Gewicht der Einzelplatte von 35 kg.

Am besten arbeitet man mit zwei Apparaten, von denen der eine gekühlt wird, während man den anderen entleert und neu vorbereitet, so daß die Arbeit selbst eine Unterbrechung nicht erleidet. Die Platten-

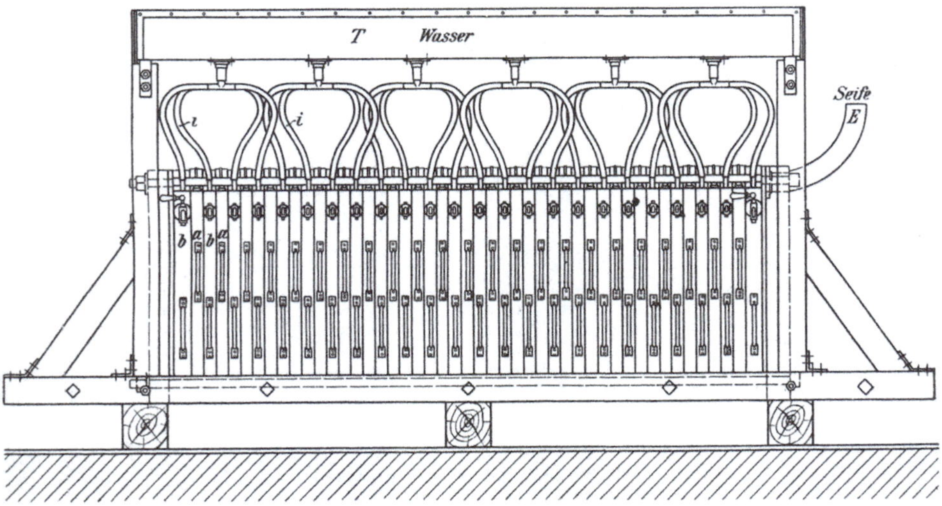

Abb. 98. Plattenkühlapparat von Holoubek.

dimensionen entsprechen selbstverständlich den Dimensionen der Formrahmen, doch beschränkt man sich der Kostspieligkeit halber meist auf nur eine Plattengröße. Der Wasserverbrauch ist ziemlich bedeutend, trotzdem aber dürfte der Apparat seiner großen Einfachheit und Billigkeit wegen größerer Beachtung empfohlen werden.

Die Seifenkühlpresse von Jacobi[1]), deren Anordnung sich aus Abb. 99 ergibt, ist in weiterer Vervollkommnung der vorbesprochenen Maschine nach Art einer Kammerfilterpresse konstruiert, deren einzelne Kammern abwechselnd aus Eisen und aus Holz bestehen. Die ersteren sind als Kühlkammern ausgebildet, während die letzteren zur Aufnahme der heißflüssigen Seife dienen. Diese wird unter Druck von einem durch indirekten Dampf beheizten Kessel aus in die Formrahmen eingefüllt, nachdem die zwischen einer Kopf- und Schlußplatte liegenden

1) DRP. 209234.

Kammern zuvor mit Hilfe von Zugspindeln, die in zweckentsprechender Weise bedient werden können, zusammengepreßt sind. Die Kühlkammern werden alsdann mit Kühlwasser beschickt.

Der Apparat zeichnet sich durch große Leistungsfähigkeit und Einfachheit aus und wird in Größen von 5—60 Seifenplatten und für verschiedene Plattendimensionen gebaut. Der Wasserverbrauch ist ein relativ geringer, die Bedienung erfordert 1—2 Mann.

Die Seifenplattenkühlmaschine von Heinr. Schrauth, Frankfurt a. M., schließlich besteht aus einer Seifenplattenform- und Kühlmaschine, dem Seifendruckbehälter und dem Luftkompresser (Abb. 100). Die Form- und Kühlmaschine enthält in einem starken, schmiedeeisernen Gestell die aus Kühlplatten und Formrahmen gebildeten Kammern nebst Zu-

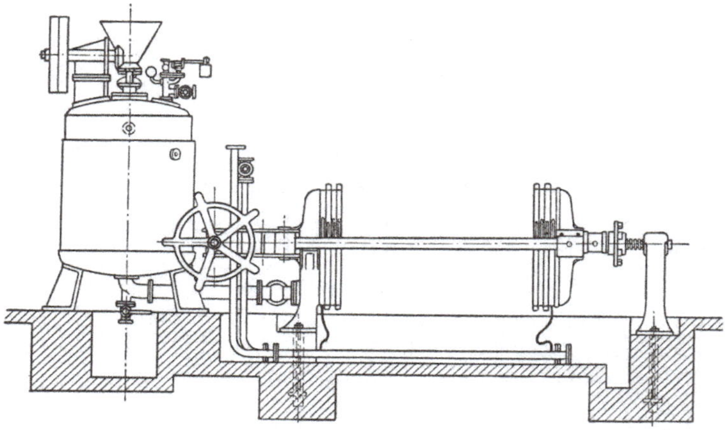

Abb. 99. Seifenkühlpresse von Jacobi.

behör. Hinter der Schlußplatte befindet sich zentrisch gelagert eine mit 1200facher Übersetzung arbeitende Druckspindel, mit deren Hilfe es möglich ist, die Kammern in zweckentsprechender Weise zusammenzupressen. Durch eine einfache und praktische Vorrichtung ist es nach vollendeter Pressung möglich, die Kühlplatten und Formrahmen gleichzeitig mechanisch so auseinanderzuziehen, daß die Formrahmen auf beiden Seiten von den Kühlplatten losgelöst werden und, beiderseits gleichweit von diesen entfernt, frei werden. Wie aus Abb. 101 ersichtlich ist, sind zu diesem Zwecke die Kühlplatten a oben und unten beiderseitig mit den Zapfen d versehen, auf denen die Kettenglieder c leicht verschiebbar angebracht sind. Diese letzteren tragen nun in ihrer Mitte nach unten gerichtete Ansätze e, zwischen denen die auf der oberen und unteren Längsseite der Formrahmen angebrachten Führungsleisten so verlaufen, daß die Formrahmen b mit diesen ihren Führungsleisten in den Ansätzen e der Kettenglieder c liegen. Beim Auseinanderziehen der Kühlplatten müssen also auch alle Formrahmen gleichzeitig und gleichmäßig auseinandergezogen und von den Kühlplatten abgelöst werden, so daß ihre Entnahme aus dem Apparat leicht ermöglicht wird, was bei den vorbesprochenen Maschinen nicht immer der Fall ist.

Die Schrauthsche Plattenkühlmaschine wird in verschiedenen Größen von 5—40 Formrahmen durch die Firma Kühnle, Kopp & Kausch in Frankenthal gebaut, die größeren Typen als Doppelmaschinen, wodurch die Leistungsfähigkeit bedeutend erhöht wird. Die Kühldauer und der Wasserverbrauch sind normal. Die Presse ist ausgezeichnet durch gute Übersichtlichkeit und leichte Zugänglichkeit aller Teile. Zur Bedienung ist nur ein Mann notwendig, so daß sie für alle Verhältnisse und Betriebe jeder Größe geeignet ist.

Sehr gut bewährt hat sich ferner der Seifenplatten-Kühlapparat der Firma Joh. Hauff, Berlin, der in verschiedenen Größen geliefert und

Abb. 100. Seifenplattenkühlmaschine von Heinr. Schrauth.

nicht nur für Hausseifen, sondern auch für Grundseifen zur vollen Zufriedenheit seiner Abnehmer verwendet wird.

Die Arbeitsweise ist im Prinzip bei allen Modellen die gleiche.

Die heißflüssige Seife wird an die eine Stirnwand des Deckeltrichters geleitet, von wo aus sich ein Rahmen nach dem anderen mit Seife füllt. Alsdann füllt man auch den Deckeltrichter zum größeren Teil mit Seife an, die nun mit der in den Rahmen befindlichen Masse derart in Verbindung bleibt, daß sie während der Kühlung nachfließen kann. Auf diese Weise wird ohne Druck ein in jeder Weise befriedigendes Erzeugnis erhalten.

Die Wasserzirkulation geschieht von einem $2^1/_2$ Zoll starken Zuflußrohre aus, das mit einzelnen regulierbaren Messinghähnen versehen ist, um die Absperrung einzelner Zellen bei der Kühlung eines Seifenrestes zu ermöglichen. Das Wasser tritt durch bewegliche Gummischläuche in die Zellen ein, passiert dieselben im Zickzackwege und tritt oben durch kleine $^1/_2$zöllige Knieröhrchen in das $3^1/_2$ Zoll starke Abflußrohr, das selbst wieder mit einem Schlitz versehen ist, um das abfließende Wasser einer Kontrolle zugänglich zu machen.

Alles weitere ersieht man leicht aus den Abb. 102 und 103, von denen die letztere die in der Regel bevorzugte „Type C" darstellt, die auch für Handbetrieb eingerichtet ist. Die Druckplatte läuft auf Rollen, so daß Zellen und Rahmen leicht zu öffnen und zu schließen sind. Auch der Deckeltrichter ist durch Handrad und Spindel leicht beweglich.

Der Vortisch, auf dem die herausgezogenen Seifenrahmen abgesetzt werden sollen, ist leicht entfernbar, so daß der von ihm beanspruchte Raum während des Kühlprozesses anderweitig benutzt werden kann.

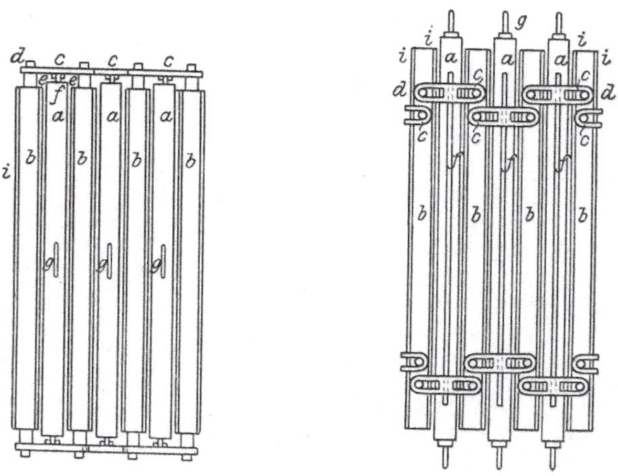

Abb. 101. a) Seitenansicht, b) Aufsicht der Kühlplatten der Schrauthschen Plattenkühlmaschine.

Die Leistungsfähigkeit dieser Apparate beträgt 5000 kg in 24 Stunden bei einem benötigten Raum von etwa 6 qm. Daneben können aber auch Modelle für Kraftbetrieb geliefert werden, die eine Leistungsfähigkeit bis zu 10 000 kg besitzen.

Auch die Firma C. E. Rost & Co., Dresden, stellt Seifenplatten-Kühlapparate nach dem Filterpressensystem her, die meist in Form großer Anlagen geliefert werden. Im wesentlichen bestehen dieselben aus dem Seifenfüll-, Druck- oder Mischkessel, einem Luftkompressor und der eigentlichen Kühlpresse, doch werden in der Regel zwei oder auch mehr Kühlpressen an einen Mischkessel angeschlossen, wie aus den Abb. 104 und 105 zu ersehen ist.

Bei Inbetriebnahme wird die Seife in den Mischkessel eingefüllt, dort je nach Erfordernis mit Zusätzen versehen und dann der geschlossenen Kühlpresse mittels Luftdruck zugeführt. Die Presse wird alsdann der Ruhe überlassen. Nach Verlauf einer gewissen Frist, für deren Dauer die Beschaffenheit der Seife maßgebend ist, wird das Zuflußventil an der Kühl-

Abb. 102. Seifenkühlapparat.

presse geschlossen, so daß der Misch- und Druckkessel nunmehr für die Füllung etwa vorhandener weiterer Kühlpressen zur Verfügung steht.

Die Kühldauer hängt, wie bei allen Kühlanlagen in erster Linie aber auch, wie schon gesagt, von der Temperatur des Kühlwassers ab, dessen Verbrauch relativ gering ist.

Der Kraftbedarf für den Betrieb des Kompressors sowie des Rührwerkes im Druck- oder Mischkessel beträgt bei kleinen Anlagen etwa 3 PS., bei großen bis zu 6 PS., doch wird hier meist die in Abb. 105 ersichtliche motorische Schließ- und Öffnungsvorrichtung vorgesehen, die nunmehr eine Erhöhung der Kühlleistung um etwa 20 vH. ermöglicht.

Außer den vorbesprochenen sind Plattenkühlmaschinen ähnlicher Art gebaut worden von Wilh. Rivior, Offenbach a. Main, Gustav

Abb. 103.
Seifenplattenkühlapparat, System Hauff (Type C).

Steck in Sangerhausen, Leimdörfer in Budapest u. a. All diese nach dem Filterpressensystem arbeitenden Apparate bieten jedoch kaum besonders bemerkenswerte Spezialkonstruktionen, trotzdem sie in den Einzelheiten teilweise nicht unerheblich voneinander abweichen. Im allgemeinen sind sie aber den oben beschriebenen Maschinen durchaus gleichwertig und nicht minder empfehlenswert als diese.

Neben den vorbesprochenen Seifenplattenkühlmaschinen findet man vereinzelt. jedoch noch Apparate im Gebrauch, die, nach dem Prinzip der Kerzengießmaschinen konstruiert, die heißflüssige Seife sofort zu Riegeln formen. Solche Riegelkühlmaschinen sind beispielsweise von Roth[1]), Schnetzer-Schicht[2]) und Heinr. Schrauth[3]) gebaut worden, haben aber den Nachteil, daß sie nur für eine einzige Riegeldimension verwendet werden können, da die zur Aufnahme der

[1]) DRP. 172 655.
[2]) DRP. 144 108.
[3]) DRP. 144 805.

Abb. 104. Seifenplattenkühlanlage mit 2 Kühlpressen in Hufeisenform aufgestellt.

947

Abb. 105. Seifenplattenkühlanlage mit 2 Kühlpressen und mit elektrisch betätigter Schließ- und Öffnungsvorrichtung.

Seife bestimmten, röhrenförmigen Behälter nicht auswechselbar sind. Die in diesen Apparaten erzeugten Seifenriegel sind zudem in der Regel auch an sich wenig befriedigend, weil sie sich beim Eintrocknen konkav durchbiegen und unter allen Umständen einer Pressung unterzogen werden müssen, ehe sie in Verkehr gelangen. Die Riegelkühlmaschinen besitzen daher heute auch nur noch ein historisches Interesse.

In allerneuester Zeit hat man jedoch versucht, Stück- bzw. Riegelkühlmaschinen zu konstruieren, die in einem fortlaufenden Arbeitsgang die Herstellung versandfertiger, geprägter Seifenriegel oder Seifenstücke aus flüssiger Seife ermöglichen. Das DRP. 405 723 beschreibt eine solche Vorrichtung, bei welcher die Formen auf einer endlosen Kette angebracht sind. Die Kette führt diese automatisch gefüllten Formen durch einen wassergekühlten Kanal einer Prägevorrichtung zu, während gleichzeitig die schon geprägten Stücke auf rein mechanischem Wege ausgestoßen werden. Derartige Verfahren sind allerdings, zum wenigsten in Deutschland, noch nicht allgemein üblich. Sie zeigen jedoch, daß der Prozeß der Mechanisierung in der Herstellung von Stückseifen noch keineswegs abgeschlossen ist, und daß die gegenwärtig ziemlich allgemein angewandten apparativen Hilfsmittel für eine weitere Vervollkommnung durchaus noch Möglichkeiten bieten. Nach Löffl[1]) sind derartige Verfahren in Amerika beispielsweise schon heute gebräuchlich.

Die maschinellen Hilfsmittel der Seifenpulverfabrikation.

Ohne eine zweckmäßige maschinelle Einrichtung ist die wirtschaftliche Herstellung von Seifenpulver nicht möglich. Von den führenden deutschen Spezialfabriken für Seifenindustriemaschinen werden daher auch die hier benötigten maschinellen Hilfsmittel in mannigfachster Ausführung angeboten, so daß es für den Interessenten oft schwer ist, die richtige Wahl zu treffen. Es sollen daher im nachfolgenden unter vielen anderen brauchbaren Apparaten und Maschinen, die zur Seifenpulverfabrikation Verwendung finden, nur die wichtigsten näher beschrieben werden.

Abb. 106 stellt eine Seifenreibemaschine dar, die für Handbetrieb eingerichtet ist, aber auch mit Riemenscheibe für Kraftbetrieb geliefert wird und zum Reiben von Riegelseifen zu Seifenpulver bestimmt ist. Sie besteht im wesentlichen aus einer aus Stahlblech gefertigten konischen Reibetrommel von 30 cm Länge, gegen die das zu reibende Material durch einen in den Schüttrumpf eingepaßten Gewichtskasten gedrückt wird. Die Reibetrommel ist auf einfache Weise auswechselbar. — Abb. 107 zeigt einen Mischapparat mit Kraftantrieb. In demselben wird der fertiggekochte Seifenleim mit der benötigten

---

1) Ztschr. f. angew. Chem., 1925, **38**, S. 829.

Menge Soda innig vermischt und so lange gerührt, bis die gesamte Masse nahezu erkaltet ist. Dieselbe wird alsdann auf den Boden geschüttet oder in einen Transportwagen entleert.

Abb. 108 zeigt ein modernes, horizontales Seifenpulvermischwerk mit Sicherheitsdeckelverschluß, Heizmantel und vollständiger Dampfarmatur, für Rechts- und Linksgang eingerichtet. Diese Mischwerke gestatten die Herstellung von Seifenpulver unmittelbar aus den Rohstoffen selbst, da sie auch für den Siedeprozeß des Seifenleimes Verwendung finden können.

Abb. 106. Seifenreibemaschine für Handbetrieb

Abb. 109 zeigt die Konstruktion einer Seifenpulvermühle, die sich vornehmlich in kleineren und mittleren Betrieben sehr bewährt hat. Das Siebwerk der Mühle ist vollkommen mit Holz umkleidet, so daß ein völlig staubfreies Arbeiten gewährleistet ist. Die Mahlwalzen bestehen aus bestem Lavamaterial und sind federnd gelagert, um eine Beschädigung auch bei etwaiger Überfüllung zu vermeiden. Ein besonderer Vorbrecher ist nicht vorgesehen, da eine aus bestem Stahlguß bestehende Brechwalze direkt über den Mahlwalzen angeordnet ist.

Das in den Trichter geschüttete Mahlgut wird von der Brechwalze in kleinere Stücke gebrochen, die alsdann von den Mahlwalzen erfaßt und zerrieben werden. Die gemahlene Masse gelangt nunmehr in das Siebwerk, aus welchem das genügend fein gemahlene Seifenpulver in den Sammelkasten fällt, während die zurückbleibenden gröberen Stückchen gesondert gesammelt und mit Hilfe eines Elevators selbsttätig zur nochmaligen Mahlung in den Trichter zurückgeführt werden. Leistungsfähiger als diese früher fast ausschließlich benutzten Walzenmühlen, und zwar auch in bezug auf die Feinheit und Gleichmäßigkeit der erzielten Pulver, sind aber die Schlagstiftmühlen, die mittels zweier mit Schlagstift versehener Scheiben die Zerkleinerung besorgen, also im wesentlichen nach dem Prinzip der in der chemischen Großindustrie gebräuchlichen Desintegratoren arbeiten. Die hier genannten Seifenmühlen besitzen jedoch in der Regel eine feste Stiftscheibe neben einer

Abb. 107. Seifenpulvermischapparat mit Kraftbetrieb.

rotierenden, während die Desintegratoren meist zwei in entgegengesetzter Richtung angetriebene Mahlscheiben enthalten. Allerdings arbeiten die Schlagstiftmühlen zumeist mit mehr Geräusch als die Walzenmühlen, verursachen auch häufig mehr Staub, so daß es zweckmäßig ist, den hier möglichen Materialverlusten durch Vorlage einer Staubkammer vorzubeugen.

Abb. 110 stellt eine Seifenpulvermühle mit rotierender Schlagscheibe und automatischem Zuführungsapparat dar, die sich vor allem für größere Betriebe eignet. Mit dieser Mühle ist man in der Lage, ein Seifenpulver von jedem gewünschten Feinheitsgrade in einem Gange herzustellen, da sich in ihrem Innern ein Siebring befindet, der in kürzester Zeit auswechselbar ist. Auch Bleichsoda oder getrocknete Seife können mit ihrer Hilfe zu einem Pulver von unfühlbarer Feinheit vermahlen werden. Die Mühle wird für jede gewünschte Leistung entweder mit

Riemenantrieb gebaut oder mit einem Elektromotor direkt gekuppelt. Zwecks staubfreien Arbeitens kann sie auch mit zweckentsprechender Einrichtung versehen werden.

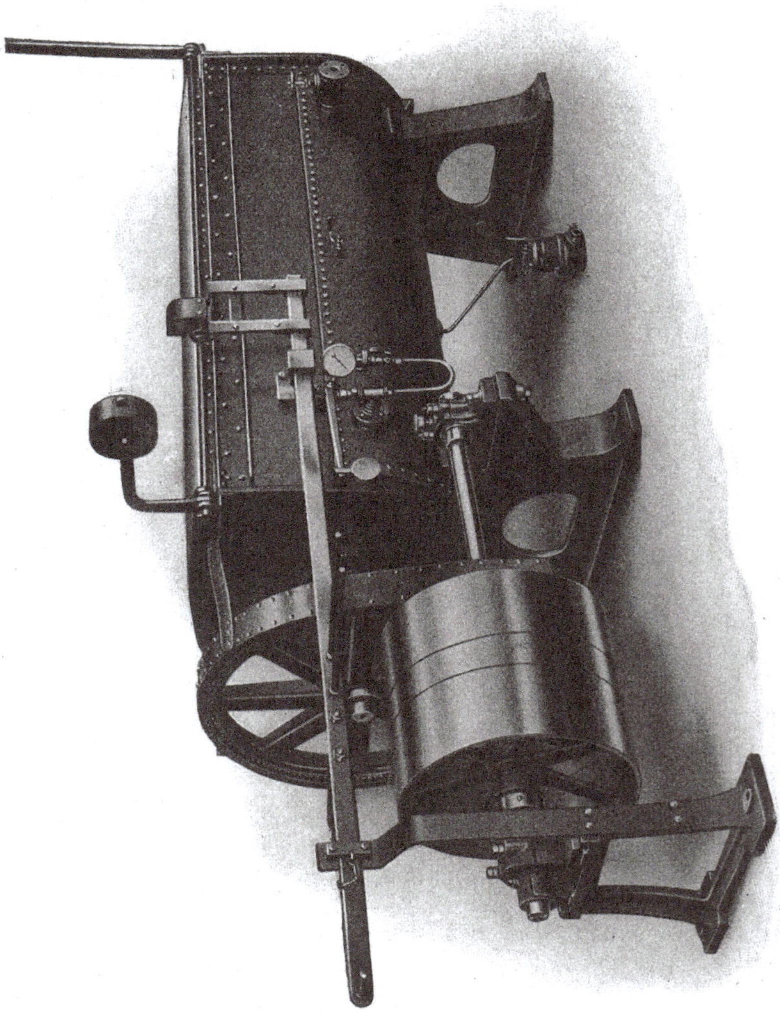

Abb. 108. Horizontales Seifenpulvermischwerk.

Abb. 111 veranschaulicht eine Seifenpulvermühle verbunden mit einer ihrem Antrieb entsprechend äußerst leistungsfähigen Abfüllmaschine für Seifenpulver in Paketpackung. Im wesentlichen bestehen solche Maschinen aus einem Einfalltrichter, der mit einem eisernen

Rührwerk versehen ist, das entweder durch den Fuß des Arbeiters oder den mechanischen Antrieb in Bewegung gesetzt wird, sowie dem eigentlichen Abfüll-Schieberkasten. Durch regelmäßiges Öffnen

Abb. 109. Seifenpulvermühle mit eingebautem Siebwerk.

Abb. 110. Seifenpulvermühle mit rotierender Schlagscheibe und automatischem Zuführungsapparat.

Abb. 111. Seifenpulvermühle verbunden mit einer Abfüllmaschine für Kraftbetrieb.

bzw. Schließen des Schiebers wird das fortlaufende Füllen und Entleeren des Kastens und somit auch das Füllen der Pulverpackungen mit stets annähernd gleichem Inhalte ermöglicht. Derartige Paketabfüllmaschinen dürften heute auch eine rein maschinelle Abfüllung ohne Schwierigkeiten bei hochwertigen, fettreichen und daher leicht zusammenbackenden Seifenpulvern gestatten, da sie den speziellen Eigenschaften solcher Produkte genügend Rechnung tragen. Die Verwendung von Maschinen, die zum Abfüllen vornehmlich von Scheuersand, Backpulver u. dgl. bestimmt sind, ergibt hier jedoch erhebliche Schwierigkeiten, da sie dem besonderen Verhalten fettreicher Seifenpulver nicht gerecht werden.

Abb. 112 zeigt eine Absackvorrichtung für Seifenpulver, Bleichsoda und ähnliche Materialien, die sich in der Praxis sehr bewährt hat und auf Wunsch auch mit automatischer Wage ausgestattet werden kann.

Durch Abb. 113 wird die Anlage einer mittleren Seifenpulverfabrik ohne Dampfbetrieb dargestellt. Die Anordnung der einzelnen Kessel, Maschinen und automatischen Transportanlagen ist eine sehr glückliche, so daß mit ganz geringen Arbeitskräften große Mengen Seifen- oder Waschpulver hergestellt und verpackt werden können. Der Kraftbedarf für diese Anlage beträgt etwa 15 PS.

Rechts auf der Abbildung befindet sich der eingemauerte Siedekessel, welcher direkte Feuerung hat, aber natürlich ebensogut auch mit direkter oder indirekter Dampfheizung versehen werden kann. In diesem wird der Grundseifenleim für das Seifenpulver hergestellt, der dann in den nebenstehenden Mischkessel übergeschöpft wird. Dieser ist mit Rührwerk und Entleerungsklappe ausgestattet und kann eventuell auch doppelwandig, mit einem Kühlmantel versehen, geliefert werden. Man läßt zweckmäßig die Soda und die übrigen Zusätze aus dem oberen

Abb. 112. Absackvorrichtung für Seifenpulver.

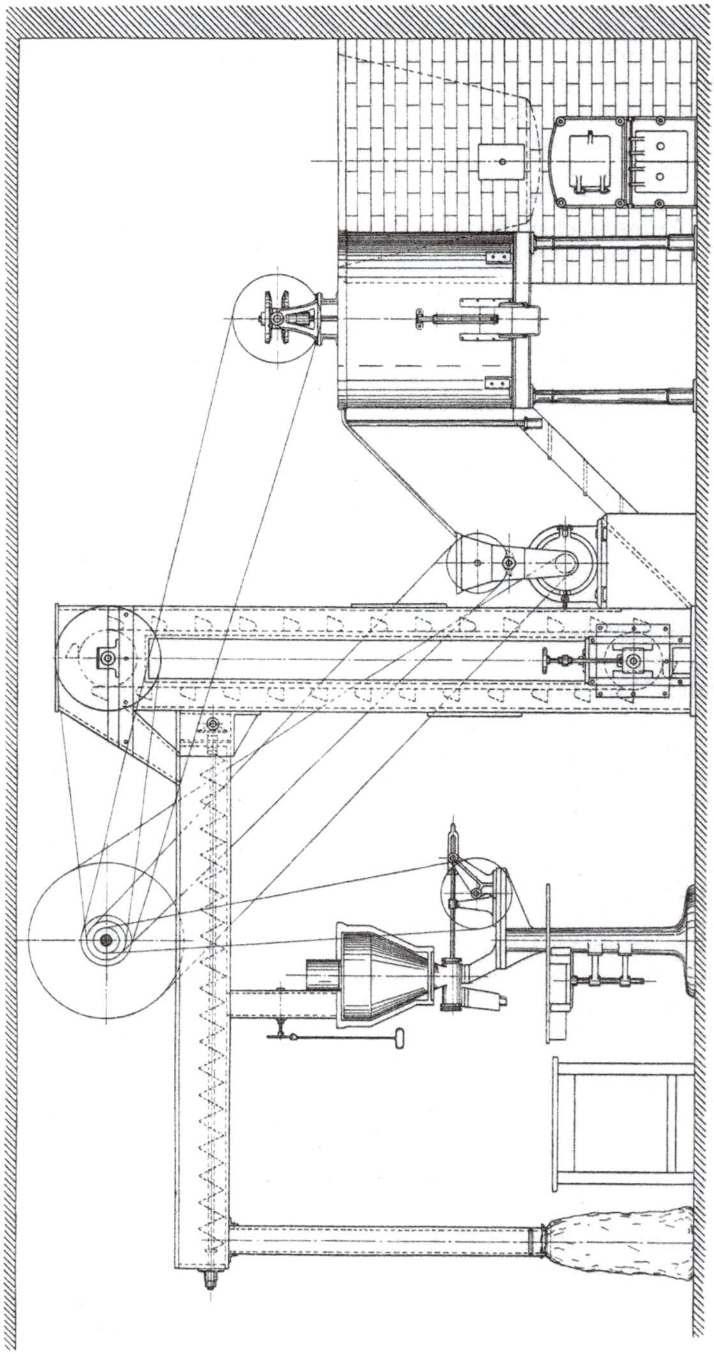

Abb. 113. Mittlere Seifenpulverfabrik ohne Dampfbetrieb.

Stockwerke durch einen Trichter unter Rühren direkt in den Mischkessel zulaufen. Ist das Ganze genügend gemischt und eventuell auch genügend gekühlt, so öffnet man die Entleerungsklappe des Mischkessels, so daß die Schaufeln des Rührwerkes in wenigen Minuten nunmehr den Gesamtinhalt aus demselben selbsttätig herausbefördern. Die Seifenpulvermischung fällt auf den Boden, und zwar gleich neben die Seifenpulvermühle. Wenn die Masse genügend trocken und erkaltet ist, wird sie in die Mühle geschaufelt und in dieser in einem Gange gemahlen. Von der Mühle aus fällt das Pulver direkt auf die Schaufeln des in der Mitte der Abbildung befindlichen Elevators, der dasselbe hochschafft und einer wagerechten Transportschnecke zubringt. Diese führt das Pulver je nach Wunsch zu einer automatischen Seifenabfüllmaschine oder aber in einen Trichter, der eine Vorrichtung zum Abfüllen in Säcke besitzt.

Wie späterhin im Abschnitt „Seifenpulver ohne Mühle" noch eingehend besprochen wird, sind neuerdings aber auch eine Reihe von maschinellen Vorrichtungen bekannt geworden, die die direkte Überführung eines noch flüssigen Seifenleims in trockenes Seifenpulver ermöglichen. Die meisten dieser Verfahren benötigen allerdings eine ziemlich umfangreiche Apparatur, und das Verfahren von Imhausen sieht sogar Kühlung mit Hilfe besonderer Kältemaschinen[1]) oder durch flüssige Luft[2]) vor. Die Anwendung der meisten dieser neueren Verfahren dürfte daher auf Betriebe beschränkt sein, die die Fabrikation laufend und in größtem Ausmaße betreiben.

Als praktisch erprobt und mehrfach angewandt sei aber hier vor allem das Zerstäubungsverfahren genannt, das zuerst von Krause empfohlen und durch die Metallbank und Metallurgische Gesellschaft in Frankfurt a. M. in die Technik eingeführt wurde. Die zur Ausübung des Verfahrens benötigte Apparatur besteht, wie aus Abb. 114 ersichtlich ist, aus einer großen, zylinderischen Trockenkammer, in welche der Seifenleim vermittels einer rotierenden „Zerstäuberscheibe" durch Zentrifugalkraft und in Form von langsam sich zu Boden setzenden Nebelschwaden einem kalten, trockenen, entgegengesetzt bewegten Luftstrom ausgesetzt und so zum Erstarren gebracht wird. Für die Luftbewegung ist ein Exhaustor und zur völligen Befreiung der Abluft von Seifenpulverstaub ein Luftfilter von erheblichem Umfang vorgesehen. Das trocken zu Boden sinkende Pulver wird durch Transportschnecken kontinuierlich entfernt und Vorratsbehältern bzw. der Abfüllstation zugeleitet, während aus Seifenvorratsbehältern dem Zerstäubungsmechanismus dauernd Seifenleim zugeführt wird. Nach Angaben von Oetken und Hauser[3]) leisten einzelne Apparaturen stündlich bis zu 10 t Trockenpulver bei außerordentlich niedrigen Verarbeitungskosten.

---

[1]) DRP. 310122.
[2]) DRP. 310625.
[3]) Ztschr. f. angew. Chem., 1925, **38**, S. 346.

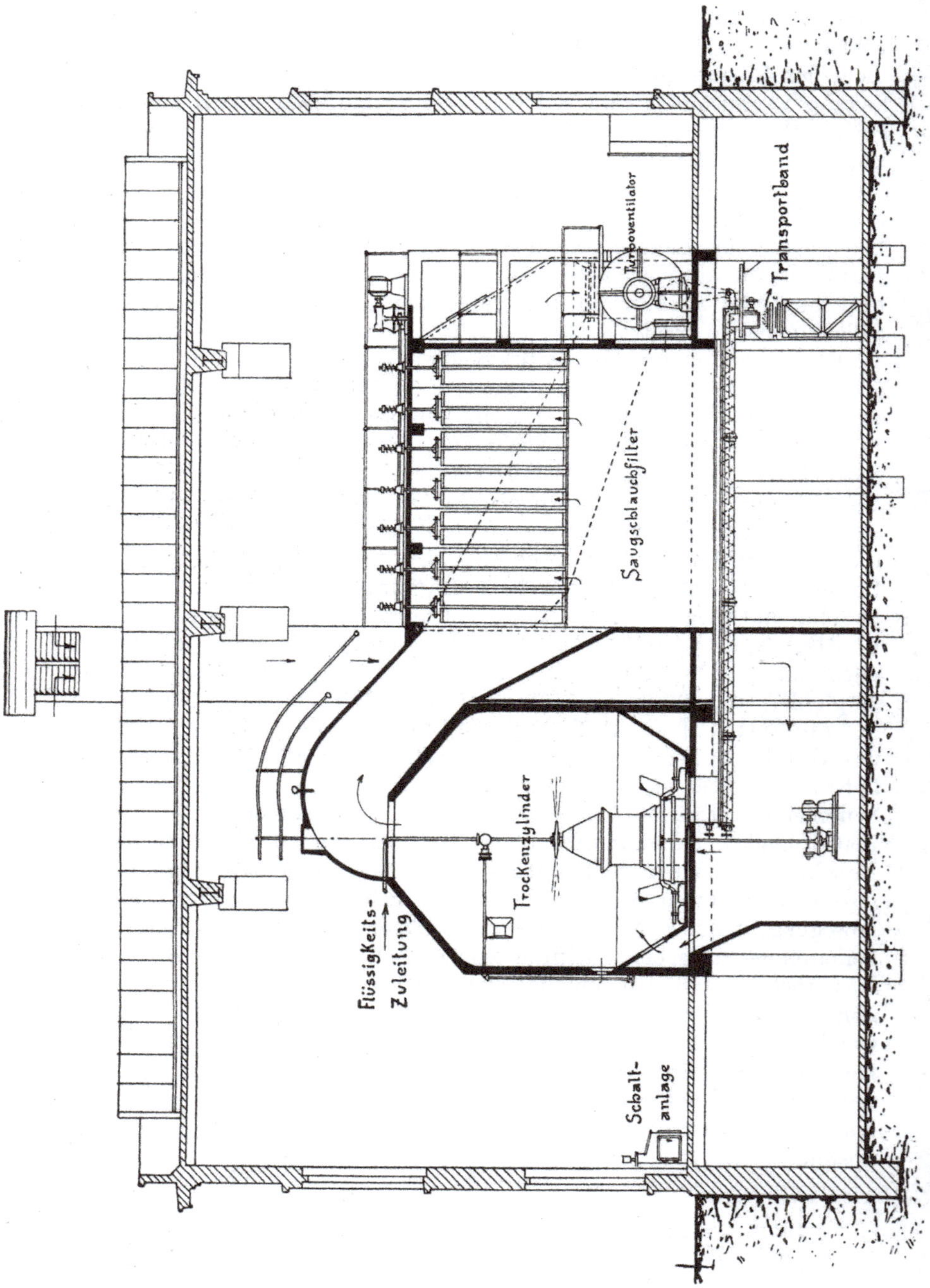
Turboventilator
Transportband
Saugschlauchfilter
Trockenzylinder
Flüssigkeits-
Zuleitung
Schalt-
anlage

Die maschinellen Hilfsmittel zur Aufarbeitung der Unterlaugen und Glyzerinwässer.

Viele größere Seifenfabriken und besonders solche, die auch Fettspaltung besitzen, arbeiten ihre Unterlaugen und Glyzerinwässer selbst zu handelsüblichem Rohglyzerin auf. In Anbetracht der hohen Transportkosten ist eine solche Maßnahme auch unbedingt empfehlenswert, zumal da der in vielen Fabriken verloren gehende Abdampf hier sehr wirkungsvoll ausgenutzt werden kann. Zum mindesten wird daher in größeren Betrieben die Unterlauge in offenen Eindampfpfannen konzentriert, wenn man es nicht vorzieht, dieselbe in Spezialvakuumapparaten zu handelsüblichem Unterlaugenrohglyzerin fertig einzudampfen.

Abb. 115. Eindampfpfanne zur Glyzerinkonzentration.

Abb. 115 stellt eine offene Eindampfpfanne zur Glyzerinkonzentration dar, deren Größe der gewünschten Leistung angepaßt wird. Sie besteht aus Schmiedeeisen, das gegebenenfalls verbleit ist, und ist mit Heizschlangen aus zweckentsprechendem Material ausgerüstet. Es muß jedoch hier darauf aufmerksam gemacht werden, daß in diesen offenen Pfannen Glyzerinwässer nur bis zu einer bestimmten Konzentration eingedampft werden dürfen, bei deren Überschreiten in der Regel sehr erhebliche Glyzerinverluste entstehen.

In Abb. 116 ist ein Vakuumapparat mit horizontalem Flüssigkeitsabscheider abgebildet, der zum Eindampfen der Seifenunterlaugen wie überhaupt aller Flüssigkeiten bestimmt ist, die bei wachsender Konzentration Kristalle ausscheiden. Am unteren Ende ist eine Nutsche angebracht, welche durch ein Absperrorgan mit dem Verdampfer in Verbindung steht und die es gestattet, das während des Eindampfens ausgeschiedene Salz ohne Unterbrechung des Betriebes zu entfernen und die Mutterlauge selbsttätig in den Apparat zurückzuleiten.

Abb. 117 zeigt einen Vakuumapparat, welcher speziell zum Eindampfen stark schäumender Glyzerinwässer geeignet ist. Derselbe wird als Ein- und Mehrkörperapparat ausgeführt und direkt oder auch durch Maschinendampf beheizt.

Der äußerst wirksame Flüssigkeitsabscheider ist vertikal auf dem Apparat angeordnet und steht zwecks Ausnutzung der in den abziehenden Brüden enthaltenen Wärmemenge mit einem Vorwärmer so in

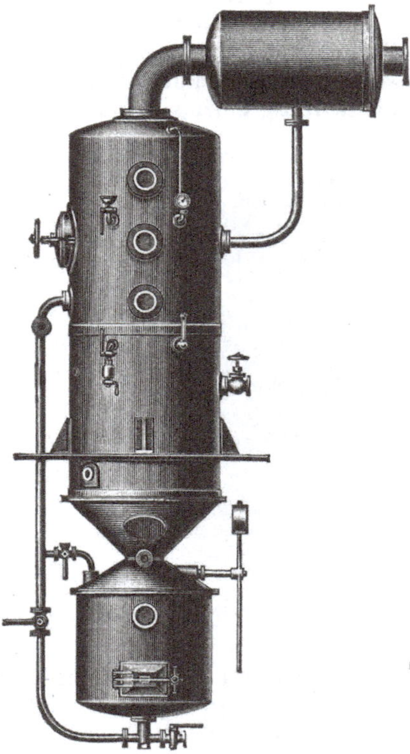

Abb. 116. Vakuumapparat zur Konzentration von Unterlauge mit Salzabscheider.

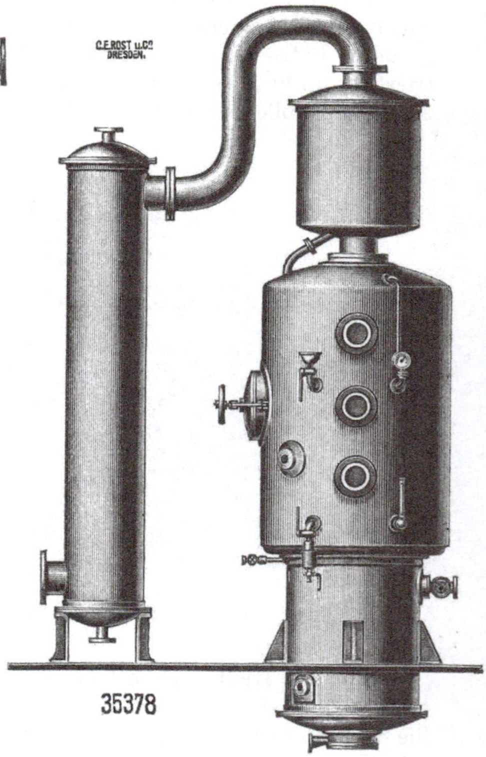

Abb. 117. Vakuumapparat zur Konzentration von Glyzerinwasser.

Verbindung, daß die zur Verdampfung kommende Flüssigkeit vorgewärmt und somit an Dampf und Kühlwasser gespart wird.

Beide Apparate werden je nach ihrem Verwendungszweck und der verlangten Leistung entsprechend mit einer Röhrenheizkammer oder einem Heizschlangensystem aus Schmiedeeisen, Gußeisen, Kupfer oder anderem Material versehen. Die Luftverdünnung kann nach Wahl mittels nasser oder trockener Luftpumpe erfolgen.

Eine komplette Vakuumverdampfanlage für Glyzerinwasser gibt Abb. 118 wieder.

Das Glyzerinwasser wird aus dem unten in der Mitte stehenden Behälter je nach Bedarf in den Apparat eingesaugt und bis auf den

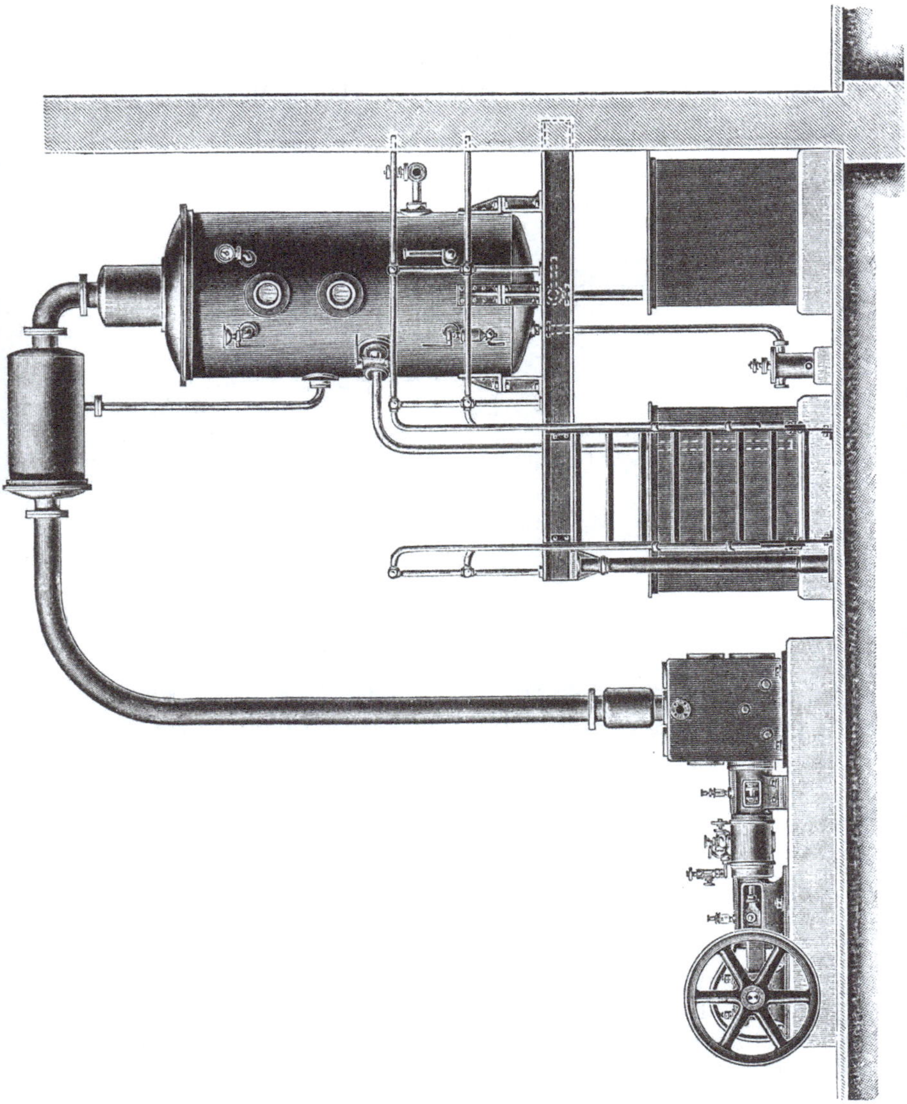

Abb. 118. Komplette Vakuumverdampfanlage für Glyzerinwasser.

gewünschten Konzentrationsgrad eingedampft, welcher durch Probenahme und Feststellung des spezifischen Gewichtes ermittelt wird.

Das fertige Rohglyzerin wird in den unten rechts stehenden Behälter abgelassen und von dort zwecks Klärung durch eine Filterpresse gedrückt.

Der Verdampfer, welcher auf einem Podest ruht, steht mit einem Flüssigkeitsabscheider in Verbindung, der seinerseits wieder durch eine Rohrleitung mit einer Stoßluftvakuumpumpe verbunden ist.

Als Heizelement dient ein Schlangenrohrsystem, welches mit gespanntem Dampf oder Maschinenabdampf beheizt wird. Als Lieferanten für diese und ähnliche Apparate kommen die Firmen Feld & Vorstman in Bendorf a. Rhein, A. L. G. Dehne in Halle, Maschinenbau A. G. Golzern-Grimma in Grimma i. Sa. u. a. in Betracht.

Abb. 119. Filterpresse zum Betriebe bereit gestellt.

Die Abb. 119 und 120 zeigen schließlich noch eine Filterpresse, wie sie sowohl für die Klärung der Glyzerinwässer als auch des fertig eingedampften Rohglyzerins verwendet werden.

Die Filterpresse, welche im Verhältnis zur Filterfläche einen nur geringen Raum einnimmt, ist die einfachste, aber zugleich auch die vollkommenste Einrichtung, um feste Substanzen aus Flüssigkeiten abzutrennen, sei es um letztere zu klären oder erstere zu gewinnen.

Die Zuführung der ungeklärten Suspension zur Filterpresse geschieht mittels Pumpe, Montejus oder auch durch natürlichen Druck von hochgestellten Flüssigkeitsbehältern aus. Aus den gefüllten Kammern dringt alsdann nur die klare Flüssigkeit durch die Maschen des Filterstoffes, der die Kammern selbst voneinander trennt und läuft in eine Rinne ab, während die festen Substanzen zwischen den Tüchern in den Kammern selbst zurückbleiben.

Abb. 120. Filterpresse in geöffnetem Zustande.

Diese festen Stoffe werden alsdann in der Presse selbst ausgedämpft oder mit reinem Wasser nachgewaschen, um es zu ermöglichen, daß auch die letzten ihnen noch anhaftenden Glyzerinreste gewonnen werden.

IV. Die spezielle Technologie der Seifen.

Die allgemein übliche Unterscheidung zwischen harten oder Natronseifen und weichen oder Kaliseifen dürfte heute zwar nicht mehr ganz berechtigt erscheinen, da einerseits Natronseifen, wie etwa die aus Schweineschmalz mit stark verdünnter Natronlauge gesottenen Tonnenseifen, in salbenweicher Form gehandelt werden, andererseits aber auch Kaliseifen in fester Form hergestellt werden können. Da derartige Fälle jedoch praktisch als Ausnahmen gelten dürfen, wird auch im folgenden in der bisherigen Weise zwischen harten oder Natronseifen und weichen oder Kaliseifen unterschieden. Die harten Seifen zerfallen in Kernseifen, Halbkernseifen und Leimseifen. Die Kernseifen werden hergestellt, indem man entweder das fettsaure Alkali durch Aussalzen von dem überschüssigen Wasser und dem Glyzerin befreit, oder indem man die Seifen nicht vollständig aussalzt, sondern nur so viel Salz zusetzt bzw. Lauge im Überschuß anwendet, daß sich in der Ruhe ein Leimniederschlag ausscheidet. Wie bereits ausgeführt, können die zuletzt genannten Kernseifen nur bei Mitanwendung von Kokosöl, Palmkernöl oder deren Fettsäuren hergestellt werden und führen den Namen „Kernseifen auf Leimniederschlag", „abgesetzte Kernseifen" oder „geschliffene Kernseifen", während die ersteren als „Kernseifen auf Unterlauge" bezeichnet werden.

Die Leimseifen erhält man durch einfaches Erstarren des Seifenleims. Sie enthalten das ganze, in den zur Verseifung gelangten Fetten — vornehmlich Palmkern- und Kokosöl — vorhanden gewesene Glyzerin, haben einen ziemlich hohen Wassergehalt und sind entweder glatt oder haben geringe Kern- und Flußbildung. Letztere läßt man häufig zwecks Herstellung marmorierter Seifen durch einen Zusatz färbender Substanzen — Frankfurter Schwarz, Ultramarin, englisch Rot, Bolus — stärker hervortreten.

Die Halbkernseifen oder Eschwegerseifen werden ebenfalls nur unter Mitverwendung von Kokosöl, Palmkernöl oder deren Fettsäuren angefertigt; sie zeigen etwas Kern- und Flußbildung, die man ebenfalls bisweilen durch Zugeben färbender Substanzen stärker hervortreten läßt. Das Sieden dieser Halbkernseifen wird auf zwei verschiedenen Wegen ausgeführt, einem direkten und einem indirekten. Bei dem ersten Verfahren werden Kokosöl oder Palmkernöl mit anderen Fetten — Talg, gebleichtem Palmöl, Knochenfett usw. — gemeinschaftlich versotten; bei dem zweiten wird aus einem oder mehreren der letztgenannten Fette eine Kernseife hergestellt und diese dann einer aus Kokosöl oder Palmkernöl gesottenen Leimseife zugegeben. Kommen Fettsäuren zur Verwendung, so kann die Seife auch mittels Karbonatverseifung hergestellt werden, ein Verfahren, das später noch genauer beschrieben werden soll.

Von Kali- oder Schmierseifen hat man im wesentlichen drei Arten zu unterscheiden: 1. eine glatttransparente, die in verschiedenen Färbungen und unter verschiedenen Bezeichnungen, wie Ölseife, grüne Seife, schwarze Seife, Glyzerinschmierseife usw. im Handel vorkommt, 2. eine Seife, die im transparenten Grunde körnige Ausscheidungen zeigt, sogenannte Naturkornseife oder gekörnte Schmierseife, und 3. eine undurchsichtige Seife von weißer oder gelblichweißer Farbe, die als glatte Elaïnseife, Silberseife, Schälseife usw. bezeichnet wird.

Das Sieden der Seifen.

Die Verseifung der Fette wird in den meisten Fällen durch Kochen bewirkt, doch können Neutralfette, namentlich Palmkernöl und Kokosöl, sowie Leinöl, Bohnenöl und andere mit Ätzlauge auch unterhalb der Siedetemperatur verseift werden, ein Verfahren, das man als „Verseifung auf halbwarmem Wege“ bezeichnet. Die Verseifung der Fettsäuren mit kohlensauren Alkalien aber kann in der Praxis, wo es sich doch immer um größere Mengen handelt, nur durch Kochen bewirkt werden, da nur so die freiwerdende Kohlensäure ausgetrieben werden kann.

Der Anfänger verwechselt oft die zunächst in den alkalischen Lösungen eintretende Emulgierung der Fette mit der wirklichen Verseifung, doch lehrt die Erfahrung sehr bald richtig zu beurteilen, ob die wirkliche Verbindung zwischen Fett und Alkali erfolgt ist, oder ob nur eine Emulsion, d. h. eine einfache Mischung vorliegt, welche sich bei längerer Ruhe wieder trennt.

Im allgemeinen wird der Verseifungsprozeß, der Erwartung entgegen, durch Kochen nicht beschleunigt. Das Fett bindet zwar sehr bald einen Teil des Alkalis, bildet aber eine vollständige Seife erst durch allmähliche Aufnahme auf dem Wege einer fortgesetzten Sättigung. Wenn es sich um die Verseifung von Neutralfetten handelt, so ist auch die Stärke der angewandten Lauge von größter Bedeutung für das Gelingen, da sich die meisten Fette nur dann durch Kochen leicht verseifen lassen, wenn man mit schwachen Laugen beginnt und allmählich zu stärkeren übergeht.

Das Sieden mit Dampf. In den meisten Seifenfabriken, namentlich in allen größeren Betrieben, wird heute mit Dampf gearbeitet. Einige haben zwar neben der Dampfeinrichtung auch Kessel mit direkter Feuerung vorgesehen, je mehr aber die Verarbeitung von Fettsäuren an Stelle von Neutralfetten in Aufnahme kommt, um so mehr wird auch das Arbeiten mit Dampf zur Notwendigkeit.

Man benutzt den Dampf zum Sieden teils direkt, teils indirekt. Siedet man mit direktem Dampf, so muß mit stärkeren Laugen gearbeitet werden, weil durch die Kondensation des Dampfes der Wassergehalt der Seife zunimmt. Je nachdem man mit hoch oder niedrig gespanntem Dampf, mit Sattdampf oder Heißdampf arbeitet, wird mehr oder weniger Wasser in die Seife kommen, so daß die Laugen den Dampfverhältnissen entsprechend eingestellt werden müssen. Indirekter Dampf findet nur in kleineren Kesseln Verwendung, weil in großen Kesseln auf diese Weise ein richtiges Sieden nicht zustande kommt. In großen Doppelkesseln siedet nämlich die Seife nur in der Nähe der Kesselwände und bei Beheizung mit Dampfschlangen nur in der Nähe der Dampfrohre. Zur Erzeugung von Feinseifen, Seifen auf halbwarmem Wege und Leimseifen in kleineren Doppelkesseln bewährt sich aber der indirekte Dampf sehr gut.

In neuerer Zeit geht man auch vielfach dazu über, den Dampf durch Überhitzer, die in die Feuerungszüge des Dampfkessels eingebaut sind, auf eine höhere Temperatur zu bringen. Diese Maßnahme bewährt sich besonders dann, wenn der Dampf lange Rohrleitungen zu passieren hat, ehe er zur Verwendungsstelle kommt, oder wenn es schwer wird, mit dem vorhandenen Dampfkessel die für den Betrieb notwendige Menge Dampf zu erzeugen. Solcher Heißdampf kondensiert naturgemäß weniger stark und bringt durch seine höhere Temperatur die Masse schneller zum Sieden. Auf diese Weise wird auch eine erhebliche Menge Dampf und damit wieder Feuerungsmaterial gespart, da das Überhitzen nur durch die sonst unausgenützt durch den Schornstein gehenden Feuerungsgase bewirkt wird.

Soll direkter Dampf verwendet werden, so läßt man diesen durch eine offene Rohrleitung in den Kessel eintreten. Es gehört Erfahrung dazu, eine solche Dampfrohrleitung richtig montieren zu lassen. Für kleinere Siedekessel, in denen etwa 5000 kg Seife hergestellt werden können, genügt es, wenn die Rohrleitung in einen mit spiralförmig angeordneten Löchern versehenen Kranz am Kesselboden ausmündet, so daß der Dampf nach allen Seiten ausströmen kann. Die Gesamtfläche dieser Ausströmlöcher darf jedoch nicht größer sein als die Fläche des inneren Querschnittes des Dampfzuleitungsrohres. In größeren Siedekesseln bringt man vorteilhafterweise mehrere Dampfleitungen an, deren Ausmündungen in größeren Abständen übereinander montiert sind. Sehr gut bewährt hat sich außerdem auch das Anbringen eines einfachen, unten ganz offenen Rohres, welches bis auf den Kesselboden führt und mit dessen Hilfe es dem Sieder jederzeit möglich ist, den ganzen Kesselinhalt ordentlich aufwallen zu lassen, ohne daß die Seife dabei ins Steigen kommt. Auch beim Schleifen oder Aussalzen der Kernseifen ist eine solche direkte Rohrleitung besonders empfehlenswert.

Für größere Betriebe bietet das Arbeiten mit Dampf ganz wesentliche Vorteile. Alkali und Fette gehen leichter und schneller in Verband. Die Masse kommt sehr bald zum Sieden, so daß viel größere Mengen in verhältnismäßig kurzer Zeit verseift werden können, als ohne Dampfbeheizung. Außerdem wird der Dampf noch zu vielen anderen Zwecken benutzt, zum Betrieb der Kraft- und Lichtanlage, der Transmissionen, Pumpen, Aufzüge, Autopressen, Seifenpulvermühlen usw., zum Ausblasen der Ölfässer, zum Transport der Laugen und Fette mittels Elevatoren oder Montejus u. dgl.

Eine größere Seifenfabrik mit Fettspaltungsanlage, in welcher dann naturgemäß die Fettsäuren mit kohlensauren Alkalien verseift werden, ist ohne Dampf überhaupt nicht in der Lage, gewinnbringend zu arbeiten.

Die Herstellung der harten oder Natronseifen.

Kernseifen auf Unterlauge.

Kernseifen auf Unterlauge werden heute nur noch wenig hergestellt. Sie sind verdrängt worden durch die Kernseifen auf Leimniederschlag, welche ein besseres Lösungsvermögen haben, schneller schäumen und dadurch rasch beliebt wurden. Den Seifensiedern steht auch heute kaum noch das Rohmaterial zur Verfügung, das zur Erzeugung einer guten Kernseife auf Unterlauge notwendig ist. Wenn trotzdem die Herstellungsweise einer solchen Seife nach altem Verfahren kurz besprochen wird, so geschieht dies, weil das Sieden dieser Seifen von großem theoretischen Interesse ist.

Altdeutsche Kernseife. In den Siedekessel wird der Talg gebracht, dazu einige Töpfe 8grädiger Kalilauge gegeben und dann Feuer gemacht. Sobald der Talg geschmolzen und die Lauge erwärmt ist, bildet sich beim Krücken eine milchähnliche Flüssigkeit (Emulsion); nach weiterem Feuern zeigt sich eine klare, mit Fettpünktchen gemischte Seifenlösung und bald der eingetretene Verband zwischen Fett und Alkali.

Daß die Verbindung eingetreten ist, erkennt man daran, daß die gelbbraune Masse unter allmählichem Höhersteigen ruhig siedet. Was am eingetauchten und wieder herausgezogenen Spatel hängen bleibt, hat ein gallertartiges, grauweißes Aussehen und sondert keine Lauge ab. Die Masse im Kessel ist jedoch noch keine Seife, sie enthält noch zuviel unverseiftes Fett. Würde man sie in diesem Zustande eindampfen, so würde sie zu einer grauen, dicken Schmiere werden, die nur durch Zusatz von Lauge wieder aufgelöst werden könnte. Es erfolgt deshalb jetzt weiterer Zusatz von Lauge, während die Masse ruhig weiter kocht, und zwar kommen ungefähr $^2/_3$ 8grädige und $^1/_3$ 20grädige Lauge zur Verwendung. Mit dem Zugeben wird fortgefahren, bis sich eine dickflüssige, gleichartige, helle Masse im Kessel zeigt, die vom Spatel in zusammenhängenden, langen, durchsichtigen Strähnen abläuft, bis die Seife also, wie der technische Ausdruck lautet, im Leim siedet.

Am Aussehen des Leims erkennt man, ob eine vollständige Verseifung stattgefunden hat und ob das Verhältnis des Alkalis zu den Fettsäuren richtig eingehalten ist. Wird etwas Seife auf ein Glas getröpfelt, so bleibt die Probe einige Zeit klar und trübt sich erst beim Erkalten, wenn der Seifenleim die richtige Beschaffenheit besitzt; trübt sich die Probe dagegen schnell, so ist entweder noch unverseiftes Fett vorhanden und kleine Teilchen desselben in dem Leim verteilt, oder es ist zuviel Lauge verwandt worden und dadurch eine Ausscheidung von fester Seife bewirkt. Zeigt die Probe sogleich einen grauen Rand, so ist unverseiftes Fett vorhanden; beim Überschuß von Alkali überzieht sich die Glasprobe schnell mit einer weißlichen Haut. Durch Zusatz von Lauge oder Talg werden solche Fehler leicht beseitigt. Hat der Leim jedoch die erforderliche Klarheit und verursacht eine Probe, an die Zunge gehalten, auch nur ein schwaches Brennen, „Stich", so wird der Leim noch so lange lebhaft gesotten, bis er infolge Abgabe seines überschüssigen Wassergehaltes beim Herausnehmen vom Spatel in Fäden abläuft, eine Erscheinung, die man das „Spinnen der Seife" nennt. Nach dem Eintritt des „Spinnens" wird alsdann die Seife aus ihrer wässerigen Lösung mittels Kochsalz ausgesalzen, wobei gleichzeitig eine Umwandlung der Kaliseife in Natronseife stattfindet, wenn, wie oben erwähnt, Kalilauge bei der Verseifung zur Mitverwendung kam.

Das Salz setzt man dem Leim nach und nach in kleinen Portionen zu und läßt dabei leicht durchsieden. Schon der erste Zusatz bewirkt ein Flüssigwerden des Leims; nach weiteren Zusätzen tritt ein Gerinnen der Seife ein, die schließlich als dicke Masse an die Oberfläche kommt. In der von der Seife getrennten Flüssigkeit, der sogenannten „Unterlauge", sind außer dem zugesetzten Kochsalz noch das bei der Umsetzung der Kaliseife gebildete Chlorkalium, sowie das bei der Verseifung frei gewordene Glyzerin enthalten.

Dem Aussalzen der Seife wird mit Recht die größte Aufmerksamkeit geschenkt, da bei ungenügendem Salzzusatz ein Teil der Seife in der Unterlauge gelöst bleibt, bei zu hohem Zusatz aber eine zu schnelle Abscheidung der Seife erfolgt. Infolgedessen bilden sich leicht kleine Klumpen, die sich schwer miteinander vereinigen und daher Unterlauge aufnehmen. Eine richtig ausgesalzene Seife muß in Platten sieden und, heiß auf den Spatel genommen, in weichen Flocken hängen bleiben. Mit dem Daumen im Handteller zerdrückt, darf sie nicht schmieren, sondern muß sich als fester, trockener Span ablösen, d. h. sie muß „Druck haben". Die Unterlauge soll keinen stechenden, sondern lediglich einen salzig-süßlichen Geschmack zeigen.

Ist das Aussalzen beendet, so wird entweder nach dem Herausziehen des Feuers die gut abgesetzte Unterlauge mittels eines am Kessel befindlichen Ablaßhahns entfernt oder der ganze Inhalt des Kessels in einen Kühlbehälter geschöpft und dort der Ruhe überlassen, damit sich die Unterlauge gut absetzen kann. In den leeren Kessel kommen einige Töpfe ganz schwacher Lauge und außerdem die vorsichtig von der Unterlauge abgeschöpfte Seife zurück, die sich nunmehr bei wenig Feuer in der schwachen Lauge zu einem klaren Leim auflöst. Der so erhaltene Seifenleim wird alsdann nochmals mit wenig Salz vorsichtig ausgesalzen.

Hierauf schreitet man zur nächsten Operation, dem „Klarsieden". Dies bezweckt, der Seife das überschüssige Wasser zu entziehen, die letzten Fettanteile zu verseifen und die Seife selbst zu einer festen, schaumfreien Masse zu gestalten. Man läßt dieselbe deshalb zuerst bei offenem, dann bei halbgedecktem Kessel hochsieden, bis sie nicht mehr steigen will und sich nur noch ein großblasiger Schaum bildet, der immer schnell wieder in sich zusammensinkt. Die Seife bildet nun eine gleichmäßige, kompakte Masse; das Klarsieden ist damit beendet. Nachdem das Feuer entfernt ist, wird die Seife nunmehr zwecks guten Absetzens der Unterlauge einige Stunden der Ruhe überlassen und dann in die Form geschöpft. Um die hier unter Umständen entstehende Marmorbildung schärfer hervortreten zu lassen, kann man noch etwas abgeschlämmten Bolus, Braunstein usw. beimischen. Wünscht man dagegen eine glatte Seife, so verschleift man den strotzigen Kern mit heißem Wasser, wodurch die Seife flüssiger wird und die ihr anhaftenden Unreinigkeiten in die Unterlauge gehen. Durch das Schleifen wird die Ausbeute etwas erhöht. Aus 100 kg Talg erhält man 150 kg ungeschliffene Kernseife, während sich durch nachträgliches Schleifen eine Ausbeute bis etwa 160 kg erzielen läßt. Die mit Kalilauge hergestellten Kernseifen zeigen sich beim Gebrauch zwar zarter und geschmeidiger als die reinen Natronseifen, da sich die Kaliseife teilweise der Zersetzung durch das Kochsalz entzieht und in die Kernseife übergeht, stellen sich aber auch wesentlich höher im Preise, weil die Kalilauge nicht nur erheblich teurer ist als gleichprozentige Natronlauge, sondern weil von letzterer zur Verseifung eines gleich großen Fettansatzes auch eine geringere Menge erforderlich ist als von der ersteren.

Angenommen, man hat beide Stoffe in chemisch reinem Zustande zur Verfügung, so sind zur Verseifung von 100 kg Talg etwa 19,5 kg Kaliumhydrat (Ätzkali) oder etwa 14 kg Natronhydrat (Ätznatron) erforderlich. Es erklärt dies auch, daß die Verwendung von Kalilauge in der Hartseifenfabrikation heute auf ein Minimum beschränkt und fast nur noch bei der Herstellung von Rasierseifen in Gebrauch ist.

Talgkernseife. Unter diesem Namen findet man noch ab und zu eine auf Unterlauge klargesottene Seife, die sich von der vorerwähnten alten deutschen Kernseife lediglich dadurch unterscheidet, daß sie mit Ätznatronlauge hergestellt wird. Die Arbeitsweise ist sonst dieselbe, nur wird die Seife meist allein auf einem Wasser gesotten, da mit der heutigen Ätzlauge eine vollkommene Verseifung leicht zu erzielen ist. Wenn jedoch geringer, stark riechender Talg verarbeitet wird, empfiehlt es sich trotzdem auf mehreren Wassern zu sieden, um ein reines, möglichst geruchfreies Produkt zu erhalten.

Das Siedeverfahren ist das folgende: Der Talgansatz wird in den Kessel gebracht und dazu ungefähr der fünfte Teil der etwa 12° Bé starken Lauge gegeben, die zur Verseifung des ganzen Ansatzes erforderlich ist. Sobald Verband eingetreten ist, gibt man die weitere Lauge portionsweise hinzu, und zwar kann dieselbe jetzt etwas stärker genommen werden, jedoch nicht über 20° Bé. Sollte der Fall vorkommen, daß man zu rasch vorgegangen ist oder zu starke Lauge angewendet hat, so muß man unter schwachem Sieden etwas Wasser zusetzen oder die Seife einige Zeit der Ruhe überlassen, bis der Verband wieder eintritt. Wird der Seifenleim zu dick und zähe, so gibt man vorsichtig etwas 20grädiges Salzwasser hinzu. Besonders gern und schnell tritt dieses Dickwerden der Seife ein, wenn der Talg nicht frisch war, also viel freie Fettsäuren enthielt.

Wenn die zur Verseifung erforderliche Lauge im Kessel ist, wird noch eine Zeitlang durchgesotten und dann die Abrichtung geprüft. Die Verseifung ist als vollendet anzusehen, sobald eine auf Glasplatte gesetzte Probe des erhaltenen Seifenleims sogleich einen kleinen, weißen Rand, „Laugenring", zeigt, sich einige Zeit klar hält, erst beim Erstarren trübe wird und, an die Zunge gehalten, Stich besitzt.

Das nun folgende Aussalzen geschieht am besten unter schwachem Sieden der Seife. Richtig ausgesalzen, muß dieselbe in Platten sieden, sich, auf den Spatel genommen, in weichen Flocken zeigen und Druck haben; die Unterlauge muß an dem Spatel klar ablaufen und darf keinen stechenden, sondern muß einen salzig-süßlichen Geschmack besitzen. Es sei hier gleichzeitig noch erwähnt, daß zum Aussalzen eines unter Anwendung von Natronlauge hergestellten Seifenleims weniger Salz nötig ist, als wenn nur Kalilauge verwandt wird, da das zur Umsetzung der Kaliseife mehr erforderliche Salz hier wegfällt.

Wenn die Seife ausgesalzen ist und sich nach einstweiligem Entfernen des Feuers etwas beruhigt hat, pumpt man einen Teil der Unterlauge aus und beginnt mit dem Kern- oder Klarsieden. Letzteres wird noch vielfach in der Weise ausgeführt, daß man den Kessel bedeckt und die Seife bei zuerst schwachem Feuer hochsieden läßt, wie schon vorher bei der altdeutschen Kernseife beschrieben wurde. Auch hier ist das Klarsieden beendet, wenn der Schaum großblasig wird und die Seife dann als ein schöner, geschlossener Kern im Kessel liegt.

Manche Seifensieder stellen ihre Kernseife auch her, ohne sie auf Unterlauge „klar" zu sieden. Es wird dann nur der Seifenleim klar und schaumfrei gesotten und dann vorsichtig, ohne daß Schaum entsteht, mit Salz oder starkem Salzwasser getrennt. So hergestellte Kernseifen geben in der Regel eine höhere Ausbeute, bleiben aber stets leicht löslich und trocknen, in Riegel geschnitten, oft krumm.

Das Marmorieren der Talgkernseife. Wenn das Klarsieden der Seife beendet ist, entfernt man das Feuer und läßt die Unterlauge gut absetzen. Wünscht man die Seife marmoriert, so schöpft man den strotzigen Kern als solchen in die Form oder verflüssigt ihn auch vorher noch durch Zukrücken von etwas heißem Wasser oder schwacher Lauge, wobei man aber beachten muß, daß keine Unterlauge mit in die Seifenmasse gelangt. Alsdann krückt man die Seife kurz mit dem Rührscheit durch, bedeckt die gefüllte Form mit Brettern und läßt sie dann ruhig stehen. Während des Erkaltens tritt nun eine Kristallisation ein, indem sich „Kern und Fluß" bilden. Der Kern ist der kristallinische Teil der Seife, der den nichtkristallinischen, den Fluß, einschließt; in den „Fluß" gehen alle in der Seife befindlichen, vom Talg, der Lauge usw. herrührenden Unreinigkeiten und Farbstoffe. Solche Seife zeigt dann beim Schneiden ein mehr oder weniger bemerkbares, marmorähnliches Aussehen, weshalb man sie auch marmorierte Kernseife nennt. Um den in der Seife spontan gebildeten Marmor noch etwas schärfer hervortreten zu lassen, färbt man vielfach die noch flüssige Seifenmasse mit in schwacher Lauge abgeschlämmtem Bolus, Braunstein, Frankfurterschwarz, Ultramarin usw., Farbstoffe, die sich dann ebenfalls in dem Fluß ablagern.

Früher war es allgemein Gebrauch, dem Marmor durch künstliches Bearbeiten mit einem Eisenstab eine bestimmte Zeichnung zu geben, die Seife wurde, nach damaliger Ausdrucksweise, auf Mandeln oder Blumen gerührt, eine Maßnahme, die heute wohl nirgends mehr üblich ist.

Naturgemäß kann man den Marmor in der Kernseife nur erzielen, wenn sie genügend heiß ist; in einer zu kalt ausgeschöpften Seife kann sich keine Kristallisation mehr vollziehen, da der Erstarrungsprozeß zu schnell eintritt. Zur Herstellung schön marmorierter Seife ist ein gemischter Fettansatz am vorteilhaftesten. Es werden deshalb auch außer Talg zu einer marmorierten Kernseife meistens noch Talgfett, Knochenfett, gebleichtes Palmöl und etwas Palmkernöl verarbeitet.

Wünscht man keine marmorierte, sondern eine glatte, weiße Kernseife, so erreicht man dies dadurch, daß man die flüssige Seifenmasse ohne jeglichen Farbzusatz in der Form so lange krückt, bis sich ein baldiges Erstarren erkennen läßt. Hierdurch wird die Kristallisation der Seife verhindert, und die geringen, in ihr befindlichen Unreinigkeiten bleiben unbemerkbar in der ganzen Masse verteilt. Andererseits läßt sich dasselbe Ergebnis erzielen, wenn man den im Kessel befindlichen strotzigen Kern genügend verschleift.

Das Schleifen der Seife bezweckt also erstens das Verhindern jeder Marmorbildung, zweitens die etwa nötig erscheinende Reinigung des Seifenkörpers und drittens die Erhöhung der Ausbeute durch Aufnahme von Wasser.

Gewöhnlich wird das Schleifen so vorgenommen, daß man nach Entfernung der Unterlauge dem strotzigen, leicht siedenden Seifenkern im Kessel so viel heißes Wasser oder schwache Lauge zukrückt, bis er genügend gelöst und flüssig geworden ist.

Die Unterlauge. Die Unterlauge der Kernseifen enthält Kochsalz, die im Überschuß angewandten Alkalien, das in den Fetten gebunden gewesene Glyzerin, häufig auch mehr oder weniger Seife und die Unreinigkeiten aus den Fetten und Laugen. Es trägt nun wesentlich zur Rentabilität der Seifenfabrikation bei, wenn streng darauf geachtet wird, daß mit der Unterlauge keine wertvollen Stoffe verloren gehen. Wenn daher Neutralfette versotten werden, so ist es selbstverständlich, daß die Unterlauge aufgefangen und zur Gewinnung des darin enthaltenen Glyzerins weiterverarbeitet oder an Glyzerinfabriken abgegeben wird. Das Glyzerin ist heute ein so wertvolles Produkt, daß es sich sogar noch verlohnt, Unterlaugen mit nur 3 vH. Glyzerin auf dieses zu verarbeiten. Für Seifenfabriken, welche noch keine Fettspaltung eingerichtet haben und überwiegend Neutralfette versieden, ist daher der Gewinn, der sich durch den Verkauf dieser Unterlaugen erzielen läßt, ein für die Rentabilität des Betriebes sehr ins Gewicht fallender Faktor.

Die Unterlaugen sind aber um so wertvoller, je weniger freies Alkali und Seife sie enthalten. Der Seifensieder hat demnach ein doppeltes Interesse daran, seine Unterlaugen von diesen Stoffen freizuhalten, einerseits um sich vor dem direkten Verlust zu schützen, und andererseits um einen besseren Preis für seine Lauge zu erzielen. Die Glyzerinfabriken müssen nämlich, ehe sie das Glyzerin aus den Unterlaugen gewinnen können, das darin enthaltene Alkali mit Säure neutralisieren und die Seife ausscheiden, was natürlich die Unkosten bei der Glyzeringewinnung bedeutend erhöht. Reagiert daher eine Unterlauge noch kräftig auf Lackmus oder Phenolphtaleïnlösung, so muß sie mit Fettsäure oder Harz „ausgestochen", d. h. neutralisiert werden, bis die Reaktion nur noch schwach hervortritt. In der Regel sollen die Unterlaugen nicht mehr als 0,2 vH. freies Alkali enthalten; eine völlige Neutralisation ist jedoch nicht zu empfehlen und auch nicht gut angängig, da man alsdann Fettsäure oder Harz im Überschuß anwenden müßte. Handelt es sich um Unterlaugen von geschliffenen oder auf Leimniederschlag gesottenen Seifen, so wird man die zum Ausstechen nötige Fettsäure oder das Harz schon vor dem Aussalzen in den Leim geben, da dann für das Aussalzen des so erhaltenen, neutralen Seifenleims eine wesentlich geringere Kochsalzmenge als zuvor ausreichend ist.

Um einen höheren Preis für die Unterlaugen zu erzielen, zieht man es in vielen Fabriken vor, dieselben bis zu einer gewissen Konzentration, gewöhnlich bis 30° Bé, einzudampfen. Liegt eine Seifenfabrik weit von der Glyzerinfabrik entfernt, so fällt ja schon die ersparte Fracht für das durch das Eindampfen ausgeschiedene Wasser und Salz ins Gewicht. Da die Glyzerinfabriken außerdem aber entsprechend weniger Wasser zu verdampfen haben, können sie für solche konzentrierten Laugen auch einen besseren Preis bewilligen.

Die Fabriken, welche ihre Unterlaugen eindampfen, sind gewöhnlich besonders darauf eingerichtet. Wenn der Abdampf der Maschine oder die abziehenden Feuerungsgase der Kessel dazu benutzt werden können, so entstehen durch das Eindampfen auch keine besonderen Unkosten, ganz abgesehen davon, daß das gleichzeitig wiedergewonnene Salz zum Aussalzen anderer Seifen verwendet werden kann. Um einen größeren Glyzeringehalt der Unterlaugen zu erzielen, werden diese vielfach aber auch selbst zum wiederholten Aussalzen frischer Seifen verwendet, wodurch gleichzeitig auch an Salz gespart wird. Ein solches Vorgehen ist aber nur ratsam, wenn diese Unterlaugen wenig Schmutz-, Leim- und Eiweißstoffe enthalten.

Unterlaugen, die viel freies Alkali aufweisen, werden nach dem Erkalten dick und gallertartig, da sie alsdann auch noch erhebliche Mengen an Seife enthalten. Diese Tatsache hat früher dazu geführt, die Unterlaugen zu Walkextrakten einzudampfen, eine Verwertungsmöglichkeit, von der man heute jedoch ganz absieht, da es zweckmäßiger ist, dieselben ausschließlich auf Glyzerin zu verarbeiten.

Marseillerseife. Mit dem Namen Marseillerseife bezeichnet man eine aus minderwertigen, nicht mehr genußfähigen Baumölen, insonderheit Olivenölen, hergestellte, verschliffene Kernseife. Der Konsistenz und Farbe dieser Öle entsprechend fallen auch die daraus gefertigten Seifen aus. So gibt es z. B. schneeweiße, gelbe, grünlichweiße bis ziemlich grüne Marseillerseifen, doch werden auch hier die am wenigsten gefärbten Produkte am meisten geschätzt und am besten bezahlt.

Die aus den flüssigen Ölen hergestellten Seifen dieser Gattung zeigen die Eigenschaft großer Dünnflüssigkeit und tagelangen Warmbleibens, selbst wenn sie zuvor im Kern stark eingesotten waren. Man kann sie auch durch Ausschleifen beinahe wasserflüssig machen und bis zu acht Tagen und länger in diesem Zustande in der Form erhalten. Es liegt deshalb wohl in der Natur der Sache, daß solche Seifen sehr rein und neutral werden, weil sie lange Zeit haben, alle Unreinigkeiten und den größten Teil der überschüssigen Alkalien auszuscheiden, während im Gegensatz hierzu die aus harten Fetten hergestellten Kernseifen schon am zweiten Tage anfangen, am Rande der Formen zu erstarren.

Ziemlich sicherem Vermuten nach sind die Marseillerseifen wohl diejenigen, die zuerst fabrikmäßig in größeren Mengen hergestellt und von Marseille, ihrem Hauptproduktionsorte, aus in alle Weltgegenden versandt wurden. Daher rührt wohl auch der allgemein verbreitete Name als Bezeichnung für diese Seifensorte, der später jedem Produkte beigelegt wurde, das aus gleichen Materialien und auf gleiche Weise hergestellt wurde.

Da sich die Marseiller Seifen im Laufe der Zeit einen wohlverdienten Ruf erworben haben, hat man sich bemüht, nicht allein die Zusammensetzung des Ansatzes, sondern auch die Siedeweise der alten Marseiller Seifenfabriken, insonderheit das häufige Klarsieden und nachfolgende Ausschleifen der Seife nachzuahmen. Wie weiter unten dargelegt werden soll, ermöglicht es jedoch die Qualität der heutigen Alkalien, Seifen gleicher Güte auf weniger umständliche und zeitraubende Art anzufertigen.

Was die Öle betrifft, die zur Verseifung gelangen, so sind sie durch altes Herkommen derart fest bestimmt, daß es wohl niemandem einfallen wird, Marseiller Seifen ohne Verwendung von Baumölen herzustellen. Gute Ausbeuten und in den meisten Fällen auch ziemlich weiße Seifen geben besonders die sogenannten Satzöle, die sich, meist stearin- und palmitinhaltig, bei längerem Lagern an den Böden der Öllagerbassins absetzen und in der Seifenfabrikation Verwendung finden, während das obenaufstehende, klare Öl vornehmlich Nahrungszwecken dient. Es ist jedoch ganz ohne Nachteil, wenn man den Baumölansatz der Marseiller Seifen teilweise durch andere Öle und Fette zu ersetzen sucht. Ganz besonders gut eignet sich hier in erster Linie helles Oleïn, weil erwiesenermaßen die aus diesem hergestellten Seifen den aus Baumöl gesottenen durchaus gleich und ebenbürtig sind. Auch Erdnußöl läßt sich sehr gut bis zur Hälfte des Ansatzes als Ersatz für das Baumöl verwenden. Weniger gut, aber bis zu einem Viertel des Ansatzes noch verwendbar, zeigt sich Rinder- oder Hammeltalg, während die Mitverwendung von Baumwollsaatöl seiner trocknenden Eigenschaften wegen nicht empfehlenswert ist. Die damit hergestellten Seifen sind zwar vom Schnitt weg schön und tadellos; aber bei längerem Lagern läßt sich die Eigenschaft dieses Öles, in der Seife stark nachzufärben, trotz sorgfältiger Bleichung und regelrechter Verseifung nicht unterdrücken.

Das Sieden der Seife selbst ist ziemlich einfach, wenn man mit Ätznatron arbeitet, ganz gleich, ob man nur Baumöl oder andere Öle und Fette mitverwendet. Die Stärke der notwendigen Laugen richtet sich nach der Zusammenstellung des Ansatzes, ihre Menge wird durch Berechnung ermittelt.

100 kg 126—128 proz. Ätznatron ergeben bekanntlich 300 kg Lauge von 38° Bé, die ihrerseits zur Verseifung von 600 kg Öl oder Fett genügen. 1 kg Fett gebraucht demnach zur Verseifung $^1/_6$ kg Ätznatron, 100 kg Fett $^{100}/_6 = 16^2/_3$ kg Ätznatron. Kleine Unterschiede ergeben sich allerdings für diese Berechnung insofern, als der Verseifungswert der verschiedenen Fette nicht gleich ist; es genügen jedoch immerhin kleine Korrekturen, um das Verhältnis richtig zu stellen.

Die Verseifung selbst wird am besten mit 24grädiger Lauge durchgeführt, wenn mit Dampf gesotten wird, doch befördert es die Verbandbildung sehr, wenn man im Anfang gleich einige Töpfe Wasser mit in den Kessel gibt. Einem Dickwerden oder Zusammenfahren der Seife muß man natürlich durch Zugeben von Lauge begegnen. Wird der salzhaltige Leimkern vom vorhergehenden Sude mit verarbeitet, so ist ein Dickwerden der Seife weniger zu befürchten, ist dies nicht der Fall, so kann man der Masse während des Siedens etwas Salz zusetzen. Ist die ganze, für den Ansatz berechnete Lauge verarbeitet, so muß ein schöner, klarer Seifenleim im Kessel liegen, der schon guten Druck zeigt. Stich darf er nicht besitzen, widrigenfalls das Sieden fortzusetzen und, wenn nötig, kleine Fettmengen nachzugeben sind. Alsdann wird der Leim so weit abgesalzen, daß ein schöner, flotter Kern erhalten wird, der dem Marseiller Fabrikat entsprechend gegen Phenolphtaleïn vollkommen neutral ist. Die diesbezügliche Probe wird in der folgenden Weise ausgeführt: Von einer dem Kesselinhalt entnommenen, erkalteten Seifenprobe werden dünne Spänchen geschnitten, die in einem kleinen Probierglase oder -kolben mit reinem 50proz. Alkohol überschichtet und so lange geschüttelt werden, bis sich die Seife gelöst hat. Hierbei ist zu beachten, daß sich zum Auflösen der Seife der vorgeschriebene Alkohol nicht durch Wasser ersetzen läßt, weil sich die Seifen im Wasser in saures, fettsaures Alkali und Alkalihydrat zersetzen und letzteres dann auf das Phenolphtaleïn einwirkt[1]). In die alkoholische Seifenlösung wird alsdann etwas Phenolphtaleïnlösung eingetropft. Färbt sich die Seifenlösung rot, so ist die Seife noch alkalisch und in der oben erwähnten Weise so lange zu neutralisieren, bis die Rotfärbung verschwindet. Nun wird der Kessel gut zugedeckt und die Seife einen oder auch mehrere Tage der Ruhe überlassen. Wenn sie dann schön dünnflüssig und blank im Kessel liegt, wird sie geformt. Ein Ausschleifen des Kerns würde nur dann nötig sein, wenn derselbe zu salzhaltig und infolgedessen zu stramm wäre. Soll die Seife in Formen erkalten, so verwendet man vorteilhaft flache Behälter, wie

---

1) Vgl. S. 49.

beispielsweise niedrige Aufsätze, die man auf einen zementierten Boden auflegt.

Oben wurde schon erwähnt, daß sich gutes Talgoleïn und vornehmlich Erdnußöl ebenfalls bis zu einem gewissen Teile als Ersatz des Baumöls mit verwenden lassen. Ein solcher Ansatz[1]) wäre z. B.

325	kg	Baumöl,
165	„	Erdnußöl,
165	„	Talgoleïn,
$108^3/_4$	„	Ätznatron.

Bei der Mitverarbeitung von Oleïn bringt man vorteilhafterweise zunächst die Hälfte der zum Ansatz nötigen Lauge in den Kessel, läßt sie heiß werden und vermischt sie alsdann lediglich mit dem zur Verseifung bestimmten Oleïn. Erst wenn dieses vollkommen verseift ist und als kompakter Kern im Kessel liegt, bringt man allmählich die anderen Öle hinzu. Die Seife geht dann schon von selbst wieder in Leim, und man beendet das Sieden, wie oben beschrieben; nur hüte man sich, ein etwaiges Neutralisieren von überschüssigem Alkali mit Oleïn zu bewirken, da dasselbe nach dem Zugeben sofort in fein zerteiltem, halbverseiftem und schwammigem Zustande an die Oberfläche der Seife kommt und da ein oft stundenlanges Sieden nötig ist, um diese schwammigen Klumpen mit der übrigen Seife gleichmäßig zu verbinden.

In verschiedenen Seifenfabriken, in welchen Marseiller Seife in großen Mengen hergestellt wird, ist man dazu übergegangen, auch diese Seifen, wie alle anderen Kernseifen, aus Fettsäuren durch Karbonatverseifung herzustellen. Es handelt sich hierbei hauptsächlich um die grünen Marseiller Seifen, welche aus Sulfuröl erhalten werden und in der Textilindustrie in bedeutendem Umfang Verwendung finden. Da die Sulfuröle aber sehr oft einen großen Prozentsatz freier Fettsäuren enthalten, so ist es notwendig, jede Sendung auf ihren Gehalt an Neutralfett zu untersuchen und nach dem Ergebnis der Analyse zu berechnen, ob eine Spaltung des Öles noch lohnend ist. Werden die Unkosten der Spaltung durch den Glyzeringewinn gedeckt, so ist die Spaltung selbst noch zu empfehlen, denn es bleibt dann immer der Vorteil, der sich entgegen der Verseifung des ungespaltenen Öles mit Ätznatron durch die Verseifung der Fettsäure mit Ammoniaksoda ergibt. Eine Verseifung der vorhandenen Fettsäuren mit Ammoniaksoda für sich ist aber nicht empfehlenswert, da das gleichzeitig vorhandene Neutralfett die Verseifung und namentlich das Entweichen der frei werdenden Kohlensäure erschwert. Da man nun zur Verseifung von 100 kg Öl $16^2/_3$ kg Ätznatron benötigt, dagegen zur Verseifung von 95 kg Fettsäure (gleich 100 kg Neutralfett) 21 kg Ammoniaksoda, so ist die bei der Karbonatverseifung erzielte Ersparnis gleich der Preisdifferenz zwischen $16^2/_2$ kg Ätznatron und 21 kg Ammoniaksoda. Um ein Geringes verschiebt sich diese Preisdifferenz allerdings noch zuungunsten der Karbonatverseifung, weil auch hierbei die Schluß-

[1]) Alle angegebenen Ansätze, auch die für kaltgerührte und halbwarme Seifen, sind der schnelleren und leichteren Übersicht halber für je annähernd 1000 kg Fertigfabrikate berechnet.

abrichtung mit Ätzlauge ausgeführt werden muß, damit das in der Fettsäure stets noch vorhandene Neutralfett ebenfalls verseift wird.

Soll die Verseifung mit Ammoniaksoda zur Ausführung kommen, so ist das folgende Siedeverfahren anzuwenden. Der Ansatz soll aus etwa 615 kg Fettsäure bestehen und diese Fettsäure noch 5 vH. Neutralfett enthalten. Zur Verseifung der 584 kg Fettsäure würden daher 129 kg hochgrädige Ammoniaksoda und zur Verseifung der 31 kg Neutralfett $5^1/_7$ kg Ätznatron benötigt werden. In der Praxis läßt sich aber die vollkommene Verseifung der vorhandenen Fettsäure mit Ammoniaksoda nicht gut durchführen, auch würde man dabei leicht Gefahr laufen, daß freies kohlensaures Alkali in der Seife verbliebe, was dann wieder die Schlußabrichtung erschweren würde. Man berechnet deshalb die Ammoniaksoda nur auf 90 vH. Fettsäure, bei 615 kg Ansatz also auf 554,5 kg Fettsäure, welche zu ihrer Verseifung 116,5 kg hochgrädige Ammoniaksoda benötigen. Diese wird direkt im Siedekessel aufgelöst und die Lösung auf 30° Bé, oder sofern hochgespannter Dampf nicht verfügbar ist, noch etwas stärker eingestellt, weil durch schwachen Dampf viel Wasser in den Kessel kommt. Sobald die Sodalösung am Kochen ist, läßt man die Fettsäure von Anfang an in ziemlich dickem Strahl zulaufen. Dieselbe verseift sich sofort und darf ununterbrochen nachfließen, wenn die Masse durch guten Dampf kräftig im Sieden erhalten wird. Wenn kein Leimkern mitverarbeitet wird, so empfiehlt es sich außerdem, beim Sieden 2—3 vH. Salz mit zu verwenden; es bildet sich dann sogleich ein Kern, und die freiwerdende Kohlensäure kann leichter entweichen, so daß die Seife nur wenig steigt. Notwendig ist dieser Salzzusatz indessen nicht, da mancherseits auch die Ansicht vertreten wird, daß jeder Salzzusatz der Verseifung hinderlich ist.

Ist der gesamte Ansatz im Kessel, so muß gekocht werden, bis alles Alkali verseift und sämtliche Kohlensäure frei geworden und ausgetrieben ist. Die Prüfung der Seife erfolgt wiederum mit Phenolphtaleïnlösung. Die Kohlensäure gilt als ausgetrieben, wenn die Masse nicht mehr steigt und die Bildung von Bläschen nicht mehr in Erscheinung tritt. Nunmehr kann die zur Verseifung der noch verbliebenen $60^1/_2$ kg Fett nötige, am besten 25° Bé starke Lauge hinzugegeben werden. Die Seife erhält darauf ein ganz anderes Aussehen, sie verliert das Kernige, siedet normal in Platten, wie eine mit Ätzlaugen aus Neutralfetten gesottene Seife und wird dann ebenso abgerichtet, wie vorher beschrieben wurde. Man läßt dieselbe nun entweder über Nacht im Leim stehen, um am anderen Morgen die Abrichtung nochmals nachprüfen zu können, oder man salzt aus und läßt die Unterlauge bis zum anderen Tage gut absetzen. Nach 24 Stunden wird die letztere abgelassen oder ausgepumpt und der Kern mit heißem Wasser oder schwachem Salzwasser verschliffen, bis eine schöne, schliffige Kernseife im Kessel liegt, die alsdann in üblicher Weise weiter behandelt wird.

Palmölseifen. Das in der Seifenfabrikation beliebteste Pflanzenfett ist wohl das Palmöl, das seiner talgähnlichen Beschaffenheit und seines angenehmen Geruches halber schon seit langen Jahren eine sehr bedeutende Verwendung gefunden hat und auch heute noch viel und mit besonderer Vorliebe zu Seifen verarbeitet wird.

Wie schon eingangs erwähnt[1]), kommt das Palmöl in verschiedenen Sorten von größerer oder geringerer Reinheit in den Handel, deren Farbe von Tieforange bis Gelbbraun variiert; die besten Sorten sind das Lagos-, Old Calabar- und das gereinigte Cameroonöl. Das Öl wird aber verhältnismäßig wenig in rohem Zustande verarbeitet, sondern zunächst gewöhnlich einer Bleiche unterworfen, um Farbstoff und andere Unreinigkeiten zu beseitigen. Seines hohen Gehaltes an Palmitin und seiner leichten Verseifbarkeit halber findet es allein, meistens aber in Gemeinschaft mit anderen Fetten, wie Talg, Knochenfett, Oleïn, Kammfett, Palmkernöl usw., die vorteilhafteste Verwendung bei der Herstellung von Kernseifen, die sich vornehmlich in den verschiedenen Zweigen der Textilindustrie, daneben aber auch im Haushalt großer Beliebtheit und bedeutenden Verbrauchs erfreuen.

Reine Palmölkernseife wird in derselben Weise hergestellt wie Talgkernseife. Wird mit direktem Feuer gearbeitet, so nimmt man 14grädige Lauge zur Verseifung, beim Sieden mit Dampf dagegen 18—20grädige. Wenn alles Öl verseift ist, muß ein schöner, klarer Seifenleim im Kessel liegen. Hält sich eine Probe desselben, auf die Glasplatte genommen, bis zum Erkalten klar und zeigt, an die Zunge gehalten, leichten Stich, so kann die Sättigung des Leimes mit Alkali als vollendet angesehen werden. Man siedet nun den Leim entweder noch ganz schaumfrei und trennt dann vorsichtig durch Salz oder 24grädiges Salzwasser oder man siedet den Leim nicht völlig schaumfrei, sondern salzt ihn aus, sobald er gut spinnt, und siedet den Kern klar, nachdem man einen Teil der Unterlauge entfernt hat.

Wünscht man eine marmorierte Seife, so gibt man den etwas angeschliffenen und gefärbten Kern in die Form, krückt mit dem Rührscheit durch und deckt gut zu. Soll eine glatte Seife hergestellt werden, so verschleift man den Kern mit heißem Wasser, bis er so flüssig ist, daß alle in der Seife enthaltenen Unreinigkeiten in die Unterlauge gehen können.

Eine aus Palmöl hergestellte Seife entwickelt bald einen angenehmen Veilchengeruch und gibt beim Gebrauch einen schönen, fetten Schaum. Da aber aus reinem Palmöl hergestellte Seifen stets etwas hart und spröde sind, verarbeitet man das Öl in der Regel mit weicheren Fetten zusammen oder auch mit 15—20 vH. Harz im Fettansatz.

Stettiner Palmöl-Hausseife. 460 kg gebleichtes Palmöl, 115 kg Knochenfett und 85 kg helles Harz werden wie vorher beschrieben verseift. Nach vollendeter Abrichtung, d. h. wenn der Harzseifenleim klar ist und leichten Stich zeigt, wird ausgesalzen und klargesotten. Nach mehrstündigem Stehen im bedeckten Kessel und gutem Absetzen der Unterlauge wird der strotzige Kern in kleine, niedrige Formen geschöpft, damit er schnell erkaltet. Die Seife wird in längliche, viereckige Stücke geschnitten und auf allen vier Seiten gepreßt.

---

[1]) Siehe S. 107.

Palmöl-Harzseife. Die Palmöl-Harzseife hat ein schönes, wachsähnliches Aussehen, ist infolge ihres Harzgehaltes leicht löslich und zeigt in der Wäsche ein gutes Schaum- und Reinigungsvermögen, so daß sie im Haushalt gern und viel Verwendung findet. Ein guter Ansatz zu dieser Seife würde bestehen aus 460 kg gebleichtem Palmöl, 45 kg rohem Palmöl und 160 kg Harz, doch kann ein Teil des gebleichten Palmöls auch durch ein anderes Fett ersetzt werden. Das Öl wird mit 18—20grädiger Lauge verseift, während das Harz erst dem ausgesalzenen Kern hinzugegeben und erst dann ebenfalls mit 20grädiger Ätznatronlauge verseift wird. Allerdings kann man das Harz auch schon vor dem Aussalzen dem Seifenleim beifügen, doch geht es dann weniger leicht in Lösung. Der Seifenleim soll nun ganz leichten Stich haben und die Glasprobe muß „rutschen", d. h. sich auf dem Glase schieben lassen und etwas Feuchtigkeit zeigen. Wenn ausgesalzen ist, soll ein schaumfreier Kern im Kessel liegen, anderenfalls muß noch klargesotten werden. Wird eine marmorierte Seife gewünscht, so wird der dicke Kern, nach gutem Absetzen der Unterlauge, in die Form geschöpft und gut bedeckt, will man dagegen eine glatte, silberstrahlige Seife erhalten, so muß man den klargesottenen Kern erst schleifen. Man entfernt zu diesem Zweck den größten Teil der Unterlauge und fügt dem Kern heißes Wasser hinzu, bis er wieder vollständig gelöst und blank im Kessel liegt, während die Unterlauge eben beginnt, dick zu werden. Eine herausgenommene Seifenprobe muß sich dann genügend fest zeigen und darf keinen Stich besitzen. Das Schleifen erfordert jedoch eine gewisse Vorsicht, damit die Seife nicht zu leimig wird, Leim absetzt und alsdann zu weich bleibt.

Palmitinseife. Unter dem Namen „Palmitinseife" wird eine Seife in den Handel gebracht, welche hauptsächlich aus Palmölfettsäure und einem geringeren Teil anderer Fette hergestellt wird. Ein passender Ansatz hierzu würde bestehen aus 3 Teilen Palmölfettsäure und 1 Teil hellem Oleïn. Es ist jedoch nicht leicht, helle Palmölfettsäuren zu erhalten, denn das gebleichte Palmöl dunkelt beim Spalten wieder nach, und aus rohem Palmöl hergestellte Fettsäuren sind an sich sehr dunkel und nur durch nachfolgende Destillation rein weiß zu gewinnen. Ein Ansatz, der jedoch nur aus Fettsäure besteht, wird natürlich am zweckmäßigsten mit kohlensaurem Alkali verseift. Man hat daher zunächst den Prozentgehalt der Fettsäure festzustellen und danach den Verbrauch an kalzinierter Soda (Ammoniaksoda) zu berechnen, indem man auf je 100 kg Fettsäure 21 kg kalzinierte Soda ansetzt. Angenommen also, man hat einen Gehalt von 90 vH. freier Fettsäure ermittelt, so sind bei einem Ansatz von 1000 kg $9 \times 21 = 189$ kg kalzinierter Soda erforderlich. Diese löst man in Wasser auf 30—33° Bé, läßt aufkochen und alsdann die Fettsäure langsam zufließen. 1—2 vH. Salz, während des Siedeprozesses beigegeben, hält die Masse hübsch locker und verhindert allzu starkes Steigen. Ist die Fettsäure im Kessel, so wird das Sieden fortgesetzt, bis die Masse nicht mehr steigt und Kohlensäurebläschen nicht mehr durchstoßen; dann wird mit Phenolphtaleïn geprüft, ob auch alles kohlensaure Alkali gebunden, und wenn dies der Fall ist, mit Ätzlauge abgerichtet, wozu noch etwa 100 kg 25grädige Lauge gebraucht werden. Die Seife wird dann ausgesalzen und der Kern nach Entfernung der Unterlauge verschliffen, bis sich Leim absetzt. Nach 24stündiger Ruhe im warm bedeckten Kessel wird die Seife in die gut geschützte Form gebracht. Beim Anschneiden zeigt sie ein silberstrahliges Aussehen und besitzt einen angenehmen Geruch.

Oberschalseife. Die Verbreitung der sogenannten Oberschalseifen ist nur eine beschränkte geblieben; als Hauptabsatzgebiet dürfte Berlin zu bezeichnen sein, wo diese Seifen gewissermaßen als Spezialität hergestellt werden. Die Fabrikation derselben ist auf ein altes Vorurteil zurückzuführen, demzufolge man die oberste Schale einer Form Seife, sowie die Randstücke für besonders wertvoll hielt, weil sie relativ trocken sind und einen höheren Fettgehalt besitzen als der innere Kern. Da also nach diesen Stücken große Nachfrage war, kam man auf den Gedanken, dieselben direkt nach einem besonderen Verfahren anzufertigen.

Das Sieden der Oberschalseife wird nach Art der Talgkernseife ausgeführt, jedoch mit dem Unterschiede, daß die Oberschalseife ein glattes, flußfreies Aussehen erhalten muß und deshalb in ganz niedrigen Kasten geformt wird. In der Regel werden mehrere Sorten von Oberschalseifen hergestellt, die nach ihrer Qualität verschieden sind und zu abweichenden Preisen in den Handel kommen. Die beste und teuerste Seife dieser Art ist jedoch die reine Palmöl-Oberschalseife.

Wie schon der Name besagt, wird sie nur aus Palmöl bester Qualität angefertigt, das zuvor mit Hitze und Luft gebleicht wird. Das Bleichen mit Säure ist hier nicht zu empfehlen, weil bei diesem Verfahren der schöne Geruch des Palmöls verloren geht und auch in der fertigen Seife nicht wieder in Erscheinung tritt. Da das Aussehen der Palmöl-Oberschalseife gelblich sein soll, verwendet man weiter bei dem Ansatz etwas rohes Palmöl zum Färben, je nach dem Ausfall der Bleiche und dem Geschmack der Konsumenten entsprechend. Ein Ansatz aus 640 kg gebleichtem und 6,5 kg rohem Palmöl gibt eine schöne, hellgelbe Färbung. Zum Sieden wird eine Durchschnittslauge von 20° Bé verwendet. Wird mit freiem Feuer gearbeitet, so nimmt man eine schwächere, 10—12grädige Lauge, um den Verband einzuleiten, und arbeitet dann mit 20grädiger Lauge weiter; bei Anwendung von direktem Dampf kann man aber gleich von Anfang an 20grädige Lauge verwenden. Um ein Dickwerden der Masse zu verhüten, gibt man, sobald guter Verband eingetreten ist, nach und nach etwa 2 vH. Salz in Form von starkem Salzwasser hinzu und fährt mit der Laugenzugabe fort, bis der Seifenleim einen guten, aber nicht zu scharfen Stich aufweist. Sollte während des Siedens durch zu schnelle Hinzugabe von Lauge eine Trennung des Leimes stattgefunden haben, obwohl noch ein größerer Teil derselben zur vollständigen Sättigung erforderlich ist, so überläßt man die Masse eine Zeitlang der Ruhe oder setzt topfweise bei langsamem Durchsieden reines Wasser hinzu, bis sich die Seife wieder gut verbunden hat. Erst dann fährt man mit dem weiteren Zusatz der Lauge fort. Ist die Seife völlig klar geworden, so zeigt sich beim Ablaufen vom Probespatel ein sehr transparenter, spinnender Leim, der jedoch wieder trübe und kurz abbrechend wird, sobald man die letzte, zur Abrichtung notwendige Lauge hat einlaufen lassen. Wenn man in diesem Stadium den reinen Probespatel in die schaumfrei durchstoßende Seife eintaucht und schnell wieder heraushebt, so wird sich an den Seiten der anhaftenden Seife sofort ein weißer Rand bilden, der sich nach kurzer Zeit über die ganze, mit Seife bedeckte Spatelfläche ausdehnt. Dieser sogenannte Laugenrand, das Trübwerden des vorher klaren Seifenleims, das kürzere Abbrechen, sowie das kurz spinnende, mehr tropfenartig sich gestaltende Ablaufen vom Probespatel sind die sichtbaren Zeichen, daß die Seife genügend mit Lauge gesättigt ist. Auf die Herstellung eines gut verbundenen Leims hat man aber, wie bei allen Seifen, auch bei den Oberschalseifen besonderen Wert zu legen. Denn eine mangelhaft verseifte, noch freies Fett enthaltende, reine Palmölseife würde nach längerem Lager nicht den verlangten, veilchenartigen Geruch besitzen, sondern infolge des unverseift gebliebenen Fettes unangenehm ranzig riechen.

Bei Verwendung reiner Ätzlauge würden zur Verseifung des obigen Ansatzes und zur Abrichtung auf guten Stich 810 kg 20grädiger Lauge erforderlich sein. Mit dem Urteil über die endgültig erfolgte Laugenabrichtung des Leims darf man jedoch nie zu voreilig sein, da sich die verwendete Lauge mit dem Öl erst allmählich verbindet, und eine zu frühe Prüfung des Stiches leicht zu einem Irrtum Veranlassung geben kann.

Genügt aber die Abrichtung des Leims den berechtigten Ansprüchen, so wird die Seife ausgesalzen. Auf obigen Ansatz von 646,5 kg werden zum Trennen ungefähr 48 kg Salz erforderlich sein. Die Unterlauge muß sich nunmehr goldklar abscheiden und vom Probespatel nicht mühsam tropfenweise, sondern stark fließend ablaufen. Während des Aussalzens ist das Feuer bzw. der Dampf nur schwach zu halten, starkes Sieden befördert die Trennung nicht; auch muß man dem Salz Zeit lassen, sich zu lösen. Sobald aber ein Teil des Salzes der Seifenmasse so viel Wasser entzogen hat, daß sich Brühe bildet, geht der weitere Trennungsprozeß schnell von statten. Sind Abfälle vorhanden, so bringt man sie gleich nach dem Aussalzen in den Kessel und entfernt alsdann einen Teil der Unterlauge durch Auspumpen, indem man nur so viel davon im Kessel beläßt, als zum Weitersieden nötig ist. Auf knapper Unterlauge siedet die Seife leichter und schneller zu einem strammen Kern und gebraucht außerdem auch weniger Salz zur Fertigstellung. Bei kleineren Ansätzen und vielen Abfällen ist ein Ablassen der Unterlauge nicht nötig; es ist dann selten zuviel davon im Kessel, weil die Abschnitte einen Teil der Feuchtigkeit aufnehmen. Vielfach wird die Unterlauge aber auch vollständig entfernt und durch frisches Salzwasser ersetzt. Man bezweckt damit eine größere Reinigung der Seife, die besonders dann notwendig ist, wenn schmutzige, leimhaltige Fette mit versotten werden. Die Unterlauge reiner Palmölseifen ist jedoch in der Regel so klar, daß man ohne Bedenken auf einem Wasser fertig sieden kann.

Die zum Aussalzen verwandte Menge Salz ist aber nicht genügend, um der fertigen Seife diejenige Beschaffenheit zu geben, die von einer Oberschalseife verlangt wird. Diese muß nämlich frisch vom Schnitt ein glattes, flußfreies Aussehen zeigen, dabei aber Geschmeidigkeit genug besitzen, um auf dem Lager nicht aufzureißen. Zu obigem Ansatz werden daher noch etwa 30 kg Salz, unter Umständen noch mehr, nachzugeben sein.

Um sich von der Beschaffenheit der Seife zu überzeugen, nimmt man aus der Mitte des Kessels mit einem unten fein durchlöcherten Schöpfer den schaumfreien Kern heraus, läßt ihn mehrere Minuten stehen, damit die Lauge abzieht, und setzt dann nach vorherigem Umrühren größere Posten der Seife gehäufelt auf besonders dazu angefertigte Holzspatel auf. Wenn nach ungefähr zehn Minuten die obere Kruste der Seife erkaltet ist, kann man durch Entfernen derselben an der inneren Seifenmasse erkennen, ob sie noch zu flüssig ist oder nicht. Bleiben diese Proben so lange liegen, bis sie durch und durch abgekühlt sind und eine schnittfähige Seife liefern, was nach Verlauf etwa einer Stunde der Fall ist, so läßt sich nach dem horizontalen Durchschneiden der Probe noch besser beurteilen, ob die Seife die richtige Beschaffenheit besitzt. Zeigen sich nämlich in der Mitte nur wenige, aber deutlich sichtbare Flußadern, so fehlt noch Salz, erscheint die durchgeschnittene Probe stark mit Flußadern bis zum Rande hin durchzogen, so daß die Probe ein buntes Aussehen erhält, so ist ebenfalls noch weiterhin Salz hinzuzugeben. Zeigt jedoch die Schnittfläche der Proben ein ganz glattes Aussehen, ohne jede Spur einer Flußbildung, und hat die Seife so viel Geschmeidigkeit, daß sie sich, in längere, ganz dünne Streifen geschnitten, leicht zusammenrollt, so kann sie als gut getroffen bezeichnet werden.

Wenn aber die erkaltete Probe kurz und bröcklig ist, so ist schon zuviel Salz zur Anwendung gekommen. In diesem Falle gibt man reines Wasser in den Kessel, läßt kurze Zeit hochsieden, um eine gleichmäßige Verteilung zu erzielen, und stellt danach wieder an neuen Proben fest, ob die Seife nunmehr die eben beschriebene, richtige Beschaffenheit besitzt. Sobald die Proben dies anzeigen, wird das Feuer entfernt, ganz gleich, ob noch viel oder wenig Schaum auf der Seife vorhanden ist und die Seife vor dem Ausschöpfen mehrere Stunden oder über Nacht der Ruhe überlassen, indem man gleichzeitig für gute Kühlung sorgt.

Die Oberschalseifen werden in flachen Holzkasten von etwa 1,5 m Länge, 0,67 m Breite und 0,13 m Höhe geformt, die man nur so weit anfüllt, als es die Stärke der Riegel erfordert. Nach dem Ausgießen wird die Oberfläche der Seife im Kasten glatt gestrichen und mit einem kleinen, spitzen Holzstabe geblumt.

Die aus reinem Palmöl angefertigte Oberschalseife hat einen sehr angenehmen Geruch, ist vom Schnitt weg sehr fest, trocknet aber muldenartig ein. Die Ausbeute beträgt etwa 155 vH.

In bezug auf die Qualität kommt der vorbeschriebenen Seife am nächsten die Palmöl-Oberschalseife I. Sie wird zum größten Teil aus Palmöl mit Zusätzen von Talg und Schmalz angefertigt. Als Anhalt diene folgender Ansatz:

430 kg gebleichtes Palmöl,
6,5 „ rohes Palmöl,
130 „ Talg,
85 „ helles, geruchfreies Schmalz.

Bei hohen Einstandspreisen läßt sich Talg auch gänzlich entbehren und durch andere gute, aber preiswertere Fette, gehärtete Öle u. dgl. ersetzen. Wenn Palmöl in gebleichtem Zustande, d. h. unter Berücksichtigung des beim Bleichen entstehenden Gewichtsverlustes, erheblich teurer zu stehen kommt, als andere gleichwertige Fette, so kann auch dieses bis auf die Hälfte des Gesamtansatzes reduziert werden. Bedingung ist aber, daß sowohl die frische, wie die trockene Seife den charakteristischen Palmölgeruch aufweist.

Die gangbarste Seife der genannten Art ist jedoch die Palmöl-Oberschalseife II. Der Ansatz hierzu ist ein sehr verschiedenartiger, je nach der Konjunktur der Fette und den Ansprüchen, die von der Kundschaft an den Lieferanten gestellt werden. Zur Orientierung dienen folgende Ansätze:

410 kg Listerfett[1]),
200 „ Naturknochenfett,
42 „ Palmkernöl,
6,5 „ rohes Palmöl.

65 kg gebleichtes Palmöl,
6 „ rohes Palmöl,
215 „ Listerfett I,
215 „ Listerfett II,
155 „ helles Schlächterfett.

120 kg gebleichtes Palmöl,
8 „ rohes Palmöl,
60 „ Palmkernöl,
80 „ Benzinknochenfett,
120 „ Darmfett,
60 „ Kammfett,
215 „ Schlächterfett.

165 kg gebleichtes Palmöl,
75 „ Kottonöl,
165 „ Listerfett II,
110 „ Darmfett,
130 „ Kammfett,
9 „ rohes Palmöl.

Eines der geeignetsten Fette für sekunda Oberschalseifen ist das Listerfett. Es ist in Konsistenz, Farbe, Geruch und Ausbeute sehr passend und ergibt eine schöne, geschmeidige und bei verhältnismäßig wenig Salzverwendung flußfreie Seife. Bei Verarbeitung von viel Kottonöl erhält man im Gegensatz hierzu eine schwammige, leicht lösliche Seife, die auch beim Lagern ungleichmäßig eintrocknet. Wird neben Kottonöl gleichzeitig Palmkernöl verwandt, so verbessert sich dadurch wohl die Festigkeit, nicht aber die Qualität, welche in erster Linie nach der Widerstandsfähigkeit der Seife beurteilt wird. Dem Aussehen nach kann eine Oberschalseife, die Kottonöl und Palmkernöl enthält, aber nicht beanstandet werden, da dasselbe frisch vom Schnitt als sehr gut zu bezeichnen ist. Benzinknochenfett überträgt seinen unangenehmen Eigengeruch auch auf die Seife, weshalb die Mitverwendung dieses Fettes nicht überall angängig sein wird. Das gleiche gilt für Darmfett; dieses hat ebenfalls einen schlechten Geruch, so daß der

[1]) „Listerfett“ ist amerikanisches Knochenfett; man unterscheidet 3 Qualitäten, die man als Listerfett I, II und III bezeichnet.

Zusatz solchen Fettes am besten unterbleibt. Reines Kammfett dagegen ist in dieser Hinsicht nicht zu beanstanden und gibt der Seife ein gutes Aussehen und mehr Geschmeidigkeit.

Eine weitere Seife der gleichen Art wird unter dem Namen Talgoberschalseife in den Handel gebracht. Der Ansatz besteht lediglich aus reinem, weißem Talg von bester Qualität. Der Hauptwert wird hier auf möglichst weiße Farbe gelegt, weshalb die größte Sauberkeit bei ihrer Anfertigung geboten ist. Falls der Talg nicht von ganz reiner Beschaffenheit ist, muß er vorher auf schwachem Salzwasser geläutert werden.

Die Anfertigung der Seife erfolgt in der gleichen Weise wie die der vorbesprochenen Palmöl-Oberschalseifen. Bei sehr hartem, stearinhaltigem Talg muß man aber mit der Salzzugabe sehr vorsichtig sein, da oft schon 26 kg Salz für einen Ansatz von 650 kg Fett genügen, um eine glatte, flußfreie Seife herzustellen. Am besten ist es auch hier, die Seife so mit Salz abzurichten, daß beim Anschnitt noch vereinzelte Flußadern wahrzunehmen sind. Eine Talg-Oberschalseife, die sich frisch vom Schnitt gänzlich frei von Fluß zeigt, neigt, wenn sehr harter Talg verarbeitet wurde, leicht dazu, auf dem Lager aufzureißen. Wird auf die weiße Farbe der Seife weniger Gewicht gelegt, so verwendet man neben Talg auch helle Knochen- oder Schmalzfette.

Um der Nachfrage nach billigen, weißen Oberschalseifen genügen zu können, fertigt man vielfach auch eine Oberschalseife III an. Diese wird meistens in der Weise hergestellt, daß eine sekunda Palmöl-Oberschalseife durch eine Palmkernöl-Leimseife zu einer höheren Ausbeute gebracht wird.

Eine Vorschrift ist folgende:

440	kg	Grundseife oder Abschnitte II. Qualität,
226	,,	Palmkernöl,
4	,,	rohes Palmöl,
20	,,	Natronwasserglas,
310	,,	Ätznatronlauge von 25° Bé.

Das Wasserglas mischt man mit der Lauge im Kessel und gibt dann die Grundseife oder die Abschnitte hinzu. Sobald alles zergangen ist, wird das Palmkern- und Palmöl bei leichtem Feuer eingebracht und der Verband, möglichst ohne Aufkochen, durch Krücken herbeigeführt. Falls die Verbindung trotz längeren Durchkrückens nicht vor sich gehen will, ist Wassermangel vorhanden. Man gibt dann kleinere Mengen von Wasser hinzu, bis der Verband eintritt. Die gut verbundene, gleichmäßig durchgekrückte Seife muß einen guten, mittleren Stich aufweisen, andernfalls ist noch etwas Lauge nachzugeben. Beim Formen ist darauf zu achten, daß die Seife nicht zu heiß in die Oberschalkasten kommt, da sonst leicht ein Absetzen von Unterlauge erfolgt. Man krückt die Seife zweckmäßig so lange, bis sie sich netzartig durchzieht, eine Erscheinung, die den Beginn des Erstarrungsprozesses anzeigt. Die Ausbeute dieser Oberschalseife III beträgt etwa 190 vH.

Oleïnkernseife. Wie bereits eingangs erwähnt, erhält man bei der Stearinfabrikation als Nebenprodukt das Oleïn, das seit langen Jahren als vorzüglicher Rohstoff in der Seifenfabrikation Verwendung gefunden hat. Die daraus hergestellten Seifen werden namentlich in der Textilindustrie, aber auch im Haushalt mit Vorliebe verwandt. Da das Saponifikatoleïn meistens noch einen gewissen Prozentsatz an Stearinsäure enthält, gibt es ziemlich feste Seifen und auf 100 kg Ansatz etwa 150 kg Ausbeute (Kernseife), während man aus dem Destillatoleïn, bei oft geringerer Ausbeute, in der Regel ein weicheres Fabrikat erhält. Das letztere findet daher gewöhnlich nur in Gemeinschaft mit Palmkernöl bei der Herstellung glatter Kernseifen Verwendung.

Am vorteilhaftesten und einfachsten erfolgt die Herstellung der Oleïnkernseife durch Karbonatverseifung, wie sie bereits bei Besprechung der Marseillerseife beschrieben ist. Nach erfolgter Abrichtung wird der Seife Salz zugegeben, bis ein schaumfreier Kern entsteht. Die Unterlauge wird, nachdem sie sich gut abgesetzt hat, ausgepumpt oder abgelassen und durch etliche Töpfe schwacher Lauge ersetzt. Mit letzterer läßt man den Kern noch einige Zeit sieden, damit er sich vollständig mit Alkali sättigen kann. Alsdann wird die Seife mit Wasser so weit verschliffen, daß die Unterlauge leicht zu leimen beginnt, und nunmehr gut bedeckt einer 12—18stündigen Ruhe überlassen. Schließlich wird sie vorsichtig von dem geringen Niederschlag abgeschöpft oder abgepumpt. Die Formen werden gut bedeckt.

Eine so hergestellte Seife zeigt beim Schneiden ein schönes, silberstrahliges Aussehen, ist zart und ziemlich fest. Soll die Oleïnkernseife aber in Form einzelner Waschstücke gepreßt oder gestempelt werden, so läßt man sie 24—36 Stunden im Kessel stehen und krückt sie dann in der Form bis zum Erkalten, um auf diese Weise ein ganz glattes Fabrikat zu erzielen. Will man ferner die Festigkeit einer Oleïnkernseife durch den Zusatz von gebleichtem Palmöl u. dgl. erhöhen, so ist zunächst das Oleïn für sich zu verseifen und erst dann, wenn ein Überschuß an kohlensaurem Alkali nicht mehr vorhanden ist, das Zusatzfett selbst und die für seine Verseifung nötige Menge Ätzlauge hinzuzusetzen.

Reine Oleïnkernseife ist frisch ziemlich weich, von hellbrauner Farbe und besitzt einen angenehmen, süßlichen Geruch; beim Eintrocknen erhärtet sie jedoch und ist bei einem Trockenverlust von etwa 12—15 vH. von genügender Festigkeit. Bei längerem Liegen bleicht sie gut aus und nimmt eine wachsgelbe bis blonde Farbe an.

Walkfett-Kernseife. Diese Seife, welche größtenteils aus Walkfett hergestellt wird, findet wegen ihres teilweise hohen Fettgehaltes in der Tuchindustrie, sowie im Haushalte als gute Vorwasch- oder Küchenseife Verwendung, sofern man sich an Farbe und Geruch nicht stößt.

Wie bereits erwähnt, wird das Walkfett aus dem Seifenwasser der Tuchfabriken gewonnen und ist in der Regel nach einer zweckentsprechenden Vorreinigung[1]) ein hell- bis dunkelbraunes Produkt von unangenehmem Geruch. Der Wert des Walkfettes ist jedoch ein sehr verschiedener, je nachdem in den Tuchfabriken, aus denen es stammt,

[1]) Vgl. S. 137.

beste oder geringere Seifensorten verwandt wurden und je nach der Menge der darin vorhandenen unverseifbaren Bestandteile. Die Farbe des Fettes bedingt gewöhnlich ein Sieden auf mehreren Wassern, ohne daß hierdurch aber das Aussehen der Seife ein voll befriedigendes wird. Viele Fabriken sind daher dazu übergegangen, das Walkfett zu destillieren und bringen es dann als festes, weißes Oleïn in den Handel. In dieser Form läßt sich das Walkfett leicht in ähnlicher Weise wie das Oleïn selbst verseifen, und man kann unter Umständen eine recht gute Kernseife daraus erhalten. Meist wird es aber mit mehr oder weniger großen Mengen anderer Hartfette versotten, wodurch die Seifen einen besseren Griff und ein besseres Aussehen erhalten.

Die vorteilhafteste Art der Verseifung für dieses Fett ist naturgemäß die Karbonatverseifung, die in der schon beschriebenen Weise ausgeführt wird. Auf 100 kg Walkfett werden 21 kg kalzinierte Soda benötigt, die in Wasser zu einer 30grädigen Lauge aufgelöst werden. Die Lösung wird zum Sieden gebracht und mit dem flüssigen Walkfett allmählich versetzt; während des Siedeprozesses gibt man weiter 2—3 vH. Salz hinzu, wodurch ein zu starkes Steigen der Masse verhindert wird. Ist die Fettsäure im Kessel, so wird die Kohlensäure vollständig ausgetrieben und das Ganze dann mit 25grädiger Ätzlauge auf leichten Stich abgerichtet. Sollen noch andere Fette, z. B. Knochenfett, Abfallfett oder auch Harz, mitverarbeitet werden, so können diese, nebst der dazu nötigen Menge Lauge nunmehr hinzugegeben werden, vorausgesetzt, daß das Walkfett nicht zu dunkel oder zu stark verunreinigt war. Letzterenfalls ist es besser, die Walkfettseife auszusalzen, nach genügendem Absetzen die Unterlauge zu entfernen und dann erst die für den weiteren Fettansatz erforderliche Lauge beizugeben und fertig zu sieden. Die Seife wird dann in gewohnter Weise abgerichtet, ausgesalzen und nach Entfernung der Unterlauge mit heißem Wasser, schwacher Lauge oder 4—5grädigem Salzwasser leicht verschliffen. Ein Klarsieden des Seifenkernes vor dem Ausschleifen ist nicht nötig.

Harz wird übrigens nur solchen Seifen zugesetzt, welche als Hausseifen Verwendung finden, zu Walkseifen aber nicht mitverarbeitet, da seine Seifen ein Verfilzen der Tuche hervorrufen.

Soll aus irgendeinem Grunde die Herstellung der Seife nicht durch Karbonatverseifung erfolgen, so wird ohne Abänderung des Siedeverfahrens selbst an Stelle der Sodalösung eine 25grädige Ätznatronlauge verwandt, und zwar auf 100 kg Walkfett 100 kg Lauge.

Wollfettseife. Unter dem Namen „Wollfett“ kommt ein braunes, klebriges, ziemlich festes Fett in den Handel, das aus der rohen Schafwolle dadurch gewonnen wird, daß man die aus der Wollwäsche anfallenden, seifenhaltigen Waschwässer durch Säuren zersetzt[1]). Auf Grund seiner chemischen Zusammensetzung gibt das Wollfett, für sich allein in der üblichen Weise versotten, aber keine brauchbare Seife, weshalb es in der Seifenfabrikation auch nur geringe Verwendung,

---

[1]) Vgl. S. 139.

meist nur als Zusatzfett zu den sogenannten Ökonomieseifen oder zu gewöhnlichen, dunklen Harzseifen, findet.

Ein passender Ansatz für eine solche Harzkernseife würde bestehen aus

265 kg Knochenfett,
55 „ Palmöl,
200 „ Wollfett,
50 „ Harz.

Knochenfett und Palmöl werden zuerst verseift, dann das Wollfett und das Harz nebst der erforderlichen Lauge hinzugegeben; nach beendeter Verseifung wird auf leichten Stich abgerichtet und ausgesalzen. Nach Entfernung der Unterlauge wird der Kern alsdann auf ein paar Töpfen heller Unterlauge oder Salzwasser schaumfrei gesotten und schließlich nach kurzer Ruhe in die Form gebracht, mit einem Stabe durchzogen und gut bedeckt.

Gleich dem Walkfett kann aber auch das Wollfett, insonderheit nach vorheriger Verseifung unter Druck, durch Destillation mit überhitztem Wasserdampf gebleicht und gereinigt werden. Einige der so erzielten Produkte werden als hochwertige Fettsäuren allen berechtigten Anforderungen gerecht, andere aber, die beispielsweise als „weißes Seifenfett" u. dgl. gehandelt werden, enthalten vielfach größere Mengen Wasser und Unverseifbares, weshalb beim Einkauf und der Verarbeitung stets Vorsicht geboten ist.

Harzkernseifen. Das Harz erfreut sich auf Grund seiner vorzüglichen Eigenschaften, insonderheit seiner leichten Verseifbarkeit, sowie der guten Löslichkeit und Schaumfähigkeit der daraus hergestellten Seifen halber, seit Jahren einer großen Beliebtheit in der Seifenfabrikation, so daß es heute in großen Mengen eingeführt und verarbeitet wird. Eine bedeutende Verwendung findet es vornehmlich bei der Herstellung von Kernseifen, die, je nach der Farbe und Reinheit des verwandten Harzes, ein helleres oder dunkleres Aussehen besitzen und nach den verschiedensten Methoden hergestellt werden. Nachstehend sollen einige Fabrikationsverfahren beschrieben werden.

Passende Ansätze für Harzkernseifen mit 30—50 vH. Harz sind folgende:

1. 455 kg Talg,	2. 240 kg Knochenfett,	3. 410 kg Talg,
70 „ rohes Palmöl,	190 „ Talg,	48 „ rohes Palmöl,
60 „ Harz.	50 „ rohes Palmöl,	230 „ Harz.
	190 „ Harz.	

Der Fettansatz wird mit 15—20grädiger Lauge, der Siedeweise mit Feuer oder mit Dampf entsprechend, verseift und ausgesalzen, sobald ein schöner klarer Seifenleim entstanden ist. Nach Entfernung der Unterlauge wird die für das Harz nötige Ätznatronlauge in Stärke von 20° Bé in den Kessel gegeben, und nachdem die Masse wieder zum Sieden gebracht ist, auch das Harz, gut zerkleinert, portionsweise beigemischt. Auf 100 kg Harz rechnet man 100 kg 20grädige Lauge. Nachdem das Harz vollkommen verseift ist, wird auf leichten Stich abgerichtet und mit Wasser oder schwachem, 3grädigem Salzwasser ein wenig verschliffen. Nach etwa 12stündiger Ruhe wird die Seife geformt und, falls eine glatte Seife erwünscht ist, in der Form noch kalt gekrückt.

Man kann die Seife aber auch in der Weise herstellen, daß man das Harz gleich von vornherein mitversiedet, die Seife etwas kräftiger abrichtet, dann schaumfrei eindampft und, ohne auszusalzen, nach kurzer Ruhe in die Formen bringt. Solche Seifen haben nur wenig Leimniederschlag und zeigen beim Anschnitt ein silberstrahliges Aussehen, lassen sich aber nur schwer zu gleichartigen Riegeln verarbeiten. Weiter können Harzkernseifen auch durch Karbonatverseifung hergestellt werden, wenn statt Neutralfett Fettsäure verarbeitet wird; das Herstellungsverfahren ist dann das schon mehrfach beschriebene.

Harzkernseife aus 100 Teilen Fett und 80 Teilen Harz. 385 kg Talg und 310 kg Harz werden mit 20—25grädiger Lauge zu einem klaren Leim versotten, der auf Stich abgerichtet wird. Hierauf salzt man den Leim so weit aus, daß eine klare Unterlauge beim Probenehmen vom Spatel abläuft, und siedet noch so lange, bis ein klarer Kern vorhanden ist. Nun läßt man die Seife gut bedeckt 24 Stunden zum Absetzen im Kessel stehen, entfernt alsdann die Unterlauge und schleift die Seife bis zum genügenden Flüssigsein mit heißem Wasser aus. Dieser Grundseife wird nunmehr zwecks Erhöhung der Festigkeit und der Sparsamkeit beim Verbrauch noch etwa 35 vH. Natronwasserglas eingekrückt; bei richtiger Beschaffenheit muß sie sich hierbei netzartig zeigen und darf nicht absetzen.

Harzkernseife aus 100 Teilen Fett und 100 Teilen Harz. 315 kg Talg und 35 kg rohes Palmöl werden mit 20—25grädiger Lauge verseift, zu einem klaren, schaumfreien Leim versotten, auf leichten Stich abgerichtet und dann ausgesalzen. Ist die gut abgesetzte Unterlauge entfernt, gibt man 315 kg 25grädige Ätznatronlauge und nach und nach 350 kg zerkleinertes Harz zu dem Kesselinhalt, läßt bis zur völligen Verseifung des Harzes einige Zeit sieden und richtet mit 25grädiger Lauge auf guten Stich ab. Die so erhaltene, ziemlich feste Seife wird alsdann nochmals von der Unterlauge getrennt, mit heißem Wasser gut ausgeschliffen und nochmals abgerichtet. Alsdann überläßt man sie warm bedeckt einer 24—36stündigen Ruhe. Nach deren Ablauf wird sie in die Form geschöpft und in dieser mit einer starken, etwa 36grädigen Lösung von Kristallsoda (5—6 kg auf 100 kg Seife) durchgekrückt, der man vielfach auch 1—2 kg Natronwasserglas zumischt, um ein Auswittern der Soda zu verhindern und ein besseres Aussehen der Seife zu erzielen.

Harzkernseife mit 100—120 vH. Harz. Der Ansatz für solche Seife besteht gewöhnlich aus Knochenfett. Man gibt, je nach der Größe des Ansatzes, einige Töpfe Unterlauge in den Kessel, dazu einige Töpfe 25grädige Ätznatronlauge und bringt etwaige Abfälle dazu. Ist ein Teil derselben gelöst, so kommen auch Fett und Harz in den Kessel. Man hält nun die Masse stets so, daß sie einer dicksiedenden Seife ähnlich sieht und gibt 25grädige Ätznatronlauge nach, je nachdem der Verseifungsvorgang dies erfordert. Auf 100 kg Fett werden 100 kg 25grädige

Lauge und auf 100 kg Harz etwa 80 kg Lauge benötigt. Siedet die Seife auffällig dick, so kann auch noch Unterlauge nachgegeben werden. Die fertige Seife muß einem dicken, braunen Teig ähnlich sein. Nimmt man ein Muster auf den Holzspatel, so läßt sich die Seife häufeln, ist ungewöhnlich heiß und bleibt erkaltet gleich dick, ohne Flußstreifen zu bilden. Die fertige Seife stößt keine Lauge, aber doch große Rosen durch, an denen man einige Spuren von Lauge wahrnehmen kann. Nach Fertigstellung deckt man den Kessel fest zu und formt am nächsten Morgen in langen, mehr breiten als hohen Formen.

Transparente Harzkernseife. 360 kg Talg, 55 kg rohes Palmöl und 275 kg helles Harz werden zusammengeschmolzen und einige Abschnitte darin gelöst. Hierauf werden 690 kg 20grädige Lauge zugekrückt und, wenn ein guter, leimiger Verband vorhanden ist, weiter 28grädige Lauge hinzugesetzt, bis man an der herausgenommenen Glasprobe das Absetzen von Leim erkennen kann. Zu beachten ist, daß die Seife bei diesem Verfahren nicht zu heiß werden darf, da sie sonst schaumig wird, und daß sie nicht zu weit getrennt werden soll, wenn man ein transparentes Aussehen erzielen will. Wenn die entnommenen Glasproben messerrückenstark auflegen und erkaltet kleine, grauschwarze Punkte zeigen, muß man den Laugenzusatz unterbrechen. Die Seife wird alsdann dauernd gekrückt, nach dem Fertigsein fest im Kessel bedeckt und nach einiger Ruhe geformt.

Schwarze Harzkernseife. Diese Seife, die auch unter dem Namen „Bergmannsseife", „Mansfelder Seife" usw. vorkommt, wird in folgender Weise hergestellt: 490 kg Palmkernöl, 55 kg Talg, 100 kg Harz werden mit 645 kg 25grädiger Ätznatronlauge zu einem klaren Leim versotten, den man nach Zusatz von 25—30 kg Goudron (Destillationsrückstand der Stearinfabriken) gut abrichtet und schaumfrei siedet. Alsdann wird mit Salz getrennt. Nach gutem Absetzen wird die Unterlauge entfernt, der Kern unter Krücken mit etwas heißem Wasser verschliffen und die fertige Seife alsdann in die Form geschöpft und kalt gekrückt. — In ähnlicher Weise kann diese Seife auch aus Walkfett, Knochenfett, dunklem Talg, Palmkernöl, Kottonölsatz und dunklem Harz mit 25grädiger Ätznatronlauge, gegebenenfalls unter Zusatz von 5 vH. Goudron, als Kernseife hergestellt werden.

Terpentinseife. Die einfachste Art, eine sogenannte Terpentinseife anzufertigen, besteht darin, daß man einer Harzkernseife nachträglich einige Kilo Terpentinöl zukrückt. Eine gewöhnliche Harzkernseife wird in eine kleine Form von etwa 10 Zentner Inhalt geschöpft und mit 12,5 kg in wenig Wasser gelöster Kristallsoda vereinigt. Wenn alles gut verrührt ist, werden noch 2,5—3 kg Terpentinöl beigegeben. Die Form bleibt unbedeckt stehen.

Russische Sattelseife. Die echte russische Sattelseife, die in der Regel in Dosen verkauft wird, ist eine Talgharzseife, die zur Hälfte aus russischem Talg, zur Hälfte aus Harz hergestellt ist. Man verseift diesen aus Fett und Harz bestehenden Ansatz mit halb Pottasche und halb Sodalauge von 24° Bé, läßt den Leim absetzen und verschleift den Kern mit etwas warmem Wasser. Die klare, weiche Seife wird in Dosen oder Fässer gefüllt. Weiter wird eine formbare Sattelseife dadurch erhalten, daß man 10 Teile Talg, 5 Teile rohes Palmöl und $3^1/_2$ Teile helles Harz zu einem Kern versiedet und nach Entfernung der Unterlauge etwa 7 Teile 27 grädige Ätznatronlauge und hierauf 7 Teile Palmkernöl hinzugibt, auf leichten Stich abrichtet und nochmals mit Salzwasser so weit trennt, daß die Seife flattert und die Fingerprobe näßt.

Kernseifen auf Leimniederschlag.

Die Herstellung der handelsüblichen, glatten Kernseifen beruht im wesentlichen auf zwei verschiedenen Siedemethoden, von denen jede unter Berücksichtigung der jeweils zur Verarbeitung kommenden Fette ihre Berechtigung hat. Beide haben den Zweck, alle in dem Kern etwa vorhandenen Unreinigkeiten mit dem überschüssigen Wassers und Alkali aus der Seife auszuscheiden und sonach eine vollkommen reine Seife zu erzielen. Das eine Verfahren ist gekennzeichnet durch das Ausschleifen des auf Unterlauge gesottenen Kernes mittels Wasser bis zur Leimbildung und wird bei allen aus tierischen Fetten, Olivenöl und Palmöl gesottenen Seifen angewandt. Das zweite beruht auf der Bildung eines Leimniederschlags, der dadurch hervorgerufen wird, daß man die fertig abgerichtete Seife mit Salzwasser so weit trennt, daß eine Leimabscheidung erfolgt. Dieses Verfahren ist aber, wie eingangs auseinandergesetzt, nur bei Mitverarbeitung von Kokosöl oder Palmkernöl möglich und wird teils auf direktem, teils auf indirektem Wege ausgeführt.

Werden größere Mengen dieser letztgenannten Fette mitverarbeitet, so wird der ganze Ansatz mit 25—30 grädiger Ätznatronlauge verseift, auf schwachen Stich abgerichtet und mit starkem Salzwasser leicht getrennt. Sollen hingegen dunkle Fette und Harze mitverarbeitet werden, so ist es richtiger, diese vorzusieden und als ausgesalzenen Kern, schon teilweise gereinigt und entfärbt, der Seife zuzuführen. Auch ein etwa vorhandener Leimkern kann bei solchem Vorsud mit eingeschmolzen werden, da sein Aussehen auf diese Weise nur gewinnen kann.

Es ist gewiß nicht leicht, bei der so häufig wechselnden Konjunktur im Öl- und Fetthandel ein immer gleichmäßig schönes Fabrikat zu erzielen. Um so mehr aber muß der Seifensieder darauf bedacht sein, die Eigenschaften und die besten Verseifungsmethoden aller jeweilig zur Verwendung kommenden Fette und Öle kennen zu lernen, um sie naturgemäß zu behandeln und ihnen sozusagen die beste Seite abzugewinnen.

Es ist deshalb ganz besonders notwendig, die in den früheren Abschnitten dieses Handbuches enthaltene Beschreibung der in der Seifenfabrikation angewandten Fette, fetten Öle, Fettsäuren und Harze eingehend zu studieren und sich mit ihren Eigenschaften vertraut zu machen; denn nur auf Grund der so erlangten Kenntnisse wird es dem Praktiker, besonders aber dem Anfänger, leicht werden, einerseits etwaige, bisher noch nicht verarbeitete Fettstoffe ihrer Eigenart gemäß, vorteilhaft und nutzbringend zu verarbeiten, und andererseits zu beurteilen, welche Fette bzw. Öle sich trotz etwaiger billiger Preise nicht zur Herstellung einwandfreier Seifen verwenden lassen.

Alle abgesetzten Seifen müssen schmutzfrei und glänzend sein. Niemand wird eine tot oder schmutzig aussehende Seife als gut befinden, selbst wenn der Fettsäuregehalt einer solchen höher sein sollte als der einer klaren, blanken Seife. Man wählt daher zum Ansatz von vornherein schmutzfreie Fette oder Fettsäuren von möglichst heller Farbe, die gegebenenfalls noch durch Aufkochen mit Salzwasser geklärt werden. Falls auch dies nicht genügt, läßt sich durch das oben schon erwähnte Kernvorsieden eine weitere Verbesserung erzielen. Die gebräuchlichste Siedeweise ist jedoch das direkte Sieden unter Verwendung von Neutralfetten und Ätzlaugen, wobei aber vor allem darauf geachtet werden muß, daß die Verseifung eine vollständige ist und unverseifte Fettreste in der Seifenmasse nicht zurückbleiben.

Der ganze Siedevorgang ist, um das noch einmal zu betonen, ein chemischer Prozeß, der sich um so vollkommener vollzieht, je mehr man ihm Zeit zur vollständigen Entwicklung läßt. Selten wohl sind diejenigen Seifen die schönsten, die am schnellsten fertig gemacht sind, und ganz unzweifelhaft ist das Vorkommen so vieler Seifen, die nach verhältnismäßig kurzer Zeit besonders an der Oberfläche ungebundene Fettsäuren aufweisen, mit auf Rechnung einer allzu schnellen Fabrikationsweise zu setzen. Wenn Palmkernöl und Kokosöl hoch im Preise stehen, so daß ihre Mitverarbeitung in größeren Mengen nicht mehr lohnend ist, und andere Fette, wie Kammfett, Knochenfett, Erdnußöl, Kottonöl, gehärtete Fette u. dgl., an ihrer Stelle überwiegend im Ansatz vertreten sind, so ist es unbedingt richtiger, zum Teil sogar notwendig, solche Fette vorzusieden, damit man nicht allein helle, sondern auch feste Seifen erhält. So gesottene Seifen halten sich außerdem besser auf Lager und bleichen nach.

Je nach der Art der betreffenden Zusatzfette lassen sich größere oder kleinere Mengen derselben beim Ansatz mitverwenden, da einerseits die Festigkeit der Seife, andererseits die Schaumfähigkeit durch den Charakter des Fettansatzes weitgehend beeinflußt wird. So lassen sich z. B. aus gutem Rindertalg bei einem Zusatz von nur 10—12 vH. Kernöl sehr schöne, feste und gut aussehende Seifen anfertigen; in Konsumentenkreisen sind aber solche Seifen trotz ihres sparsamen Verbrauchs nicht beliebt, weil sie zu wenig schäumen. Sollen oder dürfen die Seifen Harz enthalten, wie z. B. Oranienburger Seife, hellgelbe Kernseife oder Sparkernseife, so lassen sich aus vorwiegend talgartigen Fetten bei einem Harzzusatz von 15—20 vH. auch ohne Kernöl noch ziemlich gut schäumende Seifen herstellen; aber das, was der deutsche Verbraucher in bezug auf leichtes Schäumen verlangt, ergeben solche Zusammenstellungen nicht. Man wird daher gut tun, auf Ansätze mit weniger als 25 vH. Kernöl und auf einen etwaigen Harzzusatz ganz zu verzichten. Ferner ist es bei stärkerer Mitverwendung von Talg oder talgartigen Fetten ratsam, diese zunächst in Kern zu sieden, um eine bessere Verseifung und, was namentlich bei Anwesenheit auch von weicheren Fetten sehr in Betracht zu ziehen ist, eine festere Seife zu erzielen.

Scheint es des billigeren Preises wegen geboten, Kottonöl, Erdnußöl oder Leinöl mit zu verarbeiten, so verwende man mit Rücksicht auf die Festigkeit der Seifen nicht mehr als 33 vH. davon; bei gleichzeitigem Harzzusatz empfiehlt es sich sogar, in der Verwendung der genannten Öle nicht über 25 vH. hinauszugehen.

Kottonöl und Leinöl sind trocknende Öle, ganz besonders das letztere. Seifen mit solchen Zusätzen unterliegen daher der Gefahr, nach kürzerem oder längerem Lager erst gelb- und später braunfleckig zu werden. Vielfach ist nun die Meinung verbreitet, daß man sich durch kräftige Abrichtung der Seifen gegen dieses Gelb- oder Braunfleckigwerden schützen könnte; diese Anschauung ist jedoch vollkommen irrig, da sich gerade die mäßig bis schwach abgerichteten Seifen am längsten halten, während eine kräftigere Abrichtung die Fleckenbildung in besonderer Weise zu begünstigen scheint. Von den vorgenannten beiden Ölen ist das Leinöl das in dieser Beziehung empfindlichere, während das Kottonöl, das jetzt in zweckmäßigerer Weise als früher gewonnen wird, die genannten Mängel nur mäßig in Erscheinung treten läßt. Es lassen sich daher die besseren Marken desselben, und zwar vorzugsweise die aus entschälter Saat gewonnenen Öle, in beschränktem Maße mit zur Anfertigung abgesetzter, weißer Kernseifen heranziehen, indem sie zunächst mit den anderen zur Verwendung kommenden, talgartigen Fetten zu Kern vorgesotten werden. Nach Entfernung der Unterlauge ist alsdann die zur Verleimung des Kernöls nötige Ätzlauge hinzuzugeben und anzusieden. Befindet sich das Ganze im Kochen, so fügt man allmählich das Kernöl so hinzu, daß die Verseifung der jeweiligen Einzelmengen vollzogen ist, ehe man ein weiteres Quantum hinzufließen läßt. Man vermeidet auf diese Weise die gleichzeitige, plötzlich eintretende und heftig verlaufende Verseifung der gesamten Kernölmenge und das damit verbundene starke Steigen der im Kessel befindlichen Seifenmasse. Nach beendeter Zugabe muß eine ruhig siedende Seife im Kessel liegen, die guten Druck, genügende Festigkeit und nur einen mäßigen Stich besitzt. Trennt man jetzt die Seife mit starkem, 24grädigem Salzwasser vorsichtig so weit ab, daß man die Abscheidung des Leimes vom Kern eben bemerken kann, so muß von der Oberfläche bis auf den Leimboden eine schöne, reine, gut abgesetzte und fleckenlose Seife vorhanden sein.

Ein schaumiges und schmutzigfleckiges Aussehen der Seifen ist immer ein Beweis dafür, daß zu kräftig abgerichtet wurde, und daß eine stärkere Trennung mit Salzwasser notwendig ist. Es ist daher besonders zu beachten, daß vollständig kaustisch gesottene Seifen eines als Stich bemerkbaren Überschusses an Alkali nicht bedürfen, und daß um so weniger Salzwasser zur Erzielung einer schaum- und schmutzfreien Seife erforderlich ist, je genauer man in bezug auf den Alkaligehalt das Richtige trifft.

Alle kräftig und auf Stich abgerichteten Seifen entbehren, wenn rein kaustisch gesotten, der Flüssigkeit und Beweglichkeit. Sie sind zäh und leimig und lassen aus diesem Grunde Schmutz und färbende Teile nicht oder nur ungenügend nach unten sinken. Aus diesem Grunde sind sie auch besonders dann sehr schmutz- und buntfleckig, wenn zum Trennen viel Salzwasser verbraucht wurde.

Im folgenden soll nun die Herstellung einer abgesetzten Kernseife aus den vorgenannten Rohstoffen näher beschrieben werden.

Wachskernseife oder weiße Kernseife. Angenommen, es soll ein größerer Ansatz von Neutralfett zu glattweißer Kernseife verarbeitet werden, der Siedekessel ist mit Dampfleitung versehen und besitzt am Boden einen Ablaßhahn zum Ablassen der Unterlauge, so kann der Ansatz auf je 1000 kg Fertigfabrikat bestehen aus:

160 kg Talg, talgartigem oder gehärtetem Fett (Talgol),
160 „ Kottonöl oder hellem Erdnußöl,
325 „ Kernöl oder Abfallkokosöl.

Talg, Talgfett oder Talgol nebst Kottonöl oder Erdnußöl kommen zuerst in den Kessel und werden mit 20grädiger Lauge verseift. Zur vollständigen Verseifung von 320 kg Fett würden ungefähr 385 kg 20grädiger Ätznatronlauge nötig sein, die man zweckmäßigerweise aus einem hochstehenden, mit einem Flüssigkeitsmesser versehenen Laugenbehälter direkt in den Siedekessel einfließen läßt. Man läßt zunächst etwa $^1/_{10}$ der notwendigen Lauge hinzulaufen und dann Dampf einströmen. Der Verband bildet sich sehr schnell, worauf man langsam, unter ruhigem, gleichmäßigem Sieden die weitere Lauge hinzugibt, immer darauf achtend, daß der Verband nicht gestört wird. Je mehr Lauge in den Kessel kommt, um so dicker wird der Seifenleim, so daß es sich empfiehlt, starkes Salzwasser bereit zu halten, um mit seiner Hilfe einem vollständigen Dickwerden der Masse vorzubeugen. Da das Salz aber trennend wirkt und somit den Verband stört, muß gegebenenfalls mit der Zugabe von Salzwasser vorsichtig verfahren werden, 1 vH. Salz, auf den Ölansatz gerechnet, genügt gewöhnlich, um den Seifenleim hinreichend flüssig zu halten. Wenn die Lauge bis auf einen kleinen Rest im Kessel ist, wird die Seife auf dem Probespatel einer genaueren Prüfung unterzogen. Bei einiger Übung ist es leicht zu erkennen, ob sie mit Alkali gesättigt ist oder zu ihrer Fertigstellung noch weiterer Lauge bedarf. Stich soll die Seife nicht haben, es genügt vollständig, wenn sie sich beim Auftropfen einer Phenolphtaleïnlösung leicht rötet. Sollte es aber einmal vorkommen, daß die Lauge zu reichlich bemessen wurde, so ist der vorhandene Stich durch Nachgabe von etwas Fett oder Öl wieder aufzuheben. Ist die Seife richtig getroffen, so wird sie allmählich mit Salz überstreut. Während sich die Unterlauge ausscheidet, beginnt die Seife allmählich zu reißen. Die Unterlauge selbst muß jedoch vollständig klar bleiben und darf sich nicht trüben oder beim Erkalten gallertartig werden. Ist letzteres der Fall, so ist dies ein Beweis dafür, daß sich noch ungebundenes Alkali in der Seife befindet, das durch weiteren Zusatz von Fett oder Öl oder besser durch Fettsäure zu neutralisieren ist.

Die Seife bleibt nun einige Stunden ruhig stehen, damit sich die Unterlauge gut absetzen und schließlich abgelassen werden kann. Alsdann wird die zur Verseifung des Palmkernöls nötige Lauge, nicht ganz 210 kg einer 30grädigen Ätznatronlauge, in den Kessel gebracht und das oben erwähnte Palmkernöl allmählich hinzugegeben. Ist auch dieses im Kessel, und hat man eine ruhig siedende, dem Anschein nach fertige Seife erhalten, so prüft man die Abrichtung. Ein geübter und erfahrener Seifensieder wird schon am Griff und Fingerdruck einer abgekühlten Probe beurteilen können, ob die Seife genügend abgerichtet ist oder nicht. Der Anfänger wird aber zunächst noch die Zunge zu Hilfe nehmen müssen, um festzustellen, ob und wieviel Abrichtung vorhanden ist. Auf Grund des Befundes ist das erhaltene Produkt gegebenenfalls zu korrigieren, indem man entweder noch Lauge nachgibt oder den vorhandenen Alkaliüberschuß mit Öl oder Fett aussticht.

Nun nimmt man zu den weiteren Proben Phenolphtaleïnlösung zu Hilfe. Läßt man einen Tropfen derselben auf die Oberfläche einer zu untersuchenden Seife fallen, so färbt sich diese bei einem etwaigen Alkaliüberschuß blutrot, bleibt aber farblos, wenn noch Abrichtung fehlt. Man kann also mit diesem Reagens leicht und genau feststellen, ob alles Fett mit Alkali gesättigt, oder ob von letzterem schon ein Überschuß vorhanden ist[1]). Nach befriedigender Reaktion läßt man die Seife noch eine Zeitlang sieden, um an Hand weiterer Proben festzustellen, ob sich der erforderliche, geringe Laugenüberschuß nicht wieder verliert. Bleibt das Ergebnis unverändert dasselbe, d. h. zeigt die Seife beim Auftröpfeln der Phenolphtaleïnlösung eine schwache Rötung, so wird sie mit 20grädigem Salzwasser getrennt, von dem schon geringe Mengen (32—38 kg) genügen, um den Leim zur Abscheidung zu bringen. Wenn der ausgesalzene Kern, mit dem Spatel geworfen, flattert, bei der Druckprobe leicht näßt, und wenn sich beim Ablaufen vom Spatel trockene Stellen zeigen, so ist die Seife genügend getrennt und fertig. Nach 36stündiger Ruhe im gut bedeckten Kessel wird sie nunmehr in die Formen geschöpft oder mittels Rotationspumpe entweder ebenfalls in Formen oder in den Behälter der Kühlmaschine abgepumpt. Der im Kessel verbleibende Leim wird mit Fett oder besser Fettsäure ausgestochen, wobei sich gleichzeitig ohne weiteren Salzzusatz eine klare Unterlauge ergibt, die sehr rein ist und gewöhnlich, dem Glyzeringehalt der verarbeiteten Öle und Fette entsprechend, 7—8 vH. Glyzerin enthält[2]).

Auch Seifen, welche Harz enthalten, können ebenfalls, wie vorbeschrieben, auf Leimniederschlag hergestellt werden. Das Harz wird mit im Kern versotten, wodurch es bereits weitgehend entfärbt und vom Schmutz befreit wird. Arbeitet man jedoch von vornherein mit reinen Fetten oder Ölen, so kann man den ganzen Ansatz direkt versieden und fertig machen; man verwendet dann eine nur 30grädige Ätzlauge, behandelt aber das Abrichten und Trennen der Seife wie oben beschrieben.

---

[1]) Diese Probe ist jedoch nur zuverlässig, wenn freies kohlensaures Alkali, das ebenfalls Rotfärbung veranlaßt, nicht vorhanden ist.

[2]) Vgl. S. 284.

Um eine besonders schöne, weiße Seife zu erzielen, kann man, falls genügend Zeit zur Verfügung steht, auch so arbeiten, daß der Talg und das Öl zuerst verseift und ausgesalzen werden. Nach Entfernung der Unterlauge kommen alsdann das Kernol und die weiter erforderliche Lauge in den Kessel, nach deren Verseifung nochmals ausgesalzen und die Unterlauge abgelassen wird.

Zu dem ausgesalzenen Kern bringt man nun so viel Wasser, daß er sich verleimt und als dünne, stark verschliffene Seife hochsiedet. Wenn richtig abgerichtet, ergibt sich alsdann bei genügend langem Absitzen eine sehr reine, weiße Seife.

Kommen Fettsäuren zur Verarbeitung, so werden dieselben natürlich mit Ammoniaksoda verseift. Handelt es sich um einen frischen Ansatz, so wird die Sodalösung, welche zur Verseifung desselben erforderlich ist, gleich in dem Siedekessel bereitet. Soll der Ansatz aus 5000 kg Fettsäure bestehen, die 90—95 vH. freie Fettsäure enthält, so sind 90 vH. vom ganzen Ansatz, d. h. 4500 kg reiner Fettsäure, mit $45 \times 21 = 945$ kg Ammoniaksoda zu verseifen. Die Sodalösung selbst wird auf 30° eingestellt. Sobald sie am Kochen ist, läßt man die Fettsäure bei mäßigem Dampfzutritt ununterbrochen hinzulaufen, bis der ganze Ansatz im Kessel ist. Entweder gleich von Anfang an oder auch zugleich mit der Fettsäure gibt man 2—3 vH. Salz in den Kessel, die Seife wird dann nicht so dick, die Kohlensäure kann leichter entweichen und die Masse kommt nicht allzu sehr zum Steigen. Es wird nun gekocht, bis alle Soda gebunden und die Kohlensäure ausgetrieben ist, und in der gleichen Weise weiter gearbeitet, wie bei Besprechung der „Marseiller Seife“ bereits eingehend beschrieben wurde.

Es muß hier jedoch bemerkt werden, daß nur einige Spaltverfahren Fettsäuren ergeben, bei deren alleiniger Verarbeitung man ebenso schöne, helle und weiße Kernseifen erhalten kann, wie bei der Verwendung von Neutralfetten. Wenn daher mit Fettsäuren gearbeitet wird, so hilft man sich durch nachträgliches Bleichen der Seife, wozu verschiedene Bleichmittel zur Verfügung stehen, die der fertigen Masse beim Ausschleifen oder vorher schon beim Aussalzen zugesetzt werden (Blankit). Sollen Talg oder Erdnußöl mit verarbeitet werden, so ist es besser, diese als Neutralfett zu verseifen, das wesentlich schönere Seifen ergibt, als die entsprechenden Fettsäuren. Die Arbeitsweise ist dann so, daß zuerst die Fettsäure mit Ammoniaksodalösung verseift und erst, wenn die Kohlensäure vollständig ausgetrieben ist, die Lauge für das Neutralfett hinzugegeben wird. Hierauf läßt man aufsieden und das Neutralfett hinzufließen. Besser noch verseift man aber das Neutralfett besonders in einem zweiten Kessel, salzt aus und schöpft oder pumpt den Kern zu der Seife aus Fettsäure. Das Fertigsieden geschieht dann in derselben Weise, wie vorher beschrieben wurde.

Fast dieselbe Arbeitsweise wie bei der Verseifung von Fettsäuren ergibt sich, wenn nach dem Krebitz-Verfahren[1]) gearbeitet wird. Sobald die Sodalösung, der sogleich 5 vH. Salz zugesetzt wird, am Kochen

[1]) s. S. 39.

ist, beginnt man mit dem Eintragen bzw. Einstreuen der Kalkseife. Während man das Ganze in lebhaftem Sieden erhält, schreitet die Umsetzung gleichmäßig, ohne stürmische Reaktion fort und ist meistens 2—3 Stunden nach Einbringung der letzten Kalkseife beendet. Man hat hier jedoch zu beobachten, daß in der kochenden Seifenmasse Kalkseifenteilchen nicht sichtbar bleiben, da erst nach deren völligem Verschwinden der Verseifungsprozeß beendet ist. Die Masse wird nun vorsichtig ausgesalzen. Sobald sich eine milchige Unterlauge zu zeigen beginnt, und die Seife beim Werfen mit dem Spatel größere Blasen nicht mehr bildet, ist die Trennung nahe. Die Seife soll nun ganz gelinde sieden, damit sie Zeit hat, die Lauge abzusetzen. Der Kern muß großfleckig nach oben kommen und die milchige Unterlauge von unten durchstoßen. Beim Werfen mit dem Spatel muß der Kern schwer sein und darf nur kleine, dünne Blasen in Erscheinung treten lassen. Sind alle diese Anzeichen vorhanden, so kann man annehmen, daß die Unterlauge seifenfrei ist. Die Seife soll nun nochmals $^1/_2$—1 Stunde schwach durchsieden, worauf sie einer etwa 12stündigen Ruhe überlassen wird. Nach Ablauf dieser Zeit hat sich die Unterlauge und der Kalkschlamm abgesetzt; der letztere wird am besten in einen besonderen Behälter abgelassen oder ausgepumpt und alsdann sofort mit heißem Wasser übersprengt und so weit verdünnt, daß sich die darin befindliche Natronseife zu einem dünnen, nicht zu zähen Seifenleim auflöst und die Kalkmilch selbst dünn von der Krücke tropft. Je mehr Leimfett (Kokosöl oder Palmkernöl) im Ansatz ist, desto höher darf die Konzentration der Unterlauge sein, je mehr Kernfette aber vorliegen, desto schwieriger löst sich die Seife in der salzhaltigen Flüssigkeit, die alsdann mit Wasser weitgehend zu verdünnen ist. Niemals darf aber, selbst bei einem hohen Gehalt der Seife an talgartigen Fetten, die klare Lösung schwächer als 3° Bé sein, da sie sich sonst beim Erkalten trübt und in der Filterpresse nur schlecht von dem Kalkrückstand abpressen läßt.

Die aus der Filterpresse ablaufende Seifenlösung wird zum Ausschleifen des Seifenkerns benutzt, kann aber auch mit der Unterlauge auf 24° Bé eingedampft und zum Auflösen der für den nächsten Sud benötigten Sodamenge wieder verwendet werden. Die Salzlauge kann nämlich zu mehreren Suden immer wieder Verwendung finden, da der Kalk ein nicht zu unterschätzendes Entfärbungsvermögen besitzt, doch ist alsdann auf ihren Sodagehalt Rücksicht zu nehmen, der in der Regel gerade den über die äquivalente Menge hinaus erforderlichen Überschuß deckt.

Das Ausschleifen des Kerns im Seifenkessel geschieht in der üblichen Weise wie bei den anderen, vorbeschriebenen Verfahren. Es ist nur darauf zu achten, daß bei einer gleichzeitigen Verarbeitung von Ausstichkern auch die entsprechende Menge Ätznatronlauge zugesetzt wird, die aber auch beim Ausschleifen an sich neben der oben erwähnten, von der Filterpresse gewonnenen Seifenlösung notwendig ist. Diese Seifenlösung enthält, wie erwähnt, schon etwas Soda und Salz, und es fehlt demnach nur noch etwas Ätznatron, dessen Konzentration am besten mit etwa 1 vH. bemessen wird. Auf den Kern von je 100 kg

Fettansatz sind meistens 20 kg Seifenlösung erforderlich, vor deren Zugabe aber der Kern mit direktem Dampf etwa eine halbe Stunde tüchtig durchgekocht werden soll.

Der letztere muß schön flüssig sein und beim Werfen mit dem Spatel Blasen geben, die aber nicht zn groß sein dürfen. Die Seife wird dann im zugedeckten Kessel einer 36—48stündigen Ruhe überlassen, worauf sie in die Formen geschöpft oder in den Vorratsbehälter der Kühlmaschine abgepumpt wird.

Der abgesetzte Leimniederschlag wird nicht ausgesalzen, sondern mit der alten Salzlauge vermischt und nach Zugabe der berechneten Menge Soda für den nächsten Sud verwendet.

Die erhaltenen Seifen sind durch helle Farbe, Reinheit und angenehmen Geruch besonders gekennzeichnet.

Oranienburger-, Hellgelbe-, Sparkern- oder Oleïnseife. Unter diesen Namen wird eine glatte Harzkernseife von gelblich heller, wachsartiger Farbe in den Handel gebracht, die gern und viel gekauft wird und wohl in absehbarer Zeit fast alle anderen harten, insonderheit auch die Eschweger Seifen ganz verdrängt haben wird. Ihre Beliebtheit verdankt sie zunächst ihrem sehr guten Aussehen und der Tatsache, daß sie äußerst sparsam im Gebrauche ist. Infolge der Mitverwendung von Harz, sowie von preiswerten gelblichen, weichen Fetten und Ölen im Fettansatz gibt sie vor allem auch bei Verwendung von kaltem Wasser reichlich und schnell einen angenehmen weichen Schaum, und selbst bei langem Lagern hält sie sich, sachgemäße Herstellung vorausgesetzt, recht gut und wird nicht übermäßig hart, alles Eigenschaften, die von den Hausfrauen sehr geschätzt werden. Zu ihrer Herstellung sind besonders gute, hellfarbige Fette und Öle und schönes, helles Harz notwendig. Es sind daher in erster Linie Palmkernöl, Kokosabfallöl, Talg, helles Knochenfett, Kammfett, Schmalz oder schmalzartige Fette, weißes Oleïn, Erdnußöl, gutes Kottonöl und helles Harz zum Ansatz zu verwenden. Die schönsten Seifen erhält man, wenn der Ansatz aus 66 Teilen Palmkernöl, 33 Teilen Talg und 15 Teilen hellem Harz besteht. Das für diese Seifen erforderliche Siedeverfahren ist genau das vorbeschriebene, ob direkt oder indirekt, mit Karbonatverseifung oder nach dem Krebitz-Verfahren gearbeitet wird. Allein das Harz sollte bei diesen Seifen stets vorgesotten werden, da dasselbe stets Schmutz und Farbteile enthält. Wenn nicht ein alleiniges Versieden vorgezogen wird, wird es daher gewöhnlich in dem Leimkern des vorhergehenden Sudes vorverseift.

Da alle mit einem größeren Prozentsatz Harz gesottenen Seifen leicht zum Absetzen neigen, so kann neben den vorbesprochenen Methoden aber eine weitere Siedeweise eingehalten werden, die bei Seifen ohne Harz nicht angängig ist. Zu diesem Zwecke kommen Leimkern und Abfälle in den Kessel, dazu die Hälfte der für den ganzen Ansatz nötigen Lauge, die beim Arbeiten auf freiem Feuer 29—30° Bé, beim Arbeiten mit Dampf 35—36° stark sein soll. Sind Kern und Abfälle zergangen, so gibt man von den zu verarbeitenden Fetten und Ölen zuerst die am wenigsten reinen und stark riechenden in den Kessel und läßt diese in der überschüssigen Lauge stark durchsieden. Nunmehr wird mit Hilfe des Palmkernöls der Verband herbeigeführt und sodann der Rest des Ansatzes und schließlich auch das Harz nach und nach gleichzeitig mit der noch fehlenden Lauge zugegeben. Ist der ganze Ansatz im Kessel, so soll, gegebenenfalls nach Zusatz von etwas Salzwasser, eine nicht übermäßig dicke, leicht und locker siedende Seife vorliegen. Wünscht man ein flußreiches Erzeugnis zu erzielen, so wird die Seife im Kessel noch einige Stunden der Ruhe überlassen und alsdann noch heiß geformt. Die Formen bleiben zwei Tage gut zugedeckt stehen, damit sich der Leim gut absetzen kann. Auf diese Weise bleibt im Kessel selbst kaum ein Schöpfer tief Leim, der, mit etwas Fettsäure oder Harz ausgestochen und dann ausgesalzen, sehr wenig Unterlauge abgibt. Je zäher und fester ein solcher Leimniederschlag ist — was man besonders dann erreicht, wenn man Salz möglichst vermeidet und nicht stark abrichtet —, desto mehr kann man auf gutes Absetzen in der Form rechnen. Die Seifen haben, so behandelt, eine schöne, glänzende Kernfaserbildung, lassen sich aber nur mit gut konstruierten Schneidemaschinen regelmäßig zerteilen. Schon seit einer Reihe von Jahren wird aber fast allgemein weniger Wert auf Seifen mit Flußbildung gelegt, weshalb man die Oranienburger Seifen jetzt meist im Kessel vollständig absetzen läßt. Kurz nach dem Fertigsieden wird derselbe deshalb mit dicken, gutpassenden Deckelbrettern dicht geschlossen und mit Decken, Matten und auch wohl Säcken warm verpackt und zweckmäßig bis zu 36 Stunden der Ruhe überlassen. In dieser Zeit setzt sich der Kern von allen Unreinlichkeiten klar ab und wird nun entweder in die Formen gebracht oder in die Kühlpresse gepumpt, die bei umfangreicherer Herstellung von Oranienburger Seife ein fast unentbehrliches Hilfsmittel geworden ist.

Harzkernseifen. Mit dem Namen „Harzkernseifen" bezeichnet man häufig Produkte, die ebenso wie die Oranienburger Seifen angefertigt werden, in der Regel aber bis zu 30 vH. Harz enthalten und mit rohem Palmöl gefärbt sind. Meistens betrachtet man diese Seifen mit Recht als Objekte, die es gestatten, dunklere Fette, sowie Leimböden und allerhand Abfälle mit unterzubringen, da die Farbe des Palmöls vieles verdeckt. Man darf jedoch mit der Verwendung solcher dunklen Fette und Abfälle nicht allzu weit gehen, da man sonst eine dunkelbraune Seife erhält, während in Konsumentenkreisen Wert auf möglichst weinrote Färbung gelegt wird.

Das Füllen der Kernseifen.

Eine erhöhte Ausbeute wird bei den Kernseifen bekanntlich schon durch das Schleifen erhalten, da die Seife bei dieser Operation eine gewisse Menge Wasser aufnimmt. Diese darf jedoch eine bestimmte Grenze nicht überschreiten, wenn die Seife nicht zu leimig und weich ausfallen soll.

Soll eine Kernseife höher vermehrt werden, so geschieht dies durch Einkrücken verschiedener Surrogate. Als passende Vermehrungsmittel, die besonders die Eigenschaft besitzen, das Aussehen der Seife nicht allzu stark zu schädigen, haben sich Wasserglas, Sodalösung und Talk bewährt, die einzeln oder am besten gemeinschaftlich Verwendung finden. Wasserglas, allein angewandt, hat zwar die Eigenschaft, einer Seife im frischen Zustande ein gutes Aussehen zu verleihen und sie vor allzu schnellem Austrocknen zu bewahren; nach dem Eintrocknen aber werden diese Seifen unansehnlich und steinhart. Im Gegensatz hierzu trocknet eine nur durch Sodalösung gestreckte Kernseife stark aus, während Talk wieder, gut verteilt, das Austrocknen und Hartwerden behindert, aber ein trüberes Aussehen der Seife veranlaßt Gemeinschaftlich verwandt ergänzen sich die genannten Stoffe aber gegenseitig, so daß eine vorteilhafte, für alle Kernseifen geeignete Füllungskomposition aus Wasserglas, Sodalösung und Talk bestehen muß. Am besten verrührt man 100 kg Talk in 150 kg kochendem Wasser, setzt 30 kg Kristallsoda und schließlich unter lebhaftem Krücken allmählich 140 kg Natronwasserglas hinzu.

Die für eine Vermehrung in Betracht kommenden Kernseifen, zu deren Herstellung am besten recht stearinhaltige Fette Verwendung finden, müssen in der früher angegebenen Weise zunächst mit entsprechenden Laugen verleimt, ausgesalzen und dann zu einem schaumfreien, strotzigen Kern eingedampft werden, der dann mit Wasser gut verschliffen wird. Eine gute Verseifung der verarbeiteten Fette ist unbedingt nötig, da sich die Seife, wenn sie irgendwelche Mängel zeigt, nur schwach oder gar nicht füllen läßt. Wenn der Kern genügend ausgeschliffen und gelöst ist, sich blank und fest im Druck zeigt, die Unterlauge aber klar bleibt, so bedeckt man den Kessel und läßt längere Zeit zum Absetzen stehen. Nach vollständigem Entfernen der Unterlauge werden alsdann der auf etwa 75—80° C abgekühlten Seife von der oben erwähnten Füllung 30—40 kg auf 100 kg Fettansatz zugekrückt. Da jedoch die Grundseife verschieden ausfallen und deshalb auch mehr oder weniger Füllung aufnehmen kann, so gebietet die Vorsicht, ihre Aufnahmefähigkeit für die Füllung erst im Kleinversuch zu erproben, um nicht etwa den ganzen Sud zu gefährden.

Beim Füllen selbst ist vieles zu beobachten, und man hat gewöhnlich mit einigen Mißerfolgen zu kämpfen, ehe man bei genügender Aufmerksamkeit und Erfahrung mit stets guten Erfolgen rechnen kann. Manche Seifen füllen sich leichter und besser, wenn die Füllung warm angewandt wird, während andere wieder eine kalte Füllung besser aufnehmen. Das Füllen selbst kann sowohl im Kessel, nach völliger Entfernung der Unterlauge, wie auch in einem anderen, passenden Behälter ausgeführt werden. Von den eingangs erwähnten Maschinenfabriken werden auch besonders konstruierte Mischkessel hergestellt, welche sich zur Vermehrung der Kernseifen ganz vorzüglich eignen. Diese Kessel, welche einen Fassungsraum für 1000—1500 kg Seife haben, sind doppelwandig, durch Dampf beheizbar, innen mit einer starken Schnecke für Vor- und Rücklauf und unten mit einem weiten Ablaßventil ausgerüstet, durch das auch dicke Seifen noch gut ablaufen können. Sobald die Füllung gut verrührt ist, was bei der intensiv arbeitenden Schnecke ziemlich schnell der Fall ist, wird die Seife am besten in eine unter dem Kessel aufgestellte Form abgelassen.

Zweckmäßigerweise werden die gefüllten Seifen in kleinen Formen zum Erstarren gebracht, in denen sie gleichmäßig schnell erkalten. Noch schöner werden sie aber in der Kühlmaschine, durch deren plötzliche und gleichmäßige Kühlung sie einen besseren Griff und ein glänzendes Aussehen erhalten. Auch sind sie sofort nach dem Schneiden versandfähig, während die in Formen erkalteten Seifen nach dem Schnitt noch einige Zeit zum Trocknen aufgestellt werden müssen, damit sie an Festigkeit gewinnen.

Auch die auf Leimniederschlag mit und ohne Harzzusatz gesottenen Kernseifen können gefüllt werden, und zwar besonders gut, wenn neben dem Palmkern- und Kokosöl ein größerer Prozentsatz Talg oder Palmöl mitversotten wurde. Hauptsache ist jedoch, daß die zur Füllung bestimmten Seifen recht rein und blank im Kessel liegen, keine Laugenschärfe zeigen und genügend fest sind. Auch ist es ratsam, diese Seifen vor Zugabe der Füllung bis zu 36 Stunden im Kessel der Ruhe zu überlassen und die letztere selbst in einem zweiten heizbaren Kessel vorzunehmen. Mit der Höhe der Füllung muß man aber sehr vorsichtig sein, da Seifen mit Harzzusatz oder mit einem größeren Gehalt an weichen Fetten und Ölen leicht zu weich ausfallen und ein un- oder schlechtverkäufliches Produkt ergeben können.

Zum Vermehren der abgesetzten Kernseifen verwendet man entweder ebenfalls die oben erwähnte Füllung aus Wasserglas, Sodalösung und Talk oder eine aus 1 Teil Kristallsoda und 2—3 Teilen Natronwasserglas bereitete Lösung. Auch Wasserglas, mit 20grädiger Lauge auf 28° Bé gestellt, sowie eine Füllungskomposition aus 103 Teilen Wasserglas, 19 Teilen 22grädiger Sodalauge, 2 Teilen 10grädiger Pottaschelauge, 7 Teilen Chlorkalium und 5 Teilen Kristallsoda finden vielfache Verwendung. Eine weitere Füllung besteht aus gleichen Teilen Pottasche, kalzinierter Soda und Salz, die in Wasser zu einer Lösung von 24° Bé vereinigt sind, und schließlich ist auch noch das sogenannte kaustische Wasserglas zu erwähnen, das, aus 100 Teilen Wasserglas, $12^1/_2$ Teilen 40grädiger Ätznatronlauge und 50 Teilen frischem Kalkwasser (aus 1 Teil Kalk und 5 Teilen Wasser) hergestellt und auf 45° Bé eingedampft, als besonders gutes Vermehrungsmittel empfohlen wird.

Halbkern- oder Eschweger Seifen[1]).

Seit etwa einem Jahrzehnt ist die Erzeugung von Eschweger Seifen in Deutschland zwar immer weiter zurückgegangen, jedoch ist anzunehmen, daß, bedingt durch die Preissteigerung aller Fette und Öle, gute Seifen mit höherer Ausbeute, und dazu zählen an erster Stelle die Eschweger Seifen, wieder mehr in Aufnahme kommen dürften.

Die Herstellung der Eschweger Seifen hat im Laufe der Zeit jedoch ebenso wie die der Kernseifen eine Änderung erfahren, da man heute auch hier fast ausschließlich mit Dampf arbeitet und größtenteils Fettsäuren durch kohlensaure Alkalien verseift.

---

[1]) Theorie s. S. 58.

Bei der Verseifung selbst findet je nach dem zur Verarbeitung kommenden Fettmaterial sowohl die direkte wie die indirekte Siedeweise Anwendung. Was die Zusammenstellung des Fettansatzes betrifft, so geht man am sichersten, wenn man zur Hälfte Palmkernöl und zur Hälfte tierische Fette verarbeitet, doch läßt sich auch mit 35 vH. Palmkernöl und 65 vH. tierischen Fetten eine schöne Seife erzielen. Ist Kokosöl zur Verfügung, so werden gewöhnlich 30 vH. desselben mit 70 vH. stearinhaltigen Fetten gemischt als Ansatz verwendet. Auch Kottonöl kann in bescheidenen Grenzen mitverarbeitet werden, Leinöl aber ist von den Eschweger Seifen fernzuhalten, da es schlechte Ausbeuten ergibt und die Seifen, die mit der Zeit einen unangenehmen Geruch annehmen, sehr rasch nachdunkeln läßt.

Die Fette, die man demnach für die Herstellung von Eschweger Seifen empfehlen kann, sind also Palmkernöl, billiges Kokosöl oder Kokosabfallöl, Talg, Knochenfett, Kammfett, schmalzartige Fette, gebleichtes Palmöl, Erdnußöl und Kottonöl, neben denen aber auch gehärtete Fette recht gut verwendbar sind.

Kernöl und Kottonöl enthaltende Seifen bleiben sehr lange flüssig, weshalb sie kälter geformt werden müssen als andere Seifen, zu denen mehr tierische Fette verarbeitet wurden. Am besten ist es daher, wenn man solche Seifen über Nacht im Kessel stehen läßt, am anderen Morgen nochmals gut durchkrückt und dann erst ausschöpft. Kottonöl ergibt übrigens bei der Eschweger Seife eine geringere Ausbeute als tierische Fette, was stets mit in Betracht gezogen werden muß.

Die Frage, welche Siedemethode, die direkte oder die indirekte, bei Eschweger Seifen vorzuziehen ist und bei welcher eine höhere Ausbeute erzielt wird, läßt sich nicht ohne weiteres beantworten; es hat vielmehr jede Siedemethode ihre Berechtigung, da sie im wesentlichen durch den Fettansatz bedingt wird. Im allgemeinen kann man aber sagen, daß beide Siedemethoden die gleiche Ware und die gleiche Ausbeute ergeben können, und daß es lediglich darauf ankommt, welche Methode der Sieder am meisten beherrscht. Wer schnell arbeiten will, wird die direkte, kürzere Siedeweise wählen, vorausgesetzt allerdings, daß die zur Verarbeitung kommenden Fette rein sind. Schmutzige Fette müssen stets vorgesotten oder, wenn man direkt sieden will, zuvor gereinigt werden.

Was die Anfertigung der Eschweger Seife mit Dampf allein betrifft, so gehört ziemlich viel Übung dazu, um den richtigen Wassergehalt und die richtige Kürzung der Seife zu erkennen. Ebenso ist bei der Verarbeitung von Fettsäure durch Karbonatverseifung viel Aufmerksamkeit und Erfahrung notwendig, um eine Seife mit schönem Marmor und klarem Grunde herzustellen.

Die Vermehrung der Eschweger Seifen betreffend, ist vor allem zu sagen, daß diese Seifen zu ihrer Bildung an sich schon gewisse Salze, kohlensaure oder kieselsaure Alkalien, Chlorkalien u. dgl., verlangen, weshalb sich auch nicht immer eine strenge Grenze ziehen läßt, wo die notwendigen Zusätze aufhören und die Füllung anfängt.

Besteht eine Seife vorwiegend aus Kernöl, gegebenenfalls mit etwas Kottonöl oder anderen flüssigen oder halbflüssigen Fetten vermischt, so wird sie nur bei Anwendung sehr kaustischer Lauge einen merklichen Zusatz an Wasserglas aufnehmen, dagegen leicht eine bedeutende Menge von Soda und Pottasche. Die Folge davon ist, daß bei dem gleichen Fettansatz eine mit Wasserglas behandelte Seife weniger Ausbeute ergibt und ein schlechteres Aussehen besitzt, als eine mit anderen Salzen gekürzte, wiewohl sie nicht so leicht ausschlägt und weniger eintrocknet. Die besten Erfolge wird man aber immer erzielen, wenn man Wasserglas nur anteilweise verwendet und die weitere Kürzung bzw. Füllung mit anderen Salzen vornimmt.

Die Ursache dieser Erscheinung liegt in der Natur des Fettansatzes begründet. Die erhaltenen Seifen sind zu dünn und können schwere Zusätze ohne störenden Einfluß auf die Marmorbildung nicht aufnehmen.

Viel weniger Schwierigkeiten bietet jedoch die Behandlung mit Wasserglas, wenn man stearinhaltige Fette, Knochenfett usw. mitversiedet. Bei einem Ansatz aus halb Kernöl und halb Knochenfett oder anderen talgartigen Fetten bietet eine Füllung mit Wasserglas bis zu 20 vH. nicht die geringsten Schwierigkeiten. Allerdings ist es trotzdem noch nötig, die Kürzung selbst mit anderen Salzen, wie Soda, Pottasche oder Salzlösung, zu vervollständigen. Auch einige Prozente Talk lassen sich hierbei mitverwenden, ohne daß die Marmorbildung besonders erschwert wird.

Die mäßig mit Wasserglas vermehrten Seifen bieten einen wesentlichen Vorteil dadurch, daß sie ein glatteres, gefälligeres Aussehen und mehr Griff besitzen als die gleichen Seifen ohne Wasserglasfüllung. Es ist jedoch auch hier eine gewisse Grenze nicht zu überschreiten, da allzu stark gefüllte Seifen beim Lagern steinhart und mißfarbig werden.

Soll die Seife einen höheren Talkzusatz erhalten und dabei noch Wasserglas in größerem Prozentsatz Verwendung finden, so ist es Voraussetzung, daß eine gut gearbeitete Grundseife vorliegt. Viel höher wird übrigens die Ausbeute einer Eschweger Seife auch durch erhöhte Wasserglasfüllung nicht, doch sind die so vermehrten Seifen dem Austrocknen weniger unterworfen; Seifen mit höherer Talkfüllung sehen meist tot und stumpf aus.

Im folgenden sollen nun die verschiedenen Siedeweisen der Eschweger Seife zunächst an einem Ansatz aus Kernöl und talgartigen Fetten näher besprochen werden.

Eschweger Seifen auf indirektem Wege[1]).

Ansatz für 1000 kg Fertigprodukt:

227	kg	Kernöl,
113,5	„	Knochenfett,
113,5	„	Pferdefett,
454	„	Ätznatronlauge 25° Bé,
90	„	Wasserglas.

Pferdefett und Knochenfett, zu deren Verseifung etwa 227 kg Ätznatronlauge von 25° Bé erforderlich sind, kommen zuerst in den Kessel.

[1]) Siehe Fußnote S. 287.

Um raschen Verband zu erzielen, gibt man alsdann zunächst 90 kg Lauge und 145 kg Wasser dazu und erhitzt die Masse durch Feuer oder direkten Dampf. Nachdem alles gut verbunden ist, setzt man nach und nach bei gutem Sieden die übrige Lauge, wenn nötig auch noch etwas Wasser hinzu, bis ein klarer, gut abgerichteter Leim im Kessel liegt. Nachdem man noch eine Zeitlang durchgesotten und einen mäßigen Zungenstich festgestellt hat, wird der Leim mit ungefähr 7—8 vH. Salz so abgesalzen, daß die klare Lauge soeben abfließt und ein schöner Kern dunkelplattig im Kessel leicht hochsiedet. Es ist dies das beste Erkennungszeichen dafür, daß sich die Unterlauge gut und leicht absetzt. Hat man zu stark ausgesalzen und somit einen strotzigen Kern im Kessel erhalten, so setzt sich die Unterlauge schlecht ab, und es entstehen später beim Fertigsieden leicht Störungen. Man bedeckt nun den Kessel, am besten über Nacht, und läßt die Unterlauge gut absetzen. Unterdessen hat man in einem anderen Kessel auf den weiteren 227 kg Ätznatronlauge, welche zur Verseifung der 227 kg Kernöl dienen sollen, die etwa vorhandenen Abschnitte geschmolzen und hat das Ganze mit den oben genannten 90 kg Wasserglas und weiteren 45 kg Wasser vermischt. Man bringt nun etwa 207 kg Kernöl nach und nach in den Kessel und deckt nach eingetretener Verseifung gut zu; die übrigbleibenden 20 kg Kernöl behält man zur Abrichtung für den nächsten Tag zurück.

Am folgenden Morgen bringt man alsdann die Masse in leichtes Sieden und läßt den Kern überschöpfen. Sobald die mit der Krücke oder durch direkten Dampf in Verband gebrachte Seife gut durchgesotten ist, wird sie schön und dick im Kessel hochsieden. Man kontrolliert die Abrichtung auf leichten Zungenstich. Ist dieselbe noch zu kräftig, so richtet man mit dem restierenden Kernöl ab. Nunmehr setzt man die Farblösung zu und kürzt, wenn notwendig, noch etwas mit 24grädigem Salzwasser. Wenn die Seife leicht hochsiedet, blank ist und über den ganzen Kessel Rosen bricht, so darf man annehmen, daß die Menge des angewandten Alkalis richtig getroffen ist. Wenn dann außerdem die entnommenen Proben blasenfrei aufliegen und sich nach dem Erkalten in der Mitte noch so flüssig halten, daß beim Eindrücken des Fingers flüssige Seife hervorquillt, so kann man die Seife als fertig bezeichnen. Sie fällt nun kurz vom Spatel, bildet kleine, gekrümmte Spitzen, die sofort erkalten, ist aber nicht hart wie eine Kernseife, sondern gewinnt erst allmählich eine genügende Festigkeit. Ist die Seife im Gegensatz hierzu noch zäh und lederartig, so ist sie zu kaustisch ausgefallen und muß mit Salzwasser vorsichtig so weit gekürzt werden, daß sie die angeführten Anzeichen des Fertigseins besitzt. Ist die Seife trotz normaler Abrichtung zu dünnflüssig, so enthält sie in der Regel zu viel Sodalösung bzw. Füllauge, kann aber andererseits auch wasserarm sein. Man hilft sich in diesem Falle in der Weise, daß man 25—45 kg reine Ätznatronlauge von 25° Bé zugibt und das überschüssige Alkali alsdann wieder durch Zugabe von 25—45 kg Kernöl fortnimmt. Die fertige Seife bleibt noch einige Stunden im Kessel stehen und wird dann geformt.

Eschweger Seife auf direktem Wege. Das direkte Sieden vereinfacht die Anfertigung der Eschweger Seife ganz bedeutend. Legt man den vorher angeführten Ansatz zugrunde oder erfährt derselbe nur geringe Veränderungen, so ist die Arbeitsweise wie folgt zu empfehlen.

Angenommen es sollen zur Verseifung kommen:

227	kg	Kernöl,
136	„	Knochenfett,
46	„	gebleichtes Palmöl,
45	„	Kottonöl,
454	„	Ätznatronlauge von 25° Bé,
90	„	Wasserglas,

so wird in der Weise verfahren, daß man mit den 454 kg Lauge etwaige Abschnitte verschmilzt, dann das Wasserglas hinzugibt und durchsieden läßt. Nunmehr kommt der Fettansatz nach und nach in den Kessel, indem man gleichzeitig mit der Krücke nachhilft, um Verband zu bekommen. 20 kg Kernöl hält man auch hier für die spätere Abrichtung zurück. Ist ein guter Verband hergestellt, so läßt man die Seife lebhafter durchsieden, richtet mit dem restierenden Kernöl auf mäßigen Zungenstich ab, färbt die Seife, wenn sie Rosen bricht und kürzt dann in derselben Weise wie bei der vorher beschriebenen, indirekten Siedemethode.

Will man einen höheren Prozentsatz Kottonöl oder nur Kernöl und Kottonöl verarbeiten, so läßt man am besten die Wasserglasfüllung fortfallen oder verwendet im Höchstfalle 5 vH. davon; überhaupt verträgt die oben beschriebene Seife keine starken Kürzungsmittel; man wendet daher am besten 15—18grädiges Salzwasser oder Sodalösung an. Die fertige Seife läßt man über Nacht im Kessel stehen und krückt am anderen Morgen vor dem Formen nochmals gut durch.

Eschweger Seife mit hoher Wasserglas- und Talkfüllung. Seifen, die einen höheren Gehalt an Füllmitteln aufweisen sollen, müssen wenigstens zur Hälfte aus guten, stearinhaltigen Fetten bestehen, wenn man eine sichere Garantie für das Gelingen des Sudes haben will. Im übrigen weicht jedoch das Sieden dieser Seifen in keiner Weise von der oben beschriebenen Methode ab, zumal da erst beim Fertigsieden die besonderen Merkmale zu beachten sind, die diese Seifen den oben beschriebenen gegenüber aufweisen. Soll ein Ansatz von

200	kg	Kernöl,
100	„	Talg,
100	„	Knochenfett,
400	„	Ätznatronlauge von 25° Bé,
80	„	Wasserglas,
60	„	Talk,
60	„	Wasser

zu Eschweger Seife versotten werden, so arbeitet man am sichersten mit der direkten Siedeweise. Man schmilzt auf den 400 kg Lauge die etwaigen Abschnitte, gibt die 80 kg Wasserglas und alsdann den Fettansatz bis auf 20 kg Kernöl in den Kessel, bringt die Seife in Verband und richtet auf leichten Zungenstich ab. Ist eine schöne, dicke Seife entstanden, so gibt man nach und nach bei gutem Sieden und Umrühren den im Wasser aufgeschwemmten Talk hinzu. Wenn sich die Talkfüllung im Kessel befindet, wird die Seife ziemlich dünn und grau aussehen und, besonders wenn noch Kürzung fehlt, in breiten, dünnen, hautartig-weißen Lappen vom Spatel fließen. Man gibt nun vorsichtig bei weiterem guten Sieden 8—10 kg Salzwasser von 23—24° Bé hinzu und prüft den Stich, wenn alles gut versotten ist. Ist ein solcher stärker bemerkbar, so ist noch Kernöl nachzugeben, bis die gewünschte Abrichtung erreicht ist. Die Seife wird nun wieder dicker sieden, auch in dicken Streifen vom Spatel fallen und kurze Spitzen bilden, die ungefähr einen Zentimeter Länge besitzen sollen. Bildet die Seife noch längere Zapfen, so kann man mit kürzenden Mitteln, am besten trockener, kalzinierter Soda oder Kristallsoda, die man über die Seife streut, noch weiter eingreifen. Im Gegensatz zu den Eschweger Seifen ohne Talkfüllung, deren Proben 5—6 Minuten flüssig bleiben und nach 7 Minuten noch in der Mitte flüssige Seife enthalten, bleiben diese talkhaltigen Seifen höchstens 4 Minuten flüssig, obgleich sie dann ebenfalls noch warm und weich sind. Wer bei diesen, mit Talk gefüllten Eschweger Seifen so lange kürzen wollte, bis die Probe 5 Minuten flüssig bleibt, würde endgültig eine vollständig dünne Seife im Kessel haben, die auch durch Krücken in der Form kaum noch marmorierfähig sein würde. Ist die Abrichtung gut, und sind die Eindampfungsflecke an der erkalteten Glasprobe sichtbar — es sind dies helle, kleine Flecke, die sich an der Unterseite des Glases da zeigen, wo die Seife aufliegt —, so gibt man die in schwacher Pottaschelösung gelöste Farbe über die Seife, läßt nochmals gut durchsieden und krückt alsdann während der nächsten 2 Stunden im Kessel oder auch sogleich in der Form so lange, bis die Seife „das Netz stellt". Schließlich läßt man in der Form bedeckt erkalten.

Das Sieden der Eschweger Seifen mit Dampf. Das Sieden der Eschweger Seifen mit Dampf ohne jedes Feuer ist nicht leicht, da man nicht mehr allzuviel Korrekturen anbringen kann, wenn die Seife fertig gesotten ist. Um die für Eschweger Seifen übliche Ausbeute von 210 bis 220 vH. zu erzielen, verfährt man daher wie nachstehend beschrieben. Der Ansatz soll bestehen aus

227	kg	Kernöl,
227	„	talgartigen Fetten,
368	„	Ätznatronlauge von 30° Bé,
13,5	„	Salzwasser von 24° Bé.

Die etwaigen Abschnitte werden mit Dampf auf den 368 kg Lauge von 30° Bé geschmolzen. Alsdann werden die 90 kg Wasserglas und bis auf 20 kg Kernöl, die man zur Abrichtung zurückbehält, der Fettansatz geschmolzen zugesetzt. Mit Hilfe der Krücke sorgt man für schnellen Verband. Die im Kessel hochsiedende, dicke, schwere Seife wird nunmehr mit dem restierenden Kernöl auf leichten Stich abgerichtet und endlich wird das Salzwasser vorsichtig nach und nach hinzugegeben. Man prüft nun nochmals Abrichtung, Wassergehalt und Kürzung.

Bei einer einwandfreien Seife sind die Merkmale des Fertigseins die folgenden: Die Seife darf, wie schon gesagt, nur einen ganz geringen Stich besitzen. An der unteren Fläche der erkalteten Glasprobe dürfen sich nur am Rande weiße Flecken bilden, wenn der Wassergehalt richtig getroffen ist. Überzieht sich die ganze untere Fläche mit weißen Flecken, so kann man noch etwas Wasser nachgeben, eine Maßnahme, die jedoch nur selten notwendig sein wird, da die Seife aus dem zum Sieden verwandten Dampf etwa 10 vH. Kondenswasser aufgenommen hat. Auch durch Fingerdruck kann man den Wassergehalt beurteilen, indem die gut abgerichtete Seife erst allmählich einen festen Druck erhalten darf. Das richtige Kaustizitätsverhältnis erkennt man am besten daran, daß aus einer fünfmarkstückgroß aufgetragenen Glasprobe bei 5—6 Minuten langem Liegen aus der Mitte noch flüssige Seife beim Eindrücken des Fingers hervorquillt. Erkaltet die Seife rascher, so ist noch etwas Salzwasser nachzugeben.

Aus dem hier Gesagten ist schon ohne weiteres ersichtlich, daß beim Sieden der Eschweger Seifen nur mit Dampf schnell gearbeitet werden muß, damit die Seife nicht zu wasserhaltig wird. Viel probieren und laborieren darf man hierbei nicht. Ist die Seife fertig im Kessel, so stellt man den Dampf ab und formt nach 2 Stunden in bekannter Weise.

Die Herstellung der Eschweger Seifen durch Karbonatverseifung. Wenn Fettsäuren zu Eschweger Seifen verarbeitet werden, so können sie, wie bei jeder anderen Seife, mit kohlensaurem Alkali, also hier mit kalzinierter Soda, verseift werden. Wird nur ein Teil des Ansatzes als Fettsäure, der andere Teil als Neutralfett verarbeitet, so wird die Fettsäure allein vorgesotten, und erst nach beendeter Karbonatverseifung die Ätzlauge mit dem Wasserglas und das Neutralfett beigegeben. Sind die Fettsäuren dunkel, so empfiehlt es sich, indirekt zu sieden, d. h. nach vollkommener Verseifung der Fettsäuren auszusalzen, die Unterlauge zu entfernen, und dann erst Lauge, Wasserglas und Neutralfett nachzugeben, wie dies früher beschrieben wurde. Sollen aber Fettsäuren allein verarbeitet werden, so ist die folgende Siedeweise anzuwenden: Der Ansatz soll bestehen aus

227	kg	Palmkernölfettsäure,
$113^1/_2$	,,	Talgfettsäure,
$113^1/_2$	,,	Knochenfettsäure,
$95^1/_3$	,,	kalz. Soda,
$22^3/_4$	,,	Ätznatronlauge 38° Bé,
90	,,	Wasserglas.

Zur Verseifung von 100 kg Fettsäure sind 21 kg kalzinierte Soda und 5 kg Ätznatronlauge erforderlich, und zwar in der Voraussetzung, daß diese 100 kg Fettsäure nur 90 kg reine Fettsäure und 10 kg Neutralfett enthalten. Um Fehler zu vermeiden, ist es natürlich notwendig, den Spaltungsgrad der Fettsäuren zunächst genau festzustellen. Im Siedekessel bringt man nunmehr 315 kg Wasser durch direkten Dampf zum Sieden, löst darin 95,33 kg kalzinierte Soda und läßt die Fettsäure einlaufen. Während des Siedens gibt man weiter 13,5 kg Salz hinzu, damit die Masse im Kern siedet und nicht zu sehr ins Steigen kommt. Ist alle Fettsäure im Kessel, die Soda gebunden (Phenolphtaleïnprobe!) und die Kohlensäure ausgetrieben, so wird die Ätzlauge beigegeben und auf leichten Stich abgerichtet. Nach Zugabe der Ätzlauge bildet sich ein dünnflüssiger Seifenleim, den man noch einige Zeit sieden läßt und nach nochmaliger Prüfung der Abrichtung aussalzt. Hierbei ist jedoch eine gewisse Vorsicht erforderlich, damit der Kern nicht zu strotzig wird und die Unterlauge gut absetzt. Am besten läßt man nun das Ganze über Nacht im bedeckten Kessel stehen, entfernt am anderen Morgen die Unterlauge und setzt dem erneut siedenden Kern die für eine Eschweger Seife erforderliche Füllungslauge zu. Dieselbe besteht aus 160 kg Wasser, 90 kg Wasserglas und 7,5 kg 38grädiger Ätznatronlauge, und läßt, gut durchgemischt und mit direktem Dampf angewärmt, bei allmählicher Zugabe den Kern sehr bald in einen Leim übergehen, so daß schließlich, wenn die ganze Mischung im Kessel ist, eine gut verbundene, aber schwerfällige Seife im Kessel liegt. Wenn dieselbe bei weiterem Sieden nunmehr durchstößt und sich langsam hebt, so bietet sie dasselbe Bild wie jede andere Eschweger Seife, deren Schlußabrichtung und Prüfung sich in nichts von den vorerwähnten Angaben unterscheidet.

Hat man reine, helle Fettsäuren zu verarbeiten, so kann man naturgemäß auch direkt sieden und die Seife in einem Gang fertigmachen, Vorbedingung dazu ist aber guter Dampf, der nicht zuviel Wasser in den Kessel bringt. Da es sich jedoch nur schwer übersehen läßt, wieviel Kondenswasser gebildet wird, so ist diese Siedeweise weniger empfehlenswert und die vorbeschriebene, indirekte Methode vorzuziehen.

Eschweger Seife aus Grundseife. Die Herstellung der Eschweger Seifen aus Grundseife ist in Deutschland wenig bekannt, und da dieselben in der Marmorierung nicht so schön ausfallen als andere Eschweger Seifen, so liegt auch kein Grund vor, diese Art der Herstellung über Gebühr zu empfehlen. Die besondere Arbeitsweise besteht darin, daß der ganze Fettansatz zu Kern versotten wird. Hierbei ist jedoch darauf zu achten, daß die Fette gut verseift werden, und die erhaltene Seife ist so vorsichtig auszusalzen, daß der schaumfreie Kern in großen, dunklen Platten leicht hochsiedet. Ein solcher Kern läßt alsdann die Unterlauge gut absetzen und behält nur wenig Salz zurück. Auch alle Schmutzteile senken sich schnell und leicht zu Boden. Man bedeckt daher den Kessel nach Fertigstellung der Seife und läßt über Nacht zum Absetzen der Unterlauge stehen.

Am anderen Morgen kommt der Kern in einen Füllkessel und wird bei 75—80° C auf je 100 kg mit 40—60 kg Füllung verrührt. Die Füllung besteht aus 30—32° Bé starkem Wasserglas und Talk, der am besten mit 15grädiger Pottaschelösung angerührt wird, doch ist es notwendig, vorher festzustellen, ob die gedachte Füllung ohne weiteres aufgenommen wird. Die nunmehr fertige Seife zeigt alle Merkmale einer normal gesottenen Eschweger Seife.

Eschweger Seife auf halbwarmem Wege. Die Anfertigung der Eschweger Seife auf halbwarmem Wege ist sehr einfach, doch müssen die Rohmaterialien peinlich genau eingewogen werden, da sich nachträgliche Korrekturen nur schwer anbringen lassen. Wenn der Ansatz beispielsweise aus:

227	kg	Kernöl,
227	,,	reinem, hellem, talgartigem Fett,
386	,,	Ätznatronlauge von 30° Bé,
90	,,	Wasserglas,
27	,,	Salzwasser von 24° Bé,
23	,,	Wasser,
4,5	,,	Ätznatronlauge von 90° Bé,
0,9	,,	Ultramarin

besteht, so gibt man zunächst die etwaigen Abschnitte mit $^2/_3$ der Lauge und auf je 100 kg Abschnitte 15 kg Wasser in den Kessel und schmilzt bei leichtem Feuer. Alsdann schöpft man den unterdessen in einem anderen Kessel vorbereiteten Fettansatz über und bringt die Masse mit Hilfe der Krücke allmählich in Verband. Tritt dieser ein, so krückt man die Farblösung und das Wasserglas ein, entfernt das Feuer und gibt die noch übrige Lauge in die steigende Masse. Schließlich wird dann auch das Salzwasser eingekrückt. Die erhaltene Seife soll einen deutlichen Zungenstich haben. Zu schwacher Seife krückt man etwas Lauge, zu starker etwas flüssiges Kernöl nach. Die fertige Seife muß dunkel und schaumfrei im Kessel liegen und wird geformt, sobald sie auf 85° C abgekühlt ist.

Das Färben der Eschweger Seifen. Die Eschweger Seifen werden grau, rot und blau gefärbt, und zwar verwendet man für die Graufärbung Frankfurter Schwarz oder Knochenkohlenstaub, für die Rotfärbung Bolus, Englischrot und besonders Eschweger Rot, für die Blaufärbung Ultramarin allein oder mit Frankfurter Schwarz gemischt. Bei einer in der Provinz Posen gangbaren Eschweger Seife mit gelbem Grunde färbt man gewöhnlich mit 3 Teilen Frankfurter Schwarz und 1 Teil Eschweger Rot. Man rührt die Farben in warmem Wasser an, gibt etwas Lauge hinzu und färbt die fertigsiedende Seife, bis der Farbenton deutlich hervortritt. Auf 100 kg Fettansatz gebraucht man in der Regel etwa 200 g Farbe.

Leimseifen.

Mit dem Namen Leimseifen bezeichnet man Seifen, welche bei einer Ausbeute von 250 vH. und darüber noch die Möglichkeit zur Bildung fester Waschstücke und geformter Riegel ergeben. Sie unterscheiden sich durch ihr Aussehen und ihre gänzlich andere Struktur von den Kernseifen sehr wesentlich und haben infolge ihres geringeren Fettgehaltes naturgemäß auch eine geringere Ergiebigkeit.

Trotzdem aber erfreuen sich die Leimseifen noch immer einer ziemlichen Beliebtheit und werden auch heute noch in großen Mengen hergestellt. Ihre Einführung stammt aus jener Zeit, da sich die von England aus zu uns gekommene „Mottledseife“ so recht eingebürgert hatte. Der scheinbar billige Preis, die leichte Löslichkeit und das gute Aussehen veranlaßte die Hausfrauen längere Zeit, gerade diese Seifen zu bevorzugen, und so kam es, daß der Konsum an Kernseifen zurückging, der Verbrauch an Leimseifen dagegen gewaltig zunahm.

Die bei der Herstellung von Leimseifen erzielbare Ausbeute ist außerordentlich verschieden, und das heutige Mißtrauen vieler Hausfrauen solchen Seifen gegenüber beruht wohl hauptsächlich darauf, daß die Grenze, die innezuhalten ist, nicht immer beachtet wird. Mit einer Ausbeute von 300 vH. ist eine solche Seife aber noch als ein recht gutes Produkt zu bezeichnen, das allen berechtigten Anforderungen voll entspricht, und es ist wohl verständlich, daß jemand, der in kurzer Zeit viel Wäsche zu säubern hat, Leimseifen gern verwendet, weil sie schnell schäumen und demzufolge auch gut reinigen. Werden die Ausbeuten aber auf mehr als 700 vH. gesteigert, so sinkt der praktische Wert dieser Produkte ganz erheblich, da die Vermehrung fast nur durch salzhaltige Lösungen herbeigeführt wird, die keinen oder doch nur einen sehr geringen Reinigungswert besitzen.

Die Leimseifen sind, wenn nach guten Verfahren gearbeitet wird, leicht anzufertigen. Im wesentlichen sind sie nur Rezeptseifen, die nach der Vorschrift schablonenmäßig hergestellt werden können. Andererseits ist aber zu beachten, daß nicht stets das gleiche Material zu verarbeiten ist, daß die Abschnitte mehr oder weniger ausgetrocknet sind und daß Umstände eintreten können, die ohne eine gewisse Erfahrung ein gutes, sich stets gleichbleibendes Ergebnis nicht immer erzielen lassen.

Alle Leimseifen lassen sich direkt herstellen, doch sollen zur Verseifung nicht zu starke Laugen Verwendung finden. Da nämlich die Leimseifen mehr oder weniger wasserhaltig sind, kann man schon die Laugen entsprechend verdünnen und dadurch die Erzielung des Verbandes erleichtern.

Nach dem Fertigsieden besitzen die Leimseifen im heißen Zustande das Aussehen einer klaren Leimlösung und ergeben erkaltet ein mäßig festes Endprodukt, das mit wachsender Ausbeute an Festigkeit verliert. Beim Krücken bildet sich stets etwas wässeriger Schaum; er ist ein Zeichen dafür, daß die Seife richtig gesotten ist. Ein dicker, kernartiger Schaum zeigt Wasserarmut oder schlechten Verband an. Werden Abschnitte mitverarbeitet, so muß der Seife von Anfang an stets ein dem Trocknungsgrade der Abschnitte entsprechendes Quantum Wasser zugesetzt werden. Beim Formen der Leimseifen ist geringe Schaumbildung unvermeidlich, schadet aber nichts, da der Schaum von selbst vergeht, wenn die gefüllten Formen einige Zeit bedeckt stehen bleiben. In heißem Zustande reinigen sich alle diese Seifen dadurch, daß sich die schweren Schmutzteile zu Boden senken, die leichten Seifenteile an die Oberfläche steigen.

Ihrem Aussehen nach lassen sich die Leimseifen in zwei Gruppen einteilen, in glatte und marmorierte Seifen. Hinsichtlich der sonstigen Beschaffenheit gibt es aber so viele Arten, daß ihre Zahl nicht annähernd bestimmt werden kann. Die Verschiedenheiten sind einerseits durch die 250—1600 vH. betragenden Ausbeuten, andererseits durch die Art der verarbeiteten Fette und durch die vielen Farbenunterschiede der Fertigprodukte bedingt.

Künstliche Farben sollte man zum Färben der Leimseifen nicht verwenden, sofern man von dem geringen Zusatz absieht, den man zum Marmorieren der Seifen benötigt. Eine gelbe Färbung wird durch Mitverwendung von etwas rohem Palmöl und Harz erzielt. Ein hoher Prozentsatz dunklen Harzes liefert ein Braun, das man auch durch dunkles Walkfett erzielen kann.

Die Ausbeute wird im allgemeinen durch Soda, Pottasche, Wasserglas und Salzwasser, aber auch durch Zuckerlösungen erhöht. Die Anwendung von Mehl und Talk ist nicht zu empfehlen, da die so gefüllten Seifen stets unschön stumpf, und tot ausfallen. Wie alle anderen Seifen können auch die Leimseifen sowohl aus Neutralfetten wie aus Fettsäuren hergestellt werden.

Leimseifen von 220—250 vH. Ausbeute. Die Herstellungsart der Leimseifen mit geringer Ausbeute ist eine andere als die der Seifen mit höherer Ausbeute, da man bei Ausbeuten bis 275 vH. noch ein kernseifenähnliches Aussehen der Endprodukte erwartet. Wird diese Ähnlichkeit angestrebt, so müssen also die Haupteigenschaften der Kernseifen vorhanden sein, die erhaltenen Seifen dürfen nur wenig eintrocknen und müssen sich sparsam verbrauchen, zwei Faktoren, die zumeist durch den Charakter der Rohmaterialien — die Art der verwandten Fette und die Eigenschaften der Füllung — bedingt werden. Im allgemeinen werden die Seifen in drei verschiedenen Sorten angefertigt: glattweiß, hellgelb und dunkelgelb, ähnlich den entsprechenden Kernseifen. Ansätze[1]) zu diesen Seifen sind die folgenden:

Weiße Seife mit 220 vH. Ausbeute.

380	kg	Kernöl oder Kokosöl,
75	,,	Talg oder schmalzart. Fett,
388	,,	Ätznatronlauge von 30° Bé,
124	,,	Wasserglas,
19	,,	Wasser,
17,5	,,	Salzwasser von 24° Bé.

Hellgelbe Seife mit 220 vH. Ausbeute.

380	kg	Kernöl,
75	,,	helles Harz,
386	,,	Ätznatronlauge von 30° Bé,
19	,,	Wasser,
124	,,	Wasserglas,
17,5	,,	Salzwasser von 24° Bé.

Gelbe Seife mit etwa 240 vH. Ausbeute.

350	kg	Kernöl,
70	,,	Harz,
356	,,	Ätznatronlauge von 30° Bé,
18	,,	Wasser,
191,5	,,	Wasserglas,
15,5	,,	Salzwasser von 24° Bé.

Die Fabrikationsweise ist in allen drei Fällen die gleiche. Man gibt das Fett bzw. das Fett und das zerkleinerte Harz gemeinsam in den Kessel und erwärmt unter regelmäßigem Umkrücken, ohne auf das Schmelzen des Harzes Rücksicht zu nehmen. Hat man ungefähr 75° C erreicht, so krückt man zwei Drittel der Ätznatronlauge hinzu

[1]) Bei diesen Ansätzen ist der je nach der Ausbeute mehr oder weniger in Erscheinung tretende Trockenverlust mit in Berücksichtigung gezogen. Die angegebene Ausbeute bezieht sich daher auf die handelsfähige Marktware.

und gibt alsdann, noch ehe Verband eingetreten ist, das Wasser und zwei Drittel des Wasserglases hinein. Sind Abschnitte vorhanden, so trägt man sie jetzt ein, da hierdurch die spätere Verbandbildung sehr gefördert wird. Der Kessel wird nun eine halbe Stunde bei ganz schwachem Feuer gedeckt. Danach verstärkt man das Feuer und beginnt mit dem Zusammenkrücken der Seife. Das vorhandene Fett geht Verband ein und verschwindet mehr und mehr, bis die Seife zuletzt beim weiteren Krücken in ein Stadium kommt, in dem jeden Augenblick voller Verband zu erwarten ist. Das Feuer wird nun entfernt, und die übrige Lauge, das Wasserglas und zuletzt das Salzwasser werden eingekrückt, sobald ein voller Verband erzielt ist. Ist der Herstellungsprozeß ordnungsmäßig verlaufen, so liegt ein schöner, dunkler und klarer Leim im Kessel, der guten Zungenstich und Fingerdruck besitzen muß. Zu starke Seife hat starken Stich und glasharten Druck; zu schwache Seife hat wenig oder gar keinen Stich bei großer Zähigkeit und wenig Fingerdruck. Im ersten Falle krückt man etwas Öl, im zweiten Falle etwas Lauge nach. Die Seife wird nun des öfteren noch umgekrückt, möglichst kalt in 2—12 Zentner haltende Formen geschöpft und auch hier noch wiederholt durchgekrückt. Je kleinere Formen in Anwendung kommen, desto schöner wird die Seife, da eine nicht genügend kalte Seife in größeren Formen leicht ein marmoriertes Aussehen erhält. Ist eine Kühlpresse vorhanden, so wird die Seife natürlich gekühlt.

Zu beachten ist noch, daß bei der Mitverwendung von Abschnitten auch Wasser beim Schmelzen zugesetzt werden muß, damit die Seife nicht wasserarm wird. Wasserarme Seifen setzen einen kernseifenähnlichen Schaum ab, der nur durch Wasserzusatz zum Verschwinden gebracht werden kann, und dürfen keinesfalls zum Sieden kommen.

Wird zur Füllung obiger Seifen nur Pottaschelösung und Salzwasser ohne Wasserglas benutzt, so werden die Seifen glatt und weniger kernseifenähnlich. Nachstehend folgen einige Vorschriften, die jedoch nur zu einem guten Ergebnis führen, wenn die erzielten Produkte nicht über 88° C heiß werden.

Leimseifen mit etwa 250 vH. Ausbeute mit glattem Aussehen. Ansätze hierfür sind:

327,5	kg	Kokosöl oder Kernöl,
37	„	Talg oder schmalzart. Fett,
305,5	„	Ätznatronlauge von 30° Bé,
200	„	Pottaschelösung von 30° Bé,
131	„	Salzwasser von 24° Bé.

322	kg	Kokosöl,
56	„	Talg oder schmalzart. Fett,
318	„	Ätznatronlauge von 30° Bé,
113,5	„	Pottaschelösung von 30° Bé,
113,5	„	Wasserglas,
76,5	„	Salzwasser von 23° Bé.

334,5	kg	Kernöl,
37	„	Talg oder schmalzartiges Fett,
312,3	„	Ätznatronlauge von 30° Bé,
186	„	Pottaschelösung von 30° Bé,
130	„	Wasserglas.

Zunächst werden die Lauge und die Pottaschelösung zusammengemischt. Man füllt alsdann die Fette in den Kessel, schmilzt sie und krückt bei 75° C die Lauge ein. Ist ein guter Verband hergestellt, so krückt man die übrigen Füllungen nach, gibt aber das Salzwasser stets zuletzt hinzu. Die Seife wird, wenn größere Mengen angefertigt werden, im bedeckten Kessel über Nacht stehen gelassen. Am anderen Morgen schöpft man die etwa vorhandene, leichte Schaumhaut ab, krückt durch, parfümiert gegebenenfalls und formt bei 70—75° C.

Leimseifen mit 300—350 vH. Ausbeute. Ansätze sind:

303 kg	Kernöl oder Kokosöl,	323 kg	Kernöl oder Kokosöl,
254 „	Ätznatronlauge von 30° Bé,	272 „	Ätznatronlauge von 30° Bé,
303 „	Pottaschelösung von 30° Bé,	259 „	Pottaschelösung von 30° Bé,
139 „	Salzwasser von 24° Bé.	97 „	Wasserglas,
		48 „	Salzwasser von 24° Bé.

Diese Seifen werden in der gleichen Weise hergestellt wie die vorher beschriebenen Leimseifen, nur läßt man den fertigen, gut verbundenen Leim zwei Stunden noch gut bedeckt im Kessel stehen, damit recht inniger Verband eintritt. Man entnimmt dann eine Probe von 50—100 g, die nach dem Erkalten fest sein muß. Ist dies nicht der Fall, so setzt man noch etwa 15—30 kg 24grädiges Salzwasser zur Härtung hinzu. Im Sommer kann man, wenn nur schwacher Stich vorhanden ist, auch mit Zugabe von etwas 20grädiger Ätznatronlauge härten; diese nachträgliche Härtung wird aber nur selten notwendig werden.

Wenn der Kessel nach 2 Stunden abgedeckt wird, muß unter einer dünnen Schaumdecke eine ganz klare Seife im Kessel liegen. Die entnommenen Proben müssen fest und trocken sein. Andernfalls liegt ein mangelhafter Verband vor, ein Fehler, der durch Zugabe heißen Wassers zu beheben ist. Bei richtigem Arbeiten kann dieser Fehler aber gar nicht unterlaufen, denn die Seife bindet sehr leicht, wenn nach Vorschrift verfahren wird und wenn insonderheit bei der Mitverarbeitung stark ausgetrockneter Abschnitte das für diese notwendige Wasser beim Ansatz mit berücksichtigt wird. Gewöhnlich erfordern wenig ausgetrocknete Abschnitte auf 100 kg 10 kg, stark ausgetrocknete Abschnitte auf 100 kg 20—25 kg Wasser.

Leimseifen mit 400—800 vH. Ausbeute. Geeignete Ansätze sind:

230,5 kg	Kokosöl,	123 kg	Kokosöl,
193,5 „	Ätznatronlauge von 30° Bé,	103 „	Ätznatronlauge von 30° Bé,
230,5 „	Pottaschelösung von 30° Bé,	36 „	Pottaschelösung von 35° Bé,
115,3 „	Wasserglas,	246 „	Wasserglas,
230,5 „	Salzwasser von 22° Bé.	123 „	Salzwasser von 23° Bé,
		37 „	Wasser.

Der erstgenannte Ansatz ergibt etwa 400 vH. Ausbeute und wird wie oben beschrieben verarbeitet. Bei der Herstellung einer Seife mit etwa 800 vH. Ausbeute muß aber etwas anders gearbeitet werden. Am besten verfährt man hier derart, daß man zunächst Natronlauge und Pottaschelösung mit dem Fett Verband eingehen läßt und alsdann vorsichtig das Salzwasser hinzukrückt. Nunmehr erwärmt man die Seife erst wieder auf 87° C und erhält sie auch auf dieser Temperatur, während man das noch erforderliche Wasserglas hinzugibt. Sollte die Seife nicht fest genug sein, so härtet man mit 30grädiger Ätzlauge.

Wie schon wiederholt gesagt wurde, lassen sich alle diese Seifen auch aus Fettsäuren herstellen. Es ist jedoch nicht empfehlenswert, hierbei die Karbonatverseifung in Anwendung zu bringen, weil die Konzentration des Seifenleimes alsdann weniger leicht erkennbar und das Endergebnis damit zu unsicher wird. Man verseift deshalb die Fettsäuren besser mit Ätzlauge. Die Arbeitsweise ist dann derart, daß man zuerst die ganze Lauge mit etwa 5 vH. Salzwasser in dem Kessel zum Sieden bringt, die flüssige Fettsäure hinzulaufen läßt und nach ihrer vollständigen Verseifung die Lösungen einkrückt.

Wenn es der Preis erlaubt und besonderer Wert auf eine schöne, beschlagfreie Seife gelegt wird, so ist die Anwendung einer Zuckerfüllung bei diesen Leimseifen sehr zu empfehlen. Man verwendet dann eine wässerige Lösung von gleichen Teilen Pottasche, Salz und Zucker, die auf 24° Bé eingestellt wird. Die oben angegebenen Mengen Pottaschelösung und Salzwasser werden dann aber entsprechend reduziert und durch die Zuckerfüllung ersetzt.

Ein Ansatz für eine Seife mit stark 300 vH. Ausbeute würde dann in folgender Weise zusammenzustellen sein:

284	kg	Kernöl,
34	,,	Talg oder schmalzartiges Fett,
164	,,	Ätznatronlauge von 38° Bé,
120	,,	Wasser,
120	,,	Pottaschelösung von 30° Bé,
120	,,	Salzwasser von 23° Bé,
100	,,	Zuckerfüllung.

Die Arbeitsweise bleibt dieselbe wie bei den früher beschriebenen Seifen, nur muß bei allen Produkten, die eine Zuckerfüllung erhalten, sehr vorsichtig geheizt werden, da sich Zucker bei starker Erhitzung leicht bräunt.

Wasserglasseifen zum Waschen in Seewasser. Enthält eine Seife sehr viel Wasserglas, so kann man selbst in Seewasser oder härterem Brunnenwasser damit waschen. Solche Wasserglasseifen werden daher vielfach auf Seeschiffen verwendet. Eine Wasserglasseife mit etwa 320 vH. Ausbeute beispielsweise wird erhalten aus

281	kg	Kokosöl,
282	,,	Ätznatronlauge von 30° Bé,
85	,,	Pottaschelösung von 30° Bé,
281	,,	Wasserglas,
70	,,	Wasser.

Man gibt zuerst das Kokosöl mit der Pottaschelösung in den Kessel und schmilzt bei gutem Umkrücken gut durch. Hat die Masse eine Temperatur von 87° C erreicht, so krückt man die Lauge hinzu. Sobald man guten Verband erzielt, und die Seife ebenfalls wieder eine Temperatur von 87° C erreicht hat, krückt man vorsichtig, schöpferweise, das Wasserglas hinzu. Sollten hierbei Klumpen entstehen, so müßte noch etwas 30grädige Ätznatronlauge hinzugegeben werden. Man kann aber auch von vornherein so arbeiten, daß man dem Wasserglas 10 kg Ätzlauge beigibt, damit jede Klumpenbildung vermieden wird. Wenn das Wasserglas gut verkrückt ist, gibt man das Wasser nach und entfernt das Feuer.

Man läßt nun die Seife zwei Stunden ruhen oder besser über Nacht stehen. Nach dieser Zeit soll sie mäßigen Stich besitzen und schaumfrei im Kessel liegen. Hat sie noch starken Stich und glasharten Druck, so müssen noch einige Kilo heißes Öl mit Wasser gemischt hinzugegeben werden, bis man einen mäßigen Stich und guten Druck feststellen kann. Hat die Seife normalen Zungenstich und viel Schaum, so fehlt Wasser, ist sie zäh, so ist Lauge nachzugeben. Abschnitte, die man mitverarbeiten will, gibt man von vornherein mit der nötigen Wassermenge in den Kessel, oder schmilzt sie, nachdem man das Wasserglas beigekrückt hat, auf leichtem Feuer bei öfterem Umkrücken.

Die fertige, auf 75° C abgekühlte Seife schöpft man am besten in eiserne, 12—30 Zentner haltende Formen.

Harzleimseifen. Ebensowenig wie die vorher beschriebenen Leimseifen ohne Harzzusatz dürfen auch diejenigen mit Harzzusatz mit allzu starken Ätzlaugen gesotten werden. Vor allem aber muß hier in Betracht gezogen werden, daß das Harz die Seife weich macht, und daß sich Harzleimseifen mit sehr hohem Harzgehalt im allgemeinen nur herstellen lassen, wenn der Gehalt an Füllungsmaterial herabgesetzt wird. Ein brauchbarer Ansatz ist beispielsweise der folgende:

150	kg	Kernöl,
60	,,	Talg,
40	,,	Knochenfett oder rohes Palmöl,
250	,,	helles Harz,
420	,,	Ätznatronlauge von 30° Bé,
50	,,	Wasserglas,
50	,,	Kristallsoda.

Kristallsoda und Wasserglas können im Ansatz auch fehlen, es entstehen trotzdem brauchbare Seifen; die Fertigprodukte werden aber durch diesen Zusatz glatter und im Griff trockener und fester. Bei der Herstellung selbst verfährt man wie folgt:

Das Fett wird auf etwa 80—90° C erhitzt und das zerkleinerte Harz darin gelöst. Ist dies geschehen, so läßt man die Temperatur auf 75° C fallen und krückt die Lauge, in der sich das Wasserglas befindet, langsam hinzu, bis guter Verband entsteht. Der letztere wird gefördert, wenn man die Lauge ebenfalls etwas anwärmt und etwa vorhandene Abschnitte dem Harzfett zusetzt. Alsdann gibt man die Kristallsoda hinzu, löst sie unter häufigem Umkrücken, entfernt dann das Feuer und überläßt die Seife zwei Stunden lang der Ruhe, damit recht innige Verbindung erfolgt. Dann krückt man nochmals gut durch und formt in 12—15 Zentner haltenden Formen.

Harzleimseifen mit 300—400 vH. Ausbeute.

I.

143	kg	Kokosöl,
114	,,	Kernöl,
28	,,	rohes Palmöl,
43	,,	Harz,
276	,,	Ätznatronlauge von 30° Bé,
157	,,	Pottaschelösung von 30° Bé,
157	,,	Salzwasser von 22° Bé,
93	,,	Wasserglas.

II.

312	kg	Kernöl oder Kokosöl,
15,5	,,	rohes Palmöl,
30	,,	Harz,
300	,,	Ätznatronlauge von 30° Bé,
171	,,	Pottaschelösung von 30° Bé,
125	,,	Salzwasser von 22° Bé.
46	,,	Wasserglas.

In dem Fettansatz wird das Harz gelöst, dann die Pottaschelösung und gleich danach die Ätznatronlauge ebenfalls eingekrückt. Man erzielt so leicht Verband. Ist dies geschehen, so läßt man die Temperatur der Seife auf 88° C steigen und krückt das Salzwasser ein. Der Kessel bleibt, nachdem man das Feuer entfernt hat, eine Stunde der Ruhe überlassen, damit ein möglichst guter Verband erzielt wird; alsdann erst krückt man auch das Wasserglas hinzu. Jetzt zieht man Proben. Sind diese noch nicht fest genug, so härtet man durch Zusatz von einigen Kilo Kristallsoda. Wenn die Proben genügend Festigkeit zeigen, wird die Seife ausgeschöpft.

Harzleimseife ohne Salzwasser. Ein empfehlenswerter Ansatz ist:

228	kg	Kokosöl,
22	„	rohes Palmöl,
57	„	helles Harz,
456	„	Ätznatronlauge von 20° Bé,
170	„	Wasserglas,
68	„	Kristallsoda.

Man erhält hiermit eine billige, schöne Harzleimseife, die sich infolge der niedrigen Laugengrade äußerst leicht anfertigen läßt. Man löst das Harz im Fett, krückt die Lauge nach und nach hinzu und erhitzt die Seife auf 88° C, dann krückt man das Wasserglas und gleich darauf die Kristallsoda ein. Nunmehr entfernt man das Feuer, krückt wiederholt durch, bis sich die Kristallsoda gelöst hat und schöpft schließlich in Formen. Hat man Abschnitte, so fügt man diese hinzu, nachdem die Lauge eingekrückt ist. Ist die Seife etwas zu weich ausgefallen, so härtet man durch Zusatz von 1—2 kg 36grädiger Ätznatronlauge.

Transparent-Harzleimseife. Eine schöne, transparente Leimseife erhält man auf einfachem und leichtem Wege aus folgendem Ansatz:

182	kg	Kokosöl,
80	„	rohes Palmöl,
24	„	Harz,
152	„	Pottaschelauge von 26° Bé,
152	„	Ätznatronlauge von 26° Bé,
64	„	Pottaschelösung von 35° Bé,
167	„	Salzwasser von 22° Bé,
128	„	Wasserglas,
48	„	Kristallsoda.

Öl und Fett werden eingeschmolzen, das zerkleinerte Harz darin gelöst, hierauf die Pottaschelauge eingekrückt und nach eingetretenem Verband die Natronlauge und unmittelbar danach die Pottaschelösung hinzugegeben. Man erhitzt auf 88° C, krückt dann das Salzwasser und nach abermaligem Erhitzen auf 88° C auch das Wasserglas hinzu. Alsdann gibt man die vorhandenen Abschnitte und die Kristallsoda in die Masse und feuert langsam bis zur vollständigen Lösung weiter. Schließlich wird die Seife bei 75° C geformt.

Schwarze Harzleimseife. In Mitteldeutschland ist eine schwarze Harzleimseife gangbar, die hier noch kurz erwähnt sei. Der Ansatz besteht aus

248 kg	Kokosöl,
100 „	rohem Palmöl,
70 „	Harz,
355 „	Ätznatronlauge von 30° Bé,
175 „	Wasserglas,
46 „	Kristallsoda,
2 „	Frankfurter Schwarz, in
5 „	Wasser gelöst bzw. verrührt.

Das Harz wird in dem Fett wie üblich gelöst, während man in einem anderen Kessel auf der Lauge die Abschnitte in Lösung bringt. Ist dies geschehen, so wird das Feuer entfernt. Das Harzfett wird nun unter gutem Krücken der Lauge zugegeben, wobei es sich sofort verseift. Der eintretende Verband kündet sich gewöhnlich durch starkes Steigen des Kesselinhaltes an. Man trägt nichtsdestoweniger aber unter regelmäßigem Verrühren den Rest des Harzfettes ein, wehrt, falls die Seife überzulaufen droht, mit dem Spatel und setzt nach und nach die Kristallsoda hinzu. Für Ungeübte empfiehlt es sich zudem, 50 kg Lauge zurückzuhalten, um dem Übersteigen durch Zugabe der kalten Flüssigkeit wirksam begegnen zu können. Ist die Kristallsoda durch häufiges Krücken gelöst, so bleibt die Masse zwei Stunden der Ruhe überlassen. Man krückt dann durch und zieht eine Probe von 50—100 g. Ist dieselbe nach dem Erkalten noch nicht fest genug, so härtet man durch Zugabe von 5—10 kg Kristallsoda. Alsdann deckt man den Kessel bis zum nächsten Morgen zu, nimmt den Schaum ab und schöpft aus.

Harzleimseife mit Talk.

Man verwendet zum Ansatz:		als Füllung:	
123 kg	Kokosöl,	132 kg	Talk,
98 „	rohes Palmöl,	245 „	Wasser,
280 „	Ätznatronlauge von 25° Bé,	49 „	Wasserglas,
49 „	Harz.	24 „	Kristallsoda.

Aus Harz und Kokosöl fertigt man mit Hilfe der Lauge einen Leim, setzt das Palmöl hinzu und läßt gut durchsieden. Gibt man jedoch sogleich den ganzen Fettansatz in den Kessel, so muß man darauf achten, daß die Seife nicht dick wird, ehe sie genügend abgerichtet ist. Gleichzeitig wird der Talk mit Wasser verrührt und die Mischung unter gutem Rühren der verseiften Masse zugesetzt. Ist alles gut versotten, so fügt man die Kristallsoda und, sobald auch diese einverleibt ist, das Wasserglas hinzu. Wenn alles gleichmäßig gebunden ist, prüft man die Abrichtung und die Festigkeit der Seife. Sie muß guten Zungenstich und Fingerdruck haben und eschwegerartig, schaumfrei im Kessel sieden. Besitzt sie keinen oder nur ganz geringen Zungenstich und Druck, so fehlt noch Lauge, die man bei leichtem Sieden so lange hinzufügt, bis der gewünschte Erfolg erreicht ist. Nun wird das Feuer entfernt und zunächst noch fleißig, später mit Unterbrechungen umgerührt, um ein Anbrennen zu verhüten. Am anderen Morgen krückt man nochmals recht gut durch, bis wieder eine gleichmäßige Masse vorliegt, die dann am besten in kleinen Formen geformt wird. Auch hier krückt man die Seife noch so lange, bis sie nicht mehr absetzen kann.

Tonnen- oder Scheuerseife. Diese Seifen wurden früher in manchen Gegenden in bedeutendem Umfange hergestellt und teilweise, wie z. B. in Hamburg, auch als weiße Schmierseifen gehandelt. Auch während des Krieges wurden sie, da die Herstellung von Seifen untersagt war, als „Bohrpasten" reichlich angeboten. Sie sind 8—12fache, mäßig feste, gallertartige Faß- und Riegelseifen, die gewöhnlich in Blechbüchsen verpackt werden. In der Regel sind es Erzeugnisse aus nur gebleichtem Palmöl und talgartigen Fetten oder auch nur aus Talg allein, da ausschließlich die Härte des Fettansatzes über die Aufnahmefähigkeit der fertigen Seife für Wasser entscheidet. Teilweise werden diesen Produkten aber auch Karbonatlösungen oder Wasserglas zugesetzt, doch ist dies wenig empfehlenswert, weil sie dadurch nässend oder glitschig werden. Am besten läßt man daher derartige Füllungen fort und füllt nur mit Wasser, das besonders dann leicht aufgenommen wird, wenn man der Seifenmasse Agar-Agar, Tragant und andere Wasser bindende Pflanzenstoffe beimischt.

Die Fabrikation dieser Seifen kann direkt oder indirekt erfolgen. Indirekt ist sie etwas umständlicher; aber man erzielt beinahe schönere Produkte als bei der direkten Anfertigung. Beide Wege seien beschrieben:

Der Ansatz soll bestehen aus

125 kg	Talg	8fach.
125 „	Ätznatronlauge von 25° Bé	
625 „	Wasser, kochend,	
625 g	Agar-Agar, in	
125 kg	Wasser gelöst	

Der Talg wird zunächst im Kessel mit der 25grädigen Lauge, die vorher mit dem notwendigen Wasser auf 12° Bé eingestellt wird, zu einem klaren, gut abgerichteten Seifenleim verkocht, dem man unter leichtem Sieden das an den oben erwähnten 625 kg noch fehlende Wasser einkrückt. Gleichzeitig löst man 625 g Agar-Agar in den angeführten 125 kg Wasser und krückt nun diese Lösung der Seife im Kessel zu, wodurch alles Wasser vorzüglich gebunden wird. Man entnimmt nun eine Probe. Ist dieselbe noch zu fest, so wird noch weiterhin Wasser eingekrückt.

Nach der indirekten Methode siedet man zuerst eine Kernseife, die man später in Wasser löst. Angenommen, es soll ein Ansatz von 300 kg Talg, 200 kg gebleichtem Palmöl und 150 kg Kammfett zu einer derartigen Seife verarbeitet werden, so verfährt man wie folgt:

Man gibt den Fettansatz in den Kessel und siedet mit 15grädiger Lauge einen klaren, gut abgerichteten Leim, den man noch eine Stunde in mäßigem Sieden hält. Alsdann prüft man nochmals die Abrichtung und gibt, wenn noch genügend Stich vorhanden ist, nach und nach so viel 24grädiges Salzwasser hinzu, bis die Unterlauge ein wenig verleimt abfließt. Man bedeckt nunmehr den Kessel, läßt die Unterlauge einige Stunden absetzen, schöpft die Seife in die Form und salzt die zurückgebliebene Unterlauge vollständig aus. Das Ergebnis ist eine salzfreie, gute Kernseife, die nach dem Erkalten geschnitten und in der folgenden Weise auf Scheuerseife weiter verarbeitet wird:

125 kg der kleingeschnittenen Seife werden in 792 kg Wasser warm gelöst und des öfteren gekrückt. Nachdem alles ohne Sieden bei etwa 90° C gelöst ist, entfernt man das Feuer und setzt 1000 g Agar-Agar hinzu, das zuvor in 83 kg kochendem Wasser gelöst ist. Die fertige Masse wird alsdann noch mehrfach durchgekrückt und, ziemlich erkaltet, in Blechbüchsen oder in Kübel von Tannenholz abgeschöpft. Buchenholz ist ungeeignet, weil sich das Präparat in solchen Kübeln braun färben würde.

Wasserglaskompositionen. Die Wasserglaskompositionen werden am zweckmäßigsten aus Kokosöl, gegebenenfalls aber auch aus Palmkernöl hergestellt. Das Wasserglas, kieselsaures Natron oder kieselsaures Kali, wird, wie bereits erwähnt, sowohl bei der Fabrikation von Kernseifen als auch bei Schmierseifen als Füllungsmittel angewandt, am stärksten aber bei diesen Wasserglaskompositionen, weil es von allen wässerigen Füllungsmitteln am wenigsten eintrocknet und auch ein gewisses Reinigungsvermögen besitzt. Es macht hartes Wasser weich und verhindert das Gerinnen der Seife während des Waschprozesses.

Empfehlenswerte Ansätze sind die folgenden:

250 kg Kokosöl,
250 „ Ätznatronlauge von 25° Bé, mit
175 „ Wasser gemischt,
300 „ Wasserglas, mit
25 „ Ätznatronlauge von 25° Bé gemischt.

Das Kokosöl wird mit der Ätznatronlauge bei etwa 90° C zusammengekrückt und in Verband gebracht; alsdann wird sofort das Wasserglas eingekrückt, womit die Seife fertig ist.

Eine andere Wasserglaskomposition wird wie folgt hergestellt:

215 kg Kokosöl,
215 „ Ätznatronlauge von 25° Bé, mit
108 „ Wasser gemischt,
323 „ Wasserglas, mit
32 „ Ätznatronlauge von 25° Bé gemischt,
107 „ Pottaschelösung von 30° Bé.

Man verkocht das Öl im Kessel mit der Lauge und setzt sofort die Pottaschelösung hinzu. Alsdann entfernt man das Feuer und krückt das Wasserglas ein. Sollte es vorkommen, daß sich hierbei Klumpen bilden, so ist die Einflußgeschwindigkeit zu verlangsamen und gegebenenfalls noch etwas Feuer oder Dampf anzuwenden. Hat man Abfälle, so kann man sie von vornherein mit in den Kessel geben.

Solche Wasserglaskompositionen werden bis zu 20fachen Mischungen hergestellt, die dann freilich kaum noch etwas anderes sind als mit Ätznatron kristallisiertes Wasserglas, in dem die geringe Menge Seife nur dazu dient, ein seifenähnliches Aussehen der Masse zu erzeugen.

Die Festigkeit solcher Kompositionen ist aber durchaus befriedigend, wenn sie über das sonst übliche Maß hinaus sehr stark abgerichtet sind.

Oberschalseife. In einigen Gegenden ist, wie bereits erwähnt, die Kernoberschalseife eins der beliebtesten Waschmittel. Die Vorliebe für diese Seife wurde daher die Veranlassung, auch aus Leim- und Halbkernseifen Oberschalseifen herzustellen, zumal der Gedanke nahe lag, auch diese in niedrige Kasten zu gießen und ihre Oberfläche mit einem Stabe kraus zu ziehen. Man fing daher bald an, zartweiße Oberschalseifen nach Eschweger Art mit etwa 200—230 vH. Ausbeute aus Talg und Kokosöl herzustellen, und da die an Luft und Sonne getrockneten Fabrikate wirklich gut waren, erzielten sie auch gute Preise. Die heute gehandelten Oberschalseifen dieser Art werden jedoch meist aus halb Kernöl und halb talgartigen, hellen Fetten unter Zusatz von 20—25 vH. Wasserglas etwa nach folgendem Ansatz hergestellt:

218 kg	Kernöl,
217 „	talgartige Fette,
108 „	Wasserglas,
435 „	Ätznatronlauge von 25° Bé.

Man gibt die Lauge in den Kessel, macht Feuer und schmilzt die vorhandenen Abschnitte. Wenn dies erreicht ist, setzt man das Wasserglas hinzu und läßt alsdann unter schwachem Sieden den Fettansatz bis auf 40 kg Kernöl, die man zur endgültigen Abrichtung zurückbehält, hinzufließen. Wenn man mit Hilfe der Krücke guten Verband erzielt hat und eine gut verbundene, eschwegerartige Seife im Kessel siedet, prüft man und richtet mit dem zurückbehaltenen Palmkernöl auf mäßigen Stich ab. Sobald die Seife fertig ist, entfernt man das Feuer und krückt noch 22 kg 24grädiges Salzwasser hinzu. Man läßt alsdann bis zum nächsten Tag im Kessel stehen, krückt nochmals gut durch, formt in kleinen, flachen Kastenformen und zieht die Oberschale ein.

Neuerdings werden derartige Oberschalseifen aber auch mit bedeutend höherer Ausbeute wie folgt angefertigt:

Der Ansatz besteht aus

250 kg	Kernöl,
125 „	Schmalzfett oder Kammfett,
375 „	Ätznatronlauge von 25° Bé,
250—310 „	Wasserglas.

Man gibt den Fettansatz in den Kessel und siedet einen klaren, schaumfreien, gut abgerichteten Leim, dem man das Wasserglas einkrückt. Sobald sich die Seife abgekühlt hat und im Kessel anlegt, bringt man sie in Oberschalkasten und zieht die Oberschale ein. Es empfiehlt sich jedoch, vor dem Ausschöpfen des öfteren durchzukrücken.

Mottled-Seifen. Die Mottled-Seifen, auch wohl Eschweger III genannt, können trotz ihres teilweise guten Aussehens und trotz ihrer großen Ähnlichkeit mit den Eschweger Seifen ihrer hohen Ausbeute wegen doch nur zu den Leimseifen gezählt werden. Denn alle Versuche, die für ihr Gelingen erforderliche Ausbeute von wenigstens 320 vH. wesentlich herabzusetzen und damit den Fettgehalt dieser Seifen etwa auf den der Eschweger Seifen zu steigern, scheiterten zunächst stets an dem hohen Salzgehalt, den sie für die Stellung des Marmors benötigen. Die besten Sorten ergeben daher frisch 320—340 vH., die schlechteren 700 vH. Ausbeute, doch werden die ersteren beim Gebrauche widerstandsfähiger, wenn man sie in nicht zu großen Blöcken, am besten in Platten, einige Tage in trockenen Räumen aufstellt. Sie verlieren dann in unglaublich kurzer Zeit etwa 20 vH. an Gewicht. Da gleichzeitig aber auch infolge der zunehmenden Konzentration die inkorporierten Salze auskristallisieren, begnügt man sich meist mit einem geringeren Gewichtsverlust. In neuerer Zeit hat man es aber gelernt, Mottled-Seifen auch mit 250—260 vH. Ausbeute anzufertigen, doch gehört eine gewisse Übung dazu, ein solches Produkt sachgemäß herzustellen.

Die Anfertigung der Mottled-Seifen wird dem Sieder aber erleichtert, wenn er weiß, worauf die erforderliche Marmorbildung eigentlich beruht. Sie hängt im wesentlichen davon ab, daß das Wasserglas langsam mit der Farbe auskristallisiert. Ist die Grundseife in der Abrichtung zu schwach, so scheidet sich die Wasserglasfarbe zu schnell ab und geht zu Boden, ist sie zu stark, so kann die Farblösung wenig oder gar nicht auskristallisieren. Das erste Erfordernis ist es also, eine richtige Grundseife anzufertigen, die Anlage zur Marmorierung besitzen und den Marmor zu halten imstande sein soll. Die Art der Marmorbildung, ob klein- oder großflammig, ist Übungssache. Aber noch ein zweiter Punkt verdient bei diesen Seifen eine große Beachtung, die Mottled-Seife darf niemals wasserarm sein; ist dies der Fall, so wird die Marmorierung stets klein und schlecht ausfallen, da eine zu hohe Salzkonzentration stets trennend auf den Verband der Seife einwirkt, so daß sich niemals ein schöner Marmor bilden kann. Viele Sieder gehen hier zu ängstlich vor, weil sie fürchten, der Seife zuviel Wasser zuzuführen. Es sei deshalb besonders bemerkt, daß sich Wasserarmut bei diesen Seifen stets durch Aufsetzen eines dicken, schweren, oft kernartigen Schaums zeigt, der um so dicker und schwerer ist, je weniger Wasser die Seife enthält. In diesem Falle muß dann ohne Ängstlichkeit gearbeitet werden, selbst wenn die Menge des noch erforderlichen Wassers 100 kg und mehr erreicht; das Wasser fehlt, solange die Seife diesen schweren Schaum besitzt. Viel Wasser erfordert die Seife stets, wenn Abschnitte mit zur Verarbeitung gelangen und die Menge desselben ist erst richtig bemessen, wenn die Seife nur so viel wässerigen Schaum besitzt, als beim Krücken entsteht. Hier liegen die Garantien des erfolgreichen Arbeitens. Ob daher bei dem einen Rezept 20grädige oder 22grädige Ätznatronlauge vorgeschrieben ist, oder ob nach einem anderen Verfahren das Salzwasser und die Pottaschelösung eine etwas andere Grädigkeit aufweisen sollen, all dies ist unwesentlich. Man hat lediglich einen richtigen Leim von genügender Festigkeit herzustellen und dessen Abrichtung so zu regeln, daß die Wasserglasfarblösung kristallisieren kann.

Hauptfette für die Mottled-Seifen sind Kokosöl und Palmkernöl; letzteres findet zu diesen Seifen am meisten Verwendung und ist bei Ausbeuten bis zu 400 vH. geeigneter als Kokosöl. Für Seifen mit höheren Ausbeuten soll man aber das Kokosöl wegen seines höheren Verleimungsvermögens heranziehen. Als Zusatzfett ist etwas Talg empfehlenswert, der die Eigenschaft hat, die Seife in der Form nach guter Marmorstellung rascher erstarren zu lassen, so daß Marmorsenkungen vermieden werden.

Alles in allem soll man also die Seife bis zu 400 vH. Ausbeute stets nur aus Kernöl, eventuell mit etwas Talg oder irgendeinem anderen Fett gemischt, anfertigen. Von 450—550 vH. Ausbeute an empfiehlt es sich, wenigstens die Hälfte des Ansatzes aus Kokosöl bestehen zu lassen, und geht man über 600 vH. Ausbeute hinaus, so ist es am richtigsten, das Kernöl ganz fortzulassen. Außerdem ist es ratsam, bei hohen Ausbeuten von 500 vH. ab als Füllung etwas weniger konzentrierte Salzlösungen, als sonst üblich, anzuwenden.

Auf 100 kg Fettansatz rechnet man im allgemeinen 115 kg 20° Bé starke Ätznatronlauge. Man gibt den Fettansatz in den Kessel, verseift mit der Lauge durch Zusammenkrücken und setzt dann sofort die Pottaschelösung hinzu. Alsdann bringt man den Seifenleim auf eine Temperatur von 88° C und krückt das Salzwasser ein. Vorteilhafterweise vermeidet man jegliches Sieden der fertigen Seife, da hierbei, namentlich wenn die Beheizung durch direktes Feuer erfolgt, viel Wasser verdampft, Schaum entsteht und der Verband gestört wird. Das fertige Produkt muß Druck besitzen und einen gut spinnenden Leim bilden. Zu seiner Beurteilung nimmt man mit dem Spatel eine Probe heraus, wartet eine halbe Minute und läßt dann ablaufen, um den Vorgang des Spinnens zu beobachten. Als Füllung eignen sich am besten Pottaschelösung und Salzwasser, andere Füllungen sind weniger empfehlenswert. Besonders Sodalösung ist zu vermeiden, da die damit hergestellten Seifen, besonders im Winter, leicht beschlagen. Überhaupt veranlassen alle zur Verwendung kommenden Salzlösungen bei unrichtiger Konzentration Störungen; sind sie zu schwach, so machen sie die Seife weich und lassen zu starke Verbindung zu, während zu starke Salzlösungen wieder kernartige Schaumbildung verursachen, ähnlich wie sie bei Wasserarmut auftritt. Ist die Grundseife aber richtig ausgefallen, so kann man zur Färbung übergehen, prüft aber zuerst, ob die Seife die Farblösung aufnimmt, ohne zu kristallisieren. Für die Farblösung selbst verwendet man am besten gleiche Teile Wasser und Wasserglas.

Mottled-Seife mit 260 vH. Ausbeute. Wie schon oben gesagt, ist die Herstellung einer Mottled-Seife in dieser niedrigen Ausbeute außerordentlich schwer, und es gehört große Übung dazu, um dieselbe korrekt anzufertigen. Für die Fabrikation dient am besten der folgende Ansatz:

370	kg	Kernöl oder 333 kg Kernöl und 37 kg Talg,
425	„	Ätznatronlauge von 20° Bé,
74	„	Pottaschelösung von 35° Bé,
9	„	Salzlösung von 24° Bé.

Als Farblösung verwendet man:

450	g	Ultramarinblau, in
18	kg	Wasser gelöst,
18	,,	Wasserglas,
3,5	,,	Ätznatronlauge.

Die Schwierigkeit bei der Herstellung dieser Mottled-Seife liegt in der Erzielung der für diese Produkte charakteristischen Marmorbildung, die nur dann einwandfrei in Erscheinung tritt, wenn diese infolge ihrer Wasserarmut konsistenteren Seifen bei höherer Temperatur, am besten bei 88° C, ausgeschöpft und bis nach Eintritt der Marmorierung in den Formen gut zugedeckt werden. Im übrigen weicht aber ihre Herstellungsweise nicht wesentlich von der der nachbesprochenen Mottled-Seifen ab.

Mottled-Seife mit 350 vH. Ausbeute. Als Ansatz verwendet man:

259	kg	Kernöl,
28,5	,,	Talg,
331	,,	Ätznatronlauge von 20° Bé,
153,5	,,	Pottaschelösung von 35° Bé,
206	,,	Salzwasser von 24° Bé.

Als Farblösung:

480	g	Ultramarin,
9,5	kg	Wasser,
2	,,	Ätznatronlauge von 20° Be,
9,5	,,	Wasserglas.

Mottled-Seife mit 450 vH. Ausbeute. Als Ansatz verwendet man:

215	kg	Kernöl,
274	,,	Ätznatronlauge von 20° Bé,
226	,,	Pottaschelösung von 33° Bé,
312	,,	Salzwasser von 22° Bé.

Mottled-Seife mit 550 vH. Ausbeute. Als Ansatz verwendet man:

125	kg	Kernöl,
53	,,	Kokosöl,
204	,,	Ätznatronlauge von 20° Bé,
264	,,	Pottaschelösung von 30° Bé,
354	,,	Salzwasser von 21° Bé.

Mottled-Seife mit 700 vH. Ausbeute. Als Ansatz verwendet man:

128	kg	Kokosöl,
14	,,	Talg,
164	,,	Ätznatronlauge von 20° Bé,
298	,,	Pottaschelösung von 30° Bé,
396	,,	Salzwasser von 22° Bé.

Die Farblösung für die letztgenannten drei Seifen stellt man wie folgt zusammen:

0,5	kg	Farbe,
12	,,	Wasser,
2	,,	Ätznatronlauge von 20° Bé,
12	,,	Wasserglas.

Die Fabrikation selbst vollzieht sich in der folgenden Weise. Zunächst kommt der gesamte Fettansatz in den Kessel und wird mit der angegebenen Laugenmenge verseift. Nach gutem Verband krückt man die Pottaschelösung hinzu, erhitzt auf 88° C, krückt das Salzwasser ein und erwärmt abermals auf 88° C. Hat man Abschnitte zur Verfügung, so kann man dieselben nach dem Hinzukrücken des Salzwassers bei schwachem Feuer dem Ganzen ebenfalls beifügen; stets müssen dann aber, dem Trockengehalt der Abschnitte entsprechend, auch 10—20 vH. derselben an Wasser hinzugegeben werden. Alsdann entfernt man das Feuer und deckt die Seife eine halbe Stunde gut zu, damit einerseits noch innigerer Verband eintritt, andererseits der wässerige Schaum, der durch das Krücken entstanden ist, möglichst verschwindet. Den geringen, noch verbleibenden Schaum nimmt man ab. Die nunmehr fertige Grundseife wird alsdann der unerläßlichen Prüfung unterzogen; ist sie zu schwach, so krückt man noch einige Kilo 20grädige Ätznatronlauge hinzu, ehe man färbt.

Aber auch die nunmehr folgende Hinzugabe der Farbstofflösung muß mit aller Vorsicht geschehen, denn ganz genau wird man die hierfür erforderliche Zusammensetzung der Seife auch durch das genaueste Einwiegen des Rohmaterials nicht treffen. Man tut daher gut, dieselbe zunächst auf ihr Marmorbildungsvermögen zu prüfen, indem man zweckmäßigerweise mit kleineren Proben arbeitet, die 80° C heiß sein sollen. Ist die Seife kälter, so erschwert man die Marmorbildung in den kleinen Probiergefäßen. Läßt sich nun $^1/_4$ l Farblösung glatt mit 20 kg Seife verrühren oder kristallisiert sie nur in winzigen, einzelnen Pünktchen, so kann die Seife richtig getroffen sein; kristallisiert die Farblösung jedoch in größeren Flocken sofort beim Einrühren, so ist die Grundseife noch zu schwach, und der Farblösung müssen alsdann noch 2—3 kg Lauge hinzugegeben werden.

Wird die Farblösung von vornherein glatt aufgenommen, so wird das Probegefäß gut bedeckt eine halbe Stunde der Ruhe überlassen. Bemerkt man aber nach dieser Zeit noch keinen Marmor, so ist die Grundseife zu stark; man krückt alsdann noch 2—3 kg Öl und 6—7 kg Wasser ein, worauf sich der Marmor bilden wird. Hat die Seife in dem Probegefäß nach einer halben Stunde eine leichte, wenn auch kaum sichtbare Marmorierung gebildet, so ist sie gut getroffen. Sie wird dann auch im Kessel gefärbt, bei 75° C in die Formen geschöpft und bis zur Marmorstellung leicht bedeckt. Hat die Seife nunmehr Neigung zum Senken des Marmors, so kann man sie ohne Bedenken nochmals durchkrücken und dann abermals bis zur Marmorbildung gut zudecken. Zur Marmorsenkung neigen in der Regel jedoch nur schwache Seifen, die gewöhnlich auch großflüssigen Marmor ergeben, während etwas kräftig abgerichtete Seifen kleinflüssiger im Marmor ausfallen und dann keine Neigung zum Senken desselben haben.

Kleine Sude können in der Regel morgens gesotten und nachmittags geformt werden; besser ist es aber, all diese Seifen nachmittags anzufertigen und am nächsten Tage auszuschöpfen, damit sich die Marmorbildung über Nacht vollziehen kann. Vor dem Ausschöpfen muß dann aber nochmals gut durchgekrückt und die Temperatur nachgemessen werden.

Hausseifen auf kaltem und halbwarmem Wege.

Die Fette und Laugen für die Verseifung auf kaltem Wege. Unter „Verseifung auf kaltem oder halbwarmem Wege“ versteht man ein Verfahren, das durch bloßes Zusammenrühren geschmolzener Leimfette (Kokosöl oder Palmkernöl) mit der zur Sättigung erforderlichen, hochgrädigen Laugenmenge Seifen durch Selbsterhitzung entstehen läßt. Dabei ist das Emulsionsvermögen dieser Fette und der aus ihnen entstehenden Seifen so groß, daß bei diesem Verfahren auch andere, schwerer verseifbare Fette und Öle mit in Verband gezogen werden können. Man verwendet daher zu den Seifen dieser Gattung vielfach auch Talg, Palmöl, Schmalz, Erdnußöl, Olivenöl, Rizinusöl und in neuerer Zeit auch die hydrierten Öle als Zusatzfette.

Die Herstellungsweise der kalt gerührten Seifen bleibt jedoch immer die gleiche, gleichgültig, ob neben den genannten Leimfetten auch andere Fette (Kernfette) mitverarbeitet werden, und nur geringe Abweichungen in bezug auf die Verseifungstemperatur und die Menge der zur Verseifung nötigen Lauge treten in Erscheinung. Diesbezüglich hat man aber zu berücksichtigen, daß das Kokosöl unter den hier in Betracht kommenden Fetten und Ölen zu seiner vollständigen Verseifung einer größeren Laugenmenge bedarf, als Talg, Schmalz, Olivenöl u. dgl., und hat ferner darauf zu achten, daß alle zur Anwendung kommenden Fette möglichst frisch, rein und vor allem nicht ranzig sind, da in diesem Falle eine ungleichmäßige Verseifung eintritt und die gebildeten Seifen ein unschönes Aussehen besitzen und auch selbst wieder ranzig werden. Weiterhin gilt als Regel, daß die Verseifung bei um so höherer Temperatur durchgeführt werden muß, je höher der Schmelzpunkt des zur Verseifung kommenden Fettes liegt. So würde z. B. Talg, wenn man ihn überhaupt allein verarbeiten könnte, auf 60—65° C gehalten werden müssen, während bei Mitverwendung von $^1/_2$—$^2/_3$ Kokosöl eine Temperatur von 40—43° C bzw. 32—35° C genügt.

Die Lauge für kalt gerührte Seifen wird am besten aus hochgrädigem Ätznatron bereitet. Man verwendet auf 100 kg Ätznatron 200 kg Wasser und erhält so eine Lauge von etwa 40° Bé. Dieselbe wird in dicht geschlossenen Behältern bis zum Gebrauche aufbewahrt und gewöhnlich 36—38° Bé stark verarbeitet. Zur Verseifung von 1 kg Kokosöl ist $^1/_2$ kg Ätznatronlauge von 38° Bé erforderlich.

Um eine vom Schnitt feste Seife zu erzielen, ist ein genaues Abwägen von Fett und Lauge unbedingt anzuraten; bei zu geringem Laugenzusatz wird die Seife weich und schwammig, bei zu hohem hart und spröde, wenn nicht gar Leim oder Lauge abgeschieden werden.

Zur Füllung der auf kaltem Wege hergestellten Hausseifen finden vorzugsweise Wasserglas, Talk, Pottasche- und Salzlösung Verwendung. Da sich gefüllte Seifen in größeren Formen aber leicht zu stark erhitzen und dann in der Mitte Öl abscheiden, formt man für gewöhnlich in kleinen, flachen Formen von 30—60 kg Inhalt, in denen man das Produkt unbedeckt stehen läßt. Die Füllung selbst kann dann in der Form entweder vor oder erst nach dem Eintreten der Selbsterhitzung zugesetzt werden.

Vorschriften für Hausseifen auf kaltem und halbwarmem Wege.

Im nachstehenden finden sich neben guten Vorschriften für Hausseifen auf kaltem Wege auch solche für Seifen auf halbwarmem Wege[1]).

Ein Ansatz für prima weiße Hausseife ist:

250	kg	Talg	etwa 35° C
375	,,	Kokos- oder Palmkernöl	warm,
312,5	,,	Ätznatronlauge von 38° Bé,	
37,5	,,	Pottaschelösung von 20° Bé,	
25	,,	Salzlösung von 20° Be.	

In das geschmolzene Fett wird die Lauge bei der genannten Temperatur eingerührt. Wenn die Masse anfängt aufzulegen, werden die Lösungen nacheinander unter Rühren zugesetzt und das Ganze alsdann geformt.

Ansätze für billigere Hausseifen sind:

200	kg	Kokosöl	etwa 37° C
200	,,	Palmkernöl	warm,
500	,,	Ätznatronlauge von 23° Bé,	
100	,,	Natronwasserglas von 36° Bé, 20—25° C warm,	
1—1,2	,,	96proz. Spiritus.	

200	kg	Kokosöl	etwa 40° C warm,
120	,,	Palmkernöl	
80	,,	Erdnußöl	
496	,,	Ätznatronlauge von 23° Bé,	
100	,,	Natronwasserglas von 36° Bé, 20—25° C warm,	
1—1,2	,,	96proz. Spiritus.	

Das geschmolzene Fett wird bei der angegebenen Temperatur mit der Lauge zusammengerührt und nach eingetretenem Verband wird das erwärmte Wasserglas hinzugekrückt. Nach gutem Durchkrücken gießt man das Ganze dann in eine recht dicht schließende Form und sprengt den 96proz. Spiritus darüber, der die Seife sofort zusammenzieht. Will man färben oder marmorieren, so muß man ziemlich flott arbeiten, da die Seife schnell erstarrt. Man benutzt alsdann in Wasser angerührtes Ultramarin oder Frankfurter Schwarz.

Nach ähnlichem Verfahren wird eine billige Seife aus nachstehendem Ansatz hergestellt:

235	kg	Ceylon-Kokosöl,
235	,,	Ätznatronlauge von 32° Bé,
235	,,	Salzlösung von 18° Bé,
295	,,	Natronwasserglas von 38° Bé.

Das geschmolzene Kokosöl wird bei etwa 37° C mit $^2/_3$ der Lauge angerührt, während die verbleibende Lauge, mit dem Salzwasser gemischt, nach und nach der Seifenmasse zugesetzt wird, indem man

---

[1]) Obwohl in der Praxis Ansätze mit 1000 kg Fertigfabrikaten an kaltgerührter Seife nicht vorkommen, sind der Gleichmäßigkeit halber, und da eine Umrechnung leicht möglich, aber auch diese Ansätze für etwa 1000 kg angegeben.

darauf achtet, daß letztere nicht aus dem Verbande kommt. Nunmehr wird das Wasserglas in dickem Strahle nachgegeben, wodurch sich die Seife vollständig trennt. Man krückt nun bis zu breiartiger Konsistenz und Klumpenfreiheit, sprengt alsdann 6 Liter 96proz. Spiritus über die Seife, krückt durch und gießt schnell in die unbedeckt bleibende Form.

Folgende Ansätze werden mit Talk gearbeitet:

277	kg	Ceylon-Kokosöl,
277	„	Schweinefett,
306	„	Ätznatronlauge von 36° Bé,
140	„	Talk.

351	kg	Ceylon-Kokosöl,
190	„	Erdnußöl,
297	„	Ätznatronlauge von 35° Bé,
162	„	Talk.

In dem etwa 50° C heißen Fett wird der Talk verrührt und dann nach und nach die Lauge zugesetzt; wenn die Seife auflegt, wird sie in kleine Formen gegeben.

Eine weiße Seife auf halbwarmem Wege mit 165—220 vH. Ausbeute kann aus folgenden Ansätzen hergestellt werden:

506	kg	Palmkernöl } 45° C warm,
89	„	Talg }
297	„	Ätznatronlauge von 38° Bé,
18	„	Wasser
90	„	Pottaschelösung von 20° Bé.

333	kg	Palmkernöl,
222	„	Talg,
305	„	Ätznatronlauge von 37° Bé,
140	„	einer wässerigen Lösung von 20° Bé aus gleichen Teilen Zucker, Salz und Pottasche.

205	kg	Palmkernöl } 65° C warm,
102	„	Talg }
102	„	Schweinefett }
62	„	Knochenfett }
262,5	„	Ätznatronlauge von 38° Bé,
196	„	Wasserglas von 38° Bé,
70,5	„	Pottaschelösung von 15° Bé.

450	kg	Palmkernöl,
50	„	Talg,
425	„	Ätznatronlauge von 30° Bé,
75	„	Pottaschelösung von 20° Bé.

363	kg	Palmkernöl,
91	„	Talg,
363	„	Ätznatronlauge von 33° Bé,
182	„	Wasserglas von 38° Bé.

450	kg	Palmkernöl,
50	„	Talg,
250	„	Ätznatronlauge von 38° Bé,
15	„	Wasser,
180	„	Wasserglas von 38° Bé, gemischt mit
25	„	Ätznatronlauge von 38° Bé und
30	„	Pottaschelösung von 25° Bé.

In das 45—65° C heiße Fett wird die Ätznatronlauge, gegebenenfalls mit Wasser gemischt, eingekrückt und dann die Füllung hinzugegeben. Hierauf wird die Mischung unter leichtem Erwärmen zeitweilig durchgekrückt, längere Zeit bedeckt, und, wenn die Selbsterhitzung eingetreten ist, gut durchgerührt. Die erhaltene Seife besitzt Stich, an Hand der Proben eine genügende Festigkeit und wird in kleine Formen gegeben.

Harzseifen. Für nachstehende, mit Harz hergestellte Seifen sind hauptsächlich zwei Fabrikationsmethoden in Gebrauch. Die Lauge wird entweder dem Harz-Fettgemisch oder umgekehrt das letztere der heißen Lauge zugerührt. Die nach der ersten Methode angefertigte Seife ist aber oft etwas klebrig, weil die Verseifung keine so innige ist, wie im zweiten Falle. Als Fettbasis finden zur Herstellung dieser Seifen ebenfalls die oben genannten Fette Verwendung, zur Vermehrung benutzt man hauptsächlich Talk, Wasserglas, Pottaschelösung usw.

Ein Ansatz zu einer Harzseife mit Talk ist folgender:

271	kg	Talg,
277	„	Palmkernöl,
97	„	helles Harz,
322,5	„	Ätznatronlauge von 37° Bé,
32—45	„	Talk.

Talg und Öl werden geschmolzen, sodann wird das Harz darin aufgelöst, der Talk eingerührt und alles durchgeseiht. Ist das Harz-Fettgemisch auf etwa 65° C abgekühlt, wird die Lauge auf bekannte Weise zugekrückt. Alsdann wird die gut verbundene Seife in kleine Formen gegeben.

Ein Ansatz zu einer Seife mit 50 vH. Harz besteht aus:

296	kg	Ceylon-Kokosöl,
148	„	Palmkernöl,
222	„	hellem Harz,
333	„	Ätznatronlauge von 37° Bé,
2,8	„	Hausseifengelb, gelöst in
15	„	kochendem Wasser.

Man läßt das zerkleinerte Harz in dem geschmolzenen, heißen Öl zergehen. Ist das Gemisch auf etwa 60° C abgekühlt, so wird die Farblösung und dann unter gutem Rühren die Lauge zugegeben. Nach etwa 20 Minuten wird das Rührgefäß warm bedeckt, wobei die Masse unter leichtem Dampfen in guten Verband kommt. Die Seife wird nun in die Form gegeben, noch kurz durchgerührt und dann wieder leicht bedeckt. Nach dem Schneiden läßt man die Einzelstücke kurze Zeit aufgestellt stehen, da sie hierbei nicht nur fester, sondern auch an den Kanten transparenter werden.

Eine Harzseife mit 100 vH. Harz erhält man aus folgendem Ansatz:

233	kg	Palmkernöl,
100	„	Ceylon-Kokosöl,
333	„	helles Harz,
333	„	Ätznatronlauge von 37° Bé,
130	g	Hausseifengelb, in
etwa 5	kg	kochendem Wasser gelöst.

Das Harz wird in dem heißen Öl geschmolzen. Danach wird der auf etwa 75° C abgekühlten, durchgeseihten Mischung die Farblösung zugesetzt und dann die Lauge eingerührt. Nach einigem Durchkrücken bildet sich ein ziemlich dicker Leim, der sofort in die Form gebracht wird und unbedeckt stehen bleibt.

Will man etwaige Abschnitte von den auf diese Weise hergestellten Seifen wieder verwenden, so werden dieselben in dem heißen

Öl aufgelöst. Bei Verwendung sehr ausgetrockneter Abschnitte setzt man etwas Wasser hinzu.

Weiter lassen sich aus den folgenden Ansätzen schöne Harzseifen auf halbwarmem Wege herstellen:

365 kg	Palmkernöl,
91,5 ,,	Ceylon-Kokosöl,
64 ,,	Harz,
265 ,,	Ätznatronlauge von 37° Bé,
182,5 ,,	Natronwasserglas von 38° Bé, gemischt mit
32 ,,	Ätznatronlauge von 37° Bé.

441 kg	Palmkernöl,
49 ,,	Talg,
49 ,,	Harz,
269,5 ,,	Ätznatronlauge von 36° Bé,
147 ,,	Natronwasserglas von 38° Bé, gemischt mit
19,5 ,,	Ätznatronlauge von 36° Bé und
25 ,,	Pottaschelösung von 30° Bé.

465 kg	Palmkernöl,
93 ,,	helles Harz,
372 ,,	Ätznatronlauge von 30° Bé,
70 ,,	Pottaschelösung von 30° Bé.

443 kg	Palmkernöl,
50 ,,	helles Harz,
296 ,,	Ätznatronlauge von 33° Bé,
196 ,,	Natronwasserglas von 38° Bé, gemischt mit
15 ,,	Ätznatronlauge von 33° Bé.

448 kg	Palmkernöl,
80 ,,	Harz,
291 ,,	Ätznatronlauge von 37° Bé,
157 ,,	Natronwasserglas von 38° Bé,
24 ,,	Pottaschelösung von 30° Bé.

Öl und Harz werden bei leichtem Feuer zerlassen, und unter fortwährendem Rühren etwa vorhandene Abschnitte darin aufgelöst. Zu dem auf etwa 70° C abgekühlten Harz-Fettgemisch krückt man alsdann die vorher abgewogene Mischung aus Lauge, Wasserglas und Pottaschelösung. Nach kurzem Durchkrücken bedeckt man die Masse einige Zeit, wartet den Eintritt der Selbsterhitzung ab und füllt in die Formen, wenn die gezogenen Proben guten Druck und Stich zeigen. Etwa nötige Korrekturen lassen sich bei der Seife durch kleine Zusätze von erwärmter Lauge oder flüssigem Öl leicht vornehmen. Will man leicht gelb färben, so löst man auf 100 kg Ansatz etwa 12—14 g Hausseifengelb in 1 kg kochendem Wasser und gibt die Lösung in das Fettgemisch vor Einrühren der Laugenmischung.

Eine transparente Harzseife wird aus folgendem Ansatz hergestellt:

327 kg	Ceylon-Kokosöl,
82 ,,	rohes Palmöl,
246 ,,	helles Harz,
328 ,,	Ätznatronlauge von 38° Bé,
16 ,,	Wasser,
1300 g	96 proz. Spiritus.

Kokosöl und Harz werden bei leichtem Feuer geschmolzen und mit dem Palmöl vermischt. Wenn die geschmolzene und durchgeseihte Harz-Fettmischung etwa 80° C zeigt, läßt man die Lauge unter gutem Umrühren in feinem Strahl hinzufließen. Nach eingetretenem Verband wird der dicken Seifenmasse das zur Verflüssigung notwendige Wasser zugesetzt und der Spiritus eingekrückt. Alsdann bleibt sie zwecks Erzielung eines innigen Verbandes im gut bedeckten Kessel etwa eine Stunde stehen. In der Form wird sie dann nochmals mit der Krücke durchgezogen und unbedeckt dem Erkalten überlassen.

Zu einer hellen Harzseife nimmt man folgenden Ansatz:

400	kg	Ceylon-Kokosöl,
75	„	Talg,
25	„	Schweinefett,
125	„	helles Harz,
12,5	„	venet. Terpentinöl,
317,5	„	Ätznatronlauge von 36° Bé,
32	„	Pottaschelösung von 30° Bé,
13	„	Natronwasserglas von 38° Bé.

In dem auf 82° C erwärmten Fettansatz läßt man das zerkleinerte Harz bei schwachem Feuer zergehen und seiht das Harz-Fettgemisch durch ein Sieb. Inzwischen bringt man die Lauge in den Kessel, läßt durchsieden, setzt, nachdem das Feuer herausgezogen ist, Pottaschelösung und Wasserglas hinzu und krückt in die etwa 82° C heiße Laugenmischung allmählich das etwa 70° C heiße Fettgemisch ein. Ist dasselbe in die Lauge eingerührt, so entfernt man die Krücke, bedeckt den Rührkessel etwa zwei Stunden und bringt die Seifenmasse alsdann nach abermaligem Durchkrücken in flache Formen. Etwaige Abfälle läßt man in der siedenden Lauge zergehen.

Eine Harzseife mit 100 vH. Harz und Talk stellt man in folgender Weise her. Als Ansatz verwendet man:

312,5	kg	Palmkernöl,
312,5	„	Harz,
62,5	„	Talk,
312,5	„	Ätznatronlauge von 37° Bé.

Im großen und ganzen wird diese Seife in ähnlicher Weise wie die vorstehende hergestellt. In der etwa 80° C heißen Lauge wird der Talk verrührt und dann das etwa 68° C heiße Harz-Fettgemisch zugekrückt. Nach etwa einstündiger Ruhe im gut bedeckten Rührkessel wird die jetzt gut verbundene Seifenmasse nochmals durchgemischt und in kleine Formen gegeben.

Als Ansatz für eine gelbe Harzseife ist der folgende zu empfehlen:

226	kg	helles Knochenfett,
87	„	Palmkernöl,
12,5	„	rohes Palmöl,
314	„	helles Harz,
326	„	Ätznatronlauge von 36° Bé,
15	„	Natronwasserglas von 38° Bé,
13	„	Pottaschelösung von 15° Bé,
6,5	„	Salzlösung von 15° Bé.

In dem Fettansatz wird das Harz geschmolzen und das heiße Harz-Fettgemisch dann durch ein Sieb filtriert. Nun werden in dem gereinigten Kessel Lauge, Wasserglas, Pottaschelösung und Salzwasser, zweckmäßig unter Zugabe von Abschnitten, zum Sieden erhitzt. Hat sich die Laugenmischung wieder auf 70° C und das Fettgemisch auf etwa 65° C abgekühlt, so wird letzteres nach und nach der Laugenmischung zugekrückt. Hierauf wird der Rührkessel eine Stunde bedeckt, die Masse dann nochmals durchgekrückt und geformt.

Eine rotgelbe Harzseife ergibt der folgende Ansatz:

280	kg	Ceylon-Kokosöl,
75	„	rohes Palmöl,
56	„	helles Harz,
374	„	Ätznatronlauge von 30° Bé,
140	„	Natronwasserglas von 38° Bé,
75	„	Wasser.

In einem recht geräumigen Kessel werden Lauge, Wasserglas und Wasser zum Sieden erhitzt; in einem zweiten erwärmt man das Öl, läßt das zerkleinerte Harz darin schmelzen und seiht durch. Bei schwachem Feuer wird alsdann das Harz-Fettgemisch nach und nach in die kochend heiße Wasserglaslauge eingekrückt; hierbei ist jedoch die größte Vorsicht geboten, da durch plötzlich eintretenden Verband die Seife schnell steigt. Ist der Verseifungsprozeß beendet, so müssen die jetzt genommenen Glasproben fest sein und auch Druck zeigen. Sollte die Seife noch nicht genügende Festigkeit besitzen, so härtet man sie durch 35grädige Sodalösung oder Kristallsoda. Während der kalten Jahreszeit ist die Härtung jedoch vorsichtig auszuführen, da ein größerer Zusatz Sodalösung leicht ein Beschlagen der fertigen Seife veranlaßt.

Eine helle Harzseife (sogenannte Sparseife) wird des weiteren hergestellt aus:

414	kg	Palmkernöl,
54,5	„	Talg,
3	„	Palmöl,
82	„	Harz,
329	„	Ätznatronlauge von 34° Bé,
110	„	Natronwasserglas von 38° Bé,
7,5	„	Salzlösung von 24° Bé.

Die Herstellungsweise dieser Seife ist dieselbe wie die der rotgelben Harzseife. Auch hier werden in einem Kessel Lauge, Wasserglas und Salzlösung bis zum Sieden erhitzt, worauf man das in einem zweiten Kessel geschmolzene und durchgeseihte, etwa 85° C heiße Harz-Fettgemisch der Wasserglaslaugenmischung nach und nach unter starkem Steigen der Masse unterkrückt. Sobald ein guter Verband erreicht ist, wird das nun ziemlich dicke Endprodukt in die Form gebracht und kalt gerührt.

Eine braune Harzseife erhält man aus:

326	kg	dunklem Harz,
234	„	Palmkernöl,
91	„	Wollfett,
310	„	Ätznatronlauge von 39° Bé und etwa
39	„	Wasser.

Auch diese Seife wird in ähnlicher Weise hergestellt, wie die beiden vorstehenden Produkte. Mitunter wird aber auch so verfahren, daß das Harz-Fettgemisch und die Lauge getrennt auf etwa 91° C erwärmt werden und daß die letztere dann jenem zugekrückt wird. Schließlich gibt man auch hier erforderlichenfalls noch 50—65 kg durch Lauge gesättigtes Wasserglas hinzu und füllt in Formen ab.

Stettiner Palmöl-Hausseife. Die Stettiner Palmöl-Hausseife wird zuweilen auch auf kaltem Wege hergestellt. Zu diesem Zwecke werden 467 kg gebleichtes Palmöl und 66 kg helles Harz im Kessel geschmolzen, auf etwa 44° C abgekühlt und unter Rühren mit 93 kg 38—40grädiger Ätznatronlauge verleimt. Alsdann fügt man 187 kg 38grädiges Natronwasserglas, gemischt mit 187 kg 38—40grädiger Ätznatronlauge, unter tüchtigem Durchrühren hinzu und gibt die gut verbundene Seifenmasse in die Form. Wenn man, anstatt nach dieser Vorschrift zu verfahren, sogleich den größten Teil der Lauge mit dem Öl in Verbindung bringt und sodann das Wasserglas, nur mit wenigen Kilo Lauge gemischt, hinzugibt, so wird die Masse dick und ist schwer in die Form zu bringen, eine Erscheinung, die durch Zugabe von gleichteilig gemischter Lauge und Wasserglas verhindert wird. Die Seife zeigt nach einigem Lagern einen angenehmen Veilchengeruch.

Elfenbeinseife. Unter dem Namen „Elfenbeinseife“ wurde früher eine vorzügliche Kernseife aus prima gebleichtem Lagos-Palmöl auf den Markt gebracht; die heute im Handel vorkommenden, sogenannten Elfenbeinseifen sind jedoch meist auf kaltem Wege hergestellte Leimseifen. Ein Ansatz besteht z. B. aus:

625	kg	Palmkernöl,
312,5	„	Ätznatronlauge von 38° Bé und
60—100	„	einer Lösung von Füllstoffen von 25° Bé.

Das Palmkernöl wird auf 32° C erwärmt und alsdann die Lauge und schließlich die Füllung eingerührt. Diese letztere besteht aus einer kochenden Lösung von 4 Teilen Chlorkalium, 4 Teilen Pottasche und 5 Teilen Zucker in 36 Teilen Wasser, die kalt auf 25° Bé eingestellt ist. An Stelle des in dem obigen Ansatz angegebenen Palmkernöls kann teilweise auch Talg genommen werden, auch kann man die Seife noch höher vermehren.

In Fabriken, die viel Seifen dieser Art herstellen, arbeitet man gewöhnlich aber nach folgender Art. Eine größere Menge Kernöl wird geschmolzen und dann wieder auf 30—32° C abgekühlt. Alsdann werden 100 kg davon abgewogen, mit der Lauge und Füllung verrührt und danach in eine 600—800 kg haltende Form gegeben. Währenddessen hat man schon wieder 100 kg Öl abgewogen, die nun sofort wieder mit Lauge und Füllung verrührt werden. Die Masse kommt auf die erste bereits geformte Seife, und dies wiederholt sich, bis die Form vollgefüllt ist. Wird dabei mit der nötigen Sorgfalt gearbeitet, d. h. hat das Öl genau die richtige Temperatur, wird gut durchgeseiht, sind Lauge und Füllung rein, vollkommen klar, und besitzen beide auch die richtige Grädigkeit, so bekommt man eine vorzügliche Seife, die außerordentlich gut schäumt und eine klare, reinweiße Farbe aufweist. Gewöhnlich werden diese Seifen noch leicht parfümiert.

Sinclair- oder Kaltwasserseife. Auch diese Seifen werden vielfach auf kaltem Wege hergestellt. Ansätze hierzu sind die folgenden:

382	kg	Kokosöl,	400,5	kg	Kokosöl,
51	,,	Talg,	75	,,	Talg,
12,5	,,	rohes Palmöl,	25	,,	Schweinefett,
191	,,	helles Harz,	12,5	,,	venet. Terpentinöl,
318,5	,,	Ätznatronlauge von 36° Bé,	125	,,	helles Harz,
25	,,	Pottaschelösung von 20° Bé,	318	,,	Ätznatronlauge von 36° Bé,
20	,,	Natronwasserglas von 38° Bé.	31,5	,,	Pottaschelösung von 30° Bé,
			12,5	,,	Natronwasserglas v. 38° Bé.

230,5	kg	Kokos- oder Palmkernöl,
42	,,	Talg,
42	,,	rohes Palmöl,
314,5	,,	helles Harz,
318,5	,,	Ätznatronlauge von 36° Bé,
31,5	,,	Pottaschelösung von 25° Bé,
21	,,	Natronwasserglas von 38° Bé.

In dem auf 80° C erwärmten Fettansatz wird das zerkleinerte Harz bei schwachem Feuer gelöst, das Harz-Fettgemisch durchgeseiht und abgewogen. Gleichzeitig bringt man die Lauge in den Kessel, läßt durchsieden und setzt alsdann die Pottaschelösung und das Wasserglas hinzu. In die 80° C heiße Laugenmischung krückt man nun allmählich das etwa 75° C heiße Fettgemisch ein. Obwohl die Masse zuletzt sehr dick wird, ist ein starkes Krücken nicht nötig. Sobald sich das Fettgemisch in der Lauge befindet, entfernt man daher die Krücke, deckt den Rührkessel etwa zwei Stunden ab und mischt die Seifenmasse nochmals durch, ehe man sie in flache, mit Eisenblech beschlagene Formen bringt. Um der fertigen Seife ein besseres Aussehen zu verschaffen, wird sie nach dem Schneiden noch einige Zeit aufgestellt. Die Abfälle werden am besten in der siedenden Lauge gelöst.

Oberschalseife auf kaltem Wege. In manchen Gegenden findet sich eine Oberschalseife im Handel, die mit der echten Oberschalseife allerdings nur den Namen gemein hat. Es ist dies eine auf kaltem Wege zusammengerührte Seife, deren Qualität je nach den dafür angelegten Preisen wechselt. Obwohl diese Seife also nach ihrer Gewinnungsweise als Leimkernseife bezeichnet werden sollte, hat sich die Bezeichnung als Oberschalseife soweit eingebürgert, daß niemand an derselben Anstoß nimmt.

Während nun aber die Farbe der echten Oberschalseife stets grau oder gelblich-grau ausfällt, wird eine Ware der letztgenannten Qualität rein weiß hergestellt. Brauchbare Ansätze sind die folgenden:

333	kg	Talg oder schmalzartiges Fett,
333,5	,,	Palmkernöl,
333,5	,,	Ätznatronlauge von 37° Bé.

666,6	kg	Palmkernöl,
333,3	,,	Ätznatronlauge von 38° Bé.

578	kg	Palmkernöl,
289	„	Ätznatronlauge von 38° Bé,
115	„	Natronwasserglas, abgerichtet mit
18	„	Ätznatronlauge von 38° Bé.

310	kg	Talg oder schmalzartiges Fett,
310	„	Palmkernöl,
310	„	Ätznatronlauge von 38° Bé,
61	„	Natronwasserglas, abgerichtet mit
9	„	Ätznatronlauge von 38° Bé.

Man schmilzt zunächst die Fette bzw. Öle und seiht sie durch Leinen oder ein Gazesieb in einen dazu geeigneten Rührkessel. Bei Mitverwendung von Talg oder schmalzartigen Fetten erhält man das Fettgemisch auf einer Temperatur von 37—40° C; bei Verarbeitung von Palmkernöl allein erwärmt man dagegen nicht über 30° C. In dünnem Strahl wird alsdann die abgewogene Lauge hinzugegossen und so lange gut durchgerührt, bis die Seife aufzulegen beginnt, wenn man den Rührstock ablaufen läßt. Nunmehr gibt man gegebenenfalls das Wasserglas hinzu und schöpft danach in flache Kasten bzw. Rahmen aus, deren Höhe der Dicke des später zu schneidenden Riegels entspricht. Mit einem kleinen, runden Rührstabe wird geblumt und bisweilen auch noch mit einem billigen Riechstoff parfümiert.

Seifen aus gehärteten Ölen und Fetten[1]).

Bei der Beschreibung der verschiedenen Fabrikationsverfahren ist bereits schon darauf hingewiesen worden, daß die gehärteten Öle oder Kunstfette sehr gut dazu geeignet sind, andere harte Fette und Öle bei der Herstellung von Seifen ganz oder teilweise zu ersetzen. Bei der großen Bedeutung, die die hydrierten Fette demnach besitzen, erscheint es wohl angebracht, die Herstellung der verschiedenen Seifensorten aus Ansätzen, die einen größeren Prozentsatz solcher Kunstfette enthalten, besonders zu besprechen, zumal man annehmen darf, daß diese Produkte in Zukunft ein Hauptrohmaterial für die Seifenfabrikation bilden werden. Neben den hydrierten Tranen gelangen als gehärtete Fette für technische Zwecke vornehmlich hydriertes Rüböl, Leinöl, Sesamöl, Erdnußöl und Rizinusöl in den Handel, während Kokosöl, Palmkernöl und Palmöl, ferner auch Maisöl und Mohnöl durch Hydrierung vorwiegend zu Kunstspeisefetten verarbeitet werden. Von den für die Zwecke der Seifenindustrie angebotenen Marken seien Talgol, Talgit, Tallogen, Candelite, Krutolin, Linolith, Linsogen, Linit, Brebesol und Coryphol genannt. Die wichtigsten Erzeugerfirmen für gehärtete Fette sind die Ölwerke Germania, Emmerich a/Rh., die Bremen-Besigheimer Ölfabriken, Bremen, die Ölfabrik Großgerau-Bremen, die Georg Schicht-A.-G., Aussig a. d. E., die Centra-A.-G., Wien, die De.No.Fa., Fredrikstad, die Vera-A.-S. Sandefjord und Crosfield & Sons, Warrington.

[1]) Vgl. Steffan: Die gehärteten Öle in der Seifenindustrie. Seifensiederzeitung, 1921, **48**, S. 563; ferner Fahrion: Die Härtung der Fette, 1921. 2. Aufl., S. 170ff.

Ihrem Charakter entsprechend verwendet man die gehärteten Fette zur Zeit in der Seifenfabrikation hauptsächlich zur Herstellung von harten Seifen, bei der Schmierseifenfabrikation aber vorläufig nur für weiße Schmier- oder Silberseifen.

Wie schon eingangs bemerkt[1]), befriedigten die ersten, aus hydrierten Fetten hergestellten Seifen nicht besonders. Sie zeigten einen etwas eigenartigen Geruch, fühlten sich mager an, bekamen leicht Risse und waren anderen, aus gewöhnlichen Fetten gesottenen Seifen gegenüber zu schwer löslich, so daß sie nicht genügend schäumten; alles schwer ins Gewicht fallende Gründe, die eine ausgedehnte Verwendung dieser neuen Produkte in der Seifenfabrikation kaum als zulässig erscheinen ließen. Die Ursache für alle diese Mißerfolge war in erster Linie aber wohl darin zu suchen, daß von vornherein zu große Mengen dieser Kunstfette bei den Ansätzen mitverwendet und nicht mit der nötigen Aufmerksamkeit versotten wurden. Auch befriedigten die in der ersten Zeit auf den Markt gebrachten Hartfette nicht immer in geruchlicher Richtung, da sie den Seifen einen penetranten und brenzligen Geruch gaben, der durch Zersetzungserscheinungen infolge der bei der Hydrierung angewandten hohen Reaktionstemperaturen verursacht wurde. Mit der fortschreitenden Verbesserung der Arbeitsmethoden gelang es jedoch, diesen Fehler zu beheben, und auch die Seifenindustrie lernte es, ihre Arbeitsweise den Eigentümlichkeiten des Ausgangsmaterials anzupassen, so daß das Mißtrauen gegen das neue Rohmaterial bald verschwand und die anfänglich erlebten Enttäuschungen bald vergessen waren. Heute sind die hydrierten Fette jedenfalls ein recht geschätztes Rohmaterial für die Seifenfabrikation geworden, das trotz des von den Herstellern vielfach geforderten hohen Preises bereits in großen Mengen verarbeitet wird. Ob es aber jemals gelingen kann, aus hydrierten Fetten allein Seifen herzustellen, die allen berechtigten Anforderungen voll entsprechen, steht vorläufig noch sehr in Frage, trotzdem in letzter Zeit verschiedene Verfahren bekannt geworden sind, nach denen es möglich ist, die Schaumfähigkeit der aus Hart- oder Kunstfetten hergestellten Seifen bedeutend zu erhöhen.

Vor allem zu erwähnen ist hier ein Patent von Leimdörfer, Budapest, der sich ein Verfahren schützen ließ zur Herstellung von harten Kern-, Halbkern- und Leimseifen, dadurch gekennzeichnet, daß neben den gewöhnlichen Fetten und Fettsäuren oxydierte, polymerisierte, Halogen- oder Säureradikale enthaltende Fette, Fettsäuren oder deren Derivate, bzw. deren Gemenge unter Verwendung der der Bildung normaler, fettsaurer Salze und dem technisch gegebenenfalls erforderlichen Alkaliüberschuß entsprechenden Alkalimenge möglichst vollständig verseift werden[2]).

Durch einen entsprechenden Zusatz solcher Fette, Fettsäuren oder deren Derivate soll es nicht nur möglich sein, aus weichen Fetten und Ölen harte Seifen herzustellen, der Zusatz soll auch bewirken, daß

[1]) Vgl. S. 133ff.
[2]) DRP. 250164. Vgl. S. 54.

Seifen aus Hartfetten, vegetabilischem Talg usw., die sonst wenig oder nur sehr schwer schäumen, ein fast ebenso gutes Schaumvermögen erhalten wie die Seifen aus Palmkern- oder Kokosöl.

Weiter sei dann nochmals auf das schon mehrfach erwähnte Verfahren von Schrauth[1]) hingewiesen, nach welchem den fertigen Seifen 2—5 vH. Rizinusölfettsäure oder Rizinusölsulfosäure zugesetzt werden sollen, um die Schaumbildungsfähigkeit der Seifen ganz bedeutend zu erhöhen. Der Zusatz geschieht am besten direkt im Kessel nach Ablassen der Unterlauge, kann aber der Seife auch erst beim Formen und bei Feinseifen sogar erst auf der Piliermaschine beigemischt werden. Allen Befürchtungen gegenüber sei es nochmals betont, daß solche sauren Seifen auch bei jahrelanger Aufbewahrung nicht ranzig werden und ihr hohes Schaumvermögen dauernd beibehalten. Da außerdem die Rizinusölfettsäure den Grundseifenkörper außerordentlich geschmeidig macht, scheint die Verwendung von hydrierten Fetten zur Seifenfabrikation noch in viel ausgedehnterem Maße möglich als bisher, zumal da auch zu erwarten steht, daß die Preise für diese Kunstfette in Zukunft ziemlich beträchtlich hinter denen der tierischen und pflanzlichen Hartfette zurückbleiben werden.

Die zweckmäßige Zusammensetzung des Fettansatzes, insbesondere bei der Herstellung fester Seifen, hängt naturgemäß von dem mehr oder weniger hochgetriebenen Hydrierungsgrad des gehärteten Fettes ab. Die handelsüblich gehärteten Fette mit einem Schmelzpunkt bis zu 40° lassen sich zu etwa 50—60 vH. im Fettansatz unterbringen, wenn im übrigen Weichfette oder flüssige Öle und gleichzeitig Kokosfett oder Palmkernöl mit zur Verwendung gelangen. Seifen mit hohem Harzgehalt vertragen sogar einen noch höheren Prozentgehalt an gehärteten Fetten dieser Qualitäten. Sollen jedoch höher hydrierte Fette verarbeitet werden, deren Schmelzpunkt oberhalb von 40° liegt, so muß der gleichzeitige Gehalt des Fettansatzes an Weichfett oder Palmkernöl bzw. Kokosöl erheblich höher sein. Auch bei der Herstellung von Schmierseifen, insbesondere von Silberseife, verhalten sich gehärtete Fette lediglich dann wie Talg, wenn ihr Schmelzpunkt unter 45° liegt.

Nachstehend folgen einige Fettansätze für die verschiedenen Seifensorten. Sie sind in der Praxis erprobt und ergeben bei sachgemäßem Arbeiten gute, einwandfreie Seifen:

Weiße Kernseife.

I.			II.		
40	Teile	Candelite,	50	Teile	Linolith,
30	„	Kernöl,	15	„	Palmkernöl,
30	„	Erdnußöl.	15	„	Kokosölabfallfett,
			20	„	Erdnußöl.

Hellgelbe Kernseife.

I.			II.		
50	Teile	Fettsäure aus Talgol extra,	60	Teile	Linolith,
30	„	Palmkernölfettsäure,	40	„	Kokosölabfallfett,
20	„	Pflanzenfettsäure,	20	„	helles Harz.
20	„	helles Harz.			

[1]) Seifensiederzeitung 1914, **41**, S. 991. — 1915, **42**, S. 24.

Eschweger Seife.

I.	II.
25 Teile Talgol,	20 Teile Linolith,
20 „ Knochenfett,	10 „ Talgol,
30 „ Abfallkokosöl.	15 „ Abdeckereifett,
	30 „ Palmkernöl.

Weiße Schmierseife.

I.	II.
50 Teile Krutolin,	60 Teile Krutolin,
50 „ Kottonöl.	40 „ Talg.

Die Siedeweise selbst erfährt keinerlei Abänderung, wenn ein Teil des Ansatzes, wie vorstehend, aus hydrierten Fetten besteht. Zu empfehlen ist jedoch, die hydrierten Fette vorzusieden oder bei Herstellung der weißen und gelben Kernseifen den ganzen Ansatz auf zwei Wassern zu sieden, wenn man zu schönen, nicht unangenehm riechenden Seifen gelangen will. Sollen hydrierte Fette für sich allein verseift werden, so darf, ebenso wie bei der Verseifung talgartiger Fette, nur eine sehr verdünnte Natronlauge zur Verwendung gelangen. Vorteilhafter ist es hier jedoch, diese Fette zunächst einer Spaltung nach dem Autoklaven- oder Twitchell-Verfahren zu unterwerfen, die sich in der Regel leicht vollziehen läßt. Da die gehärteten Fette zu Verfärbungen, die bei allen in Gegenwart von Säure durchgeführten Spaltmethoden häufig zu beobachten sind, in besonders geringem Maße neigen, ist hier das letztgenannte katalytische Verfahren sogar besonders empfehlenswert. Daneben ist aber auch das Krebitz-Verfahren sehr gut anwendbar.

Bei der Verarbeitung der hydrierten Fette zu Schmierseifen fällt das Vorsieden weg; auch hier wird, wie sonst üblich, der ganze Ansatz gleichmäßig verseift. Da man aber bei der Verseifung mit Kalilauge viel schaumkräftigere Endprodukte erhält, als bei der Verwendung von Natronlauge, können hydrierte Fette bei der Herstellung weißer Schmierseifen in höherem Maße zur Anwendung kommen, als bei der Fabrikation von Kernseifen. Für Naturkornseifen ist die Verwendung gehärteter Fette an Stelle von Talg aber nicht empfehlenswert[1]).

Auch für auf halbwarmem Wege bereitete Seifen lassen sich gehärtete Fette und im besonderen auch gehärtete Trane verwenden, die sich im Gegensatz beispielsweise zu den natürlichen Tranen mit hochgrädigen Laugen schon bei niederer Temperatur verseifen lassen[2]). Da derartige, mit gehärteten Tranen hergestellte Seifen jedoch leicht hart und rissig werden, soll der Ansatz neben Kokosöl oder Palmkernöl nicht über 50 vH. dieser Hartfette enthalten. Bei Bemessung der Lauge ist selbstverständlicherweise jeweils die Verseifungszahl der gehärteten Fette zu berücksichtigen, die mit etwa 192 nicht höher ist als die der üblichen Talgarten.

---

[1]) Fahrion: Die Härtung der Fette, 1921, 2. Aufl., S. 174.

[2]) a. a. O.

Nachstehend seien nun einige Ansätze für die Herstellung von Hausseifen auf halbwarmem Wege empfohlen, bei deren Zusammenstellung hydrierte Fette in größeren Mengen berücksichtigt sind:

Weiße Hausseife.

385	kg	Palmkernöl	60—65° C warm,
256	„	Candelite	
295	„	Ätznatronlauge von 39° Bé,	
64	„	Pottaschelösung von 20° Bé;	

oder

351	kg	Palmkernöl	60—65° C warm,
234	„	Candelite	
269	„	Ätznatronlauge von 39° Bé,	
146	„	Lösung von 24° Bé aus gleichen Teilen Zucker, Pottasche und Salz in Wasser.	

Gelbe Hausseifen.

267,5	kg	Palmkernöl	65—70° C warm,
267,5	„	Candelite	
107	„	helles Harz	
278	„	Ätznatronlauge von 39° Bé,	
53	„	Pottaschelösung von 25° Bé,	
27	„	Salzwasser von 20° Bé;	

oder

175	kg	Palmkernöl	65—70° C warm,
262	„	Candelite	
131	„	helles Harz	
240	„	Ätznatronlauge von 39° Bé,	
175	„	Natronwasserglas von 38° Bé, gemischt mit	
17	„	Ätznatronlauge von 39° Bé.	

Die hydrierten Fette verseifen sich auf halbwarmem Wege namentlich dann außerordentlich leicht, wenn ein Teil Palmkernöl oder Kokosöl im Ansatz enthalten ist, es dürfen jedoch auch hier nur starke, reine Ätzlaugen verwendet und die Salzlösungen nicht eher zugegeben werden, als bis die Verseifung vollständig beendet ist. Das bei reinen Palmkernölansätzen vielfach übliche Verfahren, Lauge und Wasserglas oder Salzlösung gleichzeitig in den Kessel zu geben, ist hier nicht zu empfehlen, weil eine vollständige Verseifung der Fette dann viel schwerer zu erreichen ist. Da die aus hydrierten Fetten hergestellten Seifen im übrigen sehr fest werden und ziemlich schwer schäumen, soll man bei Produkten der besprochenen Art sogar möglichst wenig oder gar kein Salzwasser verarbeiten und sich nach Möglichkeit auf die Anwendung der Pottaschelösung beschränken.

Die Herstellung der weichen oder Kaliseifen.

Schmierseifen.

Unter Schmierseife versteht man eine hauptsächlich aus Kalilauge und Öl hergestellte Seife von weicher, salbenartiger Konsistenz, die im Gegensatz zu den Hartseifen viel Wasser gebunden enthält. Da neutrales, ölsaures Kali aber ein zähes, gummiartiges und undurchsichtiges Produkt ergibt, so ist es erforderlich, durch den Zusatz von kaustischem und kohlensaurem Alkali die Eigenschaften zu erzielen, welche den Charakter der bekannten, transparenten Schmierseife des Handels bedingen. Die in entsprechendem Verhältnis zugesetzten Stoffe heben die Zähigkeit der Seife auf und verwandeln sie in eine geschmeidige Masse, die gleichzeitig die Fähigkeit erlangt, inkorporiertes Wasser zu binden.

Die Schmierseifenfabrikation hat ihren Ursprung in den Küstenländern der Ostsee, wo man zuerst aus Tran und Holzaschenlauge eine weiche Seife herstellte, die dann später durch die Schiffahrt Verbreitung in den Küstenländern der Nordsee fand, wo ebenfalls Tran in großer Menge und billig zu Gebote stand.

Mit der weiteren Vervollkommnung der Fabrikation wurden dann auch andere Öle, namentlich das in früheren Zeiten billige Hanföl, für die Herstellung solcher Seifen benutzt; die Holzaschenlauge wurde durch Pottasche, und zwar besonders durch die kalzinierte, russische und amerikanische Steinasche ersetzt. Um die Seife gegen Wärme widerstandsfähiger zu machen, wurde dann später auch Talg mitversotten und so das Verfahren zur Herstellung der Naturkornseife gefunden. Als der Talg dann mehr und mehr durch die Stearinfabrikation beansprucht wurde, kam eine Reihe von Seifensiedern auf den Gedanken, ihrem Fabrikat durch Einkrücken gekörnten Kalkes ein der Naturkornseife ähnliches Aussehen zu verleihen und somit erstmalig eine Kunstkornseife herzustellen.

Von den deutschen Küstenländern aus trat die Schmierseife dann allmählich ihre Wanderung nach dem Binnenlande an, wo sie sich wegen ihrer leichten und bequemen Verwendbarkeit ebenfalls schnell in Industrie und Haushalt einführte. Weitere, schnelle Verbreitung fand die Schmierseifenfabrikation aber erst, als die Pottasche, die bisher noch knapp und teuer gewesen war, nach dem Auffinden der Staßfurter Abraumsalze stark im Preise sank.

Als Fettbasis findet heute das Hanföl aber nur noch geringe Verwendung, an seine Stelle sind andere, zumeist trocknende oder halbtrocknende, also für die Herstellung der Hartseifen weniger oder doch nur in beschränktem Ausmaße anwendbare Öle, insbesondere das Leinöl, Dotteröl, Rüböl, Baumwollsaatöl, Erdnußöl, Bohnenöl, Maisöl und Sesamöl, getreten; auch Oleïn, Talg, Palmöl, Schweinefett und Kammfett werden heute mehr oder weniger zu Schmierseifen verarbeitet. Namentlich aber wird das Leinöl wegen seiner guten Eigenschaften gern verwendet und ebenso wie das ihm ähnliche Dotteröl vornehmlich zu Winterseifen versotten, da es erst bei etwa —20° C gefriert. Wenn Leinöl jedoch sehr hoch im Preise steht, so wird es trotz seiner guten Eigenschaften zeitweilig ganz ausgeschaltet und namentlich durch das Bohnenöl, das Maisöl und in neuerer Zeit wieder durch den Tran ersetzt, dessen Geruchsbildner nach einer der eingangs besprochenen Methoden heute leicht zu entfernen sind[1]).

---

[1]) Vgl. S. 104ff.

Die Herstellung der Schmierseifen hat sich durch die Fettspaltung und vor allem durch die Einführung der auf elektrolytischem Wege hergestellten, hochgrädigen Kalilauge sehr vereinfacht. Die letztere wird mit einer bestimmten, der Jahreszeit entsprechenden und dem Fettansatz angepaßten Menge Pottasche, Soda oder Chlorkalium reduziert und mit Wasser auf die gewünschte Stärke eingestellt.

Die Herstellungsweise der verschiedenen, im Handel vorkommenden Schmierseifen ist durchweg die gleiche und erfolgt nach denselben Regeln; dem Aussehen nach entstehen Unterschiede lediglich durch das bei der Verseifung verwandte Fettmaterial und den Charakter der zum Sieden benutzten Laugen. Die am meisten verbreitete Schmierseife ist eine glatte, transparente Seife, die man wieder mit oder ohne Mehlfüllung herstellen kann. Neben ihr werden aber auch die gekörnten Schmierseifen und schließlich die weißen Schmier- oder Silberseifen in erheblichen Mengen hergestellt. All diese Seifen verlangen jedoch, um gleiches Aussehen und gleiche Konsistenz beizubehalten, in den verschiedenen Jahreszeiten eine andere Behandlung. Insonderheit ist für jede Jahreszeit ein besonderer Fettansatz zu wählen, sowie dem richtigen Kaustizitätsverhältnis der Laugen, dem Feuchtigkeitsgehalt und der Abrichtung der Seifen die erforderliche Beachtung zu schenken.

Die festen Kaliseifen, die aus Zweckmäßigkeitsgründen im Anschluß an die Besprechung der Schmierseifen in einem besonderen Abschnitt behandelt werden sollen, besitzen den üblichen weichen Kaliseifen gegenüber nur einen äußerst geringen Wassergehalt. Die für ihre Herstellung in Betracht kommenden Verfahren passen sich deshalb auch in ihren Einzelheiten den bei der Fabrikation harter Natronseifen üblichen Methoden an. Auch für den Fettansatz kommen weniger die für die Schmierseifenherstellung besonders geeigneten, oben einzeln genannten, trocknenden und halbtrocknenden flüssigen Öle in Betracht, sondern hauptsächlich Hartfette, vor allem Talg und talgartige Fette neben Leimfetten, und in geringerem Maße Zusätze von Olivenöl, Palmöl, Rizinusöl und Erdnußöl. Nach Verhalten und Gebrauchswert gleichen die festen Kaliseifen aber doch eher den gewöhnlichen Schmierseifen, da auch sie deren Leichtlöslichkeit, ihre hygroskopischen Eigenschaften sowie eine bedeutende Reinigungswirkung besitzen, wiewohl sie mit diesen die Vorteile der harten Konsistenz verbinden. Auch die Reinheit der harten Kaliseifen muß besonders gewürdigt werden, da namentlich das Fehlen freier Ätzalkalien diese Produkte für die Behandlung alkaliempfindlichen Textilgutes, also beispielsweise zum Waschen von Wolle und Seide, hervorragend geeignet macht.

Glatte, transparente Schmierseifen.

Zu den glatten, transparenten, hellgelb, braun oder grün gefärbten Schmierseifen verwendet man in der kalten Jahreszeit meistens Leinoder Dotteröl, Bohnenöl, Maisöl, Hanföl, Tran oder deren Fettsäuren, d. h. Öle, die wenig zum Erstarren neigen. In der warmen Jahreszeit verarbeitet man neben den genannten Ölen vielfach noch eine größere Menge Baumwollsaatöl, Sesamöl, Erdnußöl, Rüböl oder deren Fettsäuren, um auf diese Weise den Seifen eine bessere Konsistenz und Haltbarkeit zu verleihen. Will man die glatten Schmierseifen auch im Sommer nur aus den weniger stearinreichen Ölen herstellen, so versiedet man unter Zusatz einer gewissen Menge Sodalauge, um eine genügende Konsistenz zu erzielen. Im heißen Sommer verwendet man in der Regel $^1/_4$—$^1/_3$ Sodalauge und reduziert den Zusatz um so mehr, je näher die Außentemperatur dem Gefrierpunkte liegt. Bei eintretendem Frost wird meist nur noch Kalilauge verwendet. Eine Schmierseife, zu deren Herstellung bei niedriger Temperatur zu viel Sodalauge verwandt wurde, wird kurz und bröckelig, scheidet Lauge aus und erhält ein trübes, schlechtes Aussehen. Des weiteren wird die Ausbeute geringer, da eine normal abgedampfte, aus reiner Pottaschelauge gesottene Schmierseife etwa 235 kg, eine reine Sodaseife aber nur 190 kg Ausbeute ergibt.

Vielfach werden der glatten, transparenten Schmierseife auch 5 bis 15 kg Harz auf 100 kg Ölansatz zugesetzt, wodurch sich einerseits die Seife billiger stellt, andererseits ein leichteres Schäumen bedingt wird. Das Harz wird entweder sogleich mit dem Öl in den Kessel gegeben und so mit diesem gemeinsam verseift, oder es wird der fertig aufsiedenden Seife nebst der erforderlichen Lauge (etwa 92 kg von 30° Bé auf 100 kg Harz) zugesetzt und unter Krücken in Verband gebracht. Durch Mitversieden des Harzes wird die Seife aber in der Regel etwas dunkler, auch ist die Ausbeute etwas geringer, da eine harzhaltige Seife stets etwas weicher ausfällt und infolgedessen einen entsprechenden Zusatz an Sodalauge benötigt. Dieser Zusatz muß naturgemäß um so größer sein, je höher die Außentemperatur liegt.

Schmierseifen, die mit Chlorbleichlauge (unterchlorigsaurem Natron) gebleicht werden sollen, dürfen kein Harz enthalten.

Es sei nun zunächst die Herstellung von etwa 1000 kg einer glatten Schmierseife aus Neutralöl, ohne Dampf, beschrieben. Der Einfachheit halber sind jedoch zunächst einige Ansätze angeführt, die der Jahreszeit und dem jeweiligen Preis der Öle entsprechend verarbeitet werden können. Das Siedeverfahren selbst bleibt dann stets dasselbe.

Für das Frühjahr und für den Herbst sind zu verarbeiten:

426 kg Leinöl,
63 „ Wasser,
405 „ Pottaschelauge von 25° Bé,
106 „ Sodalauge von 25° Bé.

426 kg Bohnenöl oder Maisöl,
63 „ Wasser,
425 „ Pottaschelauge von 25° Bé,
86 „ Sodalauge von 25° Bé.

---

193 kg Dotteröl,
192 „ Erdnuß- oder Kottonöl,
58 „ Harz,
57 „ Wasser,
423 „ Pottaschelauge von 25° Bé,
77 „ Sodalauge von 25° Bé.

154 kg Bohnenöl,
115 „ Sesamöl,
116 „ Rüböl,
58 „ Harz,
57 „ Wasser,
423 „ Pottaschelauge von 25° Bé,
77 „ Sodalauge von 25° Bé.

Für den Sommer sind die folgenden Ansätze zu empfehlen:

426 kg Leinöl,	426 kg Bohnen- oder Maisöl,
63 „ Wasser,	63 „ Wasser,
362 „ Pottaschelauge von 25° Bé,	383 „ Pottaschelauge von 25° Bé,
149 „ Sodalauge von 25° Bé.	128 „ Sodalauge von 25° Bé.

115 kg Dotteröl,	193 kg Bohnen-, Mais- oder Dotteröl,
77 „ Sesamöl,	192 „ Rüböl,
193 „ Erdnuß- oder Kottonöl,	58 „ Harz,
58 „ Harz,	57 „ Wasser,
57 „ Wasser,	385 „ Pottaschelauge von 25° Bé,
385 „ Pottaschelauge von 25° Bé,	115 „ Sodalauge von 25° Bé.
115 „ Sodalauge von 25° Bé.	

Für den Winter kommen als Ansätze in Betracht:

426 kg Leinöl,	426 kg Bohnen- oder Maisöl,
63 „ Wasser,	63 „ Wasser,
468 „ Pottaschelauge von 25° Bé,	511 „ Pottaschelauge von 25° Bé.
43 „ Sodalauge von 25° Bé.	

395 kg Bohnen- oder Maisöl,	153 kg Bohnen- oder Maisöl,
40 „ Harz,	115 „ Sesamöl,
59 „ Wasser,	114 „ Dotteröl,
374 „ Pottaschelauge von 25° Bé,	57 „ Harz,
32 „ Sodalauge von 25° Bé.	57 „ Wasser,
	458 „ Pottaschelauge von 25° Bé,
	46 „ Sodalauge von 25° Bé.

Die zur Verseifung notwendige Ätzkalilauge wird mit 15 Teilen Pottasche auf 100 Teile 50grädige Ätzkalilauge reduziert und, wenn mit direktem Feuer gearbeitet wird, auf 25° Bé eingestellt.

Zunächst wird nun der ganze Ölansatz und gegebenenfalls auch das Harz in den Siedekessel gebracht, das Wasser und ungefähr der fünfte Teil der erforderlichen Siedelauge hinzugegeben, angeheizt und ab und zu durchgekrückt. Sobald das Ganze genügend heiß ist, bildet sich eine Emulsion, und die Massen beginnen sich etwas zu heben und durcheinander zu schieben, während der Verband eintritt. Letzteren erkennt man daran, daß eine herausgenommene Probe keine Lauge mehr abtropfen läßt, sondern als dicke, gleichmäßige Schmiere vom Spatel läuft. Sobald guter Verband eingetreten ist, muß weitere Lauge hinzugegeben werden, damit die Masse infolge Laugenmangels nicht dick wird. Die neu hinzugegebene Lauge muß jedoch immer erst gut mit der Masse verbunden sein, bevor man die nächstfolgende Menge dazubringt, da die Seife sonst leicht wieder aus dem Verband kommen kann. Ist sämtliche Lauge im Kessel, so muß ein schönes, dick und wollig siedendes Produkt vorliegen. Wenn die Seife schaumfrei siedet und eine aufgenommene Glasprobe, leicht gehäufelt, ohne Schaumperlen oder Luftbläschen auf dem Glase liegt, so ist sie auch genügend eingedampft und lediglich noch auf ihre Abrichtung hin zu prüfen.

War die zur Verseifung verwandte Laugenmenge ausreichend, die Abrichtung der genügend eingedampften Seife also richtig getroffen, so wird eine auf Glas gesetzte Probe völlig klar sein und, gegen einen dunklen Untergrund gehalten, „Blume“ haben, d. h. kleine Laugenadern aufweisen, die beim Überschuß von etwas Alkali als flockige Trübungen auf der Oberfläche der Probe, besonders aber in ihren Erhöhungen und Riefen, sichtbar werden. Außerdem soll ein kleiner „Laugenring", d. h. ein haarfeiner, weißer Rand, rings um die Probe herum in die Erscheinung treten. Hat die Seife schon etwas zuviel Lauge, so überläuft die Probe, um bei bedeutendem Überschuß schnell trübe und auf dem Glase verschiebbar zu werden. Man muß alsdann nach und nach der siedenden Seife Öl zusetzen, bis eine aufgenommene Glasprobe die obigen Zeichen einer guten Abrichtung erkennen läßt. Sollte die Glasprobe anfangs klar, aber ohne „Blume" sein, so fehlt noch etwas Lauge, die allmählich nachzugeben ist.

Die für die Prüfung der Abrichtung aufgenommenen Glasproben legt man gewöhnlich in den Keller, in dem die Seife später gelagert werden soll, da hier in der Regel eine ziemlich gleichmäßige Temperatur, meist zwischen 10 und 15° C, herrscht. Man legt hier Seifen, die für die wärmere Jahreszeit bestimmt sind, möglichst hoch, die für die kältere Jahreszeit bestimmten aber direkt auf den Boden. Die ersteren müssen mild, kurz, fest und klar auf kleine „Blume" abgerichtet sein, während Winterseifen eine etwas kräftigere „Blume" zeigen und an Hand der auf dem Steinboden des Kellers erkalteten Probe einen ziemlichen Laugenrand aufweisen sollen. Ist eine im Keller erkaltete Probe dagegen an ihrem Außenrande klar, zeigt aber in der Mitte noch das trübe, sogenannte „Fettgrau", so ist die Seife zu matt. Man gibt daher zu der siedenden Masse so lange Alkali in kleinen Mengen hinzu, bis die erkaltete Glasprobe völlig klar bleibt.

Im folgenden sollen nun einige Unregelmäßigkeiten Erwähnung finden, die sich beim Sieden von Schmierseifen leicht ergeben können.

Ein zu hohes oder zu niedriges „Kalkverhältnis", wie es früher bei Verwendung der selbst eingestellten Aschenlauge vorkommen konnte, ist ja heute so gut wie ausgeschlossen, da die Ätzkalilauge in stets gleichmäßiger Qualität fertig geliefert wird. Würde sie viel kohlensaure Salze enthalten, so würden diese bei der hohen Konzentration von 50° Bé unbedingt auskristallisieren. Es kann also nur bei falscher Zusammenstellung der Siedelauge vorkommen, daß eine Seife einen Mangel oder Überschuß an freien Salzen aufweist. Fehlen einer Seife solche Salze, d. h. ist sie zu kaustisch, oder, wie der alte Ausdruck lautet, steht sie zu hoch im Kalk, so erkennt man dies daran, daß sie schwerfällig, weiter unten im Kessel siedet und in breiten, zähen Streifen vom Spatel abläuft; eine aufgenommene Glasprobe wird dann hoch auflegen und auch nach dem Erkalten noch trübe und gummiartig sein. In solchem Falle ist es nötig, durch langsamen Zusatz von starker Pottaschelösung ein normales Sieden der Seife herbeizuführen und auf diese Weise darauf hinzuwirken, daß die aufgenommenen Glasproben kurz, fest, klar und geschmeidig werden. Sind während des Siedeprozesses Laugen mit zu hohem Karbonatgehalt verwandt, so siedet die Seife leicht hoch und weist ein dünnflüssiges, wässeriges Aussehen auf. Die entnommene Glasprobe läuft dann breit auseinander. Dieser

Fehler kann naturgemäß nur durch den Zusatz reiner Ätzlauge und eine gleichzeitige Vergrößerung des Ölansatzes korrigiert werden. Ratsam bleibt es aber stets, solche Verbesserungen erst dann vorzunehmen, wenn man sich von ihrer unbedingten Notwendigkeit überzeugt hat, zumal die Proben von noch sehr wasserhaltigen oder nicht genügend Lauge enthaltenden Seifen in dieser Beziehung leicht zu Täuschungen den Anlaß geben können.

Ein Dickwerden der Seifenmasse tritt leicht ein, wenn ungefähr ein Drittel der gesamten Siedelauge im Kessel ist und sich Verband gebildet hat. Läßt man alsdann mit dieser ungenügenden Laugenmenge weiter sieden, ohne rechtzeitig Lauge nachzugeben, so klumpt der Kesselinhalt zu einer äußerst zähen Masse zusammen, die sich nur sehr schwer, und zwar lediglich durch Zugabe von mehr Lauge, als zur Verseifung des im Kessel befindlichen Fettansatzes nötig ist, wieder in Lösung bringen läßt. Es erfordert viel Zeit und Arbeit, bis eine solche dick gewordene Seife wieder normal siedet, weshalb man der rechtzeitigen Laugenzugabe volle Aufmerksamkeit schenken soll.

Des weiteren ist der richtige Wassergehalt der Schmierseifen für deren Haltbarkeit von großer Bedeutung. Eine zu wasserhaltige Seife wird beim Lagern trübe und dünn; Schmierseifen sollen daher stets schaumfrei abgedampft werden und als Glasproben keine Schaumperlen mehr zeigen.

Auch die Abrichtung der Seife ist von größter Wichtigkeit für deren späteres Verhalten. Ein zu schwach abgerichtetes Produkt wird nach einiger Zeit in den Fässern trübe, weich und flüssig. Eine zu stark abgerichtete Seife wird später kurz, bröckelig und scheidet Lauge aus. Von wesentlicher Bedeutung für die Art der Abrichtung ist jedoch, wie schon erwähnt, die Temperatur, bei der die Seife zum Verkauf gelangt. In kalter Jahreszeit führt man daher die Schlußabrichtung bei einer glatten Schmierseife möglichst mit starker, 30grädiger Pottaschelösung aus, so daß die Glasproben, um dies nochmals zu sagen, kräftige Blume und Laugenring zeigen. Während der warmen Jahreszeit richtet man dagegen nur milde ab, die Glasprobe soll nur leichte Blume zeigen und nach dem Erkalten vollständig klar sein.

Glyzerinschmierseife. Unter dem Namen „transparente Glyzerinschmierseife“ wird ein Erzeugnis in den Handel gebracht, das sich durch seine helle Farbe von der gewöhnlichen glatten Schmierseife unterscheidet, sonst aber keine besonderen Bestandteile enthält, die den Namen „Glyzerinschmierseife“ rechtfertigen könnten. Infolge seines guten Aussehens hat sich das Produkt aber schnell überall Eingang verschafft und wird in den Haushaltungen mit Vorliebe verwandt. Die Verbraucher gehen dabei wohl von der nicht unberechtigten Ansicht aus, daß die helle Farbe und die hohe Transparenz der Seife eine gewisse Garantie für die gute Qualität bieten, da dunkle oder unreine Fette und Öle, sowie die Transparenz schädigende Füllungsmittel bei ihrer Herstellung nicht verwendet werden dürfen.

Um ein recht helles Produkt zu erhalten, ist es notwendig, entweder die zu verseifenden Öle als solche zu bleichen oder die fertige Seife einer späteren Bleichung zu unterwerfen. Kommt Leinöl oder Kottonöl zur Verwendung, so genügt eine einfache Vorbehandlung des Öles mit starker Lauge. Zu diesem Zweck wird entweder das Öl auf 50° C erwärmt und dann 3 vH. 30grädige Pottaschelauge eingekrückt, bis sich große Flocken bilden, oder man erhitzt die Lauge und krückt diese dann in das nicht angewärmte Öl. Nach einigen Stunden der Ruhe haben sich die Flocken als Bleichsatz zu Boden gesetzt, so daß das klare Öl oben abgeschöpft oder abgezogen werden kann. Da jedoch durch die Behandlung alle freien Fettsäuren aus dem Öl entfernt sind, läßt sich bei dem Verseifungsprozeß der Verband schwerer erreichen, als mit ungebleichten Ölen, weshalb man zunächst mit einer kleineren Menge Lauge vorsiedet. Man muß alsdann aber mit stärkerer Lauge zur Hand sein, da die alkaliarme Masse, wie oben erwähnt, außerordentlich leicht zusammenfährt und dick wird.

Im übrigen ist die Arbeitsweise genau dieselbe, wie bei der vorher beschriebenen, glatten Schmierseife. Legt man auf eine helle Farbe der Seife weniger Wert, so kann auch etwas hellfarbiges Harz mitverarbeitet werden, das, ähnlich wie das Öl, vorher mit starker Lauge gebleicht wird.

In neuerer Zeit ist man jedoch von dem vorherigen Bleichen des Öles immer mehr abgekommen, namentlich, weil man in vielen Fabriken für den Bleichsatz keine genügende Verwendung hatte, der bei Ölen mit einem höheren Gehalte an freien Fettsäuren sehr bedeutend ist. Dazu kommt noch, daß das nachträgliche Bleichen der fertig gesottenen Seifen einfacher ist und hellere Seifen ergibt. Am meisten hat sich die Bleichung mit unterchlorigsaurem Alkali eingeführt, die bei richtiger Durchführung ganz besonders helle Fabrikate ergibt. Dieselben zeigen jedoch häufig einen mehr oder weniger hervortretenden Chlorgeruch, weshalb diese Bleichung nicht immer zu empfehlen ist.

Eine zweckentsprechende Chlorbleichlösung wird nach folgendem Verfahren hergestellt: In 130 kg heißem Wasser werden 33,5 kg kalz. Soda aufgelöst und unter tüchtigem Umrühren 50 kg Chlorkalk hinzugegeben. Die so erhaltene Lösung wird alsdann mit weiteren 150 kg kaltem Wasser verdünnt.

Die Bleichung wird in der Weise ausgeführt, daß der nicht zu stark abgerichteten, normal eingedampften Seife 10—15 vH. der klar filtrierten Bleichlösung eingekrückt werden. Die Seifen dürfen aber kein Harz enthalten und müssen bis auf 55° C abgekühlt sein, wenn die Lösung gut wirken soll.

Eine sehr kräftig wirkende Chlorbleichlösung erhält man weiterhin, wenn man in eine Wasserglaslösung Chlor so lange einleitet, bis sich ein Niederschlag eben zu bilden beginnt. Auf Grund ihres sehr erheblichen Chlorgehaltes wirkt diese Lösung vielfach auch da noch, wo andere Bleichmittel versagen.

Neben der Chlorbleichlösung haben sich im Laufe des letzten Jahrzehntes aber noch einige weitere Bleichmittel, besonders die Hydrosulfite (Blankit u. a.), eingeführt, deren Eigenschaften und Anwendungsweise eingangs bereits ausführlich besprochen sind[1]). Besondere Erfolge sollen sich aber neueren Feststellungen entsprechend dadurch erzielen lassen, daß man der fertig gesottenen, heißen Seife nacheinander ein reduzierendes Bleichsalz und nach erfolgter Reduktionswirkung ein aktiven Sauerstoff enthaltendes Persalz (Persulfat) bzw. Wasserstoffsuperoxyd zusetzt[2]).

Hanfölseife. Verhältnismäßig selten wird auch noch die grüne Hanfölseife fabriziert, die heute jedoch vornehmlich pharmazeutischen Zwecken dient. Ihre Herstellungsweise ist die gleiche wie die der vorbesprochenen glatten Schmierseifen.

Naturkornseifen.

Wohl die beliebteste und schönste Schmierseife ist die Naturkornseife, die zuerst vor langen Jahren in den Provinzen Pommern, Ost- und Westpreußen hergestellt wurde und die sich von dort aus, ihrer vorzüglichen Eigenschaften und ihrer äußerst vorteilhaften Verwendung wegen, schnell auch in anderen Gegenden für Haushalt und Textilindustrie Eingang verschaffte, so daß man jetzt nicht nur in vielen Fabriken Deutschlands, sondern auch in Österreich, Dänemark und Skandinavien Naturkornseife fabriziert. Die Naturkornseife ist aber nicht nur die schönste, sondern auch diejenige Schmierseife, die die größten Schwierigkeiten bei der Fabrikation verursacht, so daß längere Übung und aufmerksame Beobachtung beim Sieden dazu gehört, um die für ihre Herstellung notwendigen Kenntnisse zu erwerben.

Zur Fabrikation der Naturkornseife bedient man sich sowohl harter, stearinhaltiger, wie auch weicher Fette bzw. Öle; aus ersteren wird das „Korn", aus letzteren die klare Grundseife erhalten.

Zur Erzielung eines einwandfreien Produktes sind aber vor allem gute Rohmaterialien erforderlich. Der Talg, der zu dieser Seife versotten wird, muß frisch, schmutz- und säurefrei sein. Kammfett, Schweinefett und Knochenfett, die namentlich im Sommer Mitverwendung finden können, damit die Seife konstistenter und höheren Temperaturen gegenüber widerstandsfähiger wird, sollten vor dem Gebrauch geläutert werden.

Helles Leinöl oder Dotteröl, im Sommer gegebenenfalls mit gut raffiniertem Baumwollsaatöl gemischt, ergeben bei gleichzeitiger Verwendung von etwas Talg die schönsten Naturkornseifen. Aber auch Bohnenöl und Maisöl können zu diesen Seifen versotten werden, während Oleïn, das sonst ebenfalls vorteilhaft zu Naturkornseifen verarbeitet wird, dunkel gefärbte Produkte ergibt.

Die zur Reduzierung der Kalilauge notwendige Pottasche muß möglichst sodafrei sein, da eine Siedelauge, die mehr als 2—3 vH. Natron enthält, ein kleines, fedriges, in der Sonnenwärme unbeständiges Korn bedingen und die Seife selbst blind und silberstrahlig machen würde. Die Menge der zur Reduzierung nötigen Pottasche selbst richtet sich

---

[1]) Siehe S. 75.

[2]) Seifensiederzeitung 1924, **51**, 805; ebenda 1926, **53**, 451; siehe auch Pat.-Anm. S. 67, 835 IV/23c.

nach der Jahreszeit, dem Fettansatz und nach der Art und Menge der etwaigen Füllungszusätze. In der Regel verwendet man 15—30 vH. Pottasche auf 100 kg 50grädige Ätzkalilauge. Wird mit direktem Feuer gearbeitet, so stellt man die Lauge auf 25° Bé, wenn mit Dampf gesotten wird, auf 30° Bé ein.

Der Fettansatz schwankt sehr und ist einerseits von der Jahreszeit abhängig, andererseits den Wünschen der Fabrikanten entsprechend variabel. Insonderheit richtet sich die Größe des „Korns" bei normal gesottenen Seifen, deren Wassergehalt und Abrichtung richtig getroffen sind, ganz nach dem vorgesehenen Fettansatz. Je stearinreicher derselbe ist, desto mehr Korn erzielt man in der Seife. Es bleibt jedoch zu beachten, daß auch das Korn entsprechend dichter und kleiner ausfällt, wenn ihm ein größerer Entwicklungsraum nicht geboten wird.

Nachstehend folgen nun einige, für die verschiedenen Verhältnisse passende Fettansätze:

1. Zu hellgelben Seifen mit reisförmigem Korn.

Im Sommer:			Im Winter:		
35	vH.	Talg,	35	vH.	Talg,
3	„	rohes Palmöl,	2	„	rohes Palmöl,
16	„	helles Kamm- oder Schweinefett,	15	„	Baumwollsaatöl,
16	„	Baumwollsaatöl,	48	„	helles Leinöl.
30	„	helles Leinöl.			

2. Zu dunkelgelben Seifen mit reisförmigem Korn.

Im Sommer:			Im Winter:		
36	vH.	Talg,	35	vH.	Talg,
2	„	rohes Palmöl,	3	„	rohes Palmöl,
20	„	Kammfett,	62	„	Leinöl, Bohnenöl oder Maisöl.
42	„	Leinöl oder Bohnenöl,			

3. Zu hellen Seifen mit kleinem, roggenartigem Korn.

Im Sommer:			Im Winter:		
48	vH.	Talg,	40	vH.	Talg,
2	„	rohes Palmöl,	1	„	rohes Palmöl,
15	„	Baumwollsaatöl,	10	„	Kamm- oder Schweinefett,
35	„	helles Leinöl.	49	„	helles Leinöl.

4. Zu dunklen Seifen mit kleinem, roggenartigem Korn.

Im Sommer:			Im Winter:		
45	vH.	Talg,	40	vH.	Talg,
5	„	rohes Palmöl,	5	„	rohes Palmöl,
50	„	Lein-, Dotter-, Bohnen- oder Maisöl.	55	„	Lein-, Dotter-, Bohnen- oder Maisöl.

5. Zu Seifen mit schönem Mittelkorn.

Im Sommer:			Im Winter:		
40	vH.	Talg,	40	vH.	Talg,
25	„	Baumwollsaatöl,	58	„	Leinöl,
33	„	Leinöl,	2	„	rohes Palmöl.
2	„	rohes Palmöl.			

6. Zu Seifen für Walkzwecke.

Im Sommer:			Im Winter:		
34	vH.	Talg,	30	vH.	Talg,
6	„	rohes Palmöl,	5	„	rohes Palmöl,
40	„	Oleïn,	30	„	Oleïn,
20	„	Baumwollsaatöl.	35	„	Leinöl, Bohnen- oder Maisöl.

Bevor jedoch die Siedeweise der Naturkornseife beschrieben wird, sollen noch kurz die Bedingungen erwähnt werden, unter deren genauester Beachtung allein ein gutes, tadelloses Fabrikat erzielt werden kann.

Wie oben gesagt wurde, kann eine verkäufliche Schmierseife nicht mit reiner Ätzlauge hergestellt werden; es entsteht so stets nur eine zähe, gummiartige Masse, die allein durch den Zusatz einer genügenden Menge von kohlensaurem Kali die für eine Handelsseife notwendige Konsistenz und Geschmeidigkeit erhält. Dies gilt nun noch im erhöhten Maße für die Naturkornseife, zu deren Herstellung stets $^1/_3$—$^1/_2$ des Ansatzes an Talg und festen Fetten Verwendung findet. Um hier eine günstige Entwicklung des stearinsauren Kalis, d. h. also die Kristallisation oder Kornbildung zu ermöglichen, müssen naturgemäß in der Seife gelöste Kalisalze noch in größerer Menge vorhanden sein, als in der transparenten Ölseife, so daß die zur Verseifung dienenden Laugen um so mehr Pottasche (Kaliumkarbonat) enthalten müssen, je mehr hartes, stearinreiches Fett (Talg usw.) man im Ansatz verwendet.

Je mehr Salze nun aber der Seifenmasse zugeführt werden, desto lockerer und weicher wird diese werden, so daß bei weiterem, gesteigerten Zusatz an freien Salzen schließlich der Verband zerrissen und die Seife ausgesalzen wird. Die kohlensauren Salze dürfen also stets nur zu einem gewissen Prozentsatz des Ganzen in der Seifenmasse enthalten sein, wofern diese nicht an Konsistenz verlieren soll.

Im übrigen verläuft die Herstellung einer Naturkornseife aber fast ebenso wie die einer glatten Schmierseife. Wird mit Neutralfett gearbeitet, so kommt der ganze Öl- und Fettansatz in den Kessel, sowie $^1/_5$—$^1/_4$ der gesamten Siedelauge, die mit einigen Töpfen Wasser verdünnt wird. Ist der Verband zwischen Fett und Lauge durch Krücken bei langsamem Feuer hergestellt, so wird unter lebhaftem Sieden die übrige Siedelauge nach und nach hinzugegeben. Auf 100 kg Fettansatz gebraucht man ungefähr 120 kg 24grädige reduzierte Lauge, nach deren Verbrauch man mit der Probenahme beginnt. Schließlich richtet man die genügend eingedampfte Seife, die nunmehr in größeren Platten siedet, hörbar „Rosen bricht" und keinen Schaum mehr bildet, auf „schwache Blume" ab.

War die Siedelauge richtig getroffen, also genügend reduziert, so zeigt die Seife ein lockeres, gefälliges Sieden, läuft leicht in erhabenen Streifen vom Spatel und legt auf dem Glase etwas auf, so daß man auch beim Erkalten noch die gebildeten Ringe beobachten kann; beim Durchbrechen verhält sich die vollkommen erkaltete Probe kernseifenartig kurz. Etwa talergroße Glasproben der fertigen Seife sollen bei richtigem Kaustizitätsverhältnis nach etwa 5 Minuten in der Mitte noch etwas flüssig sein.

Eine Seife, die mit zu kaustischer Lauge gesotten wurde, der also kohlensaure Salze fehlen, wird, auch gut eingedampft, nach einigem Stehen stets zähe und gummiartig, bleibt trübe und bildet ein schlechtes Korn; eine zu kohlensauer gehaltene Seife kornt schnell, bildet aber ein kleineres, meist rundes Korn; außerdem wird die transparente Grundseife, da ihr die nötige Bindung und Konsistenz fehlt, leicht weich und sirupähnlich.

Zeigt also die fertige Seife ein anormales Sieden, so muß man ihr, je nach Erfordernis, vorsichtig 28grädige Pottaschelösung oder 24grädige Ätzkalilauge zusetzen, bis sie die erforderlichen Eigenschaften erhält.

Aber auch der Wassergehalt der fertigen Seife ist für deren Charakter von wesentlichem Einfluß. Eine Naturkornseife, die zu stark eingedampft wurde und dementsprechend den notwendigen Feuchtigkeitsgehalt nicht mehr besitzt, kornt, weil sie zu fest ist, sehr schwer und langsam, mitunter auch gar nicht; dagegen erfolgt, wenn die Seife genügend Wasser enthält, die Abscheidung des stearinsauren Kalis (Korns) schnell und normal. Es ist jedoch zu beachten, daß die Seife um so mehr Wasser zu binden vermag, je mehr talgartige Fette sie enthält.

Nach dem Eindampfen richtet man auf „Blume" ab. Die genommenen Glasproben müssen also nach dem Erkalten fest sein und nach längerem Liegen nicht mehr blank, sondern wie angehaucht aussehen. Die Abrichtung hat jedoch besonders vorsichtig zu geschehen, da zu stark abgerichtete Seifen infolge überreichlicher Kristallisation zu viel Korn bilden und auswachsen. Auch werden sie leicht glitschig und scheiden unter Umständen sogar Lauge ab. Zu schwach abgerichtete Seifen dagegen werden bei guter Kornbildung leicht weich und flüssig. Zu scharf ist die Seife dann, wenn eine aufgenommene Glasprobe sofort grau überläuft und sich nur schwer oder gar nicht klärt; zu schwach ist sie, wenn die erkaltete Glasprobe nicht ganz klar aussieht und wenn in ihrer Mitte ein trüber Punkt, das „Fettgrau", sichtbar ist.

Will man die Seife färben, so gibt man gegen Ende des Siedens die entsprechende Menge rohen Palmöls nebst der erforderlichen Lauge, oder auch in kochendem Wasser gelöstes Hausseifengelb (etwa 2 g auf 100 kg Seife) hinzu.

Die Ausbeute einer normal eingedampften Naturkornseife beträgt auf 100 kg Fettansatz 235—240 kg; durch Zukrücken einer 12grädigen Pottasche- oder einer 10grädigen Chlorkaliumlösung kann dieselbe aber auf etwa 248 kg erhöht werden.

Die endlich in Fässer gefüllte Seife wird in Kellerräume gebracht, in denen eine Temperatur von 12—18° C herrschen soll, um eine gute Kornbildung zu ermöglichen. Das Korn bildet sich je nach dem Talggehalt des Fettansatzes in 3—8 Wochen, und zwar benötigen Seifen mit höherem Talggehalt in der Regel 3—4 Wochen, um in genügender Menge ein schönes Mittelkorn zu bilden, während solche Seifen, die wenig, aber ein großes Korn bilden sollen, bei entsprechend geringerem Talggehalt etwa 6—8 Wochen für die Kornbildung erfordern. Ist diese erfolgt, so wird die Seife auch bald klar und kann zum Verkauf gestellt werden. Für den Kornungsprozeß selbst ist ein öfteres Umkellern vorteilhaft.

Alabaster-Naturkornseife. Unter dem Namen „Alabaster-Naturkornseife" wird ein Produkt in den Handel gebracht, das ein schneeweißes Korn in einer weißlichgelben, sehr transparenten Grundseife zeigt und eine Füllung in der Regel nicht enthält, da durch diese Aussehen und Kornbildung stark leiden würden.

Als Ansatz zu dieser Seife werden am besten 1 Teil prima inländischer oder australischer Hammeltalg und 2 Teile prima helles Baumwollsaatöl gewählt. Manche Sieder halten daneben auch einen kleinen Zusatz von hellem Erdnußöl für gut oder notwendig, um einer allzu starken Kornbildung entgegen zu arbeiten; denn die Seife soll zwar ein schönes, großes Korn, aber verhältnismäßig nur wenig davon enthalten. Zur Kaustizitätsverringerung der 50grädigen Kalilauge sind etwa 20 vH. sodafreier, 98proz. Pottasche erforderlich. Das Siedeverfahren ist genau das oben beschriebene, die Abrichtung darf jedoch nur schwach sein, da Seifen aus Talg und Kottonöl bei kräftiger Abrichtung leicht auswachsen und glitschig werden. Die aufgenommenen Glasproben sollen nur ganz geringe Blume zeigen und müssen dick aufliegend vollkommen klar und, wenn erkaltet, genügend fest sein.

Die fertige Seife wird sofort in die Versandfässer abgefüllt, und zwar in einem Raume, der eine ständige Temperatur von 18—20° C besitzt. Diese ist durchaus erforderlich, damit sich der Kornungsprozeß langsam und normal vollzieht, und damit die Seife selbst klar und transparent bleibt.

Kunstkornseifen.

Die große Beliebtheit, deren sich die Naturkornseife bei den Verbrauchern erfreut, hat Veranlassung dazu gegeben, ein ihr ähnliches Produkt auf billigere Weise herzustellen. Es ist dies die in einigen Gegenden Nordostdeutschlands früher vielfach fabrizierte Kunstkornseife, die allerdings in den letzten Jahren vor dem Kriege seltener angetroffen wurde und in Deutschland heute wohl auch kaum noch hergestellt wird.

Die Kunstkornseife ist eine gewöhnliche, glatte Schmierseife, der man ein künstliches Korn zusetzt, um sie der Naturkornseife ähnlich zu machen. Während also zur Naturkornseife ein für die Kornbidung erforderlicher Teil harter, stearinreicher Fette mit verarbeitet werden muß, wird die Kunstkornseife lediglich aus Ölen, weichen Fetten, gegebenenfalls unter Zusatz von 10—15 vH. Harz hergestellt, die in der vorstehend beschriebenen Weise, im Sommer unter Mitverwendung von 20—25 vH. Sodalauge, versotten werden.

Das zur Seife verwandte künstliche Korn stellt man gewöhnlich aus Kreide oder gut gebranntem Kalk her. Das in verschiedener Größe im Handel vorkommende Kreidekorn ist hart, in Wasser schwer löslich, sinkt aber bei Benutzung der Seife im Waschfaß zu Boden und wird deshalb in den Wäschereien ungern gesehen. Das Kalkkorn zeigt diese unangenehmen Eigenschaften nicht, muß aber, da es käuflich nicht zu haben ist, kurz vor dem Gebrauch frisch hergestellt werden. Zu diesem Zweck wird der gut gebrannte Kalk zerstoßen, durch ein feines Drahtsieb geschlagen und dann mittels eines Haarsiebes von allem Kalkstaub befreit. Die im Haarsieb zurückbleibenden kleinen, unregelmäßigen Stückchen, „das Korn", schüttet man alsdann durch einen Trichter in eine große, trockene Vorratsflasche, die man gut verkorkt, damit sie nicht mit der Luft in Berührung kommen und durch deren Feuchtigkeit gelöscht werden. Von diesem Kalkkorn krückt man der fertig gesottenen, etwas abgekühlten Seife 100—400 g auf 1000 kg zu; es tritt dann sehr bald Löschung des Kalkes ein, so daß sich unter entsprechender Formveränderung ein schönes, weiches, dem Naturkorn ähnliches Gebilde ergibt.

Neuerdings ist in dem DRP. 415 964 aber auch der Vorschlag gemacht worden, aus harten Natron- oder Kaliseifen künstlich durch Raspeln, Zerkleinern oder auf maschinellem Wege gewonnene Körnungen der Schmierseife einzuverleiben. Eine solche Seife würde naturgemäß auch in ihrer Qualität der Naturkornseife völlig entsprechen, wie die bisher bekannten Kunstkornseifen aber auf einfachem Wege ohne lange Lagerzeit und ohne besondere schwer einzuhaltende Vorsichtsmaßregeln herstellbar sein.

Für die Fabrikation dieser Seifen selbst gilt, wie gesagt, genau dasselbe wie für die Fabrikation einer glatten Schmierseife. Alles was über die Siedeweise, Eindampfung und Abrichtung dieser letzteren gesagt wurde, trifft auch für die Kunstkornseife zu. Eine helle, transparente Seife würde man also aus hellem, gebleichtem Leinöl, Dotteröl, Bohnen- oder Maisöl, gegebenenfalls unter Zusatz von Baumwollsaatöl herstellen. Wünscht man eine goldgelbe Seife, so färbt man mit etwas rohem Palmöl oder auch mit dem bekannten Hausseifengelb, von dem 6—8 g auf 100 kg Ölansatz genügen. Zur Erzielung einer grünen Seife färbt man mit 500—1000 g Ultramarinblau auf 1000 kg Ölansatz, doch ist es vorteilhaft, der Grundseife alsdann zunächst einen gelblichen Farbton zu geben.

Der früher zum Färben der grünen Seifen benutzte Indigo dürfte heute wohl kaum noch im Gebrauch sein, dagegen finden Chlorophyll (Blattgrün) und einige künstliche Grünfarben der bekannten Farbenfabriken häufiger Verwendung; auch durch Mitversieden von etwa 10 vH. Sulfurolivenöl kann man eine schöne, beständige, grüne Farbe erzielen. Neben der gelben und grünen kommt dann weiter eine braune Kunstkornseife in den Handel, die man durch Versieden des Ölansatzes mit dunklem Harz und etwas Wollfett oder auch durch Färben mit Zuckercouleur herstellt.

Glatte weiße oder gelbe Schmierseifen von perlmutterartigem Aussehen.

Unter dem Namen Silber-, Schäl- oder glatte Elaïnseife kommt in verschiedenen Gegenden Deutschlands eine weiße oder gelbliche Schmierseife von silberglänzendem, perlmutterartigem Aussehen in den Handel, die sowohl im Haushalt, als auch in der Textilindustrie gern und viel gebraucht wird.

Die für ihre Herstellung verwandten Fettansätze sind sehr verschiedenartig und bestehen aus Fetten teils fester und halbfester, teils flüssiger Natur. Besonders bevorzugt werden Talg, Kammfett, Schweinefett, Knochenfett, Palmöl, Oleïn, gebleichtes Leinöl, Dotteröl, Erdnußöl und Baumwollsaatöl. Namentlich das letztere wird infolge seiner guten Eigenschaften viel verwandt. Palmöl findet im rohen Zustande zum Färben dort Verwendung, wo ein gelbliches Aussehen von den Verbrauchern gewünscht ist, wird aber auch nach vorangegangener Bleichung benutzt, um einen angenehmen Veilchengeruch zu bewirken. Auch die gehärteten Fette, Talgol, Candelite usw., eignen sich ganz vorzüglich als Zusatzfette für diese Seifen und vermögen Talg und talgartige Fette recht gut zu ersetzen.

Beim Sieden selbst muß eine entsprechende Menge Sodalauge mitverwendet werden, die das charakteristische, silberstrahlige Aussehen hervorruft, da die durch den Verseifungsprozeß gebildeten Natronsalze der in dem verarbeiteten Fett enthaltenen Stearin- und Palmitinsäure in der klaren Ölseife die Bildung weißer, silberglänzender Strahlen bedingen, die nach völligem Erkalten im Laufe von etwa 8—10 Tagen in Erscheinung treten. Die Ätzkalilauge wird in der Regel aber etwas stärker als für andere Schmierseifen reduziert; gewöhnlich nimmt man 25 kg Pottasche auf 100 kg 50grädige Ätzlauge.

Im übrigen ist der Fettansatz je nach der Jahreszeit und der jeweils herrschenden Temperatur entsprechend zusammenzustellen; einige diesbezügliche Vorschläge sind im folgenden enthalten.

Zu weißer Seife im Sommer:

I.
75 vH. helles Baumwollsaatöl,
25 ,, Talg oder Talgol.

II.
65 vH. helles Baumwollsaatöl,
30 ,, Talg oder Talgol,
5 ,, Palmkernöl.

III.
60 vH. helles Baumwollsaatöl,
35 ,, helles Schweinefett,
5 ,, gebleichtes Palmöl.

IV.
60 vH. helles Baumwollsaatöl,
20 ,, Talg oder Talgol,
20 ,, Schweinefett.

V.
50 vH. helles Baumwollsaatöl,
50 ,, Kamm- oder Schweinefett.

Zu weißer Seife im Winter:

I.
80 vH. helles Baumwollsaatöl,
20 ,, helles Schweinefett.

II.
75 vH. helles Baumwollsaatöl,
20 ,, Schweinefett,
5 ,, gebleichtes Palmöl.

III.
60 vH. helles Baumwollsaatöl,
20 ,, Erdnußöl,
20 ,, helles Schweinefett.

IV.
75 vH. helles Baumwollsaatöl,
15 ,, Talg oder Talgol,
10 ,, gebleichtes Palmöl.

V.
90 vH. helles Baumwollsaatöl,
10 ,, Talg oder Talgol.

Zu gelber Seife im Sommer:

I.
60 vH. Baumwollsaatöl,
35 ,, Talg oder Talgol,
5 ,, rohes Palmöl.

Zu gelber Seife im Winter:

I.
55 vH. Baumwollsaatöl,
20 ,, Erdnußöl,
20 ,, Talg oder Talgol,
5 ,, rohes Palmöl.

II.	II.
60 vH. Baumwollsaatöl,	60 vH. Baumwollsaatöl,
35 „ Kammfett,	20 „ Erdnußöl,
5 „ rohes Palmöl.	15 „ Palmkernöl,
	5 „ rohes Palmöl.

Zur Walkseife:

60 vH. Baumwollsaatöl,	60 vH. Baumwollsaatöl,
20 „ Talg,	30 „ Kamm- oder Schweinefett,
20 „ gebleichtes Palmöl.	10 „ Talg.

Wie schon gesagt wurde, bedarf man also zur Herstellung einer schönen, zarten und weißen Seife Laugen, die einen relativ hohen Pottaschegehalt aufweisen, da die Verwendung zu kaustischer Lauge die Seifen fest und dunkel ausfallen läßt. Besitzt die Seife richtige Kaustizität, so müssen talergroße Glasproben von der normal eingedampften und gut abgerichteten Seife, leicht gehäufelt, nach 5 Minuten langem Liegen in der Mitte noch etwas flüssig sein.

Der Zusatz von Sodalauge zu dieser Seife schwankt je nach Fettansatz und Jahreszeit. Bei Verwendung von reichlich Talg darf nur wenig davon verarbeitet werden, während bei den vornehmlich aus Baumwollsaatöl und Schweine- oder Kammfett hergestellten Seifen bis zu $^1/_3$ Sodalauge benutzt werden kann. Für die Verseifung eines Ansatzes aus 90 Teilen Talg und 10 Teilen Palmkernöl verwendet man z. B. keine Sodalauge, hält dann die Seife aber etwas kohlensaurer, um ein geschmeidiges, zartes Produkt zu erzielen.

Die Siedeweise selbst unterscheidet sich insofern von der sonst üblichen, als man den Verband mit nur wenig Lauge einleitet, weil Baumwollsaatöl und Talg mit größeren Mengen Lauge nur schwer binden. Während ferner Leinölseifen schon dick werden, wenn sich der dritte Teil der Gesamtlauge im Kessel befindet, tritt dieser kritische Punkt bei Verwendung von Baumwollsaatöl erst nach Zugabe von zwei Dritteln der ganzen Siedelauge ein. Die Einleitung des Verbandes muß also mit wenig schwacher Lauge geschehen und ihre langsame Zugabe so geregelt werden, daß eine wirklich gute Bindung erzielt wird. Der dann noch fehlende Rest wird rasch eingetragen.

Ganz besondere Aufmerksamkeit muß auch der Abrichtung dieser Seifen zugewandt werden. Die Glasprobe soll eine nur merkliche Blume zeigen, genügend klar, fest und kurz sein, erst nach einiger Zeit weiß werden und sich nicht vom Glase abschieben lassen, sondern fest daran haften. Eine zu stark abgerichtete Seife würde später kurz werden und Lauge ausscheiden, eine zu schwache auf dem Lager weich und lang werden.

Ist man gegen Ende des Siedeprozesses noch genötigt, Änderungen der Abrichtung vorzunehmen, so soll man zum Ausstechen etwa überschüssiger Lauge kein Baumwollsaatöl verwenden, das sich nur schwer der Seife einfügt; wie stets in solchen Fällen ist auch hier am ehesten Palmkernöl zu empfehlen.

Weiße Silberseife. Die Ansprüche, die an eine Silberseife gestellt werden, gehen vielfach so weit, daß es nur durch Verwendung des besten Rohmaterials möglich ist, ihnen gerecht zu werden. Für die Herstellung solcher Qualitätsprodukte am meisten geeignet sind dann helles, amerikanisches Baumwollsaatöl und guter, weißer Talg, die unter Zusatz von etwas Palmkernöl gemeinsam versotten werden. Leider gestatten es aber die Preisverhältnisse nicht immer, mit solchen Rohstoffen zu arbeiten, und es müssen dann einesteils wohl oder übel die Ansprüche etwas herabgesetzt werden, anderenteils kann man sich aber auch in der Weise helfen, daß man Öl und Talg vor der Verseifung läutert oder bleicht, oder daß man die fertige Seife mit einer Chlorbleichlösung behandelt. Da diese letztere jedoch Eisen angreift, darf man, um eine Rotfärbung der Seife zu vermeiden, hierbei lediglich im verbleiten Kessel oder Holzbottich arbeiten.

Auch Hydrosulfite können zu gleichem Zwecke verwandt werden; um hier jedoch eine grünliche Verfärbung der Seife zu vermeiden, darf die angewandte Menge ein bestimmtes Maximum nicht überschreiten. Auf 1000 kg Seife genügen beispielsweise 100 g Blankit.

Weiße Schmierseife aus Talg und Palmkernöl. Nicht selten wird eine weiße Schmierseife auch nur aus Talg und Palmkernöl hergestellt. Für den üblichen, aus 90 Teilen Talg und 10 Teilen Palmkernöl bestehenden Ansatz darf nur Pottaschelauge Verwendung finden. Die Seife muß ferner viel Karbonat enthalten. Auf 1000 kg 50grädiger Ätzkalilauge verwendet man zur Verringerung der Kaustizität etwa 32—33 kg 96/98proz. Pottasche. Die Seife selbst wird in üblicher Weise bis zum Rosenbrechen eingedampft und dann auf Blume abgerichtet. Eine leichte Mehlfüllung ist vorteilhaft (5 Teile Mehl, 10 Teile 12grädige Pottaschelösung, etwa 5 Teile 28grädige Kalilauge zur Abrichtung). Die so hergestellte Seife zeigt dann ein besonders weißes, aber kein perlmutterähnliches Aussehen.

Terpentin-Salmiak-Schmierseife. Die unter vorstehendem Namen in den Handel gebrachte Schmierseife unterscheidet sich von den vorher beschriebenen weißen Schmierseifen nur durch den Zusatz von Terpentinöl und Salmiakgeist. Der Ansatz kann recht verschieden zusammengestellt werden, doch sind auch hier das Baumwollsaatöl, Talg, Kamm- oder Schweinefett in der früher angegebenen Zusammenstellung die am besten geeigneten Rohstoffe.

Die Abrichtung muß sehr mild sein, weil die Seife sonst nach Zugabe von Terpentin und Salmiakgeist leicht glitschig wird. Die Glasproben sollen jedoch vollkommen klar sein und erst nach einiger Zeit weiß werden.

Der genügend abgekühlten, gegebenenfalls vermehrten Seife krückt man auf 100 kg Ansatz bis zu $2^1/_2$ kg Terpentinöl und $^3/_4$ kg Salmiakgeist zu und füllt in Fässer, die man gut bedeckt.

Weiße Schmier- oder Bleichseife. Unter dem Namen Bleichseife oder weiße Schmierseife wird in manchen Gegenden ein Produkt erzeugt, das nur dem Namen und der Konsistenz nach eine Schmierseife ist. Diese sogenannte Bleichseife wird meistens so hergestellt, daß man 110 kg Kokosöl mit etwa 220 kg 20—21grädiger Soda- und Pottaschelauge zu einem klaren, ziemlich schaumfreien Seifenleim versiedet, scharf abrichtet und dem Leim etwa 550—650 kg heiß gemachtes Natronwasserglas, das vorher mit 55—65 kg 20grädiger Lauge vermischt wurde, zukrückt. Die durch Mirbanöl parfümierte Masse wird schließlich kalt gerührt. Das hier verwandte Kokosöl läßt sich selbstverständlich teilweise auch durch Palmkernöl oder gebleichtes Palmöl ersetzen.

Auch in Süddeutschland stellt man hier und da eine sogenannte Talgschmierseife in der Weise her, daß man 170 kg Talg mit 425 kg 7grädiger Ätznatronlauge bei mäßigem Feuer so lange erhitzt, bis ein guter Verband eingetreten ist, alsdann weitere 425 kg 3grädiger Ätznatronlauge allmählich zusetzt und, ohne zu sieden, erwärmt, bis die Masse klar wird. Nach einiger Ruhe wird die Seife mit Mirbanöl parfümiert und in Fässer geschöpft.

Das Sieden der Schmierseifen mit Dampf. Seit der allgemeinen Einführung der 50grädigen Ätzkalilauge können sämtliche Schmierseifen mit direktem Dampf fertig gesotten werden, so daß man in größeren Betrieben, die mit Dampfeinrichtung versehen sind, auch bei der Herstellung der Schmierseifen fast ausnahmslos zu dieser Siede, weise übergegangen ist. Wer längere Zeit mit Dampf gearbeitet hat. würde gewiß nur schwer zu der alten Siedemethode mit freiem Feuer zurückkehren, da die Annehmlichkeiten und Vorteile der Dampfsiederei recht groß sind. Sie ermöglicht eine große Arbeits- und Zeitersparnis, insonderheit da auch das Rohmaterial, Öl, Fettsäure und Lauge, stets durch Dampfdruck oder Pumpe in den Siedekessel befördert werden kann, so daß, wofern die Einrichtung sachgemäß angeordnet ist, rein maschinell in kurzer Zeit große Mengen Materials eingefüllt werden können.

Werden Neutralfette und Öle verarbeitet, so unterscheidet sich das eigentliche Sieden wenig von dem schon beschriebenen Verfahren über freiem Feuer. Der ganze Ansatz, dazu ein Teil der Siedelauge und etwas Wasser, kommen in den Kessel, in den dann Dampf gegeben wird. Da durch diesen aber der Masse Wasser zugeführt wird, muß die Siedelauge naturgemäß entsprechend stärker eingestellt werden. Je nach der Art des Dampfes, je nachdem er trocken oder naß zur Anwendung kommt, stellt man sie auf 27—30° Bé. Infolge des Aufwallens bilden Öl und Lauge eine Emulsion und binden schon nach kurzer Zeit. Nun läßt man in nicht zu starkem Strahl die zur Verseifung weiter benötigte Lauge hinzulaufen und gibt dabei so viel Dampf, daß die Masse gleichmäßig ruhig weiter siedet. Bei richtig geregeltem Zufluß von Dampf und Lauge kann die für den ganzen Ansatz notwendige Menge Lauge ohne Unterbrechung einfließen, und der ganze Verseifungsprozeß spielt sich ohne Störung in außerordentlich kurzer Zeit ab.

Das Fertigsieden mit Dampf unterscheidet sich jedoch wesentlich von der Feuersiederei, da bei ersterem das Eindampfen und damit auch manche Zeichen und Anhaltspunkte für den Sieder vollständig entfallen, an denen er sonst erkennt, daß die Seife sachgemäß hergestellt ist. Bei einiger Übung und Kenntnis der Dampfverhältnisse wird er aber bald gefunden haben, wie stark die Siedelauge einzustellen ist und wieviel Wasser gleich zu Beginn des Siedens zur Einleitung des Verbandes hinzugegeben werden muß, um die normale Ausbeute zu erzielen. Trotzdem ist es hier jedoch notwendig, die letztere durch eine Fettsäurebestimmung festzustellen, um sicher zu gehen und sich vor Schaden zu bewahren. Weiß man, wieviel Öl im Kessel verarbeitet ist, so ist es leicht, die Ausbeute analytisch zu ermitteln und dieselbe gegebenenfalls in gewünschter Weise durch den Zusatz einer Pottasche- oder Chlorkaliumlösung zu verbessern.

Die Zeichen für eine genügende Abrichtung sind die oben beschriebenen, so daß hier von einer Wiederholung abgesehen werden kann. Der Ungeübte wird meist jedoch zunächst einige Schwierigkeiten zu überwinden haben, bis er zu beurteilen gelernt hat, ob genügend Wasser zugegen ist oder nicht. Fehlt viel Wasser, so sieht die Seife auf dem Glas wie übertrieben aus, ohne in Wirklichkeit zu stark zu sein, und siedet auch im Kessel dünn und grau, als ob sie schon zuviel Lauge enthielte. Es ist dies ein Punkt, wo der Anfänger leicht einer Täuschung anheimfallen kann. Würde man aber Öl nachgeben, so würde die Seife zwar sofort dicker sieden und auch die Glasprobe klarer sein, das Fehlen der Blume aber und die Dünnflüssigkeit könnten keinen Zweifel darüber lassen, daß Mangel an Wasser den Fehler bedingt. Nach dessen Zusatz nimmt daher die Seife auch noch die ihr fehlende Lauge auf, siedet dann normal und zeigt bei der Probenahme den gewünschten Charakter.

Soll Harz mit versotten werden, so wird es von Anfang an mit in den Kessel gegeben. Den Zusatz erst bei Beendigung des Siedens zu machen, wie es häufig bei der Feuersiederei geschieht, ist hier nicht angebracht, da das Auflösen des Harzes zuviel Zeit erfordert.

Schmierseifen aus Fettsäuren. Selbstverständlicherweise können sämtliche Schmierseifen nicht nur aus Neutralöl, sondern auch aus Fettsäuren hergestellt werden. Die Art, in der dieselben gewonnen, oder das Verfahren, nach dem die Neutralöle gespalten wurden, hat auf das Sieden selbst keinen Einfluß. Die aus Fettsäuren hergestellten Seifen fallen aber meist etwas dunkler aus, als solche aus Neutralölen und werden deshalb dort, wo helle Seifen verlangt werden, nachträglich, am besten mit Chlorbleichlauge, gebleicht, eine Maßnahme, die besonders für helle Glyzerinschmierseifen und dergleichen durchaus zu empfehlen ist.

Das Sieden der Schmierseifen aus Fettsäuren unterscheidet sich nun aber insofern sehr wesentlich von der vorbeschriebenen Siedeweise, als hierbei nicht der Ölansatz, sondern die zur Verseifung des ganzen Ansatzes notwendige Menge Lauge zuerst in den Kessel kommt. Erst wenn diese zum Kochen gebracht ist, läßt man die Fettsäuren langsam zufließen, indem man gleichzeitig die gesamte Masse in gutem Sieden erhält, um Klumpenbildung zu vermeiden.

Eine Verseifung der Fettsäuren mit kohlensaurem Alkali ist bei der Schmierseifensiederei nicht üblich, weil eine Ersparnis dabei nicht erzielt würde. Die Preise der Ätzkalilauge und einer ihr gleichwertigen Pottaschelösung sind nämlich nahezu die gleichen, so daß man allgemein bei der Herstellung von Schmierseifen aus Fettsäuren mit den gleichen Laugen arbeitet, wie bei der Herstellung aus Neutralöl. Selbstverständlicherweise wird die Ätzlauge aber, wie vorbeschrieben, je nach Art der zu siedenden Seife mit 15—25 vH. Pottasche oder auch mit Soda und Chlorkalium reduziert.

Die Verseifung verläuft, wenn die Masse gleichmäßig siedet und der Zufluß der Fettsäure richtig geregelt ist, glatt und ohne besonderes Steigen. Es empfiehlt sich aber, Lauge und Fettsäure so zu berechnen, daß ein kleiner Überschuß an Fettsäure zur Anwendung kommt, um die Abrichtung noch mit Lauge ausführen zu können. Die Korrektur einer alkalischen Seife mit Fettsäure vorzunehmen, ist jedenfalls nicht ratsam, weil sich diese letztere in der schon dicken Seife nicht schnell genug verteilen und mit der überschüssigen Lauge verbinden kann, so daß Klumpen entstehen, die sich nur langsam und erst durch längeres Sieden wieder lösen lassen. Sonst bietet aber die Herstellung von Schmierseifen aus Fettsäuren durchaus keine Schwierigkeiten und ist im Vergleich mit der Fabrikation von Schmierseifen aus Neutralölen als einfach und leicht zu bezeichnen. Die Zusammensetzung der Ansätze kann den vorgenannten Anweisungen entsprechend erfolgen.

Das Füllen der Schmierseifen.

Nachdem im vorstehenden die Fabrikation der Schmierseifen selbst besprochen ist, soll nun auch das künstliche Vermehren oder, wie der technische Ausdruck lautet, das „Füllen" derselben kurz betrachtet werden.

Obgleich es feststeht, daß ein gutes, reines Fabrikat sich leichter Eingang verschafft und besser verkäuflich ist, als ein künstlich vermehrtes bzw. gefülltes, und daß sowohl Erzeuger wie Verbraucher ihre Rechnung dabei besser finden dürften, so sind doch bei der stetig wachsenden Konkurrenz und bei der bedeutenden Überproduktion der letzten Jahre gefüllte Schmierseifen immer mehr in Aufnahme gekommen, so daß sich viele Seifenfabrikanten, die sonst entschiedene Gegner derartiger Operationen waren, durch die Verhältnisse gezwungen sahen, auch in ihren Fabriken gefüllte Seifen herzustellen. Trotzdem nun aber durch das Füllen bedeutend mehr Arbeit erwächst und manche gute Grundseife dadurch verdorben wird, ist der dabei erzielte Nutzen in der Regel nur ein verhältnismäßig geringer und verbleibt in der Hauptsache dem Wiederverkäufer.

Um eine Schmierseife über ihre gewöhnliche Ausbeute hinaus künstlich vermehren zu können, ist es vor allen Dingen nötig, daß sie richtig gesotten und abgerichtet ist, daß also eine vollständige Verseifung der Fette durch die Alkalien stattgefunden hat. Weiter muß sie genügend stark eingedampft, also der überschüssige Wassergehalt aus ihr entfernt sein, damit sie die Füllung besser aufnehmen und tragen kann. Da ferner die meisten zur Verwendung kommenden Füllungsmittel kürzend wirken, muß beim Sieden etwas mehr Ätzlauge Verwendung finden. Nur ein kompaktes, gesundes Grunderzeugnis (mit nicht zu hohem Harzgehalt) ist befähigt, eine passende Füllung aufzunehmen.

Um aber sicher zu gehen, wieviel Füllung eine Seife ohne Schaden für Konsistenz und Aussehen aufzunehmen vermag, empfiehlt es sich, durch vorherige Proben an kleineren Mengen des fertigen Produktes den zulässigen Prozentsatz festzustellen. Das Füllen findet gewöhnlich statt, sobald die Seife auf 75—80° C abgekühlt ist. Als Vermehrungsmittel finden namentlich Pottasche, Chlorkaliumlösung, Wasserglas, sowie von verschiedenen Fabriken in den Handel gebrachte Füllungskompositionen und, wo das Aussehen der Seife es erlaubt, auch Kartoffelmehl Verwendung. Berechtigterweise dürften aber nur solche Materialien als Füllmittel in Betracht kommen, mit denen auch ein wirklicher Wascheffekt noch zu erzielen ist.

Wohl am meisten wird zum Füllen dieser Seifen das Chlorkalium benutzt. Es wird in Wasser aufgelöst und die Lösung auf 10—13° Bé eingestellt. Von dieser Lösung krückt man der fertigen Seife bei der oben genannten Temperatur so viel wie möglich zu; wenn notwendig, muß dann nochmals mit Lauge abgerichtet werden. Der Zusatz kann, je nachdem die Seife mehr oder weniger eingedampft ist, 10—25 vH. betragen. Wie angegeben, wird hierbei aber durch eine vorherige Bestimmung des Fettsäuregehaltes das Arbeiten ungemein erleichtert, da man so einen Anhaltspunkt gewinnt, wieviel Lösung der Seife noch zugegeben werden kann, ohne daß eine überschliffene Seife entsteht. Im Winter erweisen sich mit Chlorkaliumlösung gefüllte Seifen sehr widerstandsfähig, wenn sie eine nicht zu starke Abrichtung erfahren haben.

An Stelle der Chlorkaliumlösung kann mit gleichem Erfolge auch eine Pottaschelösung verwendet werden, die zwar wesentlich teurer als die erstere, aber auch bedeutend besser ist.

Kali- sowie Natronwasserglas finden ebenfalls vielfache Anwendung. Sie können sowohl mit Wasser verdünnt, als auch konzentriert verarbeitet werden. Es empfiehlt sich aber, dem Wasserglas vor seiner Verwendung etwas 30proz. Lauge zuzukrücken (etwa 10 kg Lauge auf 100 kg Wasserglas), damit es von der Seife besser aufgenommen und eine nochmalige Abrichtung der Seife unnötig wird.

Die weitaus größte Verwendung unter den genannten Vermehrungsmitteln fand früher jedoch das Kartoffelmehl. Es beruht dies darauf, daß dasselbe in kaltem Wasser wie in Salzlösungen nur wenig aufquillt und nur durch Ätzlauge in eine glatte, steife Gallerte verwandelt wird. Das Kartoffelmehl hat ferner die Eigenschaft, viel Feuchtigkeit zu binden, und macht die so vermehrte Seife kompakter und haltbarer. Da es daneben aber auch eine Trübung des Fertigfabrikates bedingt, fand es in der Regel nur für geringere Sorten, bei denen eine hohe Ausbeute erwünscht war, Verwendung.

Für die Zwecke der Füllung wird das Mehl in einem passenden, neben dem Kessel stehenden Gefäß in 2—3 Teile 10—12grädiger Pottasche- oder Chlorkaliumlösung eingerührt, dann mit einigen Schöpfern Seife versetzt, bis alles zu einer einheitlichen, sahnenähnlichen Masse geworden ist, die dann zu der Seife in den Kessel geschöpft und darin gut verkrückt wird. Nach nochmaliger Abrichtung muß eine Probe der Seife auf dem Glase nunmehr wieder gut aufliegen, die nötige Schärfe zeigen und nach dem Erkalten genügend fest und kurz sein.

Die Menge des anzuwendenden Mehles hängt ganz davon ab, welches Aussehen die Seife erhalten soll. Zu ganz klaren Seifen darf es nicht benutzt werden, da jeder Zusatz trübt. Wird hingegen eine klare Seife nicht verlangt, so kann der Zusatz ein sehr hoher sein; es gibt Produkte mit einem Mehlgehalt von 50 und sogar 75 vH. des Ölansatzes, obwohl ein wesentlicher Nutzen durch hohe Füllungen kaum zu erzielen ist. Jedenfalls steht der erreichbare Vorteil in keinem Verhältnis zu dem ganz wesentlich verschlechterten Aussehen der Fertigprodukte.

Die Fastage für Schmierseifen.

Von großer Bedeutung für die Schmierseifenfabrikation ist stets die vorteilhafte Beschaffung zweckentsprechender Fastagen zur Aufnahme und zum Transport der Seife.

Gut brauchbare Seifenfässer lassen sich nur aus weichem Kiefern- oder Buchenholz herstellen, das wenig Gerbsäure enthält, so daß sich die eingegossene Schmierseife an den Stäben nicht rot bzw. braun verfärben kann. Vorzugsweise sind alle aus Eichenholz angefertigten Tonnen und Fässer, die bekanntlich besonders viel Gerbsäure enthalten, von einer Verwendung auszuschließen. Auch leere Schmalzfässer, Öl- und Petroleumbarrels sind, selbst gut gereinigt, zum Einfüllen von Schmierseifen wenig geeignet und höchstens zum Einschlagen kalter Seife benutzbar.

Für kleinere Mengen (12,5—50 kg) finden gewöhnlich Fässer in Tonnen- oder Kübelform Verwendung. Die letztere ist praktischer, weil sich die Seifen besser einfüllen und herausnehmen lassen. Buchenfässer sind in der Regel etwas teurer, aber auch haltbarer als Kiefernfässer, so daß sie am ehesten zur Anschaffung zu empfehlen sind. Auch Seifenkübel, Töpfe, Eimer und Wannen aus verzinntem Eisenblech mit verschließbarem Deckel dienen in verschiedener Größe vielfach dem gleichen Zweck.

Reichlich 100 kg Schmierseife können auch von Heringstonnen aufgenommen werden, die fest gebaut und deshalb für den Transport sehr geeignet und außerordentlich billig sind. Wenn man die Heringstonnen 2—3 mal gut mit kochend heißem Wasser ausbrüht und mit demselben jeweils einige Zeit stehen läßt, sind sie vollständig rein und getrocknet ohne jeden Nachteil zu verwenden.

Für größere Mengen Schmierseife kann man auch gut gereinigte, dichte Pottasche- und Sodafässer verwenden, um deren Bauch man des besseren Schutzes halber zwei starke Holzbänder legt; solche Fastage ist leicht und billig, hält aber in der Regel auch nicht mehr als einen Transport aus. In Fabriken, die einen Böttcher halten, werden vielfach die Stäbe zerschlagener Pottasche-, Soda- und Zuckerfässer zu Seifentonnen verschiedener Größe verarbeitet. Bei einiger Aufmerksamkeit ist hiergegen nichts einzuwenden, zu warnen ist aber vor der Verwendung ausgebrannter Fässer, z. B. leerer Zementtonnen, in denen die Seife schwarz und schmutzig wird.

Selbstverständlich müssen alle Füllgefäße bei ihrer Verwendung rein und trocken sein, da die heiße Seife jede in dem Faßholz vorhandene Feuchtigkeit anzieht und dadurch lang und dünn wird. Ist mit den Abnehmern die Zurücknahme der Leerfässer vereinbart, so ist es gut, darauf hinzuwirken, daß solche Gefäße nicht ausgewaschen, sondern lediglich gut ausgekratzt zurückgesandt werden.

Ferner empfiehlt es sich, die gefüllten Seifenfässer im Keller nicht direkt auf den Stein- bzw. Zementboden aufzustellen, sondern lange, durch Zwischenstücke verbundene, viereckige Hölzer als Unterlage derart zu benutzen, daß unter dem Boden der Fässer ein Hohlraum bestehen bleibt. In gleicher Weise ist dann schließlich zu vermeiden, daß die Fässer mit feuchten Kellerwänden in Berührung kommen.

Zum Lagern der Schmierseifen sollen möglichst kühle, trockene Räume benutzt werden. Im Winter würden die Schmierseifen in einem feuchten Lagerraum weich und lang werden, im Sommer in einem der Wärme mehr zugänglichen Raume durch Eintrocknen an Gewicht verlieren. Wie im Winter die Aufnahme von Feuchtigkeit, so ist im Sommer der Verlust des für die Konsistenz der Seife notwendigen Wassergehaltes für deren Haltbarkeit und Verkäuflichkeit von größtem Nachteil. Eine stark nachgetrocknete, reine Schmierseife verliert die erforderliche Konsistenz und wird infolge des Feuchtigkeitsverlustes dünn und schmierig, mit Kartoffelmehl vermehrte Seifen werden schließlich trocken, bröcklig und damit unverkäuflich. Am empfindlichsten gegen Feuchtigkeit und Wärme aber ist die Naturkornseife, deren Lagerung und Aufbewahrung daher ganz besondere Aufmerksamkeit und Sorgfalt erfordert.

Feste Kaliseifen.

Kaliseifenleime erstarren zu festen, schneid- und formbaren Massen nur, wenn sie aus Fetten mit hohem Gehalt an gesättigten Fettsäuren, also besonders aus Talg, gehärteten Fetten, Leimfetten usw. hergestellt werden, und wenn ihr Wassergehalt verhältnismäßig gering ist. Die demnach erforderliche hohe Konzentration ist jedoch durch Eindampfen nur schwer erzielbar, da hierbei Anbrennen und Verfärbung der Seife unvermeidbar sind, solange nicht besondere Vakuumeindampfapparate oder dergleichen zur Verfügung stehen. Ältere Patente von Eurich[1]) und Schicht[2]) benutzen deshalb Verfahren, die eine direkte Herstellung hochkonzentrierter Seifenleime gestatten, und zwar läßt Eurich geschmolzenes Ätzkali in dünnem Strahl in das

---

[1]) DRP. 51496.
[2]) DRP. 73602.

auf 100° erwärmte Fett einfließen und erhält so eine beinahe wasserfreie Kaliseife, während nach dem leichter durchführbaren Verfahren von Schicht das geschmolzene Fett in die heiße, etwa 50grädige Kalilauge eingetragen wird. Während des Zugebens ist in diesem Falle durch zeitweises Anwärmen einer schädlichen Abkühlung entgegen zu arbeiten, da erst nach beendeter Zugabe und inniger Durchmischung der Komponenten die Umsetzung unter Wärmeentwicklung selbsttätig bis zur völligen Verseifung des Fettes verläuft. Sehr leicht vollzieht sich naturgemäß die Verseifung von Fettsäuren mit konzentrierter Kalilauge, indem man die ersteren ebenfalls der zunächst eingewogenen Kalilauge in dünnem Strahl hinzugibt.

Die Herstellungsmethode fester Kalileimseifen ist somit im Prinzip die gleiche wie die bei Herstellung der Natronleimseifen übliche Arbeitsweise. Jedoch lassen sich die Kaliseifen nicht in gleich befriedigendem Ausmaß wie die letzteren mit anorganischen Salzen, wie Chloriden und Karbonaten, härten. Bessere Ergebnisse erzielt man aber mit organischen Kalisalzen, Laktaten und Azetaten[1]), und insbesondere mit dem nicht hygroskopischen Kaliumformiat[2]), das schon in Konzentrationen von etwa 1 vH. einem durch Erhitzen im Vakuum entwässerten Seifenleim nach dem Erkalten eine solche Härte verleiht, daß er durch Mahlen zu Pulver verarbeitet werden kann.

Wie unlängst jedoch von Legradi[3]) mitgeteilt wurde, können Kaliseifenleime der Hartfette auch durch konzentrierte Kaliumazetatlösungen ausgesalzen werden, so daß auf diesem Wege also auch die Herstellung wirklicher Kalikernseifen möglich ist. Da dieselben, was Farbe, Reinheit und Geruchlosigkeit anbetrifft, den höchsten Anforderungen entsprechen, dürften sie vor allem für kosmetische und pharmazeutische Zwecke beachtenswerte Vorteile ergeben.

Für die Herstellung fester Kaliseifen selbst empfiehlt Leimdörfer[4]) die folgenden Ansätze:

I.
100 Teile Preßtalg,
48 „ Kalilauge 39° Bé.

II.
80 Teile gehärteter Tran,
20 „ Kokosöl,
48 „ Kalilauge 39° Bé.

III.
70 Teile Talg,
30 „ Olivenöl,
48 „ Kalilauge 39° Bé.

IV.
70 Teile Kokosöl,
30 „ Talg,
50 „ Kalilauge 39° Bé.

V.
75 Teile gehärtetes Leinöl,
25 „ sulfuriertes Rizinusöl,
48 „ Kalilauge 39° Bé.

Von älteren Rezepten seien die folgenden als zweckmäßig mitgeteilt:

VI.
50 Teile Palmkernöl,
50 „ Talg,
50 „ Kalilauge 50° Bé.

VII.
70 Teile Palmkernöl,
30 „ Kottonstearin,
50 „ Kalilauge 50° Bé.

---

1) Amerik. Patent 1377843. 2) Engl. Patent 195033.
3) Seifensieder-Ztg. 1922, **49**. S. 237, 507.
4) Seifensieder-Ztg. 1923, **50**. S. 193.

Die Verseifung erfolgt in allen Fällen nach dem oben erläuterten Verfahren analog der Herstellung halbwarm gerührter Leimseifen.

Im allgemeinen zeigen die festen Kaliseifen eine feurige Transparenz, schönen Glanz, speckigen Griff und gute Härte. Ihre Schaumfähigkeit und Waschkraft wird allgemein als hervorragend anerkannt. Trotzdem kommen sie jedoch als ernsthafte Konkurrenten der Natronkernseifen nicht in Betracht, da sie feuchter Luft gegenüber nicht genügend beständig und nur in Pergamentpackung haltbar sind. Beim offenen Aufbewahren beobachtet man ein Zerfließen der Seifenmasse in der Regel schon nach wenigen Tagen.

Die hygroskopischen Eigenschaften der festen Kaliseifen lassen sich allerdings durch verschiedene Maßnahmen wirksam bekämpfen. Der einfachste Weg, der teilweise Ersatz der für die Verseifung verwendeten Kalilauge durch Natronlauge, ergibt jedoch erst bei Verwendung etwa gleicher Äquivalente der Laugen nichthygroskopische Produkte. Da sich dieselben beispielsweise aber als Rasierseifen besonderer Beliebtheit erfreuen, sollen sie später noch eingehender berücksichtigt werden.

Für die Haltbarkeit fester, natronfreier Kaliseifen ist in erster Linie die sachgemäße Zusammensetzung des Fettansatzes maßgebend, der vornehmlich aus möglichst gesättigten Fettsäuren mit niederer Jodzahl bestehen soll; denn diese ergeben, wie schon oben erwähnt, Seifen, die weniger stark wasseranziehend wirken als die der ungesättigten Fettsäuren, so daß beispielsweise die Kokosölkaliseife als verhältnismäßig beständig anzusehen ist. Vornehmlich in Rasierseifen mit hohem Kaliseifengehalt wird aus gleichem Grunde vielfach auch reine Stearinsäure unvermischt als Fettgrundlage benutzt. Das DRP. 423703 hebt weiterhin den hygroskopischen Charakter der Kaliseifen dadurch auf, daß denselben wasserunlösliche, unverseifbare, flüssige oder halbflüssige Substanzen, insbesondere Kohlenwasserstoffe, zugesetzt werden, an deren Stelle man in ähnlicher Weise auch unverseifbare, flüssige oder feste Wachse verwenden kann. Da flüssige, unverseifbare Bestandteile den Seifen aber ganz allgemein eine geringere Härte und Konsistenz verleihen, sind hier vor allem solche Stoffe zu empfehlen, die, wie beispielsweise das Paraffin, lediglich aus festen, unverseifbaren Bestandteilen bestehen, oder die, wie der aus dem Spermtran gewonnene Walrat oder das Bienenwachs, an sich schon mit etwa der gleichen Menge Leimfett eine empfehlenswerte Fettgrundlage für feste Kaliseifen darstellen. Zweckmäßigerweise werden in letzterem Falle aber auch die genannten Wachse durch energische Spaltung etwa im Autoklaven einer Verseifung unterzogen, derart, daß die hierbei gebildeten fettsauren Salze den übrigen Seifenkörper in seiner Wirkung unterstützen, während die gleichzeitig entstehenden Wachsalkohole nunmehr die Auslösung der eben beschriebenen Effekte bedingen.

Im allgemeinen besitzen all diese Seifenarten auch bei höherem Gehalt an Unverseifbarem eine weit befriedigendere Schaum- und Waschwirkung als die gewöhnlichen Natronseifen, so daß selbst die im

Verlaufe des Krieges hergestellte Providol-Vasolinseife[1]), die lediglich aus einer mit teilweise oxydiertem Paraffin versetzten Bienenwachs-Kaliseife bestand, was Schaumfähigkeit und Waschwirkung anbetraf, weit besser befriedigte, als die späterhin dem Konsumenten aufgezwungenen Kriegsersatzprodukte.

Da die festen Kaliseifen, wie beispielsweise die bekannte Kavonseife, aber auch in der Textilindustrie ein weitreichendes Absatzgebiet vorfinden, dürfte die Entwicklung dieses Fabrikationszweiges gerade heute wieder die besondere Beachtung der Seifenindustrie verdienen.

Seifen für die Textilindustrie.

Einen Industriezweig für sich bilden die Textilseifen, deren Verbrauch ein ganz bedeutender ist. Infolge der besonderen Anforderungen, die die Textilindustrie an die von ihr verarbeiteten Produkte stellt, ist gerade hier die Seife ein Vertrauensartikel, dessen Auswahl die größte Vorsicht und dessen Herstellung eine besondere Sorgfalt erfordert, eine Erfahrung, die schon mancher hat machen müssen, der in dieser Industrie alteingebürgerte, dem Äußern nach vielleicht unansehnliche Seifen durch etwas Besseres verdrängen wollte.

Die in der Textilindustrie angewandten Seifenfabrikate zerfallen in zwei Hauptgruppen: in Riegel- und in Faßseifen. Erstere sind fast ausschließlich Natron-, letztere fast ausschließlich reine Kaliseifen ohne jede Nachfüllung oder dergleichen.

Als Riegelseifen kommen meist nur bessere Qualitäten in Betracht, und zwar hauptsächlich auf Leimniederschlag oder Unterlauge fertiggestellte Kernseifen, sowie hin und wieder auch Eschweger Seifen, während Leimseifen vom Verbrauche fast ausgeschlossen sind; allein von der Leinenindustrie wird zuweilen auch eine Wasserglasseife verwandt.

Im allgemeinen fordert man in der Textilindustrie eine völlig neutrale Seife, doch gibt es auch einzelne Zweige, in denen man alkalische Seifen mit einem ganz bestimmten Fettgehalt benötigt. Die für die verschiedenartigen Zwecke dieser Industrie erforderlichen Fabrikate weisen aber auch in ihren übrigen Eigenschaften oft weitgehende Unterschiede auf, denn hier verlangt man Riegelseifen, die nach ihrer Auflösung in gewöhnlich 8—9 Teilen Wasser eine gallertartige Seifenmasse ergeben, dort dagegen solche, die nach ihrer Auflösung ein halbfestes Schlichtepräparat bilden; an anderer Stelle wieder verlangt man Riegelseifen, die sich zu einem wasserdünnen Schlichtepräparat auflösen lassen. Man ersieht daraus, daß die Fabrikation von Textilseifen nicht nur eingehende Kenntnis der Seifensiederei, sondern auch besondere Erfahrungen auf dem Gebiet der Textilindustrie, insonderheit in bezug auf den Verwendungszweck der erforderlichen Seifenpräparate, voraussetzt. Erst so kann man wissen, wie die Fettansätze zusammenzustellen sind, und dementsprechend richtig liefern. Verarbeitet z. B.

---

[1]) DRP. 308442.

eine Textilfabrik eine dunkle Walkseife aus Oleïn, Knochenfett und Walkfett, so kann diese trotz ihrer äußeren Unansehnlichkeit ein vorzügliches, neutrales Erzeugnis sein und nach ihrer Auflösung in 8 bis 9 Teilen Wasser das geforderte, dünne Schlichtepräparat ergeben. Wollte ein Seifenfabrikant, der von der Textilseifenherstellung nichts versteht, an ihrer Stelle eine helle, viel besser aussehende Talgkernseife oder dergleichen liefern, so würde er einen vollständigen Mißerfolg haben, da diese Seife nach ihrer Auflösung eine dicke, gallertartige Schlichte ergeben würde, die für den in Betracht kommenden Zweck völlig unbrauchbar ist.

Für die Zusammenstellung der Fettansätze ist nun im wesentlichen das Folgende zu beachten: Wird eine Seife zu gallertartiger Schlichte gefordert, so dürfen nur tierische, stearinhaltige Fette verarbeitet werden; je stearinhaltiger der Fettansatz, um so fester wird das Endprodukt sein. Wird neben Kernöl, Kokosöl, Kottonöl usw. nur ein Teil stearinhaltiger Fette mit verseift, so erhält man Produkte, die nach ihrer Auflösung eine halbdicke Schlichte ergeben. Verarbeitet man dagegen nur Kernöl oder Kokosöl mit Zusätzen von Oleïn, Kottonöl, Erdnußöl, Olivenöl und anderen flüssigen Ölen, so erhält man eine Seife, die sich zu einer dünnen Schlichtemasse auflösen läßt. Die Schmierseifen geben als Kaliseifen nach ihrer Auflösung überhaupt nur wasserdünne Schlichte, die auch beim Erkalten nicht dick wird.

Obgleich von Fabrikanten und Chemikern vielfach behauptet wird, daß das fettsaure Kali eine vorteilhaftere Wirkung auf Stoffe und Gewebe ausübe als das fettsaure Natron, und obwohl Schmierseifen außerdem für viele Zwecke bequemer anzuwenden sind, werden in den verschiedenen Zweigen der Textilindustrie aber auch harte Natronseifen in erheblicher Menge verarbeitet, und zwar kommen gerade bei Stoffen mit empfindlichen Farben in der Regel nur neutrale Kernseifen zur Anwendung, die nach ihrer Auflösung eine dünne Schlichte ergeben. Die von den Verbrauchern an derartige Seifen gestellten Anforderungen sind fast immer die gleichen: hoher Fettsäuregehalt, sowie möglichst neutrale Reaktion und Geruchlosigkeit, soweit letztere überhaupt möglich ist.

Um diese Bedingungen zu erfüllen, ist es notwendig, recht gehaltreiche Fette, und zwar vornehmlich Talg, Kokosöl, Kernöl, Oleïn und Olivenöl für die Fabrikation zu verwenden. Wenn völlig neutrale Produkte angefertigt werden müssen, sind diejenigen Fette zu bevorzugen, aus denen sich am leichtesten neutrale Seifen herstellen lassen, nämlich Olivenöl und Oleïn und als Zusatzfette Kottonöl, Erdnußöl, sowie Kernöl und Kokosöl. Olivenöl und Oleïn wird man aber stets in erster Linie heranziehen, wenn eine Seife verlangt wird, die ein flüssiges Schlichtepräparat ergeben soll. Ist dies nicht der Fall, so können besonders für neutrale Olivenölseifen auch die stearinhaltigen Satzöle und die grünen Sulfurolivenöle Verwendung finden, da man ganz reine Olivenöle des Preises halber nur selten allein versiedet.

Die Fabrikation der wirklich neutralen Textilseifen ist nicht leicht und erfordert großes Verständnis und höchste Aufmerksamkeit bei ganz gewissenhaftem Arbeiten. Eine gewisse Schwierigkeit bietet insonderheit die Innehaltung eines vorbestimmten Fettsäuregehaltes, da es bei allen diesen Erzeugnissen mehr und mehr Sitte geworden ist, unter Garantie des Fettsäuregehaltes zu kaufen. Wer also unter dieser Bedingung Seifen anzufertigen hat, muß, um die Zufriedenheit des Käufers zu erlangen, die Praxis vollkommen beherrschen. Es gibt kein Merkmal, das beim Sieden anzeigt, wie hoch der Fettgehalt einer fertigen Seife sein wird, so daß man im wesentlichen auf spätere Korrekturen angewiesen ist, wenn während des Siedeprozesses Fehler unterlaufen.

Für neutrale Kernseifen setzt der Verbraucher in der Regel mindestens einen Fettgehalt von 62 vH. voraus; viele verlangen aber auch mehr, so daß die fertigen Seifen in solchem Falle zum Trocknen aufgestellt werden müssen.

Weiter ist es vor allen Dingen notwendig, daß die Fette vollkommen verseift werden. Durch nachträgliche Operationen ist andernfalls wenig zu helfen. Neutrale Reaktion heißt eben, daß die Fette so vollständig verseift sind, daß in dem fertigen Produkt weder freies Alkali noch unverseiftes Fett vorhanden ist. In vielen Fällen ist es sogar sehr empfehlenswert, dem in normaler Weise fertiggestellten Seifenleim nach dem schon mehrfach erwähnten Vorschlage von Schrauth[1]) eine geringe Menge freier Rizinusölfettsäure oder Rizinusölsulfosäure hinzuzufügen, die der beim Waschprozeß eintretenden Hydrolyse entgegenwirkt. Man erhält hierdurch viel klarere und glänzendere Seifenlösungen, die, abgesehen von ihrer guten Schaumfähigkeit, die gewaschene Ware geruchloser hinterlassen, als dies bei Verwendung der sonst üblichen Fabrikate möglich ist.

Für die weitere Beurteilung insbesondere der zum Walken dienenden Kernseifen kommt alsdann noch die Frage in Betracht, ob die Seife einen zum Walken geeigneten Seifenleim zu bilden imstande ist. Da jeder Seifenleim bei höherer Temperatur eine dünnflüssige, wässerige, zur Verfilzung der Wollhaare ungeeignete Beschaffenheit annimmt, so wird derjenige Leim der bessere sein, der noch bei einer höheren Temperatur, wie sie bei der Wollwäscherei vorkommen kann, eine gewisse, die Verfilzung der Wollhaare fördernde Zähigkeit beibehält. Die Untersuchung der Seife daraufhin erfolgt nach L. Morawski und Demski[2]) mit Hilfe der Spinnprobe, indem man im kochenden Wasserbade 10 g feingeschabter Seife in 100 ccm Wasser löst, das Becherglas in kaltes Wasser einstellt, mit dem Thermometer rührt und beobachtet, bei welcher Temperatur die Lösung zähflüssig und fadenziehend wird, d. h. zu „spinnen" beginnt.

Der Temperaturgrad, bei dem dieses Spinnen der Seife eintritt, ist bei den aus verschiedenen Fetten hergestellten Seifen ein verschiedener. Im allgemeinen scheint das Eintreten des Spinnens vorwiegend vom Schmelzpunkt der in der Seife enthaltenen Fettsäuren abhängig zu sein, jedoch nimmt die Spinntemperatur in viel schnellerem Grade ab als

---

[1]) Siehe S. 346.

[2]) Dingl. pol. J. 1885, **257**, S. 530; Seifenfabrikant 1885, **5**, S. 508.

die Schmelztemperatur. So z. B. gibt eine Talgkernseife, deren Fettsäuren bei 43,5° C schmelzen, eine Spinntemperatur von 34° C; während sich bei einer Marseiller Seife, deren Fettsäuren bei 26° C schmelzen, das Spinnen erst bei 4° C einstellt. Der Wassergehalt übt auf das Spinnen der Seife keinen merklichen Einfluß aus.

In den Tuchfabriken ist, falls nicht neutrale Seifen geboten erscheinen, ein oft beträchtlicher Zusatz von Soda gebräuchlich, und es fragt sich nun, ob dieser Sodazusatz, abgesehen davon, daß er den Seifenleim stark alkalisch macht, nicht seine Eigenschaften auch in anderer Weise beeinflußt. Dies ist in der Tat der Fall. Durch den Zusatz von Soda, Kochsalz u. dgl. wird nämlich die Spinntemperatur bedeutend erhöht, wie aus folgender Zusammenstellung hervorgeht:

10 g Seife in 100 ccm Wasser	Schmelzpunkt der Fettsäuren C	Spinntemperatur ° C	Nach Zusatz von g	Spinntemperatur C
Talgkernseife	45	41	2,0 Soda	70
Talgkernseife	45	41	1,5 Kochsalz	70
Seife (nicht näher bezeichnet)	—	25	1,5 „	60
Sulfurölseife	—	8,5	1,0 „	54

Im Gegensatz hierzu aber werden in der Seidenfärberei, die bekanntlich die weitgehendsten Ansprüche stellt, freies und kohlensaures Alkali als schädlich bezeichnet. Auch in der Schafwollindustrie werden Seifen mit einem Gehalte an freiem und kohlensaurem Alkali als geringwertig angesehen, da jede tierische Faser durch alkalische Lösungen angegriffen wird.

Das weiteren ist die Furcht, daß durch Harzseifen Flecke in den damit gewaschenen Tuchen entstehen, sehr weit verbreitet; dies hält Th. Morawski[1]) aber für unbegründet. In der chemischen Versuchsanstalt in Bielitz sind seinen Ausführungen zufolge in den Jahren 1884 bis 1898 mehr als 500 fehlerhafte Tuche zur Untersuchung gekommen, doch seien in ihnen durch Harz veranlaßte Flecke fast gar nicht beobachtet. Daß aber sehr viele von ihnen mit harzhaltigen Seifen gewalkt waren, hält Morawski für zweifellos. Fehler in der Walke können aber bei Verwendung harzhaltiger Seifen dadurch zustande kommen, daß sich unverseift gebliebenes Harz als solches auf dem Gewebe abscheidet und nunmehr das Ausfallen des Farbstoffes an den betreffenden Stellen verhindert; dies anzunehmen, ist aber bei der leichten Verseifbarkeit des Harzes kein Grund vorhanden, weshalb Morawski vermutet, daß die Abneigung gegen die Verwendung von Harzseifen andere Ursachen habe. Durch Versuche konnte denn auch festgestellt werden, daß ein Harzgehalt der Seifen den Spinnpunkt äußerst ungünstig beeinflußt und bei der Spinnprobe die Fäden viel kürzer abreißen läßt als erforderlich ist.

[1]) Seifenfabrikant 1898, 18, S. 856.

Wasserglas übt eine ähnliche Wirkung wie Soda und Kochsalz aus, indem es, wenn auch in viel geringerem Grade, den Spinnpunkt erhöht. Selbstverständlich sollen aus diesem Verhalten aber keine Folgerungen für die Praxis gezogen werden, da wasserglashaltige Seifen im vorliegenden Fall unter allen Umständen zu verwerfen sind.

Im folgenden sollen nunmehr einige Vorschriften für die Herstellung der hier in Betracht kommenden Fabrikate gegeben werden. Es sei jedoch bemerkt, daß neben den hier beschriebenen eigentlichen Textilseifen für zahlreiche Spezialzwecke auch besondere, nur teilweise aus eigentlicher Seife bestehende Fettpräparate für die Textilindustrie hergestellt werden. Zu diesen gehören vornehmlich die unter Zusatz von Fettlösungsmitteln hergestellten, meist flüssigen Seifenpräparate, die insbesondere zum Einfetten, Entgerbern und Entschlichten, aber auch für den Walk- und Waschprozeß verwendet werden. Zur Avivage, ferner als Netzmittel in Farbbädern und ganz besonders zum Fixieren von Metallhydroxyden in der Beizenfärberei (Alizarinrot) dienen ferner Seifen des Rizinusöles und des sulfurierten Rizinusöles (Türkischrotöl, Monopolseife), welche gegen hartes Wasser wesentlich beständiger sind als gewöhnliche Seife und deshalb auch für viele andere textilchemische Prozesse mit Vorteil verwendet werden. Seifenhaltig sind dann häufig auch Präparate zum Einfetten von Wolle und dergleichen vor dem Spinnen (Schmelzöle), ferner Produkte zum Imprägnieren (Wasserdichtmachen) der Gewebe und schließlich Mittel zur Appretur (Softenings).

Auf eine Besprechung all dieser Spezialprodukte muß hier jedoch unter Hinweis auf die umfangreiche Spezialliteratur[1]) verzichtet werden.

Riegelseifen.

Neutrale Olivenölseife. Eine neutrale Olivenölseife stellt man am besten aus reinem Olivenöl her. Wenn dem jedoch der Preis entgegensteht, so kann ein Teil desselben auch durch helles Oleïn, Erdnußöl oder Talg ersetzt werden. Bei der Zusammenstellung des Ansatzes muß aber, wie gesagt, die Verwendungsweise der Seife berücksichtigt werden. Sollen ihre Lösungen auch bei niedriger Temperatur noch flüssig und klar bleiben, so darf sie natürlich keinen Talg im Ansatz enthalten, der dann am besten durch etwas Kernöl zu ersetzen ist.

Das Herstellungsverfahren ist zweckmäßigerweise das für eine abgesetzte Kernseife übliche. Geht man von Neutralfetten aus, so kommt der ganze Ansatz in den Kessel. Mit einem Teil, etwa einem Sechstel, der zur Verseifung notwendigen, 20—25° Bé starken Siedelauge leitet man den Verband ein und gibt dann nach und nach die übrige Lauge hinzu, bis sich ein schöner, klarer Leim im Kessel befindet. Kommt der Ansatz allein, ohne den Leimkern vom vorhergehenden Sude, zur Verseifung, so ist es notwendig, während des Siedens ungefähr 1—2 vH. Salz hinzu-

---

[1]) Siehe z. B. Erban: Anwendung von Fettstoffen in der Textilindustrie. Halle 1911, W. Knapp.

zugeben, um ein leichteres, normales Sieden zu bewirken. Der Laugenzusatz wird fortgesetzt, bis die Seife guten Druck und leichten Stich zeigt; alsdann läßt man noch eine Zeitlang sieden und überzeugt sich, ob der Stich bestehen bleibt. Wenn dies der Fall ist, so darf man annehmen, daß Öl und Fett gut verseift sind, doch kann man, um ganz sicher zu gehen, die Seife noch einige Zeit, am besten über Nacht, im Leim stehen lassen und dann die Abrichtung nochmals nachprüfen. Würde alsdann der Stich verschwunden sein, so müßte noch Lauge nachgegeben werden. Dieser Laugenüberschuß soll aber nur die Gewähr bieten, daß alles Fett vollkommen verseift ist, weshalb man später wieder zu seiner Neutralisation vorsichtig noch so viel Öl, am besten Kernöl, hinzugibt, daß der Stich wieder verschwindet. Nun macht man die Probe mit Phenolphtaleïnlösung, indem man einige Spänchen der erkalteten Seife in einem Reagenzglase mit reinem Alkohol zur Lösung bringt und prüft, ob Phenolphtaleïn in dieser Lösung nur eine ganz schwache Rosafärbung hervorruft. Diese leichte Färbung gibt die Gewißheit, daß nur ein ganz geringer Überschuß an Alkali in der Seife vorhanden ist, der beim Ausschleifen entfernt wird. Nun wird der Leim ausgesalzen, bis ein schöner, schaumfreier, runder Kern im Kessel siedet und die Unterlauge klar vom Spatel abläuft. Sind noch Abschnitte vorhanden, so können diese jetzt hinzugegeben werden.

Der Kern bleibt nun einige Stunden ruhig stehen. Alsdann wird er nach Entfernung der Unterlauge mit schwachem, etwa 3grädigem Salzwasser oder auch nur mit reinem, heißem Wasser verschliffen, bis die Seife, mit dem Spatel geworfen, flattert und leicht nässenden Fingerdruck besitzt.

Je nach der Größe des Sudes bleibt die Seife nunmehr 1—3 Tage im Kessel zum Absetzen stehen und wird erst abgepumpt oder abgeschöpft, wenn völlige Klärung erreicht ist. Alsdann muß sie sich in destilliertem Wasser vollkommen klar lösen, und die Lösung darf auch bei niederen Temperaturen bis 40° C nicht trübe werden. Ist dies der Fall und reagiert die alkoholische Lösung auf Phenolphtaleïnlösung völlig neutral, so darf das Fertigprodukt als einwandfrei gelten und wird allen Ansprüchen genügen.

Weiße Wachskernseife. In verschiedenen Zweigen der Textilindustrie wird eine gute, weiße Kernseife verlangt, die zwar auch die Bezeichnung „neutral“ führt, aber selten wirklich neutral ist. Wenn sie Zwecken dienen soll, für die eine wasserdünne Schlichte notwendig ist, trotzdem aber feste Konsistenz besitzen muß, so läßt sich die Verwendung von Palmkernöl im Ansatz kaum vermeiden. Palmkernölseifen sind aber sehr schwer vollkommen neutral herzustellen, weil gerade sie die Eigenschaft besitzen, Salze bzw. Alkali festzuhalten. Richtet man aber zu schwach ab, so werden diese Seifen nach einiger Zeit gelb und nehmen einen ranzigen Geruch an, dessentwegen sie unbedingt zu beanstanden wären. Besser ist es deshalb, auf leichten Stich abzurichten. Der geringe Alkaliüberschuß, der vielleicht auch nach dem Ausschleifen verbleibt, schadet wenig, da solche Seifen in der Färberei, wo mitunter auch der geringste Alkaliüberschuß von Nachteil ist, keine Verwendung finden.

Ein Ansatz für eine weiße Wachskernseife könnte bestehen aus:

10 Teilen Palmkernöl,
5 „ Erdnußöl,
5 „ Talg, talgartigen oder hydrierten Fetten;

oder aus

10 Teilen Talg, talgartigen oder hydrierten Fetten (Linolit),
5 „ Palmkernöl,
5 „ Erdnußöl.

Die Siedeweise unterscheidet sich in nichts von der einer anderen Kernseife. Die Fette werden mit 25—30grädiger Ätznatronlauge verseift, indem man vorteilhafterweise 1—3 vH. Salz mitverwendet. Da eine gute, vollkommene Verseifung auch hier, wie bei allen anderen Textilseifen, unbedingt erforderlich ist, läßt man möglichst lange im Leim sieden und sorgt dafür, daß stets ein leichter Stich vorhanden ist. Dann wird ausgesalzen und der Kern mit schwachem Salzwasser verschliffen, nachdem die gut abgesetzte Unterlauge entfernt ist. Dem Ausschleifen ist auch hier besondere Sorgfalt zuzuwenden, da hiervon die Beschaffenheit der fertigen Seife in weitem Maße abhängig ist. Wird zu starkes oder zuviel Salzwasser verwandt, so ergibt sich eine zu kernige oder auch fleckige Seife, die dann meistens auch mehr oder weniger alkalisch ist. Im Gegensatz hierzu wird ein mit zuviel Wasser ausgeschliffenes Produkt aber weich und liefert eine nur geringe Ausbeute und viel Leimniederschlag.

Grüne Olivenölseife aus Sulfuröl. In viel größeren Mengen als die aus Baumöl und gegebenenfalls Erdnußöl hergestellten, hellen Olivenölseifen finden in der Textilindustrie die grünen Seifen aus Sulfurolivenöl Verwendung. Die grünen Sulfurolivenöle, die durch Extraktion mit Schwefelkohlenstoff aus den Preßrückständen der Olivenölfabriken gewonnen werden, fallen sehr verschieden aus[1]). Es gibt helle, grasgrüne, aber auch tiefdunkle, viel Wasser und Schmutz enthaltende Produkte. Im allgemeinen aber reinigen sich die daraus hergestellten Seifen ziemlich leicht beim Ausschleifen, da sich alle Verunreinigungen leicht zu Boden setzen. Häufig bleibt allerdings noch ein Rest des Extraktionsmittels in dem verschliffenen Kern zurück, der den fertigen Seifen einen unangenehmen Geruch verleiht. In solchem Falle ist es daher notwendig, die Seife unter wiederholter Wasserzugabe fertig zu sieden und stark zu dämpfen. Ist Sulfuröl sehr teuer, so kann man es zum Teil durch Oleïn, Erdnußöl oder auch teilweise durch schmalzartige Fette ersetzen.

Was die Fabrikation dieser Seifen selbst betrifft, so macht man sie nicht, wie die abgesetzten Kernseifen, auf Leimniederschlag, sondern auf verleimter Unterlauge fertig, da man hierbei eine festere Seife erzielt.

Da aber das Sulfurolivenöl stets große Mengen freier Fettsäuren enthält, und zwar meistens 40, vielfach aber 70 vH. und darüber, so

---

[1]) Vgl. S. 126ff.

muß die Arbeitsweise bei seiner Verseifung eine andere sein, als wenn man mit Neutralfetten arbeitet. Man gibt daher die ganze Siedelauge lauge zuerst in den Kessel und läßt das Sulfuröl in die siedende Flüssigkeit einlaufen. Infolge des hohen Gehaltes an freier Fettsäure wird die Lauge sofort gebunden und auch das vorhandene Neutralöl mit in den Verband gezogen. Hat man einen ganz frischen Ansatz, also keinen Leimkern vom vorhergehenden Sud im Kessel, so setzt man der Lauge gleich von Anfang an 2—3 vH. Salz hinzu, um Klumpenbildung zu vermeiden. Ist die Seife gebildet, so richtet man auf leichten Stich ab und läßt noch eine Zeitlang sieden. Wird die Seife völlig neutral verlangt, so wird dieselbe wie die oben beschriebene, neutrale Olivenölseife fertig gemacht. Wie gesagt, empfiehlt es sich aber, Sulfurölseifen auf mehreren Wässern zu sieden, um eine reine, ansehnliche Seife zu erhalten. Man salzt also den Seifenleim aus, läßt die Unterlauge absitzen und zieht nach deren Entfernung den Kern nochmals mit Wasser zusammen, um dann abermals auszusalzen. Nachdem auch die zweite Unterlauge entfernt ist, wird mit heißem Wasser oder schwacher Salzlösung so weit geschliffen, daß eine leicht verleimte Unterlauge vom Spatel fließt. Beim Ablassen der Unterlauge bestreicht man vorteilhafterweise mit der Rührstange den Boden des Kessels, damit der hier abgelagerte Schmutz mit der Lauge ablaufen kann.

Nachdem nunmehr auch etwa vorhandene Abschnitte zugegeben und zergangen sind, deckt man den Kessel und überläßt die Seife einer möglichst langen Ruhe. Geformt wird in niedrigen Formkästen oder kleineren, schmalen Eisenformen. In größeren bildet die Seife dunklen Fluß, wodurch sie ein unschönes Aussehen erhält.

Oleïnkernseife für Textilzwecke. Eine sehr beliebte Textilseife ist die Oleïnkernseife. Sie wird entweder nur aus Oleïn oder auch in Verbindung mit diesem aus Knochenfett oder Kammfett hergestellt.

Da das Oleïn eine fast reine Fettsäure ist, so kann es mit kohlensaurem Alkali verseift werden. Angenommen, es soll ein Ansatz von

515 kg Oleïn und
130 „ Kammfett

verarbeitet werden und das Oleïn soll 95 vH. freie Fettsäure enthalten, während die übrigen 5 vH. aus Neutralfett und Unverseifbarem bestehen, so werden zur Verseifung der in 515 kg Oleïn enthaltenen 489 kg Fettsäure 102,5 kg kalz. Soda benötigt. In den Siedekessel kommen nun 205 kg Wasser, in denen diese 102,5 kg kalz. Soda heiß aufgelöst werden. Sobald die etwa 30grädige Lösung kocht, wird das Oleïn nach und nach hinzugegeben und mit der Sodalösung in Verband gebracht. Hierbei ist darauf zu achten, daß die Fettsäure entweder in gleichmäßigem Strahl zuläuft, oder, wenn hierfür keine Einrichtung vorhanden ist, in kleinen Mengen zugegeben wird, deren jeweilige Verseifung sofort erfolgen soll. Der Sodalösung wird zweckmäßigerweise von vornherein gleich etwas Salz zugesetzt, damit die Masse flüssiger bleibt und nicht allzusehr steigt, wenn die bei der Verseifung frei werdende Kohlensäure entweicht. Wenn das Oleïn im Kessel ist, wird noch so lange gesotten, bis die

Kohlensäure vollkommen entwichen ist, d. h. also, bis die Seife nicht mehr steigt und keine Bläschen mehr durchstoßen. Alsdann muß festgestellt werden, ob die Soda vollständig gebunden ist. Es geschieht dies am einfachsten wieder durch Phenolphtaleïnlösung, die man auf eine Spatelprobe tröpfelt, wobei eine Rotfärbung nicht auftreten darf. Ist noch freie Soda vorhanden, so muß dieselbe durch etwas Oleïn gebunden werden, da sie sonst mit in die Unterlauge geht.

Ist ungebundenes Alkali nicht mehr vorhanden, so gibt man die zur Verseifung der 130 kg Kammfett und des im Oleïn enthalten gewesenen Neutralfettes notwendigen etwa 150 kg 25grädiger Ätznatronlauge in den Kessel, läßt gut durchsieden und gibt dann das Kammfett hinzu. Man erhält alsdann bald eine gut verbundene, dick siedende Seife, die auf normalen Stich abgerichtet wird. Es sei hier jedoch noch einmal besonders betont, daß es wichtig ist, vor Zugabe des Ätzalkalis die durch die Verseifung des Oleïns frei gewordene Kohlensäure quantitativ auszutreiben, da sich Kohlensäure und Ätzlaugen wieder zu kohlensauren Salzen verbinden, die für die Verseifung von Neutralfetten nicht in Betracht kommen und daher unausgenutzt in die Unterlauge gehen würden.

Die Seife wird nun ausgesalzen und einige Stunden oder über Nacht der Ruhe überlassen, damit sich die Unterlauge gut absetzen kann. Nachdem diese entfernt ist, wird mit ganz schwachem Salzwasser oder auch mit reinem, leicht angewärmtem Wasser so weit verschliffen, daß man einen ganz dünnen, stark flatternden Leim erhält. Man läßt dann möglichst lange zum Absitzen im Kessel stehen und formt in breiten, aber ganz niedrigen Kastenformen, da die in der obigen Weise hergestellten Seifen sehr lange flüssig bleiben und nur schwer fest werden.

Walkfettkernseife. Eine in der Textilindustrie zum Walken und Waschen ziemlich viel benutzte, billigere Seife wird vielfach mit einem Zusatz von Walkfett hergestellt.

Das Walkfett, das aus den Waschwässern der Tuchfabriken, Spinnereien, Färbereien usw. durch Zersetzen der darin enthaltenen Seife mit Schwefelsäure gewonnen wird, ist von recht verschiedener Zusammensetzung[1]). In der Regel ist es braun bis schwarz gefärbt, besitzt einen unangenehmen Geruch und ist häufig sehr schmutzig und wasserhaltig, so daß es vor seiner Verwendung unbedingt auf seinen Gehalt an Verseifbarem geprüft werden muß. Auch Mineralöl findet sich mitunter im Walkfett, da in den Spinnereien vielfach auch dieses verwendet wird und dann mit in die Waschwässer gelangt.

Dieser Eigenschaften und seiner ungleichmäßigen Beschaffenheit halber wird das Walkfett aber nie für sich allein, sondern stets in Verbindung mit anderen Fetten, wie Knochenfett, Kammfett usw., verarbeitet. In der Regel kann man jedoch die Hälfte bis zwei Drittel des Ansatzes aus Walkfett bestehen lassen, das man dann am besten allein vorsiedet, um eine möglichst reine Seife zu erhalten. Bei sehr unreinem Fett muß man auch hier auf mehreren Wassern sieden.

---

[1]) Vgl. S. 137.

Da das Walkfett jedoch eine reine Fettsäure ist, kann es wie das Oleïn mit kohlensaurem Alkali verseift werden. Die Herstellung der Walkseife geschieht daher im großen und ganzen in derselben Weise wie die der oben beschriebenen Oleïnkernseife.

Kernseifen für schwere Schlichte. Die bisher beschriebenen Textilseifen waren sämtlich derart zusammengesetzt, daß sie nach ihrer Auflösung in kochendem Wasser eine wasserdünne Schlichte ergeben. Im Gegensatz hierzu erhält man durch Auflösung einer Talgkernseife eine schwere, gallertartige Schlichte, die ebenfalls für gewisse Spezialzwecke erwünscht erscheint. Derartige Seifen werden in der Hauptsache aus reinem Talg, zum Teil aber auch aus Talg und talgartigen Fetten (Palmöl) oder nur aus talgartigen Fetten hergestellt.

Empfehlenswerte Ansätze sind die folgenden:

I. Talgkernseife, rein.

645 kg Talg,
775 „ Ätznatronlauge von 20° Bé.

II. Talgkernseife aus gemischtem Ansatz.

325 kg Talg,
320 „ Knochenfett oder Kammfett,
775 „ Ätznatronlauge von 20° Bé.

III. Palmölkernseife.

325 kg gebleichtes Palmöl,
320 „ Knochenfett, Kammfett u. dgl.,
775 „ Ätznatronlauge von 20° Bé.

Wird eine Seife für ganz schwere Schlichte gefordert, so kann sie nur aus reinem Talg angefertigt werden; wird dagegen eine leichtere Löslichkeit verlangt, so ist der gemischte Ansatz oder die Palmölkernseife vorzuziehen.

Die für die Textilindustrie bestimmten Talgkernseifen werden meist marmoriert in den Handel gebracht. Ihre Herstellung ist ziemlich einfach; denn in erster Linie ist lediglich für gute und innige Verseifung zu sorgen, was bei Talg allerdings einige Aufmerksamkeit erfordert, in zweiter Linie kommt es nur darauf an, daß die Seife die richtige Beschaffenheit besitzt, um in der Form guten Fluß bilden zu können.

Angenommen, es befinde sich der zweite Ansatz im Kessel, so gibt man 45 kg Lauge und 90 kg Wasser dazu und bindet die Masse durch leichtes Sieden. Nachdem man guten Verband festgestellt hat, fährt man mit der Zugabe von Lauge und gegebenenfalls auch von etwas Wasser fort, indem man stets genau darauf achtet, daß die Masse in gutem Verbande bleibt. Die Vorsicht gebietet es allerdings, etwas starkes Salzwasser bereitzuhalten, um einem etwaigen Dickwerden der Masse vorzubeugen. Der größte Wert ist alsdann auf die Abrichtung zu legen. Da sich aber, wie mehrfach erwähnt, Talg und talgartige Fette sehr schwer verseifen, ist es notwendig, längere Zeit im Leim sieden zu lassen und erst auszusalzen, wenn man sich überzeugt hat, daß wirklich alles Fett verseift und genügende Abrichtung vorhanden ist. Alsdann salzt man aber aus, bis eine klare Unterlauge abfließt und ein fester, runder Kern im Kessel liegt. Sind Abschnitte vorhanden, so gibt man diese jetzt bei mäßigem Sieden hinzu. Läßt man alsdann die Masse eine halbe Stunde ruhig stehen, so muß sich auf der Oberfläche eine fingerdicke, flüssige Kernseife gebildet haben und darunter der schwere Kern liegen. Ist bedeutend mehr flüssige Seife entstanden, so setzt man noch etwas Salz hinzu und siedet abermals durch. Ist die Seife zu stramm und hat sich gar keine flüssige Seife gebildet, so muß noch Wasser hinzugegeben werden. Man läßt alsdann zwei Stunden im Kessel absitzen und gibt die fertige Seife in möglichst breite, nicht zu hohe, 40—60 Zentner haltende Formen, in denen sie, gut zugedeckt, sich selbst überlassen bleibt.

Glattweiße Textilkernseife. Als Ersatz für die soeben besprochenen marmorierten Kernseifen fertigt man vielfach auch eine billigere, glattweiße Sorte an. Die Verbilligung ist durch die Auswahl des Fettansatzes bedingt, indem man geringeren Talg, Kammfett, helleres Knochenfett, gegebenenfalls auch etwas Leimfett mitverarbeitet. Ein guter Ansatz für ein solches Produkt ist der folgende:

198 kg	Talg,
264 „	Kammfett oder Knochenfett,
198 „	Leimfett,
660 „	Ätznatronlauge von 25° Bé.

Das Fett wird in der üblichen Weise verseift, so daß man einen klaren, gut abgerichteten Leim erhält, der alsdann ausgesalzen und mit etwa vorhandenen Abschnitten verschmolzen wird. Die erhaltene Seife wird alsdann zum Absetzen der Unterlauge einige Stunden der Ruhe überlassen. Nachdem die letztere entfernt ist, gibt man zu dem Kern 200—260 kg 3—4grädiger Ätznatronlauge hinzu und bewirkt durch Sieden Verband. Gleichzeitig wird noch so viel Wasser nachgegeben, daß die Masse ganz dünn siedet, worauf man vorsichtig erneut so weit aussalzt, daß die Unterlauge etwas verleimt abfließen will. Hat man zu weit getrennt, so zieht man die Seife durch Wasserzusatz wieder zusammen.

Die fertige Seife wird dann gut bedeckt und bleibt zum Absetzen der Unterlauge 24 Stunden im Kessel, aus dem man sie schließlich in kleine Kastenformen abschöpft.

Ökonomieseife. Unter dem Namen Ökonomieseifen werden Walkseifen in verschiedenen Färbungen hergestellt. Alle diese Produkte sind Kernseifen, die aus Oleïn, Walkfett, Knochenfett usw. angefertigt und je nach Art und Reinheit der dazu verarbeiteten Fette auf 2 bis 3 Wassern fertiggesotten werden. Im übrigen ist die Herstellungsweise dieser Produkte aber genau die der vorher beschriebenen Textilkernseifen.

Kaliseifen für die Textilindustrie.

Neben den Riegelseifen werden in der Textilindustrie aber auch Schmier- bzw. Kaliseifen in sehr erheblichen Mengen verbraucht. Am beliebtesten sind die Naturkornseifen aus Oleïn und Talg, aber auch glatte Schmierseifen aus Oleïn und aus Sulfuröl, sowie weiße Schmier- oder Silberseifen sind im Gebrauch. Auch eine glatte, feste Kaliseife, die sogenannte Ökonomieseife nach Aachen-Eupener Art, findet besonders zum Waschen der Schafwolle vielfache Verwendung.

Alle diese Seifen werden fast ausschließlich aus Oleïn allein oder im Gemisch mit Talg oder Sulfuröl hergestellt und unterscheiden sich infolgedessen kaum von den gewöhnlichen Schmierseifen, müssen aber sämtlich einen bestimmten, ziemlich hohen Fettgehalt aufweisen.

Glatte Oleïnschmierseife. Die glatten Schmierseifen aus Oleïn sind neben der Naturkornseife aus Oleïn und Talg die gangbarsten Textilschmierseifen. Bei ihrer Herstellung ist jedoch besonders auf die Qualität des Oleïns zu achten. Schlechte, unreine Oleïne, die unverseifbare Kohlenwasserstoffe in größeren Mengen enthalten, sind völlig ungeeignet, dagegen können Zusätze von Erdnußöl, Kottonöl, weichen Fetten usw. unbedenklich gemacht werden; Leinöl allerdings soll man von einer Mitverwendung gänzlich ausschließen, da es harzt und sich dann nur schlecht aus den behandelten Stoffen entfernen läßt.

Die Siedelauge muß der Jahreszeit entsprechend zusammengestellt sein. Für Sommerseifen reduziert man die Ätzlauge mit 15 vH., für Winterseifen mit 18 vH. Pottasche, auf 100 kg 50grädige Ätzkalilauge gerechnet. Die weiter erforderliche Sodamenge ist so zu regeln, daß man im Frühjahr und im Herbst 5—15 vH., im Hochsommer 25 vH. einer 25grädigen Lauge verwendet.

Ein Ansatz für Sommerseife würde der folgende sein:

416 kg	Oleïn,
84 ,,	Erdnußölfettsäure oder weiches Talgfett,
125 ,,	Sodalauge von 25° Bé.
375 ,,	Pottaschelauge von 30° Bé.

Die ganze, zur Verseifung notwendige Lauge kommt in den Kessel und wird durch Dampf zum Sieden gebracht. Dann gibt man das Oleïn und die Erdnußölfettsäure hinzu, indem man den Zulauf derselben so regelt, daß die Fettsäure sofort verseift, also Klumpenbildung vermieden wird. Nach und nach geht das Ganze in Verband, so daß eine gut verbundene Seife vorliegt, wenn die Fettsäure im Kessel ist. Hat man trockenen Dampf zur Verfügung, so wird es notwendig sein, entweder etwas schwächere Lauge (27—28° Bé) zu verwenden oder der Seife entsprechend Wasser zuzusetzen, um ein normales Produkt zu erzielen. Wasserarme Seifen mit einem zu hohen Fettsäuregehalt lassen sich schwer abrichten. Im allgemeinen bedürfen Oleïnschmierseifen aber einer kräftigeren Abrichtung als zum Beispiel Leinölseifen. Die frisch genommene Glasprobe muß daher wie bei einer übertriebenen Seife aufliegen, nach einiger Zeit aber völlig klar werden. Oleïnseifen mit ungenügender Abrichtung werden auf dem Lager in der Regel lang und unverkäuflich.

Textilschmierseifen werden, wie gesagt, meist jedoch mit einem garantierten Fettsäuregehalt gekauft, der zwischen 40 und 42 vH. schwankt Wenn also die Grundseife fertig ist, die Glasproben eine genügende Abrichtung erkennen lassen, und wenn die erkaltete Seife schließlich den richtigen Griff besitzt, d. h. weder zu hart noch zu weich ist, muß eine Fettsäurebestimmung gemacht werden. In der Regel verfährt man nun beim Sieden so, daß die fertige Grundseife stets einen etwas höheren Fettsäuregehalt besitzt, als verlangt ist, um dann nach dem Ergebnis der Untersuchung zu berechnen, wieviel Lösung der Seife noch eingekrückt werden muß. Wurden z. B. 1200 kg Ölansatz in den Kessel gegeben, und ergab die Untersuchung der fertigen Grundseife einen Fettsäuregehalt von 42 vH., während die zu liefernde Seife nur 40 vH. haben sollte, so ist die folgende Rechnung aufzustellen: Ein Fettsäuregehalt von 42 vH. entspricht einer Ausbeute von 236 vH., ein solcher von 40 vH. dagegen einer Ausbeute von 250 vH.; die Differenz beträgt demnach 14 kg auf je 100 kg Ansatz, so daß auf 1200 kg Ansatz noch 168 kg Lösung einzukrücken sind, um den gewünschten Fettsäuregehalt und die der Kalkulation zugrunde gelegte Ausbeute zu erhalten. Diese Lösung kann nun sowohl eine 10grädige Chlorkaliumlösung als auch eine 12grädige Pottaschelösung sein; nachdem sie gut verkrückt ist, muß aber die Abrichtung nochmals überprüft werden.

Glatte grüne Sulfurölseife. Auch diese Seife ist in einzelnen Zweigen der Textilindustrie begehrt und kann aus Sulfuröl allein oder gemeinsam mit anderen Fetten, wie Erdnußöl, Oleïn und besonders mit den stearinhaltigen, aus besserem Olivenöl herrührenden Satzölen hergestellt werden.

Seit einigen Jahren aber steht das Sulfuröl so hoch im Preise, daß reine Sulfurölseifen fast gar nicht mehr angefertigt werden und daß man nur so viel von diesem Öl verwendet, als notwendig ist, um den Seifen die charakteristische Farbe und den Geruch der Sulfurölseifen zu verleihen, wozu $^1/_4$—$^1/_3$ des Ansatzes genügt.

Die für den Siedeprozeß benötigte Ätzkalilauge wird mit 15—20 vH. Pottasche reduziert. Im Frühjahr und Herbst sind außerdem 5—15 vH. und im Hochsommer 25—30 vH. Sodalauge mitzuverwenden. Die ganze, für den Fettansatz erforderliche Lauge kommt zuerst in den Kessel, wird zum Sieden gebracht und dann in der oben beschriebenen Weise mit dem Fettansatz vermischt. Es wird normal abgerichtet, der Fettsäuregehalt bestimmt und durch Zugeben bzw. Einkrücken der berechneten Menge Chlorkaliumlösung auf die gewünschte Ausbeute eingestellt.

Zu bemerken ist noch, daß aus reinem Sulfuröl hergestellte Produkte im Sommer leicht dünnflüssig werden, so daß für Sommerseifen ein Zusatz von Kottonöl- oder Erdnußölfettsäure, von stearinhaltigem Olivenölsatzöl u. dgl. zu empfehlen ist; Winterseifen werden dagegen am besten unter Zusatz von etwas Maisölfettsäure hergestellt.

Silberseife für die Textilindustrie. Weniger als die vorher besprochenen, glatten Schmierseifen ist die Silberseife in der Textilindustrie im Gebrauch. Wo dies aber der Fall ist, verlangt man ein schönes, helles, geschmeidiges, weißes Erzeugnis. In der Regel verarbeitet man Ansätze aus $^2/_3$ Kottonöl und $^1/_3$ Talg oder schmalzartigem Fett. Kann man ein wenig Kernöl mitverwenden, so ist dies von besonderem Vorteil, da die Seife hierdurch einen besonders schönen Silberglanz erhält. Der Zusatz darf jedoch nicht mehr als höchstens 10 vH. betragen, wenn das Produkt nicht lang werden soll. Das Kernöl wird dann, wie schon mehrfach betont, aber stets bis zum Schluß der Operation zurückgehalten, weil es für die Regulierung der Abrichtung von Wert ist, die sich mit Kottonöl oder Talg weit schwieriger erreichen läßt. Auch ist es gut, die Seife zunächst auf starke Blume abzurichten, um sicher zu sein, daß der Fettansatz vollkommen verseift ist, und die Absättigung des überschüssigen Alkalis alsdann mit einem leicht verseifbaren Fett vorzunehmen. Gewöhnlich braucht man dann auch keine Lauge mehr nachzugeben, wenn das letztere verseift ist, da die Silberseifen eine nur schwache Abrichtung erhalten dürfen, wenn sie später noch mit Pottasche- oder Chlorkaliumlösung ausgeschliffen werden.

Um größtmögliche Geschmeidigkeit zu erzielen, wird die Ätzkalilauge für Silberseifen jedoch stärker reduziert als für andere Schmierseifen. Im Sommer setzt man auf 100 kg 50grädige Lauge 20 kg, im Winter bis zu 30 kg Pottasche hinzu. Auch die Menge der benötigten Sodalauge richtet sich nach der Jahreszeit. Während man im Hochsommer 25 vH. anwendet, geht man im Winter bis auf 10 vH. zurück. Winterseifen, welche zuviel Sodalauge enthalten, werden sehr leicht glitschig, während Seifen mit zu geringem Sodagehalte in der Regel dunkelstreifig durchwachsen und dadurch an Aussehen verlieren.

Ein guter Fettansatz für Textil-Silberseifen besteht aus:

1000	Teilen	Kottonöl,
500	„	Schmalzfett oder Talg,
125	„	Kernöl.

Wie wiederholt gesagt, verseifen sich das Kottonöl und die tierischen Fette mit starker Lauge nur schwierig. Man beginnt daher mit wenig Lauge zu sieden und setzt von Anfang an etwas Wasser hinzu, um eine Ansiedelauge von 12—15° Bé zu erhalten. Mit dieser ist es dann leicht, den Verband einzuleiten, so daß man bald mit stärkerer Lauge weiterarbeiten kann. Siedet man mit Dampf, so darf dieselbe 30° Bé besitzen, siedet man aber über freiem Feuer, so soll sie nicht mehr als 25grädig sein. Bei der Zugabe der Siedelauge ist jedoch große Aufmerksamkeit notwendig, da die Masse auch dann noch leicht dick wird, wenn sich schon eine größere Menge Lauge im Kessel befindet. Wenn dieselbe aber vorzeitig oder zu rasch zugegeben wird, so trennt sich das Ganze oftmals wieder und bedarf dann längerer Zeit, um von neuem Verband zu bilden. Am besten ist es dann, die Masse einige Zeit der Ruhe zu überlassen, bis der Verband von selbst wieder eintritt.

Silberseifen für die Textilindustrie werden fast ohne Ausnahme „garantiert rein“, also ohne Mehlfüllung, geliefert und bedürfen daher der größten Aufmerksamkeit bei der Abrichtung. Bei zu kräftiger Abrichtung werden sie gewöhnlich naß und glitschig, bei zu schwacher lang und unansehnlich. Des weiteren ist zu beachten, daß sie nicht zu weit ausgeschliffen werden dürfen, wenn sie sich längere Zeit gut trocken halten sollen. Die äußerste Grenze ist ein Fettsäuregehalt von 40 vH., entsprechend einer Ausbeute von knapp 240 vH., auf Neutralfett gerechnet.

Wie jede andere Seife kann natürlich auch die Textil-Silberseife aus Fettsäuren hergestellt werden, und es gelingt durchaus, auch aus ihnen ebenso schöne Produkte zu erzielen, wie aus den Neutralfetten.

Erforderlich ist allerdings die Verwendung rein weißen Rohmaterials, wie es durch Autoklaven-Spaltung aus rein weißen Neutralfetten oder durch eine vorsichtig geleitete Destillation auch aus dunkleren Rohprodukten erhältlich ist.

Naturkornseifen aus Oleïn und Talg. Die in der Textilindustrie am meisten benötigten Schmierseifen sind die mit reiner Kalilauge aus Oleïn und Talg gesottenen Naturkornseifen Die für diese Produkte in Betracht kommende Siedeweise ist im Sommer und Winter gleich, nur die Kaustizität und die Fettansätze sind verschieden. Für die Sommermonate nimmt man mehr Talg in den Ansatz als im Winter und reduziert die Ätzkalilauge mit 15—20 kg, gegen sonst 25—30 kg Pottasche auf 100 kg Ätzkalilauge von 50° Bé.

Für die Herstellung einer schönen Naturkornseife für Textilzwecke ist in erster Linie ein gutes Oleïn erforderlich, das nicht mehr als höchstens 2 vH. unverseifbare Bestandteile enthält. Im Sommer ist dann der folgende Ansatz empfehlenswert:

258 kg	Oleïn,
150 „	Talg,
22 „	rohes Palmöl,
430 „	Lauge von 30° Bé.

Als Winteransatz ist zu verwenden:

290 kg	Oleïn,
118 „	Talg,
22 „	rohes Palmöl,
430 „	Lauge von 30° Bé.

An Stelle des Talges kann man auch etwas talgartige Fette mitverarbeiten, das Korn wird dann aber nicht so schön und auch etwas weicher als sonst üblich.

Zwecks Herstellung der Seife wird zunächst die Lauge im Kessel zum Sieden erhitzt und das Oleïn alsdann in gleichmäßigem Strahl hinzugegeben. Wie stets bei solcher Arbeitsweise hat man den Zulauf des Oleïns so zu regeln, daß sich dasselbe sofort verseifen kann, also Klumpenbildung vermieden wird. Ist der Zulauf beendet, so wird der Talg hinzugefügt und unter allmählicher Zugabe der notwendigen Lauge verseift. Schließlich gibt man das Palmöl nach, verseift auch dieses und richtet ab.

In Betrieben, die mit sehr gutem, trockenem Dampf arbeiten, muß die oben empfohlene 30grädige Lauge in der Regel aber noch etwas verdünnt werden, da sie durch Kondenswasser eine Verdünnung nicht erfährt. Auch beim Arbeiten mit direktem Feuer stellt man die Lauge sogleich auf 25° Bé ein, da sich eine wasserarme Seife nur sehr schwer abrichten läßt und bei der Glasprobe oftmals eine scheinbare Abrichtung zeigt, die sehr leicht zu Irrtümern führen kann.

Mehr noch als bei allen anderen Schmierseifen ist es bei der Oleïnkornseife notwendig, den Fettsäuregehalt zu bestimmen, da vornehmlich durch diesen die Haltbarkeit der Seife und die Kornbildung bedingt werden. Denn die Grenzen, bis zu denen man diese Naturkornseife ausschleifen kann, ohne ihre Haltbarkeit in Frage zu stellen, sind recht eng gezogen, da der Fettsäuregehalt nicht unter 40 vH. und nicht über 43 vH. betragen soll. Unter 40 vH. ist zu befürchten, daß die klare Seife dünn wird, sobald das Korn ausgebildet ist, über 43 vH. kornt die Seife infolge mangelnder Feuchtigkeit nur schwer und unvollständig. Ihre Schlußabrichtung muß aber etwas kräftig gehalten sein, da sie andernfalls auf dem Lager leicht lang wird. Ein gut getroffenes Produkt wird aber, in einem trockenen, nicht dumpfigen, 12—18° C warmen Raum gelagert, in 3—4 Wochen vollständig ausgekornt sein.

Ökonomieseife nach Aachen-Eupener Art. Neben den beschriebenen Schmierseifen werden, wie bereits erwähnt, in einigen Gegenden auch feste Kaliseifen, sogenannte Ökonomieseifen, hergestellt, zu welchen neben stearinreichen Fetten nur Kalilauge verwendet wird. Am besten werden diese Seifen aus Talg, Knochenfett und Palmöl gesotten, vielfach wird aber auch Walkfett und Wollfett mitverarbeitet, so daß man dann dunklere Seifen erhält. Die Herstellungsweise dieser Ökonomieseifen ist eigenartig, da sie nach ihrer Abrichtung noch einen Zusatz von 15 bis 20 vH. 30grädiger Pottaschelösung erhalten, wodurch die Seife das Aussehen einer übertriebenen Schmierseife bekommt. Die Masse wird alsdann so lange eingedampft, bis eine Glasprobe nach zweistündigem Liegen völlig fest wird.

Die Ökonomieseife wird hauptsächlich zum Walken schwer wollener Stoffe aus Schafwolle verwendet und hat in erster Linie die Aufgabe, dieselben von dem noch anhaftenden Fett zu befreien. Man gibt deshalb auch der Seife den eben erwähnten Zusatz an Pottaschelösung, um so eine bessere Emulsionswirkung und damit einen höheren Reinigungseffekt zu erreichen.

Geeignete Ansätze für solche Seifen sind die folgenden:

190 kg	Talg,	70 kg	Talg,
190 „	Knochenfett,	277 „	Knochenfett,
37 „	Palmöl,	70 „	Walkfett oder Wollfett,
500 „	Ätzkalilauge von 25° Bé,	500 „	Ätzkalilauge von 25° Bé,
83 „	Pottaschelösung von 30° Bé.	83 „	Pottaschelösung von 30° Bé.

Die Siedeweise der Seifen selbst ist fast die gleiche wie die der Schmierseifen. Nachdem der ganze Fettansatz im Kessel ist, leitet man den Verband mit einem Teile der Lauge ein, die zuvor auf 25° Bé eingestellt ist und auf 100 kg 50grädige Lauge 25 kg Pottasche enthält. Siedet man auf direktem Feuer, so gibt man einige Töpfe Wasser hinzu. Sobald der Verband eingetreten ist, gibt man weitere Lauge nach und fährt damit fort, bis die Seife ziemlich klar geworden ist und leichte Blume zeigt. Ist sie schaumfrei, so wird nach Zusatz der Pottaschelösung nochmals gut durchgesotten. Eine jetzt genommene Glasprobe liegt trübe auf und stirbt wie eine völlig übertriebene Schmierseife ab; nach etwa 2 Stunden aber wird die Seife wieder klar und auch genügend fest. Ist dies nicht der Fall, so muß noch weiter eingedampft werden, bis die gewünschte Festigkeit erreicht ist. Gegebenenfalls muß beim Sieden mit Dampf auch mit stärkerer, etwa 30grädiger Lauge gearbeitet werden.

Am nächsten Morgen wird dann noch einmal gut durchgekrückt und dann in Fässer oder Formen abgefüllt. Nach völligem Erkalten ist die Seife so fest, daß sie sich in Riegel schneiden läßt.

Seifen mit Lösungsmittelzusatz.

In neuerer Zeit werden von verschiedenen Fabriken Seifen auf den Markt gebracht, die mehr oder weniger große Zusätze an Lösungsmitteln enthalten. Sie finden sowohl im Haushalt, wie in der Textilindustrie Verwendung und erfreuen sich infolge ihrer großen Reinigungskraft einer steigenden Beliebtheit.

Es ist ja eine längst bekannte Tatsache, daß Benzin, Petroleum u. dgl. ein außerordentlich großes Fett- und Schmutzlösungsvermögen besitzen, und in manchen Ländern, z. B. in Nordamerika und im südlichen Rußland, werden schon seit langen Jahren Erdöl enthaltende Seifen in ausgedehntem Maße hergestellt. Auch in Deutschland hat sich schon seit geraumer Zeit das Bestreben geltend gemacht, die schmutzlösende Wirkung der Seifen durch besondere Zusätze zu erhöhen. Das beweisen z. B. die in vielen Seifenfabriken hergestellten Salmiak-Terpentinseifen, die jedoch meist nur so geringe Mengen der genannten Stoffe enthalten, daß eine besondere Wirkung nicht zu erwarten ist. Man machte sich daher vielfach die reinigende und fettlösende Eigenschaft der genannten Kohlenwasserstoffe dadurch nutzbar, daß man beim Reinigen der Wäsche außer Seife und Soda auch diese letzteren benutzte. Allgemein eingeführt hat sich dieser Gebrauch aber nicht, weil eine Belästigung der Wäscherin durch die mit den flüchtigen Stoffen beladenen Wasserdämpfe nicht zu vermeiden ist, und weil sich die jeweils notwendige Menge nur schwer bemessen läßt. In den meisten Fällen wird mehr Lösungsmittel verwandt, als erforderlich ist, um die der Wäsche anhaftenden Fettstoffe zu lösen, so daß die Wäsche einen mehr oder minder starken Geruch behält, der nicht immer gerade als angenehm bezeichnet werden kann.

Es lag ja nun nahe, Mittel der genannten Art der Seife homogen beizumischen, um der Hausfrau und auch der Textilindustrie ein Produkt zu bringen, das die guten Eigenschaften der Seife mit dem Lösungsvermögen der Kohlenwasserstoffe in sich vereinigt, doch ist es erst in den letzten Jahren gelungen, Seifen dieser Art herzustellen, die den gestellten Ansprüchen völlig genügen. Seit dieser Zeit finden diese Produkte aber immer mehr Beachtung, und das starke Vorurteil, welches anfangs solchen, vielfach etwas kräftig riechenden Seifen entgegengebracht wurde, schwindet immer mehr, nachdem sich die Verbraucher von den guten Eigenschaften derselben überzeugt haben. Wie schon gesagt, besteht ihr praktischer Wert darin, daß sie neben den vorzüglichen Eigenschaften der Seife selbst ein besonderes Fettlösungsvermögen besitzen, das erst beim Lösen der Seife nach und nach in Erscheinung tritt, so daß vornehmlich auch jede Belästigung der mit der Wäsche beschäftigten Personen durch entweichende Dämpfe vermieden wird.

Als Lösungsmittel für diese Seifen, die in den verschiedensten Formen und Qualitäten, sowohl als Kali- wie als Natronseifen, auf den Markt kommen, werden heute hauptsächlich chlorierte Kohlenwasserstoffe (Tetrachlorkohlenstoff, Trichloräthylen, Chlorbenzole u. dgl.), Benzin, Terpentinöl, Petroleum und neuerdings auch die hydrierten Naphtaline (Tetralin und Dekalin)[1]) und andere hydrierte Kohlenwasserstoffe, beispielsweise gewisse Fraktionen der durch Hochdruckhydrierung „verflüssigten Kohle“, verwendet, die den vorgenannten Lösungsmitteln gegenüber den Vorteil geringerer Flüchtigkeit aufweisen und demzufolge auch in unverpackten Seifenstücken, Schmierseifen und selbst Seifenpulvern gut haltbar sind. Die Menge der den einzelnen Handelsprodukten inkorporierten Kohlenwasserstoffe ist naturgemäß recht verschieden. Es gibt Präparate mit kaum nennenswerten Mengen, die doch als Benzinseifen oder unter ähnlichen Benennungen verkauft werden, und es gibt Produkte mit 25 vH. und mehr an Kohlenwasserstoffen, deren Herstellungsweise in der Regel aber geheim gehalten wird. Wenn die Seifen nicht besonderen Zwecken dienen sollen, genügt gewöhnlich aber ein Zusatz von 7—10 vH., um eine gute Wirkung zu erzielen, während geringere Zusätze ein augenfällig gutes Ergebnis nur selten erwarten lassen.

In neuerer Zeit werden vielfach jedoch auch Produkte hergestellt, die weit höhere Lösungsmittelkonzentrationen aufweisen, und die sich als seifeersparende Mittel namentlich im Wäschereibetriebe sowie für zahlreiche Sonderzwecke in der Textilindustrie bewährt haben. Von solchen hochkonzentrierten, für alle Arten der Naßwäscherei geeigneten Lösungs- und Reinigungsmitteln sei das nach DRP. 294 728 hergestellte H e x o r a n (Chemische Fabrik Milch, Oranienburg) genannt, ein milchig getrübtes, aber beständiges Produkt, das aus 90 vH. Tetrachlorkohlenstoff und 10 vH. einer wässerigen Oleïnseifenlösung besteht. Ihm ähnlich ist das von der gleichen Firma hergestellte P e r p e n t o l, das an Stelle des Tetrachlorkohlenstoffes Tetralin enthält und vornehmlich als Bäuch- und Netzmittel empfohlen wird. Ein ähnliches Produkt, das auch für jede Art der Naßwäscherei geeignet ist, wird weiter unter dem Namen H y d r a p h t h a l von der Firma Pott & Co., Dresden, in den Handel gebracht. Das Präparat stellt unverdünnt eine klare, voll-

---

[1]) DRP. 312 465.

kommen homogene Flüssigkeit dar, die in der Waschflotte milchigweiße, gut beständige Emulsionen liefert.

Die Fabrikation der vorerwähnten Produkte ist ziemlich einfach. Den fertigen Seifen, mögen es nun reine abgesetzte Kernseifen, Halbkernseifen, Leimseifen oder flüssige Kaliseifen sein, wird nach genügendem Abkühlen eine die Kohlenwasserstoffe enthaltende Lösung oder Emulsion beigemengt. Diese wird ihrerseits hergestellt, indem man einer geeigneten Fettsäure, am besten Rizinusölfettsäure oder Türkischrotöl (Rizinuölsulfosäure), die Kohlenwasserstoffe beimischt und dann so viel Ätzlauge hinzufügt, als zur Verseifung notwendig ist. Auf 100 Teile Kohlenwasserstoffe genügen gewöhnlich 15—20 Teile Fettsäure.

Auch höher molekulare Alkohole, insonderheit die Wachs- und Wollfettalkohole, sind bei Gegenwart von Seifen wohl geeignet, gleichzeitig vorhandene Kohlenwasserstoffe in dauernde Emulsion oder Lösung zu bringen. Früher wurde daher für die Herstellung vorzugsweise von Petroleumseifen Carnaubawachs bei der Verseifung des Fettansatzes mitverarbeitet, da der hierdurch bewirkte Gehalt der Seife an Myricylalkohol außerordentlich emulsionsbefördernd wirkt und einen hohen Zusatz an Petroleum und anderen Kohlenwasserstoffen ermöglicht. In gleicher Weise wirken natürlicherweise auch die Cholesterine des Wollfetts; aber auch aliphatische Alkohole, wie die Butyl- und Amylalkohole, oder Terpenalkohole, wie Terpineol und vor allem die durch die Hydrierung der Phenole leicht zugänglichen Cyclohexanole (Hexalin und Methylhexalin) sind außerordentlich brauchbar, indem eine beispielsweise aus 50 Teilen Oleïnkaliseife und 10—50 Teilen Methylhexalin bestehende Lösung bei beliebigem Wassergehalt ebenfalls fast beliebige Mengen Kohlenwasserstoff zu emulgieren vermag[1]).

Für eine sachgemäße Herstellung aller dieser Präparate ist jedoch ein mit kräftigem Rührwerk, am besten einem Taifunrührwerk[2]), versehener Kessel notwendig, da die Seifen zunächst vielfach dick werden, und ein gleichmäßiges Durcharbeiten ohne Rührwerk nicht immer möglich erscheint.

Seifenpulver und verwandte Waschmittel.

Die Fabrikation der Seifenpulver hat seit etwa zwei Jahrzehnten einen ganz ungeahnten Aufschwung genommen, so daß es heute nur noch verhältnismäßig wenig Seifenfabriken gibt, die nicht auch Seifenpulver herstellen. Ihren Erfolg verdanken dieselben wohl in erster Linie ihrer bequemen Anwendungsform, die es dem Konsumenten gestattet, ein leicht lösliches, auch für den Hausgebrauch gut geeignetes Seifen- und Sodagemisch gebrauchsfertig zur Hand zu haben. Daneben wurde dann aber der erhöhte Verbrauch veranlaßt durch den Erfolg der den bekannteren Seifenpulvern beigemischten Sauerstoffbleichmittel bzw. durch die große Reklame, die für solche „selbst-

---

[1]) DRP. 365160. Vgl. Schrauth: Ztschr. d. Dtsch. Öl- u. Fettind. 1921. **41.** S. 587. Hueter: Ebenda 1921, **41.** S. 534.

[2]) Siehe S. 190ff.

tätigen Waschpulver“ gemacht wurde. Über den Wert oder Unwert solcher Seifenpulver mit und ohne Sauerstoffbleichmittel gehen die Ansichten auseinander[1]). Auf jeden Fall ist aber mit der Tatsache zu rechnen, daß das Seifenpulver heute ein bedeutender Verbrauchsartikel ist und als Waschmittel viel und gern benutzt wird.

Die im Handel vorkommenden Seifenpulver sind sehr verschieden zusammengesetzt, besonders schwankt der Gehalt an Fettsäuren ganz bedeutend. Die besten Produkte, wirklich gemahlene, trockene Kernseife, enthalten bis zu 80 vH. Fettsäure, gute Fabrikate zwischen 40 und 30 vH. bei 30—35 vH. Soda und 25—35 vH. Wasser. Die geringeren Sorten mit einem Gehalt von etwa 5—15 vH. Fettsäure würden richtiger als „Waschpulver“ bezeichnet, können aber für die Behandlung gröberer Wäschestücke noch Verwendung finden, während Produkte, die unter 5 vH. Fettsäure enthalten, für eigentliche Waschzwecke nicht mehr empfohlen werden, sondern lediglich zum Scheuern und Putzen Verwendung finden sollten, zumal da sie recht häufig übermäßig viel Wasserglas enthalten, das in höheren Konzentrationen auf die Gewebefaser schädigend einwirkt.

Seifenpulver können sowohl aus Neutralfett, wie auch aus Fettsäure hergestellt werden. Das Arbeiten mit Fettsäure ist jedoch bequemer und auch vorteilhafter, zumal da das im Neutralfett enthaltene Glyzerin für das Seifenpulver ohne jeden Wert ist. Am beliebtesten sind heute die aus Palmkernölfettsäure oder Abfallkokosöl hergestellten Sorten, weil sie leicht löslich sind und gut schäumen. Manche Konsumenten legen jedoch auch besonderen Wert darauf, daß das Seifenpulver beim Lösen einen dicken, gelatinösen Seifenleim ergibt, da diese Erscheinung angeblich auf einen hohen Gehalt an Fettsäuren schließen läßt. Seifenpulver, die diese Eigenschaft aufweisen sollen, werden daher aus Fettansätzen gesotten, die reich an Hartfettsäuren, Stearin- und Palmitinsäure, sind.

Am häufigsten aber dürfte wohl das Oleïn zur Seifenpulverherstellung herangezogen werden, das aber oft auch gemeinsam mit Harz verarbeitet wird. Beliebt sind ferner Knochenfette oder deren Fettsäuren, Palmölfettsäuren, sowie endlich Leinöl- und Sojabohnenölfettsäuren. Da sich aber alle Arten von Fetten und Fettsäuren, auch gehärtete Fette, in entsprechenden Mengenverhältnissen zueinander mehr oder weniger gut zur Herstellung von Seifenpulvern verwenden lassen, ist es lediglich eine Preisfrage, wie man die Ansätze zusammenstellt, besonders da man nur jeweils wohlfeil zu erwerbende Rohprodukte verarbeiten wird.

Schließlich läßt sich Seifenpulver aber auch durch Auflösen fertiger Kern- oder Leimseifen herstellen, ein Verfahren, das sich bei der Verarbeitung von Fetten, die sich schlecht verseifen, in jeder Weise empfehlen dürfte.

---

[1]) S. bspw. Chem.-Ztg. 1918, **42.** S. 85. — Seifenfabrikant 1917, **37.** S. 579 u. 603; 1919, **39.** S. 69.

Das fertige Seifenpulver soll einen frischen, angenehmen Geruch besitzen und insonderheit nicht ranzig riechen. Daneben sind für die Beurteilung der Qualität aber auch die Feinheit des Mahlgutes und besonders der Griff von großer Bedeutung. Das Pulver soll sich möglichst weich und fettig anfühlen, da ein trockener und rauher Griff mit Recht als Kennzeichen einer geringeren, fettarmen Qualität angesehen wird. Allerdings kann auch fettarmen Produkten ein etwas fettigerer Griff dadurch verliehen werden, daß ein kleiner Teil der zur Verseifung verwandten Natronlauge durch Kalilauge ersetzt wird. Bei besonders feiner Mahlung sind derartige Pulver in ihrem Verhalten Produkten mit höherem Fettgehalt sehr ähnlich.

Um gute Qualitätsseifenpulver vorzutäuschen, findet man ferner auch Erzeugnisse mit besonderen Zusätzen, wie Karagheenmoos-(isländ. Moos)-Abkochungen im Handel und viele Seifenpulver enthalten auch mehr oder weniger Wasserglas, über dessen Wert als Waschmittel man sehr geteilter Ansicht ist. Während von einer Seite behauptet wird, daß es auch schon in geringeren Konzentrationen die Wäschefasern angreift, wird von anderer Seite lobend hervorgehoben, daß es die Bildung von Kalkseife wirksam verhindert. Auch wird dem Wasserglas bei Seifenpulvern mit einem Gehalt an Sauerstoffbleichmitteln eine stabilisierende Wirkung auf die „Persalze“ zugeschrieben[1]).

Des weiteren werden Seifenpulver häufig, wie in den Kriegsjahren, auch weit über das zulässige Maß hinaus mit Ballastkörpern, wie Natriumsulfat, Kochsalz, Ton usw., gestreckt. Infolge ihres Gehaltes an hygroskopischen Salzen sind solche Produkte in der Regel aber nicht einmal lagerbeständig und backen in feuchter Luft zu harten Stücken zusammen. Es ist deshalb nicht verwunderlich, wenn sich neben den Seifenpulvern auch die sogenannten Seifenflocken rasch Eingang in die Konsumentenkreise verschafft haben, da hier eine derart weit getriebene Streckung und Verfälschung nicht ohne weiteres möglich ist, und da die Vorzüge des Seifenpulvers auch für die Seifenflocken zutreffen, insbesondere wenn sie, wie die bekannteren Handelsmarken, aus Fettansätzen gesotten sind, die wesentliche Mengen von Leimfett enthalten.

Die Herstellung der Seifenpulver.

Reines Seifenpulver. Ursprünglich wurden Seifenpulver durch Trocknen und Mahlen einer aus stearinhaltigen Fetten angefertigten Kernseife hergestellt. Man erhält so das eigentliche Seifenpulver mit 80 vH. Fettgehalt. Im Handel findet man solche Produkte allerdings wenig, weil sie wegen ihres hohen Preises nur selten gekauft werden. Für Spezialzwecke werden sie jedoch mitunter in größeren Posten verlangt und angefertigt. Zu ihrer Herstellung eignet sich am besten Palmöl bzw. Palmölfettsäure, gegebenenfalls mit einem Zusatz von Knochenfett oder dergleichen. Palmöl gibt nämlich besonders kurze Seifen, die sich trocken leicht zu Pulver zerreiben lassen; ein Zusatz von Palmkernöl

[1]) Grün und Jungmann: Seifensiederzeitung 1918, **44.** S. 153.

ist aber stets zu empfehlen, um ein leichter schäumendes Produkt zu erhalten. Ein Ansatz von beispielsweise:

430 kg	gebleichtem Palmöl	oder deren Fettsäuren.
86 „	Knochenfett	
128 „	Palmkernöl	

ergibt eine Seife, die sich gut zu einem stark schäumenden Pulver vermahlen läßt. Die Siedeweise ist die einer auf Unterlauge versottenen Kernseife. Neutralfette werden mit Ätznatronlauge von 20—25° Bé verseift, während man bei der Verarbeitung von Fettsäuren vorteilhaft mit Karbonat arbeitet. Der klare, gut abgerichtete Seifenleim wird stramm ausgesalzen, und der Kern mit Wasser so weit verschliffen, daß sich die Unterlauge klar und leicht absetzen kann. Nach dem Schleifen wird der Kessel 12—15 Stunden gut bedeckt stehen gelassen, worauf man die Seife in kleinen Formen erkalten läßt. Sie wird dann in Riegel geschnitten und, nachdem sie genügend getrocknet ist, in einer der vorbesprochenen Reibmühlen gemahlen.

Seifenpulver mit 10—40 vH. Fettsäuregehalt. Die Herstellung von Seifenpulvern mit einem Fettsäuregehalt von 10—40 vH. ist sehr einfach, da es lediglich notwendig ist, einen Seifenleim mit der entsprechenden Menge kalzinierter Soda zu vermischen und das Gemisch nach dem Erkalten auf einer Mühle zu Pulver zu vermahlen. Sauerstoffbleichmittel werden gegebenenfalls erst dem fertigen Pulver zugesetzt.

Wird der Leim aus fertiger Seife bzw. Abschnitten gewonnen, so schmilzt man dieselben in Sodalösung mit Dampf oder Feuer und rührt dann die kalzinierte Soda hinzu, bis die Masse gleichmäßig geworden ist. Eine erkaltete Probe der fertigen Mischung soll sich dann ohne starkes Schmieren zwischen den Fingern zerreiben lassen. Geht man von einem frischen Ansatz aus, so stellt man zunächst eine Leimseife her und verfährt dann genau so, als ob von fertiger Seife ausgegangen wäre. Bei Verwendung von Neutralfetten ist es aber auch möglich, nach Beendigung des Verseifungsprozesses lediglich den strotzig ausgesalzenen Kern weiter zu verarbeiten, nachdem man das Glyzerinwasser von diesem abgetrennt hat. Folgende Ansätze sollen die Zusammensetzung der verschiedenen Seifenpulverqualitäten veranschaulichen:

Seifenpulver mit etwa 40 vH. Fettsäuregehalt:

600 kg	weiße Kernseife,	400 kg	Palmkernölfettsäure,
80 „	kalzinierte Soda, gelöst in	400 „	Ätznatronlauge von 40° Bé,
160 „	Wasser,	160 „	Wasser,
160 „	kalzinierte Soda.	240 „	kalzinierte Soda.

Seifenpulver mit etwa 33 vH. Fettsäuregehalt:

333 kg	weiße Kernseife,	167 kg	Palmkernölfettsäure,
167 „	gelbe Kernseife,	157 „	Oleïn,
84 „	kalzinierte Soda, gelöst in	10 „	rohes Palmöl,
200 „	Wasser,	167 „	Ätznatronlauge von 40° Bé,
216 „	kalzinierte Soda.	200 „	Wasser,
		300 „	kalzinierte Soda.

Seifenpulver mit etwa 20 vH. Fettsäuregehalt:

300 kg gelbe Kernseife,	190 kg Oleïn,
150 „ kalzinierte Soda, gelöst in	10 „ rohes Palmöl,
300 „ Wasser,	100 „ Ätznatronlauge von 40° Bé.
250 „ kalzinierte Soda.	300 „ Wasser,
	400 „ kalzinierte Soda.

Seifenpulver mit etwa 10 vH. Fettsäuregehalt:

150 kg Harzkernseife,	50 kg Palmkernölfettsäure,
175 „ kalzinierte Soda, gelöst in	50 „ Palmölfettsäure,
350 „ Wasser,	50 „ Ätznatronlauge von 40° Bé,
350 „ kalzinierte Soda.	350 „ Wasser,
	500 „ kalzinierte Soda.

Wenn nun auch nach dem Obigen die Herstellung von Seifenpulver ziemlich einfach erscheint, so muß sie doch mit Aufmerksamkeit und Sachkenntnis durchgeführt werden, wenn ein gleichmäßig gutes Pulver entstehen soll. Wie bei der Fabrikation von Seifen ganz allgemein, so ist auch bei der Herstellung von Seifenpulver aus frischem Ansatz besonders darauf zu achten, daß einerseits die Fette vollständig verseift werden und daß andererseits kein nennenswerter Überschuß an Ätznatron vorhanden ist. Unverseiftes Fett ergibt nämlich schmierige Pulver und beeinträchtigt die Haltbarkeit und auch die Waschkraft. Freies Ätznatron dagegen greift die Wäschefaser an und bewirkt auch, daß die Hände der Wäscherinnen wund werden.

Ein Zusatz von Persalzen, d. h. Sauerstoff abgebenden Substanzen, als Bleichmittel sollte nur bei besseren Seifenpulvern mit mehr als 30 vH. Fettsäuregehalt gemacht werden, weil in geringeren Sorten ziemlich schnelle Zersetzung eintritt. Der Fettansatz soll hier im wesentlichen aus gesättigten Fettsäuren, am besten Palmkernölfettsäure, bestehen, die oxydativen Einflüssen gegenüber unempfindlich ist. Als Zusatz wird beinahe ausschließlich das Natriumperborat benutzt, nachdem sich herausgestellt hat, daß das billigere Natriumperoxyd seiner heftigen Wirkungen wegen zu gefährlich ist, während Persulfate zu unbeständig und Perkarbonate wegen ihres hohen Preises nicht anwendbar sind. Daneben wird in neuester Zeit aber auch ein Präparat empfohlen, das unter der Bezeichnung Aktivin im Handel ist und trotz seines Chlorgehaltes vom Materialprüfungsamt als für die Wäschefaser unschädlich begutachtet wurde. Die Vermischung des Perborats bzw. aller oxydativ wirkenden Zusätze mit dem Seifenpulver darf nur in trockenem Zustande erfolgen, da beim Eintragen des Präparates in einen heißen Seifenleim unter Entbindung des aktiven Sauerstoffes ebenfalls Zersetzung eintritt. Auch die Lagerung der fertigen Pulver soll nur in durchaus kühlen und trockenen Räumen geschehen. Die meisten Perboratseifenpulver enthalten 10 vH. Perborat, da sich dies Verhältnis in der Praxis am besten bewährt hat.

Trotzdem der Zusatz von Wasserglas zum Seifenpulver von zahlreichen Fachleuten wegen seiner wäscheschädigenden Wirkung verworfen wird, spielt dasselbe, wie erwähnt, in der modernen Seifenpulverfabrikation eine nicht unwichtige Rolle. Lediglich aus diesem Grunde soll daher auch die Herstellung eines wasserglashaltigen Seifenpulvers hier kurz beschrieben werden. Für die Art des Fettansatzes sind die gleichen Gesichtspunkte maßgebend, wie bei der Herstellung der wasserglasfreien Präparate, doch wird das Wasserglas selbst unmittelbar nach Vollendung des Verseifungsprozesses dem Seifenleim hinzugegeben, der alsdann erst mit der erforderlichen Menge kalzinierter Soda versetzt wird. Das zweckmäßig anzuwendende Mengenverhältnis ergibt sich aus der folgenden Tabelle, aus welcher die sachgemäße Zusammensetzung von jeweils 1000 kg Seifenpulver mit verschiedenstem Fettsäuregehalt zu ersehen ist.

Fettsäuregehalt des Seifenpulvers	Seifenpulver ohne Wasserglaszusatz				Seifenpulver mit Wasserglaszusatz				
	Fettansatz	Natronlauge 38° Bé	Wasser	kalz. Soda	Fettansatz	Natronlauge 38° Bé	Wasser	Wasserglas 36/38°	kalz. Soda
40	400	210	150	240	400	210	130	40	220
35	350	180	180	290	350	180	157	43	270
30	300	155	220	325	300	155	195	50	300
25	250	130	255	365	250	130	228	52	340
20	200	105	290	405	200	105	260	55	380
15	150	80	325	445	150	80	297	58	415
12	120	65	345	475	120	65	308	62	445
10	100	54	360	486	100	54	325	67	454

Die noch immer empfohlenen Vorschriften zur Herstellung von Seifenpulver mit Kristallsoda sind dagegen als durchaus unwirtschaftlich zu bezeichnen. Die Verwendung von kalzinierter Soda ist nicht nur billiger, sondern ergibt auch bei gleicher Ausbeute trockenere Pulver, die auch auf dem Lager nicht nässen, d. h. auch in verpackter Form durchaus haltbar sind.

Soll Seifenpulver in größeren Mengen hergestellt werden, so ist eine entsprechende maschinelle Einrichtung aber unbedingt erforderlich. Schon das Mischen des Seifenleims mit der Soda erfordert, wie eingangs erwähnt [1]), Maschinenkraft, wenn ein gleichmäßiges Produkt erzielt werden soll, weshalb hierfür zumeist auch gesonderte Gefäße in Anwendung kommen. Es werden jedoch auch Mischapparate hergestellt, die mit Dampfheizung versehen sind, und die demzufolge auch zur Erzeugung des Seifenleimes selbst dienen können. In der Regel aber werden, wie gesagt, besondere Verseifungskessel vorgesehen, während zum Mischen meist mit horizontalem, kräftig gearbeitetem Rührwerk oder auch mit zwei gegeneinander arbeitenden Rührflügeln versehene, durch Deckel verschließbare Misch- und Knetwerke benutzt werden, die zweckmäßig durch eine Kippvorrichtung zu entleeren sind. Die Grundmasse wird sodann zum Erkalten direkt auf den Boden ausgebreitet und nach dem Erstarren auf Pfannen, Blechen oder dergleichen zur Mühle befördert. Neuerdings werden auch Mischwerke hergestellt,

[1]) Siehe S. 261ff.

mit deren Hilfe der fertig gemischte, noch warme Ansatz durch eingepreßte Luft in eine hochporöse, schwammartig erstarrende Masse überführt wird, die sich alsdann mit sehr geringem Kraftaufwand vermahlen läßt[1]). Der eigentlichen Feinmahlung geht gewöhnlich jedoch eine maschinelle Vorzerkleinerung voraus, für die ebenfalls besondere Brechwerke und Grabmühlen von Spezialfirmen gebaut werden. Sind solche Vorbrecher nicht verfügbar, so behilft man sich zumeist in der Weise, daß man den auf dem Boden ausgebreiteten Ansatz während des Erkaltens mehrfach umschaufelt, damit die seifenhaltige Grundmasse in poröse, etwa faustdicke Stücke zerfällt. Hierdurch werden natürlicherweise aber größere Bodenräume und viel Handarbeit beansprucht, weshalb man auch für die Herstellung von Seifenpulvern geeignete Kühlmaschinen konstruiert hat, die teilweise sogar von vornherein ein pulverförmiges Trockenmaterial liefern und später noch erläutert werden sollen.

Im übrigen benutzt man zum Mahlen des erkalteten Seifenpulvers besonders konstruierte Mühlen, die gleichfalls in den verschiedensten Ausführungen im Handel sind und nach dem Prinzip der Walzen- oder Schleudermühlen arbeiten. Die Walzenmühlen haben aber den Nachteil, daß das Seifenpulver nie ganz gleichmäßig ausfällt, da man stets feines und grobes Pulver nebeneinander erhält. Im Gegensatz hierzu liefern die Schleudermaschinen allerdings nach Wunsch ein gleichmäßig feines oder grobes Pulver, entwickeln aber viel Staub und verursachen viel Lärm. Zweckmäßig wird daher eine Staubkammer an die Mühle angeschlossen, in welche das Mahlgut hineinfällt, und in der sich auch der Staub absetzt. Bei größerer Produktion ist des weiteren die Anlage eines Elevators zu empfehlen, durch den das fertige Pulver direkt in den Vorratsraum über den Füllmaschinen befördert wird. Zum Mischen der Seifenpulver mit Perborat, Riechstoffen u. dgl. bedient man sich in der Regel drehbarer Trommeln, die innen mit Widerständen versehen sind und eine verschließbare Klappe zum Einfüllen und Entleeren des Mischgutes besitzen. Kleinere Mengen lassen sich aber natürlich auch mit der Hand oder durch längeres Umschaufeln mischen.

Zum Einfüllen der fertigen Produkte in die Einzelpakete sind ebenfalls verschiedene Füllmaschinen, teils für Hand-, teils für Maschinenbetrieb, konstruiert worden, die sämtlich eine gute Leistungsfähigkeit besitzen. Bei Anschaffung derselben sind in erster Linie naturgemäß die Größe der Produktion und die räumlichen Verhältnisse in Betracht zu ziehen, ihre Verwendung ist jedoch immer zu empfehlen, sofern es sich nicht um sehr geringe Mengen handelt, deren Einfüllen in Pakete oder Beutel natürlich auch ohne Maschine von Hand aus geschehen kann.

Ammoniakseifenpulver. Über den Wert des Zusatzes von Ammoniak (Salmiakgeist) zu Seifenpulvern ist seinerzeit viel gestritten worden; es ist jedoch durch häufige Untersuchungen solcher Präparate endgültig festgestellt, daß ein solcher Zusatz seiner Flüchtigkeit wegen völlig wertlos ist. Aber selbst wenn ein kleiner Prozentsatz Ammoniak

[1]) DRP. 301911.

in dem Pulver verbliebe, wäre mit einer Erhöhung der Reinigungswirkung kaum zu rechnen, da das starke Fett- und Schmutzlösungsvermögen der stets in großem Überschuß vorhandenen Soda durch solchen Zusatz kaum vermehrt werden dürfte. Zweckmäßiger ist es deshalb, dem Seifenpulver das Ammoniak nicht als solches, sondern in gebundener Form, namentlich als Chlorammonium oder schwefelsaures Ammoniak zuzusetzen, da das Ammoniak dann erst frei wird bzw. zur Wirkung kommt, wenn das Seifenpulver mit dem Waschwasser in Berührung tritt. Das bei der Hydrolyse der Seife frei werdende Alkalihydrat macht alsdann unter Bildung von Alkalichlorid oder -sulfat das Ammoniakgas selbst frei, sofern nicht die etwa vorhandenen Ammonsalze durch die gleichzeitig vorhandene Soda in kohlensaures Ammoniak umgewandelt werden, das dann ebenfalls leicht der Zersetzung anheimfällt. Die diesbezüglich möglichen Umsetzungen sind aus den nachfolgenden Gleichungen ersichtlich:

$$\underset{\text{Salmiak}}{NH_4Cl} + \underset{\text{Ätznatron}}{NaOH} = \underset{\text{Kochsalz}}{NaCl} + \underset{\text{Ammoniak}}{NH_3} + \underset{\text{Wasser}}{H_2O}$$

$$\underset{\text{Salmiak}}{2\,NH_4Cl} + \underset{\text{Soda}}{Na_2CO_2} = \underset{\text{Ammoniumkarbonat}}{(NH_4)_2CO_3} + \underset{\text{Kochsalz}}{2\,NaCl}$$

$$\underset{\text{Ammoniumsulfat}}{(NH_4)_2SO_4} + \underset{\text{Ätznatron}}{2\,NaOH} = \underset{\text{Natriumsulfat}}{Na_2SO_4} + \underset{\text{Ammoniak}}{2\,NH_3} + \underset{\text{Wasser}}{2\,H_2O}$$

$$\underset{\text{Ammoniumsulfat}}{(NH_4)_2SO_4} + \underset{\text{Soda}}{Na_2CO_3} = \underset{\text{Natriumsulfat}}{Na_2SO_4} + \underset{\text{Ammoniumkarbonat.}}{(NH_4)_2CO_3}$$

Ammoniakhaltige Seifenpulver werden zweckmäßigerweise aber lediglich aus gemahlener Kernseife und kalzinierter Soda hergestellt. Bei guter Verpackung und trockener Aufbewahrung wird Ammoniak dann nur spurenweise entbunden, und die eigentliche Umsetzung tritt erst ein, wenn das Pulver in das warme Waschwasser geschüttet wird. In stark wasserhaltigen Seifenpulvern, wie sie für gewöhnlich im Handel vorkommen, ist es aber empfehlenswert, von einer Verwendung des Chlorammoniums abzusehen und lediglich das Ammonsulfat als Zusatz zu verwenden, da im ersteren Falle schon in dem Pulver selbst die oben erwähnte Wechselwirkung eintritt. Auch das Verfahren, dem Seifenpulver das Salmiakpulver kurz vor dem Entleeren des Kessels zuzusetzen, ist natürlich in keiner Weise zu empfehlen, da die Umsetzung hier, wie man an dem entwickelten, starken Ammoniakgeruch deutlich wahrnehmen kann, sofort eintritt.

Eine Vorschrift für ein beliebtes Salmiakseifenpulver ist die folgende:

416 kg Oleïn oder halb Kernöl und halb Oleïn und etwas Palmöl,
33 „ Ätznatronlauge von 30° Bé,
208 „ kalzinierte Soda,
5—8 „ Salmiakpulver.

Das Salmiakpulver wird dem trockenen, gemahlenen Seifenpulver zugemischt.

Parfümierte Seifenpulver. Das Parfümieren der Seifenpulver erfolgt am besten vor dem Einfüllen in die Einzelpakete, doch muß man darauf achten, daß sich hierbei keine Klümpchen bilden. Als Parfüm kann man Safrol, Spiköl, Citronellöl, Mirbanöl, sowie verschiedene andere ätherische Öle empfehlen. Will man Veilchenseifenpulver anfertigen, so ist es vorteilhaft, gebleichtes Palmöl zu verwenden, das an sich schon einen veilchenähnlichen Geruch entwickelt, der auf Lager noch zunimmt. Durch Zusatz von Veilchenwurzelpulver und Moschustinktur kann man den Geruch auch verstärken und ihn auch ohne Verwendung von Palmöl erzeugen.

Seifenpulver ohne Mühle. Kleinere Betriebe, die über eine Mühle nicht verfügen, können auch ohne diese, nach folgender Anweisung, Seifenpulver herstellen. Die dazu erforderlichen Geräte sind in jeder Seifenfabrik vorhanden und höchstens durch die Anschaffung eines Siebes zu vervollständigen.

Als Ansätze sind die folgenden empfehlenswert:

500 kg	Kristallsoda.	333 kg	Oleïn.
250 „	Kernseife.	333 „	Sodalauge von 25° Bé.
250 „	kalzinierte Soda.	333 „	kalzinierte Soda.

oder

700 kg	gepulverte Kristallsoda.	800 kg	gepulverte Kristallsoda.
175 „	Oleïn.	109 „	Oleïn.
125 „	kalzinierte Soda.	90 „	kalzinierte Soda.

Man gibt zunächst die Kristallsoda in einen kleinen Kessel und schmilzt darin die fein zerkleinerte Seife oder läßt das erforderliche Oleïn hinzufließen. Dann entfernt man das Feuer und rührt die kalzinierte Soda ein. Arbeitet man nach dem zweiten Ansatz, so wird erst die Sodalauge in dem Kessel zum Sieden erhitzt und dann das Oleïn nach und nach dazugegeben. Ist alles gut verseift und ein schöner Seifenleim im Kessel vorhanden, so gibt man am besten sogleich etwa 25 kg kalzinierte Soda hinzu, um Klumpenbildung zu verhüten. Dann wird das Feuer entfernt und die übrige kalzinierte Soda und bisweilen ein kleiner Prozentsatz Schmierseife eingerührt, der dazu dient, das Endprodukt zarter und leichter löslich zu machen. Unterdessen hat man in einem kühlen Raume mehrere Trommelbleche ausgebreitet, auf die man den Kesselinhalt ausschüttet und in dünner Schicht ausbreitet. In kurzen Zwischenräumen wird alsdann die Masse mittels einer Schaufel gewendet und dabei möglichst durch Reiben und Stechen zerkleinert. Wenn sie nicht mehr schmiert und sich in kleine Körner zerdrücken läßt, reibt man sie durch ein Sieb in einen größeren Aufnahmebehälter.

Das fertige Produkt wird, je nachdem man ein feines oder grobes Sieb benutzt, fein- oder grobkörnig ausfallen. Auf alle Fälle ist es aber vorteilhaft, das Seifenpulver zweimal durch ein Sieb zu reiben, und zwar das erste Mal durch ein grobes, das zweite Mal durch ein feines Gewebe, um auf diese Weise ein gleichmäßiges, schönes Fabrikat zu erhalten.

Die großtechnischen Fabrikationsmethoden der Seifenpulverfabrikation.

Die bisher für die Fabrikation von Seifenpulvern hier beschriebenen Verfahren bedürfen nur einfacher, leicht beschaffbarer Hilfsmittel. Trotzdem aber sind sie für eine wirtschaftliche Produktion namentlich in größerem Maßstabe zu umständlich und allzusehr noch mit Handarbeit verbunden. Vor allem nimmt die Abkühlung der Seifenpulvermasse störend lange Zeiten in Anspruch, und ebenso wird die verhältnismäßig geringe Leistungsfähigkeit der Mühlen vielfach als lästig empfunden. Auch die Tatsache, daß der gesamte Herstellungsprozeß bei den bisher geschilderten Verfahren aus mehreren Operationen besteht, für deren einzelne Phasen jeweils besondere, zum Teil räumlich getrennte apparative Hilfsmittel erforderlich sind, läßt eine Vereinfachung des Fabrikationsprozesses als geboten erscheinen. Eine zweckmäßige Verbindung der Einzelapparate durch Transportorgane, Elevatoren u. dgl. läßt diese Übelstände teilweise zwar beheben, ein prinzipieller Fortschritt war jedoch nur durch Automatisierung und Verbesserung des gesamten Abkühlungs- und Zerkleinerungsprozesses auf einem von der herkömmlichen Arbeitsweise völlig abweichenden Wege möglich.

Die hierher gehörigen Verfahren sind daher in erster Linie durch die Anwendung besonderer, neuartig konstruierter Kühl- oder Trockenvorrichtungen gekennzeichnet, mit deren Hilfe fast durchweg in gleichem Arbeitsgang die Seifenmasse gekühlt und in Pulver überführt wird. Am vollkommensten und verhältnismäßig einfach wird dieser Effekt durch die sogenannten Zerstäubungsmethoden erreicht, nach welchen die flüssige Seifenmasse zunächst vernebelt und in dieser Form durch Feuchtigkeitsentziehung oder Abkühlung zum Erstarren gebracht wird.

Das älteste hierher gehörige Verfahren von Kustner[1]) benutzt hierfür zweckmäßig konstruierte Düsen, mit deren Hilfe die flüssige Seifen-Sodalösung innerhalb eines turmartigen Behälters in einen staubfeinen Sprühregen verwandelt wird, der rechtwinklig horizontal kalter Luft begegnet. Die erstarrte Masse sinkt als Pulver zu Boden und wird durch Transportschnecken entfernt. Ebenfalls auf Zerstäubung durch Düsen beruht das Verfahren der Gebr. Körting A.-G., Hannover[2]), welches ein trockeneres Pulver ergeben soll als das vorgenannte, sich jedoch lediglich durch die Art der Düsen, die Frischluftzuführung usw. von diesem unterscheidet. Nach einem Verfahren von Kayser[3]) kann an Stelle fertig vorgebildeter Seifengrundmasse durch getrennte Zuleitungsorgane in bestimmtem, genau geregeltem Verhältnis auch ein Gemisch aus Ölsäure und hydrathaltiger Sodalösung gemeinsam verstäubt werden. In den Nebelschwaden soll sich alsdann der Verseifungsprozeß selbst und unmittelbar darauf auch die Erstarrung des gebildeten Produktes in Pulverform vollziehen. Der gesamte Fabrikationsvorgang besteht hier also

[1]) DRP. 113023.
[2]) DRP. 203193.
[3]) Amerik. Patent 1153625.

nur aus einer Operation; eine wirksame Überwachung, insbesondere des Verseifungsvorganges, dürfte jedoch mit nicht geringen Schwierigkeiten verbunden sein.

Eine sehr wirksame Zerstäubung wird des ferneren bei einer Reihe anderer Verfahren nicht durch Benutzung von Düsen, sondern durch Zentrifugalkraft erreicht. G. A. Krause, München[1]) leitet zu diesem Zwecke beispielsweise die flüssigen Massen zentral in rotierende Behälter mit peripheren Austrittsöffnungen oder spritzt sie gegen rotierende Scheiben und zerstäubt sie so in mit kalter Luft beschickte Trockenräume. Auch R. Ockel[2]) bedient sich einer schnell rotierenden Scheibe, um die durch eine Düse fein verteilte, flüssige Masse gegen gekühlte Gefäßwandungen zu schleudern, auf denen dieselbe dann pulverförmig erstarrt.

In wesentlich anderer Weise kann eine Trocknung des Materials aber auch nach dem Verfahren der Firma A. Haeberle, Göppingen[3]), durchgeführt werden. In die warme Seifenmasse wird nach Vermischung derselben mit Soda unter gleichzeitigem mechanischen Rühren warme Luft eingeblasen und auf diese Weise ein feines Pulver erzielt. Eine diesem Verfahren sehr ähnliche Arbeitsweise liegt des ferneren dem DRP. 301911 zugrunde, das allerdings nicht die direkte Herstellung von Seifenpulver, sondern lediglich die Gewinnung einer porösen, leicht mahlbaren Grundmasse erstrebt.

Eine Reihe weiterer Verfahren bedient sich besonders ausgebildeter, von Wasser umspülter Kühlorgane, über deren Oberfläche die Seifenmasse fortgeleitet wird, während durch gleichzeitig mechanische Bearbeitung mit Schabern oder dergleichen eine Zerkleinerung und Pulverisierung des erhärtenden Materials bewirkt wird[4]). Neben diesem System der reinen Wasserkühlung sind aber auch kombinierte Verfahren empfohlen worden, die nacheinander oder gleichzeitig Wasser- und Luftkühlung vorsehen[5]).

Imhausen endlich glaubt, die gleichen Effekte in zweckmäßigerer Weise durch Anwendung besonders intensiver Kühlung erreichen zu können, wie sie durch Eismaschinen[6]) oder auch durch direkte Zugabe von flüssiger Luft[7]) zu der sodahaltigen Seifenmasse erreichbar ist. Bei gleichzeitiger mechanischer Durchrührung erstarrt dieselbe bei der plötzlich einsetzenden Abkühlung unter ihren Gefrierpunkt rasch zu einem fein kristallinischen Pulver, das dann in trockenem Zustande ohne Beeinträchtigung seiner Struktur wieder auf Außentemperatur gebracht werden kann. Nach einem weiteren Vorschlag[8]) kann die Grundmasse auch zunächst in einem Autoklaven unter Druck schaumig geblasen und darauf durch eine Düse in einen tiefgekühlten, turm-

[1]) DRP. 297388, 329357, 329358, 329658; s. S. 269.
[2]) DRP. 304762.
[3]) DRP. 299986.
[4]) DRP. 303074, 316974 u. a.
[5]) DRP. 285984, 327182, 332726 u. a.
[6]) DRP. 310122.
[7]) DRP. 310625.
[8]) DRP. 310123.

artig ausgebildeten Raum zerstäubt werden. Das erstarrte Pulver fällt dann wie lockerer Schnee auf den Boden des Kühlraumes und wird durch Förderschnecken von dort aus dauernd fortgeführt.

Es unterliegt keinem Zweifel, daß die hier beschriebenen neueren Methoden von grundlegender Bedeutung für eine großtechnische, wirtschaftliche Herstellung von Seifenpulvern, Bleichsoda, Wasch- und Scheuerpräparaten sind. Die große Anzahl und die Verschiedenartigkeit der angewandten Methoden deutet aber darauf hin, daß eine allseits befriedigende und anerkannte Lösung des Problems auch heute noch nicht gefunden ist, und daß sich die technische Bearbeitung desselben noch immer im Entwicklungsstadium befindet. Trotzdem muß aber anerkannt werden, daß die besprochenen Verfahren teilweise auch heute schon recht wertvolle Dienste zu leisten vermögen, und daß im besonderen das Krausesche Zerstäubungsverfahren in all den Fällen empfohlen werden darf, in denen es sich um die Herstellung sodareicher Produkte handelt. Pulver mit erheblichem Gehalt an Seife, Wasserglas und überhaupt an kolloiden Materialien sind aber auch nach dem Krause-Verfahren nur schwer zu trocknen und ballen sich bei Anwendung von Transportschnecken u. dgl. leicht wieder zusammen, so daß in der Regel dann eine Nachmahlung durch Mühlen unvermeidbar ist. Es steht aber durchaus zu erwarten, daß die künftige Entwicklung der Seifenpulverindustrie endgültig zu der allgemeinen Anwendung technisch brauchbarer Kühl- und Zerkleinerungsapparate führen wird, und daß die Fortschritte, die diesbezüglich beispielsweise bei der Fabrikation von Kernseifen erzielt wurden, auch auf die zweckmäßige Fabrikation der hier besprochenen Präparate nicht ohne Einfluß sein werden.

Seifenflocken.

Zur Herstellung von „Seifenflocken", d. h. kleiner Seifenschuppen in Span- oder Pastillenform, eignet sich jede für die Fabrikation von Feinseifen gebrauchsfähige Grundseife. Im allgemeinen enthalten jedoch die Fettansätze zur Flockenbereitung erheblichere Mengen an Kokosöl, da die Fertigprodukte alsdann schneller in Lösung gehen und in erhöhtem Maße zur Schaumbildung befähigt sind. Auch Ansätze, wie sie etwa bei der Herstellung der Oranienburger Kernseife besprochen wurden, lassen sich auf Flocken und Schuppen verarbeiten, doch enthalten die meisten zur Zeit im Handel befindlichen Produkte hauptsächlich Kokosöl neben Talg oder Schweineschmalz, die eine rein weiße Farbe und ein gutes Aussehen der fertigen Flocken erzielen lassen.

Die Formgebung erfolgt, indem verhältnismäßig hochgetrocknete, also 80—86 vH. Fettsäure enthaltende Seifenschnitzel zwischen hochglanzpolierten Stahlwalzen zu hauchdünnen, membranartigen Platten zerdrückt werden. Gleichzeitig wird durch besondere Schneidevorrichtungen die Zerteilung der Masse in gleichmäßig geformte Schuppen bewirkt. Für kleinere Betriebe ist jedoch die Anschaffung der zu diesem Zwecke benötigten, beistehend abgebildeten, mit Wasserkühlung versehenen Drei- bis Fünfwalzenapparate (Abb. 121 und 122) kaum lohnend. Hier empfiehlt es sich vielmehr, die Seife zunächst in Platten oder in Riegel zu formen und diese alsdann besonderen, für diesen Zweck hergestellten Zerkleinerungsmaschinen zuzuführen, die mit Hilfe einer mit Hobelmessern versehenen Hohlwalze zwar nicht absolut gleichartige Schuppen, aber doch spanartige Gebilde von nur geringer Dicke entstehen lassen, und deren Konstruktion aus Abb. 123 zu erkennen ist.

Abb. 121. Dreiwalzwerk in liegender Bauart zur Herstellung von Seifenflocken.

Im allgemeinen stellt der Konsument an die hier besprochenen Seifenflocken die gleichen Anforderungen, die auch für die Qualität der Seifenpulver maßgebend sind. Darüber hinaus wird zumeist aber großer Wert auf besonders reine Farbe, guten Geruch bzw. gute Parfümierung gelegt. Auch sollen die Flocken in Form und Größe möglichst gleichartig sein und im besonderen neben gleichartigen Gebilden bestimmter Größe keinen pulverförmigen Staub enthalten, der gegebenenfalls durch Sieben aus den Fertigprodukten zu entfernen ist. Da die Seifenflocken gegenüber den üblichen Pulverseifen besonders reine, hochwertige und damit auch verhältnismäßig teuere Produkte darstellen, ist es endlich nötig, daß dieselben recht voluminös ausfallen, damit sie pro Gewichtseinheit einen möglichst großen Raum einnehmen und somit auch in Einzelpackungen leichteren Gewichtes ein gefälliges Aussehen bewahren. Die Erfüllung dieser Forderung wird naturgemäß sehr wesentlich durch die Art der für die Fabrikation verwendeten Apparatur bedingt, weshalb bei Neuanschaffungen diesbezüglich besondere Garantien gefordert werden sollten.

Abb. 122. Fünfwalzwerk in hochstehender Bauart zur Herstellung von Seifenflocken.

Waschpulver ohne Seife.

Waschpulver, die gar keinen Fettgehalt oder höchstens einen solchen von 1—4 vH. aufweisen, sollten nicht als Seifenpulver bezeichnet werden, denn ein wirkliches Seifenpulver soll etwa dieselben Vorteile wie die Seife selbst bieten. Vorausgesetzt, daß sein Fettsäuregehalt dem Preise entspricht, wird es vielleicht sogar noch etwas ökonomischer wirken als gleichwertige Seifen, weil die im Waschwasser stets mehr oder weniger vorhandenen Kalk-, Tonerde-, Magnesia- und Eisensalze nicht auf Kosten des wirklichen Seifengehaltes als fettsaure Salze, sondern durch die vorhandene Soda in Form von kohlensauren Salzen ausgeschieden werden. Viele Waschpulver können jedoch noch nicht einmal diesen Vorteil aufweisen, weil sie vielfach mit zur Wäsche ganz untauglichen Salzen vermischt sind und nicht einmal den Wert der gemahlenen Soda besitzen. Teilweise enthalten sie sogar Schwerspat, Gips und andere mineralische Bestandteile, die nicht mehr als Füllungen, sondern glatt als Fälschungen zu bezeichnen sind.

Abb. 123. Plattenhobelmaschine.

Namentlich in früheren Jahren wurden auch die Polysulfide des Kaliums und Natriums für Waschzwecke angepriesen, die angeblich auch der Soda an Waschkraft überlegen sein sollten. Alle diese Präparate haben sich aber im Markte nur kurze Zeit halten können.

Unter der Bezeichnung „Bleichsoda“ befindet sich aber eine ganze Anzahl von Produkten im Handel, die entweder nur aus kalzinierter Soda oder aus Mischungen von kalzinierter Soda mit Kochsalz oder dergleichen bestehen. Es gibt darunter Produkte, welche mehr als die Hälfte für den Waschprozeß völlig wertlose Beimengungen enthalten und nur wenige Präparate, welche rationell zusammengesetzt sind und zu ihrem Werte entsprechenden Preisen gehandelt werden. Die besten unter ihnen stellen eine in kleinkristallinischer Form nach besonderem Verfahren erhaltene Kristallsoda dar.

Während der verflossenen Kriegszeit hatte infolge des gegebenen Mangels an verseifbaren Fetten und Ölen die Industrie der fettlosen Waschmittel eine unerwartet große Ausdehnung gewonnen[1]). Wenn auch nicht verhehlt werden darf, daß unter dem Drucke der Not manche unter den angebotenen Präparaten und insonderheit diejenigen, welche als Hauptkomponente das Wasserglas verwendeten, in gewissem Sinne brauchbar waren, so ist doch zu erhoffen, daß diese „Ersatzprodukte“ nunmehr endgültig vom Markte verschwunden sind. Denn auch das Wasserglas besitzt keinesfalls eine Wirkung, die es geeignet erscheinen lassen könnte, die Seife im Wäschereibetriebe entbehrlich zu machen, wie aus den nachstehenden Urteilen hervorgeht.

So schreibt beispielsweise W. Kind[2]), daß „Wäschestücke, welche wegen zu schnellen Verschleißes zur Untersuchung gelangten, einen anormal hohen Gehalt an Kalksalzen oder Kieselsäure hatten“. „Die meisten billigen Seifenpulver oder Waschpräparate enthalten geringere oder größere Mengen Wasserglas, das tatsächlich trotz gegenteiliger Behauptungen schädlich ist.“ Ferner: „Durch Wasserglas wird wohl an Seife gespart, da es die Kalk- und Magnesiaverbindungen aus dem Wasser fällt; die Behauptung jedoch, die Niederschläge seien leicht durch Spülen von der Faser zu entfernen, da die Kieselsäure das Ankleben verhüte, sind unzutreffend.“ „Bei den umfangreichen Versuchen des Verfassers ergaben die Aschenbestimmungen stets einen hohen Gehalt an Kalk und Kieselsäure und der in den Geweben gefundene Kalk war weniger an Fettsäure als an Kieselsäure gebunden.“ „Die bleichende Wirkung, welche den Silikaten zugeschrieben wird, beruht aber auf arger Selbsttäuschung; die Fasern werden nur oberflächlich durch die niedergeschlagenen Kalziumsilikate geweißt.“

Auch an anderer Stelle[3]) wird dem Wasserglas und seiner schädigenden Wirkung auf das Waschgut die gebührende Beachtung geschenkt, indem darauf hingewiesen wird, daß man „die Wirkung, welche das Wasserglas infolge seines Alkaligehaltes ausübt, billiger durch Soda erzielen kann, die ja auch allgemein beim Waschen verwendet wird, zumal sie die Eigenschaft besitzt, das harte Wasser durch Niederschlagen des gelösten Kalkes in weiches Wasser zu verwandeln, wodurch eine nicht unbedeutende Ersparnis an Seife erzielt wird“. „Die ausgeschiedene Kieselsäure wirkt beim Waschen der Stoffe mechanisch gleich einem Schleifmittel auf der Oberfläche der Gespinstfaser. Namentlich leiden Woll- und Seidenstoffe hierunter bedeutend, da die so beschädigte Faser der zerstörenden Wirkung des Alkalis besonders ausgesetzt ist. Die Pflanzenfaser, also Leinen und Baumwolle, leistet dem Alkali zwar einen größeren Widerstand, aber auch sie wird gleichsam mit Kieselsäure imprägniert, und es unterliegt keinem Zweifel,

---

[1]) Vgl. hierzu C. Deite: Deutsche Waschmittelfabrikation. Berlin 1920.
[2]) Seifensiederzeitung 1908, **34.** S. 1439.
[3]) Ztschr. d. Zentralverbandes d. Dampfwäschereien Deutschlands 1908, S. 27.

daß das Gewebe beim Verbrauch einem stärkeren Verschleiß unterliegt, weil die zwischen den einzelnen Fasern abgelagerte Kieselsäure durch ihre rauhe und harte Beschaffenheit die Faser bedeutend angreift. In dem Wasser, das zum Waschen und Spülen der Wäsche gedient hat, kann man mittels des Mikroskops sehr leicht nachweisen, wie schädlich die Kieselsäure auf die Faser gewirkt hat. Nicht allein, daß man darin die so charakteristischen Fäserchen von Baumwolle und Leinen in Menge erkennt, man sieht auch ganz deutlich, wie die Oberfläche der Faser rauh und uneben ist, ein deutlicher Beweis, wie durch das Reiben beim Waschen die Faser durch die harte und rauhe Kieselsäure angegriffen wurde."

Wenn also auch nicht bezweifelt werden kann, daß das Wasserglas ein relativ hohes Reinigungsvermögen besitzt, so kann auf Grund des obigen doch nicht eindringlich genug vor seiner allzuweit gehenden Verwendung gewarnt werden. Früher oder später werden die genannten Nachteile immer in Erscheinung treten, sofern man nicht von vornherein darauf verzichtet, die als Wasch- und Reinigungsmittel an erster Stelle bewährte Seife durch billigere Surrogate zu ersetzen.

Die Herstellung der Feinseifen.

Unter Feinseifen versteht man die für die Reinigung und Pflege der Haut bestimmten Seifenpräparate, die nach den verschiedenartigsten Verfahren hergestellt, in fester, weicher und auch flüssiger Form zur Anwendung kommen und meist Zusätze enthalten, die berufen sind, die Annehmlichkeiten beim Gebrauche zu erhöhen. Denn obwohl es die Hauptaufgabe der Feinseife bleibt, das mit Staub durchsetzte Hautfett zu beseitigen, die oberflächlichen Hornzellenschichten mitsamt dem ihnen anhaftenden Schmutz zu lockern und zu entfernen, so ist doch zu beachten, daß die Wirkung je nach Art und Zusammensetzung eine verschiedenartige sein kann, und daß auch der einzelne Verbraucher dem Charakter seiner Haut entsprechend besondere Ansprüche an die Eigenart der von ihm bevorzugten Feinseife stellen wird. Im allgemeinen gilt hier die Regel: je fettärmer, je trockener die Haut, je dünner ihre Hornschicht, d. h. je größer ihre Zartheit, desto mildere Seife ist ihr notwendig und zuträglich. Je größer die Fettsekretion, je derber die Hornschicht, desto mehr bedarf die Haut der Seifenanwendung, desto differenter kann die Seife sein.

Im wesentlichen wird nun die Wirkung einer Seife auf die Haut von ihrer Löslichkeit in Wasser, sowie ihrem etwaigen Gehalt an freiem Alkali oder freien Fettsäuren abhängig sein. Seifen aus Kokosöl und Palmkernöl, die in Wasser weit leichter löslich sind, als die Seifen aus Kernfetten, reizen auch im allgemeinen stärker als die letztgenannten, da sie tiefer in die Haut eindringen und so eine weitgehende Entfettung derselben bewirken. Überfettete Seifen, d. h. Seifen, die einen Zusatz von Lanolin (gereinigtem Wollfett) u. dgl. enthalten, wirken im allgemeinen milder als nicht überfettete, da sie einer völligen Entfettung der Haut entgegenwirken, ohne jedoch den Reinigungsprozeß selbst zu stören oder zu erschweren.

Alkalische Seifen werden für gewöhnlich stärker angreifen, als neutrale oder schwach saure Seifen, da das Alkali einen stark lösenden Einfluß auf die Horngebilde der Haut besitzt.

Je nach den gestellten Anforderungen ist man also in der Lage, Feinseifen mit den verschiedensten Wirkungsgraden herzustellen und je nach Wunsch durch den Zusatz von Farbstoffen, ätherischen Ölen und anderen Riechstoffen, durch die Beimischung von Glyzerin oder fettartigen Stoffen, wie Wollfett, Wachsalkoholen u. dgl., Erzeugnisse zu schaffen, die einem großen und verschiedenartigen Konsumentenkreise dienen können.

Die Herstellung der Feinseifen erfolgt im wesentlichen auf dreierlei Weise: 1. auf warmem Wege, 2. durch sogenannte kalte Verseifung, 3. durch Zerkleinern, Parfümieren, Färben und nachträgliches Wiederzusammenpressen eigens zu diesem Zwecke sorgfältig gearbeiteter Kernseifen, ein Vorgang, den man als „Pilieren" bezeichnet. Die so erhaltenen pilierten Feinseifen sind äußerst haltbar und gelten daher auch als besonders wertvoll, zumal da der Parfümeur hier Gelegenheit hat, seine Kunst durch den dauernd feinen Geruch dieser Seifen zu beweisen.

Ein viertes Verfahren, durch Umschmelzen und nachfolgendes Parfümieren bzw. Färben schon fertiger Seifen Feinseifen herzustellen, hat namentlich in England früher vielfach Verwendung gefunden, dürfte aber heute als aufgegeben zu betrachten sein.

Für die Eigenschaften der Feinseifen ist, wie bei jeder Seife, in erster Linie jedoch die Qualität der Fette und Laugen von entscheidendem Einfluß. Ein besonderer Wert ist aber auch auf die Eigenschaften und Eigenart der für die Parfümierung benutzten Riechstoffe zu legen, und nicht minder wichtig ist es, daß die für die Färbung benutzten Farbstoffe wirklich haltbar sind und ihren Farbton in der Seife selbst beibehalten.

Die Rohstoffe für die Feinseifenfabrikation.

Die Fette und Laugen.

Als Hauptfette für die Feinseifenfabrikation kommen in Betracht Talg und Kokosöl und daneben mehr oder weniger Schweinefett, Palmöl, Palmkernöl, Olivenöl, Mandelöl, Erdnußöl, Kakaobutter, Rizinusöl und in England vielfach auch die besseren Harzqualitäten. Die genannten Produkte sind bereits ausführlich besprochen worden[1]), so daß hier nur einige spezielle Hinweise gebracht werden sollen.

Talg. Der Talg ist das wichtigste Material zur Herstellung von Grundseifen, die für pilierte Seifen und Rasierseifen Verwendung finden sollen. Die meisten deutschen Grundseifen sind aus 80—90 vH. Talg und 10—20 vH. Kokosöl oder Palmkernöl gesotten. Der Talg soll vollkommen geruchlos und schön weiß sein, und zwar ist es am zweckmäßigsten, denselben schon möglichst bald nach dem Schlachten der Tiere auszuschmelzen, da das Fett auf diese Weise in größter Reinheit erhalten wird. Talg, der mit verdünnten Säuren ausgeschmolzen ist, ist jedoch für die Herstellung von Feinseifen nicht geeignet, weil er sehr schnell ranzig wird, während der mit Dampf ausgeschmolzene Talg allen Ansprüchen Rechnung trägt, wenn nach Beendigung des Schmelzens beim Ablassen dafür gesorgt wird, daß durch ein geeignetes Sieb alle festen Verunreinigungen zurückgehalten werden, und wenn das so erhaltene Fett einer nachfolgenden Läuterung unterworfen wird. Am besten geschieht dies in der Weise, daß man den geschmolzenen Talg

[1]) Vgl. S. 93ff.

in einen Kessel bringt und auf je 100 kg desselben 15 kg heißes Wasser hinzufügt. Alsdann gibt man einige Kilo Salz hinzu und läßt längere Zeit durchsieden. Schließlich krückt man nach Entfernung des Feuers auf 100 kg Talg etwa 10 kg kaltes Wasser ein und überläßt das Ganze der Ruhe, damit sich das Fett absetzen kann.

Allerdings muß zugegeben werden, daß unter den gegenwärtigen Verhältnissen die Beschaffung einer derartigen Talgqualität nicht immer möglich sein wird, daß vielmehr überwiegend Talge zur Verarbeitung kommen müssen, deren Provenienz und Vorbehandlung dem Seifenfabrikanten nur ungenügend bekannt ist. Infolge mehrfacher Klagen über die durch Verwendung insbesondere von importierten Produkten entstandenen, äußerst unliebsamen Folgeerscheinungen soll deshalb hier auch vor der prüfungslosen Verarbeitung nicht ganz einwandfreier Qualitäten gewarnt werden, die oft schon nach wenigen Wochen schlechten Geruch, Fleckenbildung oder Verfärbung der daraus hergestellten Seifen bedingen. Es genügt keinesfalls, daß ein Talg äußerlich ein befriedigendes Aussehen aufweist und geruchlich als einwandfrei anzusehen ist, es genügt auch nicht, wenn das Produkt als garantiert reiner Rindertalg deklariert ist oder wenn die übliche chemische Überprüfung auf Talg ohne fremde Beimengungen hinweist. Wesentlich ist vielmehr die Feststellung, ob es sich um wirklich reinen, unverdorbenen Talg und nicht etwa um vorbehandelte zweite Qualitäten, gereinigte Abfallprodukte u. dgl. handelt, welchen durch saure Wäsche, Bleichung mit Oxydationsmitteln usw. künstlich ein befriedigendes Aussehen erteilt wurde. Verdächtig in dieser Beziehung ist stets eine hohe Säurezahl und der mehr oder weniger ausgesprochene, unnatürliche Geruch, der keineswegs immer als „ranzig" zu bezeichnen ist. Ein bedenkliches Anzeichen für schlechte Qualität ist ferner stets gegeben, wenn das Fett ungewöhnlich dunkle Unterlaugen ergibt und wenn analytisch oder durch Ansäuern der Unterlauge der Nachweis von petrolätherunlöslichen Oxysäuren zu erbringen ist[1]).

Kokosöl. Zur Darstellung weißer pilierter oder kalt gerührter Feinseifen verwendet man nur Ia Cochinöl, das rein weiß und möglichst neutral, im Höchstfalle 1—2 vH. freie Fettsäuren enthalten soll. Denn die eigentümliche Zartheit im Schnitt der feinen Mandelseifen beruht darauf, daß nach dem Zusammenrühren mit der selbstverständlich farblosen Natronlauge eine vollständige Emulsion eintritt, die bei höherem Fettsäuregehalt nicht mehr gewährleistet ist. Das Öl selbst muß den feinen, nußartigen Geruch und Geschmack reinen Kokosöls zeigen.

Für farbige Seifen, ungefüllte und gefüllte, darf das Öl und die daraus hergestellte Seife aber eine leichte Färbung besitzen, die indes nur unbedeutend sein soll, damit die durch den zugesetzten Farbstoff erzeugte Farbnüance nicht beeinträchtigt wird. Im allgemeinen wird nämlich bei den farbigen Kokosseifen eine Zartheit und Transparenz, wie sie von einer Mandelseife verlangt wird, nicht erwartet. Auch der Gehalt an freien Fettsäuren darf um ein weniges höher sein, als oben

[1]) Seifensiederzeitung 1925, **52**, S. 930.

angegeben, doch bleibt auch hier zu beachten, daß es bei einem Gehalt von etwa 4 vH. nicht mehr möglich ist, eine gleichmäßige Emulsion herzustellen; die Masse ist dick, ehe noch die letzten Mengen Natronlauge hinzugegeben sind, und die schließlich erhaltene Seife zeigt Flecken, welche von der ungleichmäßigen Verteilung des Fettes, der Lauge, des Parfüms oder der Farbe herrühren. Handelt es sich um die Herstellung gefüllter Seifen, so ist schon bei einem Gehalt von 3 vH. freier Fettsäuren ein sachgemäßes Arbeiten sehr schwierig.

Gelbliches Kokosöl (Kopraöl) dient vornehmlich zur Herstellung gefüllter Seifen auf warmem Wege, die eine Ausbeute von mehr als 250 vH. ergeben sollen. Es darf eine Färbung besitzen, die im Verhältnis zu der der vorher erwähnten Sorten eine intensive genannt werden kann, die aber nicht so stark sein darf, daß die daraus gewonnenen Seifen mißfarbig werden. Auch der Gehalt an freien Fettsäuren ist bei dieser Ware kein Hindernis, da sich auch Öle, die 12—14 vH. freie Fettsäuren enthalten, ohne Schwierigkeit verarbeiten lassen. Der Geruch kann ein schwach ranziger sein; die aus dem Öl hergestellte und parfümierte Seife darf jedoch nicht unangenehm riechen.

Gereinigtes Wollfett. Das wasserfreie, gereinigte Wollfett, gewöhnlich als Adeps lanae bezeichnet, bildet eine hellgelbe, salbenartige Masse von schwachem Geruche, die bei ungefähr 40° C schmilzt. Es ist in Äther, Azeton, Benzol und Petroläther leicht löslich, in Wasser so gut wie unlöslich, in Alkohol schwer löslich, indem 1 Teil erst in etwa 75 Teilen Alkohol von 90 vH. zur Lösung zu bringen ist. Das gereinigte Wollfett ist imstande, die zwei- bis dreifache Menge seines Gewichtes an Wasser aufzunehmen und damit eine Masse zu bilden, die immer noch Salbenkonsistenz besitzt. Es wird von der tierischen Haut resorbiert und vermittelt seinerseits die Resorption der ihm einverleibten Arzneistoffe. Von wässeriger Kalilauge wird es so gut wie gar nicht verseift; die vollständige Verseifung gelingt erst mit alkoholischer Kalilauge oder mit konzentrierten, wässerigen Laugen unter Druck. Das Wollfett hat daher auch wenig Neigung zum Ranzigwerden, wodurch es sich von den Glyzeriden wesentlich unterscheidet.

Das wasserhaltige Wollfett, gewöhnlich als Lanolin bezeichnet, bildet eine weiße, feste, geruchlose, salbenartige, etwas zähe Masse, die beim Erwärmen im Wasserbade schmilzt und sich in eine wässerige und eine auf dieser schwimmende, ölige Schicht scheidet. Es nimmt mit Leichtigkeit Fette, fette Öle, Glyzerin usw. auf und wird selbst in beliebigen Mengen von Seifen jeglicher Art und Form gebunden.

Beim Einkauf von wasserfreiem, gereinigtem Wollfett hat man darauf zu achten, daß es von hellgelber Farbe und fast geruchlos ist. Der Schmelzpunkt soll 40° C nicht übersteigen. Werden 2 g Wollfett in 10 ccm neutralem Äther gelöst, so soll diese Lösung nach Zusatz von 2 Tropfen Phenolphtaleïnlösung farblos bleiben. Werden 2—3 g in einem Kölbchen mit 10 ccm reiner 30 proz. Natronlauge erwärmt, so dürfen die entweichenden Dämpfe rotes Lackmuspapier nicht blau färben. — Werden 10 g gereinigtes Wollfett auf dem Wasserbade mit 50 g destilliertem Wasser erwärmt, so muß sich das geschmolzene Fett klar auf der Oberfläche absetzen. Unreines Wollfett gibt hierbei eine schaumige, sich nicht klärende Masse. Die wässerige Schicht darf beim Eindampfen kein Glyzerin zurücklassen. — 10 Teile wasserhaltiges Wollfett dürfen beim Erwärmen bis zum konstanten Gewicht nicht mehr als 3 Teile am Gewicht verlieren, entsprechend einem zulässigen Wassergehalt von 30 vH.

In der Feinseifenfabrikation findet das gereinigte Wollfett hauptsächlich als Überfettungsmittel Verwendung. Wie schon oben gesagt, kann nämlich eine empfindliche Haut selbst beim Gebrauch neutraler Seifen spröde und sogar wund werden, da sich das von der Haut abgesonderte Fett mit der Seife beim Waschen emulgiert und vom Wasser mit hinweggespült wird. Ist nun die Hauttätigkeit gering und die Erneuerung des Fettes spärlich, so fehlt der Haut das zur Erhaltung der Geschmeidigkeit nötige Fett, sie wird spröde und brüchig. Auf einen Vorschlag Unnas hin überfettet man daher die für die Hautpflege bestimmten Seifen und verwendet dafür das gereinigte Wollfett, das im Gegensatz zu den Glyzeriden nicht ranzig wird und sich kaum durch anders geartete Stoffe ersetzen läßt. Denn andere Zusätze, wie beispielsweise Vaselin und Mineralöle emulgieren nur schwer mit Wasser und werden auch von der Haut nicht wie animalische oder vegetabilische Fette resorbiert, eine Eigenschaft, die gerade das gereinigte Wollfett als in ganz besonderer Weise bevorzugt erscheinen läßt.

Für pilierte Seifen empfiehlt es sich, das wasserfreie, gereinigte Wollfett zuvor mit dem gleichen Gewicht Wasser, eventuell Rosen- oder Orangenwasser, zu verrühren, bis sich ein gleichmäßiger, hellgelber Brei gebildet hat. Wird dieser den stark ausgetrockneten Seifenspänen zugesetzt, so macht er die Walzseife geschmeidig und bewirkt, daß das fertige Produkt weder Fettperlen noch Streifen zeigt, eine Erscheinung, die man häufig beobachtet, wenn Adeps lanae unvermischt zur Anwendung kommt.

Die Laugen. Über die zur Feinseifenfabrikation notwendigen Laugen ist wenig zu bemerken. Es kommt natürlich hier vor allem darauf an, daß man reine Materialien verarbeitet und sorgfältig darauf achtet, daß der am Boden der Laugenreservoire sich absetzende Schlamm nicht mit der Lauge abgezogen wird. Die Natronlauge bereitet man aus 128 bis 130 proz. Ätznatron und erforderlich werdende Kalilauge durch Verdünnung von 50grädiger Ätzkalilauge.

Das Färben der Feinseifen.

Obwohl es für den Waschprozeß völlig gleichgültig sein kann, ob die angewandte Seife farblos oder gefärbt ist, und obwohl namentlich die bei besonders intensiven, vornehmlich braunen Farbstoffen häufig beobachtete Färbung des Waschwassers Ursache zu Beschwerden des Publikums gibt, ist die Sitte, die Seife zu färben, eine so allgemein eingeführte, daß der Fabrikant es als seine Aufgabe ansehen muß, den angegebenen Nachteil tunlichst zu vermeiden und dem Schönheitsgefühl so weit als möglich entgegenzukommen.

Das Färben mit mineralischen, in Wasser unlöslichen Farbstoffen erfordert einen Zusatz von $^1/_2$, 1 und mehr vH.. Diese erheblichen Zusätze wirken aber oft ungünstig auf die Qualität der Seife ein, trüben das Waschwasser und beschmutzen unter Umständen das Handtuch. Man ist deshalb mehr und mehr zur Verwendung der wesentlich farbkräftigeren und leuchtenderen, leicht löslichen, organischen Farbstoffe übergegangen. Man erhält damit stets gleichmäßige Färbungen, sowohl beim Färben der fertigen Seife auf der Piliermaschine, als auch bei der Herstellung kalt oder halbwarm gerührter Seifen, während die Mineralfarben im letzteren Fall leicht ungleichmäßig gefärbte Produkte ergeben.

Die für 100 kg Seife in Betracht kommende Farbstoffmenge schwankt je nach der Natur des Farbstoffes und der beabsichtigten Intensität entsprechend zwischen 0,10 und 80 g. So geringe Mengen abzuwiegen, ist indes den meisten Fabriken lästig, und es empfiehlt sich daher, eine größere Menge des Farbstoffs in Lösung zu bringen und bestimmte Mengen dieser Lösung dann der Seifenmasse zuzusetzen. Geht man immer von klaren, durchsichtigen Lösungen aus, so kann man sicher sein, auch stets klar und gleichmäßig gefärbte Seifen zu erhalten. Eine wesentliche Bedingung hierfür ist aber, daß die Farbstoffe rein angewandt, oder daß nur solche Mittel zur Verdünnung benutzt werden, die, ohne die Löslichkeit des Farbstoffs zu beeinträchtigen, auch ihrerseits in Wasser ohne Rückstand löslich sind.

Die in der Seifenfabrikation besonders beliebten Farben sind Rot, bzw. Rosa und Gelb, sowie die zwischen beiden liegenden Nüancen Orange, Chamois, Lachsrot und andere. Alle diese Nüancen lassen sich durch Vermischung zweier Farben herstellen, nämlich des Rhodamins und des Fluoreszeïns.

Das Rhodamin ist ein Kondensationsprodukt aus Phtalsäure und Dimethyl-m-amidophenol. Das rotbraune Pulver löst sich mit Leichtigkeit in dem 100fachen Gewichte reinen Wassers; aber auch konzentriertere Lösungen können hergestellt werden, wenn man dem Wasser etwa 10 vH. Alkohol zusetzt. Auf 100 kg Seife wird 1 g Rhodamin angewandt. Die Färbung ist bei Kokosseifen ein schönes, blaustichiges Rot. Bei pilierten Seifen, welche im allgemeinen schwächer gefärbt werden als die Kokosseifen, genügt $^1/_2$ g auf 100 kg Seife.

Das Fluoreszeïn ist ein Kondensationsprodukt aus Phtalsäure und Resorzin. Es ist in 10 Teilen Wasser leicht löslich, und die Lösung besitzt eine ungemein starke Fluoreszenz, die bei vielmillionenfacher Verdünnung noch außerordentlich deutlich ist. Diese Fluoreszenz läßt sich in der gefärbten, undurchsichtigen Seife allerdings nicht wahrnehmen, wohl aber bei transparenter Seife, für die der Farbstoff nicht zu verwenden ist. 100 kg Seife erfordern 5 g Fluoreszeïn zu einer satten, zitronengelben Färbung.

Bereitet man sich nun zwei Lösungen, von denen die eine in 10 l Wasser 100 g Rhodamin, die andere in 10 l Wasser 500 g Fluoreszeïn enthält, so wird man zum Färben von 100 kg Seife jedesmal 100 ccm der Farbstofflösung anwenden. Werden Nüancen gewünscht, die zwischen Gelb und Rot liegen, so lassen sich durch Vermischen beider Lösungen leicht die verlangten Kombinationen herstellen. Ein schönes Lachsrot z. B. erhält man aus 80 ccm roter und 20 ccm gelber Lösung, ein leuchtendes Orange aus 50 ccm roter und 50 ccm gelber Lösung, ein sogenanntes Hausseifengelb aus 90 ccm gelber und 10 ccm roter Lösung. Diese Mischungen können auch im Vorrat hergestellt werden. Wenn hierbei durch Reaktion zwischen beiden Farbstoffen ein Niederschlag entsteht, so genügen wenige Kubikzentimeter Natronlauge, um denselben wieder in Lösung zu bringen.

Ein für Feinseifen sehr geeigneter Farbstoff ist auch das Metanilgelb, eine Verbindung aus Diazobenzol-m-sulfosäure und Diphenylamin. Der Farbstoff ist etwas schwerer löslich als die vorher angeführten und gibt namentlich mit Kalksalzen unlösliche Niederschläge. Zum Auflösen wird deshalb am besten destilliertes Wasser verwendet. Da der Farbstoff nicht fluoresziert, ist er besonders für transparente Seifen geeignet, die für je 100 kg $^1/_2$—1 g Farbstoff benötigen. Die gleiche Menge ergibt in Kokosseifen ein sattes, leuchtendes Gelb. Wird eine kräftigere Färbung gewünscht, so können bis zu 4 g auf 100 kg Seife angewandt werden.

Andere gelbe Farbstoffe, welche aber schon mehr oder weniger rotstichig sind, sind Chinagelb R, Säuregelb AT und Orange extra.

Von roten Farbstoffen werden empfohlen: Eosin, Erythrosin und Bläulichrosa N. Namentlich letzteres gibt intensive Färbungen, welche an Schönheit und Lebhaftigkeit das Rhodamin noch übertreffen. Von den Azofarbstoffen werden Echtrot, Scharlach, Brillantponceau 4 R und Seifenrot BL empfohlen.

Der einzige grüne Farbstoff, der einheitlich ist und sich für Seife eignet, ist das Echtlichtgrün, das auch unter der Bezeichnung lichtechtes Seifengrün im Handel ist. Als Natriumsalz einer Eisenverbindung der Nitrosonaphtholsulfosäure löst er sich leicht in 10 Teilen Wasser, doch empfiehlt es sich, eine Lösung herzustellen, welche in 10 l Wasser 400 g Echtlichtgrün und 100 g Fluoreszeïn enthält. Von dieser Lösung werden auf 100 kg Seife dann wiederum 100 ccm angewandt.

Der Farbstoff ist aber gegen einen Überschuß von Alkali, namentlich in der Wärme, empfindlich, weshalb er lediglich zum Färben praktisch neutraler Seifen verwendet wird.

Ein brauner Farbstoff, der einheitlich ist und sich zum Färben von Seife eignet, ist bisher leider nicht bekannt. Die braune Färbung, welche freilich am besten überhaupt vermieden werden sollte, wird entweder durch Mineralfarben — Umbra oder Terra di Siena oder Mischungen beider — bewirkt, die während der Verseifung dem Fette zugesetzt werden, oder es werden Mischungen von orange oder gelbroten Farbstoffen mit blauen Farbstoffen angewandt. Die meisten braunen Farbstoffe freilich verändern ihre Farbe in Berührung mit Lauge; doch lassen sich leidlich gute Färbungen nach folgender Vorschrift erhalten:

1. 40 g Naphtholorange (Orange extra),
10 g Echtblau, wasserlöslich. 2. 20 g Naphtholorange, 3 g Methylblau.

Die Mischungen werden unter Zusatz von etwas Natronlauge in etwa einem Liter heißen Wassers gelöst, sofern sie nicht in fertiger Lösung bezogen werden. Allseitig bewährt haben sich weiter Seifenbraun M, Neues Seifenbraun und Schokoladenbraun 9929.

Während es bisher auch schwer hielt, mit organischen Farben ein brauchbares und haltbares Lila zu erhalten, so daß man sich mit Mischungen von Ultramarin und Rhodamin behelfen mußte, haben sich neuerdings zwei Lilafarbstoffe, nämlich Fliederviolett R und Fliederviolett 1225 vorzüglich eingeführt. Dieselben sind hervorragend licht- und alkaliecht und ermöglichen die Herstellung jedes gewünschten, violetten Tones.

Für den Bezug all der genannten Farbstoffe kommt hauptsächlich die J. G.-Farbenindustrie, Aktiengesellschaft, Frankfurt a. M., in Betracht.

Wenn aus besonderen Gründen das Färben mit organischen Farbstoffen vermieden und auf die früher benutzten Mineralfarben zurückgegriffen werden soll, so ist wohl keine der technisch hergestellten Farben unbrauchbar. Zu empfehlen sind: Kadmiumgelb, die verschiedenen Terra di Siena, Chromgrün und Zinkgrün, Ultramarin und Zinnober. Lieferanten sind namentlich die Farbenfabrik Oker (Saltzer & Voigt) in Oker a. Harz, die Farbenfabrik von Wilhelm Braun in Quedlinburg und die Farbwerke von Friedrich & Carl Hessel, A.-G. in Nerchau bei Leipzig.

Die Riechstoffe für die Parfümierung der Feinseifen.

Die Riechstoffe, deren sich der Parfümeur bedient, stammen zum großen Teile aus dem Pflanzenreich, nur wenige aus dem Tierreich, eine nicht unbedeutende Anzahl wird aber auch künstlich erzeugt.

Von Produkten des Tierreichs finden zum Parfümieren von Feinseifen nur noch Moschus, Ambra und Zibeth Verwendung.

Bei den Pflanzen rühren die Gerüche von flüchtigen Körpern her, die mit dem Namen flüchtige oder ätherische Öle bezeichnet werden. Sie sind im Pflanzenreiche weit verbreitet, besonders sind die Phanerogamen Träger derselben. Ihr Vorkommen ist nicht auf bestimmte Organe beschränkt; sie finden sich vielmehr in allen Pflanzenteilen, in den Blättern, Blüten, Früchten, im Holz, im Bast, in der Rinde und in der Wurzel; doch sind bei jeder Pflanze immer einzelne Organe die besonders ölführenden. Einzelne ätherische Öle finden sich in den Pflanzen nicht fertig gebildet vor, sondern entstehen erst durch Spaltung anderer Verbindungen, wie das Bittermandelöl aus dem Amygdalin.

Aus der Stärke des Geruchs einer Pflanze läßt sich kein Schluß auf die Menge des vorhandenen ätherischen Öls ziehen. Manche verhältnismäßig stark riechende Pflanze enthält äußerst wenig ätherisches Öl, während andere von vergleichsweise schwachem Geruch große Mengen Öl liefern. Von den einzelnen Pflanzenfamilien sind die Labiaten, Umbelliferen und Kruziferen am reichsten an ätherischen Ölen.

Die Blumen strömen in allen Klimaten Duft aus, am reichlichsten in den heißen Gegenden, während die Blumen der kälteren Regionen die zartesten Gerüche verbreiten. Obgleich mehrere der kostbarsten Parfüms aus Ostindien, Ceylon, Mexiko und Peru kommen, so ist doch Mitteleuropa die eigentliche Pflanzstätte für den Parfümeur. Grasse, Cannes und Nizza sind die Hauptplätze für die Gewinnung von Riechstoffen für die Parfümeriefabrikation. Dank der geographischen Lage dieser Orte hat der Züchter auf verhältnismäßig engem Raume verschiedene Klimate zu seiner Verfügung, geeignet, die Pflanzen zu ihrer höchsten Vollkommenheit zu bringen. Die Acacia farnesiana wächst am Meeresstrand, ohne daß man Frost zu fürchten braucht, der in einer Nacht die ganze Ernte zerstören könnte, während am Fuße der Alpen, am Mont Esterel, das Veilchen viel lieblicher duftet, als in den heißen Lagen, wo der Ölbaum und die Tuberose zur vollen Blüte gelangen. England behauptet seine Überlegenheit in Lavendel und Pfefferminz. Die ätherischen Öle, die aus den in Mitcham und Hitchin gezogenen Pflanzen gewonnen werden, haben aber einen erheblich höheren Preis als die anderwärts gewonnenen Öle gleicher Gattung, der durch die Zartheit ihres Geruches gerechtfertigt ist. Cannes eignet sich für Rosen, Akazien, Jasmin und Neroli, während man in Nîmes sein Hauptaugenmerk auf Thymian, Rosmarin, Eppich und Lavendel richtet; Nizza ist dagegen berühmt durch seine Veilchen. Sizilien liefert uns die Zitrone und Orange, Italien Iris und Bergamotte.

Ätherische Öle.

Eigenschaften und Zusammensetzung. Die ätherischen Öle sind teils flüssig (eigentliche ätherische Öle), teils fest (Kampferarten), teils Lösungen fester Verbindungen in flüssigen. In letzterem Falle scheidet sich bei geringerem oder stärkerem Abkühlen, in einzelnen Fällen auch bei Zimmertemperatur, der feste Teil als Stearopten aus dem flüssigbleibenden oder Elaeopten ab. Die Stearoptene haben keine einheitliche Zusammensetzung; sie sind teils paraffinartige Körper, teils höhere Glieder der Fettsäurereihe, wie Laurinsäure, Myristinsäure, Palmitinsäure, teils aromatische oder hydroaromatische Verbindungen.

Der Siedepunkt der ätherischen Öle liegt weit höher als der des Wassers; sie gehen aber, wenn sie mit Wasser erhitzt werden, mit den Dämpfen desselben über. Soweit sie flüssig sind, verursachen sie auf Papier Fettflecke, die sich von den durch die fetten Öle hervorgebrachten dadurch unterscheiden, daß sie bei gewöhnlicher Temperatur allmählich, bei gelindem Erwärmen rasch wieder verschwinden, weil die ätherischen Öle verdampfen. Sie sind leicht löslich in Alkohol, Äther, Chloroform, Schwefelkohlenstoff und mit den Fetten und fetten Ölen in jedem Verhältnis mischbar. Durch die Löslichkeit in Alkohol unterscheiden sie sich von den meisten fetten Ölen. In Wasser sind die ätherischen Öle nur sehr wenig löslich, sie erteilen aber demselben ihren Geruch und Geschmack. Frisch dargestellt sind viele ätherische Öle farblos, werden aber bald gelb; einige sind aber auch frisch durch eine bestimmte

Farbe ausgezeichnet. Sie sind viel leichter entzündbar als die fetten Öle und brennen mit stark rußender Flamme. Sie zeigen fast alle ein großes Bestreben, aus der Luft Sauerstoff aufzunehmen und zu verharzen. Lichteinfluß befördert diesen Prozeß. Ihr spezifisches Gewicht ist meist geringer, doch bei einzelnen auch höher als das des destillierten Wassers, es wechselt zwischen 0,696 und 1,188. Bei der leichten Veränderlichkeit zeigt das spezifische Gewicht auch derselben Öle häufig aber nicht unbedeutende Abweichungen.

In ihrer elementaren Zusammensetzung weisen die ätherischen Öle keine große Mannigfaltigkeit auf. Sie enthalten alle die Elemente Kohlenstoff und Wasserstoff, zu denen bei den meisten noch Sauerstoff in größerer oder geringerer Menge hinzukommt; seltener finden sich Stickstoff und Schwefel oder beide zugleich. Einheitliche chemische Verbindungen sind die ätherischen Öle nicht, sondern Gemische von Körpern, welche den verschiedensten Verbindungsklassen angehören. Auch besitzt dasselbe Öl nicht immer die gleiche Zusammensetzung, und auch die aus verschiedenen Organen derselben Pflanze gewonnenen Öle weisen Unterschiede im Geruch und in der Zusammensetzung auf. Wenn man die ätherischen Öle dennoch unter einem Sammelnamen zusammenfaßt, so geschieht es, weil sie verschiedene physikalische Eigenschaften gemeinsam haben und zum großen Teil in fast gleicher Weise gewonnen werden.

Die in ätherischen Ölen vorkommenden Verbindungen gehören teils der aliphatischen, teils der aromatischen und hydroaromatischen Reihe an und verteilen sich auf eine große Anzahl von Körperklassen. Von einzelnen Verbindungen sind die geringsten Mengen noch durch den Geruch wahrnehmbar, während sich andere Bestandteile in dieser Beziehung nicht verraten. So ist Ionon z. B. noch in großer Verdünnung nachzuweisen. Häufig riechen die ätherischen Öle aber in Konzentration anders als in Verdünnung, ein Umstand, der wahrscheinlich seinen Grund darin hat, daß bestimmte Nerven, die für die Geruchswahrnehmung nötig sind, durch die konzentrierten ätherischen Öle abgestumpft werden.

Eine große Verbreitung besitzen die Kohlenwasserstoffe, besonders die von der Formel $C_{10}H_{16}$. Diese Kohlenwasserstoffe, Terpene genannt, zeichnen sich weder durch besonderen Geschmack oder Geruch aus, noch bedingen sie die Eigentümlichkeit eines Öles. Bei der Destillation eines solchen, z. B. des Zitronenöles, geht dieser Kohlenwasserstoff (Limonen) zuerst über und kann daher leicht von den die Eigentümlichkeit des Zitronenöles bedingenden und bei höherer Temperatur destillierenden Bestandteilen getrennt werden. Den spezifischen Charakter eines Öles bedingt nämlich gewöhnlich der Sauerstoff enthaltende Bestandteil. Fabrikanten ätherischer Öle haben daher mehrere den Zwecken der Parfümerie und der Herstellung von Genußmitteln dienende ätherische Öle von dem wertlosen Terpenbestandteile zu befreien und sie gleichsam in konzentrierter Form zu erhalten gesucht. Carvol ist z. B. das von Carven (Terpen) befreite Kümmelöl. Im Handel findet man solche Öle als terpenfreie, extrastarke, konzentrierte oder höchstkonzentrierte Öle oder Essenzen.

Die in den verschiedensten Ölen vorkommenden Terpene sind, wie bereits erwähnt, sämtlich Verbindungen von der Zusammensetzung $C_{10}H_{16}$ oder Polymere derselben, $C_{15}H_{24}$, $C_{20}H_{32}$ usw. Als Begleiter hat man Alkohole, Aldehyde, Säuren, Ester, Ketone, Phenole, Phenoläther, Laktone und Oxyde, ferner noch Sulfide, Nitrile und Senföle gefunden.

In den letzten 30 Jahren ist außerordentlich viel zur Erforschung der ätherischen Öle geschehen; aber es bleibt noch viel zu tun übrig. Mit Recht sagt Semmler[1]), daß die Technik, z. B. die Parfümerie, das allergrößte Interesse an der weiteren Erforschung der ätherischen Öle hat; denn erst wenn man die sämtlichen Eigenschaften der einzelnen Bestandteile nach allen Richtungen hin, nach der physikalischen und chemischen Seite, beherrscht, wird man imstande sein, das Molekül auf anderem Wege herzustellen.

Gewinnung. Zur Gewinnung der Riechstoffe benutzt man je nach ihrer Natur und je nach der Menge, in welcher sie in den Pflanzen enthalten sind, verschiedene Methoden, und zwar die Pressung, die Destillation, die Extraktion, die Mazeration und die Absorption.

Das Pressen wird ausschließlich beim Zitronen-, Pomeranzen-, Bergamott- und Limettöl ausgeführt, da die Destillation wegen der Empfindlichkeit dieser Öle minderwertige Produkte liefert. Während zur Gewinnung von Bergamottöl, zum Teil auch von Limettöl maschinelle Kraft Verwendung findet, geschieht das Auspressen beim Zitronen- und Pomeranzenöl mit der Hand, indem die vom Fruchtfleisch befreite Schale unter fortwährendem Drehen gegen einen Schwamm gedrückt wird, wobei die Ölzellen platzen und ihren Inhalt an den Schwamm abgeben, der ab und zu entleert wird, sobald er genug Öl aufgenommen hat. Die so erhaltenen ätherischen Öle sind noch mit wässerigen und schleimigen Teilen verunreinigt. Um sie hiervon zu befreien, läßt man sie eine Zeitlang ruhig stehen, bis sich die Verunreinigungen abgesetzt haben, gießt dann die Öle vom Bodensatz ab und filtriert schließlich.

Obgleich die ätherischen Öle erst bei höherer Temperatur sieden, so gehen sie doch, wie schon erwähnt, mit den Wasserdämpfen über. Man destilliert daher die Pflanzenteile entweder so, daß man sie mit Wasser in die Blase bringt und dieses dann durch direktes Feuer bzw. gespannten Dampf zum Sieden erhitzt (Wasserdestillation), oder daß man sie allein in die Blase gibt und dann Wasserdampf auf sie einwirken läßt (trockne Dampfdestillation).

Die Heizung mit offenem Feuer ist auf Kleinbetriebe und ambulante Destillationen beschränkt, in modernen Fabriken tritt an dessen Stelle stets gespannter Dampf. Aus verschiedenen Gründen, u. a. um ein Anbrennen des Rohmaterials zu verhüten, befindet sich im unteren

[1]) Die ätherischen Öle nach ihren chemischen Bestandteilen. (Leipzig 1906) Bd. 1, S. 313.

Teil der Blase ein Siebboden, auf den die Pflanzen zu liegen kommen und unterhalb dessen der Dampf in die Blase eintritt.

Bei der Destillation bedient man sich zum Auffangen der ätherischen Öle, wenn sie leichter sind als Wasser, der sogenannten Florentiner Flaschen. Es gibt davon mehrere Formen, die alle denselben Zweck verfolgen, nämlich zwei Flüssigkeiten von verschiedenem spezifischen Gewicht voneinander zu trennen. Am häufigsten ist die in Abb. 124 abgebildete Form. Das leichtere Öl sammelt sich hier über dem Wasser, das in dem Maße aus der seitlichen Röhre abfließt, wie bei der Destillation Flüssigkeit geliefert wird. Öle, welche schwerer als Wasser sind, werden aber in Vorlagen aufgefangen, deren Abflußöffnung wie in Abb. 125 nur wenig unterhalb des oberen Gefäßrandes angeordnet ist.

Abb. 124. Flasche zur Trennung von Flüssigkeiten von verschiedenen spezifischen Gewichten.

Die den Vorlagen entnommenen Öle enthalten meist noch etwas Wasser, Schmutz usw., weshalb man sie ebenfalls einige Zeit ruhig stehen läßt, damit sich diese Stoffe abscheiden. Die Trennung erfolgt schließlich entweder durch einfaches Abgießen, besonders wenn man es mit größeren Mengen Öl zu tun hat, oder aber mit Hilfe eines Scheidetrichters, dessen Einrichtung aus der Abb. 126 zu ersehen ist.

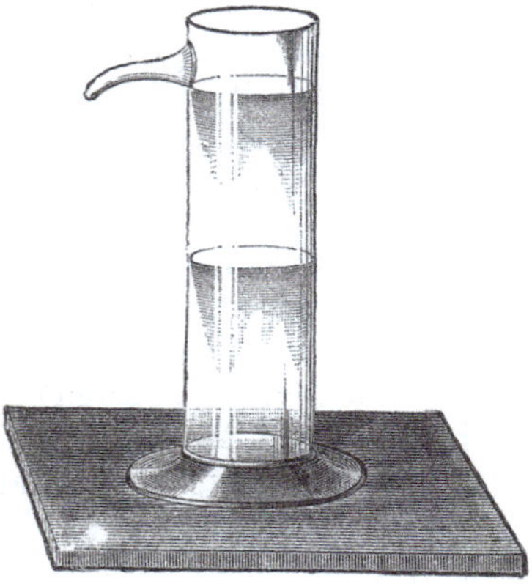

Abb. 125. Standglas zur Trennung von Flüssigkeiten von verschiedenen spezifischen Gewichten.

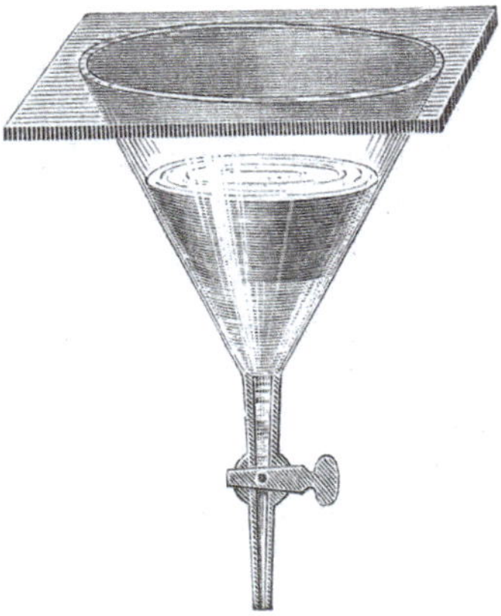

Abb. 126. Scheidetrichter zur Trennung von Flüssigkeiten von verschiedenen spezifischen Gewichten.

Mit der in der zweiten Hälfte des vorigen Jehrhunderts in überraschender Weise emporgekommenen gesamten Parfümerieindustrie gewannen Verbrauch und Handel der ätherischen Öle einen unvorhergesehenen Umfang. Dies führte zu wesentlichen Verbesserungen der

Fabrikationsmethoden und zur Konstruktion von Destillierapparaten größter Dimensionen für Massenproduktion, die dann gleichzeitig eine Verbilligung der Herstellungskosten und eine Verbesserung der Qualität zur Folge hatten. Von diesen Destillierapparaten haben einige das gewaltige Volumen von 30 000—60 000 Liter.

Die Destillation wird zur Gewinnung der meisten ätherischen Öle angewandt; doch ist diese Methode zur Abscheidung vieler Blütenöle, und zwar gerade der zartesten und lieblichsten, nicht immer ausführbar, teils weil solche Blüten zu wenig Öl enthalten, teils weil schon während der Destillation die hohe Temperatur des Wasserdampfes empfindliche Riechstoffe zerstören kann, so daß das fertig destillierte Öl die gewünschte Feinheit des Geruches vermissen läßt. Hier wendet man deshalb andere Verfahren an, und zwar unterscheidet man zwischen Extraktion, Mazeration und Absorption.

Zur Extraktion der ätherischen Öle benutzt man verschiedene Lösungsmittel, wie Äther, Schwefelkohlenstoff usw. Am besten eignet sich dazu sorgfältig rektifizierter Petroläther, der schon bei etwa 50° C vollkommen flüchtig ist und bei genügender Reinigung einen nicht unangenehmen Geruch besitzt. Das Blütenmaterial bleibt in luftdicht verschließbaren Behältern von etwa 500 Litern Fassungsvermögen 6—8 Stunden mit dem Petroläther in Berührung, und zwar wird jede Blütenfüllung gewöhnlich dreimal extrahiert. Von den Petrolätherauszügen wird der Petroläther zunächst bei Atmosphärendruck und dann, zur Schonung des Riechstoffes, im Vakuum abdestilliert. Das zurückbleibende Blütenextrakt führt den Namen „konkretes Öl" (Essence concrète). Es enthält außer dem ätherischen Öl erhebliche Mengen von Pflanzenwachs, ferner Farbstoffe u. dergl. Das Öl wird nun dem Blütenextrakt mittels starken Alkohols entzogen. Die erhaltenen alkoholischen Auszüge heißen Blütenextraits (Extraits aux fleurs) und die nach Entfernung des Alkohols verbleibenden, reinen Öle „Quintessenzes". Auf die beschriebene Art werden folgende Blüten verarbeitet: Veilchen, Rosen, Orangenblüten, Jasmin, Tuberosen, Jonquillen, Cassie und Reseda, zuweilen auch Nelken, Maiglöckchen, Heliotrop, Flieder, Levkojen, Narzissen und Mimosen.

Die Mazeration oder Infusion wird ausgeführt, indem man die Blüten mit sehr sorgfältig gereinigtem, geschmolzenem Schweinefett, Rindertalg oder mit warmem Olivenöl digeriert. Man bringt die Mischung von Blüten und Fett in ein Dampfbad, das eine Temperatur von ungefähr 65° C besitzt. Nach 12—48 Stunden ersetzt man dann die so verarbeiteten Blüten durch neue und fährt damit fort, bis das Fett die gewünschte Parfümstärke hat. Die auf diese Weise gewonnenen parfümierten, festen Fette heißen in Frankreich „Pommades", die parfümierten Öle „Huiles antiques". Das Verfahren wird angewandt bei den Blüten der Orange (Citrus aurantium), der Akazie (Acacia farnesiana), des Veilchens (Viola odorata), der Reseda (Reseda odorata), der Rose (Rosa damascena, Rosa centifolia) u. a.

Die Absorption (Enfleurage) kommt vorzugsweise in Anwendung bei den Blüten des Jasmins (Jasminum grandiflorum), der Tuberose

(Polianthes tuberosa), der Jonquille (Narcissus Jonquilla), des Maiglöckchens (Convallaria majalis) und der Reseda (Reseda odorata). Man benutzt dabei sogenannte Châssis, d. h. Holzrahmen von etwa 5 cm Höhe und 50—80 cm im Quadrat, die eine Glasplatte tragen. Diese wird beiderseits mit einer etwa 3 mm hohen Fettschicht bestrichen, wobei man ringsherum einen ungefähr 4 cm breiten Rand läßt. Dann werden die Blüten aufgestreut und die Rahmen mannshoch aufeinandergestellt, so daß die Blüten sich überall in einer Art Kammer zwischen zwei Fettschichten befinden, die die Duftstoffe aufnehmen. Nach Verlauf von 1—2 Tagen entfernt man die Blüten und ersetzt sie durch frische; wird dies 25—30 mal wiederholt, so sind die Fette mit Duft gesättigt.

Vereinzelt tritt an die Stelle des Fettes ein flüssiges Öl. In diesem Falle werden die Glasplatten der Chassis aber durch Drahtgitter ersetzt, auf die man ein Stück dicken Baumwollenzeuges auflegt, das mit dem Öl getränkt ist. Nach der Absorption wird der Stoff schließlich ausgepreßt und das Öl filtriert.

Die fertigen Produkte führen ebenfalls die Bezeichnung „Pommades" bzw. „Huile antique, Huile parfumée, Huile française". Die ätherischen Öle werden daraus in ähnlicher Weise abgeschieden wie bei den konkreten Ölen (s. o.).

Manche Blüten ergeben nun bei der Mazeration und Extraktion einen ganz ungenügenden Ertrag, während nach dem Enfleurageverfahren sehr befriedigende Resultate erzielt werden. Auf diesen Umstand machte zuerst Passy[1]) aufmerksam und gab für das verschiedene Verhalten der einzelnen Blütenarten folgende Erklärung: „Die Blüten teilen sich in zwei Kategorien, von denen die eine, zu denen die Rosen und Orangen gehören, ihren Duftstoff fertig enthält. Bei der anderen, zu der z. B. Jasmin und Tuberosen zu rechnen sind, ist kein ätherisches Öl oder nur unbedeutende Mengen davon fertig gebildet vorhanden. Diese produzieren aber fortwährend Riechstoffe durch die Lebenstätigkeit der Zelle. Tötet man nun die Blüten durch Petroläther oder warmes Fett, so hört natürlich die an den Lebensprozeß gebundene Bildung von ätherischem Öl auf. Legt man die abgeschnittene Blume auf Fett, so lebt sie aber noch eine ganze Weile und entsendet Düfte in die Luft, aus der sie dann während des Enfleurageprozesses von dem Fett absorbiert werden."

Bei der experimentellen Nachprüfung dieser Hypothese kam Hesse[2]) zu dem überraschenden Ergebnis, daß bei Jasmin die Ausbeute an ätherischem Öl bei der Enfleurage zehnmal so groß ist wie bei der Extraktion mit flüchtigen Lösungsmitteln. Bei den Tuberosen ist das Verhältnis noch günstiger. Aus diesen Untersuchungen geht also hervor, daß sich der Riechstoff bei Jasmin und Tuberose während der Enfleurage stets von neuem bildet und von dem Fett absorbiert wird, und es ergibt sich hieraus die Überlegenheit der Enfleurage gegenüber

---

1) Compt. rend. 1897, **124**, S. 783.

2) Ber. d. Deutsch. chem. Ges. 1901, **34**, S. 293 und 2928, 1903, **36**, S. 1465.

dem Extraktionsverfahren für einzelne Blütensorten. Bei anderen Blüten trifft das Gleiche nämlich nicht zu, da bspw. 1000 kg Orangeblüten bei der Enfleurage rund 100, bei der Mazeration 400 und bei der Destillation mit Wasserdampf 1200 g Öl liefern, von denen etwa 400 g in das Wasser übergehen[1]).

Die französischen Blumenpomaden spielen trotzdem aber auch heute noch eine große Rolle in der Parfümerie, obwohl sich nicht leugnen läßt, daß ihnen mancher Mangel anhaftet. Das mit den Blumen mazerierte oder mit den Blumen bestreute Fett nimmt nämlich die Blumengerüche doch nur unvollkommen auf und liefert bei der Auswaschung mit Alkohol Extraits, die im Geruch die Frische der Blume nicht in genügendem Maße wiedergeben. Denn die Pomadenauswaschungen enthalten in der Regel auch gewisse Mengen Fett, die selbst bei Anwendung sehr tiefer Temperaturen im Alkohol gelöst bleiben, dem Geruch schaden und die Haltbarkeit des Extraits beeinträchtigen.

Die Blumenpomaden werden von den französischen Fabrikanten, je nach ihrer Qualität, mit verschiedenen Nummern belegt. Es gibt drei Qualitäten, die von einzelnen Fabrikanten als Nr. 6, Nr. 18 und Nr. 30, von anderen als Nr. 12, Nr. 24 und Nr. 36 bezeichnet werden, so daß also Nr. 6 und Nr. 12, Nr. 18 und Nr. 24, sowie Nr. 30 und Nr. 36 einander entsprechen. Die Pomaden Nr. 6 oder Nr. 12 eignen sich nicht zur Extraitfabrikation, da sie nur wenig wirklichen Blumenauszug enthalten und meist Mischungen sind, denen mit ätherischen Ölen nachgeholfen ist. Sie werden fast ausschließlich als Haarpomaden benutzt, wozu sie sich auch durchaus eignen. Nr. 18 bzw. Nr. 24 ist diejenige Qualität, welche der Parfümeur im allgemeinen zu Alkoholauszügen verwendet. Nr. 30 bzw. Nr. 36 ist die stärkste Blumenpomade und dementsprechend auch die teuerste; sie wird nur von wenigen deutschen Parfümeuren, welche Abnehmer für feinste Extraits d'Odeur haben, verarbeitet.

Diese Blumenpomaden haben jedoch frisch hergestellt noch nicht den feinen Duft der betreffenden Blume, erst etwa 6 Monate nach der Fabrikation ist das Aroma vollständig entwickelt und die Pomade somit reif für die hier in Betracht kommenden Zwecke.

Aufbewahrung. Als Aufbewahrungsort für Blumenpomaden dienen kühle und trockene Keller, in denen sich verschlossen aufbewahrte Präparate etwa 5 Jahre lang halten.

Ätherische Öle müssen vor allem vor Licht und Luft geschützt werden, welche ihre größten Feinde sind. Das Licht färbt die meisten Öle dunkler, während einige, z. B. Zitronenöl, durch den Einfluß des Lichtes farblos werden. Die meisten ätherischen Öle nehmen, wie schon erwähnt, mit Begierde Sauerstoff auf. Die dünnflüssigen Öle werden hierbei sichtbar dickflüssiger, da das Produkt der Oxydation ein harzartiger Körper ist. Den Vorgang selbst bezeichnet man gewöhnlich als Verharzen. Einige ätherische Öle, welche Aldehyde ent-

[1]) Gildemeister und Hoffmann: Die ätherischen Öle, 2. Aufl. Bd. 1, S. 260. (Leipzig 1910).

halten, gehen unter Sauerstoffaufnahme aber auch in Säuren über, z. B. bildet sich im Zimtöl Zimtsäure, im Bittermandelöl Benzoesäure.

Um sowohl eine Verdunstung, wie auch die soeben angeführte Einwirkung der Luft, die besonders durch das Tageslicht begünstigt wird, zu verhüten, bewahrt man die ätherischen Öle an einem schattigen Orte in nicht zu großen, möglichst gefüllten, gläsernen, gut verschlossenen Flaschen auf. Die Flaschen sind vor jeder Füllung sorgfältig zu reinigen und zu trocknen, auch muß man vermeiden, neues Öl mit einem alten Reste zu vermischen.

Prüfung. Die ätherischen Öle werden vielfach verfälscht. Die Verfälschungen bestehen hauptsächlich aus billigeren Ölen, ferner aus Weingeist, fettem Öl, künstlichen Estern u. dgl.

In der Erkennung von Verfälschungen sind, dank der Entwicklung der Terpenchemie, in den letzten 25 Jahren große Fortschritte zu verzeichnen. Man ist heute imstande, bei einer nicht geringen Anzahl ätherischer Öle nicht nur die verfälschten von den reinen zu unterscheiden, sondern auch ihre Qualität zu beurteilen. Dies geschieht durch Ermittlung des wesentlichsten oder wichtigsten Bestandteiles. Man bestimmt bei Lavendelöl, Bergamottöl, Petitgrainöl und anderen den Gehalt an Estern, bei Thymianöl, Nelkenöl, Bayöl und Spanisch-Hopfenöl den Gehalt an Phenol, bei Cassiaöl und Lemongrasöl die Menge des Aldehyds. Beim Sandelholzöl zeigt die Analyse, wieviel Santalol, beim Palmarosaöl, wieviel Geraniol das Öl enthält.

Bei einer zweiten Klasse von Ölen, deren Zusammensetzung ebenfalls genügend bekannt ist, ist eine Qualitäts- oder Gehaltsbestimmung noch nicht möglich. Es liegt dies teilweise daran, daß der Wert nicht durch einen Bestandteil, sondern durch das Zusammenwirken mehrerer bedingt wird, andererseits aber auch an der Unvollkommenheit der chemischen Untersuchungsmethoden. Man ist daher bei diesen Ölen in der Regel auf die Feststellung der normalen Beschaffenheit beschränkt. Solche Öle sind Zitronenöl, Pomeranzenöl, Rosmarinöl und Spiköl, bei deren Untersuchung man besonders auf Terpentinöl als Verfälschungsmittel fahnden muß.

Die unvollständige Kenntnis der Zusammensetzung und die Mangelhaftigkeit der Prüfungsmethoden lassen also bei vielen Ölen heute noch keine auf rationeller chemischer Grundlage beruhenden Untersuchungen zu. Die ganze Prüfung besteht bei solchen Ölen in der Ermittlung der physikalischen Konstanten. Da bei allen häufiger verwendeten Ölen durch jahrelange Beobachtungen aber für das spezifische Gewicht, das Drehungsvermögen, die Löslichkeit usw. Durchschnitts- und Grenzzahlen festgestellt sind, so machen Abweichungen von diesen den Untersucher auf Verfälschungen aufmerksam. Das physikalische Verhalten ist überhaupt sehr geeignet, fremde Zusätze schnell anzuzeigen, weshalb man bei der Untersuchung ätherischer Öle stets mit der Feststellung der physikalischen Eigenschaften beginnen sollte. Hierauf erst wendet man die speziellen Methoden, die Verseifung, Azetylierung, Aldehyd- und Phenolbestimmung an und prüft endlich, wenn es angezeigt erscheint, auf Terpentinöl, fettes Öl, Alkohol oder Petroleum.

Selbstverständlich muß, wenn die praktische Verwertung eines Öles in Frage kommt, gleichzeitig mit der physikalischen und chemischen Untersuchung die Prüfung des Geruchs und Geschmacks erfolgen, da gerade wegen dieser Eigenschaften die ätherischen Öle in der Parfümerie und in der Feinseifenfabrikation Verwendung finden. Hierbei ist es dann sehr wünschenswert, eine Probe echten, tadellosen Öles zum Vergleich zu haben. Man bringt je einige Tropfen des echten und des zu prüfenden Öles auf Streifen von Filtrierpapier und vergleicht sie, indem man abwechselnd an beiden riecht. Diese Untersuchung wiederholt man noch einmal, wenn sich der größte Teil des Öles verflüchtigt hat, so daß man auf diese Weise sowohl leichtflüchtige wie schwerflüchtige fremde Zusätze erkennen kann. Schlecht destillierte (mit Brenz- oder Blasengeruch behaftete) oder nachlässig aufbewahrte, sonst aber unverfälschte Öle sind meist nur durch den Geruch, seltener durch die anderen Untersuchungsweisen als solche zu erkennen.

Das spezifische Gewicht ist wegen seiner leichten Bestimmbarkeit die bei den ätherischen Ölen am häufigsten ermittelte und deshalb am besten gekannte Konstante. Da von den gebräuchlichsten Ölen die zulässigen Maximal- und Minimalzahlen feststehen, so gehört die Bestimmung des spezifischen Gewichts zu den wichtigsten und dabei bequemsten Untersuchungen. Das spezifische Gewicht eines Öles ist aber innerhalb gewisser Grenzen veränderlich und außer vom Alter auch von der Gewinnungsart, sowie von der Herkunft und dem Reifezustand des verarbeiteten Pflanzenmaterials abhängig, und zwar ist die Größe der Schwankungen bei den einzelnen Ölen so verschieden, daß sich darüber keine allgemeinen Regeln aufstellen lassen. Die Bestimmung des spezifischen Gewichts wird zweckmäßig mit der Mohr-Westphalschen Senkwage ausgeführt, da die mit diesem Instrument erzielte Genauigkeit bei richtiger Handhabung hinreichend ist. Man nimmt die Bestimmung am besten bei einer Temperatur von 15° C vor, und nur bei Ölen, welche bei dieser Temperatur zu dickflüssig oder ganz oder teilweise erstarrt sind, bei einem entsprechend höheren Wärmegrade.

Auch das optische Drehungsvermögen ist für die meisten Öle eine sehr charakteristische Eigenschaft und seine Bestimmung daher von Bedeutung. Besonders geeignet dazu ist der Halbschatten-Polarisationsapparat nach Lippich[1]). Läßt die dunkle Farbe eines Öles die Beobachtung im 100 mm Rohre, das man gewöhnlich benutzt, nicht zu, so verwendet man ein solches von 50 oder 20 mm Länge.

Man bezeichnet mit α_D den im 100 mm-Rohr bei Natriumlicht direkt abgelesenen Drehungswinkel, mit $(\alpha)_D$ das nach der Formel $(\alpha)_D = \frac{\alpha}{l \cdot d}$ berechnete spezifische Drehungsvermögen. Hierbei bedeutet l die Rohrlänge in Dezimetern und d das spezifische Gewicht der

[1]) Wegen Handhabung des Polarisationsapparats sei auf das Werk von H. Landolt: Das optische Drehungsvermögen organischer Substanzen, 2. Aufl. (Braunschweig 1898), verwiesen.

Flüssigkeit. Im allgemeinen ist es nicht nötig, eine bestimmte Temperatur innezuhalten; nur bei einzelnen Ölen, wie Zitronen- und Pomeranzenöl führt man die Bestimmung bei + 20° C aus.

Zur Prüfung der ätherischen Öle ist weiter die Bestimmung des Brechungsindex empfohlen worden; da die Brechungskoeffizienten der die ätherischen Öle zusammensetzenden Bestandteile im großen und ganzen aber nur wenig voneinander abweichen, so ist diese Bestimmung zum Nachweis von Verfälschungen weit weniger geeignet als andere Prüfungsmethoden.

Bei einigen ätherischen Ölen gibt der Erstarrungspunkt einen guten Anhalt für die Beurteilung der Qualität. Seine Bestimmung erfolgt am besten mit Hilfe des in Abb. 127 abgebildeten Apparates. Das Batterieglas A dient zur Aufnahme der Kühlflüssigkeit oder des Kältegemisches. Das in dem Metalldeckel hängende Glasrohr B bildet einen Luftmantel um das Gefrierrohr C und verhindert das vorzeitige Erstarren des zu prüfenden Öles. Das Gefrierrohr C ist oben weit und wird nur an der Stelle enger, wo es auf dem Rande des Rohres B aufliegt. Zur Fixierung von C sind im Rohre B, etwa 5 cm unter seinem oberen Ende, drei nach innen gerichtete Glaseinstülpungen angebracht. Das in halbe Grade eingeteilte Thermometer wird von einer Metallscheibe durch drei Federn, in denen es sich leicht verschieben läßt, festgehalten.

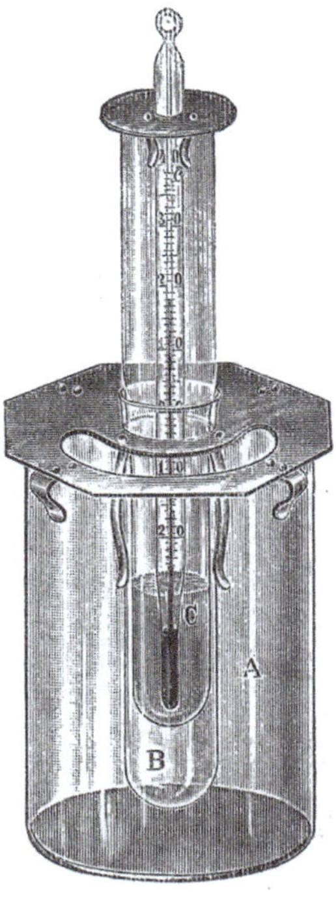

Abb. 127. Apparat zur Bestimmung des Erstarrungspunktes ätherischer Öle.

Zur Ausführung der Bestimmung füllt man das Batterieglas, je nach dem gewünschten Grade der Abkühlung, mit kaltem Wasser und Eisstückchen oder auch mit zerkleinertem Eis; nur ausnahmsweise ist eine aus Eis und Kochsalz hergestellte Kältemischung notwendig. Dann gießt man in das Gefrierrohr so viel von dem zu untersuchenden Öle, daß es etwa 5 cm hoch darin steht, und bringt das Thermometer, das an keiner Stelle die Wand berühren darf, in die Flüssigkeit. Während des Abkühlens ist das unterkühlte Öl vor Erschütterungen, die ein vorzeitiges Erstarren[1]) hervorbringen würden, zu schützen. Ist das Thermometer etwa 5° unter dem Erstarrungspunkt, also z. B. bei Anis- und Sternanisöl auf 12 bzw. 10° C gesunken, so sucht man durch Reiben und Kratzen mit dem Thermometer an der Gefäßwand die Kristallisation einzuleiten. Sollte dies auf diese Weise nicht gelingen, so bringt man ein Kriställ-

[1]) Ein zu frühes Erstarren findet häufig dann statt, wenn das Öl nicht ganz klar filtriert ist, da suspendierte Staubpartikel als Impfmaterial wirken können.

chen von erstarrtem Öl oder etwas festes Anethol in die Flüssigkeit, worauf das Erstarren unter starker Wärmeentwicklung vor sich geht. Das Festwerden beschleunigt man durch fortwährendes Rühren mit dem Thermometer, dessen Quecksilberfaden schnell steigt und endlich ein Maximum erreicht, das man als den Erstarrungspunkt des Öles bezeichnet.

Da die ätherischen Öle Gemenge verschieden siedender Substanzen sind, so kann von dem Siedepunkt eines ätherischen Öls, wie das häufig geschieht, streng genommen nicht gesprochen werden. Man redet daher richtiger von einer S i e d e t e m p e r a t u r und bezeichnet damit das Temperaturintervall, innerhalb dessen das Öl bei der einmaligen Destilla-

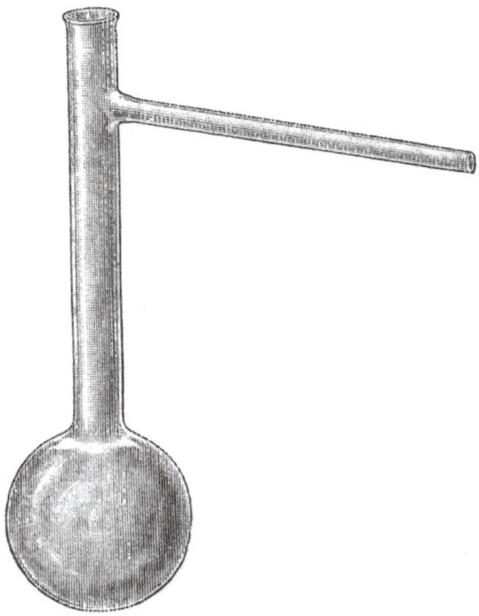

Abb. 128.

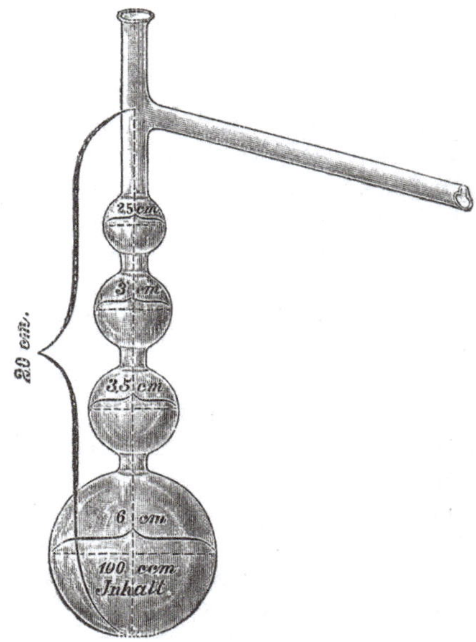

Abb. 129.

Siedekölbchen zur Bestimmung der Siedetemperatur ätherischer Öle.

tion aus einem gewöhnlichen Siedekölbchen (Abb. 128) ohne Fraktionierung übergeht. Man benutzt Thermometer mit verkürzter Skala, deren Quecksilberfaden sich ganz im Dampf befindet.

Die von verschiedenen Beobachtern gemachten Angaben über die innerhalb bestimmter Grade überdestillierenden Mengen desselben Öles stimmen selten überein, weil die Ergebnisse nicht nur durch die Form des Siedekolbens, sondern auch durch die Destillationsgeschwindigkeit und den Barometerstand stark beeinflußt werden. Deshalb ist es notwendig, bei der Untersuchung von gewissen Fraktionen einzelner Öle Kölbchen von bestimmten Dimensionen zu benutzen und eine bestimmte Destillationsgeschwindigkeit einzuhalten. Zur Prüfung von Zitronenöl, Rosmarinöl und Spiköl z. B. werden zweckmäßig Ladenburgsche Kölbchen in der in Abb. 129 angegebenen Größe angewendet.

Man destilliert alsdann von 50 ccm 5 ccm in der Weise über, daß in der Sekunde etwa 1 Tropfen fällt, und prüft das Destillat im Polarisationsapparat.

Sind aus einem Öl einzelne Bestandteile zu isolieren, so muß die fraktionierte Destillation häufig wiederholt werden. Es empfiehlt sich, zur Vermeidung von Zersetzungen, oberhalb 200° C siedende Anteile im Vakuum zu fraktionieren. Ester enthaltende Öle sind vor dem Fraktionieren zu verseifen, da die beim Sieden sich leicht abspaltenden Säuren die Fraktionierung stören und verändernd auf die Bestandteile der Öle einwirken können.

Während sich alle ätherischen Öle in starkem Alkohol leicht lösen, ist nur ein Teil in verdünntem Alkohol vollständig löslich. Für letztere Öle wird diese Eigenschaft zu einem praktischen und schnellen Prüfungsmittel. Das schwerlösliche Terpentinöl ist z. B. so in den in 70proz. Alkohol löslichen Ölen nachweisbar. Die Löslichkeitsbestimmung ist sehr einfach. Man bringt in ein graduiertes Zylinderrohr (Abb. 130) $^1/_2$—1 ccm des zu prüfenden Öles und setzt von dem Alkohol in kleinen Portionen so lange unter kräftigem Umschütteln hinzu, bis Lösung erfolgt. Löst sich ein unter normalen Verhältnissen lösliches Öl nicht, so kann man manchmal aus der Art der Trübung und der Ausscheidung des nicht löslichen Teiles Schlüsse auf die Verfälschung ziehen. Petroleum schwimmt auf 70proz. Alkohol, während fettes Öl sich in Tropfen am Boden absetzt.

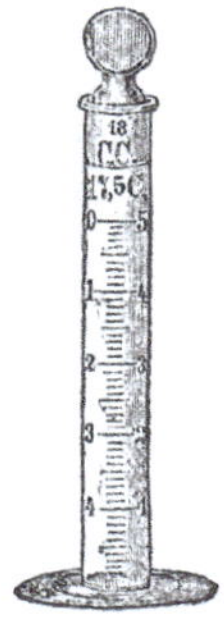

Abb. 130. Zylinderrohr zur Löslichkeitsbestimmung ätherischer Öle in Alkohol oder anderen Lösungsmitteln.

Beim Mischen einiger Öle mit Petroläther, Paraffinöl oder Schwefelkohlenstoff wird bisweilen eine Trübung beobachtet und fälschlich für eine unvollständige Lösung angesehen, während sie durch den geringen Wassergehalt, den die Öle von ihrer Darstellung her besitzen, veranlaßt wird. Je sauerstoffreicher ein Öl ist, um so stärker trübt es sich mit Petroläther. Die Trübung tritt aber nicht ein, wenn man das Öl zunächst mit wasserfreiem Natriumsulfat vollständig trocknet. Eine Ausnahme macht Zimtaldehyd, der in Petroläther und in Paraffinöl so gut wie unlöslich ist. Daher lösen sich auch Cassiaöl und Ceylon-Zimtöl nur unvollständig in diesen Lösungsmitteln.

Auf chemischem Wege ist die rationelle Prüfung eines ätherischen Öles nur dann möglich, wenn seine Zusammensetzung oder doch wenigstens seine Hauptbestandteile bekannt sind. Die chemische Untersuchung muß möglichst darauf gerichtet sein, die als wertvoll erkannten Komponenten zu isolieren und quantitativ zu bestimmen. Dies hat man früher nicht berücksichtigt und vor allem nicht bedacht, daß sich Untersuchungsmethoden, welche, wie die Hüblsche Jodadditionsmethode und die Maumenésche Schwefelsäureprobe, bei den fetten Ölen gute Resultate liefern, nicht ohne weiteres auf die ätherischen Öle übertragen lassen. Auch die vielfach empfohlenen

Farbreaktionen, die darin bestehen, daß beim Zusammenbringen von irgendeinem chemischen Agens, meist Schwefelsäure oder Salpetersäure, mit einem ätherischen Öle eine Färbung hervorvorgerufen wird, sind im allgemeinen als unbrauchbar zu bezeichnen. Praktische Bedeutung haben aber die Verseifung, die Azetylierung, die Aldehydbestimmung, die Phenolbestimmung und die Ermittlung der Methylzahl erlangt.

Durch wissenschaftliche Untersuchungen ist festgestellt, daß die ätherischen Öle vielfach ersterartige Verbindungen enthalten, deren Komponenten Alkohole, gewöhnlich von der Zusammensetzung $C_{10}H_{18}O$ oder $C_{10}H_{20}O$, einerseits und Säureradikale der Fettsäurereihe andererseits sind. Die fast ausnahmslos wohlriechenden Ester sind als die wichtigsten Bestandteile der ätherischen Öle zu betrachten. Ihre quantitative Bestimmung ist für die Beurteilung der Öle immer wertvoll, selbst dann, wenn die Ester für den Geruch nur von untergeordneter Bedeutung sind; viel wichtiger aber und geradezu die einzige wirtschaftliche Methode zur Qualitätsprüfung ist die Bestimmung der Ester in den Fällen, wo sie die Träger des charakteristischen Geruches sind, wie beim Bergamottöl und beim Lavendelöl. Ihre Bestimmung erfolgt nach der Methode der quantitativen Verseifung, wie sie auch aus der Analyse der Fette bekannt ist. Ihre Anwendung auf die ätherischen Öle ist zuerst von A. Kremel[1]) empfohlen worden. Er unterscheidet Säurezahl (S.-Z.), Esterzahl (E.-Z.) und Verseifungszahl (V.-Z.)[2]). Da die ätherischen Öle meist aber nur sehr wenig freie Säure enthalten, so kann man die Säurezahl im allgemeinen vernachlässigen; nur alte, zum Teil verdorbene Öle pflegen etwas höhere Säurezahlen aufzuweisen.

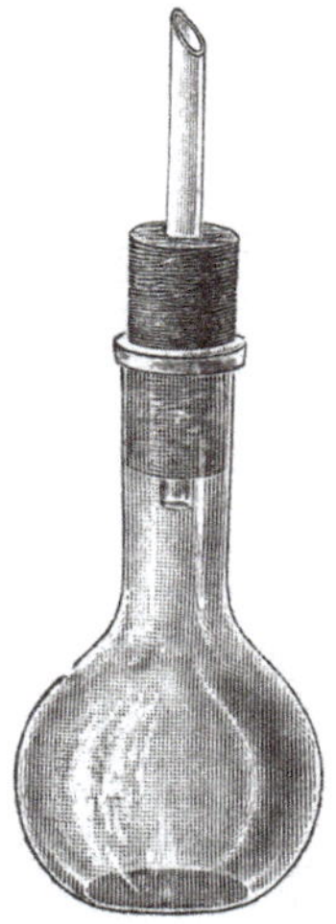

Abb. 131. Kölbchen zur Bestimmung der Verseifungszahl ätherischer Öle.

Zur Verseifung werden in einem 100 ccm haltenden Kölbchen (Abb. 131) etwa 2 g Öl auf 0,01 g genau abgewogen, mit ungefähr der doppelten Menge säurefreien, starken Alkohols verdünnt und nach Zusatz einiger Tropfen alkoholischer Phenolphtaleïnlösung (1 : 100) vorsichtig mit Halbnormal-Kalilauge neutralisiert, wozu bei den meisten Ölen nur wenige Tropfen erforderlich sind. Auf diese Weise erhält man die Säurezahl. Dann setzt man weiter 10 bis 20 ccm, bei sehr hohem Estergehalt auch noch mehr, alkoholische Halbnormal-Kalilauge hinzu und erhitzt das Kölbchen mit aufgesetztem Kühlrohr eine halbe bis eine Stunde auf dem Dampfbade, verdünnt den Kolbeninhalt nach dem Erkalten mit etwa 50 ccm Wasser und titriert den Überschuß von Lauge mit Halbnormal-Schwefelsäure zurück.

---

[1]) Pharm. Zentralbl. 1888, **29**, S. 482 u. 555; 1889, **30**, S. 133.
[2]) Vgl. S. 91.

Die Säure- bzw. Esterzahl ergibt sich aus der Formel

$$\left.\begin{matrix}\text{S.-Z.}\\ \text{E.-Z.}\end{matrix}\right\} = \frac{28 \cdot a}{s},$$

worin a die Anzahl der verbrauchten Kubikzentimeter alkoholischer Halbnormal-Kalilauge und s die angewandte Ölmenge in Grammen bedeutet.

Um aus der gefundenen Esterzahl den Gehalt eines Öles an Linalyl-, Geranyl- oder Bornylazetat ($CH_3COOC_{10}H_{17}$, Mol.-Gew. 196) zu berechnen, wendet man die Gleichung an:

$$\frac{196 \cdot \text{V.-Z.}}{560} = \text{Proz. Ester.}$$

Bei den Essigestern von Alkoholen, wie Menthol und Citronellol, ($CH_3COOC_{10}H_{19}$, Mol.-Gew. 198), ist der Estergehalt in Prozenten ausgedrückt =

$$\frac{198 \cdot \text{V.-Z.}}{560}.$$

Um den Gehalt an Alkoholen $C_{10}H_{18}O$ (Mol.-Gew. 154), $C_{10}H_{20}O$ (Mol.-Gew. 156) und $C_{15}H_{24}O$ (Mol.-Gew. 220) zu finden, benutzt man die Formeln:

$$\frac{154 \cdot \text{V.-Z.}}{560}, \quad \frac{156 \cdot \text{V.-Z.}}{560} \text{ und } \frac{220 \cdot \text{V.-Z.}}{560}.$$

Erwähnt sei jedoch, daß in allen Ölen, die Aldehyde enthalten, die Esterbestimmung durch Verseifung nicht ausgeführt werden kann, da hierbei ein durch die Zersetzung der Aldehyde bedingter, mit der Dauer der Einwirkung steigender Verbrauch an Alkali stattfindet, der aber keine Auskunft über die Menge der zerstörten Aldehyde gibt. Auch Phenole wirken störend und müssen deshalb vor der Verseifung durch Ausschütteln des Öles mit 3—5proz. wässeriger Lauge entfernt werden.

Viele ätherische Öle enthalten als wichtige Bestandteile auch freie Alkohole der Formel $C_{10}H_{18}O$, $C_{10}H_{20}O$ und $C_{15}H_{24}O$, z. B. Borneol, Geraniol, Terpineol, Linalool, Menthol, Citronellol und Santalol. Zur quantitativen Bestimmung kann man ihr Verhalten gegen Essigsäureanhydrid benutzen, mit dem sie sich beim Erhitzen zu Essigsäureestern umsetzen. Die Reaktion verläuft nach der Gleichung:

$$C_{10}H_{18}O + (CH_3CO)_2O = CH_3COOC_{10}H_{17} + CH_3COOH.$$

Die Umsetzung erfolgt quantitativ bei Borneol, Geraniol, Menthol und Santalol und ermöglicht eine genaue Bestimmung dieser Körper. Weniger günstig liegen die Verhältnisse bei Linalool und Terpineol da sich diese beim Kochen mit Essigsäureanhydrid teilweise unter Wasserabspaltung und Bildung von Terpenen zersetzen. Man kann jedoch auch bei diesen Alkoholen vergleichbare Zahlen erhalten, wenn stets die gleiche Menge Essigsäureanhydrid angewandt und dieselbe Zeitdauer des Erhitzens eingehalten wird.

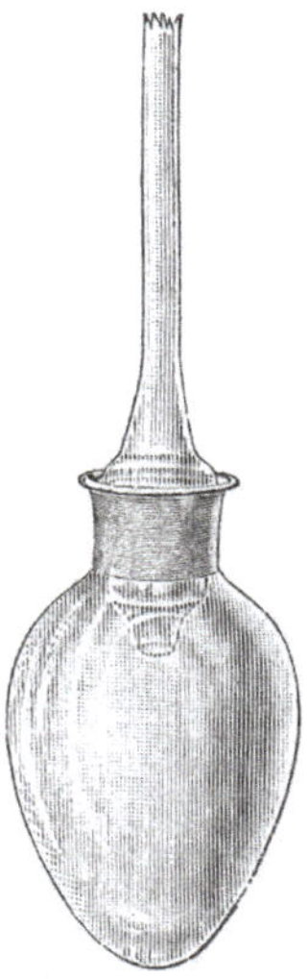

Abb. 132. Kölbchen zur quantitativen Azetylierung ätherischer Öle.

Zur quantitativen Azetylierung werden etwa 10 ccm des Öles mit dem gleichen Volumen Essigsäureanhydrid unter Zusatz von etwa 2 g wasserfreiem Natriumazetat in einem mit eingeschliffenen Kühlrohr versehenen Kölbchen (Abb. 132) eine Stunde in gleichmäßigem Sieden erhalten. Nach dem Erkalten setzt man zu dem Kolbeninhalt etwas Wasser und erwärmt unter mehrmaligem Umschütteln $^1/_4$ Stunde auf dem Wasserbade, um das überschüssige Essigsäureanhydrid zu zersetzen, scheidet darauf das Öl im Scheidetrichter ab und wäscht so lange mit Wasser oder besser mit Kochsalzlösung nach, bis die Reaktion neutral ist.

Von dem mit wasserfreiem, schwefelsaurem Natron getrockneten, azetylierten Öle werden 2 g nach dem auf S. 428 beschriebenen Verfahren verseift. Die der Esterzahl entsprechende Menge des im ursprünglichen Öle enthaltenen Alkohols berechnet man nach folgenden Gleichungen:

1. Proz. Alkohol $C_{10}H_{18}O$ im ursprünglichen Öle $= \frac{a \cdot 7,7}{s - a \cdot 0,021}$,

2. Proz. Alkohol $C_{10}H_{20}O$ im ursprünglichen Öle $= \frac{a \cdot 7,8}{s - a \cdot 0,021}$,

3. „ „ $C_{15}H_{24}O$ „ „ „ $= \frac{a \cdot 11}{s - a \cdot 0,021}$.

In diesen Formeln bezeichnet a die Anzahl der verbrauchten Kubikzentimeter Halbnormal-Kalilauge, s die Menge des zur Verseifung verwandten azetylierten Öles in Grammen.

Auf Aldehyde wirkt Essigsäureanhydrid verschieden ein. Während Citronellal quantitativ in Isopulegolazetat übergeführt wird, entstehen beim Citral unbestimmte Mengen verseifbarer, bis jetzt noch unbekannter Produkte.

Eine für alle ätherischen Öle gleichmäßig anwendbare Methode zur Bestimmung des Aldehydgehalts ist noch nicht gefunden. Für einzelne Öle sind besondere Verfahren ausgearbeitet, die später noch angeführt werden sollen.

Benedikt und Grüßner[1]) haben die quantitative Methoxylbestimmung zur Untersuchung der ätherischen Öle empfohlen und ihre Brauchbarkeit an einer Reihe von Beispielen gezeigt. Sie bezeichnen als Methylzahl die Zahl, die angibt, wieviel mg Methyl 1 g Substanz beim Kochen mit Jodwasserstoffsäure abspaltet. Dabei wird

[1]) Chem. Ztg. 1889, **13.** S. 872 und 1087.

Äthyl oder Propyl und Isopropyl durch die äquivalente Menge Methyl ersetzt gedacht, so daß die gewonnene Menge Jodsilber also in allen Fällen auf Methyl umgerechnet wird. Die durch Kochen von 0,2—3,0 g des zu untersuchenden Öles mit Jodwasserstoffsäure (von spez. Gew. 1,70, der man nach Herzig 8 vH. Essigsäure zusetzt) entstehenden Dämpfe von Jodmethyl werden in einem geeigneten Apparat zunächst durch erwärmtes Wasser geleitet, in dem etwas Phosphor suspendiert ist, damit etwa mitgerissene Joddämpfe zurückgehalten werden. Nachdem das Jodmethyl diese Vorlage passiert hat, wird es von einer alkoholischen Silbernitratlösung aufgefangen und das ausgeschiedene Jodsilber gewogen.

Zur annähernd genauen Phenolbestimmung in ätherischen Ölen benutzt man die Eigenschaften der Phenole, mit Alkalien wasserlösliche Verbindungen einzugehen. Schüttelt man ein abgemessenes Quantum Öl mit Lauge, so kann man aus der Volumverminderung den ungefähren Gehalt an Phenolen berechnen. Die verwandte Natronlauge soll bei Thymol und Carvacrol enthaltenden Ölen (Thymianöl, Spanisch Hopfenöl) 5prozentig, bei eugenolhaltigen Ölen (Nelkenöl, Nelkenstielöl, Pimentöl, Bayöl, Zimtblätteröl) 3prozentig sein. Verwendet man stärkere Konzentrationen, so fallen die Endzahlen oft zu hoch aus, weil die Lauge im Verein mit dem Phenolalkali lösend auch auf die Nichtphenole einwirkt.

Das für ätherische Öle am meisten benutzte Verfälschungsmittel ist das Terpentinöl. Häufig kann es zwar schon durch seinen charakteristischen Geruch erkannt werden, besonders in Ölen, die kein Pinen, den Hauptbestandteil des Terpentinöls, enthalten. Im allgemeinen bewirkt seine Gegenwart aber Veränderungen des spezifischen Gewichts, der Löslichkeit, der Siedetemperatur und des optischen Drehungsvermögens, doch ist zu beachten, daß es sowohl rechts-, wie linksdrehende Terpentinöle gibt.

Auch Zedernholz-, Kopaiva- und Gurjunbalsamöl gehören wegen ihrer Billigkeit und ihres schwachen Geruchs halber zu den beliebtesten und gefährlichsten Verfälschungsmitteln; sie lassen sich aber durch ihre von vielen ätherischen Ölen stark abweichenden, physikalischen Eigenschaften, die Schwerlöslichkeit in 70—90prozentigem Alkohol, das hohe spezifische Gewicht (über 0,900), die oberhalb 250° C liegende Siedetemperatur und ihr Drehungsvermögen in den meisten Fällen ohne Schwierigkeit erkennen.

Der Zusatz von Alkohol zu einem ätherischen Öl hat immer die Erniedrigung des spezifischen Gewichts zur Folge. In Wasser fallende Tropfen eines spiritushaltigen Öles bleiben nicht klar und durchsichtig, wie dies bei reinen Ölen der Fall ist, sondern werden undurchsichtig und milchig trübe.

Zum direkten Nachweis des Alkohols erhitzt man das verdächtige Öl bis zum beginnenden Sieden, fängt die zuerst übergehenden Tropfen in einem Reagenzglase auf und filtriert, um mitgerissene Öltröpfchen zu entfernen, durch ein mit Wasser benetztes Filter. Das Filtrat macht man mit verdünnter Kalilauge stark alkalisch und versetzt es nach dem Erwärmen auf 50—60° C mit einer Lösung von Jod in Jodkalium bis zur bleibenden Gelbfärbung. Bei Gegenwart von Alkohol scheiden sich nach einiger Zeit charakteristische Kriställchen von Jodoform ab. Zu beachten ist hierbei aber, daß auch andere Körper, wie Aldehyde, Azeton und Essigäther unter den angegebenen Bedingungen Jodoform bilden können.

Größere Mengen von Alkohol lassen sich mit Wasser ausschütteln und können dann wieder durch Destillation ausgetrieben und durch die Jodoformreaktion nachgewiesen werden. Nimmt man die Ausschüttelung in einem graduierten Zylinder vor, so entspricht die Zunahme der Wasserschicht ungefähr der Menge des Alkohols. Statt Wasser verwendet man nach Hager besser noch Glyzerin, weil bei diesem die Schichtentrennung besser und eine genauere Ablesung möglich ist. Die Menge des Alkohols kann man auch ungefähr berechnen, wenn man das spezifische Gewicht des Öles vor und nach dem Ausschütteln mit Wasser bestimmt.

Mit fettem Öl versetzte ätherische Öle hinterlassen beim Verdunsten auf Papier einen dauernden Fettfleck. Bei hochsiedenden und schwerflüchtigen ätherischen Ölen bleiben jedoch häufig ähnliche Rückstände, die zu Täuschungen Veranlassung geben können. Fettes Öl ist unlöslich in 90prozentigem Alkohol, mit Ausnahme von Rizinusöl, das aber ebenfalls in 70prozentigem Alkohol unlöslich ist. Zur Trennung des fetten Öles vom ätherischen destilliert man mit Wasserdampf oder entfernt das letztere durch Verdunsten in einem offenen Schälchen auf dem Wasserbade, wobei zu berücksichtigen ist, daß manche Öle, wie Bergamott-, Zitronen-, Pomeranzen-, Anis- und Sternanisöl, auch wenn sie nicht verfälscht sind, einen Rückstand von mehreren Prozenten hinterlassen. Im Rückstande kann das Fett dann durch Erhitzen mit Kaliumbisulfat in Form von Acroleïn nachgewiesen werden. Beim Verbrennen des Rückstandes auf einem Platinblech wird der chrakteristische Geruch von angebranntem Fett wahrnehmbar.

Da die fetten Öle meist zwischen 180 und 200 liegende Verseifungszahlen besitzen, so kann die Menge derselben entweder im Öle selbst oder im Destillationsrückstande auch titrimetrisch ermittelt werden.

Mineralöl, Paraffinöl, Petroleum und Petroleumfraktionen sind in Alkohol unlöslich und deshalb in ätherischen Ölen ohne Schwierigkeit nachzuweisen; außerdem sind sie meist durch ihr niedriges spezifisches Gewicht zu erkennen. Mit Mineralöl versetztes Palmarosaöl z. B. löst sich nur zum Teil in 70prozentigem Alkohol. Behandelt man den unlöslichen Rückstand nacheinander mit 90prozentigem und mit absolutem Alkohol, so bleibt ein Öl zurück, das sich zwar anfangs mit konzentrierter Schwefel- und Salpetersäure bräunt, in der Hauptsache aber gegen diese Säuren, ebenso wie gegen Alkalien, beständig ist und keine Verseifungszahl ergibt.

Der Siedepunkt der Mineralöle ist verschieden. Die Kohlenwasserstoffe des Leuchtpetroleums sieden ziemlich gleich mit den Terpenen. Niedriger siedende Fraktionen werden aber zuweilen auch zur Verfälschung des Terpentinöls benutzt.

Ein Verfahren zur quantitativen Bestimmung von Mineralöl besteht darin, daß man den nach der Oxydation des ätherischen Öles mit rauchender Salpetersäure verbleibenden Rückstand zur Wägung bringt. Zu bemerken ist jedoch, daß einige ätherische Öle, wie Rosenöl, Neroliöl und andere, auch größere oder kleinere Mengen von Paraffinen als natürliche Bestandteile enthalten.

Die als Riechstoffe angewandten ätherischen Öle.

Nachdem im Vorhergehenden die allgemeinen Eigenschaften der ätherischen Öle und die wichtigsten Methoden zu ihrer Prüfung erörtert sind, sollen im folgenden die Öle selbst einzeln besprochen werden. Da eine brauchbare Klassifikation dieser Öle bis jetzt aber nicht vorhanden ist, sind dieselben in alphabetischer Reihenfolge behandelt, wobei einzelne zusammengehörige Gruppen zusammengefaßt sind.

Abietineenöle. Unter dem Namen „Terpentinöl" werden häufig alle ätherischen Öle zusammengefaßt, welche aus den Terpentinen und anderen Pflanzenteilen der Abietineen durch Destillation gewonnen werden; richtiger ist es jedoch, nur das aus dem Terpentin durch Destillation mit Wasser oder Dampf gewonnene Öl als Terpentinöl, das durch trockene Destillation der harzreichen Kiefernwurzeln erhaltene Produkt als Kienöl und die aus den Nadeln oder einjährigen Zapfen verschiedener Nadelgewächse erhaltenen aromatischen Destillate als Fichtennadelöle zu bezeichnen. Die eigentlichen Terpentinöle bestehen fast ausschließlich aus Pinen ($C_{10}H_{16}$), die Kienöle zum größten Teile aus diesem Kohlenwasserstoff, während bei den Fichtennadelölen der Pinengehalt vielfach gegen Limonen oder sauerstoffhaltige Körper, namentlich Bornylazetat, zurücktritt.

Von den Ölen der Abietineen spielen nur einige Fichtennadelöle in der Parfümerie eine Rolle; trotzdem sollen hier aber auch die wichtigsten Terpentinölsorten besprochen werden, da sie als Verfälschungsmittel für andere ätherische Öle eine große Rolle spielen und vor allem auch in der Seifenindustrie vielfache Verwendung finden[1]).

Die wichtigsten Terpentinöle, die auch allein einen bedeutenden Handelsartikel bilden, sind das amerikanische und das französische. Ersteres wird hauptsächlich aus dem Terpentin von Pinus heterophylla (*Ell.*) *Sudw.* (P. Taeda var. heterophylla *Ell.*), Pinus echinata *Mill.* und Pinus australis *Mich.* im östlichen Teile von Nordamerika, von Florida bis Nordkarolina, gewonnen. Es dreht die Ebene des polarisierten Lichts meist mehr oder weniger schwach nach rechts, bisweilen aber auch nach links, was sich leicht daraus erklärt, daß es aus dem Terpentin verschiedener Pinusarten destilliert wird. Das spezifische Gewicht schwankt zwischen 0,865 und 0,870. Das französische Öl wird aus dem Terpentin von Pinus Pinaster Solander (Pinus maritima Poiret), der Strandkiefer, hauptsächlich in den westfranzösischen Dünenlandschaften („Landes"), der Departements Gironde, Landes und Lot-et-

[1]) Siehe S. 389.

Garonne gewonnen. Die Hauptstapelplätze sind Mont de Marson, Dax, Bordeaux und Bayonne. Das Öl unterscheidet sich von dem amerikanischen dadurch, daß es den polarisierten Lichtstrahl nach links ablenkt ($\alpha_D = -20°$ bis $-40°$), sowie durch seinen feinen und angenehmeren Geruch. Die sonstigen Eigenschaften sind aber dieselben wie die des amerikanischen Terpentinöls.

Seit einer Reihe von Jahren tritt auch spanisches Terpentinöl als regelmäßiger Handelsartikel auf. Es stammt von derselben Pinusart wie das französische und stimmt daher mit diesem vollkommen überein.

Das österreichische Terpentinöl, welches aus dem Terpentin von Pinus Laricio Poir. gewonnen wird und nur lokale Bedeutung hat, ist in seinen Eigenschaften den beiden vorher genannten ähnlich.

Das sogenannte deutsche, russische oder polnische Terpentinöl ist Kienöl und unterscheidet sich von den eigentlichen Terpentinölen u.a. durch seinen unangenehmen, brenzligen Geruch. Auch das sogenannte Holzterpentinöl, welches im Gegensatz zum eigentlichen Kienöl nicht durch destruktive Destillation des Holzes, sondern mittels überhitzten Wasserdampfes aus balsamreichen Holzteilen gewonnen wird, ist dem eigentlichen Balsamterpentinöl geruchlich unterlegen. Dasselbe gilt auch für das sog. Sulfatterpentinöl, einem bei der Zellstoffgewinnung anfallenden ätherischen Öl, welches in rohem Zustande einen geradezu penetranten Merkaptangeruch besitzt, der sich durch weitgehende Raffination jedoch mildern und unter Umständen gänzlich aufheben läßt.

Reine, frische Terpentinöle sind dünnflüssig und farblos und lösen sich in 12 Teilen 90proz. Weingeist klar auf.

Die Fichtennadelöle haben wegen ihres balsamischen und erfrischenden Tannenduftes zur Herstellung verschiedener Tannenduftessenzen zum Zwecke der Zerstäubung in Wohn- und Krankenzimmern und zur Bereitung aromatischer Bäder in der feineren Parfümerie- und Seifenfabrikation in neuerer Zeit zunehmende Verwendung gefunden. Es kommen hier hauptsächlich die folgenden Öle in Betracht: das Edeltannennadelöl, das Templinöl und das Latschenkiefer- oder Krummholzöl.

Das Edeltannennadelöl, das aus den Nadeln und Zweigspitzen der Abies alba *Miller* (Abies pectinata *D. C.*, Abies excelsa *Lk.*) hauptsächlich in der Schweiz, Tirol, Österreich und dem Schwarzwald gewonnen wird, ist eine farblose, balsamisch riechende Flüssigkeit von dem spezifischen Gewicht 0,867—0,886. Sie besitzt einen Drehungswinkel $\alpha_D = -20°$ bis $-59°$ und löst sich in etwa 5 Teilen 90prozentigem Weingeist.

Das Templinöl oder Edeltannenzapfenöl, welches in einigen Gegenden der Schweiz und des Thüringer Waldes aus den im August und September gesammelten einjährigen Fruchtzapfen der Edeltanne durch Dampfdestillation gewonnen wird, ist ein farbloses, angenehm balsamisch riechendes, etwas an Zitronen und Pomeranzen erinnerndes Öl vom spezifischen Gewicht 0,851—0,870 und einem Drehungswinkel $\alpha_D = -60°$ bis $-84°$, das mit 6 Teilen 90prozentigem Weingeist eine klare Lösung ergibt. Es zeichnet sich durch einen hohen Gehalt an

Links-Limonen aus. Da dieses stark drehende Terpen sein wertvollster Bestandteil ist, so ist für die Güte des Öles sein Rotationsvermögen maßgebend: je stärker die Linksdrehung und je niedriger das spezifische Gewicht, um so größer der Gehalt an Limonen. Im Handel führt es häufig die unrichtige Bezeichnung Kiefernadelöl (Oleum Pini silvestris).

Das aus den frischen Nadeln und jungen Zweigspitzen von Picea excelsa *Lk.* destillierte Öl, das bis jetzt keinen Handelsartikel bildet, hat nach Schimmel & Co. einen ebenso angenehm aromatischen Geruch wie das Öl aus den Nadeln und Zapfen der Edeltanne.

Das Latschenkiefernöl wird aus den frischen Nadeln und jungen Zweigspitzen der Pinus montana *Miller* (Pinus Pumilio *Haenke*) hauptsächlich in den österreichischen Alpenländern gewonnen. Es ist farblos, hat einen angenehmen balsamischen Geruch und ein spezifisches Gewicht von 0,858—0,875.

Terpentinöl wird in neuerer Zeit vielfach verfälscht, und zwar hauptsächlich mit Petroleumfraktionen, Harzessenz, Tetrachlorkohlenstoff, Kienöl u. a. Der Nachweis und besonders die quantitative Bestimmung ist oft nicht leicht[1]).

Ajowanöl, das ätherische Öl aus den Früchten von Carum Ajowan *Benth et Hook.*, einer in Indien kultivierten Umbellifere, ist eine fast farblose oder bräunlich gefärbte Flüssigkeit von ausgesprochenem Thymiangeruch. Es wird in Europa nur wegen seines Hauptbestandteils, des Thymols, destilliert. Der übrige Teil des Öls, etwa die Hälfte, besteht aus Kohlenwasserstoffen, die unter dem Namen Thymen als Seifenparfüm verkauft werden. Thymen ist ein hauptsächlich aus Cymol bestehendes Kohlenwasserstoffgemisch, das ebenfalls nach Thymianöl, wenn auch bei weitem weniger fein, duftet.

Angelikaöl (Oleum Angelicae) wird aus der Engelwurz (Archangelica officinalis *Hoffm.*, Angelica Archangelica *L.*), einer im nördlichen Europa und in Asien heimischen und in Deutschland hier und da kultivierten Umbellifere, gewonnen. Es bildet frisch destilliert eine farblose Flüssigkeit, die sich beim Aufbewahren durch den Einfluß von Luft und Licht gelb bis braun färbt, hat einen aromatischen Geruch, brennenden Geschmack und ein spezifisches Gewicht von 0,853—0,918. Es findet äußerst selten in der Feinseifenfabrikation Verwendung. Das ebenfalls im Handel vorkommende Angelikasamenöl ist dem Wurzelöl sehr ähnlich und besitzt ein spezifisches Gewicht von 0,851 bis 0,890. Als charakteristischer Bestandteil der Angelikaöle gilt das Phellandren.

Anisöl (Oleum Anisi) wird aus dem zerkleinerten Samen von Pimpinella Anisum *L.* durch Destillation gewonnen. Der Anis wird jetzt fast in allen Erdteilen angebaut. In Deutschland wird hauptsächlich russischer Anis destilliert. Das Anisöl ist farblos oder von strohgelber

[1]) Vgl. Marcusson und H. Herzfeld: Chem. Ztg. 1909, **33**, S. 966, 985 und 1081. — 1910, **34**, S. 285; Lunge und Berl, Chemisch-Technische Untersuchungsmethoden, 6. Aufl., 3. Bd. Berlin 1911, S. 917.

Farbe, hat Anisgeruch und einen angenehm süßlichen, hinterher brennenden Geschmack. Es ist bei 20° C dünnflüssig; in der Kälte erstarrt es zu einer schneeweißen, kristallinischen Masse, die bei 15° C zu schmelzen beginnt und sich bei 19—20° C vollständig verflüssigt. Unter Umständen kann das Öl beträchtlich unter seinen Erstarrungspunkt abgekühlt werden, ohne daß es fest wird, und kann lange Zeit im Zustande der Überschmelzung verharren. Das Hineinfallen eines Stäubchens, die Berührung mit einem Anetholkristall, eine starke Erschütterung oder das Kratzen mit einem Glasstabe an der inneren Glaswand bewirkt aber dann eine plötzliche, mit erheblicher Temperatursteigerung verbundene Kristallisation der Flüssigkeit. Der hierbei ermittelte Erstarrungspunkt[1]) ist vom Anetholgehalt abhängig und liegt bei normalen Ölen zwischen 15° und 19° C. Das flüssige Öl hat bei 20° C ein spezifisches Gewicht von 0,980—0,990 und ist schwach linksdrehend. Es gibt mit 3 Teilen 90prozentigem Weingeist eine klare Lösung. Im flüssigen Zustande verharzt das Öl an der Luft und verliert die Eigenschaft zu kristallisieren. Anisöl ist deshalb in dicht verschlossenen Flaschen an einem kühlen Orte aufzubewahren.

Das Anisöl besteht hauptsächlich aus zwei isomeren Verbindungen $C_{10}H_{12}O$, dem bei gewöhnlicher Temperatur festen Anethol und dem flüssigen Methylchavicol. Ersteres, das zu 80—90 vH. im Anisöl enthalten ist, ist der Träger der charakteristischen Eigenschaften des Öles und bedingt seinen Wert. Es bildet schneeweiße Blättchen und Schuppen, die leicht löslich sind in Alkohol, Äther u. dergl. Es schmilzt bei 22—23° C zu einer farblosen, optisch inaktiven Flüssigkeit von reinem Anisgeruch und stark süßem Geschmack und löst sich in 2—3 Vol. 90prozentigem Alkohol. Sein spezifisches Gewicht ist bei 25° C 0,984—0,986.

Dem gewöhnlichen Anisöl sehr ähnlich ist das Sternanisöl, das aus den Früchten einer Illicium-Art hauptsächlich in den südwestlichen Provinzen Chinas und in der französischen Kolonie Tongkin gewonnen wird. Es enthält auch 80—90 vH. Anethol und bildet eine farblose oder gelbliche, in der Kälte erstarrende Flüssigkeit von anisartigem Geruch und intensiv süßem Geschmack. Es hat bei 15° C ein spezifisches Gewicht von 0,98—0,99 und ist schwach linksdrehend, bisweilen auch schwach rechtsdrehend, und klar löslich in 3 und mehr Teilen 90prozentigem Alkohol. Der Erstarrungspunkt liegt zwischen 14° und 18° C. — Die unter dem Namen „Blumenöle“ im Handel vorkommenden Sternanisöle, deren Erstarrungspunkt zwischen $8^3/_4$° und $13^3/_4$° C liegt, werden nach Schimmel & Co. nicht von den Blüten des Sternanisbaumes, sondern aus den unreifen Früchten gewonnen und sind als minderwertig zu bezeichnen.

Das Anisöl wird mit Terpentinöl, Zedernholzöl, Kopaiva- und Gurjunbalsamöl, Spiritus, Walrat und fettem Öl verfälscht, Zusätze, die sich durch Bestimmung des spezifischen Gewichts, des Drehungsvermögens, des Erstarrungspunktes und der Löslichkeit leicht ermitteln lassen. Mit

---

[1]) Siehe S. 425.

Fenchelöl oder Fenchelstearopten verschnittene Anisöle lassen sich durch ihre Rechtsdrehung im Polarisationsapparat erkennen. Bei der Probeentnahme zur Untersuchung ist jedoch darauf zu achten, daß das Öl zuvor vollkommen geschmolzen und zu einer homogenen Flüssigkeit gemischt war.

Aurantieenöle. Die Aurantieen, namentlich der Gattung Citrus, liefern eine ganze Reihe von ätherischen Ölen, welche sämtlich durch großen Wohlgeruch ausgezeichnet sind und deshalb vielfache Verwendung in allen Zweigen der Parfümerie finden. Sie gehören deshalb zu den wichtigsten ätherischen Ölen und kommen in sehr großen Mengen in den Handel. Ihre Darstellung erfolgt im ausgedehntesten Maße im südlichen Italien und in Sizilien, woselbst Tausende von Arbeitern ihren Lebensunterhalt dadurch erwerben.

Die ätherischen Öle sind in gewissen Drüsen dieser Pflanzen, die sich teils in den Fruchtschalen, teils in den Blüten, teils in den Blättern finden, aufgespeichert. Aus den Fruchtschalen werden Zitronenöl, Bergamottöl und Pomeranzenöl, aus den Blüten Neroliöl, aus den Blättern und unreifen Früchten Petitgrainöl gewonnen.

In Süditalien sind zur Gewinnung von Zitronen-, Pomeranzen- und Bergamottöl drei verschiedene Verfahren im Gebrauch, der Spugna-Prozeß, der Scorzetta-Prozeß und die rein maschinelle Fabrikation.

Bei dem „Processo alla spugna" schneidet der Arbeiter die Schale in drei Längsstreifen von der Frucht herunter und drückt sie dann gegen einen Schwamm, den er fest in der rechten Hand hält. Die Ölbehälter platzen und geben den Inhalt an den Schwamm ab, der mit der Hand ausgepreßt wird, sobald er genug Öl aufgenommen hat.

Bei dem Scorzetta-Prozeß wird die Frucht in zwei Hälften geschnitten und der Inhalt mit einem Löffel entfernt. Die beiden Schalenhälften werden dann unter fortwährendem Drehen in der Hand von allen Seiten auf den Schwamm gepreßt.

Die Macchina dient fast ausschließlich zur Bergamottölfabrikation, da sich die hier in Frage kommenden Früchte wegen ihrer runden Gestalt besonders zur maschinellen Verarbeitung eignen. Die Macchina ist ein ganz sinnreich konstruierter Apparat, in dem die Früchte zwischen zwei Preßtellern in drehende Bewegung gebracht und durch vorhandene Spitzen oder Schneiden angeritzt werden, sodaß sie ihr Öl abgeben, das durch Öffnungen im unteren Preßteller in eine Schale abfließt.

Ein früher in Nizza, jetzt aber nur noch in Westindien bei der Darstellung von Limettöl verwandtes Instrument, die Ecuelle à piquer, besteht aus einer mit aufrechtstehenden Messingnadeln versehenen Schüssel, die im Grunde in eine Röhre ausläuft. Die durch die Nadeln angestochenen Früchte lassen das Öl heraustropfen, das sich in der Röhre ansammelt und von Zeit zu Zeit in die Sammelgefäße entleert wird.

Das von Wasser und schleimigen Rückständen abgegossene und durch Filtrieren gereinigte Öl kommt in kupfernen „Ramieren" von 50 kg Inhalt in den Handel.

In den größeren Fabriken destilliert man die bei den verschiedenen mechanischen Verfahren verbleibenden Rückstände und gewinnt dadurch noch erhebliche Mengen Öl, das jedoch von ganz minderwertiger Beschaffenheit ist. Diese destillierten Öle finden aber ausgedehnte Verwendung zum Verschneiden der besseren Sorten, wodurch das Geschäft in den Essenzen außerordentlich demoralisiert ist, da nur ein sehr erfahrener Kenner eine solche Beimengung zu erkennen vermag. Chemische und physikalische Untersuchungsmethoden versagen hier vollständig.

Die Citrusschalenöle verderben, mit Ausnahme des Bergamottöls, das eher ein Lagern verträgt, sämtlich sehr schnell und müssen daher in sorgfältig verschlossenen, bis an den Hals gefüllten Gefäßen an einem kühlen, dunklen Ort aufbewahrt werden.

Bergamottöl (Oleum Bergamottae) wird aus den Schalen der Früchte von Citrus Bergamia *Risso* gewonnen. Es ist sehr flüssig, hat eine honiggelbe bis braungelbe Farbe und ist häufig durch einen Gehalt an Kupfer grünlich gefärbt. Der Geruch ist sehr angenehm und erinnert an eine Mischung von Orangen- und Zitronenöl. Das spezifische Gewicht beträgt 0,881—0,886, der Drehungswinkel α_D schwankt zwischen $+8^\circ$ und 22°.

Bergamottöl gibt mit $^1/_4$—$^1/_2$ Volumen 90prozentigen Alkohols eine klare Lösung, die auch bei weiterem Zusatz von Alkohol meist klar bleibt und nur selten schwach getrübt wird. In 80prozentigem Alkohol ist aber stets klare Löslichkeit zu erwarten.

Der Hauptträger des Bergamottölgeruchs ist der Essigester des *l*-Linalools oder das *l*-Linalylazetat, dessen Gehalt gewöhnlich zwischen 34 und 40 vH. schwankt. Daneben spielt aber auch das ebenfalls in dem Öl enthaltene freie *l*-Linalool eine gewisse Rolle bei der Geruchsentwicklung, an der vielleicht auch geringe Mengen bisher nicht isolierter Körper beteiligt sind. Geruchlos ist das in dem Öl bis zu 5 vH. enthaltene Bergapten.

Verfälscht wird das Bergamottöl mit Terpentinöl, Zitronenöl, Pomeranzenöl, destilliertem Bergamottöl, Zedernholzöl, Gurjunbalsamöl, fettem Öl u. a., im großen und ganzen also mit Zusätzen, die sich dadurch erkennen lassen, daß sie das spezifische Gewicht verändern. Die drei zuletzt genannten bewirken eine Erhöhung, die übrigen eine Erniedrigung des spezifischen Gewichts.

Das Bergamottöl hat einen Verdampfungsrückstand von 4,5—6 vH. Zu seiner Bestimmung wägt man etwa 5 g Öl in einem Schälchen ab, erwärmt auf dem Wasserbade, bis der Rückstand Gewichtskonstanz aufweist und den Geruch nach Bergamottöl vollständig verloren hat. Rektifiziertes Bergamottöl ist farblos und ohne nennenswerten Rückstand flüchtig.

Neuerdings werden dem Bergamottöl häufig billigere Ester oder auch organische Säuren zugesetzt, um einen höheren Gehalt an Linalylazetat vorzutäuschen. Vielfach gebrauchte Fälschungsmittel dieser Art sind vor allem Terpinylazetat, Glyzerinazetat und Phtalsäureester. Freie, als Streckungsmittel verwendete Säuren (Benzoesäure, Salizylsäure) sind durch Erhöhung der an sich geringen Säurezahl des Öls zu erkennen.

Da der Wert eines Bergamottöles von seinem Estergehalt abhängig ist, so gibt eine Bestimmung desselben am besten Aufschluß über seine Qualität[1]). —

Mit dem Namen Limettöl werden nach Gildemeister zwei von verschiedenen Pflanzen stammende Öle von ganz verschiedenen Eigenschaften bezeichnet, die man nach ihrer Herkunft westindisches und italienisches Limettöl nennen kann.

Die westindische Limette, Citrus medica *L.* var. acida *Brandis* (englisch Lime), wird ihres sauren Saftes (Lime juice) wegen auf Montserrat, Dominika, Jamaika und Trinidad kultiviert. Das aus der Fruchtschale durch Pressung gewonnene Öl (Oil of Limette oder Limes) ist von goldgelber Farbe und im Geruch, wenn man von der viel größeren Intensität des Limettöles absieht, von einem guten Zitronenöl kaum zu unterscheiden. Der wichtigste Bestandteil des Öles ist Citral. Ganz verschieden von dem gepreßten ist das destillierte Öl, das beim Eindampfen des Saftes als Nebenprodukt oder auch direkt durch Destillation der Fruchtschalen mit Wasserdampf gewonnen wird und im Handel unter der Bezeichnung „Distilled Oil of Limette oder Limes" geht. Sein Geruch ist unangenehm, terpentinartig und erinnert nicht mehr an Zitronenöl.

Die Früchte der südeuropäischen Limette, Citrus Limetta *Risso*, unterscheiden sich von denen der westindischen durch ihren süßen Saft. Das durch Auspressen der Fruchtschalen gewonnene Öl ist von bräunlichgelber Farbe und hat einen stark an Bergamottöl erinnernden Geruch. Es bildet keinen Handelsartikel.

Das Mandarinenöl, das Öl aus den Schalen der Mandarinen, den Früchten von Citrus mandurensis *Loureiro*, ist eine goldgelbe Flüssigkeit von schwach bläulicher Fluoreszenz, und besitzt einen angenehmen Geruch, der dem des Pomeranzenöles ähnlich, aber lieblicher und deutlich davon verschieden ist. Das spezifische Gewicht ist 0,854—0,859, das Drehungsvermögen $\alpha_D = +65°$ bis $+75°$.

Die Hauptmenge des Mandarinenöles besteht aus *d*-Limonen; der wichtigste Bestandteil, der auch die Fluoreszenz hervorruft, ist der Methylanthranilsäuremethylester. Er bedingt den charakteristischen Geruch des Öles, obgleich kaum 1 vH. des Esters darin enthalten ist.

Von Pomeranzenölen kommen zwei Arten im Handel vor, süßes und bitteres. Das süße Pomeranzen- oder Orangenschalenöl (Oleum Aurantii dulcis) wird in Italien aus den frischen Schalen der Orangen, den Früchten von Citrus Aurantium *Risso*, gewonnen. Es ist eine gelbe bis gelbbraune Flüssigkeit von charakteristischem Apfelsinengeruch und mildem, aromatischem, nicht bitterem Geschmack. Sein spezifisches Gewicht ist 0,848—0,853, der Drehungswinkel $\alpha_D = +95°$ bis $+98°$ bei 20° C. Wegen seines Gehalts an wachsartigen, nicht flüchtigen Substanzen, die sich bei längerem Stehen teilweise

[1]) Siehe S. 428.

ausscheiden, ist das Öl in 90proz. Alkohol meist nicht klar löslich. Sein Abdampfrückstand beträgt 1,5—4 vH.

Pomeranzenöl besteht, wie Wallach nachgewiesen hat, zu mindestens 90 vH. aus *r*-Limonen. Von sauerstoffhaltigen Körpern sind darin enthalten: n-Decylaldehyd, Linalool, n-Nonylalkohol und Terpineol. Ein Teil der Alkohole ist an Caprylsäure gebunden, außerdem ist noch Anthranilsäuremethylester zugegen.

Wegen des niedrigen spezifischen Gewichts und des außerordentlich starken Drehungsvermögens sind fremde Zusätze im Pomeranzenöl leicht zu erkennen.

Das bittere Pomeranzenöl (Ol. Aurantii amari) aus den Schalen der Früchte von Citrus Bigaradia *Risso* ist von gleicher Farbe wie das süße und findet mehr Anwendung in der Likörfabrikation, als in der Parfümerie. Es unterscheidet sich von dem süßen Öle hauptsächlich durch seinen bitteren Geschmack und sein geringeres Drehungsvermögen (+ 88° bis + 94°). Sein spezifisches Gewicht ist 0,852—0,857. Es ist in 90prozentigem Alkohol nicht klar löslich. Sein Abdampfrückstand beträgt 3—5 vH.

Zitronenöl (Oleum Citri) aus den frischen Schalen der Früchte von Citrus Limonum *Risso* ist von hellgelber Farbe, sehr dünnflüssig und besitzt den angenehmen Geruch und Geschmack der Zitronen. Das spezifische Gewicht ist 0,856—0,861 bei 15° C; der Drehungswinkel liegt bei 20° C in der Regel zwischen + 56° und + 64°. Das durch Auspressen gewonnene Öl enthält immer schleimige Stoffe, welche sich bei der Aufbewahrung absetzen und dicke Bodensätze bilden. Mit absolutem Alkohol ist Zitronenöl in jedem Verhältnisse mischbar, ferner löst es sich in etwa 1 Teil 95prozentigem Alkohols, dagegen gibt es mit 90prozentigem Alkohol (6—8 Teile) meist keine klaren Lösungen. Abdampfrückstand 2—4 vH. Rektifizierte und destillierte Öle verderben sehr schnell und nehmen einen unangenehm stechenden Geruch an. Durch Einwirkung von Luft und Licht wird Zitronenöl schnell verändert. Es verliert seine Farbe und scheidet einen dicken, schmierigen, braunen Bodensatz ab. Gleichzeitig erhöht sich das spezifische Gewicht und vergrößert sich die Löslichkeit in 90prozentigem Alkohol. Das Öl ist deshalb in sorgfältig verschlossenen, bis an den Hals gefüllten Gefäßen an einem kühlen Orte im Dunkeln aufzubewahren.

Das Zitronenöl besteht zu etwa $^9/_{10}$ aus Kohlenwasserstoffen, unter denen Limonen in seiner rechtsdrehenden Modifikation die erste Stelle einnimmt. Der Geruch des Öles wird aber nicht durch diese Terpene, sondern durch die verhältnismäßig kleine Menge Sauerstoffverbindungen bedingt, die in ihm enthalten ist. Der für den Geruch wichtigste Bestandteil, dessen Gehalt im Zitronenöl etwa 3,5—5 vH. beträgt, ist das Citral, ein Aldehyd von der Formel $C_{10}H_{16}O$. Außerdem werden von Aldehyden noch Citronellal, Octyl- und Nonylaldehyd darin beobachtet.

Zitronenöl ist mancherlei Verfälschungen ausgesetzt, vor allem mit Terpentinöl und den bei der Fabrikation des terpenfreien Zitronenöles abfallenden Terpenen. Der Nachweis derartiger Zusätze ist unter

Umständen recht schwierig, und besonders ist ein Verschnitt mit Terpenen nicht immer mit Sicherheit zu erkennen. Gröbere Verfälschungen beeinflussen das spezifische Gewicht und das optische Verhalten, Terpentinöl außerdem den Pinengehalt, der bei Zitronenöl an und für sich ganz gering ist.

Während aus den Fruchtschalen der Aurantiaceen, abgesehen von der Verarbeitung von Rückständen, das ätherische Öl nur selten durch Destillation gewonnen wird, kommt letztere fast ausnahmslos in Anwendung, wenn es sich um Gewinnung von ätherischem Öle aus den Blüten, Blättern und jungen Zweigen handelt. Es kommen hier im wesentlichen zwei Arten von ätherischem Öl in Betracht, das Orangenblütenöl und das Petitgrainöl. Das Orangenblütenöl oder Neroliöl (Oleum florum Aurantii, Ol. Neroli, Ol. Naphae) wird durch Destillation aus den Blüten der bitteren Orange (Citrus Bigaradia *Risso*) gewonnen; dagegen liefern die Blüten der süßen Orange (Citrus Aurantium *Risso*) das sogenannte Neroli-Portugalöl, ein Öl, das einen ganz anderen Geruch hat als das gewöhnliche Neroliöl, in reinem Zustand aber kaum in den Handel kommt. Die Orangenkultur wird besonders an der französischen Riviera zur Gewinnung von Orangenblüten und Blättern für Destillationszwecke betrieben. Das Destillationswasser wird nicht kohobiert (auf Öl verarbeitet), sondern gesondert als Orangenblütenwasser (Aqua florum Aurantii, Aqua Naphae) verkauft. Weitere Gewinnungsweisen für den Duft der Orangenblüten sind die Mazeration und besonders die Extraktion, die in neuerer Zeit mehr aufkommt, da sie ein Produkt liefert, das den Orangenblütengeruch am besten wiedergibt.

Das übliche Handelsprodukt, d. h. das durch Destillation mit Wasserdampf gewonnene Orangenblütenöl ist eine gelbliche, am Licht braunrot werdende, schwach fluoreszierende Flüssigkeit, von starkem, aber sehr angenehmem Geruch nach Orangenblüten. Das spezifische Gewicht ist 0,870—0,881, das Drehungsvermögen schwach rechts ($\alpha_D = + 1° 30'$ bis $+ 9°$). Die Verseifungszahl liegt zwischen 20 und 70. Das Öl löst sich in 1—2 Volumen 80prozentigem Alkohol. Bei weiterem Alkoholzusatz wird die Flüssigkeit trübe, und beim Stehen sammeln sich aus Paraffin bestehende Kristallflitterchen an der Oberfläche an. Die alkoholische Lösung des Neroliöles zeichnet sich durch eine prachtvoll violettblaue Fluoreszenz aus, die besonders schön sichtbar wird, wenn man etwas Alkohol auf das Öl schichtet. Bei starker Abkühlung wird das Öl undurchsichtig oder erstarrt sogar zu einer butterartigen Masse.

Bei der Bildung des Orangenblütenaromas spielt eine große Rolle der in geringer Menge (etwa 0,5—1 vH.) darin vorkommende Anthranilsäuremethylester. Weitere bemerkenswerte Bestandteile sind Linalool, Linalylazetat, Phenyläthylalkohol, Nerol, Geraniol, Farnesol und Indol.

Die häufigsten und gefährlichsten Verfälschungsmittel des Orangeblütenöles sind Bergamottöl und Petitgrainöl. Kleine Mengen desselben lassen sich nicht nachweisen; größere Zusätze erhöhen das spezifische Gewicht und den Estergehalt. Öle, die eine höhere Verseifungszahl als 70 aufweisen, sind als verdächtig zurückzuweisen.

Das Petitgrainöl (Oleum petit-grain) wird durch Destillation der Blätter, der jungen Schößlinge und der unreifen Früchte der bitteren Orange gewonnen. Es besitzt einen dem Neroliöl ähnlichen, allerdings nicht so feinen Geruch. Früher war das südliche Frankreich das Hauptproduktionsgebiet für dieses Öl; seit einiger Zeit aber hat sich Paraguay in bedeutendem Maßstabe auf Herstellung dieses Öles gelegt und hat, da das gelieferte Öl jetzt zum Teil recht gut und dabei ganz wesentlich billiger als das französische ist, letzteres fast ganz aus dem Markte verdrängt.

Das Paraguay-Petitgrainöl ist ein gelbliches Öl von 0,886—0,900 spezifischem Gewicht, das in 1—2 Teilen 80prozentigem Alkohol klar löslich ist. Es dreht den polarisierten Lichtstrahl entweder schwach nach rechts oder schwach nach links; die Verseifungszahl ist zu 106—163 gefunden. Da die Petitgrainöle nicht immer aus gleichem Materiale hergestellt sind, zeigen sie auch nicht immer dieselbe Zusammensetzung. Es sind darin u. a. gefunden Dipenten, Limonen, Linalool, Geraniol, Linalylazetat und Geranylazetat.

Das Petitgrainöl wird mit Pomeranzenöl, Zitronenöl und Terpentinöl verfälscht, Verfälschungen, die an der Erniedrigung des spezifischen Gewichts, Verminderung der Verseifungszahl und der Löslichkeit und an der Veränderung des Drehungsvermögens zu erkennen sind.

Basilikumöl (Oleum Basilici) wird in Deutschland, Südfrankreich, Algerien und Spanien aus dem frischen Kraute von Ocimum Basilicum *L.* und Varietäten desselben durch Destillation mit Wasserdampf gewonnen. Es ist eine gelbliche Flüssigkeit von aromatischem, durchdringendem, an Estragon erinnerndem Geruch. Das spezifische Gewicht schwankt von 0,904—0,930, der Drehungswinkel α_D beträgt $-6°$ bis $-22°$. Es ist löslich in 1—2 Teilen 80prozentigem Weingeist. Das Öl findet in der Parfümerie, hauptsächlich als Zusatz zu Veilchenpräparaten, Verwendung. In Frankreich wird auch eine Pomade basilique hergestellt, welche als teilweiser billiger Ersatz der Veilchenpomade dienen soll.

Auch auf Réunion wird Basilikumöl hergestellt, das aber andere Eigenschaften zeigt und wahrscheinlich von einer anderen Ocimumart herrührt. Es unterscheidet sich von dem französischen Öl durch einen kampferartigen Nebengeruch und durch sein höheres spezifisches Gewicht (0,945—0,897), auch ist es rechtsdrehend ($\alpha_D = +0°\ 22'$ bis $+12°$). Es löst sich in der Regel in 3—7 und mehr Teilen 80prozentigem Alkohol.

Bittermandelöl (Oleum Amygdalarum amararum aethereum) kommt nicht fertig gebildet in den Pflanzen vor; es wird vielmehr durch Zersetzung des in den bittern Mandeln und den Kernen verschiedener anderer Amygdalus- und Prunus-Arten enthaltenen Amygdalins gewonnen. Letzteres wird bei Gegenwart von Wasser durch die Einwirkung eines „Emulsin“ genannten Ferments in Benzaldehyd, Blausäure und Rechtstraubenzucker gespalten.

Zur fabrikmäßigen Darstellung des Bittermandelöles dienen fast ausschließlich die Kerne der Aprikosen von Prunus armeniaca *L.*, deren

Öl sich in nichts von dem aus bitteren Mandeln unterscheidet. Die Aprikosenkerne, d. h. die Samen ohne Steinschale, kommen aus Kleinasien unter der Bezeichnung „Pfirsichkerne“ in den europäischen Handel. Sie müssen vor ihrer Verarbeitung auf ätherisches Öl vom Fett befreit werden. Dies geschieht durch Zerkleinern und Auspressen in hydraulischen Pressen. Der zurückbleibende Preßkuchen wird zerkleinert und mit Wasser, dessen Temperatur 50—60° C nicht übersteigt, übergossen. Die Masse wird etwa 12 Stunden sich selbst überlassen und das inzwischen gebildete ätherische Öl dann mit Wasserdampf abgetrieben.

Ein Teil der bei der Zersetzung des Amygdalins gebildeten Blausäure haftet dem Öle hartnäckig an. Dieser Blausäuregehalt macht das Bittermandelöl zum gefährlichsten Gifte, obwohl es an und für sich nicht giftig ist. Beseitigen läßt sich die Blausäure durch Schütteln des Öles mit Eisenvitriollösung und gelöschtem Kalk. Das so von Blausäure befreite Öl wird mit Wasserdampf rektifiziert.

Bittermandelöl ist eine anfangs farblose, später gelb werdende, stark lichtbrechende Flüssigkeit von dem bekannten Geruch der bitteren Mandeln. Das spezifische Gewicht bewegt sich zwischen 1,045 und 1,070 und steigt mit dem Blausäuregehalt, der durchschnittlich 2—4 vH. beträgt. Es löst sich in etwa 300 Teilen Wasser, ferner in 2,5 Volumen 60prozentigen und in 1—2 Volumen 70prozentigen Alkohols. Von Blausäure befreites Bittermandelöl hat ein spezifisches Gewicht von 1,050 bis 1,055; ein höheres spezifisches Gewicht kann durch eine teilweise Oxydation veranlaßt sein. An der Luft geht das Öl nämlich durch Aufnahme von Sauerstoff sehr rasch in Benzoesäure über. Es ist daher sorgfältig vor Luft und Licht zu schützen und in gut verschlossenen Flaschen an einem dunklen Orte aufzubewahren. Blausäurehaltiges Bittermandelöl ist haltbarer als blausäurefreies, ebenso wirkt ein Zusatz von 10 vH. Spiritus konservierend.

Bittermandelöl besteht fast ganz aus Benzaldehyd, der heute in großem Maßstab fabrikmäßig aus Toluol hergestellt wird. Das Toluol wird zunächst durch Chlorieren in Benzalchlorid, $C_6H_5CHCl_2$, übergeführt und dieses dann durch Erhitzen mit Kalkmilch in eisernen Kesseln unter Druck in Benzaldehyd verwandelt.

Das Bittermandelöl wird vielfach verfälscht, namentlich mit künstlichem Bittermandelöl, Nitrobenzol und Alkohol.

Ein Zusatz von synthetisch gewonnenem Öl könnte unbedenklich erscheinen, da das natürliche Öl von diesem nicht verschieden ist; doch kann das künstliche Öl das natürliche bei sehr feinen Parfümerien nicht ersetzen, da es fast immer kleinere Mengen unzersetzter Chlorverbindungen enthält, die seinen Geruch beeinträchtigen. Der Zusatz eines solchen Öles läßt sich daher durch den Nachweis von Chlor sehr leicht ermitteln. Man verfährt dabei wie folgt: In eine kleine Porzellanschale, die in einer größeren von etwa 20 cm Durchmesser steht, wird ein fidibusartig zusammengefaltetes und mit dem zu untersuchenden Öle getränktes Stückchen Filtrierpapier gebracht und angezündet. Dann wird schnell ein bereit gehaltenes, etwa 2 l fassendes, innen mit destilliertem Wasser befeuchtetes Becherglas darüber gestürzt. Die Verbrennungsgase schlagen sich an den feuchten Wänden des Becherglases nieder und werden mit wenig destilliertem Wasser auf ein Filter gespült. Das Filtrat darf nach Zusatz von Silbernitratlösung keine Trübung, noch viel weniger aber einen Niederschlag von Chlorsilber geben. Reines natürliches Bittermandelöl gibt niemals eine Chlorreaktion. Der Sicherheit wegen ist bei jeder Prüfung eine Gegenprobe mit reinem Bittermandelöl zu machen, da Täuschungen vorkommen können, wenn das Wasser und die Gefäße nicht frei von Chlorverbindungen sind.

Da neuerdings auch chlorfreier Benzaldehyd in den Handel gebracht wird, so ist das Ausbleiben der Chlorreaktion aber noch kein sicheres Zeichen für die Abwesenheit von künstlichem Öl; in allen Fällen aber, wo Chlor gefunden wird, ist der Nachweis eines solchen Zusatzes mit positiver Gewißheit geliefert.

Der Nachweis von fremden Ölen im Bittermandelöl gelingt leicht, wenn man den Benzaldehyd in seine Verbindung mit Bisulfit überführt und von den nichtaldehydischen Beimengungen trennt. In ein größeres Reagenzglas von etwa 100 g Inhalt werden 5 g des zu untersuchenden Öles mit 45 g Natriumbisulfitlösung gegeben und gut umgeschüttelt. Dann fügt man noch 60 g Wasser hinzu und stellt das Glas in heißes Wasser, worauf bei reinen Ölen eine klare Lösung erfolgt. Fremde Körper sammeln sich an der Oberfläche der Flüssigkeit an und können getrennt und weiter untersucht werden.

Zur Prüfung auf Nitrobenzol (Mirbanöl) verwendet man entweder das auf der Bisulfitlösung schwimmende Öl oder das Ausgangsmaterial selbst, löst es in der zwanzigfachen Menge Alkohol, verdünnt mit Wasser bis zur bleibenden Trübung, setzt etwas Zink und verdünnte Schwefelsäure hinzu und überläßt das Gemisch einige Stunden der Ruhe. Dann filtriert man, befreit die Lösung durch Eindampfen von Alkohol und kocht sie kurze Zeit mit einem Tropfen Kaliumbichromatlösung. Etwa vorhandenes Nitrobenzol ist zu Anilin reduziert, das sich durch violette Färbung der Flüssigkeit zu erkennen gibt.

Ein Zusatz von 3—8 vH. Alkohol wird gern, und zwar namentlich von französischen und italienischen Fabrikanten gemacht, um einen Wassergehalt des Öles, welcher bei niedriger Temperatur eine Trübung hervorruft, zu verdecken. Zum Nachweis wird eine Probe des Öles in einem Destillierapparate gelinde erwärmt und mit den zuerst übergegangenen Tropfen die Jodoformreaktion angestellt.

Eukalyptusöl (Oleum Eucalypti) wird aus den Blättern verschiedener Bäume der Gattung Eucalyptus gewonnen. Nach Merck müssen vor allem zwei Sorten streng auseinander gehalten werden: das Ol. Eucalypti aus den Blättern von Eucalyptus Globulus und das sogenannte Ol. Eucalypti australe. Ersteres findet Anwendung in der Medizin, letzteres, welches erheblich billiger ist, hauptsächlich in der Parfümerie; es ist jedoch vollständig der Ansicht von Piesse beizustimmen, daß Eukalyptus seinem Geruche nach durchaus nicht verdient, unter die Parfüms gezählt zu werden. „Eukalyptus hat einen Geruch zwischen Terpentinöl und Cajeputöl, und solange die Parfümerie eine Kunst der süßen Gerüche ist, kann ein solches Öl nicht als Parfüm bezeichnet werden."

Das Eukalyptusöl ist in nicht rektifiziertem Zustande meist gelblich, rektifiziert dagegen farblos, klar, dünnflüssig, leichter als Wasser, von starkem Geruch und brennendem Geschmack. Das Öl von Eucalyptus Globulus hat ein spezifisches Gewicht von 0,910—0,930, löst sich in jedem Verhältnis in 90prozentigem und in 2—3 Volumen 70prozentigem Weingeist; es dreht rechts, α_D bis $+15°$ und besteht in der Hauptsache aus Eucalyptol. Das sogenannte australische Eukalyptusöl hat ein spezifisches Gewicht von 0,86—0,91 und ist meist von sehr unvollkommener Löslichkeit, denn selbst von 90prozentigem Alkohol sind gewöhnlich mehrere Volumina zur Lösung erforderlich, die in vielen Fällen nicht einmal ganz vollständig ist; es dreht die Ebene des polarisierten Lichts stark nach links und enthält als Hauptbestandteil Phellandren, dagegen nur wenig Eucalyptol.

Fenchelöl (Oleum Foeniculi) wird aus den Samen von Foeniculum vulgare *Gaertner* destilliert. Es ist farblos oder schwach gelblich, dünnflüssig und von dem eigentümlichen Fenchelgeruch. Es hat ein spezifisches Gewicht von 0,965—0,977, einen Drehungswinkel $\alpha_D = +11°$ bis $+24°$. Es löst sich in gleichen Teilen 90prozentigem und in 5—8 Volumen 80prozentigem Alkohol. Es enthält 50—60 vH. Anethol, ferner Fenchon, ein Keton von der Formel $C_{10}H_{16}O$ und mehrere Terpene.

Direkte Fälschungen kommen bei diesem Öl fast gar nicht vor; nur wird ihm häufig durch Fraktionieren oder Ausfrieren das Anethol teilweise entzogen. Man ermittelt dies am besten durch Bestimmung des Erstarrungspunktes, der nicht unter $+5°$ C betragen darf.

Geraniumöl (Oleum Geranii) wird aus den Blättern mehrerer Pelargoniumarten durch Destillation mit Wasser gewonnen. Es ist eine farblose, grünliche oder bräunliche Flüssigkeit von angenehmem, rosenähnlichem Geruch. Im Handel kommen verschiedene Sorten vor, die kleine Abweichungen in ihren Eigenschaften zeigen. Das französische Geraniumöl hat ein spezifisches Gewicht von 0,896—0,905, einen Drehungswinkel $\alpha_D = -7°\,30'$ bis $-10°$, das afrikanische ein spezifisches Gewicht von 0,892—0,904, einen Drehungswinkel $\alpha_D = -6°\,30'$ bis $-12°$, das Réunionöl ein spezifisches Gewicht von 0,888 bis 0,896, einen Drehungswinkel $\alpha_D = -8°$ bis $-14°$, das spanische ein spezifisches Gewicht von 0,897—0,907, einen Drehungswinkel $\alpha_D = -7°\,30'$ bis $-11°$. Die drei zuerst genannten Öle sind gewöhnlich in 2—3 Teilen 70prozentigem Alkohol klar löslich; bei dem spanischen ist die Lösung meist durch Kristallflitter von Paraffin, die sich bei längerem Stehen an der Oberfläche ansammeln, getrübt. Eine Abscheidung von Öltropfen am Boden des Gefäßes würde auch beim spanischen Öl eine Verfälschung mit fettem Öl anzeigen.

Unter den Geraniumölen des Handels spielen das von Réunion und das afrikanische die größte Rolle. Die Grünfärbung einzelner Öle, besonders des Réunionöles, rührt nicht von Kupfer her, sondern von einem in den höchsten Fraktionen enthaltenen, im reinen Zustande wahrscheinlich blauen Körper. Durch den Transport in Blechbüchsen, in denen das Geraniumöl meist versandt wird, nimmt es häufig eine braune Farbe und einen höchst unangenehmen Geruch nach faulen Eiern an. Dieser ist leicht zu entfernen, wenn man das Öl in flachen Schalen einige Tage lang der Luft aussetzt.

Der Hauptbestandteil aller Geraniumöle ist das Geraniol, ein Alkohol von der Formel $C_{10}H_{18}O$. Ferner ist darin ein zweiter Alkohol, Citronellol $C_{10}H_{20}O$, enthalten, letzterer besonders reichlich im Réunionöle.

Verfälscht wird das Geraniumöl mit Terpentinöl, Zedernholzöl, Gurjunbalsamöl und fettem Öl, Zusätze, die leicht durch ihre Unlöslichkeit in 70prozentigem Alkohol nachzuweisen sind. Fettes Öl bleibt bei der Destillation mit Wasserdampf im Rückstand.

Grasöle. Eine Anzahl Gräser, die zur Gattung Cymopogon gehören und besonders in Ostindien und auf den Inseln des indischen Archipels heimisch sind, sind infolge eines Gehalts an ätherischem Öl wohlriechend und werden deshalb jetzt vielfach kultiviert. Die aus solchen Grasarten gewonnenen Öle sind das Zitronellöl, das Palmarosaöl, das Gingergrasöl, das Lemongrasöl und das Vetiveröl.

Das Zitronellöl (Oleum Citronellae) wird aus Cymopogon Nardus Stapf. (Andropogon Nardus *L.*) destilliert, einem Grase, das hauptsächlich auf Ceylon, der Halbinsel Malakka, sowie auf Java angebaut wird. Man unterscheidet das geringere Ceylon- und das wertvollere Javaöl.

Das Ceylon-Zitronellöl ist eine gelbe bis gelbbraune, manchmal durch Kupfer grün gefärbte Flüssigkeit. Oft werden ursprünglich braune Öle durch Stehen an der Luft grün; dies tritt nicht ein, wenn das Kupfer durch Schütteln mit verdünnten wässerigen Säuren entfernt wird. Es hat ein spezifisches Gewicht von 0,898—0,920, das Drehungsvermögen α_D ist links, $-7°$ bis $-22°$. Es soll sich in 1 bis 2 Volumen 80prozentigem Alkohol klar lösen und auch bei Zusatz bis zu 10 Volumen des Lösungsmittels eine höchstens opalisierende Lösung ergeben, die aber beim Stehen keine Öltröpfchen abscheiden darf. Der Hauptträger des Geruches ist das Citronellal, ein Aldehyd von der Formel $C_{10}H_{18}O$, der zu etwa 5—10 vH. im Öl enthalten ist. Von Terpenen enthält das Öl nur 10—15 vH.. Von sauerstoffhaltigen Bestandteilen alkoholischer Natur ist als wichtigster das Geraniol zu nennen, das zu etwa 30—40 vH. im Ceylonöl vorkommt.

Java-Zitronellöl ist farblos bis blaßgelb, hat ein spezifisches Gewicht von 0,885—0,901 bei 15° C, es dreht nach links bis $-5°$ und ist löslich in 1—2 Volumen 80prozentigem Alkohol. Sein Geruch ist bedeutend feiner als der des Ceylonöles.

Eine bestimmte Verseifungszahl gibt Zitronellöl nicht, da man wegen der langsamen Zersetzung des Citronellals durch das Alkali je nach der Dauer des Kochens verschiedene Ergebnisse erhält.

Bei der Prüfung ist das Hauptaugenmerk auf die Verfälschungen mit fettem Öl und Petroleum zu richten. Letzteres erniedrigt das spezifische Gewicht ziemlich stark, während fettes Öl in dieser Hinsicht kaum bemerkbare Abweichungen hervorbringt. Beide Verfälschungsmittel können aber durch ihr Verhalten 80prozentigem Alkohol gegenüber erkannt werden. Fettes Öl setzt sich nach längerem Stehen in Tropfen am Boden ab, während Petroleum sich an der Oberfläche der Flüssigkeit ausscheidet. Mit fettem Öl verfälschtes Zitronellöl ist weder in 1—2, noch in 10 Teilen 80prozentigen Alkohols löslich, während ein mit nicht allzugroßen Mengen Petroleum versetztes Öl mit 1—2 Teilen Alkohol eine klare Lösung gibt, die sich bei weiterem Zusatz des Lösungsmittels trübt und erst beim längeren Stehen Tropfen an der Oberfläche absetzt.

Zur Beurteilung des Öles ist die Azetylierung sehr zu empfehlen; der Gehalt an Gesamtgeraniol (Geraniol und Citronellal) soll bei Ceylon-Zitronellöl wenigstens 54 vH., bei Javaöl etwa 80 vH. und darüber betragen.

Palmarosaöl (Oleum Palmarosae s. Geranii indicum) auch indisches Grasöl, Rusaöl, indisches oder türkisches Geraniumöl genannt, ist das Öl der Blätter von Cymbopogon Martini Stapf var. Motia (Andropogon Schoenanthus *L.*), einem Grase, das in Vorderindien sehr verbreitet ist. Die Bezeichnung türkisches Geraniumöl stammt aus früherer Zeit, wo das Öl über Konstantinopel auf den europäischen Markt kam. In Konstantinopel wird es auf besondere Weise präpariert und dient in großem Maßstabe zur Verfälschung des Rosenöles.

Das Palmarosaöl ist farblos oder hellgelb und hat einen angenehmen, an Rosen erinnernden Geruch. Sein spezifisches Gewicht beträgt 0,887—0,900. Das optische Verhalten ist verschieden, indem ein Teil der Öle schwach nach rechts, ein anderer schwach nach links dreht oder inaktiv ist. In 3 oder mehr Teilen 70prozentigen Alkohols ist das Öl klar löslich. Seine Verseifungszahl liegt zwischen 12 und 50. Der Hauptbestandteil des Palmarosaöles (76—93 vH.) ist Geraniol. Terpene enthält das Öl nur sehr wenig.

Das Palmarosaöl wird vielfach verfälscht. An fremden Zusätzen sind gefunden: Gurjunbalsamöl, Zedernöl, Terpentinöl, Petroleum und Kokosöl. Sie alle verraten sich durch ihre Unlöslichkeit in 70prozentigem Alkohol. Petroleum und Terpentinöl verringern das spezifische Gewicht, während fettes Öl dasselbe erhöht. Fettes Öl erhöht außerdem die Esterzahl und bleibt bei der Destillation mit Wasserdampf im Rückstand. In zweifelhaften Fällen ist es ratsam, eine Azetylierung vorzunehmen. Öle mit geringerem Geraniolgehalt als 75 vH. sind zu beanstanden.

Gingergrasöl stammt von Cymbopogon Martini Stapf var. Solfia, einer Grasart, die vom Palmarosagras eigentlich nur durch das anders beschaffene ätherische Öl zu unterscheiden ist. Der Geruch weicht stark von dem des Palmarosaöles ab und ist weniger fein als dieser. Das spezifische Gewicht liegt zwischen 0,900 und 0,953, die Drehung zwischen + 54° und — 30°. In 70prozentigem Alkohol ist Gingergrasöl nicht immer klar löslich, wohl aber in 0,5—1,5 Volumen u. m. 80prozentigen Alkohols, doch zeigt auch hier die verdünnte Lösung bisweilen geringe Opaleszenz. Bemerkenswerte Bestandteile des Gingergrasöles sind Geraniol und Dihydrocuminalkohol.

Lemongrasöl, indisches Verbenaöl (Oleum Adropogonis citrati) wird aus Cymbopogon flexuosus Stapf. (Andropogon citratus *D. C.*), einem in Ostindien und an der Malabarküste in größerem Maßstabe angebauten Grase, durch Destillation gewonnen. Es ist von rötlichgelber bis braunroter Farbe, von intensiv zitronenartigem Geruch und hat ein spezifisches Gewicht von 0,895—0,905. Es ist in Alkohol leicht löslich, selbst in verdünntem, denn es gibt mit 3 und mehr Teilen 70prozentigen Alkohols klare Lösungen. Es enthält als Hauptbestandteil (70 bis 85 vH.) Citral, einen Aldehyd von der Formel $C_{10}H_{16}O$ mit sehr kräftigem Zitronengeruch.

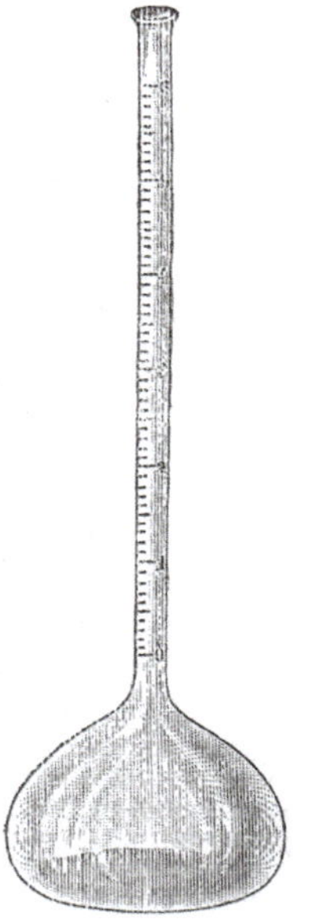

Abb. 133. Kölbchen zur Bestimmung des Zitratgehaltes ätherischer Öle.

Ein unter dem Namen „westindisches Lemongrasöl“ bekanntes Destillat stammt von Cymbopogon citratus Stapf. Man baut diese Grasart besonders auf Ceylon und den Straits Settlements, außerdem aber auch in Nieder-Burma, auf Java, in Afrika, Brasilien, Westindien, Guinea usw. Es unterscheidet sich von dem ostindischen Öl hauptsächlich durch die schlechtere Löslichkeit, denn selbst bei Verwendung von 90prozentigem Alkohol trübt sich die zunächst klare Lösung meist auf weiteren Alkoholzusatz. Das spezifische Gewicht beträgt 0,870 bis 0,912. Der Citralgehalt schwankt zwischen 53 und 83 vH.

Über die Qualität des Öles gibt eine quantitative Bestimmung des Citrals Auskunft. Zur Bestimmung benutzt man das in Abb. 133 in $^1/_3$ natürlicher Größe abgebildete Glaskölbchen (Aldehydkölbchen) von 100 ccm Inhalt, das mit einem etwa 13 cm langen Hals von 8 mm lichter Weite versehen ist, der in $^1/_{10}$ ccm eingeteilt ist. Der ganze Hals faßt etwas über 6 ccm; der Nullpunkt der Skala befindet sich ein wenig oberhalb der Stelle, wo der Kolben in den Hals übergeht. In diesem Kölbchen durchschüttelt man 10 ccm Öl mit der gleichen Menge einer ungefähr 30prozentigen Lösung von Natriumbisulfit und stellt es in ein kochendes Wasserbad. Nachdem das anfangs entstehende Gerinnsel flüssig geworden ist, fügt man nach und nach unter fortwährendem Erwärmen und häufigem Umschütteln soviel Bisulfitlösung hinzu, bis das Kölbchen zu stark drei Vierteln gefüllt ist. Dann erwärmt man noch einige Zeit im Wasserbade, bis keine festen Teilchen mehr vorhanden sind, die Salzlösung mit einem klaren Öl überschichtet und der zitronenartige Geruch verschwunden ist. Nach dem Erkalten füllt man das Kölbchen mit Bisulfitlösung auf, so daß das Öl in den Hals steigt und die untere Grenze der Ölschicht genau mit dem Nullpunkte der Skala auf dem Flaschenhalse abschneidet. Die Anzahl Kubikzentimeter des nicht in Reaktion getretenen Öles liest man auf der Skala ab und findet so den Citralgehalt.

An Stelle der Bisulfitlösung kann man auch eine frisch bereitete, konzentrierte (40 proz.) Lösung von neutralem Sulfit verwenden, darf dann aber nur 5 ccm Öl in Arbeit nehmen, oder muß ein 200 ccm fassendes Aldehydkölbchen benutzen. Das bei der Reaktion freiwerdende Natriumhydroxyd muß von Zeit zu Zeit mit verdünnter Essigsäure (1 : 5) neutralisiert werden, da es auf den chemischen Vorgang im entgegengesetzten Sinne einwirkt. Um die Alkalibildung beobachten zu können, setzt man der Flüssigkeit einige Tropfen einer alkoholischen Phenolphtaleïnlösung hinzu. Der Prozeß ist beendet, wenn bei weiterem Erwärmen selbst nach Zusatz von neuer Natriumsulfitlösung keine Rötung mehr eintritt. Im übrigen verfährt man wie oben beschrieben.

Vetiveröl, Iwarankusaöl (Oleum Vetiveris s. O. Ivarancusae s. O. Andropogonis muricati) wird aus den sogenannten Cus-Cus, den Wurzeln der besonders in Vorderindien und auf Ceylon vorkommenden Vetiveria zizanioides *Stapf.* (Andropogon muricatus *Retz.*) gewonnen. Die Destillation wird wegen der damit verbundenen Schwierigkeiten meist in Europa ausgeführt, in neuerer Zeit wird sie aber auch auf Réunion betrieben. Die in Europa destillierten Öle haben ein spezifisches Gewicht von 1,015—1,040, die Réunionöle von 0,990—1,020. Die Unterschiede hängen teils mit der Destillation zusammen, teils aber auch damit, daß in Europa trockene, auf Réunion frische Wurzeln verarbeitet werden. Vetiveröl dürfte unter den ätherischen Ölen das dickflüssigste sein. Es ist von dunkelblonder bis dunkelbrauner Farbe und von intensivem, stark anhaftendem Geruch. In der Parfümerie dient es hauptsächlich zum Fixieren leicht flüchtiger Riechstoffe. — Verfälschungen mit fettem Öl, die bisweilen vorkommen, erkennt man an der Löslichkeit in Alkohol. 1 Teil Öl muß mit 2 Teilen 80 prozentigem Alkohol eine klare Lösung geben.

Irisöl, Veilchenwurzelöl (Oleum Iridis) wird aus der sogenannten Veilchenwurzel, dem Rhizom von Iris florentina *L.*, Iris pallida *Lam.* und Iris germanica *L.*, die hauptsächlich in der Provinz Florenz kultiviert werden, durch Dampfdestillation gewonnen. Es besitzt eine gelblichweiße bis gelbe Farbe und ist bei gewöhnlicher Temperatur von ziemlich fester, butter- oder wachsartiger Konsistenz, so daß es erst durch Erwärmen flüssig gemacht werden muß. Es besteht zum allergrößten Teile aus einem festen, geruchlosen Körper, dem das flüssige, lieblich duftende Öl anhängt. Der feste Anteil wurde früher als Irisstearopten bezeichnet, ist aber nach Flückiger mit Myristinsäure identisch. Der den veilchenartigen Geruch bedingende Körper ist das Iron, ein Keton von der Formel $C_{13}H_{20}O$. Es ist erheblich teurer als das Ionon, von dem es sich im Geruch wesentlich unterscheidet, und findet nur zu ganz feinen Parfümerien Verwendung.

Das Irisöl ist eins von den ätherischen Ölen, die sich ohne Nachteil für die Qualität jahrelang halten, und dient als Ersatz und zur Verstärkung des natürlichen Veilchengeruchs; es kann jedoch nur zu teureren, ganz feinen Parfümerien Verwendung finden, da es infolge der äußerst geringen Ausgiebigkeit der Wurzel (aus 1000 Teilen 1—2 Teile Öl) sehr teuer ist und im Preise größtenteils noch über dem Rosenöl steht. Ein noch viel kostspieligeres Produkt ist das flüssige Irisöl, das nur die wohlriechenden, etwa 15 vH. ausmachenden Bestandteile des festen Öles enthält und in der Hauptsache aus Iron besteht. Es spielt nach H. Mann in der Parfümerie eine große Rolle, weil es in Seifen sehr haltbar ist.

Als Irisöl wird im Handel zuweilen auch ein flüssiges oder halbflüssiges Öl angetroffen, das durch Destillation der Iriswurzel mit Zedernholzöl oder anderen ätherischen Ölen gewonnen wird und das auch nur als ein Gemenge dieser Öle mit Irisöl zu betrachten ist.

Kümmelöl (Oleum Carvi) wird aus den zerkleinerten Samen von Carum Carvi *L.* durch Destillation gewonnen. Es ist im gereinigten, frischen Zustande farblos, sehr dünnflüssig, mit Kümmelgeruch und besitzt einen brennenden, erwärmenden Geschmack. Mit der Zeit nimmt das Öl eine gelbe Farbe an. Für die Destillation kommen hauptsächlich der holländische, der norwegische und der ostpreußische Kümmel in Betracht.

Das Kümmelöl besteht aus einer sauerstoffhaltigen Verbindung von der Formel $C_{10}H_{14}O$, welche früher als Carvol bezeichnet wurde, jetzt aber nach dem Vorschlage von Wallach Carvon genannt wird und welche der Träger des Kümmelgeruches ist, und einem von Schweizer Carven genannten Kohlenwasserstoff, welcher nach Wallachs Untersuchung *r*-Limonen ist. Das Kümmelöl ist löslich in 3—10 Volumen 80 prozentigen oder 1 Volumen 90 prozentigen Alkohols. Sein spezifisches Gewicht liegt zwischen 0,907 und 0,912 und wächst mit dem Carvongehalt. Die optische Drehung α_D beträgt $+ 70°$ bis $+ 80°$.

Die Trennung des Carvens und Carvons wird gewöhnlich durch fraktionierte Destillation bewirkt. Das Carvon, welches einen doppelt so starken Geruch und Geschmack wie das Kümmelöl zeigt, löst sich bedeutend leichter in Spiritus als letzteres. Das Carven wird zu sehr niedrigen Preisen angeboten und dürfte sich deshalb zum Parfümieren billiger Seifen eignen.

Im Handel begegnet man häufig Kümmelölen, denen ein Teil des wertvollen Carvons entzogen ist, andererseits findet man oft unter der Bezeichnung „Carvol" Öle, aus denen nur ein Teil, nicht alles Limonen entfernt ist. Derartige Produkte sind sehr leicht an ihrem abweichenden spezifischen Gewichte zu erkennen. Bei der Begutachtung von Carvol ist außerdem die Löslichkeit in 50 prozentigem Alkohol (15 bis 20 Volumen) zu berücksichtigen. Der Carvongehalt und damit der Wert eines Kümmelöles kann aus seiner Dichte berechnet werden, indem man das spezifische Gewicht 0,964 für Carvon und 0,850 für Carven zugrunde legt. Bezeichnet nun a das spezifische Gewicht des zu untersuchenden Öles, b das spezifische Gewicht des Carvens, c die Differenz der spezifischen Gewichte des Carvons (0,964) und des Carvens (0,850), so erhält man die Menge der anderen Komponente x in Prozenten durch folgende Gleichung:

$$\frac{(a-b) \cdot 100}{c}.$$

Diese Bestimmungsmethode, die für praktische Zwecke ausreicht, beruht auf der Voraussetzung, daß Carvon und Carven die einzigen Bestandteile des Kümmelöles sind. Legt man Wert auf unbedingt genaue Resultate, so muß man das Carvon mit Hilfe von neutralem Natriumsulfit bestimmen, mit dem Carvon eine in Wasser lösliche Verbindung bildet. Die Ausführung der Bestimmung ist oben bereits näher beschrieben[1]).

Kümmelöl wird häufig mit Alkohol gefälscht, weshalb eine diesbezügliche Prüfung nicht zu unterlassen ist.

Lavendelöl (Oleum Lavandulae) wird im südlichen Frankreich, besonders in den Departements Drôme, Basses-Alpes und Vaucluse, aus den Blüten der dort wild wachsenden Lavandula officinalis *Chaix* in großen Mengen destilliert. Es ist dünnflüssig, farblos oder gelblich, von starkem Geruch, scharfem, aromatischem, etwas bitterem Geschmack und läßt sich mit 90 prozentigem Weingeist in jedem Verhältnis, mit 70 prozentigem im Verhältnis 1 : 3 klar mischen. Mit Dampf destillierte Öle erfordern aber zur Lösung bis zu 10 Volumen 70 prozentigen Alkohols und vereinzelt bleibt auch dann noch eine leichte Trübung bestehen. Das spezifische Gewicht ist 0,882—0,896, der Drehungswinkel $\alpha_D = -3°$ bis $-9°$.

Auch in England wird Lavendelöl destilliert, und zwar ausschließlich aus kultivierten Pflanzen, die Produktion ist aber im Vergleich mit der französischen von ganz untergeordneter Bedeutung. Das Öl führt den Namen Mitcham-Lavendelöl und ist besonders in England sehr geschätzt.

Das französische Lavendelöl enthält nach den Untersuchungen von Bertram und Walbaum als Hauptbestandteil *l*-Linalylazetat, dessen Menge bei den Handelsölen in der Regel 30—40 vH., bei den in sachgemäßer Weise mit Dampf destillierten Ölen aber fast 60 vH. beträgt. Nach dem Gehalt an Linalylazetat teilt man die Lavendelöle in verschiedene Klassen ein und unterscheidet solche von 30, 35, 40 und 50 vH. und darüber. Der Wert des Öles steigt mit dem Estergehalt. Öle mit weniger als 30 vH. Linalylazetat sind meist verfälscht.

Das englische Lavendelöl unterscheidet sich vom französischen durch einen kampfer- oder vielmehr zineolartigen Nebengeruch, sowie durch seinen niedrigen Estergehalt; es enthält von letzterem nur 5—10 vH.

Die häufigsten Verfälschungsmittel sind Terpentinöl, Zedernholzöl, Spiköl und synthetische Ester. Terpentinöl verringert die Löslichkeit in 70prozentigem Alkohol und erniedrigt das spezifische Gewicht. Spiköl beeinflußt die Löslichkeit nicht, verringert aber den Estergehalt.

Aus den Blüten von Lavandula spica *D. C.* wird im südlichen Frankreich durch Destillation das Spiköl gewonnen. Es ist gelblich und

[1]) Siehe S. 449.

nähert sich seinem Geruch nach mehr dem Rosmarinöl als dem näher verwandten Lavendelöl. Es ist meist schwach rechtsdrehend, hat ein spezifisches Gewicht von 0,905—0,918 und löst sich in 2—3 und mehr Teilen 70 prozentigen Alkohols klar auf.

Verfälscht wird es hauptsächlich mit Terpentinöl, dessen Zusatz sich durch die Erniedrigung des spezifischen Gewichts und die Verminderung der Löslichkeit zu erkennen gibt.

Die Lavendelöle sind sehr empfindlich gegen Luft und Licht, unter deren Einfluß sie einen terpentinartigen Geruch annehmen, weshalb sie in gut verschlossenen Gefäßen und im Dunkeln aufzubewahren sind.

Linaloeöl. Mit dem Namen Linaloeöl werden Öle aus dem Holze ganz verschiedener Bäume und verschiedener Herkunft wegen der großen Ähnlichkeit ihrer physikalischen und chemischen Eigenschaften bezeichnet. Die Heimat der einen ist Mexiko, die der anderen Französisch-Guayana. Das mexikanische Linaloeholz stammt von Bursera Delpechiana *Poiss.* und möglicherweise auch von Bursera Aloexylon *Engler* ab. Die Stammpflanze des Linaloeholzes von Cayenne, welches von den Eingeborenen Likari genannt wird, ist noch nicht ganz sicher ermittelt.

Das mexikanische Öl ist dünnflüssig, wasserhell bis gelblich und von angenehmem Linaloolgeruch. Das spezifische Gewicht ist 0,875 bis 0,891, der Drehungswinkel $\alpha_D = -3^\circ$ bis -14°. Das Cayenneöl ist feiner im Geruch. Das spezifische Gewicht beträgt 0,870—0,880, der Drehungswinkel $\alpha_D = -10^\circ$ bis -20°. Mit 2 und mehr Teilen 70 prozentigen Alkohols geben beide Öle eine klare Lösung.

Die bei Linaloeöl mehrfach beobachtete Verfälschung mit fetten Ölen kann durch dessen Unlöslichkeit in 70 prozentigem Alkohol, die Erhöhung des spezifischen Gewichts und die hohe Verseifungszahl nachgewiesen werden.

Menthaöle. Die Gattung Mentha liefert dem Handel das Krauseminzöl, das Pfefferminzöl und das Poleyöl.

Man unterscheidet amerikanisches, englisches, deutsches und russisches Krauseminzöl. Das amerikanische und das englische Öl werden aus dem Kraute von Varietäten von Mentha viridis *L.* gewonnen, das deutsche hauptsächlich aus Mentha spicata *Huds.* var. crispata (Schrad.) *Briq.* und das russische Öl von Varietäten von Mentha verticillata. Das amerikanische, englische und deutsche Öl sind wenig voneinander verschieden. Alle drei Öle bilden eine farblose, grünliche oder grünlichgelbe Flüssigkeit von starkem Geruch. Mit dem Alter und durch Stehen an der Luft wird das Öl dunkler und dickflüssiger. Das spezifische Gewicht schwankt von 0,920—0,940. Die Öle enthalten 40—60 vH. Carvon; der Träger des charakteristischen Krauseminzgeruchs soll aber das Azetat des Dihydrocuminalkohols sein. Reine Krauseminzöle sind in gleichen Teilen 90 prozentigen Alkohols löslich; bei weiterem Zusatz des Lösungsmittels tritt Trübung ein.

Das russische Krauseminzöl, das zum großen Teil in Rußland selbst verbraucht wird, unterscheidet sich vom amerikanischen und deutschen

Öl durch seinen faden und nur sehr schwach krauseminzartigen Geruch, durch sein geringeres spezifisches Gewicht, 0,883—0,889, und endlich durch seinen geringen Carvon- und seinen hohen Linaloolgehalt.

Pfefferminzöl (Oleum Menthae piperitae) wird aus dem Kraute von Mentha piperita *L.* und einigen Abarten gewonnen. Die Hauptmenge des Öles liefert Japan, dann folgen Amerika und England; von geringerer Bedeutung sind das deutsche, französische und italienische Destillat. Für den Handel ist in neuerer Zeit das japanische Pfefferminzöl von allergrößter Wichtigkeit geworden. Im rohen Zustand hat es zwar einen eigentümlichen, etwas tranigen Geruch, durch entsprechende Reinigung lassen sich aber daraus Öle von vorzüglicher Beschaffenheit herstellen, u. a. auch die sogenannte Arzneibuchware. Auch die Verarbeitung japanischen Pfefferminzöles in Verbindung mit amerikanischem Öl liefert, wenn wirklich fachmännisch durchgeführt, eine Qualität, die den in früheren Jahren besonders geschätzten englischen Marken vollkommen ebenbürtig ist.

Pfefferminzöl ist dünnflüssig, farblos, gelblich oder grüngelb, von starkem, aber angenehmem Geruch und kühlendem, lange anhaltendem Geschmack. Altes Öl wird dickflüssig und reagiert dann sauer.

In ihren physikalischen Eigenschaften und ihrer chemischen Zusammensetzung zeigen die verschiedenen Pfefferminzöle Abweichungen, die sich leicht daraus erklären, daß die in verschiedenen Weltteilen heimischen Menthaarten nicht identisch sind. Für die praktische Verwendung sind jedoch ausschließlich Geschmack und Geruch maßgebend, Eigenschaften, an denen geübte Kenner imstande sind, die drei hauptsächlichsten Handelssorten, das englische, amerikanische und japanische Öl, voneinander zu unterscheiden, was wegen der großen Preisdifferenzen von Wichtigkeit ist. Durch die chemische und physikalische Untersuchung ist es nämlich nicht immer möglich, den Ursprung der Öle mit Sicherheit zu erkennen, und ganz unmöglich ist dies, wenn es sich um Gemische verschiedener Öle handelt.

Der Hauptbestandteil aller Pfefferminzöle ist das Menthol, ein Alkohol von der Formel $C_{10}H_{20}O$, der starken Pfefferminzgeruch und kühlenden Geschmack besitzt. Das normale (ungetrennte) japanische Öl ist so reich an Menthol, daß es selbst bei gewöhnlicher Temperatur eine feste, mit Öl getränkte Kristallmasse bildet. Gerade bei den feinsten Ölen zeigen sich aber oft erst bei sehr langem Verweilen im Kältegemisch kristallinische Ausscheidungen, so daß die Menge an kristallisierbarem Menthol für die Güte des Öles nicht maßgebend ist.

Der Unterschied in den spezifischen Gewichten der verschiedenen Pfefferminzöle ist zwar nicht sehr bedeutend, aber doch so groß, daß man bisweilen daraus auf den Ursprung der Öle schließen kann. Das amerikanische Öl hat meist eine Dichte von 0,900—0,920, das englische von 0,900—0,910, das normale japanische Öl von 0,895—0,902 (bei 24°!) und das von dem Rohmenthol getrennte flüssige Öl von 0,895—0,905. Gereinigtes japanisches Öl (sogenannte Arzneibuchware) hat ein spezifisches Gewicht von 0,900—0,910.

Die Pfefferminzöle lösen sich in 70prozentigem Alkohol, amerikanisches und rohes japanisches Öl in 2,5—5 Volumen, englisches und gereinigtes japanisches Öl (Arzneibuchware) in 2—3,5 Volumen; auf weiteren Alkoholzusatz bleibt die Lösung bei der Arzneibuchware stets und beim englischen Öl meist klar, während bei den beiden anderen Sorten gewöhnlich Opaleszenz bis Trübung eintritt.

Um die Herkunft eines Pfefferminzöles zu erkennen, wird auch eine Farbreaktion empfohlen, die aber, wie hier ausdrücklich betont sein soll, nicht immer ausschlaggebend ist. Mischt man im Reagenzglase 5 Tropfen amerikanisches oder englisches Pfefferminzöl mit 1 ccm Eisessig, so tritt nach Verlauf von einigen Stunden eine blaue Färbung ein, die allmählich an Intensität zunimmt und nach etwa 24 Stunden ihr Maximum erreicht. Hierauf zeigt die Mischung mit amerikanischem Öl im durchfallenden Lichte ein tiefes Dunkelblau, während sie im auffallenden Lichte prachtvoll kupferfarbig fluoresziert. Bei englischem Öl sind diese Erscheinungen weniger intensiv; oft tritt nur eine hellblaue Färbung mit schwach rötlicher Fluoreszenz auf. Japanisches Öl zeigt diese Reaktion nicht, die Mischung bleibt farblos. Gelindes Erwärmen beschleunigt das Eintreten der Reaktion sehr; man erhält aber dann kein so reines Blau, sondern eine mehr violette Nüance. Zum Gelingen der Reaktion ist der Zutritt der Luft erforderlich; schließt man diese vollständig ab, so ist selbst nach mehreren Tagen keine Färbung wahrzunehmen.

Als Verfälschungsmittel für Pfefferminzöl kommen neben Spiritus fette Öle, Petroleum, Weingeist, Terpentinöl und andere ätherische Öle in Betracht. Die meisten übrigen Verfälschungen beeinträchtigen die Löslichkeit in 70prozentigem Alkohol sowie den Mentholgehalt, dessen Bestimmung daher von großem Werte ist. Man verfährt dabei in der auf S. 429 beschriebenen Weise.

Poleyöl (Oleum Menthae Pulegii) wird im südlichen Frankreich, Spanien, Algier und der asiatischen Türkei durch Destillation des Krautes von Mentha Pulegium *L.* gewonnen. Es hat eine gelbliche bis rötlichgelbe Farbe, einen starken, pfefferminzähnlichen Geruch und löst sich in 2 und mehr Teilen 70prozentigen Alkohols klar auf. Das spezifische Gewicht ist 0,930—0,960, der Drehungswinkel $\alpha_D = +15$ bis $+25°$. Der Geruch des Poleyöles wird durch den wesentlichen Gehalt an Pulegon, ein Keton von der Formel $C_{10}H_{16}O$, bedingt.

Nelkenöl (Oleum Caryophyllorum) wird aus den Gewürznelken, den getrockneten Blütenknospen von Caryophyllus aromaticus *L.* Eugenia caryophyllata *Thunb.*) gewonnen und ist frisch destilliert eine fast farblose bis gelbliche Flüssigkeit, die mit zunehmendem Alter dunkler wird und den starken Geruch und anhaltend brennenden Geschmack der Gewürznelken besitzt. Das spezifische Gewicht schwankt von 1,043 bis 1,070. Das Öl ist in 2 Teilen 70prozentigem Alkohol löslich.

Der Hauptbestandteil des Nelkenöles, der zugleich den Geruch bedingt, ist das Eugenol, ein Phenol von der Formel $C_{10}H_{12}O_2$. Es ist schwach gelblich gefärbt, hat den Geruch und Geschmack der Gewürznelken, gibt mit Eisenchlorid in alkoholischer Lösung Blaufärbung und liefert bei der Oxydation Vanillin und Vanillinsäure. Der Eugenolgehalt eines guten Nelkenöles beträgt wenigstens etwa 80 vH. Die Bestimmung erfolgt mit 3prozentiger Natronlauge unter Erwärmen im Wasserbad.

Ein geringeres Nelkenöl erhält man aus den Stengeln der Nelkenknospe. Es kommt unter dem Namen Nelkenstielöl in den Handel, ist in seinen Eigenschaften dem Nelkenöl sehr ähnlich, hat aber einen weniger angenehmen Geruch. Es wird häufig als Nelkenöl verkauft, ist aber am Geruch zu erkennen. — Verfälschungen verraten sich durch die Erniedrigung des spezifischen Gewichts und des Eugenolgehalts, manche auch dadurch, daß die Öle nicht in 2 Teilen 70prozentigem Alkohol klar löslich sind.

Origanumöle. Durch Destillation des Krautes von Origanum Majorana *L.* wird das Majoranöl (Oleum Majoranae) gewonnen. Es ist gelblich oder grünlichgelb und wird nach längerer Zeit dunkel. Der Geruch des Majoranöles ist weniger angenehm als der des Krautes, der Geschmack gewürzhaft. Das spezifische Gewicht ist 0,89—0,91, der Drehungswinkel $\alpha_D = +15°$ bis $+19°$. Das Öl gibt mit gleichen Teilen 90prozentigem und mit 2 Teilen 80prozentigem Weingeist eine klare Lösung.

Aus dem Kraut von Origanum vulgare *L.* erhält man das Dostenöl (Oleum Origani vulgaris s. Ol. Origani gallicum), ein Öl von kräftig aromatischem Geruch, das wenig oder gar keine Verwendung findet. Die französischen Dostenöle des Handels sind meist poleyartig riechende Kompositionen, in denen keine Spur des echten Öles enthalten sein dürfte. Spanisch Hopfenöl oder kretisch Dostenöl (Oleum Origani cretici) wird durch Destillation der blühenden Pflanzen verschiedener Origanumarten (u. a. Or. hirtum, Or. smyrnaeum) gewonnen. Die Haupthandelsmarken sind das Triester, das Smyrnaer und das Cyprische Origanumöl.

Das Triester Öl hat einen starken, thymianähnlichen Geruch, einen beißenden Geschmack und ist frisch destilliert von goldgelber Farbe, die aber bei Berührung mit der Luft in Dunkelbraun bis Grauschwarz übergeht. Das Öl besitzt ein spezifisches Gewicht von 0,94 bis 0,98, löst sich in 3 Teilen 70prozentigem Alkohol klar auf und enthält 60—85 vH. Carvacrol, ein Phenol von der Formel $C_{10}H_{14}O$. Das Smyrnaer Öl hat eine goldgelbe bis braune Farbe, einen milden, etwas an Linaloeöl erinnernden Geruch und ein spezifisches Gewicht von 0,898—0,960. Es löst sich in 3 Teilen 70prozentigem Alkohol klar auf und hat einen Carvacrolgehalt von meist 25—60 vH., daneben aber einen nicht unbedeutenden Gehalt an Linalool. Das Cyprische Öl endlich ist ebenfalls anfangs von heller, später von dunkler Farbe und zeigt dieselbe Löslichkeit wie die vorhergehenden. Das spezifische Gewicht liegt zwischen 0,962 und 0,967, der Carvacrolgehalt zwischen 70 und 84 vH.

Patchouliöl. Unter den das Patchouliöl liefernden Pflanzen ist an erster Stelle Pogostemon Patchouli *Pellet.* zu nennen, eine Labiate, die hauptsächlich in den Straits Settlements kultiviert und entweder an Ort und Stelle auf Öl verarbeitet oder von Singapore aus getrocknet in den Handel gebracht wird. Weiterhin dienen zur Ölgewinnung Pogostemon Heyneanus *Benth* (besonders auf Java angebaut, wo sie „Dilem" heißt), Microtaena cymosa *Prain* (Plectranthus Patchouli *Clarke*) und Microtaena robusta *Hemsl.*, die das chinesische Patchouli liefert.

Das Patchoulikraut verdankt seinen eigentümlichen, durchdringenden Geruch einem ätherischen Öle, das zu 1,5—4 vH. darin enthalten ist. Die Hauptmenge desselben dürfte in Europa gewonnen werden. Es bildet eine gelblich- oder grünlichbraune bis dunkelbraune, sehr dicke Flüssigkeit, aus der sich beim Stehen bisweilen Kristalle abscheiden. Es besitzt in unverdünntem Zustande einen widerlichen, dauernd anhaftenden, fast moderigen Geruch, der sich aber, wenn man das Öl in geringen Dosen bzw. in gehöriger Verdünnung und in geeigneter Mischung mit anderen ätherischen Ölen verwendet, weit angenehmer gestaltet, weshalb es auch seit geraumer Zeit in der Parfümeriefabrikation eine Rolle spielt.

Das spezifische Gewicht der in Europa destillierten, reinen Öle liegt zwischen 0,966 und 0,995, der Drehungswinkel α_D beträgt $-50°$ bis $-68°$. Das Öl löst sich in gleichen Teilen 90 prozentigen Alkohols klar auf und bleibt in der Regel auch bei weiterem Alkoholzusatz klar. Von den importierten Ölen besitzen viele die gleichen Eigenschaften, andere aber sind spezifisch leichter, schlechter löslich und von geringerer Drehung. Möglicherweise hängt das mit der verschiedenen Destillationsart zusammen, die Unterschiede können aber auch durch Verfälschungen veranlaßt sein, da sich beispielsweise durch Zusatz von Zedernöl (einem öfter beobachteten Fälschungsmittel) zu den europäischen Destillaten Öle von der Beschaffenheit der importierten herstellen lassen.

Die Java-Patchouliöle, die auch Dilemöle genannt werden, haben im allgemeinen einen schwachen Geruch und verhalten sich zum Teil auch sonst abweichend von den vorbesprochenen Qualitäten. Ihr spezifisches Gewicht beträgt 0,917—0,967, die optische Drehung $+52° 30'$ bis $-54°$.

Über die den charakteristischen Geruch des Patchouliöles bedingenden Substanzen ist noch nichts Sicheres bekannt; etwa 95 vH. des Öles bestehen aus Körpern, die für seinen Geruch wertlos sind.

Rosenöl (Oleum Rosarum) stammt zum großen Teil aus Bulgarien und wird aus den Blüten der Rosa damascena *Miller* durch Destillation mit Wasser gewonnen. Die geringen Mengen Rosenöl, die im Süden Frankreichs hergestellt werden, bleiben im Lande und decken bei weitem nicht einmal den französischen Bedarf; die Destillation geschieht hier überhaupt vorzugsweise, um Rosenwasser zu gewinnen. Auch die in anderen Ländern, wie Kleinasien, Spanien, Sachsen gewonnenen Mengen kommen für den Weltmarkt nicht in Betracht. Im Jahre 1883 haben Schimmel & Co. die ersten Versuche gemacht, Rosenöl in Deutschland fabrikmäßig herzustellen. Anfangs benutzte man die Blüten der Rosa centifolia *L.*; im Jahre 1888 erhielt die Firma jedoch bulgarische Rosensträucher, mit denen heute etwa 35 ha in der Nähe von Miltitz, 12 km von Leipzig, bepflanzt sind. Die des Morgens gepflückten Rosen kommen, da sie längeres Lagern nicht vertragen, sofort zur Verarbeitung. Etwa 5000—6000 kg Blüten geben 1 kg Öl. Dank der besonderen Sorgfalt in der Darstellung ist deutsches Öl dem bulgarischen im Geruch bedeutend überlegen und, obwohl sein Stearoptengehalt außerordentlich hoch ist, doch doppelt so intensiv und ausgiebig wie dieses.

Dem bulgarischen Öl etwa gleich an Geruchsstärke ist das von Schimmel & Co. dargestellte „Rosengeraniol", zu dessen Gewinnung 2500 kg frischer Rosen mit 1 kg Geraniol zusammen destilliert werden.

In Frankreich und Deutschland werden die Rosen außerdem mit Fett oder Petroläther extrahiert, da auf diesem Wege das Rosenöl in viel größerer Natürlichkeit gewonnen wird, als mit Hilfe der Wasserdampfdestillation, bei der der größte Teil des Phenyläthylalkohols im Destillationswasser verbleibt. Auch in Bulgarien arbeitet man schon nach dem Extraktionsverfahren.

Das bulgarische Rosenöl des Handels ist hellgelb, manchmal mit einem Stich ins Grüne. Bei 21—25° C von der Konsistenz des fetten Mandelöles hat es einen starken, betäubenden Geruch nach frischen Rosen und einen etwas scharfen, balsamischen Geschmack. Bei etwa 18—21° C scheiden sich aus dem Öle spießige oder lamellenförmige, glänzende, irisierende Kristalle ab, die sich wegen ihres niedrigen spezifischen Gewichtes im oberen Teile des Öles ansammeln und dessen Oberfläche mit einer dünnen Haut bedecken, die sich beim Bewegen des Öles leicht zerteilt. Bei stärkerer Abkühlung erstarrt das Öl zu einer durchscheinenden, weichen Masse, die aber schon durch die Wärme der Hand wieder verflüssigt werden kann. Das spezifische Gewicht, das mit höherem Stearoptengehalt sinkt, schwankt in der Regel zwischen 0,855 und 0,870 bei 20° C. Der Drehungswinkel α_D ist —1° bis —4°. Wegen seines Gehalts an schwerlöslichen Paraffinen gibt Rosenöl selbst mit sehr großen Mengen 90prozentigen Alkohols nur trübe Mischungen, aus denen sich das Stearopten allmählich ausscheidet. Der flüssige Anteil, das sogenannte Elaeopten, löst sich in 70prozentigem Alkohol klar auf. Die Säurezahl beträgt 0,5—3, die Esterzahl 7—16, nach der Azetylierung aber 203—227, entsprechend einem Gehalt an Gesamtgeraniol ($C_{10}H_{18}O$) von 66—75 vH. Der Stearoptengehalt beträgt 17—21 vH.

Das Rosenöl von Schimmel & Co. ist wegen seines größeren Reichtums an Stearopten bei gewöhnlicher Temperatur eine grünliche, von Kristallen durchsetzte, weiche Masse. Der Geruch ist viel stärker und intensiver als beim bulgarischen Öl. Das spezifische Gewicht liegt zwischen 0,838 und 0,850 bei 30° C, der Drehungswinkel α_D beträgt +1° bis —1°. Der Stearoptengehalt schwankt zwischen 26 und 40 vH.

Der Hauptbestandteil des Rosenöles ist das Geraniol, $C_{10}H_{18}O$, ferner enthält es Citronellol, $C_{10}H_{20}O$, Phenyläthylalkohol, Nerol, Linalool, Nonylaldehyd und Eugenol; die Alkohole sind zu einem kleinen Teil als Ester vorhanden. Das Stearopten des Rosenöles besteht aus Kohlenwasserstoffen der Paraffinreihe.

Rosenöl wird sehr viel und sehr stark verfälscht; es sollen sogar Öle vorkommen, die kaum 10 vH. echtes Rosenöl enthalten. Das Hauptverfälschungsmittel, das namentlich von den Bulgaren mit Vorliebe verwandt wird, ist das Palmarosaöl, welches durch Behandeln mit Zitronensaft und durch Bleichen an der Sonne besonders präpariert wird. Um eine solche Verfälschung zu entdecken, versagen, zumal wenn sie sich in mäßigen Grenzen hält, nicht nur alle dafür in Betracht kommenden Farbreaktionen, sondern auch die chemischen und physikalischen Untersuchungsmethoden führen hier kaum zum Ziel, da das Fälschungsmittel in chemischer Beziehung große Ähnlichkeit mit dem Rosenöle besitzt und da die letzteren auch je nach Klima, Beschaffenheit und Witterungsverhältnissen große Abweichungen zeigen.

„Aus diesem Grunde kann man auch nicht mit Sicherheit behaupten, daß das bulgarische Rosenöl des Handels wirklich das reine Destillat aus Rosen ist. Mancherlei Anzeichen sprechen dagegen. Zunächst erregt die große Einfuhr von Palmarosaöl Bedenken. Ferner ist der enorme Unterschied zwischen dem bulgarischen und dem deutschen Destillat höchst auffallend und nicht ohne weiteres allein durch die klimatischen Verschiedenheiten erklärbar. Stutzig macht auch der Umstand, daß mehrfach von bulgarischen Fabrikanten auf Ausstellungen als ganz besonders feine Ware gezeigte Öle im Geruch, Erstarrungspunkt und Stearoptengehalt die größte Ähnlichkeit mit dem deutschen Destillat besaßen. Hingegen ist das Öl, das durch Destillation von 2500 kg Rosen mit 1 kg Geraniol hergestellt wird, vom bulgarischen Öle des Handels nicht zu unterscheiden. Intensität des Geruches, Erstarrungspunkt und Stearoptengehalt sind genau gleich[1]).“

Zum Schutz gegen grobe Verfälschungen sind das spezifische Gewicht, das Drehungsvermögen, der Erstarrungspunkt, der Stearoptengehalt, die Verseifungszahl und der Gehalt an alkoholischen Bestandteilen zu bestimmen. Außerdem ist stets besonders und sehr genau auf Alkohol zu prüfen, da bei dem hohen Preis des Rosenöles schon kleine Mengen davon genügen, um die Verfälschung wirtschaftlich zu machen.

Die Bestimmung des spezifischen Gewichts muß, da das Rosenöl bei 15° C ganz von Kristallen durchsetzt ist, bei 20, 25 oder 30° C ausgeführt werden. Palmarosaöl verändert die Dichte kaum; dagegen würde ein Zusatz von Spiritus das spezifische Gewicht erniedrigen, während Sandelholzöl durch seine größere Schwere erkannt wird.

Das Drehungsvermögen wird durch Palmarosaöl ebenfalls kaum beeinflußt, wohl aber durch Gurjunbalsamöl, das auch bisweilen zum Verfälschen dient.

---

[1]) Gildemeister u. Hoffmann: a. a. O.

Als Erstarrungspunkt bezeichnet man beim Rosenöl die Temperatur, bei welcher das Öl bei langsamer Abkühlung die ersten Kristalle ausscheidet. Man verfährt hierbei nach Raikow[1]) wie folgt: Etwa 10 ccm des zu untersuchenden Öles werden in ein Reagenzglas von 15 mm Durchmesser gebracht und in das Öl ein Thermometer so eingetaucht, daß es, ohne den Boden oder die Wand zu berühren, frei schwebt. Das Glas wird mit der Hand 4—5° über den Erstarrungspunkt erwärmt und gut umgeschüttelt, dann auf einem Stativ befestigt und ruhig, bis zum Erscheinen der ersten Kriställchen, der langsamen Selbstabkühlung überlassen. Nach dem Ablesen der Temperatur wird das Öl wieder erwärmt, gut geschüttelt und der Erstarrungspunkt von neuem bestimmt. — Er liegt bei guten bulgarischen Handelsölen zwischen 18° und 23° C, doch kommen Abweichungen nach oben und unten vor.

Zur Isolierung und Bestimmung des Stearoptens im Rosenöl verfahren Schimmel & Co. wie folgt: 50 g Öl werden mit 500 g 75 prozentigem Weingeist auf 70—80° C erwärmt. Beim Abkühlen scheidet sich das Stearopten nahezu quantitativ aus. Es wird von der Flüssigkeit getrennt, von neuem mit 200 g 75 prozentigem Weingeist in gleicher Weise behandelt und so lange umkristallisiert, bis es vollständig geruchlos ist. Gewöhnlich genügt eine zweimalige Behandlung des rohen Stearoptens.

Von Wichtigkeit für die Beurteilung eines Rosenöles ist vor allem aber die Bestimmung des Gesamtgeraniols (Geraniol + Citronellol), dessen Menge normalerweise 66—75 vH. beträgt. Zusätze wie Palmarosaöl, Geraniol u. dgl. würden den Gehalt erhöhen. Ein öfter beobachtetes Fälschungsmittel ist dann endlich Walrat, dessen Gegenwart an der Verseifungszahl des abgeschiedenen Stearoptens erkannt werden kann. Walrat hat eine Verseifungszahl von 128—130, Rosenölstearopten eine solche von 3—7. Auch das angenehm, teerosenartig riechende Guajakholzöl von Bulnesia Sarmienti kommt als Zusatz in Frage. Es kann durch die mikroskopische Untersuchung der sich beim Abkühlen ausscheidenden Guajolkristalle erkannt werden. Letztere zeigen unter dem Mikroskop lange Nadeln, die durch eine kanalförmige Mittellinie geteilt sind. Die Kristalle des Rosenölparaffins sind kleiner und dünner und zeigen weniger scharf umgrenzte Formen. Guajakholzöl erhöht ferner das spezifische Gewicht, das Drehungsvermögen und den Erstarrungspunkt des damit versetzten Rosenöles und hinterläßt einen harzigen Verdampfungsrückstand.

Wegen der Kostspieligkeit des Materials wird man vielfach von einer eingehenden Untersuchung Abstand nehmen und sich auf die Prüfung des Geruchs beschränken. Sie hat natürlich nur sehr bedingten Wert und setzt eine große Übung voraus. Am sichersten geht man, wenn man dabei ein reines Rosenöl zum Vergleich heranzieht.

Rosenholzöl (Oleum ligni Rhodii) wird aus dem Rosenholz, dem Holz der Wurzel zweier auf den kanarischen Inseln wachsenden Winden,

[1]) Chem. Ztg. 1898, **22**, S. 149.

Convolvulus scoparius *L.* und Convolvulus floridus *L.*, durch Destillation gewonnen. Hauptsächlich verwendet man die bei der Fabrikation von Rosenholzperlen sich ergebenden Abfälle. Das Öl ist von hellgelber Farbe und angenehmem, aber wenig nachhaltigem Rosengeruch.

Das im Handel als Rosenholzöl bezeichnete Öl ist nach Schimmel & Co. meist aber nichts anderes, als ein mit Sandelholzöl oder Zedernholzöl vermischtes Rosenöl.

Rosmarinöl (Oleum Rorismarini) wird in den südlichen Ländern Europas, namentlich im südlichen Frankreich, in Dalmatien, Norditalien und Spanien durch Destillation des Rosmarinkrautes (Rosmarinus officinalis *L.*) gewonnen. Es ist farblos oder gelblich, von durchdringendem, kampferartigem Geruch, bitterem, kühlendem Geschmack und hat ein spezifisches Gewicht von 0,900—0,920. Es ist gewöhnlich rechtsdrehend, α^D bis + 15°, linksdrehende Öle sind meist verfälscht. Zur Lösung von 1 Teil Rosmarinöl ist $^1/_2$—1 Teil 90 prozentiger Alkohol erforderlich.

Von den drei hauptsächlichsten Handelssorten (italienisches oder dalmatinisches, französisches und spanisches Öl) ist das französische Öl das am meisten geschätzte.

Im Rosmarinöl sind nachgewiesen Pinen ($C_{10}H_{16}$), Camphen ($C_{10}H_{16}$), Cineol ($C_{10}H_{18}O$), Kampfer ($C_{10}H_{16}O$) und Borneol ($C_{10}H_{18}O$). Das Öl wird aber häufig mit Terpentinöl und Fraktionen des Kampferöles verfälscht. Geringe Zusätze dieser Art sind schwer oder überhaupt nicht nachweisbar, bei stärkerer Verfälschung wird aber mindestens eine der für Rosmarinöl charakteristischen Eigenschaften (spezifisches Gewicht, Drehung, Löslichkeit) verändert. Bisweilen werden übrigens auch Kampferölfraktionen direkt als Rosmarinöl verkauft, doch erkennt man derartige Ersatzprodukte leicht an dem abweichenden Geruch.

Salbeiöl, das Öl aus den Blättern von Salvia officinalis *L.*, dürfte heute ausschließlich von dem in Dalmatien massenhaft wild wachsenden und von dort in den Handel kommenden Salbei gewonnen werden. Es ist eine gelbliche oder grünlichgelbe Flüssigkeit, von dem eigentümlichen Geruch des Krautes, gleichzeitig an Rainfarn und Kampfer erinnernd. Das spezifische Gewicht beträgt 0,915—0,930. Das Öl löst sich in 2 und mehr Teilen 80 prozentigen Alkohols und findet nur selten in der Parfümerie Verwendung.

Sandelholzöl, ostindisches (Oleum Ligni Santali), wird aus dem möglichst fein geraspelten, von der Rinde befreiten Stamm- und Wurzelholz von Santalum album *L.*, einer Santalacee, gewonnen. Es ist eine ziemlich dicke Flüssigkeit von blaßgelber Farbe und angenehmem, lange anhaftendem Geruch. Das spezifische Gewicht liegt zwischen 0,974 und 0,985, die Drehung zwischen — 16° und — 20°; es gibt mit 5 Teilen 70 prozentigen Alkohols eine klare Lösung, die auch bei weiterem Alkoholzusatz nicht getrübt wird. Die in Indien destillierten Öle haben meist ein höheres spezifisches Gewicht, schlechtere Löslichkeit und dunklere Farbe, da die infolge mangelhafter Destillation ihm beigemengten Zersetzungsprodukte in dieser Beziehung nicht ohne

Einfluß sind. Mit der Zeit büßt aber auch das Sandelöl an Löslichkeit ein.

Der Hauptbestandteil des ostindischen Sandelholzöles ist Santalol ($C_{15}H_{24}O$). Seine Menge soll wenigstens 90 vH. betragen; der Wert eines Öles steigt mit dem Santalolgehalt.

Als Hauptverfälschungsmittel für ostindisches Sandelholzöl gilt Zedernholzöl; es ist an der Verminderung des spezifischen Gewichts und der Löslichkeit zu erkennen. Die gleichen Veränderungen bewirken Copaivabalsamöl, Gurjunbalsamöl und westindisches Sandelöl. Die Drehung wird durch Zedernöl und Gurjunbalsamöl erhöht, durch Copaivabalsamöl und westindisches Sandelöl erniedrigt. Alle diese Zusätze drücken ferner den Santalolgehalt herab, dessen Bestimmung daher von Wichtigkeit ist. Fette Öle und Paraffinöl verraten sich durch ihre Unlöslichkeit in 70prozentigem Alkohol, erstere außerdem durch die hohe Verseifungszahl, die bei Sandelöl etwa 5—20 beträgt. Da diese Zusätze mit Wasserdampf nicht flüchtig sind, so bleiben sie beim Rektifizieren des Öles im Rückstand und können hier genauer untersucht werden.

Sandelholzöl, westindisches, (Oleum Santali ex India occidentali) wird aus dem Holz der zu den Rutaceen gehörigen Amyris balsamifera *L.* gewonnen und ist in Eigenschaften und Zusammensetzung völlig verschieden vom ostindischen Öl. Das spezifische Gewicht liegt bei 0,950—0,970, die Drehung ist rechts und beträgt $+19°$ bis $+29°$. Es ist erheblich schwerer löslich als das ostindische Öl, indem es sich gewöhnlich erst in 90prozentigem Alkohol (bis 1 Volumen) zur Lösung bringen läßt.

Westindisches Sandelöl enthält Caryophyllen, Cadinen und durchschnittlich 30—50 vH. Amyrol, einen Sesquiterpenalkohol von der Zusammensetzung $C_{15}H_{26}O$. Santalol kommt nicht darin vor.

Sassafrasöl (Oleum Ligni Sassafras) wird aus dem Holze und der Rinde der Wurzel des in den südlichen Teilen Nordamerikas wachsenden Sassafraslorbeers (Sassafras officinale *Nees*) durch Destillation gewonnen und stellt eine gelbe oder rötlichgelbe Flüssigkeit von angenehmem, etwas an Fenchel erinnerndem Geruch und aromatischem Geschmack dar. Es hat ein spezifisches Gewicht von 1,07—1,08, ist schwach rechtsdrehend und in 1—2 Volumen 90prozentigem Alkohol löslich. Sein Hauptbestandteil, dem es auch den Geruch verdankt, ist Safrol, ein Phenoläther von der Formel $C_{10}H_{10}O_2$, der auch in beträchtlicher Menge im Kampferöl enthalten ist. Es ist eine farblose oder schwach gelbliche Flüssigkeit, die beim Abkühlen zu einer Kristallmasse erstarrt, welche erst bei $+11°$ C wieder schmilzt.

Das Sassafrasöl wird in Amerika sehr häufig durch Kampferöl verfälscht, und es dürfte ein wirklich reines Öl nur selten im Handel angetroffen werden. Da im Kampferöl sämtliche Bestandteile des Sassafrasöles enthalten sind, so ist sein Nachweis außerordentlich schwierig und nur eben sicher zu erbringen, wenn die physikalischen Eigenschaften, besonders das spezifische Gewicht und das Siedeverhalten, stark abweichen. Als „Artificial Sassafras Oil" werden Kampferölfraktionen von einem dem Sassafrasöl entsprechenden spezifischen Gewicht verkauft[1]).

Thymianöl (Oleum Thymi) wird aus dem frischen, blühenden Kraute von Thymus vulgaris *L.* hauptsächlich in Südfrankreich gewonnen. Es ist eine schmutzig dunkelrotbraune Flüssigkeit von angenehmem, kräftigem Thymiangeruch und beißend scharfem, lange anhaltendem Geschmack. Das spezifische Gewicht liegt stets über 0,900, bei guten Ölen meist zwischen 0,905 und 0,915. Es löst sich in $^1/_2$ Teil 90prozentigem und 1—2 Teilen 80prozentigem Weingeist, während von 70prozentigem meist 15—30 Teile zur klaren Lösung erforderlich sind. Der den Wert des Öles bestimmende Bestandteil ist das Thymol, ein Phenol von der Formel $C_{10}H_{14}O$.

Von dem französischen verschieden ist das spanische Thymianöl, das wahrscheinlich von einer anderen Pflanze abstammt. Es enthält kein Thymol, sondern Carvacrol. Auch durch seine Löslichkeit unterscheidet es sich vom französischen Öle, indem es in 2—3 Teilen 70prozentigem Weingeist klar löslich ist. Es hat ein spezifisches Gewicht von 0,93—0,96 und oft eine tief dunkelgrüne Farbe.

Das sogenannte weiße Thymianöl des Handels ist in den meisten Fällen weiter nichts, als ein mit wenig Thymianöl versetztes Terpentinöl. Hierdurch erklärt sich auch die auffallende Tatsache, daß rektifiziertes Öl in der Regel niedriger notiert ist als rohes.

Das Feldthymianöl oder Quendelöl (Oleum Serpylli) aus dem Kraute von Thymus Serpyllum *L.* ist dünnflüssig, farblos bis goldgelb, von angenehmem, melissenartigem, etwas an Thymian erinnernden Geruch. Das spezifische Gewicht ist 0,890—0,920.

Als Essence de serpolet werden nach Schimmel & Co. in Südfrankreich häufig aber auch aus Spanisch-Hopfenöl, Poleyöl, Spiköl und Thymianöl bestehende Gemische verkauft.

Wacholderbeeröl (Oleum Juniperi) wird aus den Wacholderbeeren, den Früchten von Juniperus communis *L.*, gewonnen. Es ist eine farblose oder gelblichgrüne Flüssigkeit von starkem, eigenartigen, an Terpentinöl erinnernden Geruch und brennendem, etwas bitteren Geschmack. Sein spezifisches Gewicht beträgt 0,865—0,885. Das in großen Mengen aus Ungarn in den Handel kommende Öl, welches in der Regel ein ziemlich niedriges spezifisches Gewicht hat (0,860—0,868), ist jedoch kein normales Destillat, sondern wird als Nebenprodukt bei der Bereitung von Wacholderbeerbranntwein gewonnen.

Frisch destilliertes Öl löst sich meist in 5—10 Teilen 90prozentigem Weingeist; die Löslichkeit vermindert sich aber schon nach mehrwöchentlichem Stehen, so daß sich dann selbst mit großen Mengen Weingeist keine klare Lösung mehr erzielen läßt.

Wacholderbeeröl besteht vorwiegend aus Terpenen. Der Träger des charakteristischen Wacholderbeergeruches ist noch unbekannt. Bei

---

[1]) Gildemeister u. Hoffmann: a. a. O.

alten Ölen ist wiederholt Abscheidung eines nadelförmig kristallisierenden, geruch- und geschmacklosen Stearoptens (Wacholderkampfer) beobachtet worden.

Wacholderbeeröl hat eine große Neigung zu verharzen, wobei es dickflüssig wird und saure Reaktion annimmt. Es ist in gut verschlossenen Flaschen und vor Tageslicht geschützt aufzubewahren.

Wintergrünöl oder Gaultheriaöl (Oleum Gaultheriae) wird durch Destillation der Blätter von Gaultheria procumbens, einer in Nordamerika, namentlich bei New-Yersey, reichlich vorkommenden Pflanze gewonnen. Es ist farblos, gelblich oder rötlich und von stark aromatischem Geruch. Sein spezifisches Gewicht ist 1,180—1,193. Es ist schwach linksdrehend ($\alpha_D = -0^\circ 25'$ bis -1°) und besteht zu etwa 99 vH. aus Salizylsäuremethylester. Es ist wenig löslich in Wasser, leicht löslich in Alkohol, Äther, Chloroform u. dergl.; von 70 prozentigem Alkohol sind 6—8 Volumen zur Lösung nötig.

Ein dem Gaultheriaöl sehr ähnliches, aber im Geruch deutlich davon verschiedenes Produkt wird aus der in Nordamerika heimischen Betula lenta *L.* durch Destillation der Rinde mit Wasser dargestellt, und der größte Teil des im Handel heute vorkommenden Wintergrünöles soll Birkenöl sein. Sein spezifisches Gewicht liegt zwischen 1,180 und 1,188. Im Gegensatz zum wirklichen Gaultheriaöl ist es aber optisch inaktiv. Mit Birkenrindenöl geschütteltes Wasser gibt mit Eisenchlorid eine tief violette Färbung.

Künstlich läßt sich der Salizylsäure-Methylester durch Erwärmen eines Gemisches von Methylalkohol, Schwefelsäure und Salizylsäure darstellen. Die Esterifikation gelingt sehr leicht. Es genügt, das Gemisch einige Zeit zu erwärmen und es alsdann in Wasser zu gießen, wobei sich der Ester als schwere Ölschicht abscheidet. Nach dem Waschen mit Wasser wird im direkten Dampfstrome oder im Hochvakuum destilliert. Der so gewonnene Ester ist wasserhell und unterscheidet sich in seinen übrigen Eigenschaften nur wenig von dem natürlich vorkommenden Öle. Das spezifische Gewicht liegt zwischen 1,185 und 1,190.

Da die Wintergrünöle die schwersten aller bekannten ätherischen Öle sind, so hat die Beimischung anderer ätherischer Öle oder von Petroleum stets eine Erniedrigung des spezifischen Gewichts zur Folge. Auch wird durch die meisten Verfälschungsmittel die Löslichkeit in 70prozentigem Alkohol vermindert oder aufgehoben. Den Nachweis von Verfälschungen ermöglicht auch die Eigenschaft der Wintergrünöle, in mäßig konzentrierter Kalilauge als Estersalz in Lösung zu gehen. Schüttelt man 1 ccm Öl mit 10 ccm 5prozentiger Kalilauge, so gibt reines Wintergrünöl eine klare Lösung, verfälschtes Öl aber eine trübe Mischung, aus der sich beim Stehen an der Oberfläche oder am Grunde Tröpfchen abscheiden.

Ylang-Ylangöl (Oleum Unonae) wird aus den Blüten der im malayischen Archipel, hauptsächlich auf den Philippinen wachsenden und dort sowie im ganzen südlichen Asien viel kultivierten Cananga odorata *Hooker* f. et *Thomson* gewonnen. Das für den Handel allein in Betracht kommende Öl aus Manila bildet eine lichtgelb gefärbte Flüssigkeit von außerordentlichem Wohlgeruch. Es hat ein spezifisches Gewicht von 0,930—0,950 und ein Drehungsvermögen α_D von —37° bis —57°. Das Öl ist in Alkohol schwer löslich; es gibt mit $^1/_2$—2 Volumen 90prozentigem Weingeist gewöhnlich eine klare Lösung, die sich aber bei weiterem Weingeistzusatz in der Regel wieder trübt. Mit Eisenchlorid gibt die alkoholische Lösung eine violette Farbreaktion.

Die Ylang-Ylangöle anderer Herkunft weichen in ihren physikalischen Eigenschaften oft beträchtlich von den Manilaölen ab. Der Unterschied in der Qualität der vielen, im Handel befindlichen Sorten hat aber lediglich seinen Grund in der Darstellungsweise und in der Auswahl der Blüten, die, frisch gepflückt, das feinste Aroma besitzen. Bei der Destillation sind die ersten, leicht flüchtigen Anteile von unvergleichlich feinem Parfüm, während das später überdestillierende Öl einen faden Geruch zeigt. Es wird demnach derjenige Fabrikant, welcher nur die ersten Anteile gewinnt, das feinste Öl liefern, und diese Bereitungsweise ist es, welcher die Marke Sartorius ihren außerordentlichen Ruf verdankt. Während 100 kg frische Ylang-Ylangblüten 1,2 kg Öl ergeben, wird von Sartorius in Manila zur Darstellung seines feinen Öles nur ungefähr die Hälfte dieser Menge abgetrieben.

Im Ylang-Ylangöl sind an alkoholischen Bestandteilen *l*-Linalool und Geraniol. An dem charakteristischen Geruch des Öles ist aber neben diesen beiden Alkoholen der bei 175° C siedende Methyläther des Parakresols $CH_3 \cdot C_6H_4 \cdot OCH_3$ beteiligt. Daneben sind aber auch Eugenol, Isoeugenol, Benzylalkohol, Benzylazetat, Benzylbenzoat, Benzylsalizylat und Methylsalizylat in dem Öle gefunden.

Die ziemlich verschiedenen Eigenschaften reiner Öle erschweren den Nachweis von Verfälschungen. Es ist daher die Beurteilung der Qualität eines Ylang-Ylangöles häufig mehr Sache des Parfümeurs als des Chemikers. Da die Ester für den Geruch von Bedeutung sind, so ist die Bestimmung der Verseifungszahl, die bei guten Ölen zwischen 75 und 120 liegt, zu empfehlen.

Das Canangaöl besteht entweder aus den bei der Darstellung des Ylang-Ylangöles abfallenden höheren Fraktionen (Manila), oder es stellt das Gesamtdestillat der Ylang-Ylangblüten dar (Java). Es hat einen ähnlichen, aber weniger feinen Geruch als das Ylang-Ylangöl. Seine physikalischen Eigenschaften zeigen infolge der verschiedenen Darstellungsweisen ziemlich große Schwankungen. Das spezifische Gewicht beträgt 0,90—0,95, der Drehungswinkel α_D ist —17° bis —55°, die Esterzahl 10—35. Im allgemeinen wird ein Öl mit hoher Verseifungszahl das beste sein, vorausgesetzt, daß diese nicht von einem Zusatz von Kokosöl herrührt.

Das Canangaöl löst sich in 90prozentigem Weingeist meist nicht vollständig. In 95prozentigem Alkohol ist es jedoch zunächst klar löslich, bei Zusatz von mehr als 1—2 Volumen erfolgt aber gewöhnlich Trübung.

Mehrfach sind bei Canangaölen Verfälschungen mit Kokosöl beobachtet worden. Ein solcher Zusatz ist leicht zu erkennen. Zwar werden durch ihn spezifisches Gewicht und Drehungsvermögen nur wenig beeinflußt, dagegen wird die Verseifungszahl bedeutend erhöht und die Löslichkeit in 95prozentigem Alkohol aufgehoben. Aus dem trüben Gemisch von Öl und Alkohol scheiden sich beim Stehen Öltröpfchen am Boden des Gefäßes ab. Sind größere Mengen von Kokosöl vorhanden, so erstarrt das Produkt butterartig, wenn man es in eine Kältemischung bringt. Das Fett bleibt außerdem bei der Destillation des Öles mit Wasserdampf im Rückstand, doch ist dabei zu beachten, daß Canangaöl an und für sich einen Rückstand bis zu 5 vH. hinterläßt.

Zedernholzöl (Oleum Cedri) wird durch Dampfdestillation aus dem fein geraspelten Holze der virginischen Zeder (Juniperus virginiana *L.*) gewonnen, und zwar fast ausschließlich aus den bei der Bleistiftfabrikation anfallenden Abfällen, welche 2,5—4,5 vH. Öl ergeben. Es ist etwas dickflüssig und manchmal mit Kristallen von Zedernkampfer durchsetzt, teils farblos, teils von grünlichgelber Farbe und besitzt einen milden, lange anhaftenden, aber wenig durchdringenden Geruch. Das spezifische Gewicht ist 0,943—0,961, der Drehungswinkel $\alpha_D = -25^\circ$ bis -42°. In Alkohol ist das Öl verhältnismäßig schwer löslich; 1 Teil Öl erfordert 10—20 Teile 90prozentigen und bis zu 6 Teilen 95prozentigen Alkohol.

Das Zedernholzöl findet vielfach Verwendung in der Feinseifenfabrikation, wo es als Basis für andere Parfüme dient; doch ist Vorsicht bei seiner Anwendung geboten, damit sein Geruch nicht vorherrscht, weil es dann leicht unangenehm wirkt.

Das in den Trockenkammern der Bleistiftfabriken als Nebenprodukt gewonnene Zedernöl ist minderwertig. Es besteht lediglich aus den leicht flüchtigen Anteilen des normalen Destillats und ist infolgedessen dünnflüssiger und von weniger feinem und nachhaltigem Geruch als letzteres. Für Parfümeriezwecke ist es unbrauchbar.

Zimtöle. Von Zimtölen sind für den Parfümeur von Interesse: Ceylon-Zimtöl, Zimtcassiaöl und Zimtblätteröl.

Das wegen seines feinen Geruchs und Geschmacks besonders geschätzte Ceylon-Zimtöl (Oleum Cinnamomi ceylanici) wurde früher ausschließlich aus dem Bruch und dem Abfall der echten Zimtrinde von Cinnamomum ceylanicum *Nees* an den Produktionsorten destilliert und kam von Ceylon aus in den Handel. Neuerdings hat die Fabrikation des Ceylonöles aus Zimtabfällen, sogenannten Chips, aber auch in Europa großen Umfang angenommen und hat, da es hier mit vollkommeneren Apparaten dargestellt wird, das von Ceylon exportierte Produkt fast gänzlich vom Markte verdrängt.

Das neuerdings auf den Seychellen aus der Stammrinde von Cinnamomum ceylanicum *Nees* gewonnene Destillat kommt dem Ceylon-Zimtöl im Geruch und Geschmack bei weitem nicht gleich und ist daher weniger wertvoll.

Das Ceylon-Zimtöl ist eine hellgelbe Flüssigkeit von dem angenehmen, feinen Geruch des Ceylon-Zimtes und gewürzhaftem, süßem, brennendem Geschmack. Das spezifische Gewicht liegt zwischen 1,023 und 1,040, die optische Drehung ist links bis —1°. Das Öl ist klar löslich in 3 Teilen 70prozentigem Weingeist.

Bei der Destillation von Ceylon-Zimt scheiden sich in der Vorlage zwei Öle ab, von denen eins leichter, das andere schwerer als Wasser ist. Um ein normales Öl zu erhalten, muß man beide Teile miteinander vermischen. Ceylon-Zimtöl besteht zu 65—76 vH. aus Zimtaldehyd und enthält außerdem 4—10 vH. Eugenol sowie geringe Mengen von Cymol, Pinen, Phellandren, Caryophyllen, Linalool, Nonylaldehyd, Benzaldehyd, Cuminaldehyd, Furfurol, und Methylamylketon; vermutlich kommen auch Hydrozimtaldehyd und Linalylisobutyrat darin vor. Das Seychellen-Zimtöl ist zimtaldehydärmer als das Ceylonöl und unterscheidet sich von diesem noch besonders durch seinen Gehalt an Kampfer.

Das aus den Blättern von Cinnamomum ceylanicum gewonnene Öl ist hell von Farbe, ziemlich dünnflüssig und riecht nach Nelken und Zimt. Sein spezifisches Gewicht ist 1,044—1,065, der Drehungswinkel $\alpha_D = -0° 15'$ bis $+2° 20'$. Es gibt mit 3 Teilen 70prozentigem Weingeist klare Lösungen, die sich aber trüben, sobald man mehr Weingeist hinzusetzt. Das Zimtblätteröl enthält 65—95 vH. Eugenol und nur unbedeutende Mengen von Zimtaldehyd.

Wenn das Ceylon-Zimtöl mit dem billigeren Zimtblätteröl verfälscht ist, so wird das spezifische Gewicht erhöht. Sicherer geschieht der Nachweis aber, wenn man den Gehalt an Zimtaldehyd in der bei Cassiaöl beschriebenen Weise bestimmt. Beträgt dieser weniger als 65 oder mehr als 76 vH., so ist das Öl verdächtig. Hat das Öl weniger als 65 vH., so bestimmt man in dem vom Aldehyd befreiten Öl das Eugenol. Ein mit Blätteröl verfälschtes Öl liegt vor, sobald der Gehalt an Eugenol mehr als 10 vH. beträgt.

Die mit Cassiaöl verfälschten Ceylon-Zimtöle haben ein höheres spezifisches Gewicht und in der Regel auch einen höheren Zimtaldehydgehalt. Öle mit über 76 vH. Aldehyd sind verdächtig und auf alle Fälle minderwertig, da der Zimtaldehyd nicht der den Wert bestimmende Bestandteil des Öles ist, wie beim Cassiaöl.

Cassiaöl (Oleum Cassiae) wird in China und Cochinchina aus den Blättern des Zimtcassiabaumes (Cinnamomum Cassia *Bl.*) durch Destillation gewonnen. Es ist von gelber, mit der Zeit nachdunkelnder Farbe, hat ein spezifisches Gewicht von 1,055—1,070 und besitzt einen süßen, späterhin brennenden Geschmack. Cassiaöl hat nur ein schwaches Drehungsvermögen nach links oder rechts und besteht ebenso wie das Ceylonöl hauptsächlich aus Zimtaldehyd (75—90 vH.), enthält aber kein Eugenol. 1 Teil reines Cassiaöl löst sich in 2 Teilen 80prozentigem Spiritus. Sein Verhalten gegen 70prozentigen Alkohol ist nicht eindeutig; obwohl die meisten Öle mit 2—3 Teilen dieses Lösungsmittels klare Lösungen ergeben, erhält man nicht selten aber auch opalisierend getrübte Mischungen, deren Entstehen möglicherweise auf das häufig im Öl enthaltene zimtsaure Blei zurückzuführen ist.

Da die Güte des Cassiaöles von seinem Gehalt an Zimtaldehyd abhängt, so ist die Bestimmung desselben für die Wertbestimmung von größter Wichtigkeit. Schimmel & Co. haben eine Prüfungsmethode ausgearbeitet, die jetzt im Handel allgemein gebräuchlich ist, und die darauf beruht, daß sich der Zimtaldehyd in heißer, konzentrierter Natriumbisulfitlösung als sulfonsaures Salz löst und dadurch dem Öl quantitativ entzogen werden kann. Zur Bestimmung verwendet man ein besonderes Glaskölbchen (Cassiakölbchen, Aldehydkölbchen), wie es in Abb. 133 abgebildet ist[1]). Wie bereits erwähnt[2]), kann die Bestimmung aber auch mit neutralem Natriumsulfit erfolgen, das mit dem Zimtaldehyd unter Bildung eines wasserlöslichen Hydrosulfonsäurederivats reagiert. Diese Methode ist besonders für die Aldehydbestimmung im Ceylon-Zimtöl zu empfehlen, da die außer Zimtaldehyd noch vorhandenen Aldehyde bei dem Bisulfitverfahren unter Umständen störend wirken.

Nach den Berichten von Schimmel & Co. war eine Zeitlang fast das ganze, von China in den Handel gebrachte Cassiaöl mit Petroleum und Harz, das bis zu 38 vH. gefunden wurde, gefälscht. Ob eine solche Fälschung vorliegt, kann man durch Destillation des Öles leicht feststellen. Der Rückstand, welcher 6—7 vH., keinesfalls aber mehr als 10 vH. betragen soll, darf nach dem Erkalten nicht fest werden und den Charakter eines spröden Harzes annehmen, sondern muß mindestens dickflüssig bleiben. Etwa vorhandenes Petroleum macht sich dadurch bemerkbar, daß das Destillat in 70prozentigem Alkohol nicht klar löslich ist. Eine Verfälschung mit Kolophonium kommt in der Erhöhung der Säurezahl zum Ausdruck, welche normalerweise zwischen 6 und 20 liegt.

Balsame und Harze.

Mit dem Namen Harze bezeichnet man gewisse organische Stoffe, die zu den ätherischen Ölen insofern in sehr naher Beziehung stehen, als viele von ihnen nachweisbar aus den ätherischen Ölen durch Oxydation entstehen. Wie früher erwähnt, erleiden alle ätherischen Öle an der atmosphärischen Luft durch Sauerstoffaufnahme eine Veränderung, wobei sie verdicken und endlich in Stoffe vom Charakter der Harze übergehen. Auch sind die meisten Harze in der Natur Begleiter der ätherischen Öle.

Die Elementarbestandteile der Harze sind Kohlenstoff, Wasserstoff und Sauerstoff; doch sind sie im allgemeinen sauerstoffarm und kohlenstoffreich. Ihrem chemischen Charakter nach verhalten sie sich wie schwache Säuren, ihre Auflösungen röten häufig Lackmus und treiben zuweilen beim Kochen aus kohlensauren Alkalien die Kohlensäure aus.

Jedes natürlich vorkommende Harz besteht, abgesehen von seinem etwaigen Gehalt an ätherischen Ölen, aus mehreren Harzen, die jedoch gewöhnlich nur schwer von einander getrennt werden können.

---

[1]) Siehe S. 448.
[2]) Siehe S. 449.

Man teilt die Harze gewöhnlich ein in Hartharze, Weichharze oder Balsame und Schleim- oder Gummiharze. Die Hartharze sind bei gewöhnlicher Temperatur fest, hart und spröde, lassen sich leicht pulvern und enthalten wenig oder gar kein ätherisches Öl. — Die Weichharze oder Balsame sind knetbar, zuweilen sogar halbflüssig, sie stellen Auflösungen von Harzen in ätherischen Ölen oder auch Gemenge dieser mit Harz dar. Beim Stehen an der Luft verändern sie sich dadurch, daß das ätherische Öl eine Oxydation erleidet. Sie werden dann mehr oder weniger hart und können in eigentliche Hartharze übergehen. — Die Gummi- oder Schleimharze sind Gemenge von Pflanzenschleim, Harz und ätherischen Ölen und werden durch Eintrocknen des Milchsaftes verschiedener Pflanzen gewonnen. Mit Wasser zusammengerieben, geben sie eine trübe, milchige Flüssigkeit und lösen sich in Alkohol nur zum Teil.

Die Harze sind im Pflanzenreiche außerordentlich verbreitet, und es gibt kaum eine Pflanze, die nicht Harz enthielte. Einige Pflanzenfamilien und Pflanzenorgane sind aber durch einen besonderen Reichtum an Harz ausgezeichnet. Die Harze werden meist gleichzeitig mit ätherischen Ölen in eigenen Behältern, den Harzgängen, abgeschieden und schwitzen entweder zu gewissen Zeiten freiwillig aus oder werden durch künstliche Einschnitte entleert. Auch im Tierreiche finden sich Körper, wenngleich wenige, vom Charakter der Harze, und einige derselben, die fossilen Harze, werden gewöhnlich dem Mineralreiche zugezählt, obwohl sie wohl meist von Pflanzen herstammen. Einige Harze sind reine Kunstprodukte, wie die Aldehydharze, die Brandharze u. a.

Von Hartharzen findet in der Parfümerie nur die Benzoe Verwendung, von Balsamen der Perubalsam, der Tolubalsam und der Storax, von Gummiharzen die Myrrhe und der Opopanax.

Benzoe (Resina Benzoe) wird von Styrax Benzoïn *Dryand* und wahrscheinlich auch von anderen Styraxarten gewonnen, Bäumen aus der Familie der Styraceen, die hauptsächlich an den hinterindischen Küsten und auf Sumatra kultiviert werden. Früher wurden die Bäume zum Zwecke der Harzgewinnung gefällt, während man jetzt nur die Rinde der lebenden Bäume anschneidet. Der alsbald ausfließende Saft setzt sich am Stamme in Körnerform an oder wird in Gefäßen gesammelt, in denen er erstarrt und Blockform („Tampangs") annimmt. Bei dieser Methode lassen sich die Bäume Jahre hindurch harzen. Im allgemeinen bilden die Körner („Tränen") die besseren Sorten. Wenn sich das Harz in größeren Massen angesammelt hat, zeigt es stets Mandelstruktur; man kann nämlich darin dann eine dunkle poröse oder kolophoniumartig aussehende Grundmasse und Körner („Mandeln") von rundlicher Form, glatter Begrenzung, homogenem Gefüge und lichterer Farbe unterscheiden, die der Grundmasse eingefügt erscheinen.

Nach dem Aussehen unterscheidet man drei Sorten: Benzoe in Tränen (B. in lacrimis), Mandelbenzoe (B. amygdaloides) und Blockbenzoe (B. in sortis, B. in massis). Die Tränenbenzoe bildet lose, glatt begrenzte, längliche, bis 3 mm im Durchmesser haltende, homogen erscheinende Massen von opalartigem Glanze, anfänglich von weißlicher, später gelblicher, rötlicher oder bräunlicher Farbe. Die Mandelbenzoe besteht vorwiegend aus weißen, später bräunlich werdenden, wachsglänzenden, zuweilen innen durchscheinenden Stücken, die in eine braunrote, glänzende Harzmasse eingebettet sind. Die Blockbenzoe oder gemeine Benzoe hat wohl auch Mandelstruktur, ist aber nicht so reich an Mandeln als die vorige Sorte und besitzt entweder eine feinkörnige oder eine kolophoniumartig aussehende Grundmasse von dunkler, meist brauner Farbe und ist häufig durch Pflanzenteile verunreinigt.

Nach der Herkunft unterscheidet man Siam-Benzoe, Kalkutta-Benzoe, Palembang-Benzoe, Sumatra-Benzoe und Penang-Benzoe.

Die Siam-Benzoe enthält außer freier Benzoesäure und mehreren Estern der Benzoesäure auch 1,5 vH. Vanillin. Die beste Sorte besteht ausschließlich aus losen Körnern oder Tränen (Benzoe in lacrimis), die gelbbraun bis fast weiß, im Bruche milchweiß, wachsartig oder glasglänzend sind. Sie sind spröde, schmelzen bei 75° C, haben ein spezifisches Gewicht von 1,17—1,235 und angenehm vanilleartigen Geruch. Die zweite Sorte besteht aus einer schön braunen Grundmasse, in welche die Tränen eingebettet sind (B. amygdaloides).

Die Kalkutta-Benzoe bildet poröse, rotbraune Massen mit kleinen, helleren Tränen und zahlreichen Pflanzenresten (B. in massis, B. in sortis). Das spezifische Gewicht ist 1,10—1,12. Sie ist bedeutend geringwertiger als die Siam-Benzoe.

Die Palembang- oder Palem-Benzoe ist ebenfalls eine billige Sorte in massis.

Die Sumatra-Benzoe gelangt in großen, vieleckigen, in Matten verpackten Blöcken in den Handel, die aus einer matt graurötlichen Grundmasse und zahlreichen weißgelblichen Mandeln bestehen. Die Mandeln schmelzen bei 85° C, die Grundmasse bei 95° C. Sie enthält außer freier Benzoesäure und freier Zimtsäure mehrere Zimtsäure- und Benzoesäureester, sowie Spuren von Benzaldehyd und Benzol und etwa 1 vH. Vanillin.

Die Penang-Benzoe bildet braune, poröse Massen, die anscheinend durch Zusammenschmelzen gewonnen sind. Sie hat ein spezifisches Gewicht von 1,145—1,55 und enthält viel Unreinigkeiten.

Gute Siam-Benzoe ist bis auf einen geringen Rest von pflanzlichen Beimengungen, der 5 vH. nicht überschreiten darf, in Alkohol löslich, von Sumatra-Benzoe lösen sich darin 70—85 vH. Konzentrierte Schwefelsäure soll Siam-Benzoe karminrot, andere Sorten braunrot lösen; diese Lösung der Siam-Benzoe soll mit Alkohol versetzt violettrot, bei Sumatra- und Penang-Benzoe aber rötlich werden.

Perubalsam (Balsamum Peruvianum) stammt von der Balsamküste von San Salvador in Zentralamerika, wo Sansonate den Mittelpunkt der Balsamgewinnung bildet. In den über die Meeresgestade sich erhebenden Bergwäldern wächst der Balsambaum (Myroxylon Pereirae *Klotzsch*, Toluifera Pereirae *Baillon*) aus der Familie der Papillonaceen.

Die Balsamgewinnung beginnt, wenn der Baum 5 Jahre alt geworden ist. Zur Gewinnung des Balsams werden die Baumstämme im November oder Dezember so mit Hämmern bearbeitet, daß sich die Rinde in Streifen vom Holze löst. Nach einigen Tagen wird die gelockerte Rinde durch Fackeln angebrannt, worauf eine balsamische Flüssigkeit aus dem jungen Holze hervorquillt, die man von Zeuglappen aufsaugen läßt. Sind dieselben ganz mit Balsam getränkt, so preßt man sie aus und kocht sie dann in einem irdenen Topf mit Wasser aus, wobei sich der Balsam am Boden des Gefäßes ansammelt. Auf diese Weise erhält man den Balsamo de trapó. Durch Auskochen der abfallenden Rinde wird schließlich ein relativ kleines Quantum einer geringeren Sorte, Balsamo de cascara oder Tacuasonte, gewonnen.

Der rohe Perubalsam stellt eine sirupdicke, graugrünliche bis schmutzig gelbe Flüssigkeit dar. Zu seiner Reinigung verfährt man an der Balsamküste bzw. an den Exportplätzen Ajacutla und La Libertad folgendermaßen: Man läßt den rohen Balsam in großen eisernen Behältern 8—14 Tage lang stehen; der Balsam klärt sich, alle schweren Unreinigkeiten setzen sich am Boden des Gefäßes ab, und der leichte Schmutz tritt mit dem Wasser als Schaum an die Oberfläche. Nach 8—14 Tagen läßt man aus einem Hahne, der ungefähr 12 cm über dem Boden des Gefäßes angebracht ist, den Balsam in einen verzinnten eisernen Kessel laufen; er hat jetzt schon eine schöne schwarzbraune Farbe und wird nunmehr bei mäßiger Hitze 2—3 Stunden gekocht. Der hierbei auftretende Schaum wird abgenommen, und mit dem Kochen wird fortgefahren, bis der Balsam keinen Schaum mehr zeigt.

Der Perubalsam ist eine braunrote bis dunkelbraune, in dünnen Schichten tief honiggelbe, durchsichtige Flüssigkeit, die selbst bei jahrelanger Aufbewahrung ihre Konsistenz beibehält und keine Kristalle absetzt. Er besitzt schwach saure Reaktion, angenehmen, an Benzoë und Vanille erinnernden Geruch und anfangs milden, später aber scharfen und kratzenden Geschmack. Das spezifische Gewicht des reinen Perubalsams schwankte früher zwischen 1,14 und 1,16, während es in neuerer Zeit etwas heruntergegangen ist und 1,135—1,145 beträgt. Diese Erscheinung ist wahrscheinlich auf eine Änderung im Reinigungsverfahren zurückzuführen.

Mit 1 Teil 90prozentigem Alkohol gibt er eine klare Lösung, die aber bei weiterem Alkoholzusatz trübe wird; auch mit absolutem Alkohol mischt er sich nur im Anfang klar. In fetten Ölen ist er teilweise löslich; Rizinusöl nimmt er bis zu 15 vH. ohne Trübung auf. In Wasser ist er fast unlöslich; indessen nimmt das letztere beim Schütteln mit dem Balsam dessen Geruch an und entzieht ihm Zimtsäure.

Der Perubalsam besteht aus einem flüssigen und einem festen Bestandteil, dem Harz. Der erstere, das Cinnameïn, besteht vorwiegend aus Benzoesäure-Benzylester und zum geringeren Teile aus Zimtsäure-Benzylester. Daneben enthält er freie Zimtsäure und Vanillin.

Der Perubalsam unterliegt vielen Verfälschungen, die zum Teil im Produktionslande, zum Teil in Europa vorgenommen werden dürften. Verfälschungsmittel sind Weingeist, ätherische Öle, fette Öle, besonders

Rizinusöl, ferner Kopaivabalsam, Kanadabalsam, Gurjunbalsam, Storax, Benzoe und Asphalt. Der Nachweis dieser Verfälschungsmittel ist mit Schwierigkeiten verbunden; dagegen sind die Eigenschaften des Perubalsams so charakteristisch, daß es ziemlich leicht ist, zu entscheiden, ob er echt und rein ist oder nicht. Dabei ist namentlich das spezifische Gewicht zu berücksichtigen, da die meisten Verfälschungsmittel den Balsam spezifisch leichter machen, so namentlich Weingeist und auch Kopaivabalsam (spezifisches Gewicht 0,95), Rizinusöl (0,96), Terpentinöl (0,87), Gurjun (0,96) usw.

Fettes Öl, Kanadabalsam, Kopaivabalsam, Gurjunbalsam, ätherisches Öl lassen sich durch folgende Proben erkennen. Wird reiner Perubalsam in einem Porzellanschälchen mit einem gleichen Volumen reiner konzentrierter Schwefelsäure gehörig gemischt, so tritt Selbsterwärmung und nach dem Erkalten Erstarren der Mischung ein. Bei Gegenwart von fetten oder ätherischen Ölen, Kopaivabalsam, Gurjunbalsam, Kanadabalsam bleibt sie jedoch mehr oder weniger dickflüssig oder schmierig.

Fette Öle erkennt man dadurch, daß man das Untersuchungsmaterial mit warmem Petroläther extrahiert, den Auszug nach dem Abdunsten des Lösungsmittels mit Kalilauge verseift, mit Weingeist auszieht, eindampft und mit Salzsäure zerlegt. Man erhält dann ein Gemenge von Zimtsäure und der im Perubalsam etwa vorhanden gewesenen Fettsäuren, die nach der Behandlung mit Wasser im Rückstand bleiben.

Vom Kopaivabalsam vermag der Perubalsam bis zu 25 vH. aufzunehmen. Benzol löst aus derartig verfälschtem Balsam den Kopaivabalsam nebst Cinnameïn heraus, und die Verfälschung kann dann schon durch den Geruch erkannt werden. Mit Schwefelsäure behandeltes Cinnameïn nimmt eine kirschrote Farbe an, während bei Gegenwart von Kopaivabalsam oder Gurjunbalsam eine gelbbraune Färbung auftritt.

Zuverlässiger als die bisher angeführten qualitativen Methoden sind die von K. Dieterich ausgearbeiteten, quantitativen Bestimmungen[1]:

1 g Perubalsam wird in einem Kölbchen mit Äther erwärmt und dann auf einem gewogenen Filter so lange mit Äther ausgezogen, bis einige Tropfen des Filtrats keinen Rückstand hinterlassen. Der Filterrückstand wird bei 100° C getrocknet und gewogen; er darf 4,5 vH. nicht übersteigen. Die erhaltene ätherische Lösung wird in einem Scheidetrichter mit 20 ccm 2prozentiger Natronlauge ausgeschüttelt, die abgetrennte, alkalische Lösung wird mit verdünnter Salzsäure gefällt, durch ein gewogenes Filter filtriert, und endlich wird der Rückstand auf dem Filter bis zum Ausbleiben der Chlorreaktion gewaschen und bei 80° C bis zum konstanten Gewicht getrocknet. Die auf diese Weise ermittelten Harzester sollen bei reinem Balsam 20—28 vH. betragen. — Die nach der Behandlung mit Natronlauge zurückbleibende ätherische Lösung wird der Verdunstung überlassen, dann 12 Stunden im Exsikkator getrocknet, gewogen, noch einmal 12 Stunden getrocknet

[1]) Analyse der Harze, Balsame u. Gummiharze, Berlin 1900, S. 80.

und wieder gewogen. Das Mittel beider Wägungen ergibt den Gehalt an Cinnameïn und anderen aromatischen Bestandteilen, der bei reinem Balsam zwischen 65 und 77 vH. beträgt.

Ferner bestimmt Dieterich noch die Säurezahl, die Verseifungszahl und die Esterzahl: 1 g Balsam wird in 200 ccm absolutem Alkohol gelöst und mit $^1/_2$ Normal-Kalilauge unter Verwendung von Phenolphtaleïn als Indikator titriert. Die verbrauchten Kubikzentimeter Lauge × 5,6 geben die Säurezahl. Sie beträgt 60—80. Um die Verseifungszahl zu bestimmen, werden in einen Kolben von 500 ccm Inhalt 1 g Balsam, 50 ccm Petroleumbenzin (spezifisches Gewicht 0,7) und 50 ccm alkoholische $^1/_2$ Normal-Kalilauge gegeben und unter öfterem Umschütteln verschlossen 24 Stunden im Zimmer stehen gelassen. Dann fügt man 300 ccm Wasser hinzu, schwenkt gut um und titriert unter fortwährendem Umschwenken mit $^1/_2$ Normal-Schwefelsäure und Phenolphtaleïn. Die gefundenen Kubikzentimeter Lauge × 28 sind die Verseifungszahl. Die Grenzwerte sind 240—270. Zieht man von der Verseifungszahl die Säurezahl ab, so erhält man die Esterzahl. Die Grenzwerte sind 180—200.

Tolubalsam (Balsamum Tolutanum) stammt von Myroxylon toluiferum *Humb.*, *Bonpl.* und *Kunth.*, Toluifera Balsamum *L.*, einem im nordwestlichen Südamerika verbreiteten Baume aus der Familie der Papilionaceen. Zur Gewinnung des Balsams werden in die Stämme der Bäume (besonders um Mercedes, Turbaco und Plato) Einschnitte gemacht, aus denen der Balsam ausfließt.

Der frische Balsam ist zähflüssig, von Konsistenz des Terpentins, in dünnen Schichten durchsichtig. Allmählich wird er aber fest und kristallinisch und nimmt auch eine rotbraune Farbe mit gelbgrauer Nuance an. Der Geruch, der besonders beim Erwärmen hervortritt, ist ein sehr angenehmer und feiner. Der Tolubalsam ist löslich in Alkohol und Kalilauge, weniger in Äther und Schwefelkohlenstoff, kaum in ätherischen Ölen, nicht in Petroläther. Die alkoholische Lösung reagiert sauer. Er enthält etwa 1,5—7 vH. einer öligen, angenehm riechenden Flüssigkeit, die aus Benzoesäure-Benzylester und Zimtsäure-Benzylester besteht, ferner 12—15 vH. freie Zimtsäure und Benzoesäure und Spuren von Vanillin. Die Hauptmenge ist Zimtsäure- und Benzoesäureester eines Harzalkohols.

Der Tolubalsam wird häufig mit Kolophonium gefälscht. Zur Prüfung werden von K. Dieterich[1]) die Bestimmung der Säurezahl (Grenzzahlen 114,80—158,60), die Verseifungszahl (Grenzzahlen 155,30 bis 187,40) und die Esterzahl (Grenzzahlen 31,2—46,50) empfohlen.

Das aus dem Tolubalsam durch Destillation mit Wasserdampf gewonnene Tolubalsamöl hat einen sehr angenehmen, aromatischen, an Hyazinthen erinnernden Geruch. Das spezifische Gewicht schwankt von 0,945—1,09.

---

[1]) Analyse der Harze, Balsame und Gummiharze. Berlin 1900. S. 89.

Storax stammt von Liquidambar orientale *Mill.*, einem platanenähnlichen Baume, der im südlichen Kleinasien (besonders auf Cypern) und im nördlichen Syrien schöne, dichte Wälder bildet und eine Höhe von etwa 10 m erreicht. Der Balsam wird nach Angabe Flückigers mit Hilfe warmen Wassers aus der abgeschälten Rinde ausgeschmolzen. Die so erhaltene Masse sinkt im Wasser unter und wird mit jener Substanz vereinigt, die durch Abpressen aus der ausgekochten und noch warmen Rinde erhalten wird. Das Gemisch bildet den flüssigen Storax (Styrax liquidus). Die an der Sonne getrockneten Preßrückstände bilden als Cortex Thymiamatis ein zum Räuchern, zur Bereitung von gemeinem Storax usw. dienendes Handelsprodukt. Der rohe Storax kommt nach Smyrna, Syra und Kos und wird von dort aus auch dem europäischen Handel zugeführt.

Der flüssige Storax ist ein klebriger, konsistenter, an der Oberfläche brauner, in seiner inneren Masse mäusegrauer, undurchsichtiger Balsam von angenehm benzoeartigem Geruch und scharfem, kratzendem, aromatischem Geschmack. Er ist schwerer als Wasser (spezifisches Gewicht 1,112—1,115). Bei Verlust seines Feuchtigkeitsgehalts (durch Austrocknen beim Erwärmen) wird er braun und klar. An der Luft trocknet er in dickerer Schicht nicht aus, in dünnerer Schicht erst nach längerer Zeit, zeigt aber immer beim Drücken mit dem Finger eine gewisse Klebrigkeit. In Weingeist ist er zum größten Teile löslich und gibt damit eine mehr oder weniger trübe Lösung, ebenso unvollständig löst er sich in Terpentinöl, Benzin, Petroläther und Chloroform. Unter dem Mikroskope erscheint der flüssige Storax als eine farblose, dickliche Flüssigkeit, durchsetzt von größeren und kleineren Tröpfchen, den Trümmern des Rindengewebes, und hier und da vielleicht von Kristallen des Styracins und der Zimtsäure. Da der Storax anscheinend fast immer verfälscht in den Handel kommt, so ist es schwer, für seine Beschaffenheit genaue Normen aufzustellen. Nach Dieterich[1]) soll aber der Wassergehalt nicht unter 30 vH., die Asche nicht über 1 vH., der in Alkohol lösliche Teil nicht unter 60 vH., der in Alkohol unlösliche Teil nicht über 3 vH., die Säurezahl 55—75, die Verseifungszahl (kalt) 100—140, die Esterzahl 35—75 betragen.

Der Storax enthält freie Zimtsäure, Styrol, Styracin (Zimtsäure-Zimtester), einige andere Zimsäureester, geringe Menge von Vanillin und Harz. Das Styrol (C_8H_8), ein aromatischer Kohlenwasserstoff, ist eine farblose, stark lichtbrechende Flüssigkeit von angenehmem Geruch, die sich bei längerem Aufbewahren, schneller beim Erwärmen oder in Berührung mit Säuren, zu einer durchsichtigen, glasartigen und geruchlosen Masse (Metastyrol) polymerisiert.

Zur Verfälschung dienen Terpentin, Kolophonium, Rizinusöl und andere fette Öle, pflanzliche Reste und Wasser. Fette Öle drücken die Säurezahl herab und erhöhen die Ester- und Verseifungszahl, während Terpentinöl die Säurezahl erhöht und die Esterzahl herabdrückt. Den Wassergehalt bestimmt man durch Trocknen bei 100° C und nunmehr

[1]) A. a. O. S. 196.

im Rückstand den Aschengehalt. Den in Alkohol löslichen Anteil bestimmt man durch Ausziehen von 10 g Storax mit 96prozentigem Alkohol, Eindunsten, Trocknen und Wägen des Rückstandes. Zur Bestimmung der Säurezahl löst K. Dieterich[1]) 1 g Storax kalt in 100 ccm 96prozentigem Alkohol und titriert mit alkoholischer $^1/_2$ Normal-Kalilauge unter Benutzung von Phenolphtaleïn als Indikator. Die Anzahl der verbrauchten Kubikzentimeter Lauge $\times$ 28,08 ergibt die Säurezahl. Zur Ermittlung der Verseifungszahl übergießt man 1 g Storax in einer Literflasche mit 20 ccm alkoholischer $^1/_2$ Normal-Kalilauge und 50 ccm Benzin (spezifisches Gewicht 0,7), läßt verschlossen 24 Stunden bei Zimmertemperatur stehen und titriert mit $^1/_2$ Normal-Schwefelsäure zurück. Die Anzahl der gefundenen Kubikzentimeter Kalilauge $\times$ 28,08 ergibt die Verseifungszahl. Die Esterzahl erhält man, indem man die Säurezahl von der Verseifungszahl abzieht.

Myrrhe (Gummi-resina Myrrha, Gummi Myrrha) ist ein Gummiharz, das von mehreren Arten der Gattung Gommiphora stammt. Schweinfurt nimmt als Stammpflanze in erster Linie Commiphora abyssinica *Engler*, in zweiter Linie Commiphora Schimperi *Engler*, beide im südlichen Arabien und Abessinien heimisch, an. Das Gummiharz fließt freiwillig als weißliche, ölartige Masse aus, wird nach erfolgter Erhärtung von den Eingeborenen eingesammelt und hauptsächlich nach Berbera, einer kleinen Seestadt gegenüber von Aden gebracht und gegen englische und indische Waren eingetauscht. Von hier aus gelangt es über Bombay in den europäischen Handel. In Bombay schon erfolgt eine erste Sortierung; sie ist aber oberflächlich und muß daher in Europa (London) wiederholt werden.

Die Handelsware bildet rotbraune, manchmal auch gelbliche, außen graubräunlich bestäubte, ungleichförmige, nicht selten von Luftröhren durchsetzte Massen, die bei Aufbewahrung in geschlossenem Gefäße einen eigentümlich angenehmen, an Stachelbeeren erinnernden Geruch und einen bitteren, kratzenden Geschmack besitzen. Frisch aufgebrochene Myrrhe ist fettglänzend und wenig durchscheinend. Manche Stücke sind im Innern hell geadert. Man unterscheidet im Handel Myrrha electa und Myrrha vulgaris oder in sortis. Myrrha electa, die beste Sorte, bildet unförmliche, knollige oder traubige, gerundete oder kantige, hier und da tränenförmige Stücke von verschiedener Größe. Die Oberfläche ist selten glatt, meist rauh oder körnig und mit einem matten, gelblichen oder gelbbraunen, staubähnlichen, im direkten Sonnenlichte kristallinisch glänzenden Überzuge bedeckt. Die Bruchflächen sind muschlig, höchst selten glatt, vielfach körnig rauh, fettglänzend, zuweilen stellenweise von weißen Adern durchzogen oder opalisierend wie Feuerstein. Die Bruchkanten sind mehr oder weniger durchscheinend, dünne Splitter sind durchsichtig. Das spezifische Gewicht beträgt nach Hager 1,195—1,205, nach Ruickholdt 1,12—1,18. Eine Myrrha electa ist um so besser, je

[1]) A. a. O. S. 192.

zerbrechlicher, mürber und heller sie ist, je schneller sie sich, in die Flamme gehalten, entzündet und je gelber die rußende Flamme gefärbt ist. Die schlechteren Sorten sind an der dunklen, braunen Farbe und dem schmutzigen Aussehen zu erkennen.

Die Myrrhe enthält Gummi, Harz und ätherisches Öl. Das Gummi, das den in Wasser löslichen, in Alkohol aber unlöslichen Teil der Myrrhe bildet und 57—59 vH. beträgt, ist nach Köhler ein Kohlehydrat von der Formel $C_6H_{10}O_5$. Der in Alkohol lösliche Teil ist ein Gemenge verschiedener Harze; den größten Teil davon bildet ein indifferentes, in Alkohol und Äther lösliches Weichharz von der Formel $C_{26}H_{34}O_5$. Das ätherische Öl, das bei der Destillation mit Wasserdampf in einer Ausbeute von 2,5—10 vH. gewonnen wird, hat ein spezifisches Gewicht von 0,988 bis 1,024, eine Drehung von $-31°$ bis $-39°$ und löst sich in etwa 8—10 Volumen 90prozentigen Alkohols.

Von Kohlenwasserstoffen wurden im Myrrhenöl nachgewiesen Pinen, Dipenten, Limonen und ein Heerabolen genanntes Sesquiterpen. Ferner enthält es kleine Mengen von Aldehyden (Cuminaldehyd, Zimtaldehyd) und Phenolen (Eugenol, m-Kresol), sowie Ameisensäure, Essigsäure und Palmitinsäure.

Petroläther darf von der Myrrhe höchstens 6 vH. aufnehmen, und der Auszug muß farblos sein. Alkohol löst etwa 30 vH.

Als Verfälschungen dienen hauptsächlich extrahiertes Myrrhenharz, Bdellium, Gummi arabicum und Bisabolmyrrhe. Letztere stammt von Balsamea erythrea *Engler*, ist weniger stark riechend als die echte Myrrhe und bildet keinen Handelsartikel. Dieterich[1]) empfiehlt zur Prüfung die Bestimmung der Säurezahl, der Verseifungszahl und der Esterzahl.

Opopanax. Mit dem Namen „Opopanax“ werden Gummiharze bezeichnet, die von Bäumen aus ganz verschiedenen Pflanzenfamilien stammen. Das eine stammt von dem in Südeuropa heimischen Chironium Opopanax *Koch*, einer Umbellifere, das andere von dem in Persien heimischen Balsamodendron Kafal *Kunth*. Nur letzteres hat für die Parfümerie Interesse. Es bildet Körner oder Klumpen von rotgelber oder brauner Farbe und wachsglänzendem Bruch, die sich zu einem goldgelben Pulver zerreiben lassen, riecht stark und eigentümlich und schmeckt sehr bitter und balsamisch. Mit Wasser gibt es eine Emulsion, Weingeist löst es nur teilweise. Es enthält 5—10 vH. ätherisches Öl, ein Harz, das bei 100° C schmilzt, sich in Äther und wässerigen Alkalien löst, ferner Gummi, organische und anorganische Salze und fremde Beimengungen.

Das Opopanaxöl ist von grünlichgelber Farbe und von angenehmem, balsamischem Geruch. Es hat ein spezifisches Gewicht von 0,870—0,905 und löst sich in 1—10 Teilen 90prozentigem Alkohol klar auf. An der Luft verharzt es sehr schnell.

---

[1]) A. a. O. S. 250.

Riechstoffe aus dem Tierreiche.

Ambra (Ambra grisea, Ambra ambrosiaca) ist eine fettwachsartige, äußerlich graue, innerlich gelb, rot oder schwarz gefleckte, zuweilen hellergestreifte, leicht mit einer dünnen Rinde überzogene Substanz, die in Stücken von verschiedener Größe in den Meeren zwischen den Wendekreisen schwimmend oder an den Strand geschwemmt, aber auch in den Eingeweiden und in den Exkrementen des Pottwals (Physetus macrocephalus *Schow*) gefunden wird. Man nimmt jetzt meist an, daß es verhärtete, unvollkommen verdaute Speisereste sind, die vorwiegend von Cephalopoden stammen, die dem Wal als Nahrung dienen. Für diesen Ursprung sprechen die gewöhnlich darin vorkommenden hornartigen, papageischnabelartigen Kiefer dieser Tiere, deren Vorhandensein für ein Zeichen der Echtheit der Droge gehalten wird.

Die Ambra wird besonders in der Nähe von Sumatra, bei den Molukken und Madagaskar, sowie auch an den Küsten von Südamerika, China, Japan und Coromandel gefunden; auch an der Westküste von Irland wurden schon große Stücke angeschwemmt. Hauptfundorte der Ambra sind jedoch die Küsten von Sligo, Mago, Kerry und die Insel Arrau.

Die Ambra hat einen schwachen, angenehmen, an Benzoe erinnernden Geruch, der beim Erwärmen stärker hervortritt. Längere Zeit in der Hand gehalten, wird sie weich und biegsam; in der Hitze des kochenden Wassers schmilzt sie, und stärker erhitzt, verflüchtigt sie sich in Gestalt eines weißen Dampfes, nur Spuren von Asche zurücklassend. Sie löst sich nicht in Wasser, wenig in kaltem, leichter in heißem Weingeist, in Äther, in flüchtigen und fetten Ölen. In absolutem Alkohol ist sie beinahe vollständig löslich. Obwohl die Ambra leicht bröckelt (mit matter Bruchfläche), läßt sie sich nur sehr schwer zu einem groben Pulver zerreiben. Mit dem Finger läßt sie sich wie harte Natronseife polieren. Ihr spezifisches Gewicht ist 0,8—0,9.

Hauptbestandteil der Ambra ist das Ambrafett (Ambraïn) das sich aus der gesättigten alkoholischen Ambralösung nach längerer Aufbewahrung in Form warzenartiger, weißlich glänzender, nadelförmiger Kristalle ausscheidet. Es ist nach Hammersten kein Fett, sondern ein hochmolekularer, einwertiger Alkohol ($C_{26}H_{43}OH + H_2O$), der dem Cholesterin ähnelt. Nach John besteht die Ambra aus 85 vH. Ambrafett, 12,5 vH. süßem, balsamischem Extrakt, Benzoesäure, Chlornatrium und 1,5 v.H unlöslichem, braunem Rückstand. Benzoesäure ist aber nur hin und wieder als Ambrabestandteil angetroffen worden. Bei der Destillation mit Wasser gibt die Ambra 13 vH. flüchtiges, angenehm riechendes Öl. Ein rotglühender Eisendraht dringt leicht in die Ambra ein, und aus dem Loche fließt eine ölige, stark und angenehm riechende Flüssigkeit.

Bei dem hohen Preise der Ambra kommen Verfälschungen ziemlich häufig vor, und oft ist die Ware ein künstliches Gemenge von Benzoe, Weihrauch, Wachs, Mehl und anderen Substanzen, das mit Moschus parfümiert wird. Zur Erkennung dieser Fälschungen hat man auf das

Aussehen, die Löslichkeitsverhältnisse, die Beschaffenheit des Bruches und den Aschengehalt zu achten. Erweicht man Ambra durch Kneten mit den Fingern, so läßt sie sich mit einer Nadel durchstechen, zieht man letztere wieder heraus, so darf bei unverfälschter Ambra nichts daran hängen bleiben.

In der Parfümerie wird die Ambra nicht nur wegen ihres Wohlgeruchs angewandt, sondern dient hauptsächlich als Fixierungsmittel für andere Riechstoffe.

Moschus bildet den Inhalt des sogenannten Moschusbeutels, den das männliche Moschustier (Moschus moschiferus *L.*) in der Mittellinie des Bauches, durch lange Bauchhaare verborgen, zwischen dem Nabel und der Rute trägt. Er ist ein runder Sack, der mit seiner oberen, fast ebenen Fläche den Bauchmuskeln ansitzt. Seine untere Fläche ist konvex. Gegen die Mitte dieser letzteren, nach der

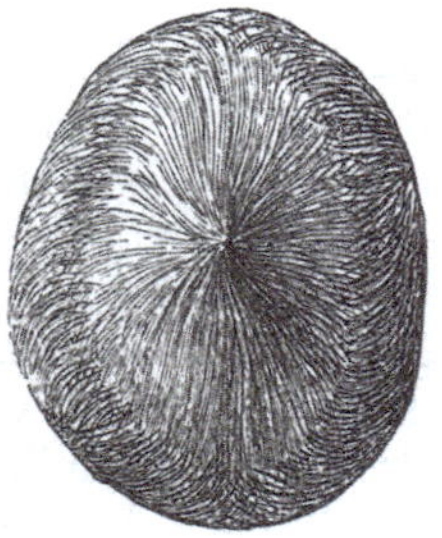

Abb. 134.
Tonkin-Moschusbeutel.

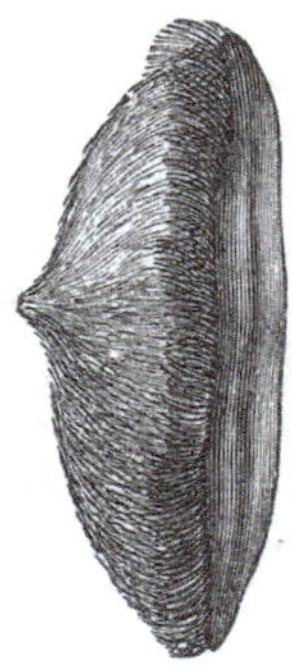

Abb. 135.
(dgl. Seitenansicht.)

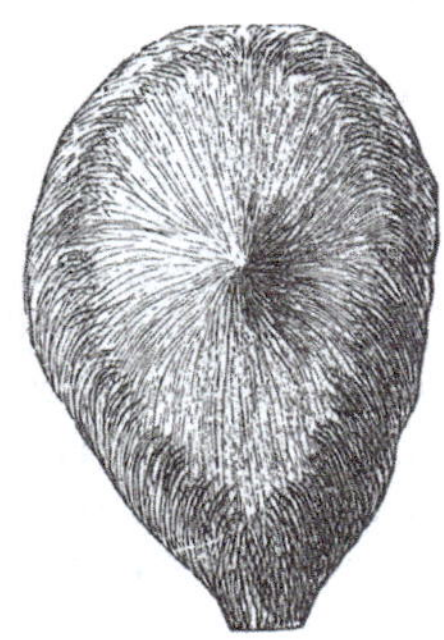

Abb. 136.
Sibirischer Moschusbeutel.

Nabelgegend zu, findet man einen etwa 2,5 mm breiten Kanal, der in das Innere des Beutels führt und zur Entleerung der Moschussubstanz bestimmt scheint.

Das Moschustier lebt in den gebirgigen Gegenden Asiens vom Amur bis zum Hindukusch und vom 60. Grad nördlicher Breite bis nach Indien und China in einer Höhe von 1000—2000 m.

Im Handel unterscheidet man mehrere Moschussorten; handelsüblich sind besonders zwei: der Tonkin- und der Kabardiner-Moschus.

Der tonkinesische, tibetanische oder orientalische Moschus, Yünnan-Moschus (Moschus tonquinensis, s. orientalis, s. transgangetanus) ist die vorzüglichste Sorte. Sie wird aus China, Tonkin und Tibet über England, Holland und Hamburg nach Deutschland gebracht und besteht aus rundlichen, verschieden großen, höchstens bis zu 4,5 cm langen, bis zu 4 cm breiten und 1,5—2 cm dicken, also etwas flachgedrückten, 15—45 g schweren Beuteln von aufgeschwollenem oder aufgedunsenem Aussehen. — Abb. 134 zeigt einen nicht geschorenen Tonkin-Moschusbeutel von mittlerer Größe von der konkaven oder behaarten

Seite, Abb. 135 denselben von der Seite. Die Beutelhülle besteht aus einer doppelten Haut. Die äußere Bauch- und Lederhaut ist graubraun, und auf der einen (konvexen) Seite des Beutels befinden sich meist kurzgeschnittene, steife, gelbliche Haare mit rotbraunen Spitzen. Die Originalverpackung erfolgt in länglichen, viereckigen, außen mit Seidenstoff überzogenen, innen mit Bleifolie ausgelegten Kistchen, in welchen 24 Beutel enthalten sind. Jeder Beutel ist besonders in feines Seidenpapier eingewickelt. Die Moschussubstanz erscheint als eine dunkelrote bis schwarzbraune, mit Haaren untermischte Masse, welche rundliche Stückchen bildet. Der Geruch ist durchdringend, der Geschmack bitter.

Der kabardinische, sibirische oder russische Moschus (Moschus sibiricus, s. cabardinicus) ist eine geringere und wohlfeilere Sorte, die aus der Mongolei und Sibirien über Rußland und auch über England nach Deutschland kommt. Die Beutel (Abb. 136) sind länglich, meist von birnenförmigem Umfange oder an der Rutenseite zugespitzt, im Verhältnis zu ihren Längen- und Breitendimensionen flacher und von nicht aufgedunsenem Aussehen, oft sogar mit schrumpfiger oder faltiger Oberfläche. Die äußere Haut ist dichter und härter und auf der konvexen Seite mit längeren (bis 2,5 cm langen), fast silberfarbigen oder bräunlichen Haaren besetzt; die Haare sind aber sehr häufig nach dem Rande des Beutels zu so abgeschnitten und abgeschoren, daß die Beutel den tonkinesischen ähnlich erscheinen. Die von der Beutelhaut eingeschlossene, 15—30 g betragende Moschussubstanz ist braun oder gelbbraun, salbenartig, nach längerer Lagerung fest oder auch körnig pulverig wie gemahlener Kaffee. Der Geruch ist schwach, widrig, mehr urinös, dem des Bibergeils und des Pferdeschweißes ähnlich.

Moschus ex vesicis soll der aus den tonkinesischen Beuteln gewonnene Moschus sein. Meist ist er die aus den schlecht aussehenden, zerstoßenen, aufgerissenen guten Beuteln und den Beuteln der schlechteren Sorte entnommene und gemischte, häufig noch mit fremdartigen Stoffen, getrocknetem Blute, völlig ausgewittertem Ammoniumkarbonat usw. verfälschte Moschussubstanz.

Um einen Moschusbeutel zu öffnen, schneidet man mit einem scharfen Federmesser die unbehaarte Seite rundum an der anstoßenden, behaarten Seite ab und entleert den Beutel durch Auskratzen über einem glatten Papierbogen. Mittels einer Pinzette werden dann die Häutchen und Härchen ausgesondert.

Die Moschussubstanz aus den tonkinesischen Beuteln ist eine meist schwere, sich trocken anfühlende Masse; von kleinen, weichen, dünnen, braunen, etwas durchscheinenden Häutchen teils durchzogen, teils damit umhüllt, häufig mit kleinen Härchen vermischt, zeigt sie zum Teil lockere und krümlige Beschaffenheit, besteht aber auch zum Teil aus verschiedenen (senfkorn- bis erbsengroßen) mehr oder weniger rundlichen, seltener eckigen, aber nicht scharfkantigen, weichen oder härteren, schwach fettglänzenden, nicht zusammenhängenden Klümpchen und Körnern von schwarzbrauner oder dunkelroter Farbe. Oft ist die Masse (in frischen Beuteln) noch weich und beim Zerdrücken etwas schmierig, aber keineswegs salbenartig. Beim Reiben wird sie heller an Farbe, und es zeigen sich schimmernde, haarähnliche, hellere, graue oder weißlichgelbe Teilchen, mitunter von kristallinischem Aussehen, ein Umstand, der aber zugleich als Andeutung einer Verfälschung aufzufassen ist. Der Geruch der Moschussubstanz ist ein eigentümlicher, starker und lange anhaltender und nur in sehr großer Verdünnung nicht unangenehm.

Der Moschus ist keine Substanz von konstanter chemischer und physikalischer Beschaffenheit. Es hat dies seinen Grund in dem Alter, in der verschiedenen Nahrung des Moschustieres, in der Jahreszeit, zu der es getötet wurde, und in dem Trockengrade der Moschussubstanz. Ein guter Moschus wird durch Wasser zu $^3/_4$, durch 90prozentigen Weingeist zur Hälfte gelöst. Die alkoholische Lösung wird durch Wasser nicht gefällt. Der Moschus enthält ferner fettartige Substanzen, Wachs, Gallenstoffe (in Summa 10—12 vH.), Leimsubstanzen und Eiweißstoffe (6—9 vH.), Spuren von Milchsäure, Buttersäure, phosphorsaure, schwefelsaure, salzsaure Salze der Alkalien und alkalischen Erden, kohlensaures Ammoniak, geringe Mengen eines flüchtigen Öles, Feuchtigkeit, Humussubstanz und Faserstoff. Seinen Geruch verdankt er einem zu etwa 0,5—2 vH. darin enthaltenen, Muskon genannten Keton, dessen chemische Zusammensetzung der Summenformel $C_{15}H_{28}O$ bzw. $C_{16}H_{30}O$ entspricht. Das Muskon ist ein dickes, farbloses Öl, das in Wasser nur wenig, in Alkohol aber in jedem Verhältnis löslich ist. Es besitzt einen kräftigen, höchst angenehmen, reinen Moschusgeruch, der in konzentriertem Zustand etwas an den Duft trockner Tannennadeln erinnert und besonders lieblich in größter Verdünnung hervortritt. Mit dem Jonon teilt es die Eigenschaft, die Riechnerven rasch zu ermüden; man ist daher immer nur kurze Zeit imstande, den Moschusgeruch des Muskons wahrzunehmen[1]).

Der Moschus hat getrocknet einen schwachen Geruch, der allmählich stärker hervortritt, wenn er angefeuchtet wird. Es gibt verschiedene Substanzen, die den Moschusgeruch vernichten, so besonders die bitteren Mandeln, Kampfer, Schwefel, Säuren und schwefelsaure Salze. Hat man in einer Reibschale Moschus gerieben, so kann man den anhaftenden Moschusgeruch am besten dadurch beseitigen, daß man bittere Mandeln darin zerreibt.

Seines hohen Preises wegen ist der Moschus außerordentlich vielen Verfälschungen unterworfen; man hat nicht selten zwischen den Häuten der Beutel Bleistückchen, Schrotkörner, Sand, halbverkohltes Fleisch, getrocknetes Blut, Guano, Asphalt, Benzoe, Storax, Gewürzstoffe, eingetrocknete Pflanzensäfte, Catechu, sowie auch Moschussubstanz aus schlechten und Häute von anderen Beuteln gefunden. Diese Verfälschungen werden namentlich in China in so täuschender Form angebracht, daß sie nicht selten auch dem Kenner entgehen. Eine der gröbsten Betrügereien, die auch in Europa ausgeführt wird, besteht nach Hager darin, daß der Moschusbeutel mit Nadelstichen

---

[1]) Gildemeister u. Hoffmann: Die ätherischen Öle, 2. Aufl. Leipzig 1900, S. 554.

durchbohrt, in starken Rum oder schwachen Weingeist gelegt und dann mit etwas Weingeist abgewaschen und an der Luft getrocknet wird. Der Betrüger gewinnt daraus eine für Parfümeriezwecke geeignete Tinktur, und die Moschussubstanz nimmt durch Aufnahme von Feuchtigkeit an Gewicht zu. Solche Beutel sind nach dem Trocknen aber oft recht knorrig und uneben, also leicht zu erkennen.

Bezüglich der Prüfung ist noch zu erwähnen, daß gute Moschusbeutel 50—60 vH. Moschus enthalten. Die Beutel dürfen an keiner Stelle eine künstliche Naht erkennen lassen. Beimengungen von Blut sind dadurch zu entdecken, daß der Moschus beim Befeuchten mit Wasser einen fauligen Geruch annimmt. Das Vorhandensein von Metallstückchen, Steinchen, Harz usw. kann mit dem bloßen Auge oder einer Lupe nachgewiesen werden. Das Mikroskop zeigt in reinem Moschus weiße und bräunliche, unregelmäßig geformte Körnchen, Zellen, Öltropfen und meist auch Pilzfäden. Beim Verbrennen des Moschus muß eine graue Asche bleiben, die 5—8 vH. beträgt.

In der Parfümerie findet der Moschus zu Seifen, Riechpulvern und Extraits Verwendung. Für sich allein wird er aber wohl kaum zum Parfümieren verwandt, nicht einmal zu den sogenannten Moschusseifen oder Moschusextraits. Geschätzt wird er vom Parfümeur hauptsächlich wegen seiner Eigenschaft, die anderen mit ihm zusammen verwandten Parfüms kräftiger hervortreten zu lassen und sie dauerhafter zu machen. Bei der Verwendung zu Seifen muß der Moschus zuvor präpariert werden, da er sonst nicht zur vollen Geltung gelangt. Soll er zu pilierten Seifen verwandt werden, so wird er in einer Reibschale mit klarem Zucker zerrieben, während er für kaltgerührte Seifen in einer Reibschale mit schwacher Pottaschenlauge von 3 bis höchstens 5° Bé übergossen wird. Die schwache Lauge läßt den Geruch kräftiger hervortreten, während starke Lauge ihn zerstört.

Zibet (Zibethum) stammt von zwei Tieren aus dem Viverra-Geschlecht. Die eigentliche Zibetkatze (Viverra civetta *L.*) lebt in den heißesten Teilen Afrikas, von der Guineaküste und dem Senegal bis nach Abyssinien, wo man sie zum Behufe der Zibetgewinnung mit großer Sorgfalt züchtet. Außerdem liefert auch die in Ostindien, auf den Molukken und den Philippinen einheimische Viverra zibetha *L.* das gleiche Produkt. Zibet ist ein salbenartiges Sekret, das sich bei beiden Geschlechtern in einer nach außen mündenden Tasche zwischen After und Geschlechtsteilen befindet. Man sammelt die freiwillig ausgespritzte oder die mit einem Löffelchen der Tasche entnommene Substanz. Diese ist frisch eine bräunliche, salbenförmige, mit der Zeit dunkler und härter werdende Masse von scharfem, bitterlichem, widrigem Geschmack und eigentümlichem urinösen, unangenehmen, an Moschus erinnernden Geruch, der sich erst bei großer Verdünnung, mit anderen Riechstoffen gemischt, zu einem Wohlgeruche gestaltet. Angezündet verbrennt er mit leuchtender Flamme unter Hinterlassung von 3—4 vH. Asche. Das Sekret ist unlöslich in Wasser, schwer löslich in Weingeist, leichter in warmem Äther und Chloroform. Boutron-Charlard fand im

Zibet flüchtiges Öl, festes und flüssiges Fett, gelben Farbstoff, Harz, Schleim, freies Ammoniak und mehrere anorganische Salze. Der Geruchträger des Zibets ist ein Zibeton genanntes Keton von der Zusammensetzung $C_{17}H_{30}O$, das in Form einer bei 32,5° schmelzenden, farblosen Kristallmasse von feinem, moschusartigem Geruch erhalten worden ist.

Man verwendet den Zibet in der Parfümerie hauptsächlich als Zusatzmittel zu anderen Parfüms, um sie zu verstärken und beständiger zu machen.

Künstliche Riechstoffe.

Die künstlichen Riechstoffe spielen heute in der Parfümerie eine große Rolle; doch soll man nicht glauben, daß man an Stelle des natürlichen Riechstoffes stets ohne weiteres den künstlichen verwenden kann, um die gleiche Wirkung zu erzielen. Es sind da manchmal Körper von scheinbar nebensächlichem Wert für die Gesamtgeruchswirkung von großer Bedeutung, und es bedarf oft langwieriger Versuche, um zum Ziele zu kommen. Die Verarbeitung ist dieselbe wie bei den ätherischen Ölen; gegen Alkali empfindliche Riechstoffe können aber nur bei den pilierten Seifen Verwendung finden. Hier verfährt man mit ihnen in der gleichen Weise wie mit den ätherischen Ölen oder anderen natürlichen Riechstoffen, indem man sie mechanisch unter die Seifenmasse mengt. Die festen Riechstoffe löst man zuvor in den ebenfalls benötigten ätherischen Ölen oder, wenn dies nicht angängig ist, in etwas Alkohol, den man zweckmäßig ein wenig erwärmt. Man erzielt hierdurch eine feinere Verteilung der Riechstoffe in der Seifenmasse und vermeidet die Gefahr, daß sie bei ihrer nachträglichen Auflösung Flecken in der Seife erzeugen.

Im folgenden sind die wichtigsten Stoffe besprochen.

Anethol. Das Anethol ($C_{10}H_{12}O$) ist, wie bereits erwähnt, der Träger der charakteristischen Eigenschaften des Anisöles. Die fabrikmäßige Reindarstellung desselben ist Schimmel & Co. im Jahre 1886 gelungen. Das Anethol bildet blendend weiße Kristalle von reinstem Anisgeruch, die bei 22,5—23° C zu einer farblosen, stark lichtbrechenden Flüssigkeit schmelzen und bei 21—22° C wieder erstarren. Es ist ungefähr um 20 vH. ausgiebiger als das beste Anisöl. Durch Einwirkung von Licht und Luft vermindert sich allmählich das Kristallisationsvermögen, und schließlich erstarrt das Anethol überhaupt nicht mehr. Gleichzeitig wird es dickflüssiger und nimmt eine gelbliche Farbe, sowie einen unangenehmen, bitteren Geschmack an, der ebenso wie der Geruch, nicht mehr an Anis erinnert.

Das Anethol hat bis jetzt mehr in der Likörfabrikation als in der Parfümerie Verwendung gefunden, obwohl es bei feineren Parfümerien den Vorzug vor dem Anisöl verdient.

Anisaldehyd. Durch Oxydation von Anethol erhält man Anisaldehyd [$C_6H_4 \cdot (OCH_3) \cdot COH$], eine Flüssigkeit vom spezifischen Gewicht 1,126—1,130, die im Kältegemisch kristallinisch erstarrt und zwischen —4° und 0° C wieder schmilzt. Anisaldehyd löst sich in 7—8 Volumen 50prozentigen Alkohols und oxydiert sich an der Luft leicht zu Anissäure, weshalb er in gut verschlossenen, möglichst gefüllten Flaschen aufbewahrt werden muß.

Der Anisaldehyd erinnert im Geruch an blühenden Weißdorn und findet jetzt unter dem Namen Aubépine (Weißdorn) vielfach zu Seifen und Extraits Verwendung. Er gestaltet sich besonders günstig in Verbindung mit Pomeranzenöl, Petitgrainöl und ähnlichen ätherischen Ölen.

Ein im Handel vorkommendes „kristallisiertes Aubépine" ist anisaldehydschwefligsaures Natrium. Es liefert auf Wasserzusatz nur 40 vH. Anisaldehyd.

Anthranilsäuremethylester. Zu den wichtigsten künstlichen Riechstoffen gehört der Anthranilsäuremethylester. Er wurde im Jahre 1894 im Laboratorium von Schimmel & Co. als ein Bestandteil des Orangenblütenöles aufgefunden und außerdem im Tuberosenöl, Ylang-Ylangöl, süßen Pomeranzenöl, Bergamottblätteröl, Jasminblütenöl und Gardeniaöl nachgewiesen.

Der reine Anthranilsäuremethylester ($NH_2 \cdot C_6H_4 \cdot COOCH_3$) ist eine bei gewöhnlicher Temperatur feste Verbindung vom Schmelzpunkt 24° bis 25° C, die sowohl in festem Zustande wie auch in Lösung prachtvoll blau fluoresziert. Einmal geschmolzen bleibt der Ester selbst bei niedriger Temperatur lange Zeit flüssig. Er besitzt eine außerordentliche Geruchsintensität. Auf 100 kg Seife darf nicht mehr als 1 kg Ester verwandt werden. Denn seine hervorragenden Eigenschaften als Riechstoff entwickelt er erst durch Verdünnung oder durch Mischung mit wohlriechenden, ätherischen Ölen. Ein Zusatz dieses Bouquetstoffes zu anderen Riechstoffen ist daher von ähnlicher Wirkung wie der beliebte Zusatz von etwas Moschus, der ebenfalls als Fixierungsmittel dient. Nur paßt sich der Geruch des Anthranilsäuremethylesters den Blumengerüchen viel besser an, als das Moschusparfüm, und ein Zusatz dieses Esters ist in den Fällen, wo es sich nicht nur um eine Imitation, sondern um eine wirkliche Synthese der Blumenriechstoffe handelt, kaum zu umgehen.

Die Herstellung künstlichen Neroliöls beispielsweise gelingt nach folgender Vorschrift: 32 Gewichtsteile einer Lösung von 150 g Anthranilsäuremethylester in 850 ccm Limonen werden versetzt mit 30 Gewichtsteilen Linalool, 25 Gewichtsteilen Linalylazetat, 12 Gewichtsteilen Geraniolformiat, 0,5 Gewichtsteilen Citral. — Ein künstliches Jasminöl erhält man, indem man 50 g Anthranilsäuremethylester in 650 g Benzylalkohol unter Zusatz von 200 g Essigsäurebenzylester und 100 g Linalool löst. Auch verschiedene Phantasieriechstoffe, namentlich Fabrikate der J. G. Farbenindustrie A.-G. (Agfa) enthalten als wesentlichen Bestandteil Anthranilsäuremethylester. Hierher gehören beispielsweise Isolen, Narceol, Auranthol u. a.

Benzoesäuremethylester wird nach verschiedenen Verfahren aus Methylalkohol und Benzoesäure hergestellt und bildet eine farblose, stark lichtbrechende Flüssigkeit von angenehmem, aromatischem Geruch und dem spezifischen Gewicht 1,094—1,096. Der Ester löst sich in 4 Teilen 60prozentigen Alkohols und findet unter dem Namen Niobeöl in der Parfümerie häufig Verwendung.

Benzylazetat ist ein wesentlicher Bestandteil des Jasminöls und wird künstlich durch Azetylierung des Benzylalkohols erhalten. Es bildet eine farblose Flüssigkeit von angenehmem, fruchtätherähnlichem Geruche und hat ein spezifisches Gewicht von 1,060—1,062. Zur Lösung sind etwa 6 Teile 60prozentigen und 20 Teile 50prozentigen Alkohols erforderlich.

Bornylazetat. Der Träger des balsamischen Aromas aller Fichtennadelöle ist das Bornylazetat (Essigsäure-Bornylester $CH_3COOC_{10}H_{17}$). Es wird künstlich hergestellt, indem man Borneol, das man durch Reduktion des Laurineenkampfers gewinnt, in wasserfreier Essigsäure löst und bei Gegenwart geringer Mengen von Schwefelsäure erhitzt. Der unter vermindertem Druck destillierte Ester bildet farblose, rhombische Säulen, die ein spezifisches Gewicht von 0,990—0,991 haben und bei etwa 29° C schmelzen. Das Bornylazetat ist leicht löslich in Alkohol und Äther.

Da in den besten Fichtennadelölen durchschnittlich nur etwa 5 vH. Bornylazetat enthalten sind, das jetzt in den Handel gebrachte reine Präparat jedoch ungefähr die zwanzigfache Stärke und Ausgiebigkeit der Fichtennadelöle besitzt, so scheint es berufen, die Naturdestillate vollkommen zu ersetzen.

Citral. Wie schon früher erwähnt wurde, ist der charakteristische Träger des Zitronengeruches ein Aldehyd von der Formel $C_{10}H_{16}O$, das Citral, welches ein dünnflüssiges, schwach gelblich gefärbtes, optisch inaktives Öl vom spezifischen Gewicht 0,892—0,895, von durchdringendem Zitronengeruch und scharfem, brennendem Zitronengeschmack darstellt. Es ist leicht löslich in Alkohol und kommt nicht nur im Zitronenöl, sondern auch in verschiedenen anderen ätherischen Ölen vor. In größerer Menge ist es im Backhousiaöl (etwa 95 vH.) und im Lemongrasöl (etwa 70—80 vH.) enthalten, ferner im Pomeranzenöl, Mandarinenöl, Verbenaöl, Melissenöl und vielen anderen Ölen, aus denen allen es sich abscheiden und rein darstellen läßt. Künstlich kann es durch Oxydation von Geraniol gewonnen werden.

Da der Gehalt des normalen Zitronenöles an Citral durchschnittlich 4—5 vH. beträgt, so werden 40—50 g Citral ungefähr 1 kg Zitronenöl entsprechen; doch darf nicht verschwiegen werden, daß das Citral nicht die volle Frische des Aromas gibt, welche ein gutes Zitronenöl charakterisiert. Es wird deshalb empfohlen, das Citral im Gemisch mit Zitronenöl zu verwenden, wodurch dem erwähnten Übelstand abgeholfen wird.

Bei der Aufbewahrung des Citrals, sowohl rein als auch im Gemisch, ist besonders darauf zu achten, daß es vor Wärme und Sonnenlicht geschützt ist.

Citronellal. Der Hauptträger des Zitronellölgeruchs ist, wie früher angegeben, das Citronellal, das aber auch noch in anderen ätherischen

Ölen vorkommt. Seine Darstellung erfolgt durch Abscheidung aus den an Citronellal reichhaltigsten Ölen in Form einer farblosen Flüssigkeit von melissenartigem Geruch und dem spezifischen Gewicht 0,855 bis 0,860. Dieselbe dient in ziemlichem Umfange zur Parfümierung billiger Seifen, in denen es gut haltbar und von großer Ausgiebigkeit ist. 100 kg Seife erfordern höchsten 300—400 g Citronellal, während vom Zitronellöl, bei gleicher Geruchsstärke, die 3—10fache Menge erforderlich ist.

Citronellol. Das Citronellol ($C_{10}H_{20}O$) ist erst in neuerer Zeit in reinem Zustande erhalten und als selbständige Verbindung charakterisiert worden. Gemische desselben mit Geraniol sind schon früher unter dem Namen Rhodinol und Reuniol beschrieben. Auch das Roseol von Markownikow und Reformatsky, das den Hauptbestandteil des Rosenöls ausmachen sollte, hat sich als ein Gemisch von Geraniol und Citronellol erwiesen.

Reines Citronellol ist eine farblose, angenehm rosenähnlich, aber feiner als Geraniol riechende Flüssigkeit vom spezifischen Gewicht 0,860—0,869 und findet in der Parfümerie als Rosenölersatz Verwendung. Es ist löslich in etwa 15 Volumen 50prozentigen und in 3—4 Volumen 60prozentigen Alkohols. Citronellol ist bedeutend beständiger als Geraniol, da es z. B. von Alkali, selbst beim Erwärmen, nicht angegriffen wird.

Crataegon. Unter dieser Bezeichnung bringt die Firma Schimmel & Co. ein Präparat in den Handel, das, wie schon der Name andeuten soll, im Geruch an Weißdorn (Crataegus Oxyacantha) erinnert und in dieser Beziehung etwa zwischen Anisaldehyd und Heliotropin steht. Es ist eine farblose Flüssigkeit, die in ganz reinem Zustand zu weißen Kristallen erstarrt. Dieselben schmelzen bei etwa 37° und sind in den üblichen Lösungsmitteln leicht löslich. Vom Heliotropin, mit dem es ungefähr den gleichen Schmelzpunkt hat, unterscheidet es sich u. a. dadurch, daß es nicht mit Bisulfitlauge reagiert. Über seine chemische Zusammensetzung ist nichts Näheres bekannt, die Endsilbe „on" im Namen läßt aber vermuten, daß es sich um ein Keton handelt. Freunden eines dezenten Weißdornparfüms kann das Präparat durchaus empfohlen werden, zumal da es gegenüber Anisaldehyd (Aubépine) den Vorzug hat, alkalibeständig zu sein.

Cumarin. Der angenehme Duft des frischgemähten Heues verdankt seinen Geruch hauptsächlich dem Ruchgrase (Anthoxantum odoratum *L.*). Dieses Gras enthält einen wohlriechenden Stoff, das Cumarin ($C_9H_6O_2$), das noch in vielen anderen Pflanzen vorkommt, namentlich in großer Menge in den Tonkabohnen, den Samen von Dipterix odorata *Willd.*, ferner im Waldmeister, dem Kraut von Asperula odorata *L.*, und an Melilotsäure gebunden im Steinklee, Melilotus officinalis *Descr.*

Das Cumarin bildet kleine, farblose, seidenglänzende Kristalle. Es ist sehr hart, kracht zwischen den Zähnen, zeigt glatten Bruch und sinkt im Wasser unter. Es riecht sehr angenehm gewürzhaft und schmeckt bitter, warm und stechend. Es schmilzt in reinem Zustande bei 67° C, fetthaltig dagegen, wie es aus den Bohnen ausgeschieden wird, bei 40—50° C. Der Siedepunkt liegt bei 290° C; es verflüchtigt sich aber schon bei weit niedrigeren Temperaturen und sublimiert in weißen Nadeln.

Die Tonkabohnen, die wegen ihres Gehalts an Cumarin vielfach in der Parfümerie verwandt werden und früher meist das Ausgangsmaterial für die Darstellung des Cumarins bildeten, sind die reifen Samen vom Tonkabaume. Man unterscheidet im Handel zwei Sorten Tonkabohnen, holländische, welche von der in den Wäldern Guyanas heimischen Dipterix odorata *Willd.* stammen, und englische von der in Cayenne wachsenden Dipterix oppositifolia *Willd.*

Die holländische Tonkabohne ist 3—4 cm lang, 1—1,5 cm breit und 7—11 mm dick, meist etwas gekrümmt und mit einer dünnen, zerbrechlichen, glatten, netzrunzligen, braunschwarzen oder schwarzen, fettglänzenden Schale bedeckt, auf welcher sich meist kleine Cumarinkristalle befinden. Der Kern besteht aus zwei ölhaltigen, gelbbräunlichen Samenlappen, zwischen welchen meist Cumarinschichten lagern. Der Geruch ist angenehm, dem des Steinklees ähnlich, der Geschmack aromatisch bitter. Die holländischen Tonkabohnen enthalten Fett, Zucker, Äpfelsäure und äpfelsauren Kalk, Stärke, Gummi und 1—1,5 vH. Cumarin. — Die englischen Tonkabohnen sind kleiner, innen weißlichgelb, äußerlich beinahe schwarz und von geringerer Qualität als die holländischen.

Zur Gewinnung des Cumarins aus den Tonkabohnen hat man zwei Wege zur Verfügung. Der eine besteht darin, daß man die zerquetschten Bohnen wiederholt mit Weingeist auszieht, von dem Extrakte den Weingeist abdestilliert und den Rückstand mit kaltem Wasser vermischt, wodurch mit Fett verunreinigtes Cumarin gefällt wird. Um das Fett zu entfernen, kocht man das Ganze auf, filtriert die heiße Lösung durch ein feuchtes Filter, auf dem das Fett zurückgehalten wird, und läßt erkalten. Der größte Teil des Cumarins scheidet sich dabei in Kristallen ab, ein kleiner Rest kann durch Verdunsten der Mutterlauge erhalten werden. Andererseits läßt sich das Cumarin aber auch dadurch gewinnen, daß man die zerquetschten Bohnen mit Wasser destilliert. Nach 24 Stunden scheidet sich der größte Teil des Cumarins kristallinisch aus, während ein gelöst bleibender Rest dem Wasser durch Schütteln mit Petroläther und nachherige Verdunstung des Lösungsmittels entzogen werden kann. Aus 1 kg guter Tonkabohnen erhält man bis zu 14 g Cumarin.

Bisweilen wird auch Cumarin in der Weise gewonnen, daß man den Grus, welcher sich in den Originalkisten von Tonkabohnen befindet und der im wesentlichen aus Cumarin besteht, durch Umkristallisieren reinigt. Das Produkt wird heute jedoch von mehreren Fabriken auch synthetisch dargestellt. Das künstliche Cumarin hat dieselben Eigenschaften wie das aus der Tonkabohne gewonnene und ist durch nichts von ihm zu unterscheiden.

Eine große Annehmlichkeit des Cumarins besteht darin, daß es in allen, in der Parfümerie- und Feinseifenfabrikation zur Verwendung kommenden Flüssigkeiten löslich ist. Wasser, Äther, Sprit, Glyzerin, Vaselin, fettes Öl und Fette nehmen es oft sogar in größeren Mengen mühelos auf.

Es lösen:

100 Teile Alkohol	bei 0° C	bei 16—17° C	bei 29—30° C
von 90 Vol.-Proz.	7,10 Teile	13,70 Teile	42,50 Teile
„ 80 „ „	6,00 „	12,30 „	38,30 „
„ 70 „ „	4,40 „	9,10 „	26,00 „
„ 60 „ „	3,20 „	6,00 „	16,00 „
„ 50 „ „	1,70 „	3,40 „	8,90 „
„ 40 „ „	0,70 „	1,50 „	3,90 „
„ 30 „ „	0,30 „	0,60 „	1,70 „
„ 20 „ „	0,20 „	0,40 „	0,80 „
„ 10 „ „	0,15 „	0,25 „	0,50 „
100 Teile Wasser	0,12 „	0,18 „	0,27 „

Um bei etwaiger Abkühlung der Lösungen jede Ausscheidung des Cumarins zu vermeiden, empfiehlt es sich, das in vorstehender Tabelle genannte Maximalquantum nicht voll anzuwenden. Nimmt man die bei 0° C lösliche Menge Cumarin als Norm, so ist man sicher, daß unter gewöhnlichen Verhältnissen eine Ausscheidung nicht stattfindet.

Da beste Tonkabohnen durchschnittlich 1,5 vH. Cumarin enthalten, so sind 15 g des letzteren an Stelle von 1 kg bester Tonkabohnen zu verwenden.

Cumarin und seine Lösungen sind an einem kühlen, dunklen Ort aufzubewahren. Durch die Einwirkung des Lichts tritt schon in einigen Wochen Gelbfärbung ein.

Geraniol. Das Geraniol ($C_{10}H_{18}O$) bildet, wie erwähnt, den Hauptbestandteil des Geraniumöles und des Palmarosaöles, sowie des flüssigen Anteils des Rosenöles. Auch Zitronellöl enthält beträchtliche Mengen davon und dient vielfach als Ausgangsmaterial zu seiner Darstellung. Geraniol bildet in reinem Zustande eine farblose, optisch inaktive Flüssigkeit vom spezifischen Gewicht 0,882—0,886, ist leicht löslich in Alkohol, und besitzt einen angenehmen, rosenartigen Geruch, der aber zu wenig intensiv ist, um in Feinseifen zur Geltung zu kommen; vorzüglich aber wirkt er im Gemisch mit Geraniumölen.

Mit Erfolg ist von Schimmel & Co. versucht worden, reines Geraniol über frisch gepflückte Rosen zu destillieren, und zwar werden auf 1 kg Geraniol 2500 kg frische Rosen genommen. Das so gewonnene Rosen-Geraniol ist im Geruch von echtem Rosenöl nicht zu unterscheiden und eignet sich vorzüglich für gute Feinseifen.

Schimmel & Co. haben mit großem Erfolg auch Geraniol über Resedablüten destilliert (1 kg Geraniol auf 500 kg frische Resedablüten) und ein Produkt erhalten, das nicht den geringsten Anklang an Geraniol besitzt, sondern ausschließlich den Resedageruch hervortreten läßt. Es dient vorzüglich als Basis für alle Resedaprodukte und gibt bei geeigneten Zusätzen, z. B. von Irisöl, den Resedageruch in voller Naturwahrheit wieder. Die Ausgiebigkeit des Reseda-Geraniols ist so groß, daß ein Zusatz von 100 g auf 100 kg Feinseife als Maximum bezeichnet werden muß.

Rosen-Geraniol und Reseda-Geraniol lösen sich leicht in Alkohol, fetten Ölen und Vaselin, besitzen somit alle für die praktische Verwendung wichtigen und wünschenswerten Eigenschaften.

Geranylazetat kommt ebenso wie Linalylazetat ziemlich häufig in ätherischen Ölen vor und bildet eine farblose Flüssigkeit von sehr angenehmem, an Bergamott, Lavendel und Rosen erinnerndem Geruch. Es ist löslich in 7—10 Volumen 70prozentigen Alkohols und besitzt ein spezifisches Gewicht von 0,910—0,917.

Heliotropin. Von hervorragender Bedeutung für die Parfümeriefabrikation ist das Heliotropin oder Piperonal ($C_6H_3O_2CH_2COH$), das farblose, prismatische Kristalle vom Schmelzpunkt 35—36° C bildet und einen angenehmen Geruch nach Heliotrop zeigt. Auf die Zunge gebracht übt das Heliotropin dieselbe Empfindung aus, wie es unter gleichen Umständen das Pfefferminzöl tut, nur ist die Empfindung von längerer Dauer. Es verflüchtigt sich bei höherer Temperatur, ohne irgendeinen Rückstand zu hinterlassen, und löst sich in Alkohol und Äther, sehr wenig jedoch in kaltem Wasser, leichter in siedendem. Aus heißem Wasser kann es in zollangen Kristallen erhalten werden.

Das Heliotropin wird unter dem Einfluß von Wärme, Luft und Licht unansehnlich, ballt sich zu Klumpen zusammen und nimmt unter Umständen sogar eine braune Farbe an; die Ware ist dann vollständig zersetzt und unbrauchbar. Schon eine Temperatur von 30° C wirkt nachteilig auf das Produkt ein, und man tut gut, es in den Sommermonaten gar nicht zu beziehen. Den Konsumenten in den heißen Klimaten wird empfohlen, das Heliotropin gleich in Spiritus aufzulösen und die Lösung kühl zu lagern, um das Parfüm in voller Frische zu erhalten.

Als Ausgangsmaterial für die Darstellung des Heliotropins diente früher der Pfeffer; heute stellt man es auf wesentlich billigere Weise durch Oxydation von Isosafrol dar.

Heliotropin wird in bedeutendem Maße in der Feinseifenfabrikation verwendet. Man löst es zweckmäßig in den gleichzeitig benötigten ätherischen Ölen, wie Lavendel-, Geranium-, Sandelholz- und Petitgrainöl und verarbeitet die Mischung auf der Piliermaschine mit dem Seifenkörper.

Hyazinth. Unter dem Namen „Hyazinth" wird ein künstliches Hyazinthenöl in den Handel gebracht, das den Duft der Hyazinthen in vollendetster Weise wiedergibt. Seine Zusammensetzung wird von den betreffenden Fabrikanten noch als Geheimnis betrachtet. Schimmel & Co. sagen von ihrem Präparat, daß es ein auf genauer Kenntnis der Zusammensetzung des natürlichen Geruchs beruhendes Produkt sei, das ausschließlich aus reinen chemischen Körpern bestehe und keine Spur irgendeines Verdünnungsmittels enthalte. Das Hyazinth ist leicht löslich in allen für die Parfümerie in Betracht kommenden Flüssigkeiten. Es dient nicht nur zur Herstellung von Hyazinthseifen und -parfümen, sondern wird auch vielfach in Verbindung mit Rosen- und Geraniumölen zu Rosenseifen verwandt. Zu beachten ist seine große Ausgiebigkeit; durch zu starke Dosen kann die Wirkung beeinträchtigt werden. 4 bis höchstens 6 g in 1 kg feinstem Sprit aufgelöst geben ein vorzügliches Taschentuchparfüm.

Jasmin. Zu den Blüten, bei denen zur Gewinnung des ätherischen Öles die Destillation mit Wasser nicht anwendbar ist, gehört der Jasmin, die Blüte von Jasminium grandiflorum *L.* Man benutzt zur Gewinnung des Riechstoffes die Enfleurage. Die quantitative Zusammensetzung des auf diese Weise gewonnenen Jasminöles ist nach Hesse die folgende: 65 vH. Benzylazetat, 7,5 vH. Linalylazetat, 6 vH. Benzylalkohol, 15,5 vH. Linalool, 2,5 vH. Indol, 0,5 vH. Anthranilsäuremethylester, 3 vH. Jasmin. Schimmel & Co. stellen auf Grund ihrer Forschungen ein künstliches Jasminöl her, das sie unter der Bezeichnung „Jasmin Schimmel & Co.“ in den Handel bringen, und das nach Angabe der Fabrikanten alle Bestandteile enthält, welche das Parfüm der frischen Blumen bilden. Es zeichnet sich durch große Ausgiebigkeit aus, und das damit hergestellte Extrait zeigt keine Spur von ranzigem Geruch, der bei Pomadenauswaschungen gewöhnlich nach einer gewissen Zeit aufzutreten pflegt. Auch hat es den Vorzug, daß es nicht nachdunkelt.

Auch von anderen Firmen wird künstliches Jasminöl hergestellt. So bringen z. B. Heine & Co. ein künstliches Jasminöl in den Handel[1]), das als wesentlichen Bestandteil das Jasmon enthält, ein Keton von der Formel $C_{11}H_{16}O$. Angeblich soll dasselbe zusammen mit dem Indol den charakteristischen Jasmingeruch bedingen, so daß die Genannten ihr künstliches Jasminöl aus künstlich dargestelltem Jasmon und Indol unter Zusatz von echtem Jasminblütenöl gewinnen.

Jonon. Von hervorragender Bedeutung für die Parfümerie ist das Jonon ($C_{13}H_{20}O$) geworden, das den Arbeiten von Tiemann und Krüger[2]) zu verdanken ist. Bei ihren Untersuchungen über das Veilchenaroma fanden sie ein Keton $C_{13}H_{20}O$ von dem gewünschten Geruch, welches sie Iron nannten. Bei den Versuchen, dieses synthetisch zu gewinnen, gelang es ihnen, ein Isomeres des Irons darzustellen, dem sie den Namen Jonon gaben. Die Darstellung erfolgt in der Weise, daß man zunächst Citral mit Azeton zu Pseudojonon kondensiert und dieses durch Behandeln mit verdünnten Mineralsäuren in Jonon überführt. Frisch destilliert hat es einen ausgesprochenen Zedernholzgeruch, erst in sehr starker Verdünnung nimmt man den Veilchengeruch wahr, der gleichzeitig etwas an den der Weinblüte erinnert. Der Umstand, daß der Geruch erst nach starker Verdünnung hervortritt und die Anwendung und Verteilung eines so eminent starken und kostbaren Produktes praktische Schwierigkeiten bietet, hat Veranlassung gegeben, das Jonon nicht nur in reiner Form, sondern auch in einer 10- bzw. 20prozentigen alkoholischen Lösung in den Handel zu bringen.

---

[1]) DRP. 132425.

[2]) Ber. d. Deutsch. Chem. Ges. 1893, **26**, S. 2675.

Diese alkoholische Lösung kann zu Extraits, Feinseifen und anderen Parfümerien ohne weiteres verwandt werden. Da das Jonon ein außerordentlich beständiger Körper ist, so eignet es sich vorzüglich zum Parfümieren von Feinseifen. Ein schönes Veilchenparfüm erzielt man schon bei Verwendung von 1—1,5 g einer 10prozentigen alkoholischen Lösung auf 1 kg pilierte Seife. Einen vorzüglichen Effekt erzielt man mit der Jononlösung auch in Verbindung mit Irisöl, da hierdurch das Bouquet der natürlichen Veilchen erhalten wird.

Die Herstellung des Jonons hatte sich die Firma Haarmann & Reimer in Holzminden durch eine große Anzahl von Patenten schützen lassen[1]). Diese Patente sind inzwischen abgelaufen, so daß die Herstellung des Jonons nunmehr auch von anderer Seite aufgenommen wurde. Das von Schimmel & Co. hergestellte reine Jonon führt den Namen Neoviolon, während ein von der gleichen Firma unter dem Namen Novoviol vertriebenes, technisches Produkt insbesondere als jononartiger Veilchengrundstoff für Feinseifen gedacht ist.

Jonon bildet eine farblose Flüssigkeit vom spezifischen Gewicht 0,9350—0,9403, die in 2,5—3,0 Volumen 70prozentigen Alkohols löslich ist. Es besteht aus einer Mischung zweier isomerer Ketone, die in reiner Form als α-Jonon (Jonon A) und β-Jonon (Jonon B) erhalten sind.

Das α-Jonon bildet ein farbloses Öl, das bei 20° C ein spezifisches Gewicht von 0,932 besitzt; das β-Jonon hat dagegen bei 17° C ein spezifisches Gewicht von 0,946. Beide unterscheiden sich durch die Nüance des Veilchengeruchs; das α-Jonon riecht süßer und milder, das β-Jonon etwas herber. In der Regel wird der Parfümeur aber das gewöhnliche Jonon verwenden, das beide Bestandteile in dem vorteilhaftesten, durch jahrelange Praxis bewährten Verhältnis gemischt enthält, doch hat er es jederzeit in der Hand, durch Benutzung der Einzelbestandteile seinen Produkten eine besondere Nüance zu verleihen.

Iron. Das Iron ($C_{13}H_{20}O$) ist bisher nur im Irisöl, dem ätherischen Öl der Veilchenwurzel, aufgefunden. Tiemann und Krüger[2]) haben es zuerst aus der Veilchenwurzel isoliert und als ein mit dem Jonon isomeres Keton erkannt. Dasselbe bildet ein farbloses Öl von eigenartigem, an Veilchenwurzel erinnerndem Geruch, der erst in starker Verdünnung dem gewisser Veilchensorten gleicht. In der Fabrikation von Veilchenparfümerien ist es durch das wesentlich billigere Jonon vielfach verdrängt, doch darf nicht unerwähnt bleiben, daß es noch beständiger ist als das Jonon, und daß es dieses in der Feinheit des Geruchs weit übertrifft. In neuerer Zeit ist es Merling und Welde[3]) gelungen, das Iron auch auf synthetischem Wege herzustellen.

---

[1]) DRP. 72089, 75063, 75120, 106512, 108335, 116637, 122466, 123747, 124227, 124228, 126959, 126960, 127424, 127666, 127836, 129001, 130457, 130222, 133145, 133562, 133758, 134672, 138141, 138939, 139957, 139958, 139959.

[2]) a. a. O.

[3]) Liebigs Annalen 1909, **336**, S. 119.

Isoeugenol. Der Hauptbestandteil der im Handel unter der Bezeichnung „Oeillet“ oder „Gartennelkenblütenöl“ vorkommenden Produkte dürfte das Isoeugenol sein, das für sich allein schon den angenehmen, Gartennelken ähnlichen Geruch besitzt. Isoeugenol ist im Ylang-Ylangöl und im Muskatnußöl als Bestandteil aufgefunden worden. Künstlich wird es aus Eugenol dargestellt. Es ist ein lichtgelbes, dickflüssiges Öl, aus dem sich durch Abkühlung nadelförmige Kristalle abscheiden, die bei Zimmertemperatur schmelzen. Es ist wenig in Wasser, leicht in Alkohol und Äther löslich.

Isosafrol wird künstlich aus Safrol dargestellt und bildet eine farblose Flüssigkeit, die in Alkohol und Äther löslich ist. Das spezifische Gewicht liegt zwischen 1,124 und 1,129. Das Produkt hat einen ähnlichen Geruch wie das Safrol und findet deshalb, weil es wesentlich teurer als dieses ist, in der Parfümerie nur geringe Verwendung.

Linalool, ein aliphatischer Alkohol von der Formel $C_{10}H_{18}O$, kommt in zwei Modifikationen in den ätherischen Ölen vor, einer rechtsdrehenden und einer linksdrehenden. Erstere ist u. a. im Korianderöl gefunden, während *l*-Linalool allein oder mit wenig *r*-Linalool gemischt, teils frei, teils verestert, einen Bestandteil des Linaloeöles, Bergamottöles, Neroliöles, Petitgrainöles, Lavendelöles, Thymianöles, Basilikumöles, Ylang-Ylangöles und anderer Öle bildet. Künstlich läßt sich das Linalool, allerdings nur in inaktivem Zustande, gewinnen, wenn Geraniol mit Wasser im Autoklaven auf 200° C erhitzt, oder wenn das durch Einwirkung von Salzsäure auf Geraniol entstehende Linalylchlorid mit alkoholischer Kalilauge behandelt wird.

Linalool ist eine farblose oder fast farblose Flüssigkeit vom spezifischen Gewicht 0,868—0,873, leicht löslich in Alkohol und besitzt einen wunderbar feinen Geruch. Es ist ein Ersatz für Linaloeöl, aber erheblich ausgiebiger als dieses, ungefähr 2 Teile Linalool entsprechen 3 Teilen Linaloeöl. Zur Lösung sind 10—15 Volumen 50prozentiger, 4—5 Volumen 60prozentiger bzw. 1—2 Volumen 70prozentiger Alkohol erforderlich.

Ein für die Parfümerie sehr wichtiger Ester des Linalools ist das Linalylazetat, das man künstlich durch Umsetzung von Linaloolnatrium mit Essigsäureanhydrid erhält. Dieser Ester bildet den Hauptbestandteil des Bergamottöles und kommt außerdem im Lavendelöl, Neroliöl, Petitgrainöl und anderen Ölen vor. Das von Schimmel & Co. synthetisch hergestellte Produkt, das auch unter dem Namen Bergamiol im Handel erscheint, enthält etwa 80 vH. Linalylazetat, während der Rest aus Linalool besteht.

Das Linalylazetat ist eine farblose Flüssigkeit von sehr angenehmem Geruch, die gemeinsam mit Geranylazetat den Lavendelgeruch sehr gut wiedergibt. Es hat ein spezifisches Gewicht von etwa 0,90 und löst sich in 10—15 Volumen 60prozentigen und in 2—5 Volumen 70prozentigen Alkohols.

Moschus, künstlicher. Es gibt eine ganze Anzahl von Verfahren zur Herstellung von künstlichem Moschus. Alle die so erhaltenen Produkte stehen jedoch in keiner Beziehung zu dem riechenden Prinzip des natürlichen Moschus und geben auch den Geruch desselben nur bis zu einem gewissen Grade richtig wieder. Gegenwärtig befinden sich unter dem Namen „künstlicher Moschus" eine ganze Reihe von Fabrikaten im Handel, die größtenteils hochnitrierte Isobutyltoluole oder Isobutylxylole sind oder zu diesen in naher Beziehung stehen. Durch besonders starken Moschusgeruch zeichnen sich im allgemeinen die Verbindungen mit drei Nitrogruppen aus, auch kann unbeschadet der Geruchsstärke eine dieser Nitrogruppen durch die Cyangruppe, Aldehydgruppe, Halogen oder einen Säurerest vertreten sein, und man spricht dann von Cyanidmoschus, Aldehydmoschus, Halogenmoschus und Ketonmoschus. Künstlicher Moschus wurde zuerst als Trinitroisobutyltoluol von Baur hergestellt. Man erhält ihn, wenn man ein Gemisch von Toluol und Isobutylchlorid mit Aluminiumchlorid erhitzt und das Reaktionsprodukt mit rauchender Salpeter-Schwefelsäure nitriert. Er bildet farblose oder gelblichweiße, bei etwa 97° schmelzende Kristalle, die nur in starkem Alkohol gut löslich sind, aus schwächerem aber wieder auskristallisieren. Früher kam dieser sogenannte „Moschus Baur" meist nicht rein in den Handel, sondern enthielt nach eigener Angabe des Fabrikanten 90 vH. Azetanilid (Antifebrin), das übrigens auch heute noch vielfach zur Verdünnung von Riechstoffen wie Heliotropin, Vanillin usw. benutzt wird. Zum Nachweis des Verdünnungsmittels kristallisiert man das Präparat aus kochendem Wasser um, kocht 0,5 g mit 5 ccm Salzsäure eine Minute lang und fügt 5 ccm Karbolsäurelösung (1 : 20) sowie etwas filtrierte Chlorkalklösung hinzu; bei Gegenwart von Azetanilid entsteht eine zwiebelrote, trübe Flüssigkeit, welche durch Ammoniak in indigoblau verändert wird.

Eine neuerdings sehr in Aufnahme gekommene Abart des künstlichen Moschus ist der sogenannte Ambrette-Moschus, dem ein besonders feines Aroma nachgerühmt wird. Er ist identisch mit dem Trinitroisobutylmetakresolmethyläther, dessen Schmelzpunkt bei 85° liegt.

Zur Herstellung haltbarer, sehr konzentrierter Lösungen von künstlichem Moschus empfieht Köhler[1]) Benzylbenzoat, welches bis zu 20 vH. Moschus bei gelindem Erwärmen mit Leichtigkeit aufzunehmen und auch bei + 10° noch in Lösung zu halten vermag. Diese Lösung läßt sich auch mit wasserfreiem Alkohol mischen, ohne daß bei gewöhnlicher Temperatur Ausscheidung stattfindet. 10prozentige Lösungen in Benzylbenzoat und absolutem Alkohol sind deshalb nach Köhler zur Herstellung höchst konzentrierter Parfümmischungen für den Export am besten geeignet, zumal da das Benzylbenzoat auch noch die Eigenschaften eines vortrefflichen Fixierungsmittels besitzt.

Nerolin. Zwei zum Parfümieren billiger Haus- und Feinseifen viel gebrauchte Produkte sind der Methyl- und der Äthyläther des β-Naphthols, die beide unter dem Namen Nerolin im Handel sind. Der Methyläther führt die besondere Bezeichnung Nerolin II oder Yara-Yara, der Äthyläther wird als Nerolin I oder als Bromelia bezeichnet.

---

[1]) Pharm. Ztg. 1904. **49**, S. 1083.

Beide Neroline bestehen aus farblosen Kristallblättchen, die sich in Methyl- und Äthylalkohol verhältnismäßig schwer, in den übrigen organischen Lösungsmitteln aber leicht lösen. Der Geruch ist stark und anhaftend, der von Bromelia schwächer, aber bedeutend feiner als der von Yara-Yara. In großer Verdünnung riechen die Neroline ähnlich wie das Orangenblütenöl, für das sie einen, wenn auch nicht vollgültigen, so doch billigen Ersatz abgeben. Ein erheblicher Unterschied besteht im Schmelzpunkt der beiden Produkte, Yara-Yara schmilzt bei 72°, Bromelia aber schon bei 37°, weshalb besonders dieses letztere kühl aufzubewahren ist. Bei der Verwendung zu Feinseifen ist zu beachten, daß höchstens 500 g auf 100 kg Seife erforderlich sind und daß die besten Effekte in Verbindung mit Linallool, Pomeranzenöl und Cumarin erzielt werden. Yara-Yara kann jedoch auch für sich allein zum Parfümieren von Seifen verwendet werden, wenn dies auch nicht gerade ratsam ist.

Normann[1]) gibt eine Vorschrift für ein Bromelia-Seifenparfüm, von dem 800 g auf 100 kg Seife genügen.

1000 g	Terpineol,
1000 „	Amylazetat,
400 „	Yara-Yara,
2000 „	Geraniumöl, synth.,
1000 „	Nelkenöl.

Neroliöl, künstliches. Dank den erfolgreichen Arbeiten, die über die Zusammensetzung des Orangenblütenöles ausgeführt worden sind, werden jetzt Kunstprodukte von großer Vollkommenheit hergestellt, die alle wohlriechenden Bestandteile der frischen Orangenblüte enthalten, und die dem natürlichen Öle gegenüber den Vorzug größerer Ausgiebigkeit besitzen.

Ein Verfahren zur Herstellung von künstlichem Neroliöl wurde bereits bei Besprechung des Anthranilsäuremethylesters (S. 482) erwähnt, eine andere Vorschrift besagt, daß ein Gemisch von Limonen, Linalool, Linalylazetat, Geraniol, Anthranilsäuremethylester und Phenyläthylalkohol mit 30 vH. Indol versetzt wird.

Nitrobenzol wird erhalten, indem man Benzol mit einem Gemenge von Salpetersäure und Schwefelsäure behandelt, das Reaktionsprodukt mit Wasser und Soda, Ätznatron oder Ammoniak wäscht, die unveränderten Kohlenwasserstoffe mit Dampf abtreibt und den Rückstand rektifiziert. Es kommt in drei Sorten in den Handel, die sich durch ihren Siedepunkt und den Geruch unterscheiden. Das in der Parfümerie verwandte Nitrobenzol oder Mirbanöl (Essence de Mirbane) ist das sogenannte leichte, bei 205—213° C siedende Produkt. Die schweren Nitrobenzole haben einen höheren Siedepunkt, einen weniger angenehmen Geruch und enthalten mehr oder weniger Nitrotoluole und auch Nitroxylole, welche hauptsächlich in der Teerfarbenindustrie Verwendung finden.

---

[1]) Seifenfabrikant, 1910, **30**, S. 482.

Das reine Mirbanöl ist hellgelb, in den feinsten Qualitäten fast wasserhell, und von angenehmem, bittermandelölartigem Geruch, hat ein spezifisches Gewicht von 1,2 = 25° Bé und erstarrt bei +5° C kristallinisch. Es ist kaum löslich in Wasser, leicht löslich in Weingeist, Äther, Benzin, ätherischen Ölen und den meisten fetten Ölen.

Das Mirbanöl findet vielfach Verwendung zum Parfümieren von Seifen, doch kann es auch in seinen feinsten Qualitäten das Bittermandelöl nicht ersetzen. — Bei der Aufbewahrung sowohl wie bei der Verarbeitung von Mirbanöl ist große Vorsicht anzuraten, da es feuergefährlich und sehr giftig ist. Es sind Fälle bekannt, wo 20, ja sogar 7—8 Tropfen den Tod verursachten. Schon die Dünste, wenn längere Zeit eingeatmet, können Vergiftungssymptome hervorrufen. Letztere bestehen in einer bleifarbenen Hautfärbung, Schwere in den Gliedern und Kältegefühl namentlich in Händen und Füßen. In schwereren Fällen tritt schwankender Gang und vollständige Unfähigkeit sich aufzurichten ein, so daß der Zustand leicht mit Trunkenheit infolge von Alkoholgenuß verwechselt werden kann. Weitere Anzeichen sind dunkle Farbe des Urins, der auch einen bittermandelartigen Geruch annimmt.

Rosenöl, künstliches. Ein sehr brauchbares Produkt hat die Firma Schimmel & Co. mit ihrem künstlichen Rosenöl auf den Markt gebracht. Es ist auf Grund jahrelanger Forschungen zusammengestellt und dürfte alle wichtigeren Bestandteile des natürlichen Rosenöles enthalten, so daß es als ein vollgültiger Ersatz desselben anzusehen ist. Das Öl wird stearoptenhaltig und stearoptenfrei geliefert; das stearoptenfreie, flüssige Produkt, das um etwa 10—20 vH. ausgiebiger ist als das stearoptenhaltige, hat den großen Vorzug, Lösungen zu geben, die bei allen Temperaturverhältnissen klar bleiben und ist daher besonders geeignet für die Herstellung von Parfümerien.

Als Grundlage zur Darstellung ihres künstlichen Öles geben Schimmel & Co. in einer Patentschrift[1]) folgende Zusammenstellung an: 80 Teile Geraniol, 10 Teile Zitronellöl, 1 Teil Phenyläthylalkohol, 2 Teile Linalool, 0,25 Teile Citral und 0,5 Teile Oktylaldehyd.

Außerdem sind seit einiger Zeit aber auch Produkte im Handel (Rote Rose, Maréchal Niel, Moosrose, Teerose, Weiße Rose), die ebenfalls zur Erzielung eines wirklich naturähnlichen Rosenparfüms vorzüglich geeignet sind. Sie sind sämtlich auf natürlicher Grundlage hergestellt mit Hilfe eines Extraktes, der aus frischen Rosen gewonnen ist. Das Parfüm ist so fein abgerundet, daß man schon durch einfaches Auflösen von 10—20 g Rose in 1 kg 90prozentigem Alkohol ausgezeichnete Taschentuchparfüms erhält. Wegen ihrer Empfindlichkeit gegen Alkali dürfen diese Präparate aber nur für pilierte Seifen Verwendung finden.

Safrol bildet den Hauptbestandteil des Sassafrasöles; es kommt aber auch in beträchtlicher Menge im Kampferöl vor, aus dem es fabrik-

[1]) DRP. 126736.

mäßig gewonnen wird. Safrol ist eine farblose oder schwach gelbliche Flüssigkeit vom spezifischem Gewicht 1,105—1,107, die beim Abkühlen zu einer Kristallmasse erstarrt, welche erst bei + 11 ° C wieder schmilzt.

Da die im Sassafrasöl neben Safrol noch enthaltenen Bestandteile durch den ihnen eigentümlichen Terpentingeruch das Aroma des Safrols nicht unwesentlich beeinträchtigen, so wird dieses Öl durch das jetzt rein gelieferte Safrol in seinen Eigenschaften nicht nur ersetzt, sondern übertroffen.

Safrol eignet sich vorzüglich, um den unangenehmen Fettgeruch in Seifen zu verdecken und findet deshalb in neuerer Zeit zum Parfümieren von Hausseifen erhebliche Verwendung. Für Seifen aus guten Fetten genügen 125—250 g auf 100 kg Seife.

Salizylsäure-Amylester findet neuerdings unter dem Namen Orchidée, Trèfle oder Trefol in der Parfümerie Verwendung als Fixierungsmittel für feinere Gerüche und ist außerdem unentbehrlich zur Herstellung eines feinen Kleeparfüms (Trèfle incarnat), mit dem in neuerer Zeit bedeutende Erfolge erzielt sind, und das als Grundlage für eine Anzahl anderer Parfüms benutzt wird. Der Ester bildet eine farblose bis gelbliche Flüssigkeit, deren stark aromatischer Geruch an den mancher Orchideen erinnert.

Das folgende Rezept gibt eine sehr feine Zusammenstellung:

400 g	Bergamottöl,
160 ,,	Salizylsäure-Amylester,
80 ,,	künstlicher Moschus,
3 ,,	Thymianöl,
10 ,,	Ylang-Ylangöl,
50 ,,	Vanillin,
10 ,,	Neroli,
50 ,,	Rosenöl,
10 ,,	Vetiveröl,
15 ,,	Hyazinth,
12 ,,	Zibettinktur.

Von dieser Mischung genügen 500 g auf 100 kg pilierte Seife.

Terpineol. Durch Einwirkung verdünnter Säuren auf Terpentinöl bei Gegenwart von Alkohol entsteht Terpinhydrat, das nach dem Umkristallisieren aus 95prozentigem Alkohol ein aus glänzenden, farblosen und fast geruchlosen Prismen bestehendes Kristallpulver bildet. Durch Behandlung des Terpinhydrats mit verdünnter Schwefelsäure erhält man ein rohes Terpineol, das noch durch mehrere Terpene verunreinigt ist, und aus dem es sich durch fraktionierende Destillation in reiner Form abscheiden läßt. Das Terpineol bildet in reinem Zustande einen farblosen, dickflüssigen Körper vom spezifischen Gewicht 0,935—0,940, mit angenehmem, dem frischen Flieder ähnlichem Geruch. Der Siedepunkt liegt bei 217—219°. Das Produkt ist aber kein einheitlicher Körper, sondern ein Gemisch isomerer Verbindungen, während in der Natur nur einheitlich festes, entweder aktives oder inaktives Terpineol vom Schmelzpunkt 34°—35° zu finden ist. In dem flüssigen Präparat ist festes, inaktives Terpineol aber in beträchtlicher Menge enthalten.

Gutes Terpineol muß vollständig wasserfrei sein und darf keine unter 216° C siedenden Bestandteile enthalten. Eine etwaige Unlöslichkeit in Petroläther deutet auf Anwesenheit von Wasser, das sogar in kleinster Menge bereits eine milchige Trübung verursacht.

Die im Handel unter dem Namen Lilac, Lilacin, Muguet, Syringa, Gardenia vorkommenden Präparate sind Terpineol mit geringen Zusätzen von anderen künstlichen oder natürlichen Riechstoffen.

Das Terpineol ist von der Parfümerie sehr günstig aufgenommen und hat sich einen bleibenden Platz erworben, nachdem man sich von der vorzüglichen Wirkung, der großen Ergiebigkeit und der außerordentlichen Widerstandfähigkeit überzeugt hat. Alle früheren Extraitkompositionen für Flieder sind durch das Terpineol vollständig in den Schatten gestellt, denn es liefert in richtiger Abmessung im Verein mit Heliotropin, Ylang-Ylangöl, Extrait triple aus Jasmin und Rosenextrait ein recht naturgetreues Fliederparfüm.

Ein weites Feld der Verwendung ist dem Terpineol in der Feinseifenfabrikation eröffnet worden, besonders, nachdem der Preis des Präparats durch verbesserte Technik wesentlich herabgesetzt werden konnte. Schon der hohe Siedepunkt des Produktes beweist, daß es nur wenig flüchtig und widerstandsfähiger gegen Hitze ist, als die meisten ätherischen Öle, so daß es unbedenklich auch noch heißen Seifen zugegeben werden kann. Weitere Versuche haben gelehrt, daß es durch Soda, ätzende Alkalien usw. selbst bei längerem Kochen nicht verändert oder gar zerstört wird, und da Fettsäuren auf das Terpineol ebenfalls nicht einwirken, so eignet es sich wie kein zweiter Riechstoff zum Parfümieren von Feinseifen jeglicher Art. In Verbindung mit etwas Heliotropin und einigen feinen Ölen, wie Cananga-, Geranium- und Sandelholzöl, erzielt man ganz vorzügliche Geruchsnüancen.

Vanillin. Die Vanille ist die nicht ganz reife, schotenförmige Kapselfrucht (fälschlich Schote genannt) einer tropischen Orchidee (Vanilla planifolia *Andrew*) und wird in Mexiko, auf Reunion (Bourbon), Mauritius und Madagaskar, auf Java und Ceylon gewonnen. Sie ist ein vorzügliches Gewürz für die Küche und Konditorei, und ihr Riechstoff ist in der Parfümerie hochgeschätzt. Das Fruchtgehäuse ist im Querschnitt dick und fleischig, angefüllt mit sehr kleinen, schwarzen, glänzenden Samen, die an drei wandständigen Samenträgern entspringen und mit Hilfe eines klebrigen Balsams aneinander kleben. Das Fruchtgehäuse selbst schmeckt säuerlich und hat keinen Wert; die Samen aber oder vielmehr der die Samen umhüllende Balsam enthalten die Substanz, welche Geruch und Geschmack der Vanille bedingen. Reift die Vanillefrucht, so öffnet sie sich und entleert sich ihres Sameninhaltes in Form einer balsamähnlichen Masse.

Die glänzende, schwarzbraune Oberfläche der Vanille ist oft mit weißen, zarten Kristallen bedeckt, die sich auf den Vanillekapseln absetzen, wenn diese, eng und dicht verpackt, längere Zeit einer Temperatur von etwa 25° C ausgesetzt sind. Diese Kristalle bilden den von Gobley als Vanillin bezeichneten Riechstoff, von dem die Frucht selbst 1,5—2,75 vH., und zwar die Mexikovanille 1,69—1,32 vH., die Bourbon I- 2,48—1,91 vH., die Bourbon II- 1,55—0,75 vH. und die Java-Vanille 2,75—1,56 vH. enthält.

Das Vanillin wird heute künstlich dargestellt. Tiemann und Haarmann zeigten zuerst, daß man durch Oxydation von Coniferin, einem im Kambialsafte aller Zapfenbäume enthaltenen Glykosid, ein Produkt erhält, das mit dem aus der Vanille dargestellten Vanillin vollkommen identisch ist. Ursprünglich ist auch aus dem Coniferin das Vanillin fabrikmäßig gewonnen worden. Dieses Verfahren ist aber aufgegeben, seitdem man gelernt hat, das Vanillin auch aus Eugenol bzw. Isoeugenol herzustellen.

Das Vanillin ($C_8H_8O_3$) bildet kleine, farblose Prismen von starkem Vanillegeruch und -geschmack und saurer Reaktion. Es ist leicht löslich in siedendem Wasser, Alkohol, Äther, Chloroform, fetten und flüchtigen Ölen, sowie in Lösungen von kaustischen und kohlensauren Alkalien. Es schmilzt bei 80—81° C; bei höherer Temperatur sublimiert es, ohne einen Rückstand zu hinterlassen.

20 g Vanillin entsprechen ihrer Geruchsstärke nach ungefähr 1 kg Vanille. Es darf jedoch nicht unerwähnt bleiben, daß für den Charakter des Vanillearomas die das Vanillin begleitenden aromatischen Bestandteile ebenfalls von Bedeutung sind.

Bei Verwendung des Vanillins zum Parfümieren von Feinseifen muß beachtet werden, daß es weiße Seifen, wenn sie den geringsten Alkaliüberschuß haben, bräunlich verfärbt.

Ylang-Ylangöl, künstliches. Neben dem natürlichen Ylang-Ylangöl kommt auch ein synthetisches Produkt in den Handel, das die Konkurrenz mit den besseren Handelsmarken des natürlichen Öles aufzunehmen vermag. Es ist eine fast wasserhelle Flüssigkeit mit leichter Fluoreszenz und gleicht in seinen praktischen Eigenschaften dem natürlichen Öl.

Schimmel & Co. mischen zwecks Herstellung ihres synthetischen Produktes zunächst die im natürlichen Ylang-Ylangöl nachgewiesenen Bestandteile, Cadinen, Geraniol, Linalool, p-Kresolmethyläther, Eugenol und Benzoesäuremethyläther mit Benzylazetat. Zur Verfeinerung des Geruches werden alsdann Salizylsäuremethylester, Isoeugenol, Isoeugenolmethyläther und Eugenolmethyläther, Kresol, Benzylalkohol und Benzylbenzoat dem Ganzen zugesetzt. Ein weiterer Zusatz von Anthranilsäuremethylester dient dann zur endgültigen Abrundung des Geruches[1]).

Zimtöle, künstliche. Bereits im Jahre 1896 ist es Schimmel & Co. gelungen, Zimtaldehyd auf synthetischem Wege herzustellen, und seit dem Jahre 1898 ist ein reines, absolut chlorfreies Produkt unter der Bezeichnung: „Cassiaöl Schimmel & Co.“ (Zimtaldehyd) im Handel, das einen vollkommenen Ersatz für das natürliche Cassiaöl bildet.

---

[1]) DRP. 142859.

Auch ein sehr gut gelungenes künstliches Ceylon-Zimtöl wird von Schimmel & Co. hergestellt[1]). Einem Gemisch der schon bekannten Bestandteile des Ceylon-Zimtöles (Zimtaldehyd, Phellandren und Eugenol) wird ein Gemenge von normalem Amylmethylketon, Nonylaldehyd, Cuminaldehyd, Caryophyllen, Linalool und dem Isobutylester des Linalools zugesetzt. Zur Verfeinerung des Geruches kann das so erhaltene Produkt noch mit Cymol, Benzaldehyd, Phenylpropylaldehyd, Furfurol, Pinen und Eugenolmethyläther vermischt werden.

Tinkturen und Extrakte.

Bei Beprechung der französischen Blumenpomaden ist bereits darauf hingewiesen, daß die darin enthaltenen Riechstoffe durch Weingeist ausgezogen werden und in der Parfümerie als alkoholische Aus-

Abb. 137. Schüttelapparat zur Herstellung von Auszügen aus Blumenpomaden.

züge zur Verwendung gelangen. Die Extraktion erfolgt gewöhnlich in der Weise, daß man auf 4 kg Blumenpomade 7 Liter Feinsprit von 95—97 vH. verwendet, und wird am zweckmäßigsten in besonderen Apparaten vorgenommen. Einer der einfachsten dieser Art ist in Abb. 137 dargestellt. Er besteht aus zwei Zylindern A und A^1 von starkem Eisenblech mit gut schließendem Deckel. Durch die Mitte des Deckels geht je eine vertikale eiserne Welle a und a_1, welche im Innern des Apparates mehrere horizontale Arme b, b_1, b_2 trägt und durch die horizontale Welle c in rasche Umdrehung versetzt werden kann. Bevor man die Blumenpomade in diesen Apparat einbringt, wird sie im Wasserbade geschmolzen, wobei die Temperatur 30° C nicht

[1]) DRP. 134789.

übersteigen darf. Der Spiritus wird ebenfalls auf 30 ° C erwärmt und gleichfalls in den Apparat gegeben, worauf dieser geschlossen und die Welle in Bewegung gesetzt wird. Verfügt man über mechanischen Antrieb, so rührt man 48—60 Stunden. Nach Verlauf dieser Zeit filtriert man durch ein feines, weißes Leinentuch, das den Auszug passieren läßt, während die Pomade auf demselben zurückbleibt. Der so gewonnene Auszug I wird in eine Glasflasche gefüllt, einige Stunden in Eis ruhig stehen gelassen und dann durch Papier in eine andere Glasflasche filtriert. Das Filtrieren durch Papier ist notwendig, selbst wenn der Auszug klar und rein erscheinen sollte, denn es gehen nicht nur beim Durchseihen kleine Fetteile mit durch das Tuch hindurch, sondern solche sind auch im Auszuge selbst gelöst. Durch Abkühlen und ruhiges Stehen scheiden sich diese Fettkörperchen aber aus und erscheinen als weiße Flocken oder Öltropfen am Boden und an den Wänden der Flasche.

Die auf dem Tuche befindliche Pomade kommt nun wieder in den Extraktionsapparat zurück, ohne zuvor noch einmal geschmolzen zu werden und wird hier nochmals mit 1 $^3/_4$ Liter Spiritus auf 1 kg Pomade bearbeitet. Das Abfiltrieren dieses Auszugs II geschieht dann ebenfalls wie oben beschrieben.

Nachdem dann die Pomade noch ein drittes Mal in gleicher Weise behandelt ist, kommt sie in ein sauberes Blechgefäß und wird im Wasserbad vollständig geschmolzen. Etwaige nach dem Erkalten noch vorhandene Flüssigkeitsanteile werden mit dem Auszug III vereinigt, der späterhin bei den gleichen Operationen an Stelle von Spiritus benutzt wird.

Die ausgezogene Pomade kann im Verein mit frischem Fett zu billiger Haarpomade Verwendung finden oder wird in der Feinseifenfabrikation zur Herstellung einer zweiten Sorte Grundseife für pilierte Seifen benutzt.

Die Pomadenauswaschungen leiden stets an einem etwas faden Geruch, der durch darin enthaltene Fetteile bedingt wird. Selbst das Ausfrierenlassen, das oben empfohlen wird, vermag diesen Übelstand nicht ganz zu beseitigen. Man sagt deshalb wohl nicht mit Unrecht, daß die Pomadenauswaschungen nie den frischen, natürlichen Blumengeruch vollkommen wiedergeben.

Nach H. Mann stellt man sehr gute Blumeninfusionen her, wenn man die „Parfums naturels“ dazu verwendet. Diese sind wesentlich teurer als die Blumenpomaden, doch fallen bei ihrer Verwendung und Verarbeitung viele Unannehmlichkeiten fort. Die „Parfums naturels“ sind ausschließlich aus Blüten nach einem Verfahren, das der Société anonyme des Parfums naturels de Cannes patentiert ist, hergestellt. Von diesen „Parfums naturels“ gibt es zwei Arten, feste und flüssige, von denen man die ersten zu Infusionen verwendet, indem man 1 kg „Parfum naturel“ mit 70 kg feinstem Weinsprit behandelt. Das Kilogramm Parfüm wird unter Zusatz von 3 kg Weinsprit in einer Reibschale tüchtig verrieben, bis das Ganze eine gleichförmige Masse bildet.

Dann gibt man die restierenden 67 kg Weinsprit in den Extraktionsapparat und fügt die Mischung des „Parfum naturel“ mit den 3 kg Sprit hinzu. Man läßt mindestens 3 Tage arbeiten und verfährt dann wie bei den Blumenpomaden, indem man die Mischung filtriert, das Filtrat ausfrieren und wieder das Filter passieren läßt. Diese Infusionen haben einen prachtvollen Blumengeruch, da ihnen der bei Infusionen aus Pomaden auftretende Fettgeruch nicht anhaftet. Der Rückstand wird ein zweites und eventuell noch ein drittes Mal in gleicher Weise bearbeitet.

Aus flüssigen „Parfums naturels“ stellt man Lösungen her, indem man feinsten Weinsprit hinzufügt. Die Mengen desselben richten sich nach dem Preise, der erzielt werden soll.

Neben den Extrakten aus den französischen Blumenpomaden und den „Parfums naturels“ wird aber noch eine große Anzahl anderer weingeistiger Auszüge und Auflösungen in der Parfümerie verwendet, so von den früher besprochenen Harzen und Balsamen, den Riechstoffen aus dem Tierreich und den festen künstlichen Riechstoffen, ferner von verschiedenen Blättern, Wurzeln und Samen, wie Patchouli- blättern, Veilchenwurzeln, Vetiverwurzeln, Tonkabohnen, Vanille usw.

Die meisten dieser Stoffe werden vor der Extraktion gepulvert oder wenigstens möglichst zerkleinert.

Die Infusionen sollen in einem mäßig warmen Raume untergebracht und mehrmals täglich gut umgeschüttelt werden. Ihre Darstellung ist eine für den Parfümeur sehr interessante Beschäftigung, da man die von Tag zu Tag fortschreitende Entwicklung des Aromas der Auszüge genau verfolgen kann. Wenn die Extraktion vollendet ist, wird der Auszug durch Papier filtriert und erhält nun die Bezeichnung „Tinktur“ oder „Essenz“. Empfehlenswert ist es, von allen Tinkturen hinreichend Vorrat zu halten, da sie durch das Alter an Aroma gewinnen.

Nachstehend folgen einige Vorschriften für Tinkturen und Extrakte, wie sie in der Feinseifenfabrikation Verwendung finden.

Ambratinktur: 10 g Ambra,
1 l Sprit.

Die Ambra läßt sich schwer pulvern; zur Bereitung der Tinktur zerschneidet man sie in kleine Stücke, die man dann mit der gleichen Gewichtsmenge Milchzucker verreibt. Die weingeistigen Auszüge gewinnen durch das Alter; es empfiehlt sich daher, sie für Parfümeriezwecke erst nach 1—2 Jahren in Gebrauch zu nehmen. Die Ambra zeichnet sich weniger durch ihr Aroma als vielmehr durch ihre Beständigkeit aus, so daß sie sich ganz besonders zum Fixieren von Riechstoffen eignet.

Benzoetinktur: 1 kg Benzoe (Siam),
3 l Sprit.

Die Benzoe wird grob gestoßen, in einer Flasche mit Spiritus übergossen und fleißig umgeschüttelt; die Lösung erfolgt in 10 bis 12 Tagen.

Moschustinktur: 20 g Tonkin-Moschus,
250 „ Rosenwasser,
2 l Sprit.

Der Inhalt der Moschusbeutel wird vorsichtig ausgeleert und in eine Glasflasche gebracht. Alsdann wird das Rosenwasser hinzu gegeben und beides etwa 10 Tage unter öfterem Umschütteln stehen gelassen. Nach Verlauf dieser Zeit gibt man weiter die 2 Liter Spiritus hinzu und überläßt das Ganze unter öfterem Umschütteln mehrere Wochen der Ruhe. Die ausgeleerten Moschusbeutel werden in möglichst kleine Stücke geschnitten und in einer anderen Flasche auf gleiche Weise behandelt, wie der Inhalt der Beutel; anstatt des Rosenwassers kann man jetzt jedoch destilliertes Wasser verwenden.

Der Auszug aus den leeren Moschusbeuteln wird zu billigen Fabrikaten benutzt oder auch mit dem Auszuge des Inhaltes der Beutel gemischt, je nachdem man eine mehr oder weniger feine Tinktur zu erhalten wünscht.

Die verschiedenen Arten des künstlichen Moschus lösen sich leicht in Spiritus. Für eine Tinktur verwendet man vom Moschus Baur 15 g auf 1 l Sprit.

Myrrhentinktur: 500 g Myrrhe,
2 l Sprit.

Die Myrrhe wird zuvor grob gepulvert.

Opopanaxtinktur: 1 kg Opopanax,
4 l Sprit.

Der Opopanax wird grob gestoßen, mit dem Spiritus vermischt und häufig umgeschüttelt.

Patchouliextrakt: 500 g Patchouliblätter,
2,5 l Sprit.

Die Blätter werden gepulvert und mit dem Spiritus versetzt. Die Tinktur wird dunkelgrün, ist daher für die Zwecke der Extraitfabrikation nicht geeignet, läßt sich aber für pilierte Patchouliseife verwerten.

Perubalsamtinktur: 250 g Perubalsam,
5 l Sprit.

Storaxtinktur: 2 kg Styrax liquidus,
5 l Sprit.

Der Storax wird im Wasserbade erwärmt, bis er dünnflüssig geworden ist und alsdann in feinem Strahle mit dem Spiritus vermischt.

Tolubalsamtinktur: 1,5 kg Tolubalsam,
5 l Sprit.

Der Tolubalsam wird in möglichst kühlem Zustand mit einem scharfen Instrument, Stemmeisen und Hammer, zerschlagen. Die abspringenden Stücke werden rasch in Spiritus gebracht, der in etwa 14 Tagen löst. Fleißiges Umschütteln ist notwendig.

Tonkabohnenextrakt: 250 g Tonkabohnen,
1 l Sprit.

Die Tonkabohne war früher für die Parfümerie von großer Bedeutung. Heute ist sie überflüssig geworden, da das Cumarin in jeder Beziehung den Vorzug verdient; da es aber immer noch Parfümeure gibt, welche sich vom Tonkabohnenextrakt nicht trennen können, so soll er nachstehend ebenfalls besprochen werden. Der Tonkabohnenextrakt ist von angenehmem, durchdringendem Geruch, weshalb das Mischen dieser Tinktur mit anderen Riechstoffen sehr vorsichtig zu geschehen hat, damit der Tonkageruch die übrigen Gerüche der Mischung nicht zu sehr übertönt. Die Tinktur wird von den Parfümeuren gewöhnlich auf folgende Weise bereitet: Man bringt die Bohnen, ohne sie zu zerkleinern und ohne den an ihnen haftenden weißen Überzug zu entfernen, in eine Flasche, gibt den Spiritus darauf und läßt bei öfterem Umschütteln etwa 14 Tage mazerieren, worauf man die Flüssigkeit abfiltriert. Die Tinktur enthält auf diese Weise nur das Cumarin, welches sich als weißer Überzug auf den Bohnen befand. Die letzteren werden hiernach aus der Flasche genommen und zerkleinert, abermals mit $1^1/_4$ Liter Spiritus versetzt und der Ruhe überlassen. Der Auszug gibt noch immer eine recht gute Tinktur, welche zu weniger feinen Fabrikaten verwendet werden kann. Zweckmäßiger ist es aber, die Tinktur aus reinem Cumarin herzustellen; durch Auflösen von 4 g Cumarin in 1 l Sprit erhält man eine sehr reine Tinktur von gleichem Werte.

Vanilletinktur: 150 g beste Bourbon-Vanille,
2 l Sprit.

Die Vanille ist ebenso wie die Tonkabohne für die Parfümerie entbehrlich geworden; da es aber unter den Parfümeuren noch immer Liebhaber dafür gibt, sei sie mit aufgeführt. Man verfährt zur Gewinnung der Tinktur folgendermaßen: Die Vanilleschoten werden der Länge nach durchschnitten und für die Extraktion mit Spiritus dann in möglichst kleine Stücke zerteilt. — Einige Parfümeure reiben die so zerkleinerte Vanille noch mit Zucker ab, damit die kleinen Samenkörper, welche in der Schote enthalten sind, zerrieben werden und damit eine bessere Ausbeute erzielt wird. Die an den Vanilleschoten befindlichen weißen, flaumigen Kristalle sind sorgfältig mit zur Extraktion zu bringen. Der Vanilletinktur ist jedoch die Tinktur aus Vanillin vorzuziehen, die man durch Lösen von 3 g Vanillin in 2 Liter Sprit erhält.

Veilchenwurzeltinktur: 1 kg feinste, pulverisierte Iriswurzel,
3 l Sprit.

Die Wurzel wird gepulvert und mit dem Spiritus vermischt. Da das Pulver sich gern zu einer ziemlich festen Masse zusammenballt, so ist es nötig, täglich 5—6 mal umzuschütteln und dies 14 Tage lang fortzusetzen. Beim Abfiltrieren der Tinktur ist es ratsam, den ganzen Inhalt der Flasche auf ein über ein Blechgefäß gespanntes, festes Leinentuch zu bringen, um die Tinktur möglichst vollständig zu gewinnen. Das auf dem Tuche zurückbleibende Veilchenpulver wird nach dem Ablaufen der Tinktur durch nochmaliges Aufgießen von Spiritus auf einen zweiten Auszug verarbeitet.

Vetivertinktur: 250 g Vetiverwurzel,
2 l Sprit.

Die Wurzeln werden möglichst fein gepulvert, ehe sie mit dem Spiritus behandelt werden.

Zibettinktur: 10 g Zibet,
1,5 l Sprit.

Da der Zibet im natürlichen Zustande sehr schwer in Alkohol löslich ist, so wird er mit irgendeiner trockenen Substanz, wie z. B. Schlemmkreide oder ausgezogenem Veilchenwurzelpulver, in einer Porzellanreibschale zu einer pulverförmigen Masse verrieben; diese Mischung wird in eine Glasflasche gebracht, mit Spiritus vermischt und häufig gut umgeschüttelt.

H. Mann empfiehlt, Zibet und Sprit in eine Blechkanne mit ummanteltem Hals zu geben, diesen Mantel mit Glyzerin zu füllen, die Kanne zu schließen und sie ins Wasserbad zu stellen. Bei der Erwärmung löst sich der Zibet sehr schnell, und die aufsteigenden Spiritusdämpfe werden an dem Halsmantel wieder kondensiert, so daß ein Verlust fast ausgeschlossen ist.

Aus vielen der vorstehend aufgeführten Riechstoffe kann noch eine zweite Infusion hergestellt werden, und vor allem die Rückstände von Hölzern, Wurzeln, Früchten usw. sind zu zweiten Auszügen sehr geeignet. Bei einem etwaigen zweiten Aufguß muß aber der Zusatz von Spiritus in mäßigen Grenzen bleiben.

Die maschinellen Hilfsmittel der Feinseifenfabrikation.

Die maschinellen Hilfsmittel der Feinseifenfabrikation sind, wenn man zunächst von den Einrichtungen und Maschinen zur Herstellung und Verarbeitung pilierter Seifen absieht, im wesentlichen identisch mit den bereits eingangs beschriebenen Maschinen und Gerätschaften, wie sie für die Seifenfabrikation ganz allgemein benötigt werden. Die Spezialausbildung dieses besonderen Fabrikationszweiges hat es aber mit sich gebracht, daß auch die Entwicklung seiner apparativen Seite eine spezielle Richtung eingeschlagen hat, so daß es sich empfiehlt, an dieser Stelle auf einzelne Besonderheiten ausführlicher einzugehen.

Die Siedekessel.

Mehrfache Verbesserungen haben insonderheit die Kessel zur Herstellung von Feinseifen auf kaltem Wege, sowie die Doppelkessel erfahren.

Abb. 138 und 139 zeigen einen einfachen Kessel mit mechanischer Kippvorrichtung für kaltgerührte Seifen. Der etwas konische, mit Auslaufschnauze versehene Kessel hängt mit zwei Zapfen, drehbar gelagert, in dem Untergestelle und ist durch die Handkurbel beweglich. Wird die letztere losgelassen, so verbleibt der Kessel trotzdem in seiner Lage. Die Kessel können, wie aus der Abbildung ersichtlich ist, auch mit Rührwerk versehen werden[1]). Die Ausführung ist in jeder Größe möglich.

Abb. 138. Kippkessel mit mechanischer Kippvorrichtung.

Einen kippbaren Doppelkessel für direkte Feuerung geben die Abb. 140 und 141 wieder. Der Innenkessel A ist aus Schmiedeeisen hergestellt, der Außenkessel B und das sonstige Gestell aus Gußeisen. Mittels des Handgriffes C wird das Umkippen bewirkt. Geliefert werden die Kessel in jeder Größe von 60 bis 500 Liter Inhalt, auf Wunsch auch mit Rührwerk; die

Abb. 139. Kippkessel mit mechanisch. Kippvorrichtung (Innenansicht).

[1]) Vgl. S. 190, Kippkessel mit Rührwerk.

Abb. 140.

Abb. 141.
Kippkessel mit Doppelmantel und Kohlenfeuerung.

Größen von 100—250 Liter Inhalt können fahrbar gebaut werden.

Abb. 142 und 143 sind Doppelwand - Siedekessel für Dampfbeheizung. Diese Kessel werden in jeder Größe und für jede Dampfspannung hergestellt. Bei der einen Ausführungsart (Abb. 142) ist der Außenkessel A ebenso hoch wie der Innenkessel, bei der anderen (Abb. 143) bleibt der Außenkessel A etwa ein Drittel vom oberen Rand des Innenkessels B entfernt. Der Kessel ruht auf 3 starken, schmiedeeisernen Füßen a; er ist armiert mit einem Dampfdruckreduzierventil b (nebst Manometer); ferner mit Sicherheitsventil c, Dampfaustritthahn d und einem automatischen Kondenstopf g. Das Entleerungsrohr e mit Absperrventil f dient zum Ablassen des Inhaltes. Derartige Entleerungsrohre haben jedoch den Nachteil, daß sich in dem Rohrstück vom Kesselboden bis zum Absperrventil Lauge oder nicht gleichmäßig versottene Seife absetzt, die man deshalb vor dem Fertigsieden ablassen und in den Kessel zurückgeben muß.

Die Kessel werden auch mit Rührwerk für Hand- oder Riemenbetrieb und auch mit mechanischer Kippvorrichtung mittels Schneckenrad und Schneckenwelle geliefert.

Sehr praktisch und bequem zu bedienen sind Rührkessel mit Kippvorrichtung, die zur Anbringung an der Wand oder zum Aufstellen auf dem Fußboden eingerichtet, in allen Größen zur Ausführung gebracht werden. Sie sind zum Rühren und Mischen dicker Flüssigkeiten bestens geeignet. Das Rührgefäß wird in der Regel aus Gußeisen oder, je nach dem Verwendungszweck, ebenso wie die Rührorgane aus einem anderen, geeigneten Material hergestellt. Das Rührwerk wird mechanisch durch Riemen betrieben, die Kippvorrichtung mit Schnecke und Schneckenradsegment wird durch eine Handkurbel betätigt. Zur leichteren Reinigung und Entleerung werden diese Rührkessel mit kugeligem Boden und mit Ausgußschnauze versehen (s. Abb. 144 und 145).

Die Abb. 146 und 147 geben eine starke Rühr- und Mischmaschine mit Kraftantrieb wieder. Das Rührgefäß hat bis zu 125 Liter Inhalt und ist leicht transporta-

Abb. 142. Doppelwand-Siedekessel für Dampfbeheizung.

Abb. 143. Doppelwand-Siedekessel mit niedrigem Außenmantel.

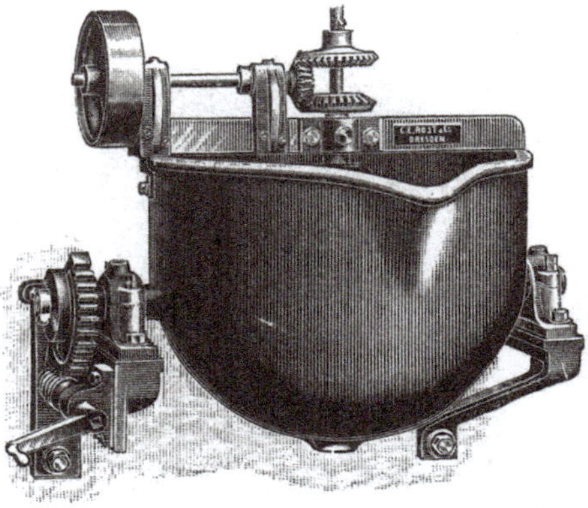

Abb. 144. Abb. 145.

Kippkessel mit Doppelrührwerk für Kraftantrieb.

Abb. 146. Rühr- und Mischmaschine mit ausgehobenem Rührwerk.

bel, da das Rührwerk mittels Handkurbel aus demselben herausgehoben werden kann.

Abb. 147 zeigt die Maschine betriebsbereit, Abb. 146 mit ausgehobenem Rührwerk.

Die für Dampfbeheizung eingerichteten Doppelkessel, die fast ausnahmslos aus Schmiedeeisen hergestellt sind, können entweder feststehend oder mit Kippvorrichtung gebaut werden. Sie werden auch in

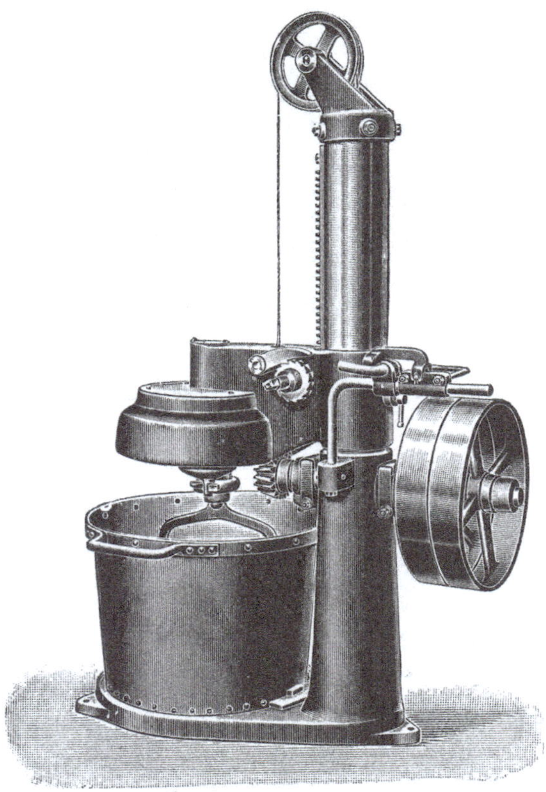

Abb. 147. Rühr- und Mischmaschine betriebsbereit.

großen Dimensionen und für alle vorkommenden Dampfdrucke zur Ausführung gebracht. Bei größeren Abmessungen werden die Kessel, mit dem unteren Teil durch den Fußboden hindurchragend, mittels Tragfüßen auf die eisernen Träger der Stockwerkskonstruktion aufgestellt und können dann durch am Boden angebrachte Ablaßvorrichtungen in das untere Stockwerk entleert werden.

Abb. 148 und 149 zeigen einen Doppelkessel mit Heiz-, Kühl- und Ablaßvorrichtung, sowie mit einem Rührwerk, Abb. 150 und 151 eine ähnliche Ausführung.

Abb. 148. Doppelwand-Kippkessel mit Dampfbeheizung und Doppelrührwerk.

Abb. 149. Doppelwand-Kippkessel mit Dampfbeheizung und Doppelrührwerk (Innenansicht).

Der Rührkessel A dieses Apparates hat einen Vollinhalt von 300 Liter, 800 mm Durchmesser, 600 mm Tiefe. Selbstverständlich kann die Maschine aber auch mit Kesseln jeder beliebigen anderen Größe ausgestattet werden. Der Kessel ist doppelwandig zum Anwärmen mit Dampf oder heißem Wasser. Er ist mit Auslaufschnauze versehen und vermittels Schneckenrad und Schnecke durch Drehen an der Handkurbel B zum Kippen eingerichtet. Das Rührwerk ist ein sogenanntes Planetenrührwerk, dessen aus Stahlrohrschaft und stählernen Schaufeln bestehen-

Abb. 150.
Doppelwand-Kippkessel mit Dampfbeheizung und abnehmbarem Planetenrührwerk.

der Rührflügel mit Hilfe der Flügelmuttern C aus dem Kessel herausgenommen werden kann. Über dem Kessel ist ein Laugengefäß E mit Abflußhahn angeordnet, um die Lauge allmählich dem Kesselinhalt zuführen zu können.

Die Maschine wird für Handbetrieb, für Riemenbetrieb oder für elektrischen Antrieb, wie in den Abbildungen vorgesehen, geliefert. Die für Riemenbetrieb oder Handbetrieb eingerichteten Maschinen haben in der Regel ein dreistufiges Riemenvorgelege für drei verschiedene Geschwindigkeiten. Mit der größten Geschwindigkeit eignet sich die Maschine vorzüglich zur Herstellung von Schaumseifen.

Abb. 151. Doppelwand-Kippkessel mit Dampfbeheizung und abgenommenen Planetenrührwerk.

Die Formen.

Die bei der Herstellung von Kernseifen verwendeten Formen sind auf S. 198 dieses Handbuches bereits ausführlich behandelt worden; hier sollen nur noch einige speziell für Feinseifen bestimmte Abarten vorgeführt werden, die sich infolge ihrer praktischen Verwendbarkeit heute überall eingeführt haben und in Abb. 152—154 wiedergegeben sind. Diese Formen sind zerlegbar in einen Boden und vier Seitenwände; der Verschluß wird gebildet durch genauest gearbeitete Nute und Feder, die durch einige Schraubzwingen a zusammengehalten werden. Die Formen halten ohne Verstreichen auch bei ganz dünnflüssigen Seifen absolut dicht.

Soll die Seife warm gehalten werden, so kommt eine Matratzenumhüllung oder eine Holzbekleidungin Anwendung. Ferner kann eine Mittelwand angebracht werden, welche die Form in zwei Abteilungen trennt.

Die Innenflächen der Formen sind glatt und lassen die Seife gut los, der Boden ist erhaben, so daß der Block glatt abgeschoben werden kann.

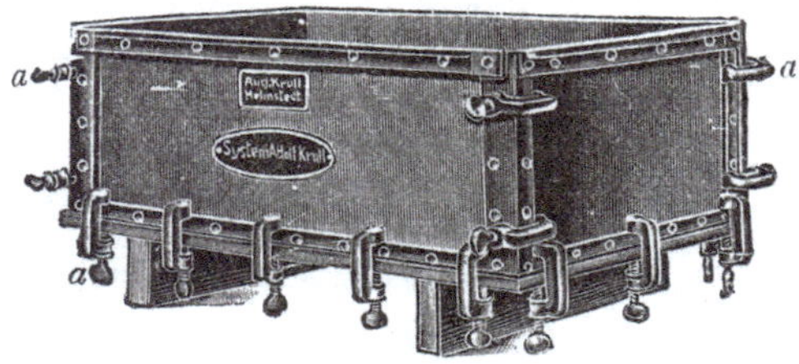

Abb. 152. Formkasten für kaltgerührte und halbwarme Feinseifen.

Die Formen werden in jeder gewünschten Größe von 25—500 kg Inhalt hergestellt; auch die Maße können beliebig vorgeschrieben werden.

Abb. 153. Fahrbare Feinseifenform.

Das für die Herstellung der Formen benutzte Flußstahlblech ist 3,25 mm dick, schwarz oder verzinkt; die Schraubzwingen sind aus Stahlguß hergestellt und unzerreißbar.

Neuerdings werden die Formen auch für die Feinseifen häufig mit Rollwerken versehen. Bei gewöhnlicher Ausführung werden zwei Achsen mit je zwei Rädern angebracht; praktischer ist es jedoch, die Rollrad-Vorrichtung lenkbar zu gestalten. Am meisten gebräuchlich sind die zwei durch die Abb. 153 und 154 dargestellten Ausführungsarten, von denen die letztgenannte die brauchbarere ist, weil sie, leer oder gefüllt, beliebig hin- und hergefahren und nach jeder Richtung hin gedreht und gewendet werden kann.

Abb. 154. Fahrbare Feinseifenform.

Trocken- und Wärmevorrichtungen.

Die in der eingangs besprochenen Weise[1]) erhaltenen Seifenstücke wurden ursprünglich vor dem Pressen angewärmt, wozu man aus Ofen-

Abb. 155. Feinseifen-Anwärmeofen mit Kohlenheizung.

kacheln oder Ziegelsteinen aufgeführte Wärmöfen benutzte. Jetzt werden solche Öfen meist jedoch aus Eisenblech in Form der Abb. 155 her-

[1]) Siehe S. 204ff.

gestellt. Dieselben sind mit eigener Feuerungsanlage versehen und werden am besten mit Koks oder Preßkohlen geheizt. Sie haben doppelte Wände, zwischen welchen die Heizgase hindurchstreichen, die so eine gleichmäßige Erwärmung des inneren Raumes herbeiführen. Die Feuergase entweichen durch ein auf dem Ofen befindliches Rohr, das mit einer Klappe zur Regulierung der Wärme versehen ist. — Die Seifenstücke werden auf Rahmen in den inneren Raum hineingeschoben.

Abb. 156. Trockenkammer mit Ventilator.

Fabriken mit Dampfeinrichtung stellen natürlich Trockenschränke mit Dampfheizung auf, die selbstverständlich sauberer und auch leichter zu regulieren sind. Auch die Konstruktion ist einfacher, da der Trockenschrank nicht doppelwandig hergestellt wird und lediglich am Boden Rippenrohre für die Wärmeübertragung enthält.

Bei größeren Fabriken findet man vielfach auch an Stelle der Trockenschränke Trockenkammern (Abb. 156), deren Heizkörper zweckmäßig in den Fußboden verlegt sind und die durch besondere Ventilatoren eine rasche Abführung der Brüden ermöglichen, so daß eine Beschleunigung des Trocknungsprozesses erzielt wird. Die Seifenhorden werden dann auf Spezialhordenwagen (Abb. 157) in die Trockenkammern hineingeschoben, sofern diese nicht etwa als sogenannte Bandtrockner mit einem endlos laufenden Trockenband ausgerüstet sind.

Abb. 157. Hordenwagen.

Die Pressen.

Auch bei der Herstellung von Feinseifen hängt die Wahl der bevorzugten Presse ganz von den Umständen ab, unter denen die Maschine arbeiten soll. Hat man sehr harte Feinseifen zu pressen, so wird man das günstigste Ergebnis mit dem allmählich wirkenden Druck der Spindel- oder Kurbelpresse erzielen, die auch bei allen Seifen, die eine mehr runde oder abgerundete Form erhalten sollen, sowie in allen Fällen, wo feine und sehr tiefe oder ungleichmäßige Gravierungen auszupressen sind, den Vorzug verdienen. Der harte und plötzliche Schlag der Schlagpresse würde hier keine genügend saubere und scharfe Pressung ergeben, da die zur Pressung kommende Seife gut ausgetrocknet sein muß, wenn sie nicht reißen oder springen, auch die Stanze nicht verkleben und verschmieren soll. Für die Formgebung ist zudem ein bedeutender Kraftaufwand erforderlich, den man leicht mit der Spindel- oder Kurbelpresse, nicht aber mit der Schlagpresse aufbringen kann. Hat man aber Seifen zur Verfügung, welche die Form ziemlich beibehalten sollen, die sie bereits durch das Schneiden erhalten haben und denen nur eine Inschrift oder eine Verzierung aufzupressen ist, so wird im allgemeinen die Schlagpresse vorzuziehen sein, da sie schneller arbeitet, als die vorbesprochenen Maschinen. Ein

Schlag oder höchstens zwei genügen, um das Stück nötigenfalls an allen Seiten zu bemustern. Die Schlagpresse wird also überall da zu bevorzugen sein, wo es sich darum handelt, große Quantitäten von einfachen Formen zu pressen; dagegen ist die Spindelpresse oder Kurbelpresse unbedingt nötig, wenn Seifen durch das Pressen eine elegante Form erhalten sollen.

Das Abkanteln der Stücke vor dem Pressen wurde früher mit dem Messer besorgt; diese Arbeit war aber sehr zeitraubend, und außerdem wurden nicht gleichmäßig schwere Stücke erzielt. Diesen Mißständen hilft die Kantelmaschine ab, mit der man etwa 2000 Seifenstücke in der Stunde gleichmäßig abkanteln kann und die durch Abb. 158 im Schnitt dargestellt ist.

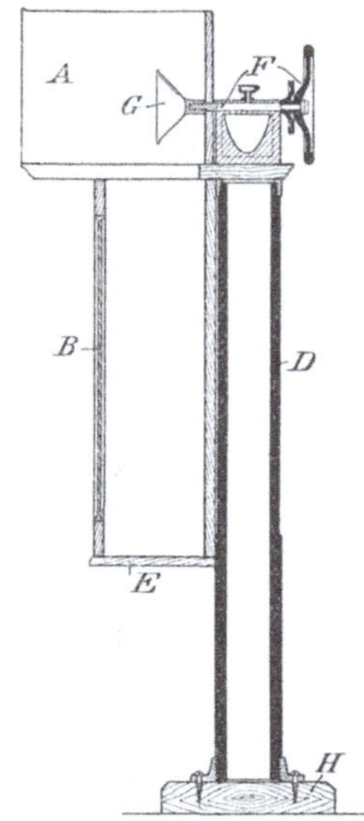

Abb. 158. Kantelmaschine.

Die Maschine besteht aus einer Säule D, die auf einem Holzsockel H befestigt ist. Auf dieser Säule ist ein Lager F montiert, durch das eine Welle läuft, die an ihrem Ende eine mittels Schnurlauf getriebene Riemenscheibe aufweist. Am anderen Ende besitzt sie ein Gewinde auf das man die auswechselbaren, je nach der Form des Seifenmusters angefertigten Trichtermesser G aufschraubt. Oberhalb ist ein gewölbtes Dach A angebracht, damit die Späne nicht umherfliegen, sondern in den nach unten angebrachten Kasten E fallen. Derselbe ist mit einer Tür B versehen, um das gesammelte Material entnehmen zu können. Die Maschine ist bereits in vielen Fabriken unentbehrlich geworden.

Seifenkugel-Schneidemaschinen.

Seifenkugeln werden in Deutschland nur noch sehr wenig hergestellt. Früher, als die Seifenstanzen noch nicht allgemein im Gebrauch waren, bildeten die Seifenkugeln aber einen großen Verkaufsartikel. Sie wurden meist aus freier Hand mit Hilfe des sogenannten Seifenlöffels geschnitten, der aus Horn oder Messing gefertigt war und der in Abb. 159 abgebildet ist.

Aus transparenten Glyzerinseifen werden auch heute noch häufig Seifenkugeln angefertigt. Für diesen Zweck sind besondere Maschinen konstruiert worden, von denen eine durch Abb. 160 wiedergegeben wird. Die damit hergestellten Kugeln haben einen Durchmesser von 30—60 mm, je nach der Größe der Maschine.

Der Tisch a dient zur Aufnahme des frischen Seifenriegels, aus dem die Kugeln gewonnen werden sollen und dessen Querschnitt dem Durchmesser der Kugeln angepaßt sein, also bei beispielsweise 30 mm Durchmesser etwa 32 mm im Quadrat betragen muß. An dem einen Ende des Tisches befindet sich die eigentliche Schneidevorrichtung A. Sie besteht im wesentlichen aus dem Gehäuse c mit dem durch die Handkurbel b angetriebenen Räderwerke, welches das in ersterem befindliche halbkreisförmige Schneidemesser in rotierende Bewegung setzt. Eine auf dem Gehäuse angebrachte Arretierung d hat den Zweck, den Seifenriegel an seinem Platze unverrückbar festzuhalten, während die Kugel geschnitten wird. Auf dem anderen Ende des Tisches befindet sich eine Vorschubvorrichtung B, bestehend aus der Zahnstange e mit Kopf f davor und aus dem mit Sperrkegel versehenen Handhebel g.

Abb. 159. Seifenlöffel.

Abb. 160. Seifenkugel-Schneidemaschine.

Die Arbeit verläuft nun folgendermaßen: Nachdem die Zahnstange e gänzlich zurückgedreht ist, wird der Riegel auf den Tisch a gelegt, vorn in das Gehäuse c hineingeschoben und durch die Arretierung d an seinem Platze festgehalten. Durch Drehen der Handkurbel b wird alsdann das im Gehäuse c befindliche halbkreisförmige Messer durch die Seife hindurchgedreht und so eine Kugel aus dem Seifenriegel herausgeschnitten; eine kleine automatische Vorrichtung arretiert die Kurbel, sobald die Arbeit erledigt ist. Die fertigen, etwas angetrockneten Kugeln werden schließlich in dem Polierring i noch etwas nachgearbeitet und poliert.

Die Handhabung der Maschine ist sehr einfach; die stündliche Leistung beträgt etwa 300—400 Kugeln.

Die spezielle Technologie der Feinseifen.

Wie bereits früher erwähnt, unterscheidet man feste, weiche und flüssige Feinseifen. Die festen werden, wie ebenfalls bereits hervorgehoben wurde, im wesentlichen auf drei verschiedenen Wegen hergestellt: durch Sieden, durch kalte Verseifung und durch sogenanntes Pilieren fertiger Grundseifen.

Feinseifen auf warmem Wege.

Die beste gesottene Feinseife ist die Grundseife zu den pilierten Seifen; doch dürfte es wohl niemals vorkommen, daß solche neutralen Kernseifen direkt als Feinseifen Verwendung finden. Die Seifen sind in der Regel sehr spröde, pressen sich schlecht und sind auch wegen des etwa 24 vH. betragenden Trockenverlustes schließlich unansehnliche und obendrein teuere Fabrikate. Als Ersatz für die wertvollen, pilierten Seifen gibt es jedoch eine Anzahl von Kernseifen, die aus weniger teueren Grundstoffen gesotten sind und gepreßte Form erhalten. Allerdings sind sie niemals von rein weißer Farbe, sondern gelblich bis tief braun gefärbt, weil stets in den Ansätzen weicheres Fett, Öl und dergl. und häufig auch Harz enthalten ist. Harz ist bekanntlich ein gutes Deckmittel für unangenehme Fettgerüche und gestattet es zudem, den Kern so weit einzudampfen, daß Seifen mit einem Gehalt von 70—75 vH. Fettsäuren entstehen, die wenig und gleichmäßig eintrocknen, längere Zeit geschmeidig bleiben und das Pressen aushalten.

In größeren Parfümerie- und Feinseifenfabriken werden die prima Grundseifen gewöhnlich aus 80—90 vH. Talg und 10—20 vH. Kokosöl gesotten. Die Abfälle hiervon, gewisse minderwertige Fette, die Fettrückstände der Blumenpomaden, mitunter auch ranzig gewordene Seifen, werden bei der Herstellung einer zweiten Grundseife verwendet, indem all diese Abgänge ohne Zusatz von Kokosöl, dafür aber mit 4 bis 5 vH. hellem Harz verarbeitet werden. Besteht der Ansatz z. B. aus 500 kg Seifenabfällen, 500 kg Fetten, Talg o. dergl. und 50 kg hellem Harz, so würde man etwa 500 kg 15grädige Ätznatronlauge in den Kessel geben, darauf die Seifenabfälle schmelzen, dann das Harz hinzugeben und nunmehr flott sieden, bis ein strotziger, schaumfreier Kern entsteht.

Hat man stark gefärbte Unterlauge und will möglichst helle Grundseifen haben, so wird erstere entfernt. Will man die Unterlauge nochmals verwenden, so wird sie mit Kalkmilch ausgewaschen, wodurch sie wieder hell und klar wird. Zur Verseifung der noch verbleibenden 500 kg

Fett würden etwa 850 kg 15grädige Ätznatronlauge erforderlich sein. Man gibt daher etwa 500 kg Lauge in den Kessel, dazu den Kern und, wenn alles im Kochen ist, auch nach und nach das Fett. Tritt starke Verleimung ein, so wird die restierende Lauge nach Bedarf zugesetzt. Falls die Seife kernseifenartig (getrennt) siedet, wird mit Wasser solange nachgeschliffen, bis sie sich zusammenzieht und im Leim siedet. Nunmehr wird die Heizung abgestellt und so lange mit 24grädigem Salzwasser versetzt, bis sich der klare Kern abscheidet und bis auch die Unterlauge klar ist. Bei fest gedecktem Kessel scheidet sich ein schliffiger Kern aus, welcher zu einer zweiten Sorte pilierter Seife recht gut geeignet ist und nach 24 Stunden Ruhe geformt wird.

Als gesottene Feinseifen gelten aber auch die Leimseifen mit hohen Ausbeuten, vornehmlich also auch die transparenten Glyzerinseifen. Diese nach oft sehr abweichenden Vorschriften hergestellten Erzeugnisse werden jedoch nur dann befriedigen, wenn man an dem Grundsatz festhält, daß Leimseifen, um transparent zu sein, so flüssig gehalten werden müssen, daß alle Bestandteile darin gelöst und nichts darin suspendiert ist (Flockigwerden). Mögen nun die Zusatzflüssigkeiten aus Glyzerin, Sprit oder Wasser bestehen, immer muß soviel davon im richtigen Verhältnis in der Seife vorhanden sein, daß die Zuckerlösung, die meist allein die Transparenz vermittelt, vollständig klar aufgenommen wird.

Schließlich bleibt noch eine Reihe von Leimseifen zu erwähnen, die teils direkt aus Ölen und Fetten, teils aus Abschnitten hergestellt, nicht transparent sind und auch meist Füllungen enthalten, welche allein die Seifen preßfähig machen. Die besseren Sorten ergeben bis zu 300 vH. Ausbeute, doch kommen auch Produkte mit 1200 vH. Ausbeute in den Handel, die nicht mehr gepreßt werden können.

Feinkernseifen. Die Anfertigung von Feinkernseifen kann sowohl in kleineren wie in größeren Partien stattfinden. Die Fettansätze dafür sind verschieden, die Art der Anfertigung aber ziemlich übereinstimmend. Es ist jedoch von vornherein zu bemerken, daß sowohl Talg wie Palmöl allein keine guten, preßfähigen Seifen ergeben, wenn diese Fette, wie beispielsweise der deutsche Landtalg oder das Liberia-Palmöl, sehr viel feste Fettsäuren enthalten. Muß man aber solche überharten Fette verarbeiten, so wird denselben vor der Verseifung zweckmäßigerweise Schweinefett oder Olivenöl zugesetzt.

Ansätze sind:

90 vH. Talg,
10 „ Ceylon-Kokosöl.

90 vH. gebl. Lagos-Palmöl,
10 „ Kokosöl.

70 vH. Talg,
20 „ Schweinefett,
10 „ Kokosöl.

70 vH. gebl. Palmöl,
20 „ Olivenöl,
10 „ Kokosöl.

80 vH. Talg,
10 „ Olivenöl,
10 „ Kokosöl,
5 „ helles Harz.

80 vH. gebl. Palmöl,
10 „ rohes Palmöl,
10 „ Kokosöl,
5 „ helles Harz.

Die Anfertigung der Seife kann in einem Doppelkessel mit Dampfbeheizung, im Doppelkessel auf freiem Feuer oder auch in einem einfachen Kessel über freiem Feuer erfolgen; nur muß die Größe des Kessels der Größe des Ansatzes angepaßt sein. Feuer und Dampf dürfen jedoch nicht über der Masse im Kessel heizen, damit Verkohlungen, welche die Seife als Feinseifen unbrauchbar machen, vermieden werden. Fett und Harz werden eingeschmolzen und durch ein Tuch oder Haarsieb geklärt. Zur Verseifung rechnet man auf 100 kg Fett einschließlich Harz 100 kg 28grädige, nicht ganz ätzende Lauge. Sie wird aus 90 kg Ätznatronlauge von 28° Bé und aus 10 kg Pottaschelösung von 28° Bé zusammengestellt. Hat man Abschnitte, so können sie auf der Lauge bei bedecktem Kessel eingeschmolzen werden. Die Verseifung geht schnell von statten, da es leicht gelingt, zwischen Fett und Lauge durch Untereinanderrühren Verbindung herzustellen. Man heizt deshalb erst an, wenn eine fest verbundene Leimkernseife entstanden ist, und gibt bei leichtem Sieden nach und nach starkes Salzwasser hinzu. Wenn die Seife dünner siedet, richtet man sie auf festen Druck und merklichen Stich ab. Gewöhnlich tritt nun sehr bald Überdampfung ein, so daß sich die Seife trennt, und, wenn auch in geringer Menge, eine dickflüssige Lauge abscheidet. Hat man größere Sude, so wird der Kessel fest gedeckt und bleibt über Nacht stehen. Am anderen Morgen liegt ein teigartiger, ziemlich flüssiger Kern im Kessel, der in kleine Formen gefüllt und möglichst so lange gekrückt wird, bis er erkaltet ist.

Für kleine Sude dagegen legt man drei bis vier passende Säcke übereinander, setzt auf diese Säcke die Form, die obenauf mit Gewichten beschwert wird, und gießt nunmehr in diese den ganzen Inhalt des Kessels hinein. Die gefüllte Form wird fest gedeckt. Nach 3 bis 4 Stunden ist die Lauge ausgeschieden und durch die untergelegten Säcke seitlich abgeflossen, in der Form befindet sich dann der reine Kern, der nunmehr gekrückt wird, bis er genügend erkaltet ist.

Soll solche Seife gefärbt werden, so wird die Farbe in Spiritus gelöst und der Seife in der Form beigekrückt. Auch die Parfümierung wird in der gleichen Weise durchgeführt. Passende Parfüms sind auf 100 kg gerechnet:

Für dunkle Seifen:	Für helle Seifen:
200 g Bergamottöl,	200 g Pfefferminzöl,
100 „ Kümmelöl,	100 „ Bergamottöl,
100 „ Cassiaöl,	50 „ Kümmelöl,
20 „ gutes Mirbanöl.	10 „ gutes Mirbanöl.

Leimkernseifen und Schmelzseifen. Die Leimkernseifen und die Schmelzseifen bilden eine Qualität, weil sie ohne Laugenabscheidung hergestellt werden und auch in bezug auf Ausbeute gleich sind. Die Abfälle, die zu solchen Seifen Verwendung finden, sind in der Regel kaltgerührte Seifen oder Abfälle von Schmelzseifen. Nicht geeignet sind jedoch Abfälle oder Seifen, die Wasserglas oder Zuckerlösung enthalten.

Es folgen hier zunächst einige Vorschriften für solche Leimkernseifen ohne Abfälle:

Veilchenseife:

40 kg Ceylon-Kokosöl,
15 „ Talg,
5 „ Olivenöl,
30 „ Natronlauge von 36° Bé,
5 „ Pottaschelösung von 25° Bé.

Farbe:

20 g Kaiserrot,
300 „ Veilchenbraun, in Olivenöl anzureiben und dem Öl zuzusetzen.

Parfüm:

200 g Cassiaöl,
200 „ Lavendelöl,
60 „ Nelkenöl,
60 „ Palmarosaöl,
20 „ Moschustinktur.

Mandelseife (weiß):

35 kg Kokosöl,
20 „ Talg,
5 „ Schweinefett,
31 „ Natronlauge von 36° Bé,
5 „ Pottaschelösung.

Parfüm:

300 g Bergamottöl,
100 „ Bittermandelöl.

Rosenseife:

40 kg Kokosöl,
20 „ Schweinefett,
30 „ Natronlauge von 36° Bé,
5 „ Pottaschelösung von 25° Bé.

Farbe:

40 g Kardinalrot, in heißem Wasser zu lösen und der Lauge zuzusetzen.

Parfüm:

200 g Geraniumöl,
200 „ Bergamottöl,
100 „ Gingergrasöl,
50 „ Cassiaöl.

Honigseife:

35 kg Kokosöl,
20 „ Talg,
5 „ Olivenöl,
30 „ Natronlauge von 36° Bé,
5 „ Pottaschelösung von 25° Bé.

Farbe:

40 g helles Wachsgelb, in heißem Wasser zu lösen und dann der Lauge zusetzen.

Parfüm:

300 g Zitronellöl,
100 „ Nelkenöl,
50 „ Pfefferminzöl.

Windsorseife (weiß):

40 kg Kokosöl (Ceylon),
15 „ Talg,
5 „ Rizinusöl,
30 „ Natronlauge von 38° Bé,
5 „ Pottaschelösung von 25° Bé.

Parfüm:

200 g Kümmelöl,
200 „ Bergamottöl,
60 „ Anisöl.

Windsorseife (gelb):

70 kg Kokosöl,
15 „ Talg,
5 „ rohes Palmöl,
30 „ Natronlauge von 36° Bé,
5 „ Pottaschelösung von 25° Bé.

Parfüm:

200 g Kümmelöl,
160 „ Cassiaöl,
60 „ Nelkenöl.

Die Herstellung geschieht in der Weise, daß die Fette und Öle eingeschmolzen und bei 37—38° C mit der 20° C warmen Lauge zusammengerührt werden, der gleichzeitig auch die in heißem Wasser gelösten Farben beigemischt sind. Ist die Lauge den Fetten zugerührt und soweit Vereinigung vorhanden, daß kein Öl mehr sichtbar ist, so wird der Kessel fest gedeckt. Es tritt nach etwa 1 bis 1½ Stunden Selbsterhitzung ein, die man zweckmäßig durch Einhängen des Kessels in ein heißes Wasserbad oder durch geeignete Dampfbeheizung (Doppelkessel) unterstützt. Schließlich entnommene Proben müssen Druck haben und dürfen nicht mehr schmierig sein. Ist die Seife zu matt, so wird mit 30—36grädiger Ätzlauge abgerichtet, doch darf nicht mehr davon genommen werden, als unumgänglich notwendig ist, um volle Neutralität zu erzielen. Die Seife hält sich sehr lange heiß und wird deshalb anhaltend gekrückt und erst geformt, wenn sie zusammengesunken ist und stark netzartig auflegt. Auch in der Form wird sie noch gekrückt und erst so spät als möglich parfümiert.

Will man Leimkern- oder Schmelzseife aus Abfällen oder aus mißratenen gerührten Seifen herstellen, so ist es notwendig, das Material nach der Farbe zu sortieren, da nur für braune Seifen verschieden gefärbte Ausgangsprodukte verwandt werden dürfen. Auch muß man ungefähr wissen, woraus die Seifen hergestellt sind, ob es reine Kokosseifen sind, oder ob sie aus Talg und Kokosöl bestehen und ob sie gefüllt sind. Sehr schwer lösen sich nämlich die reinen Kokosseifen auf, leichter die Seifen aus halb Talg und halb Kokosöl und am leichtesten die mit Salzlösungen gefüllten Seifen. Sehr ausgetrocknete Seifenabfälle müssen sogar gemahlen oder wenigstens gehobelt werden, da größere, hart getrocknete Stücke fast nie vollständig in Lösung zu bringen sind.

Die Anfertigung der Schmelzseifen erfordert einige Übung und recht viel Geduld. Nachdem festgestellt ist, wieviel Abschnitte zum Einschmelzen vorhanden und welche Fette zu denselben ungefähr verwandt sind, wird zunächst der Fett-Seifenansatz zusammengestellt. Da im allgemeinen nun eine gute Schmelzseife aus etwa zwei Dritteln Kokosöl und einem Drittel Talg oder talgartigem Fett, Schweinefett usw. bestehen soll, so würde man, wenn z. B. 100 kg reine Kokosseife und 50 kg aus etwa zwei Dritteln Kokosöl und einem Drittel Talg bestehende Abschnitte vorhanden sind, noch etwa 30 kg talgartige Fette zusätzlich verwenden müssen. Der Schmelzseifenansatz lautet daher:

150 kg Abfälle,
30 „ Talg,
15 „ Natronlauge von 36° Bé,
20 „ Pottaschelösung von 25° Bé.

Man verfährt nun in der Weise, daß man in einen gut heizbaren Doppelkessel oder in einen einfachen Kessel auf freiem Feuer zunächst die 20 kg 25grädige Pottaschelösung mit etwa 5 kg Talg vermischt. Alsdann gibt man zu dem Ganzen etwa 15—20 kg von den am leichtesten schmelzenden Abfällen hinzu und erhitzt solange, bis Lösung erfolgt. Sobald die Masse im Kessel breiartig wird, werden die übrigen Abfälle nach und nach unter fortgesetztem Krücken hinzugegeben. Je mehr Abfälle im Kessel zur Auflösung gelangen, um so zäher wird die sich bildende Seife. Man gibt deshalb gleichzeitig in kleinen Portionen Ätzlauge hinzu und hält die Seife so, daß sie netzartig bleibt. Da jedoch beim Einschmelzen viel Wasser verdampft, auch die Abschnitte häufig sehr ausgetrocknet sind, kann auch die Zugabe von Wasser in Betracht kommen, die jedoch mit äußerster Vorsicht erfolgen muß, da bei einem Zuviel statt Leimkernseife Leimseife entstehen würde. Die fertigen Seifen haben in der Regel 150—155 vH. Ausbeute und gleichen einer flüssigen Kernseife, die, wenn nötig, noch abgerichtet werden kann. Das Färben, Formen und Parfümieren geschieht nach den obigen Vorschriften.

Feinleimseifen. Zu den Fein-Leimseifen gehören, wie bereits früher erwähnt wurde, auch sehr billige Seifen, die häufig nur angefertigt werden, um mißratene Seifen und Abschnitte von anderen Feinseifen aufzuarbeiten.

Hat man die Absicht, solche Leimseifen herzustellen, so geht man am sichersten, wenn man sich aus 25 kg Pottasche von 96 vH., 25 kg Kristallsoda, 25 kg Chlorkalium und 50 kg Kochsalz eine Lösung von 18° Bé herstellt. Gibt man alsdann 80—100 kg dieser Lösung in den Kessel und fügt etwa 50 kg Abfälle solcher Seifen hinzu, die etwa 200 vH. Ausbeute hatten, so wird sich eine ziemlich gute Leimseife ergeben.

Will man solche Seife aus frischem Ansatz herstellen, z. B. aus 100 Teilen Ceylon-Kokosöl oder 50 Teilen Kokosöl und 50 Teilen Kernöl, oder 80 Teilen Kernöl und 20 Teilen Talg, oder 70 Teilen Kokosöl und 30 Teilen rohem Palmöl, oder 100 Teilen Kernöl, so würden zur Verseifung der Fette bei einer Ausbeute von 400 vH. etwa 120 Teile Ätznatronlauge von 30° Bé nötig sein. Der Ansatz besteht dann etwa aus:

100	Teilen	Fett
120	„	Ätznatronlauge von 30° Bé,
200	„	obiger Füllungs-Lösung von 18° Bé.

Man bringt zunächst etwa 100 Teile der 18grädigen Lösung in den Kessel und gibt alsdann etwa 60 Teile 30grädige Ätzlauge und gleich danach das Fett hinzu. Ist alles mit der Krücke gut vereinigt, so wird nach und nach der Rest der Ätzlauge und schließlich auch der Rest der Lösung hinzugefügt. Das Ganze wird zum Sieden erhitzt. Um ein allzustarkes Austrocknen zu verhindern, kann mit Kartoffelmehl oder Wasserglas gefüllt werden.

Eine Vorschrift für Mandelseife mit 350 vH. Ausbeute lautet etwa folgendermaßen:

40	Teile	Ceylon-Kokosöl,
10	„	Talg,
50	„	Natronlauge von 28° Bé,
50	„	Lösung von 18° Bé,
5	„	Kartoffelmehl, durch
10	„	Lösung von 18° Bé verdünnt,
0,5	„	Mirbanöl,
0,1	„	Bergamottöl,
0,05	„	Rosmarinöl.

Ungefähr 25 Teile der 18grädigen Lösung werden in den Kessel gebracht und einige Abschnitte hinzugegeben. Sind letztere gelöst, so kommen das Fett und etwa 25 Teile Ätzlauge hinzu. Nun wird mit der Krücke durchgezogen, bis Verbindung eintritt, und hierauf geheizt, bis die Seife kocht. Nebenher wird der Rest der Ätzlauge und gleich danach auch der Rest der 18grädigen Lösung eingekrückt und der Kessel sodann auf etwa 1 Stunde fest gedeckt, damit der Schaum vergeht und die Verseifung stattfindet. Findet man beim Aufdecken des Kessels, daß entnommene Proben noch ungenügende Festigkeit besitzen, so wird noch 30grädige Ätzlauge nachgegeben. Wenn dann die abgerichtete Seife auf etwa 80—87° C abgekühlt ist, wird die Füllung und später auch das Parfüm in die Seife eingekrückt. Jetzt entnommene Proben (100 g) müssen beim Anschnitt fest sein und dürfen sich nicht naß anfühlen.

Windsorseife mit 400 vH. Ausbeute. Auch für diese Seife kann man den vorstehenden Ansatz benutzen, nur wird, der höheren Ausbeute entsprechend, eine größere Menge der 18grädigen Lösung verarbeitet. Soll die Seife gelb gefärbt werden, so sind in Wasser lösliche Farben, z. B. Hausseifengelb, Zitronengelb oder Wachsgelb anzuwenden. Als charakteristisches Parfüm empfiehlt sich auf 20 kg Seife eine Mischung von

100 g Cassiaöl,
50 „ Lavendelöl,
30 „ Kümmelöl,
30 „ Thymianöl.

Als billiges Parfüm eine Mischung von

60 g Mirbanöl,
60 „ Cassiaöl,
30 „ Kümmelöl.

Veilchenseife mit 600 vH. Ausbeute. Die Veilchenseifen werden in der Regel tief braun gefärbt. Zu ihrer Herstellung sind deshalb alle gefärbten Abfallseifen verwendbar, da es nur notwendig ist, dieselben auf 18 grädiger Lösung einzuschmelzen und mit Zuckerkouleur oder wasserlöslicher Anilinfarbe zu färben. Ist die eingeschmolzene Seife in den Proben nicht fest genug, so wird nach und nach mit 30grädiger Ätznatronlauge abgerichtet. Als billiges Parfüm wird Cassiaöl und Mirbanöl angewandt, unter Umsfänden auf je 50 kg Seife auch 5 g Moschustinktur.

Abfallseifen mit 1000—1200 vH. Ausbeute. Auch diese Seifen werden wie die vorigen gesotten, nur muß man hier noch größere Mengen der 18grädigen Lösung und zum Abrichten mehr 20grädige Ätzlauge heranziehen. Sollen solche Seifen marmoriert aussehen, so gießt man verschiedenartig gefärbte Seifen in Porzellanformen vorsichtig übereinander.

Nachstehend sind einige weitere Fabrikationsvorschriften mitgeteilt, doch ist zu beachten, daß Farbe und Parfüm dem Belieben des Einzelnen überlassen sind. Für 100 kg Seife benötigt man etwa 400—450 g Parfüm und etwa 15—20 g Farbe.

Gelbe Feinleimseife
etwa 250 vH. Ausbeute.

I.

88	kg	Kokosöl,
12	„	Rizinusöl,
50,5	„	Ätznatronlauge von 38° Bé,
20	„	Wasser,
40	„	Pottaschelösung von 30° Bé,
40	„	Salzlösung von 21° Bé,
40	g	Uranin-Hellgelb,
400	„	Zitronellöl II,
350	„	Safrol,
250	„	Cassiaöl.

II.

600	g	Zitronellöl II,
200	„	Lemongrasöl,
200	„	Cassiaöl.

Rote Feinleimseife
etwa 370 vH. Ausbeute.

I.

92	kg	Kokosöl,
8	„	Rizinusöl,
53,5	„	Ätznatronlauge von 38° Bé,
16	„	Wasser,
100	„	Pottaschelösung von 30° Bé,
100	„	Salzlösung von 21° Bé,
56	g	Orient-Rosenrot,
400	„	Palmarosaöl,
400	„	Zitronellöl II,
300	„	Lavendelöl II.

II.

450	g	Safrol,
225	„	Zedernholzöl,
225	„	Kümmelöl,
225	„	Thymen.

Orange Feinleimseife
etwa 310 vH. Ausbeute.

I.

90	kg	Kokosöl,
10	„	Rizinusöl,
51,5	„	Ätznatronlauge von 38° Bé,
25	„	Wasser,
68	„	Pottaschelösung von 30° Bé,
70	„	Salzlösung von 21° Bé,
46	g	Uranin-Orange,
800	„	Zitronellöl II,
200	„	leichtes Nelkenöl.

II.

800	g	Zitronellöl II,
200	„	Limonen.

Weiße Feinleimseife
etwa 460 vH. Ausbeute.

I.

100	kg	Kokosöl,
58	„	Ätznatronlauge von 38° Bé,
30	„	Wasser,
140	„	Pottaschelösung von 30° Bé,
140	„	Salzlösung von 21° Bé,
1,5	„	künstliches Bittermandelöl.

II.

400	g	Gingergrasöl,
300	„	Kümmelöl,
300	„	Lavendelöl II,
300	„	Thymen.

Die Herstellung der Seife nach vorstehenden Ansätzen erfolgt in der Weise, daß man Kokosöl, Rizinusöl, Ätznatronlauge, Wasser und Pottaschelösung in den Kessel gibt und unter Rühren so lange auf etwa 75° C erhitzt, bis guter Verband eingetreten ist. Sobald sich die Masse schön verbunden hat und leimig geworden ist, setzt man unter Rühren allmählich die Salzlösung hinzu und erwärmt das Ganze auf etwa 85° C, um die Seife alsdann einer etwa zweistündigen Ruhe im bedeckten Kessel zu überlassen. Nach dem Abdecken nimmt man den inzwischen abgesonderten Schaum von der Seife ab und setzt Proben auf. Die Seife muß völlig klar und genügend fest sein, andernfalls ist noch etwas Lauge bzw. Salzlösung nachzugeben. Die fertige Seife wird alsdann gefärbt, parfümiert und in kleine, dichtschließende Eisenformen geschöpft. Die erkaltete, aus der Form genommene Seife wird schließlich in passende Riegel und Stücke geschnitten, welche, wenn sie zum Pressen bestimmt sind, noch abgekantelt werden. Die kleinen Preßstücke werden auf Horden gesetzt und im Wärmeofen angewärmt, können eventuell aber auch durch Außenluft genügend getrocknet werden. Das Pressen solcher Seifenstücke erfolgt am besten durch Schlagpressen, deren Stanzen zweckmäßigerweise durch Salzwasser angefeuchtet sind.

Orientalseifen. Den vorstehenden Seifenarten nach Zusammensetzung und Herstellungsweise ähnlich sind auch die in der Vorkriegszeit hauptsächlich für den Export nach der Levante hergestellten, dem Geschmack der orientalischen Konsumentenkreise entsprechend stark parfümierten „Orientalseifen". Sie werden lediglich aus Kokosöl oder Kokosseifenabfällen hergestellt, da Seifen aus tierischen Fetten von Orientalen, soweit sie mohammedanischen Glaubens sind, abgelehnt werden. Für die Fabrikation selbst kommen etwa die folgenden Rezepte in Betracht:

Orientalseife
etwa 310 vH. Ausbeute.

60	kg	Kokosöl
57	„	Ätznatronlauge 24° Bé,
32	„	Pottaschelösung 32° Bé,
40	„	Salzwasser 24° Bé.

Orientalseife
aus Kokosseifenabfällen.

80	kg	Abfälle
42	„	destilliertes Wasser,
8,5	„	reine Pottasche,
40	„	Salzwasser 24° Bé,
0,5	„	Ätznatronlauge 39° Bé.

Zum Färben werden je Ansatz empfohlen:

Rot: 20 g Echtrot 129 A in 300 ccm Wasser,
Rosa: 25 g Phloxin B.A.S.F.,
Orange-gelb: 30 g Methanylgelb in 1 l Wasser,
Grün: 90 g Neuviktoriagrün und 30 g Tampicogelb in 600 ccm 50 proz. Spiritus.

Parfümiert wird weiße Seife als Mandelseife mit 0,5 kg Mirbanöl oder mit folgender Komposition:

250 g Zitronenöl,
125 „ Palmarosaöl (türkisch),
63 „ Zedernholzöl,
62 „ Kümmelöl,

rote oder rosafarbene Orientalseife mit:

125 g Zitronellöl Singapore,
125 „ Palmarosaöl (türkisch),
125 „ Cassiazimtöl,
63 „ Nelkenöl,
62 „ Kümmelöl,

orangegelbe Orientalseife mit:

200 g Zitronellöl Singapore,
100 „ Cassiazimtöl,
100 „ Nelkenöl,
100 „ Zedernholzöl.

Feinseifen auf kaltem Wege.

Unter Verseifung auf kaltem Wege versteht man das allgemein gebräuchliche Verfahren, durch Zusammenrühren von geschmolzenem Kokosöl, auch wohl Palmkernöl, mit der zur Sättigung genau erforderlichen Laugenmenge Seifen, hauptsächlich billigere Feinseifen, herzustellen. Es beruht auf der Fähigkeit der verschiedenen Kokosöle, mit hochgrädigen Ätzlaugen schon bei niedriger Temperatur Verband und durch nachträgliche Selbsterhitzung der Mischung in der Form eine weiße, feste und schaumkräftige Seife zu bilden. Die Reaktionsfähigkeit des Kokosöles ist jedoch so groß, daß bei diesem Verfahren selbst andere, schwerer verseifbare Fette und Öle mit in Verband gezogen werden, so daß man in Berücksichtigung dieses Umstandes zu den Seifen dieser Gattung vielfach auch einen gewissen Prozentsatz an Talg, Schmalz, Olivenöl oder Rizinusöl verwendet. Obgleich das Kokosöl, für sich allein verseift, stets die reinsten und schönsten Farben, sowohl in weißer, als auch in gefärbter Ware liefert, so wird sich doch der Zusatz eines der letztgenannten Fette und Öle vor allem in den Fällen empfehlen, wo es sich darum handelt, ein milderes Produkt herzustellen, als es das Kokosöl, für sich allein verseift, ergeben kann. Solche Seifen, und zwar besonders die mit größerem Talggehalt, nähern sich zudem im Aussehen und auch im Verbrauch den pilierten oder Feinkernseifen, von welchen sie vielfach lediglich durch den Bruch unterschieden werden können, der bei Seifen auf kaltem Wege amorph, dagegen bei Feinkernseifen stets kristallinisch ausfällt.

Allerdings müssen bei der Herstellung derartiger kaltgerührter Talgkokosölseifen an die Qualität des zur Verseifung gelangenden Talges besonders hohe Anforderungen gestellt werden, wenn wirklich lagerbeständige, nicht ranzig werdende Produkte erzielt werden sollen. In jeder Beziehung unbedenklich ist deshalb zunächst nur die Verwendung frischen Speisetalges. Da ein solcher zu angemessenen Preisen gegenwärtig aber kaum noch zur Verfügung steht, ziehen es die meisten Seifenfabrikanten heute vor, kaltgerührte Seifen lediglich aus reinem, entsäuertem Kokosöl herzustellen. Ob man nun Talg oder andere Öle und Fette mitverarbeitet oder nicht, die Herstellungsweise der kaltgerührten Seifen bleibt immer die gleiche; es treten da nur geringe Abweichungen in der Temperatur der zu verseifenden Fette und in bezug auf die Menge der zur Verseifung nötigen Lauge ein. Hinsichtlich dieser beiden Punkte hat man nämlich zu berücksichtigen, daß das Kokosöl unter den hier in Betracht kommenden Fetten und Ölen zu seiner vollständigen Verseifung der größten Laugenmenge bedarf, ihm folgen Talg, Schmalz und Olivenöl, Fette, die nur ungefähr 80 vH. der für die Verseifung des Kokosöles erforderlichen Lauge benötigen, und am wenigsten Lauge schließlich erfordert das Rizinusöl. Die Verseifungszahl beträgt bei Kokosöl etwa 250, bei Talg etwa 200, bei Schmalz etwa 195, bei Olivenöl etwa 190 und bei Rizinusöl etwa 180. — Daß man übrigens bei Verwendung von Olivenöl kein gewöhnliches Baumöl, sondern nur reines, frisches Speiseöl wählt, ist selbstverständlich. Alle zur kalten Verseifung gelangenden Fette sollen möglichst frisch, rein und vor allen Dingen nicht ranzig sein, jedenfalls aber nicht mehr als höchstens 3 vH. freie Fettsäure enthalten.

Betreffs des zweiten Punktes gilt als Norm, daß das Fett bei der Verarbeitung um so höher erhitzt werden muß, je höher sein Schmelzpunkt liegt. So würde z. B. Talg, wenn man ihn allein verarbeiten wollte, auf 60—62° C gehalten werden müssen, während bei Mitverwendung von $^1/_2$—$^1/_3$ Kokosöl eine Temperatur von 40—42° C bzw. von 32 bis 35° C. genügt. Bei der Verseifung von Kokosöl allein, sowie bei Mitverwendung von Schmalz, Rizinusöl und Olivenöl steigert man die Temperatur im Sommer nicht über 28° C, im Winter nicht über 33° C. Auch nimmt man die ganze Arbeit im Winter am besten in einem geheizten Raume vor.

Von den drei hauptsächlich im Handel vorkommenden Kokosölen, dem Cochinöl, dem Ceylonöl und dem Koprahöl, liefert das Cochinöl, wie bereits betont, die hellsten und zartesten Seifen. Es wird deshalb überall da zur Verwendung kommen müssen, wo an das Endprodukt hohe Anforderungen in bezug auf weiße Farbe, Haltbarkeit und möglichste Geruchlosigkeit gestellt werden. Da es jedoch wegen seiner besseren Eigenschaften immer teurer ist, als die anderen Sorten, so bedient man sich dieser letzteren in allen den Fällen, wo der Erlös für die fertige Ware die Verarbeitung des ersteren ausschließt, oder wenn, wie bei gefärbten und weniger fein parfümierten Seifen, weiße Farbe und Geruchlosigkeit weniger in Betracht kommen. Es ist indessen selbstverständlich, daß auch gefärbte Seifen bei Verwendung von Cochinöl schöner und zarter ausfallen, als solche aus den anderen beiden Ölen. Ferner ist zu bemerken, daß Cochinöl gewöhnlich frischer in den Handel kommt als diese letzteren, und demzufolge auch langsamer und ordnungsmäßiger verseift werden kann; denn die freien Fettsäuren rufen die meisten Störungen bei der kalten Verseifung hervor, indem sie ein frühzeitiges Dickwerden der Seife veranlassen, so daß die ganze Masse schon vor dem Zugeben der letzten Laugenmenge nicht mehr gleichmäßig mit der Rührkeule zu verarbeiten ist. An solchen freien Fettsäuren reich sind besonders die alten Ceylon- und Koprahöle, die deshalb zwecks Beseitigung dieses Übelstandes am besten mit starker Lauge zunächst zu raffinieren sind, wie weiter unten eingehender noch besprochen werden soll.

Teilweise lassen sich allerdings diese durch einen übermäßigen Fettsäuregehalt bedingten Übelstände bei der Verseifung auch dadurch vermeiden, daß man, je nach der Jahreszeit, mit der Verseifungstemperatur auf 23—25° C herabgeht. Wenn dann auch die Masse zunächst bei Zugabe der Lauge teilweise zu erstarren scheint, so daß sich „kalte Brocken" bilden, so darf man sich doch dadurch nicht irre machen lassen; denn mit zunehmender Erwärmung der Seife lösen sich diese Brocken wieder, die Seife wird wieder glatt und allmählich dünner und kann nun wie gewöhnlich bis zum normalen Dickwerden gerührt werden. So behandelte Seifen zeichnen sich in der Regel durch große Zartheit und weiße Farbe aus; doch muß man sich kräftiges und unausgesetztes Rühren nicht verdrießen lassen.

Ist jedoch auch bei dieser Behandlung ein Dick- und Körnigwerden der Seifenmasse nicht zu vermeiden, so ist die oben erwähnte Raffination mittels starker Laugen unerläßlich. Aber auch ohne diese ist zum mindesten ein Auswaschen des Öles mit Salzwasser, eine Läuterung, vor der Verarbeitung dringend geboten, um die Schmutz- und Schleimteile zu entfernen, die jedes Öl mechanisch gebunden enthält. Dabei verfährt man auf folgende Weise:

In einen Kessel, welcher zu zwei Dritteilen mit dem zu läuternden Kokosöl angefüllt wird, bringt man soviel Salzwasser von 15—18° Bé, daß das geschmolzene Öl mit dem Schöpfgefäß bequem noch von oben her abgeschöpft werden kann. Man erhitzt zum Sieden, kocht wenigstens eine halbe Stunde lang und nimmt den sich während dieser Zeit an der Oberfläche immerwährend bildenden Schaum mit dem Schaumlöffel ab. Steigt nur noch ein reiner, weißer Schaum in die Höhe, so kann man die Operation als beendet ansehen. Man deckt den Kessel nunmehr recht warm zu und läßt das Öl während einiger Stunden oder besser noch über Nacht absetzen. Am nächsten Morgen kann man das klare Öl dann zum weiteren Gebrauch abnehmen.

Arbeitet man mit direktem Dampf, so ist ein Einbringen von Wasser in den Kessel nicht erforderlich, da sich dasselbe durch Kondensation von selbst bildet. Man hat dann nur nötig, etwa 3—4 kg Salz auf 100 kg Öl gleich von vornherein mit in den Kessel zu geben.

Das Raffinieren oder Bleichen des Öles mit Natronlauge geschieht in ähnlicher Weise. Man schmilzt zunächst das Kokosöl und bringt sodann das erforderliche Wasser in den Kessel. Nachdem man das Ganze zum Kochen gebracht hat, setzt man vorsichtig auf 100 kg Öl 3—5 kg Lauge von 38—40° Bé hinzu und geht unter Umständen mit dem

Laugenzusatz noch weiter, wenn das Ausgangsmaterial sehr alt oder ranzig war. Im letzteren Falle ist es aber empfehlenswert, durch Ermittelung der Säurezahl die Menge der zur Neutralisation der freien Fettsäure erforderlichen Lauge analytisch und rechnerisch festzustellen und dann lediglich die wirklich erforderliche Menge bzw. nur einen geringen Überschuß in Anwendung zu bringen. Man erhält alsdann neben nur wenig Raffinationsabfall (Soapstock) die höchst mögliche Ausbeute an Raffinat. Ist nun alles genügend durchgesotten, so daß man die Lauge als vollständig verseift ansehen kann, beginnt man, mit trockenem Salz solange auszusalzen, bis ein grauschmutziger und schaumiger Kern von unten heraufstößt, der dann sofort mit dem Schaumlöffel abgenommen wird. Bei der ganzen Operation ist jedoch sehr schnelles Arbeiten erforderlich, da ein Übersteigen der Masse zu befürchten ist, wenn der Schaum die ganze Oberfläche des Öles bedeckt. Ist diese Gefahr bevorstehend, so kann man das Übel durch Zugeben von Wasser oder Lauge aber nur noch verschlimmern. Man erhitze deshalb mit Vorsicht und sorge dafür, daß sich der Schaum nicht ansammelt. Zeigt das Aufsteigen von reinem, weißem Schaum das Ende der Operation an, so wird der Kessel gut zugedeckt und das Öl weiter behandelt, wie oben angegeben. Dasselbe ist nach dem Absetzen nunmehr milchig weiß getrübt und läßt sich nur schwer und langsam verseifen, so daß z. B. 100 kg Öl oft einen halben Tag, zuweilen sogar noch längere Zeit zur vollständigen Verseifung benötigen; doch ist dies ein gutes Zeichen, da solche schwer verseifbaren Öle Seifen ergeben, die nach Farbe, Geruch und Haltbarkeit unübertrefflich sind.

Statt mit Natronlauge kann man das Kokosöl auch mit Soda bzw. Sodalösung raffinieren. Das Öl wird zu diesem Zweck in einem doppelwandigen Gefäß auf etwa 50° C angewärmt. Die zur Abscheidung der freien Fettsäuren benötigten Sodamengen werden nach dem Prozentgehalt des Öles an freier Fettsäure berechnet, indem man für je 1 vH. freie Fettsäure 0,24 kg kalzinierte Soda in trockener Form oder 0,62 kg in der doppelten Menge warmem Wasser aufgelöste Kristallsoda verwendet. Die Soda bzw. Sodalösung werden langsam in das erwärmte Kokosöl eingerührt, wobei jedoch vorsichtig zu verfahren ist, da das Fett infolge der Kohlensäureentwicklung im Kessel steigt und bei zu raschem Arbeiten überschäumen kann. Nach Beendigung der Kohlensäureentwicklung wird die Temperatur langsam unter Umrühren auf 80° gesteigert. Das nach dem Absetzen klare, entsäuerte Kokosöl läßt sich dann leicht von der abgesetzten Seife abschöpfen, die ihrerseits mit anderen Abfällen zusammen weiter verarbeitet wird.

Aus dem bisher Gesagten geht hervor, daß man zur Verseifung auf kaltem Wege mit Vorteil jedoch nur die frischesten Kokosöle verwendet, da man so Raffinationsverluste vermeidet und schöne, weiße und haltbare Seifen ohne zeitraubende Vorarbeiten erhält. Wenn möglich, wähle man daher stets solche Öle, die neben hartem, ziemlich transparent weißem Bruch den geringsten Geruch besitzen. Schmierige Öle mit butterartigem, ranzigem Geruch und dabei oft noch grüner oder grauer Farbe können ohne weiteres als alte, stark saure Öle bezeichnet werden und ergeben ohne vorherige Raffination nie schöne und haltbare Seifen.

Die Lauge zu den kaltgerührten Seifen wird am besten aus hochgrädigem, 128—130 prozentigem Ätznatron bereitet. Man nimmt zum Auflösen auf 100 kg Ätznatron 200 kg Wasser und erhält dann eine Ätzlauge von etwa 40° Bé, welche zweckmäßig in dicht geschlossenen Behältern oder Glasballons bis zum Gebrauch aufbewahrt und gewöhnlich 38° Bé stark verarbeitet wird. Verwendet man 120—125 prozentiges Ätznatron, so empfiehlt es sich, wegen des geringeren Gehaltes, eine Lauge von 40° Bé zu benutzen. Zur Verseifung von 1 kg Kokosöl benötigt man ungefähr $^1/_2$ kg Ätznatronlauge von 38° bzw. 40° Bé. Will man aber eine Seife mit zartem Griff erhalten, so ersetzt man zweckmäßig einen geringen Teil der Natronlauge durch 38 grädige Ätzkalilauge. Die Laugen sollen frei von Verunreinigungen und besonders ohne Trübungen sein und werden deshalb zweckmäßig aus Lagergefäßen entnommen, die etwa 10—25 cm oberhalb des Bodenventils ein zweites Ablaßventil enthalten, das die Möglichkeit für eine Abtrennung der schmutzigen Bodenschicht von der beim Lagern geklärten Oberschicht bietet.

Zur vollständigen Verseifung von 50 kg Kokosöl sind 28,5—29 kg 38 grädige Lauge erforderlich; in der Praxis werden indes meist nur 25—26 kg angewandt, da die durch Verseifung von 50 Teilen Kokosöl mit 28,5 Teilen Lauge erhaltene Seife so hart ist, daß beim späteren Schneiden und Pressen Schwierigkeiten entstehen; auch ist die auf solche Weise hergestellte Seife nicht transparent und wegen ihrer großen Schärfe zum Waschen durchaus untauglich.

Die nach der üblichen Vorschrift erhaltene, ungefüllte Kokosseife dagegen ist weich, so daß der Fingernagel leicht eindringt, und läßt an den Schnitträndern das Licht durchscheinen. Diese Transparenz ist eine auffallende und nicht erklärte Folge ihrer Zusammensetzung und läßt sich nicht künstlich herstellen. Verseift man z. B. ein Gemisch von 45 Teilen Kokosöl mit 5 Teilen Vaselin und 25 Teilen Lauge, so erhält man eine Seife, die ebenfalls einen größeren Prozentsatz an freier, fettartiger Substanz enthält, aber doch bei weitem nicht so transparent ist, wie die ungefüllte Kokosseife[1]).

Vor Beginn der Fabrikation müssen daher Lauge und Fett genau abgewogen werden, da bei einem Überschuß an Lauge die Seife sehr spröde und hart, bei zu wenig Lauge dagegen infolge unvollständiger Verseifung des Öles schmierig und wenig haltbar ausfallen würde.

Das Einschmelzen des Kokosöles geschieht am besten in einem Doppelkessel. Ist die größere Menge Öl bei etwa 50° C geschmolzen, so hebt man den Kessel heraus oder schöpft das Öl in den Rührkessel. Die noch vorhandenen Stücke lösen sich dann, und das geschmolzene Öl hat schließlich eine Temperatur von 37—38° C. Höhere Temperaturen soll man tunlichst vermeiden, um einer Verfärbung des Öles

[1]) Ubbelohde u. Goldschmidt: Handbuch der Chemie und Technologie der Fette, 3, S. 921.

vorzubeugen. — In größeren Betrieben wird das Kokosöl meistens durch Dampf aus den Fässern geblasen, läuft dann am besten in verzinnte eiserne, mit Dampfschlange versehene Behälter und wird, wenn es genügend abgekühlt ist, durch feine Leinwand oder ein feines Haarsieb in das Rührgefäß filtriert.

Nunmehr trägt man in dünnem Strahle unter beständigem Umrühren die bereit gestellte, ebenfalls genau abgewogene Lauge ein und setzt, nachdem Öl und Lauge vereinigt sind, das Rühren so lange fort, bis ein guter Verband zwischen beiden eingetreten ist. Die alsdann dicker gewordene Masse besitzt ein gleichmäßig transparentes Aussehen, läuft vom Rührholz leimig ab und legt beim Schwenken desselben in starken Fäden auf. Hat man frisches Cochin-Kokosöl verwandt, so tritt die Verleimung allerdings gewöhnlich erst nach mehrstündigem Rühren, bei Benutzung von Ceylonöl, Koprahöl und bei Mitverwendung von Talg, Schweinefett usw. aber bedeutend früher ein. Ist der Verband eingetreten, so wird das Parfüm recht gleichmäßig eingerührt und das Ganze in die mit Blech ausgeschlagene oder mit feiner, feuchter Leinwand ausgelegte Form gegossen, die alsdann mit einem besonders gut passenden Holzdeckel, angefeuchteten Tüchern usw. bedeckt wird. Nach einigen Stunden erwärmt sich die Masse infolge des Verseifungsprozesses auf etwa 80° C und wird dann, zweckmäßigerweise am folgenden Tage, in üblicher Weise aufgearbeitet.

Überfettete Feinseifen auf kaltem Wege. Seit einer Reihe von Jahren haben die unter Mitverwendung von Talg hergestellten, kaltgerührten Feinseifen noch eine wesentliche Verbesserung dadurch erfahren, daß man sie durch Hinzugabe von 5—10 vH. Adeps lanae oder Lanolin „überfettet". Diese überfetteten Feinseifen, die im Handel auch vielfach als „Fettseifen" vorkommen, sind nicht nur äußerst zart und geschmeidig, sondern besitzen auch eine sehr angenehme und wohltuende Wirkung und in gepreßter Form überdies ein besonders glänzendes Aussehen, das man noch durch Polieren mit der trockenen Handfläche erhöhen kann. Da solche überfettete, qualitativ vorzügliche Feinseife leicht löslich und äußerst schaumkräftig ist, also schneller in Wirksamkeit tritt, als die hauptsächlich aus Talg hergestellte Feinkernseife, so wird sie dieser von vielen Konsumenten vorgezogen.

Die Fabrikationsweise ist die vorstehend beschriebene, nur verfährt man hier insofern etwas abweichend, als man zunächst das Adeps lanae in dem etwa 50° C warmen Fettansatz unter Rühren schmelzen läßt und dann bei etwa 32° C die Lauge einrührt; man kann aber auch das getrennt geschmolzene Überfettungsmittel dem etwa 35° C warmen Öl zurühren. An Stelle des hier genannten Adeps lanae sind mit gleichem Erfolge auch andere Produkte, wie beispielsweise die höheren Alkohole des Wollfetts[1]), des Walrats oder auch in geeigneter Weise emulgierte Wachspräparate verwendbar.

Die Füllungsmittel für kaltgerührte Seifen. Mit dem Worte „Füllen" bezeichnet man, wie bereits früher betont, in der Seifenfabri-

[1]) s. Seifensiederztg. 1914, **41**, S. 1150.

kation die Kunst, durch mechanische Beifügung billigerer Stoffe die Seife selbst billiger zu gestalten. Man verwendet daher auch zum Füllen der kaltgerührten Feinseifen all die Stoffe, die auch sonst für den gleichen Verwendungszweck in Betracht kommen, in erster Linie also Wasserglas, Salzwasser, Talkum und Füllungslauge.

Die Verwendung von Natronwasserglas zur Vermehrung kaltgerührter Feinseifen erfolgte in einigen Seifenfabriken schon vor mehr als fünfzig Jahren. Die mit Wasserglas gefüllten Seifen besitzen in erster Zeit ein schönes, transparentes Aussehen; sobald sie sich aber längere Zeit auf Lager befinden, trocknen sie stark ein, werden äußerst fest und zeigen auf der Oberfläche eine harte Kruste, die das Wasch- und Schaumvermögen weitgehend behindert. Auch Wasserglaskompositionen, wie sie etwa durch Zusammenmischen von 100 Teilen Natronwasserglas von 38° Bé, 14 Teilen Ätznatronlauge von 38° Bé, 4 Teilen Ätzkalilauge von 38° Bé und 12 Teilen Pottaschelösung von 35° Bé erhalten werden, besitzen die gleichen, unangenehmen Eigenschaften. Infolge ihres Alkaligehaltes wirken sie zudem äußerst nachteilig auf die Haut, auch wenn diese Wirkung durch den gleichzeitigen Zusatz von 5—10 vH. Glyzerin abgeschwächt wird. Von einer Verwendung des Wasserglases für die hier genannten Zwecke muß also abgeraten werden.

Auch eine Füllung mit Salzwasser, das 15—20° Bé stark, vielfach gemeinschaftlich mit Wasserglas, zur Anwendung kommt, gibt den Seifen anfänglich ein transparentes Aussehen. Auf dem Lager trocknen aber alle so hergestellten Produkte stark ein, werden unansehnlich und zeigen, je nach der Temperatur, leicht weißlichen Ausschlag oder werden naß.

Ähnlich wie Salzwasser verhält sich auch Pottaschelösung; wenn sich auch bei ihrer Verwendung die Seifen schön transparent zeigen, so werden sie doch bei größerem Zusatz leicht weich, trocknen ein und pressen sich schlecht, da sie vielfach in den Stanzen hängen bleiben.

Vorteilhaft kann man aber gleichzeitig Wasserglas, Pottaschelösung und Salzwasser zum Füllen der Seifen verwenden, indem man in der Weise arbeitet, daß man 20 Teilen Kokosöl bei etwa 29° C 10,5 Teile Ätznatronlauge von 38° Bé zurührt, dann 4 Teile Wasserglas in ungefähr 1,5 Teilen Wasser hinzukrückt, und schließlich, wenn die Masse Verband zeigt, noch 8 Teile 28grädige Pottaschelösung und 8 Teile 20grädiges Salzwasser beimischt.

Talkum findet entweder allein oder häufig auch in Gemeinschaft mit Wasserglas zum Füllen der billigen Feinseifen Verwendung. Obwohl kaltgerührte Seifen bis zu 40 vH. Talkum aufnehmen können, so verwendet man im allgemeinen doch weit weniger von diesem Füllstoff. Denn wenn auch die mit Talk gefüllten Seifen sehr fest sind, sich vorzüglich auf Lager halten, günstig auf die Haut wirken und, genügend getrocknet, beim Pressen viel Glanz entwickeln, so zeigen sie doch auch wieder ihre unangenehmen Seiten, da ihnen jede Transparenz abgeht, an deren Stelle ein stumpfes, trübes Aussehen in Erscheinung tritt. Da aber der Konsument vielfach die Güte der Seife nach ihrem transparenten Aussehen beurteilt, so lassen sich solche stark mit Talkum gefüllten Seifen mitunter sehr schwer verkaufen. Aus diesem Grunde wird in vielen Fabriken auch so verfahren, daß man die Seifen mit Wasserglas und einem geringen Zusatz von Talk und Pottaschelösung oder Füllungslauge vermehrt; die Seifen werden bei passender Mischung dann etwas mehr transparent und halten sich ziemlich gut auf Lager. Ein Ansatz für solche Seifen würde etwa sein: 50 Teile Kokosöl, 5 Teile Talk, 25 Teile Ätznatronlauge von 38° Bé, 20 Teile Füllungslauge, 10 Teile Natronwasserglas und 3 Teile Ätzkalilauge von 38° Bé.

Zu beachten ist jedoch, daß man Talkum am besten nur zu gefärbten Seifen verwendet, da die ungefärbten hierdurch ein graues Ansehen erhalten. Durch den Zusatz von Talk wird zudem auch das spezifische Gewicht der Seifen bedeutend erhöht.

Auch die sogenannten Füllungslaugen erfreuen sich seit langem einer stärkeren Verwendung in der Feinseifenfabrikation, weshalb im nachstehenden drei vorteilhafte Rezepte genannt werden sollen.

Füllungslauge I für Glyzerin- und Kokosseifen: Man läßt in 100 kg Wasser 29 kg Zucker, 14 kg Pottasche und 12,5 kg Kochsalz etwa 5 Minuten sieden, schäumt ab, wenn alles aufgelöst ist, und läßt zum Absetzen stehen. Die Füllungslauge ist wasserhell und hat etwa 29° Bé.

Füllungslauge II: 100 kg Wasser, 25 kg Zucker, 12,5 kg Pottasche und 12,5 kg Chlorkalium werden wie vorstehend behandelt. Die Füllungslauge zeigt etwa 26° Bé.

Füllungslauge III: 6,5 kg Pottasche, 4,5 kg Salz und 4 kg Kristallsoda werden in 62 kg kochend heißem Wasser gelöst.

Die Füllungslauge wird der blanken Seifenmasse vor der Formgebung unter Rühren zugesetzt, doch darf man dieselbe nicht zu früh in die Masse geben, da andernfalls Störungen im Verseifungsprozeß eintreten. Zu beachten ist ferner, daß durch einen größeren Zusatz an Füllungslauge immer viel Feuchtigkeit in die Seife kommt. Damit die Seife daher nicht zu schwach oder gar weich ausfällt, ist es nötig, außer der zum Fettansatz erforderlichen Lauge noch etwas Lauge zur Abrichtung und Kürzung zu verwenden. Auf 100 kg Zuckerfüllung wären etwa 4 kg Natronlauge von 38° Bé in Rechnung zu setzen.

Schließlich sei hier noch erwähnt, daß man seit einiger Zeit den kaltgerührten Feinseifen auch etwa 1 vH. Glyzerin und etwa 5 vH. Kaseïnlösung zusetzt, um sie beim Gebrauch angenehmer erscheinen zu lassen.

Die Kaseïnlösung wird hergestellt, indem man 10 Teile pulv. Kaseïn mit etwa 30 Teilen kaltem Wasser aufschlemmt, dann etwa 1 Teil pulv. Borax zusetzt und das Ganze durchkochen läßt. Nach dem Erkalten wird diese Lösung der gut verbundenen Seifenmasse eingekrückt. Die mit diesen Füllungslaugen hergestellten Seifen trocknen allerdings in der Regel ebenfalls etwas ein, sind aber gut preßfähig und behalten, sofern sie nicht etwa längere Zeit der Kälte ausgesetzt werden, auch ihr gutes bzw. transparentes Aussehen.

Die Verwertung der Abfälle. In wirtschaftlich geleiteten Betrieben ist die Verwertung der bei der Fabrikation von kaltgerührten Seifen erhaltenen Abfälle durchaus notwendig. Mitunter geschieht dies mit

Vorteil, indem man die frischen Abfälle den gleichfarbigen Seifen vor dem Formen noch zusetzt, oder indem man die in Würfel zerschnittenen Abfälle zu Mosaikseifen und unter Umständen nach vorhergehender Trocknung auch zu pilierten Feinseifen verarbeitet. Eine weitere Verwertung der Abfälle wird durch Verschmelzen bewirkt, das auf verschiedene Weise erfolgen kann.

1. Man löst 50 kg Abfälle in etwa 18—20 kg reinem Wasser, läßt dann einige Zeit langsam sieden und richtet die Seife mit 25grädiger Lauge auf leichten Stich ab. Nachdem der vorhandene Schaum versotten, wird die ziemlich flüssige Seife durch ein Sieb gegeben, gefärbt, parfümiert und geformt.

2. Man bringt 19,5 kg Talg, 10,5 kg Harz, etwa 225—230 kg Abfälle und 4,5 kg 15grädige Pottaschelösung in den Kessel und schöpft, wenn alles unter öfterem Umrühren bei schwacher Hitze gut geschmolzen ist, durch ein Drahtsieb in einen zweiten Kessel, der 3 kg Kristallsoda in etwa 14 kg 38grädiger Ätznatronlauge gelöst enthält. Alsdann wird gefärbt, parfürmiert und geformt.

3. In 50 kg einer kochend heißen, aus gleichen Teilen Pottasche, Chlorkalium und Kochsalz hergestellten, 15grädigen Lösung werden allmählich 100 kg Kokosseifenabfälle so gelöst, daß eine dicke Leimkernseife entsteht, die mit Kristallsoda oder in der kalten Jahreszeit mit starkem Salzwasser noch etwas gehärtet werden kann.

4. 100 kg Talg, 160 kg Kokosseifenabfälle, 55 kg Ätznatronlauge von 34° Bé, 13 kg Pottaschelösung von 25° Bé, 7 kg kochendes Wasser und 100—130 g in heißem Wasser lösliche, dunkle Farbe werden zusammen verarbeitet.

Der Talg wird im Kessel geschmolzen und erhitzt, damit die Abfälle bei schwachem Feuer unter Krücken darin zergehen können. Wenn die Temperatur der Masse etwa 90° C erreicht hat, sind gewöhnlich auch alle Abfälle zergangen, so daß das Ganze nunmehr durch ein Sieb in einen inzwischen schon stark angewärmten Doppelkessel gegeben werden kann. Nun werden die 55 kg Lauge hinzugerührt und die Masse gekrückt, bis sie anfänglich klumpig, schließlich wieder dünn geworden ist. Zugleich wird gefärbt, da die Seife bei 85—90° C wieder dick wird und stark auflegt.

Rühren die Abfälle von ungleichen Seifen her, so gibt man die 25grädige Pottaschelösung schon beim Schmelzen der Abfälle in den Kessel; bei Verwendung von gefüllten Kokosseifenabfällen setzt man die Pottaschelösung aber erst nach dem Einrühren der Ätznatronlauge im Doppelkessel zu.

Verwendet man Abfälle aus nur mit Zuckerlösung gefüllten Seifen, so ist zum Schluß ein etwas verändertes Verfahren nötig, da die Seifenmasse im Doppelkessel nach Zugabe der Ätznatronlauge zwar dünn, aber schnell auch lang und zähe wird. Die als Zusatz empfohlene Pottaschelösung hilft zwar etwas, aber zweckmäßigerweise verwendet man daneben noch weitere 4—5 kg 24grädige Salzlösung, die die Seife sofort kurz und rippig werden läßt.

Selbstverständlich sind die obigen Vorschriften aber nicht die einzigen, die für eine zweckmäßige Verwertung der Abfälle in Betracht kommen und es bleibt, wie oben erwähnt, immer zu erwägen, ob man dieselben nicht vorteilhafter zu pilierten Seifen verarbeitet. Hierbei ist aber zu beachten, daß die alsdann erforderliche Trocknung nicht übertrieben werden darf, da in diesem Falle die aus der Piliermaschine kommende Seife zusammenhanglos und bröcklig wird. Auch ist es empfehlenswert, die Seife selbst mit etwa 8 vH. Kartoffelmehl zu strecken, weil dieselbe alsdann im Gebrauche viel angenehmer und milder ist, als es sonst gewöhnlich bei den kaltgerührten, nicht völlig neutralen Feinseifen der Fall ist. Wenn man die Feinseifenabfälle vor dem Pilieren nach Farben sortiert, so ist ein Nachfärben des Endproduktes selbst nicht mehr erforderlich; auch ist in der Regel nur ein geringes Nachparfümieren notwendig, da die Abfälle selbst noch Wohlgeruch besitzen.

Vorschriften für Feinseifen auf kaltem Wege.

Die Fettansätze der nachstehend gegebenen Vorschriften können in beliebiger Weise gewechselt oder verändert werden. Bei gemischten Ansätzen, insbesondere solchen, die erhebliche Mengen Talg enthalten, ist jedoch, wie schon früher gesagt, der Qualität dieser Fettstoffe erhöhte Aufmerksamkeit zuzuwenden, falls man nicht Gefahr laufen will, auf Lager unbeständige Seifen zu erhalten.

Achatseife.

50 kg Kokosöl,
25 „ Natronlauge von 38° Bé,
1 „ Glyzerin,
15 g Kardinalrot, in
600 „ kochendem Wasser gelöst,
160 „ Lavendelöl,
136 „ Terpineol,
120 „ Bergamottöl,
24 „ Eugenol.

Adlerseife, braun.

50 kg Kokosöl,
25 „ Natronlauge von 38° Bé,
20 g Brillantbraun,
225 „ Cassiaöl,
115 „ Perubalsam,
110 „ Nelkenöl.

Adlerseife, gelb.

50 kg Kokosöl,
25 „ Natronlauge von 38° Bé,
14 g Uranin-Hellgelb, in
600 „ kochendem Wasser gelöst,
150 „ Cassiaöl,
105 „ Kümmelöl,
105 „ Lavendelöl.

Adlerseife, weiß.

50 kg Kokosöl,
25 „ Natronlauge von 38° Bé,
2 „ Pottaschelösung von 16° Bé,
110 g Gingergrasöl,
80 „ Kümmelöl,
80 „ Lavendelöl,
80 „ Thymen.

Adlerseife, rot.

50 kg Kokosöl,
25 „ Natronlauge von 38° Bé,
15 g Kardinalrot, in
600 „ kochendem Wasser gelöst,
310 „ Cassiaöl,
100 „ Anisöl,
100 „ Mirbanöl.

Adlerseife, orange.

50 kg Kokosöl,
25 „ Natronlauge von 38° Bé,
15 g Uranin-Orange, in
600 „ kochendem Wasser gelöst,
175 „ Cassiaöl,
175 „ Zitronellöl.

Akazienseife.

48 kg Kokosöl,
2 „ Talg,
2 „ Adeps lanae,
25 „ Natronlauge von 38° Bé,
15 g Laubgrün M.,
4 „ Uranin-Hellgelb,
2 „ Cumarin,
4 „ Vanillin,
10 „ Aubépine,
12 „ Nerolin IIa (Yara-Yara),
152 „ Eugenol,
220 „ Petitgrainöl.

Alpenblumenseife.

25 kg Kokosöl,
12,5 „ Talg,
12,5 „ Schweinefett,
25 „ Natronlauge von 37° Bé,
150 g Brillant-Seifengrün, in heißem Öl anzureiben,
100 „ Zitronenöl,
75 „ Lavendelöl,
75 „ Pfefferminzöl,
60 „ Salbeiöl,
60 „ Rosmarinöl,
30 „ Zimtöl.

Alpenbukettseife.

25 kg Kokosöl,
25 „ Talg,
25 „ Natronlauge von 37° Bé,
16 g Laubgrün, wasserlöslich,
100 „ Zitronenöl,
80 „ Lavendelöl,
80 „ Pfefferminzöl,
80 „ Salbeiöl,
60 „ Rosmarinöl,
40 „ Lavendelöl.

Benzoeseife.

25 kg Kokosöl,
25 „ Talg,
25 „ Natronlauge von 37° Bé,
20 g Brillantbraun,
1000 „ Benzoe, in Fett gelöst,
100 „ Nelkenöl,
50 „ Perubalsam,
20 „ Cassiaöl.

Bergamottseife.

25 kg Kokosöl,
25 „ Talg,
25 „ Natronlauge von 37° Bé,
150 g Brillant-Seifengrün, in heißem Öl anzureiben,
500 „ Glyzerin,
330 „ Bergamottöl,
60 „ Geraniumöl,
10 „ Moschustinktur.

Bimssteinseife.

I.

50 kg Prima Ceylon-Kokosöl,
26 „ Natronlauge von 37° Bé,
1 „ Glyzerin,
20 „ Bimssteinpulver,
2 „ Wasser,
80 g Frankfurter Schwarz und
24 „ f. Ultramarinblau, in heißem Öl angerieben,
120 „ Terpineol,
120 „ Safrol,
100 „ Lavendelöl,
55 „ Cassiaöl.

Farbe und Bimsstein werden dem heißen Öl zugesetzt.

II.

200 g Cassiaöl,
100 „ Rosmarinöl,
60 „ Safrol,
10 „ Nelkenöl.

Bittermandelseife.

I.

47 kg Cochin-Kokosöl,
3 „ Rizinusöl,
25 „ Natronlauge von 37° Bé,
300 g künstl. Bittermandelöl,
60 „ Bergamottöl.

II.

50 kg Cochin-Kokosöl,
25 „ Natronlauge von 38° Bé,
1,5 „ Wasser,
300 g künstl. Bittermandelöl,
80 „ Lavendelöl.

Blumenseife.

I.

25 kg Kokosöl,
12,5 „ Talg,
12,5 „ Schweinefett,
25 „ Natronlauge von 37° Bé,
18 g Orient-Rosenrot,
120 „ Geraniumöl,
100 „ Bergamottöl,
60 „ Zitronenöl,
30 „ Rosenholzöl,
15 „ Nelkenöl,
15 „ Cassiaöl,
15 „ Moschustinktur.

II.

2 g Sultanagelb und
2 „ Brillantbraun, in
200 „ kochendem Wasser gelöst,
220 „ Bergamottöl,
40 „ Zedernholzöl,
20 „ Petitgrainöl,
16 „ Lavendelöl,
8 „ Nelkenöl,
8 „ Cassiaöl,
20 „ Moschustinktur.

Bukettseife.

I.

25 kg Kokosöl,
25 „ Talg,
25 „ Natronlauge von 37° Bé,
25 g Windsorbraun,
185 „ Bergamottöl,
50 „ Sassafrasöl,
50 „ Nelkenöl,
50 „ Thymen,
25 „ Aurantiol[1]),
20 „ Moschustinktur.

II.

150 g Gingergrasöl,
90 „ Lavendelöl,
90 „ Palmarosaöl,
45 „ künstl. Bittermandelöl,
20 „ Moschustinktur.

Ceresseife.

43 kg Kokosöl,
7 „ vegetabil. Talg,
7 „ Adeps lanae,
25 „ Natronlauge von 38° Bé,
10 g Sultanagelb,
300 „ Terpineol,
100 „ Lavendelöl,
50 „ Bergamottöl,
50 „ Cumarin,
20 „ Moschustinktur.

Chinaseife.

25 kg Kokosöl,
25 „ Talg,
25 „ Natronlauge von 37° Bé,
20 g Purpurrot,
160 „ Bergamottöl,
100 „ Lavendelöl,
100 „ Zedernholzöl,
80 „ Palmarosaöl,
60 „ Zitronenöl,
30 „ Moschustinktur.

Goldcream-Seife.

45 kg Kokosöl,
5 „ Talg,
1,5 „ Ceresin,
3 „ Adeps lanae,
25 „ Natronlauge von 38° Bé,
6 g Sultanagelb,
300 „ Palmarosaöl,
60 „ Zedernholzöl,
60 „ Lemongrasöl,
40 „ Nelkenöl,
40 „ Sandelholzöl,
25 „ Moschustinktur.

Eau de Cologne-Seife.

I.

25 kg Kokosöl,
12,5 „ Talg,
12,5 „ Schweinefett,
25 „ Natronlauge von 37° Bé,
300 g Bergamottöl,
100 „ Zitronenöl,
25 „ Neroliöl,
6 „ Rosmarinöl,
6 „ Lavendelöl,
25 „ Moschustinktur.

II.

10 g Sultanagelb,
135 „ Zitronenöl,
90 „ Bergamottöl,
90 „ Portugalöl,
67 „ Lavendelöl,
23 „ Rosmarinöl,
15 „ Moschustinktur.

Eibisch-Seife.

I.

25 kg Kokosöl,
25 „ Talg,
25 g Natronlauge von 37° Bé,
16 „ Uranin-Hellgelb,
165 „ Lavendelöl,
68 „ Zitronenöl,
50 „ Kümmelöl,
33 „ Rosmarinöl,
33 „ Pfefferminzöl,
33 „ Thymen.

II.

20 g Kardinalrot,
250 „ Lavendelöl,
50 „ Zitronenöl,
53 „ Petitgrainöl,
25 „ Verbenaöl,
6 „ Pfefferminzöl.

Erdbeerseife.

48 kg Kokosöl,
2 „ Talg,
25 „ Natronlauge von 38° Bé,
18 g Kardinalrot,
200 „ Erdbeeräther,
100 „ Palmarosaöl,
100 „ Terpineol,
60 „ Fenchelöl.

---

[1]) Franz Fritzsche & Co., Hamburg, Orangeblütenduft.

Eukalyptus-Seife.

25 kg Kokosöl,
25 „ Talg,
1 „ Adeps lanae,
25 „ Natronlauge von 37° Bé,
8 g Sultanagelb,
275 „ Eukalyptusöl,
55 „ Terpineol,
55 „ Geraniumöl,
22 „ Isoeugenol.

Familienseife, braun.

20 g Brillantbraun,
210 „ Zitronellöl,
70 „ Lemongrasöl,
70 „ Cassiaöl.

Familienseife, gelb.

18 g Sultanagelb,
138 „ Cassiaöl,
94 „ Kümmelöl,
94 „ Lavendelöl.

Familienseife, orange.

18 g Uranin-Orange,
165 „ Safrol,
83 „ Zitronellöl,
50 „ Cassiaöl,
33 „ Fenchelöl.

Familienseife, rosa.

46 kg Kokosöl,
4 „ Talg,
3 „ Adeps lanae,
25 „ Natronlauge von 37° Bé,
16 g Orient-Rosenrot,
165 „ Lavendelöl,
132 „ Lemongrasöl,
67 „ Zitronellöl.

Familienseife, rot.

18 g Kardinalrot,
140 „ Safrol,
70 „ Thymen,
70 „ Zedernholzöl,
70 „ Kümmelöl.

Familienseife, weiß.

165 g Lavendelöl,
100 „ künstl. Bittermandelöl,
65 „ Kümmelöl.

Feinseife, überfettet.

50 kg Kokosöl,
2,5 „ Adeps lanae,
25 „ Natronlauge von 38° Bé,
220 g Gingergrasöl,
40 „ Terpineol,
40 „ Bergamottöl,
30 „ Nelkenöl,
10 „ Patchouliöl.

Feinseife, überfettet, braun.

50 kg Kokosöl,
2,5 „ Adeps lanae,
25 „ Natronlauge von 38° Bé,
15 g Brillantbraun,
5 „ Sultanagelb,
165 „ Cassiaöl,
160 „ Bergamottöl,
80 „ Zitronenöl,
80 „ Safrol.

Feinseife, gefüllt, braun.

50 kg Kokosöl,
15 „ Talkum,
26 „ Natronlauge von 38° Bé,
25 g Brillantbraun,
180 „ Safrol,
120 „ Zitronellöl,
50 „ Cassiaöl,
50 „ Fenchelöl.

Feinseife, gefüllt, rot.

50 kg Kokosöl,
25 „ Talk,
25 „ Natronlauge von 38° Bé,
25 „ Füllungslauge,
10 „ Wasserglas von 38° Bé, gemischt mit
3 „ Ätzkalilauge von 38° Bé,
20 g Kardinalrot,
300 „ Zitronellöl,
150 „ Bergamottöl,
150 „ Lemongrasöl.

Feinseife, überfettet, rot.

50 kg Kokosöl,
2,5 „ Adeps lanae,
25 „ Natronlauge von 38° Bé,
16 g Orient-Rosenrot,
220 „ Terpineol,
90 „ Benzylazetat,
20 „ Geraniumöl,
3 „ künstl. Moschus.

Feinseife, transparent.

25 kg Kokosöl,
2,5 „ Rizinusöl,
13,5 „ Natronlauge von 38° Bé,
2 „ Pottaschelösung von 20° Bé,
1,5 „ Chlorkalium von 15° Bé,
180 g Pfefferminzöl,
125 „ Zitronellöl.

Feinseife, gefüllt, gelb.

50 kg Kokosöl,
25 „ Natronlauge von 38° Bé,
8 „ Füllungslauge I oder II,
8 „ Wasserglas von 38° Bé, gemischt mit
2 „ Ätzkalilauge von 38° Bé,
16 g Sultanagelb,
150 „ Safrol,
150 „ Zitronellöl,
150 „ Cassiaöl.

Feinseife, gefüllt, cremefarbig.

50 kg Kokosöl,
26 „ Natronlauge von 38° Bé,
10 „ Natronwasserglas von 38° Bé, gemischt mit
3 „ Wasser,
20 „ Pottaschelösung von 28° Bé,
20 „ Salzlösung von 21° Bé,
6 g Sultanagelb,
180 „ Safrol,
180 „ Zitronellöl,
90 „ Kümmelöl,
90 „ Fenchelöl.

Feinseife, überfettet, gelblich.

42 kg Kokosöl,
8 „ Talg,
1,5 „ Ceresin,
2 „ Adeps lanae,
25 „ Natronlauge von 38° Bé,
5 g Sultanagelb,
180 „ Lemongrasöl,
90 „ Lavendelöl,
90 „ Cassiaöl,
90 „ Zitronellöl,
10 „ Moschustinktur.

Feinseife, überfettet, grün.

50 kg Kokosöl,
2,5 „ Adeps lanae,
25 „ Natronlauge von 38° Bé,
13 g Laubgrün M.,
3 „ Uranin-Hellgelb,
150 „ Bergamottöl,
150 „ Zitronellöl,
110 „ Patchouliöl,
30 „ künstl. Bittermandelöl.

Feinseife, gefüllt.

50 kg Kokosöl,
26,5 „ Natronlauge von 38° Bé,
30 „ Füllungslauge,
150 g Zitronellöl,
150 „ Gingergrasöl,
150 „ Lavendelöl.

Fenchelseife.

50 kg Kokosöl,
27,5 „ Natronlauge von 36° Bé,
15 g Laubgrün M.,
4 „ Uranin-Hellgelb,.
216 „ Fenchelöl,
120 „ Kümmelöl.

Fichtennadelseife.

50 kg Kokosöl,
26,5 „ Natronlauge von 36° Bé,
20 g Brillantbraun,
280 „ Fichtennadelöl,
40 „ Wacholderöl,
20 „ Lavendelöl,
20 „ Thymen.

Fliederseife, weiß.

48 kg Kokosöl,
2 „ Talg,
1 „ Glyzerin,
25 „ Natronlauge von 38° Bé,
400 g Terpineol,
20 „ Hyazinthin.

Fliederseife, blau.

16 g wasserlösliches Fliederviolett,
250 „ Terpineol,
100 „ Canangaöl,
50 „ Palmarosaöl.

Floraseife.

I.

25 kg Kokosöl,
25 „ Talg,
25 „ Natronlauge von 37° Bé,
2 g Pottaschelösung von 16° Bé,
8 „ Laubgrün,
3 „ Uranin-Hellgelb,
165 „ Lavendelöl,
165 „ Cassiaöl,
55 „ Geraniumöl,
15 „ Moschustinktur.

II.

15 g Laubgrün,
100 „ süßes Pomeranzenöl,
100 „ Sassafrasöl,
83 „ Nelkenöl,
53 „ Krauseminzöl,
50 „ Eukalyptusöl,
15 „ Moschustinktur.

Fragarol-Seife.

25 kg Kokosöl,
25 „ Talg,
25 „ Natronlauge von 37° Bé,
1 „ Glyzerin,
6 g Laubgrün M.,
2 „ Uranin-Hochgelb,
80 „ Terpineol,
80 „ Amylazetat,
32 „ Yara-Yara,
160 „ Geraniumöl, afrik.,
80 „ Nelkenöl.

Glyzerinfettseife.

I.

25 kg Kokosöl,
12,5 „ Talg,
12,5 „ Schweinefett,
25 „ Natronlauge von 38° Bé,
5 „ Glyzerin von 24° Bé,
190 g Bergamottöl,
105 „ Portugalöl,
45 „ künstl. Bittermandelöl,
7 „ Vetiveröl.

II.

25 kg Kokosöl,
12,5 „ Talg,
12,5 „ Olivenöl,
25 „ Natronlauge von 37° Bé,
12 g Uranin-Hellgelb,
200 „ Cassiaöl,
160 „ Lemongrasöl,
40 „ Lavendelöl.

Heliotropseife.

15 g Brillantbraun,
5 „ Sultanagelb,
135 „ Perubalsam,
75 „ Nelkenöl,
67 „ Bergamottöl,
55 „ Palmarosaöl,
40 „ Lavendelöl,
20 „ Moschustinktur.

Heuduftseife.

25 kg Kokosöl,
25 „ Talg,
1 „ Adeps lanae,
25 „ Natronlauge von 37° Bé,
10 g Laubgrün M.,
3 „ Uranin-Hochgelb,
150 „ Bergamottöl,
125 „ Lavendelöl,
50 „ Thymen,
50 „ Cumarin, in Sprit gelöst,
25 „ Moschustinktur.

Honigseife.

I.

50 kg Kokosöl,
25 „ Natronlauge von 38° Bé,
1 „ Wasser,
18 g Uranin-Orange,
300 „ Zitronellöl,
56 „ Lemongrasöl,
20 „ Pfefferminzöl.

II.

18 g Uranin-Orange,
330 „ Zitronellöl,
120 „ Limonen.

Hyazinthenseife.

I.

25 kg Kokosöl,
25 „ Talg,
25 „ Natronlauge von 37° Bé,
180 g Lavendelblau, in Öl angerieben,
225 „ Zimtöl,
225 „ Storaxessenz,
55 „ künstl. Bittermandelöl.

II.

300 g Hyanzinthenblütenöl,
20 „ Moschustinktur.

Kamillenseife.

25 kg Kokosöl,
12,5 „ Talg,
12,5 „ Schweinefett,
1,5 „ Adeps lanae,
23 „ Natronlauge von 38° Bé,
2 „ Ätzkalilauge von 38° Bé,
10 g Sultanagelb,
220 „ Bergamottöl,
110 „ Canangaöl,
55 „ Geraniumöl,
55 „ Kamillenölzitrat[1]),
28 „ Kümmelöl,
25 „ Lavendelöl,
75 „ Moschustinktur.

Königsseife.

45 kg Kokosöl,
5 „ Talg,
1 „ Ceresin,
2 „ Adeps lanae,
25 „ Natronlauge von 38° Bé,
12 g Orient-Rosenrot,
180 „ Palmarosaöl,
75 „ Cassiaöl,
75 „ Fenchelöl,
75 „ Nelkenöl,
38 „ künstl. Bittermandelöl,
20 „ Moschustinktur.

Konkurrenz-Seife.

170 g Bergamottöl,
125 „ Linaloeöl,
60 „ Palmarosaöl,
60 „ Zedernholzöl,
25 „ Cassiaöl,
20 „ Moschustinktur,
2 „ Heliotropin,
1,5 „ Cumarin.

---

[1]) Oleum Chamomillae citratum wird durch Destillation von 1000 Tln. trockner Kamillen, die mit 2 Tln. Zitronenöl (oder aus 6000 Tln. frischer Kamillen mit 3 Tln. Zitronenöl) und der genügenden Menge Wasser übergossen sind, dargestellt.

Kräuterseife.

25 kg Kokosöl,
12,5 „ Talg,
12,5 „ Schweinefett,
25 „ Natronlauge von 37° Bé,
0,5 „ Glyzerin,
15 g Laubgrün M.,
3 „ Uranin-Hellgelb,
200 „ Kalmusöl,
200 „ Pfefferminzöl.

Kronenseife.

I.

50 kg Kokosöl,
25 „ Natronlauge von 38° Bé,
1,5 „ Wasser,
16 g Brillantrosa,
150 „ Palmarosaöl,
150 „ Lavendelöl,
151 „ Zitronellöl.

II.

16 g Uranin-Hellgelb,
150 „ Safrol,
150 „ Zitronellöl,
150 „ Cassiaöl.

III.

20 g Brillantbraun,
300 „ Zitronellöl,
100 „ Kümmelöl,
20 „ Moschustinktur.

Lanolinseife.

I.

40 kg Kokosöl,
10 „ Talg,
3 „ Lanolin,
25 „ Natronlauge von 38° Bé,
20 g Brillantrosa,
330 „ Bergamottöl,
42 „ Zimtöl,
33 „ Nelkenöl,
25 „ Lavendelöl,
8 „ Nerolin, in Sprit gelöst.

II.

16 g Orient-Rosenrot,
300 „ Linaloeöl,
90 „ Zitronenöl,
90 „ Lavendelöl,
20 „ Moschustinktur.

Lanolin-Goldcream-Seife.

I.

25 kg Kokosöl,
25 „ Talg,
1 „ Ceresin,
2 „ Lanolin,
25 „ Natronlauge von 38° Bé,
6 g Sultanagelb,
126 „ Geraniumöl,
100 „ Linaloeöl,
100 „ Nelkenöl,
102 „ Bergamottöl,
50 „ Lavendelöl,
35 „ Eukalyptusöl.

II.

150 g Bergamottöl,
150 „ Linaloeöl,
120 „ Nelkenöl,
120 „ Geraniumöl,
15 „ Aurantiol[1]).

Lilienmilchseife.

45 kg Kokosöl,
5 „ f. Talg,
1 „ Ceresin,
1 „ Adeps lanae,
25 „ Natronlauge von 38° Bé,
180 g Geraniumöl,
90 „ Bergamottöl,
45 „ Petitgrainöl,
45 „ Zitronenöl,
45 „ Lavendelöl,
23 „ Nelkenöl,
14 „ Bittermandelöl,
9 „ Patchouliöl.

Lindenblütenseife.

45 kg Kokosöl,
5 „ Talg,
3 „ Adeps lanae,
25 „ Natronlauge von 38° Bé,
6 g Sultanagelb,
225 „ Zitronenöl,
113 „ Gingergrasöl,
45 „ Lavendelöl,
45 „ Fenchelöl,
22 „ Anisöl,
23 „ Canangaöl,
40 „ Moschustinktur.

Maiblumenseife.

48 kg Kokosöl,
2 „ Talg,
2 „ Adeps lanae,
25 „ Natronlauge von 38° Bé,
6 g Laubgrün M.,
2 „ Uranin-Hellgelb,
250 „ Terpineol,
125 „ Linaloeöl,
50 „ Canangaöl,
15 „ Moschustinklur.

[1]) Franz Fritzsche & Co., Hamburg, Orangeblütenduft.

Maiglöckchenseife.

I.

25 kg Kokosöl,
25 „ Talg,
1 „ Adeps lanae,
25 „ Natronlauge von 37° Bé,
1 „ ff. Veilchenpulver,
220 g Linaloeöl,
55 „ Sassafrasöl,
55 „ Bergamottöl,
22 „ Lavendelöl,
22 „ Wintergrünöl,
25 „ Moschustinktur.

II.

50 kg Kokosöl,
3 „ Adeps lanae,
25 „ Natronlauge von 38° Bé,
225 g Linaloeöl,
75 „ Canangaöl,
40 „ Palmarosaöl,
20 „ Moschustinktur.

Mandelkleieseife.

50 kg Kokosöl,
25 „ Natronlauge von 38° Bé,
1 „ Wasser,
5 „ Veilchenpulver, dem Öl eingerührt,
250 g künstl. Bittermandelöl,
50 „ Bergamottöl.

Mandelseife.

48 kg Kokosöl,
2 „ Rizinusöl,
25 „ Natronlauge von 38° Bé,
½ „ Glyzerin,
250 g künstl. Bittermandelöl I,
50 „ Lavendelöl.

Milchseife.

48 kg Kokosöl,
2 „ Talg,
25 „ Natronlauge von 38° Bé,
1 „ Glyzerin,
3 „ Kaseïnlösung,
200 g Bergamottöl,
152 „ Linaloeöl,
56 „ Lavendelöl,
80 „ Benzoetinktur.

Mille fleurs-Seife.

330 g Bergamottöl,
60 „ Zedernholzöl,
30 „ Petitgrainöl,
24 „ Lavendelöl,
12 „ Cassiaöl,
12 „ Nelkenöl,
25 „ Moschustinktur.

Moschusseife.

I.

25 kg Kokosöl,
22 „ Talg,
3 „ rohes Palmöl,
55 „ Natronlauge von 37° Bé,
2 „ Pomeranzenschalenpulver,
200 g Zinnober,
200 „ Bergamottöl,
200 „ Lavendelöl,
50 „ Cassiaöl,
50 „ Nelkenöl,
3 „ Moschus, künstlich.

II.

75 g Zedernholzöl,
75 „ Sassafrasöl,
45 „ Lavendelöl,
45 „ Bergamottöl,
22 „ Zimtöl,
22 „ Spiköl,
15 „ Nelkenöl,
150 „ Moschustinktur.

Nelkenseife.

I.

25 kg Kokosöl,
12,5 „ Talg,
12,5 „ Schweinefett,
25 „ Natronlauge von 37° Bé,
16 g Purpurrot,
220 „ Nelkenöl,
55 „ Bergamottöl,
55 „ Cassiaöl.

II.

48 kg Kokosöl,
2 „ Rizinusöl,
25 „ Natronlauge von 38° Bé,
16 g Purpurrot,
160 „ Nelkenöl,
80 „ Lemongrasöl,
40 „ Sandelholzöl,
40 „ Zitronellöl.

Omnibusseife, gelb.

25 kg Kokosöl,
25 „ Talg,
25 „ Natronlauge von 37° Bé,
15 g Uranin-Hellgelb,
125 „ Anisöl,
125 „ Lavendelöl,
125 „ Zitronellöl.

Omnibusseife, orange.

48 kg Kokosöl,
2 „ Rizinusöl,
25 „ Natronlauge von 38° Bé,
16 g Uranin-Orange,
240 „ Zitronellöl,
160 „ Nelkenöl, leicht.

Omnibusseife, braun.

25 kg Kokosöl,
25 „ Talg,
25 „ Natronlauge von 37° Bé,
20 g Brillantbraun,
130 „ Safrol,
130 „ Terpineol,
105 „ Lavendelöl,
50 „ Cassiaöl.

Omnibusseife, rot.

50 kg Kokosöl,
25 „ Natronlauge von 38° Bé,
18 g Kardinalrot
160 „ Mirbanöl,
80 „ Bergamottöl,
50 „ Nelkenöl.

Omnibusseife, weiß.

50 kg Kokosöl,
25 „ Natronlauge von 38° Bé,
1 „ Wasser,
210 g Lavendelöl,
150 „ Kümmelöl.

Orangenblütenseife.

50 kg Kokosöl,
25 „ Natronlauge von 38° Bé,
1 „ Glyzerin,
12 g Uranin-Hellgelb,
210 „ Bergamottöl,
115 „ Zitronenöl,
6 „ Nerolin, in Sprit gelöst.

Orangenseife.

48 kg Kokosöl,
2 „ Rizinusöl,
25 „ Natronlauge von 38° Bé,
18 g Uranin-Orange,
150 „ Portugalöl,
75 „ Lavendelöl,
38 „ Zitronellöl,
30 „ Petitgrainöl,
30 „ Limonen,
16 „ Anisöl,
10 „ Moschustinktur.

Palmseife.

25 kg Kokosöl,
12,5 „ Talg,
12,5 „ Schweinefett,
25 „ Natronlauge von 37° Bé,
20 g Uranin-Orange,
150 „ Bergamottöl,
72 „ Lavendelöl,
66 „ Zimtöl,
42 „ Nelkenöl.

Patchouliseife.

I.

25 kg Kokosöl,
25 „ Talg,
25 „ Natronlauge von 37° Bé,
15 g Laubgrün,
3 „ Hellgelb,
110 „ Patchouliöl,
110 „ Lemongrasöl,
55 „ Palmarosaöl,
55 „ Cassiaöl.

II.

48 kg Kokosöl,
2 „ Rizinusöl,
25 „ Natronlauge von 38° Bé,
15 g Laubgrün,
3 „ Uranin-Hellgelb,
180 „ Palmarosaöl,
90 „ Patchouliöl,
90 „ Zitronellöl.

Pfirsichblütenseife.

50 kg Kokosöl,
3 „ Adeps lanae,
25 „ Natronlauge von 38° Bé,
12 g Orient-Rosenrot
145 , Bergamottöl,
73 „ Palmarosaöl,
45 „ Nelkenöl,
45 „ Fenchelöl,
45 „ künstl. Bittermandelöl.

Phantasieseife.

48 kg Kokosöl,
2 „ Talg,
1,5 „ Adeps lanae,
25 „ Natronlauge von 38° Bé,
12 g Uranin-Hellgelb,
160 „ Safrol,
90 „ Cassiaöl,
45 „ Fenchelöl,
45 „ Lavendelöl.

Prinzeßseife.

48 kg Kokosöl,
2 „ Talg,
2 „ Adeps lanae,
25 „ Natronlauge von 38° Bé,
18 g Brillantrosa,
120 „ Bergamottöl,
120 „ Zitronenöl,
60 „ Zedernholzöl,
60 „ Krauseminzöl,
10 „ Nerolin, in Sprit gelöst,
25 „ Moschustinktur.

Reisblütenseife.

25 kg Kokosöl,
12,5 „ Talg,
12,5 „ f. Olivenöl,
25 „ Natronlauge von 37° Bé,
5 „ feinstes Reismehl, im Fett angerührt,
150 g Zinnober, im Öl verrieben,
160 „ Bergamottöl,
100 „ Portugalöl,
100 „ Geraniumöl,
100 „ Mirbanöl,
25 „ Benzoetinktur.

Resedaseife.

48 kg Kokosöl,
2 „ Rizinusöl,
25,5 „ Adeps lanae,
25 „ Natronlauge von 38° Bé,
20 g Resedagrün,
200 „ Geraniumöl,
50 „ Lavendelöl,
30 „ Zitronellöl,
20 „ Perubalsam,
8 „ Patchouliöl,
50 „ Styrax liquidus.

Rosenseife, einfache.

50 kg Kokosöl,
1,5 „ Adeps lanae,
25 „ Natronlauge von 38° Bé,
18 g Orient-Rosenrot,
150 „ Palmarosaöl,
150 „ Lavendelöl,
150 „ Zitronellöl,
20 „ Moschustinktur.

Rosenseife, rot.

48 kg Kokosöl,
2 „ Talg,
1,5 „ Adeps lanae,
25 „ Natronlauge von 38° Bé,
18 g Orient-Rosenrot,
180 „ Geraniumöl,
135 „ Gingergrasöl,
90 „ Bergamottöl,
8 „ künstl. Bittermandelöl,
20 „ Moschustinktur.

Rosenseife, weiß.

25 kg Kokosöl,
25 „ Talg,
25 „ Natronlauge von 37° Bé,
1 „ Glyzerin,
150 g Geraniumöl,
150 „ Bergamottöl,
75 „ Zitronenöl,
6 „ f. Lavendelöl,
4 „ Vetiveröl,
20 „ Moschustinktur.

Sandseife.

50 kg Kokosöl,
25 „ Natronlauge von 38° Bé,
3 „ Wasser,
30 „ feiner Silbersand,
200 g Cassiaöl,
67 „ Anisöl,
67 „ Mirbanöl.

Schokoladenseife.

50 kg Kokosöl,
25 „ Natronlauge von 38° Bé,
25 g Brillantbraun,
160 „ Perubalsam,
135 „ Nelkenöl,
106 „ Cassiaöl,
10 „ Vanilleessenz.

Sesamseife.

37 kg Kokosöl,
13 „ Sesamöl,
25 „ Natronlauge von 37° Bé,
150 g Anisöl,
150 „ Zitronellöl,
100 „ Lavendelöl.

Speikseife.

I.

45 kg Kokosöl,
5 „ Talg,
2 „ Adeps lanae,
25 „ Natronlauge von 38° Bé,
5 g Sultanagelb,
160 „ Lavendelöl,
80 „ Spiköl,
40 „ Geraniumöl,
40 „ Patchouliöl,
40 „ Palmarosaöl,
20 „ Moschustinktur.

II.

120 g Zedernholzöl,
80 „ Terpineol,
70 „ Patchouliöl,
30 „ Baldrianöl,
20 „ Geraniumöl,
15 „ Cassiaöl,
5 „ künstl. Moschus.

Vanilleseife.

25 kg Kokosöl,
25 „ Talg,
2 „ Adeps lanae,
25 „ Natronlauge von 38° Bé,
14 g Brillantbraun,
3 „ Sultanagelb,
30 „ Palmarosaöl,
40 „ Nelkenöl,
40 „ Lavendelöl,
80 „ Perubalsam,
150 „ Benzoetinktur,
250 „ Vanilletinktur.

Vaselinseife.

I.

50 kg Kokosöl,
2,5 „ Vaselin,
25 „ Natronlauge von 38° Bé,
225 g Sassafrasöl,
135 „ Lavendelöl,
45 „ Rosmarinöl,
23 „ Nelkenöl,
23 „ künstl. Bittermandelöl,
15 „ Moschustinktur.

II.

25 kg Kokosöl,
25 „ Talg,
25 „ Natronlauge von 37° Bé,
3 „ Vaselin,
12 g Orient-Rosenrot,
225 „ Portugalöl,
150 „ Palmarosaöl,
75 „ Kümmelöl,
15 „ künstl. Bittermandelöl,
15 „ Moschustinktur.

Veilchenseife, englisch.

24 kg Cochin-Kokosöl,
3 „ rohes Palmöl,
5 „ Talg,
1 „ Veilchenwurzelpulver,
1,25 „ Pomeranzenschalenpulver,
0,75 „ flüssiger Storax,
15,25 „ Natronlauge von 38° Bé,
0,5 „ Ätzkalilauge von 38° Bé,
250 g Lavendelöl,
135 „ Bergamottöl,
75 „ Sassafrasöl,
70 „ Perubalsam,
10 „ Ceylon-Zimtöl,
3 „ Moschus, künstlich.

Veilchenseife.

48 kg Kokosöl,
2 „ Talg,
1 „ Adeps lanae,
25 „ Natronlauge von 38° Bé,
16 g Brillantbraun,
50 „ Zinnober,
308 „ Lavendelöl,
220 „ Perubalsam,
56 „ Cassiaöl,
20 „ Moschustinktur.

Viktoriaseife.

25 kg Kokosöl,
25 „ Talg,
1 „ Adeps lanae,
25 „ Natronlauge von 37° Bé,
16 „ Orient-Rosenrot,
240 „ Palmarosaöl,
160 g Bergamottöl,
30 „ Nelkenöl,
30 „ Cassiaöl,
20 „ Moschustinktur.

Waldduftseife.

47 kg Kokosöl,
3 „ Talg,
1 „ Adeps lanae,
25 „ Natronlauge von 38° Bé,
8 g Laubgrün,
3 „ Uranin-Hellgelb,
180 „ Bornylazetat,
120 „ Linaloeöl,
60 „ Lavendelöl.

Waldmeisterseife.

25 kg Kokosöl,
25 „ Talg,
1 „ Adeps lanae,
25 „ Natronlauge von 37° Bé,
6 g Laubgrün,
2 „ Uranin-Hellgelb,
350 „ Bergamottöl,
18 „ Cumarin,
12 „ Patchouliöl,
15 „ Moschustinktur.

Windsorseife, weiß.

25 kg Kokosöl,
25 „ Talg,
25 „ Natronlauge von 37° Bé,
2 „ Pottaschelösung von 15° Bé,
150 g Lavendelöl,
135 „ Kümmelöl,
45 „ Thymen,
15 „ Fenchelöl.

Windsorseife, gelb.

25 kg Kokosöl,
25 „ Talg,
25 „ Natronlauge von 37° Bé,
16 g Chinagelb,
146 „ Lavendelöl,
76 „ Kümmelöl,
70 „ Sassafrasöl,
35 „ Cassiaöl,
23 „ Fenchelöl.

Windsorseife, braun.

25 kg Kokosöl,
25 „ Talg,
25 „ Natronlauge von 37° Bé,
25 g Lederbraun,
145 „ Lavendelöl,
96 „ Kümmelöl,
60 „ Sassafrasöl,
48 „ Cassiaöl,
12 „ Zitronellöl,
20 „ Moschustinktur.

Wollfettseife.

32 kg	Kokosöl,
6 „	Talg,
3 „	Adeps lanae,
19 „	Natronlauge von 38° Bé,
4 g	Sultanagelb,
200 „	Gingergrasöl,
100 „	Zitronellöl,
100 „	Limonen.

Zimtseife.

48 kg	Kokosöl,
2 „	rohes Palmöl,
25 „	Natronlauge von 38° Bé,
20 g	Lederbraun,
150 „	Zimtöl,
75 „	Cassiaöl,
60 „	Sassafrasöl,
60 „	Bergamottöl.

Ylang-Ylangseife.

50 kg	Kokosöl,
25 „	Natronlauge von 38° Bé,
½ „	Glyzerin,
300 g	Canangaöl,
100 „	Benzoesäure-Methylester (Niobeöl),
50 „	Geraniumöl, Réunion,
40 „	Moschustinktur.

Zitronenseife.

48 kg	Kokosöl,
2 „	Talg,
25 „	Natronlauge von 38° Bé,
16 g	Chinagelb,
150 „	Zitronenöl,
133 „	Bergamottöl,
34 „	Lavendelöl,
17 „	Nelkenöl.

Transparentseifen.

Unter Transparentseifen, oftmals auch Glyzerinseifen genannt, versteht man durchscheinende, glasartig aussehende Seifen, die früher in der Weise hergestellt wurden, daß man reine, weiße und stark ausgetrocknete Kernseifen in möglichst feine Späne hobelte und mit gleichen Gewichtsteilen hochprozentigen Alkohols im Dampfbade zur Lösung brachte. Alsdann wurde ein Teil des Alkohols wieder abdestilliert, und zwar wurde die Destillation so lange fortgesetzt, bis ein an einem Glasstäbchen herausgenommener Tropfen Seife schnell zu einer harten, transparenten Masse erstarrte. In diesem Zustande wurde die Seife parfümiert und geformt.

Ein altes Werk über die Fabrikation der Seife aus dem Jahre 1833 erwähnt schon die Herstellung von Transparentseifen und beschreibt sie folgendermaßen: „Zur transparenten Seife bedient man sich der nach obiger Art zubereiteten Windsorseife (parfümierte, mit Aschenlauge klargesottene Talgkernseife), die jedoch nicht parfümiert zu sein braucht; doch schadet es übrigens nicht, wenn sie es ist. Die Seife wird in ganz dünne Scheiben zerschnitten und diese alsdann eine Zeitlang an einen warmen Ort zum Abtrocknen gestellt, wobei sie indeß vor Staub bewahrt sein muß. Ist es so weit gediehen, daß sich die Seife zu Pulver zerreiben läßt, so ist sie hinreichend vorbereitet. Es werden nun 4 Teile durchaus wasserfreier Alkohol und 1 Teil gepulverte Seife in die Destillierblase getan, und diese wird recht fest mit einer aufgebundenen Blase geschlossen. Jetzt wird ein sehr gelindes Feuer von Holzkohlen untergelegt und dieses 24 Stunden unterhalten, wobei von Zeit zu Zeit die Masse durcheinander gerührt wird; hierauf muß aber jedesmal gleich die Blase wieder aufgebunden werden. Durch diese Digestion zergeht die Seife völlig, so daß eine ganz durchsichtige Flüssigkeit entsteht, in der sich durchaus keine Klümpchen (unaufgelöste Seifenstückchen) mehr zeigen dürfen, widrigenfalls die Auflösung noch nicht vollkommen ist. Nach geschehener Auflösung wird der Helm aufgesetzt und das Feuer verstärkt, doch nicht mehr, als eben erforderlich ist, den Spiritus in Lauf zu bringen. Dieser wird in einem fest verschlossenen Gefäße aufgefangen und dient bei einer neuen Auflösung Seife, die eine geringere Sorte Transparent abgeben soll. Ist die Destillation soweit beendigt, daß man von den eingesetzten 4 Teilen $3^1/_2$ Teile wieder empfangen hat, so wird der Helm abgenommen, die Seife mit Kaneelöl (Zimtöl) parfümiert und durch ein Filtrum in die Form gelassen. Diese ganz wasserfreie Seife ist wenig oder gar nicht dem Austrocknen ausgesetzt, weshalb sie sich zum Guß in Formen und Figuren eignet. Eine wohlfeilere Seife transparenter Art ist die, wozu man sich eines geringeren und daher nicht ganz wasserfreien Alkohols bedient. Sie wird auf dieselbe Art, wie vorher beschrieben, zubereitet; nur trocknet sie sehr ein, weshalb sie nicht in Formen mit Figuren gebracht werden kann. Sie wird immer in eine gewöhnliche, aber kleine Seifenform ausgegossen und nachher vermittelst eines Drahtes in Täfelchen geschnitten. Werden diese Tafeln einige Zeit der trockenen Luft ausgesetzt, so trocknen sie zu einer festen Masse ein, wodurch zugleich von selbst diejenige Form entsteht, in welcher diese Art von Seife gewöhnlich im Handel vorkommt."

Aus dieser wörtlich wiedergegebenen Vorschrift kann man ersehen, daß die Herstellung von Transparentseifen schon sehr lange bekannt ist, und zwar in einer Art und Weise, die auch heute noch als unübertroffen gelten kann, wenn auch die Herstellungskosten keineswegs geringe sind[1]). Allerdings verlangen die Konsumenten in der Mehrzahl heute möglichst billige Transparentseifen mit guten Parfüms, so daß man, um diesem Verlangen Rechnung zu tragen, im Laufe der Zeit zu billigeren Ansätzen übergegangen ist. Zunächst suchte man nach Möglichkeit an Alkohol zu sparen, dessen Mitverarbeitung besonders hohe Kosten verursachte, und gelangte schließlich dahin, Transparentseifen ganz ohne Sprit anzufertigen.

Die Kosten für den Alkohol verbilligen sich allerdings wesentlich dadurch, daß unter der Aufsicht der Steuerbehörde unversteuerter Spiritus verarbeitet werden darf, der durch Vermischen mit 1 Teil Rizinusöl und 0,4 Teilen konzentrierter Natronlauge zuvor denaturiert wird. Immerhin treten aber bei der Verarbeitung so erhebliche Verluste auf, daß man allmählich von der Verwendung des Alkohols abgekommen ist, bzw. versucht hat, denselben zum wenigsten teilweise durch andere Stoffe zu ersetzen.

Um auf einfachem Wege Transparentseifen herzustellen, bedient man sich jetzt allgemein der Rizinusölseifen, die an und für sich schon stark durchscheinend sind, und die in Verbindung mit Glyzerin und Zucker oder mit einem dieser beiden Stoffe eine vollkommene Transparenz erzeugen. Weil aber Rizinusöl für sich allein ganz konsistenz-

---

[1]) Die Herstellung der bekannten Pears Soap, vielleicht der verbreitetsten Feinseife der Welt, soll noch immer nach obiger Vorschrift erfolgen, und die Analyse der Seife entspricht dieser Behauptung.

lose und schmierige Seifen ergibt[1]), die außerdem nicht schäumen, so bedarf es immer noch des Zusatzes anderer, fester Fette, um allen Anforderungen entsprechende Seifen zu erhalten. In der Praxis am geeignetsten erwiesen haben sich Zusammenstellungen von Talg und Kokosöl mit einem Zusatz von Rizinusöl, der sich in solchen Grenzen halten soll, daß die Transparenz der Seife eben noch deutlich in Erscheinung tritt.

Selbstverständliche Tatsache ist es nun aber bei Herstellung solcher Seifen, daß sie um ro reiner und klarer ausfallen, je heller die dazu verwandten Fette und Alkalien sind. Man muß also vor allen Dingen Bedacht darauf nehmen, die ersteren eventuell vor der Verarbeitung auf Salzwasser zu klären und die Laugen, wenn nötig, durch Glaswolle zu filtrieren. Wenn man ferner Wert auf eine möglichst hellgelbe Farbe legt, so darf man zur Parfümierung keine durch Alkalien verfärbbaren oder von Natur aus schon dunkel gefärbten ätherischen Öle anwenden. Zu ersteren gehören besonders das Cassiaöl, das Nelkenöl und das rote Thymianöl, zu letzteren z. B. der Perubalsam.

Zum Gelbfärben der fertigen Seifen verwendet man, je nach dem gewünschten Farbenton, in Wasser gelöstes Hausseifengelb, Uraningelb, Tampikogelb, Uraninorange usw.; doch bedarf es zum Färben nur sehr kleiner Quantitäten dieser Farben, auf je 100 kg Seife im höchsten Falle 1—2 g. Man tut deshalb gut, wenn man erst mit kleinsten Quantitäten färbt und sich dann an Hand von ausgelegten, erkalteten Proben darüber schlüssig wird, ob und wieviel man noch nachfärben will.

Es wurde eingangs erwähnt, daß die Transparentseifen mit Zusätzen teils aus Glyzerin, teils aus Zuckerlösung hergestellt werden, um wenigstens bis zu einem gewissen Grade den Alkohol einzusparen. Das Glyzerin hat vor dem Zuckerwasser den Vorzug, daß es ein wirkliches Kosmetikum ist, das heilend und erfrischend auf die menschliche Haut einwirkt und außerdem die damit versetzte Seife wesentlich vor dem Eintrocknen schützt; andererseits aber äußert es auch in Seifen seine hygroskopischen Eigenschaften und bewirkt bei feuchtem Lager unter Umständen ein leichtes Schwitzen.

Eine sehr schöne Kristall-Glyzerinseife ergibt die folgende Vorschrift: 50 kg noch flüssige, gesottene Kerngrundseife werden in 25 kg Spiritus von 96 vH. aufgelöst. Die Lösung wird mit 12 kg reinem Glyzerin von 24° Bé versetzt und dann mit 5 g Sultanagelb gefärbt. Der Kessel muß beim Auflösen der Seife gut bedeckt sein, um das Verdunsten des Spiritus möglichst zu beschränken.

Ein weiterer Ansatz für eine Transparentseife besserer Qualität ist der folgende:

30 kg bester Rindertalg,
30 „ Kokosöl (Ceylon),
30 „ Natronlauge von 38—39° Bé,
12 „ Glyzerin von 28° Bé,
30 „ Sprit von 92—96 vH.

[1]) Vgl. S. 132.

Die Fette werden geschmolzen, mit dem Glyzerin in den Rührkessel eingewogen und auf etwa 38° C im Wasserbade erwärmt. Nun gießt man unter fortwährendem Rühren langsam die abgewogene Lauge hinzu und läßt, wenn sich alles zu einer gleichmäßigen Masse vereinigt hat, bei gedecktem Kessel ruhig stehen. Nach eingetretener Verseifung, d. h. wenn der Kesselinhalt völlig klar geworden ist, gießt man den gesamten Sprit hinzu und erhitzt nochmals im Wasserbad, indem man ab und zu durchrührt. Wenn keine ungelöste Seife mehr vorhanden ist, muß unter der Schaumdecke eine tiefdunkle, klare, beinahe wasserflüssige Masse liegen, die im Probeglase leicht zu einer transparenten, festen Seife erstarrt und, an die Zunge gehalten, leicht bemerkbare, schwache Alkalität besitzt. In diesem Zustande kann die Seife parfümiert und bei etwa 90° C in eiserne Formen gebracht werden, in denen sie schnell erstarrt. Zwecks Beschleunigung des Verfahrens kann man die Fette auch höher, z. B. auf etwa 60° C erwärmen, ehe man die Lauge hinzugibt; ebenso kann man die Lauge mit dem Sprit gemischt zur Anwendung bringen. Es findet dann eine sofortige Verseifung statt, wobei man jedoch darauf achten muß, daß die Seife nicht übersteigt.

Das Einwiegen der Fette und Laugen muß sehr sorgfältig geschehen. Wenn sich auf der dunklen Seife eine ungelöste Kernschicht anstatt des vorschriftsmäßigen, leichten, weißen Schaumes befinden sollte, so fehlt Alkohol, der alsdann in entsprechender Menge nachzugeben ist.

Ein Ansatz zu transparenter Glyzerinseife mit Rizinusöl ist der folgende:

20 kg Rindertalg,
30 „ Kokosöl,
10 „ Rizinusöl,
30 „ Natronlauge von 38—39° Bé,
12 „ Glyzerin von 28° Bé,
24 „ Sprit von 92—96 vH.

Die Herstellung von Transparentseife mit Zuckerwasser geschieht nach den folgenden Vorschriften:

I.

20 kg Talg,
20 „ Kokosöl,
20 „ Rizinusöl,
30 „ Natronlauge von 38—39° Bé,
20 „ Sprit von 92—96 vH.
20 „ Zucker,
20 „ Wasser.

II.

15 kg Talg,
15 „ Kokosöl,
20 „ Rizinusöl,
25 „ Natronlauge von 38—39° Bé,
15 „ Sprit,
15 „ Zucker,
15 „ Wasser.

Die angegebenen Mengenverhältnisse lassen sich jedoch in der verschiedensten Weise variieren, stärkere Anwendung von Rizinusöl, Glyzerin oder Zuckerlösung ermöglicht einen Minderverbrauch an Alkohol, doch sollte man Füllungen von Kochsalz- und Pottaschelösungen unter allen Umständen vermeiden, da gefüllte Transparentseifen unansehnlich sind, schlecht schäumen und sich sehr leicht verwaschen.

Zwei Ansätze zu Transparentseife ohne Sprit lauten:

I.	II.
24 kg Talg,	30 kg Talg,
30 „ Kokosöl,	50 „ Kokosöl,
30 „ Rizinusöl,	30 „ Rizinusöl,
42 „ Natronlauge von 36° Bé,	55 „ Lauge von 38° Bé,
20 „ Zucker, gelöst in	35 „ Zucker, gelöst in
20 „ heißem Wasser,	35 „ heißem Wasser,
12 „ Kristallsoda, in	15 „ Kristallsoda zum Kürzen und Härten.
4 „ heißem Wasser gelöst.	

Die Fette werden bei diesem Verfahren mit der Lauge zusammengerührt. Nach Eintritt der Selbsterhitzung gibt man die heiße Zuckerlösung hinzu und erhitzt das Ganze wieder so lange, bis eine dunkle Leimseife im Kessel liegt. Auf dem Probeglase erkaltet, fühlt sich die Seife ziemlich zähe an. Man härtet und kürzt sie deshalb mit der vorgeschriebenen Sodalösung. Es gehört aber eine ziemliche Übung dazu, die beschriebenen Seifen ganz fehlerfrei herzustellen. Sie sind nie so leichtflüssig, wie sprithaltige Produkte, neigen leicht zu Trübungen und Beschlag, und gewinnen erst auf dem Lager an Transparenz.

Wenn es sich darum handelt, eine transparente Glyzerinseife ohne Sprit von ganz besonders guter Qualität herzustellen, so wende man das nachstehende Verfahren an. Das so erhältliche Produkt gehört mit zu den besseren seiner Gattung, ist ganz besonders haltbar und dem Eintrocknen nicht oder doch nur ganz wenig unterworfen.

Der Ansatz besteht aus:

30 kg bestem Rindertalg,
50 „ weißem Kokosöl,
40 „ Rizinusöl erster Pressung.

Es sei jedoch betont, daß hier die Verwendung ganz besonders frischer und reiner Rohmaterialien durchaus geboten ist, da deren Qualität auf das Aussehen des Fertigproduktes von wesentlichem Einfluß ist.

Die Fette werden zunächst eingeschmolzen, durchgeseiht und mit 60 kg 38grädiger Natronlauge auf kaltem Wege zusammengerührt. Nach eingetretenem Verband hängt man den Rührkessel in ein Wasserbad und bedeckt ihn mit einem dazu passenden Deckel, über den man gegebenenfalls noch einige Säcke legt.

Nach etwa $^1/_2$stündigem Erwärmen wird Selbsterhitzung der Seife im Rührkessel eingetreten sein, und eine durchscheinende, dicke, kernseifenartige Masse im Kessel liegen. Man rührt nun zunächst alles recht kräftig durcheinander und setzt sodann 40 kg einer Lösung hinzu, die man sich durch Verstärkung einer 8grädigen Kochsalzlösung mit hochprozentiger Pottasche auf 18° Bé eingestellt hat. Nach abermaligem Durchrühren giebt man zu dem Ganzen in der Wärme noch 25 kg gutes, kalkfreies Glyzerin, damit die Seife vollständig klarflüssig wird. Da es ohne kleine Korrekturen jedoch selten abgeht, seien im folgenden die Merkzeichen für eine gute Beschaffenheit der Seife nochmals angegeben.

Zunächst muß ein kleiner, an der Zunge deutlich bemerkbarer Alkaliüberschuß vorhanden sein. Ohne einen solchen werden Transparentseifen mit oder ohne Alkohol nie feurig klar sein, sondern mehr oder weniger trüb ausfallen. Auf Glas gelegte Proben der Seife sollen möglichst flach aufliegen und zunächst sehr transparent erscheinen. Nach dem Erkalten dürfen sie aber immerhin eine geringe Trübung aufweisen. Sie unterscheiden sich hierin von den sprithaltigen Seifen, die beim Auflegen klar erscheinen und nach dem Erkalten ebenso bleiben sollen.

Vor allen Dingen muß die Seife aber vom Rührholz möglichst kurz abtropfen und auf dem Glase nach dem Erkalten einen guten Druck besitzen. Dies ist von wesentlichem Einfluß auf die spätere Transparenz. Sollten diese Merkmale nicht vorhanden sein, so kürzt und härtet man die Seife mit 1—2 kg 24grädiger Kochsalzlösung. In der Form ist möglichst schnelles Erkalten vorteilhaft. Von der fertigen Seife sollte man je nach Bedarf stets mehrere Blöcke vorrätig halten, da sie sich im Block um so mehr klärt, je länger sie lagern kann. Schneidet man die Blöcke in Riegel, so stellt man sie am besten in Stößen zum Trocknen auf und hobelt sie vor dem Pressen und Schneiden von allen Seiten ab. So hergestellte und behandelte Seifen schrumpfen nie ein, trocknen fast nicht mehr nach, beschlagen nie und werden auch nicht ranzig. Beim Verwaschen sind sie mild und angenehm, zumal da bei zunehmendem Alter der ursprüngliche, ohnehin schon geringe Alkaliüberschuß verschwindet, und da andererseits die kosmetischen Eigenschaften des Glyzerins die Wirkung des Seifenkörpers in bestmöglicher Weise ergänzen.

Zum Parfümieren der Transparentseifen genügen in der Regel 600—800 g ätherische Öle für 100 kg.

Nachstehend folgen einige geeignete Parfümzusammenstellungen:

Heugeruch.

100 g Lavendelöl,
20 „ Geraniumöl,
10 „ Cumarin.

Reseda.

200 g Bergamottöl,
100 „ Petitgrainöl (Paraguay),
5 „ Irisöl.

Heliotrop.

100 g Heliotropin,
5 „ Vanillin,
2 „ Bittermandelöl, künstlich

Rosenparfüm.

200 g Geraniumöl,
100 „ Lavendelöl,
5 „ Patchouliöl.

Maiglöckchenparfüm.

20 g Lavendelöl,
100 „ Linaloeöl,
50 „ Ylang-Ylangöl, künstlich,
5 „ Benzylazetat.

Veilchenparfüm.

200 g Bergamottöl,
20 „ Geraniumöl,
10 „ Neroliöl, künstlich,
5 „ Jasminöl,
5 „ Irisöl.

Die vorstehenden Kompositionen sind aber selbstverständlich nur für bessere Qualitäten anwendbar und werden wohl nur selten in Anwendung kommen, weil das konsumierende Publikum, sofern es überhaupt gute Preise für Feinseifen anlegt, gewöhnlich die pilierten Seifen bevorzugt. Es werden deshalb nachstehend noch einige billigere Vorschriften gegeben, die ebenfalls einen sehr angenehmen Geruch erzielen lassen und die den Anforderungen eines großen Konsumentenkreises angepaßt sind.

250 g Cassiaöl, künstlich,
300 ,, Lavendelöl,
50 ,, Geraniumöl.

150 g Nelkenöl,
50 ,, Thymianöl,
200 ,, Kümmelöl,
250 ,, Cassiaöl, künstlich.

200 g Safrol,
250 ,, Nelkenöl,
50 ,, Anisöl,
100 ,, Cassiaöl, künstlich,
100 ,, Thymianöl.

300 g Zitronellöl (Java),
200 ,, Kümmelöl,
30 ,, Cassiaöl, künstlich,
20 ,, Geraniumöl,
5 ,, Patchouliöl,
40 ,, Lavendelöl.

250 g Safrol,
250 ,, Lavendelöl,
50 ,, Nelkenöl,
30 ,, Cassiaöl, künstlich,
25 ,, Thymianöl.

300 g Terpineol,
10 ,, Bittermandelöl, künstlich,
50 ,, Canangaöl (Java),
50 ,, Eugenol,
100 ,, Lavendelöl,
70 ,, Bergamottöl.

200 g Cassiaöl, künstlich,
400 ,, Spiköl,
200 ,, Zitronellöl (Java),
100 ,, Cassiaöl,
50 ,, Nelkenöl,
150 ,, Lavendelöl,
75 ,, Safrol.

200 g Lavendelöl,
150 ,, Bergamottöl,
170 ,, Terpineol,
30 ,, Eugenol.

100 g Eugenol,
100 ,, Canangaöl (Java),
250 ,, Lavendelöl,
50 ,, Bergamottöl,
100 ,, Zitronellöl (Java).

Pilierte Seifen.

Die Herstellung der Grundseifen.

Vor Erörterung der für die Fabrikation der pilierten Seifen in Betracht kommenden technischen Maßnahmen sollen zunächst in kurzen Zügen die wesentlichen Momente hervorgehoben werden, durch deren Beachtung allein ein gutes, haltbares, dabei aber auch konkurrenzfähiges Produkt erhalten werden kann. Denn nur wenn man sich der Zwecke und Ziele, die anzustreben sind, klar bewußt ist, wird man mit dem notwendigen Verständnis an die Fabrikation selbst herantreten können.

Das wichtigste Material für die pilierten Seifen[1]) ist die sogenannte Grundseife, die gewissermaßen den Grund bildet, auf dem sich die ganze Fabrikation aufbaut. Nur wenn diese Grundseife tadelfrei hergestellt ist, läßt sich auch das Endprodukt in seiner größten Vollkommenheit erzielen, wohingegen aus einer fehlerhaften Grundseife nie

[1]) Die pilierten Seifen werden vielfach auch als „Fettseifen" gehandelt, eine Bezeichnung, die von dem ersten Fabrikanten dieser Seifen in Deutschland, C. G. Kämmerer in Dessau, herrührt, aber sehr unglücklich gewählt ist, da alle unsere Feinseifen mit Fettseifen identisch sind.

ein den berechtigten Erwartungen entsprechendes Erzeugnis hergestellt werden kann.

Welches sind nun die Anforderungen, die an eine gut gehaltene Grundseife gestellt werden müssen?

Zunächst und vor allen Dingen muß betont werden, daß eine Grundseife vollständig neutral sein muß oder, mit anderen Worten gesagt, kein ungebundenes Alkali enthalten darf. Eine alkalische Seife würde beim Gebrauch empfindliche Haut reizen und außerdem auch nicht die erforderliche Plastizität besitzen, sondern stets mehr oder weniger kurz und bröcklig sein, so daß sie niemals in tadellos glatten Strängen aus der Seifenstrangpresse hervorgehen kann. In weiterer, naturgemäß notwendiger Folge werden dann auch die gepreßten Stücke rissig und schuppig ausfallen, manchmal mehr, manchmal weniger, je nach dem mehr oder minder vorhandenen Alkaliüberschuß.

Man könnte ja nun diesen Übelstand leicht umgehen, wenn man der Seife anstatt des Alkaliüberschusses einen kleinen Überschuß an unverseiftem Fett beließe, und in der Tat stellt man auch schon seit längerer Zeit sogenannte überfettete Seifen her, die jedoch eine besondere Gattung für sich bilden. Insoweit diese aber nicht speziell medizinischen Zwecken dienen, nimmt man die Überfettung erst nachträglich an den sachgemäß hergestellten Seifen beim Pilieren durch Zusatz von Lanolin, Vaselin, Wollfettalkoholen[1]) usw. vor. Würde man ihnen dagegen bei der Verseifung schon einen, wenn auch geringen Überschuß an Fett belassen, so würde man nie haltbare Seifen erzielen können, da sich schon nach kurzer Zeit ein unangenehmer Fettgeruch bemerkbar machen würde, dem selbst die stärkste Parfümierung nicht standhalten könnte. Weder die besten und haltbarsten Parfüms, noch die intensive Geruchsverstärkung durch Moschus, Patchouli und andere Stoffe kann das Ranzigwerden fehlerhaft gesottener Seifen aufhalten. Aus dem eben Gesagten geht also deutlich hervor, daß nur solche Grundseifen als gut getroffen anzusprechen sind, die weder unverseiftes Fett noch ungebundenes Alkali enthalten. Gestattet ist jedoch in jedem Falle ein geringer Zusatz (2—3 vH.) von freier Rizinusölsäure oder Rizinusölsulfosäure, der einerseits die Wirkung etwa vorhandenen freien Alkalis neutralisiert, andererseits, wie schon mehrfach hervorgehoben wurde[2]), das Schaumvermögen der Grundseifen wesentlich erhöht, ohne daß diese späterhin ranzig werden oder sonst Eigenschaften annehmen, die ihrer Verwendung hinderlich wären.

Was dann die zur Parfümierung erforderlichen ätherischen Öle und synthetischen Riechstoffe betrifft, so ist es natürlich selbstverständlich, daß bei deren Verwendung hinsichtlich besserer oder billigerer Qualitäten der für die fertige Seife veranschlagte Preis maßgebend ist. Es sei aber nochmals ausdrücklich darauf hingewiesen, daß bei sachgemäßer Zusammenstellung der geeigneten Riechstoffe nicht nur die größten Effekte möglich, sondern in getreuer Nachbildung bestimmter Blumengerüche geradezu überraschende Erfolge zu erzielen sind.

[1]) Schrauth, Seifensiederzeitung 1914, **41**, S. 1150.
[2]) Vgl. S. 97, 132 u. 375.

Bezüglich der Aufmachung und Verpackung der Seifen sei bemerkt, daß man daran nicht sparen soll, falls der Preis dies erlaubt; denn auch hier gilt das Sprichwort: Das Kleid macht den Mann! Bei einer feineren Seife ist auch eine feine Verpackung unerläßlich; denn nach dieser beurteilt man die Ware, und man bekommt für ein und dieselbe Seife in eleganter Verpackung mit Leichtigkeit oft den doppelten Preis, den man für uneingepackte oder gewöhnlich verpackte Ware erhält. Außerdem hat die Verpackung noch einen anderen wesentlichen Vorteil für sich — nämlich die größere Haltbarkeit des Geruches. Schon die unmittelbare Berührung der Ware mit der Luft beeinflußt die Haltbarkeit zarter Gerüche, noch mehr aber die Verbindung von Luft und Licht zugleich. Man kann den Beweis für das Gesagte an solchen Seifen ersehen, die einige Zeit unverpackt in einem Schaufenster gelegen und den feinsten Teil ihres Duftes verloren haben.

Die Herstellung der pilierten Feinseifen geschieht in folgender Weise: Die in möglichst rein weißer Farbe hergestellte Grundseife, über deren Darstellung weiter unten noch eingehendere Mitteilungen gemacht werden, wird nach erfolgter Abkühlung in Riegel und darauf vermittels einer Spanhobelmaschine in möglichst feine Späne zerteilt und getrocknet, wobei ein Gewichtsverlust von 15—18 vH. in Erscheinung tritt. Die soweit ausgetrocknete Seife ist nun erst brauchbar zur weiteren Verarbeitung. Sie kommt zunächst in abgewogenen Mengen auf die Piliermaschine (Broyeuse), die auch als Seifenreibemaschine bezeichnet wird. Diese Maschine ist ein Apparat, der 3—4 Walzen, in besonderen Fällen auch durch Zusammenstellung von zwei 4walzigen Maschinen 8 Walzen aus Granit oder Granit-Syenit enthält und sowohl für Hand- als auch für Kraftbetrieb eingerichtet sein kann. Im allgemeinen ist jedoch der Betrieb einer Maschine mit mehr als drei Walzen von Hand aus wegen des starken Kraftverbrauches ausgeschlossen. Auf dieser Maschine, deren Walzen sich nach Bedarf enger und weiter stellen lassen, werden die vorher abgewogenen Späne zunächst bei einem einmaligen Gange durch Zerquetschen zerkleinert. Nun gibt man zu der Masse Parfüm und Farbe hinzu und läßt dann das Ganze wiederholt die Maschine passieren, damit die Zusätze zu feinster Verteilung gelangen. Man kann sich aber auch für die Beimischung der Farben und Parfüms einer sogenannten Mischtrommel bedienen, was die Sache wesentlich vereinfacht.

Wenn sich die Seifenspäne in richtig angetrocknetem Zustande befinden, so wird ein vier- bis sechsmaliger Durchgang durch die Walzen genügen, um bei der nachfolgenden Zusammenpressung in der Seifenstrangpresse (Peloteuse) einen glatten und blanken Strang zu erhalten. Einer nicht genügend weit ausgetrockneten Seife muß hingegen die überflüssige Feuchtigkeit durch mehrmaliges Pilieren entzogen werden, weshalb man stets auf einen genügenden Vorrat an trockener Seife halten sollte, um unnötigen Zeitverlust zu vermeiden.

Im Vorstehenden sind die Grundzüge der bis jetzt allgemein gebräuchlichen Methode zur Herstellung pilierter Seifen angegeben; doch ist man schon seit längeren Jahren imstande, mit Hilfe des schon wiederholt erwähnten Verfahrens von A. und E. des Cressonières in Brüssel die ganze

Fabrikation sehr weitgehend abzukürzen. Denn dieses Verfahren ermöglicht es, dem Siedekessel frisch entnommene, noch flüssige Seife auf einem eigenartig angeordneten Walzwerk zum Erstarren zu bringen und in Form von Streifen oder Bändern auf einem rotierenden Drahtgewebe zu trocknen, das sich in einem durch Dampf erwärmten Gehäuse befindet. Wärme und Luftzug wirken derart, daß die an einem Ende des Apparates eingeführte flüssige Seife am anderen Ende in Form von getrockneten, gleichmäßigen Seifenbändern wieder zum Vorschein kommt[1]).

Wie schon erwähnt, werden solche Apparate heute auch von vielen deutschen Maschinenfabriken hergestellt, da sie sich in allen größeren Haus- und Feinseifenfabriken sehr gut bewährt haben und recht befriedigende Erzeugnisse liefern.

Beim Sieden der Seifen ist es nicht unbedingt nötig, sich hinsichtlich der Stärke der Laugen an ein bestimmtes Schema zu binden; es kommt hierbei vielmehr in Betracht, ob man mit Dampf oder mit Feuer arbeitet, und ob der eventuell benutzte Dampf viel oder wenig Wasser mit in den Kessel bringt, was wieder von seinem mehr oder minder hohem Druck, sowie von der Isolierung der Dampfleitungen abhängig ist. Im allgemeinen soll aber doch gesagt sein, daß man Grundseifen am besten mit nicht zu starken Laugen siedet, weil so die Verseifung eine vollständigere ist, und weil die Seife selbst bei Anwesenheit von viel Wasser reiner ausfällt, was beides zu ihrer Haltbarkeit beiträgt. Beispielsweise kann man die ganze Lauge auf 25—26° Bé einstellen und hiervon ein Drittel auf 12—15° Bé, ein Drittel auf 18—20° Bé verdünnen. Wenn sich dann der ganze Fettansatz mit Ausnahme des Kokosöles im Kessel befindet, leitet man die Verseifung mit der schwächsten Lauge ein, wobei zu beachten ist, daß die Lauge jeweils verbraucht ist, ehe man neue hinzugibt. Man versiedet so zunächst die schwächste Lauge und dann die nächstfolgend stärkere. Ist alles genügend lange versotten, so daß kein Stich mehr bemerkbar wird, salzt man die Seife soweit ab, daß sich eine klare Unterlauge absetzt, die nach zweistündiger Ruhe, oder wenn es auf die Zeit nicht ankommt, noch besser am nächsten Tage mittels der Laugenpumpe entfernt wird. Je nach den gegebenen Verhältnissen kann man sie auch durch einen Ablaßhahn entfernen oder die Seife in einen anderen Kessel überschöpfen. Dann bringt man nochmals 10—12 grädiges Salzwasser nebst einigen 100 kg der starken Restlauge in den Kessel und läßt die Seife damit einige Stunden sieden. Bei einer reinen Seife muß die so erhaltene Unterlauge wasserhell sein; eine braungefärbte Unterlauge weist auf noch in der Seife enthaltene Unreinigkeiten hin, die durch nochmaliges Behandeln mit schwachem Salzwasser entfernt werden müssen. Nach wiederholtem Entfernen der Unterlauge kommt schließlich der Rest der noch vorhandenen Lauge in den Kessel, und die Seife wird weitere ein bis zwei Stunden lang gesotten, damit man die Gewähr erhält, daß die Verseifung vollständig erfolgt ist. Alsdann erst setzt man das Kokosöl hinzu. Nach Bindung des überschüssigen Alkalis muß die Seife nun-

[1]) Vgl. S. 8 u. 249.

mehr wieder leicht und flüssig sieden, so daß man mit der Korrektur der Abrichtung beginnen kann, die am besten an Hand der Phenolphtaleïnreaktion verfolgt wird.

Ist die Seife gut getroffen, so muß sie alle Merkmale zeigen, die für ein gutes Absetzen in Frage kommen und in erster Linie gut verschliffen sein. Nicht genügend flüssige Seifen sind mit 2—3 grädigem Salzwasser nachzuschleifen, bis der richtige Flüssigkeitsgrad erreicht ist. Nach genügendem Absitzen kommt die Seife in die Form oder wird, wenn eine entsprechende Apparatur vorhanden ist, sofort weiterverarbeitet.

Was nun den Fettansatz selbst anbetrifft, so ist hier in erster Linie reiner Parfümerie-Talg als Rohmaterial zu empfehlen. Andere Talgqualitäten oder gar Hammeltalg verarbeitet man lediglich auf Seifen zweiter Qualität. Gebleichtes Palmöl, welches zuvor mit Salz geläutert wurde, kann den Talg allerdings ganz oder teilweise ersetzen, ergibt jedoch häufig nicht rein weiße Seifen. Auch feines, helles Knochenfett kann bis zu etwa 25 vH. im Fettansatz für gefärbte Seifen untergebracht werden, wenn zuvor die in diesem Fett häufig vorhandenen Kalkseifen, Schmutz- und Eiweißstoffe durch gründliche Raffination entfernt wurden. Schmalz ergibt zartere und transparentere Grundseifen als Talg, die aber auch weniger schaumkräftig sind. Schmalzreiche Seifen absorbieren zudem mehr Kochsalz aus der Unterlauge, so daß zumeist nur ein teilweiser Ersatz des Talges durch Schmalz in Frage kommt. Gehärtete Öle, insbesondere gehärtete Trane werden nur selten zur Grundseifenherstellung herangezogen, sind aber keineswegs unbrauchbar. Bei nicht weißen Seifen können auch gute Qualitäten Baumöl, unter Umständen auch Erdnußöl Verwendung finden.

Stets vorhanden sein muß in der Grundseife neben dem Talg aber ein Leimfett, vornehmlich Kokosöl, das, wie eingangs gesagt, für das Schaumvermögen der Seife unbedingt notwendig ist. Über die erforderlichen Mengen desselben sind die Anschauungen jedoch geteilt, einige Fachleute empfehlen 25, ja sogar 30 vH., während von anderer Seite ein 5—8 proz. Zusatz als genügend bezeichnet und vor wesentlich höheren Zusätzen gewarnt wird[1]). Erfahrungsgemäß werden aber Seifen von befriedigender Qualität erzielt, wenn der Leimfettgehalt nicht unter 10 und nicht über 20 vH. gehalten wird. Vielfach wird auch der Zusatz von hellem Harz in Mengen von etwa 1—2 vH. empfohlen, das dann gleichzeitig als Schaumbildner und als Fixierungsmittel für Riechstoffe dienen soll.

Im folgenden seien nun einige Ansätze für die Herstellung der erforderlichen Grundseifen mitgeteilt.

Für weiße und gefärbte Seifen:

100	Teile	bester Parfümerietalg,	75	Teile	Parfümerietalg,
10—20	„	gutes Kokosöl.	25	„	Erdnußöl (helles Vorschlagöl),
					Kokosöl wie zuvor.
50	„	Parfümerietalg,			
50	„	Baumöl,	50	Teile	Parfümerietalg,
		Kokosöl wie zuvor.	50	„	Schweinefett, Pferdefett od. dgl.,
					Kokosöl wie zuvor.

[1]) K. L. Weber, Toilette-Grundseifen, Seifensiederzeitung 1925, **52**, S. 25.

Für gelbweiße, gelbe und braune Seifen:

100 Teile gebleichtes Palmöl,
Kokosöl, wie zuvor.

50 Teile gebleichtes Palmöl,
25 „ Talg oder andere Fette,
25 „ Erdnußöl,
Kokosöl wie zuvor.

Auch andere Kompositionen lassen sich, je nach Bedürfnis und Preislage, zusammenstellen, zumal da man keineswegs allein auf die Verwendung von Neutralfetten angewiesen ist, sondern beispielsweise auch stearinhaltige Oleïne, sofern sie hoch verseifbar, in Verbindung mit gebleichtem Palmöl zu Grundseifen recht gut verwenden kann.

Auch freie Fettsäuren, die alsdann mit Karbonat zu verseifen sind[1]), lassen sich in bekannter Weise verarbeiten, indem man das warme, flüssige Gemisch der zu verarbeitenden Fettsäuren unter fortgesetztem Rühren in eine heiße Sodalösung allmählich einbringt. Wenn die Seife dann nach Zugabe der für die Verseifung des vorhandenen Neutralfettes noch erforderlichen Ätzlauge schließlich abgerichtet und verschliffen ist, wird sie ausgesalzen und geformt oder durch einen Kühl- und Trockenapparat geleitet, der sie sofort pilierfähig macht.

Die Ausbeute an Grundseife aus Fetten beträgt 153—154 vH., aus Fettsäuren etwa 160 vH.

Eine gut getroffene Grundseife läßt sich im allgemeinen schon nach dem Erkalten recht leicht daraufhin beurteilen, ob sie bei der maschinellen Bearbeitung eine zusammenhängende, glatte, nicht rissig oder schuppig aussehende Ware ergeben wird. Eine Seife, die allen Anforderungen entspricht, muß schon ungetrocknet eine gewisse Zähigkeit besitzen und zwischen den Fingern gut verknetbar sein, ohne bröcklig zu werden oder kurz abzubrechen. Erfüllt sie außerdem noch die notwendige Anforderung möglichster Geruchlosigkeit und darf man ferner überzeugt sein, daß sie nicht ranzig wird, so wird sie sich nach dem Trocknen auch gut verarbeiten und ein in jeder Hinsicht befriedigendes Erzeugnis erwarten lassen.

Ist hingegen eine fertig abgekühlte Grundseife schon im Anschnitt kurz und bröcklig und entbehrt sie beim Kneten zwischen den Händen des nötigen Zusammenhaltes, so werden diese Eigenschaften nach dem Austrocknen nur um so mehr hervortreten. Man wird weder eine glatte Feinseife daraus herstellen können, noch wird ein homogenes Gefüge erreichbar sein, denn derartige Seifen sind gewöhnlich zu scharf gehalten oder mit mehr Kochsalz behandelt, als unumgänglich nötig war. Gleichwohl soll hier aber ausdrücklich nochmals darauf hingewiesen werden, daß eine wiederholte Behandlung der Seifen mit Kochsalz wesentlich für ihre Haltbarkeit ist, und daß es somit notwendig wird, das etwa in der Seife mechanisch verteilte Salz durch sorgfältiges Ausschleifen zum Absetzen zu bringen.

---

[1]) Vgl. S. 143ff.

Die mechanische Verarbeitung der Grundseifen.

Nachdem die in den Formen oder im Kühlapparat erkaltete Grundseife zu Riegeln geschnitten ist, werden diese zum Zwecke der Trocknung in einem Raume aufgestellt, der entweder heizbar ist oder von trockener Zugluft durchströmt wird. Alsdann werden zur Beschleunigung des Trockenprozesses die oberflächlich angetrockneten Seifenriegel mit Hilfe einer Spanhobelmaschine zerkleinert und die so erzielten Seifenspäne auf Horden ausgebreitet.

Diese Horden bestehen aus länglichen, viereckigen Holzrahmen, die einen aufgenagelten Boden von Rohleinen, Drell oder auch aus verzinktem Stahldrahtgewebe besitzen, wie aus Abb. 161 ersichtlich ist.

Um ein möglichst rasches Trocknen der Seifenspäne zu erzielen, dürfen diese aber nicht zu hoch übereinander aufgeschüttet werden, da anderenfalls die trocknende Luft keinen guten Durchgang findet. Die getrockneten Seifenspäne kommen alsdann in abgewogenen Mengen in einen Mischkasten, in welchem sie mit Hilfe eines geeigneten Instrumentes, wie z. B. mit einem hölzernen Rührspaten, mit dem Parfüm, dem Farbstoff und gegebenenfalls mit 1—3 vH. freier Rizinusölsäure vermischt werden. An die Stelle dieser Mischkästen sind seit längerer Zeit aber wohl allgemein die automatischen Mischmaschinen getreten, die selbsttätig das Untermischen der Parfüms und Farbstoffe besorgen und viel schneller und inniger mischen, als dies in den Mischkästen von Hand aus möglich ist.

Die gut durchmischten Seifenspäne kommen dann zur weiteren Verarbeitung in die Piliermaschine, wo sie zwischen Walzen so zerquetscht und durcheinander geknetet werden, daß sie nach 4—5 maligem Umgang eine vollkommen homogene Masse darstellen, die Parfüm und Farbstoff in feinst verteiltem Zustande enthält. Diese Seifenmasse wird durch Messer in Gestalt langer Bänder von der letzten Walze der Piliermaschine schließlich abgestrichen und in einem untergestellten, fahrbaren Kasten gesammelt, um alsdann zwecks Weiterverarbeitung der Seifenstrangpresse zugeführt zu werden.

Die Seifenstrangpresse übernimmt die Arbeit des Zusammenballens der Seifenbänder und preßt sie schließlich in die Form von Seifenstangen durch an der Mündung eingesetzte Mundstücke von beliebiger Größe und Form zusammen, so daß man nur nötig hat, die erhaltenen Riegel in Stücke zu zerteilen und dann zu pressen.

Im Nachstehenden soll nunmehr zunächst eine eingehendere Beschreibung der für die Herstellung pilierter Seifen in Frage kommenden, oben schon erwähnten Maschinen folgen, und zwar soll ihre Besprechung in der Reihenfolge geschehen, die ihren aufeinanderfolgenden Funktionen entspricht.

Die pilierten Seifen sind zuerst in Frankreich hergestellt worden, und so sind naturgemäß die ersten Maschinen zu ihrer Herstellung auch in Frankreich gebaut. Namentlich waren es Beyer frères in Paris, die lange Zeit auf diesem Gebiete tonangebend waren. Doch nicht lange dauerte es, bis sich auch deutsche Maschinenfabriken mit der Anfertigung der in Betracht kommenden Maschinen befaßten, wobei ihnen zunächst allerdings die französischen Fabrikate als Vorbild dienten.

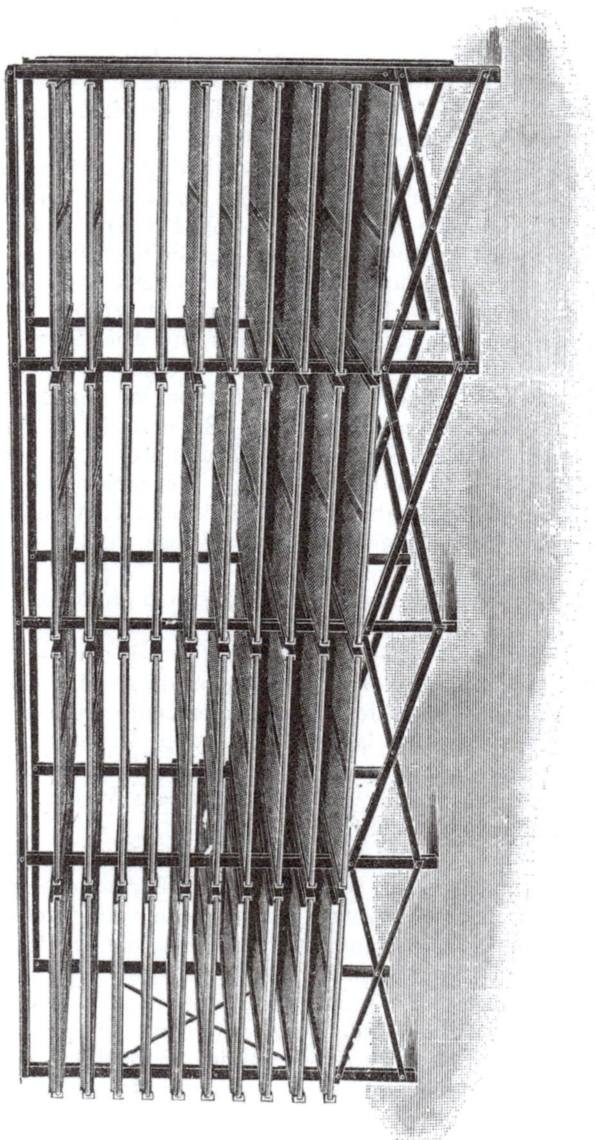

Abb. 161. Trockenhorde für Grundseifenspäne.

Die in Abb. 162 u. 163 dargestellten Seifenhobelmaschinen dienen, wie schon erwähnt, zum Zerkleinern der Grundseifenriegel in schmale, dünne Späne. Sie bestehen aus einer wagrechten, auf einem Fußgestell gelagerten Welle, die 1, 2 oder 4 sogenannte Messerscheiben trägt, d. h. einerseits eben bearbeitete Scheiben mit je 2—6 radial angeordneten Schlitzen, die über denen 0,5 bis 1 mm herausstehende, teils glatte, teils gezahnte Messer angeordnet sind. Die Messerscheiben sind von Gehäusen umgeben, die je einen schräg nach unten gegen die Messerseite hinführenden Führungsschacht besitzen. Die in die Führungsschächte gesteckten Seifenriegel drücken mit dem unteren Ende gegen die vorstehenden Messer und gleiten durch ihr Eigengewicht in dem Maße nach, wie die Messer unten abhobeln. Die abgehobelten Späne werden in einem untergestellten Sammelkasten aufgefangen.

Die Maschinen werden in verschiedenen Größen mit 1 oder 2 Messerscheiben zu 2, 4 oder 6 Messern geliefert.

Die Messer der Maschinen sind wie aus Abb. 162 ersichtlich ist, leicht zugänglich und verstellbar, um nach Belieben dünnere oder dickere Späne erzielen zu können. Die Freilegung der Messerscheiben behufs Reinigung oder Verstellung der Messer geschieht durch Aufklappen der vorderen Gehäusewand, oder durch Abheben des Gehäuses.

Abb. 162. Seifenhobelmaschine für Kraftbetrieb.

Abb. 163a und b zeigen die Einzelheiten einer doppelseitigen Hobelmaschine für Maschinenbetrieb. A bezeichnet die beiden Scheiben, die auf einer Welle befestigt sind, welche sich mit einer Geschwindigkeit von 70 Umdrehungen in der Minute bewegt. Jede der beiden Scheiben ist mit sechs scharfen, nahezu radial gestellten Messern besetzt, wovon drei (a in Abb. 163b) glatt und drei (b) in der Weise gezahnt sind, wie Abb. 163c zeigt. Die Messer sind ähnlich wie bei den gewöhnlichen Gurkenhobeln über entsprechenden Schlitzen auf der Scheibe angeordnet. Die Welle B läuft in zwei Lagern, die auf zwei gußeisernen Ständern befestigt sind.

Zwischen dem Fußgestell befindet sich ein großer, mit Zink ausgeschlagener Holzkasten G, der zur Aufnahme der von der Maschine gelieferten Späne bestimmt ist. Die Rohseife wird den Messern durch die schrägstehende Rinne H zugeführt, deren unteres Ende in eine Blechtrommel I mündet, welche die Scheiben genau umschließt.

Während man früher das Mischen der trockenen Seifenspäne mit Parfüm und Farbstoff in einem mit Zinkblech ausgeschlagenen Kasten, wie oben beschrieben, mittels eines dazu geeigneten Instrumentes vornahm, hat man jetzt auch diese Arbeit einer Maschine, der Mischmaschine, übertragen. Dieselbe ist folgendermaßen konstruiert: Auf einem eisernen Gestell, das seinerseits wieder von einem gußeisernen Sockel getragen wird, ruht ein zylinderförmiger, oben offener Behälter, der mit einem Deckel versehen ist. Mitten durch diesen Zylinder ist eine Welle geführt, deren beide Enden je in einem Lagerbock liegen und so ihre Führung erhalten. Außerdem steht ein Ende der Welle durch Zahnräder mit Riemenscheiben in Verbindung, die den Antrieb

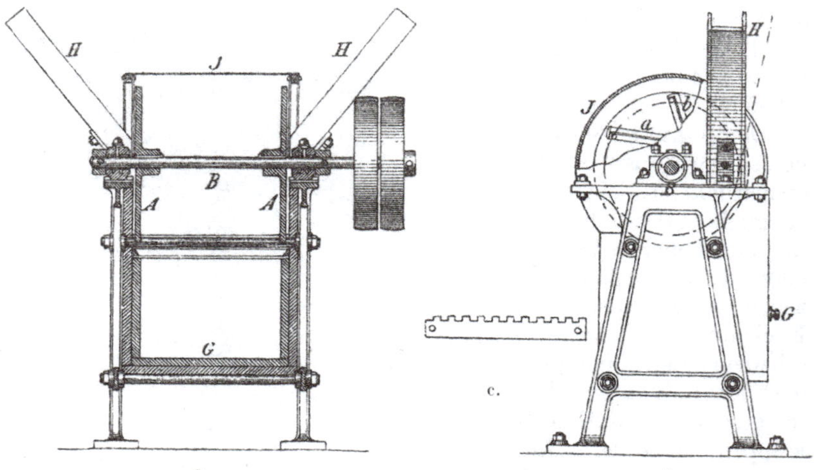

Abb. 163 a—c. Seifenhobelmaschinen für Kraftbetrieb.

der Welle vermitteln. An der Welle befinden sich verzinnte Mischflügel, und auch das Innere des Mischbehälters ist verzinnt, so daß ein etwaiges Rosten der mit der Seife in Berührung kommenden Teile verhindert und eine leichtere Reinigung der Maschine ermöglicht wird. Der Füllungsraum des Behälters ist so groß, daß er bis 100 kg Seife aufzunehmen imstande ist, die zugleich mit dem erforderlichen Parfüm, dem Farbstoff und sonst etwa beabsichtigten Zusätzen in die Mischmaschine eingefüllt werden. Durch Einrücken der arbeitenden Riemenscheibe wird dann die Welle in Bewegung gesetzt, so daß die Seifenspäne energisch durcheinander geschüttelt werden. Die Mischung mit den übrigen Zusätzen geht dann so gleichmäßig vor sich, daß in der Piliermaschine unter Umständen nur noch ein zweimaliges Durchmahlen erforderlich ist. Das Mischen selbst erfordert nur eine Zeitdauer von 5—10 Minuten, und da der Mischbehälter um seine eigene

Achse drehbar ist, so läßt sich mittels einer Kippvorrichtung die Öffnung nach unten hin bewegen, so daß bei abgenommenem Deckel die Mischflügel eine selbsttätige Entleerung nach unten bewirken.

Neuerdings hat man auch Mischmaschinen mit zwei entgegengesetzt arbeitenden Mischflügeln konstruiert, die dazu bestimmt sind, die Seifen-

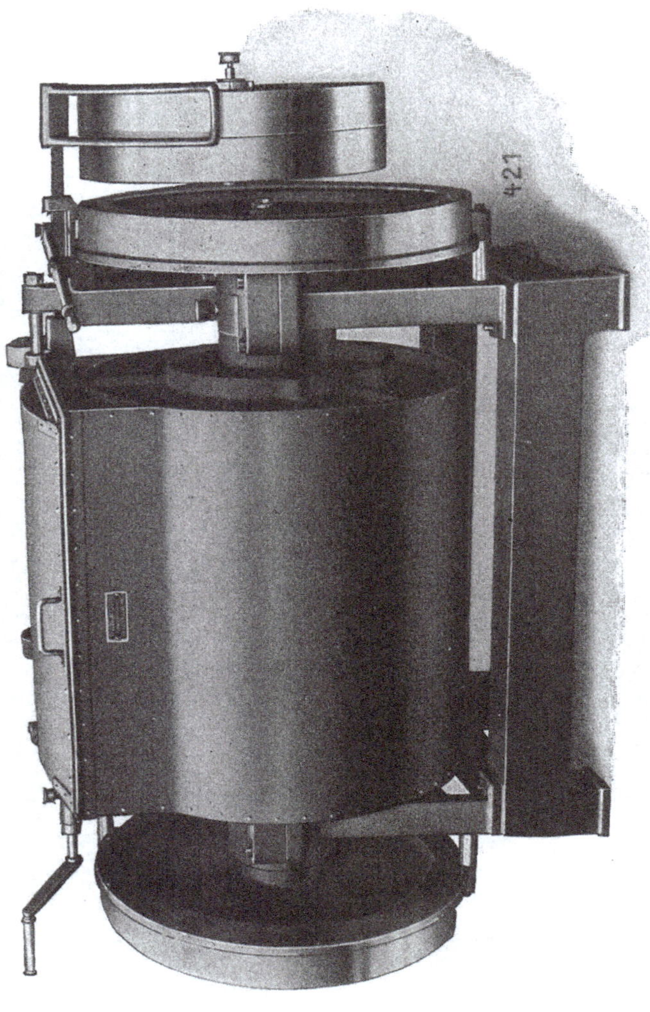

Abb. 164. Mischmaschine für Grundseifenspäne (Arbeitsstellung).

späne nicht nur mit den übrigen Bestandteilen zu vermischen, sondern dieselben gleichzeitig auch zu zerkleinern. Zu diesem Zwecke sind sie mit rechenartigen Mischflügeln versehen, welche die Seifenspäne zu einem groben Pulver verarbeiten. Die Vermischung der Seife mit Farbstoff und Parfüm ist daher eine noch innigere als bei der älteren Konstruktion. Abb. 164 und 165 zeigen eine solche Maschine, geschlossen in Arbeitsstellung und gekippt und geöffnet in Entleerungsstellung.

Nach dem Passieren der Mischmaschine gelangt die mit Parfüm und Farbstoff innig vermischte Grundseife, wie bereits gesagt, in die Piliermaschine, die nunmehr die weitere Hauptarbeit zu leisten hat.

Abb. 165. Mischmaschine für Grundseifenspäne (Entleerungsstellung).

Die ursprünglichste und einfachste Form der Piliermaschine bestand in zwei auf einem eisernen Gestell angebrachten, nebeneinander liegenden, steinernen Walzen, die in ihrer Längsrichtung von eisernen Wellen zentrisch durchbohrt, an beiden Enden drehbar gelagert und für Handbetrieb eingerichtet waren. Über diesen Walzen war ein hölzerner Füllkasten angebracht, der zur Aufnahme der Seifenspäne diente. Da man aber mit solchen einfachen Maschinen bei größerem Bedarf natürlich nicht leistungsfähig war, so erfand man zunächst eine Dreiwalzenmaschine, deren zwei erste Walzen die Seife aufnahmen und auf eine dritte übertrugen. Von dieser wurde sie alsdann durch einen Messerapparat abgestrichen, fiel in einen untergestellten Kasten und wurde dann immer wieder von neuem auf die Maschine gebracht. Eine solche Maschine, wie sie auch heute noch für Versuchszwecke gebaut wird, ist aus Abb. 166 ersichtlich. Da aber auch das Arbeiten mit Maschinen dieser Bauart noch immer sehr zeitraubend war, so konstruierte man schließlich eine Vierwalzenmaschine, die so arbeitet, daß die vorn eingeschüttete Seife von dem ersten Walzenpaare aufgenommen,

Abb. 166. Piliermaschine (Seifenreibemaschine) für Versuchszwecke.

von der zweiten Walze aber zugleich auf die höher gelegene dritte übertragen wird. Die dritte Walze gibt die Seifenmasse alsdann an die über ihr angeordnete vierte ab, die nun an der nach vorn liegenden, dem ersten Walzenpaare zugekehrten Seite zwei Abstreichmesserpaare besitzt. Das untere dient dazu, die Seife aus der Maschine herauszubefördern; das obere hingegen liefert die Seife in den Trichter zurück, der über der ersten Walze eingelagert ist. Der Trichter ist wagerecht in zwei übereinanderliegende Hälften geteilt, die durch eine herausziehbare Lade getrennt sind. Ist die Seife durchgemahlen und in das obere Trichterabteil zurückgelaufen, so zieht man die Lade heraus, und die Seife gelangt dann wieder zum ersten Walzenpaare. Soll die Seife dann schließlich der Maschine entnommen werden, so wird das obere Abstrichmesserpaar gelöst, während das untere vermittels Schrauben an die Walzen fest angedrückt wird. Die nunmehr abgestrichene Seife fällt in einen unter der Maschine stehenden Transportkasten.

Das Prinzip der Übertragbarkeit der Seife von einer Walze auf die anderen beruht auf der ungleichen Geschwindigkeit, mit der die letzteren in Umlauf gesetzt werden. So erfaßt z. B. das erste Walzenpaar die Seife und zerquetscht sie derart, daß sie an der zweiten Walze, die sich mit größerer Geschwindigkeit dreht als die erste, haften bleibt. Eine noch größere Umgangsgeschwindigkeit hat wieder die dritte Walze, weshalb die Seife bei der Abgabe von der zweiten Walze an dieser haften bleibt, und ganz derselbe Fall wiederholt sich mit der vierten Walze, die am schnellsten arbeitet. Die Seifenmenge, welche diese vierte Walze an die Messer abgibt, stellt die Leistung der ganzen Maschine in einem bestimmten Zeitraume dar.

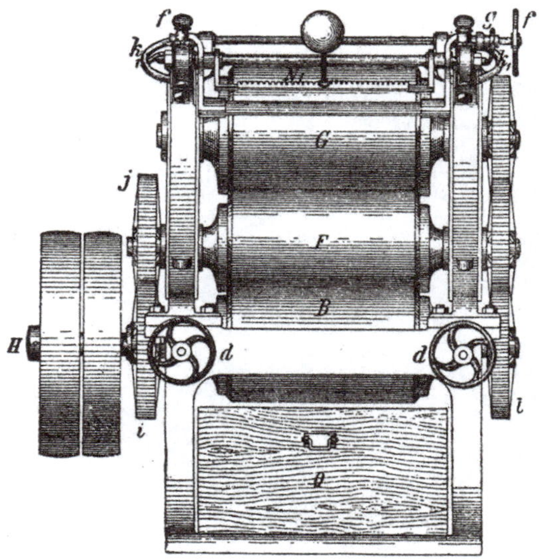

Abb. 167. Piliermaschine (Seifenreibemaschine) mit 4 Walzen (Seitenansicht).

Abb. 167 und 168 zeigen zunächst eine Piliermaschine mit vier Walzen. Dieselbe hat ein Untergestell aus Gußeisen, das aus einem Stück besteht. Daran ist das erste Walzenpaar B und C befestigt, und darüber befindet sich der Trichter D, in welchen die Seifenspäne eingebracht werden. Auf dem Untergestell befinden sich weiter zwei schräg stehende Träger, welche die Lagerständer der Walzen F und G des zweiten Paares umschließen, deren Arbeit die Seife zuletzt unterworfen wird. Die Lager des ersten Walzenpaares B und C sind im Innern eines Hohlraumes angeordnet, der oben von der Basis der genannten Träger begrenzt wird. Das Lager von C ist fest, aus einem Stück gegossen und mit dem Lager verbunden, das die Welle H trägt; dagegen ist das Lager von B beweglich, um die Entfernung der beiden Zylinder voneinander den jeweiligen Wünschen entsprechend einstellen zu können. Dies wird sehr leicht durch zwei Schrauben erreicht, die in die Lager selbst eingeschraubt und außen mit Handgriffen d versehen sind.

Die Achsen des oberen Zylinderpaares ruhen an ihren Enden in Lagern, die sich innerhalb der Träger befinden. Die Befestigung ist aber eine solche, daß sowohl die Entfernung der Lager F und G, wie die der Lager F und C voneinander reguliert werden kann. Der obere Teil der Träger ist beim Gang der Maschine mit einem festen Deckel bedeckt, der durch zwei Bolzen befestigt ist. Durch diesen Deckel geht eine Welle k hindurch, die mit dem unteren Lager verbunden ist. Aber noch eine zweite Welle L geht durch die beiden Lager hindurch; sie ist im unteren Teil eingeschraubt, während der durch den oberen hindurch gehende Teil glatt ist. Hieraus folgt, daß k und L sich um sich selbst drehen können, k, wenn man k_1 dreht, und L durch einen Mechanismus, der aus einer wagerechten Achse f, zwei Schrauben ohne Ende f_1 und Triebrädern g, die auf L befestigt sind, besteht. Setzt man die beiden Achsen k in Bewegung, so bleiben die unteren Lager, welche jene umschließen, unbeweglich, während sich die beiden oberen Lager frei bewegen lassen. Hierdurch wird die Lage der Zylinder G und F zueinander geregelt. Der letztere bleibt bei dieser Art der Bewegung unverändert stehen, dreht man dagegen die Welle l, indem man auf f_2 drückt, so werden die unteren Lager und der Zylinder F in Bewegung gesetzt, während der Zylinder C unbeweglich bleibt. Werden die unteren Lager nach oben bewegt, so bewegt sich auch die Welle k, die oberen Lager und der Zylinder G in gleicher Richtung mit, während die Lage des letzteren zum Zylinder F bei dieser Bewegung nicht geändert wird. Der Verbindungsmechanismus der Wellen L und k besitzt eine sogenannte Isolierschraube, die es gestattet, jede dieser Wellen einzeln in Bewegung zu setzen und dadurch den Parallelismus der Wellen zu regeln.

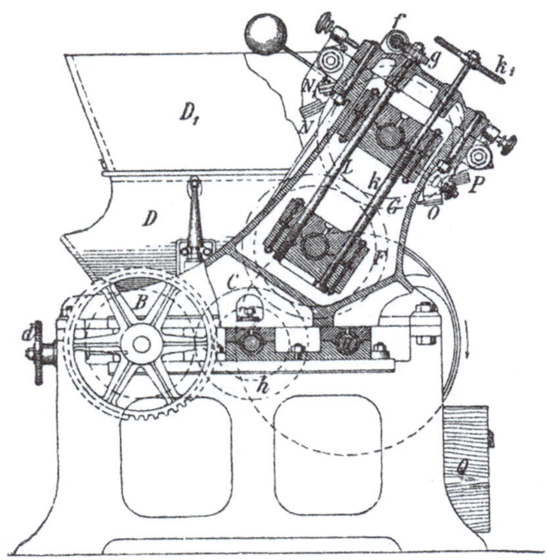

Abb. 168. Piliermaschine (Seifenreibemaschine) mit 4 Walzen (Vorderansicht).

Der Bewegungsmechanismus selbst besteht aus zwei Riemenscheiben, die auf der Achse H befestigt sind, und einem auf derselben Welle befindlichen Zahnrad h, das mit 12 Zähnen versehen ist. Dieses Zahnrad greift unmittelbar in ein zweites Zahnrad i mit 55 Zähnen ein, das auf der Achse des feststehenden Zylinders C befestigt ist. Außerdem greift das Rad i in ein Rad j von 27 Zähnen, das auf der Achse des Zylinders F befestigt ist. Die Zylinder C und B erhalten ihre Bewegung durch die Räder k und l von 57 und 51 Zähnen, dagegen die Zylinder F und G durch die Räder m und n von 51 und 42 Zähnen. Man sieht hieraus leicht, daß die Zylinder eine verschiedene Umdrehungsgeschwindigkeit haben müssen, die nach dem Vorstehenden das wesentlichste Moment für die eigenartige Arbeitsweise der Maschine ist.

Im Betriebe kommen die Seifenspäne in den Trichter D_1 und werden zuerst von dem Walzenpaar B und C verarbeitet. Sodann gelangt die Masse zwischen die Zylinder C und F und schließlich zwischen G und F. Auf diese Weise ist die Seife einmal durch die Maschine gegangen. Wie schon erwähnt, ist es aber notwendig, dieses Verfahren mehrere Male zu wiederholen, weshalb man die Seife von neuem in den Trichter gibt, was dadurch geschieht, daß die den Walzen anhaftende Masse nach dem Verlassen der Walze G aufgehalten und in den Rumpf D gebracht wird. Das Auffangen der Masse bei G geschieht mit Hilfe der Schaber N und N_1, von denen der eine glatt, der andere gezahnt ist. Soll die Seife der Maschine entnommen werden, so bringt man an die Walze G zwei Abstreicher, O und P an, die einen nochmaligen Durchgang durch die Walzen verhindern und die Masse in den Kasten Q befördern.

Von der Erwägung ausgehend, daß es unwirtschaftlich ist, verschieden große Arbeitsleistungen gleich großen Walzen aufzuerlegen, ist man dazu übergegangen, Maschinen zu bauen, die verschieden große Walzen enthalten. Bei gleicher Walzenlänge verhalten sich beispielsweise die Durchmesser der kleinsten und der größten Walze wie 287 : 410.

Infolge dieser Anordnung ergibt sich selbstverständlich der Vorteil einer bedeutend geringeren Höhe und damit zusammenhängend ein wesentlich geringeres Gewicht der ganzen Maschine. Außerdem wird aber auch durch die niedrigere und gedrängtere Bauart an Raum gespart, und den älteren Systemen gegenüber eine wesentlich leichtere Bedienung ermöglicht, zumal da im Betriebe auch an Kraft gespart werden kann.

Der Fülltrichter der Piliermaschinen ist in der Regel sehr groß gehalten, so daß er zur Aufnahme größerer Seifenquantitäten hinreicht und die Möglichkeit bietet, größere Mengen einer Seifensorte in einer Charge fertigzustellen. Diese größere Aufnahmefähigkeit findet jedoch ihren Ausdruck weniger in der Höhe, als vielmehr in der Breite des Trichters, so daß die Bedienung der Maschinen trotzdem eine außerordentlich bequeme ist.

Besondere Erwähnung verdient auch die neuerdings angewandte Antriebsweise der Walzen, da im Gegensatz zu der bisherigen Praxis heute zunächst diejenigen Walzen durch die Antriebswelle angetrieben werden, welche die größte Umdrehungsgeschwindigkeit besitzen. Die schneller gehende Walze sucht daher die langsamer gehenden mitzureißen, wodurch die Zahnräder entlastet werden und wiederum eine Ersparnis an Betriebskraft erreicht wird. Der Gang solcher Piliermaschinen ist deshalb leicht und vollkommen geräuschlos.

Die Walzen der Piliermaschinen werden heute in der Regel aus Granit oder grünem Syenit (Diorit-Porphyr) hergestellt, der sich für den gegebenen Zweck wegen seiner Härte, Feinkörnigkeit und großen Gleichmäßigkeit als ein besonders vorzügliches Material bewährt hat. Die Abstreichmesser werden meist in der Weise angeordnet, daß man je ein Messerpaar durch Betätigung eines Handrades oder mittels

Umlegen eines Handhebels zugleich ganz gleichmäßig andrücken bzw. lösen kann.

Abb. 169. Vierwalzige Piliermaschine.

Abb. 169 stellt eine vierwalzige Piliermaschine dar, bei deren Konstruktion alle heute vorliegenden Erfahrungen berücksichtigt sind.

Der Peloteuse oder Seifenstrangpresse kommt die Aufgabe

zu, die in der Piliermaschine gemahlene, gefärbte und parfümierte Seife wieder zu einer festen, zusammenhängenden Masse zu ballen und in Gestalt von Riegeln, die in beliebig große Stücke geteilt werden, zur Presse zu liefern. Zur Erreichung dieses Zweckes bediente man sich früher intermittierend arbeitender Maschinen. Dieselben bestanden in ihren wesentlichsten Teilen aus Hohlzylindern, die vertikal auf einem Gestell ruhten und an ihrem Ausgangsende mit auswechselbaren Mundstücken versehen waren. Der Zylinder wurde mit einer abgewogenen Menge Seife gefüllt, die mittels eines in den Zylinder genau eingepaßten, dicht abschließenden Kolbens durch Hand- oder Maschinenkraft zusammengepreßt und durch die erwähnte Mundöffnung in Form von Riegeln herausgepreßt wurde. Heute gibt man aber ganz allgemein den kontinuierlich arbeitenden Strangpressen den Vorzug, die sofort nach Einfüllung der Seife zu arbeiten beginnen und die ein fortwährendes Nachfüllen gestatten, ohne daß ein zeitweiliger Stillstand der Maschine erforderlich ist. Die Strangpresse besteht aus einem auf dem Fußboden fest montierten, eisernen Tischgestell, auf welchem ebenfalls ein mit Einfülltrichter versehener Hohlzylinder horizontal befestigt ist. Dieser Zylinder ist mit einer durch seine Längsachse hindurchgeführten Schneckenwelle versehen, die ihren Antrieb von hinten durch Zahnräder erhält. Der vordere Teil des Zylinders ist konisch und besitzt an seinem Endpunkte einen Doppelmantel, der zur Aufnahme von Wasser dient, das durch Dampf oder in sonst geeigneter Weise erhitzt werden kann. Die Mündung des vorderen Konus ist mit einer Vorrichtung versehen, die ein Auswechseln der Mundstücke gestattet, die die Stärke und die Form der austretenden Seifenriegel bestimmen. Die im Innern des Zylinders rotierende Schneckenwelle, die sich nach vorn verjüngt, reicht jedoch nur bis zu einem bestimmten Punkte in den vorderen Konus hinein. An dieser Stelle wird vor der Schneckenwelle eine runde, mit vielen Öffnungen versehene Scheibe eingesetzt, die den vorderen Teil des Konus von dem hinteren Raume abschließt. Wenn nun die Schnecke die Seife nach vorn transportiert, so muß diese die Öffnungen der genannten Scheibe passieren und preßt sich daher im vorderen Teil des Konus so fest zusammen, daß sie die Strangpresse in Form eines homogenen, dichten und festen Stranges verläßt. Behufs bequemer Reinigung ist der Konus mit einer Vorrichtung versehen, die seine Öffnung und ein Vorziehen der Schneckenwelle ermöglicht.

Die Strangpressen werden in verschiedenen Größen gebaut, so daß sie den Anforderungen sowohl kleinerer, als auch größerer Betriebe entsprechen.

Abb. 170 und 171 zeigen eine Seifenstrangpresse mit Schneckenwelle. Durch den Trichter B_1 wird die Seife der Schnecke A zugeführt, die sich bei allmählich abnehmender Steigung derart verjüngt, daß der sie umschließende Gußmantel A_1 einen durch Drehung eines Parallelstückes erzeugten Rotationskörper bildet. Die von der sich drehenden Schnecke fortgeschobene Masse wird deshalb stark zusammengepreßt und schließlich durch das Gitter a in das auswechselbare Mundstück I gedrückt, das von einer Doppelwand umgeben ist. Der zwischen dieser doppelten Wandung freibleibende Raum wird von Wasser durchströmt, das durch einen Gasbrenner erwärmt wird. Die Seife verläßt schließlich das Mundstück durch die kreisförmige, in dem aufgeschraubten Deckel befindliche Öffnung I in Form eines gleichmäßigen Stranges.

Die Schneckenachse C erhält ihre Drehung durch die Schraube E und das Wurmrad F, die von einem Gehäuse gänzlich umschlossen sind. Der Preßmantel A_1 wird gegen den Gestellteil B durch vier Schrauben c gehalten und von einer gegabelten Stütze J getragen, an welche das Zahnlager H angepreßt ist. Nach dem Lösen der Schrauben c läßt sich mit Hilfe des durch das Handrad M drehbaren Getriebes L, das in den mit Zähnen versehenen Bogen H greift, der Preßmantel in die punktierte Lage (Abb. 170) bringen, worauf seine Reinigung bequem vorgenommen werden kann.

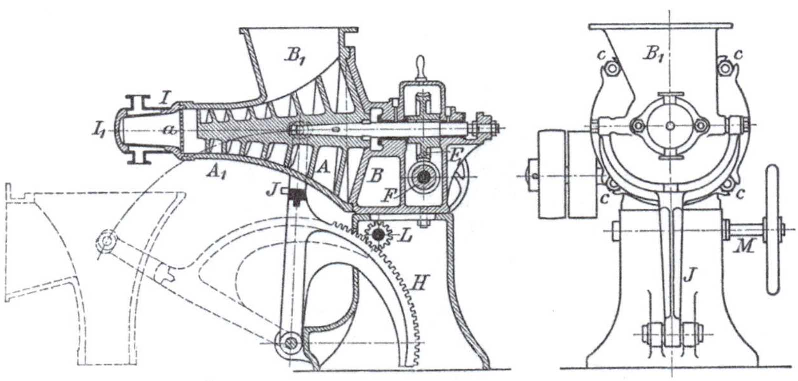

Abb. 170 u. 171. Querschnitt und Rückansicht einer Seifenstrangpresse.

Wenngleich nun die meisten Seifenstrangpressen so eingerichtet sind, daß die rotierende Schnecke die gemahlene Seife selbsttätig ergreift, so ist es doch häufig nötig, das Material nachzustoßen, um ein einigermaßen gleichmäßiges Eintreten desselben in die Schnecke zu erreichen. Diese Maßnahme ist aber gefährlich, zumal da sie meist unnötigerweise mit der Hand vorgenommen wird. Viele Strangpressen sind daher mit einem automatischen Stampfwerk ausgestattet, welches das Nachfüllen der Seife erleichtert und dafür sorgt, daß die in den Trichter gebrachte Seife gleichmäßig von der Schnecke aufgenommen wird. Neuerdings hat man auch eine wesentliche Verbesserung dadurch getroffen, daß man an Stelle des Stampfwerkes zur zwangläufigen Speisung der Schnecke eine Speisewalze (Abb. 173) anordnet, welche gegen die Schnecke läuft und ihren Zweck vorzüglich erfüllt.

In Abb. 172 ist eine Strangpresse für größere Leistungen abgebildet. Eine Besonderheit dieses Modelles ist, daß der Einschüttkasten durch Gelenke auf der einen und eine leicht lösbare Feststellvorrichtung auf der anderen Seite umlegbar eingerichtet ist, um die Eintrittsöffnung in den Preßzylinder und die Speisewalze gut zugänglich zu machen.

Die aus der Strangpresse kommenden Seifenriegel müssen nun, ehe sie unter die Presse gelangen, in Stücke geteilt werden. Man bedient sich zu diesem Zwecke ziemlich allgemein solcher Maschinen, welche, wie

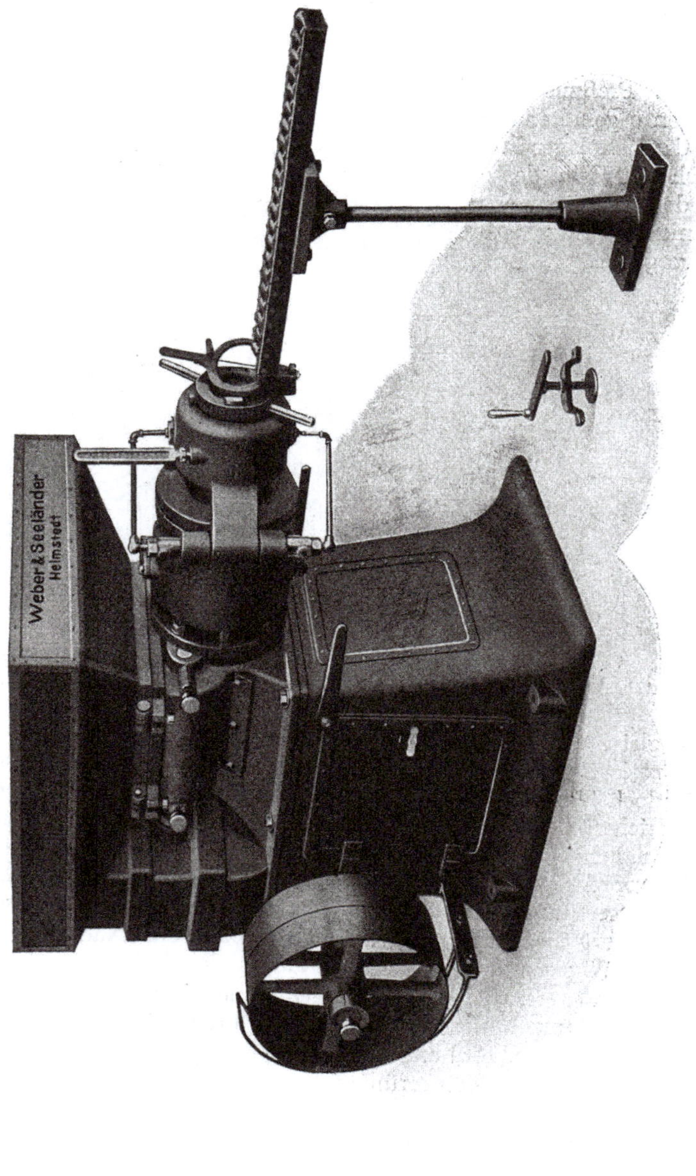

Abb. 172. Seifenstrangpresse.

früher beschrieben, für Fußbetrieb eingerichtet, ein freies Arbeiten mit beiden Händen gestatten. Daneben hat man aber auch Stückenschneidemaschinen konstruiert, welche unter Ausschaltung jeder

Menschenkraft das Schneiden der aus der Strangpresse kommenden Seifenriegel in beliebig lange, stets gleich schwere Stücke bewerkstelligen.

Eine solche automatische Stückenschneidemaschine ist durch die Abb. 174 und 175 im Aufriß und im Grundriß dargestellt. Sie besteht in der Hauptsache aus einer horizontalen, in ihren Lagern in Längsrichtung verschiebbaren Welle *e*, auf welcher das mit zwei Schneidedrähten *n* bespannte Schneiderad *f*, der Anschlag *d*, eine mit zwei Anschlagarmen *i* versehene Scheibe *g* und eine Federbankkuppelung *l* befestigt sind. Letztere steht mit der auf der nicht rotierenden Welle *e* durch Riemen angetriebenen, ununterbrochen rotierenden Riemenscheibe *h* in Wechselwirkung. Wenn nun der aus der Strangpresse kommende und über die Führungen *a* und *b* in die Schneidemaschine eintretende Seifenstrang gegen den in seiner Längsrichtung beliebig und genau auf seinen Abstand vom Schneidedraht *n*, also auf Stückenlänge eingestellten Anschlag *d* stößt und diesen Anschlag zurückschiebt, so wird auch die mit dem Anschlag fest verbundene Welle *e* mit allen auf ihr befestigten Teilen in der Längsrichtung zurück-, also nach rechts geschoben, was die Betätigung der Bandkuppelung und damit die Drehung der Welle durch die Riemenscheibe h und folglich das Abschneiden des Seifenstückes durch den Schneidedraht *n* des ebenfalls in Drehbewegung versetzten Schneiderades *f* zur Folge hat. Durch die besondere Form der Scheibe *g* und durch die Betätigung des Anschlages *o* wird hierbei das abgeschnittene Seifenstück frei und fällt auf das Transporttuch herab, während gleichzeitig durch den mit einer Spiralfeder gezogenen Hebel *m* das ganze System wieder in seine Ursprungsstellung (also nach links) zurückgeschoben, die Kuppelung ausgerückt und die Drehbewegung der Welle aufgehoben wird. Zugleich sorgt der gegen den Anschlag *k* anschlagende Arm *i* der Scheibe *g* dafür, daß die Welle gerade eine halbe Umdrehung macht. Hiermit steht dann die Maschine wieder in der Ursprungsstellung und ist für das Abschneiden eines weiteren Stückes bereit.

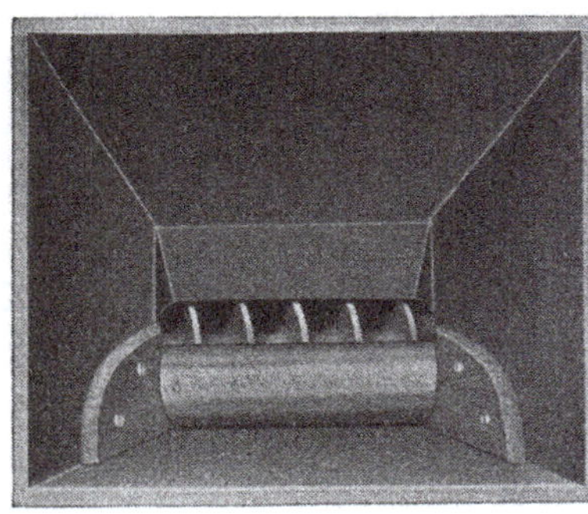

Abb. 173. Seifenstrangpresse.

Abb. 176 zeigt das Modell einer mit der Strangpresse unmittelbar in Verbindung stehenden automatischen Seifenstrang-Abschneidemaschine. Die Arbeitsweise dieser Maschine ist etwa die folgende. Der aus dem Strangpressenmundstück hervortretende Seifenstrang stößt gegen eine an der Abschneidemaschine vorhandene Längen-Einstellvorrichtung und verschiebt diese in der Bewegungsrichtung solange, bis die gewünschte Stücklänge erreicht ist. In diesem Moment fällt eine Klinke in den Antriebsmechanismus ein und bewirkt eine entsprechende Drehung des zweiarmigen

Schneidebügels, der nunmehr ein Seifenstück von der Seifenstange abschneidet. Da sich letztere naturgemäß ununterbrochen aus dem Pressenmundstück heraus fortbewegt, muß der Schneidebügel während

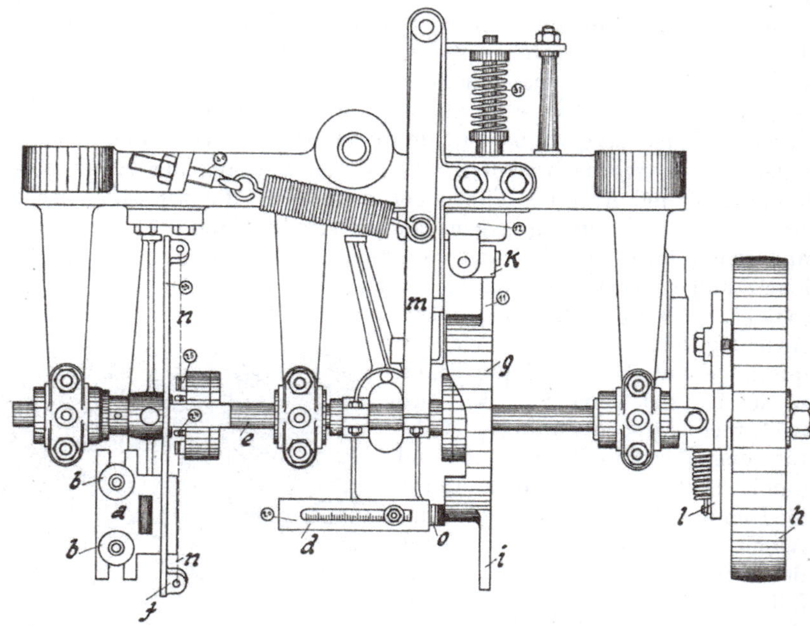

Abb. 174. Aufriß.

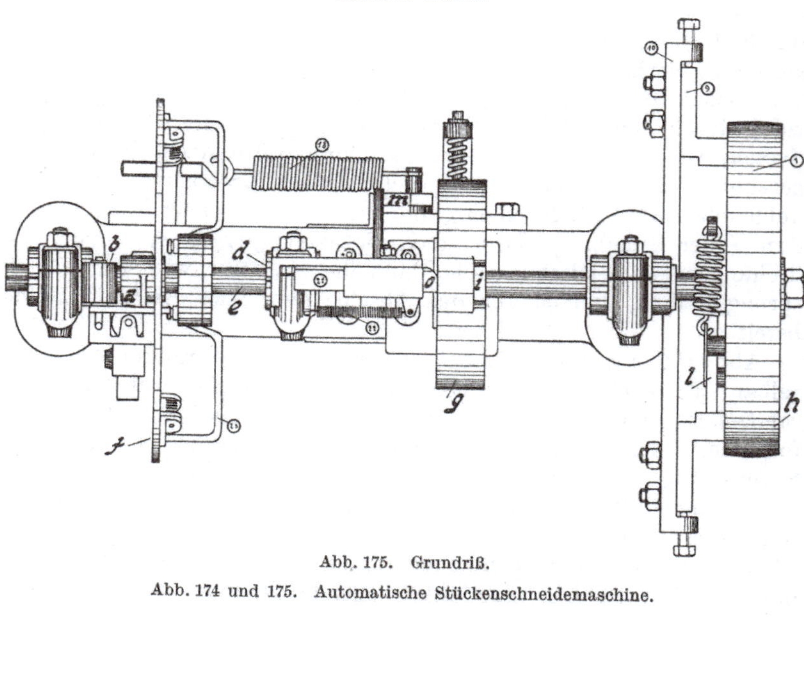

Abb. 175. Grundriß.

Abb. 174 und 175. Automatische Stückenschneidemaschine.

des Durchschneidens in der Strangrichtung mitwandern, um einen genau rechtwinkligen Schnitt auszuführen. Danach aber geht er in seine Anfangsstellung zurück und ist für die Ausführung des nächsten Schnittes bereit.

Abb. 176. Automatische Stückenschneidemaschine.

Wie schon früher erwähnt, ist man im Lauf der Zeit dazu übergegangen, den Erstarrungs- und Trockenprozeß der Seife durch eine be-

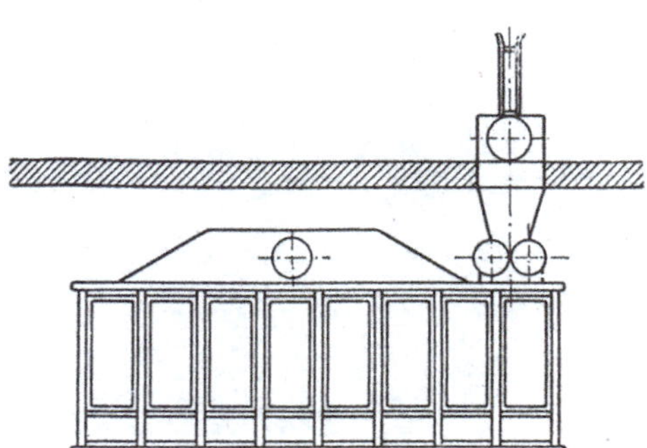

Abb. 177. Trockenapparat mit Aufgabe von Seifenplatten oder Riegeln von dem über dem Apparat gelegenen Stockwerk aus.

sondere maschinelle Behandlung abzukürzen. Besonders die Feinseifenindustrie hat nun ein großes Interesse, die hier gewonnenen Erfahrungen nutzbringend anzuwenden, weil sie bei der Herstellung pilierter Seifen

Grundseifen mit einem äußerst geringen Wassergehalt benötigt. Es bietet daher einen wesentlichen Vorteil, die den hier in Betracht kommenden Kühlapparaten entnommenen Platten unmittelbar einem

Abb. 178. Grundseifen- Kühl- und Trockenapparat mit Kühlwalzwerk.

Trockenapparat zuzuführen, wie er etwa durch Abb. 177 wiedergegeben ist. Unmittelbar über einem Zweiwalzenapparat, der meist in dem über der Maschine gelegenen Stockwerk angeordnet wird, ist eine Zerkleinerungsmaschine aufgestellt, die die unzerteilten Seifenplatten aufnimmt, in Späne schneidet und diese in den Einschüttkasten des Walzenapparates fallen läßt. Der letztere kann jedoch auch als Kühlwalzwerk derart ausgestattet sein, daß es möglich ist, dem Trockenapparat die Seife in flüssigem Zustande zuzuführen. Dieselbe

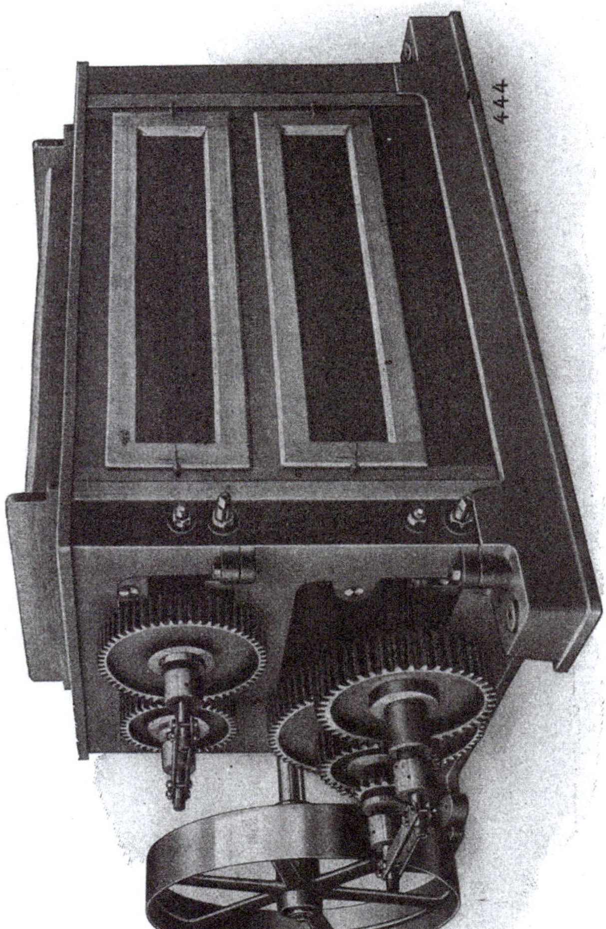

Abb. 179. Kühlwalzwerk für flüssige Grundseife.

erstarrt alsdann auf den mit Wasser gekühlten Walzen, von denen aus sie in Form dünner Bänder in den Trockenapparat selbst gelangt (Abb. 178).

Abb. 179 und 180 zeigen die Einzelheiten eines Kühlwalzwerkes. Die Kühlwalzen sind paarweise übereinander angeordnet, die Seife fließt dem oberen Walzenpaare zu, wird durch Abstreichmesser abgestrichen und fällt alsdann in das nächste Walzenpaar.

Der Vorteil dieser Anordnung liegt darin, daß die Walzen sehr leicht umstellbar sind und unbedingt die ihnen zugeführte Seife weitergeben,

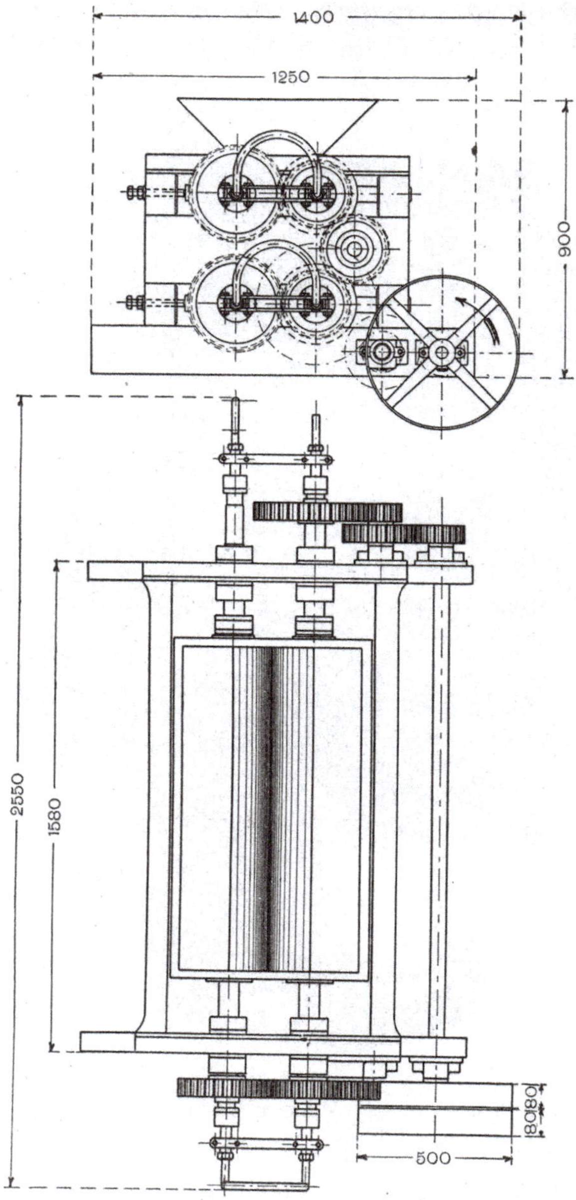

Abb. 180. Kühlwalzwerk für flüssige Grundseife.

ohne daß irgendwelche Gelegenheit zu Stockungen geboten ist. Häufig arbeiten diese Maschinen aber auch mit mehr als zwei Walzen hintereinander, so daß sich die Seife von der zweiten Walze auf die dritte und von der dritten auf die vierte und so fort übertragen muß.

Die Walzen selbst sind als Hohlwalzen ausgebildet und werden, wie erwähnt, von Kühlwasser durchflossen, doch sollen sie nicht völlig kalt gehalten werden, da eine schwache Erwärmung durchaus vorteilhaft ist. Die Seife soll nämlich schon auf dem Kühlwalzwerk einen wesentlichen Prozentsatz an Wasser verlieren, da ein Trockenapparat mit Kühlwalzwerk ungefähr 20 vH. mehr leisten muß, als ein Apparat, dem lediglich in der Form gekühlte und auf der Spanhobelmaschine zerkleinerte Seife zugeführt wird. Denn in beiden Fällen ist die Art des eigentlichen Trockenapparates die gleiche. In einem allseitig dicht abgeschlossenen Gehäuse sind mehrere Transporttücher übereinander angeordnet, auf deren oberstes die zu trocknende Seife in Form von Spänen auffällt. Dieselben werden auf diesem Tuch in horizontaler Richtung fortbewegt, fallen am Ende desselben auf das zweite und von hier aus auf das dritte Tuch und gelangen schließlich in einen im Trockenraume untergebrachten Wagen oder durch eine Öffnung ins Freie, nachdem sie durch eingeführte Trockenluft etwa 20 vH. an Feuchtigkeit verloren haben.

Die Zuführung der Trockenluft erfolgt durch einen Ventilator, der entweder saugend oder, weniger vorteilhaft, drückend wirkt. Vor der Berührung mit der Seife wird die Trockenluft in einem Rippenrohrsystem angewärmt und, nachdem sie den Trockenraum von unten nach oben durchströmt hat, an der höchsten Stelle abgesaugt. Hierdurch wird erreicht, daß die auf dem untersten Transporttuch befindliche, bereits weitgehend vorgetrocknete Seife nur mit der eben aus der Heizkammer austretenden, für Feuchtigkeit besonders aufnahmefähigen Luft in Berührung kommt und daher noch vollends getrocknet wird, während das oberste Transporttuch, auf dem die noch frische und daher feuchte Seife liegt, lediglich von der bereits mit Feuchtigkeit weitgehend gesättigten, abziehenden und abgekühlten Luft berührt wird.

Abb. 181 bringt die schematische Darstellung eines Trockenapparates mit aufmontiertem Kühlwalzwerk, dessen Ventilation derart angeordnet ist, daß die Luft zwischen den Rippen der Heizkörper hindurch den Apparat in Längsrichtung durchströmt. Die Trockenluft findet bei dieser Anordnung nur sehr geringen Widerstand im Apparat und durchfließt letzteren in großer Menge unter günstiger Ausnutzung der Ventilatorleistung, so daß alle Transporttücher gleichmäßig bestrichen werden. Der Nutzeffekt ist bei dieser Anordnung ein besonders guter, so daß bei gleicher Leistung Dampf- und Kraftverbrauch geringer sind als bei anderen Systemen.

Nach dem Passieren der Hälfte der Transporttücher wird die Seife nochmals durch ein Zwischenwalzwerk mit zwei für Wasserkühlung eingerichteten Walzen getrieben, um Späne mit einer neuen Oberfläche zu bilden und dadurch eine noch gleichmäßigere Trocknung zu erzielen. Das Gehäuse der Trockenapparate besteht aus Hartholz und ist mit zahlreichen Fenstern versehen, damit man das Innere des Apparates stets übersehen kann. Der Antrieb kann von einer Transmission

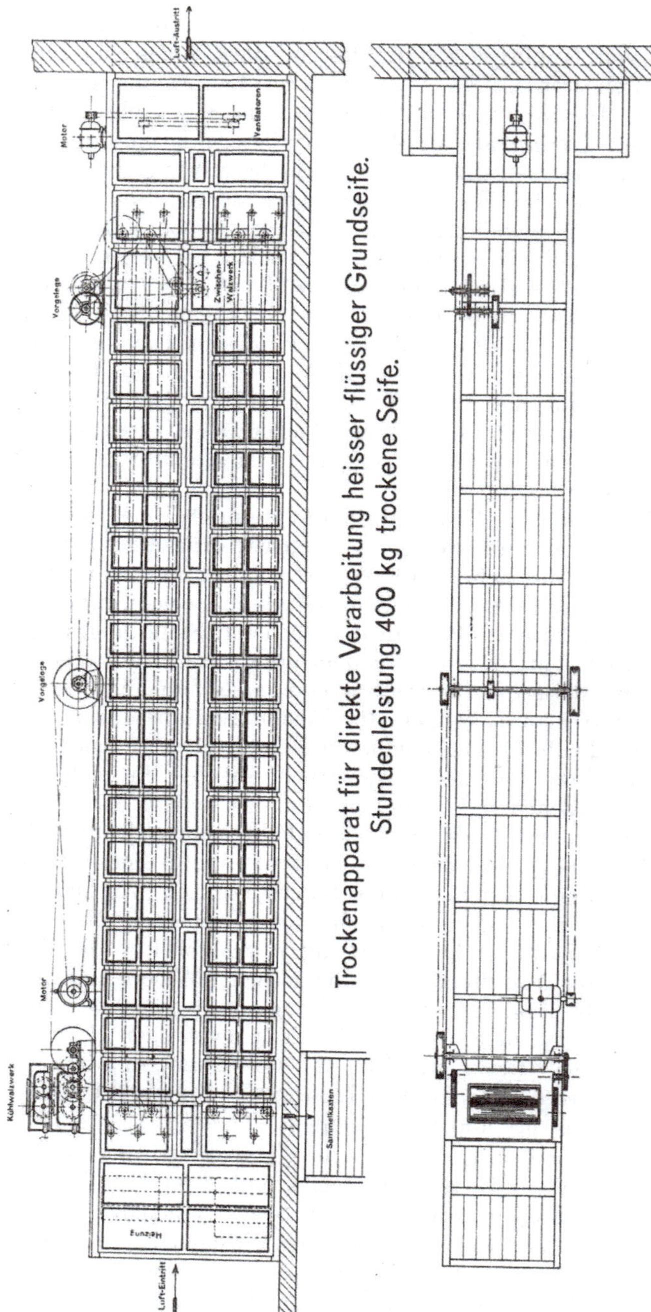
Trockenapparat für direkte Verarbeitung heisser flüssiger Grundseife.
Stundenleistung 400 kg trockene Seife.
Luft-Austritt
Motor
Ventilatoren
Vorgelege
Zwischen-Walzwerk
Vorgelege
Motor
Kühlwalzwerk
Sammelkasten
Heizung
Luft-Eintritt

Abb. 181.

aus erfolgen, doch ist direkte elektrische Kraftübertragung im allgemeinen vorzuziehen. In letzterem Falle ist ein Motor zum Antrieb des Kühlwalzwerkes, des Transportbandes und des Zwischenwalzwerkes, ein zweiter Motor zum Antrieb der Ventilatoren erforderlich, die beide auf dem Apparategehäuse Platz finden.

Bei all diesen automatisch arbeitenden Trockenapparaten ist es jedoch als ein Nachteil anzusehen, daß die Trocknung innerhalb verhältnismäßig großer Trockenräume vor sich geht, und daß daher einerseits ein großer Raumbedarf, andererseits auch die mechanische Bewegung größerer Luftmengen erforderlich ist. Vom wärmetechnischen Standpunkt aus, d. h. also in bezug auf die Ausnutzung der zugeführten Wärme können die besprochenen Apparate deshalb auch niemals voll befriedigen. Die neuesten Maschinen, die eine Beseitigung dieser Mängel in erster Linie

Abb. 182. TAG-Trockner.

anstreben, verzichten daher auf die Trocknung der Seife in Form erstarrter Späne und lassen somit die mit Ventilatoren und Transporttüchern ausgerüsteten, großen Lufttrockenräume überhaupt entbehrlich erscheinen. Sie trocknen die Seife in flüssiger Form direkt auf mit Dampf gespeisten Hohlwalzen, die das von überschüssigem Wasser befreite, aber noch immer genügend flüssige Produkt über ein Abschabeorgan auf von Kühlwasser durchflossene, weitere Hohlwalzen abgeben, von denen die erstarrte Masse alsdann durch Schaber abgehoben wird. Die Trocknungsanlagen-Gesellschaft, Berlin stellt nach diesem Prinzip arbeitende Maschinen, die in Abb. 182 wiedergegebenen TAG-Trockner, her, die zwei größere Trockenwalzen und diesen vorgelagert, je zwei kleinere Kühlwalzen enthalten. Wenn dieselben in der Anschaffung auch teurer sind, als die mit Heißluftkammern arbeitenden Apparate, so ist doch zu beachten, daß bei gleicher Produktion die TAG-Trockner den letztgenannten gegenüber nur etwa die halbe Wärme- bzw. Dampfmenge benötigen. Die Trocknung vollzieht sich ferner in einem

Bruchteil der bis dahin üblichen Zeit, so daß sie mit Rücksicht auf die Tatsache, daß auch jeder schädliche oxydative Einfluß der warmen Luft vermieden wird, als äußerst schonend angesehen werden kann. Auch in bezug auf die gleichmäßige Durchtrocknung der Späne arbeitet das neue Verfahren mit großer Vollkommenheit, während das alte bei ungenügender Sorgfalt häufig nur äußerlich angetrocknete Produkte ergibt. Durch besondere Einstellung der Walzen und durch Regulierung der Dampfzufuhr lassen sich zudem Seifenspäne von beliebigem Feuchtigkeitsgehalt erzielen, so daß es beispielsweise bei extremer Trocknung auch möglich ist, an Stelle pilierfähiger Späne trockene Pulverseife zu erhalten.

Abb. 183 zeigt im Schnitt den Dispositionsplan für eine moderne, mittelgroße Fabrik pilierter Seifen. Links ist die Siederei angedeutet. Die zur Verarbeitung bestimmten Öle und Laugen werden durch Montejus oder Pumpe den über den Siedekesseln angeordneten Laugen- und Ölbehältern zugeführt, von wo sie nach Bedarf den ersteren zufließen. Die abgesetzte Kernseife wird mittels Schwenkrohr aus dem Siedekessel abgelassen und fließt einem mit Sieb versehenen Pumpenvorbehälter zu. Die darunter aufgestellte Seifenpumpe pumpt die Seife in den Seifenvorratsbehälter im obersten Stockwerk der Feinseifenfabrik.

Von diesem aus fließt die Seife dem Kühlwalzwerk des Trockenapparates zu, verläßt den letzteren in Form getrockneter Späne, die durch die Geschoßdecke hindurch in große Sammelräume fallen. Für zwei verschiedene Qualitäten Grundseife sind zwei Sammelräume nebeneinander angeordnet, die nach Wunsch abwechselnd vom Trockenapparat aus beschickt werden können. Es ist aber notwendig, diese Sammelräume so groß zu halten, daß sich die getrockneten Seifenspäne in lockeren Haufen ansammeln und genügend abkühlen und ausdünsten können.

Von den Sammelräumen aus wird die Seife vorteilhaft in 50 kg fassende Transportkisten abgewogen und zunächst der Mischmaschine, dann der Piliermaschine und weiter der Strangpresse zugeführt. Von hier gelangt sie zu der automatischen Stückenschneidemaschine und wird schließlich den im gleichen oder in einem benachbarten Raum aufgestellten Stückpressen zugeführt, wo sie ihre letzte Verkaufsform erhält.

Vorschriften für pilierte Feinseifen.

Über die Parfümierung der pilierten Feinseifen und die hierfür in Betracht kommenden Riechstoffe ist schon eingangs gesprochen worden. Es soll nun im folgenden an Hand verschiedener, mustergültiger Parfümzusammenstellungen gezeigt werden, wie die einzelnen Geruchsstoffe zueinander passen und welche Mengen jeweils ungefähr erforderlich sind. Jeder, der sich mit der Fabrikation pilierter Seifen beschäftigen will, wird aber gut tun, zunächst die Gestehungskosten seiner Grundseifen zu berechnen, damit er nach Berücksichtigung auch aller übrigen Unkosten ein Urteil hat, welche Kosten er für die Parfümierung aufwenden darf und inwieweit die nachstehenden Rezepturen seinen eigenen Kalkulationen entsprechen.

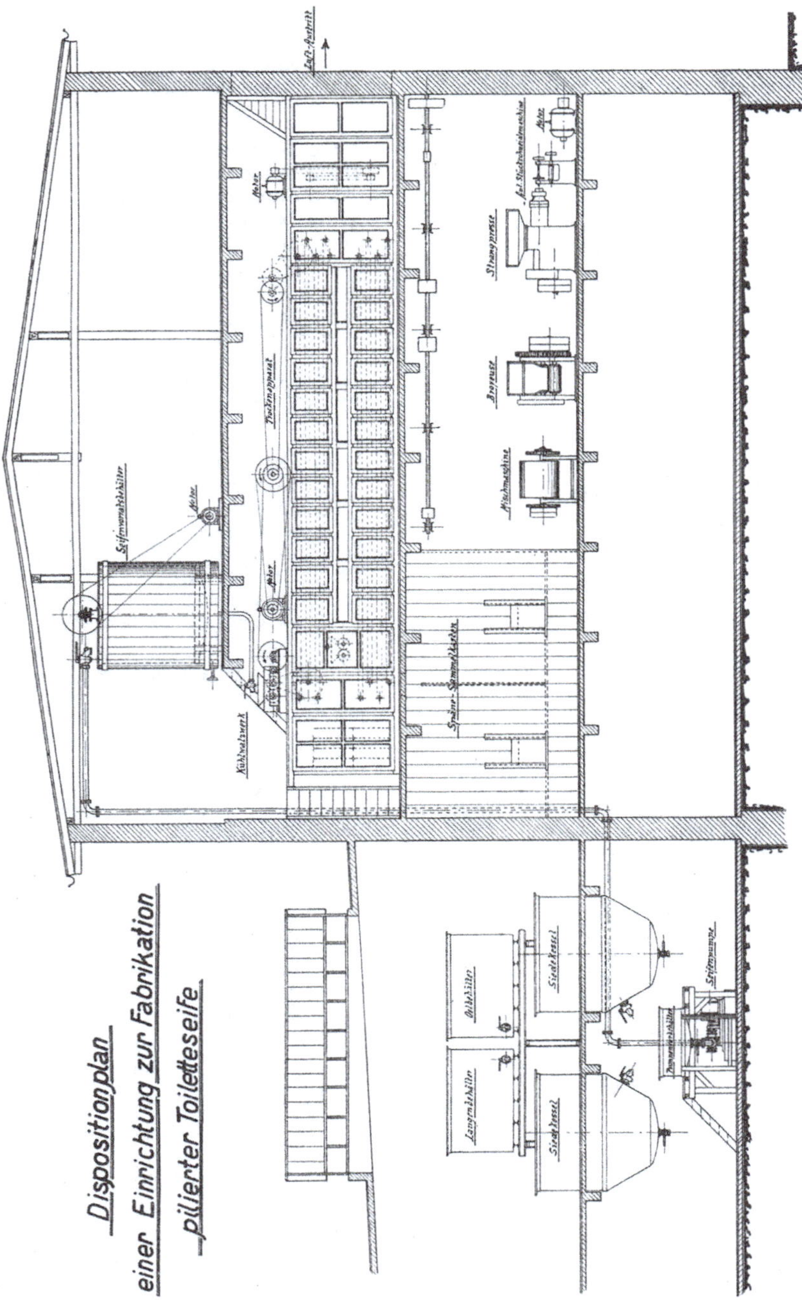
Dispositionplan
einer Einrichtung zur Fabrikation
pilierter Toiletteseife
Trockenapparat
Strangpresse
Mischmaschine
Kühlwalzwerk
Siedekessel
Laugenbehälter
Seifenpumpe

Abb. 183.

Bittermandelseife.

50 kg weiße Grundseife.

Parfüm:

50 g Geraniumöl, afrikanisch,
50 „ Bergamottöl,
400 „ Bittermandelöl, künstlich (chlorfrei).

Canangaseife.

50 kg Palmölgrundseife.

Parfüm:

210 g Canangaöl,
125 „ Bergamottöl,
200 „ Lavendelöl,
2 „ Moschus, künstlich.

Eß-Bukett-Seife.

50 kg weiße Grundseife.

Farbe:

100 g Rehbraun.

Parfüm:

200 g Lavendelöl,
100 „ Bergamottöl,
50 „ Eugenol,
5 „ Vetiveröl,
50 „ Perubalsam,
50 „ Benzylazetat,
10 „ Anisaldehyd,
20 „ Geraniumöl,
5 „ Zibet,
2 „ Moschus, künstlich.

Eß-Bukett-Seife.

50 kg Palmölgrundseife.

Farbe:

20 g Zinnober,
175 „ Seifenbraun.

Parfüm:

90 g Bergamottöl,
210 „ Geraniumöl,
10 „ Jasminöl, künstlich,
15 „ Hyazinthin (Schimmel & Co.),
100 „ Eugenol,
125 „ Benzoetinktur, hergestellt aus 1 kg Benzoe (Siam) und 2 kg Sprit
100 „ Tolubalsamtinktur, 1 kg Tolubalsam gelöst in 3 kg Weingeist,
2 „ Zibet, in der Reibschale mit
50 „ Irispulver verrieben.

Eß-Bukett-Seife.

50 g Palmölgrundseife.

Farbe:

30 g Zinnober,
200 „ Zuckerkuleur.

Parfüm:

170 g Bergamottöl,
185 „ Rosenöl, künstlich,
20 „ Jasminöl, künstlich,
150 „ Lavendelöl,
200 „ Benzoetinktur.

Fliederseife.

50 kg Talggrundseife.

Farbe:

40 g Zinnober, heller,
10 „ Ultramarinblau.

Parfüm:

150 g Heliotropin,
10 „ Vanillin,
5 „ Bittermandelöl, künstlich (chlorfrei),
300 „ Terpineol,
120 „ Lavendelöl,
50 „ Linaloeöl,
1½ „ Moschus, künstlich.

Fliederseife.

50 kg Talggrundseife.

Farbe:

50 g Zinnober, heller,
20 „ Ultramarinblau.

Parfüm:

200 g Terpineol,
200 „ Bergamottöl,
10 „ Bittermandelöl, künstlich (chlorfrei),
5 „ Vanillin,
85 „ Ylang-Ylangöl, künstlich,
75 „ Geraniumöl,
5 „ Aubépine,
2 „ Moschus, künstlich.

Floridawasserseife.

50 kg Talggrundseife.

Farbe:

15 g Hausseifengelb.

Parfüm:

150 g Lavendelöl,
150 „ Cassiaöl, künstlich,
60 „ Rosmarinöl,
60 „ Thymianöl,
200 „ Bergamottöl,
5 „ Vanillin,
15 „ Vetiveröl.

Gartennelkenseife.

50 kg Talggrundseife.

Parfüm:

200 g Eugenol,
50 „ Vetiveröl,
50 „ Rosenöl, künstlich,
200 „ Benzoetinktur,
20 „ Ylang-Ylangöl, künstlich,
20 „ Cassiaöl, künstlich,
2 „ Moschus.

Die Tolubalsamtinktur und Benzoetinktur sind, wie bei Eß-Bukett-Seife angegeben, zusammengesetzt.

Heliotropseife.

50 kg weiße Grundseife.

Farbe:

20 g Lavendelblau,
20 „ Zinnober, hell.

Parfüm:

375 g Heliotropin,
20 „ Vanillin,
5 „ Bittermandelöl, künstlich,
5 „ Eugenol,
1 „ Moschus, künstlich.

Heuduftseife.

50 kg Palmölgrundseife.

Farbe:

20 g Maigrün, dunkel.

Parfüm:

135 g Lavendelöl,
120 „ Bergamottöl,
20 „ Neroliöl, künstlich,
5 „ Irisöl,
200 „ Cumarin,
1 „ Moschus, künstlich.

Honigseife.

50 g Palmölgrundseife.

Farbe:

5 g Hausseifengelb, in kochendem Wasser zu lösen.

Parfüm:

200 g Zitronellöl (Java),
200 „ Lemongrasöl,
100 „ Geraniumöl, afrikanisch,
5 „ Vanillin,
65 „ Eugenol.

Indische Blumenseife.

50 kg Talggrundseife.

Farbe:

20 g Hausseifengelb.

Parfüm:

20 g Rosenöl, echt,
75 „ „ künstlich,
200 „ Geraniumöl,
30 „ Patchouliöl,
10 „ Vetiveröl,
50 „ Sandelholzöl,
85 „ Verbenaöl,
50 „ Portugalöl,
100 „ Bergamottöl,
1 „ Zibet,
1 „ Moschus, künstlich.

Jockeiklubseife.

50 kg Talggrundseife.

Farbe:

50 g Zinnober.

Parfüm:

100 g Rosenöl, künstlich,
100 „ Geraniumöl,
130 „ Eugenol,
30 „ Hyazinthin,
10 „ Cassiaöl, künstlich,
30 „ Jasminöl, künstlich,
3 „ Moschus, künstlich.

Kölnisch-Wasserseife.

50 kg weiße Grundseife.

Parfüm:

110 g Zitronenöl,
200 „ Bergamottöl,
30 „ Neroliöl, künstlich,
20 „ Ylang-Ylangöl,
150 „ Lavendelöl,
30 „ Rosmarinöl, französisch,
3 „ Zibet.

Konkurrenz-Seife.

25 kg weiße Grundseife,
25 „ Palmölgrundseife.

Parfüm:

150 g Lavendelöl,
5 „ Nerolin,
5 „ Cassiaöl, künstlich,
100 „ Petitgrainöl,
250 „ Bergamottöl,
3 „ Moschus.

Lanolin-Creme-Seife.

50 kg weiße Grundseife,
2 „ Lanolin.

Farbe:

300 g Geraniumöl,
50 „ Bergamottöl,
10 „ Benzylazetat,
10 „ Cassiaöl,
10 „ Vetiveröl,
3 „ Zibet.

Lattichseife
(Savon au Suc de Laitue).

50 kg Talggrundseife.

Farbe:

200 g Maigrün, hell.

Parfüm:

300 g Lavendelöl,
125 „ Bergamottöl,
75 „ Petitgrainöl, amerikanisch,
30 „ Safrol,
10 „ Pfefferminzöl,
2 „ Zibet, mit 30 g Kartoffelmehl in der Reibschale verrieben.

Lattichseife.

50 kg Talggrundseife.

Farbe:

100 g Maigrün, hell,
100 „ „ dunkel.

Parfüm:

400 g Lavendelöl,
50 „ Cassiaöl, künstlich (Schimmel & Co.),
30 „ Ylang-Ylangöl, künstlich (Schimmel & Co.),
15 „ Jasminöl, künstlich (Schimmel & Co.),
120 „ Pomeranzenöl, bitter,
2 „ Moschus, künstlich.

Lavendelblütenseife.

50 kg weiße Grundseife.

Farbe:

50 g Maigrün, hell.

Parfüm:

3 g Zibeth,
480 „ Lavendelöl,
50 „ Rosmarinöl, französisch,
10 „ Neroliöl, künstlich.

Lavendelseife.

50 kg weiße Grundseife.

Parfüm:

300 g Lavendelöl,
80 „ Bergamottöl,
10 „ Benzylazetat,
10 „ Canangaöl (Java),
10 „ Sandelholzöl,
10 „ Ylang-Ylangöl,
5 „ Zibet.

Farbe:

100 g Seifengrün.

Lilienmilchseife.

50 kg weiße Grundseife.

Parfüm:

100 g Bergamottöl,
150 „ Lavendelöl,
30 „ Neroliöl, künstlich,
5 „ Rosenöl, künstlich,
10 „ Irisöl,
1 „ Moschus, künstlich.

Lilienmilchseife.

50 kg weiße Grundseife.

Farbe:

200 g Geraniumöl,
10 „ Rosenöl, künstlich,
75 „ Bergamottöl,
10 „ Eugenol,
50 „ Petitgrainöl,
5 „ Patchouliöl,
10 „ Vetiveröl,
50 „ Lavendelöl,
5 „ Bittermandelöl,
2 „ Moschus, künstlich.

Bei dieser Seife ist ganz besonders auf eine tadellos reinweiße Grundseife zu achten.

Maiglöckchenseife.

50 kg weiße Grundseife.

Farbe:

100 g Maigrün, hell.

Parfüm:

235 g Bergamottöl,
200 „ Linaloöl,
120 „ Ylang-Ylangöl, künstlich,
160 „ Terpineol,
2 „ Zibet.

Mandelblütenseife.

50 kg Talggrundseife.

Parfüm:

200 g Bittermandelöl, künstlich (chlorfrei),
150 „ Geraniumöl,
50 „ Eugenol,
120 „ Zitronenöl,
10 „ Vetiveröl,
15 „ Irisöl,
1 „ Moschus,
1 „ Zibet.

Mandelblütenseife.

50 kg weiße Grundseife.

Parfüm:

400 g Bittermandelöl, künstlich,
200 „ Benzylazetat,
3 „ Moschus, künstlich.

Die Seife bleibt ungefärbt.

Märzveilchenseife.

50 kg Palmölseife aus gebleichtem Palmöl.

Parfüm:

150 g Bergamottöl,
50 „ Neroliöl, künstlich,
60 „ Ylang-Ylangöl, künstlich,
40 „ Irisöl,
1 „ Moschus, künstlich,
5 „ Irispulver.

Die Seife bleibt ungefärbt, da das Irispulver in der Seife nachdunkelt, wodurch diese einen hellbraunen Ton erhält.

Moschusseife.

50 kg Palmölgrundseife.

Farbe:

100 g Kölnerbraun,
20 „ Zinnober.

Parfüm:

100 g Geraniumöl, afrikanisch,
10 „ Cassiaöl, künstlich,
50 „ Sandelholzöl,
5 „ Vetiveröl,
10 „ Moschus, künstlich.

Patchouliseife.

50 kg Palmölgrundseife.

Farbe:

100 g Maigrün.

Parfüm:

420 g Lavendelöl,
50 „ Patchouliöl,
12 „ Vetiveröl.

Rosenseife (rot).

50 kg weiße Grundseife.

Farbe:

100 g Zinnober, hell.

Parfüm:

240 g Geraniumöl, afrikanisch,
10 „ Rosenöl, künstlich,
5 „ Hyazinthin (Schimmel & Co.),
2 „ Vetiveröl,
5 „ Sandelholzöl,
1 „ Moschus, künstlich.

Rosenseife (rosa).

50 kg weiße Grundseife.

Farbe:

50 g Zinnober, hell.

Parfüm:

2 g Hyazinthin,
430 „ Geraniumöl, afrikanisch,
10 „ Neroliöl, künstlich,
5 „ Eugenol,
2 „ Zibet,
20 „ Lavendelöl.

Rosenseife (gelb).

50 kg weiße Grundseife.

Farbe:

5 g Hausseifengelb, in kochendem Wasser gelöst.

Parfüm:

10 g Rosenöl, künstlich,
10 „ Neroliöl, künstlich,
215 „ Geraniumöl,
20 „ Petitgrainöl, amerikanisch,
5 „ Patchouliöl,
1 „ Moschus, künstlich,
3 „ Vetiveröl.

Rosenseife (weiß).

50 kg weiße Grundseife.

Parfüm:

320 g Geraniumöl, afrikanisch,
5 „ Rosenöl, künstlich,
20 „ Jasminöl, künstlich,
25 „ Neroliöl, künstlich,
5 „ Patchouliöl,
2 „ Zibet.

Veilchenseife.

50 kg Palmölgrundseife,
2 „ Iriswurzelpulver.

Farbe:

30 g Rehbraun.

Parfüm:

15 g Irisöl,
25 „ Neroliöl, künstlich,
15 „ Jasminöl, künstlich,
100 „ Bergamottöl,
3 „ Rosenöl, künstlich,
3 „ Zibet.

Windsorseife (braun).

50 kg Palmölgrundseife.

Farbe:

50 g Rehbraun,
50 „ Seifenbraun.

Parfüm:

210 g Kümmelöl,
215 „ Lavendelöl,
125 „ Thymianöl, rot,
50 „ Cassiaöl, künstlich,
55 „ Rosmarinöl, französisch,
1 „ Zibet.

Ylang-Ylangseife (ungefärbt).

50 kg Talggrundseife.

Parfüm:

200 g Ylang-Ylangöl, künstlich,
150 „ Bergamottöl,
70 „ Eugenol,
50 „ Jasminöl, künstlich,
10 „ Irisöl,
100 „ Lavendelöl,
2 „ Zibet.

Weiche und flüssige Feinseifen.

Die weichen und flüssigen Feinseifen spielten früher eine ziemlich untergeordnete Rolle und haben erst in den letzten zwei Jahrzehnten eine größere Bedeutung erlangt. Die Fabrikation solcher Seifen ist seitdem aber von zahlreichen Spezialfabriken aufgenommen, die vielfach auch weiche und flüssige Rasierseifen, Teerseifen und Desinfektionsseifen herstellen. Die weichen Seifen, gewöhnlich Seifencreme genannt, sind Kaliseifen aus möglichst reinen Materialien, die flüssigen Seifen meistens Lösungen von Kaliseifen in Glyzerin, Zuckerlösung, Alkohol, starker Pottaschelösung u. dgl.

Vorschriften für Seifencreme sind:

I. 30 Teile bestes Schweinefett und 6 Teile Sesamöl werden im Wasserbade auf 38° C erwärmt. Alsdann werden der Masse unter möglichster Beibehaltung dieser Temperatur zuerst 3 Teile 40grädiger Ätznatronlauge im Gemisch mit 1 Teil Wasser in feinem Strahle zugerührt, und danach dem Ganzen noch 14 Teile 38grädiger Ätzkalilauge in gleicher Weise eingekrückt. Nunmehr wird die Seifenmasse bis zum Dickwerden gerührt und schließlich der Abkühlung überlassen. Nach dem völligen Erkalten wird parfümiert.

II. 8 Teile bestes Schweinefett und 2 Teile Kokosöl werden im Wasserbade mit 4,5 Teilen 40grädiger Kalilauge verseift, rosa gefärbt und mit Rosenholz- und Bergamottöl parfümiert.

III. 320 Teile beste Schmierseife, 80 Teile pulverisierte Olivenölseife und 20 Teile Sesamöl werden durch Reiben gut vereinigt und mit 5 Teilen Zitronenöl parfümiert.

IV. 60 Teile beste Ölseife, 30 Teile pulverisierte Kernseife und 15 Teile Honig werden gut vermischt und mit soviel Rosenwasser versetzt, als zum Erzielen eines schönen, schaumigen Präparates erforderlich ist. Parfümiert wird mit 2 Teilen Bergamott-, 1 Teil Zitronen- und $^1/_2$ Teil Geraniumöl.

Der flüssigen Glyzerinseife wird nachgerühmt, daß sie mit einem guten Reinigungsvermögen eine äußerst milde Wirkung verbindet. Die nachfolgende Vorschrift ergibt eine Seife, die honigartig dickflüssig und von klarer, hellbrauner Farbe ist. Wegen ihres hohen Glyzeringehaltes schäumt sie nur mäßig, reinigt aber trotzdem überraschend gut. Die Waschkraft wird auch beim Waschen mit hartem Brunnenwasser wenig vermindert, ein Vorzug, den die weichen Kaliseifen ganz allgemein den harten Natronseifen gegenüber besitzen.

500 g Oleïn,		Parfüm:	
1500 „ Glyzerin von 28° Bé, kalkfrei,		25 g Bergamottöl,	gelöst in 150 g Sprit.
200 „ Kalilauge von 38° Bé,		15 „ Petitgrainöl,	
30 „ Pottasche, in		5 „ Zimtöl,	
50 „ heißem Wasser gelöst.		5 „ Nelkenöl,	

In einer Porzellan-Abdampfschale oder in einem flachen Emaillegeschirr wird zunächst das Oleïn auf dem Wasserbade erwärmt, dann das Glyzerin dazu gerührt und das Ganze auf 60° C erhitzt. Alsdann läßt man die bereitstehende Kalilauge, die zuvor mit 50 g destilliertem Wasser verdünnt wurde, zufließen, um die Verseifung herbeizuführen. Die erhaltene, ziemlich dickflüssige Seifenmasse läßt man erkalten, rührt sodann die angegebenen 80 g Pottaschelösung ein und überläßt das Ganze 2—3 Tage gut zugedeckt der Ruhe. Nach dieser Zeit füllt man die nun ziemlich klare Seife unter Zurücklassung eines etwaigen Bodensatzes in eine Glasflasche, gibt das im Sprit gelöste Parfüm hinzu, schüttelt tüchtig um und läßt nochmals einige Tage ruhig stehen. Schließlich wird die Seife mittels eines gut bedeckten Glastrichters durch Papier filtriert und zum Verkauf in Flaschen gefüllt.

Eine zweite Vorschrift für flüssige Glyzerinseife ist die folgende:

300 g Kaliseife,
900 „ Glyzerin,
300 „ Zuckersirup,
100 „ Alkohol (96 vH.),
3 „ Bergamottöl,
1 „ Rosengeraniumöl,
1 „ Sassafrasöl,
1 „ Wintergrünöl,
1 „ Zimtöl,
$^1/_2$ „ Zitronellöl,
$^1/_2$ „ Bittermandelöl,
$^1/_2$ „ Nelkenöl,
2 „ Moschustinktur.

Das Ganze wird innig gemischt, bleibt einige Tage stehen und wird dann filtriert.

Eine dritte Vorschrift lautet:

400 g transparente Kaliseife,
200 ,, Wasser,
200 ,, Alkohol (96 vH.),
300 ,, Glyzerin,
5 ,, Bergamottöl,
1 ,, Geraniumöl.

Die Kaliseife wird in dem Gemisch aus Wasser und Alkohol gelöst; alsdann setzt man der filtrierten Lösung das Glyzerin hinzu und parfümiert.

Eine *flüssige Feinseife mit geringerem Glyzeringehalt* wird in folgender Weise hergestellt:

1000 g glatte, transparente Kaliseife,
250 ,, Pottaschelösung von 32° Bé,
160 ,, Wasser,
200 ,, Alkohol (96 vH.),
50 ,, Glyzerin,
6 ,, Terpineol,
2 ,, Benzylazetat,
1 ,, Geraniumöl,
1 ,, Aubépine,
½ ,, Moschustinktur.

Die Kaliseife wird unter Zusatz der genannten Wassermenge in der verdünnten Pottaschelösung gelöst. Alsdann werden Spiritus, Glyzerin und Parfüm hinzugesetzt. Das Ganze wird gegebenenfalls noch filtriert.

Eine Vorschrift zu einer flüssigen Glyzerinseife, die ganz nach Art der gerührten Kokosseifen hergestellt wird, ist die folgende:

9 kg Cochin-Kokosöl,
18 ,, f. Olivenöl,
14 ,, Ätzkalilauge von 40° Bé, mit
6 ,, Wasser verdünnt,
2 ,, Alkohol (96 vH.).

Die erhaltene Seife löst man anderen Tages bei Wasserbadtemperatur in 40 kg Glyzerin und versetzt mit

120 g Palmarosaöl, 120 ,, Zitronellöl, 120 ,, Lavendelöl,	in Sprit gelöst	oder	180 g Geraniumöl, 150 ,, Gingergrasöl,	in Sprit gelöst,

Eine *flüssige Feinseife auf halbwarmem Wege* wird in folgender Weise hergestellt:

50 kg Cochin-Kokosöl,
28 ,, Kalilauge von 38° Bé,
6 ,, Pottaschelösung von 25° Bé,
30 ,, Glyzerin von 24° Bé,
10 ,, Alkohol (96 vH.),
112 ,, dest. Wasser,
450 g Terpineol,
150 ,, Bergamottöl,
150 ,, Heliotropin,
30 ,, Aubépine,
15 ,, künstl. Bittermandelöl.

Dem Öl wird die Lauge in üblicher Weise eingerührt. Wenn die Masse auflegt, wird das Rührgefäß auf ein Wasserbad gebracht und bedeckt solange erwärmt, bis Selbsterhitzung eintritt. Sobald die Seife als dicke, transparente Masse im Kessel liegt, setzt man ihr unter Krücken Pottaschelösung, Wasser, Glyzerin und Spiritus, leicht angewärmt, hinzu und filtriert, wenn alles gelöst und die Masse erkaltet ist.

Auf kaltem Wege erhält man ein ähnliches Produkt nach folgender Vorschrift:

800	g	Oliven- oder Erdnußöl,
200	„	Ätzkali, in
200	„	Wasser gelöst,
50	„	Alkohol (96 vH.),
4	„	Limonen (Parfüm),
1250	„	dest. Wasser.

Lauge, Öl und Alkohol werden unter starkem Schütteln vermischt und alsdann eine Stunde lang sich selbst überlassen, indem man von Zeit zu Zeit abermals durchschüttelt. Alsdann verdünnt man mit der angegebenen Wassermenge und filtriert nach mehrtägigem Stehen.

Medikamentöse Seifen[1]).

Es sind erst wenige Jahrzehnte verflossen, seitdem die medikamentösen Seifen in weiteren Kreisen Anerkennung gefunden haben, denn die Ärztewelt war sich lange Zeit über den wahren Wert dieser Präparate nicht einig, obwohl sich ihre Verwendung im Volke gleichsam als Hausmittel immer mehr verbreitete.

Die erste Anregung, die Seife überhaupt therapeutisch zu verwenden, stammt von Hebra[2]), dessen Schüler Auspiz dann ebenfalls den Heilwert der Seife studierte und in seiner Monographie über die Seife[3]) zum ersten Male Natronseifen mit arzneilichen Zusätzen empfahl. Daß unter den dermatotherapeutischen Applikationsmethoden die Anwendung medikamentöser Seifen aber überhaupt zu Ehren gekommen ist, ist das große Verdienst des bekannten Dermatologen Unna, dessen Publikation „Über medizinische Seifen"[4]) die alten Vorurteile gänzlich brach.

Unna kam dazu, sich mit medikamentösen Seifen näher zu beschäftigen, als er bemerkte, daß Patienten diese Seifen vielfach eigenmächtig benutzten und sich auf diese Weise oft sehr schadeten, indem bestehende Hautkrankheiten unter der Behandlung meist verschlimmert wurden. Er betonte daher, daß es die Aufgabe der Ärzte sei, sich des Gegenstandes mit allem Interesse anzunehmen, erfahrene und uneigennützige Fachleute der Pharmazie und Seifenkunde für die sachgemäße Fabrikation verläßlicher Seifen zu gewinnen und die fertigen Produkte endlich durch renommierte Apotheker in den Handel bringen zu lassen. Er selbst gab eine gute, neutrale Grundseife an, die mit einem Fettüberschuß versehen, die Anwesenheit von freiem Alkali ausschließen und somit als nicht reizender Träger von Medikamenten aller Art geeignet sein sollte. Seine Ideen wurden dann später, teilweise in begeisterter Form, von Eichhoff[5]), Buzzi[6]) u. a. aufgenommen, doch empfahl der erstere, neben der Herstellung fester Stückseifen, vornehm-

---

1) Vgl. hierzu Schrauth, Die medikamentösen Seifen. Berlin 1914. (Julius Springer, Berlin.)

2) Virchow, spez. Pathologie u. Therapie, **3.** S. 31.

3) Wien 1867, (Fues' Verlag, Leipzig).

4) P. G. Unna, Sammlung Klin. Vorträge von Richard Volkmann, Nr. 252 (1885).

5) P. J. Eichhoff: Über Seifen. Dermatologische Studien. 2. Reihe 1. Heft (1889). — Sammlung Klin. Vorträge, Neue Folge, Nr. 4.

6) F. Buzzi: Beitrag zur Würdigung der medikamentösen Seifen. Dermatologische Studien. 2. Reihe. 6. Heft. (1891.)

lich die Fabrikation pulverförmiger Produkte, während Buzzi die flüssigen Seifen bevorzugte.

Bekanntlich werden die medikamentösen Seifen in der Hauptsache zur Bekämpfung von Hautkrankheiten verwandt, da in den weitaus meisten Fällen die an sich schon reinlichere Seifenmethode der Salbentherapie vorzuziehen ist. Die obengenannten Autoren haben die Vorteile, welche die Seifen als Grundlage für Medikamente besonders geeignet machen, in trefflicher Weise beleuchtet, in dem vorliegenden Zusammenhang erübrigt es sich aber, auf diese vornehmlich den Arzt interessierenden Ausführungen näher einzugehen. Auch die Physiologie der Seifenwirkung soll hier unbesprochen bleiben, da sie für den Fabrikanten und Techniker ebenfalls nur geringes Interesse besitzen wird und da auch diesem alles hierüber Wissenswerte an leicht zugänglicher Stelle[1]) zur Verfügung steht.

Neben den lediglich therapeutisch anzuwendenden medikamentösen Seifen ist jedoch noch eine zweite Gruppe zu benennen, die desinfizierenden Seifen und Seifenpräparate, denen natürlicherweise eine große Bedeutung zukommen muß, da die Seife auf Grund ihrer keratolytischen Eigenschaften ein tieferes Eindringen der Desinfizientien in die entfettete Haut durchaus möglich macht. Der Wert dieser Seifen wurde in früheren Zeiten von ärztlicher Seite allerdings nur sehr gering angeschlagen, eine Tatsache, die in der Unbeständigkeit und Zersetzlichkeit der damals fabrizierten Produkte ihre Erklärung findet. Inzwischen hat nun aber die Chemie neue Stoffe aufgefunden, die im Seifenkörper unzersetzt haltbar sind, und es gilt heute wohl vornehmlich, mit veralteten Vorurteilen aufzuräumen, die den Arzt davon zurückhalten können, auch diesen Seifen von neuem wieder größere Beachtung zu schenken.

Auch die Seife selbst besitzt ja, wie bereits eingangs erwähnt wurde, bei entsprechend gewählter Zusammensetzung, unbedingt antiseptische Wirkung, so daß der Fabrikant bei der Herstellung von Desinfektionsseifen lediglich die hier in Betracht kommenden Gesetzmäßigkeiten zu beachten hat, um auch eine in jeder Weise wirksame Grundseife zu erzielen[2]). Mit Vorteil wird er vornehmlich ein Produkt verwenden, für dessen Bereitung nach Möglichkeit nur feste Fette verarbeitet wurden, da die Salze der gesättigten Fettsäuren eine wesentlich höhere Desinfektionskraft besitzen, als die der ungesättigten. Die Grundsätze, welche Unna in dieser Beziehung für die Darstellung seiner lediglich aus bestem Rindertalg bestehenden Grundseife seinerzeit aufgestellt hat, behalten also auch heute nach wie vor ihre volle Gültigkeit. Am besten verwendet man daher auch hier als Grundlage die für die Herstellung pilierter Feinseifen in Betracht kommenden Grundseifen, zumal es sich in keiner Weise empfiehlt, kaltgerührte Seifen für medikamentöse Verarbeitung heranzuziehen. Denn es dürfte heute wohl ganz allgemein

[1]) Hanauer W.: Über medizinische Seifen. Seifenfabrikant 1907, **27**, Nr. 46 — Nr. 52.

[2]) S. S. 63—67.

bekannt sein, daß die meisten Arzneistoffe, auch die anscheinend wenig empfindlichen, wie die Schwefelblüte, die weitgehendsten Zersetzungen erfahren und hervorrufen, wenn sie während des Verseifungsprozesses der losen Emulsion beigemischt werden, welche noch den größten Teil der verwandten Rohstoffe in freiem Zustande enthält. Daß die zu verarbeitende Grundseife mit ganz besonderer Sorgfalt und aus besonders reinen Rohmaterialien bereitet sein muß, mag dabei als selbstverständlich gelten, handelt es sich doch immer, um das noch einmal hervorzuheben, um ein Produkt, das als Medikament Verwendung finden soll.

Das „Deutsche Arznei-Buch" (D. A. B.) gibt daher auch eine ganz genaue Vorschrift für die Herstellung einer „medizinischen Seife" (sapo medicatus), doch ist es wohl außer allem Zweifel, daß die fabrikmäßige Darstellung infolge mannigfacher apparativer Vorteile und auf Grund der Spezialerfahrungen, über welche die Großindustrie verfügt, meist reinere und qualitativ bessere Produkte liefert, als sie der Apotheker herstellen kann. Die medizinische Seife des D. A. B. wird aus Schweineschmalz und Olivenöl durch Verseifung mit Natronlauge gewonnen und ist ein weißes, nicht ranziges, in Wasser und Weingeist klar lösliches Pulver, dessen weingeistige Lösung nicht alkalisch reagieren darf.

Die für die Herstellung medikamentöser Seifen zu verwendenden Seifenfabrikate durch Dialyse einem besonderen Reinigungsprozeß zu unterwerfen, indem man ihre Lösungen in Därme aus Pergamentpapier einfüllt, diese in Wasser einhängt und den verbleibenden Rückstand im Dampfbade eindickt, erscheint in den meisten Fällen aber, entgegen den Forderungen vieler Dermatologen, durchaus unnötig, da die geringen Salzmengen, welche eine sorgfältig bereitete Grundseife aufweist, physiologisch ohne größere Bedeutung sind. Dialysierte Seifen werden daher praktisch heute auch nur für die Bereitung des später besprochenen Opodeldok verwandt.

Im Gegensatz zur Dialyse ist nun aber das von Liebreich empfohlene Zentrifugieren der Seifen, das in den meisten medizinischen, die Kosmetik behandelnden Schriften ebenfalls immer wieder erwähnt wird, eine Maßnahme, die heute nur noch in den Büchern existiert und als solche überhaupt undurchführbar ist. Denn das an sich bestechende Verfahren, den Laugenüberschuß und die salzartigen Verunreinigungen durch Ausschleudern vom Seifenkörper zu trennen, hat sich in der Praxis als vollkommen aussichtslos erwiesen und ist daher seit etwa 25 Jahren auch nirgends mehr ausgeführt worden. Zentrifugierte Seifen sind auch dem Namen nach heute nicht mehr im Handel zu finden, und es steht zu vermuten, daß die zhalreichen Autoren, welche in früheren Jahren handelsübliche, zentrifugierte Seifen empfohlen und ihrer Milde halber anderen Produkten vorgezogen haben, niemals ein Stück Seife in Händen gehabt haben, das nach Liebreich oder nach sonst einer Methode zentrifugiert worden ist.

Von höchster Wichtigkeit für die Weiterverarbeitung der Grundseife und die Haltbarkeit der fertigen Seifenpräparate ist jedoch der für das Pilieren notwendige Feuchtigkeitsgehalt, da viele Arzneimittel auf Grund hygroskopischer Eigenschaften die Seife schnell austrocknen, so daß sie häufig nur schwer aus der Seifenstrangpresse tritt und andererseits auch beim Gebrauch leicht bröckelt. Es empfiehlt sich daher, die medikamentösen Stoffe in solchen Fällen etwa 24 Stunden vor dem Vermischen mit den Seifenspänen und der Verarbeitung auf der Piliermaschine in etwa dem gleichen Quantum Wasser zu verteilen und erst die so entstandene brei- oder salbenartige Mischung dem Seifenkörper während des Pilierens zuzusetzen, wodurch zugleich die bestmöglichste Verteilung gewährleistet ist.

Außer dem beabsichtigten Medikamentgehalt sollten medikamentöse Seifen irgendwelche Ingredienzien, wie sie häufig bei der Fabrikation von Feinseifen Verwendung finden, aber nicht enthalten, insonderheit sollen bei ihrer Herstellung auch Vaselin, Lanolin, Glyzerin usw. nach Möglichkeit vermieden werden. Denn diese Stoffe wirken einerseits dem entfettenden Prinzip der Seife direkt entgegen, indem sie die Poren der Haut verstopfen und dem Arzneistoff das Eindringen in die Epidermis erschweren, andererseits können sie aber auch die Wirkung der beigegebenen Heilstoffe direkt nachteilig beeinflussen. Viele Antiseptica, wie Karbolsäure, die drei Kresole, Kreolin, Lysol, Thymol, Formol, Tannin u. a. verlieren beispielsweise in rein wässeriger oder auch seifenhaltiger Lösung auf Glyzerinzusatz hin erheblich an Desinfektionskraft, trotzdem das unverdünnt käufliche Glyzerin nachweislich bakterizide Wirkung besitzt[1]).

Auch eiweißartige Stoffe, wie Hühnereiweiß, Kaseïn, Albumosen, Trockenmilch, Pflanzenkleber usw., die vielfach zur Herstellung völlig neutraler Seifen an Stelle des von Unna empfohlenen, leicht ranzig werdenden Überfettes Verwendung finden und die dann die Aufgabe haben, das in der Seife enthaltene, freie bzw. bei der Hydrolyse entstehende Alkali unter Bildung nicht ätzender Alkalialbuminate zu binden, müssen in medikamentösen Seifen zum wenigsten als durchaus entbehrlich gelten, da ja für deren Herstellung nur auf das sorfältigste bereitete, völlig einwandfreie neutrale Grundseifen zur Verarbeitung kommen sollen. Auch bietet selbst die neueste Forschung bis heutigen Tages keineswegs eine sichere Handhabe dafür, daß derartige Zusätze, auch soweit sie den Vorteil der Wahrscheinlichkeit für sich haben (Albumosen)[2]), das beim Waschprozeß hydrolysierte Alkali überhaupt zu binden vermögen[3]), für viele der empfohlenen Stoffe ist das Gegenteil sogar leicht zu beweisen. Denn beispielsweise kann ein mit Formaldehyd[4]) bzw. Alkohol[5]) denaturiertes Hühnereiweiß nie und nimmer als Alkali bindende Säure in Betracht kommen, ganz abgesehen davon, daß das Eiweiß selbst alkalische Reaktion besitzt und demnach schon an sich als salzartige Verbindung aufzufassen ist.

[1]) O. von Wunschheim, Arch. f. Hyg., 1901, **39**, S. 101—141.

[2]) P. Runge und J. Goerbing: Über Hydrolyse von Seifen. Dermatologische Studien, Bd. 21 (Unna, Festschrift. Bd. II), S. 172.

[3]) W. Scholz u. A. Gelarie: Über den Desinfektionswert der Seifen mit besonderer Berücksichtigung des Alkaligehaltes und der Zusätze von Riechstoffen. Arch. f. Dermatologie und Syphilis, Bd. 101, Heft 1.

[4]) DRP. 112 456 u. 122 354 (Rayseife).

[5]) DRP. 134 933.

Mehrere Medikamente einer einzigen Grundseife zu inkorporieren ist ebenfalls wenig ratsam. Denn ganz abgesehen von der Möglichkeit einer chemischen Umsetzung der verschiedenen Arzneistoffe untereinander, müssen derartige Zubereitungen beim Arzt und beim Patienten stets den Eindruck erwecken, als ob sich der Fabrikant in einer gewissen Unsicherheit über die Qualität seiner Seifen durch solche Massenwirkung beruhigen wolle. Eine „Salizylsäure-Resorzin-Teer-Schwefelseife" z. B. ist unter allen Umständen, vom chemischen wie vom therapeutischen Standpunkt aus, ein Unding, und nur in ganz wenigen Ausnahmefällen, die im folgenden auch besonders hervorgehoben sind, mag es als berechtigt erscheinen, einer Seife mehr als ein Medikament beizumischen. Auch hier soll aber der arzneiliche Zusatz keinesfalls mehr als zwei Komponenten enthalten.

Für die Konsistenz medikamentöser Seifen lassen sich kaum bestimmte Forderungen aufstellen, da die Ansichten über den Wert und Unwert der verschiedenen Zubereitungen weit auseinandergehen. Therapeutisch am meisten verwandt wird allen Bemühungen zum Trotz neben der weichen Seifenform auch heute noch das feste Seifenstück, während pulverförmige und flüssige Seifen mit wenigen Ausnahmen selbst in dermatologischen Kreisen nur eine geringe Verbreitung gefunden haben. Gewisse Vor- und Nachteile mag im Einzelfall natürlich immer die eine Form der anderen gegenüber bieten, doch ist eben damit keinesfalls Veranlassung gegeben, nunmehr gerade diese eine dauernd und begeistert allen anderen vorzuziehen.

Ihrer Herstellungsweise entsprechend müssen die handelsüblichen flüssigen Seifen mit Ausnahme des Seifenspiritus auch als Grundseifen für rein antiseptische Zwecke weniger geeignet erscheinen als die festen Stückseifen, weil sie niemals reine Seifenlösungen darstellen, vielmehr zwecks Erhöhung ihrer Haltbarkeit gewisse Zusätze, wie Glyzerin, Zuckerlösung, Chlorkalium und Pottaschelösung enthalten, die der vollen Entwicklung einer antiseptischen Wirkung entgegenwirken können[1]).

Eine Ausnahme bilden hier lediglich die später noch besprochenen Spezialpräparate (Lysol, Lysoform usw.), in denen die Seife jedoch keineswegs mehr die Rolle einer Grundseife erfüllt, vielmehr durch chemische Umsetzung derartig verändert ist, daß man, rein äußerlich betrachtet, kaum noch von einer medikamentösen Seife sprechen kann.

Die pulverförmigen Zubereitungen bieten allerdings, soweit sie nicht durch Vermahlen medikamentöser Stückseifen hergestellt werden, den unbedingten Vorteil, daß viele Medikamente, die in der Stückseife bei der innigen Berührung mit dem Seifenkörper allmählich doch Zersetzung erfahren (Perborate), in der losen Mischung mit einem reinen Seifenpulver oft unbegrenzt lange haltbar sein können. Trotzdem aber sind medikamentöse Seifen in Pulverform nur äußerst selten anzutreffen, und wirklich gehalten hat sich, wie gesagt, neben den festen Stückseifen lediglich die weiche Form.

---

[1]) Siehe S. 66.

Diese weichen medikamentösen Kaliseifen[1]) sind nun die eigentlichen Konkurrenten der Fettsalben, denen gegenüber sie eine ganze Reihe von Vorteilen bieten. Da die Affinität der Seife zur menschlichen Haut größer ist als die eines Fettes, und da die Kaliseifen in besonderem Maße die Eigenschaft besitzen, die Hornschicht zu erweichen, sind sie, wie schon oben erwähnt, imstande, leichter in die Epidermis einzudringen und die inkorporierten Heilmittel somit mehr in die Tiefe zu führen, als es eine fettartige Salbenkomposition jemals vermag. Die Folge davon ist, daß diese Mittel, wie experimentell festgestellt ist, nach vorhergegangener Resorption schnell in den Blutkreislauf gelangen und ebenso schnell ihre Wirkungen entfalten. Bei oberflächlichen Einreibungen läßt sich beispielsweise mit einer neutralen weichen 5prozentigen Jodkaliumseife das Jod im Speichel schon 6 Stunden, im Harn 36 Stunden nach Beginn des Experimentes nachweisen, während bei Einreibungen und Guttaperchaverband, das Jod im Harn schon nach 12, im Speichel nach 2—3 Stunden auftritt[2]). Auch die Schmierkuren mit weichen Seifen, denen metallisches Quecksilber inkorporiert ist, liefern den besten Beweis dafür, daß die Medikamente in Seifenform durch die normale Haut resorbiert werden, und der Fabrikant pharmazeutischer Seifenpräparate kann daher nicht nachdrücklich genug darauf hingewiesen werden, gerade dieser weichen Zubereitung das lebhafteste Interesse zu schenken, insonderheit, da ihre Wirkung durch einen teilweisen Ersatz des Wassergehaltes durch gewisse organische Lösungsmittel des weiteren eine wesentliche Erhöhung erfahren kann. Denn die Wirkung eines Stoffes und vor allem seine Desinfektionskraft ist nicht nur abhängig von seiner Konzentration und der Dauer seiner Einwirkung, sondern in erster Linie auch von dem chemischen Milieu, in dem er seine Wirksamkeit entfaltet, d. h. besonders von der Art und der Zusammensetzung seines Lösungsmittels[3]).

---

[1]) Auch für die Bereitung einer weichen Kaliseife (sapo kalinus) gibt das D. A. B. eine genaue Vorschrift. Sie wird gewonnen aus Leinöl durch Verseifung mit schwach alkoholischer Kalilauge und ist eine gelblich-bräunliche, durchsichtige, schlüpfrige Masse von schwachem, seifenartigem Geruch.

[2]) Buzzi, l. c. S. 42 und S. 56.

[3]) Beispielsweise wird die Wirkung der Karbolsäure in wäßriger Lösung erhöht durch den Zusatz von Salzsäure, Wein- oder Oxalsäure, ferner durch die Beigabe von Kochsalz und durch Neutralsalze überhaupt, indem durch die so bedingte Aussalzung des Phenols aus der wäßrigen Lösung der Teilungskoeffizient zwischen dem Medium und den Bakterien ein für diese günstigerer wird und somit die Einlagerung in den Zelleib eine Erleichterung erfährt (Spiro u. Bruns: Arch. f. exp. Pathol. u. Pharmakol. 1898, **41,** S. 355). Andererseits wird der Desinfektionseffekt von Metallsalzen, wie z. B. Sublimat, durch Salzzusatz erheblich vermindert, da die in großer Verdünnung fast völlige Dissoziation dieser Salze bei gleichzeitiger Anwesenheit anderer Elektrolyte zurückgedrängt wird (Krönig und Paul: Die chemischen Grundlagen der Lehre von der Giftwirkung und Desinfektion. Ztschr. f. Hyg. u. Infektionskrankh. 1897, **25,** S. 1). Während ferner eine Lösung von Sublimat in 25prozentigem Alkohol auf Bakterien eine stärker abtötende Wirkung ausübt, als eine wäßrige Lösung gleicher Konzentration, ist eine absolut alkoholische Sublimatlösung nahezu wirkungslos, entsprechend der Verschiebung des Teilungskoeffizienten zwischen Lösungsmittel und Bakterienzelle, und ohne jeden Desinfektionseffekt ist schließlich auch das sogenannte Karbolöl,

Es lag nun daher der Gedanke nahe, die Seife nicht nur ausschließlich in wäßriger Lösung zu verwenden, sondern für die Lösung auch solche Mittel heranzuziehen, die in Anbetracht der eben erwähnten Tatsache als geeignet erscheinen mußten, die Desinfektionskraft der Seife zu erhöhen, ohne ihre physiologischen Eigenschaften nachteilig zu beeinflussen. Am geeignetsten mußte naturgemäß der Äthylalkohol (Weingeist, Weinsprit, Spiritus) erscheinen, der auf Grund seiner mechanisch hautfettlösenden Eigenschaften und durch sein großes Diffusionsvermögen die für antiseptische Zwecke besonders wertvolle Eigenschaft besitzt, auch in die tiefsten Hautschichten einzudringen und so dem nachfolgenden Antiseptikum, im vorliegenden Falle der Seife, den Weg dorthin zu bahnen. Neben diesen mechanisch reinigenden Kräften kommt dem Alkohol aber auch bakterizide Wirkung zu. Schon in einer Konzentration von 5—10 vH. besitzt er entwicklungshemmende Wirkungen, doch steigt die Desinfektionskraft mit wachsender Konzentration nur bis zu einem bestimmten Grenzwert, indem anscheinend nur den bei der Vereinigung mit Wasser entstehenden Molekularverbindungen[1]) Desinfektionswirkung zukommt. Absoluter Alkohol desinfiziert nur äußerst wenig, während 50—60prozentiger etwa die Mitte hält zwischen 0,1 prozentigem Sublimat und 3 prozentiger Karbolsäure.

Für die Zwecke der Händedesinfektion wurde der offizinelle Seifenspiritus (Spiritus saponatus) zuerst von Mikulicz[2]) angewandt. Während Fürbringer[3]) und später Ahlfeld[4]) anschließend an die mechanische Reinigung der Hände mit Wasser und Seife bzw. heißer Seifenlösung vor der Ausführung chirurgischer Operationen die Vornahme einer Alkoholwaschung empfohlen hatten, vereinfachte er diese Methode dahin, daß er diese beiden Waschungen in eine einzige zusammenzog, indem er eine Mischung beider Mittel, der Seifenlösung und des Alkohols, in Anwendung brachte.

Für die Herstellung des Seifenspiritus, der sich weiterhin auch vornehmlich für die Desinfektion chirurgischer Instrumente usw. als geeignet erwiesen hat, besteht eine Unmenge von Vorschriften. Nach dem D. A. B. ist er zu bereiten aus:

6	Teilen	Olivenöl,
7	„	Kalilauge von 1,128 spez. Gew.,
30	„	Weingeist von 90 vH.,
17	„	Wasser.

Das Olivenöl wird mit der Kalilauge und einem Viertel der vorgeschriebenen Menge Weingeist in einer verschlossenen Flasche unter

eine 5 prozentige Lösung von Phenol in Olivenöl, da das letztere die größte Lösungsaffinität zum Phenol besitzt.

[1]) T. Fawssett: Über die Molekularverbindungen von Alkohol und Wasser. Pharm. Journ. 1910. 4. Reihe, **30**, S. 754.

[2]) Mikulicz: Dtsch. med. Wochenschr. 1899, S. 385.

[3]) Fürbringer: Untersuchungen und Vorschriften für die Desinfektion der Hände des Arztes. Wiesbaden 1888. (Bergmann.)

[4]) Ahlfeld: Monatsschr. f. Geburtsh. u. Gynäkol. 1899, **10**.

häufigem Schütteln beiseite gestellt, bis die Verseifung vollendet ist und eine Probe der Flüssigkeit mit Wasser und Weingeist sich klar mischen läßt. Darauf fügt man der Flüssigkeit die noch übrigen drei Viertel des Weingeistes und des Wassers hinzu und filtriert die Mischung. Spez. Gew. 0,925—0,935.

Sehr beschleunigt wird die Verseifung des Öles durch ein Erhitzen der obigen, noch unfertigen Mischung im Wasserbade auf 40—50°, und am bequemsten ist die Herstellung des Präparates aus fertiger Kaliseife, wie sie früher von der chem. Fabrik Helfenberg A.-G. in Helfenberg (Sachsen) geliefert wurde. Aus dieser Seife erhält man das offizinelle Präparat, indem man

100	Teile	Helfenberger Kaliseife,
300	„	Weingeist von 90 vH.,
200	„	destilliertes Wasser

durch öfteres Schütteln löst, 24 Stunden stehen läßt und filtriert.

Einen Natronseifenspiritus kennt das D. A. B. nicht, trotzdem ein aus Natronseife bereitetes Präparat auf die Haut weniger reizend wirkt, als das mit Kaliseife hergestellte. Für die Herstellung desselben verwendet man am besten eine fertige Natronseife, die, von Salzen fast ganz befreit, ein klar bleibendes Präparat liefert. Eine Vorschrift für ein solches mit dem spez. Gew. 0,925—0,935 lautet:

15,0	Teile	Helfenberger Oleïnseife,
50,0	„	Weingeist von 90 vH.,
35,0	„	destilliertes Wasser.

Man mazeriert unter öfterem Schütteln, bis sich die Seife gelöst hat, läßt dann 8 Tage in einem kühlen Raum ruhig stehen und filtriert hierauf. Zur Parfümierung ist ein geringer Zusatz von Lavendelöl empfehlenswert.

Neben diesem flüssigen Seifenspiritus sind jedoch noch eine ganze Reihe anderer Kompositionen aus Spiritus und Seife bekannt, denen in besonderen Fällen eine nicht geringe Bedeutung zukommt. Unter dem Namen Saponimentum, Opodeldok oder Liniment wird eine gallertartige Mischung von Alkohol und Seife (bis zu 10 vH.), die meist noch einen Zusatz von Kampfer und Ammoniak erfährt, als äußerliches Heilmittel bei schmerzhaften Zuständen der Haut und der Muskeln verwandt. Zur Herstellung dieses als Hausmittel verbreiteten Präparates werden nach dem D. A. B. 40 Teile medizinische Seife und 10 Teile Kampfer in der Wärme in 420 Teilen Weingeist von 90 vH. gelöst. Nachdem die noch warme Lösung unter Benutzung eines bedeckten Trichters in das zur Aufbewahrung des fertigen Opodeldoks bestimmte Gefäß filtriert worden ist, fügt man

2	Teile	Thymianöl,
3	„	Rosmarinöl,
25	„	Ammoniakflüssigkeit (10 proz.)

hinzu und kühlt das Gemisch schnell ab.

Dem Opodeldok ähnlich ist der von Vollbrecht für den Gebrauch im Felde empfohlene[1]) feste Seifenspiritus, der durch Lösen von etwa 4—6 vH. Kokosnatronseife in 100 Teilen stark erwärmten, 92—95prozentigen Spiritus beim Erkalten dieser Lösung erhalten wird. Er schmilzt bei Handwärme und soll dann ebenso wirksam sein, wie die oben besprochenen, flüssigen Präparate. Abgesehen von der Tatsache, daß der 92- bis 95prozentige Alkohol nur geringes Desinfektionsvermögen besitzt, zeigt dieser feste Seifenspiritus jedoch den Mangel, daß er auch schon an warmen Tagen zerfließt und deshalb schwer verpack- und transportierbar ist. Zudem wird, wie mit jedem Seifenspiritus, auch mit diesem Präparate eine Reinigung der Haut nicht erzielt, da sich die trotz seines Gebrauches auf der Haut verbleibenden Unreinlichkeiten erst durch Zuhilfenahme von Wasser und Seife entfernen lassen.

Eine Spiritusseife, die in möglichst einfacher Weise gleichzeitig eine Desinfektion und Reinigung der Haut gestattet und zudem die Annehmlichkeiten der gewöhnlichen festen Waschseife — ihre Härte, bequeme Form, leichte Transportfähigkeit und einfache Verwendungsart — in sich vereinigt, wird aber gewonnen, indem man den für das Vollbrechtsche Präparat angegebenen Kokos-Natronseifengehalt erheblich d. h. auf etwa 25—30 vH., steigert.

Ein unter dem Namen Festalkol in den Handel gebrachtes Präparat enthält als Fettgrundlage lediglich Palmitin- und Stearinsäure, welche schon für sich auf Grund der eingangs besprochenen Arbeiten von Reichenbach[2]) stärker keimtötende Seifen ergeben, als die übrigen, namentlich ungesättigten Fettsäuren. Festalkol besteht aus 80 vH. absolutem Alkohol und 20 vH. Seife und ist in luftdicht verschlossenen Glasröhren verpackt lagerbeständig. Für eine Händedesinfektion werden 20 g des Präparates in drei Portionen auf der wie üblich mit Wasser und Seife vorgereinigten, feuchten Hand verrieben, wobei das Präparat infolge der Reibwirkung schmilzt und in die tieferen Epidermisschichten eindringt. Das Produkt wurde in Bayern behördlich für die Händedesinfektion der Hebammen empfohlen und weist für diesen Zweck, wie für die Händedesinfektion des Arztes und in der Krankenpflege allgemein der früher üblichen Seifenwaschung mit nachfolgender Desinfektion durch gewöhnlichen, 70prozentigen Spiritus gegenüber erhebliche Vorteile auf, zumal da die Desinfektionswirkung bei genauer Einhaltung der Anwendungsvorschriften eine durchaus sichere und durch andere Methoden bisher nicht übertroffen ist[3]). Infolge der Flüchtigkeit des Sprits bleibt bei der Lagerung die Desinfektionskraft aber nur erhalten, solange das Präparat in unangebrochenen, nicht geöffneten oder doch gut verschlossenen Originalgläsern aufbewahrt wird, ein Mangel, der allen Alkoholseifenpräparaten anhaftet.

Bei all diesen Seifenspirituspräparaten ist nun die Anwendungsweise von grundlegendem Einfluß auf die Höhe der erzielten Keimfrei-

---

[1]) Langenbecks A. 1900, **61**, S. 25.

[2]) Siehe S. 65.

[3]) Köllicker A.: Die Händedesinfektion mit Alkoholseifenpasta, Chem.-Ztg., 1921, **45**, S. 649.

heit. Die Keimabtötung vollzieht sich nämlich nicht unmittelbar und sofort nach Auftragung des Desinfektionsmittels, sondern benötigt eine gewisse, nicht zu kurz zu bemessende Zeit, während welcher schon wesentliche Alkoholmengen verdunsten können. Die Durchdringungsgeschwindigkeit ist ferner individuell, je nach Weichheit und Fettgehalt der Haut verschieden und muß durch sorgfältiges Verreiben nach Möglichkeit gefördert werden, falls wirklich auch die tiefer liegenden, keimführenden Epidermisschichten beeinflußt werden sollen. Trotz der im übrigen recht befriedigenden Wirkung des Äthylalkohols hat man daher in den letzten Jahren nach Substanzen Ausschau gehalten, die dem Äthylalkohol analog wirken, aber an Intensität der Wirkung diesem überlegen sind. Ein derartiges Verhalten zeigt der Isopropylalkohol, der demzufolge also nach Einverleibung in Seifen hochwertige, zur Händedesinfektion hervorragend geeignete Präparate ergibt. Seine desinfektorische Überlegenheit gegenüber dem Äthylalkohol ergibt sich aus Beobachtungen von Bernhardt, denen zufolge schon eine 1 prozentige, wäßrige Lösung entwicklungshemmend wirkt, während eine 40 prozentige Lösung vollkommene Sterilisation hervorruft, die bei Verwendung von Äthylalkohol erst bei einer Konzentration von 60 vH. erreichbar ist[1]). Die Wirkung des Isopropylalkohols auf den menschlichen Organismus auch bei innerlicher Verabreichung ist etwa die gleiche, wie die des Äthylalkohols[2]).

Als Beispiel für eine derartige, zur Verpackung in Tuben geeignete Desinfektionsseife sei folgendes Rezept angeführt:

525 kg Kokosöl,
325 „ Isopropylalkohol,
75 „ Wasser,
262 „ Natronlauge, 33 proz.

Kokosöl und Isopropylalkohol werden in geschlossenem Kessel auf etwa 50° erwärmt. Darauf läßt man die mit der angegebenen Menge Wasser verdünnte Lauge unter Rühren und zeitweisem Erwärmen zufließen. Nach beendeter Verseifung resultiert ein in der Kälte salbenweiches, beim Verreiben auf der Handfläche schmelzendes Produkt.

Ein zweiter Weg, die Seifenspirituspräparate in genannter Richtung zu verbessern, würde durch die Kombination derselben mit nicht flüchtigen Desinfektionsmitteln gegeben sein. Die durch Verreiben verflüssigten Spiritusseifenpräparate durchdringen rasch die Haut und führen das gegebenenfalls beigemischte Antiseptikum bis in die tiefsten Epidermisschichten. Da sich dieser Vorgang aber an der Luft vollzieht, verdunstet der größte Teil des Spiritus, während sich Seife und Antiseptikum in der Haut anreichern. Befeuchtet man nun die Hände mit einigen Tropfen Wasser, so erzielt man durch die üblichen Waschbewegungen ein ausgiebiges Schäumen der tief in die Haut eingeführten Seife und damit eine Reinigungswirkung, wie sie durch keinen anderen Waschprozeß herbeigeführt werden kann. Das gleichzeitig mit der Seife in die Tiefe gedrungene Antiseptikum entfaltet zugleich in konzen-

---

1) Bernhardt: Dtsch. med. Wochenschr. 1922, **48**, S. 68.
2) Boruttau: Dtsch. med. Wochenschr., 1921, **47**, S. 747.

triertester Lösung die denkbar beste Wirkung, so daß auf diese Weise in der kurzen Zeit einer gewöhnlichen Seifenwaschung eine vollständige Haut- und Händedesinfektion als möglich erscheint, vorausgesetzt allerdings, daß das verwandte Desinfiziens im Seifenkörper dauernd haltbar ist.

Wie schon oben angedeutet sind nun leider aber nicht alle Desinfektions- und Heilmittel bei gleichzeitiger Gegenwart von Seife haltbar, weil die Seife ihrer chemischen Natur entsprechend zu Umsetzungen mancherlei Art durchaus befähigt ist. Eine große Anzahl chemischer Substanzen verliert daher, der Seife inkorporiert, ihre Wirkung oder erfährt doch eine so erhebliche Veränderung derselben, daß der praktische Wert solcher Produkte ohne weiteres keineswegs aus der Wirkung des Medikamentes einerseits und derjenigen der Seife andererseits abzuleiten ist.

Trotzdem aber würde es durchaus nicht zu befürworten sein, die Herstellung medikamentöser bzw. antiseptischer Seifen nunmehr überhaupt zu unterlassen und beispielsweise zur Desinfektion der Haut das Hauptgewicht vornehmlich auf eine energische, mechanische Reinigung mit Seife und Bürste zu legen und eine chemische Desinfektion erst nachfolgen zu lassen, um die in den Poren und Drüsenkanälen der Haut alsdann noch zurückgebliebenen Keime zu vernichten. Denn es unterliegt keinem Zweifel, daß diejenigen medikamentösen Seifen, deren Zusammensetzung eine konstante ist, ein Objekt von großer therapeutischer und hygienischer Bedeutung darstellen, indem sie, wie das schon mehrfach erwähnt wurde, auf Grund ihrer keratolytischen Eigenschaften befähigt sind, die inkorporierten Desinfektions- und Heilmittel in die tiefsten Tiefen der Hautschicht einzuführen. Auch die Sauberkeit der Verwendung und die Sparsamkeit beim Verbrauch lassen die Seife als Träger für äußerlich anzuwendende Medikamente und vornehmlich für antiseptische Stoffe als äußerst geeignet erscheinen.

Ob nun ein Medikament seine Wirkungen im Seifenkörper dauernd behält und frei entwickeln kann, d. h. als „seifenfest“ zu bezeichnen ist, hängt natürlich auch von seinem chemischen Charakter ab. Im allgemeinen werden saure Agenzien die Seife unter Abscheidung der äußerst schwachen Fettsäuren zersetzen, indem sie selbst unter Aufnahme des Seifenalkalis in Neutralsalze übergehen, denen naturgemäß ganz andere Wirkungen zukommen können, als den inkorporierten Säuren. Dagegen werden Medikamente, die selbst Alkalisalze sind oder chemisch indifferente Substanzen, wie beispielsweise vegetabilische Rohdrogen in den meisten Fällen im Seifenkörper unzersetzt erhalten bleiben. Auch all die Mittel, bei denen das undissoziierte Molekül Träger der Wirkung ist (Desinfektionsmittel zweiter Ordnung), dürfen wohl, soweit sie nicht, wie beispielsweise das Phenol, sauren Charakter besitzen, in der Hauptsache als „seifenfest“ angesehen werden (Kampfer, Naphthalin usw.), während Schwermetallsalze wie Kupfer-, Quecksilber- und Silbersalze, die als „Desinfektionsmittel erster Ordnung“ durch Ionen wirksam sind, unlösliche und daher unwirksame Niederschläge bilden, sobald sie mit den löslichen Alkaliseifen in Berührung kommen.

Allgemein gültige, zusammenfassende Gesetze, die für die Haltbarkeit der verschiedenen Mittel im Seifenkörper maßgebend sein könnten, lassen sich jedoch nicht aufstellen, da u. a. auch dem durch die Anwesenheit ungesättigter Fettsäuren bedingten Reduktionsvermögen der Seife selbst und der etwaigen Reduktions- oder Oxydationsfähigkeit der verwandten Heilstoffe Rechnung getragen werden muß. In den folgenden Abschnitten sind daher die für die Verarbeitung der einzelnen Heil- und Desinfektionsmittel und ihre Haltbarkeit im Seifenkörper wichtigen Faktoren jeweils im Anschluß an die Besprechung ihrer Eigenschaften und ihres therapeutischen Wertes behandelt worden.

Teerseifen.

Es ist beinahe selbstverständlich, daß der Teer, dessen therapeutische Bedeutung bereits dem um Christi Geburt lebenden Celsus[1]) bekannt war und der schon von Plinius (gest. 79 v. Chr.) in der Historia naturalis mehrfach gegen Haarausfall und Hautkrankheiten empfohlen wird, schon frühzeitig für die Fabrikation medikamentöser Seifen benutzt worden ist. Denn seiner antiparasitären, resorbierenden, Epidermis regenerierenden (keratoplastischen) und vornehmlich juckstillenden Wirkung halber findet der Teer auch heute noch, dem Strome der Zeiten zum Trotz, bei Ärzten und Laien als Heilmittel für die verschiedensten Hautkrankheiten die weitgehendste Beachtung. Teerseifen sind somit heute wohl die volkstümlichsten und verbreitetsten medikamentösen Seifen, indem sie in gebildeten wie in ungebildeten Schichten des Volkes als Allheilmittel gegen alle Flechten, Finnen, Pickel, Mitesser usw. angewandt werden, trotzdem gerade bei ihrer Anwendung eine gewisse Vorsicht nötig ist, da der Teer auf Grund unliebsamer Nebenwirkungen, insonderheit bei zarten oder gar schon angegriffenen Hautpartien, eine ganze Reihe strikter Kontraindikationen aufweist. Auch sind durchaus nicht alle in den Handel kommenden Teerseifen als brauchbare Produkte zu bezeichnen, und vornehmlich die ganz billigen sind eher schädlich als heilkräftig.

Unter Teer versteht man die Produkte der trockenen Destillation der Steinkohle und verschiedener Holzarten, von denen neben dem ersteren lediglich der Koniferen-, Birken- und Buchenholzteer medizinische Bedeutung besitzen. Der Steinkohlenteer enthält:

I. Sauerstoffhaltige, in Alkali lösliche Verbindungen (Phenole und Säuren),

II. Sauerstofffreie Verbindungen, von denen die Chinolin- und Pyridinbasen mit Mineralsäuren extrahierbar sind, während der Rest hauptsächlich aus Kohlenwasserstoffen (Benzol, Naphtalin, Anthracen, Phenanthren und ihren Homologen) besteht, die durch Destillation im Vakuum nach Entfernung der vorbenannten Bestandteile rein erhalten werden können,

---

[1]) Vgl. Celsus: De medicina lib. V. 22 und lib. V. 28, 16.

III. das Pech, welches bei dieser Destillation als Rückstand hinterbleibt.

Die durch Destillation des Holzes gewonnenen Teerarten enthalten neben hochsiedenden Kohlenwasserstoffen, Phenolen und Phenoläthern als wichtige Bestandteile Terpene, Essigsäure und Harzsäuren.

Wenn auch die Möglichkeit, daß die Wirkung des Teers gerade in dieser seiner Heterogenität begründet liegt, nicht ohne alle Wahrscheinlichkeit ist, so darf man andererseits doch annehmen, daß ein großer Teil der genannten Bestandteile ein für die Wirkung nutzloser Ballast ist, und daß vielleicht die unangenehmen und oft auch schädlichen Nebenwirkungen des Teers gerade einem Teil dieser Ballaststoffe zuzuschreiben sind. Als Nachteil des Teers und der Teerbehandlung gilt nämlich, von dem unangenehmen Geruch und der unschönen Farbe des Präparates ganz abgesehen, vor allem die Tatsache, daß er die Haut färbt, die Wäsche untilgbar verfleckt, oft auch, wie bereits gesagt, ganz unliebsame Reizerscheinungen und Entzündungen der damit behandelten Hautpartien hervorruft und bisweilen Vergiftungen auftreten läßt, die seine Anwendung nicht immer geraten sein lassen.

Es ist daher nicht zu verwundern, daß von Ärzten und Chemikern jahrzehntelang Versuche gemacht worden sind, den Teer durch andere Präparate zu ersetzen, welche eine Einschränkung dieser unangenehmen Eigenschaften herbeiführen sollten. Aber alle in diesem Sinne empfohlenen Ersatzmittel wie Resorzin, Naphtol, Pyrogallol, Chrysarobin, Anthrarobin u. a., die später noch ausführlich besprochen werden sollen, waren nicht imstande, den Teer im dermatologischen Arzneischatz entbehrlich zu machen, im Gegenteil, sie haben die für gewisse Krankheitsfälle und besonders für die Ekzemtherapie so wichtigen Eigenschaften des Präparates nur um so stärker hervortreten lassen. Es blieb daher nichts anderes übrig, als zu versuchen, die therapeutisch wichtigen Bestandteile des Präparates rein darzustellen und zu prüfen, ob auch sie noch die unangenehmen Nebenwirkungen zeigen, oder andererseits durch chemische Beeinflussung, beispielsweise durch eine verständige und zielbewußte Kombination mit anderen Substanzen, das Urprodukt von seinen lästigen Eigenschaften zu befreien, ohne seine therapeutische Wirkung herabzusetzen. Besonders im erstgenannten Falle würde es als weiterer Vorteil anzusehen sein, daß der abgeschiedene, wirksame Körper, entgegen der wechselnden Zusammensetzung des Ausgangsmaterials, stets die gleichen Bestandteile aufweisen und auf diese Weise eine genaue Dosierung gestatten müßte.

Zuerst sind von Vieht in dieser Richtung Versuche gemacht worden, den Teer, und zwar den Steinkohlenteer, in der genannten Weise zu modifizieren und ein Produkt zu schaffen, welches wohl die therapeutischen Vorzüge des Ausgangsmaterials, aber nicht seine Nachteile besitzen sollte[1]). Durch eine Reihe von Reinigungsprozessen wurden die klebenden und färbenden Bestandteile extrahiert, das Pech, welches

---

[1]) Vieht, H.: Die dermatologisch wichtigen Bestandteile des Teers und die Darstellung des Anthrasols. Therapie der Gegenwart 1903, Nr. 12.

hier etwa 50—60 vH. der Gesamtmenge ausmacht, und die relativ giftigen und übelriechenden Pyridinbasen wurden entfernt, und endlich wurde durch eine Mischung des so gereinigten Steinkohlenteeres mit gleichen Teilen gereinigten Wacholderteers, der die entstandenen festen Ausscheidungen leicht verflüssigte, ein Produkt erhalten, welches unter dem Namen Anthrasol (Knoll & Co., Ludwigshafen a. Rh.)[1]) in der Teertherapie bald festen Fuß fassen konnte. Das Präparat ist also noch immer ein allerdings konstantes Gemisch aus verschiedenen Substanzen, enthält aber im großen und ganzen nur die Phenole und Kohlenwasserstoffe des Teers, mit deren Wirkung sich die Teerwirkung selbst deckt. Es ist ölartig, leicht flüssig, schwach gelb gefärbt, in Wasser unlöslich und erinnert nur durch seinen charakteristischen Geruch an das Ursprungsprodukt. Die Phenole, das Phenol (Karbolsäure) selbst und die Kresole, die im Steinkohlenteer besonders reichlich enthalten sind, bedingen die juckstillende und desinfizierende Wirkung, während nach den umfassenden chemischen und therapeutischen Versuchen von Sack und Vieht[2]) an die Kohlenwasserstoffe und besonders an die flüssigen Methylnaphtaline, welche für die Haut ein sehr großes Durchdringungsvermögen besitzen, die spezifische dermatologische Teerwirkung gebunden ist[3]).

Es ist selbstverständlich, daß sich die Seifenindustrie sehr schnell des Anthrasols bemächtigte, da es mit Hilfe dieses Produktes gelingt, farblose Teerseifen herzustellen, welche allein durch ihren Geruch auf einen Teergehalt hinweisen und die durchaus berufen sind, an die Stelle der alten, schwarzen Teerseifen zu treten. Ihre Vorzüge diesen gegenüber bestehen vornehmlich in der Reizlosigkeit, auch sind sie ohne schädliche Nebenwirkung, und sollen der ersteren an therapeutischer Wirksamkeit nicht das geringste nachgeben.

Wie ersichtlich ist aber auch das Anthrasol keineswegs vollkommen. Denn wenn seine Anwendung auch von vornherein viele Vorteile bietet, so ist doch der vielen lästige Teergeruch noch nicht beseitigt. Auch das Liantral (P. Beiersdorf & Co., Hamburg), ein durch Benzolextraktion gereinigtes und dem Anthrasol ähnliches Steinkohlenteerpräparat, welches wie dieses die charakteristische Teerwirkung besitzt, weist denselben Mangel auf. Ein überlegener Nebenbuhler ist aber dem

---

[1]) DRP. 166 975.

[2]) Sack und Vieht, Münch. med. Wochenschr. 1903, Nr. 18.

[3]) Ob diese Angaben allerdings in all ihren Teilen aufrecht zu erhalten sind, dürfte zweifelhaft sein, da mit verschiedenen Pilzen (Penicillium glaucum und Mucor mucedo) auf künstlichen Nährböden angestellte Kulturversuche Seidenschnurs (Seidenschnur: Die ökonomische Tränkung von Holz mit Teeröl. Ztschr. f. angew. Chemie 1901, **14,** S. 437 und 488. Ders.: Zur Frage der Holzkonservierung. Chem.-Ztg. 1909, **33,** S. 701) ergeben haben, daß die Anwesenheit der sauren, in Natronlauge löslichen Körper im Steinkohlenteeröl für die antiseptische Wirkung desselben so gut wie nebensächlich ist, und daß dem von seinen sauren Bestandteilen befreiten Öl ebenfalls eine hohe desinfizierende Wirkung zukommt. Jedenfalls sind also in gewissen Fällen auch die hochsiedenden Anteile der neutralen Steinkohlenteeröle vorzügliche Desinfektionsmittel, deren Wirkung voll ausgenutzt wird, wenn sie in einer Seifenemulsion zur Anwendung gelangen.

Anthrasol in dem Pitral (Lingnerwerke, Dresden) erwachsen, das als ein gänzlich ungiftiges, neutrales Teeröl vor dem ersteren den großen Vorzug fast völliger Geruchlosigkeit besitzt[1]). Es ist frei von Phenolen, Säuren und anderen chemisch und therapeutisch nicht indifferenten Körpern und besitzt, wie die klinischen Erfahrungen gezeigt haben, als ein Präparat des stark wirkenden Nadelholzteers (Pix liquida) dessen spezifische Wirkungen in vollem Maße, ohne irgendwelche Nachteile in Form unangenehmer Begleiterscheinungen aufzuweisen. Auch die färbenden Substanzen sind aus dem Produkte entfernt, während die wirksamen Bestandteile in chemischer und pharmakodynamischer Hinsicht unverändert geblieben sind. In Verbindung mit 90prozentiger, flüssiger Kaliseife und etwas Kaliumkarbonat hat es unter dem Namen „Pixavon" als Kosmetikum schnell überall Eingang gefunden und ist als solches seiner angenehmen, goldgelben Färbung und seines erfrischenden Geruches halber recht geschätzt. Als Therapeutikum hat es sich besonders bewährt bei Haarerkrankungen, insonderheit bei der Seborrhöe der Kopfhaut, die als die allerhäufigste Ursache des Haarausfalls angesehen werden darf und nach Unnas jetzt wohl allgemein geteilter Ansicht wahrscheinlich bakteriellen Ursprungs ist.

Wie schon oben gesagt, ist es aber auch ohne mechanische Reinigungsmethoden möglich, dem Teer seine unangenehmen Nebenwirkungen zu nehmen, nämlich durch chemische Veränderung der Ausgangssubstanz selbst. Es lag hier nun nahe, den Formaldehyd, einen Körper, der ebenfalls aus den bei der Trockendestillation des Holzes erhaltenen Nebenprodukten gewonnen wird, als Kombinationsmittel heranzuziehen, da derselbe, wie aus analogen Fällen hinreichend bekannt war, in der Tat imstande ist, die ätzende und reizende Wirkung eines Körpers aufzuheben, indem er mit ihm eine chemische Verbindung eingeht. Es sei hier z. B. nur erinnert an die diesbezüglichen Verbindungen des Phenols und seiner Homologen, die später noch ausführlicher besprochen werden, sowie an den im günstigen Sinne veränderten Charakter, den diese Verbindungen unbeschadet ihrer arzneilichen Wirkung dem Ausgangsmaterial gegenüber aufweisen.

Auch in dem vorliegenden Fall glückte es der chemischen Industrie, durch eine analoge Kondensation der Rohteere das Ausgangsmaterial in therapeutischer Hinsicht nicht unwesentlich zu verbessern, indem die Verbindung mit Formaldehyd den verschiedenen Bestandteilen des Teers zunächst die Fähigkeit nimmt, lokale Reizungen zu erzeugen und indem sie ferner dem Produkt nur eine geringe Möglichkeit läßt, resorptive Nebenwirkungen auszulösen. Bei der Vereinigung der einzelnen Bestandteile mit dem Formaldehyd bilden sich nämlich hochmolekulare Körper, die vom Organismus nicht so schnell wie die unveränderten Teerbestandteile aufgenommen werden. Zweitens setzt die Einschaltung von Methylengruppen, wie sie durch die Reaktion bedingt ist, aber auch die Giftwirkung des Produktes herab, und gleichzeitig findet bei diesem Kondensationsprozeß auch eine Desodorisierung statt,

---

[1]) Joseph, M.: Über Pitral, Dermatol. Zentralbl. 1909, Nr. 12, S. 354.

so daß der penetrante Teergeruch fast ganz aus den verwandten Rohteeren verschwindet.

Ein Produkt, das in dem geschilderten Sinne durch Kondensation des offizinellen, nach der alten Methode in Meilern gewonnenen Nadelholzteers (Pix liquida) mit Formaldehyd unter Zusatz eines Kondensationsmittels (Salzsäure) gewonnen wird[1]), ist das Pittylen (ἡ πίττα der Teer). Das Präparat stellt ein lockeres, amorphes Pulver von gelbbrauner Farbe und schwachem, eigentümlichem, kaum an Teer erinnernden Geruch dar, das frei von allen Nebenwirkungen ist. Wie das Material, aus dem es gewonnen wurde, ist es aber keineswegs eine einheitliche Substanz, sondern ein Gemenge der verschiedenartigen Körper, die auch in dem angewandten Teer vorhanden waren und deren jeder sich seiner Konstitution entsprechend mit dem Formaldehyd verbunden hat.

Es ist nun eine charakteristische Eigentümlichkeit des Pittylens, in verdünnten Laugen und Seifenlösungen löslich zu sein. Es bilden hier offenbar die Kondensationsprodukte der vorhandenen Harzsäuren, Phenole usw. mit dem vorhandenen Alkali wasserlösliche Verbindungen, wobei die sonst noch vorhandenen, an sich vielleicht nicht löslichen Verbindungen der Kohlenwasserstoffe usw. ebenfalls in Lösung gehen. Infolgedessen findet das Präparat auch weiteste Anwendung in Form von festen und flüssigen Pittylenseifen, die dunkelbraun und fast geruchlos sind und das Präparat vollkommen gelöst enthalten, so daß es zu voller Wirkung gelangen kann. In der Tat haben sich diese Seifen bei den verschiedensten Dermatosen vorzüglich bewährt, Reizungen der Haut sind sehr selten, während die spezifisch juckstillende und keratoplastische Teerwirkung in ihnen voll erhalten ist[2]).

Ein Präparat, das eine ähnliche Zusammensetzung wie das ebenbesprochene Pittylen besitzt, ist das Empyroform (Chemische Fabrik auf Aktien, vorm. E. Schering, Berlin), ein trockenes, graubraunes, in Wasser aber unlösliches Pulver, das auch den unangenehmen Geruch seines Ausgangsmaterials nicht ganz vermissen läßt. Es ist ein Kondensationsprodukt von Formaldehyd mit Laubholzteer (Oleum rusci), dessen therapeutische und antiseptische Wirkung vornehmlich durch das Guajakol, den Brenzkatechinmonomethyläther, bedingt ist. In dem Präparat selbst ist diese Wirkung jedoch etwas geschwächt, und besondere Vorzüge hat es den bereits besprochenen gegenüber kaum aufzuweisen. Auch für die Fabrikation medikamentöser Seifen bietet es keine bemerkenswerten Vorteile, besonders, da es sich nur schwer zu solchen verarbeiten läßt und hier gewöhnlich in Form kleiner, sichtbarer Partikel verteilt bleibt.

Aber die Reihe der Teerarten und Teerpräparate, welche für die Seifenfabrikation Verwendung finden, ist mit den genannten keineswegs erschöpft. So enthält eine nach dem DRP. 179 672 hergestellte Teerseife einen Teer, der durch trockene Destillation von Torf gewonnen wird

[1]) DRP. 161 939.
[2]) Joseph, M.: Über Pittylen, ein neues Teerpräparat. Dermatol. Zentralbl. 1905, Nr. 3, S. 66.

und der im Gegensatz zum Holzteer keine freie Essigsäure enthalten soll. Unter dem Namen Fagacid bringt die Firma Dr. Noerdlinger in Flörsheim a. M. einen aus Buchenholzteer nach dem Oxydationsverfahren des DRP. 163446 gewonnenen, festen, pechartigen Körper auf den Markt, der auf Grund seines schwach sauren Charakters seifenartige Alkalisalze zu bilden vermag und in dieser Beziehung dem Kolophonium sehr ähnlich ist. Diese Alkaliseifen (Fagate) sind feste, schwarze, in Wasser leichtlösliche Körper und besitzen antiseptische Eigenschaften. Da sie den Fettseifen in beliebig großer Menge zugesetzt werden können, sind sie für die Herstellung antiseptischer Stückseifen mit hohem Teergehalt wertvoll. Die diesbezüglichen Seifen werden, falls die trockenen Fagate (für Seifenpulver und pilierte Seifen) selbst nicht zur Anwendung gelangen sollen, zweckmäßig in der Weise hergestellt, daß man durch Auflösung von Fagacid in heißen, konzentrierten Laugen zuerst die entsprechenden Alkaliverbindungen herstellt und diese Lösungen entweder mit solchen von Fettseifen zusammenbringt oder bei Gegenwart von freiem Alkali mit entsprechenden Mengen freier Fettsäure verbindet.

Auch das Kreosot, eine vornehmlich aus dem Buchholzteer durch fraktionierte Destillation gewonnene farblose, ölartige, phenol(guajakol)-reiche Flüssigkeit (Kp. 205—220°) findet trotz seines höchst unangenehmen Geruches vielfache Verwendung als Ersatzpräparat bei der Teerseifenfabrikation. Seine Wirkung auf die Haut ist eine der Teerwirkung analoge, an Desinfektionskraft übertrifft es denselben aber nicht unwesentlich.

Die mit Hilfe der besprochenen Präparate hergestellten Teerseifen sind im allgemeinen durchaus haltbar und können ihre spezifische Teerwirkung nicht verlieren. Denn die Umwandlungen, welche diese Teerarten beim Waschprozeß erfahren dürften, sind so geringfügiger und therapeutisch unbedeutender Art, daß sie praktisch nicht in Frage kommen. Allerdings soll sich der Fabrikant ebenso wie der Konsument solcher Seifen bewußt sein, daß die besprochenen Präparate, wenn sie auch sämtlich echte Teerwirkung besitzen, ihren Bestandteilen entsprechend, in der Art und dem Grade dieser Wirkung dennoch Unterschiede aufweisen, da der Steinkohlenteer dem größeren Gehalt an Phenolen und vornehmlich Kohlenwasserstoffen, der Laubholzteer dem Guajakolgehalt und der Nadelholzteer neben dem Phenolgehalt auch dem Gehalt an Harzsäuren seine Wirkung verdankt. Diese Unterschiede treten auch deutlich zutage in dem Grade der bakteriziden Wirkung, die bei den wasserlöslichen Präparaten an sich zu beobachten ist, bei den in Wasser unlöslichen aber ebenfalls in Erscheinung tritt, wenn sie in einer Seifenemulsion zur Verwendung gelangen. Da diese Wirkung jedoch nur ein Teil der Gesamtwirkung ist, der bei der Anwendung von Teerpräparaten am wenigsten in Frage kommt, soll hier nicht näher darauf eingegangen werden.

Die Fabrikation der Seifen selbst bietet kaum Schwierigkeiten. Sie werden in fester und flüssiger Form hergestellt, und vornehmlich die farblos flüssigen sind unter den verschiedensten Namen (Albopixol, Pixosapol u. a.) als kosmetische Haarpflegemittel im Markte zu finden.

Bei der Anfertigung pilierter Fettseifen unter Verwendung von Rohteeren ist lediglich darauf zu achten, daß die Grundseifenspäne, wie eingangs erwähnt, einen gewissen Feuchtigkeitsgrad besitzen, da die fertige Seife sonst zu schwer aus der Strangpresse tritt; bei der Herstellung der billigen Kokosölteerseifen, deren Fabrikation besser ganz unterbleiben sollte, ist der Teer unter schnellem Rühren der gut verbundenen Seife zuzumischen und diese sofort zu formen, da sich die Seife bei längerem Rühren trennt. Als Grundlage für die flüssigen Seifen dient, soweit nicht die genannten wasserlöslichen Präparate verwandt werden, am besten eine alkoholische Olivenölkaliseife[1]), welche etwa 5—10 vH. der gereinigten Teerarten aufzunehmen vermag.

Phenolseifenpräparate.

Die vielseitige Verwendung, welche die Karbolsäure seit ihrer Einführung durch Lister (1867) als Antiseptikum gefunden hat, hat natürlicherweise auch zur Fabrikation von Karbolseifen Veranlassung gegeben, die sich als Desinfektionsmittel auch heute noch — und zwar in Form von Stückseifen durchaus mit Unrecht — allgemeiner Beliebtheit erfreuen.

Das Phenol (Karbolsäure, Phenylalkohol, C_6H_5OH), das aus dem Steinkohlenteer isoliert, aber auch synthetisch gewonnen wird, kristallisiert in langen, farblosen, an der Luft sich rötlich färbenden Nadeln vom Schmelzpunkt 42° und vom Siedepunkt 180°. Es ist löslich in Wasser (im Verhältnis 6 : 100), Alkohol, Äther, fetten und ätherischen Ölen, besitzt charakteristischen Geruch, brennenden Geschmack und in mehrprozentiger wäßriger Lösung hervorragend antiseptische Wirkung[2]). Diese Wirkung übertrifft diejenige gleichprozentiger Lösungen des Äthylalkohols nicht unbeträchtlich, da ganz allgemein durch den Ersatz aliphatischer Reste (Alkyl) durch solche aromatischer Natur (Aryl) die Lipoidlöslichkeit, d. h. die Fett- oder Ätherlöslichkeit, und damit der bakterizide Effekt chemischer Verbindungen gesteigert wird. In Ätzalkalien löst sich das Phenol auf Grund seines sauren Charakters zu den entsprechenden Phenolalkalisalzen, z. B. C_6H_5ONa, welche stark ätzend wirken und in ihrer Desinfektionskraft wesentlich geschwächt sind, da die antiseptische Wirkung des Phenols nicht durch Ionen sondern lediglich durch ungespaltene Moleküle bedingt wird. (Desinfektionsmittel zweiter Ordnung.)

Es ergibt sich also schon aus dieser Angabe, daß geringprozentige Karbolseifen beim Waschprozeß unmöglich desinfizierend wirken können, und daher kann die Kritik, welche sie von seiten der Ärztewelt erfahren haben, kaum überraschen. Unna sagt z. B. in seiner schon mehrfach hier erwähnten Abhandlung „Über Medizinische Seifen", daß er noch keine Karbolseife gefunden habe, die auch nur den dürftigsten An-

[1]) Vgl. S. 596.

[2]) Eine 1 proz. Karbolsäurelösung tötet Staphylokokken aber vollständig erst in 90 Minuten ab; vgl. Laubenheimer: Phenole als Desinfektionsmittel, 1909, S. 78.

sprüchen genügte, und mit ihm bezeichnen viele andere (Buzzi, Jeßner usw.) diese Karbolseifen als für antiseptische Zwecke unzuverlässig und unbrauchbar.

Trotzdem aber besitzt der Zusatz von Seife zur Karbolsäure nicht immer einen vernichtenden Einfluß auf die antiseptische Wirkung des Mittels und ganz allgemein der Mittel vom Phenoltypus. Ein mäßiger Zusatz erhöht vielmehr die Desinfektionskraft nicht unwesentlich! Dabei besitzen Seifenlösungen ein großes Lösungsvermögen für Karbolsäure, 1 Liter 5prozentiger Seifenlösung vermag beispielsweise 600 g Phenol zu 1,5 Liter Flüssigkeit aufzulösen[1]), und Kaliseife (Sapo kalinus des D. A. B.) verflüssigt sich mit reiner Karbolsäure sehr leicht, so daß Lösungen bis zum Verhältnis 1 : 3 bei gewöhnlicher Temperatur erhalten werden können. In bezug auf die Desinfektionskraft besitzen diese Mischungen jedoch ein Optimum bei einem Verhältnis von Seife und Karbolsäure wie 1 : 1, indem eine Seife mit 50 vH. Karbolsäure in 4prozentiger Lösung einer 5prozentigen wäßrigen Karbolsäurelösung äquivalent ist. Nach Heller[2]) kann diese Wirkung dadurch zustande kommen, daß die zu desinfizierenden Objekte der wirksamen Substanz — den Phenolen — leichter zugänglich gemacht werden, oder, was wahrscheinlicher ist, daß aus Seife und Phenol ein neuer, kompliziert zusammengesetzter Körper höherer Desinfektionskraft gebildet wird, wie man das wohl auch bei der Verflüssigung der Phenole durch verschiedene Natronsalze, insbesondere solche organischer Sulfosäuren (Solveole) wird annehmen müssen.

Trotzdem aber ist die Herstellung von geringprozentigen und dennoch wirksamen Phenolseifen nicht durchaus unmöglich, obwohl die Phenole ganz allgemein durch größere Mengen Alkali und Seife eine bedeutende Herabminderung ihres Desinfektionswertes erfahren. Man kann zu recht brauchbaren Fabrikaten gelangen, wenn man Sorge trägt, daß die genannte Abschwächung gering bleibt im Verhältnis zu dem Desinfektionswert des Präparates selbst, indem man diesen letzteren durch innere Substitution, d. h. durch die Einführung chemischer Gruppen, welche die Lipoidlöslichkeit des Präparates erhöhen, nach Möglichkeit kräftigt.

Solche Steigerung der Desinfektionskraft wird, wenn auch noch nicht in genügendem Maße, beispielsweise schon erreicht durch die Einführung einer Methylgruppe (CH_3) in den Benzolkern des Phenols. Man gelangt so zu den drei isomeren Kresolen (Methylphenolen),

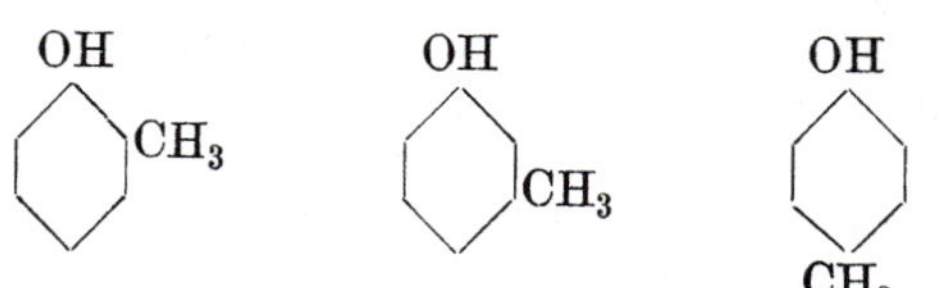

Orthokresol Metakresol Parakresol

[1]) Vgl. Triollet, Bull. des scienc. pharmacol. 1901.

[2]) Heller, O.: Über die Bedeutung des Seifenzusatzes zu Desinfektionsmitteln. Arch. f. Hyg. 1903, 47, S. 213.

die für die Desinfektionspraxis neben dem Phenol große Bedeutung gewonnen haben. Denn das nach der Abscheidung der Karbolsäure und der Kohlenwasserstoffe hinterbleibende Produkt, das früher fälschlicherweise als „rohe Karbolsäure" bezeichnet wurde und das neben einigen anderen schwerflüchtigen Produkten des Steinkohlenteers (Naphtalin und Pyridin) etwa 90 vH. eines Gemisches der obigen drei isomeren Kresole enthält, findet als Rohkresol (Cresolum crudum) für die Fabrikation von Desinfektionsmitteln vielfache Verwendung.

Schon früh hatte man die starke Desinfektionskraft dieses billigen Produktes erkannt, aber die Schwerlöslichkeit desselben stand anfangs seiner Verwertung recht hinderlich im Wege. Das reine Orthokresol löst sich nach Gruber[1]) nur zu etwa 2,5 vH. in Wasser, und die Löslichkeit der beiden anderen Isomeren ist noch geringer (Metakresol 0,53 vH., Parakresol 1,8 vH.). Diesem Übelstand kam nun wieder die schon obenerwähnte Eigentümlichkeit der Kaliseife (Fett- und Harzseife) zu Hilfe, sich mit dem Phenol und seinen Homologen zu verflüssigen, d. h. die letzteren wasserlöslich zu machen, und es entstand so eine Unzahl von Präparaten, unter denen der offizinelle Liquor cresoli saponatus und das Lysol (Schülke & Mayr, Hamburg) die beachtenswertesten sind. Für das erstere wird im D. A. B. folgende Vorschrift gegeben: Im Wasserbad wird 1 Teil Kaliseife erhitzt und in kleinen Anteilen 1 Teil (Teeröl-)Kresol so lange darin verrührt, bis eine gleichmäßige, von ungelöster Seife freie Mischung entsteht. Das mit dem Namen „Lysol" bezeichnete Präparat wird nach dem Verfahren des DRP. 52 129 in der Weise hergestellt, daß man Teeröl (technisches Trikresol vom Siedepunkt 187—210°) mit Leinöl oder einem Fett mischt und mit einer konzentrierten Kalilauge bei Gegenwart von Alkohol so lange zum Sieden erhitzt, bis vollständige Verseifung eingetreten ist und bis das Endprodukt sich glatt in Wasser löst. Beide Präparate bilden eine ölartige Flüssigkeit von brauner Farbe mit dem eigenartigen Geruch des Rohkresols. Sie sind beide in Wasser klar löslich und sollen für Desinfektionszwecke in 5—10prozentigen Lösungen verwendet werden.

Die obige Vorschrift des D. A. B. ist für die Herstellung kleinerer Mengen Kresolseifenlösung in der Tat recht empfehlenswert. Bei der Fabrikation größerer Mengen kommt man jedoch billiger zum Ziele, wenn man die Seife frisch herstellt und das Kresol zusetzt, ehe die Seife fest geworden ist. Ein ganz geringer Zusatz von Kresol genügt schon, um die frisch hergestellte Seife vollständig zu verflüssigen, so daß man die übrige Kresolmenge leicht mit dem schon verflüssigten Produkte mischen kann. Es ist sogar nicht einmal nötig, die Verseifung ganz zu beendigen, wenn man die Kresolseifenlösung einige Tage stehen lassen kann. Man kocht das Leinöl mit der höchstens 15grädigen Kalilauge, bis die Mischung zu schäumen beginnt und eine Probe mit dem gleichen Teil Kresol auch nach dem Abkühlen eine klare Lösung ergibt. Der Zusatz von Alkohol, wie ihn das D. A. B. bei der Verseifung vorschreibt,

---

[1]) Gruber: Über die Löslichkeit der Kresole in Wasser und über die Verwendung ihrer wäßrigen Lösungen zur Desinfektion. Arch. f. Hyg. 1893, S. 619.

kann ohne Bedenken fortgelassen werden. Die unfertige Kaliseife wird dann mit dem Kresol vermischt und 1—2 Tage unter zeitweiligem Umrühren stehengelassen, bis sich eine Probe in destilliertem Wasser klar löst.

Neben den bisher besprochenen Präparaten, für deren Herstellung übrigens eine Unzahl weiterer Rezepte besteht, und die unter den verschiedensten Namen im Handel anzutreffen sind (Bazillol, Krelution, Kresapol, Sapokarbol u. a.), ist fernerhin als ältester Repräsentant hervorzuheben das durch die Firma Pearson & Co. in Hamburg von England her eingeführte Kreolin. Dasselbe nimmt in gewissem Sinne eine Sonderstellung ein, da für seine Fabrikation ein an Kohlenwasserstoffen reiches Teeröl verwandt wird, das in der zum „Aufschluß" benutzten konzentrierten Harzseife wohl löslich ist. Beim Verdünnen mit Wasser bleiben jedoch lediglich die Kresole gelöst, während sich die Kohlenwasserstoffe in feinen Tröpfchen ausscheiden, so daß das Gemisch das Aussehen einer Emulsion annimmt, eine Erscheinung, die als wesentlicher Nachteil gegenüber den vorbesprochenen, ähnlich zusammengesetzten Desinfizientien gelten muß.

Auf Grund der obenerwähnten Tatsache, daß ein über 50 vH. hinausgehender Seifenzusatz die Desinfektionskraft der Kresole, wie aller Phenolhomologen überhaupt, stark beeinträchtigt, ist es selbstverständlich, daß 3—5prozentige Lysol-Feinseifen eine antiseptische Wirkung nicht besitzen können, und daß ihre Fabrikation zu Desinfektionszwecken daher besser unterbleibt.

Wenn die Desinfektionskraft der Kresolseifenlösungen dem allgemeinen Urteile zufolge auch als für die Praxis ausreichend erachtet wird, so spricht, von ihrem unangenehmen Geruche ganz abgesehen, gegen ihre Allgemeinverwendung doch die Tatsache, daß diese Lösungen die Hände des Operateurs stark schlüpfrig machen. Alle Versuche, diese Schlüpfrigkeit durch Zusätze, beispielsweies von Fettsäuren oder durch Ersatzmittel für die Seife, aufzuheben und so zu neutralen Produkten zu gelangen, haben jedoch einen wirklichen Erfolg nicht gehabt, da diese Zusätze oder Ersatzmittel als solche einerseits zu teuer waren, andererseits aber auch die Desinfektionskraft nicht unbedeutend beeinträchtigten.

Aber mit den hier besprochenen Kresolen ist die Reihe der für die Desinfektionspraxis brauchbaren Homologen des Phenols in keiner Weise erschöpft, und so bietet sich die Möglichkeit, die Lösung des hier gegebenen Problems auch in einer anderen Richtung anzustreben. Neben einigen synthetisch leicht zugänglichen Stoffen (den Propylphenolen und -kresolen) verdient insonderheit das Thymol, ein Methylisopropylphenol der Formel

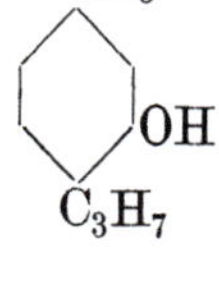

Beachtung, da es die bisher besprochenen Antiseptika an Wirkung nicht unwesentlich übertrifft. Das Thymol, das aus den Samen des indischen Ajowan, neuerdings aber auch synthetisch[1]) gewonnen wird, bildet große, farblose, nach Thymian riechende Kristalle vom Schmelzpunkt 50° und vom Siedepunkt 232°. Es ist leicht löslich in Alkohol, Äther und organischen Lösungsmitteln, wird aber von Wasser nur im Verhältnis 1 : 1100 aufgenommen. Seine antiseptischen Eigenschaften sind vornehmlich aus den exakten Untersuchungen Robert Kochs[2]) bekannt, die geringe Löslichkeit der Substanz in Wasser und auch in den üblichen Seifenlösungen stand jedoch bisher seiner Allgemeinverwendung hindernd im Wege. Die Untersuchungen Laubenheimers haben aber gezeigt, daß sich mit Hilfe der Rizinusseifen und ihrer Sulfurierungsprodukte Lösungen jeder beliebigen Konzentration herstellen lassen, 25—50prozentige Lösungen sind meist hellgelbe, ölige Flüssigkeiten, die mit destilliertem Wasser klare Verdünnungen ergeben.

Eine sehr bedeutende Desinfektionskraft besitzen auch die Xylenole (Dimethylphenole) von der Formel

$$C_6H_3 \begin{cases} CH_3 \\ CH_3 \\ OH \end{cases}$$

die im Steinkohlenteer gleichfalls vorkommen, aber wie alle Präparate dieser Gruppe auch synthetisch leicht zugänglich sind. Auffallenderweise lassen sie sich, wie die Kresole, auch durch gewöhnliche Seifen „aufschließen", doch stehen nach Laubenheimer diese Seifenlösungen den äquivalenten Rizinusseifenpräparaten an Desinfektionskraft nach. Die Xylenolseifenlösungen sind hellbraune, klare Flüssigkeiten von ölartiger Konsistenz, besitzen einen angenehm aromatischen Geruch und sind in jedem Verhältnis wasserlöslich. Vornehmlich die Metaxylenole (asymmetrisch 1, 3, 4, symmetrisch 1, 3, 5) stellen Desinfektionsmittel von relativ geringer Giftwirkung und hervorragender Wirksamkeit dar. Die letztere tritt in der folgenden Tabelle deutlich in Erscheinung, doch ist dabei zu beachten, daß das Phenol in wässeriger Lösung, das Kresol in Form von Lysol und die beiden anderen Präparate nach dem Aufschluß durch etwa 50prozentiges rizinolsulfosaures Kali zur Anwendung kamen. Staphylokokken wurden abgetötet durch eine 1prozentige Lösung (bezogen auf das gelöste Phenolhomologe)

von	Phenol	Kresol	Thymol	m-Xylenol (1, 2, 3)
in	90′	5′	3′	30″

Es erhellt also, daß die beiden letztgenannten Präparate, falls es ihr Preis zuläßt, wohl imstande sind, das Kresol in den Kresolseifenlösungen mit Vorteil zu ersetzen, zumal der lästige Geruch des ersteren durch

[1]) DRP. 350809.
[2]) Koch, Robert: Über Desinfektion. Mitt. a. d. Kaiserl. Gesundheitsamt, 1881, 1, S. 234.

solchen Ersatz ebenfalls in angenehmer Weise geändert wird. Für die Herstellung geringprozentiger, antiseptischer Stückseifen genügen sie jedoch noch nicht, da auch sie durch Alkali und Seife noch immer eine der gänzlichen Vernichtung nahestehende Abschwächung ihrer Desinfektionskraft erfahren.

Wesentlich anders gestalten sich aber die Verhältnisse, wenn außer der Alkylsubstitution eine Halogensubstitution des Benzolkerns erfolgt. Denn der Eintritt von Halogen (Chlor, Brom, Jod) steigert die Desinfektionskraft des Phenols ebenfalls, und zwar fast unabhängig von der Art des eintretenden Halogens. Schon die Chlorphenole und vornehmlich das Parachlorphenol der Formel

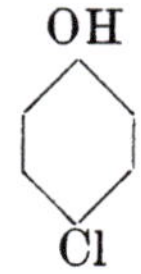

sind weit stärkere Desinfektionsmittel als das Phenol selbst, und das Tribromphenol $C_6H_2Br_3OH$ wirkt sehr kräftig antiseptisch. Nach den Untersuchungen von Bechhold und Ehrlich[1]) kommt den halogensubstituierten Phenolderivaten aber selbst in alkalischen Lösungen eine außerordentlich hohe bakterizide Wirkung zu, und zwar wächst diese Wirkung entsprechend der Zahl der eingeführten Halogenatome.

Für die Seifenfabrikation wichtig sind nun vornehmlich die Halogenkresole. Unter den Monosubstitutionsprodukten besitzt besonders das billige, aber doch recht unangenehm riechende Chlor-m-Kresol der Formel

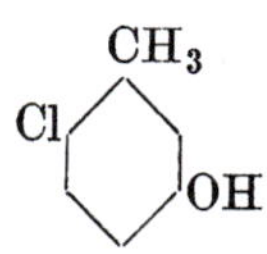

auch in hochprozentigen Seifenlösungen, d. h. also in Form seines Natriumsalzes, eine recht bedeutende antiseptische Wirkung, die jedoch natürlicherweise um so mehr gesteigert ist, je größer der Gehalt solcher Lösungen an freiem Chlorkresol ist. Das Optimum der Wirkung scheint auch hier wieder gegeben bei einem Gewichtsverhältnis von Kresol und Seife wie etwa 1 : 1[2]), während erst bei einem solchen von 1 : etwa 2,5 die Möglichkeit für eine quantitative Umsetzung des Kresols zu seinem Alkalisalz gegeben ist.

Wie schon oben erwähnt, wächst die antiseptische Wirkung des Kresols jedoch mit der Zahl der eingeführten Halogenatome. Unter

[1]) Bechhold und Ehrlich, Beziehungen zwischen chemischer Konstitution und Desinfektionswirkung. Ztschr. f. physiol. Chem. 1916, **47**, S. 173.

[2]) Bei diesem Mischungsverhältnis werden Staphylokokken von der 1 prozentigen Chlorkresollösung in 30″, von der 0,25 prozentigen Lösung in 1′ abgetötet. Bei einem Überschuß an Seife (1 : 2,5 und 1 : 4) sinken die beiden Zeitangaben auf 4′ bzw. 15′. (Laubenheimer.)

den bisher geprüften Desinfektionsmitteln dieser Klasse besitzen daher die Natriumsalze des Tetrabrom-o-Kresols und des Tribrom-m-xylenols der Formeln

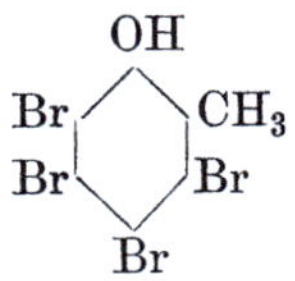

und

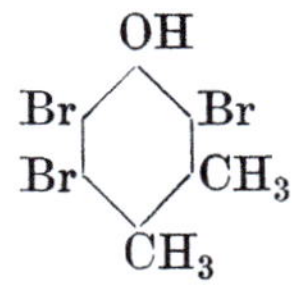

wohl die mit Phenolalkalisalzen höchst erreichbaren Desinfektionswerte, indem man für den gleichen Desinfektionseffekt (Entwicklungshemmung von Diphtheriebazillen) nur 0,4 Gewichtsprozent der hierfür erforderlichen Menge Karbolsäure benötigt. Diese Produkte, die auch technisch leicht zugänglich sind und von denen namentlich das erstere praktisch sehr wenig giftig ist, sind daher in hohem Maße auch für die Fabrikation geringprozentiger, antiseptischer Stückseifen geeignet, wie dies auch in dem amerikanischen Patent Nr. 942 538 vorgesehen ist.

Unter den Desinfizientien, die neben den besprochenen Phenolderivaten ebenfalls für die Fabrikation desinfizierender Seifen empfohlen werden, sind auch die Naphtole zu nennen, dem Phenol ähnliche Hydroxylderivate des Naphtalins von der Formel $C_{10}H_7OH$. Dieselben kommen ebenfalls, wenn auch in geringen Mengen, im Teer vor und sind in zwei Formen, einer α- und einer β-Modifikation bekannt.

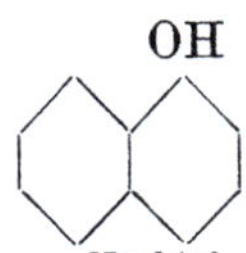

α-Naphtol

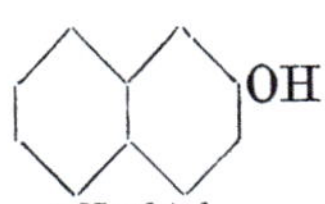

β-Naphtol

Von beiden Isomeren ist das letztere billiger, ungiftiger und beständiger als das erste und seiner ausgezeichneten antiparasitären Wirkung halber bei Hautkrankheiten vielfach als Teerersatzmittel verwandt worden. In Wasser ist es so gut wie unlöslich, löslich ist es jedoch in Alkalilaugen und in Seifenlösungen. Sein Natriumsalz hat unter dem Namen Mikrocidin als Antiseptikum jedoch nur ein kurzes Dasein gehabt. Ebenso sind die Versuche[1]) erfolglos geblieben, das Rohkresol in den Kresolseifenmischungen wenigstens teilweise durch das β-Naphtol zu ersetzen, da die erwartete Erhöhung der Desinfektionskraft nur in geringem Maße eintritt, weil das Naphtol als Alkalisalz viel an Wirkung verliert. Trotz vielseitiger Empfehlungen ist das Präparat daher auch für die Herstellung desinfizierender Seifen nicht geeignet.

Da das β-Naphtol als aromatische Verbindung aber einen bzw. zwei substituierbare Benzolkerne besitzt, so sind auch hier die oben besprochenen Gesetzmäßigkeiten gültig, sodaß die Einführung von Halogen- oder Alkylgruppen in den Naphtylrest die Desinfektionskraft

[1]) Schneider: Neue Desinfektionsmittel aus Naphtolen. Ztschr. f. Hyg. und Infektionskrankh. 1905, 52, S. 534.

wesentlich erhöht. Im Anschluß an die ausführlichen Untersuchungen Bechholds[1]) verdienen vornehmlich die Halogennaphtole das Interesse des Seifenfabrikanten, da sie in Form ihrer leicht wasserlöslichen Natriumsalze in ihren wirksamsten Gliedern alle bisher gebräuchlichen Desinfektionsmittel übertreffen und nur dem Sublimat an Wirkung unterlegen sind. Den verschiedensten pathogenen Bakterien gegenüber bewährt haben sich vornehmlich das Di- und das Tribrom-β-naphtol, Substanzen, die technisch leicht zugänglich und im Handel erhältlich sind. Dabei sind diese Präparate, feste Körper von brauner bzw. braunroter Farbe, geruchlos und praktisch wenig giftig, so daß in ihnen die Forderungen, welche an ein ideales Desinfektionsmittel gestellt werden, nämlich hohe keimtötende Wirkung, Geruchlosigkeit, geringe Giftwirkung und leichte Löslichkeit, erfüllt zu sein scheinen.

Für die praktische Verarbeitung all dieser Verbindungen zu pilierten Stückseifen ist aber eine kleine Schwierigkeit gegeben in der Tatsache, daß sie bisher nicht in Form ihrer Natriumsalze, sondern lediglich in alkalifreiem Zustande gehandelt werden, so daß der Konsument gezwungen ist, diese für die Fabrikation notwendigen Natriumsalze durch Lösen der bezogenen Präparate in der berechneten Menge Natronlauge und Einengen der erhaltenen Lösungen im kohlensäurefreien Luftstrom bzw. im Vakuum zunächst selbst herzustellen, wie das auch in der schon oben zitierten amerikanischen Patentschrift Nr. 942 538 vorgesehen ist. Von den technischen Schwierigkeiten ganz abgesehen, sind aber in dieser Operation insofern gewisse Gefahren gegeben, weil sich der geringste Alkaliüberschuß im fertigen Endprodukt unangenehm bemerkbar machen muß, besonders da diese Alkalisalze als Salze schwacher Säuren an sich schon stark alkalischen Charakter besitzen und dementsprechend nach ihrer Einverleibung in den Seifenkörper dessen Alkalität erhöhen. Es ist daher für die praktische Darstellung dieser Seifen ratsam, nicht diese reinen Natriumsalze zu verwenden, sondern sich mit Hilfe der schon mehrfach genannten Rizinusölseifen etwa 50prozentige Lösungen herzustellen und diese sodann auf der Piliermaschine mit der Grundseife zu vermischen. Im allgemeinen werden 5—10prozentige Stückseifen allen praktischen Anforderungen genügen.

Salicylseifenpräparate.

Es ist oben gesagt worden, daß bei einem Ersatz von Wasserstoffatomen des Benzolkerns durch gewisse chemische Radikale die antiseptische Wirkung der Phenole wesentlich verstärkt wird. Diese Regel, die ganz allgemein für alle aromatischen Verbindungen zutrifft, hat jedoch keine Gültigkeit, wenn der neue Substituent Säurecharakter besitzt. Durch die Einführung weiterer Hydroxyl- (OH), Karboxyl- (COOH) oder Sulfogruppen (SO_3H) wird im Gegenteil die Desinfektionskraft aromatischer Verbindungen erheblich geschwächt!

---

[1]) Bechhold, H.: Halbspezifische chemische Desinfektionsmittel. Ztschr. f. Hyg. u. Infektionskrankh. 1909, **64**, S. 113.

Von den Phenolen, welche nun mehr als ein Hydroxyl enthalten, ist das Resorzin (m-Dioxybenzol), und von den Trioxybenzolen das Pyrogallol hervorzuheben.

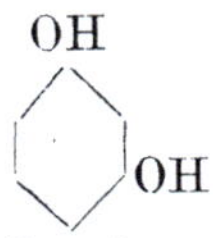

Resorzin

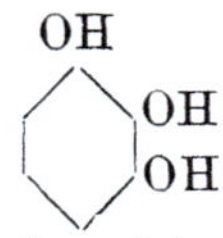

Pyrogallol

Beide werden ihrer teils keratoplastischen, teils stark reduzierenden Eigenschaften wegen bei Psoriasis und anderen parasitären Hautkrankheiten verwandt, wirken aber reizend (ätzend) und Eiweiß koagulierend. Ihre Desinfektionskraft ist geringer als die des Phenols, ihre Giftwirkung diesem gegenüber aber gesteigert. Für die Fabrikation medikamentöser Seifen sind sie nicht geeignet, wie später bei Besprechung der reduzierenden Hautmittel noch gezeigt werden wird.

Auch der Eintritt der Karboxylgruppe in den Benzolkern setzt, wie gesagt, die Desinfektionswirkung wesentlich herab, so daß die Phenol- und Kresolkarbonsäuren (Oxybenzoesäuren und Kresotinsäuren) ungleich schwächer wirken als die entsprechenden Phenole.

Aber nicht nur die Verbindungen, welche die Karboxylgruppe neben der Hydroxylgruppe aufweisen, besitzen den reinen Phenolen gegenüber geringere Wirksamkeit, vielmehr wird der gleiche Effekt im allgemeinen schon bedingt durch den Ersatz der zweiten durch die erstere, wie durch die Verkuppelung aromatischer Kerne mit Säuregruppen überhaupt. Allerdings wirken die aromatischen Karbonsäuren (Benzoesäure, Salizylsäure usw.) selbst noch immer keimtötend, nicht mehr aber ihre wasserlöslichen Alkalisalze, denen die für den Desinfektionseffekt notwendige Lipoidlöslichkeit (Öl-, Fett- oder Ätherlöslichkeit) fehlt. Die Herabsetzung des Desinfektionsvermögens durch den Einfluß des Karboxylnatriums (COONa) ist so bedeutend, daß sie auch durch eine reichliche Halogensubstitution nicht kompensiert werden kann, denn es verhalten sich nach den schon oben zitierten Untersuchungen von Bechhold und Ehrlich die Desinfektionswerte von Phenol (in wässeriger Lösung) (C_6H_5OH), Tetrachlorphenolnatrium ($C_6HCl_4 \cdot ONa$) und tetrachloroxybenzoesaurem Natrium ($C_6Cl_4(OH)COONa$) wie 2 : 50 : 1, so daß also das Karbonsäurederivat nur die halbe Wirkungsstärke der Karbolsäure besitzt.

Für die Herstellung medikamentöser Seifen spielt unter den aromatischen Karbonsäuren eine gewisse Rolle aber die Salizylsäure (o-Oxybenzoesäure), die an sich, im Gegensatz zu den isomeren, vollkommen wirkungslosen Meta- und Paraverbindungen, Desinfektionskraft besitzt, dem Phenol allerdings an Wirksamkeit nachsteht[1]). Ihre Bedeutung für die Dermatologie verdankt sie neben ihren antiseptischen, sekretionsbeschränkenden und resorptiven Eigenschaften aber vornehmlich ihrer keratolytischen (epithelauflösenden) Wirkung. Die dickste Hornschicht wird unter dem Einfluß von Salizylsäure ohne Reizung weich und

[1]) Löffler: Dtsch. med. Wochenschr. 1891, Nr. 10.

leicht entfernbar (Hühneraugenpflaster), und es erhellt, daß die Eigenschaften der Seife die Wirkung der Salizylsäure in wünschenswerter Weise ergänzen müßten.

Analog den Phenolen sind aber auch die Karbonsäuren als solche nur im wasserfreien Seifenkörper haltbar, bei Gegenwart von Feuchtigkeit erleiden sie alle, unabhängig von der Konsistenz der Grundseife, schon in kürzester Zeit durch das Seifenalkali eine Umsetzung zu den entsprechenden Alkalisalzen, so daß, wie Buzzi u. a. gezeigt haben, unzersetzte Seife nicht zurückbleibt, wenn eine genügende Menge Salizylsäure der Reaktion zugänglich gemacht wird. Als Endprodukt resultiert stets, gegebenenfalls neben unzersetzter Seife, ein Gemenge von salizylsaurem Alkali und freier Fettsäure, das jeglicher Salizylsäurewirkung ermangelt und von der übermäßigen Weichheit der Stückseifen ganz abgesehen, praktische Brauchbarkeit nicht besitzt[1]).

Auch die Versuche, durch Verwendung des Salols an Stelle der Salizylsäure zu Seifen zu gelangen, welche im Augenblick der Anwendung Salizylsäure neben Phenolnatrium entstehen lassen sollten, dürfen als gescheitert betrachtet werden, da, selbst wenn diese Verseifung des Esters überhaupt eintreten würde, der „Stärke" der sauren Bruchstücke entsprechend stets salizylsaures Alkali neben freier Karbolsäure entstehen müßte, die bei vorhandenem Alkaliüberschuß ihrerseits dann ebenfalls in Phenolalkali übergehen würde.

Der große Erfolg, den die Salizylsäure in der Medizin errungen hat, ist aber nicht so sehr durch ihre obengenannten Eigenschaften, sondern mehr durch die Beobachtung Strickers begründet, daß die Salizylsäure bei akutem Gelenkrheumatismus spezifische Wirkung besitzt, die bei innerlicher und perdermatischer Medikation in gleicher Weise zutage tritt. Da die Salizylsäure nun, wie gesagt, in vollkommen entwässerten, neutralen oder überfetteten Seifen haltbar ist, so können dieselben auch hier als indifferente, leicht resorbierbare Salbengrundlagen wohl benutzt werden, wie das beispielsweise in den Patenten Nr. 154548, 157385 und 193199 (Dr. Reiß, Charlottenburg) vorgesehen ist. Auch der Salizylsäuremethylester ($C_6H_4(OH)COOCH_3$) und andere flüssige Ester der Salizylsäure ermöglichen mit wasserfreien Seifen gemischt eine perdermatische, reizlose Aufnahme der Salizylsäure, die durch Verseifung der applizierten Präparate im Organismus entsteht. Eine antiseptische Wirkung kommt solchen Präparaten aber nicht (Salizylsäureäthylester)[2]) oder doch nur in geringem Maße (Salizylsäuremethylester)[3]) zu.

Daß die der Salizylsäure entsprechenden Derivate der Kresole (Kresotinsäuren) und Naphtole (Oxynaphtoesäuren), die an sich naturgemäß eine kräftigere antiseptische Wirkung besitzen als die Salizylsäure[4]), in dieser Beziehung aber schwächer sind als ihre Grundsubstan-

---

[1]) Siehe Buzzi, a. a. O. S. 59ff.

[2]) Fränkel, S.: Die Arzneimittelsynthese, 4. Aufl., J. Springer, Berlin 1919. S. 552.

[3]) Laubenheimer: Phenol u. seine Derivate als Desinfektionsmittel, S. 77.

[4]) Fränkel, a. a. O. S. 538, 545.

zen[1]), für die Fabrikation desinfizierender Seifen irgendein Interesse nicht besitzen können, ergibt sich aus dem vorhergehenden von selbst. Ebenso ist es nur natürlich, daß die durch weitere saure Gruppen substituierten Karbonsäuren, wie die Dioxybenzoesäuren[2]) oder die Sulfosalizylsäuren[3]) Desinfektionskraft nicht besitzen.

Formaldehydseifenpräparate.

Die große Bedeutung, welche der Formaldehyd CH_2O in den letzten dreißig Jahren, namentlich infolge der Einbeziehung der Kresolseifenlösungen unter die Vorschriften des Giftgesetzes, einerseits für die Medizin und andererseits für die Raumdesinfektion gewonnen hat, ist die Veranlassung für die Herstellung einer großen Anzahl neuer Formaldehydpräparate geworden. Der Formaldehyd selbst stellt ein farbloses, die Augen- und Nasenschleimhaut stark reizendes, aber selbst nach der Resorption relativ ungiftiges Gas dar, das in wässeriger Lösung vornehmlich auf Milzbrandsporen sehr stark entwicklungshemmend, aber auch genügend baktericid wirkt. Seiner chemischen Konstitution entsprechend reagiert der Formaldehyd mit zahlreichen organischen Stoffen, er koaguliert Eiweiß und wirkt infolgedessen insbesondere tierischen Geweben gegenüber heftig reizend. Bei Berührung mit ihm wird die Haut „gegerbt" und die Schweißsekretion infolgedessen durch Waschungen mit Formaldehydlösungen vermindert.

Eine 40prozentige wässerige Formaldehydlösung, als Formalin oder Formol bezeichnet, findet seit langem nach weiterer Verdünnung auf $^1/_2$—1 vH. Formaldehydgehalt Verwendung für die Desinfektion von Schleimhäuten, vor allem aber zur Wohnungsdesinfektion, trotzdem der Formaldehyd, namentlich in neutraler Lösung, sehr geringe Eindringungskraft und dementsprechend nur geringe Tiefenwirkung besitzt. Als Nachteile bei seiner Verwendung wurden aber stets seine Reiz- und Ätzwirkung und sein stechender Geruch empfunden, zwei Eigenschaften, die dem Fachmanne Veranlassung gaben, das Präparat nach dieser Richtung hin zu verbessern.

Man fand hier nun wieder in der Vereinigung des Formaldehyds mit Seifen ein Mittel, die genannten Übelstände zu beschränken, ohne die Desinfektionskraft des Ursprungspräparates wesentlich herabzusetzen. Es entstanden so die verschiedenartigen Formaldehydseifen und -seifenlösungen, wie sie heute z. B. unter den Namen Antiseptoform, Decilan, Formlution, Formysol, Lysoform, Morbizid, Sapoform, Spiritus saponatus formalinus usw. im Handel anzutreffen sind.

Der älteste Repräsentant unter ihnen ist wohl das Lysoform, das eine innige Mischung von Formaldehyd und Kaliseife darstellt und gewonnen wird, indem man in ein Gemisch von etwa 60 Teilen

---

1) Lübbert: Fortschr. d. Med. 1888, Nr. 22/23.
2) Fränkel, a. a. O. S. 103, 185.
3) Fränkel, a. a. O. S. 543.

Kaliseife und 24 Teilen Wasser (verdünntem Alkohol), das seinerseits eine ziemlich konsistente Masse darstellt, Formaldehyd bis zur Verflüssigung einleitet, wozu der Patentschrift zufolge etwa 10—15 Teile des Gases notwendig sind. Andererseits kann man dieses aber auch in der der Seife zuzusetzenden Wassermenge lösen und mit dieser wässerigen Formaldehydlösung die Kaliseife verflüssigen[1]). Auch kann das Desinfektionsmittel erhalten werden, indem man ohne Anwendung von Lösungsmitteln lediglich durch höhere Temperatur oder Druck die Kaliseife verflüssigt[2]).

Das Lysoform ist eine gelblich klare, alkalisch reagierende Flüssigkeit von ölartiger Konsistenz, die, wenig giftig, in jedem Verhältnis mit Wasser und Alkohol mischbar ist, einen schwach aromatischen, nicht unangenehmen Geruch besitzt und in der Tat absolut reizlos wirkt. Seine keimtötende Kraft ist jedoch der des Lysol und ähnlich zusammengesetzter Phenolpräparate keineswegs äquivalent, da beispielsweise Staphylokokken von einer 2prozentigen Lösung erst in 5 Stunden abgetötet werden[3]).

Die meisten im Handel befindlichen Formaldehydseifenpräparate zeigen eine dem Lysoform ähnliche Zusammensetzung und Wirkung. Allerdings besitzen viele von ihnen einen schwankenden Aldehydgehalt und Reinheitsgrad, so daß bei fehlender Konzentrationsangabe eine exakte Dosierung erschwert und der Desinfektionsprozeß selbst unsicher gestaltet wird.

Eine dem Lysoform vollkommen ähnliche Formaldehydseifenlösung erhält man nach folgender Vorschrift: 30 Teile Kokosöl werden mit einer Lösung von 8 Teilen reinem Ätzkali in 20 Teilen Wasser unter Zusatz von etwa 10 Teilen Spiritus unter lebhaftem Schlagen verseift, bis eine gleichmäßige, kleisterartige, durchsichtige Masse zurückbleibt. Zu der noch warmen Seife rührt man so viel 40prozentige Formaldehydlösung hinzu, daß das Gesamtgewicht 100 Teile ausmacht. Es erfolgt sofort eine vollkommene Lösung, die man längere Zeit absetzen läßt. Der angegebene Alkoholzusatz ist wesentlich, um eine leichtlösliche Seife zu erzielen, da ein alkoholfreies Präparat mit Wasser schnell trübe werdende Lösungen bildet und weniger haltbar ist. Ein wesentlicher Gehalt an freiem Alkali gibt längere Zeit klarbleibende wässerige Lösungen, jedoch fällt bei längerer Aufbewahrung ein dunkel gefärbter Bodensatz aus[4]). Nach Hagers Handbuch der pharmazeutischen Praxis erhält man ein dem Originallysoform ebenfalls ähnliches Präparat, indem man 100 Oleïn redestillat., 500 Spiritus (0,830) und 1300 Liquor Kali caust. unter kräftigem Umschütteln verseift und der Seifenlösung 2200 Formaldehyd solut. und 20 Oleum Lavandulae zusetzt. Nach 8 Tagen wird filtriert.

Selbstverständlicherweise ist der Fabrikant auch bei der Herstellung der hier besprochenen Formaldehydseifenlösungen aber nicht lediglich an

[1]) DRP. 141 744.
[2]) DRP. 145 390.
[3]) Symanski: Ztschr. f. Hyg. u. Infektionskrankh. 1901, **37**, S. 381.
[4]) Vgl. Pharmazeut. Ztg. 1902, **47**, S. 749.

die gewöhnliche Kaliseife gebunden. Es gibt sogar eine ganze Reihe von Präparaten, die durch Verwendung einer „besonderen" Seife ihre Konkurrenzprodukte weit übertreffen sollen. Daß diese Behauptung durchaus im Bereich des Möglichen liegt, ist hier schon mehrfach gezeigt worden; leider hat aber die wissenschaftliche Forschung bei den in Frage stehenden Präparaten Untersuchungen nur selten angestellt, so daß es dem einzelnen Fabrikanten vorerst noch überlassen bleiben muß, für die Richtigkeit diesbezüglicher Angaben die Verantwortung zu übernehmen.

Viel wichtiger als die Art der verwandten Seifen scheint jedoch das jeweilig obwaltende Verhältnis von Seifen- und Formaldehydgehalt dieser Präparate zu sein. Denn hier scheint die Sache ähnlich wie bei den entsprechenden Kresolpräparaten zu liegen, indem die durch den Formaldehyd eben verflüssigte Seife imstande ist, noch weitere Mengen des Gases aufzunehmen, ohne daß bei entsprechender Verdünnung dessen unangenehme Eigenwirkungen merklich in Erscheinung treten. Daß bei dieser Operation die Desinfektionskraft des verwandten Präparates wachsen muß, ist im Hinblick auf die früheren Ausführungen leicht einzusehen.

Beim Gebrauch hochprozentiger Formaldehydseifenlösungen macht sich nun aber ein Übelstand bemerkbar, indem bei ungenügendem Verschluß der Flaschen der Aldehydgehalt auf Grund seiner Flüchtigkeit schnell nachläßt. Diese Tatsache ist auch der Grund dafür, daß sich Formalinstückseifen in der Praxis nicht bewähren konnten. Schon nach wenigen Tagen ist kaum eine Spur des Antiseptikums in diesen Seifen nachweisbar, die dann außerdem infolge chemischer Zersetzung oder durch Kondensation mit dem Aldehyd gelblichrote Flecken aufweisen, welche sich oft über die ganze Oberfläche verbreiten.

Aber die Fabrikation von Formaldehydstückseifen ist trotzdem keine Unmöglichkeit, wenn man das Formalin im Seifenkörper zu fixieren und ihm gleichzeitig die Kondensationsmöglichkeit mit der Seife selbst zu nehmen imstande ist, zwei Forderungen, die leicht erfüllbar erscheinen müssen. Denn der Formaldehyd bildet nicht nur mit fettsauren Alkalien, sondern auch mit vielen anderen, meist organischen Verbindungen Kondensationsprodukte, die vielfach selbst desinfizierende Eigenschaften besitzen oder doch wenigstens unter dem Einfluß von Alkali Formaldehyd abspalten und somit sekundär antiseptisch wirken können. Für diese Kondensation geeignet erwiesen haben sich vornehmlich die Phenole, die sich unter geeigneten Bedingungen mit dem Aldehyd zu in Alkali löslichen Phenolalkoholen und ähnlichen Produkten kondensieren, welche nun ihrerseits der Patentschrift Nr. 99570 zufolge leicht Formaldehyd abgeben. Durch die Einwirkung von Formaldehyd auf Eugenol in alkalischer Lösung erhält man beispielsweise das als Eugenoform bekannte Eugenolkarbinolnatrium. Auch mit dem Menthol hat man antiseptisch wirkende Kondensationsprodukte des Formaldehyds dagestellt[1]), indem

[1]) DRP. 99 610.

man es entweder mit Trioxymethylen, einem ebenfalls antiseptisch wirkenden Polymeren des Formaldehyds $(CH_2O)_3$, zusammenschmilzt oder indem man in das geschmolzene Menthol Formaldehydgas einleitet.

Bei diesen Kondensationsprozessen kann nun vielfach und meist in recht glücklicher Weise ein warmer Seifenleim oder eine Seifenlösung als Kondensationsmittel verwandt werden[1]), so daß es vielfach nur nötig ist, ein aus wenig Seife, dem gewählten Phenol und Formaldehyd in berechneten Mengen, eventuell unter Zusatz von Wasser, warm bereitetes Desinfektionsmittel auf der Piliermaschine mit einer neutralen Grundseife zu vermischen, um nach dem Pilieren recht gut desinfizierende Stückseifen zu erhalten. Bei dem obigen Prozeß gehen die sonst unlöslichen oder schwer löslichen Antiseptika in Lösung und die erhaltenen bräunlich-klaren, durchsichtigen Flüssigkeiten, die etwas ölige Konsistenz und geringen Geruch besitzen, sind ihrerseits mit Wasser in jedem Verhältnis mischbar[2]).

Aber mit den hier erwähnten Produkten sind die Kondensationsmöglichkeiten des Formaldehyds keineswegs erschöpft. Auf seine ebenfalls durch Formaldehydabspaltung antiseptisch wirkenden Verbindungen mit Nadelholzteer (Pittylen) und Laubholzteer (Empyroform) ist schon früher hingewiesen worden. Ähnliche Produkte hat man auch aus Kresol (Kresoform) erhalten, und es bleiben weiter zu erwähnen die analogen Produkte aus Gelatine (Glutol), Kaseïn, Nukleïnsäuren, Stärke, Dextrin, Pflanzenschleim[3]), die vielfach in Wasser[4]) oder in Alkalien löslich sind und den Aldehyd sämtlich mehr oder weniger locker gebunden enthalten, so daß er unter gewissen Bedingungen leicht abspaltbar ist. Auch aus Tannin und anderen Gerbstoffen sind geruchlose, in Alkalien lösliche Kondensationsprodukte erhalten worden, welche, wenn auch in minderem Grade, die dem Formaldehyd eigenen antiseptischen und härtenden Eigenschaften aufweisen[5]).

Selbstverständlicherweise sind aber nicht all die hier genannten Kondensationsprodukte für die Fabrikation von desinfizierenden Seifen und speziell von Stückseifen verwandt worden, immerhin begegnet man aber einigen von ihnen hier und da am Markte. Die Septoformaseife z. B. enthält 15 vH. eines Septoforma genannten Desinfektionsmittels, das aus den Kondensationsprodukten des Formaldehyds mit Substanzen aus der Terpen-, Naphtalin- und Phenolreihe besteht, gelöst in spirituöser Leinölseife. Mit den Namen Parisol und Lysan werden ein Menthol- und ein ähnlich zusammengesetztes Terpen-Formaldehydseifenpräparat bezeichnet. Das Phenyformsaponat ist eine flüssige Seife, die das Phenyform, ein Kondensationsprodukt aus Karbolsäure und Formaldehyd, enthält, stark bakterizid wirkt und wenig giftig ist.

Neben diesen Kondensationsprodukten haben für die Desinfektions-

---

[1]) DRP. 142 017.
[2]) DRP. 149 273.
[3]) DRP. 136 565, 139 907, 92 259, 93 111, 94 628, 99 378 usw.
[4]) DRP. 155 567.
[5]) DRP. 88 082.

praxis aber auch die bei gewöhnlicher Temperatur festen, polymeren Verbindungen des Formaldehyds Bedeutung gewonnen, und zwar neben dem schon oben erwähnten Trioxymethylen $(CH_2O)_3$ vornehmlich der Paraformaldehyd. Da sich dieser ebenfalls in beträchtlichen Mengen in Seife löst, indem er von dieser dem Anschein nach chemisch gebunden wird, beim Waschprozeß aber und besonders bei schon mäßig erhöhter Temperatur wieder entpolymerisierten Formaldehyd abgibt, so spielt auch er eine gewisse Rolle bei der Fabrikation antiseptischer Formaldehydseifen. Präparate dieser Art sind z. B. das Baktoform und das Saparaform.

Sauerstoffseifen.

Unter den für antiseptische Zwecke in Betracht kommenden Stoffen sind die sogenannten Peroxyde und Persalze besonders beachtenswert, Verbindungen mit leicht abspaltbarem, aktivem Sauerstoff. Da dieser eine kräftig desinfizierende Wirkung besitzt und gleichzeitig unschädlich und ungiftig ist, haben sich diese Produkte — von ihrer Verwendbarkeit für Bleichseifen und Seifenpulver abgesehen — auch für die Herstellung desinfizierender Seifen Interesse erworben und sollen daher auch im folgenden kurz besprochen werden.

Als Hauptvertreter der oben genannten Gruppe ist das Wasserstoffsuperoxyd H_2O_2 anzusehen, das, im Jahre 1818 von Thénard entdeckt, in der Technik nur langsam Boden gewinnen konnte, da seine Herstellung im Fabrikbetriebe anfangs derartig große Schwierigkeiten mit sich brachte, daß zunächst lediglich 3prozentige wässerige Lösungen erhalten werden konnten. Erst in neuerer Zeit ist auch die Herstellung höherer Konzentrate gelungen, so daß jetzt Produkte im Handel befindlich sind, welche einen Gehalt bis zu 30, ja selbst bis zu 60 Gewichtsprozenten H_2O_2 aufweisen.

Das Wasserstoffsuperoxyd zerfällt außerordentlich leicht in Wasser und Sauerstoff und stellt, da es bei diesem Zerfall einen störenden Rückstand nicht hinterläßt, theoretisch das Ideal eines Präparates mit aktivem Sauerstoff dar. Für die Fabrikation desinfizierender Seifen kommt es jedoch nicht in Betracht, weil es im Seifenkörper wenig haltbar ist, und weil die verdünnten wässerigen Lösungen bei einem mäßigen Zusatz zur Seife kaum eine Wirkung hervorrufen könnten.

Als ein willkommenes Ersatzmittel galt hierfür nun lange Zeit das Natriumsuperoxyd Na_2O_2, ein festes, körniges, wasserlösliches Pulver mit 20,5 vH. aktivem Sauerstoff, das sich dem käuflichen Wasserstoffsuperoxyd gegenüber in vieler Hinsicht überlegen zeigte. Speziell geeignet erwiesen hat es sich für die Fabrikation medikamentöser Seifen, die durch das bei der Zersetzung des Produktes entstehende Natriumhydroxyd einerseits auf die Hornschicht erweichend, andererseits durch den abgespaltenen Sauerstoff depigmentierend und gleichzeitig stark desinfizierend wirken sollen. Durch einen Zusatz von Borsäure kann die erstgenannte Wirkung behoben werden, wie das beispielsweise bei den von Unna eingeführten 2,5—10 prozentigen, „Pernatrol“ genannten Natriumsuperoxydsalbenseifen (W. Mielck, Hamburg) vorgesehen ist.

Die Herstellung dieser Produkte geschieht lediglich durch Vermischen der Grundseife mit dem fein zerteilten Superoxyd, bei der Darstellung von Salbenseifen unter Zusatz von etwa 30 vH. flüssigem Paraffin. Seifen, die durch Zersetzung des Superoxyds in der geschmolzenen Seifenmasse nach dem Erstarren Sauerstoff in Blasenform enthalten[1]), sind natürlich wertlos, da nur dem naszierenden Sauerstoff die genannten Wirkungen zukommen.

Die für medizinische, hygienische und kosmetische Zwecke vielfach als lästig empfundene, durch den hohen Alkaligehalt der Verbindung bedingte Ätzwirkung des Natriumsuperoxyds hat neben ihm aber auch den in Wasser unlöslichen Superoxyden anderer Metalle eine gewisse Bedeutung verschafft. Vornehmlich das Magnesium-, Kalzium- und Zinksuperoxyd, weiße, pulverförmige, reizlos wirkende Substanzen mit 8—15 vH. aktivem Sauerstoff sind hier in den Vordergrund getreten. Das DRP. 157 737 schützt ein Verfahren zur Herstellung einer antiseptischen Zinksuperoxydseife, die gewonnen wird, indem man 88 kg gewöhnliche Haushaltungsseife im Dampfbade schmilzt und in die Schmelze allmählich unter lebhaftem Umrühren 20 kg eines noch feuchten, etwa 50prozentigen Zinksuperoxydpräparates einträgt. Die Seife erhält hierdurch die Konsistenz von Brotteig und läßt sich bequem in Stücke bringen. Sie soll, ohne irgendwelche ätzenden Eigenschaften zu besitzen, beim Waschprozeß eine kräftige Desinfektionswirkung ausüben und infolge des Zinkgehaltes bei gewissen Hautkrankheiten auch heilend wirken.

Die größte Beachtung hat bei der Herstellung von Sauerstoffseifen aber das Natriumperborat der Formel $NaBO_3 + 4H_2O$ gefunden, das im Gegensatz zu den bisher besprochenen Peroxyden als Natriumsalz der Überborsäure zu der Klasse der Persalze gehört und 10,30 vH. aktiven Sauerstoff besitzt. Es kommt als weißes, mehr oder weniger kristallinisches Pulver an den Markt und gibt bei seinem Zerfall in wässeriger Lösung Wasserstoffsuperoxyd bzw. Wasser und Sauerstoff neben Natriummetaborat $NaBO_2$. Das letztere steht nach Art und Wirkung in naher Beziehung zu dem Natriumtetraborat, dem Borax, von der Formel $Na_2B_4O_7 + 10H_2O$, der wohl auf Grund seiner alkalischen Reaktion schwache Desinfektionskraft besitzt und insonderheit gegen Schimmelpilze und Sproßpilze wirksam ist. Da er die Eigenschaft besitzt, viele in Wasser unlösliche Stoffe wie Albumin, Kasein u. a. in Lösung zu bringen und selbst auch Waschkraft besitzt, findet er schon an sich bei der Herstellung von Feinseifen vielfache Anwendung.

Es erhellt also, daß das ebenfalls schwach alkalische Natriumperborat ein für die hier besprochenen Zwecke geradezu ideales Sauerstoffpräparat ist, da seine beiden Zerfallsprodukte die erwünschte antiseptische Wirkung besitzen, ohne gleichzeitig Nachteile irgendwelcher Art aufzuweisen[2]). Allerdings ist es bisher noch nicht gelungen, eine wirklich haltbare und wirksame Perboratstückseife zu erzeugen, da

[1]) Russ. Patent Nr. 187.

[2]) Über die Desinfektionskraft der Perborate vgl. Kischensky, Russky Wratsch 1905, S. 1.

sich das Perborat wohl infolge des Wassergehaltes und des teilweise ungesättigten Charakters dieser Seifen allmählich zersetzt. Soweit jedoch pulverförmige Mischungen mit möglichst wasserfreiem Seifenpulver in Betracht kommen, scheint das Problem durchaus gelöst zu sein, doch ist auch bei ihrer Fabrikation zu beachten, daß nur gut kristallinisches Perborat der oben genannten Zusammensetzung, wie es heute technisch nach mehreren Verfahren gewonnen wird, haltbare Mischungen ergibt, während sich die hygroskopischen Präparate amorpher Struktur und mit nur annähernd 10 vH. Sauerstoffgehalt auch in Verbindung mit durchaus trocknen Seifenpulvern unter gleichzeitiger Oxydation der Seife leicht zersetzen. Auch sind für diese Pulverseifen nach Möglichkeit nur feste Fette zu verarbeiten, da die Seifen flüssiger Fettsäuren, wie schon gesagt, der Oxydation auf Kosten des Perborats am ehesten anheimfallen.

Für die Fabrikation von Sauerstoffseifen sind aber neben dem Perborat auch die Salze anderer Persäuren geeignet, so das allerdings recht teure und leicht zersetzliche Natriumperkarbonat Na_2CO_4 und daneben das preiswerte und auch sehr beständige Natriumpersulfat, das 6 vH. aktiven Sauerstoff besitzt. Bei dem letzteren ist allerdings mit einem schädlichen Spaltungsprodukt, der frei werdenden Schwefelsäure, zu rechnen, doch gibt es seinen Sauerstoff erheblich schwerer ab als das Natriumperborat, so daß die Fabrikation von erst bei erhöhter Temperatur wirkenden Stückseifen durchaus möglich erscheint. Die Einverleibung erfolgt am besten auf der Piliermaschine, und zwar pulverförmig oder in Form einer wässerigen Paste.

Auch ein Perborax $Na_2B_4O_8 + 10H_2O$ ist dargestellt worden[1]). Er besitzt 5 vH. aktiven Sauerstoff und zersetzt sich noch leichter als das Perborat; ebenso finden die unlöslichen Metallperborate wie das Magnesiumperborat, das seinen Sauerstoff weniger leicht abgibt, vereinzelt Anwendung.

Der aus all diesen Verbindungen abgespaltene Sauerstoff ist in seinen Wirkungen sehr ähnlich dem Ozon, das seinerseits ebenfalls für die Seifenfabrikation Verwendung gefunden hat. Das französische Patent Nr. 288 941 schützt ein Verfahren zur Herstellung desinfizierender Seifenlösungen, die gewonnen werden, indem in Seifenlösungen oder Seifenemulsionen so lange Ozon geleitet wird, als eine Aufnahme erfolgt.

Neben diesen wirklichen Ozonseifen kommen aber auch terpentinölhaltige Seifen in den Handel, die fälschlicherweise als „Ozonseifen" bezeichnet werden. Nach einer alten, noch heute recht verbreiteten Annahme soll nämlich dem Terpentinöl, von seinem hohen Schmutzlösungsvermögen abgesehen, in besonderem Maße die Fähigkeit zukommen, Sauerstoff aus der Luft aufzuspeichern und diesen in ozonisiertem, bleichend wirkenden Zustand wieder abzugeben. Guido O. Ruata kam bei seinen experimentellen Untersuchungen[2]) in dieser

---

[1]) DRP. 193 559.
[2]) Bull. delle scienze Med. Bologna 1910. 8. Reihe, **10.**

Richtung jedoch zu durchaus negativen Ergebnissen, und die Angaben über Terpentinöl-Ozonentwickler und Ozonseifen sind daher als zum mindestens zweifelhaft anzusehen.

Schwefelseifen.

Der Schwefel ist eins der am längsten bekannten Heilmittel, da der Gebrauch von Schwefelbädern, begünstigt durch das natürliche Vorkommen von Schwefelquellen in vulkanischen Gegenden, schon im Altertum bekannt und weit verbreitet war. Auch als Kosmetikum ist der Schwefel seit langem geschätzt, Paracelsus schon kannte seine äußere Anwendung und in mittelalterlichen Kompendien der Arzneiverordnung wird er bereits als ein gutes Mittel gegen „Blätterlein des Angesichts" empfohlen. So ist der Schwefel durch Jahrtausende hindurch ein unentbehrlicher Bestandteil unseres Arzneischatzes geblieben, da er zugleich mit seinen Verbindungen unter den dermatotherapeutischen Mitteln auch heute noch einen ersten Platz einnimmt, und es ist nicht zu verwundern, daß gerade Schwefelseifen auch heute noch neben den Teerseifen die meist fabrizierten und beliebtesten sind.

Der Schwefel ist in seiner bei gewöhnlicher Temperatur stabilen Form ein fester Körper von gelber Farbe, er ist unlöslich in Wasser, schwer löslich in Fetten, Alkohol und Äther, dagegen leicht löslich in Schwefelkohlenstoff und Chlorschwefel (S_2Cl_2). Der durch Sublimation und Behandlung mit Ammoniaklösung erhaltene Schwefel, Sulphur depuratum, ist kristallinisch, der aus Schwefelalkalien durch Fällung mit Säuren gewonnene Sulphur praecipitatum amorph und sehr viel feiner als der erstere.

Die Wirkung des freien Schwefels ist eine schwach reduzierende und antiparasitäre. Er findet daher Anwendung bei den verschiedensten Hautkrankheiten, so bei der Seborrhöe und den ihr nahestehenden Affektionen, bei Akne, Rosacea, Psoriasis u. a. Auch beeinflußt er, wie empirisch sicher festgestellt ist, die durch diese Krankheiten vielfach gestörte Talgdrüsenfunktion in günstiger Weise, bei seiner Anwendung nimmt die Sebumabscheidung ab, die in den Follikeln und Talgdrüsen obwaltende Stauung verschwindet und Entzündungsprozesse bilden sich zurück.

Früher wurde diese Wirkung ganz allgemein dadurch erklärt, daß der Schwefel in den alkalischen Gewebesäften zu wirksamem Schwefelalkali gelöst wird, und man stützte diese Vermutung durch die Tatsache, daß den Schwefelalkalien wohl auf Grund ihrer Wasserlöslichkeit eine weit intensivere Wirkung zukommt, als dem freien Schwefel. Heute aber wird seine Wirkungsweise von den meisten doch als diejenige eines primär wirkenden Reduktionsmittels angenommen, und nach einer von dem französischen Forscher Brisson aufgestellten Theorie[1]) soll sogar die Wirkung und der Wirkungsgrad eines Schwefelpräparates

[1]) Ann. de Dermatologie et de Syphiligraphie 10 (1899), vgl. auch Dermatolog. Zentralbl. 1910, **13**, S. 1104.

proportional sein der aus demselben durch Oxydation gebildeten Schwefelsäure, so daß die quantitative Bestimmung der letzteren direkt einen Maßstab für die Beurteilung der Schwefelpräparate darstellt.

Bei Beachtung dieser Ausführungen ergibt sich von selbst, daß man auch für die Fabrikation von Schwefelseifen am besten einen Schwefel verarbeiten wird, der Oxydationsprozessen am ehesten zugänglich ist. Der feinere, präzipitierte Schwefel ist dem durch Sublimation gewonnenen vorzuziehen, und dem ersteren ist der kolloidale Schwefel, ein grauweißes Pulver, das zu etwa 80 vH. aus Schwefel und etwa 20 vH. aus Eiweißsubstanzen besteht, wiederum überlegen[1]). Auch Präparate, die den Schwefel in nascenter und daher besonders wirksamer Form abscheiden, sollten zur Fabrikation von Schwefelseifen in hohem Maße geeignet erscheinen. Daß die Anwesenheit von freiem Alkali die therapeutische Wirkung des reinen Schwefels ganz oder teilweise aufheben wird bzw. in ganz andere Bahnen zu lenken imstande ist, dürfte ebenfalls einleuchten. Denn der Schwefel ist in Alkalilaugen unter Bildung von Thiosulfaten ($Na_2S_2O_3$) und Alkalisulfiden (Na_2S) löslich, von denen den letzteren, wie schon oben gesagt, heftige Reizwirkungen zukommen.

Schwefelseifen in flüssiger Form sind natürlich wenig zweckmäßig, da sich in ihnen der Schwefel als Bodensatz abscheidet, der sich alsdann nur schwer wieder verteilen läßt. Dagegen sind Seifen fester oder weicher Konsistenz als Grundlage wohl ohne Ausnahme anwendbar. Auch der vielbenutzten Kombination einer Teerschwefelseife kann man im wesentlichen zustimmen, da sich die beiden Präparate, Teer und Schwefel, bei einer ganzen Reihe von Hautanomalien ausgezeichnet vertragen und sich in ihrer Wirkung sogar vielfach unterstützen und ergänzen.

Trotz der großen Reizwirkung, die, wie wiederholt gesagt, den Schwefelalkalien zukommt, werden aber auch diese, ebenso wie der freie Schwefelwasserstoff, vielfach für die Seifenfabrikation verwendet, allerdings wohl weniger, um dermatologischen Heilzwecken zu dienen. Diese festen oder flüssigen Seifen, die unter den Namen Akremnin-, Eusulfin- und Antibleiseifen bekannt sind, haben vielmehr den Zweck, dem menschlichen Körper anhaftende Metallverbindungen, speziell solche des Bleis, in unlösliche, leicht sichbare und unschädliche Metallsulfide überzuführen, um auf diese Weise z. B. die Bleiarbeiter vor den großen Gefahren einer Bleivergiftung zu schützen.

Der allgemein medikamentösen Anwendung dieser Seifen, die den Schwefel also in wasserlöslicher und daher intensiv wirkender Form enthalten, steht nämlich der Umstand entgegen, daß die in ihnen enthaltenen Schwefelverbindungen auch infolge ihres Geruches stets unangenehm empfunden werden. Ein Präparat, das diese Mängel nicht oder doch nur in sehr geringem Maße aufweist und daher auch für die Fabrikation von Schwefelseifen mit wasserlöslichem Schwefel durchaus geeignet ist, ist jedoch das Thiopinol Matzka[2]), eine an-

[1]) Kühl: Über die Verwendung des kolloidalen Schwefels zur Fabrikation von Schwefel- und Teerschwefelseifen. Seifensiederzeitung 1921, **48**, S. 400.

[2]) DRP. 149 826.

scheinend glückliche Kombination einer gewissen Gruppe von ätherischen Ölen der Terpenreihe (ätherische Nadelholzöle) mit Alkalisulfiden und Polysulfiden. Das Thiopinol ist eine klare, braune, alkoholische Flüssigkeit und gibt mit Wasser gemischt milchigweiße, emulsionsartige Verdünnungen, die stark nach Fichtennadelöl, aber kaum merklich und jedenfalls in durchaus nicht belästigender Weise nach Schwefelwasserstoff riechen. Es besitzt schwach alkalische Reaktion, gegen 15 vH. sulfidartig gebundenen, leicht und reizlos resorbierbaren Schwefel, und eine allerdings schwache, antiseptische Wirkung, die wohl als durch die Nadelholzöle bedingt angesehen werden darf. Die Thiopinolseifen haben sich bei Akne, Rosacea, Seborrhöe, vornehmlich aber auch bei Skabies bewährt.

Neben den bisher besprochenen Präparaten, welche den Schwefel, wenn überhaupt gebunden, in rein anorganischer Bindung enthalten, finden aber seit langem auch organische Schwefelverbindungen in der Dermatotherapie Verwendung, und vornehmlich das Ichthyol, ein aus einem bituminösen Schiefer Tirols gewonnenes Öl, das etwa 10 vH. fest gebundenen Schwefel enthält und in den achtziger Jahren durch Unna in den Arzneischatz eingeführt worden ist, hat sich bei den verschiedensten Hautkrankheiten bestens bewährt. Um die Wasserlöslichkeit des Produktes zu erzielen, wird das zumeist durch trockene Destillation gewonnene Rohöl derart sulfuriert, daß die nur teilweise entstehende Sulfosäure als Lösungsmittel für die an sich unlöslichen, unsulfurierten Teile dienen kann[1]).

Das Ichthyol ist eine braunschwarze, unangenehm riechende Flüssigkeit und besitzt vornehmlich resorptionsbefördernde, keratoplastische, reduzierende und auffallenderweise auch schmerzstillende Wirkung, Eigenschaften, die sich teilweise vielleicht mit der kombinierten Teer-Schwefelwirkung decken, keinesfalls aber als eine reine Schwefelwirkung aufzufassen sind. Unter den vielfachen Verwendungsweisen ist auch hier wieder die Seifenform besonders empfehlenswert. Die Ichthyolseifen, die mit einem Medikamentgehalt von 10 vH. und darüber leicht herstellbar sind, sind braun, mäßig hart, gut schäumend und besitzen den typischen Ichthyolgeruch.

Leider ist nun aber der letztere der dermatotherapeutischen Verwendung des Präparates vielfach recht hinderlich, so daß man mehrfach versucht hat, diesen wenig angenehmen, lästigen Geruch der Substanz zu beseitigen[2]). Auch eine große Anzahl von Ersatzmitteln und Konkurrenzpräparaten ist entstanden, die entweder von Verbindungen ausgehen, die schon von Natur aus festgebundenen Schwefel enthalten oder die durch Schwefeln organischer Verbindungen zu erhalten sind.

Aus der Reihe der ersterwähnten Substanzen ist besonders das Petrosulfol hervorzuheben, ein Präparat, das durch Verarbeitung der schwefelhaltigen Rückstände einiger Rohpetroleumsorten zu den entsprechenden Sulfosäuren als ein dem Ichthyol sehr ähnliches Produkt gewonnen wird.

---

[1]) DRP. 35 216.

[2]) Knoll, Pat.-Anm. 17 762 u. a. (Desichthol).

Zu den bekanntesten Verbindungen der zweiten Gruppe gehören vornehmlich das Thiol (J. D. Riedel, A. G. Berlin) und das Thigenol (Chemische Werke Grenzach). Das erstere ist ein Präparat, das durch Erhitzen von Braunkohlenteeröl mit Schwefel künstlich dargestellt wird. Von der Therapie ist es in zwei Formen aufgenommen worden, als Thiolum liquidum bildet es eine dicke, sirupähnliche, braune, neutral reagierende Flüssigkeit, als Thiolum siccum ein braunschwarzes, angenehm riechendes Pulver, das in seiner Zusammensetzung beständig, in Wasser und Alkalien löslich und ungiftig ist. Auf der Haut wirkt das Thiol keratoplastisch, antiseptisch, austrocknend und bei Juckreiz beruhigend. Der Schwefelgehalt beträgt etwa 12 vH.[1]).

Das Thigenol ist das Natriumsalz der Sulfosäure eines synthetisch dargestellten Sulfoöles, welches 10 vH. gebundenen Schwefel enthält. Es ist ebenfalls ungiftig, nahezu geruchlos, mit schwachalkalischer Reaktion in Wasser löslich, unbegrenzt haltbar und wirkt antiseptisch, resorptionsbefördernd, sekretionsbeschränkend, schmerz- und juckreizstillend.

Beide Präparate eignen sich für die Fabrikation medikamentöser Seifen, die mit einem Medikamentgehalt von 5—15 vH. in Anbetracht der ihnen nachgerühmten Eigenschaften als Ersatz für die viel verwandten Ichthyolseifen gern empfohlen werden.

Außer beiden sind aber noch eine große Anzahl anderer Schwefelpräparate bekannt geworden. So konnten durch Erhitzen von Schwefel mit Lanolin und vornehmlich mit ungesättigten Fettsäureestern (natürlichen Fetten und Ölen) die diesen Substanzen entsprechenden Thiopräparate gewonnen werden[2]). Durch alkalische Verseifung der letzteren wurden auch geschwefelte Seifen (Thiosapolkokosseife) erhalten[3]). Auch ein geschwefeltes Lysol wurde durch Erhitzen von Lysol mit Schwefel als eine tiefbraune, beinahe feste, wasserlösliche Masse dargestellt[4]). Eine größere Bedeutung haben aber all diese Präparate nicht erlangt.

Die günstige Wirkung geschwefelter, organischer Substanzen ist nämlich nicht nur durch das Vorhandensein des festgebundenen Schwefels überhaupt, sondern durch vielerlei Momente bedingt, die bei der Herstellung von Ichthyolersatzpräparaten nicht vernachlässigt werden dürfen, auf die hier näher einzugehen aber nicht der Raum ist. Es sei nur kurz erwähnt, daß für das Zustandekommen dieser Wirkungen der ungesättigte Charakter der therapeutisch wertvollen Verbindungen, wie ihn auch das Ichthyol selbst besitzt, eine Hauptbedingung ist, und daß gerade diese bei der oben geschilderten Behandlung ungesättigter Verbindungen mit elementarem Schwefel unerfüllt bleibt. Denn dieser vernichtet bei seinem Eintritt in das Molekül die Doppelbindungen der Kohlenstoffreihe und hebt somit den ungesättigten Charakter der Ausgangsstoffe auf.

---

[1]) DRP. 38 416 u. 54 501.
[2]) DRP. 56 065 u. 140 827.
[3]) DRP. 71 190.
[4]) Pat.-Anm. R. 12 928

Andererseits verleiht aber ein Schwefelgehalt organischen Verbindungen häufig antiseptische und antiparasitäre Eigenschaften. Denn, wie Seidenschnur[1]) gezeigt hat, erhalten die schweren Kohlenwasserstoffe des Erdöls, die an sich Desinfektionskraft nicht besitzen, schon durch die Behandlung mit nur geringen Schwefelmengen eine hohe antiseptische Wirkung, die vielleicht mit Erfolg auch für die Großdesinfektion nutzbar gemacht werden könnte, nachdem man es gelernt hat, in Wasser unlösliche Kohlenwasserstoffe in haltbare Emulsionen überzuführen, die sich beliebig verdünnen lassen, ohne daß eine Ausscheidung der emulgierten Bestandteile erfolgt.

Quecksilberseifen.

Unter allen Desinfektionsmitteln gilt auch heute noch als das wirksamste das Sublimat (Hydrargyrum bichloratum, Mercurichlorid, $HgCl_2$), dessen antiseptische Wirkung in wässeriger Lösung zuerst von Robert Koch[2]) nachgewiesen wurde und das in der Desinfektionspraxis eine Verbreitung wie kein zweites gefunden hat.

Wenn die Seifenfabrikation daher auch dieses Mittel für die Herstellung antiseptischer Seifen verwandte, so durfte sie hoffen, daß diese „Sublimatseifen" eine ähnlich weite Verbreitung finden würden, eine Erwartung, die leider nicht unerfüllt geblieben ist. Neben den vorbesprochenen Teer-, Schwefel- und Karbolseifen ist die sogenannte „Sublimatseife" im Volke mit am meisten gefragt, und es gibt Firmen in Deutschland, alte renommierte Firmen, welche monatlich bis zu 75 000 Stück und mehr dieser „Sublimatseife" umsetzen, trotzdem sie wissen sollten, daß diese Seife nicht diejenigen Wirkungen besitzt, die der Konsument von ihr erwartet und auf Grund ihres Namens auch erwarten muß.

Es ist ja eine altbekannte Tatsache, daß die Quecksilbersalze, welche das Metall also ionisierbar gebunden enthalten, als „Desinfektionsmittel erster Ordnung" auch im neutralen, wasserhaltigen Seifenkörper ihre Wirksamkeit einbüßen, indem sich durch doppelte Umsetzung Alkalichlorid und fettsaures Quecksilber bildet, das alsdann, der Art des Seifenkörpers entsprechend, einem mehr oder weniger beschleunigten Reduktionsprozeß anheimfällt. Sublimatseifen zeigen, soweit sie wirklich Sublimat enthalten, zum wenigsten nach längerem Lagern samt und sonders die graue Farbe des metallischen Quecksilbers und besitzen, mag der erwähnte Reduktionsprozeß nun vollendet oder unvollendet sein, auch nicht die geringste Desinfektionswirkung[3]).

Von seiten einzelner Fabrikanten werden nun trotzdem aber immer wieder Versuche gemacht, um farblose und daher angeblich dauernd haltbare Sublimatseifen herzustellen, indem für die Fabrikation eine mög-

---

[1]) Seidenschnur: Chem. Ztg. 1909, **33**, S. 701.

[2]) Mitt. a. d. Kaiserl. Gesundheitsamt 1881. Bd. I.

[3]) Im alkalischen Seifenkörper beginnt dieser Zersetzungsprozeß naturgemäß mit der Bildung von Quecksilberoxyd, HgO, das dann aber ebenfalls zu metallischem Quecksilber reduziert wird.

lichst trockene, überfettete Grundseife verwandt wird. Aber auch hier resultiert selbst beim sorgfältigsten Arbeiten meist ein Produkt von grauer Färbung, ein Umstand, der die bereits erfolgte Zersetzung des Sublimats und damit das Verschwinden der Desinfektionskraft von vornherein anzeigt und häufig darauf zurückgeführt werden kann, daß das den Seifen beigegebene Medikament die Eisenteile der verwandten Maschinen unter Amalgambildung angegriffen hat.

Es ist ferner der Vorschlag gemacht worden, chemisch einwandfreie, stark getrocknete und staubfein gemahlene Grundseife mit fein zermahlenem Sublimat zu mischen und die so erhaltene pulverförmige Mischung zu festen Stücken zu pressen. Auch hier ist es selbstverständlich, daß die so gewonnenen Seifen längere Zeit ohne Zersetzung haltbar sind, besonders wenn das Sublimat — zum Überfluß — vor seiner Verarbeitung gelatiniert wird. Denn zu einer Zersetzung der Sublimatseife gehört unbedingt die Anwesenheit von Feuchtigkeit. Aber auch diese Seifen, in denen das Sublimat den zersetzenden Einwirkungen des Seifenkörpers entzogen ist, sind praktisch durchaus unbrauchbar. Denn alle Bemühungen, eine haltbare Sublimatseife herzustellen, müssen schon deshalb als vergebens bezeichnet werden, weil die beiden Agentien, Sublimat und Seife, beim Waschprozeß doch aufeinander treffen müssen und weil in diesem Moment die Desinfektionskraft der betreffenden Seife durch doppelte Umsetzung der Vernichtung anheimfallen muß[1]).

Es geht also hieraus hervor, daß alle Versuche zur Herstellung einer haltbaren Sublimatseife, mögen sie auch dem äußeren Anschein nach als glücklich zu bezeichnen sein, das Problem der antiseptischen Quecksilberseife nicht lösen können, daß man Erfolge vielmehr nur von denjenigen Verbindungen wird erwarten dürfen, welche das Quecksilber in nicht ionisierbarer Form gebunden enthalten, also „Desinfektionsmittel zweiter Ordnung“ sind. Diese werden, falls ihnen eine Desinfektionskraft überhaupt zukommt, auch in Verbindung mit fettsauren Alkalien ihre Wirkung entfalten und gegebenenfalls durch die Seife auch eine Erhöhung ihres ursprünglichen Desinfektionswertes erfahren können.

In komplexen Quecksilberverbindungen kann nun das Metall entweder durch Vermittlung von Stickstoff oder durch Kohlenstoff direkt an den organischen Rest chemisch gebunden sein. Zu den Verbindungen der erstgenannten Art gehören neben solchen der Amine[2]) und Aminosäuren, Substanzen, in denen ein Amidowasserstoffatom durch Quecksilber ersetzt ist, auch die Quecksilbereiweißverbindungen. Rein äußerlich betrachtet und von dem ihnen eigenen, recht geringen bakteriziden Wert vorläufig ganz abgesehen, sollten sich diese Substanzen für die Seifenfabrikation gut eignen, da sie weder mit Alkalien

---

[1]) Auch Buzzis flüssige Sublimatseife ist frisch bereitet „gleichmäßig undurchsichtig und in Wasser trübe löslich“ (Buzzi, a. a. O. S. 68,) stellt also eine Suspension des ausgeschiedenen fettsauren Quecksilbers in der Seifenlösung selbst dar, ohne unzersetztes Sublimat zu enthalten.

[2]) z. B. Sublamin Schering, Verbindung aus Quecksilbersulfat und Äthylendiamin.

die bekannte Ionenreaktion des Quecksilbers (Oxydfällung) ergeben, in denselben vielmehr leicht und unzersetzt löslich sind, noch durch doppelten Umsatz mit Fettsäuren oder fettsauren Alkalien die Bildung fettsauren Quecksilbers ermöglichen. Aber in allen organischen Quecksilber-Stickstoffverbindungen ist die Festigkeit dieser chemischen Bindung doch nicht so groß, daß das durch die Anwesenheit ungesättigter Fettsäuren bedingte Reduktionsvermögen des Seifenkörpers auf diese Quecksilberverbindungen ohne Einfluß bliebe. Nach kurzem Lagern (oft schon nach drei bis vier Tagen) nehmen sie alle eine dunkelgrüne Färbung an, die dann schon nach zwei bis drei Wochen in ein Schiefergrau übergeht. Endlich zeigt die Seife durch und durch die glänzend graue Farbe des metallischen Quecksilbers. Ein Beispiel aus der Klasse dieser Präparate ist die unter dem Namen Sapodermin oder Lavoderma bekannte Seife, die nach dem Verfahren des DRP. 116 255 gewonnen wird und bei ihrer Herstellung als antiseptischen Zusatz etwa 3 vH. einer löslichen nach dem DRP. 100 874 dargestellten Quecksilberkaseïnverbindung erhält.

Für die Herstellung antiseptischer Quecksilberseifen bleiben somit lediglich die organischen Quecksilberverbindungen übrig, in denen das Metall direkt an Kohlenstoff gebunden ist.

Generell entscheidend für die Haltbarkeit dieser Präparate im Seifenkörper ist aber auch hier wieder die Festigkeit, mit der das Quecksilber am Kohlenstoff haftet. Denn wenn auch in sämtlichen Verbindungen dieser Klasse das Quecksilber komplex gebunden ist, so ist die Stabilität dieser Quecksilber-Kohlenstoffbindung doch eine sehr verschiedene, eine Tatsache, die in dem Verhalten der einzelnen Substanzen dem Ammoniumsulfid gegenüber deutlich zum Ausdruck kommt. Allgemein läßt sich daher der Satz aufstellen, daß von diesen komplexen Verbindungen diejenigen, welche in wässeriger Lösung mit Ammoniumsulfid momentan unter Schwarzfärbung (Quecksilbersulfidbildung) reagieren (halbkomplexe Verbindungen), auch den zersetzenden Einflüssen des Seifenkörpers nicht standhalten können, während die Substanzen, welche durch Schwefelammonium in der Kälte überhaupt nicht oder erst nach längerer Einwirkung zersetzt werden, auch im Seifenkörper haltbar bleiben.

Unter den für Desinfektionszwecke verwandten Quecksilber-Kohlenstoffverbindungen am bekanntesten sind das Quecksilbercyanid und das Quecksilberoxycyanid der Formeln

$$Hg\begin{cases}CN\\CN\end{cases} \quad \text{und} \quad O\begin{cases}HgCN\\HgCN\end{cases}$$

zwei Substanzen, die sich wie die vorerwähnten Quecksilber-Stickstoffverbindungen in wässeriger Lösung Alkalien gegenüber durchaus komplex verhalten, mit Ammoniumsulfid aber schon in der Kälte momentan Schwarzfärbung ergeben.

Namentlich das Quecksilberoxycyanid hat als Sublimatersatz in Form blaugefärbter Tabletten in der Ärztewelt eine weite Verbreitung gefunden, weil es bei angeblich dem Sublimat gleichem Desinfektionseffekt auf Grund der komplexen (halbkomplexen) Bindung des Quecksilbers weniger reizend wirkt als dieses und Metallinstrumente nicht amalgamiert. Unter dem Namen Servatolseife (C. Fr. Hausmann, St. Gallen) wird auch eine 2prozentige Quecksilberoxycyanidseife in den Handel gebracht, die jedoch den obigen Darlegungen entsprechend schon kurze Zeit nach ihrer Herstellung an Stelle des beigemischten Oxycyanids lediglich metallisches Quecksilber enthält.

Von entscheidender Bedeutung für die Brauchbarkeit der sonst in großer Anzahl bekannten organischen Komplexverbindungen des Quecksilbers ist natürlicherweise ihre Wasserlöslichkeit, ein Erfordernis, das die Auswahl ungemein begrenzt, da die meisten unter ihnen in Wasser unlöslich sind. Leichtlöslich und für den vorliegenden Zweck in Betracht kommend sind allein die Alkalisalze quecksilbersubstituierter Karbonsäuren und Phenole, welche das Metall in einer aliphatischen Kohlenstoffkette substituiert oder an den Benzolkern gebunden enthalten.

Mit Ausnahme der in α-Stellung zur Karboxylgruppe merkurierten Quecksilberfettsäuren ist in all den genannten Verbindungen die Festigkeit der Quecksilberkohlenstoffbindung eine große. Nur diese letzteren, die die allgemeine Formel $R \cdot CH(HgOH) \cdot COONa$ ($R = $ Alkyl) besitzen, reagieren momentan unter Schwarzfärbung mit Ammoniumsulfid und unterscheiden sich in dieser Hinsicht nicht von den obenerwähnten Cyanidverbindungen. Die übrigen Substanzen erscheinen jedoch, wie gesagt, vom Standpunkt der Haltbarkeit aus für die Herstellung von Quecksilberseifen in gleicher Weise brauchbar, so daß für eine weitere Auswahl lediglich ihre Desinfektionskraft maßgebend ist.

In ihrer schon mehrfach zitierten Arbeit haben nun Krönig und Paul, gestützt auf die Untersuchung der oben erwähnten Cyanidverbindungen, die beide nur äußerst geringe, praktisch kaum in Betracht kommende Wirkung besitzen, den Satz aufgestellt, daß die Lösungen solcher Verbindungen, in denen das Quecksilber Bestandteil eines komplexen Ions ist, ganz allgemein außerordentlich wenig desinfizieren. Die Aussicht, mit Hilfe der zuletzt genannten, für die Seifenfabrikation allein verwendbaren Quecksilberverbindungen nun zu wirklich desinfizierenden Seifen zu gelangen, sollte daher im Hinblick auf diese Anschauung eine nur geringe sein.

Wie festgestellt werden konnte, hat jedoch die von Krönig und Paul aufgestellte These nicht für alle komplexen organischen Quecksilberverbindungen Gültigkeit, denn überraschenderweise besitzen gewisse Körper dieser Klasse eine starke, dem Sublimat vielfach sogar überlegene Desinfektionskraft, für deren Vorhandensein und Stärke aber wiederum sehr feine Unterschiede ihrer Konstitution maßgebend sind[1]).

[1]) Schrauth, W. u. Schoeller, W.: Über die Desinfektionskraft komplexer organischer Quecksilberverbindungen. Ztschr. f. Hyg. u. Infektionskrankh. 1910, **66**, S. 497; ebenda 1911, **70**, S. 24; ebenda 1916, **82**, S. 1279.

Von größter Bedeutung für die Wirksamkeit dieser Verbindungen ist es nämlich zunächst, daß das Quecksilber nur mit einer Valenz organisch gebunden ist und daß die zweite Valenz durch organische salzbildende Reste oder am besten durch die Hydroxylgruppe (OH) besetzt ist. Scheinbar ist nämlich die Affinität dieser Gruppe zum Quecksilber eine nur geringe und infolgedessen die größte Affinität des quecksilberhaltigen Radikals zur Bakterie gegeben, während eine zweite Kohlenstoffbindung des Metalls, wie sie etwa in den Quecksilberdikarbonsäuren, wie beispielsweise der Quecksilberdibenzoesäure $Hg(C_6H_4COOH)_2$ in Erscheinung tritt, die Desinfektionskraft nahezu aufhebt.

Unter den zahlreichen Quecksilberverbindungen dieser Art kommen nun praktisch vornehmlich nur die Alkalisalze der aromatischen Oxyquecksilberkarbonsäuren und -phenole in Betracht, welche, ausnahmslos leicht zugänglich[1]), das Metall im Benzolkern so fest gebunden enthalten, daß auch die stärksten Quecksilberreagentien, wie z. B. Ammoniumsulfid, ohne weiteres nicht die bekannten Ionenreaktionen (Sulfidfällung) ergeben.

Es war nun von vornherein zu erwarten, daß im großen und ganzen für die Desinfektionskraft auch dieser Verbindungen die gleichen Gesetzmäßigkeiten maßgebend sein würden, welche hier bereits gelegentlich der Besprechung des Phenols und seiner Derivate ausführlich behandelt wurden, und in der Tat gelingt es, bei Berücksichtigung derselben, durch chemische Synthese zu Verbindungen zu gelangen, welche desinfektorisch ganz außerordentliche Wirkungen entfalten. Wie dort, so wird auch hier durch die Einführung von Halogen, Alkyl- und Arylresten die Desinfektionskraft erheblich und zwar derart gesteigert, daß diese so substituierten Oxyquecksilberbenzoesäuren bzw. Oxyquecksilberphenole in ihren wirksamsten Gliedern alle bisher gebräuchlichen Desinfektionsmittel, auch das Sublimat, in ihrer Wirkung um ein Vielfaches übertreffen. Andererseits setzt aber auch hier wieder eine weitere saure Substitution des Benzolkerns durch Phenol-, Sulfo- oder Karboxylgruppen die antiseptische Wirkung herab, so daß beispielsweise dem Natriumsalz einer Oxyquecksilbersalizylsäure der Formel

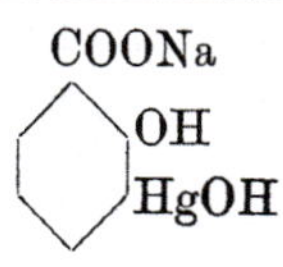

eine nennenswerte Desinfektionskraft kaum noch zukommt, während die Grundsubstanzen dieser Klasse, die Natriumsalze des o-Oxyquecksilberphenols und der o-Oxyquecksilberbenzoesäure der Formeln

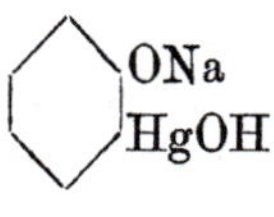

und

[1]) Vgl. Dimroth: Über die Mercurierung aromatischer Verbindungen. Ber. d. Deutsch. Chem. Ges. 1902, **35**, S. 2853 und 2870. und die DRP. 234054, 234 851 und 234 914.

schon recht beachtenswerte, ihrem Aziditätsgrade entgegengesetzt entsprechend starke Wirkungen entfalten.

Unter den antiseptischen Seifen, die als desinfizierendes Prinzip Quecksilberpräparate der eben besprochenen Art enthalten und die auch in weiteren Kreisen bekannt geworden sind, müssen vornehmlich zwei hervorgehoben werden, die nach dem Verfahren des DRP. 216 828 erhaltene Afridolseife (I. G. Farbenindustrie A.-G., Frankfurt a. M.) und die nach den im DRP. 246880 gegebenen Vorschriften hergestellte Providolseife (Providol Gesellschaft Berlin), die beide nicht nur alle heute im Handel befindlichen Stückseifen[1]) an Wirkung übertreffen, sondern auch speziell bei allen parasitären und bakteriellen Haut- und Haarkrankheiten (Furunkulose, Acne vulgaris, Seborrhöe usw.) ein vorzügliches Heilvermögen gezeigt haben.

Die hohe Wirksamkeit beider Seifen ist auch durchaus verständlich, weil einerseits das Afridol, das Natriumsalz der Oxyquecksilber-o-toluylsäure der Formel

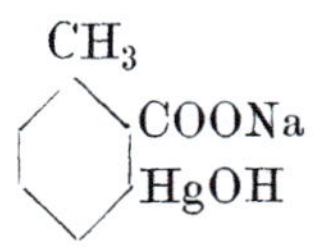

andererseits das Providol, das Natriumsalz des o-Oxyquecksilberphenols der Formel

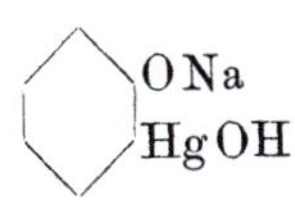

zunächst auf Grund der hier vorhandenen Quecksilberhydroxylgruppe den Bakterien gegenüber Affinität besitzt, und weil diese Affinität zweitens durch die Alkylsubstitution des Benzolkerns bzw. den schwach sauren Charakter der Phenolgruppe so erheblich unterstützt wird, daß die Präparate in ihrer Wirkung dem Sublimat nicht nachstehen.

Für die praktische Anwendung der Seifen selbst ist es von Bedeutung, daß sie infolge der festen Bindung des Quecksilbers auch von der Haut ohne jede Ätz- oder Reizwirkung vertragen werden, und daß sie somit nicht nur zur Desinfektion und Reinigung der Hände vor der Vornahme von Operationen, vor und nach gynäkologischen Untersuchungen (Hebammen) usw. geeignet erscheinen, sondern überhaupt zur Desinfektion aller Körperteile oder Gegenstände (ärztliche Instrumente) in Betracht kommen, die mit ansteckenden Stoffen in Berührung gewesen sind.

---

[1]) W. Schrauth und W. Schoeller: Über die desinfizierenden Bestandteile der Seifen an sich und über Afridolseife, eine neue antiseptische Quecksilberseife. Med. Klinik 1910, **6**, S. 1405.

Seifenartige Zubereitungen ätherischer Öle.

„Eine wirkliche medizinische Seife soll nach der Apotheke und nicht nach dem Friseurladen riechen, so daß Fabrikant und Patient daran erinnert werden, daß sie es mit einem ernsteren Gegenstande als einem Stück Toiletteseife zu tun haben."

Diese von Unna ausgesprochene, die Parfümierung medikamentöser Seifen verurteilende Ansicht hat vom Standpunkt des Arztes mancherlei für sich. Trotzdem findet man aber, und zwar namentlich auf seiten der Fabrikanten, nicht wenige, die gerade im Gegenteil eine Parfümierung auf das wärmste befürworten, meist mit der Begründung, daß die für die Seifenfabrikation verwandten Riechstoffe, und insonderheit die ätherischen Öle, neben ihrer rein ästhetischen Wirkung Eigenschaften besitzen, die die Parfümierung auch medikamentöser Seifen durchaus rechtfertigen. Es erscheint daher wünschenswert, einmal festzustellen, ob ein Zusatz aromatischer Stoffe zu medikamentösen Seifen vom chemischen Standpunkt aus zu befürworten ist und inwieweit weiter die Riechstoffe selbst in Verbindung mit Seifen für Arznei- und Desinfektionszwecke in Betracht kommen können. Von vornherein ist es dabei selbstverständlich, daß nur die im Seifenkörper dauernd haltbaren Riechstoffe, d. h. ätherische Öle, und unter den sogenannten „künstlichen" vornehmlich das Terpineol Verwendung finden.

Für die Parfümierung medikamentöser Seifen, die als solche allerdings stets dem Belieben und dem Geschmack des einzelnen überlassen bleiben muß, sind zunächst die chemischen Eigenschaften des vorhandenen Medikamentes und des zu verwendenden Riechstoffes nicht ohne Bedeutung. Stark oxydierend oder reduzierend wirkende Arzneimittel werden auch die zugesetzten Parfüme in den wenigsten Fällen unbeeinflußt lassen, wohingegen solche Medikamente, die den zersetzenden Einflüssen des Seifenkörpers selbst standzuhalten vermögen, auch die etwa beigegebenen Riechstoffe nicht, oder doch nur selten angreifen werden. Auf alle Fälle ist es jedoch ratsam, vor der Beigabe eines Parfüms zu einer medikamentösen Seife im Reagenzglase festzustellen, ob Medikament und Parfüm als solche nebeneinander beständig sind, oder ob durch chemische Umsetzung Veränderungen beider eintreten können.

Für die Parfümierung selbst gelten selbstverständlich die für die Parfümierung von Feinseifen üblichen Vorschriften, im besonderen sollen feste Riechstoffe, ebenso wie Harze und Balsame, vor ihrer Verwendung in wenig Alkohol oder besser in ätherischen Ölen wie Lavendelöl und Bergamottöl zur Auflösung gebracht werden.

Mehr als die Frage der Parfümierung interessieren hier nun aber die Eigenschaften der Riechstoffe selbst und ihre spezielle Verwertbarkeit für die Herstellung medikamentöser bzw. antiseptischer Seifen. Denn es unterliegt heute keinem Zweifel, daß vielen Riechstoffen und vor allem den ätherischen Ölen bis zu einem gewissen Grade antiseptische und keimtötende Wirkungen zukommen. Schon das frühe Altertum wußte sich die fäulniswidrigen Eigenschaften dieser empirisch gefundenen Desinfektionsmittel nutzbar zu machen, und die exakten Untersuchungen Robert Kochs[1]) u. a. haben in der Tat bewiesen, daß eine ganze Anzahl dieser Substanzen schon in hohen Verdünnungen jegliches Bakterienwachstum zu verhindern vermag.

Als ätherische Öle bezeichnet man, wie schon eingangs gesagt wurde, Mischungen starkriechender Verbindungen meist pflanzlichen Ursprungs, die hauptsächlich aus den Terpenen, Kohlenwasserstoffen der Formel $C_{10}H_{16}$, und ihnen nahestehenden Sauerstoffverbindungen bestehen. Ihrem chemischen Charakter nach sind sie einerseits selbst äußerst beständige Substanzen, andererseits werden sie von den Eiweißkörpern u. dgl. nicht gebunden, so daß ihre antiseptische Wirkung fast in jedem Medium erhalten bleibt. Für ihre praktische Verwendbarkeit ist der Umstand wichtig, daß sie ebenso wie die meisten künstlichen Riechstoffe in flüssigen Seifen jeglicher Art und Zusammensetzung und besonders leicht in den früher genannten Rizinusölseifen löslich sind.

Verglichen mit der Desinfektionskraft der vorbesprochenen, stark wirksamen Mittel ist die keimtötende Wirkung der meisten ätherischen Öle allerdings nur eine geringe. Nach Laubenheimer werden Staphylokokken abgetötet durch

1 vT.	Sublimat	in 30 Min.	1 vH.	Terpentinöl	in 5 Stunden
1 vH.	Thymol	„ 2 „	1 „	Eukalyptusöl	„ 6 „
1 „	Kresol (Lysol 2 vH.)	„ 5 „	1 „	Sandelholzöl	noch nicht in 7 Stunden.
1 „	Phenol	„ 90 „	1 „	Kampfer	

Andererseits sind aber auch ätherische Öle bekannt, die eine ganz ausgezeichnete Wirkung besitzen und einen Vergleich mit den obengenannten Desinfizientien nicht zu ihren ungunsten gestatten. So gibt Laubenheimer an, daß Staphylokokken durch 1 vH. Senföl ($SC : N \cdot C_3H_5$, aus dem Samen des schwarzen Senfes durch Wasserdampfdestillation dargestellt) in 6 Min. und durch Zimtöl (hauptsächlich aus Zimtaldehyd bestehend) in 20 Min. abgetötet werden. Als besonders stark wirksam (entwicklungshemmend) erwiesen sich nach den mit Milchbakterien (Schwefelbakterien) durchgeführten Versuchen H. Brünings[2]) und K. Koberts[3]), und zwar soweit die gleichen Öle untersucht wurden, in erfreulicher Übereinstimmung mit den obengenannten Ergebnissen Laubenheimers, das

Senföl	(1 : 2300)	Bittermandelöl	(1 : 190)
Zimtöl	(1 : 410)	Spiköl	(1 : 185)
Cassiaöl	(1 : 320)	Kirschlorbeeröl	(1 : 185)
Isoeugenol	(1 : 200)	Nelkenöl	(1 : 120),

[1]) Antibakterielle Wirkung einfacher ätherischer Öle, Berlin. klin. Wochenschrift 1844, Nr. 31.

[2]) Brüning, H.: Ätherische Öle und Bakterienwirkung in roher Kuhmilch, Zentralbl. f. inn. Med., 1906, **27**, Nr. 14.

[3]) Kobert, K.: Systematische Versuche über die antiseptische Wirkung von ätherischen Ölen und Bestandteilen derselben. Berichte von Schimmel & Co., Okt. 1906, S. 155.

Ders.: Über die antiseptische Wirkung terpenfreier und terpenhaltiger ätherischer Öle. Pharm. Post 1907, **40**, S. 627.

während Terpentinöl, Eukalyptusöl und Sandelholzöl ebenfalls als nur „schwach" (1 : 20 bis 1 : 25) oder „sehr schwach" (unter 1 : 10) wirksam befunden wurden.

Aber nicht immer ist, wie man auf Grund der für das Senf- und Zimtöl gefundenen Daten annehmen könnte, die antiseptische Wirkung der ätherischen Öle mit derjenigen ihrer Hauptbestandteile identisch. So wirkt beispielsweise das Nelkenöl in einer Verdünnung von 1 : 120, das in ihm zu 80 vH. enthaltene Eugenol aber erst bei 1 : 80 antiseptisch. Ein für die Wirkung aber meist wohl nicht in Betracht kommender Bestandteil scheinen die Terpene selbst zu sein, da die heute in der Parfümerie viel verwandten terpenfreien Öle als Antiseptika den terpenhaltigen mindestens gleichwertig sind. Die Terpene selbst wirken meist auffallend schwach. Eine Ausnahme bildet lediglich das Limonen (und damit die das Limonen enthaltenen Terpene des Lavendel- und Dillöls), das noch bei 1 : 60 wirksam ist, doch wurden terpenfreie ätherische Öle, die schwächer wirken als die entsprechenden terpenhaltigen, nicht gefunden.

Auch von anderer Seite sind ähnlich systematische Versuche unternommen worden. So stellte z. B. Reidenbach[1]) fest, daß die Hefegärung unterbleibt durch

Ajowanöl (Thymen)	bei	einer	Verdünnung	von	0,025 vH.	(1 : 4000)
Thymol	„	„	„	„	0,033 „	(1 : 3000)
Rosenöl	„	„	„	„	0,06 „	(1 : 1600)
Geraniumöl	„	„	„	„	0,06 „	(1 : 1600)
Thymianöl	„	„	„	„	0,09 „	(1 : 1100)
Zimtöl	„	„	„	„	0,1 „	(1 : 1000)
Zitronenöl	„	„	„	„	0,2 „	(1 : 500)

und Calvello[2]) empfahl auf Grund seiner Untersuchungen über die bakterientötende Kraft ätherischer Öle eine Emulsion von 9 vH. Thymian- und 18 vH. Geraniumöl als ausgezeichnetes Händedesinfektionsmittel, das die unangenehmen Nebenwirkungen der sonst gebräuchlichen Antiseptika nicht aufweisen sollte.

Auch Bokorny[3]) hat in einer ausführlichen Experimentaluntersuchung die obigen Daten bestätigt. Als für Desinfektionszwecke fast gänzlich wertlos haben sich dort erwiesen das Lorbeeröl, Zitronellöl, Rosmarinöl, Wachholderbeeröl, Salbeiöl, Wintergrünöl, Bittermandelöl, Zitronenöl und Bergamottöl, die ausnahmslos auch in hohen Konzentrationen Schimmelbildung bzw. Fäulnis nicht verhüten können.

Die erwähnte Literatur ist hier so ausführlich besprochen worden, weil vielfach ganz willkürlich mit ätherischen Ölen versetzte Seifen für antiseptische Zwecke angepriesen werden. Wie zu ersehen ist, besitzen nur einige wenige eine wirklich bedeutende Desinfektionskraft, so daß bei der Auswahl der Öle eine ganz besondere Vorsicht geboten erscheint.

---

[1]) Reidenbach: Die Faulbrut oder Bienenpest (1905?).
[2]) Calvello: Pharmazeut. Ztg. 1902, 47, S. 759.
[3]) Bokorny, Th.: Physiologische Notizen über die ätherischen Öle; pilzefeindliche Wirkung derselben. Pharmazeut. Zentralhalle 1901, 42, S. 159.

Unter den künstlichen Riechstoffen kommen für die Parfümierung und somit auch für die Herstellung antiseptisch wirkender Seifen nur wenige in Betracht, da die meisten von ihnen den zersetzenden Kräften des Seifenkörpers auf die Dauer genügenden Widerstand nicht entgegensetzen und dementsprechend ihren Geruch in diesem verlieren. Solchen Einflüssen gegenüber aber durchaus unempfindlich ist, wie früher gesagt, besonders das Terpineol, ein aus dem Terpentinöl dargestellter tertiärer Alkohol der Formel

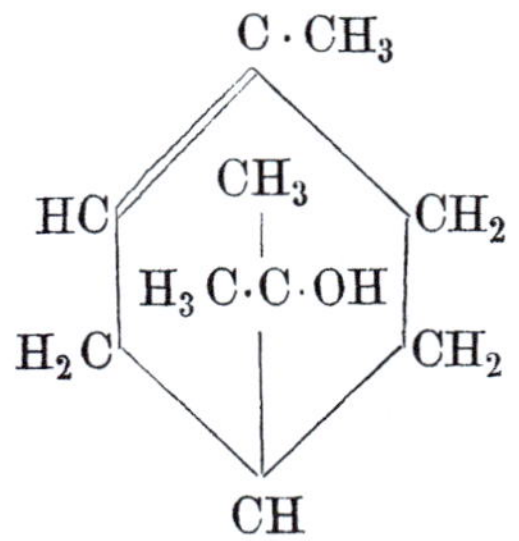

der bekanntlich fast ausschließlich als Basis für Fliederduft benutzt wird.

Wie Konradi[1]), Marx[2]) sowie Scholz und Gelarie[3]) nachgewiesen haben, kommt nun gerade dem Terpineol im Gegensatz zu den sonst in der Parfümerie verwandten künstlichen Riechstoffen (Vanillin, Heliotropin, Cumarin u. a.) eine nicht unbedeutende Desinfektionskraft zu, und zwar erweist es sich als besonders wirkungsvoll in Verbindung mit einer flüssigen Kaliseife, da auch hier durch kombinierte Wirkung eine gegenseitige Steigerung der beiderseitigen Desinfektionswerte veranlaßt wird.

Diese Beobachtungen haben nun die Industrie veranlaßt, Seifenpräparate in den Handel zu bringen, die das Terpineol in reichem Maße gelöst enthalten. Dieselben sind, gleichgültig, ob sie sogenannte „Löslichkeitsvermittler“ wie Alkohol, Glyzerin u. a. enthalten oder nicht, sämtlich wasserlöslich und vereinigen mit einer reinigenden Wirkung Wohlgeruch und antiseptische Eigenschaften, stellen also gleichzeitig Kosmetika und angenehme Desinfizientien und Desodorantien dar.

So stellt z. B. die Chemische Fabrik „Flörsheim“ (Dr. H. Nördlinger) das sogenannte Flieder-Äthrol her, das einerseits, wie die Äthrole und Deziäthrole dieser Firma überhaupt, die aus dem Derizinöl gewonnene Derizinseife, andererseits das darin lösliche Terpineol enthält. Nach dem Urteil der Medizinischen Abteilung des hygienischen Laboratoriums des Württemb. Medizinalkollegiums stellt das Flieder-Äthrol „ein wirklich gutes und angenehmes Desinfektionsmittel“ dar, indem 1prozentige Lösungen Bact. coli bereits in einer Minute abtöten.

---

1) Über die bakterizide Wirkung der Seifen. Arch. f. Hyg., 1902, **44**, S. 101 u. Zentralbl. f. Bakteriol. 1904, **36**, S. 151.

2) Über die bakterizide Wirkung einiger Riechstoffe. Zentralbl. f. Bakteriol. 1903, **33**, S. 74.

3) Über den Desinfektionswert der Seifen mit besonderer Berücksichtigung des Alkaligehaltes und der Zusätze von Riechstoffen. Arch. f. Dermatologie u. Syphilis. 1910, **101**, Heft 1.

Unter dem Namen Sifinon bringt die Firma Franz Fritzsche & Co. in Hamburg ein 30 vH. Terpineol enthaltendes Seifenpräparat in den Handel, eine sirupartige Flüssigkeit, die nach dem Verfahren des DRP. 207 576 mit Hilfe gewöhnlicher Seife hergestellt wird, mit der man selbst bei einem Gehalt bis zu 50 vH. Terpineol in Wasser klarlösliche Produkte erhält.

Selbstverständlich lassen sich diese Seifenpräparate auch mit allen anderen Desinfizientien vereint anwenden, die sonst in Seifenlösungen haltbar sind. Als Formäthrole bringt z. B. die obengenannte Chemische Fabrik Flörsheim 25 vH. Formaldehyd enthaltende Äthrole in den Handel, in gleicher Weise könnten diese Produkte aber auch mit Kresolpräparaten (Lysol usw.), komplexen Quecksilberverbindungen (Afridol) u. a. gemischt zur Anwendung kommen.

Vielfach sind es aber gar nicht die antiseptischen Eigenschaften allein, welche die ätherischen Öle und künstlichen Riechstoffe auch in Verbindung mit Seifen als wertvoll erscheinen lassen. Denn sie können, wie fast alle flüchtigen, lipoidlöslichen Stoffe außerdem als „Hautreizmittel" verwendet werden, d. h. als Mittel, welche die Hautzirkulation bestimmter Körperteile beleben und anreizen. Auch profuse und kritische Schweiße (Nachtschweiße der Phthisiker) werden durch die Anwendung solcher Seifen und vornehmlich durch Kampferseifen sehr günstig beeinflußt. Als Juckstillmittel wird weiterhin die Mentholseife empfohlen, da sie eine angenehme lokale Abkühlung bewirkt, und somit den Juckreiz beseitigt.

Auch das namentlich als „Geruchsverbesserer" viel verwandte Terpentinöl, das Eukalyptusöl, das Rosmarinöl u. a. besitzen hautreizende Eigenschaften. Flüssige oder weiche Seifen, die etwa 5 vH. dieser Öle enthalten, werden daher bei chronischem Rheumatismus, Neuralgien usw., zur Behandlung atonischer Geschwüre, aber auch wie alle hier genannten Seifenpräparate zu aromatischen Bädern und zu kühlenden und erfrischenden Waschungen empfohlen. Eine Rosmarinölseife ist seinerzeit auch als Parasiticidum von Auspiz bei leichteren Skabiesfällen verwendet worden, doch hat sie heute wohl allgemein den früher erwähnten, stärker wirksamen Antiscabiosis Platz machen müssen.

Medikamentöse Seifen geringerer Bedeutung.

Im folgenden sollen nunmehr in loser Aufeinanderfolge die medikamentösen Seifen kurz behandelt werden, die bisher nicht erwähnt worden sind, denen aber doch — vielfach allerdings nur dem äußeren Anschein nach — eine gewisse Bedeutung zukommen dürfte. Die Industrie hat ja leider oft wahllos jedwedes Medikament dem Seifenkörper zu inkorporieren versucht und ohne Rücksicht auf etwaige Zersetzungen der einverleibten Heilstoffe diese Seifen auf den Markt gebracht, wenn sie sich ihrem Aussehen nach als einigermaßen verkaufsfähig erwiesen. Die Zahl solcher weniger wertvollen, vielfach aber auch völlig wertlosen Erzeugnisse ist dementsprechend eine sehr große, und es können daher hier nur diejenigen Produkte besprochen werden, denen man noch heute häufiger im Handel begegnet. Die Kritik muß dabei eine strenge sein, soll Wert und Unwert richtig erkannt werden.

Unter den für antiseptische Zwecke benutzten Metallverbindungen besitzen neben den Quecksilberverbindungen vornehmlich die Silbersalze eine gewisse Bedeutung, indem einige von ihnen der Desinfektionskraft des Sublimats ziemlich nahekommen und diesem sogar von einzelnen Chirurgen vorgezogen werden. So ist es denn auch nicht verwunderlich, daß Versuche zur Darstellung von Silberseifen unternommen worden sind, die beispielsweise ammoniakalisch gelöstes Silberoxyd $(AgNH_3) \cdot OH$ oder das komplexe Silberkaliumcyanid $Ag(CN)_2K$ enthielten, zwei Verbindungen, denen nach den Angaben Buzzis als Desinfektionsmittel für spezielle Zwecke eine große Bedeutung zukommen soll[1]). Selbstverständlicherweise sind aber bei der Herstellung solcher Silberseifen ebenfalls die Gesetze maßgebend, welche bei Besprechung der Quecksilberseifen dargelegt worden sind und welche ganz allgemein für Seifen mit Zusätzen von Schwermetallsalzen Geltung haben. Alle Silberverbindungen nämlich, welche das Metall als Ion oder nur halbkomplex, durch Schwefelammonium nachweisbar gebunden enthalten, werden im Seifenkörper zu metallischem Silber reduziert und müssen so ihre Desinfektionskraft verlieren. Da nun aber bis heute Silberverbindungen mit gegen Schwefelammonium stabilem Silber nicht bekannt sind, und da sich über die Desinfektionskraft solcher eventuell herstellbaren Präparate nichts voraussagen läßt, erübrigen sich hier weitere Ausführungen.

Von anderen Metallverbindungen werden für die Seifenfabrikation verwandt das Zinkoxyd, das im übrigen schon in ganz geringem Prozentsatz ein vorzügliches Härtematerial für weiche Seifen darstellt, und die Salze des Aluminiums, und zwar vornehmlich das Aluminiumazetat, die essigsaure Tonerde[2]). Aus den obigen Ausführungen ergibt sich jedoch schon von selbst, daß die Fabrikation solcher Seifen für antiseptische oder medikamentöse Anwendung zwecklos ist, da die genannten Verbindungen im Seifenkörper bzw. bei gleichzeitiger Anwesenheit von Seife nicht als solche erhalten bleiben und ihre adstringierenden und antiseptischen Eigenschaften auf diese Weise einbüßen.

Auch den nach den DRP. 148794 und 148795 unter Verwendung von Phenolen bzw. Teer- oder Petroleumkohlenwasserstoffen als Lösungsmittel dargestellten Metallseifenlösungen dürften den verwandten Metallen entsprechende, spezifische Wirkungen kaum zukommen, da die Metallseifen auch in diesen Lösungen in nicht ionisiertem Zustand enthalten sind, eine molekulare Desinfektionswirkung also nicht entfalten können. Zur Schädlingsbekämpfung und als Pflanzenschutzmittel sollen sich die genannten oder ähnlich zusammengesetzte Produkte aber bewährt haben.

Unter den anorganischen Stoffen kommt neben dem elementaren Chlor, das bei der groben Desinfektion seiner äußerst energischen

---

1) Buzzi a. a. O. S. 513 u. 514.

2) DRP. 222891 (Lenicet).

Wirkung halber in Form des Chlorkalkes vielfache Verwendung findet, vornehmlich dem Jod und seinen Verbindungen eine größere Bedeutung zu, obwohl es als Element sowohl wie in seinen Verbindungen bedeutend weniger wirksam ist als die übrigen Halogene[1]). Für antiseptische Zwecke verwandt werden hauptsächlich einige seiner organischen Verbindungen, unter denen das Jodoform CHJ_3, ein gelbes, in Wasser beinahe unlösliches, in Äther und fetten Ölen aber leichtlösliches Kristallpulver von charakteristischem, durchdringendem Geruch in der Chirurgie als Trockenantiseptikum die vorzüglichsten Dienste leistet. Seine die Wundheilung befördernden und die Granulation anregenden Wirkungen haben ihm für die Medizin eine weitgehende Bedeutung verschafft. Es ist jedoch zu beachten, daß diese Desinfektionswirkung nicht der Substanz als solcher zukommt — im Reagenzglas wirkt das Jodoform nur äußerst wenig bakterizid —, daß sich diese Wirkung vielmehr erst in der Wunde selbst entfaltet, wenn das Jodoform also mit Geweben oder Gewebssäften in Berührung gelangt. Es findet alsdann eine Abspaltung von Jod und anschließend die Bildung der erst eigentlich wirksamen jodhaltigen Substanz statt, so daß die Jodoformwirkung also keineswegs eine primäre ist, sondern als die Folgeerscheinung einer unter Mitwirkung des Organismus stattfindenden chemischen Reaktion aufgefaßt werden muß. Das gleiche gilt natürlich von den vielen, meist geruchlosen Jodoformersatzmitteln, jodierten aromatischen Verbindungen, deren Wirksamkeit oder Unwirksamkeit aber in hohem Maße abhängig ist von der Art und Weise, in der das Jod an den organischen Rest gebunden ist.

Neben den besprochenen Jodverbindungen findet auch das freie Jod in der Dermatotherapie vielfache Anwendung, und zwar wird es meist benutzt in Form einer 10prozentigen Weingeistlösung (Tinctura jodi) oder zu 1 vH. mit Jodkalium in Wasser gelöst (Lugolsche Lösung). Es leistet so in seiner Eigenschaft als Hautreizmittel vorzügliche Dienste bei der Beseitigung von Drüsenschwellungen, entzündlichen Tumoren und Gelenkentzündungen, indem es die Resorption erkrankter Gewebe und pathogener Stoffe anregt.

Aus diesen Darlegungen ergibt sich nun von vornherein, daß medikamentöse Seifen, denen Jod oder die erwähnten Jodverbindungen inkorporiert sind, für antiseptische Waschungen nicht in Betracht kommen können, und daß weiter die Herstellung von Jodoform- und Jodoformersatzmittelseifen völlig zwecklos ist, da der Hauptvorteil der besprochenen Jodderivate in den Eigenschaften eines Trockenantiseptikums begründet ist. Den Nachteilen einer ungenauen Verteilung des Jodoforms auf Geschwüren und Wunden mag die Anwendung einer weichen Jodoformseife vielleicht abhelfen, aber es ist dabei zu bedenken, daß die Aufhebung dieses Nachteils bezahlt wird mit der Vernichtung des Desinfektionseffektes, da freies Jod, das bei der Jodoformwirkung als Zwischenglied entstehen muß, im Seifenkörper nicht haltbar ist.

[1]) Geppert: Berl. Klin. Wochenschr. 1890. — B. Krönig u. Th. Paul: Ztschr. f. Hyg. u. Infektionskrankh. 1897, **25**, S. 1.

Aus diesem Grunde sind auch die noch heute vielfach fabrizierten Jodseifen, die meist mit Hilfe einer der obenerwähnten Jodlösungen dargestellt werden, vom chemischen Standpunkte aus durchaus zu verwerfen, und therapeutische Erfolge, die unter Umständen mit ihnen erzielt werden, sind jedenfalls nicht als eine „Jodwirkung" aufzufassen. Einerseits erfahren diese Seifen nämlich durch den Einfluß des Jods unter Abscheidung von Fettsäure eine Zersetzung, indem sich aus dem freien Jod und dem hydrolisierten Alkali neben Jodalkalien Salze der unterjodigen Säure bilden, die dann ihrerseits leicht in Jodate übergehen entsprechend den Gleichungen:

$$2\,NaOH + 2\,J = JONa + NaJ + H_2O.$$
$$3\,JONa = JO_3Na + 2\,NaJ.$$

Andererseits kann das Jod aber auch von den an und für sich in jeder Seife reichlich vorhandenen, ungesättigten Fettkörpern gebunden werden, eine Tatsache, die, wie schon erwähnt, in der Fettanalyse von weittragender praktischer Bedeutung ist (Hübl sche Jodzahl).

Der entsprechend der Konsistenz des Seifenkörpers mehr oder weniger schnelle Verlauf solcher Zersetzung ist leicht zu verfolgen an der Veränderung des Farbtons der frisch hergestellten Seife, der spätestens nach wenigen Tagen von Braun in ein lichtes Wachsgelb umgeschlagen ist.

Weiche Jodkaliumseifen, die vielfach mit gutem Erfolge als Ersatz für das Unguentum Kal. jodat. benutzt werden, sind dagegen wohl haltbar und werden empfohlen, weil die Seifenform die Resorption des Jodkaliums begünstigen soll. Es wäre aber durchaus zu wünschen, daß auch diese Seifen fernerhin nicht mehr unter dem irreführenden Namen „Jodseifen" geführt würden.

Von aromatischen Substanzen sind neben den eingangs besprochenen Phenolen, Karbonsäuren usw. noch einige hervorzuheben, die zwar an sich eine nicht unerhebliche Desinfektionskraft besitzen, aber meist nicht dieser antiseptischen Wirkung, sondern ihres starken Reduktionsvermögens halber dem Arzneischatz einverleibt sind.

Die Tatsache nämlich, daß das Ararobapulver bei der Behandlung der Psoriasis Heilwirkung entfaltet, hat die Anwendung einer großen Reihe reduzierend wirkender Arzneimittel zur Folge gehabt, deren Wert die Praxis heute in weitestem Umfange anerkannt hat.

Das Ararobapulver besteht größtenteils aus einer Chrysarobin[1]) genannten Substanz, welche besonders leicht bei Gegenwart von Alkalien Sauerstoff aufnimmt und sich hierbei vornehmlich in Chrysophansäure, ein Dioxymethylanthrachinon, verwandelt.

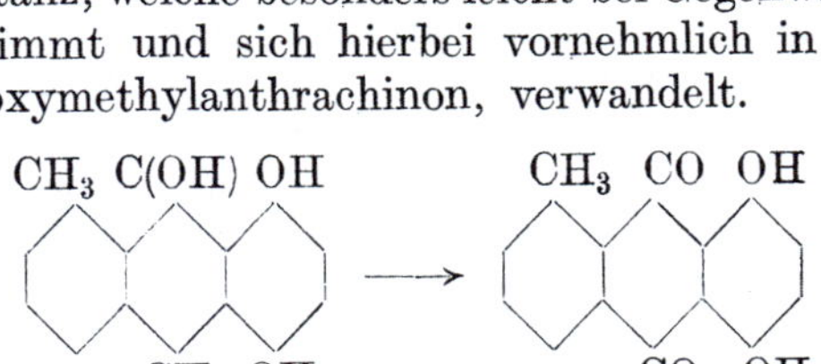

Chrysarobin — Chrysophansäure

[1]) Hesse: Liebigs Annalen 1899, **309**, S. 73.

Neben dem Ararobapulver bzw. dem reinen Chrysarobin, das seiner antiparasitären Eigenschaften wegen auch als Teerersatzmittel bei der Behandlung von Pilzkrankheiten verwandt wird, finden bei ähnlichen Erkrankungen auch das Pyrogallol und weiter das Resorzin[1]) Verwendung, dessen spezifische Heilwirkung hier allerdings nicht ganz sichersteht und dessen schwach ätzende, entzündungswidrige Eigenschaften für die Dermatotherapie wertvoller sein dürften, als seine reduzierenden Wirkungen.

Obwohl es nun von vornherein klar sein sollte, daß reduzierend wirkende Agentien im Seifenkörper nicht haltbar sein können und durch Oxydation einer Zersetzung anheimfallen müssen, sind Chrysarobin-, Pyrogallol- und Resorzinseifen allenthalben im Handel erhältlich und zwar in jeglicher Zusammensetzung und Konsistenz. Kurze Zeit nach ihrer Herstellung aber zeigt schon eine mehr oder weniger charakteristische Verfärbung dieser Seifen[2]) die stattgehabte Zersetzung an, die zudem auch durch ein Weichwerden des Seifenkörpers in Erscheinung treten kann.

Ausgehend von der Annahme, daß bei der Behandlung der Psoriasis nicht nur der stattfindende Reduktionsprozeß auf der Haut als solcher, sondern auch das während desselben oxydierte Heilmittel von therapeutischer Wirkung sein kann, hat Unna auch die Verwendung des oxydierten Pyrogallols, des Pyraloxins empfohlen, das man durch Einwirkung von atmosphärischer Luft und Ammoniak auf Pyrogallol erhält. Bei gleicher Heilwirkung läßt das Oxydationsprodukt die Nachteile der Muttersubstanz vermissen und ist zudem im Seifenkörper wohl haltbar. Allerdings läßt sich das Ergebnis dieser Studien leider nicht verallgemeinern, da beispielsweise das Oxydationsprodukt des Chrysarobins, die Chrysophansäure, die Grundwirkungen des Chrysarobins nicht mehr besitzt.

Die aus dem Rhabarber extrahierbare Chrysophansäure findet trotzdem aber bei der Fabrikation medikamentöser Seifen Verwendung, da ihr bei leichten Pilzerkrankungen der Haut ein milder, antiparasitärer und entzündungswidriger Effekt zukommen soll. Ob für diese sogenannten Rhabarber- oder Rhabarberextraktseifen aber ein wirkliches Bedürfnis vorliegt, mag dahingestellt bleiben, da der Seifenindustrie eine ganze Anzahl milder, chemisch einheitlicher Desinfizientien zur Verfügung steht.

Kurz erwähnt werden sollen hier auch die mehrfach empfohlenen Hydroxylaminseifen, die als wirksames Agens das als Chrysarobinersatz von Binz empfohlene salzsaure Hydroxylamin $NH_2(OH) \cdot HCl$ enthalten[3]). Auch diese Verbindung erleidet aber im Seifenkörper eine allmähliche Zersetzung, indem sie größtenteils zu gasförmigem Stickoxydul N_2O oxydiert wird, entsprechend der Gleichung:

$$2\,NH_2OH + 2\,O = N_2O + 3\,H_2O$$ [4]).

---

[1]) Formeln siehe S. 615.

[2]) Resorcinseifen werden dunkel braunrot.

[3]) Virchows Arch. **113**.

[4]) Buzzi, a. a. O. S. 488.

Bei Besprechung der aromatischen Desinfizientien dürfen weiter die Antiseptika der Chinolinreihe nicht übergangen werden. Zu ihnen gehört vor allem das in geeigneten Lösungsmitteln stark wirksame Chinolin (C_9H_7N) selbst und die in Wasser leicht löslichen Salze des Oxychinolins, unter denen das durch Einwirkung von Kaliumpyrosulfat erhaltene Chinosol (Fr. Fritzsche & Co., Hamburg) das bekannteste ist[1]). Dieses ist auf Grund seiner bedeutenden Desinfektionskraft, seiner geringen Giftigkeit und seines im Vergleich mit anderen aromatischen Antisepticis nur schwachen, safranähnlichen Geruches halber vielfach für die Fabrikation desinfizierender Seifen benutzt worden, wobei jedoch zu beachten ist, daß solche Chinosolseifen nicht wirksam sind, da ganz allgemein alkalisch reagierende Agentien wie Alkalihydrate, -karbonate, -azetate, fettsaure Alkalisalze usw. aus Chinosollösungen das darin gelöst enthaltene, an sich unlösliche und daher desinfektorisch unwirksame Oxychinolin in weißen Flocken ausfällen.

Als Antiscabiosa haben sich unter den aromatischen Substanzen besonders Storax[2]) und Perubalsam[3]) seit langer Zeit in der Dermatotherapie bewährt. In ihrer chemischen Zusammensetzung zeigen beide eine gewisse Übereinstimmung. Der Perubalsam stellt ein Gemisch aus etwa 60 vH. Perubalsamöl (Cinnameïn), 20 vH. Harzen und 20 vH. freien Säuren (Benzoesäure und Zimtsäure) dar, während der Storax neben den genannten Bestandteilen auch ätherische Öle aufweist. Wie E. Erdmann[4]) und H. Thoms[5]) übereinstimmend nachgewiesen haben, besteht das Perubalsamöl selbst aus 60 Teilen Benzoesäurebenzylester und etwa 40 Teilen Zimtsäurebenzylester, die beide milbentötende Eigenschaften besitzen und als die Träger der Balsamwirkung anzusehen sind. Von ihnen wird der erstere, der seines billigeren Herstellungspreises wegen für die praktische Anwendung den Vorzug verdient, unter dem Namen Peruscabin in den Handel gebracht, seine 25prozentige Lösung in Rizinusöl wird Peruol genannt. Im Gegensatz zum Perubalsam selbst ist das Peruscabin bzw. das Peruol farblos, geruchlos und von stets konstanter Zusammensetzung.

Es ist selbstverständlich, daß der Perubalsam sowohl wie das Peruscabin (Peruol) als saubere und zugleich milde, relativ ungiftige Antiscabiosa auch für die Fabrikation von Krätzeseifen herangezogen worden sind, zumal beide Präparate in neutralen Grundseifen längere Zeit wohl haltbar sind. Bei der Verwendung dieser Seifen, die auch unter dem Namen Keramin- (Töpfer, Leipzig) und Peruolseife (Agfa) bekannt geworden sind, ist jedoch zu bedenken, daß sie infolge ihres geringen

---

[1]) DRP. 88 520. Nach Untersuchungen von Brahm (Hoppe-Seylers Ztschr. f. physiol. Chem., 1899, **28**, S. 448) ist Chinosol ein Gemenge von o-Oxychinolinsulfat mit Kaliumsulfat.

[2]) Siehe S. 473.

[3]) Siehe S. 469.

[4]) Erdmann, E.: Über den therapeutisch wirksamen Bestandteil des Perubalsams und seine synthetische Herstellung. Ztschr. f. angew. Chem. 1900. **13**. S. 987.

[5]) Thoms, H.: Arch. f. Pharm. **237**, S. 271.

Medikamentgehaltes in ihrer Heilkraft den empfohlenen, hoch prozentigen Öl- oder Ätherlösungen, Emulsionen usw. nachstehen müssen, und daß einfache Waschungen mit diesen Präparaten antiscabiös kaum wirken können, da reiner Perubalsam immerhin 20—90 Min., Peruol 30—60 Min. benötigt, um den Milbengängen entnommene Krätzemilben abzutöten[1]). Diese Seifen dienen daher lediglich zur Nachbehandlung nach einer Kur und eventuell zur Verhütung scabiöser Ansteckung. Seifen mit einem Zusatz von verseiftem Perubalsam herzustellen, wie es Buzzi empfiehlt, muß als zwecklos angesehen werden, da nur den obengenannten, unverseiften Esterpräparaten die antiscabiöse Wirkung zukommt.

Von weiteren Naturprodukten sind auch vegetabilische Rohdrogen für die Herstellung medikamentöser Seifen verwandt worden, und zwar entweder als feine Pulver oder in Form spirituöser oder wässeriger Extrakte, die dem fertigen Seifenkörper einverleibt werden.

Vornehmlich ist die hier zuerst von P. Taenzer[2]) warm empfohlene Nicotianaseife (Wilhaldi-Apotheke, C. Mentzel, Bremen), eine mit 5 vH. Tabaksextrakt (= 0,35 vH. Nikotin) imprägnierte, schwach parfümierte, überfettete Stückseife von dunkelbrauner Farbe zu nennen, die sich als sauberes Antiscabiosum vorzüglich bewährt hat. Die Tabakslauge spielt bei der Bekämpfung der Schafräude in Argentinien eine große und wirksame Rolle, und aus Deutschland werden jährlich ungeheure Mengen derselben dorthin exportiert, so daß der Gedanke nahelag, die Wirkung der Lauge auch bei menschlichen parasitären Hautaffektionen nutzbar zu machen. Das in Form von Salben und Seifen zur Verwendung gelangende Extrakt wird meist in der Weise gewonnen, daß man die trockenen, zerkleinerten Tabaksblätter, -stengel und -abfälle mit der etwa dreifachen Menge 50 prozentigen Alkohols auszieht und den gewonnenen Auszug auf dem Wasserbade oder besser im Vakuum zur Extraktkonsistenz eindickt.

Von einigen Seiten ist analog der internen Hefetherapie bei einigen Hautleiden (Akne, Follikulitiden und kleinen Furunkelbildungen) auch die äußerliche Anwendung der Hefe empfohlen worden, und dementsprechend sind einige meist überfettete Seifenpräparate im Handel, denen abgetötete und entwässerte, reine Bierhefe inkorporiert ist. Dieselbe soll eine intensiv bakterizide Wirkung besitzen, und die erzielten Heilerfolge sollen zum Teil in dieser Wirkung ihre Erklärung finden.

Auch juckstillende Mittel, wie Anaesthesin (Äthylester der p-Amidobenzoesäure), Bromocoll- (Dibromtanninleim), Euguform (Azetylmethylendiguajacol) und Mesotan (Methoxymethylester der Salizylsäure) hat man in Gestalt meist weicher Salbenseifen in Anwendung zu bringen versucht; in dieser Form bewährt hat sich jedoch lediglich das Bromocoll, das von den genannten Mitteln allein gegen Seifenalkali beständig und auch in alkalischer Lösung äußerst wirksam ist.

---

[1]) Sachs, R.: Beitrag zur Behandlung der Scabies. Dtsch. med. Wochenschr. 1900, Nr. 39.

[2]) Taenzer, S.: Über Nikotinseife. Monatshefte f. prakt. Dermatologie 1895, 21. Deutsche Medizinalzeitung 1897, Nr. 24.

Auch die Heilwirkungen des Radiums bzw. der Radiumemanation glaubt man der Medizin in Form radioaktiver Seifen nutzbar machen zu können, die durch Vermischen des Seifenkörpers mit radioaktiven Stoffen wie Uran- und Thoriumsalzen bzw. -mineralien gewonnen werden. Neben den Wirkungen, die die Emanation bei Rheumatismus und besonders auch bei Gicht, ferner bei Lupus und ähnlichen Hautkrankheiten besitzt, soll ihr auch eine geringe bakterizide Wirkung zukommen[1]), doch dürfte es bis heute durchaus zweifelhaft sein, ob diesen Seifenpräparaten, die das wirksame Prinzip in Anbetracht seiner Kostbarkeit jedenfalls nur in verschwindend kleiner Menge und daher in äußerst schwacher Konzentration enthalten können, irgendein Wert innewohnt.

Unter den medikamentösen Seifen bilden diejenigen, welche mit einem Zusatz von Salzen natürlicher Heilquellen hergestellt sind, eine Klasse für sich. Es sei hier nur kurz erinnert an die Krankenheiler Jodsodaseife, die Aachener Thermalseife und an die Produkte, welche Kreuznacher, Nenndorfer und Wiesbadener Quellsalze enthalten. Allerdings dürften diese Seifen vor solchen mit künstlich hergestellten Salzgemischen Vorteile kaum aufweisen, zumal sie meist noch einen Zusatz der betreffenden Chemikalien selbst erfahren. Es dürfte ihnen aber immerhin eine gewisse suggestive Wirkung des mehr oder weniger berühmten Namens der betreffenden Heilquelle zukommen, die in vielen Fällen durch eine augenfällige Reklame wesentlich unterstützt wird.

In diesem Zusammenhang sollen kurz auch die unter die Rubrik der Geheimmittel fallenden „Medizinal"- und „Patentmedizinal"-seifen erwähnt werden, unter denen meist nicht der Fabrikant, in desto höherem Maße aber der Konsument zu leiden hat und die, wie Unna sagt, „mit jener ebenso lächerlichen als bedauerlichen Reklame in die Welt gesetzt werden, um gleich beim Erscheinen als ein Novum den Markt zu beherrschen, weil sie alsbald einem anderen, neuesten Hautmittel das Feld zu räumen haben". Es ist zwar zu erwarten, daß die Gesetzgebung dem großen Unfug der unwahren Danksagungen und Anerkennungsschreiben, sowie der Angabe und Verbreitung nicht zutreffender Analysen in Kürze steuern wird, doch wäre es zudem dringend wünschenswert, daß auch der Arzt sowohl wie der Apotheker durch sachgemäße Aufklärung ein allzu leichtgläubiges Publikum vor Schädigungen bewahren, die eine Diskreditierung auch der medikamentösen Seifen in ihrer Gesamtheit leicht zur Folge haben können. Vor allem aber sollte es der Fabrikant selbst einsehen, daß er sich ein großes Verdienst erwerben würde, wenn er, zunächst vielleicht auch unter Opfern, auf den großen Umsatz wertloser, ja selbst schädlicher Präparate verzichten und somit dazu beitragen würde, daß das vielfach gesunkene Ansehen der medikamentösen Seifen von neuem gehoben wird.

---

[1]) Jansen, H.: Untersuchungen über die bakterientötende Wirkung von Radiumemanation, Oevs. o. d. Kgl. Danske Vidensk. Selskabs Forh. 1910, S. 295. Chem. Zentralbl. 1910, II, S. 1076.

Rasierseifen.

Von einer Rasierseife verlangt man, daß sie zart und mild ist, die Haut nicht im geringsten angreift und leicht einen Schaum entwickelt, der möglichst haltbar ist. Diesen Anforderungen entspricht am besten eine neutrale, schwach überfettete Kernseife, die besonders dann für den hier in Betracht kommenden Zweck geeignet ist, wenn zum Sieden nicht Natronlauge allein, sondern Natron- und Kalilauge gemeinsam verwendet werden. Gewöhnlich genügt ein Drittel Kalilauge auf zwei Drittel Natronlauge; besser ist es jedoch, beide Laugen je zur Hälfte zu verarbeiten.

Einzelne durch ihre vorzügliche Rasierseife bekannte Fabriken sollen allerdings auch heute noch nach altdeutscher Weise das Fett nur mit Kalilauge verseifen und das erhaltene Vorprodukt erst durch Aussalzen in eine kalihaltige Natronseife überführen. Daß man auf diese Weise eine sehr gute Seife erhält, unterliegt keinem Zweifel; daß man aber durch gleichzeitiges Verseifen mit Kali- und Natronlauge nicht dasselbe sollte erreichen können, ist nicht einzusehen. Verwendet man aber Laugengemische, die vorwiegend oder sogar fast ausschließlich aus Kalilauge bestehen, so ist der Zusammensetzung des Fettansatzes besondere Aufmerksamkeit zu widmen, da man andernfalls leicht weiche oder zerfließliche Fertigprodukte erhält.

Betreffs des Fettansatzes selbst ist zu bemerken, daß die für die Herstellung pilierter Feinseifen angegebenen Ansätze auch für die Fabrikation von Rasierseifen bevorzugt werden dürfen. Reine Kokosseifen sind jedenfalls für den hier gedachten Zweck wenig verwendbar, da ihr Schaum, wenn auch reichlich, dennoch nicht genügend haltbar ist; reine Talgseifen dagegen sind, soweit sie vorwiegend mit Natronlauge gesotten werden, nicht genügend leicht zum Schäumen zu bringen. Am besten geeignet ist auch hier ein Ansatz aus 80—90 vH. Talg und 20 bis 10 vH. Kokosöl, der bei Berücksichtigung der obigen Angaben eine in jeder Weise befriedigende Seife besonders dann ergibt, wenn das Endprodukt noch einen geringen Zusatz von Rizinusölsäure erhält, also schwach angesäuert wird.

In früheren Zeiten galten als beste Rasierseifen lediglich die ausgesalzenen Kernseifen. Die modernen Rasierseifen mit hohem Gehalt an Kaliseife werden jedoch zum Teil direkt als Leimseifen bzw. als Leimkernseifen gewonnen, obwohl, wie bei Besprechung der festen Kaliseifen erwähnt wurde, auch reine Kalikernseifen durch Aussalzung als völlig neutrale und qualitativ unübertreffliche Produkte erhalten werden können. Anscheinend werden Rasierseifen heute aber auch in der Weise hergestellt, daß ein Teil des Fettansatzes zunächst mit Lauge versotten, ausgesalzen und danach erst mit dem Rest des Fettansatzes vermischt wird, der nunmehr nachträglich unter Verwendung von Kalilauge zur Verseifung gelangt.

Rasierkernseife. Der Ansatz besteht aus frischem Talg; ist derselbe aber sehr mager, so wird Schweinefett in beliebigen Prozentsätzen hinzugenommen, da ein magerer, sehr stearinhaltiger Talg, allein versotten, Seifen ergibt, die leicht reißen. Auf die gute Beschaffenheit des Talges ist großer Wert zu legen; alter, ranziger Talg liefert keine guten Seifen. Um ein leichtes Schäumen zu erreichen, gibt man zweckmäßig etwa 10 vH. Kokosöl zum Fettansatz, der nunmehr eine in jeder Weise vollkommene Seife ergibt.

Aus einem Ansatz von beispielsweise 70—75 vH. Talg, 10—20 vH. Schweinefett und 10—15 vH. Kokosöl läßt sich mit halb Natron- und halb Kalilauge direkt und indirekt eine vorzügliche Rasierseife sieden. Bei indirektem Sieden gibt man zuerst den Talg und das Schweinefett in den Kessel und leitet die Verseifung mit einer 10grädigen Ätznatronlauge ein. Ist voller Verband entstanden, so wird bei flottem Sieden die erforderliche Kalilauge nachgegeben. Man dampft alsdann den Leim soweit ein, bis entnommene Proben fest sind und naß werden. Hierauf wird die Leimseife mit 40grädiger Ätznatronlauge soweit gesättigt, daß eine Abscheidung des Kernes eben zu bemerken ist. Eine vollständige Trennung wird jedoch hierbei nicht beabsichtigt, da man diese erst durch Nachdampfen erreichen will. Läuft dann klare Lauge bei der Probenahme über den Spatel, so wird der Kessel fest gedeckt und die Unterlauge, nachdem sie sich abgesetzt hat, entfernt. Die Grundseife ist in der Regel jetzt sehr scharf und enthält auch noch hinreichend Lauge, um das Kokosöl, welches nunmehr hinzugesetzt wird, noch vollständig zu verseifen. Durch Nachgeben von 4grädigem Salzwasser, Chlorkaliumlösung oder dgl. wird die Seife jetzt so beweglich gemacht, daß sie den Charakter einer ausgeschliffenen Kernseife annimmt.

Um aus demselben Ansatz auf direktem Wege eine Rasierkernseife zu erhalten, wird zunächst die Hälfte der Natron- und die Hälfte der Kalilauge im Kessel erhitzt und mit dem Kokosöl und dem Schweinefett vermischt. Die entstehende Seife ist nunmehr imstande, auch den Talg, der allmählich eingebracht wird, mit in Verband zu ziehen, so daß, wenn alle Fette und Laugen im Kessel sieden, eine nach Eschwegerart verbundene Seife entstanden ist. Hat dieselbe Neigung zum Dickwerden, so wird starke Chlorkaliumlösung hinzugegeben. Parfümiert wird mit künstlichem Bittermandelöl oder einer Mischung aus

100	Teilen	Geraniumöl,
50	,,	Palmarosaöl,
10	,,	Cassiaöl,
30	,,	Cinnamol, gelöst in
100	,,	Sprit.

Auf 100 kg Seife verwendet man 200—250 g Parfüm.

Damit die hier genannten Seifen jedoch nicht allzu weich oder hygroskopisch ausfallen, darf nur Talg mit hohem Titer, also etwa Preßtalg zur Verwendung gelangen. Auch ist es unter Umständen zweckmäßig, auf die Mitverarbeitung von Schmalz ganz zu verzichten und den Fettansatz lediglich aus etwa 90 vH. Preßtalg und 10 vH. Kokosöl zusammenzustellen. Zur Verseifung benötigt man alsdann auf 100 Teile Fett etwa 40 Teile Kalilauge und 14 Teile Natronlauge, beide von 38° Bé. Der erhebliche Kaligehalt dieser Seifen hat naturgemäß eine bedeutende Leichtlöslichkeit, Schaumkraft und Geschmeidigkeit zur Folge, so daß selbst ohne Zusatz von Kokosöl überaus befriedigende Fertigprodukte erzielt werden können. Eine in der Vorkriegszeit auch in Deutschland weit verbreitete amerikanische Rasierseife, die Colgateseife, enthält beispielsweise überhaupt nur Stearin- und Palmitinsäure, also weder Oleïn, noch Kokosöl, und ist daher offenbar durch Verseifung von technischer Stearinsäure mit Kali- und etwas Natronlauge hergestellt. Nach einer von Davidsohn[1]) veröffentlichten Analyse enthält das Produkt aber eine geringe Menge Glyzerin, das wohl zwecks Erhöhung seiner Geschmeidigkeit und Pilierfähigkeit künstlich zugesetzt ist. Die Colgateseife wird in Form von Rasierstangen in den Handel gebracht, welche leicht mit Hilfe der Strangpresse hergestellt werden können. Ein ähnliches Erzeugnis läßt sich aus folgendem Ansatz erhalten:

	100	kg	Stearin,
	5,35	„	Glyzerin etwa 85 vH.,
etwa	40	„	Kalilauge, 38° Bé,
„	14	„	Natronlauge, 38° Bé.

In das auf 95° C erwärmte Laugengemisch läßt man das auf etwa 75° erwärmte Stearin-Glyzeringemisch in dünnem Strahle einfließen, während das Ganze gleichzeitig gut durchgerührt wird. Zur Vervollständigung der Verseifung läßt man die Seifenmasse noch einige Stunden im Wasserbadkessel stehen, formt und parfümiert die nach dem Erstarren getrocknete Seife auf der Piliermaschine. Die Masse wird sodann durch die Strangpresse zu Stangen gepreßt, die man vor dem Verpacken zweckmäßig noch an der Luft etwas nachtrocknen läßt. Als Parfüm sind die oben genannten Kompositionen geeignet, doch scheint die Original-Colgate-Rasierseife mit einer Mischung von Lavendelöl, Bergamotteöl und Geraniumöl parfümiert zu sein.

Rasierseife auf halbwarmem Wege. Man nimmt für gewöhnlich an, daß alle kaltgerührten Seifen durch die in der Form eintretende Nacherhitzung volle Verseifung eingehen; dies trifft jedoch nicht immer zu, und namentlich dann nicht, wenn starke Laugen von 38—40° Bé zur Verwendung gelangen. Die Seifen sind dann nicht wasserhaltig genug und bilden sich deshalb mitunter nur teilweise aus. Bei den Rasierseifen ist die volle Verseifung aber ein Hauptefordernis, weshalb man diese meist nicht der Form überläßt, sondern im Wasserbade für eine hinreichende Erwärmung sorgt. Erst wenn die ganze Masse, gleichmäßig verseift, die Bildung einer Leimkernes anzeigt, wird sie in die Formen ausgefüllt.

---

[1]) Seifenfabrikant 1915, **35**, S. 321; ferner Seifensiederzeitung 1925, **52**, S. 696.

Die Ansätze zu solchen Seifen können recht verschieden sein und bestehen zumeist aus Talg, Schweinefett und Kokosöl. Eine gute Seife erhält man beispielsweise, wenn man nach den obigen Angaben

30 kg Talg, frisch,
10 ,, Schweinefett, frisch,
10 ,, Kokosöl,

mit 25 kg Ätznatronlauge von 38° Bé verseift, die man zweckmäßig zur Hälfte durch Kalilauge ersetzt.

Ein Ansatz für eine kaltgerührte Rasierseife ist:

20 kg Talg,
1 ,, Rizinusöl,
4 ,, Cochin-Kokosöl,
10 ,, Ätznatronlauge von 35° Bé,
6 ,, Kalilauge von 22° Bé,
3 ,, Pottaschelösung von 22° Bé.

Eas Fett wird auf 50° C erwärmt; die Lauge und die Pottaschelösung werden vermischt und in dem Fett langsam verrührt. Will man die Seife gefärbt haben, so wird der Farbstoff in heißem Wasser gelöst und der Lauge beigefügt. Das Zusammenrühren muß jedoch exakt durchgeführt werden, und der gebildete Verband darf niemals durch das Nachgeben der Lauge gestört werden, die Mischung darf also weder Lauge absetzen, noch Fett ausscheiden. Ist die Lauge eingerührt und eine leimartige, blanke Seifenmasse gebildet, so kann sofort parfümiert und geformt werden. Zeigt die Masse aber nach dem Zugeben der Lauge ein rauhes und stumpfes Aussehen, so stellt man die Rührung ein, deckt den Rührkessel möglichst fest zu und wartet die Selbsterhitzung ab. Ist diese eingetreten, so wird die gesamte Seife im heißen Wasserbade gleichmäßig angewärmt und abermals stark gerührt. Sobald sich ein blanker Leimkern gebildet hat, ist die Verbindung vollzogen; man kann nun Proben entnehmen und an der erkalteten Seife Härte und Abrichtung prüfen.

Ein anderes Verfahren ist das folgende: 42 kg Talg und 19 kg Kokosöl werden langsam geschmolzen, so daß das Fett nicht über 80° C warm wird, und dann durch ein Sieb oder Tuch geseiht. Wenn das Fettgemisch auf 65° C abgekühlt ist, werden 30 kg Natronlauge von 30° Bé allmählich unter fortwährendem Rühren hinzugesetzt, so daß sich das Fett langsam und innig verseift. Ist dies erfolgt, so gibt man 10 kg Kalilauge von 26° Bé hinzu und rührt, wenn alles in gutem Verband ist, das Parfüm hinein. Dasselbe besteht aus 140 g Thymianöl, 80 g Kümmelöl und 40 g Bergamottöl. Wenn die Seife nunmehr beginnt, auf der Oberfläche Streifen zu werfen, wird sie schnell in die Form gegeben. Hier deckt man sie gut zu und läßt sie bis zum anderen Tage ruhig stehen. Nach dem Schnitt wird sie dann zweckmäßig noch einige Tage in Blockform belassen, damit sie schwitzt und hierdurch rein weiß wird.

Anschließend folgen noch einige Vorschriften für zusammengerührte Rasierseifen. Die fertige Seife wird, nachdem sie parfümiert ist, in flache Formen gegossen, die im Gegensatz zu dem oben geschilderten Verfahren vielfach nicht bedeckt werden.

1.

22,5 kg Talg, } 52—53° C
2,5 „ Cochin-Kokosöl, } warm,
10 „ Ätznatronlauge von 35° Bé,
6 „ Kalilauge von 21° Bé,
3 „ Pottaschelösung von 21° Bé.

Parfüm:

45 g Kümmelöl,
80 „ Lavendelöl,
35 „ Thymianöl.

2.

15 kg Talg, }
7 „ Olivenöl, } 49° C warm,
3 „ Cochin-Kokosöl, }
10 „ Ätznatronlauge von 35° Bé,
6,5 „ Kalilauge von 10° Bé,
3 „ Pottaschelösung von 10° Bé.

Parfüm:

70 g Bergamottöl,
40 „ Kümmelöl,
35 „ Lavendelöl,
15 „ Thymianöl,
5 „ Moschustinktur.

3.

17 kg Talg, }
5 „ Mandelöl, } 47—48° C warm,
3 „ Cochin-Kokosöl, }
10 „ Ätznatronlauge von 35° Bé,
6,5 „ Kalilauge von 20° Bé,
3 „ Pottaschelösung von 20° Bé.

Parfüm:

45 g Bergamottöl,
5 „ Bittermandelöl,
100 „ Geraniumöl.

4.

16,5 kg Talg, }
5 „ Sesamöl, } 32—33° C warm,
3 „ Cochin-Kokosöl, }
10 „ Ätznatronlauge von 35° Bé,
6 „ Kalilauge von 20° Bé,
3 „ Pottaschelösung von 20° Bé.

Parfüm:

60 g Safrol,
25 „ Pfefferminzöl,
5 „ Patchouliöl.

Kalilauge und Pottaschelösung werden stets gemischt in Anwendung gebracht. Ansatz 3 legt beim Verrühren in der Regel auf.

Die so erhaltenen Seifen ergeben einen fetten, sehr nachhaltigen Schaum und werden sowohl von Selbstverbrauchern als auch im Friseurgewerbe gern verwendet. Vielfach werden aber auch gewöhnliche, kaltgerührte Talgkernseifen, die, wie beispielsweise die sogenannten Windsorseifen, einen mehr oder weniger hohen Gehalt an Leimfetten in ihrem Ansatz aufweisen, als Rasierseifen empfohlen.

Aus 12,5 kg Palmkernöl, 7,5 kg Talg, 5 kg Schweinefett, 10 kg Ätznatronlauge von 36° Bé, 5,5 kg Kalilauge von 20° Bé und 3 kg Pottaschelösung von 20° Bé, oder aus 12,5 kg Talg, 12,5 kg Palmkernöl, 12,5 kg Ätznatronlauge von 36° Bé, und 12,5 kg Pottaschelösung von 30° Bé erhält man z. B. bei 37—38° C ein Produkt, das mit 75 g Bergamottöl und 5 g Mirbanöl parfümiert, sowohl als Handseife wie als Rasierseife zu verwenden ist.

Rasierseifenpulver. Die Rasierseifenpulver bestehen in der Regel aus reiner, gepulverter Kernseife, die noch mit Stärkemehl, Mandelkleie, Veilchenwurzelpulver o. dgl. versetzt ist. Da nämlich eine empfindliche Haut selbst eine reine, neutrale Kernseife nicht immer verträgt, so tritt nach dem Gebrauch der Seife ein unangenehmes Gefühl der Trockenheit auf, das gemildert wird, wenn man eine Seife mit den genannten Zusätzen verwendet. Des weiteren bewirken diese, daß auch der Schaum sich länger hält, d. h. besser steht. Durch eine Mischung von 100 Teilen Seifenpulver mit 20—25 Teilen Stärkemehl erhält man ein Rasierpulver, das einen zarten, beständigen Schaum ergibt. Das Stärkemehl wird vor Vornahme der Mischung parfümiert und, wenn nötig, gefärbt, wobei Parfüm und Farbe sorgfältig verrieben werden. Nach dem Mischen wird das Ganze durch ein nicht zu feines Sieb gegeben.

Als Parfüm für diese Rasierpulver benutzt man gewöhnlich eine Mischung von Lavendelöl, Thymianöl, Kümmelöl und Fenchelöl, für rosa Pulver unter Umständen auch Geraniumöl, Palmarosaöl und etwas Nelkenöl, für feinstes Rosenrasierpulver Geraniumöl, Rosenöl und Bergamottöl.

Auch Rasierseifenpulver können aber mit Vorteil unter Verwendung bzw. Mitverwendung von Kalilauge hergestellt werden, wenn der Fettansatz reich an gesättigten Hartfettsäuren ist; lassen sich doch selbst reine Kaliseifen nach den Angaben des DRP. 391163 zu Pulvern verarbeiten, wenn ihr Fettsäuregehalt 75 vH. oder darüber beträgt. Die Lagerfähigkeit dieser Pulver ist den Angaben der Patentschrift zufolge eine durchaus gute und kann nach dem DRP. 423 703 dadurch noch erhöht werden, daß man die Seifenmasse mit unverseifbaren Stoffen, insbesondere mit Paraffin, versetzt.

Rasierpasta. Die Rasierpasta oder Rasierseifencreme ist eine Kaliseife von salbenartiger Konsistenz, die vielfach von einer guten Silberseife kaum zu unterscheiden ist. Die letztere ist aber meist nicht neutral und daher nur für wenig empfindliche Haut verwendbar.

Ein geeigneter Ansatz besteht aus:

30 kg	Olivenöl,
15 „	Oleïn,
5 „	Kokosöl,
30 „	Kalilauge von 24° Bé,
15 „	Pottaschelösung von 24° Bé,
10 „	Ätznatronlauge von 36° Bé.

Das Öl wird auf 60° C erwärmt und mit der Lauge verrührt. Der Verband bildet sich meist jedoch erst aus, wenn der Kessel einige Stunden fest abgedeckt der Ruhe überlassen bleibt. Die fertige Seife wird in ein Gefäß geschöpft und, wenn erkaltet, fest zugeschlagen, da sie erst nach 4 bis 6 Wochen vollständig ausgebildet und nicht früher in den Handel gebracht werden darf.

Neben der vorstehend besprochenen Rasierpasta kommen aber auch Rasierseifencremes im Handel vor, die, vollständig neutral, gerade den Vorzug haben sollen, daß sie auch von der empfindlichsten Haut reizlos vertragen werden. Die nachstehende Vorschrift soll eine solche Seifencreme ergeben.

In einem emaillierten Doppelwandkessel werden 15 kg weißes, ganz frisches Schweinefett und 3 kg frisches Sesamöl auf 37—38° C erwärmt. Zu dem erwärmten Fettgemisch gibt man alsdann unter kräftigem Rühren 1,5 kg Ätznatronlauge von 40° Bé, die zuvor mit 0,5 kg Wasser verdünnt wurden, und sodann 7 kg Ätzkalilauge von 40° Bé in dünnem Strahle hinzu. Die Masse wird gerührt, bis sie so dick ist, daß der Rührstab darin stehen bleibt, eine Arbeit, die unter Umständen einen ganzen Tag erfordert. Man darf sich aber die Mühe nicht verdrießen lassen, da nur so eine vollständige Verseifung zu erzielen ist. Die fertige Creme wird in Steinkruken gefüllt und an einem kühlen Ort aufbewahrt. Als Parfüm werden der erkalteten Seife, zweckmäßig jedoch erst jeweils vor dem Versande,

250 g Bittermandelöl,
50 „ Rosenöl,
2 „ Cumarin

in einer Reibschale zugesetzt.

Nach H. Mann werden in Frankreich folgende Vorschriften zur Herstellung von Rasiercreme angewandt:

I.

4,5 kg Schmalz,
0,5 „ Cochin-Kokosöl,
2,0 „ Kalilauge von 36° Bé,
0,5 „ Natronlauge von 36° Bé.

II.

7,5 kg Oleïn,
15,0 „ Olivenöl,
2,5 „ Kokosöl,
22,5 „ Kalilauge von 24° Bé,
5,0 „ Natronlauge von 36° Bé.

III.

3500 g Schmalz,
1875 „ Kalilauge von 25° Bé,
100 „ Sprit,

Die nach Eintritt des Verbandes erhaltenen Cremes werden zunächst einige Stunden der Ruhe überlassen. Alsdann knetet man sie, zweckmäßig in einer Knetmaschine, durch und setzt schließlich etwas Sprit hinzu, bis Glanz und alabasterartiges Aussehen auftreten.

Die fertige Ware hebt man in gut verschlossenen Töpfen auf und füllt diese nach Bedarf in kleinere Porzellandosen ab, die hübsch etikettiert und mit Verschlußstreifen versehen einen guten Handelsartikel bilden.

Parfümiert wird am häufigsten mit Bittermandelöl; doch sind auch mit Rosen und Veilchen parfümierte Rasiercremes im Handel. Geeignete Parfümierungsvorschriften lauten für

Veilchen: 50 g Jonon,
100 „ Bergamottöl,
15 „ Irisöl, konkret,
5 „ Moschus künstl.,

Rose: 60 g Geraniumöl,
10 „ Rosenöl künstl.,
70 „ Nelkenöl,
40 „ Moschustinktur,
10 „ Sandelholzöl.

Auf 1 kg Creme verwendet man 15—20 g Parfüm.

Kosmetische und technische Spezialitäten.

Neben den im Vorstehenden besprochenen Produkten findet man vielfach auch kosmetische und technische Bedarfsartikel im Handel, die von der Seifenindustrie selbst nur ausnahmsweise im großtechnischen Maßstabe hergestellt werden und deren Fabrikation in der Regel Spezialbetrieben vorbehalten bleibt. Hierhin gehören vor allem Erzeugnisse, welche wie die Zahnseifen, Fleck- und Metallputzmittel gewöhnlich auch in besonders augenfälligen Spezialpackungen herausgebracht werden oder die, wie die im Sommer häufiger begehrten Schwimmseifen, außergewöhnliche, für Reklamezwecke geeignete Effekte auszulösen vermögen. Im allgemeinen sollte deshalb eine eingehende Besprechung all dieser Erzeugnisse an dieser Stelle auch entbehrlich sein, zumal da alles diesbezüglich Wissenswerte in der Spezialliteratur zu finden ist. Der Vollständigkeit halber soll jedoch kurz auch auf diese Dinge eingegangen werden.

Schwimmseifen.

Als Schwimmseifen, Bade- oder Schaumseifen bezeichnet man seifenartige Produkte, die infolge ihres niedrigen spezifischen Gewichtes auf dem Wasser zu schwimmen vermögen. In der Regel werden sie aus Abfällen von Feinseifen hergestellt, doch verwendet man des öfteren auch besonders hergestellte Grundseifen, die dann aber möglichst wenig Wasser enthalten sollen. Da diese letzteren aber, schwerer als Wasser, in diesem untersinken, so muß durch Hinzugabe spezifisch leichterer Substanzen das spezifische Gewicht der Gesamtmasse so eingestellt werden, daß dieselbe nunmehr in oder auf dem Wasser zu schwimmen vermag.

Am einfachsten erreicht man dies nun dadurch, daß man dem heißflüssigen Seifenkörper vor oder während des Erkaltens Luft einrührt. In einem mit Dampf beheizten Doppelkessel wird beispielsweise eine glattweiße Kernseife zum Schmelzen gebracht und mit Hilfe einer archimedischen Schraube oder mit einem sonst geeigneten Rührwerk so bearbeitet, daß die dickflüssige Seifenmasse vollkommen mit Luft durchsetzt wird. Dieselbe besitzt alsdann ein Volumen, das weit über das Doppelte des Ursprünglichen hinausgeht, eine Tatsache, auf die bei der Wahl des Kessels genügend Rücksicht genommen werden muß.

In diesem Zustand gießt man nun die Seife in kleine, eiserne Formen aus und läßt sie so schnell wie möglich erstarren. Man erhält so ein sehr schönes Produkt, das, spezifisch leicht, allen berechtigten Ansprüchen Rechnung trägt.

Nach einer anderen Vorschrift werden Schwimmseifen in folgender Weise hergestellt: 135 kg Talg und 15 kg Kernöl kommen in einen etwa

30 Zentner gewöhnliche Seife fassenden Kessel und werden mit 3 Teilen Natron- und 1 Teil Kalilauge von 9 bis 12° Bé wie gewöhnlich verseift und auf gelinden Stich abgerichtet. Haupterfordernis ist jedoch, daß die Fette möglichst vollkommen verseift sind, weshalb es zweckmäßig erscheint, den Leim, nachdem er auf gewöhnlichen Stich abgerichtet ist, noch etwa 2 Stunden im Sieden zu belassen. Nachdem die Verseifung beendet, salzt man den Leim soweit aus, daß etwas Lauge abtropft, wozu 7—8 vH. Salz genügen. Nun wird weiter erhitzt, bis die Seife stramm siedet; gleichzeitig gibt man 6 bis 8 Zentner Salzwasser von 3—4° Bé hinzu. Wenn nach einer weiteren Stunde die Masse dann leicht und flockig aufwellt, überläßt man sie etwa eine Viertelstunde der Ruhe, damit sich die Unterlauge absetzen kann. Danach kommt die Seife in bereitgehaltene niedrige Formen, die vorteilhafterweise so eingerichtet sind, daß etwa noch abgeschiedene Unterlauge absickern kann. Eine geringe, im Kessel verbliebene Menge (2—3 Topf) wird jedoch zu Schaum geschlagen, der nach einem Absetzen von 2 Minuten ebenfalls in die Formen gegeben und mit dem Kern gleichmäßig verkrückt wird, so daß die Masse schließlich porös und großflockig aussieht. Nunmehr wird die Seife abgedeckt. Das Formen und Schaumschlagen muß jedoch rasch erfolgen, da die Seife bald erstarrt.

Schwimmseifen aus Kokosöl allein herzustellen, ist nicht empfehlenswert, weil der Schaum der Kokosölseifen nur wenig haltbar ist, so daß die mechanisch einverleibte Luft gewöhnlich schon vor dem Erstarren des Seifenkörpers entweicht. Auch das Trocknen der Schaumseifen darf weder in warmen Räumen, noch etwa im Trockenofen geschehen, da dies ebenfalls ein Entweichen der Luftmassen zur Folge hat. Am besten stellt man die ganzen Blöcke mehrere Wochen lang in einen luftigen, der Sonne nicht ausgesetzten Raum, schneidet hierauf in Tafeln und läßt diese wiederum mehrere Tage abtrocknen, ehe man schließlich zum Schneiden derselben in Riegel und Stücke schreitet.

Zweckmäßiger als durch Luft kann man Schwimmseifen aber durch die Einverleibung spezifisch leichter Kohlenwasserstoffe (Paraffin), Alkohole (Wollfett- oder Wachsalkohole), wachsartiger Stoffe und dgl. erhalten. Man hat es völlig in der Hand, durch Innehaltung bestimmter Mengenverhältnisse auf das spezifische Gewicht des Grundseifenkörpers bestimmend einzuwirken, und es ist lediglich notwendig, die durch den Gehalt der Seife an unverseifbaren Stoffen bedingten Folgeerscheinungen durch eine zweckentsprechende Zusammensetzung des Seifenkörpers selbst wieder auszugleichen. Am besten verwendet man in diesem Falle daher Grundseifen mit einem höheren Gehalt an niedriger molekularen Fettsäuren (Kokosöl, Palmkernöl), doch tut man gut, auch etwas Rizinusöl im Fettansatz unterzubringen, um die durch die Zusatzstoffe unter Umständen gestörte Emulsionsfähigkeit der Seife in der früher eingehend geschilderten Weise wieder normal zu gestalten. Auch der Zusatz von Rizinusölsulfosäure (Türkischrotöl) oder aromatischen Sulfosäuren[1]) kann hier von Nutzen sein.

---

[1]) Siehe S. 152.

Für gewöhnlich wird als Farbe der Schaumseifen weiß bevorzugt. Daneben färbt man aber auch rosa, rot oder gelb. Die gebräuchlichsten Parfüms sind zu weißer Seife: Lavendelöl, Kümmelöl, weißes Thymianöl und Fenchelöl; zu rosa oder roter: Lavendelöl, Nelkenöl und Palmarosaöl; zu gelber: Lavendelöl und Cassiaöl.

Zahnseifen, Zahnpasten und Zahncremes.

Man unterscheidet Zahnseifen und Zahnpasten. Mit Zahnseifen werden diejenigen Zahnreinigungsmittel bezeichnet, die einen großen Gehalt an Seife besitzen, während zur Herstellung von Zahnpasten Seife nur in geringer Menge oder gar nicht verwendet wird.

Zahnseifen. Über die Verwendbarkeit der Seifen als Reinigungsmittel für die Zähne ist man sehr geteilter Ansicht. Vielfach wird behauptet, daß ein fortgesetzter Gebrauch den Zahnschmelz angreife. Es ist jedoch nicht anzunehmen, daß ein gesunder Zahn durch eine gute, neutrale Seife leiden wird, auch wenn sie fortgesetzt zur Reinigung dient, und lediglich Seifen, die freies Alkali enthalten, dürften auf die Dauer schädlich wirken.

Ein großer Teil der Zahnseifen besteht aus Mischungen von Seife mit präparierten Austernschalen, Veilchenwurzelpulver u. dgl. Der Gebrauch von gemahlenen Austernschalen ist jedoch zu verwerfen, da dieselben, auch wenn sie noch so sorgfältig geschlemmt sind, stets scharfe Teilchen enthalten, welche den Zahnschmelz verletzen müssen. Überhaupt sind alle Zusätze, welche eine stark reibende Wirkung auf den Zahn ausüben, wie Bimsstein, Marmor u. dgl., und selbstverständlich auch solche Stoffe, die den Schmelz angreifen, wie Salizylsäure und Alaun, oder entkalkend wirken, wie Milch- oder Weinsäure, oder die wie Zucker, in Gärung übergehen können, nach Möglichkeit von einer Verwendung auszuschließen.

Für die Reinigung der Zähne empfehlenswert ist jedoch eine Zahnseife folgender Zusammensetzung:

0,25 g	Thymol,
1,0 „	Ratanhiaextrakt, gelöst in
6,0 „	heißem Glyzerin,
0,5 „	gebrannte Magnesia,
4,0 „	doppeltkohlensaures Natron,
30,0 „	medizinische Seife,
1,0 „	Pfefferminzöl.

Die Wirkung derselben kann unter Umständen durch den Zusatz von Kalziumkarbonat (präzipitierter, kohlensaurer Kalk), Veilchenwurzelpulver oder Talkpulver noch verstärkt werden. Eine geeignete Vorschrift ist die folgende:

250 g	Seifenpulver,
500 „	Kalziumkarbonat,
10 „	Pfefferminzöl,
15 „	Myrrhenpulver,
50 „	Glyzerin,
180 „	Spiritus.

Als Farbstoff verwendet man Karmin, häufig auch Alkannin, zuweilen auch feinst gepulvertes Sandelholz.

Eine Zahnseife, die gewöhnlich als Dr. Hufelands Zahnseife bezeichnet wird, ergibt die folgende Vorschrift:

7000 g feinster, säurefreier Talg,
3250 „ Natronlauge von 38° Bé,
500 „ Kalilauge von 20° Bé,
500 „ Goldoker, }
125 „ Umbrabraun, } in
1500 „ Calcaria carbonica praecipitata, }
2000 „ heißem Wasser angerieben,
150 „ Pfefferminzöl,
25 „ Nelkenöl.

Der Talg wird in ein Wasserbad gebracht und auf 75° C erhitzt. Hierauf wird die bis auf etwa 38° C erwärmte Lauge langsam in den Kessel gegeben, das Ganze ungefähr 1/4 Stunde lang gerührt und alsdann der Ruhe überlassen. Hierbei wird der Kessel selbst leicht zugedeckt und die Verseifung durch entsprechende Wärmezufuhr nach Möglichkeit gefördert. Ist dieselbe beendet, so wird die Masse nochmals vorsichtig durchgerührt, bis sie das Aussehen einer prima weißen Kernseife angenommen hat. Man gibt jetzt die bereitstehenden Farbstoffe und den kohlensauren Kalk hinzu, rührt nochmals gut durch, indem man gleichzeitig parfümiert und bringt die nun fertige Zahnseife in die Form, die man abgedeckt über Nacht stehen läßt. Anderen Tages kann man die Zahnseife in Stücke schneiden, welche man etwa 12 Stunden zum Trocknen aufstellt und dann in Stanniol verpackt.

Weitere Vorschriften sind aus der Spezialliteratur[1]) ersichtlich.

Zahnpasten. Eine sehr gebräuchliche Zahnpasta ergibt die folgende Vorschrift:

500 g Havanna-Honig,
500 „ Seifenpulver,
280 „ Magnesia,
1 „ Karmin,
2 „ Salmiakgeist,
15 „ Wasser,
10 „ Pfefferminzöl.

Honig, Seifenpulver und Magnesia werden zu einer plastischen Masse geknetet, nachdem man das Karmin mit dem Salmiakgeist und dem Wasser fein zerrieben und zugesetzt hat. Zuletzt folgt das Pfefferminzöl.

Durch Zugabe anderer Parfüms zu vorstehendem Ansatz lassen sich folgende Handelsmarken herstellen:

Kräuter-Zahnpasta.

5 g Pfefferminzöl,	1 g Thymianöl,
5 „ Krauseminzöl,	1 „ Wacholderbeeröl,
3 „ Salbeiöl,	1 „ Ysopöl,
2 „ Kalmusöl,	1 „ Arnikaöl.

[1]) Siehe Dieterich, Pharmazeutisches Manual. Berlin. Julius Springer. Hagers Handbuch der pharmazeutischen Praxis u. a.

Thymol-Zahnpasta.

30 g Thymol,
0,1 „ Cumarin,
10 g Pfefferminzöl, Mitcham,
5 „ Rosenholzöl.

Salol-Zahnpasta.

80 g Salol,
15 „ deutsches Pfefferminzöl,
5 „ Nelkenöl,
1 „ Rosenöl, künstlich,
2 „ Anethol,
1 „ Neroliöl, künstlich.

Sherry-Tooth-Paste.

4 g Zimtöl,
8 „ Anethol,
4 „ Nelkenöl,
4 „ Bergamottöl.

Pfefferminz-Zahnpasta.

6,5 kg präzipit. kohlensaurer Kalk,
15,0 „ Schlemmkreide,
5,0 „ Grundseife,
0,6 „ Sirup,
0,7 „ Wasser,
1,0 „ Glyzerin,
10 g Karmin,
40 „ Rhodamin, in Wasser gelöst,
80 „ Eugenol,
400 „ Pfefferminzöl.

Man läßt das Ganze über die Piliermaschine laufen, gibt aber die ätherischen Öle erst hinzu, wenn eine gleichmäßige Konsistenz der Grundmasse erreicht ist.

Zahncremes. Die Zahncremes erhält man durch reichlichere Zugabe von Glyzerin und Wasser zu den Zahnpasten. Einige Vorschriften lauten:

Chinosol-Zahncreme.

1000 g kohlensaurer Kalk,
1000 „ Magnesia,
200 „ Seifenpulver,
600 „ Glyzerin, chemisch rein,
100 „ Cochenille-Tinktur,
5 „ Chinosol,
25 „ Pfefferminzöl.

Dentalin.

1500 g Glyzerin,
700 „ Seifenpulver,
1000 „ Schlemmkreide,
15 „ Thymol,
15 „ Myrtol,
50 „ Pfefferminzöl,
10 „ Lavendelöl.

Wintergrün-Zahncreme.

600 g Seifenpulver,
600 „ Glyzerin,
4000 „ Weinsprit,
2200 „ Wasser,
10 „ Pfefferminzöl,
10 „ Zimtöl,
10 „ Anisöl,
15 „ Nelkenöl,
8 „ Wintergrünöl.

Zahncreme mit chlorsaurem Kali.

500 g chlors. Kali, ff. pulverisiert,
940 „ Glyzerin,
170 „ Seifenpulver,
250 „ Seifencreme,
30 „ Bimsstein, pulverisiert,
1000 „ kohlensaurer Kalk,
30 „ Pfefferminzöl,
3 „ Anethol,
5 „ Zimtöl,
2 „ Lavendelöl.

Die Grundmasse wird hergestellt, indem man 8 kg Schweineschmalz und 1,5 kg Cochin-Kokosöl mit 7,3 kg Kalilauge von 36° Bé verseift.

Da chlorsaures Kali beim Zusammenwirken mit organischen Stoffen heftige Explosionen bedingen kann, so muß seine Mischung mit den anderen Bestandteilen sehr vorsichtig und ohne Anwendung von Druck geschehen.

Die Präparate werden in weißer Farbe gehandelt, zumal wenn sie chlorsaures Kali enthalten, das sich mit roten Farbstoffen nicht verträgt.

Sand- und Bimssteinseifen.

Sand- und Bimssteinseifen bilden namentlich für Fabrikarbeiter und Handwerker, wie Schlosser, Chauffeure u. dgl. ein gutes Reinigungsmittel und werden daher häufig in größerem Umfange hergestellt. Ihre Fabrikation ist äußerst einfach und erfolgt meist durch Verseifung auf kaltem Wege und nur ausnahmsweise auch aus Grundseife. In letzterem Falle mischt man der Seifenmasse an Stelle von Sand oder Bimssteinpulver vielfach auch Marmorstaub oder Neuburger Kieselkreide bei, welche sich vornehmlich in ihrer scharfen Qualität ganz vorzüglich für die hier in Betracht kommenden Zwecke verwenden läßt. Die Verarbeitung bleibt jedoch stets dieselbe, gleichgültig ob Bimsstein, Sand, Kieselkreide oder Marmorstaub in Anwendung kommen. Eine Bimssteinseife auf kaltem Wege erhält man in folgender Weise:

10 kg Kokosöl und Kernöl, 37—38° C warm, werden mit 6 kg feinst gepulvertem Bimsstein derart vermischt, daß das Ganze eine Temperatur von etwa 30° C besitzt. Hierzu kommen 7 kg Ätznatronlauge von 36° Bé und 2 kg Wasserglas von 38° Bé, und zwar der Art, daß man zunächst nur etwa 6 kg Lauge und alsdann erst den Rest derselben mit dem Wasserglas gemischt hinzugibt. Die Seife ist stets so dick, daß sofort geformt werden kann.

Eine bessere Qualität ergibt der folgende Ansatz:

	10,0 kg	Ceylon-Kokosöl,
	6,5 „	feinst gepulverter Bimsstein, Sand oder Kieselkreide,
	6,5 „	Ätznatronlauge von 36° Bé,
	1,0 „	Wasserglas von 38° Bé,
Parfüm:	30 g	Lavendelöl,
	20 „	Rosmarinöl,
	5 „	Pfefferminzöl,
	5 „	Kümmelöl.

Die Seife wird gleichfalls in der oben beschriebenen Weise hergestellt; nur tut man gut, das Parfüm sogleich mit dem Fett zu vermischen und letzteres auch mit wenig blauem Ultramarin zu färben, damit die Seife den beliebten, blaugrauen Grund erhält.

Nicht unzweckmäßiger Weise erhalten diese Seifen des weiteren aber einen Lösungsmittelzusatz, der dazu dient, teerige, an der Haut festhaftende Verunreinigungen leichter zu entfernen. Bei Mitverwendung höher molekularer Alkohole (Methylhexalin) in solchen Lösungsmittelkompositionen ist die Aufnahmefähigkeit auch der Sand- und Bimssteinseifen für Kohlenwasserstoffe u. dgl. eine große[1]). Auch weiche, sogenannte Tubenseifen (Chauffeurseifen) lassen sich in üblicher Weise so herstellen.

[1]) Vgl. S. 391.

Seifensand und Scheuerputzpulver bilden meist eine innige Mischung von etwa 80 Teilen fein geschlemmtem Quarzsand, etwa 4 Teilen Kieselkreide und etwa 16 Teilen gemahlener Kristallsoda. An Stelle der Kristallsoda kann man aber zweckmäßig auch ein gut schäumendes, sodahaltiges Seifenpulver verwenden, das der Soda in dem vorliegenden Falle weit überlegen ist.

Fleckseifen.

Zum Entfernen von Flecken aus empfindlich gefärbten Stoffen wird im Haushalt vielfach die frische Ochsengalle benutzt. Die hierbei erzielte Wirkung ist auf das Netzvermögen der Galle und ihr Emulsionsvermögen flüssigen Fetten gegenüber zurückzuführen und ist bedingt durch die Anwesenheit gallensaurer Alkalien, die in ihren Eigenschaften den Seifen sehr nahe stehen. Handelt es sich um die Entfernung von Fettflecken, so scheint eine Anwendung der Galle nach Ubbelohde und Goldschmidt[1]) auch durchaus rationell. Sie war zu einer Zeit, als Seife nicht überall zu haben war, vielleicht das einzig verwendbare Mittel, das zudem vor der Seife noch den unbestrittenen Vorzug hatte, kein freies Alkali zu enthalten und weder die Stoffe selbst, noch die Farbe der Stoffe anzugreifen. Da jedoch 100 Teile Galle nicht ganz 10 Teile fester Substanzen enthalten, in denen wiederum nur 0,2 Teile gallensaurer Alkalien vorhanden sind, so ergibt sich, daß die Seife in ihrer Wirkung der Galle um vieles überlegen ist, zumal da auch die Seife bei sachgemäßer Herstellung selbst in wässriger Lösung durchaus neutral sein kann. Die Galle hat zudem die unangenehme Eigenschaft, daß sie wenig haltbar ist und sehr bald in Fäulnis übergeht. Es lag deshalb aber nahe, sie in Verbindung mit der Seife zu verwenden, die ihre Fäulnis verhindert, und somit die reinigenden und schmutzlösenden Eigenschaften beider Substanzen zur Entfernung von Flecken und zur Auffrischung der Farben bei seidenen und wollenen Stoffen gleichzeitig nutzbar zu machen. Für die Fabrikation verwendet man zweckmäßigerweise eine völlig neutrale oder schwach mit Rizinussäure angesäuerte Kernseife, die fertig gesotten, in kleinen Partien mit der zuvor etwas angewärmten Galle vermischt wird. Will man den Geruch der Galle durch Parfüm verdecken, so eignet sich dazu am besten Rosmarinöl und Spiköl. Auf 100 kg Kernseife genügen 8 kg Galle.

Aus gepulverter Kernseife erhält man nach folgender Vorschrift eine gute Gallseife: 1 kg frische Ochsengalle wird unter stetem Rühren bis auf 200 g eingedampft. Der Rückstand wird alsdann mit 50 g gepulvertem Borax, 200 g gepulvertem Zucker, 400 g gepulverter Kernseife und 40 g venetianischem Terpentin vermischt.

Eine flüssige Gallseife erhält man, indem man von der nach voriger Vorschrift hergestellten festen Gallseife 100 g mit 400 g frischer Galle 200 g Glyzerin, 10 g Ammoniak und 40 Tropfen Terpentinöl vermischt.

---

[1]) Handbuch der Chemie und Technologie der Öle und Fette, 3, S. 932.

Die wenigsten der im Handel vorkommenden Gallseifen haben allerdings eine gute Kernseife zur Grundlage; meistens bilden sie auf kaltem oder halbwarmem Wege hergestellte Kokosseifen, die für die in Betracht kommenden Zwecke wenig geeignet sind.

Ein Ansatz für eine solche Seife ist:

20 kg Kokosöl,
10 „ Natronlauge von 38° Bé,
4 „ eingedampfte Ochsengalle.

Zur Herstellung von 4 kg eingedampfter Ochsengalle sind 25 kg frische Ochsengalle erforderlich. Nach dem Eindampfen wird durch ein leinenes Tuch filtriert und zu dem Filtrat 1 kg Glyzerin hinzugegeben.

Das Kokosöl verseift man in gewöhnlicher Weise durch Einrühren der Lauge. Sobald der Verband hergestellt ist, setzt man die nach der obigen Vorschrift präparierte Ochsengalle hinzu und rührt so lange, bis die Seife anfängt, dick zu werden. Dann bringt man sie in die Form und deckt letztere gut zu.

Vielfach werden Gallseifen auch mit Brillantgrün gefärbt, um das schmutzige Grün, das die Galle der Seife erteilt, zu verdecken. Der Farbstoff wird alsdann in Öl angerieben und dem geschmolzenen Fett im Rührkessel vor Zugabe der Lauge eingerührt. Das Eindampfen der Galle ist erforderlich, weil anderen Falles ihr Wassergehalt die Seife weich und schmierig machen würde.

Viele der im Handel unter der Bezeichnung „Gallseife“ erscheinenden Fabrikate enthalten jedoch keine Spur von Galle; es sind gefärbte und verschieden parfümierte Kokosseifen. Solche Seifen erfüllen natürlich ihren Zweck nicht, können vielmehr bei empfindlichen Farben recht nachteilig wirken, weshalb ihre Herstellung besser unterbleibt.

Daß man aber so häufig Gallseifen ohne Galle im Handel findet, dürfte seinen Grund darin haben, daß die gallefreien, grün gefärbten Kokosseifen ein viel schöneres Aussehen haben als die gallehaltigen, sodann aber auch darin, daß die Galle sich nicht ganz leicht der Seife einrührt, und daß einige Übung dazu erforderlich ist. Die Behauptung, daß sich die Galle leichter mit der Seife mischen lasse, wenn sie mit Essigäther vorbehandelt sei, ist aber nicht zutreffend. Die Präparation erfolgt lediglich, um die Galle vor allzu schneller Fäulnis zu schützen. Sie wird ausgeführt, indem man die Galle aufkocht und der alsdann wieder bis auf etwa 80° C abgekühlten Masse auf je 10 kg 0,5 kg Essigäther einkrückt. Der beim Stehen auf der Oberfläche abgeschiedene Schmutz wird abgeschöpft und die Galle vom entstandenen Bodensatz abgegossen.

Auf der Piliermaschine lassen sich Gallseifen mit einem größeren Gehalt an Galle in der Weise herstellen, daß man frische Rindergalle in offenen, mit indirekter Heizung versehenen Kesseln oder besser in Vakuumapparaten eindickt, bis von der anfangs stark schäumenden Masse nur noch etwa der sechste Teil vorhanden ist, den man alsdann der getrockneten Grundseife in größeren Mengen zusetzt. Das Ganze wird auf der Piliermaschine so lange verarbeitet, bis die Seife nach wiederholtem Durchpassieren der Walzen trocken genug und preßfähig ist. Die verwendete Grundseife muß natürlich völlig neutral oder schwach sauer sein, darf aber auch aus geringeren Fetten gesotten werden.

Neben den Gallseifen kommen aber auch Fleckseifen im Handel vor, die Zusätze von Terpentinöl und ähnlichen Lösungsmitteln, Borax, Tonerde u. dgl. enthalten. Vor allem die Lösungsmittelseifen, die schon eingangs ausführlich besprochen sind[1]), erfüllen ihren Zweck in ausgezeichneter Weise und dürften den Gallseifen selbst vielfach weitgehend überlegen sein.

Auch höher molekulare Sulfosalze[2]) sind in bezug auf ihr Netz- und Emulgierungsvermögen der Galle und selbst den gallensauren Salzen häufig kaum nachstehend, so daß auch ihre Verwendbarkeit für die hier in Betracht kommenden Zwecke nicht übersehen werden darf.

Metallputzseifen.

Die Metallputzseifen, die in früheren Jahren einen guten Handelsartikel darstellten, sind neuerdings vollständig durch die flüssigen Metallputzmittel verdrängt worden. Gehalten haben sich lediglich die Silberputzseifen, für deren Herstellung im nachstehenden einige erprobte Vorschriften gegeben werden sollen.

20 kg Kokosöl oder Kernöl, 5 kg Talg und 12,5 kg Ätznatronlauge von 40° Bé werden zusammengerührt. Sobald Verband entstanden ist, werden 10 kg Kristallsoda und 15 kg Salzwasser von 20° Bé, welche zuvor auf 50° C erwärmt wurden, zugekrückt. Es entsteht eine leimartige Seife, welcher 3 kg Bleiweißpulver, 8 kg Tripel und 1 kg Englischrot eingerührt werden. Gegebenenfalls muß das Ganze unter erneutem Erwärmen so lange gekrückt werden, bis die Zusatzstoffe nicht mehr absetzen.

Man kann den Ansatz auch in der Weise behandeln, daß man Bleiweiß, Tripel und Englischrot in das geschmolzene Fett einrührt. Dies wird dann 37—38° C warm mit der Lauge zusammengebracht und schließlich auch mit der Salz- und Sodalösung vermischt.

Eine weitere Vorschrift lautet:

20 kg Kokosöl,
10 „ Ätznatronlauge von 38° Bé,
10 „ feinste, getrocknete Schlemmkreide,
2 „ Talk.

Die Schlemmkreide und der Talk werden mit einem Teil des geschmolzenen Kokosöles zu einem gleichmäßigen Brei verrührt. Ist dies erreicht, so wird der Rest des Öles hinzugegeben und hierauf die Lauge eingekrückt. Legt die Seife auf, so wird sie geformt. In der Form tritt starke Selbsterhitzung ein.

---

[1]) Siehe S. 389ff.

[2]) Siehe S. 151.

Eine pilierte Silberputzseife wird nach der folgenden Vorschrift hergestellt:

25	kg	weiße Grundseife,
25	„	feinste, geschlemmte Kreide,
2,5	„	weißes, kalkfreies Glyzerin,
100	g	Lavendelöl,
100	„	französisches Geraniumöl.

Die zur Verwendung kommende Grundseife muß einen erheblichen Gehalt an Feuchtigkeit besitzen, da die trockene Kreide große Wassermengen aufnimmt; ist die Seife zu trocken, so muß sie entsprechend angefeuchtet werden, um die Vereinigung mit der Kreide überhaupt zu ermöglichen. Man läßt die Grundseife einmal die Walzen der Piliermaschine passieren, mischt dann Kreide, Glyzerin und Parfüm hinzu und bringt das Ganze nach und nach nochmals in die Piliermaschine, indem man immer nur kleine Mengen davon auf die Walzen gibt. Diese Vorsicht ist nötig, weil die Seifenmasse durch den Kreidezusatz sehr kurz und dicht wird, so daß man häufig durch Hinzugabe von Glyzerin nachhelfen muß. Bei Herstellung von pilierten Silberseifen hat man überhaupt die größte Aufmerksamkeit auf die Maschinen zu richten. Sie müssen in allen Teilen gut geschmiert sein und einen normalen Lauf haben. Bemerkt man, daß trotz aller Vorsicht der Piliermaschine die Arbeit schwer wird, so hilft man am besten dadurch nach, daß man die Walzen, wie oben angegeben, mit verdünntem Glyzerin anfeuchtet. Die gleiche Vorsicht ist nötig, wenn die Seife aus der Strangpresse getrieben wird, deren Kammrad bis fast zur Achse in Öl stehen soll.

Die Kalkulation der Seifenfabrikation[1]).

Neben der vollen Beherrschung aller rein technischen Aufgaben ist für die praktische Durchführung eines jeden Gewerbes das Verständnis für eine Kalkulation erforderlich, die allen in Betracht kommenden Faktoren entsprechende Rechnung trägt. Denn für die Erzielung eines Gewinnes ist der Verkaufspreis eines Produktes nicht nur zu den reinen Gestehungskosten in Proportion zu bringen, auch die sogenannten Handlungsunkosten einschließlich aller Verkaufs- und Frachtspesen, Versicherungsprämien, Bankzinsen, Steuern u. dgl. müssen genügend in Betracht gezogen werden, wenn man für später unerwartete Mißerfolge ausschließen will. Im folgenden sollen daher die für eine Kalkulution der Seifenfabrikation in Betracht kommenden Gesichtspunkte einer kurzen Allgemeinbesprechung unterzogen werden, wobei jedoch von vornherein betont sein mag, daß die gegebenen Richtlinien nur andeutungsweise die in jedem Einzelbetrieb vorhandenen, besonderen Verhältnisse erfassen können.

Bei einer sachgemäß aufgestellten Kalkulation sind vornehmlich drei Faktoren zu beachten: Die Materialkosten, die Fabrikationsspesen einschließlich der Verzinsung und Abschreibung des Anlagekapitals und schließlich die beim Verkauf entstehenden Handlungsunkosten.

Die Materialkosten werden am besten durch Bestimmung der Ausbeute ermittelt, die man unter Berücksichtigung der für den gesamten Herstellungsprozeß benötigten Chemikalien u. dgl. aus einem vorbestimmten Fettquantum erhält. Zu diesem Zwecke wird, falls eine regelmäßige chemische Betriebskontrolle an sich nicht besteht, ein aliquoter Teil des insgesamt benötigten Materials auf das genaueste in einen kleineren Siedekessel eingewogen und das Gewicht des Fertigfabrikates ebenfalls genauestens bestimmt. Man erhält so eine Reihe von Daten, die man wenigstens annäherungsweise als Grundlage für die erforderliche Kalkulation benutzen kann, obwohl man sich darüber klar sein muß, daß die bei solchen Kalkulationssuden vorliegenden Arbeitsbedingungen in der Regel nicht die gleichen sind, als beim Arbeiten in größerem Maßstabe.

Dieser relativ unsicheren Ausbeutebestimmung ist daher auch stets die Berechnung der Ausbeute an Hand einer chemischen Analyse vorzuziehen, die ohne weiteres Aufschluß über den Fettsäuregehalt und die vorhandenen Mengen der übrigen Seifenbestandteile (Alkali, Salze

---

[1]) Vgl. Sachs: Kalkulationen im Seifenbetrieb. Seifensiederzeitung 1908, **35**, S. 329 ff.

u. dgl.) gibt. Werden ausschließlich Neutralfette mit Ätzalkalien verseift, so lassen sich aus den analytisch gefundenen Alkaliwerten ohne weiteres die verbrauchten Laugenmengen errechnen, werden aber Fettsäuren mit Karbonat verarbeitet, so ist es notwendig, die Säure- und Verseifungszahl des Fettansatzes zu kennen, um den Verbrauch an Ätzalkalien und Karbonaten getrennt zu ermitteln. Die Multiplikation der Säurezahl des Ansatzes mit 0,09446 ergibt nämlich den Verbrauch an Ammoniaksoda in Prozenten des Ansatzgewichtes, während die Multiplikation der Esterzahl des Ansatzes mit 0,07133 in gleicher Weise den Verbrauch an Ätznatron erkennen läßt. Da jedoch beim Ausstechen der Unterlauge das unverbrauchte Karbonat niemals vollständig zurückgewonnen wird, so ist es gut, für die Zwecke der Kalkulation den analytisch ermittelten Alkaligehalt um 0,2—0,3 Gewichtsprozent der erhaltenen Unterlauge höher anzunehmen. Der Salzverbrauch wird am besten durch Messung und Analyse der gewonnenen Unterlauge ermittelt.

Die analytisch gefundene Fettsäuremenge eines Seifensudes stimmt nun aber in der Praxis niemals mit dem Gewicht des angewandten Fettsäureansatzes überein, da Saponifikatfettsäuren beispielsweise noch Neutralfett und Abfallfette, Nachschlagöle u. dgl. unverseifbare Bestandteile und Oxyfettsäuren enthalten, die bei der Berechnung des Ansatzverhältnisses eine genaue Berücksichtigung erfordern. Es ist daher notwendig, zwecks Bestimmung der Seifenausbeute auch den seifebildenden Fettsäuregehalt der zur Verarbeitung kommenden Rohfette zu ermitteln und die Ausbeute selbst dann nach der Gleichung:

$$\text{Seifenausbeute} = \frac{\text{ausnutzbare Fettsäuren des Ansatzes in Proz.} \times 100}{\text{Fettsäurehydratgehalt der Seife in Proz.}}$$

zu bestimmen.

Würde also beispielsweise der Fettsäuregehalt einer Seife zu 62,75 vH. ermittelt werden, so würde die Ausbeute 149,0 betragen, wenn der Fettansatz 93,5 vH. ausnutzbare Fettsäuren enthalten würde, und 151,4, wenn 96 vH. verseifbare Fettsäusen vorhanden waren[1]). Selbstverständlich darf bei dieser Art der Ausbeutebestimmung aber nicht übersehen werden, daß sich die frisch aus dem Kessel ermittelte Ausbeute durch Eintrocknen, insonderheit auf dem Lager, noch um einen experimentell zu ermittelnden Betrag verringert, und daß es daher zweckmäßig ist, das Ergebnis an der verkaufsfertigen Ware nochmals nachzuprüfen, um Fehlschlüsse irgenwelcher Art nach Möglichkeit auszuschließen.

Bei Berechnung der Materialkosten darf dann weiter nicht außer acht gelassen werden, daß die Rohmaterialien verzollt, franko Fabrik oder Bahnhof des Fabrikortes zu kalkulieren sind, daß Taraverluste (Palmöl oft 3—4 vH.!), Leckage- und Bleichverluste berücksichtigt werden müssen, und daß andererseits der Wert der Transportgefäße von den Einstandspreisen abzusetzen ist.

---

[1]) Vgl. Seifensiederzeitung. 1906, **33**, S. 5 und 621. — 1909, **36**, S. 890.

Die Fabrikationsspesen umfassen in erster Linie die Arbeitslöhne, die Kosten für Feuerung, Dampf, Licht und Kraft, die Reparatur- und Unterhaltungskosten des Fabrikbetriebes, sowie die Verzinsung und Abschreibung des Anlagekapitals. Bei Herstellung verschiedenartiger Fabrikate ist natürlich eine sachgemäße Verteilung dieser Einzelkosten außerordentlich schwer, und in der Regel verfährt man daher in der Weise, daß man den ganz allgemein auf 100 kg Fabrikat entfallenden Anteil der jährlichen Gesamtkosten ermittelt und eine entsprechende Belastung vornimmt, trotzdem naturgemäß die Arbeitskosten bei der Herstellung von beispielsweise Kernseifen erheblich höher sind, als bei der Fabrikation von Schmierseifen, die direkt vom Kessel aus in die Versandgefäße abgefüllt werden können. Die Herstellung verschiedenartiger Formate und Gewichte bringt es ferner bei der Fabrikation von Kernseifen mit sich, daß selbst hier der Unkostensatz für das Einheitsgewicht großen Schwankungen unterworfen ist. Es wird daher immer zu empfehlen sein, die bei der Herstellung von ständig fabrizierten Sonderfabrikaten entstehenden Unkosten, vornehmlich also die aufgewandten Arbeitsstunden, den Kraft- und Kohleverbrauch an sich zu ermitteln, indem man gegebenenfalls auch hier wieder kleinere Kalkulationssude als experimentelle Unterlage benutzt. Allerdings steigt der Kohleverbrauch nicht proportional mit der Größe des Sudes, da mit dem Anwachsen der Produktion beispielsweise der prozentuale Brennstoffbedarf nicht unerheblich abnimmt. Größere Betriebe mit Fettspaltung benötigen aber in der Regel ungefähr 25—35 vH. der fabrizierten Seifenmenge an Kohle, einschließlich aller auch für Licht- und Krafterzeugung benötigten Mengen[1]).

Zu den Fabrikationsspesen gehören ferner noch die Verpackungskosten, d. h. also die für Kisten, Gebinde, Seifenpulverbeutel, Säcke, Packpapier, Bindfaden u. dgl. aufgewandten Ausgaben, sowie die Packlöhne und, falls mit Packmaschinen gearbeitet wird, auch die durch deren Betrieb, Abschreibung und Verzinsung entstehenden Unkosten.

Die Handlungsunkosten schließlich, d. h. also die Verkaufsspesen (Unterhaltung von Agenten und Reisenden), die Frachtspesen, sowie die unter den Begriff der „Generalia" fallenden Versicherungsprämien, Steuern (Umsatzsteuer), Bankzinsen u. dgl. bilden, wie gesagt, den dritten Hauptfaktor in der Kalkulationsrechnung. Soweit die Betriebs- und Unterhaltungskosten etwaiger Gleisanlagen, die Gespannkosten usw. nicht schon in die Einstandskosten des Rohmaterials einkalkuliert werden, sind sie neben den eigentlichen Frachten hier ebenfalls als Frachtspesen zu berücksichtigen. Des weiteren sind die der Kundschaft bewilligten Zahlungsbedingungen, Diskonte, Rabatte und häufig auch Zielüberschreitungen nicht außer acht zu lassen. Die etwaigen Zollgebühren müssen berücksichtigt, und schließlich darf auch das Reklamekonto nicht übersehen werden, das in vielen Betrieben den wesentlichsten Teil der Handlungsunkosten ausmacht.

---

[1]) Vgl. Seifensiederzeitung. 1911, **38**, S. 424.

Vielfach ist es nun üblich, die Fabrikationsspesen und Handlungsunkosten durch einen mehr oder weniger erfahrungsgemäß festgestellten prozentualen Aufschlag in die Kalkulation einzubeziehen. Eine solche Methode ist jedoch an sich wenig empfehlenswert, weil sie von dem Steigen und Fallen der Rohmaterialpreise nicht unabhängig ist und auch den Schwankungen nicht genügend Rechnung trägt, die durch die Größe der Einzelunternehmungen bedingt werden. Eine möglichst genaue Feststellung der wirklich erforderlichen Spesenzuschläge in der oben genannten Weise ist daher solchen mehr oder weniger spekulativen Maßnahmen unbedingt vorzuziehen.

Analytische Untersuchung der Seifen und Waschmittel.

Neben den zur Verseifung kommenden Fetten und Ölen, deren Prüfungsvorschriften bereits an anderer Stelle dieses Buches[1]) behandelt sind, werden seit längeren Jahren auch die Seifen einerseits für die Zwecke der Betriebskontrolle, Ausbeuteberechnung und Kalkulation, andererseits aber auch aus rein kaufmännischen Erwägungen heraus einheitlichen Untersuchungsmethoden unterzogen, so daß Differenzen in den Befunden und damit Streitigkeiten, wie sie in der Verschiedenartigkeit der in den einzelnen Laboratorien üblichen Analysenmethodik begründet waren, im wesentlichen heute ausgeschaltet sind. Die von dem Verbande der Seifenfabrikanten Deutschlands im Jahre 1910 herausgegebenen „Einheitsmethoden zur Untersuchung von Fetten, Ölen, Seifen und Glyzerinen" sind jedoch im Laufe der Jahre revisionsbedürftig geworden. Da die Seifenindustrie aber in bezug auf Rohstoffe und Nebenprodukte von anderen Industriezweigen weitgehend abhängig ist, mußte sie bei einer Neubearbeitung auch auf die Bedürfnisse und Anforderungen dieser letztgenannten Produzentengruppen Rücksicht nehmen und eine endgültige Beseitigung von Meinungsverschiedenheiten durch die Aufstellung von Methoden anstreben, die für die gesamte Fett- und Ölindustrie als maßgebend gelten durften. Nachdem nun ähnliche Bestrebungen in außerdeutschen Ländern bereits durch Aufstellung von Standardmethoden ihren Abschluß gefunden hatten, unternahm es deshalb die „Wissenschaftliche Zentralstelle für Öl- und Fettforschung" (Wizöff), durch eine besondere Analysenkommission Vorschriften aufzustellen, die sich, wie gesagt, nicht lediglich auf Seifen und die für ihre Herstellung erforderlichen Ausgangsmaterialien beschränken, sondern gleichzeitig die Erfordernisse der gesamten übrigen Fett- und Ölindustrie umfassen sollten. Die Vorschläge dieser Analysenkommission sind nun seit einiger Zeit in den in Betracht kommenden Fachzeitschriften veröffentlicht und werden, soweit sie die Untersuchung der Seifen betreffen, im nachfolgenden mit Genehmigung der „Wizöff" wiedergegeben.

A. Untersuchung der Seifen.

1. Probenahme. Erscheint ein Warenposten Seife, Seifenpulver u. dgl. äußerlich gleichartig, so genügt es im allgemeinen, drei Einzelstücke oder -packungen als Muster zu entnehmen; bei größeren Gebinden

---

[4]) S. S. 76.

(Fässern, Säcken usw.) wird eine Probe von etwa 1 kg aus dem Innern des Gebindes gezogen. Die Einzelstücke werden entweder so, wie sie sind, in Stanniol, im Notfalle in Paraffinpapier gehüllt, oder es werden ebenso wie bei den Proben aus größeren Gebinden nach gründlichem Durchmischen der Gesamtmenge drei Einzelproben abgesondert und möglichst luftdicht in Schliffflaschen oder Steingefäßen verschlossen. In Papier gehüllte Stückenmuster werden zweckmäßig noch in Blechkästen gepackt und diese mit Isolierband o. dgl. gedichtet.

Jede Einzelprobe soll mindestens 200 g wiegen; sie ist mit beweiskräftigen Siegeln und durch Siegel gesicherten Bezeichnungen zu versehen. Eine Probe dient zur Analyse, die übrigen bleiben als Reserveproben mindestens 6 Wochen, vom Tage der Auftragserledigung an gerechnet, liegen.

Für ungleichmäßige Posten lassen sich keine allgemein gültigen Vorschriften zur Probenahme geben. Es wird dann häufig nötig sein, Muster von je drei möglichst gleichartigen Stücken bzw. Kiloproben aus verschiedenen Stellen der Ware zu ziehen und drei Serien von Einzelmustern zusammenzustellen. Die Analysen werden an einem Mischmuster oder an jedem einzelnen Stück einer Serie ausgeführt.

Am besten werden die Dispositionen für die Probenahme einem erfahrenen Probenehmer überlassen oder durch Vertrag festgelegt.

Für die Analyse von Stückenseife wird, falls nicht ein ganzes Stück zerkleinert und davon ein Mischmuster analysiert wird, die Einzelprobe in folgender Weise entnommen:

Zur Feststellung der durchschnittlichen Zusammensetzung des Musters im Analysenzeitpunkte sind aus Kugeln, Zylindern und ähnlichen Rotationskörpern schmale Sektorenkegel, aus Riegeln, eiförmigen Stücken u. dgl. dünne Keile möglichst aus Stellen extremer Dimensionen herauszuschneiden[1]).

Bei Riegeln, die im Verhältnis zum Querschnitt sehr lang sind, gibt ein mit dem Korkbohrer (Durchmesser etwa 1 cm) senkrecht zur Längsachse herausgebohrtes Stück ein Durchschnittsmuster.

Die annähernde Zusammensetzung der Stückenseife im Frischzustande geben wie oben gezogene Proben, von denen aber die trockneren Teile der äußeren Hälfte der Seife entfernt sind.

Die Einzelproben werden rasch fein geschabt und sofort in Schliffflaschen oder Wägegläschen gefüllt; auch bei Wägungen sind sie möglichst wenig mit Luft in Berührung zu bringen.

2. Äußere Beschaffenheit. Konsistenz, Farbe (verschieden bei den zum oder vom Licht gewandten Seiten!), Geruch, Geschmack, („Stich“ an der Zunge bei zu scharf abgerichteter Seife), Glanz, „Beschlag“, „Ausschwitzen“, Klarheit oder Transparenz usw. sind zur Beurteilung heranzuziehen.

---

[1]) Vgl. Lederer, Seifensiederzeitung, 1924, **51**, S. 784.

Bestimmung der Hauptbestandteile.

3. Gesamtfettsäuren. a) Bestimmung der Gesamtfettsäuren. In den meisten Fällen können in die eigentlichen „Gesamtfettsäuren" (das sind Fett- und Harzsäuren[1])) ohne wesentlichen Fehler die mitbestimmten, geringen Mengen des fettähnlichen, natürlichen Unverseifbaren und des unverseiften Fettes eingerechnet bleiben.

Nur wenn besondere Veranlassung besteht, z. B. bei Seifen mit hohem Gehalt an Unverseifbarem (namentlich Mineralöl u. dgl.), Neutralfett und neutralfettähnlichen „Überfettungsmitteln" ist es oft geboten, diese Bestandteile besonders zu bestimmen (s. unten) und von der Menge der Gesamtfettsäuren abzuziehen.

3—5 g Seife werden in heißem Wasser gelöst und allmählich so lange mit verdünnter Mineralsäure versetzt[2]), bis Methylorange rot gefärbt wird. Man gibt dann noch 5—10 ccm Säure hinzu und erwärmt, bis die Fettsäuren klar oben schwimmen. Das Gemisch wird nach dem Abkühlen in einen Scheidetrichter übergeführt[3]), mit Äther nachgespült und mit etwa 75 ccm Äther ausgeschüttelt.

Wenn die Analyse über Nacht stehen bleiben kann, ist das Säurewasser gewöhnlich völlig klar und eine zweite Ausätherung nicht erforderlich. Bei kürzerer Absetzzeit jedoch wird das Säurewasser ein zweites Mal mit etwa 25 ccm Äther ausgeschüttelt. Die vereinigten Ätherauszüge sind nach dem klaren Absetzen der Schichten meistens praktisch neutral, so daß sich ein Nachwaschen mit (wenig) 10prozentiger Kochsalzlösung erübrigt.

Die ätherische Gesamtfettsäurelösung wird mit entwässertem Natriumsulfat getrocknet und in der früher beschriebenen Weise[4]) weiterbehandelt.

Anmerkung. Stark mit wasserunlöslichen Füllstoffen beschwerte Seifen sind zunächst mit Alkohol zu extrahieren (vgl. Abschnitt „Alkoholunlösliche Nebenbestandteile"). Aus dem getrockneten Alkoholextrakt werden dann die Gesamtfettsäuren abgeschieden.

b) Untersuchung der Gesamtfettsäuren zur Erkennung des Fettansatzes der Seifen.

Kern- und „Leimfett"[5]).

Aus der Verseifungszahl der Gesamtfettsäuren läßt sich, falls diese nicht erhebliche Mengen unverseifbarer Stoffe, Harze u. dgl. enthalten, annähernd das Mischungsverhältnis der Kern- und Leimfette im An-

---

[1]) In Hydratform; die veraltete Angabe in Anhydridform ist unzulässig.

[2]) Falls die Bestimmung des Gesamtalkalis angeschlossen werden soll, wird n/2 Mineralsäure aus der Bürette abgelassen und die Menge abgelesen; bei späterer Benutzung des Sauerwassers zur Glyzerinbestimmung ist mit Schwefelsäure zu zersetzen.

[3]) Wenn feste Fettsäuren vorhanden sind, vermeidet man durch Umschwenken beim Abkühlen die Bildung eines zusammenhängenden Kuchens oder zusammenhängender Krusten.

[4]) Vgl. S. 83.

[5]) Unter „Leimfetten" werden Kokos-, Palmkernöl u. dgl. verstanden.

satz errechnen. Größere Mengen Harz und Unverseifbares müssen vorher entfernt werden.

Die Fettsäuren der Kernfette haben mittlere V.-Z. 200, die Fettsäuren der Leimfette 255.

Beispiel:

Gef. V.-Z.-Gs. = 210,

Ber. Fettsäuren der Kernfette

$$\frac{(255-210) \cdot 100}{255-200} = 82 \text{ vH.},$$

Fettsäuren der Leimfette

$$\frac{(210-200) \cdot 100}{255-200} = 18 \text{ vH.}$$

Die festgestellten Prozentmengen können mit dem Faktor 1,046 auf Neutralfett umgerechnet werden. Genauer ist der Gehalt an Kokos- und Palmkernfett durch A- und B-Zahlbestimmung zu ermitteln.

Anmerkung. Die von Bertram, Bos und Verhagen[1]) ausgearbeitete A- und B-Zahlmethode ist eine glückliche Kombination älterer Bestimmungsmethoden. Ursprünglich besonders für die Feststellung des Gehaltes an Kokos-, Palmkern- und Butterfett in der Speisefettuntersuchung bestimmt, kann sie auch für die Seifenuntersuchung vorteilhaft herangezogen werden, wenn es sich um eine genaue Ermittlung des Kokos- und Palmkernfettgehaltes handelt.

Das Prinzip des Verfahrens ist das folgende[2]):

Die wässerige Seifenlösung wird mit Magnesiumsulfat versetzt, wobei im wesentlichen die Fettsäuren bis zur Laurinsäure abwärts als Magnesiumseifen abgeschieden werden. Das Filtrat wird in aliquoten Teilen mit Silbernitrat- bzw. gesättigter Silbersulfatlösung gefällt. Im ersten Falle wird der Silberverbrauch (das Äquivalent der mit Silbernitrat fällbaren, wasserlöslichen Magnesiumseifen) durch Zurücktitrieren mit Rhodanammoniumlösung festgestellt und die A-Zahl erhalten. Im zweiten Falle bleibt in der überschüssigen Silbersulfatlösung nur das Silberbutyrat gelöst, aus dem nach dem bei Bestimmung der Polenske-Zahl üblichen Vorgang die Buttersäure abgeschieden und titriert wird; ihr Äquivalent ist die B-Zahl.

Durchschnittswerte der	Butter	Kokosfett	Palmkernfett
A-Zahl	6,7	27,5	über 1,6
B-Zahl	über 33	2,6	1,9

Die Genauigkeit des Verfahrens liegt unter 1 vH. für Kokosfett, unter 0,3 vH. für Butter.

Bestimmung der Harzsäuren.

Qualitativer Nachweis. Eine Probe Gesamtfettsäuren wird unter schwachem Erwärmen mit 1 ccm Essigsäureanhydrid geschüttelt und nach dem Abkühlen mit 1 Tropfen Schwefelsäure (1,53) versetzt. Bei Gegenwart von Harzsäuren färbt sich das Gemisch vorübergehend rotviolett und wird dann braungelb und fluoreszierend.

[1]) Chem. Weekblad, 1923, S. 610.

[2]) Zeitschr. d. Dtsch. Oel- u. Fettind., 1924, **44**, S. 445 und 459; vgl. a) Grün, Analyse der Fette und Wachse, Berlin 1925, S. 171, b) Holde, Kohlenwasserstofföle und Fette, Berlin, 1924, S. 621.

Die Reaktion ist nicht eindeutig, da sie durch Harzöle, gewisse Sterine, Fettsäuren aus grünen Sulfurölen u. a. ebenfalls verursacht werden kann.

Erhöhung des spezifischen Gewichtes und der optischen Aktivität der Gesamtfettsäuren sind daher für die Anwesenheit von Harzsäuren mitbestimmend. Auch der Geruch kann schon Harzsäuren verraten.

Quantitative Bestimmung (nach Wolff-Scholze). 2—5 g Gesamtfettsäuren werden in 10—20 ccm Methanol gelöst und mit 5 bis 10 ccm Mischung aus 1 Vol. konzentrierter Schwefelsäure und 4 Vol. Methanol 2 Minuten am Rückflußkühler gekocht. Nach Zusatz der 5 bis 10fachen Menge 10proz. Kochsalzlösung wird ausgeäthert, die wässerige Schicht abgezogen und 2—3 mal ausgeäthert. Die ätherischen Lösungen werden mit 10 proz. Kochsalzlösung neutral gewaschen (Methylorange) und nach Zusatz von etwas Alkohol mit $^{n}/_{2}$ alkoholischer Kalilauge neutralisiert (Phenolphtaleïn). Dann gibt man noch 1—2 ccm alkoholischer Lauge hinzu, wäscht die ätherische Lösung mehrmals mit Wasser nach und engt Seifenlösung und Waschwasser zusammen auf ein kleines Volumen ein. Durch Ansäuern mit verdünnter Mineralsäure scheidet man unter Zusatz des gleichen Volumens konzentrierter Kochsalzlösung die Harzsäuren einschließlich der unveresterten Fettsäuren ab und äthert sie wie oben aus.

Von der mit entwässertem Natriumsulfat getrockneten, filtrierten ätherischen Lösung wird der Äther abgetrieben, der erkaltete Rückstand in 10 ccm Methanol gelöst und mit 5 ccm Mischung aus 1 Vol. konzentrierter Schwefelsäure und 4 Vol. Methanol wie oben verestert.

Das Gemisch versetzt man mit der 7—10fachen Menge 10proz. Kochsalzlösung und äthert 2—3 mal aus, neutralisiert die Ätherauszüge mit alkoholischer Kalilauge und zieht sie mehrmals mit schwach alkalischem Wasser aus. Aus den vereinigten, wässerig-alkoholischen Extrakten werden wie vorher die Harzsäuren ausgeäthert und als Rückstand der ätherischen Lösung bis zur Gewichtskonstanz getrocknet.

Gegeben:

$$\text{Einwage} = a$$
$$\text{Harzsäurenmenge} = b.$$

Berechnet:

$$\text{Harzsäurengehalt} = \frac{100 \cdot b}{a}\ \text{vH.}$$

$$\text{Harzgehalt (Kolophonium)} = \frac{100 \cdot b}{a}\ \text{vH.}$$

Die gravimetrische Bestimmung der Harzsäuren liefert in allen Fällen das genaueste Resultat; für manche industrielle Anforderungen genügt jedoch im allgemeinen folgende titrimetrische Methode mit einmaliger Veresterung:

Wie vorher werden 2—5 g Gesamtfettsäuren nur einmal verestert und ausgeäthert. Die neutral gewaschenen ätherischen Lösungen werden nach Zusatz von Alkohol mit $^{n}/_{2}$ alkoholischer Kalilauge titriert.

Gegeben:

Einwage = a

Verbr. $^{n}/_{2}$ Lauge = b.

Berechnet:

Harzsäurengehalt = (17,76 . b/a) — 1,5 vH.

Für die Formel ist 160 als mittlere Säurezahl der Harzsäuren angenommen, ferner 1,5 als Korrektur für unveresterte Fettsäuren.

Umrechnung auf Kolophonium durch Multiplikation mit 1,07.

c) Unverseifbares und unverseiftes Neutralfett.

Wird eine Sonderbestimmung des Unverseifbaren und Neutralfettes nötig, so sind 10—15 g Seife in 60proz. Alkohol zu lösen und nach Spitz-Hönig in der früher beschriebenen Weise[1]) zu behandeln.

Der erhaltene Petrolätherextrakt wird mit überschüssiger alkoholischer Kalilauge verseift und abermals nach Spitz-Hönig behandelt.

Die Differenz zwischen dem ersten Petrolätherextrakt (Unverseifbares plus Neutralfett) und dem zweiten Extrakt (Unverseifbares) ergibt den Gehalt an unverseiftem Neutralfett.

Mitunter (namentlich bei gefüllten Seifen) empfiehlt es sich, die Seife mit gereinigtem Quarzsand zu vermischen, mit Alkohol zu extrahieren und den Alkoholextrakt wie oben zu behandeln.

d) Freie Fettsäuren[2]).

Bei negativem Ausfall der Alkalitätsprobe (s. unten) wird auf freie Fettsäuren geprüft.

10 g Seife werden in 60proz. Alkohol gelöst und mit alkoholischer $^{n}/_{10}$ Kalilauge titriert (Phenolphthaleïn).

Gegeben:

Einwage = a

Verbr. $^{n}/_{10}$ KOH = b.

Berechnet:

$$\text{Freie Fettsäuren} = \frac{2{,}82 \cdot b}{a} \text{ vH., ber. als Ölsäure.}$$

4. Basenbestandteile. a) Gesamtalkali.

Das Gesamtalkali, d. i. die Summe des an Fettsäuren, Naphthensäuren, eventuell auch an Kiesel- und Borsäure gebundenen sowie des freien Alkalis, wird im Anschluß an die Gesamtfettsäurenbestimmung ermittelt.

Das nach Vorschrift 3a erhaltene Sauerwasser wird nach dem Verjagen des Äthers mit $^{n}/_{2}$ Alkalilauge zurücktitriert (Methylorange).

Gegeben:

Einwage an Seife = a

$^{n}/_{2}$ Säure vorgelegt = b

$^{n}/_{2}$ Säure zurücktitriert = c.

---

[1]) Vgl. S. 92.

[2]) Vgl. S. 90 (Säurezahl).

Berechnet:

$$\text{Gesamtalkali bei Natronseifen} = \frac{1{,}55 \cdot (b-c)}{a}\ \text{vH., ber. als } Na_2O.$$

$$\text{Gesamtalkali bei Kaliseifen} = \frac{2{,}35 \cdot (b-c)}{a}\ \text{vH., ber. als } K_2O.$$

b) Gebundenes Alkali.

Als gebundenes Alkali wird das an die Gesamtfettsäuren der Seife gebundene Alkali bezeichnet und aus der Verseifungszahltitration der Gesamtfettsäuren ermittelt.

Gegeben:

Einwage = a

Zur Verseifung der Gesamtfettsäuren verbr.

$^n/_2$ KOH = b.

Berechnet:

$$\text{Gebundenes Alkali} = \frac{1{,}1 \cdot b}{a}\ \text{vH., ber. als (Na}-1)$$

$$\text{entspr. } \frac{1{,}55 \cdot b}{a}\ \text{vH., ber. als } Na_2O$$

bzw.

$$\text{Gebundenes Alkali} = \frac{1{,}893 \cdot b}{a}\ \text{vH., ber. als (K}-1)$$

$$\text{entspr. } \frac{2{,}35 \cdot b}{a}\ \text{vH., ber. als } K_2O.$$

Aus der Summe des als Alkalimetallrest (Na — 1) = (Na — H) bzw. (K — 1) = (K — H) berechneten gebundenen Alkalis und der Gesamtfettsäuren ergibt sich der Gehalt an Reinseife[1]).

Aus der Verseifungszahltitration läßt sich zugleich die Verseifungszahl der Gesamtfettsäuren errechnen und auf deren Art schließen (vgl. 3b).

c) Freies Alkali.

Qualitative Erkennung. Eine erbsengroße Probe Seife wird in der 10—15 fachen Menge ausgekochten absoluten Alkohols gelöst, der frisch über Kaliumhydroxyd destilliert worden ist; nach dem Erkalten

---

[1]) Enthält die Seife erhebliche Mengen unverseiftes Neutralfett und freie Fettsäuren, die beide in die Gesamtfettsäurenmengen übergehen, so müssen sie quantitativ bestimmt (siehe c und d) und bei der Berechnung des gebundenen Alkalis berücksichtigt werden.

a vH. freie Fettsäuren (ber. als Ölsäure) in e g Seife haben das Titrationsäquivalent:

0,177 a · e ccm $^n/_2$ Lauge.

Dieses Äquivalent muß natürlich auf die Einwage an Gesamtfettsäuren umgerechnet werden.

b vH. unverseiftes Neutralfett in e g Seife haben das Titrationsäquivalent:

0,167 b · c ccm $^n/_2$ Lauge.

(Ebenfalls auf Einwage an Gesamtfettsäuren umgerechnet.)

Die berechneten Titrationsäquivalente werden von der Laugenmenge b abgezogen, die zur Verseifung der Gesamtfettsäuren nötig war, und dann wird aus der Differenz das gebundene Alkali berechnet.

zeigt Rotfärbung durch Phenolphtaleïn freies Alkali, Farblosigkeit dagegen die Neutralität oder einen Säuregehalt der Seife an.

Der Nachweis der Alkalität durch Betupfen einer Schnittfläche der Seife mit Phenolphtaleïnlösung ist nur für den negativen Ausfall der Probe zuverlässig.

Quantitative Bestimmung. 5—10 g Seife werden in genügender Menge (50—150 ccm) neutralen, absoluten Alkohols[1]) gelöst und nach Zusatz von 3—4 Tropfen Phenolphtaleïnlösung mit $^{n}/_{20}$ Mineralsäure titriert.

Gegeben:

Einwage = a
Verbr. $^{n}/_{20}$ Säure = b

Berechnet:

$$\text{Freies Alkali bei Natronseifen} = \frac{0{,}2\,b}{a}\ \text{vH., ber. als NaOH.}$$

$$\text{Freies Alkali bei Kaliseifen} = \frac{0{,}2805\,b}{a}\ \text{vH., ber. als KOH.}$$

d) Kohlensaures Alkali.

Bei Abwesenheit von Kaliumkarbonat, Boraten und Alkalisilikaten wird die alkoholische Seifenlösung nach der Titration des freien Alkalis (s. oben) mit Wasser verdünnt, so daß sie etwa 50 vH Alkohol enthält, und nochmals mit $^{n}/_{20}$ Säure bis zur Entfärbung titriert.

Gegeben:

Einwage = a
Für kohlensaures Alkali verbr. $^{n}/_{20}$ Säure = b
Für freies Alkali verbr. $^{n}/_{20}$ Säure = c.

Berechnet:

$$\text{Kohlensaures Alkali bei Natronseifen} = \frac{0{,}53\,(b-c)}{a}\ \text{vH., ber. als}\ Na_2CO_3.$$

$$\text{Kohlensaures Alkali bei Kaliseifen} = \frac{0{,}69\,(b-c)}{a}\ \text{vH., ber. als}\ K_2CO_3.$$

Bei Anwesenheit von Kaliumkarbonat, Borat und Alkalisilikat wird das kohlensaure Alkali als Differenz der ermittelten Werte für Gesamtalkali und als Borat, Silikat und an Fettsäuren gebundenes Alkali bestimmt.

Bei Fein- und Kernseifen soll die alkoholische Seifenlösung etwa 1 : 20, bei Schmierseifen etwa 1 : 10 sein.

e) Kalium- und Natriumgehalt.

Aus 5 g Seife wird das Gesamtfett wie üblich mit verdünnter Salzsäure abgeschieden, das Sauerwasser in eine möglichst dunkelblau glasierte Porzellanschale filtriert und siedend heiß mit 2 ccm salzsaurer

---

[1]) Der Alkohol muß über Ätznatron destilliert und kurz vor dem Gebrauch mit $^{n}/_{10}$ alkohol. Lauge neutralisiert werden. Es wird beabsichtigt, statt des teuren absol. Äthylalkohols den wesentlich billigeren Propylalkohol vorzuschreiben, sobald die Erfolg versprechenden Versuche mit diesem abgeschlossen sind.

Bariumchloridlösung (10 g $BaCl_2$, 5 ccm konz. HCl, 100 ccm H_2O) versetzt. Falls eine Trübung entsteht, muß nochmals filtriert werden. Das Filtrat wird mit 25 ccm Perchlorsäure[1]) gefällt, auf dem Wasserbade bis zum Verschwinden des Salzsäuregeruches und Auftreten von Überchlorsäuredämpfen eingedampft und der Rückstand nach dem Erkalten mit etwa 20 ccm Alkohol verrieben. Die über dem Kaliumperchlorat stehende Flüssigkeit wird nach kurzem Absitzenlassen durch ein bei 105° getrocknetes, gewogenes Filter (Filtertiegel o. dgl.) filtriert, der Rückstand zweimal mit Alkohol, der 0,1—0,2 vH. Perchlorsäure enthält, verrieben, nochmals filtriert und mit möglichst wenig Alkohol gewaschen. Filter und Niederschlag sind dann bei 70—80° zu trocknen und zu wägen.

Der Niederschlag kann auch mit heißem Wasser aus dem Filter gewaschen und in einer Porzellanschale eingedampft und gewogen werden.

Gegeben:

Einwage = a
Kaliumperchlorat = b.

Berechnet:

$$\text{Kaliumgehalt} = \frac{34\,b}{a}\ \text{vH., ber. als } K_2O$$

$$\text{oder} = \frac{40{,}5\,b}{a}\ \text{vH., ber. als KOH.}$$

Der Natriumgehalt wird folgendermaßen ermittelt:

Gegeben:

a vH., ber. als K_2O, bzw. b vH., ber. als KOH,
c vH., ber. als Na_2O, bzw. d vH., ber. als NaOH[2]).

Berechnet:

Natriumgehalt = c — 0,6582 a vH., ber. als Na_2O
oder = d — 0,713 b vH., ber. als NaOH.

f) Ammoniak (Ammoniumsalze).

10 g Substanz werden im 200-ccm-Meßkolben in Wasser gelöst, durch 10 proz. Schwefelsäure zersetzt und mit 1 g geglühter Kieselgur gut durchgeschüttelt. Nach dem Auffüllen bis zur Marke wird nochmals durchgeschüttelt und filtriert. Aus 100 g Filtrat wird das Ammoniak durch 20 ccm 40 proz. Natronlauge in eine Vorlage mit überschüssiger $^{n}/_{10}$ Schwefelsäure überdestilliert. Wenn das Ammoniak völlig übergetrieben ist, wird die Schwefelsäure zurücktitriert (Methylorange).

1 ccm $^{n}/_{10}$ Säure entspricht 0,0017 g NH_3.

Die Ammoniakmenge ist auf vH. umzurechnen.

g) Kalziumgehalt.

Der Kalziumgehalt wird in der mit Salzsäure gelösten Asche der Seife auf übliche Weise bestimmt und als vH. CaO angegeben.

---

[1]) Spez. Gew. = 1,125 (entspr. etwa 20 vH. $HClO_4$); die Perchlorsäure darf weder durch Bariumchloridlösung noch durch Alkohol getrübt werden.

[2]) Auf Grund der Bestimmung des Gesamtalkalis.

5. Wassergehalt. 10—20 g Seife (möglichst so, daß 3—5 ccm Wasser erhalten werden) erhitzt man im Rundkolben mit 50—80 ccm Benzol; die Benzolwasserdämpfe gehen in einen graduierten Destillieraufsatz[1]) über, wobei sich das Wasser absetzt und das Benzol[2]) kontinuierlich destilliert.

Nach einer halben Stunde etwa kann man die Wassermenge ablesen und auf vH. umrechnen.

Ein Alkoholgehalt der Seife macht die Bestimmung ungenau.

Bestimmung der Nebenbestandteile.

6. Alkoholunlösliche (anorganische und nicht flüchtige organische) Nebenbestandteile. Qualitativer Nachweis. Eine Probe Seife wird mit etwa 50 ccm absolutem Alkohol unter Rückfluß und wiederholtem Schütteln gekocht.

Nach völliger Auflösung der Seife bleiben Kochsalz, Karbonate, Glaubersalz, Wasserglas, Sand, Talkum, Stärke, Dextrin, Eiweißkörper u. dgl. als Rückstand; geringe Mengen eines solchen Rückstandes brauchen kein Beweis für Füllstoffe zu sein, sondern können normalerweise durch die Verarbeitung bedingt sein (Kochsalz bei Kernseifen, Pottasche bei Schmierseifen u. a.).

Quantitative Bestimmung. 5 g Seife werden allmählich auf 105° erwärmt, getrocknet und dann heiß mit absolutem Alkohol digeriert. Eventuell wird die Seife einige Stunden im Extraktionsapparat (am besten nach Besson) mit Alkohol extrahiert; hierbei empfiehlt es sich, die Seife in ein bei 105° getrocknetes, gewogenes Filter einzuwickeln oder einen Filtertiegel, ein Spaethsches Schiffchen o. dgl. zu benutzen. Filterhülsen sind für diesen Zweck ungeeignet.

Das mit dem Rückstand bei 105° getrocknete Filter ergibt nach Abzug seiner Tara die Menge des alkoholunlöslichen Rückstandes.

7. Anorganische Nebenbestandteile. Etwa 5 g Seife werden vorsichtig verascht.

Die Aschenmenge wird um die auf Karbonat umgerechnete Menge des gebundenen Alkalis vermindert und stellt annähernd die Gesamtmenge der anorganischen Nebenbestandteile (Füllstoffe) dar.

Es ist zu berücksichtigen, daß kristallwasserhaltige anorganische Salze (Glaubersalz, auch Wasserglas u. dgl.) in der Asche völlig wasserfrei erscheinen, bei der Wasserbestimmung aber nicht ihr ganzes Wasser abgeben. Die experimentell ermittelten Prozentgehalte Reinseife, Asche (eventuell auch organische Füllmittel) sowie Wassergehalt können sich daher bei Anwesenheit von Wasserglas u. dgl. nicht zu 100 ergänzen, wie häufig angegeben wird.

---

[1]) S. Zeitschr. d. Dtsch. Öl- u. Fettind., 1925, **45**, S. 672.

[2]) Das Benzol ist vorher mit Wasser zu destillieren und im Scheidetrichter nach dem klaren Absetzen abzutrennen. Statt Benzol kann auch Xylol, bei dem jedoch ohne besseren Effekt bei höherer Temperatur gearbeitet werden muß, benutzt werden. Auch die ursprünglichen Versuchsanordnungen nach Marcusson usw. liefern gute Resultate.

8. Trennung der wasserunlöslichen und wasserlöslichen anorganischen Nebenbestandteile. Die nach 7 erhaltene Asche wird mit heißem Wasser ausgezogen. Der unlösliche Teil enthält die wasserunlöslichen anorganischen Füllmittel, wie Talkum, Kaolin, Kieselgur, Bimsstein, Asbest, Kreide, Erdfarben, Sand u. a., deren Identifizierung nach dem Vorgang der anorganischen Analyse meistens nicht schwierig ist, da die Stoffe selten zu mehreren nebeneinander vorkommen.

Die wasserlöslichen anorganischen Bestandteile (Kochsalz, Glaubersalz usw.) sind im oben erhaltenen wässerigen Auszug durch Eindampfen und Trocknen bis zur Gewichtskonstanz zu bestimmen.

Bei Anwesenheit von Wasserglas empfiehlt es sich, den alkoholunlöslichen Rückstand (s. 6) mit Wasser zu digerieren und den wasserunlöslichen sowie den wasserlöslichen Anteil getrennt zur Entfernung der organischen Substanz zu veraschen.

Eventuell können aliquote Teile des wässerigen Auszuges sowohl zur Bestimmung der Gesamtmenge wasserlöslicher anorganischer Stoffe sowie zur Prüfung auf Einzelbestandteile (Chloride, Karbonate, Sulfate, Silikate, Borax, Natriumphosphat, Sauerstoffmittel u. a.) benutzt werden; gewöhnlich wird die Bestimmung der folgenden Stoffe (s. 9—12) jedoch an besonderen Einwagen der Seife selbst vorgenommen.

Bestimmung der Karbonate s. 4d; Sauerstoffmittel s. unten.

9. Chloride (vornehmlich Natrium- und Kaliumchlorid). Das salpetersaure Sauerwasser[1]) oder die in Salpetersäure gelöste Asche[2]) von 3—5 g Seife wird mit überschüssiger $^{n}/_{10}$ Silbernitratlösung versetzt und mit $^{n}/10$ Kaliumrhodanid- und Eisen-(3)-ammoniumalaun als Indikator in bekannter Weise zurücktitriert.

Gegeben:

$$\text{Einwage} = a$$

$$\text{Verbraucht } ^{n}/_{10} \text{ Silbernitratlösung} = b.$$

Berechnet:

$$\text{Chloridgehalt} = \frac{0{,}585\,b}{a} \text{ vH., ber. als NaCl,}$$

$$\text{bzw.} = \frac{0{,}745\,b}{a} \text{ vH., ber. als KCl.}$$

10. Silikate (Wasserglas). Qualitativer Nachweis. Eine Probe Seife wird in Wasser gelöst und heiß filtriert. Das Filtrat wird mit Salzsäure zersetzt und scheidet bei Anwesenheit von Silikaten wie Wasserglas charakteristische Flocken frisch gefällter Kieselsäure im Sauerwasser ab. Treten keine Ausflockungen auf, so wird das abgezogene Sauerwasser zur Trockne verdampft und mit heißem Wasser aufgenommen. Ein unlöslicher Rückstand deutet auf die Anwesenheit von Wasserglas.

---

[1]) Die Seife wird wie bei der Abscheidung der Gesamtfettsäuren zersetzt, und zwar mit verdünnter Salpetersäure.

[2]) Vgl. 7. „Anorganische Nebenbestandteile“.

Quantitative Bestimmung. 5 g Seife werden in Wasser gelöst und heiß filtriert; das wässerige Filtrat (einschl. Waschwasser) wird mit Salzsäure zersetzt und ausgeäthert. Das abgezogene Sauerwasser wird eingedampft, der Rückstand wiederholt mit Salzsäure aufgenommen und wieder eingedampft, darauf mit heißem Wasser aufgenommen und durch ein aschefreies Filter filtriert. Die Asche stellt die abgeschiedene Kieselsäure (als SiO_2) dar.

Gefunden:

a Gramm SiO_2 bei e Gramm Einwage.

Berechnet:

$$\text{Trocknes Wasserglas } (Na_2Si_4O_9) = \frac{125{,}9\,a}{e}\ \text{vH.},$$

$$\text{Trocknes Wasserglas } (K_2Si_4O_9) = \frac{139\,a}{e}\ \text{vH.},$$

$$\text{Normal-Wasserglas}^{1)} = \frac{392{,}1\,a}{e}\ \text{vH.}$$

11. Borate. Qualitativer Nachweis. Die Asche von etwa 5 g Seife wird in verdünnter Salzsäure gelöst; mit der Salzsäurelösung wird ein Streifen Kurkumapapier befeuchtet und bei 105° getrocknet. Waren Borate zugegen, so färbt sich das Papier braunrot; durch Ammoniak geht die Farbe in Braunschwarz über.

Freie oder aus ihren Salzen mit einem Tropfen konz. Schwefelsäure frei gemachte Borsäure färbt eine Gas-, Weingeist- oder Wasserstoffflamme grün.

Quantitative Bestimmung. 10—20 g Seife werden in einem tarierten 400-ccm-Kolben gewogen, mit 15—20 ccm verdünnter Salzsäure (3 : 1) versetzt, bis Methylorange rot gefärbt wird, und nach dem Abscheiden der Fettsäuren unter häufigem Umschütteln mit 100 ccm Alkohol 1 Stunde stehen gelassen. Der Kolben wird gewogen, um das Gewicht der Flüssigkeit festzustellen, ein Teil der Lösung filtriert und 50 ccm Filtrat in einen tarierten 100-ccm-Meßkolben eingewogen. Die mit Wasser fast bis zur Marke aufgefüllte Flüssigkeit wird mit 0,5—1 g geglühter Kieselgur geschüttelt, dann bis zur Marke aufgefüllt und filtriert.

20 ccm klares Filtrat werden mit $^n/_4$ Natronlauge neutralisiert (Phenolphtaleïn), mit 1,5—2 g Mannit[2]) versetzt und mit $^n/_4$ Natronlauge titriert. Die gefundene Borsäure wird auf die Gesamtmenge an Flüssigkeit umgerechnet.

12. Sulfate. Diese werden im salz- oder salpetersauren Sauerwasser der Seife oder in einem Teil des Auszuges der wasserlöslichen anorganischen Bestandteile in üblicher Weise bestimmt.

13. Schwer- und nichtflüchtige organische Nebenbestandteile. Außer dem schwerflüchtigen Glyzerin sind diese Stoffe im allgemeinen alkoholunlöslich.

---

[1]) Flüssiges Wasserglas von d = 1,346 (38° Bé) mit 7,7 vH. Na_2O und 25,5 vH. SiO_2.

[2]) Statt Mannit kann im Notfall auch Glyzerin (etwa 20 ccm) zur Aktivierung der Borsäure benutzt werden.

a) Glyzerin.

Etwa 20 g Seife werden in Wasser gelöst und mit geringem Überschuß Eisessig zersetzt. Das quantitativ von den Fettsäuren abgetrennte Sauerwasser einschl. Waschwasser wird im 250-ccm-Meßkolben schwach alkalisch gemacht und mit 10 proz. basischer Bleiazetatlösung[1]) versetzt, bis nichts mehr ausfällt. Zu der aufgefüllten Lösung werden für je 10 ccm verwendete Bleilösung 0,15 ccm Wasser über die Marke hinaus zugesetzt.

Von der gut durchgeschüttelten Mischung wird ein Teil abfiltriert; davon sind zwei Proben von je 25 ccm zu pipettieren und nach der Bichromatmethode[2]) zu untersuchen.

Bei Gegenwart von Rohrzucker wird dessen nach 13d bestimmte Menge in folgender Weise berücksichtigt:

0,01084 g Rohrzucker (d. i. 0,01142 g Invertzucker) entsprechen 1 ccm Hehnerscher Bichromatlösung. Die errechnete, auf Oxydation des Rohrzuckers entfallende Bichromatmenge wird von dem Gesamtverbrauch an Bichromatlösung abgezogen. Der Rest entspricht dem Glyzeringehalt der Seife.

b) Alkoholunlösliche organische Nebenbestandteile.

Die Gesamtmenge dieser Stoffe (Stärke, Kartoffelmehl, Dextrin, Zucker, Gelatine, Kasein usw.) ergibt sich annähernd als Differenz des alkoholunlöslichen Rückstandes der Seife (s. 6) und der nach 7 erhaltenen Asche dieses Rückstandes.

Von den organischen Nebenbestandteilen sollen hier nur die wichtigsten mit ihren Bestimmungsmethoden angeführt werden; im übrigen muß auf die Spezialliteratur verwiesen werden.

c) Stärke (Kartoffelmehl).

Qualitativer Nachweis. Stärke verrät sich durch Blaufärbung beim Betupfen des alkoholunlöslichen Rückstandes der Seife mit Jodlösung.

Quantitative Bestimmung. 5—10 g Seife werden mit 60—80 ccm alkoholischer $^{n}/_{2}$ Kalilauge unter Rückfluß gekocht. Die Lösung wird heiß filtriert und der Rückstand so oft mit Alkohol gekocht und gewaschen, bis das Lösungsmittel nicht mehr alkalisch reagiert. Das Filter mit Inhalt wird in den Kolben zurückgebracht, mit 60 ccm 6 proz. Kalilauge auf dem kochendem Wasserbade erhitzt und öfters umgeschüttelt, nach dem Erkalten mit Essigsäure schwach angesäuert und bei 15° im 100-ccm-Meßkolben bis zur Marke aufgefüllt. Die umgeschüttelte Flüssigkeit wird mehrmals durch Watte filtriert, bis ein schwach opaleszierendes Filtrat entsteht. Je nach dem Stärkegehalt werden davon 25 oder 50 ccm mit 2—3 Tropfen Essigsäure und 30 bzw. 60 ccm Alkohol unter Umrühren versetzt. Die abgesetzte Stärke wird durch ein getrocknetes, tariertes Filter filtriert und mit 50 proz. Alkohol so lange gewaschen, bis das Filtrat keinen Rückstand mehr hinterläßt. Das mit absol. Alkohol und zuletzt mit Äther gewaschene Filter samt Rückstand wird bei 100 bis 105° bis zur Gewichtskonstanz getrocknet.

---

[1]) 10 proz. Bleiazetatlösung wird 1 Stunde mit überschüssiger Bleiglätte gekocht und heiß filtriert.

[2]) S. S. 44.

Eventuell (z. B. bei Wasserglasfüllung) ist die gefundene Stärkemenge zu veraschen und um den Aschegehalt zu vermindern.

Der ermittelte Stärkegehalt wird durch Multiplikation mit 1,25 auf Kartoffelmehl umgerechnet.

d) Zucker.

5—10 g Seife werden mit Salzsäure zersetzt; das abgetrennte Sauerwasser einschl. Waschwasser wird 15 Minuten gekocht und nach dem Abkühlen neutralisiert.

Der gebildete Invertzucker wird in bekannter Weise gravimetrisch mit Fehlingscher Lösung bestimmt und mit dem Faktor 0,95 auf Rohrzucker umgerechnet.

e) Lanolin (auch Eucerin) wird im Unverseifbaren durch die Wollfettreaktion nachgewiesen.

14. Leichtflüchtige organische Nebenbestandteile. Diese Stoffe lassen sich leicht mit Wasserdampf in folgender Weise abtreiben:

Mindestens 30—40 g Seife werden in 150 ccm Wasser gelöst, mit geringem Überschuß verdünnter Schwefelsäure zersetzt und nach Zusatz von Bimsstein destilliert (eventuell auch durch regelrechte Wasserdampfdestillation). Das Destillat wird in einer graduierten Vorlage, wenn möglich im graduierten Scheidetrichter, aufgefangen.

Aus den Volumen der wasserunlöslichen Schichten und ihren spez. Gewichten läßt sich die Gesamtmenge der mit Wasserdampf flüchtigen wasserunlöslichen organischen Bestandteile feststellen. Die Natur dieser Stoffe (Benzin, Benzol, Chlorkohlenwasserstoffe, Tetralin, Dekalin, Riechstoffe u. v. a.) ergibt sich durch weitere Untersuchung (Fraktionierung, optische Prüfung u. a.), deren Beschreibung den Rahmen der Einheitsmethoden überschreiten würde. Ebenso muß bezüglich der medizinischen Zusätze (Formalin, Phenol usw.) auf die Spezialliteratur verwiesen werden.

B. Untersuchung der Seifenpulver.

Seifenpulver werden nach dem Vorgang der Seifenanalyse untersucht; im besonderen ist bei ihnen häufig die Prüfung auf aktiven Sauerstoff nötig, die aus diesem Grunde an dieser Stelle behandelt wird.

1. Prüfung auf aktiven Sauerstoff. Qualitativer Nachweis. Etwa 2 g Seifenpulver werden in kaltem Wasser gelöst, mit verdünnter Schwefelsäure zersetzt und mit Chloroform geschüttelt. Man überschichtet das Ganze (im Reagenzglas) mit peroxydfreiem Äther, tropft wenig verdünnte Kaliumbichromatlösung hinzu und rührt die beiden oberen Schichten vorsichtig durch.

Bei Gegenwart sauerstoffentwickelnder Substanzen wird der Äther durch Überchromsäure blau gefärbt.

Persulfate geben die vorstehende Reaktion nicht; sie werden im filtrierten Sauerwasser einer mit Salzsäure zersetzten Pulverprobe durch Jodzink-Stärkelösung (allmähliche Blaufärbung) und Chlorbariumlösung (weiße Fällung von Bariumsulfat) nachgewiesen.

Perborate, die am häufigsten in Sauerstoffwaschmitteln vorkommen, können durch die Boratreaktion (s. oben) von den übrigen Sauerstoffmitteln (Perkarbonat, Persulfat usw.) unterschieden werden.

Bei den Reaktionen auf aktiven Sauerstoff ist stets eine Blindprobe anzustellen.

Quantitative Bestimmung. a) Bei persulfatfreien Seifenpulvern: 0,2 g Substanz werden in wässeriger Lösung mit 10 ccm 20proz. Schwefelsäure und 5 ccm Tetrachlorkohlenstoff geschüttelt. Das abgetrennte Sauerwasser wird nochmals mit Tetrachlorkohlenstoff ausgeschüttelt, in ein Becherglas gespült und nach Zusatz von 2 g Jodkalium $^1/_2$ Stunde stehen gelassen. Das frei gewordene Jod wird mit $^n/_{10}$ Thiosulfatlösung in bekannter Weise zurücktitriert.

1 ccm $^n/_{10}$ Thiosulfat entspricht 0,008 g aktivem Sauerstoff (O), das sind 7,704 mg Natriumperborat ($NaBO_3 . 4 H_2O$) bzw. 3,9 mg Natriumsuperoxyd (Na_2O_2).

b) Bestimmung von Persulfat.

2 g Pulver werden in etwa 100 ccm Wasser gelöst, mit verdünnter Schwefelsäure angesäuert und mit 10 ccm Eisen-(2)-ammoniumsulfatlösung versetzt. Durch Erhitzen und Umrühren werden darauf die Fettsäuren abgeschieden. Die ganze Flüssigkeit wird in einen Jodzahlkolben übergeführt, mit etwa 10 ccm Chloroform, dann mit Wasser nachgespült und durchgeschüttelt; sollte das Sauerwasser durch suspendierte Fettsäuren getrübt sein, so wird der Kolbeninhalt mit reiner Kieselgur geschüttelt.

Unter Umschütteln wird nun so lange mit $^n/_{10}$ Permanganatlösung titriert, bis die wässerige Flüssigkeit dauernd rosafarben bleibt.

Mit 10 ccm Eisen-(2)-ammoniumsulfatlösung wird ein Blindversuch angestellt. Die Differenz d der Titrationswerte ergibt den Gehalt 0,8 d mg aktiven Sauerstoff (O) bzw. 11,95 d mg Natriumpersulfat ($Na_2S_2O_8$).

2. Annähernde Sodabestimmung im Seifenpulver. 2—3 g Seifenpulver werden in wässeriger Lösung mit $^n/_2$ Salzsäure heiß titriert (Methylorange), wobei sich Soda, Seife und Wasserglas umsetzen. Unter Annahme eines mittleren Molekulargewichtes der Fettsäuren von 300 ist

1 vH. Fettsäure entspr. . . . . 0,18 vH. Na_2CO_3,
1 vH. Wasserglas ($Na_2Si_4O_9$) entspr. . . 0,35 vH. Na_2CO_3.

Gegeben:

Einwage = a
Verbr. ccm $^n/_2$ Salzsäure = b
Fettsäure = c vH.
Wasserglas = d vH.

Berechnet:

$$\text{Soda} = \frac{2{,}65\,b}{a} - (c + d)\ \text{vH., ber. als } Na_2CO_3.$$

Bei Gegenwart von Perborat ist zu berücksichtigen, daß 1 vH. aktiver Sauerstoff 3,59 vH. Natriumkarbonat entspricht.

C. Gebrauchswert der Seifen.

Die Eignung der Seife für Waschzwecke ist aus der chemischen Untersuchung nur zum Teil zu erkennen; die zahlreichen praktischen Methoden zur Bestimmung gewisser Funktionen der Waschwirkung (Schaumkraft, Schaumbeständigkeit, Auflösungsgeschwindigkeit, Härte usw.) sind jedoch noch nicht so weit durchgebildet, daß sie in den Rahmen der Einheitsmethoden passen. Zunächst werden daher nur zwei Verfahren, die hauptsächlich für Textilseifen wichtig sind, aufgenommen.

1. Trübungstemperatur nach Herbig. Von einem Durchschnittsmuster der Seife (vgl. Probenahme) wird so viel abgewogen und in 100 ccm Wasser gelöst (100-ccm-Meßkolben), daß eine Seifenlösung mit 0,5 vH. Fettsäuren entsteht. Falls die Lösung nicht klar ist, wird sie heiß filtriert; 50 ccm klares Filtrat werden in das innere Gefäß des Apparates (s. Abb. Holde, 6. Aufl., S. 696) gebracht, eventuell nochmals bis zum Klarwerden erwärmt und nach dem Entfernen der Heizquelle ständig gerührt, bis sich die erste Trübung zeigt.

Der Beginn der Trübung ist leichter zu beobachten, wenn man einen seitlichen Lichtkegel in die Lösung fallen läßt und einen dunklen Hintergrund anbringt.

2. Spinnfähigkeit nach Morawski-Demski. Die Lösung von 10 g Seife in 100 ccm heißem Wasser wird allmählich abgekühlt und beobachtet, bei welcher Temperatur der Seifenleim Faden zieht, d. h. spinnt.

Begriffsbestimmung und Lieferungsbedingungen für Seifen.

Der derzeitige Verband der Seifenfabrikanten hatte im Jahre 1910 für eine Reihe von Seifenfabrikaten die folgenden Begriffsbestimmungen normiert[1]).

„1. Unter reinen Kernseifen versteht man alle nur aus festen und flüssigen Fetten sowie Fettsäuren auch unter Zusatz von Harz durch Siedeprozesse hergestellten, aus ihren Lösungen durch Salze oder Salzlösungen (auf Unterlauge oder Leimniederschlag) abgeschiedenen, technisch reinen Seifen mit einem Mindestgehalt von 60 vH. Fettsäurehydraten einschließlich Harzsäure.

2. Unter reinen Schmierseifen versteht man solche, die mindestens 36 vH. Fettsäurehydrate inklusive Harzsäure enthalten und technisch rein sind.

3. Bei Fettsäurebestimmungen in Seifen und Seifenpulvern sind stets Fettsäurehydrate und nicht Fettsäureanhydride in Rechnung zu stellen. Harzsäuren rechnen als Fettsäurehydrate."

Speziell die Begriffsbestimmung des Wortes „Kernseife" ist dann später aber (8. 5. 22) wieder aufgegeben, und der Fachausschuß für Seifen und Parfümerien der Handelskammer zu Berlin hat sich die neuen Bedingungen vom 8. 5. 22 zu eigen gemacht, indem er unter dem 6. 10. 22 den folgenden Entwurf veröffentlichte, dessen endgültige Eignung für den Handelsgebrauch durch die Praxis noch ermittelt werden sollte.

„§ 1. Unter der Bezeichnung „Seife" oder unter einer das Wort „Seife" mit anderen Worten verbindenden Bezeichnung sind nur solche Reinigungsmittel zu verstehen, welche fettsaure, einschließlich harzsaure Salze in einer für den Waschvorgang oder die technische Verwendung wirksamen Menge enthalten.

§ 2. Unter der Bezeichnung „Kernseife" oder unter einer das Wort „Kernseife" enthaltenden Wortverbindung ist nur solche Seife zu verstehen, welche mindestens 60 vH. Fettsäurehydrat enthält. Bei Berechnung des Fettsäurehydrats wird zwischen Fettsäuregehalt und Harzsäuregehalt nicht unterschieden.

§ 3. Bei Seifenpulvern muß der Fettsäuregehalt angegeben werden.

§ 4. Unter der Bezeichnung „reine Schmierseife" sind nur solche Seifen zu verstehen, die mindestens 38 vH. Fettsäurehydrat enthalten, und in denen der überwiegende Teil der darin enthaltenen, verseiften Fettsäure an Kali gebunden ist. Zwischen Harzsäuregehalt und Fettsäuregehalt wird nicht unterschieden."

---

[1]) Anhang zu den „Einheitsmethoden 1910" S. 92.

Der Begriff der von Füllmitteln freien „reinen Kernseife“ war hiermit also fallen gelassen, und auch Leimseifen mit hohem Fettgehalt (60 vH.) durften danach im Gegensatz zu der bisherigen technologischen Begriffsbestimmung als „Kernseife“ bezeichnet werden. Da diese Tatsache jedoch nicht den Beifall der herstellenden Industrie finden konnte, wurde bis zur endgültigen Regelung der Angelegenheit der strittige § 2 der letztgenannten Geschäftsbedingungen durch die folgende Bestimmung ersetzt:

„Unter der Bezeichnung „Kernseife“ dürfen nur in den Handel gebracht werden alle lediglich aus festen oder flüssigen Fetten oder Fettsäuren mit oder ohne Zusatz von Harz hergestellten, technisch reinen Seifen, die im frischen Zustande einen Gehalt von wenigstens 60 vH. seifenbildenden Fettsäuren einschließlich Harzsäuren aufweisen. Zusätze von Salzen, Wasserglas, Mehl oder ähnlichen Füllmitteln sind nicht gestattet[1]).“

Am 14. 9. 1925 hat sich dann der Wirtschaftsbund der Seifenindustrie nochmals mit dieser Frage beschäftigt und die dort diskutierten „Handelsgebräuche betreffend den Verkehr mit Seifen oder seifenhaltigen Reinigungsmitteln“ unter Außerkraftsetzung sämtlicher entgegenstehenden Bestimmungen in nachfolgender Form als für die Seifenindustrie verbindlich angenommen[2]).

§ 1.

„Die Bezeichnung „Seife“ oder eine das Wort „Seife“ in einer Wortverbindung enthaltende Bezeichnung soll nur solchen Reinigungsmitteln zukommen, welche tatsächlich fettsaure, einschließlich harzsaure Salze in einer für den Waschvorgang oder die technische Verwendung wirksam und in wirtschaftlicher Weise in Erscheinung tretenden Menge enthalten.

Die Bewertung von Seifen oder seifenhaltigen Waschmitteln erfolgt, unbeschadet der speziellen Angaben spezifischer Zusätze, handelsüblich nach Prozenten Fettsäurehydrat, auch kurz als Fettsäure bezeichnet. Wertangaben, wie die in Frankreich übliche, nach „Reinseifengehalt“, Prozenten Öl und Alkali oder Prozenten „Fett“gehalt, sind als nicht handelsüblich und nicht maßgebend zu betrachten.

§ 2.

Die Bezeichnung „Kernseife“ oder eine das Wort „Kernseife“ enthaltende Wortverbindung kommt nur solchen technisch reinen Seifen zu, welche mindestens 60 vH. Fettsäurehydrat in frischem Zustand enthalten.

Ein Harzgehalt wird als mit dem Fettsäuregehalt gleichwertig betrachtet.

Zusätze, welche den Gehalt an Fettsäurehydrat nicht unter 60 vH. herunterdrücken, sollen nicht als Verunreinigung betrachtet werden,

---

[1]) Sitzung des Fachausschusses f. Seifen usw. der Handelskammer zu Berlin, 31. 3. 1924, s. Seifensiederzeitung. 1924, **51**, S. 325.

[2]) Seifensiederzeitung. 1925, **52**, S. 813.

sofern sie durch spezifische Wirkung zur Verstärkung oder Verbesserung der Waschwirkung beitragen (z. B. Boraxkernseife u. a.).

Seife in Riegeln und Stücken wird nach der Riegelzahl bzw. Stückzahl gehandelt, wobei ein bestimmtes Ursprungsgewicht der einzelnen Einheit garantiert wird. Da bei Kernseife in frischem Zustande ein Fettsäuregehalt von 60 vH. garantiert ist, so müssen die gelieferten Riegel oder Stücke im Durchschnitt einen Fettsäurehydratinhalt aufweisen, welcher mindestens 60 vH. des Ursprungsgewichtes oder Frischgewichtes der Riegel oder Stücke ausmacht.

§ 3.

Die Bezeichnung „reine Schmierseife" dürfen nur solche Seifen führen, welche mindestens 38 vH. Fettsäurehydrat enthalten, und in denen der überwiegende Teil der darin enthaltenen, verseiften Fettsäure an Kali gebunden ist.

Ein Harzgehalt wird als mit dem Fettsäuregehalt gleichwertig betrachtet.

Zusätze, welche den Gehalt an Fettsäurehydrat nicht unter 38 vH. herunterdrücken, sollen nicht als Verunreinigung betrachtet werden, sofern sie durch spezifische Wirkung zur Verstärkung oder Verbesserung der Waschwirkung beitragen (z. B. kohlenwasserstoffhaltige Schmierseifen).

§ 4.

a) Als „gemahlene Kernseife" oder als „Kernseifenpulver" darf nur ein Erzeugnis betrachtet werden, welches bei technischer Reinheit mindestens 60 vH. Fettsäurehydrat enthält.

Zusätze, welche den Gehalt an Fettsäurehydrat nicht unter 60 vH. herunterdrücken, sollen nicht als Verunreinigung betrachtet werden, sofern sie durch spezifische Wirkung zur Verstärkung oder zur Verbesserung der Waschwirkung beitragen. Zusätze von Soda und Wasserglas sollen bei diesen gemahlenen Kernseifen jedoch als unzulässig betrachtet werden.

b) Handelsübliche Seifenpulver dürfen als unterste Grenze 5 vH. Fettsäurehydrat enthalten. Ein Harzgehalt wird als mit dem Fettsäuregehalt gleichwertig betrachtet. Sie sollen von anorganischen Verbindungen nur solche Stoffe enthalten, welche wasserlöslich sind und eine schwache Alkaliwirkung besitzen, z. B. Soda, Natriumbikarbonat, Persalze, Borax, Wasserglas, Ammoniaksalze u. a. m.; Kochsalz, Chlorkalium oder Natriumsulfat dürfen aber in Mengen, welche den üblichen Gehalt der verwendeten Materialien an technischen Verunreinigungen mit diesen Stoffen übersteigen, in Seifenpulvern handelsüblicher Art nicht enthalten sein. Fettlösemittel sind zulässig."

Die ganze Frage ist aber auch heute noch, namentlich im Zusammenhang mit den neuzeitlichen Normalisierungsbestrebungen (Ausschuß für wirtschaftliche Fertigung), viel umstritten[1]) und bedarf daher auch

[1]) Vgl. Davidsohn, Zeitschr. f. Öl- und Fettind. 1925, **45**, 41 und dort angegebene Literatur.

für die Folgezeit der weitgehenden Aufmerksamkeit aller beteiligten Kreise, zumal da es im Interesse einer soliden Industrie liegt, daß ihre Fabrikate durch eine richtig gestaltete, feststehende Definition endgültig präzisiert werden.

Der Vollständigkeit halber sind deshalb auch nachstehend die Lieferungsbedingungen der Reichsbahn aufgeführt.

Lieferungsbedingungen der Staatsbahnen[1]).

Material	Staat	Äußere Erscheinungen	Gehalt an Fettsäuren mindestens vH.	Sonstige Eigenschaften
Schmierseife	Preußen 1903	Klar und durchscheinend, geruchlos	40	Braune oder grüne Seife soll frei von Kieselsäure, kieselsauren Salzen, Ton, Stärkemehl und sonstigen Füllmitteln bzw. fremdartigen Zusätzen und so fest sein, daß sie bei 25° sich nicht zieht. Tran und übelriechende Fette dürfen zur Seife nicht verwandt werden. Zusatz von Harz ist bis zu 5 vH. des verwendeten Fettes zulässig.
Schmierseife	Bayern 1900	Hellbraun, an den Kanten hell durchscheinend, Konsistenz auch im Sommer noch dicksalbenartig, zähe	35	Muß reinste harzfreie Ölseife sein, soll keine fremdartigen, namentlich ätzenden Bestandteile sowie Beschwerungsmittel haben und Putz- und Schmierzwecken entsprechen. Wasser darf 45 vH., Asche (Kali) 10 vH., Verunreinigungen 3,85 vH. nicht übersteigen. Unverseiftes Fett sowie freies Alkali dürfen nicht vorhanden sein. Beim Lagern dürfen sich keine flüssigen Ausscheidungen bilden.
Schmierseife	Sachsen 1902	Dickschmierig	45	Muß aus Leinöl hergestellt, frei von schädlichen Stoffen sein.
Schmierseife	Württemberg 1904	Dicksalbenartig, zähe, hellbraun, an den Kanten durchscheinend	35	Reinste, harzfreie Ölseife, darf keine fremdartigen, namentlich ätzenden Bestandteile, Stärkemehl, Erdmetalloxyde enthalten. Muß Putzzwecken und, im Wasser gelöst, Schmierzwecken dienen und in lauem Wasser sich gleichmäßig verteilen. Farben ausgeschlossen. Mineralöl und unverseiftes Fett sind unzulässig. Aschengehalt (abgesehen von gebundenem Alkali) unter 5 vH. Spuren von freiem Alkali.

[1]) Anfang 1913 gültig und auch zur Zeit, soweit die Reichsbahnen in Betracht kommen, noch nicht aufgehoben; neue Bedingungen der Reichsbahn werden zur Zeit ausgearbeitet.

Vorstehende Tabelle. Fortsetzung.

Material	Staat	Äußere Erscheinungen	Gehalt an Fettsäuren mindestens vH.	Sonstige Eigenschaften
Schmierseife	Baden 1910	Dicksalbenartig, zähe, hellbraun, an den Kanten durchscheinend	35	Reinste, harzfreie Ölseife, ohne fremde Beimischung und Beschwerungsmittel, desgl. frei von Mineralöl, Mineralfetten und unverseiftem Fett, nur geringen Gehalt an freiem Alkali besitzend. Beim Lagern dürfen sich keine flüssigen Ausscheidungen bilden. Aschengehalt nicht über 5 vH.
	Reichslande 1912	Klar und durchscheinend, darf keinen schlechten Geruch besitzen	40	(Grüne) aus Leinöl ohne Beimengung von Tran, Harz usw. Frei von Verunreinigungen, fremden Zusätzen, Farbstoffen. Darf beim Lagern nicht zerfallen, kein Wasser abscheiden, nicht flüssig werden und nicht aus altem, ranzigen Öl hergestellt sein. 8 vH. Kali enthaltend.
Weiße Seife (Kernseife)	Preußen 1906	Darf keinen besonders auffälligen Geruch besitzen, d. h. weder übelriechend noch künstlich wohlriechend	60	Soll neutrale Kernseife sein. Frei von Harz, Kieselsäure, kieselsauren Salzen, Ton, Stärkemehl und sonstigen fremdartigen Zusätzen. Beim Waschen ausreichend schäumend. Sie muß trocken sein, 5 Tage lang der Luft bei 20° ausgesetzt, höchstens 5 vH. ihres ursprünglichen Gewichtes verlieren.
	Württemberg 1904	—	60	(Kernseife) soll rein, frei von Harz, Kieselsäure und Verunreinigungen und trocken sein, Wassergehalt nicht über 25 vH.
	Baden 1910	Muß fest, nicht schmierig und von nicht zu dunkler Farbe sein	60	Muß ungefüllt sein, frei von fremden Beimengungen und unverseiftem Fett, höchstens Spuren von freiem Alkali. Wassergehalt höchstens 30 vH. Olein- und Harzseife nicht zulässig.
	Reichslande 1912	Nicht schmierig, weiß, hart	60	Muß neutrale Kernseife, frei von Unreinigkeiten, gut ausgesalzen sein, 7,5 vH. Natron, höchstens 30 vH. Wasser; kein freies Natron oder freie Fettsäure.

Die Bedingungen von Bayern und Sachsen enthalten keine Bestimmungen über weiße Seife.

Anhang.

Hilfstabellen für die Seifenfabrikation.

I. Tabelle
für die zur Verseifung der Fette und Öle nötigen Mengen chemisch reinen Natriumhydrats und Kaliumhydrats.

Öl bzw. Fett	Durchschnittliche Verseifungszahl	Zur Verseifung nötige Menge Natriumhydrat in Prozenten	Zur Verseifung nötige Menge Kaliumhydrat in Prozenten
Leinöl	193	13,80	19,30
Hanföl	192,5	13,75	19,25
Sonnenblumenöl .	193,5	13,83	19,35
Maisöl	191	13,64	19,10
Sojabohnenöl . .	192	13,70	19,20
Kottonöl . . .	194	13,86	19,40
Erdnußöl . . .	193,5	13,83	19,35
Sesamöl	190,5	13,61	19,05
Rizinusöl . . .	181,5	12,97	18,15
Rüböl	179	12,80	17,90
Olivenöl. . . .	192	13,70	19,20
Klauenöl . . .	194	13,86	19,40
Japantran . . .	191	13,64	19,10
Waltran	188	13,43	18,80
Kottonstearin . .	195	13,93	19,50
Palmöl	199	14,20	19,90
Pflanzentalg . .	200	14,29	20,00
Schweinefett . .	195,5	13,96	19,55
Knochenfett . .	191	13,64	19,10
Talg	198	14,14	19,80
Palmkernöl. . .	248	17,70	24,80
Kokosöl	253	18,07	25,30
Harz, hell . . .	178	12,70	17,80
Harz, dunkel . .	165	11,80	16,50

II. Tabelle
für die zur Verseifung der Fette und Öle nötigen Mengen technischen Ätznatrons und technischer Kalilauge von 50° Bé.

Fett bzw. Öl	Erforderliche Menge techn. Ätznatrons pro 100 kg Fett			Nötige Menge Kalilauge von 50° Bé. pro 100 kg Fett
	120 gräd.	125 gräd.	128–130 gräd.	
Leinöl	15,33	14,53	14,15	39,79
Hanföl.	15,28	14,47	14,10	39,69
Sonnenblumenöl .	15,37	14,56	14,18	39,89
Maisöl	15,16	14,36	14,00	39,38
Sojabohnenöl . .	15,22	14,42	14,05	39,58

II. Tabelle (Fortsetzung).

Fett bzw. Öl	Erforderliche Menge techn. Ätznatrons pro 100 kg Fett			Nötige Menge Kalilauge von 50° Bé. pro 100 kg Fett
	120 gräd.	125 gräd.	128—130 gräd.	
Kottonöl	15,40	14,59	14,21	40,00
Erdnußöl	15,37	14,56	14,18	39,89
Sesamöl	15,12	14,33	13,96	39,28
Rizinusöl	14,41	13,65	13,30	37,42
Rüböl	14,22	13,47	13,13	36,91
Olivenöl	15,22	14,42	14,05	39,58
Klauenöl	15,40	14,59	14,21	40,00
Japantran	15,16	14,36	14,00	39,38
Waltran	14,92	14,14	13,77	38,76
Kottonstearin	15,48	14,66	14,29	40,21
Palmöl	15,78	14,95	14,56	41,03
Pflanzentalg	15,88	15,04	14,65	41,24
Schweinefett	15,51	14,70	14,32	40,31
Knochenfett	15,16	14,36	14,00	39,38
Talg	15,71	14,88	14,50	40,82
Palmkernöl	19,67	18,63	18,15	51,13
Kokosöl	20,08	19,02	18,53	52,16
Harz, hell	14,11	13,37	13,03	36,70
Harz, dunkel	13,11	12,42	12,10	34,02

III. Tabelle für die pro 100 kg Fettsäuren nötigen Alkalimengen.

Fettsäure von	Pro 100 kg Fettsäure erforderliche Menge techn. Ätznatrons			Nötige Menge Kalilauge von 50° Bé. pro 100 kg Fettsäure	Nötige Menge Ammoniak-Soda pro 100 kg Fettsäure
	120 gräd.	125 gräd.	128—130 gräd.		
Leinöl	16,03	15,19	14,80	41,61	19,48
Hanföl	15,98	15,13	14,74	41,49	19,43
Sonnenblumenöl	16,07	15,23	14,83	41,72	19,53
Maisöl	15,84	15,01	14,63	41,16	19,23
Sojabohnenöl	15,91	15,07	14,69	41,37	19,36
Kottonöl	16,11	15,26	14,86	41,83	19,59
Erdnußöl	16,07	15,23	14,83	41,72	19,53
Sesamöl	15,80	14,98	14,60	41,05	19,17
Rizinusöl	15,03	14,23	13,87	39,02	18,07
Rüböl	14,82	14,04	13,68	38,47	17,81
Olivenöl	15,91	15,07	14,69	41,37	19,36
Klauenöl	16,11	15,26	14,86	41,83	19,59
Japantran	15,84	15,01	14,63	41,16	19,23
Waltran	15,58	14,77	14,38	40,48	18,74
Kottonstearin	16,23	15,37	15,00	42,17	19,78
Palmöl	16,52	15,65	15,24	42,86	20,11
Pflanzentalg	16,63	15,75	15,34	43,19	20,22
Schweinefett	16,22	15,38	14,98	42,16	19,74
Knochenfett	15,84	15,01	14,63	41,16	19,23
Talg	16,45	15,58	15,18	42,74	20,01
Oleïn	15,71	14,88	14,50	40,82	19,11
Palmkernöl	20,84	19,74	19,23	54,17	25,36
Kokosöl	21,30	20,17	19,65	55,33	25,90

IV. Tabelle.

Volumgewicht von Kalilauge bei 15° C nach Gerlach.

Prozent Ätzkali	Spez. Gewicht	Prozent Ätzkali	Spez. Gewicht	Prozent Ätzkali	Spez. Gewicht	Prozent Ätzkali	Spez. Gewicht
1	1,009	16	1,137	31	1,300	46	1,488
2	1,017	17	1,146	32	1,311	47	1,499
3	1,025	18	1,155	33	1,324	48	1,511
4	1,033	19	1,166	34	1,336	49	1,527
5	1,041	20	1,177	35	1,349	50	1,539
6	1,049	21	1,188	36	1,361	51	1,552
7	1,058	22	1,198	37	1,374	52	1,565
8	1,065	23	1,209	38	1,387	53	1,578
9	1,074	24	1,220	39	1,400	54	1,590
10	1,083	25	1,230	40	1,411	55	1,604
11	1,092	26	1,241	41	1,425	56	1,618
12	1,101	27	1,252	42	1,438	57	1,630
13	1,111	28	1,264	43	1,450	58	1,641
14	1,119	29	1,278	44	1,462	59	1,655
15	1,128	30	1,288	45	1,475	60	1,667

V. Tabelle.

Volumgewicht von Natronlauge bei 15° C nach Gerlach und Schiff.

Prozentgehalt an Ätznatr	Spez. Gewicht	Prozentgehalt an Ätznatron	Spez. Gewicht	Prozentgehalt an Ätznatron	Spez. Gewicht	Prozentgehalt an Ätznatron	Spez. Gewicht
1	1,012	16	1,181	31	1,343	46	1,499
2	1,023	17	1,192	32	1,351	47	1,508
3	1,035	18	1,202	33	1,363	48	1,519
4	1,046	19	1,213	34	1,374	49	1,529
5	1,059	20	1,225	35	1,384	50	1,540
6	1,070	21	1,236	36	1,395	51	1,550
7	1,081	22	1,247	37	1,405	52	1,560
8	1,092	23	1,258	38	1,415	53	1,570
9	1,103	24	1,269	39	1,426	54	1,580
10	1,115	25	1,279	40	1,437	55	1,591
11	1,126	26	1,290	41	1,447	56	1,601
12	1,137	27	1,300	42	1,456	57	1,611
13	1,148	28	1,310	43	1,468	58	1, 622
14	1,159	29	1,321	44	1,478	59	1, 633
15	1,170	30	1,332	45	1,488	60	1, 643

VI. Tabelle.

Volumgewicht von Sodalösung bei 15° C, ihr Baumé-Grad und ihr Gehalt an wasserfreier und kristallisierter Soda mit 10 Molekülen Wasser.

Spez. Gewicht	Grade Bé	Prozent Gehalt an		Gehalt eines Kubikmeters Lösung an	
		wasserfreier Soda	kristallisierter Soda	wasserfr. Soda in Kilogramm	kristall. Soda in Kilogramm
1,007	1	0,67	1,807	6,8	18,2
1,014	2	1,33	3,587	13,5	36,4
1,022	3	2,09	5,637	21,4	57,6
1,029	4	2,76	7,444	28,4	76,6
1,036	5	3,43	9,251	35,5	95,8
1,045	6	4,29	11,570	44,8	120,9
1,052	7	4,94	13,323	52,0	140,2
1,060	8	5,71	15,400	60,5	163,2
1,067	9	6,37	17,180	68,0	183,3
1,075	10	7,12	19,203	76,5	206,4
1,083	11	7,88	21,252	85,3	230,2
1,091	12	8,62	23,248	94,0	253,6
1,100	13	9,43	25,432	103,7	279,8
1,108	14	10,19	27,482	112,9	304,5
1,116	15	10,95	29,532	122,2	329,6
1,125	16	11,81	31,851	132,9	358,3
1,134	17	12,61	34,009	143,0	385,7
1,142	18	13,16	35,493	150,3	405,3
1,152	19	14,24	38,405	164,1	442,4

VII. Tabelle.

Gehalt und Volumgewicht von Pottaschelösung bei 15° C.

Volumgewicht der Lösung	Prozentgehalt an reiner Pottasche	Volumgewicht der Lösung	Prozentgehalt an reiner Pottasche	Volumgewicht der Lösung	Prozentgehalt an reiner Pottasche
1,00914	1	1,18265	19	1,38279	37
1,01829	2	1,19286	20	1,39476	38
1,02743	3	1,20344	21	1,40673	39
1,03658	4	1,21402	22	1,41870	40
1,04572	5	1,22459	23	1,43104	41
1,05513	6	1,23517	24	1,44338	42
1,06454	7	1,24575	25	1,45573	43
1,07396	8	1,25681	26	1,46807	44
1,08337	9	1,26787	27	1,48041	45
1,09278	10	1,27893	28	1,49314	46
1,10258	11	1,28999	29	1,50588	47
1,11238	12	1,30105	30	1,51861	48
1,12219	13	1,31261	31	1,53135	49
1,13199	14	1,32417	32	1,54408	50
1,14179	15	1,33573	33	1,55728	51
1,15200	16	1,34729	34	1,57048	52
1,16222	17	1,35885	35	1,57079	53,024
1,17243	18	1,37082	36		

VIII. Tabelle.

Gehalt wäßriger Laugen an Kali- und Natronhydrat bei 15° C.

Grade Bé	Spez. Gewicht	KOH vH.	NaOH vH.	Grade Bé	Spez. Gewicht	KOH vH.	NaOH vH.
1	1,007	0,9	0,61	26	1,220	24,2	19,58
2	1,014	1,7	1,20	27	1,231	25,1	20,59
3	1,022	2,6	2,00	28	1,241	26,1	21,42
4	1,029	3,5	2,71	29	1,252	27,0	22,64
5	1,037	4,5	3,35	30	1,263	28,0	23,67
6	1,045	5,6	4,00	31	1,274	28,9	24,81
7	1,052	6,4	4,64	32	1,285	29,8	25,80
8	1,060	7,4	5,29	33	1,297	30,7	26,83
9	1,067	8,2	5,87	34	1,308	31,8	27,80
10	1,075	9,2	6,55	35	1,320	32,7	28,83
11	1,083	10,1	7,31	36	1,332	33,7	29,93
12	1,091	10,9	8,00	37	1,345	34,9	31,22
13	1,100	12,0	8,68	38	1,357	35,9	32,47
14	1,108	12,9	9,42	39	1,370	36,9	33,69
15	1,116	13,8	10,06	40	1,383	37,8	34,96
16	1,125	14,8	10,97	41	1,397	38,9	36,25
17	1,134	15,7	11,84	42	1,410	39,9	37,47
18	1,142	16,5	12,64	43	1,427	40,9	38,80
19	1,152	17,6	13,55	44	1,438	42,1	39,99
20	1,162	18,6	14,37	45	1,453	43,4	41,41
21	1,171	19,5	15,13	46	1,468	44,6	42,93
22	1,180	20,5	15,91	47	1,483	45,8	44,38
23	1,190	21,4	16,77	48	1,498	47,1	46,15
24	1,200	22,4	17,67	49	1,514	48,3	47,60
25	1,210	23,3	18,58	50	1,530	49,4	49,02

IX. Tabelle.

Technische Glyzerinausbeute einiger Fette und Öle.

Name des Fettes	Verseifungs-Zahl	Theoretischer Glyzeringehalt vH.	Theoretischer Gehalt an Glyzerin von 28° Bé vH.	Durchschnittl. Gehalt an freien Fettsäuren vH.	Durchschnittl. Ausbeute an Glyzerin von 28° Bè in der Praxis vH.
Kokosöl .	250—257	13,5	15,0	2—20	12,0
Palmkernöl	247—250	13,0	14,7	2—10	12,1
Palmöl . .	200—202	10,8	12,0	12—20	8,5
Talg . . .	195—198	10,5	11,7	1—10	10,0
Olivenöl .	185—191	9,9	11,0	3—8	10,0
Kottonöl .	191—193	10	11,5	0—2	9,9
Leinöl . .	190—195	10	11,5	1—3	9,5
Sesamöl .	187—190	10	11,5	0,7—17	8,0
Erdnußöl .	189—192	10	11,5	6—25	7,5
Maisöl . .	188—191	10	11,5	0,5—2	7,5
Knochenfett	190—205	10	11,5	10—30	7,5
Rizinusöl .	176—180	9,5	10,5	3—6	6,5
Tran . .	185—190	9,9	11,0	1—5	6,5

X. Tabelle

über den theoretischen Gehalt an Glyzerin und Fettsäuren in den Fetten und Ölen, sowie die Menge des bei der Spaltung hinzutretenden Wassers.

Fett oder Öl	Theoretischer Reinglyzeringehalt in 100 kg Fett	Menge des bei der Spaltung von 100 kg Fett hinzutretenden Wassers	Menge der in 100 kg Neutralfett enthaltenen Fettsäuren
Leinöl	10,57	6,20	95,63
Hanföl	10,54	6,19	95,65
Sonnenblumenöl	10,60	6,22	95,62
Maisöl	10,46	6,14	95,68
Sojabohnenöl	10,51	6,17	95,66
Kottonöl	10,63	6,24	95,61
Erdnußöl	10,60	6,22	95,62
Sesamöl	10,43	6,12	95,69
Rizinusöl	9,94	5,83	95,89
Rüböl	9,80	5,75	95,95
Olivenöl	10,51	6,17	95,66
Klauenöl	10,63	6,24	95,61
Japantran	10,46	6,14	95,68
Waltran	10,30	6,04	95,74
Kottonstearin	10,68	6,27	95,36
Palmöl	10,90	6,40	95,50
Pflanzentalg	10,95	6,43	95,48
Schweinefett	10,70	6,30	95,60
Knochenfett	10,46	6,14	95,68
Talg	10,84	6,36	95,52
Palmkernöl	13,58	7,97	94,39
Kokosöl	13,86	8,13	94,27

XI. Tabelle.

Es geben beim Auflösen in Wasser:

a) 100 kg 125° Ätznatron

940 kg Lauge von 15° Bé
690 » » » 20° »
530 » » » 25° »
420 » » » 30° »
305 » » » 38° »
290 » » » 40° »

b) 100 kg 98 vH. Soda

590 kg Lösung von 20° Bé
530 » » » 22° »
458 » » » 25° »
372 » » » 30° »
310 » » » 35° »
280 » » » 38° »

c) 100 kg 98 vH. Pottasche

905 kg Lösung von 15° Bé
605 » » » 20° »
505 » » » 25° »
415 » » » 30° »

d) 100 kg Kochsalz

920 kg Salzwasser von 10° Bé
740 » » » 13° »
615 » » » 15° »
455 » » » 20° »
365 » » » 24° »

e) 100 kg Chlorkalium

855 kg Lösung von 10° Bé
655 » » » 13° »
555 » » » 15° »
420 » » » 20° »

Zusammenstellung der die Herstellung von Seifen und Waschmitteln betreffenden Deutschen Reichspatente.

Die für die Seifenindustrie wichtigsten Patente sind innerhalb der Patentklasse 23 (Fett- und Ölindustrie) in der Unterklasse 23 e zusammengefaßt. Von den zu dieser Unterklasse gehörigen Patentschriften sind im folgenden nur die berücksichtigt, welche die Zusammensetzung der Seifen bzw. den eigentlichen Chemismus der Verseifung und der Seifenaufarbeitung betreffen; Patentschriften lediglich apparativen Inhaltes sind unberücksichtigt geblieben, besonders auch, weil die in der Seifenindustrie neuerdings üblich gewordenen apparativen Hilfsmittel in zahlreichen Fällen mit den in der chemischen Großindustrie gebräuchlichen Apparaturen (Trockenvorrichtungen, Rührwerke usw.) übereinstimmen und anderen Patentklassen zugeordnet sind, deren eingehendere Berücksichtigung den Rahmen dieses Buches überschreiten würde. Dagegen sind die Patente der Klasse 30 (Gesundheitspflege) Unterklasse i (Desinfektion) mit aufgezählt worden, soweit sie Verfahren zur Herstellung von Seifen enthaltenden Desinfektionsmitteln beschreiben, und weiter sind die zahlreichen Patente der Klasse 8 (Bleicherei, Wäscherei, Zeugdruck, Appretur) Unterklasse i (Bleichen und Waschen) berücksichtigt, obwohl der größere Teil dieser Patente (fettfreie Waschmittel), insbesondere soweit sie in der vergangenen Kriegszeit zur Anmeldung kamen, nicht von bleibender Bedeutung war und lediglich eine Entwicklung widerspiegelt, die nur unter außergewöhnlichen Umständen möglich werden konnte. Endlich sind dann auch aus anderen Patentklassen diejenigen Patente erwähnt worden, die eine grundlegende Bedeutung für die Seifenindustrie besitzen und die im Textteil dieses Buches besonders behandelt sind.

1247. Kl. 23 e 2, vom 27. Juli 1877. Erloschen 1879.
Karl Funk und Adolf Eltze in Helmstedt.
Verfahren zur Bereitung von phosphorsaures Natron enthaltenden Seifen.

Die Eigenschaften von Seifen sollen dadurch verbessert werden, daß diesen 10 vH oder mehr phosphorsaures Natron ($Na_2HPO_4 + 12\ H_2O$) zugefügt werden. Der Zusatz wird bei Kernseifen nach Abtrennung und Ablassen der Unterlauge vorgenommen[1]).

1893. Kl. 23 e 2, vom 23. Dezember 1877. Erloschen 1879.
O. Thümmel in Berlin.
Herstellung bernsteinhaltiger Seife.

Zwecks Herstellung einer intensiven Bernsteingeruch aufweisenden Seife wird fein gepulverter Bernstein bei 125° mit der gleichen Menge Kokosnußöl verschmolzen. Nach Zusatz weiterer Mengen Kokosnußöl läßt man durch stark wirkende Kühlung erstarren. Die Masse dient als Zusatz zu Fettansätzen, die auf üblichem Wege zu Seife verarbeitet werden[1]).

2109. Kl. 23 e 2, vom 1. Februar 1878. Erloschen 1879.
A. Hampel in Dresden.
Verfahren der Herstellung von Rasierschaum.

Das Präparat wird durch Zusammenrühren von Oleïn, Wasser, Ätznatronlauge, Seife und Spiritus dargestellt[1]).

---

[1]) In den älteren Patenten ist zumeist ein formulierter Patentanspruch nicht vorhanden. Zur näheren Kennzeichnung des Inhaltes sind daher einigen älteren Patenten kurze Angaben beigefügt.

4357. Kl. 23 e 2, vom 12. März 1878. Erloschen 1881.
Jacob Hilgers in Rheinbrohl.
Verfahren zur Herstellung schwimmender Badeseife.

Patentanspruch: 1. Seife, gleichviel welcher Qualität, dadurch auf dem Wasser schwimmend zu machen, daß man auf die beschriebene Art eine gewisse Zahl Hohlräume in derselben erzeugt, oder hohle Glaskugeln, hohle Körper von Papiermasse oder anderem Stoff darin einschließt, oder aber spezifisch sehr leichte Körper mit so viel Seife umgibt, daß das ganze Seifenstück alsdann immer noch etwas leichter ist als Wasser und darin nicht untergeht.

2. Besonders die Anwendung von Kork oder Tannenrinde zu dem oben beschriebenen Zweck.

3. Die Erzeugung und die Anwendung von Hohlräumen in der Seife, indem zwei gleichartige Hälften des Seifenstückes, welche in jeder Hälfte die Räume zur Hälfte enthalten, mit flüssiger Seife zusammengeklebt, gegossen oder sonstwie vereinigt sind.

4. Die Anwendung eines in der Seife eingeschlossenen, mit quer durchlaufenden Löchern versehenen Kork- oder Rindenstückes, zu dem Zweck, die Seife schwimmend zu machen, und ferner durch die Löcher eine innigere Verbindung der Seife mit dem Kork oder der Rinde zu bewerkstelligen.

13531. Kl. 23 e 2, vom 1. August 1880. Erloschen 1881.
August Seibels in Berlin.
Herstellung von Ammoniumseife.

Patentanspruch: Herstellung einer Ammoniumseife nach vorstehendem (in der Beschreibung näher gekennzeichnetem) Verfahren.

16350. Kl. 23 e 1, vom 20. März 1881. Erloschen 1896.
Josef Weineck in Grafendorf bei Stockerau (Nieder-Österreich).
Verfahren zur Erzeugung aller Gattungen vollkommen neutraler Kernseifen, sowie nicht neutraler Waschseifensorten.

Patentanspruch: Die Verseifung aller Fette, seien dieselben animalischen oder vegetabilischen Ursprungs, ohne Kochen derselben mit den alkalischen Laugen durch die Überführung der Fette in den sogenannten kugelförmigen Zustand, bevor die Ätzlauge ihnen zugesetzt wird, zum Zweck der Fabrikation neutraler Kernseifen, sowie nicht neutraler Waschseifensorten unter eventueller gleichzeitiger Gewinnung chlorfreier Unterlaugen, welche zur Glyzerinfabrikation geeignet sind.

16480. Kl. 23 e 2, vom 12. April 1881. Erloschen 1883.
A. Osterburg-Graeter in Stuttgart.
Verfahren zur Darstellung von Kernschwimmseife.

Patentanspruch: Verfahren zur Darstellung von Kernschwimmseife aus Fetten unter Zusatz von Flohsamen und doppeltkohlensaurem Natron.

17770. Kl. 23 e 1, vom 20. Juli 1881. Erloschen 1885.
Charles S. Higgins in Brooklyn (V. St. A.).
Neuerung in der Fabrikation von Seifen.

Patentanspruch: Zusatz von krystallisierter Stearinsäure oder Stearin zu Harzfettseifen in geschmolzenem Zustande behufs Erzielung einer größeren Konsistenz der Seife.

18214. Kl. 23 e 1, vom 19. Juli 1881. Erloschen 19. Oktober 1882.
R. Dalton & Co. in Frankfurt a. M.
Neuerung in der Seifenfabrikation.

Patentanspruch: Konzentrieren der mit Ätznatron abgeschiedenen Unterlauge während des Neutralisierens derselben mit Fett, also vor dem Aussalzen.

21585. Kl. 23 e 2, vom 12. April 1882. Erloschen 1894.
Dr. Oskar Liebreich in Berlin.
Anwendung von kaltverseifbare Fette enthaltenden Früchten in stark zerkleinertem Zustande zur Seifenbereitung.

Patentanspruch: Verfahren zur Darstellung von Seifen aus kaltverseifbare Fette enthaltenden Früchten durch Behandeln der frischen, lufttrockenen oder gerösteten und stark zerkleinerten Palmfrucht und Alkalilaugen und Wasser in den angegebenen Verhältnissen und nachherige Trennung der gebildeten Seife von der Zellulose durch Kolieren und Abpressen.

21906. Kl. 23 e 2, vom 20. Juni 1882. Erloschen 1882.
Klara Simon in Berlin.
Verfahren und Apparat zur Herstellung von ozonhaltigem Terpentinöl und zur Anwendung desselben als Seifenzusatz.

Patentanspruch: Die Verwendung von auf elektrischem Wege hergestelltem und durch Terpentinöl gebundenem Ozon zur Seife.

23195. Kl. 23 e 2, vom 6. Juni 1882. Erloschen 1885.
Reithofer & Neffe in Wien.
Verfahren zur Erzeugung von Seifenblättern durch Hindurchführung von endlosem Rollenpapier durch eine warme Seifenlösung.

Patentanspruch: Verfahren, mit Seife überzogenes Papier dadurch zu erzeugen, daß man sogenanntes endloses Rollenpapier von einer Abrollvorrichtung in gespanntem, ebenen Zustande über Streichlineal oder Walzen durch eine flüssige, heiße Seifenlösung zieht, auf beiden Seiten von der überschüssigen Seife befreit und auf eine Aufrollvorrichtung rollt oder in eine Schneidevorrichtung leitet, wobei das Papier schon auf dem Wege von der Abstreifvorrichtung nach der Aufroll- oder der Schneidevorrichtung durch Passieren über geheizte Walzen getrocknet wird.

27325. Kl. 23 e 1, vom 19. September 1883. Erloschen 1897.
Wilhelm Rödiger in Magdeburg.
Verfahren der Anwendung von doppeltkohlensauren Salzen, um freies und kohlensaures Alkali in Seifen in das zweidrittelsaure Salz überzuführen.

Patentanspruch: Bei der Fabrikation von Seifen aller Art die Anwendung einer Lösung von doppeltkohlensaurem Natron oder eines anderen zweifach kohlensauren Salzes zur Überführung des vorhandenen freien Ätznatrons in kohlensaures Natron, sowie auch zur Überführung des auf diese Weise gebildeten oder des in der Seife etwa schon enthaltenen, einfach kohlensauren Natrons in die Doppelverbindung

$$\left(\mathrm{CO}\begin{matrix}\mathrm{ONa}\\\mathrm{ONa}\end{matrix} + 2\,\mathrm{CO}\begin{matrix}\mathrm{ONa}\\\mathrm{ONa}\end{matrix}\mathrm{H} + 2\,\mathrm{H_2O}\right)$$

bei Temperaturen, welche unter der Zersetzungstemperatur des doppeltkohlensauren Salzes liegen.

29290. Kl. 23 e 1, vom 8. April 1884. Erloschen 1895.
Fabrik Chemischer Produkte, A. G. in Berlin.
Verfahren der Trennung des Seifenkernes von der Unterlage durch Zentrifugieren.

Patentanspruch: Das Verfahren zur Herstellung von Kernseifen durch eine sofort nach dem Aussalzen vor dem Abkühlen vorgenommene Zentrifugierung in heißem Zustande und nachheriges Abkühlen des in geeigneten Formen aufgefangenen Kernes, wodurch ein Produkt erhalten wird, welches in praktisch-technischem Sinne vollständig neutral und laugenfrei ist und eine größere Härte und größere spezifische Dichtigkeit, sowie einen geringeren Wassergehalt besitzt, als das nach dem bekannten Verfahren erzeugte.

29447. Kl. 23 e 1, vom 11. Dezember 1883. Erloschen 16. April 1885.
James Longmore in Liverpool.

Verfahren zur Gewinnung hellfarbiger Seife oder hellfarbiger Fettsäuren aus rohem Baumwollsamenöl oder dessen Reinigungsrückständen.

Patentanspruch: Ein Verfahren zur Gewinnung hellfarbiger Seife oder hellfarbiger Fettsäuren aus rohem Baumwollsamenöl oder aus den Reinigungsrückständen dieses Öles, welches Verfahren darin besteht, daß man das Öl oder die Rückstände in irgendeiner bekannten Weise verseift, die erhaltene Seifenlösung dann statt mit Kochsalz mit Ätznatronlauge aussalzt, die Unterlauge mit dem darin gelösten Farbstoffe abzieht und endlich die zurückbleibende Seife durch Zusatz oxydierender oder Chlor abgebender Substanzen bleicht, eventuell noch durch eine Mineralsäure die Fettsäuren ausscheidet.

32705. Kl. 23 d, vom 25. September 1884. Erloschen 1893. Siehe S. 149.
Dr. Eugen Schaal in Stuttgart.

Verfahren zur Oxydation von Petroleum und ähnlichen Kohlenwasserstoffen zu Säuren und zur Herstellung von Seifen und Estern dieser Säuren.

Patentansprüche: 1. Überführung des Petroleums und der Kohlenwasserstoffe der Destillation von Braun- und Steinkohlen, Torf, Schiefer usw. in organische Säuren, indem man bei Gegenwart von ätzenden Alkalien, Erdalkalien, Alkalikarbonaten oder sonst alkalisch reagierenden Stoffen die Kohlenwasserstoffe mit einem Luft- oder Sauerstoffstrom, mit oder ohne Druck, bei erhöhter Temperatur behandelt und die demnächst entstehenden Seifen zersetzt, das Gemisch der freien Säuren extrahiert und durch fraktionierte Destillation oder auf Grund der ungleichen Löslichkeit in Petroleum oder ähnlichen Lösungsmitteln in Einzelfraktionen sondert.

2. Überführung des Petroleums und der Kohlenwasserstoffe der Kohlen- usw. Destillation in Säuren, indem man dieselben mit indifferenten Stoffen, wie Bimsstein, Infusorienerde, Kochsalz, Glaubersalz, auch Kupfersalzen und Alkalien innigst vermengt und mit einem Luftstrom in der Kälte oder Wärme mit oder ohne Druck behandelt und die Seifen wie in Anspruch 1 weiter behandelt.

3. Überführung des Petroleums und der Kohlenwasserstoffe der Kohlen- usw. Destillation in Säuren, indem man dieselben mit Chlorkalk fein anreibt, mäßig erwärmt, das Gemisch mit Salzsäure vom Kalk befreit, die gebildeten organischen Säuren mit Alkalien auszieht, schließlich das zurückbleibende Ölgemisch mit Ätznatron schmilzt und die Seifen wie in Anspruch 1 weiter behandelt.

4. Überführung des Petroleums und der Kohlenwasserstoffe der Kohlen- usw. Destillation in Säuren, indem man dieselben in ein durch Gasleitungsrohre verbundenes System von Gefäßen bringt, gleichzeitig Salpetersäure mit Luft auf die Kohlenwasserstoffe bei entsprechender Erwärmung einwirken läßt, schließlich durch Alkalien die gebildeten organischen Säuren entzieht, das zurückbleibende Ölgemisch mit kaustischen Alkalien schmilzt und die gebildeten Seifen wie in Anspruch 1 weiter verarbeitet.

5. Überführung der durch Oxydation von Petroleum und ähnlichen Kohlenwasserstoffen nach Patentanspruch 1 bis 4, sowie der durch Oxydation mit Luft ohne Alkalien und selbst auch bei Ansäuerung erhaltenen Säuren, sowie der aus den Monochlor- und Monosulfoverbindungen des Petroleums usw. durch Schmelzen mit kaustischen Alkalien erhaltenen Säuren, nach entsprechender, in der Beschreibung ausgeführter Reinigung und Trennung, in Seifen und esterartige Verbindungen, welche teils zu Parfümeriezwecken, teils als Ersatz natürlicher Öle und Fette, teils an Stelle von Wachs, Asphalt, Pech und Lackharzen Verwendung finden können.

6. Die Verwendung der nach Patentanspruch 1 bis 4 isolierten flüssigen Säuren, ferner der nach Anspruch 1 bis 5 zu erhaltenden Sulfosäuren und Säureester, letztere in Verbindung mit den Säuren, als Ersatz für Tournanteöl.

34308. Kl. 23 e 2, vom 5. Dezember 1884. Erloschen 1886.
M. M. Rotten in Berlin.

Verfahren zur Darstellung löslicher Magnesiumseifen.

Patentanspruch: Verfahren zur Darstellung von löslichen Magnesiumseifen:

1. in indirekter Weise, indem der durch Zusatz von Chlormagnesium oder anderen löslichen Magnesiumverbindungen zu Seifenlösungen beliebiger Art erhaltene Niederschlag entweder a) zugleich mit der Lösung mit Alkalien (Kali- oder Natronlauge oder Lösungen der Karbonate der Alkalien) behandelt wird, oder b) der vorgenannte Niederschlag nach dem Auswaschen mit Wasser und Pressen der Behandlung von Alkalien (wie vorerwähnt) unterworfen wird;

2. in direkter Weise, indem Seifenlösungen beliebiger Art sofort mit Alkalien (wie vorerwähnt) behandelt und dann die Magnesiumverbindungen zugesetzt werden.

34625. Kl. 23 e 2, vom 12. Juni 1885. Erloschen 1893.
H. Schuster in Lendsiedel.

Verfahren zur Herstellung von Kali-Ammoniakseife.

Patentanspruch: Verfahren zur Herstellung einer harten Kali-Ammoniakseife durch Verseifen von Olivenöl oder einem ähnlichen Öl mit einem Gemisch von Ammoniaklösung und Kalilauge bei mäßiger Erwärmung in geschlossenem Gefäße.

38457. Kl. 23 e 1, vom 9. April 1886. Erloschen 1890.
W. Kirchmann in Ottensen.

Verfahren zur Herstellung neutraler und überneutraler Seife durch Zusatz von sulfoleïnsaurem Ammoniak bzw. Sulfoleïnsäure.

Patentanspruch: Herstellung neutraler und überneutraler Seifen durch bestimmten Zusatz von sulfoleïnsaurem Ammoniak bzw. Sulfoleïnsäure.

38468. Kl. 23 e 1, vom 7. Mai 1886. Erloschen 1892.
G. A. Mangoldt in Frankfurt a. M.

Verfahren zur Herstellung einer Seife, bei deren Gebrauch die Bildung freien Alkalis vermieden wird.

Patentanspruch: Verfahren zur Herstellung einer Seife, die aus 2 Äquivalenten Basis, 1 Äquivalent Fettsäure und 2 Äquivalenten Kohlensäure besteht, zur Vermeidung eines Angegriffenwerdens der zu reinigenden Gegenstände, welches Verfahren darin besteht, daß den reinen oder mit sonstigen Alkalien oder Salzen vermischten fettsauren Salzen nach stattgefundener Verbindung und nachdem die Temperatur unter 100° C gesunken ist, doppeltkohlensaure Alkalien in solchem Verhältnis beigemischt werden, daß der in den fettsauren Salzen enthaltenen Basis ein weiteres Äquivalent Kohlensäure gegenübersteht, so daß bei der durch die Verdünnung mit Wasser stattfindenden Zerlegung der fettsauren Salze sich keine ätzenden Alkalien bilden können, sondern aus diesen und den beigegebenen doppeltkohlensauren Alkalien einfach kohlensaure Salze entstehen, ohne Rücksicht auf die Art der Basis (Kali oder Natron oder beliebige Verhältnisse beider) und auf den Wassergehalt bzw. die von letzterem abhängende äußere Beschaffenheit des Präparates.

39945. Kl. 23 e 1, vom 10. August 1886. Erloschen 1889.
Nicholas J. Clute, Preston B. Rose und James M. Aubery in Chicago (Illinois, V. S. A.).

Verfahren zur Darstellung von Seife aus dem beim Ausschmelzen von Talg oder dergleichen verbleibenden wässerigen Rückstande.

Patentanspruch: Darstellung von Seife durch Verwendung von Lauge oder dem wässerigen Rückstand, welcher beim Ausschmelzen von Schmalz, Talg oder anderen Fetten nach irgendeinem Verfahren übrigbleibt, in Verbindung mit einem Alkali, ferner entweder mit oder ohne Harz, Talg oder anderen fettigen oder öligen Körpern.

40101. Kl. 23 e 1, vom 22. Oktober 1886. Erloschen 1887.
Gustav Linget und Jules Viaudey in Paris.

Neuerung in dem Verfahren zur Herstellung von Seife unter gleichzeitiger Gewinnung einer glyzerinhaltigen Lauge.

Patentanspruch: Verfahren zur Verseifung der Fette, dadurch gekennzeichnet, daß letztere unter gewöhnlichem Luftdruck zu gleicher Zeit mit alkalischen Laugen von 30 bis 40° Bé und einer gesättigten Salzlösung behandelt werden.

43340. Kl. 23 e 1, vom 22. Juli 1887. Erloschen 1889.
Karl Polony in Wien.
Verfahren zur Herstellung von Natronseife bei Verseifung der Fette mittels Ammoniak.

Patentanspruch: Ein Verfahren der Herstellung von Natronseifen, wesentlich charakterisiert durch die Umwandlung einer auf bekannte Weise hergestellten Ammoniakseife in eine Natronseife durch direkte Behandlung der ersteren mit Kochsalz.

45960. Kl. 23 e 1, vom 5. April 1888. Erloschen 1893.
Wilhelm Rödiger in Firma Kluge & Co. in Magdeburg.
Verfahren zur Darstellung harter Seifen.

Patentanspruch: Darstellung harter Seifen aus harzsaurem Natron durch Einmischung von wasserentziehenden Stoffen, besonders wasserfreiem kohlensauren Natron in dasselbe.

49119. Kl. 23 e 1, vom 22. März 1888. Erloschen 1893.
John Thomson in London.
Herstellung von antiseptischen Seifen.

Patentanspruch: Die Herstellung von antiseptischen Seifen durch Zusatz von Quecksilberjodid, in Jodkalium im Überschuß gelöst, oder von Quecksilbcrkarbonat oder Quecksilberzyanid, in Kalium- oder Natriumhydrat im Überschuß gelöst, zu der noch nicht erstarrten oder im Wasserbad erweichten Seifenmasse.

50817. Kl. 23 e 1, vom 14. November 1888. Erloschen 1893.
Wilhelm Rödiger in Firma Kluge & Co. in Magdeburg.
Neuerung in der Darstellung harter Harzseifen.

Zusatz zum Patent Nr. 45960 vom 5. April 1888.

Patentansprüche: 1. Bei der im Hauptpatent Nr. 45960 beschriebenen Darstellung harter Harzseifen das Verfahren, den Zusatz des wasserfreien, kohlensauren Natriums zu dem harzsauren Natrium so zu regulieren, daß ein hartes Hydrat des letzteren sich bilden kann, indem a) die Bindung des überschüssigen Wassers durch das zugesetzte wasserfreie Natriumkarbonat mittels Temperaturerhöhung bis auf 80° oder durch Zusatz von 5 vH Chlornatrium oder durch beide Mittel gefördert wird, oder b) bei Vorhandensein von weichem wasserarmem, harzsaurem Natrium die Bildung des Hydrats durch Zusatz von Wasser oder Kristallsoda in auszuprobierender Menge herbeigeführt wird.

2. Die Anwendung dieses Verfahrens auf die Herstellung von Harzfettseifen, deren an Natron gebundene Säuren zu mehr als 50 vH aus Harzseifen bestehen.

51496. Kl. 23 e 1, vom 7. Juli 1889. Erloschen 1903. Siehe S. 370.
Dr. phil. Heinrich Eurich in Karlstadt a. M.
Verfahren zur Herstellung von harten Natron- und Kaliseifen.

Patentanspruch: Verfahren zur Herstellung von harten Kali- und Natronseifen und Kalinatronseifen durch Eingießen von geschmolzenem Alkali in geschmolzenes Fett oder Harz in dünnem Strahle unter fleißigem Umrühren und Erhaltung des Gemisches auf einer Temperatur nicht unter 100° C, bis die Verseifung vollständig beendigt ist.

52129. Kl. 23 c, vom 8. Mai 1889. Erloschen 1897. Siehe S. 576.
Wilhelm Dammann in Halle a. S.
Verfahren, um Teeröle vollständig in wäßrige Lösungen zu bringen.

Patentansprüche: 1. Verfahren, um Teeröle vollständig wasserlöslich zu machen, gekennzeichnet durch die Behandlung des Teeröls mit einem Fett (fetten Öl) oder einem Harz, oder einer Fett- oder einer Harzsäure und einer Base (vorzugsweise einem Alkali) in wäßriger Lösung, wobei das Teeröl einer gegenseitigen innigen Einwirkung mit den genannten Substanzen — bzw. mit dem Reaktionsprodukt derselben — eventuell unter Zusatz eines Alkohols ausgesetzt wird.

2. Das im Patentanspruch 1 gekennzeichnete Verfahren, die Teeröle vollständig wasserlöslich zu machen, in Verbindung mit der Einführung eines Halogens oder einer ein solches oder Schwefel, Phosphor oder Stickstoff enthaltenden Element- oder Atomgruppe in das Teeröl oder in eine der im Anspruch 1 genannten Substanzen oder in das Gemisch derselben.

55065. Kl. 23 e 1, vom 25. Februar 1890. Erloschen 1905.
Anatole des Cressonières und Ernest des Cressonières, beide in Brüssel.
Verfahren und Walzenstuhl zur Herstellung von harten und Toiletteseifen.

Patentanspruch: Ein Verfahren zur Herstellung von harten bzw. Toiletteseifen, bestehend in Behandlung der flüssigen Seifenmasse in der Weise, daß sie sofort nach Austritt aus einem Reservoir durch eine unter demselben angeordnete Vorrichtung die Form eines dünnen, sich kontinuierlich durch allmähliches Erstarren bildenden Blattes annimmt, welches in dem Maße, wie es entsteht, in der erforderlichen Weise durch warme Luft getrocknet und danach der weiteren üblichen Behandlung übergeben wird.

56065. Kl. 12o, vom 3. Juni 1890. Erloschen 1892. Siehe S. 595.
August Seibels in Berlin.
Verfahren zur Darstellung eines wasserlöslichen Produktes aus geschwefeltem Tran.

Patentanspruch: Verfahren zur Darstellung eines wasserlöslichen Produktes aus geschwefeltem Tran durch Verrühren des letzteren mit Kali- oder Natronlauge.

58005. Kl. 23 e 2, vom 19. Juli 1890. Erloschen 1894.
Franz Scherb in Türkheim bei Colmar.
Herstellung einer neuen Seife.

Patentanspruch: Herstellung einer neuen Seife durch Einwirkung eines Gemisches von Terpentinöl, zitronensaurem Ammoniak und Schwefel bei einer Temperatur von 40 bis 45° C auf eine Schmelze aus gewöhnlicher Seife und Ätznatron, Pottasche oder Ammoniak.

61332. Kl. 23 e 1, vom 12. Mai 1891. Erloschen 1893.
Alexander Gräger in Mühlhausen i. Thür.
Verfahren, mittels erhitzter Luft Seife zu sieden.

Patentanspruch: Wie Titel.

64427. Kl. 23 e 2, vom 4. November 1891. Erloschen 1893.
Heymann Bloch in Kopenhagen.
Verfahren zur Herstellung quillajahaltiger Seife.

Patentanspruch: Verfahren zur Fabrikation von quillajahaltiger Seife, darin bestehend, daß man die Quillajarinde mit destilliertem Wasser mazeriert, den Rückstand unter Dampfdruck mit siedendem Wasser behandelt, den hierbei verbliebenen Rückstand der Destillation mit hochgespanntem Dampf unterwirft, das Gemisch der bei diesen drei Operationen gewonnenen Flüssigkeiten durch Verdampfen einengt, das in dem Extrakt enthaltene Harz mit Kali oder Natron verseift und nun mit reinster Kali- oder Natronseife mischt.

65956. Kl. 23 e 2, vom 30. April 1892. Erloschen 1907.
Carl Kloeble in Frankfurt a. M.
Seifestücke mit einer bis zum Aufbrauchen des Stückes bleibenden Bezeichnung.

Patentanspruch. Seifestücke, bei welchen eine bis zum Aufbrauchen des Stückes bleibende Reklame oder sonstige Bezeichnung der Seife dadurch erzielt wird, daß die Seife aus ineinander passenden oder aufeinander gelegten Stücken, von welchen mindestens eins aus Transparentseife besteht, hergestellt und daß vor deren Vereinigung die entsprechende Bezeichnung zwischen die beiden Berührungsflächen der Stücke als Etikette eingelegt oder sonstwie angebracht wird.

71180. Kl. 23 e 2, vom 8. Juni 1892. Erloschen 1893.
William Baynum Brittingham in New York.
Seife mit Zusatz von wolframsauren Alkalien.

Patentanspruch: Bei Seifen und ähnlichen zur Reinigung dienenden Kompositionen der Zusatz von wolframsauren Alkalien zum Zwecke, die reinigende Wirkung dieser Seifen usw. zu erhöhen und dieselben weicher und für die Verwendung in kaltem Wasser geeignet zu machen.

71190. Kl. 23 e 2, vom 6. Mai 1892. Erloschen 1898. Siehe S. 595.
J. D. Riedel in Berlin.
Verfahren zur Herstellung von Seifen, welche Schwefel chemisch gebunden enthalten.

Patentanspruch: Verfahren zur Herstellung von Seifen, welche Schwefel chemisch gebunden enthalten, darin bestehend, daß man ungesättigten Kohlenwasserstoffreihen angehörige Fett- oder Harzsäuren oder Fettsäureester (natürliche Fette und Öle) mit Schwefel auf 120 bis 160° erhitzt, wobei Addition des letzteren stattfindet und dann die so erhaltenen Thiosäuren und Thiofette für sich oder unter Zusatz ungeschwefelter Fette, bzw. Fett- und Harzsäuren unter Vermeidung höherer Temperatur durch Basen verseift.

72921. Kl. 23 e 1, vom 4. Februar 1893. Erloschen 1895.
J. Trabert in Leipzig.
Verfahren zur Darstellung von Natronseifen.

Patentanspruch: Verfahren zur Darstellung von Natronseife, bestehend in der Umwandlung einer auf bekanntem Wege hergestellten Ammoniakseife durch direkte Behandlung derselben mit phosphorsaurem Natron.

73602. Kl. 23 e 1, vom 13. Januar 1892. Erloschen 1902. Siehe S. 370.
Georg Schicht in Aussig a. d. Elbe.
Herstellung von festen Kali- und Kalinatronseifen.

Patentanspruch: Verfahren zur Herstellung von festen Kali- und Kalinatronseifen, darin bestehend, daß man in hocherhitzte konzentrierte Kali- oder Kalinatronlauge Fett von niederer Temperatur einfließen läßt, um so einerseits ein Anbrennen beim Eindampfen und andererseits eine Bräunung des Fettes, sowie eine Verunreinigung durch Aufnahme von Metallverbindungen zu verhindern.

81070. Kl. 8 i 5, vom 1. Juni 1894. Erloschen 1904.
Heinrich Wächter in Bielefeld.
Anwendung alkalischer Zink- oder Zinnlösung als Waschmittel.

Patentanspruch: Anwendung eines durch Auflösen von Zink oder Zinn in Ätzalkalien oder in einem Gemisch eines Alkalikarbonats mit Kalk, mit oder ohne Zusatz von Fetten oder Ölen oder von Chlorwasser erhaltenen Präparates als Waschmittel.

82424. Kl. 23 e 1, vom 19. Mai 1894. Für nichtig erklärt Reichsgericht 31. 1. 98.
August Luhn & Co. in Barmen-Rittershausen.
Fadenförmige Salmiak-Terpentinseife.

Patentanspruch: Fadenförmige Salmiak-Terpentinseife, bei der das Zusammenbacken der Fäden und das Verflüchtigen von Salmiakgeist und Terpentin durch Vermischung der nicht getrockneten Seifenfäden mit einem aus Seife und Soda bestehenden Pulver verhütet wird.

83481. Kl. 23 e 1, vom 7. August 1894. Erloschen 1904.
Dr. Jos. Oskar Klimsch in Wien.
Verfahren zur Herstellung harter Harzseifen.

Patentansprüche: 1. Verfahren zur Herstellung von harten Harzseifen, dadurch gekennzeichnet, daß die Harzsäure und das erforderliche Alkali in fein gepulvertem Zustand aufs innigste gemischt und miteinander vereinigt werden.

2. Eine gleichmäßige Befeuchtung (Bespritzung, Benetzung) der pulverisierten Harzalkalimischung gemäß Anspruch 1 mit einem oder mehreren geeigneten Binde- oder Füllmitteln.

89180. Kl. 23 e 2, vom 4. Dezember 1895. Erloschen 1910.
W. Rödiger in Firma Kluge & Co. in Magdeburg.
Darstellung Ammoniak entwickelnder Waschmittel.

Patentanspruch: Darstellung beim Gebrauch Ammoniak entwickelnder Seifenpulver und anderer alkalischer Waschmittel durch Vermischen der Seifenpulver usw. mit einem Ammoniaksalz, dessen Säure mit Natron ein kristallwasserhaltiges Salz bildet.

91142. Kl. 23 e 2, vom 6. September 1896. Erloschen 1910.
W. Rödiger in Firma Kluge & Co. in Magdeburg.
Darstellung Ammoniak entwickelnder Waschmittel.
Zusatz zum Patente Nr. 89180 vom 4. Dezember 1895.

Patentanspruch: Behufs Verwendung auch solcher Ammonsalze, deren Säure mit Natron kein kristallwasserhaltiges Salz bildet, zur Darstellung beim Gebrauch Ammoniak entwickelnder Waschmittel eine Ausführungsform des Verfahrens nach Patent Nr. 89180, dadurch gekennzeichnet, daß zum Zweck der Wasserbindung ein wasserbindendes Salz, in erster Linie wasserfreies kohlensaures Natron, mit dem Waschpulver vermischt wird.

92017. Kl. 23 e 1, vom 24. Juli 1894. Erloschen 1909. Siehe S. 48.
Dr. R. Gartenmeister in Elberfeld.
Verfahren zur Herstellung fester, benzinlöslicher Seifen.

Patentanspruch: Verfahren zur Herstellung eines in Kohlenwasserstoffen, im speziellen Benzin, ohne andere Zusätze löslichen, festen, sauren Natron- oder Kalisalzes der Ölsäure, dadurch gekennzeichnet, daß dasselbe als Hydrat entsprechend der Formel:

$$C_{18}H_{33}O_2Na,\ C_{18}H_{34}O_2 + 4\ H_2O$$

dargestellt wird, entweder aus der neutralen Seife mit Ölsäure oder durch halbe Zersetzung der neutralen Seife in Gegenwart von Wasser.

94098. Kl. 23 e 2, vom 6. Oktober 1896. Erloschen 1897.
John Wesley Bowen in Baltimore.
Verfahren zur Herstellung von Seifenpulver.

Patentanspruch: Verfahren zur Herstellung von Seifenpulver, gekennzeichnet durch den Zusatz warmer Leimlösung zum Seifengut zum Zweck einer Granulierung der Seifenmasse.

95416. Kl. 23 e 3, vom 4. Dezember 1896. Erloschen 1911.
Fritz Arledter in Perlen b. Luzern (Schweiz).
Verfahren zur Darstellung einer unverseiftes Harz enthaltenden, im besonderen in der Papierfabrikation als Papierleim zu verwendenden Harzseife.

Patentanspruch: Verfahren zur Darstellung einer unverseiftes Harz enthaltenden, im besonderen in der Papierfabrikation als Papierleim zu verwendenden Harzseife durch Kochen von Harz und einer zu dessen vollständiger Verseifung nicht ausreichenden Menge Alkali unter erhöhtem Druck.

97715. Kl. 23 e 2, vom 24. Juni 1897. Erloschen 1904.
Dr. Adolf Jolles in Wien.
Verfahren zur Herstellung asbesthaltiger Seife.

Patentanspruch: Verfahren zur Herstellung von Seife, welche als mineralisches Füllmittel fein zerteilten Asbest (Asbestpulver) enthält, darin bestehend, daß einem mit Alkalilauge zu verseifenden vegetabilischen oder animalischen Fett, oder Fettgemisch, oder Fettsäuren, oder Harzen während des in bekannter Weise vorzunehmenden Verseifungsprozesses Asbest in fein verteilter Form und in einer wässerigen, alkalischen Lösung suspendiert, zugesetzt wird.

99954. Kl. 23 e 1, vom 9. Dezember 1897. Erloschen 1900.
Ernst Rost in Dresden.
Verfahren und Einrichtung zur Herstellung pulverförmiger Seife.

Patentanspruch: Verfahren der Herstellung von Seifenklein, dadurch gekennzeichnet, daß flüssige Seife mittels einer Zentrifuge in Form von Tropfen oder feinen Strahlen gegen einen Strom kalter Luft geschleudert, dadurch zur Erstarrung gebracht und getrocknet wird.

104626. Kl. 23 e 1, vom 14. August 1898. Erloschen 1913.
Mathias und Emil Schaaf in Eupen.
Verfahren zur Herstellung von flüchtige Stoffe enthaltenden Seifen.

Patentanspruch: Verfahren zur Vermischung von Seifen mit flüchtigen Stoffen, dadurch gekennzeichnet, daß letztere der Seife während der Herstellung oder eventuell auch der fertigen Seife in dampfförmigem Zustand zugeführt werden, zum Zwecke, eine möglichst innige Vermischung zu erzielen.

112456. Kl. 23 e 2, vom 27. Mai 1897. Erloschen 1904. Siehe S. **151, 538, 560.**
Wilh. Schuch in Firma Karl Keller in Nürnberg.
Verfahren zur Herstellung eiweißhaltiger Seife.

Patentanspruch: Verfahren zur Herstellung einer eiweißhaltigen Seife, dadurch gekennzeichnet, daß natürliches Albumin bzw. der Gesamtinhalt des Hühnereies mit Formaldehyd versetzt und dem Fett und der Lauge vor der Verseifung auf kaltem Wege zugefügt wird.

112614. Kl. 23 e 3, vom 20. August 1898. Erloschen 1900.
Dr. C. Dreher in Freiburg i. B.
Verfahren zur Herstellung einer unverseiftes Harz enthaltenden, als Papierleim zu verwendenden Harzseife.

Patentanspruch: Verfahren zur Herstellung von freies Harz enthaltender Harzseife, die mit Wasser eine vollkommene Emulsion gibt, gekennzeichnet durch die Verwendung von Phenol oder dessen Homologen, derart, daß das in dem Phenol gelöste Harz entweder mit den bekannten Verseifungsmitteln zum Teil verseift wird oder daß Harzseifen mit Harzkarbollösungen gemischt werden.

113023. Kl. 23 e 1, vom 18. März 1899. Erloschen 1903. Siehe S. 400.
Josef Künstner in Obersedlitz bei Aussig a. d. Elbe.
Verfahren zur Herstellung von Seifenpulver.

Patentanspruch: Verfahren zur Herstellung von Seifenpulver aus wasserhaltigen, weichen Seifenmassen, dadurch gekennzeichnet, daß die unter Druck auf höhere Temperatur erhitzten Massen unter plötzlicher Druckentlastung in einen entsprechend großen Raum geschleudert werden.

113433. Kl. 23 e 1, vom 18. Januar 1896. Erloschen 1906.
Julius Stockhausen in Krefeld.
Verfahren zur Herstellung einer gelatineartigen Seife.

Patentanspruch: Verfahren zur Herstellung einer Seife, dadurch gekennzeichnet, daß sulfoniertes Rizinusöl mit 6 vH (vom Gewicht des sulfonierten

Öles) und mehr Natronhydrat (NaOH) oder entsprechenden Mengen anderer Alkalien oder Verseifungsmittel verseift, und das Gemisch erhitzt oder auch gekocht wird, wodurch eine sauer bis alkalisch reagierende, in konzentrierter Form gelatineartige Seife erhalten wird.

113895. Kl. 23 e 2, vom 13. Oktober 1899. Erloschen 1910.
Oskar Seeber in Stuttgart.
Verfahren zur Herstellung von Salmiakseifen.

Patentanspruch: Verfahren zur Herstellung von Salmiakseifen, dadurch gekennzeichnet, daß man auf gewöhnlichem Wege bereiteten Seifen eine beliebige Menge eines Gemisches aus Chlorammonium und saurer Seife in geraspeltem Zustande zusetzt.

114491. Kl. 23 d 1, vom 6. März 1898. Erloschen 1913. Siehe S. 33, 35.
Ernst Twitchell in Cincinnati Ohio, V. St. A.
Verfahren zur Zerlegung von Fetten oder Ölen in Glyzerin und Fettsäuren.

Patentanspruch: Verfahren zur Zerlegung von Fetten bzw. Ölen in Glyzerin und Fettsäuren, dadurch gekennzeichnet, daß eine Verbindung der Schwefelsäure mit einer Fettsäure und einem Körper der aromatischen Reihe (also eine aromatische Sulfofettsäure) dem Gemisch von Fett bzw. Öl und Wasser zugesetzt wird, worauf durch Erhitzen der Mischung in offenen Gefäßen die Zersetzung des Fettes bzw. Öles erfolgt.

114819. Kl. 23 e 3, vom 9. Juli 1899. Erloschen 1902.
Curt Röhr und Ferd. Haupt in Altona.
Verfahren zur Herstellung von Seifen für die Papierleimung.

Patentanspruch: Verfahren zur Herstellung von Seifen, welche allein oder in Mischung mit Harzleim hauptsächlich zur Papierleimung dienen sollen, gekennzeichnet durch Auflösen bzw. Extrahieren von Harz, Öl, Fett, Blut, Seetang einzeln oder zu mehreren in Natron- oder Sulfatzellstoffablaugen.

116255. Kl. 30 h, vom 30. November 1897. Erloschen 1906. Siehe S. 597.
Chemische Fabrik Pfersee-Augsburg, Dr. von Rad in Augsburg.
Verfahren zur Darstellung einer antiseptischen Quecksilberseife.

Patentanspruch: Verfahren zur Darstellung antiseptischer Quecksilberseifen, darin bestehend, daß man Quecksilberkaseïn oder eine andere Quecksilbereiweißverbindung der zum Verseifen zu verwendenden Natronlauge bzw. Kalilauge vor dem Verseifen mit Ölen beimischt.

118233. Kl. 23 e 3, vom 19. Januar 1900. Erloschen 1901.
Dr. Carl Dreher in Freiburg i. B.
Verfahren zur Darstellung einer freies Harz enthaltenden Seife.

Patentanspruch: Verfahren zur Herstellung einer viel freies Harz enthaltenden Harzseife, gekennzeichnet durch den Zusatz von Phenanthren zum Harz.

120324. Kl. 23 e 3, vom 22. September 1898. Erloschen 1903.
Heinrich Hampel in Klein-Neusiedl b. Wien und Victor Zampis in Wien.
Verfahren zur Darstellung einer, zulässige Mengen freien Harzes enthaltenden, sauren Harzseife zur Leimung des Papiers (Harzleim).

Patentanspruch: Verfahren zur Darstellung einer, zulässige Mengen freien Harzes enthaltenden, sauren Harzseife zur Leimung des Papieres (Harzleim) bei gewöhnlichem Luftdruck, gekennzeichnet durch eine vorerst ganz unvollkommene Verseifung des Harzes unter Anwendung von wasserfreier Soda durch trockenes Mischen von 100 Teilen Harz mit 3 Teilen Soda, Lösen dieser Mischung in etwa 15 Teilen kochenden Wassers unter Anwendung von nur so viel Dampf, um die Lösung auf 80 bis höchstens 100° C zu erwärmen, und hierauf folgende Beimischung von weiteren 7 Teilen wasserfreier Soda ebenfalls in trockenem

Zustande durch Einrühren ohne Anwendung von Dampf zur Erzielung der Wasserlöslichkeit dieser Harzseife.

122354. Kl. 23 e 2, vom 27. Mai 1897. Erloschen 1912. Siehe S. 151.
Compagnie Ray m. b. H. in Nürnberg.
Verfahren zur Herstellung eiweißhaltiger Seife.

Zusatz zum Patente Nr. 112456 vom 27. Mai 1897.

Patentanspruch: Eine Ausführungsform des durch das Patent Nr. 112456 geschützten Verfahrens zur Herstellung einer eiweißhaltigen Seife, dadurch gekennzeichnet, daß das mit Formaldehyd behandelte Albumin fertiger, fein verteilter (gehobelter oder pulverisierter) Seifenmasse hinzugesetzt und die Masse zweckmäßig in der bei der Herstellung pilierter Seifen üblichen Weise verarbeitet wird.

126292. Kl. 30 i 3, vom 26. Oktober 1898. Erloschen 1903.
Dr. Th. Weyl in Charlottenburg.
Herstellung eines Desinfektionsmittels mit Hilfe von Ozon.

Patentanspruch: Herstellung eines Desinfektionsmittels mit Hilfe von Ozon, dadurch gekennzeichnet, daß Ozon oder ozonhaltige Gase längere Zeit in Seifenlösung eingeleitet werden und die Lösung eventuell im luftverdünnten Raum eingedampft wird.

134406. Kl. 23 e 2, vom 7. September 1898. Erloschen 1902.
Richard Adam in Friedenau bei Berlin.
Verfahren zur Herstellung einer salbenartigen Spiritusseife.

Patentanspruch: Verfahren zur Herstellung von salbenartiger Spiritusseife, dadurch gekennzeichnet, daß man eine Lösung von 25 bis 35 vH Seife in dementsprechend 75 bis 65 vH erwärmtem Alkohol erkalten läßt und die erstarrte Masse mittels geeigneter Vorrichtungen verreibt.

134232. Kl. 8 i 5, vom 4. Juni 1899. Erloschen 1910.
Dr. Fritz Moll in Berlin.
Verfahren zum Waschen mit Seife und Natriumsuperoxyd in Pastillenform.

Patentanspruch: Verfahren zum Waschen mit Natriumsuperoxyd in Pastillenform, dadurch gekennzeichnet, daß Natriumsuperoxyd, welches mit oder ohne Zusatz von Salzen, wie Kochsalz oder Natriumsulfat, in Pastillenform gepreßt ist, zur Anwendung gelangt.

134933. Kl. 23 e 2, vom 15. Dezember 1900. Erloschen 1915. Siehe S. 151, 560.
Oskar Heller in Berlin.
Verfahren zur Herstellung eiweißhaltiger Seife.

Patentanspruch: Verfahren, Eiweiß in eine zur Einführung in Seife geeignete Form überzuführen, dadurch gekennzeichnet, daß Eiweiß und Eidotter entweder zusammen oder jedes für sich so lange mit Methyl- oder Äthylalkohol versetzt werden, bis ein dicker, krümeliger Brei entsteht, welcher nach mechanischer Entfernung des Alkohols mit wasserfreiem Wollfett oder Vaselin zu einer gleichmäßigen Salbe verrührt und der neutralen Grundseife zugesetzt wird.

137560. Kl. 23 e 2, vom 30. Dezember 1900. Erloschen 1909.
Auguste Lumière und Louis Lumière in Lyon-Montplaisir.
Verfahren zur Herstellung von antiseptischen Seifen.

Patentanspruch: Verfahren zur Herstellung von antiseptischen Seifen, dadurch gekennzeichnet, daß man den Seifenmaterialien während des Verseifungsprozesses oder der fertigen Seife die nach Patent Nr. 132660 geschützten organischen Verbindungen des Quecksilbers beimischt.

140827. Kl. 12o, vom 24. Dezember 1901. Erloschen 1903. Siehe S. 595.
Dr. Wilhelm Majert in Berlin.
Verfahren zur Darstellung geschwefelter Methyl- und Äthylester von Fettsäuren.

Patentanspruch: Verfahren zur Darstellung geschwefelter Methyl- und Äthylester von Fettsäuren, dadurch gekennzeichnet, daß man die Methyl- und Äthylester der aus tierischen und pflanzlichen Fetten gewinnbaren Fettsäuren oder Fettsäuregemische bei niedriger Temperatur mit Chlorschwefel oder bei höherer Temperatur mit Schwefel behandelt.

140846. Kl. 23 e 1, vom 20. August 1899. Erloschen 1908.
Adolf Klumpp in Lippstadt i. W.
Verfahren zur Herstellung einer Leimseife mit den Eigenschaften einer abgesetzten Kernseife.

Patentanspruch: Verfahren zur Herstellung einer Leimseife mit den Eigenschaften, dem Aussehen und dem Fettgehalt einer abgesetzten Kernseife, dadurch gekennzeichnet, daß man die Fette mit hochprozentiger Lauge von 38—40° Bé unter gleichzeitigem Zusatz einer verhältnismäßig geringen Menge geeigneter Salze, wie Kochsalz, Soda, Pottasche, Ammoniumkarbonat u. dgl. löslichen Salzen der Alkalien verseift.

141029. Kl. 23 d, vom 14. August 1902. Erloschen 1917. Siehe S. 133.
Herforder Maschinenfett- und Ölfabrik, Leprince & Siveke in Herford.
Verfahren zur Umwandlung ungesättigter Fettsäuren oder deren Glyzeride in gesättigte Verbindungen.

Patentanspruch: Verfahren zur Umwandlung ungesättigter Fettsäuren oder deren Glyzeride in gesättigte Verbindungen, gekennzeichnet durch die Behandlung der genannten Fettkörper mit Wasserstoff bei Gegenwart eines als Kontaktsubstanz wirkenden, fein verteilten Metalles.

141596. Kl. 23 e 1, vom 23. April 1902. Erloschen 1908.
Adolf Klumpp in Lippstadt i. W.
Verfahren zur Herstellung einer Leimseife mit den Eigenschaften einer abgesetzten Kernseife. Zusatz zum Patent 140846 vom 20. August 1899.

Patentanspruch: Eine Ausführungsform des Verfahrens nach Patent 140846, dadurch gekennzeichnet, daß der abgerichteten Seifenmasse die Salze nicht in pulverförmigem Zustande, sondern in konzentrierter, bzw. heiß gesättigter Lösung hinzugefügt werden.

141744. Kl. 30 i, vom 21. Februar 1900. Erloschen 1915. Siehe S. 585.
Lysoform G. m. b. H. in Berlin.
Verfahren zur Herstellung eines Desinfektionsmittels aus Kaliseife und Formaldehyd.

Patentansprüche: 1. Verfahren zur Herstellung eines Desinfektionsmittels, darin bestehend, daß man Kaliseife mit Hilfe von Wasser und Formaldehyd verflüssigt.

2. Eine Ausführungsform des durch Anspruch 1 gekennzeichneten Verfahrens, darin bestehend, daß man Kaliseife mit Wasser zu einer salbenartigen Masse verrührt und in diese Formaldehyd bis zur Verflüssigung der Masse einleitet.

3. Eine weitere Ausführungsform des durch Anspruch 1 gekennzeichneten Verfahrens, darin bestehend, daß man der nach Patentanspruch 2 verwendeten Wassermenge schon vor ihrer Mischung mit der Seife die zur Verflüssigung nötige Menge Formaldehyd zusetzt.

145390. Kl. 30 i, vom 20. Februar 1900. Erloschen 1914. Siehe S. 585.
Lysoform G. m. b. H. in Berlin.
Verfahren zur Herstellung geruchloser oder schwachriechender flüssiger Desinfektionsmittel aus Formaldehyd.
Zusatz zum Patente 141747 vom 21. Februar 1900.

Patentanspruch: Das durch Patent 141744 geschützte Verfahren zur Herstellung eines geruchlosen oder schwachriechenden Desinfektionsmittels dahin abgeändert, daß man Kaliseife mittels monomolekularen oder polymeren Formaldehyds ohne Zusatz irgendwelcher Lösungsmittel bei höherer Temperatur und unter Druck verflüssigt.

145413. Kl. 23 d, vom 22. April 1902. Erloschen 1915. Siehe S. 36.
Vereinigte Chemische Werke, Aktiengesellschaft in Charlottenburg.
Verfahren zur Spaltung von Fettsäureestern in Fettsäuren und Alkohole.

Patentansprüche: 1. Verfahren zur Spaltung von Fettsäureestern in Fettsäuren und Alkohole, dadurch gekennzeichnet, daß die Fettsäureester in Gegenwart von Säure der Einwirkung fettspaltender Pflanzenfermente ausgesetzt werden.

2. Die Ausführungsform des unter 1 geschützten Verfahrens, dadurch gekennzeichnet, daß die Fermente auf eine Emulsion von Fettsäureestern einwirken.

148794. Kl. 22 h, vom 4. März 1902. Erloschen 1907. Siehe S. 602.
Dr. G. A. Raupenstrauch in Wien.
Verfahren zur Herstellung von als Anstrich-, Imprägnierungsmittel bzw. als Desinfektionsmittel o. dgl. zu verwendenden Metallseifenlösungen.

Patentansprüche: 1. Verfahren zur Herstellung von als Anstrich-, Imprägnierungsmittel bzw. als Desinfektionsmittel oder dgl. zu verwendenden Metallseifenlösungen, dadurch gekennzeichnet, daß man Lösungen von Seifen der Alkalien (Alkali- oder Ammoniumseifen) bzw. von Gemischen zweier oder mehrerer derartiger Seifen in Phenolen, Kresolen, rohen Karbolsäuren u. dgl. mit einer wässerigen Metallsalzlösung in geeigneten Verhältnissen versetzt, wobei, je nachdem die Seife ganz oder teilweise in die Metallseife übergeführt wird, unlösliche oder wasserlösliche Produkte erhalten werden.

2. Ausführungsform des Verfahrens nach Anspruch 1, dadurch gekennzeichnet, daß man Fett- oder Harzsäuren in Phenol oder dgl. löst und auf die Lösung behufs Bindung der Säure bzw. Bildung der Seifen entweder nur Metalloxydverbindungen oder zum Teil auch Alkalien einwirken läßt.

3. Ausführungsform des Verfahrens nach Anspruch 1 und 2, dadurch gekennzeichnet, daß man in bekannter Weise hergestellte Metallseifen mit Phenolen bzw. Phenolen und Alkaliseifen vermischt.

4. Ausführungsform des Verfahrens nach Anspruch 1 bis 3, dadurch gekennzeichnet, daß man behufs Herstellung wasserlöslicher Produkte die wasserunlöslichen Lösungen von Metallseifen in Phenol oder dgl. mit einer entsprechenden Menge von Alkaliseifen in Phenol oder dgl. vermischt.

148795. Kl. 22. h, vom 4. März 1902. Erloschen 1907. Siehe S. 602.
Dr. G. A. Raupenstrauch in Wien.
Verfahren zur Herstellung von als Anstrich-, Imprägnierungsmittel bzw. als Desinfektionsmittel o. dgl. zu verwendenden Metallseifenlösungen.
Zusatz zum Patente 148794 vom 4. März 1902.

Patentanspruch: Eine Abänderung des im Patent 148794 beschriebenen Verfahrens zur Herstellung von Metallseifenlösungen, dadurch gekennzeichnet, daß bei der Darstellung der wasserlöslichen Metallseifen die Phenole ganz oder teilweise durch Teer- bzw. Petroleumkohlenwasserstoffe ersetzt werden.

149273. Kl. 30 h, vom 24. Februar 1903. Erloschen 1905. Siehe S. 587.
Chemische Werke „Hansa", G. m. b. H., in Hemelingen b. Bremen.
Verfahren zur Herstellung von Lösungen sonst unlöslicher oder schwer löslicher Antiseptika.

Patentansprüche: 1. Verfahren zur Herstellung von Lösungen sonst unlöslicher bzw. schwer löslicher Antiseptika, wie Thymol, Salol, Menthol, welche diese Antiseptika in freiem Zustande neben freiem Formaldehyd enthalten und in jedem Verhältnis mit Wasser mischbar sind, dadurch gekennzeichnet, daß der löslich zu machende Stoff in einer neutralen Seifenlösung unter Zuleitung von Formaldehyd aufgelöst wird.

2. Eine Ausführungsform des Verfahrens nach Anspruch 1, dadurch gekennzeichnet, daß eine überfettete Seifenlösung als Lösungsmittel angewendet wird.

149335. Kl. 23 e 2, vom 9. Mai 1903. Erloschen durch Verzicht 14. 8. 1916.
H. Gießler und Dr. H. Bauer in Stuttgart.

Verfahren zur Herstellung von nicht ätzenden, aktiven Sauerstoff entwickelnden Seifen.

Patentanspruch: Verfahren zur Herstellung von nicht ätzenden, aktiven Sauerstoff entwickelnden Seifen für Reinigungs-, Bleich-, antiseptische und kosmetische Zwecke, dadurch gekennzeichnet, daß man gewöhnlicher Grundseife ein Alkali- oder Ammoniumsalz der Übersäuren des Bors oder Kohlenstoffes, entweder im gepulverten Zustand oder mit glyzerinfreien Fettkörpern, wie Lanolin, Walratlösungen, Vaselin oder Paraffin, zu einer Salbe verrieben, einverleibt.

149793. Kl. 23 e 2, vom 6. Juli 1900. Erloschen 1911.
Arthur Wolff in Breslau.

Verfahren zur Darstellung einer Spiritusseife von hohem Schmelzpunkt.

Patentanspruch: Verfahren zur Herstellung einer Spiritusseife von hohem Schmelzpunkt, dadurch gekennzeichnet, daß man hochprozentigem Spiritus erhebliche Mengen fester Natronseife (entsprechend 6 bis 20 vH wasserfreier Seife) zusetzt.

151880. Kl. 12o, vom 21. November 1902. Erloschen 1905. Siehe S. 149.
Dr. Nicolaus Zelinsky in Moskau.

Verfahren zur Gewinnung von organischen Säuren, insbesondere Fettsäuren, aus Rohnaphtha bzw. deren Fraktionen.

Patentanspruch: Verfahren zur Gewinnung von organischen Säuren, insbesondere Fettsäuren, aus Rohnaphtha bzw. deren Fraktionen, dadurch gekennzeichnet, daß dem durch Chlorieren der Erdölfraktionen erhaltenen, in wasserfreiem Äther gelösten Gemisch Magnesium unter Zusatz eines katalytischen Mittels (z. B. Jod, Jodmethyl, Aluminiumhalogenverbindungen, Chlorwasserstoff, Jodwasserstoff) zugefügt wird, worauf unter Abkühlung trockene Kohlensäure eingeleitet wird, unter deren Einwirkung komplexe magnesiumorganische Verbindungen entstehen, die bei der Zersetzung mit angesäuertem Wasser wässerige Lösungen der Magnesiumsalze der organischen Säuren liefern.

154548. Kl. 30 h, vom 26. Juni 1902. Erloschen 1917. Siehe S. 583.
Dr. Rudolf Reiß in Charlottenburg.

Verfahren zur Herstellung einer leicht resorbierbaren, salbenförmigen Salizylsäureseife.

Patentanspruch: Verfahren zur Herstellung einer leicht resorbierbaren, salbenförmigen Salizylsäureseife, dadurch gekennzeichnet, daß von jeglichem Wassergehalte befreite, neutrale oder überfettete Kali- oder Natronseife bzw. deren Gemenge mit Vaselin innig verrieben und der so erhaltenen Salbe nach etwaigem nochmaligen Erhitzen freie Salizylsäure in geeigneter Weise einverleibt wird.

155108. Kl. 23 e 1, vom 18. Dezember 1902. Erloschen 1917. Siehe S. 39.
Peter Krebitz in München.

Verfahren zur Herstellung einer unlöslichen Seife, deren Beschaffenheit eine leichte Abscheidung des Glyzerins ermöglicht.

Patentanspruch: Verfahren zur Herstellung einer unlöslichen Seife von einer die leichte Abscheidung des Glyzerins ermöglichenden Beschaffenheit, dadurch gekennzeichnet, daß man das aus Neutralfett und einem Metallhydrat (z. B. Kalkmilch) bestehende Gemisch zum Sieden bringt und hierauf bei abgestelltem Feuer mehrere Stunden gedeckt stehen läßt.

157385. Kl. 30 h, vom 10. April 1903. Erloschen 1917. Siehe S. 583.
Dr. Rudolf Reiß in Charlottenburg.
Verfahren zur Herstellung leicht resorbierbarer, medikamentöser Salbenseifen.
Zusatz zum Patente 154548 vom 26. Juni 1902.

Patentanspruch: Das Verfahren zur Herstellung leicht resorbierbarer, medikamentöser Salbenseifen nach Patent 154548 dahin abgeändert, daß statt Salizylsäure andere medikamentöse Stoffe, welche bei Anwesenheit von Wasser auf Alkaliseifen zersetzend einwirken, verwendet werden.

157737. Kl. 23 e 2, vom 27. November 1903. Erloschen 1908. Siehe S. 589.
Deutsche Gold- und Silberscheideanstalt vorm. Rößler in Frankfurt a. M.
Verfahren zur Darstellung antiseptischer Seifen.

Patentanspruch: Verfahren zur Herstellung antiseptischer Seifen, darin bestehend, daß man Seifen beliebiger Zusammensetzung mit Zinksuperoxyd versetzt.

158572. Kl. 23 e 2, vom 2. Oktober 1903. Besteht noch.
Wilhelm Rödiger in Firma Kluge & Co. in Magdeburg.
Verfahren zur Herstellung mit Umhüllungen versehener Seifenstücke aus heißflüssiger, beim Erkalten erstarrender Seife.

Patentanspruch: Verfahren zur Herstellung mit Umhüllungen versehener Seifenstücke aus heißflüssiger, beim Erkalten erstarrender Seife, dadurch gekennzeichnet, daß die Seife nach ihrer Fertigstellung in noch flüssigem oder breiigem Zustande in die Umhüllungen (Pappschachteln, Papierbeutel, Papierhülsen) eingefüllt wird.

158929. Kl. 23 e 1, vom 27. April 1904. Erloschen 1908.
Wilhelm Heckhausen in Harburg a. d. E.
Verfahren zur Verseifung von Fettsäuren und Harzen mittels Alkalikarbonaten.

Patentanspruch: Verfahren zur Verseifung von Fettsäuren und Harzen mittels Alkalikarbonaten in geschlossenen Kesseln unter Druck bei gleichzeitiger Gewinnung der entstehenden gasförmigen Nebenprodukte (Kohlensäure), dadurch gekennzeichnet, daß die aus dem Kochkessel entweichenden Gase in einen Windkessel geleitet werden, aus dem sie nach Reinigungsapparaten und von diesen nach der Verbrauchsstelle gelangen können.

159098. Kl. 23 e 2, vom 1. Oktober 1903. Erloschen 1910.
Dr. Ruel A. Jones in Stanford (V. St. A.).
Seife.

Patentanspruch: 1. Seife oder ein anderes Waschmittel, gekennzeichnet durch einen bleibenden Schutzüberzug über den einen Teil derselben.

2. Seife oder ein anderes Waschmittel, bei welchem der Schutzüberzug nach Anspruch 1 einen Teil des Seifenstücks und ein auf diesem Teil angebrachtes Etikett deckt.

162638. Kl. 23 d, vom 30. Mai 1903. Erloschen 1905. Siehe S. 105.
Gregor Sandberg in Moskau.
Verfahren zur Herstellung eines geruchlosen Fettsäuregemisches aus Tranen und Fischfetten.

Patentanspruch: Verfahren zur Herstellung eines geruchlosen Fettsäuregemisches aus Tranen und Fischfetten, dadurch gekennzeichnet, daß aus diesen Fettstoffen zunächst nach einer der bekannten Verseifungsmethoden die Fettsäuren abgespalten werden, worauf die letzteren mit mindestens 20 vH konzentrierter Schwefelsäure vom spezifischen Gewicht etwa 1,84 bei einer zwischen 25 und 40° C liegenden Temperatur behandelt werden, zum Zweck, die übelriechenden Amine in wasserlösliche, geruchlose Salze überzuführen, welche alsdann durch Auswaschen der Masse entfernt werden.

167240. Kl. 23 e 1, vom 12. Juni 1904. Erloschen 1911.
Hugo Schladitz in Prettin a. d. E.
Verfahren zur Entfernung des Harzfarbstoffes aus Harzseifen.

Patentanspruch: Verfahren zur Entfernung des Harzfarbstoffes aus Harzseifen mittels Kochsalz, gekennzeichnet durch die Verwendung einer Kochsalzlösung von solcher Konzentration, daß sie sich mit den von ihr aufgenommenen Verunreinigungen über der Harzseife abscheidet.

179564. Kl. 12 o, vom 18. Januar 1905. Erloschen 1908. Siehe S. 148.
Halvor Breda in Charlottenburg.
Verfahren zur Herstellung eines Ersatzmittels für Fettsäuren aus rohen Naphthensäuregemischen.

Patentanspruch: Verfahren zur Herstellung eines Ersatzmittels für Fettsäuren aus rohen Naphthensäuregemischen, dadurch gekennzeichnet, daß diese Gemische mit oxydierenden Mitteln unter Vermeidung der Spaltung in niedrigmolekulare Fettsäuren behandelt werden, worauf noch eine Reinigung durch Destillation vorgenommen werden kann.

179672. Kl. 30 h, vom 8. September 1905. Erloschen 1910. Siehe S. 572.
Kessler & Co. in Berlin.
Verfahren zur Herstellung einer Teerseife.

Patentanspruch: Verfahren zur Herstellung einer Teerseife, gekennzeichnet durch die Anwendung eines aus Torf gewonnenen Teers.

183187. Kl. 23 e 2, vom 22. Mai 1904. Erloschen 1917. Siehe S. 151.
Paul Horn in Hamburg.
Verfahren zur Herstellung neutraler Seifen.

Patentanspruch: Verfahren zur Herstellung neutraler Seifen, gekennzeichnet durch den Zusatz von Albumosen zur flüssigen oder festen, fertigen Seife.

183673. Kl. 23 e 2, vom 21. März 1906. Erloschen 1907.
„Centaur" Chemisch-technische Fabrik in Berlin.
Verfahren zur Herstellung von Schaumseife durch Einbringen von Luft in die Seife.

Patentanspruch: Verfahren zur Herstellung von Schaumseife durch Einbringen von Luft in die Seife, dadurch gekennzeichnet, daß Preßluft in den Seifenleim eingedrückt wird, zum Zwecke, eine bessere Schaumbildung und gleichzeitige Abkühlung der Seifenmasse zu bewirken.

189208. Kl. 23 e 4, vom 23. August 1906. Erloschen 1909.
Simon Berliner in Beuthen, O.-S.
Verfahren zur Herstellung von desinfizierenden Seifen unter Verwendung von Paraformaldehyd.

Patentanspruch: Verfahren zur Herstellung von desinfizierenden Seifen unter Verwendung von Paraformaldehyd, dadurch gekennzeichnet, daß der Paraformaldehyd in Kalkwasser gelöst der flüssigen Seife kurz vor dem Erstarren zugesetzt wird.

189685. Kl. 23 e 1, vom 24. August 1906. Erloschen 1913.
Peter Krebitz in München.
Verfahren zur Umsetzung von Kalkseife in Natron- oder Kaliseife.

Patentanspruch: Verfahren zur Umsetzung von Kalkseife in Natron- oder Kaliseife, dadurch gekennzeichnet, daß die Umsetzung mit Ammoniumkarbonat in Gegenwart von Natrium- oder Kaliumchlorid, oder Natrium- oder Kaliumsulfat zweckmäßig bei hoher Temperatur (bei etwa 60 bis 100°) in geschlossenen Gefäßen oder bei gewöhnlicher Temperatur erfolgt, wobei sich die Kalkseife mit dem Ammoniumkarbonat zunächst zu Ammoniakseife und kohlensaurem Kalk und die Ammoniakseife während des Entstehens mit dem Chlornatrium oder Chlorkalium bzw. Natriumsulfat oder Kaliumsulfat zu Natron- bzw. Kaliseife und Chlorammonium bzw. Ammoniumsulfat umsetzt.

189873. Kl. 23 e 4, vom 14. Juli 1904. Erloschen 1908.
Chemische Werke G. m. b. H. (vorm. Dr. C. Zerbe) in Freiburg i. Br.
Verfahren zur Herstellung einer Seife gegen Bleivergiftung.

Patentanspruch: Verfahren zur Herstellung einer Seife gegen Bleivergiftung u. dgl., dadurch gekennzeichnet, daß eine mit einer genügenden Menge von Schwefelalkalien versehene Seife mit Vaseline versetzt und schließlich mit einem luftundurchlässigen Überzug umhüllt wird.

191900. Kl. 23 e 4, vom 25. August 1906. Erloschen 1908.
Dr. Leopold Sarasan in Hirschgarten bei Berlin.
Verfahren zur Herstellung flüssiger, aktiven Schwefel enthaltender Seife.

Patentanspruch: Verfahren zur Herstellung flüssiger, aktiven Schwefel enthaltender Seife, dadurch gekennzeichnet, daß man in flüssige Seife Schwefelwasserstoffgas bis zur Sättigung einleitet.

193199. Kl. 30 h, vom 8. November 1903. Erloschen 1917. Siehe S. 583.
Dr. Rudolf Reiß in Charlottenburg.
Verfahren zur Herstellung leicht resorbierbarer Salbenseifen mit Seifen zersetzenden Arzneimitteln.
Zusatz zum Patente 154548 vom 26. Juni 1902.

Patentanspruch: Abänderung des durch die Patente 154548 und 157385 geschützten Verfahrens zur Herstellung leicht resorbierbarer Salbenseifen mit Seifen zersetzenden Arzneimitteln, dadurch gekennzeichnet, daß Gemenge aus Vaselin, Paraffin oder ähnlichen hochsiedenden Kohlenwasserstoffen und Fettsäuren mittels zur Absättigung der Säuren nicht ausreichenden Mengen von Alkalilaugen verseift werden, das Ganze dann durch Erhitzen völlig entwässert und darauf in geeigneter Weise mit dem medikamentösen Stoff versetzt wird.

193562. Kl. 23 e 2, vom 10. März 1904. Erloschen 1916.
Firma Paul Horn in Hamburg.
Verfahren zur Herstellung neutraler Seifen.

Patentanspruch: Verfahren zur Herstellung neutraler Seifen, gekennzeichnet durch Verwendung einer alkoholischen Lösung des aus Kaseïn durch Behandeln mit Alkali und Fällen mit Säure erhaltenen Spaltungsproduktes als alkalibindendes Mittel.

196393. Kl. 8 i 5, vom 22. März 1907. Erloschen 1913.
Dr. Fritz Schmitt in Zabrze und Carl Distler in München.
Verfahren zur Herstellung eines Reinigungsmittels für Wäsche- und Putzzwecke.

Patentanspruch: Verfahren zur Herstellung eines Reinigungsmittels für Wäsche- und Putzzwecke, dadurch gekennzeichnet, daß man das durch Mischen von wasserlöslichen Tonerdeverbindungen mit Kalkmilch entstehende Reaktionsgemisch durch Abpressen entwässert und mit einer Mischung von Glyzerin und Wasserglas zusammenschmilzt.

197226. Kl. 23 e 4, vom 3. Juli 1907. Erloschen 1909.
Otto Schmatolla in Berlin.
Verfahren zur Darstellung medikamentöser Seifen.

Patentanspruch: 1. Verfahren zur Darstellung medikamentöser Seifen, denen die wirksamen Bestandteile medizinisch gebrauchter Drogen einverleibt sind, dadurch gekennzeichnet, daß die Drogen mit Fettsäure, Harzsäuren oder deren Gemischen behandelt und die von den Drogen getrennten sauren Auszüge verseift werden.

2. Verfahren zur Darstellung von Seifen nach Anspruch 1, dadurch gekennzeichnet, daß die Drogen mit sauren fettsauren oder sauren harzsauren Alkalien behandelt und die gewonnenen Auszüge hierauf vollständig verseift werden.

200684. Kl. 23 e 1, vom 12. August 1906. Erloschen 1917.
Vereinigte Chemische Werke, Akt.-Ges. in Charlottenburg.
Verfahren zur Herstellung gebleichter Seife.

Patentanspruch: Verfahren zur Herstellung gebleichter Seife, dadurch gekennzeichnet, daß während der Verseifung wasserlösliche Alkalisalze der Persäuren zugesetzt werden.

203193. Kl. 23 e 2, vom 17. Juni 1906. Besteht noch. Siehe S. 400.
Gebr. Körting, Akt.-Ges. in Linden bei Hannover.
Verfahren zur Herstellung von Seifenpulver.

Patentanspruch: Verfahren zur Herstellung von Seifenpulper aus wasserhaltiger Seife durch Zerstäuben der in einem Druckbehälter erhitzten Seife, dadurch gekennzeichnet, daß die wasserhaltige Seife durch von unten in den Druckbehälter eingeführten Dampf hoch erhitzt und dann unter Aufrechterhaltung des Dampfdruckes ausgeblasen wird.

214555. Kl. 8 i 5, vom 22. März 1907. Erloschen 1913.
Dr. Fritz Schmitt in Zabrze, O.-S., und Carl Distler in München.
Verfahren zur Herstellung eines Reinigungsmittels für Wäsche- und Putzzwecke.
Zusatz zum Patente 196393 vom 22. März 1907.

Patentanspruch: Abänderung des Verfahrens gemäß Patent 196393 zur Herstellung eines Reinigungsmittels für Wäsche- und Putzzwecke, dadurch gekennzeichnet, daß an Stelle von Kalkmilch hier Alkalien zur Anwendung gelangen.

216828. Kl. 23 e 4, vom 20. Mai 1908. Besteht noch. Siehe S. 600.
Dr. Walter Schrauth und Dr. Walter Schoeller in Charlottenburg.
Verfahren zur Herstellung desinfizierender Seifen.

Patentanspruch: Verfahren zur Herstellung desinfizierender Seifen, dadurch gekennzeichnet, daß man dem Seifenkörper alkalisch reagierende Alkalisalze komplexer Quecksilberkarbonsäuren der aliphatischen und aromatischen Reihe beimischt.

216898. Kl. 8 i 5, vom 29. Februar 1908. Erloschen 1923.
Firma Fr. Gruner in Eßlingen a. N., Württ.
Verfahren zur Herstellung eines Wasch- und Bleichmittels aus Natriumsuperoxyd mit einem schützenden Deckmittel.

Patentanspruch: Verfahren zur Herstellung eines Wasch- und Bleichmittels aus Natriumsuperoxyd mit einem schützenden Deckmittel, dadurch gekennzeichnet, daß dem Natriumsuperoxyd ein nicht brennbares Chlorsubstitutionsderivat eines Kohlenwasserstoffes der Paraffinreihe zugesetzt wird.

219042. Kl. 8 i 5, vom 3. November 1908. Erloschen 1923.
Firma Fr. Gruner in Eßlingen a. N., Württ.
Verfahren zur Herstellung eines Wasch- und Bleichmittels aus Natriumsuperoxyd mit einem schützenden Deckmittel.
Zusatz zum Patente 216898 vom 29. Februar 1908.

Patentanspruch: Abänderung des Verfahrens nach Patent 216898 zur Herstellung eines Wasch- und Bleichmittels aus Natriumsuperoxyd mit einem schützenden Deckmittel, dadurch gekennzeichnet, daß an Stelle von Chlorsubstitutionsprodukten der Kohlenwasserstoffe der Paraffinreihe Chlorsubstitutionsprodukte der Kohlenwasserstoffe der Olefinreihe verwendet werden.

221623. Kl. 23 e 2, vom 25. September 1908. Erloschen 1917.
Dr. Paul Runge in Hamburg.
Verfahren zur Herstellung neutraler Seifen.

Zusatz zum Patent Nr. 183187 vom 22. Mai 1904.

Patentanspruch: Abänderung des durch Patent Nr. 183187 geschützten Verfahrens zur Herstellung neutraler Seifen, dadurch gekennzeichnet, daß an Stelle von Albumosen eine alkalische oder schwefelalkalische Albumosenlösung mit einer dem vorhandenen Alkali entsprechenden Menge von Fettsäuren erwärmt wird.

222891. Kl. 23 e 2, vom 18. Mai 1909. Erloschen 1912. Siehe S. 602.
Dr. Rudolf Reiß in Charlottenburg.
Verfahren zur Herstellung von mechanisch wirkenden Seifen.

Patentanspruch: Verfahren zur Herstellung von mechanisch wirkenden Seifen, dadurch gekennzeichnet, daß man Kali- oder Natronseifen, bzw. Seifenpulver mit gepulverter Reservezellulose, z. B. Elfenbeinnußmehl, vermischt.

228081. Kl. 8 i 5, vom 25. Dezember 1909. Erloschen 1913.
Emil Scheitlin, Zürich.
Verfahren zur Herstellung eines leicht hantierbaren Wasch- bzw. Bleichmittels aus Alkalisuperoxyd.

Patenansprüche: 1. Verfahren zur Herstellung eines leicht hantierbaren Wasch- bzw. Bleichmittels aus Alkalisuperoxyd, dadurch gekennzeichnet, daß man dem Superoxyd Harze zusetzt.

2. Ausführungsform des Verfahrens gemäß Anspruch 1, dadurch gekennzeichnet, daß man die dort erhaltene Mischung zwecks Gelatinierung mit organischen Lösungsmitteln mengt.

3. Ausführungsform des Verfahrens gemäß Anspruch 2, dadurch gekennzeichnet, daß man dem gelatinierten Produkt zur Festmachung Soda zusetzt.

228139. Kl. 23 e 4, vom 22. Dezember 1908. Erloschen 1912. Siehe S. 176.
Dr. Karl Roth in Darmstadt.
Verfahren zur Herstellung anorganische Kolloide enthaltender Seifen.

Patentansprüche: 1. Verfahren zur Herstellung anorganische Kolloide enthaltender Seifen, darin bestehend, daß man geschmolzene Kali- oder Natronseifen oder ihre konzentrierten Lösungen mit löslichen Metallsalzen und den äquivalenten Mengen ätzender Alkalien versetzt, worauf die die betreffenden Metalle als kolloidale Oxyde, bzw. Hydroxyde enthaltenden Seifen durch Digerieren mit wenig Wasser oder durch Dialysieren von den bei der Reaktion gebildeten löslichen Salzen und überschüssigem Alkali befreit und durch Eindampfen zur gewünschten Konsistenz gebracht werden.

2. Abänderung des Verfahrens nach Anspruch 1 zwecks Herstellung kolloidale Metalle enthaltender Seife, dadurch gekennzeichnet, daß man in dem nach Anspruch 1 erhältlichen Reaktionsprodukt vor seiner Reinigung und Einengung die Metalloxyde bzw. Hydroxyde durch Reduktion in die entsprechenden Metalle überführt.

3. Abänderung des Verfahrens nach Anspruch 1 zwecks Herstellung von kolloidalen, weißes Präzipitat enthaltenden Seifen, dadurch gekennzeichnet, daß man als Metallsalz Quecksilberchlorid und statt der ätzenden Alkalien Ammoniak verwendet.

230123. Kl. 23 d, vom 18. Mai 1909. Erloschen 1914. Siehe S. 105.
Dr. Egon Böhm in Wien.
Verfahren zum Geruchlosmachen von Tranfettsäuren.

Patentanspruch: Verfahren zum Geruchlosmachen von Tranfettsäuren, dadurch gekennzeichnet, daß die bereits vorgereinigten Fettsäuren unter Durchleiten eines starken Stromes indifferenter Gase, gegebenenfalls unter Zuhilfenahme eines kräftigen Vakuums, so lange auf eine unmittelbar unter ihrer Destillationstemperatur liegende Temperatur erhitzt werden, bis die abziehenden Dämpfe frei von niederen Fettsäuren und riechenden Stoffen sind, worauf die so behandelten Tranfettsäuren in üblicher Weise destilliert werden.

230629. Kl. 8 i 5, vom 30. Mai 1909. Erloschen 1919.
Curt Brichta in Berlin.
Flüssiges oder teigartiges Mittel zum Reinigen schmutziger Plättwäsche.

Patentansprüche: 1. Flüssiges oder teigartiges Mittel zum Reinigen schmutziger Plättwäsche, dadurch gekennzeichnet, daß ein Reinigungsmittel und ein Steifungsmittel miteinander gemischt sind, zum Zwecke, durch Abreiben der Plättwäsche eine Reinigung der Oberfläche und gleichzeitig ein Wiedersteifen derselben zu bewirken.

2. Mittel zum Reinigen schmutziger Plättwäsche nach Anspruch 1, dadurch gekennzeichnet, daß man eine Mischung von Stärkekleister, Pflanzenleim oder einem ähnlichen Steifungsmittel mit Milch und Füllstoffen, wie Kieselgur o. dgl. verwendet, gegebenenfalls unter Zusatz eines Desinfektionsmittels, wie Formaldehyd.

3. Mittel zum Reinigen schmutziger Plättwäsche nach Anspruch 1 und 2, dadurch gekennzeichnet, daß Wasserglas als Zusatz zu dem Gemisch oder teilweise als Ersatz für einzelne der in Anspruch 2 genannten Bestandteile verwendet wird.

231376. Kl. 8 i 5, vom 23. April 1908. Erloschen 1919.
Johannes Mehne in Leipzig-Plagwitz.
Verfahren zum Waschen mittels Alkalisuperoxyd und das frei werdende Alkali neutralisierender Mittel.

Patentanspruch: Verfahren zum Waschen mittels Alkalisuperoxyd und das frei werdende Alkali neutralisierender Mittel, dadurch gekennzeichnet, daß man die zu waschenden Gegenstände in der Kälte in Wasser gibt, welches äquivalente Mengen Alkalisuperoxyd und gelöste Fett- oder Harzsäure enthält.

231960. Kl. 8 i 5, vom 1. Januar 1909. Erloschen 1913.
Firma Arnold Holste Wwe. in Bielefeld.
Bleichstärke.

Patentanspruch: Bleichstärke, bestehend aus einem Gemenge von Stärke und Natriumperborat oder Natriumpersulfat.

232698. Kl. 23 e 2, vom 10. Dezember 1907. Besteht noch.
Gebrüder Körting, Akt.-Ges., Linden bei Hannover.
Verfahren zur Herstellung von Seifenpulver.

Zusatz zum Patent 203193 vom 17. Juni 1906.

Patentanspruch: Abänderung des durch Patent 203193 geschützten Verfahrens zur Herstellung von Seifenpulver oder anderen alkalischen Waschpräparaten, wie Soda, durch Zerstäuben mittels Dampfes, dadurch gekennzeichnet, daß als Verdampfungs- und Zerstäubungsmittel überhitzter Dampf, hoch erhitzte Luft u. dgl. benutzt wird, und die Zuführung dieser Mittel zu der auf den geeigneten Druck gebrachten Seifenmasse bzw. Sodalösung erst in dem Zerstäubungsapparat erfolgt.

233437. Kl. 23 e 4, vom 4. September 1909. Besteht noch.
Farbenfabriken vorm. Friedr. Bayer & Co. in Elberfeld.
Verfahren zur Herstellung desinfizierender Seifen.

Zusatz zum Patent Nr. 216828 vom 20. Mai 1908.

Patentanspruch: Abänderung des durch Patent Nr. 216828 geschützten Verfahrens zur Herstellung desinfizierender Seifen, dadurch gekennzeichnet, daß man die dort verwendeten alkalisch reagierenden Alkalisalze komplexer Quecksilberkarbonsäuren durch die freien komplexen Quecksilberkarbonsäuren ersetzt.

234469. Kl. 23 e 2, vom 6. Oktober 1909. Erloschen 1912.
Dr. Julius Morgenroth in Berlin.
Verfahren zur Darstellung seifenhaltiger Eiweißkörper.

Patentansprüche: 1. Seifenhaltiger Eiweißkörper, dadurch gekennzeichnet, daß er die Seife in adsorbierter Form enthält, so daß er seinen Seifengehalt nur an Suspensionen, die Seife zu binden vermögen, abgibt.

2. Verfahren zur Darstellung seifenhaltiger Eiweißkörper der in Anspruch 1 gekennzeichneten Art, dadurch gekennzeichnet, daß lösliche Seifen in wässeriger oder schwach kochsalzhaltiger Lösung mit koaguliertem, tierischem Eiweiß längere Zeit geschüttelt werden, um die Seife von letzterem adsorbieren zu lassen, worauf die seifenhaltigen Koagula vom flüssigen Teil der Mischung getrennt werden.

236295. Kl. 23 e 1, vom 15. April 1909. Erloschen 1914.
Nauton Frères et de Marsag in Saint-Quen, Seine, und Théodore François Tesse in Paris.
Verfahren zur Herstellung einer neutralen Seifenpaste.

Patentansprüche: 1. Verfahren zur Herstellung einer neutralen Seifenpaste, dadurch gekennzeichnet, daß man einer alkalischen Grundseife ein neutrales, im wesentlichen dirizinusölschwefelsaures Alkali enthaltendes Alkalisulforizinoleat zusetzt, und zwar in solchem Überschuß, daß nicht nur das freie, sondern auch das beim Gebrauch der Seife infolge Hydrolyse frei werdende Alkali durch das dirizinusölschwefelsaure Alkali unter Abspaltung des Glyzerinrestes gebunden wird.

2. Ausführungsform des Verfahrens nach Anspruch 1, dadurch gekennzeichnet, daß ein Gemisch von 15 Teilen dirizinusölschwefelsaurem Natron mit 10 Teilen geschmolzener, weicher Kaliseife auf etwa 90° erhitzt wird.

239828. Kl. 23 e 2, vom 26. Februar 1908. Erloschen 1923.
Georg Nohl in Breslau.
Verfahren zur Gewinnung eines Zwischenproduktes zur Herstellung von hochprozentigen, haltbaren Emulsionen.

Patentanspruch: Verfahren zur Gewinnung eines Zwischenprodukts zur Herstellung von hochprozentigen, haltbaren Emulsionen von Mineral-, Tier-, Pflanzen-, Teerölen und ähnlichen wasserunlöslichen Stoffen, dadurch gekennzeichnet, daß fein zerteilte, möglichst fettfreie, proteïnreiche Stoffe in getrocknetem und mäßig erhitztem Zustande mit starken Mengen hochkonzentrierter Ätzkalilösung (annähernd 40 vH NaOH) ohne Wasserzusatz unter möglichst geringem Stickstoffverlust kurze Zeit bis zur Klumpenbildung verknetet werden, worauf man die Masse langsam abkühlen läßt.

242776. Kl. 30 i 3, vom 30. Oktober 1909. Erloschen 1912.
Dr. Karl Roth in Darmstadt.
Verfahren zur Herstellung von anorganische Kolloide enthaltendem Liquor Cresoli saponatus.

Patentanspruch: Verfahren zur Herstellung von anorganische Kolloide enthaltendem Liquor Cresoli saponatus, dadurch gekennzeichnet, daß man Kresolseifenlösung mit löslichen Metallsalzen mischt, mit Ätzalkali versetzt und erhitzt, worauf man die Lösung der Dialyse unterwirft.

244827. Kl. 20 i 3, vom 23. Februar 1908. Besteht noch.
Dr. Arthur Liebrecht in Frankfurt a. M.
Verfahren zur Herstellung von Desinfektionsmitteln.

Patentanspruch: Verfahren zur Herstellung von Desinfektionsmitteln, darin bestehend, daß man Chlor-m-kresol vom Schmelzpunkt 66° durch Lösungen von Seifen, Salzen sulfurierter Fette oder Fettsäuren in Lösung bringt.

246123. Kl. 30 i 3, vom 16. Dezember 1910. Erloschen 1916.
Dr. Kurt Rülke in Berlin.
Desinfizierende Seife.

Patentanspruch: Desinfizierende Seife, gekennzeichnet durch einen über 10 vH. betragenden Gehalt an Fenchon.

246479. Kl. 23 e 2, vom 19. November 1910. Erloschen 1916.
Karl Ph. Kroning jun. in Bremen.
Verfahren zur Herstellung von Schwimmseife durch Einführen von Sauerstoff in den Seifenleim.

Patentanspruch: Verfahren zur Herstellung von Schwimmseife durch Einführen von Sauerstoff in den Seifenleim, dadurch gekennzeichnet, daß der noch heißflüssige Seifenleim durch ein durchlochtes und von einem mit Sauerstoff gespeisten Behälter umgebenes Rohr oder dgl. hindurchgeleitet wird, in dem der Seifenleim unter beständigem Umrühren mit dem durch die Bohrungen unter Druck eintretenden Sauerstoff innig vermischt wird.

246880. Kl. 23 e 4, vom 23. Januar 1910. Besteht noch. Siehe S. 600.
Farbenfabriken vorm. Friedr. Bayer & Co. in Elberfeld.
Verfahren zur Darstellung desinfizierender Seifen.

Patentanspruch: Verfahren zur Darstellung desinfizierender Seifen, dadurch gekennzeichnet, daß man dem Seifenkörper die Anhydride oder Salze von Oxyquecksilberphenolen zusetzt.

248657. Kl. 23 e 1, vom 3. Juni 1910. Besteht noch.
Dr. R. Worms in Berlin.
Verfahren zur Herstellung haltbarer, fester Kaliseifen, die kräftigen Schaum geben.

Patentanspruch: Verfahren zur Herstellung haltbarer, fester Kaliseifen, die kräftigen Schaum geben, dadurch gekennzeichnet, daß man neutrale Fette oder Fettsäuren in Gegenwart hochschmelzender Fette, besonders tierischer Wachsarten, mit Pottasche oder Ätzkali verseift.

248958. Kl. 23 e 2, vom 25. November 1911. Erloschen 1920.
Dr. Friedrich August Volkmar Klopfer in Dresden-Leubnitz.
Verfahren zur Behandlung von Pflanzeneiweiß zwecks Verwendung in der Seifenfabrikation.

Patentanspruch: Verfahren zur Behandlung von Pflanzeneiweiß zwecks Verwendung in der Seifenfabrikation, dadurch gekennzeichnet, daß das Pflanzeneiweiß vor Einverleibung in die Grundseife mit Glyzerin allmählich bis zu etwa 120° C erwärmt und hierbei zur Quellung gebracht wird, so daß im Verlauf der Erwärmung eine zähe, kautschukähnliche, elastische, im Dünnschnitt durchscheinende Masse entsteht.

249325. Kl. 8 i 5, vom 13. November 1908. Erloschen 1911.
Chemische Werke vorm. Dr. Heinrich Byk in Charlottenburg.
Verfahren zur Herstellung von aktiven Sauerstoff enthaltenden Boraten mit andauernder Bleichwirkung.

Patentansprüche: 1. Verfahren zur Herstellung von aktiven Sauerstoff enthaltenden Boraten mit andauernder Bleichwirkung, darin bestehend, daß man aktiven Sauerstoff enthaltende Borate mit sauren Substanzen in einem solchen Mengenverhältnis vermischt oder in Lösung zusammenbringt, daß die Mischung von lackmus-alkalischer Reaktion bleibt.

2. Ausführungsform nach Anspruch 1, dadurch gekennzeichnet, daß Natriumperborat mit sauren Substanzen außer Borsäure bei erhöhter Temperatur zusammengeschmolzen wird.

250125. Kl. 8 i 5, vom 2. Juli 1911. Erloschen 1914.
Dr.-Ing. Robert Mandelbaum und Dr. A. Kauffmann & Co. in Asperg, Württ.
Verfahren zur Herstellung von Mischungen, die beim Zusammentreffen mit Wasser gebrauchsfertige, saponinhaltige Reinigungsmittel liefern.

Patentanspruch: Verfahren zur Herstellung von Mischungen, die beim Zusammentreffen mit Wasser gebrauchsfertige, saponinhaltige Reinigungsmittel liefern, dadurch gekennzeichnet, daß man saponinhaltige Stoffe, wie Panamarinde o. dgl., mit geringen Mengen von Salzen, wie Natriumsulfit und primärem Kaliumsulfat, vermischt, die bei ihrer Auflösung in Wasser schweflige Säure liefern.

250164. Kl. 23 e 1, vom 13. April 1911. Erloschen 1918. Siehe S. 54, 345.
Joachim Leimdörfer in Budapest.
Verfahren zur Herstellung von harten Kern-, Halbkern- und Leimseifen.

Patentanspruch: Verfahren zur Herstellung von harten Kern-, Halbkern- und Leimseifen, dadurch gekennzeichnet, daß neben den gewöhnlichen Fetten und Fettsäuren oxydierte (geblasene), polymerisierte, Halogen- oder Säureradikale enthaltende Fette, Fettsäuren oder deren Derivate bzw. deren Gemenge unter Verwendung der der Bildung normaler, fettsaurer Salze und dem technisch gegebenenfalls erforderlichen Alkaliüberschuß entsprechenden Alkalimenge möglichst vollständig verseift werden.

250331. Kl. 23 e 2, vom 29. Oktober 1908. Erloschen.
Chemische Werke, vorm. Dr. Heinrich Byk in Charlottenburg.
Verfahren zur Darstellung von aktiven Sauerstoff enthaltenden Präparaten.
Zusatz zum Patent 236881 vom 22. September 1908.

Patentanspruch: Abänderung des durch Patent 236881 und dessen Zusatzpatent 238104 geschützten Verfahrens zur Darstellung von aktiven Sauerstoff enthaltenden Präparaten, darin bestehend, daß man beim Verschmelzen von Natriumsuperoxyd, Borsäure oder Boraten unter Zusatz von Salzen statt der dort genannten Salze oder außer diesen Seifen verwendet.

253169. Kl. 23 e 2, vom 29. April 1911. Erloschen 1913.
Chemische Fabrik Grünau Landshoff & Meyer Akt.-Ges., Dr. Emil Franke und Dr.-Ing. Richard May in Grünau, Mark.
Verfahren zum Haltbarmachen des in den Perboratmutterlaugen befindlichen Sauerstoffes.

Patentansprüche: 1. Verfahren zum Haltbarmachen des in den Perboratmutterlaugen befindlichen Sauerstoffes, dadurch gekennzeichnet, daß den Mutterlaugen eine dem freien Ätznatron entsprechende Menge Stearinsäure (Palmitin- oder Oleïnsäure) zugefügt wird.

2. Ausführungsform des Verfahrens nach Anspruch 1, dadurch gekennzeichnet, daß dem aus den Mutterlaugen und einer Fettsäure bestehenden Gemisch die Emulgierbarkeit fördernde Mittel, wie Ammoniumsalze, guajacolsulfosaure Salze oder Harze, zugefügt werden.

254129. Kl. 23 e 4, vom 19. Februar 1911. Erloschen 1914.
Dr. Kurt Rülke in Berlin.
Verfahren zur Herstellung von desinfizierenden Seifen mit Hilfe von Terpentinöl und ähnlichen pinenhaltigen Rohölen.

Patentanspruch: Verfahren zur Herstellung von desinfizierenden Seifen mit Hilfe von Terpentinöl und ähnlichen pinenhaltigen Rohölen, dadurch gekennzeichnet, daß die Einwirkungsprodukte von Säuren auf diese Öle, eventuell nach vorangegangener völliger oder teilweiser Entfernung der Terpene, mit Seifen oder den Ausgangsmaterialien der Seifenfabrikation, vorzugsweise unter Anwendung eines Alkaliüberschusses behandelt werden.

254210. Kl. 23 e 2, vom 6. November 1908. Erloschen.
Chemische Werke vorm. Dr. Heinrich Byk in Charlottenburg.
Verfahren zur Darstellung von aktiven Sauerstoff enthaltenden Präparaten.
Zusatz zum Patent 236881.

Patentanspruch: Abänderung des durch Patent 250331 (Zusatz zum Patent 236881) geschützten Verfahrens zur Darstellung von aktiven Sauerstoff enthaltenden Präparaten unter Zusatz von Seifen, darin bestehend, daß man beim Verschmelzen von Natriumsuperoxyd mit Borax oder Borsäure und Wasser mit oder ohne Zusatz anderer Salze statt der Seife die entsprechenden höheren Fettsäuren verwendet.

254469. Kl. 23 e 2, vom 11. November 1909. Besteht noch.
Ernst Bruno Wolf und Kurt Böhme in Chemnitz.
Verfahren zur Herstellung von festen, neutralen Seifen mit hohem Gehalt von Kohlenwasserstoffen oder dgl.

Patentanspruch: Verfahren zur Herstellung von festen, neutralen Seifen mit hohem Gehalt von Kohlenwasserstoffen oder dgl. auf dem Wege der kalten Verseifung, dadurch gekennzeichnet, daß unter Verwendung solcher Mengen Alkali zur Verseifung, als sie der Theorie nach zur Neutralisation der gesamten vorhandenen Fettsäure erforderlich sind, das gesamte Alkali gleich von vornherein unter Zugabe der Kohlenwasserstoffe mit dem Fett vermischt wird.

256886. Kl. 23 e 4, vom 25. Februar 1912. Erloschen 1923. Siehe S. 176.
Dr. Martin Ullmann in Hamburg.
Verfahren zur Herstellung von lösliche Fluoride enthaltenden Seifen.

Patentansprüche: 1. Verfahren zur Herstellung von lösliche Fluoride enthaltenden Seifen, dadurch gekennzeichnet, daß die Fluoride in Form des Reaktionsgemisches aus Silikofluoriden und Alkali verwendet werden, wobei das Reaktionsgemisch der Seife während oder nach ihrer Fertigstellung zugesetzt werden kann.

2. Ausführungsform des Verfahrens nach Anspruch 1, dadurch gekennzeichnet, daß die Silikofluoride dem zu verseifenden Fett zugesetzt, sodann die notwendige Menge Alkali zugemischt und die Seife in üblicher Weise fertiggestellt wird.

258393. Kl. 23 e 2, vom 2. März 1909. Erloschen 1924.
Chemische Werke vorm. Dr. Heinrich Byk in Lehnitz b. Berlin (Nordbahn).
Verfahren zur Darstellung von haltbaren Mischungen aus aktivem Sauerstoff enthaltenden Boraten und Seifen.

Patentansprüche: 1. Verfahren zur Darstellung von haltbaren Mischungen aus aktiven Sauerstoff enthaltenden Boraten und Seifen, dadurch gekennzeichnet, daß man diesen Mischungen Salze des Magnesiums, der alkalischen Erden und des Zinks in geringer Menge zusetzt.

2. Ausführungsform nach Anspruch 1, darin bestehend, daß man die Darstellung nicht durch Vermischen, sondern durch Verschmelzen vornimmt.

258655. Kl. 23 e 4, vom 11. April 1911. Erloschen 1912.
S. Dießer, Chem. Laboratorium und Versuchsstation für Handel und Industrie in Zürich-Wollishofen und Dipl.-Ing. K. Wohlrab in Zürich.
Verfahren zur Herstellung von wasserfreien, chemisch gebundenen Schwefel enthaltenden, seifenartigen Produkten.

Patentansprüche: 1. Verfahren zur Herstellung von wasserfreien, chemisch gebundenen Schwefel enthaltenden, seifenartigen Produkten, dadurch gekennzeichnet, daß fette Öle oder Fette mit wasserfreiem Natriumthiosulfat auf Temperaturen über 200° bis zur völligen Verseifung erhitzt werden.

2. Verfahren nach Anspruch 1, dadurch gekennzeichnet, daß man den noch flüssigen Seifenleim mit indifferenten Füllmitteln oder mit antiseptisch wirkenden Stoffen versetzt.

259360. Kl. 8 i 5, vom 14. Dezember 1911. Erloschen 1920.
Heinrich Ockelmann und Otto Ockelmann in Großjena b. Naumburg a. d. S.
Fleckenreinigungsmittel.

Patentansprüche: 1. Fleckenreinigungsmittel, bestehend aus einer Lösung von Zucker, Alkalien und Alkohol in Wasser.

2. Fleckenreinigungsmittel nach Anspruch 1, dadurch gekennzeichnet, daß dem Mittel Terpentin oder ein dieses ersetzender Stoff beigemischt wird.

262591. Kl. 23 e 1, vom 1. Oktober 1911. Besteht noch.
Dr. R. Worms in Berlin.
Verfahren zur Herstellung fester, nicht hygroskopischer Kaliseifen.

Patentanspruch: Verfahren zur Herstellung fester, nicht hygroskopischer Kaliseifen, dadurch gekennzeichnet, daß man vor, während oder nach der Verseifung geringe Mengen von wasserunlöslichen, unverseifbaren, flüssigen oder halbflüssigen Stoffen, insbesondere Kohlenwasserstoffen, zusetzt.

265537. Kl. 23 e 2, vom 15. September 1911. Erloschen 1914.
Dr. Melchior Castenholz in Köln.
Verfahren zur Herstellung von Seifen in Form von Tabletten.

Patentanspruch: Verfahren zur Herstellung von Seifen in Form von Tabletten, dadurch gekennzeichnet, daß man einer entwässerten Natron- oder Kaliseife mindestens gleiche Gewichtsmengen entwässerten Boraxpulvers zusetzt und die Mischung in bekannter Weise auf Tabletten weiterverarbeitet.

265538. Kl. 23 e 2, vom 20. Februar 1912. Erloschen 1916.
Dr. Hugo Grauert in Berlin-Halensee.
Verfahren zur Herstellung serumhaltiger Seifen.

Patentanspruch: Verfahren zur Herstellung serumhaltiger Seifen, gekennzeichnet durch den Zusatz frischer oder konservierter Tierblutsera, bzw. defibrinierten Blutes zu Seifen jeglicher Art und Form.

271155. Kl. 8 i 5, vom 10. März 1911. Erloschen 1913.
Chemische Werke vorm. Dr. Heinrich Byk in Lehnitz, Nordbahn.
Verfahren zum Waschen und Bleichen mittels alkalischer Lösungen von Perverbindungen.

Patentanspruch: Verfahren zum Waschen und Bleichen mittels alkalischer Lösungen von Perverbindungen, darin bestehend, daß man den Perverbindungen oder Perverbindungen enthaltenden Gemischen eine geringe Menge einer Zinn- oder Titanverbindung zusetzt.

271732. Kl. 30 i 3, vom 15. November 1910. Erloschen.
F. Hoffmann-La Roche & Co. in Grenzach, Baden.
Desinfektionsmittel.

Zusatz zum Patent 263332.

Patentansprüche: 1. Desinfektionsmittel nach Patent 263332, bestehend in Mischungen von Halogenäthylenen mit Seifen.

2. Verfahren zur Herstellung von Desinfektionsmitteln nach Anspruch 1, dadurch gekennzeichnet, daß man Halogenäthylene durch Lösen in Seifenlösungen unter Zusatz von Salzen, Azeton, Alkohol o. dgl. in Wasser löslich macht.

3. Verfahren zur Herstellung von Desinfektionsmitteln nach Anspruch 1, dadurch gekennzeichnet, daß man Halogenäthylene durch Verkneten mit halbfesten und festen Seifen unter Zusatz von Salzen, Azeton, Alkohol o. dgl. in Wasser löslich macht.

275171. Kl. 23 e 4, vom 24. November 1912. Erloschen 1918.
Dr. Walther Schrauth in Berlin-Halensee.
Verfahren zur Herstellung von dauernd wirksam bleibenden Phenolseifen o. dgl.

Patentanspruch: Verfahren zur Herstellung von dauernd wirksam bleibenden Phenolseifen oder dgl., dadurch gekennzeichnet, daß man Kresole und namentlich im Benzolkern substituierte Kresole als solche oder in gelöstem Zustand einer mit Rizinolsäure oder ihren sauren Derivaten angesäuerten, vorzugsweise aus Talg oder talgähnlichen Fetten gesottenen Grundseife beimischt.

275172. Kl. 23 e 4, vom 8. Februar 1913. Erloschen 1918.
Dr. Walther Schrauth in Berlin-Halensee.
Verfahren zur Herstellung von dauernd haltbaren, medikamentösen Seifen.

Patentanspruch: Verfahren zur Herstellung von dauernd haltbaren, medikamentösen Seifen, dadurch gekennzeichnet, daß man vor Beimischung des Medikamentes die Reduktionskraft der vorzugsweise aus Talg oder talgähnlichen Fetten gesottenen Grundseife durch den Zusatz oxydierter (geblasener) oder sulfurierter, freier Fettsäuren aufhebt.

278280. Kl. 23 e 2, vom 29. April 1911. Erloschen 1916.
Dr. Richard Wolffenstein in Berlin.
Verfahren zur Herstellung peroxydhaltiger Seifen.

Patentanspruch: Verfahren zur Herstellung peroxydhaltiger Seifen, dadurch gekennzeichnet, daß zu dem Gemisch von freien, festen Fettsäuren und peroxydhaltigen Salzen, wie Natriumperborat, ein fettsaures Salz unterhalb des Schmelzpunktes der Fettsäuren hinzugefügt wird.

280688. Kl. 23 e 2, vom 6. Juni 1912. Erloschen 1921.
Heinrich Ockelmann und Otto Ockelmann in Großjena bei Naumburg a. d. S.
Fleckenreinigungsmittel. Zusatz zum Patent 259360.

Patentanspruch: Fleckenreinigungsmittel nach Patent 259360, bestehend aus einem Gemisch von Seife, Zucker und zuckerähnlichen Stoffen und Wasser, wobei die Menge des Zuckers diejenige des in der Seife enthaltenen Alkalis um ein Mehrfaches übersteigt.

281329. Kl. 23 e 2, vom 3. Dezember 1913. Erloschen 1920.
Heinrich Ockelmann in Großjena b. Naumburg a. d. S. und Otto Ockelmann in Weimar.
Fleckenreinigungsmittel. Zusatz zum Patent 259360.

Patentanspruch: Fleckenreinigungsmittel nach Patent 259360 und dessen Zusatzpatent 280688, dadurch gekennzeichnet, daß dem Gemisch von Seife, Alkali, Zucker oder zuckerähnlichen Stoffen und Wasser Alkohole oder deren Abkömmlinge beigemischt werden.

281375. Kl. 23 d, vom 29. September 1912. Erloschen 1920. Siehe S. 105.
W. H. Hofmann in Hamburg.
Verfahren zur Befreiung der Fettsäuren aus Tranen oder Fischölen von ihrem unangenehmen Geruch.

Patentanspruch: Verfahren zur Befreiung der Fettsäuren aus Tranen und Fischölen von ihrem unangenehmen Geruch, dadurch gekennzeichnet, daß man die Fettsäuren in Gegenwart von Harzen sulfuriert.

283111. Kl. 23 e 3, vom 9. Dezember 1913. Erloschen 1921.
Dr.-Ing. Emil Heuser in Darmstadt und Gunnar Boedeker in Hovinmaa, Finnl.
Verfahren zur Herstellung von Harzleim aus unverseifbaren Kautschukharzen und Kolophonium oder anderen verseifbaren Harzarten.

Patentanspruch: 1. Verfahren zur Herstellung von Harzleim aus unverseifbaren Kautschukharzen und Kolophonium oder anderen verseifbaren Harzarten, dadurch gekennzeichnet, daß das unverseifbare Kautschukharz sowie das Kolophonium trocken gepulvert, beide Pulver miteinander vermischt werden, und die Mischung mit einer wässerigen Lösung von kaustischen oder kohlensauren Alkalien erhitzt wird.

2. Ausführungsform des Verfahrens nach Anspruch 1, dadurch gekennzeichnet, daß das Kautschukharz, das Kolophonium und das Verseifungsmittel in pulverisiertem Zustande miteinander vermischt werden und dieses Gemisch alsdann in Wasser aufgekocht wird.

283923. Kl. 8 i 5, vom 12. Dezember 1913. Besteht noch. Siehe S. 153.
Dr. Otto Röhm in Darmstadt.
Verfahren zum Reinigen von Wäschestücken aller Art.

Patentansprüche: 1. Verfahren zum Reinigen von Wäschestücken aller Art, gekennzeichnet durch den Zusatz tryptischer Enzyme, wie Pankreatin, zur Wäschebrühe.

2. Anwendung trypischer Enzyme, wie Pankreatin, zur Herstellung von Wasch- und Toilettemitteln.

284974. Kl. 8 i 5, vom 11. Oktober 1913. Erloschen 1922.
Ockelmannsche Seifen-Verwertungs-G. m. b. H. in Berlin.
Fleckenreinigungsmittel. Zusatz zum Patent 259360.

Patentanspruch: Fleckenreinigungsmittel nach Patent 259360, bestehend aus einer Mischung aus Zucker, Alkali, Alkohol und alkoholähnlichen Stoffen, dadurch gekennzeichnet, daß man zwecks Herstellung eines festen Produktes 20 bis 30 Teile Zucker sowie 3 bis 4 Teile Alkohol mit 1 Teil Alkali zur Mischung bringt.

285984. Kl. 23 f, vom 27. September 1913. Erloschen 1923. Siehe S. 401.
Weber & Seeländer Maschinenfabrik in Helmstedt.
Verfahren zur Herstellung von Seifenpulver.

Patentanspruch: Verfahren zur Herstellung von Seifenpulver, dadurch gekennzeichnet, daß die breiige Seifenmasse mittels Preßluft auf gekühlte Platten geleitet und auf diesen ständig gewendet und bewegt wird, um die Masse in körnigem Zustand erstarren zu lassen.

287241. Kl. 8 i 5, vom 22. Juli 1914. Erloschen 1916.
Dr. A. Kaufmann & Co. und Dr.-Ing. Robert Mandelbaum in Asperg.
Verfahren zur Herstellung von Schaum- und Waschmitteln.

Patentanspruch: Verfahren zur Herstellung von Schaum- und Waschmitteln, dadurch gekennzeichnet, daß man durch Schmelzen bzw. Erhitzen von Kohlehydraten gewonnenen künstlichen Schaummitteln geringe Mengen von natürlichen Schaummitteln, wie z. B. Gummiarabikum oder andere Kolloide, zusetzt.

287660. Kl. 12 o, vom 16. Juli 1914. Erloschen 1920. Siehe S. 106.
Georg Schicht A.-G. und Dr. Adolf Grün in Aussig a. d. Elbe.
Verfahren zur Hydratisierung ungesättigter organischer Säuren.

Patentanspruch: Verfahren zur Hydratisierung ungesättigter organischer Säuren, dadurch gekennzeichnet, daß die Salze der Säuren mit Wasser bei Gegenwart geringer Mengen eines alkalisch reagierenden Zusatzstoffes unter Druck erhitzt werden.

287741. Kl. 12 o, vom 23. Februar 1909. Erloschen 1925. Siehe S. 139.
Severin Morgenstern in Charlottenburg.
Verfahren zur Gewinnung der aliphatischen und zyklischen Alkohole des Wollfettes in technisch reiner Form.

Patentanspruch: Verfahren zur Gewinnung der aliphatischen und zyklischen Alkohole des Wollfettes in technisch reiner Form, dadurch gekennzeichnet, daß bis zu einem Höchstgehalt von 15 vH von Neutralfetten befreites Wollfett im Vakuum, eventuell unter Zuführung zweckmäßig überhitzten Wasserdampfes destilliert wird.

293167. Kl. 23 a, vom 11. Februar 1911. Besteht noch. Siehe S. 137.
Dr. Carl Stiepel in Berlin-Steglitz.
Verfahren zur Trennung der verseifbaren Fette und Öle von den unverseifbaren nach möglichst vollkommener Verseifung der verseifbaren Anteile der Fettgemische.

Patentanspruch: Verfahren zur Trennung der verseifbaren Fette und Öle von den unverseifbaren nach möglichst vollkommener Verseifung der verseifbaren Anteile der Fettgemische, dadurch gekennzeichnet, daß das aus den Seifen und dem Unverseifbaren bestehende Gemisch bei gewöhnlichem Druck der Destillation mittels der Dämpfe indifferenter Flüssigkeiten unterworfen wird.

294728. Kl. 23 c, vom 20. Juli 1909. Besteht noch. Siehe S. 390.
Chemische Fabrik Aktien-Gesellschaft vorm. Moritz Milch & Co., in Posen, Zweigniederlassung Oranienburg.
Verfahren, um Halogenkohlenwasserstoffe in Seifenlösungen zu lösen oder in feinster Form zu verteilen.

Patentanspruch: Verfahren, um Halogenkohlenwasserstoffe in Seifenlösungen zu lösen oder in feinster Form zu verteilen, dadurch gekennzeichnet, daß man durch kalte Seifenlösungen nicht zersetzliche Halogenkohlenwasserstoffe mit einer Seifenmenge, welche weniger als 10 vH des Halogenkohlenwasserstoffs an Fettsäuren enthält und zur Lösung der Halogenkohlenwasserstoffe ungenügend ist, unter Zusatz von Wasser emulgiert und die erhaltene Emulsion dez zum Waschen bestimmten Seifenlösungen bzw. Waschlaugen, in denen die Halogenkohlenwasserstoffe für sich allein nicht löslich sein würden, beimischt.

296090. Kl. 8 i 5, vom 28. Mai 1916. Erloschen 1925.
Anna Wagemann in Braunschweig.
Waschmittel.

Patentanspruch: Waschmittel, bestehend aus einem Gemisch von gesättigter Ätzkalklösung, Kochsalz und Wasserglas.

296922. Kl. 23 e 2, vom 11. Dezember 1915. Erloschen 1921.
Arthur Imhausen in Witten a. d. Ruhr.
Verfahren zur Herstellung eines Waschmittels.

Patentanspruch: Verfahren zur Herstellung eines Waschmittels, bestehend aus Seife, Benzin und einem Sauerstoff abgebenden Stoff, wie z. B. Natriumperborat, dadurch gekennzeichnet, daß dem Gemisch zur Verhütung von Explosionen kohlensaures Alkali und eine äquivalente Menge einer Säure oder anstatt dieser beiden Stoffe Ammoniumchlorid zugesetzt werden.

297164. Kl. 23 e 2, vom 10. Juni 1914. Besteht noch.
Deutsche Gold- und Silberscheideanstalt, vorm. Rößler in Frankfurt a. M.
Verfahren zur Herstellung gepreßter, sauerstoffhaltiger Seifen.

Patentanspruch: Verfahren zur Herstellung gepreßter, sauerstoffhaltiger Seifen aus Seife und aktiven Sauerstoff abgebenden Verbindungen, dadurch gekennzeichnet, daß man vollkommen entwässerte, zerkleinerte, vorzugsweise pulverförmige Seife mit Salzen der Überkohlensäure mischt und das Mischgut einem so hohen Druck aussetzt, daß das Gemisch zu einem homogenen Ganzen zusammenschmilzt.

297388. Kl. 12 o, vom 1. August 1912. Besteht noch. Siehe S. 401.
Georg A. Krause in München.
Verfahren zum Verdampfen oder Eindicken von Lösungen sowie zur Ausführung chemischer Reaktionen.

Patentanspruch: Verfahren zum Verdampfen oder Eindicken von Lösungen sowie zur Ausführung chemischer Reaktionen, dadurch gekennzeichnet, daß die Flüssigkeit durch eine im Innern des Verdampfungsraumes angeordnete, mit großer Geschwindigkeit umlaufende Schleudervorrichtung, z. B. eine Scheibe, horizontal oder annähernd horizontal in einen Schwaden feinster Nebelteilchen nach allen Seiten ausgebreitet, und daß ein gegen diesen Schwaden geführtes gas- oder dampfförmiges Trockenmittel durch die Strömung des Nebelschwadens gezwungen wird, diesen hauptsächlich an seinen Randteilen zu durchdringen.

298264. Kl. 23 e 2, vom 4. April 1916. Erloschen 1921.
Dipl.-Ing. Adolf Falke in Hannover.
Verfahren zur Herstellung gefüllter Seifen.

Patentanspruch: Verfahren zur Herstellung gefüllter Seifen, dadurch gekennzeichnet, daß man die Grundseife mit wechselnden Mengen von löslichen Salzen gewisser Oxysäuren, insbesondere mit Alkalilaktaten oder -glykolaten, mischt, mit oder ohne Zusatz von löslichen, neutralen oder alkalisch reagierenden, anorganischen Salzen.

298302. Kl. 8 i 5, vom 17. Oktober 1916. Erloschen 1921.
L. Elkan Erben G. m. b. H. in Charlottenburg.
Waschverfahren und Waschmittel.

Patentanspruch: Waschverfahren und Waschmittel, gekennzeichnet durch die Verwendung der Alkali- und Erdalkalisalze der Kondensationsprodukte aus Aldehyden und Phenolen u. dgl.

299986. Kl. 23 e 2, vom 17. März 1916. Besteht noch. Siehe S. 401.
Adolf Häberle in Göppingen, Württemberg.
Verfahren und Vorrichtung zur Herstellung von Seifenpulver.

Patentanspruch: Verfahren zur Herstellung von Seifenpulver, dadurch gekennzeichnet, daß die zur Herstellung der Seifenpulvermasse dienenden Stoffe, z. B. kalzinierte Soda, Wasser und Seife, in einer Mischvorrichtung warm gerührt werden, worauf die Masse unter gleichzeitigem Einblasen kalter Luft dauernd weiter durchgearbeitet, bzw. gerührt wird, bis sie allmählich staubfeine Pulverform annimmt.

300524. Kl. 8 i 5, vom 19. Mai 1916. Erloschen 1921.
Erich Möhring in Halle a. S.
Verfahren zur Herstellung eines Seifenersatzes.

Patentanspruch: Verfahren zur Herstellung eines Seifenersatzes unter Verwendung von Ton u. dgl. sowie Alkalien, dadurch gekennzeichnet, daß man diesen Mischungen Mineralöle zusetzt.

301911. Kl. 23 f, vom 14. Oktober 1915. Erloschen 1922. Siehe S. 397, 401.
C. E. Rost & Co. in Dresden.
Verfahren zur Herstellung von Seifenpulvermasse und Bleichsoda in Stückform.

Patentanspruch: Verfahren zur Herstellung von Seifenpulvermasse und Bleichsoda in Stückform, dadurch gekennzeichnet, daß die Masse stark schaumig und porös gearbeitet und hierauf im flüssigen Zustand unmittelbar in handelsübliche Tüten, Kästchen usw. abgefüllt wird, in denen sie kühlt und erstarrt.

303074. Kl. 23 f, vom 12. April 1916. Erloschen 1922. Siehe S. 401.
Arthur Imhausen in Witten a. d. Ruhr.
Vorrichtung zur Herstellung von Seifenpulver (Waschpulver) aus flüssiger Seifenmasse.

Patentansprüche: 1. Vorrichtung zur Herstellung von Seifenpulver (Waschpulver) aus flüssiger Seifenmasse, gekennzeichnet durch eine in einer offenen, in bekannter Weise gekühlten Rinne angeordnete, mit zerkleinernd wirkenden Förderschaufeln besetzte Welle.

2. Ausführungsform der Vorrichtung nach Anspruch 1, dadurch gekennzeichnet, daß die Welle hohl ist und zum Einblasen von Luft in das Gut dient.

304024. Kl. 8 i, vom 18. Mai 1916. Erloschen 1921. Siehe S. 152.
Badische Anilin- und Soda-Fabrik in Ludwigshafen a. Rh.
Reinigungsmittel.

Patentanspruch: Reinigungsmittel, bestehend aus synthetisch hergestellten aromatischen Gerbstoffen, insbesondere denjenigen der Patentschriften 262558, 280233, 290965 sowie den wasserlöslichen organischen, Sulfo- oder Karboxylgruppen oder beide enthaltenden, kristallinischen Verbindungen, die Leim- oder Gelatinelösungen zu fällen vermögen.

304093. Kl. 23 e 2, vom 24. Mai 1916. Erloschen 1918.
Dr. Karl G. Schwalbe in Eberswalde.
Verfahren zum Füllen von Seifen.

Patentanspruch: Verfahren zum Füllen von Seifen mit Pflanzenstoffen, wie Holz, Stroh oder dgl. in Schleimform, dadurch gekennzeichnet, daß Holz, Pflanzenstengel jeder Art, Müllereiabfälle (Spelzen, Kleie), Produkte und Abfälle der Pflanzenfasern verarbeitenden Industrien (Werg, Sägespäne, Altpapier, Holzzellstoff) nach einer Behandlung mit Säure, sauren Salzen oder Säure abspaltenden Salzen in Gegenwart von Wasser durch mechanische Bearbeitung zur Quellung und Schleimbildung gebracht werden, worauf der so entstehende Brei dem Seifengut zugesetzt wird.

304688. Kl. 8 i 5, vom 28. Oktober 1916. Erloschen 1920.
C. H. Boehringer Sohn in Nieder-Ingelheim.
Waschmittel.

Patentanspruch: Waschmittel, bestehend aus Lösungen der Ammoniaksalze niederer organischer Säuren oder ihren Gemischen mit indifferenten Stoffen, gegebenenfalls in Pulver- oder Blockform.

304762. Kl. 23 f, vom 17. Mai 1916. Erloschen 1923. Siehe S. 401.
Dipl.-Ing. Reinhold Ockel in Bonn.
Verfahren und Vorrichtung zur Herstellung von Seifenpulver.

Patentansprüche: 1. Verfahren zur Herstellung von Seifenpulver aus flüssiger Kernseifenmasse vermittels der Zentrifugalkraft, dadurch gekennzeichnet, daß man Kernseife aus einem Druckkessel gegen eine schnellaufende Scheibe spritzt, welche sie gegen eine geheizte Wand schleudert.

2. Verfahren zur Herstellung von Seifenpulver aus Kernseifenmasse oder Mischungen dieser mit Soda (oder) (und) Ton durch Zentrifugalkraft, dadurch gekennzeichnet, daß man diese Masse mittels Luftleere auf eine schnellaufende Scheibe saugt, welche sie gegen eine geheizte oder gekühlte Wand schleudert, von der sie ein Schaber abschabt.

3. Vorrichtung zur Ausführung des Verfahrens nach Anspruch 1 und 2, gekennzeichnet durch einen Druckkessel in Verbindung mit einer schnellaufenden Scheibe und einem Heiz- oder Kühlmantel mit oder ohne Vakuumkessel oder einem Vakuumkessel in Verbindung mit einer schnellaufenden Scheibe und einem Heiz- oder Kühlmantel.

305461. Kl. 8 i 5, vom 15. Oktober 1916. Erloschen 1921.
Dr. A. Kauffmann & Co. in Asperg, Württ.
Verfahren zur Herstellung leicht löslicher, seifenähnlich weicher Waschstücke.

Patentanspruch: Verfahren zur Herstellung leicht löslicher, seifenähnlich weicher Waschstücke unter Verwendung von Wasserglas, dadurch gekennzeichnet, daß man Wasserglas unter Zusatz geringer Mengen kalzinierter, mit Wasser abbindender Salze, z. B. kalz. Glaubersalz, in Stückform bringt.

305702. Kl. 23 e 1, vom 11. Oktober 1916. Besteht noch. Siehe S. 9, 106.
Dr. S. Stiepel in Berlin-Steglitz.
Verfahren zur Geruchsverbesserung von Seifen.

Patentanspruch: Verfahren zur Geruchsverbesserung von Seifen, dadurch gekennzeichnet, daß die wasserhaltige flüssige Seife unter Druck bei Temperaturen von etwa 200° C oder darüber mit strömendem Dampf behandelt wird.

306235. Kl. 8 i 5, vom 26. August 1916. Erloschen 1920.
Gewerkschaft Sanssouci in Mittweida i. Sa.
Verfahren zur Herstellung von Wasch- und Reinigungsmitteln.

Patentanspruch: Verfahren zur Herstellung von Wasch- und Reinigungsmitteln, gekennzeichnet durch die Zugabe von Holzstoff oder Papiermasse zu Ton.

306650. Kl. 8 i 5, vom 7. Dezember 1916. Erloschen 1920.
Adolf Heckt in Kiel.
Verfahren zur Herstellung von Wasch- und Reinigungspulver.

Patentansprüche: 1. Verfahren zur Herstellung von Wasch- und Reinigungspulver, dadurch gekennzeichnet, daß in einer konzentrierten Lösung von kalziniertem Glaubersalz o. dgl. eine möglichst konzentrierte Ätzkali- oder Ätznatronlauge mit Zusätzen von Oxalsäure, Salmiak, Borax u. dgl. eingerührt wird und beim Erstarren der Masse durch andauerndes, evtl. maschinelles Bewegen des Produktes ein möglichst amorphes Pulver entsteht.

2. Eine Ausführungsart des Verfahrens nach Anspruch 1, dadurch gekennzeichnet, daß durch einen Zusatz von Salz- oder ähnlich wirkenden Säuren färbende Stoffe der Rohmaterialien niedergeschlagen bzw. in weiße, nichtfärbende Stoffe übergeführt werden.

3. Eine Ausführungsart des Verfahrens nach Anspruch 1 oder 2, dadurch gekennzeichnet, daß im Laufe des Verfahrens noch Wasserglas oder Natriumbisulfat oder Natriumsulfit einzeln oder gemischt zugesetzt wird.

307581. Kl. 23 e 1, vom 19. Juli 1916. Besteht noch. Siehe S. 176.
Dr. H. Endriß in Stuttgart und Heinrich Schuster in Lendsiedel, Württemberg.
Verfahren zur Herstellung von unlösliche Metallverbindungen enthaltenden Seifen.

Patentansprüche: 1. Verfahren zur Herstellung von unlösliche Metallverbindungen enthaltenden Seifen, dadurch gekennzeichnet, daß man zwecks Erhöhung der Waschkraft bzw. Ersparnis an Fettsäuren den Grundstoffen vor oder während des Seifenherstellungsverfahrens größere Mengen von wasserlöslichen Metallsalzen einverleibt, welche, wie z. B. die Salze des Magnesiums, Aluminiums und Zinks, die Fähigkeit haben, sich mit Alkali zu unlöslichen Metallverbindungen schwachbasischen Charakters umzusetzen, und diese Metallsalze ganz oder zum Teil mit Alkali umsetzt.

2. Verfahren nach Patentanspruch 1, dadurch gekennzeichnet, daß bei Wasch- und Textilseifen nicht wesentlich weniger als 10 vH und bei Toiletteseifen nicht wesentlich weniger als 5 vH Metallsalze, berechnet auf die Fettsäuremenge, zugesetzt werden.

3. Verfahren nach Patentanspruch 1 und 2, dadurch gekennzeichnet, daß beim Umsetzen der Zusatzstoffe mit überschüssigem Alkali der Gehalt an

Alkali so bemessen wird, daß in der fertigen Seife nur noch wenig freies Alkali vorteilhaft auf 100 Teile Fettsäure nicht mehr als 1 bis 2 Teile freies Alkali, vorhanden ist.

308078. Kl. 8 i 5, vom 3. Mai 1917. Erloschen 1921.
Adolf Heckt in Kiel.
Verfahren zur Herstellung ammoniakhaltiger Waschmittel aus Ammoniaksalzen.

Patentansprüche: 1. Verfahren zur Herstellung ammoniakhaltiger Waschmittel aus Ammoniaksalzen, dadurch gekennzeichnet, daß flüssiges Wasserglas, eventuell in verdünnter Form, mit wässerigen Laugen von Salmiak oder kohlensaurem Ammoniak zu einem pastenähnlichen Produkt verrührt wird.

2. Eine Ausführungsform des Verfahrens nach Anspruch 1, dadurch gekennzeichnet, daß dem Verdünnungswasser des Wasserglases oder des Salmiaks Oxalsäure o. dgl. zugesetzt wird.

308442. Kl. 23 c, vom 25. Januar 1917. Erloschen 1925. Siehe S. 149, 373.
St.-Rochus-Gesellschaft m. b. H. in Charlottenburg.
Verfahren zum Emulgierbarmachen von festen Kohlenwasserstoffen in Wasser.

Patentanspruch: Verfahren zum Emulgierbarmachen von festen Kohlenwasserstoffen in Wasser, dadurch gekennzeichnet, daß man dieselben mit Wollfett, Wachsen oder einem Gemisch mehrerer Wachsarten bzw. von Wachs und Wollfett versetzt und die Masse alsdann mit konzentrierten Alkalilaugen oder festem Alkali bei Temperaturen von nicht unter 160° C und entsprechenden Drucken von nicht unter 5 Atmosphären, gegebenenfalls unter Zusatz von Oxydationsmitteln, behandelt.

308609. Kl. 8 i 5, vom 3. Juni 1916. Erloschen 1921.
Dr. J. Perl & Co. G. m. b. H. in Berlin-Tempelhof.
Seifenersatz.

Patentanspruch: Verfahren zur Herstellung eines Seifenersatzes, dadurch gekennzeichnet, daß man einen Magnesiazement auf heißem Wege, zweckmäßig unter Verwendung von spezifisch leichter Magnesia, herstellt und ihm vor seiner Erhärtung Magnesiumkarbonat, Bariumsulfat, Kaolin und andere feinpulverisierte Stoffe beimischt.

310031. Kl. 8 i 5, vom 26. Juli 1917. Erloschen 1921.
Karl Wimmer in Bremen.
Verfahren zur Herstellung eines Schaumpulvers.

Patentanspruch: Verfahren zur Herstellung eines Schaumpulvers, dadurch gekennzeichnet, daß man Ölsamen bzw. deren Preßrückstände oder Samen der Leguminosen, wie Lupinen, Klee oder Seradella u. dgl. ohne oder nach Entziehung des Saponins mit Wasser oder verdünnten Säuren unter Druck erhitzt, gegebenenfalls die von den Auszügen abgetrennten Rückstände einer weiteren Erhitzung mit verdünnten Alkalien unter Druck unterwirft und die Auszüge im Vakuum zur Trockne verdampft.

310051. Kl. 8 i 5, vom 20. Dezember 1917. Erloschen 1920.
Firma Carl Franke in Berlin.
Waschmittel.

Patentansprüche: 1. Waschmittel bzw. Seifenersatz, gekennzeichnet durch die Verwendung von Sapropel.

2. Verfahren zur Herstellung eines Waschmittels bzw. Seifenersatzes, dadurch gekennzeichnet, daß Sapropel in bekannter Weise bis zu einem Wassergehalt von etwa 30 vH getrocknet und alsdann mit Natron-, Kali- oder Sulfitzellstoffablauge, gegebenenfalls unter Zusatz von Wasserglas o. dgl. auf 100° erwärmt wird.

310122. Kl. 23 f, vom 29. März 1918. Erloschen 1923. Siehe S. 269, 401.
Arthur Imhausen in Witten, Ruhr.
Verfahren zur Herstellung von Seifenpulver.

Patentansprüche: 1. Verfahren zur Herstellung von Seifenpulver (Waschpulver) aus flüssiger Seifenmasse, dadurch gekennzeichnet, daß die Masse zunächst stark, gegebenenfalls bis unter den Gefrierpunkt, abgekühlt und dann wieder langsam bis zur Außentemperatur angewärmt wird.

2. Verfahren zur Herstellung von Seifenpulver (Waschpulver) nach Anspruch 1, dadurch gekennzeichnet, daß die Masse während der Abkühlung in Bewegung erhalten wird.

310123. Kl. 23 f, vom 28. Juni 1918. Erloschen 1923. Siehe S. 401.
Arthur Imhausen in Witten, Ruhr.
Verfahren zur Herstellung von Seifenpulver.

Patentanspruch: Verfahren zur Herstellung von Seifenpulver, dadurch gekennzeichnet, daß ein Gemisch von Seife, Soda und sonstiger geeigneter Füllmasse in einem Druckkessel schäumig geblasen, unter erhöhtem Luftdruck dort zur Auflockerung belassen, sodann durch eine Düse o. dgl. in einen unterkühlten Raum geblasen und unter Temperaturerhöhung mittels einer Fördervorrichtung fortgeführt wird.

310266. Kl. 8 i 5, vom 6. Juni 1916. Erloschen 1921.
Dr. Georg Bethmann in Frankfurt a. M.
Verfahren zur Herstellung von seifenartigen Massen.

Patentanspruch: Verfahren zur Herstellung von seifenartigen Massen, dadurch gekennzeichnet, daß Vaseline mit oder ohne Talkpulver mit Leimlösung oder einem der Leimlösung ähnlichen anderen Bindemittel, unter eventueller Beifügung von Alkalien, zweckmäßig in der Wärme bei 40 bis 100° C verknetet wird.

310477. Kl. 8 i 5, vom 1. Dezember 1917. Erloschen 1923.
Carl Dussel in Schwetzingen.
Verfahren zur Herstellung von Seifenersatz.

Patentanspruch: Verfahren zur Herstellung von Seifenersatz, dadurch gekennzeichnet, daß Tomatensaft mit Soda und Wasserglas gekocht wird.

310625. Kl. 23 f, vom 11. Juni 1918. Erloschen 1923. Siehe S. 269, 401.
Arthur Imhausen in Witten, Ruhr.
Verfahren zur Herstellung von kristallisierten Körpern, insbesondere Seifenpulver.
Zusatz zum Patent 310122.

Patentanspruch: Verfahren zur Herstellung von kristallisierten Körpern, insbesondere von Seifenpulver nach Patent 310122, dadurch gekennzeichnet, daß der zur Herstellung dieser Körper dienenden flüssigen Masse flüssige, unterkühlte Gase, z. B. flüssige Luft, zugemischt werden.

311160. Kl. 8 i 5, vom 24. Juni 1916. Erloschen 1921.
Dr. J. Perl & Co. G. m. b. H. in Berlin-Tempelhof.
Seifenersatz. Zusatz zum Patent 308609.

Patentanspruch: Verfahren zur Herstellung eines Seifenersatzes gemäß Patent 308609, dadurch gekennzeichnet, daß die Umsetzung zwischen dem spezifisch leichten Magnesiumoxyd und dem Chlorid bei Gegenwart von größeren Mengen Karbonat in der Kälte erfolgt.

311542. Kl. 8 i 5, vom 5. Januar 1915. Besteht noch.
Dr. Carl Bennert in Cöpenick b. Berlin.
Waschmittel.

Patentanspruch: Verwendung von Spaltungsprodukten der Eiweißkörper, wie Protalbin- und Lysalbinsäure u. dgl., bzw. deren Salzen zu Reinigungszwecken, gegebenenfalls in Mischung mit anderen geeigneten Stoffen.

311963. Kl. 8 i 5, vom 23. Dezember 1917. Erloschen 1920.
Dr. A. Kauffmann & Co. in Asperg, Württ.
Verfahren zur Herstellung seifenartig weicher Waschstücke.

Patentanspruch: Verfahren zur Herstellung seifenartig weicher Waschstücke, dadurch gekennzeichnet, daß durch Kalk in üblicher Weise versteiftes Wasserglas mit kohlensaurer Magnesia, Ätzalkali und Wasser vermischt wird.

312220. Kl. 8 i 5, vom 23. Februar 1915. Erloschen 1919.
Dr. Max Buchner in Hannover-Kleefeld.
Verfahren zum Waschen und Reinigen.

Patentanspruch: Verfahren zum Waschen und Reinigen, dadurch gekennzeichnet, daß Waschgut jeglicher Art mit anorganischen, wasserreichen, gelförmigen Kolloiden, wie Aluminiumhydroxyd oder Magnesiumhydroxyd, behandelt wird.

312465. Kl. 23 e 2, vom 4. Juli 1916. Besteht noch. Siehe S. 390.
J. Simon & Dürkheim in Offenbach a. M.
Mittel zum Waschen und zur Vertilgung von Pflanzenschädlingen.

Patentanspruch: Mittel zum Waschen und zur Vertilgung von Pflanzenschädlingen, bestehend aus einem Gemisch von hydrierten Naphthalinen mit wäßrigen Seifenlösungen, gegebenenfalls mit einem Zusatz von hydrierten Benzolkohlenwasserstoffen.

312772. Kl. 8 i 5, vom 1. Juni 1918. Erloschen 1921.
Jakob Klemenz in Dresden.
Verfahren zur Herstellung von Mitteln zur Entfernung von Pikrinsäurefärbungen der Haut.

Patentanspruch: Verfahren zur Herstellung von Mitteln zur Entfernung von Pikrinsäurefärbungen der Haut, dadurch gekennzeichnet, daß bekannten Waschmitteln Chlorkalk beigemengt wird.

312867. Kl. 8 m, vom 4. Mai 1917. Besteht noch. Siehe S. 152.
Farbwerke vorm. Meister Lucius & Brüning in Höchst a. M.
Verwendung von Sulfosäuren.

Patentanspruch: Verwendung von Sulfosäuren, die durch Sulfieren höherer aromatischer Kohlenwasserstoffe, wie Xylol und Solventnaphtha, oder der durch Einwirkung von Schwefelsäure und Formaldehyd auf solche Kohlenwasserstoffe erhaltenen harzartigen Produkte hergestellt werden, als schaumbildende Stoffe für die Zwecke der Färberei.

312955. Kl. 8 i 5, vom 20. August 1916. Erloschen 1921.
Dr. Carl Niegemann in Köln-Nippes und Wilhelm Priester in Köln a. Rh.
Verfahren zur Herstellung eines Reinigungsmittels.

Patentansprüche: 1. Verfahren zur Herstellung eines Reinigungsmittels aus den Rückständen der Lederleimfabrikation, dadurch gekennzeichnet, daß sowohl der bei der Lederleimfabrikation entfallende Kalkschlamm, als auch die Rückstände aus den Leimsiedekesseln einer Behandlung mit Bisulfatlauge oder verdünnter Schwefelsäure unterworfen werden, wobei sich eine schwachsaure Flüssigkeit mit reinigenden Eigenschaften ergibt, aus der die sich ausscheidenden Fettsäuren als auch der als Düngemittel verwendbare Niederschlag gesondert abgetrennt werden.

2. Abänderung des Verfahrens nach Anspruch 1, dadurch gekennzeichnet, daß die aus der Behandlung mit Bisulfat oder Schwefelsäure resultierende, von

Fettsäuren und Rückstand abzutrennende Flüssigkeit zwecks Haltbarmachung mit einem geringen Zusatz von Soda versehen wird, der zwecks Herstellung eines festen Produktes auf etwa 50 vH erhöht werden kann.

313319. Kl. 8 i 5, vom 1. Oktober 1916. Erloschen 1921.
Dr. J. Perl & Co. G. m. b. H. in Berlin-Tempelhof.
Seifenersatz. Zusatz zum Patent 308609.

Patentanspruch: Abänderung des Verfahrens zur Herstellung eines Seifenersatzes gemäß Patent 311160, Zusatz zum Patent 308609, dadurch gekennzeichnet, daß die fertigen Stücke nach kurzer Abbindezeit gewässert werden, um ein Nachhärten zu verhüten.

313526. Kl. 23 e 2, vom 25. Juni 1918. Erloschen 1922.
Dr. Robert Gans in Berlin-Grunewald.
Verfahren zur Herstellung von Sparseifen.

Patentanspruch: Verfahren zur Herstellung von Sparseifen, dadurch gekennzeichnet, daß man den Seifen basenaustauschende, wasserhaltige Silikate, die außerdem Tonerde, Eisenoxyd oder andere Basen enthalten, in hochfein gepulverter oder in gel- oder solartiger Form zumischt oder daß man diese Silikate in der Seifenlösung bzw. bei der Verseifung der Fette zugleich mit der Seife in innigster Durchmischung und allerfeinster, gelartiger Form entstehen läßt.

313840. Kl. 8 i 5, vom 2. Juli 1916. Erloschen 1922. Siehe S. 151.
Chemische Fabrik für Waschmittel G. m. b. H. in Hannover.
Verfahren zur Herstellung seifenartiger, fettloser Waschmittel.

Patentanspruch: Verfahren zur Herstellung seifenartiger, fettloser Waschmittel, dadurch gekennzeichnet, daß die Endlaugen der Kaliindustrie, Zellstoffablaugen und Kali- bzw. Natronlauge oder Pottasche bzw. Soda gemischt werden und der entstandene schleimige Niederschlag von den leichtflüssigen Anteilen getrennt wird.

314358. Kl. 23 d, vom 26. Januar 1917. Erloschen 1922. Siehe S. 150.
Dr. Ernst Börnstein in Berlin.
Verfahren zur Gewinnung von höheren Fettsäuren und anderen organischen Säuren aus Holzteer.

Patentanspruch: Verfahren zur Gewinnung von höheren Fettsäuren und anderen organischen Säuren aus Holzteer, dadurch gekennzeichnet, daß der Teer der fraktionierten Destillation unter vermindertem Drucke unterworfen wird und aus der unter einem Druck von 15 mm bei ungefähr 190 bis 235° C übergehenden Fraktion die Fettsäuren u. dgl. in bekannter Weise isoliert werden.

314445. Kl. 23 e 3, vom 30. April 1918. Erloschen 1924.
Arthur Lange in Tomaszow, Polen.
Verfahren zur Reinigung von Harzseife, welche durch Kochen von zerkleinertem Holz mit Soda gewonnen ist.

Patentanspruch: Verfahren zur Reinigung von Harzseife, welche durch Kochen von zerkleinertem Holz mit Soda gewonnen ist, dadurch gekennzeichnet, daß der sich nach diesem Kochprozeß beim Erkalten abscheidende, stark lignosehaltige Seifenschlamm von der überstehenden Lauge getrennt, und unter Erwärmen mit Ätznatron behandelt wird, worauf die dabei sich bildenden großen Seifenflocken auf Kippsieben oder durch Separatoren von der Lignoselösung völlig getrennt und mit Natriumsuperoxyd behandelt werden, während die abgetrennte Lignoselösung zwecks Auskristallisierung der überschüssigen Soda eingedampft und als Bindemittel für die Brikettfabrikation benutzt wird.

314590. Kl. 23 e 2, vom 1. April 1915. Besteht noch.
Krämer & Flammer und Dr. L. C. Keller in Heilbronn a. Neckar.
Verfahren zur Herstellung eines aktiven Sauerstoff enthaltenden Waschmittels.

Patentanspruch: Verfahren zur Herstellung eines aktiven Sauerstoff enthaltenden Waschmittels, dadurch gekennzeichnet, daß man einem Gemisch aus Seife, Soda und Sauerstoff abgebenden Verbindungen, insbesondere Natriumperborat, Lysalbinsäure oder Protalbinsäure oder deren Salze zugibt.

314745. Kl. 12 o, vom 29. März 1916. Erloschen 1924. Siehe S. 150.
Dr. Ernst Albrecht in Hamburg-Wallhof, Dr. Rudolf Koetschau in Hamburg und Dr. Carl Harries in Berlin-Grunewald.
Verfahren zur Gewinnung von Kohlenwasserstoffen und Alkalisalzen hochmolekularer Karbonsäuren.

Patentanspruch: Verfahren zur Gewinnung von Kohlenwasserstoffen und Alkalisalzen hochmolekularer Karbonsäuren durch Spaltung von Karbüren oder davon abgeleiteten Estern, dadurch gekennzeichnet, daß man Karbüre, insbesondere Teerprodukte aus Braunkohle, Schiefer, Torf und bituminösem Asphalt oder daraus erzeugte Ester, gegebenenfalls unter Durchmischung mittels Gase, der Alkalischmelze unterwirft.

314746. Kl. 12 o, vom 11. Juni 1916. Erloschen 1924. Siehe S. 150.
Dr. Carl Harries in Berlin-Grunewald, Dr. Rudolf Koetschau in Hamburg und Dr. Ernst Albrecht in Hamburg-Wallhof.
Verfahren zur Gewinnung von Kohlenwasserstoffen und Alkalisalzen hochmolekularer Karbonsäuren.
Zusatz zum Patent 314745.

Patentanspruch: Abänderung des durch das Patent 314745 geschützten Verfahrens zur Gewinnung von Kohlenwasserstoffen und Alkalisalzen hochmolekularer Karbonsäuren, dadurch gekennzeichnet, daß man Karbüre, insbesondere Teerprodukte aus Braunkohle, Schiefer, Torf und bituminösem Asphalt, oder davon abgeleitete Ester, gegebenenfalls unter Durchmischung mittels Gase, mit Alkalilaugen in der Weise erwärmt, daß sich, während des Abblasens von Öl und Wasserteilen, hochkonzentriertes oder schmelzendes Alkali in der Reaktionsmasse bildet.

314747. Kl. 12 o, vom 11. Juni 1916. Erloschen 1924. Siehe S. 150.
Dr. Rudolf Koetschau in Hamburg, Dr. Carl Harries in Berlin-Grunewald und Dr. Ernst Albrecht in Hamburg-Wallhof.
Verfahren zur Gewinnung von Kohlenwasserstoffen und Alkalisalzen hochmolekularer Karbonsäuren.
Zusatz zum Patent 314745.

Patentanspruch: Abänderung des durch das Patent 314745 geschützten Verfahrens zur Gewinnung von Kohlenwasserstoffen und Alkalisalzen hochmolekularer Karbonsäuren, dadurch gekennzeichnet, daß man von der Abfallsäure getrenntes Säureharz, oder daß man Petrolpech, gegebenenfalls unter Durchmischung mittels Gase, mit hochkonzentriertem oder geschmolzenem Alkali behandelt.

314909. Kl. 8 i 5, vom 16. Januar 1918. Erloschen 1921.
Chemische Werke München Otto Bärlocher G. m. b. H. in Augsburg.
Verfahren zur Herstellung eines pastenförmigen Waschmittels.

Patentanspruch: Verfahren zur Herstellung eines pastenförmigen Waschmittels, dadurch gekennzeichnet, daß durch Einwirkung von Natriumbikarbonat auf Wasserglaslösung ein alkaliärmeres, sich dem Pentasilikat näherndes Alkalisilikat erzeugt wird, in welchem ein Kieselsäuregel fein verteilt ist, das durch eine geringe Menge von Magnesiumhydroxyd stabilisiert, d. h. vor Entquellung und Erhärtung geschützt wird.

315417. Kl. 23 d, vom 6. September 1918. Erloschen 1922. Siehe S. 150.
Dr. Ernst Börnstein in Berlin.
Verfahren zur Gewinnung von höheren Fettsäuren und anderen organischen Säuren aus Holzteer o. dgl.
Zusatz zum Patent 314358.

Patentanspruch: Abänderung des durch Patent 314358 geschützten Verfahrens zur Gewinnung von höheren Fettsäuren und anderen organischen Säuren aus Holzteer, dadurch gekennzeichnet, daß man Braunkohlenteer, Torfteer und ähnliche Teere dem Verfahren des Hauptpatents unterwirft.

316210. Kl. 8 i 5, vom 8. September 1917. Erloschen 1920.
Dr. Georg Bethmann in Frankfurt a. M.
Verfahren zur Herstellung stark schäumender Reinigungsmittel.

Patentansprüche: 1. Verfahren zur Herstellung stark schäumender Reinigungsmittel, dadurch gekennzeichnet, daß die bei der Spaltung des Leims mittels wässeriger Lösungen der Oxyde bzw. Hydroxyde der Alkalien oder Erdalkalien entstehenden Lösungen mit löslichen Zink- oder Kadmiumsalzen umgesetzt werden.

2. Abänderung des Verfahrens gemäß Anspruch 1, dadurch gekennzeichnet, daß Leim mittels verdünnter anorganischer Säuren gespalten wird und die erhaltenen Lösungen mit Zink- bzw. Kadmiumoxyd oder -karbonat umgesetzt werden.

316752. Kl. 8 i 5, vom 21. April 1915. Erloschen 1919.
Dr. Max Buchner in Hannover-Kleefeld.
Verfahren zum Waschen und Reinigen. Zusatz zum Patent 312220.

Patentanspruch: Verbesserung in dem Verfahren zum Waschen und Reinigen mit wasserreichem, gelförmigem Aluminiumhydroxyd gemäß Patent 312220, gekennzeichnet durch den Zusatz von Ton oder Magnesiumsilikat.

316753. Kl. 8 i 5, vom 21. Februar 1918. Erloschen 1921.
Erich Möhring in Halle a. S.
Verfahren zur Herstellung eines Sauerstoffwaschmittels.

Patentanspruch: Verfahren zur Herstellung eines haltbaren, unschädlichen Sauerstoffwaschmittels, dadurch gekennzeichnet, daß ein Gemisch von wasserfreiem Alkalikarbonat und Natriumsuperoxyd mit der zur Neutralisation des aus letzterem bei der Einwirkung von Wasser entstehenden Ätzalkalis erforderlichen Menge wasserfreien Magnesiumchlorids, gegebenenfalls unter Zugabe anderer waschwirksamer Stoffe, verpreßt wird.

317081. Kl. i 5, vom 18. August 1918. Erloschen 1922.
Dr. Rudolf Koetschau in Hamburg und Dr. Rudolf Heinrich in München.
Waschmittel.

Patentansprüche: 1. Aus zerkleinerten oder gepulverten, gegebenenfalls zu Stücken gepreßten Eierschalen bestehendes Waschmittel.

2. Waschmittel, dadurch gekennzeichnet, daß man gepulverte Eierschalen anderen Waschpulvern, Handwaschmitteln, Seifen, Riechstoffen, Bleichmitteln, Fleckenentfernungsmitteln o. dgl. einverleibt.

317344. Kl. 23 e 3, vom 2. März 1918. Erloschen 1923.
Otto Brämer in Hamburg.
Verfahren zur Herstellung von Harzseifen.

Patentanspruch: Verfahren zur Herstellung von Harzseifen, darin bestehend, daß man die Nadeln oder andere terpentinhaltige Bestandteile von Koniferen mit Oxydationsmitteln und Alkalien oder einem anderen verseifenden Mittel aufeinanderfolgend oder gleichzeitig behandelt.

317402. Kl. 8 i 5, vom 13. September 1917. Erloschen 1922.
Kuno Horkenbach in Duisburg.
Verfahren zum Waschen und Reinigen.

Patentanspruch: Verfahren zum Waschen und Reinigen, dadurch gekennzeichnet, daß als Reinigungsmittel für sich oder in Mischung mit bekannten fettlosen Waschmitteln Torf oder Humuskohle benutzt werden, und zwar entweder im ursprünglichen Zustande oder nachdem sie in bekannter Weise mit Wasser oder wässerigen Lösungen alkalisch oder sauer reagierender Verbindungen bei gewöhnlicher oder erhöhter Temperatur und gewöhnlichem oder verstärktem Druck ausgezogen und die entstandenen bzw. gegebenenfalls neutralisierten Lösungen von den ungelösten Anteilen getrennt und eingeengt sind.

317538. Kl. 8 i 5, vom 25. September 1918. Erloschen 1921.
Jakob Klemenz in Dresden.
Mittel zur Entfernung von durch Trinitrotoluol hervorgerufenen Färbungen der Haut.

Patentanspruch: Aus Wasserglas, Glaubersalz und Alaun bestehendes Mittel zur Entfernung von durch Trinitrotoluol hervorgerufenen Färbungen der Haut.

317796. Kl. 8 i 5, vom 6. November 1917. Erloschen 1922.
Cuno Horkenbach in Duisburg.
Verfahren zum Waschen und Reinigen. Zusatz zum Patent 317402.

Patentanspruch: Verfahren zum Waschen und Reinigen gemäß Patent 317402, dadurch gekennzeichnet, daß als Reinigungsmittel für sich oder in Mischung mit bekannten fettlosen Waschmitteln ein Erzeugnis verwendet wird, welches in bekannter Weise durch Erwärmen von mit einer Mineralsäure getränktem, frisch gewonnenem Speck- oder Pechtorf in einem gegebenenfalls mit Kohlensäure vermischten Luft- oder Sauerstoffstrom unter Bewegung erhalten worden ist.

318151. Kl. 8 i 5, vom 4. Mai 1918. Erloschen 1921.
Chemische Werke München Otto Bärlocher G. m. b. H. in Augsburg.
Verfahren zur Herstellung eines pastenförmigen Waschmittels.
Zusatz zum Patent 314909.

Patentansprüche: 1. Ausführungsform des Verfahrens zur Herstellung eines pastenförmigen Waschmittels gemäß Patent 314909, dadurch gekennzeichnet, daß man das in Wasser suspendierte Natriumbikarbonat in feinem Strahl langsam in eine mit hoher Umdrehungszahl arbeitende Misch-, Förder- oder Kraftmaschine mit Flügel- oder Schaufelrädern (insbesondere Zentrifugalpumpe) einführt, in welcher mit Magnesiumhydroxyd gleichmäßig gemischtes Wasserglas kreist.

2. Verfahren gemäß Anspruch 1, dadurch gekennzeichnet, daß die Einführung des Natriumbikarbonats in die Saugleitung der Mischvorrichtung in unmittelbarer Nähe der letzteren erfolgt.

3. Verfahren gemäß Anspruch 1 und 2, dadurch gekennzeichnet, daß die Einführung des Natriumbikarbonats unter Druck stattfindet.

4. Verfahren gemäß Anspruch 1 bis 3, dadurch gekennzeichnet, daß das Natriumbikarbonat durch Kohlensäure ersetzt wird.

318625. Kl. 23 e 2, vom 18. Januar 1919. Erloschen 1924. Siehe S. 176.
Dr. Clemens Bergell in Zehlendorf bei Berlin.
Verfahren zur Herstellung gestreckter Schmierseifen.

Patentanspruch: Verfahren zur Herstellung gestreckter Schmierseifen, dadurch gekennzeichnet, daß der Schmierseife vor oder während ihrer Herstellung kolloidale Erdalkalisilikate einverleibt werden.

319856. Kl. 23 e 1, vom 24. Oktober 1912. Erloschen 1920.
Thomas Anyon in Manchester, Engl.
Verfahren zum Verseifen von Fetten.

Patentansprüche: 1. Verfahren zum Verseifen von Fetten, dadurch gekennzeichnet, daß die Fette mit Hefe zu einer Emulsion vermengt und das Gemenge in üblicher Weise mit Alkalien versetzt wird.

2. Eine Ausführungsform des Verfahrens nach Anspruch 1, dadurch gekennzeichnet, daß zunächst zur Einleitung der Verseifung die Fette mit den Alkalien vermengt und die Hefe vor vollendeter Verseifung zugesetzt wird.

320048. Kl. 8 i 5, vom 27. März 1918. Erloschen 1921.
Dr. Albert Stutzer in Godesberg a. Rh.
Verfahren zur Herstellung eines Seifenersatzmittels.

Patentansprüche: 1. Verfahren zur Herstellung eines Seifenersatzmittels, dadurch gekennzeichnet, daß die auf 70 bis 80° erwärmte Endlauge der Kalifabriken mit erheblich weniger als der dem Magnesiumgehalt der Endlauge äquivalenten Menge einer von gröberen Anteilen befreiten Kalkmilch (für 1000 l Endlauge zweckmäßig 55 bis 65 kg Ätzkalk enthaltend) behandelt wird.

2. Abänderung des Verfahrens gemäß Anspruch 1, dadurch gekennzeichnet, daß die auf 70 bis 80° erwärmte Endlauge zunächst mit so viel von einem leicht löslichen Kalksalz, am besten Chlorkalzium, versetzt wird, als zur Ausscheidung des in der Endlauge enthaltenen Sulfates in Form von Gips nötig ist, daß der Gips durch Filtration von der Flüssigkeit getrennt und letztere dann mit Kalkmilch behandelt wird.

320949. Kl. 8 i 5, vom 1. Januar 1918. Besteht noch.
Stahlecker & Co. in Stuttgart.
Wasch- und Putzmittel.

Patentanspruch: Aus Soda, Pottasche, kohlensaurem Kalk und Kleesalz oder Oxalsäure bestehendes Wasch- und Putzmittel.

322088. Kl. 8 i 5, vom 22. August 1917. Erloschen 1923.
Robert Marcus in Frankfurt a. M.
Verfahren zur Herstellung kieselsäurehaltiger Körper von fettähnlicher Beschaffenheit und hoher Adsorptionswirkung.

Patentanspruch: Verfahren zur Herstellung kieselsäurehaltiger Körper von fettähnlicher Beschaffenheit und hoher Adsorptionswirkung, dadurch gekennzeichnet, daß man lösliche Silikate mit Oxysäuren in geeigneten Mengenverhältnissen aufeinander zur Einwirkung bringt.

323804. Kl. 23 e 2, vom 22. November 1918. Erloschen 1924.
C. H. Boehringer Sohn. Chemische Fabrik in Nieder-Ingelheim a. Rh.
Verfahren zur Herstellung von Gallseifen und Waschmitteln.

Patentanspruch: Verfahren zur Herstellung von Gallseifen und Waschmitteln, dadurch gekennzeichnet, daß einer Grundseife o. dgl. die Alkalisalze der ungepaarten Gallensäuren als solche oder in Form ihrer Komponenten zugesetzt werden.

324140. Kl. 8 i 5, vom 25. März 1917. Erloschen infolge Verzichtes.
Vereinigte Hüttenwerke Burbach-Eich-Düdelingen A.-G. Werk Esch in Esch a. d. Alzette, Luxemburg.
Verfahren zur Darstellung eines Waschmittels.

Patentanspruch: Verfahren zur Herstellung eines Waschmittels, dadurch gekennzeichnet, daß in Säuren lösliche Hochofenschlacke mit verdünnter Schwefelsäure zersetzt und die entstehende Masse mit Kalk im Überschuß behandelt wird.

325796. Kl. 8 i 5, vom 24. Mai 1916. Erloschen 1920.
Dr.-Ing. Franz Steimmig in Hannover.
Reinigungsverfahren.

Patentanspruch: Reinigungsverfahren, gekennzeichnet durch die Verwendung von gallertartigen Metallsilikaten.

327182. Kl. 23 f, vom 3. Oktober 1919. Erloschen 1920. Siehe S. 401.
C. E. Rost & Co. in Dresden.
Einrichtung zur Herstellung von Seifenpulver unter Verwendung von Kühlwalzen.

Patentanspruch: Einrichtung zur Herstellung von Seifenpulver unter Verwendung von Kühlwalzen, dadurch gekennzeichnet, daß zwischen Kühlwalzenpaaren der Kühleinrichtung Förderbänder eingeschaltet sind, auf denen die Seifenmasse gekühlt und angetrocknet wird und in so vorbereiteter Weise in das nächste Kühlwalzenpaar gelangt.

327683. Kl. 8 i 5, vom 11. Juni 1916. Erloschen 1921.
Chemische Fabriken vorm. Weiler-ter Meer in Uerdingen, Niederrh.
Waschmittel.

Patentanspruch: Waschmittel, bestehend aus einer mit flüssigen Fettlösungsmitteln, z. B. Kohlenwasserstoffen und deren Chlorsubstitutionsprodukten, getränkten feinpulvrigen, unlöslichen Substanz von hohem Aufsaugungsvermögen, wie Kieselgur, Kaolin u. dgl., gegebenenfalls unter Zusatz von Soda oder ähnlich wirkenden Stoffen und von Bleichmitteln.

327684. Kl. 8 i 5, vom 22. Juni 1918. Erloschen 1924.
Chemische Fabriken vorm. Weiler-ter Meer in Uerdingen, Niederrh.
Waschmittel.

Patentanspruch: Waschmittel, gekennzeichnet durch einen Gehalt an Chlorsubstitutionsprodukten der aromatischen Kohlenwasserstoffe mit 8 bis 10 Kohlenstoffatomen.

327685. Kl. 8 i 5, vom 30. Juli 1918. Besteht noch.
Elektro-Osmose, Akt.-Ges. (Graf Schwerin Gesellschaft) in Berlin.
Verfahren zur Herstellung eines fettlosen Wasch- und Reinigungsmittels.

Patentanspruch: Verfahren zur Herstellung fettloser Wasch- und Reinigungsmittel, dadurch gekennzeichnet, daß Kaolin, Ton o. dgl. vorzugsweise in gereinigtem Zustande, die bei der alkalischen Aufschließung vegetabilischer Stoffe erhaltene Ablauge und Sulfitzellstoffablauge in solchen Mengen miteinander gemischt werden, daß der Solzustand der Silikate beim Waschen erhalten bleibt.

328099. Kl. 8 i 5, vom 25. März 1919. Erloschen 1922.
Chemische Fabrik Stockhausen & Cie in Krefeld.
Wasch- und Walkmittel.

Patentansprüche: 1. Wasch- und Walkmittel, bestehend aus einer Mischung der Lösung von Alkali- oder Erdalkaliverbindungen der Aminofettsäuren mit Naphtholen, den bei längerem Erhitzen von Naphtholen entstehenden Erzeugnissen oder Gemischen der genannten Stoffe.

2. Wasch- und Walkmittel gemäß Anspruch 1, gekennzeichnet durch die Verwendung von alkalischen oder erdalkalischen Lösungen der Naphthole bzw. der bei ihrer Erhitzung entstehenden Erzeugnisse.

3. Wasch- und Walkmittel gemäß Anspruch 1 und 2, gekennzeichnet durch den Zusatz von Kohlenwasserstoffen oder Chlorkohlenwasserstoffen.

328812. Kl. 8 i 5, vom 15. September 1916. Erloschen 1924.
Ernst Gips in Aachen, Schleifmühle.
Verfahren zur Herstellung eines fettlosen Wasch- und Walkmittels.

Patentansprüche: 1. Verfahren zur Herstellung eines fettlosen Wasch- und Walkmittels, dadurch gekennzeichnet, daß mit fixen kaustischen Alkalien aufgeschlossener tierischer Leim für sich mit Fettlösungsmitteln und Saponinen kombiniert wird.

2. Ausführungsform des Verfahrens gemäß Anspruch 1, gekennzeichnet durch den weiteren Zusatz von laminarsauren Salzen.

3. Ausführungsform der Verfahren gemäß Anspruch 1 und 2, gekennzeichnet durch die Mitverwendung von Soda, Pottasche oder Ammoniak.

329357. Kl. 12 a, vom 30. Januar 1917. Erloschen 1923. Siehe S. 401.
G. A. Krause & Co., Akt.-Ges. in München.
Verfahren zum Eindampfen von Lösungen unter Ausbreitung der Flüssigkeit in Form eines feinen Nebelschwadens.
Zusatz zum Patent 297388.

Patentanspruch: Abänderung des Verfahrens zum Eindampfen von Lösungen unter Ausbreitung der Flüssigkeit in Form eines feinen Nebelschwadens, den senkrecht hauptsächlich am Umfang ein trocknender, warmer Gasstrom durchdringt, nach Patent 297388, dadurch gekennzeichnet, daß die Achse des Nebelschwadens eine wagerechte oder schräge Lage erhält.

329358. Kl. 12 a, vom 30. Januar 1917. Besteht noch. Siehe S. 401.
G. A. Krause & Co., Akt -Ges. in München.
Verfahren zum Verdampfen oder Eindicken von Lösungen sowie zur Ausführung chemischer Reaktionen.
Zusatz zum Patent 297388.

Patentanspruch: Verfahren zum Verdampfen oder Eindicken von Lösungen sowie zur Ausführung chemischer Reaktionen unter Zerstäubung der Flüssigkeit zu einem annähernd horizontalen, scheibenförmigen Nebelschwaden, der hauptsächlich am Rande von dem trocknenden Gas durchdrungen wird, gemäß Patent 297388, dadurch gekennzeichnet, daß das Trocknungsmittel in der Richtung von oben nach unten hin gegen die Nebelschwadenschicht geführt wird.

329658. Kl. 12 a, vom 2. Mai 1916. Besteht noch. Siehe S. 401.
Georg A. Krause in München.
Verfahren zum Verdampfen oder Eindicken von Lösungen, Emulsionen und Suspensionen, sowie zur Ausführung chemischer Reaktionen.

Patentansprüche: 1. Verfahren zum Verdampfen oder Eindicken von Lösungen, Emulsionen und Suspensionen, sowie zur Ausführung chemischer Reaktionen durch Zerstäuben in einem Arbeitsraum, in welchen das Verdampfungs- (Trocken-) oder Reaktionsmittel eingeleitet wird, dadurch gekennzeichnet, daß die Flüssigkeit in ein mit zentraler Einlauföffnung versehenes, mit hoher Geschwindigkeit rotierendes Gefäß eingeleitet wird, welches unmittelbar an seinem Umfang oder am Ende des röhrenförmig ausgebildeten Armes des Gefäßes mit kleinen Austrittsöffnungen versehen ist, wobei infolge der durch die Fliehkraft entstehenden Druckerhöhung die zu zerstäubende Flüssigkeit mit hoher Geschwindigkeit durch die feinen Öffnungen ausgeschleudert wird, so daß eine wirksame Zerstäubung und Vernebelung der Flüssigkeit eintritt.

2. Verfahren nach Anspruch 1, dadurch gekennzeichnet, daß der Arbeits- (Zerstäubungs- oder Vernebelungs-) Stelle mittels eines in das Gefäß eingebauten Saugkanals Luft von innen zugeführt wird, wodurch die Zerstäubung oder Vernebelung der Flüssigkeit durch Saugluftwirkung unterstützt und vermehrt wird.

3. Verfahren nach Anspruch 1 und 2, dadurch gekennzeichnet, daß an der Zerstäubungs- oder Vernebelungsstelle Luft oder Gas von außen abgesaugt und dadurch eine Saugwirkung auf die austretende Flüssigkeit zur Unterstützung des Zerstäubungs- oder Vernebelungsvorganges ausgeübt wird.

329958. Kl. 8 i 5, vom 14. April 1915. Besteht noch.
Dr. Otto Röhm in Darmstadt.
Verfahren zum Reinigen von häuslichen und gewerblichen Gegenständen und Stoffen aller Art.
Zusatz zum Patent 283923.

Patentanspruch: Weitere Ausbildung des durch das Patent 283923 zum Reinigen von Wäschestücken aller Art geschützten Verfahrens, dadurch gekennzeichnet, daß in gleicher Weise wie nach dem Verfahren des Hauptpatentes gebrauchte Kleidungsstücke hier andere häusliche und gewerbliche Gegenstände und Stoffe aller Art der Einwirkung von tryptischen Enzymen, wie Pankreatin, unterworfen werden.

330355. Kl. 8 i 5, vom 24. Februar 1917. Erloschen 1922.
Chemische Fabrik vorm. Weiler-ter Meer in Uerdingen, Niederrhein.
Waschmittel.
Zusatz zum Patent 327683.

Patentanspruch: Waschmittel nach Patent 327683 dadurch gekennzeichnet, daß die feinpulvrige, unlösliche Substanz ganz oder zum Teil durch ein Gemisch löslicher Salze ersetzt wird, welches beim Eintragen in Wasser einen feinverteilten Niederschlag bildet.

331720. Kl. 30 i 3, vom 6. Dezember 1916. Erloschen infolge Verzichtes.
Chemische Werke Kirchhoff & Neirath, G. m. b. H. in Berlin.
Verfahren zur Herstellung haltbarer, gefahrloser Desinfektions-, Wasch- und Bleichmittel aus Alkalisuperoxyden.

Patentanspruch: Verfahren zur Herstellung haltbarer, gefahrloser Desinfektionsmittel, Wasch- und Bleichmittel von andauernder Wirkung aus Alkalisuperoxyden, dadurch gekennzeichnet, daß hydratisierte Alkalisuperoxyde in fester oder gelöster Form mit sauren, neutralisierenden, seifenbildenden (Fett- und Harzsäuren), seifenhaltigen oder odorisierenden Stoffen verwendet werden.

332649. Kl. 23 e 2, vom 1. August 1916. Erloschen 1921. Siehe S. 152.
Dipl.-Ing. Else Reinfurth in Karlsruhe i. Baden.
Verfahren zur Herstellung eines gut schäumenden Waschmittels.

Patentanspruch: 1. Verfahren zur Herstellung eines gut schäumenden Waschmittels, dadurch gekennzeichnet, daß man einer Grundseife während oder nach ihrer Herstellung ein wasserlösliches Salz der α- oder β-Naphthalinmonosulfosäure, vorzugsweise ein Alkali- oder Ammoniumsalz dieser Säuren oder ein Gemenge der Salze beider Säuren, zusetzt, gegebenenfalls neben einem weiteren Zusatz von Füllmitteln, wie Ton o. dgl.

2. Ausführungsform des Verfahrens nach Anspruch 1, dadurch gekennzeichnet, daß man bei der Herstellung der Seife einen Teil der zur Verwendung kommenden Fettsäuren durch α- oder β-Naphthalinmonosulfosäure oder ein Gemenge beider ersetzt.

335725. Kl. 23 f, vom 25. September 1919. Besteht noch.
Adolf Welter, Crefeld.
Verfahren zur Herstellung fester haltbarer, geformter Seifen mit einem Gehalt an Fettlösungsmitteln.

Patentanspruch: Verfahren zur Herstellung fester, haltbarer, geformter Seifen mit einem Gehalt an Fettlösungsmitteln, dadurch gekennzeichnet, daß man feste gepulverte Seifen, welche Kohlenwasserstoffe oder Halogenkohlenwasserstoffe enthalten, in Formen einem so hohen Druck aussetzt, daß das gepreßte Pulver zu einer homogenen Masse zusammenschmilzt.

336212. Kl. 23 d, vom 19. März 1919. Erloschen 1922. Siehe S. 151.
Dr. Richard Willstätter in München.
Ersatz für höhere Fettsäuren.

Patentanspruch: Ersatz für höhere Fettsäuren, bestehend aus den Hydroverbindungen der Phenylnaphthylmethan-o-karbonsäure.

336558. Kl. 8 i 5, vom 23. Oktober 1917. Besteht noch. Siehe S. 152.
Badische Anilin- und Sodafabrik in Ludwigshafen a. Rh.
Verwendung von Sulfosäuren propylierter aromatischer Kohlenwasserstoffe als Seifenersatz.

Patentanspruch: Verwendung von Sulfosäuren oder sulfosauren Salzen von im Kern propylierten aromatischen Kohlenwasserstoffen, insbesondere Naphthalin bzw. anderen mehrkernigen Kohlenwasserstoffen, als Ersatz für Seife oder seifenähnliche Stoffe.

337532. Kl. 8 i 5, vom 26. April 1917. Erloschen infolge Verzichtes.
Adolf Haeberle in Göppingen, Württ.
Verfahren und Vorrichtung zur Herstellung trockener, staubfeiner, fett- bzw. seifenfreier Wasch-, Bleich-, Scheuer- und Putzmittel.

Zusatz zum Patent 299986.

Patentanspruch: Die Benutzung des Verfahrens und der Vorrichtung des Hauptpatentes 299986 zur Herstellung trockener, staubfeiner, fett- bzw. seifenfreier Wasch-, Bleich-, Scheuer- und Putzmittel unter Mitverwendung wasserbindender Stoffe, wie kalzinierter Soda.

339026. Kl. 8 i 5, vom 18. September 1918. Erloschen 1924.
Dr. Adolf Welter in Krefeld-Rheinhafen.
Verfahren zur Herstellung von haltbaren, feinverteilte Fettlösungsmittel enthaltenden Mischungen.

Patentanspruch: Verfahren zur Herstellung von haltbaren, feinverteilte Fettlösungsmittel enthaltenden Mischungen, dadurch gekennzeichnet, daß die Fettlösungsmittel mit Gallerten verrührt werden, welche in bekannter Weise mittels Alkalikarbonats oder -bikarbonats aus flüssigem Wasserglas gewonnen werden.

340027. Kl. 8 i 5, vom 6. März 1918. Erloschen 1923.
Dipl.-Ing. Else Reinfurth in Karlsruhe i. Baden.
Waschmittel.

Zusatz zum Patent 332649.

Patentanspruch: Waschmittel nach Patent 332649, dadurch gekennzeichnet, daß es neben einem wasserlöslichen Salz der α- oder β-Naphthalinmonosulfosäure oder Gemengen dieser Salze nur die bekannten Seifenstreckungs- oder Seifenfüllmittel, aber keine Fettseife enthält.

339047. Kl. 23 e 2, vom 22. August 1915. Erloschen 1919.
Jünger & Gebhardt G. m. b. H. in Berlin.
Verfahren zur Herstellung fester Toilette- und Haushaltungsseifen in Stücken oder Pulverform.

Patentansprüche: 1. Verfahren zur Herstellung fester Toilette- und Haushaltungsseifen in Stücken oder Pulverform, dadurch gekennzeichnet, daß man ein Gemisch quellbarer Kohlenhydrate oder solche vorwiegend enthaltender

Pflanzenstoffe (Stärkemehl, Zellulose und deren Derivate, oder solche enthaltende Stoffe) und adsorptionsfähiger Kolloidstoffe (z. B. Ton, Kaolin, Talk, Silikate) mit verdünnter Alkalilauge in solchen Mengen gegebenenfalls unter Erwärmen behandelt, daß die quellbaren Vegetabilien unter nahezu völliger Bindung des Alkalis in einen gallertartigen Zustand übergeführt werden, worauf die so erhaltene Masse mit fester Seife oder mit Seifenpulver weiterverarbeitet wird.

2. Abänderung des Verfahrens gemäß Anspruch 1, dadurch gekennzeichnet, daß man zunächst nur die quellbaren Vegetabilien mit verdünnter Alkalilauge behandelt und nach erfolgter Quellung und Bindung des Alkalis den adsorptionsfähigen Kolloidstoff nebst der Grundseife damit vermischt.

339048. Kl. 23 e 2. vom 31. März 1916. Erloschen.
Jünger & Gebhardt G. m. b. H. in Berlin.
Verfahren zur Herstellung fester Toilette- und Haushaltungsseifen in Stücken oder Pulverform.
Zusatz zum Patent 339047.

Patentansprüche: 1. Verfahren zur Herstellung fester Toilette- und Haushaltungsseifen in Stücken oder Pulverform nach dem Hauptpatent 339047, dadurch gekennzeichnet, daß man den adsorptionsfähigen Kolloidstoff in dem alkalisierten Quellprodukt selbst durch Fällung eines löslichen Silikates mit Kalkmilch oder einem anderen Erdalkalihydrat erzeugt.

2. Ausführungsform des Verfahrens gemäß Anspruch 1, dadurch gekennzeichnet, daß man die zu verarbeitenden quellbaren Vegetabilien in zwei Portionen teilt, von denen man die eine mit einer Wasserglaslösung und die andere mit Kalkmilch o. dgl., gegebenenfalls in Mischung mit verdünnter Ätzkalilauge, zum Quellen bringt und dann die beiden Quellprodukte innig miteinander vermischt.

339049. Kl. 23 e 2, vom 31. März 1916. Erloschen.
Jünger & Gebhardt G. m. b. H. in Berlin.
Verfahren zur Herstellung fester Toilette- und Haushaltungsseifen in Stücken oder Pulverform.
Zusatz zum Patent 339047.

Patentanspruch: Verfahren zur Herstellung fester Toilette- und Haushaltungsseifen in Stücken oder Pulverform nach dem Hauptpatent 339047, dadurch gekennzeichnet, daß man die berechneten Mengen Ätzalkalilauge mit abgewogener warmer, flüssiger Seife vermengt und dann erst die in Wasser oder einer Seifen- oder anderen geeigneten Salzlösung, z. B. Alkalikarbonatlösung, zum Brei angerührten Quellkörper und adsorptionsfähigen Kolloidstoffe dem Seifengut einverleibt.

340751. Kl. 8 i 5, vom 28. Mai 1919. Erloschen 1923.
Dr. Friedrich M. Mayrhofer in Berlin.
Verfahren zur Erzeugung von kolloides Aluminiumhydroxyd liefernden Waschmitteln.

Patentansprüche: 1. Verfahren zur Erzeugung von kolloides Aluminiumhydroxyd liefernden Waschmitteln, dadurch gekennzeichnet, daß wasserhaltige oder wasserfreie, wasserlösliche Aluminiumsalze mit löslichen oder unlöslichen, wasserhaltigen oder wasserfreien Karbonaten, Bikarbonaten oder Perkarbonaten trocken gemischt werden.

2. Ausführungsform des Verfahrens nach Anspruch 1, dadurch gekennzeichnet, daß Aluminiumsalze mit Magnesiumkarbonat gemischt werden.

342125. Kl. 8 i 5, vom 28. Februar 1919. Erloschen 1921.
F. C. Krist in Augsburg.
Verfahren zur Herstellung eines Walk- und Waschmittels.

Patentanspruch: Verfahren zur Herstellung eines Walk- und Waschmittels für mit alkaliempfindlichen Farben gefärbte Gewebe, dadurch gekennzeichnet, daß mit fixen Ätzalkalien aufgeschlossene See- und Meeresalgen oder -tange, Zellstoffablauge, Alkalikarbonate, geringe Mengen von Fettlösungsmitteln, sowie Kunstharz aus Formaldehyd und Phenol bzw. Kresol und eine zur vollständigen Verseifung des Kunstharzes unzureichende Menge Ätzalkali vermischt werden.

346362. Kl. 12 o, vom 16. August 1917. Erloschen 1923. Siehe S. 150.
Dr. Franz Fischer und Dr.-Ing. Hans Tropsch in Mülheim, Ruhr.
Verfahren zur Herstellung von Fettsäuren aus Montanwachs.

Patentanspruch: Verfahren zur Herstellung von Fettsäuren aus Montanwachs durch Einwirkung von Ozon, dadurch gekennzeichnet, daß rohes oder gereinigtes Montanwachs mit Ozon, bei Gegenwart oder in Abwesenheit von Verdünnungsmitteln behandelt wird.

348063. Kl. 23 e 3, vom 6. September 1918. Erloschen 1923.
Rütgerswerke Akt.-Ges. in Berlin.
Verfahren, um Kumaronharz in emulgierbare Form überzuführen.

Patentansprüche: 1. Verfahren, um Kumaronharz in emulgierbare Form überzuführen, dadurch gekennzeichnet, daß man Kumaronharz mit emulgierend wirkenden Alkalisalzen von Sulfosäuren aromatischer Verbindungen oder von Naphthensäuren zusammenschmilzt.

2. Verfahren nach Patentanspruch 1, dadurch gekennzeichnet, daß man Kumaronharz mit konzentrierter Schwefelsäure, gegebenenfalls in der Wärme, behandelt und das erhaltene Gemisch von aromatischen Sulfosäuren und unverändertem Harz mit Alkalien neutralisiert.

3. Verfahren nach Patentanspruch 1, dadurch gekennzeichnet, daß bei der Bildung des Kumaronharzes aus Teerfraktionen eine über die Bildung des Harzes hinausgehende Einwirkung konzentrierter Schwefelsäure vorgenommen wird.

4. Verfahren nach Patentanspruch 1, dadurch gekennzeichnet, daß die Ausscheidung des fein verteilten Harzes durch Versetzung der Emulsionen mit Lösungen der Salze der Schwermetalle oder Erdalkalien, gegebenenfalls in Gegenwart von Fasermaterialien, erfolgt.

349329. Kl. 8 i 5, vom 17. Januar 1918. Erloschen 1924.
Ernst Gips in Aachen.
Verfahren zur Herstellung eines fettlosen Wasch- und Walkmittels.

Zusatz zum Patent 328812.

Patentanspruch: Weitere Ausbildung des Verfahrens des Patents 328812 zur Herstellung eines fettlosen Wasch- und Walkmittels, gekennzeichnet durch die Verwendung von mit fixen kaustischen Alkalien aufgeschlossenem Keratin als Emulgierungsmittel.

350258. Kl. 8 i 5, vom 9. März 1921. Erloschen 1925.
Julius Johann Reichelt in Waldenburg-Altwasser.
Verfahren zur Herstellung eines flüssigen bläuend, reinigend, bleichend und desinfizierend wirkenden Mittels.

Patentanspruch: Verfahren zur Herstellung eines flüssigen bläuend, reinigend, bleichend und desinfizierend wirkenden Mittels, dadurch gekennzeichnet, daß Ultramarin durch Erhitzen mit Wasser und Filtrieren von gröberen Anteilen bzw. Verunreinigungen befreit und hierauf mit in Wasser gelöstem Borax, Terpentinöl, Spiritus, Wasserglas, wolframsaurem Natron und Formaldehyd innig gemischt, worauf die Mischung im geschlossenen Kessel auf 50° erhitzt und anschließend einer nochmaligen innigen Durchmischung unterworfen wird.

353571. Kl. 23 e 1, vom 14. März 1919. Besteht noch.
Dr. Franz Fischer in Mülheim, Ruhr.
Verfahren zur Herstellung von geruchlosen Seifen aus Tranen.

Patentanspruch: Verfahren zur Herstellung von geruchlosen Seifen aus Tranen, dadurch gekennzeichnet, daß man durch wässerige Lösung der Transeifen nach Zusatz von Alkali o. dgl. unter erhöhtem Druck sauerstoffhaltige Gase hindurchleitet.

354234. Kl. 23 e 1, vom 3. Februar 1920. Erloschen 1924.
Dr. Albrecht Sandreczki in Friedrichsbrunn, Ostharz.
Verfahren zur elektrolytischen Herstellung von Seifen.

Patentansprüche: 1. Verfahren zur elektrolytischen Herstellung von Seifen unter Verwendung der Elektrolyse von Salzlösungen, dadurch gekennzeichnet, daß die Elektrolytmischung (Fett-Salzlösung-Mischung) durch Wärmewirkung oder andere Mittel ständig an der Kathode vorbeiströmt.

2. Vorrichtung nach Anspruch 1, dadurch gekennzeichnet, daß beide Elektroden als gleichachsige Hohlkörper ausgeführt sind und zwischen diesen Elektroden ein gleichfalls hohlkörperartiges Diaphragma angeordnet ist, wobei im Innenraum der inneren Elektrode eine Rührschraube, Rührflügel o. dgl. angeordnet ist, so daß bei der Drehung der Schraube ein Überströmen der im Innenraum der inneren Elektrode befindlichen Elektrolytflüssigkeit über den Rand der Elektrode in den dahinterliegenden Raum und unter der Elektrode hinweg ein Zurückströmen zur Rührschraube oder umgekehrt stattfinden kann.

355492. Kl. 23 e 1, vom 22. April 1920. Besteht noch.
Peter Krebitz in München.
Verfahren zur vollkommenen Entseifung von kohlensaurem Kalkschlamm.

Patentansprüche: 1. Verfahren zur vollkommenen Entseifung von kohlensaurem Kalkschlamm, welcher von der Umsetzung von Kalkseifen mit Sodalösung mit wenig oder gar keinem Leimfettseifengehalt, wie z. B. Kokos- (Koprah-) oder Palmkernölseife, herrührt, dadurch gekennzeichnet, daß man dem Kalkschlamm vor der üblichen Behandlung mit Wasser Kokos- (Koprah-) oder Palmkernölseife in einer mindestens 25 vH des gesamten Seifengehaltes des Kalkschlammes betragenden Menge zusetzt.

2. Ausführungsform des Verfahrens nach Anspruch 1, dadurch gekennzeichnet, daß man dem Kalkschlamm statt der Leimfettseifen Harzseifen in einer mindestens 20 vH des gesamten Seifengehaltes des Kalkschlammes betragenden Menge zusetzt.

356437. Kl. 30 i 3, vom 27. Mai 1920. Erloschen 1924.
Dr. Aschkenasi in Berlin.
Verfahren zur Herstellung von Furfurolseifen.

Patentansprüche: 1. Verfahren zur Herstellung von Furfurolseifen, dadurch gekennzeichnet, daß man Furfurol in Seifenlösungen (Natron-, Kali-, Harzseifen) in der Kälte oder in der Hitze auflöst.

2. Abänderung des Verfahrens nach Anspruch 1, dadurch gekennzeichnet, daß man Seifenspäne unter Zusatz von Furfurol piliert.

357956. Kl. 8 i 5, vom 13. März 1919. Besteht noch.
Deutsche Gold- und Silberscheideanstalt vorm. Rößler in Frankfurt a. M.
Verfahren zur Herstellung eines Wasch- und Bleichmittels.

Patentanspruch: Verfahren zur Herstellung eines Wasch- und Bleichmittels, dadurch gekennzeichnet, daß man in Gegenwart von Wasserglas Natriumsuperoxyd und -bikarbonat mischt, zweckmäßig unter Zusatz von Schutzstoffen.

357957. Kl. 8 i 5, vom 17. Juni 1919. Besteht noch.
Deutsche Gold- und Silberscheideanstalt vorm. Rößler in Frankfurt a. M.
Verfahren zur Herstellung eines Wasch- und Bleichmittels.

Zusatz zum Patent 357956.

Patentanspruch: Verfahren zur Herstellung eines Wasch- und Bleichmittels gemäß Patent 357956, dadurch gekennzeichnet, daß man in irgendeinem Stadium des Prozesses Wasserstoffsuperoxydlösung zusetzt.

358008. Kl. 8 i 5, vom 25. Juli 1919. Erloschen 1925.
Walter Grob in Aarau, Schweiz.
Wasch- und Reinigungsmittel.

Patentansprüche: 1. Verfahren zur Herstellung von als Wasch- und Reinigungsmittel verwendbaren, seifenfreien kolloiden Lösungen, dadurch gekennzeichnet, daß Naphthalin oder dessen Hydrierungsprodukte mit ätz- oder kohlensauren Alkalien unter Rühren erwärmt und die nach dem Erkalten gepulverte Masse mit Wasser behandelt wird.

2. Abänderung des Verfahrens nach Anspruch 1, dadurch gekennzeichnet, daß man Gemische von Naphthalin oder dessen Hydrierungsprodukten und wasserlöslichen Hydroxylabkömmlingen des Naphthalins oder deren wasserlöslichen Derivaten mit Alkali erwärmt und die erkaltete Masse mit Wasser behandelt.

361520. Kl. 23 e 2, vom 30. Juni 1920. Besteht noch.
William Feldenheimer in London und Walter William Plowman in East Sheen.
Verfahren zur Herstellung einer Tonseife.

Patentanspruch: Verfahren zur Herstellung einer Tonseife, dadurch gekennzeichnet, daß man durch Entflockung gereinigten Ton in flüssigem kolloidalen Zustand der Seife zusetzt.

361734. Kl. 12 o, vom 3. Oktober 1920. Besteht noch. Siehe S. 147.
Dr. Meilach Melamid in Freiburg i. B.
Verfahren zur Darstellung fettsäureartiger Körper.

Patentanspruch: Verfahren zur Herstellung fettsäureartiger Körper, dadurch gekennzeichnet, daß man das beim Natronsulfatverfahren entstehende flüssige Harz der Einwirkung von Wasserstoff unterwirft.

363302. Kl. 30 i 3, vom 5. Februar 1921. Erloschen 1925.
Erdöl- und Kohle-Verwertungs-A.-G. in Berlin und Dr. Franz Zernik in Berlin-Wilmersdorf.
Verfahren zur Herstellung von Desinfektionsmitteln.

Patentansprüche: 1. Verfahren zur Herstellung von Desinfektionsmitteln aus Phenolen bzw. Kreosotölen in Verbindung mit Seifen, dadurch gekennzeichnet, daß Phenole bzw. Kreosotöle mit einer aus chlorierter Naphthensäure hergestellten Seife vermischt werden.

2. Verfahren nach Anspruch 1, dadurch gekennzeichnet, daß chlorierte Naphthensäure mit Karbol- oder Kreosotlaugen bis zur annähernd neutralen Reaktion der verdünnten Lösungen abgesättigt wird.

365160. Kl. 23 c, vom 25. März 1919. Besteht noch. Siehe S. 391.
Peter Friesenhahn in Berlin-Grunewald.
Verfahren zur Herstellung von Lösungs- und Emulgierungsmitteln für Fettstoffe aller Art, Mineralöle u. dgl.

Patentanspruch: Verfahren zur Herstellung von Lösungs- und Emulgierungsmitteln für Fettstoffe aller Art, Mineralöle u. dgl., dadurch gekennzeichnet, daß man Zyklohexanol oder seine Homologen für sich oder in Verbindung mit Kohlenwasserstoffen durch die Behandlung mit gewöhnlichen Seifen oder naphthensauren Alkalien in eine wasserlösliche Form überführt.

365271. Kl. 23 e 1, vom 17. Dezember 1920. Besteht noch.
Henkel & Cie. in Düsseldorf.
Verfahren zur Umwandlung der in wasserhaltigen flüssigen Seifen vorhandenen Fettsäuren mit mehreren Doppelbindungen in ölsäureartige Fettsäuren.

Patentansprüche: 1. Verfahren zur Umwandlung der in wasserhaltigen flüssigen Seifen vorhandenen Fettsäuren mit mehreren Doppelbindungen in ölsäureartige Fettsäuren unter Druckerhitzung, dadurch gekennzeichnet, daß man die Massen ununterbrochen durch ein bis auf 250° erhitztes Rohr preßt.

2. Ausführungsform des Verfahrens nach Anspruch 1, dadurch gekennzeichnet, daß man die Behandlung der Seifen zunächst in einem niedriger erhitzten Teil der Druckröhre einleitet, während man die Beendigung der Reaktion in einem zweiten, höher beheizten Teil der Röhre vornimmt.

3. Ausführungsform des Verfahrens nach Anspruch 2, dadurch gekennzeichnet, daß man den zu behandelnden Massen bei der zweiten Behandlung unter höherer Temperatur weitere geeignete Mengen Alkali zufügt.

365618. Kl. 23 e 1, vom 13. Juli 1920. Erloschen 1924.
Vereinigte Chemische Werke A.-G. in Charlottenburg, Dr. Thilo Kroeber in Westend und Dr. Leonhard Mamlock in Charlottenburg.

Verfahren zum Verseifen von Fetten oder Ölen mittels Alkalikarbonaten.

Patentansprüche: 1. Verfahren zum Verseifen von neutralen Fetten oder Ölen mittels Alkalikarbonaten, dadurch gekennzeichnet, daß die Fette oder Öle mit Alkalikarbonat unter Erhaltung derartiger Mengen Wasser, daß die für die jeweilige Verseifung erforderliche Temperatur bei Atmosphärendruck erhalten werden kann, vorteilhaft unter Rühren und gegebenenfalls unter Verwendung eines Rückflußkühlers erhitzt werden.

2. Ausführungsform des Verfahrens nach Anspruch 1, dadurch gekennzeichnet, daß das erforderliche Wasser in Form von Dampf in oder auf die erhitzte Masse geleitet wird.

3. Ausführungsform des Verfahrens nach Anspruch 1, dadurch gekennzeichnet, daß zunächst eine größere als für die Erzielung der Verseifungstemperatur zulässige Menge von Wasser verwendet und dieses dann bis auf die zur Erzielung der Verseifungstemperatur zulässige Menge eingedampft wird, worauf für die Erhaltung dieser Wassermenge Sorge getragen wird.

4. Ausführungsform des Verfahrens nach Anspruch 1, dadurch gekennzeichnet, daß man einen Teil des Öles bzw. Fettes mit der gesamten Menge Alkalikarbonat bzw. einem Überschuß bei Gegenwart von Wasser erhitzt und den Rest des Öles oder Fettes im Verlauf der Reaktion zusetzt.

5. Ausführungsform des Verfahrens nach Anspruch 1, dadurch gekennzeichnet, daß man zu Anfang nur einen Teil des Alkalikarbonates zusetzt und den Rest im Verlauf der Reaktion.

368109. Kl. 23 e 4, vom 23. November 1920. Erloschen 1924.
Dr. Fritz Croner in Charlottenburg.

Verfahren zur Herstellung einer formaldehydhaltigen, transparenten, antiseptischen Seife von schmierseifenartiger Beschaffenheit.

Patentansprüche: 1. Verfahren zur Herstellung einer formaldehydhaltigen, transparenten, antiseptischen Seife von schmierseifenartiger Beschaffenheit, dadurch gekennzeichnet, daß ein Gemisch aus Fettsäure und Oxysäure durch Kalilauge in der Kälte verseift und hierauf mit Formalin versetzt wird.

2. Eine Ausführungsform des Verfahrens nach Anspruch 1, dadurch gekennzeichnet, daß das Formalin den Säuren vor der Verseifung zugesetzt wird.

371556. Kl. 23 e 1, vom 29. Oktober 1920. Besteht noch.
Otto Rößler in Dresden.

Verfahren zur Herstellung von festen, gut schäumenden, nicht transparenten Kaliseifen.

Patentanspruch: Verfahren zur Herstellung fester, gut schäumender, nicht transparenter Kaliseifen, dadurch gekennzeichnet, daß man künstlich hergestellte Fettsäuren mit hoher Verseifungszahl und niedrigem Kohlenstoffgehalt mit natürlichen Fetten oder Fettsäuren gemischt in an sich bekannter Weise auf feste Kaliseifen verarbeitet.

375552. Kl. 23 e 2, vom 13. August 1920. Besteht noch.
Peter Krebitz in München.
Verfahren zur Herstellung von Seifen- und Waschpulver.

Patentanspruch: Verfahren zur Herstellung von Seifen- oder Waschpulver aus Kalkseife unter Anwendung von Soda, Wasser, Wasserglas und sonstigen Zusätzen, dadurch gekennzeichnet, daß man die fein gemahlene Kalkseife mit den Zusätzen bei gewöhnlicher Temperatur unter Vermeidung einer Temperaturerhöhung innig vermischt.

376883. Kl. 23 e 2, vom 18. April 1919. Besteht noch.
Dr. Adolf Welter in Krefeld.
Verfahren zur Herstellung von Seife.

Patentanspruch: Verfahren zur Herstellung trockener, nicht zusammenbackender und nicht auswitternder Seife, dadurch gekennzeichnet, daß man flüssiger Leim- oder Kernseife so geringe Mengen (etwa 10 vH), wasserbindender Stoffe, vorzugsweise kalzinierte Soda, zusetzt, daß bei möglichst vollkommener Wasserbindung ein Auswittern des Trockenmittels hintangehalten wird, worauf das Gemisch in Nudel- oder Bandform gebracht wird.

377218. Kl. 23 e 1, vom 3. September 1920. Erloschen 1924.
Dr. Albrecht Sandreczki in Bad Kreuznach.
Verfahren und Vorrichtung zur Herstellung von Seife durch Elektrolyse.

Patentansprüche: 1. Verfahren zur Herstellung von Seife durch Elektrolyse eines Gemisches von Salzlösungen und Fett bzw. Fettsäure, dadurch gekennzeichnet, daß der durch die Elektrolyse abgeschiedene Wasserstoff zur Vermeidung der Knallgasbildung und zur weiteren Verwertung (Fetthärtung u. dgl.) mit dem zur Erwärmung des Gemisches erforderlichen Heizdampf sauerstofffrei abgeführt wird.

2. Vorrichtung zur Ausführung des Verfahrens nach Anspruch 1, dadurch gekennzeichnet, daß für die Sammlung des Wasserstoffes und des abziehenden Heizdampfes am Deckel des Elektrolytbehälters dachartige Aufsätze vorgesehen sind.

381108. Kl. 8 i 5, vom 7. Dezember 1921. Besteht noch. Siehe S. 152.
Kalle & Co. Akt.-Ges. in Biebrich a. Rh.
Seifenfreies Reinigungsmittel.

Patentanspruch: Seifenfreies Reinigungsmittel, gekennzeichnet durch die Mitverwendung des Salzes einer im aromatischen Kern sulfierten Sulfosäure des Benzylanilins oder -naphthylamins.

381450. Kl. 23 e 1, vom 11. Februar 1922. Erloschen 1924.
Siegfried Zipser in Wien.
Verfahren zur Erzeugung von Natronseifen aus Ammoniumseifen.

Patentansprüche: 1. Verfahren zur Erzeugung von Natronseifen aus Ammoniumseifen und Natriumsalzlösungen, ausgenommen Soda, oder unter Verwendung Natriumsalze enthaltender Lösungen, dadurch gekennzeichnet, daß die Umsetzung der Ammoniumseifen in Natronseifen in einer Batterie hintereinander geschalteter Umsetzungsgefäße durch das systematische Durchströmen natriumsalzhaltiger Lösungen nach dem Gegenstromverfahren bewirkt wird.

2. Verfahren nach Anspruch 1, dadurch gekennzeichnet, daß man als Natriumsalzlösung die von der Seifenfabrikation abfallenden Unterlaugen verwendet.

3. Verfahren nach Anspruch 1 und 2, zur Erzeugung von Kaliseifen, dadurch gekennzeichnet, daß an Stelle von Natriumsalzlösungen wässerige Lösungen von Kalisalzen, ausgenommen Pottasche, verwendet werden.

4. Verfahren nach den Ansprüchen 1 bis 3, dadurch gekennzeichnet, daß die den Umsetzungsgefäßen entströmende Ammonsalzlösung als Kühlflüssig-

keit verwendet und hierbei durch die den Destilliergefäßen entweichenden Brüdendämpfe vorgewärmt wird.

5. Verfahren nach den Ansprüchen 1 bis 3, dadurch gekennzeichnet, daß die gebildeten Gemische von Ammoniakgas und Luft vor dem Entweichen ins Freie zwecks Rückgewinnung von Ammoniak mittels Ammon- oder Alkalisalzlösung gewaschen werden.

385305. Kl. 23 e 4, vom 23. Oktober 1921. Besteht noch.
Dr. Alfred Becker in Frankfurt a. M.
Verfahren zur Herstellung einer Formaldehydkaliseife.

Patentanspruch: Verfahren zur Herstellung einer Formaldehydkaliseife aus Kondensationsprodukten von Formaldehyd mit verseiften Triglyzeriden, dadurch gekennzeichnet, daß man das Kondensationsprodukt zur Erreichung des für äußerliche Anwendung zweckmäßigsten Gehaltes an Formaldehyd mit Kaliseife, insbesondere mit stearin- oder palmitinsaurem Kalium, unter Erwärmen verdünnt und zwecks Erlangung guter Resorbierbarkeit Alkalisalze schwacher Säuren zufügt.

386824. Kl. 23 e 1, vom 1. Juni 1919. Besteht noch.
De Nordiske Fabriker, De No. Fa. in Christiania.
Verfahren zur Erzeugung von zur Herstellung von Seifenpulver geeigneten hochprozentigen Seifen aus flüssigen Fetten und Ölen.

Patentanspruch: Verfahren zur Erzeugung von zur Herstellung von Seifenpulver geeigneten hochprozentigen Seifen aus flüssigen Fetten und Ölen, dadurch gekennzeichnet, daß die in gewöhnlicher Weise hergestellten Seifen in einem Autoklaven mit oder ohne Zusatz von Alkali bei etwa 180 bis 200° C durch Abdestillieren von Wasser einer starken Konzentration unterworfen werden.

389422. Kl. 30 i 3, vom 27. April 1921. Erloschen 1925.
Dr. Aschkenasi in Berlin.
Verfahren zur Herstellung eines Desinfektionsmittels.
Zusatz zum Patent 356437.

Patentanspruch: Verfahren zur Herstellung eines Desinfektionsmittels, Abänderung des Verfahrens gemäß Patent 356437, dadurch gekennzeichnet, daß Furfurol (zweckmäßig unter Erhitzen) mit Kaseïnlösungen innig gemischt wird.

391163. Kl. 30 h, vom 8. März 1922. Besteht noch. Siehe S. 549.
Dr. Theodor Legradi in Wien.
Verfahren zur Herstellung von Rasierpulver.

Patentanspruch: Verfahren zur Herstellung von Rasierpulver, dadurch gekennzeichnet, daß der Seifenkörper aus reiner Kaliseife, besonders Kalikernseife, hergestellt und nach Bedarf in bekannter Weise mit Zusätzen versehen wird.

391553. Kl. 23 a, vom 21. November 1922. Besteht noch. Siehe S. 74.
Firma E. Merck in Darmstadt.
Verfahren zum Bleichen von Fetten und Ölen.

Patentanspruch: Verfahren zum Bleichen von Fetten und Ölen, dadurch gekennzeichnet, daß Wasserstoffsuperoxyd von mehr als 30 Gewichtsprozent zur Anwendung kommt.

393568. Kl. 23 e 2, vom 20. April 1913. Besteht noch.
Triplex-Industrie Dr. Ziegler & Co. in Eidelstedt-Hamburg.
Verfahren zur Herstellung von Seifen.

Patentanspruch: Verseifungsverfahren auf der Grundlage der Mucinverseifung, d. h. Verfahren zur Herstellung von Seifen, insbesondere Mineralölseifen, und zur Herstellung mucinhaltiger sowie hochschmierfähiger Produkte mit höchster Geschmeidigkeitsentwicklung und erhöhter Suspensions- und Emulsionsfähigkeit der Öle unter Verwendung von durch kombiniertes Preßablagerungs- und Ausfällungs- bzw. Extraktionsverfahren mittels Essigsäure, Benzin oder Äther gewonnenen tierischen Schleimkörpern, sogenannten Mucinen.

394861. Kl. 23 e 2, vom 29. März 1922. Besteht noch.
Aktien-Gesellschaft für Anilin-Fabrikation in Berlin-Treptow.
Waschmittel.

Patentanspruch: Waschmittel, bestehend aus Seifen, alkalischen Verbindungen, wie Alkalikarbonaten, -boraten, -silikaten u. dgl. bzw. deren Gemischen, und Bisulfitverbindungen von Aldehyden oder Ketonen oder solche Bisulfitverbindungen liefernden Stoffen.

396155. Kl. 23 e 2, vom 18. Dezember 1919. Besteht noch.
Dr. Adolf Welter in Krefeld.
Verfahren zur Herstellung hochprozentiger, wasserfreier und haltbarer, nicht auswitternder, gepulverter oder geformter Seifen.

Patentanspruch: Verfahren zur Herstellung hochprozentiger, wasserfreier und haltbarer, nicht auswitternder, gepulverter oder geformter Seifen mit oder ohne Zusatz von Fettlösungsmitteln, dadurch gekennzeichnet, daß man möglichst hochgespaltene oder destillierte Fettsäure mit oder ohne Zusatz von Fettlösungsmitteln mit einem die doppelte Menge des zur vollständigen Verseifung notwendigen Betrages wenig übersteigenden Gewicht an wasserfreier kalzinierter Soda bei einer die innige Mischung noch zulassenden niedrigen Temperatur vermischt, worauf man die infolge Selbsterwärmung vollständig verseifte Masse nach dem Erkalten in bekannter Weise zu einem feinen Pulver mahlt und dieses in Stücke formt, oder die noch nicht vollständig erstarrte Masse in einem Arbeitsgang, bevor sie spröde geworden ist, durch mechanische oder hydraulische Pressen in Stränge formt und alsdann erkalten läßt.

397222. Kl. 23 e 2, vom 18. Februar 1923. Besteht noch.
Dr. Adolf Welter in Krefeld-Rheinhafen.
Verfahren zur Herstellung hochprozentiger, wasserfreier und haltbarer, nicht auswitternder, gepulverter oder geformter Seifen. Zusatz zum Patent 396155.

Patentanspruch: Verfahren zur Herstellung hochprozentiger, wasserfreier und haltbarer, nicht auswitternder, gepulverter oder geformter Seifen nach dem durch Patent 296155 geschützten Verfahren, dadurch gekennzeichnet, daß man an Stelle völlig wasserfreier kalzinierter Soda eine äquivalente Menge feucht gewordener kalzinierter Soda mit höchstens 30 vH Wasser verwendet.

399359. Kl. 8 i 5, vom 31. August 1912. Besteht noch.
Wilhelm Happach in Malmö, Schweden, und Sudfeldt & Co. in Melle, Hannover.
Verfahren zur Herstellung eines Reinigungsmittels.

Patentanspruch: Verfahren zur Herstellung eines Reinigungsmittels, dadurch gekennzeichnet, daß die gemäß Patent 264 785 erhältlichen reinen Sulfosäuren aus Mineralölen und Naphthadestillaten für sich oder in Mischung mit Fetten oder Fettsäuren mittels Ätz- oder kohlensauren Alkalien oder Ammoniak verseift werden.

401011. Kl. 23 e 4, vom 11. April 1922. Besteht noch.
J. D. Riedel, A.-G. in Berlin-Britz.
Verfahren zur Herstellung desinfizierender Seifen.

Patentanspruch: Verfahren zur Darstellung desinfizierender Seifen, dadurch gekennzeichnet, daß man den Seifenkörpern jeder Art und Form Salze der Chloramide organischer Sulfosäuren zusetzt.

401252. Kl. 23 e 1, vom 28. Juni 1922. Besteht noch.
Severin Morgenstern in Leipzig.
Verfahren zur Herstellung von Kernseifen.

Patentanspruch: Verfahren zur Herstellung von Kernseifen, dadurch gekennzeichnet, daß man die in Triglyzeriden emulgierten Alkalikarbonate unter gleichzeitiger Hinzufügung der zur Aussalzung des Kernes erforderlichen Quantums NaCl kaustifiziert.

401327. Kl. 23 e 3, vom 2. August 1922. Besteht noch.
Severin Morgenstern in Leipzig.
Verfahren zur Gewinnung unveränderlicher Harzseife aus Rohkolophonium.

Patentanspruch: Verfahren zur Gewinnung unveränderlicher Harzseife aus Rohkolophonium, dadurch gekennzeichnet, daß letzteres in einem völlig verschlossenen Autoklaven bei einer Temperatur von etwa 125° C mit der äquivalenten Menge Alkalilauge und unter Zugabe von Kochsalz verseift wird und dann nach Entfernung der Oberlauge die überschüssigen Dämpfe bei etwa 105° C aus dem Autoklaven abgeblasen werden.

404189. Kl. 23 e 1, vom 23. Juni 1922. Besteht noch.
Severin Morgenstern in Leipzig.
Verfahren zur Herstellung von überfetteten Seifen.

Patentanspruch: Verfahren zur Herstellung von überfetteten Seifen, dadurch gekennzeichnet, daß man Rohwollfett in bekannter Weise im Autoklaven mittels Alkalien verseift, die Seife ohne Abtrennung der Wollfettalkohole aussalzt und den so erhaltenen Seifenkern bei der üblichen Herstellung von Seifen aus anderen Fetten mitverwendet.

406345. Kl. 23 e 2, vom 3. Dezember 1922. Besteht noch.
Carl Jäger G. m. b. H. Anilinfarben-Fabrik in Düsseldorf-Derendorf.
Verfahren zur Herstellung von Seifen aus Naphthensäuren.

Patentansprüche: 1. Verfahren zur Herstellung von Seifen aus Naphthensäuren, dadurch gekennzeichnet, daß diese nach der Verseifung mit Schwefelsäure behandelt werden.

2. Weitere Ausbildung des Verfahrens gemäß Anspruch 1, dadurch gekennzeichnet, daß man an Stelle der Naphthensäure hier ihre Destillationsprodukte vor oder nach der Verseifung mit Schwefelsäure behandelt.

407257. Kl. 23 e 2, vom 22. März 1925. Besteht noch.
Dr. Walther Ottmann in Hannover.
Verfahren zur Herstellung einer preßfähigen, nicht ausblühenden Schwimmseife.

Patentanspruch: Verfahren zur Herstellung einer preßfähigen, nicht ausblühenden Schwimmseife, gekennzeichnet dadurch, daß man den gut ausgeschliffenen, frischen Seifenkern eventuell unter Zusatz von etwas Wasser schmilzt und zum Kochen oder doch so hoch erhitzt, bis kleine Dampfblasen die ganze Masse gleichmäßig durchsetzen, worauf man die Masse in üblicher Weise erkalten läßt.

410258. Kl. 23 e 1, vom 9. Mai 1922. Besteht noch.
Arthur Imhausen in Witten, Ruhr.
Verfahren zur Herstellung von Seifen unter Verwendung der Elektrolyse.

Patentansprüche: 1. Verfahren zur Herstellung von Seifen unter Verwendung der Elektrolyse von Alkalisalzlösungen, dadurch gekennzeichnet, daß die Alkalisalzlösung jeweils nur in geringer Menge, aber in beständigem Kreislauf durch die Elektrolytzelle, das Verseifungsgefäß und aus diesem (gegebenenfalls nach Ergänzung der Konzentration) so lange wieder von neuem durch die Elektrolytzelle und das Verseifungsgefäß hindurchgeführt wird, bis die vollständige Verseifung stattgefunden hat.

2. Verfahren nach Anspruch 1, gekennzeichnet durch die Verwendung von solchen seifenbildenden Substanzen, die keine wesentliche Menge von Glyzerin enthalten.

3. Vorrichtung zur Ausführung des Verfahrens nach Anspruch 1 und 2, dadurch gekennzeichnet, daß in je einer elektrolytischen Zelle (a) oder Batterie mehrere Verseifungskessel angeordnet sind (d 1, d 2), welche wechselweise in der Weise benutzt werden, daß jeweils in dem einen Kessel die Verseifung vorgenommen wird, während man im anderen Kessel die Seife sich absetzen läßt.

410880. Kl. 30 i 3, vom 3. Januar 1923. Besteht noch.
Firma Badische Anilin- und Soda-Fabrik in Ludwigshafen a. Rh.
Keimtötendes Mittel.

Patentanspruch: Keimtötendes Mittel, bestehend aus einer Lösung von Phenolen oder phenolhaltigen Gemischen in Lösungen der Seifen aus den bei der Oxydation von Kohlenwasserstoffen, insbesondere von Paraffin, erhältlichen flüssigen Säuren.

411062. Kl. 23 e 1, vom 22. Juli 1922. Besteht noch.
Bernardus Johannes Anthonius Nijdam in Wageningen, Holland.
Verfahren zur Herstellung von Seife.

Patentansprüche: 1. Verfahren zur Herstellung von Seife in Form von Stücken, Flocken, Pulvern usw. aus minderwertigen Ölen, Fetten, Fettsäuren, Soapstock, Abfällen der Öl- und Fettindustrie und ähnlichen mehr oder weniger minderwertigen Produkten, dadurch gekennzeichnet, daß die verseiften Rohmaterialien in wässeriger Lösung in Form einer mehr oder weniger dicken Schicht über eine erhitzte Oberfläche geführt werden, worauf das erhaltene Produkt in bekannter Weise in die gewünschte Form gebracht wird.

2. Verfahren nach Patentanspruch 1, dadurch gekennzeichnet, daß eine Temperatur von 90 bis 100° C verwendet wird.

412424. Kl. 23 e 2, vom 5. März 1922. Besteht noch.
Kurt Boosemann in Berlin-Karlshorst.
Verfahren zur Herstellung von Seifen.

Patentanspruch: Verfahren zur Herstellung von Seifen, dadurch gekennzeichnet, daß ihnen bei oder nach ihrer Herstellung substituierte Harnstoffe oder Thioharnstoffe zugesetzt werden.

414440. Kl. 23 e 3, vom 12. März 1922. Besteht noch.
Firma Hugo Stinnes-Riebeck-Montan- und Ölwerke A.-G. in Halle a. S.
Verfahren zur Herstellung von Harzseifen.

Patentanspruch: Verfahren zur Herstellung von für Waschzwecke bestimmten Harzseifen, gekennzeichnet durch die Verwendung oxydierten Kolophoniums.

415124. Kl. 23 e 2, vom 25. Mai 1923. Besteht noch.
Henkel & Cie. G. m. b. H. und Dr. Edgar Riehl in Düsseldorf.
Waschmittel.

Patentansprüche: 1. Aus einem Gemenge von Seife mit Soda, Wasserglas o. dgl. bestehendes Waschmittel, dadurch gekennzeichnet, daß die in dem Gemenge enthaltene Seife mit einer solchen, für die vorliegenden Zwecke geeigneten Umhüllungsschicht versehen ist, die die Auflösungsgeschwindigkeit der Seifenteilchen gegenüber der der anderen Bestandteile des Gemenges herabmindert.

2. Verfahren zur Herstellung des Waschmittels nach Anspruch 1, dadurch gekennzeichnet, daß man die Seifenteilchen mittels Wasserglaslösung durch Aufspritzen, Aufstauben u. dgl. Maßnahmen behandelt, die Masse gegebenenfalls antrocknen läßt und erst die so vorbereiteten Seifenteilchen mit den übrigen Bestandteilen des Waschmittels innig vermischt.

3. Ausführungsform des Verfahrens nach Anspruch 1, dadurch gekennzeichnet, daß man die Seifenteilchen mit einem geeigneten Überzug von solchen Stoffen, wie Wachse, Paraffin, Paraffingemische u. dgl., versieht, die erst beim Erwärmen schmelzen und damit die Seife freigeben.

415964. Kl. 23 e 2, vom 25. November 1923. Besteht noch. Siehe S. 361.
J. D. Riedel, A.-G. in Berlin-Britz.
Verfahren zur Herstellung gekörnter Schmierseifen.

Patentansprüche: 1. Verfahren zur Herstellung gekörnter Schmierseifen, dadurch gekennzeichnet, daß man den Grundseifen während oder nach dem Sieden feste geformte Stückchen aus Kali- oder Natronseife zusetzt.

2. Abänderung des Verfahrens nach Anspruch 1, dadurch gekennzeichnet, daß man an Stelle der dort verwendeten Kali- oder Natronseifen verseifte Wachse verwendet.

417864. Kl. 23 e 2, vom 3. September 1921. Besteht noch.
Grain Soaps Corporation in Dover, Delaware, V. St. A.
Verfahren zur Herstellung von Seife aus Zerealien.

Patentansprüche: 1. Verfahren zur Herstellung von Seife aus Zerealien durch Einwirkung von Ätzalkali auf dieselben und vorzugsweise darauf folgenden Zusatz von Fettsäuren, dadurch gekennzeichnet, daß vor der Behandlung mit dem Alkali die Zerealien erst depolymerisiert werden, beispielsweise durch Erwärmen auf eine bestimmte Temperatur, wobei die Stärke und Proteïnkörper in einfachere Verbindungen abgebaut werden.

2. Verfahren nach Anspruch 1, dadurch gekennzeichnet, daß man ein wasserfreies Salz, vorzugsweise Natrium- oder Kaliumkarbonat, benutzt, um die Heftigkeit der Verbindung der Alkalilösung mit den hydrolysierten Zerealien zu verringern.

419928. Kl. 23 e 2, vom 28. September 1923. Besteht noch.
B. Kaul, Fabrik chemisch-technischer Erzeugnisse in Neckargerach i. Baden.
Fleckenentfernungsmittel.

Patentansprüche: 1. Fleckenentfernungsmittel, dadurch gekennzeichnet, daß es aus einer Paste besteht, in der sich etwa 10 bis 20 Teile saures, oxalsaures Kali und etwa 20 bis 25 Teile Pottasche in etwa 60 Teilen mit Soda übersättigter Kernseife innig einverleibt befinden.

2. Verfahren zur Herstellung des Fleckenentfernungsmittels nach Anspruch 1, dadurch gekennzeichnet, daß man fein zerschnittene Kernseife in eine heiße Salzlösung einträgt und so lange verkocht, bis die Seife sich vollständig gelöst hat, worauf man eine frisch bereitete Lösung von Pottasche und saurem oxalsaurem Alkalisalz einträgt, die Masse unter ständigem, kräftigem Durchmischen bis zur geeigneten Dicke einkocht und erstarren läßt.

421463. Kl. 23 d, vom 1. Juni 1919. Erloschen 1920. Siehe S. 106.
De Nordiske Fabriker, De. no. fa. in Oslo, Norwegen.
Verfahren zur Polymerisation ungesättigter, hochmolekularer Fettsäuren.

Patentanspruch: Verfahren zur Polymerisation ungesättigter, hochmolekularer Fettsäuren, dadurch gekennzeichnet, daß man die Fettsäuren in Form von Seifen bis zu einem Gehalt von mindestens 70 bis 75 vH Fettsäure konzentriert und alsdann bei Temperaturen von 180 bis 215° C polymerisiert.

423703. Kl. 23 e, vom 9. August 1922. Besteht noch. Siehe S. 372, 549.
Dr. Theodor Legradi in Wien.
Verfahren zur Herstellung wasserarmer Seifen.

Patentansprüche: 1. Verfahren zur Herstellung wasserarmer, direkt pilierbarer Seifen, dadurch gekennzeichnet, daß Fette mit einem Anteil nicht zur Verseifung gelangender Fettstoffe vermischt, mit Laugen in bekannter Weise verseift, dann aber im Gegensatz zum bisherigen Siedeverfahren in dem ungebundenen Stoff so lange erhitzt werden, bis keine nennenswerte Menge Wasserdampf mehr entweicht.

2. Ausführungsform des Verfahrens nach Anspruch 1, gekennzeichnet durch die Verwendung von höher siedenden Kohlenwasserstoffen oder von Wachsen oder anderen nicht oder schwer verseifbaren Stoffen bzw. Gemischen derselben.

Namenverzeichnis.

Sachverzeichnis.

GPSR Compliance

The European Union's (EU) General Product Safety Regulation (GPSR) is a set of rules that requires consumer products to be safe and our obligations to ensure this.

If you have any concerns about our products, you can contact us on ProductSafety@springernature.com

In case Publisher is established outside the EU, the EU authorized representative is:

Springer Nature Customer Service Center GmbH
Europaplatz 3
69115 Heidelberg, Germany

Batch number: 10704705

Printed by Printforce, the Netherlands